iOS 11 开发指南

管蕾 编著

人民邮电出版社

北京

图书在版编目（CIP）数据

iOS 11 开发指南 / 管蕾编著. -- 北京：人民邮电出版社，2018.2（2019.7重印）
ISBN 978-7-115-47560-2

Ⅰ. ①i… Ⅱ. ①管… Ⅲ. ①移动终端－应用程序－程序设计 Ⅳ. ①TN929.53

中国版本图书馆CIP数据核字(2017)第318667号

内 容 提 要

本书循序渐进地讲解了 iOS 11 应用开发的知识。书中从搭建开发环境讲起，依次讲解了 Objective-C 语言基础，Swift 4.0 语言基础，Cocoa Touch，Xcode Interface Builder 界面开发，使用 Xcode 编写 MVC 程序，文本框和文本视图，按钮和标签，滑块、步进和图像，使用开关控件和分段控件，Web 视图控件和可滚动视图控件，提醒和操作表，工具栏，日期选择器，表视图，活动指示器，进度条和检索条，UIView，视图控制器，实现多场景和弹出框，iPad 弹出框和分割视图控制器，界面旋转，图形、图像、图层和动画，声音服务，多媒体应用，定位处理，触摸，手势识别和 Force Touch，读写应用程序数据，触摸和手势识别，和硬件之间的操作，开发通用的项目程序，推服务和多线程，Touch ID，游戏开发，HealthKit 健康应用开发，watchOS 4 智能手表开发，分屏多任务，使用 CocoaPods 依赖管理，使用扩展（Extension），在程序中加入 Siri 功能，开发 tvOS 程序，开发 Apple Pay 程序，开发虚拟现实程序，分屏多视图播放器，tvOS 电影库系统等高级知识。

本书内容全面，几乎涵盖了 iOS 11 应用开发所需要的主要内容，适合 iOS 开发初学者和 iOS 程序员学习，也可以作为相关培训学校和高校相关专业的教学用书。

◆ 编　著　管　蕾
　责任编辑　张　涛
　责任印制　焦志炜

◆ 人民邮电出版社出版发行　北京市丰台区成寿寺路11号
邮编　100164　电子邮件　315@ptpress.com.cn
网址　http://www.ptpress.com.cn
北京九州迅驰传媒文化有限公司印刷

◆ 开本：787×1092　1/16
印张：45.5
字数：1351千字　　　　　　2018年2月第1版
印数：3 301－3 600册　　2019年7月北京第5次印刷

定价：118.00元（附光盘）

读者服务热线：(010)81055410　印装质量热线：(010)81055316
反盗版热线：(010)81055315
广告经营许可证：京东工商广登字20170147号

前　言

2017年夏天，苹果公司在WWDC2017开发者大会上正式发布了全新的iOS 11操作系统。2017年年末，经过升级改版的《iOS 11开发指南》与您见面了。

本书特色

本书内容丰富，实例全面，在内容的编写上，本书具有以下特色。

（1）全新升级。

这次升级更新的内容很多。其中删减了不用的控件，新增了iOS 11的新特性。例如苹果支付Apple Pay和虚拟现实ARKit。

（2）全新的Swift 4.0。

本书中的Swift实例采用全新的Swift 4.0编写。Swift 4.0是一款十分稳定的版本，和以前的Swift 1.0、1.1、1.2、2.0、2.2和3.0相比，它的语法更加简洁、高效，更好地解决了以往版本和Xcode的兼容性问题。

（3）突出iOS 11的新特性。

本书着重突出了iOS 11系统的新特性，重点剖析了iOS 11的新技术，例如苹果手表的升级和针对iPad产品的升级。在本书中不但讲解了这些新特性的基本知识，而且用具体实例进行了演示。

（4）Objective-C和Swift双语对照实现。

本书中的实例不仅使用Objective-C语言实现，而且使用了苹果公司推出的Swift 4.0语言。通过本书的学习，读者可以掌握使用Objective-C语言和Swift 4.0语言开发iOS程序的方法。

（5）讲解苹果公司力推的新应用技术。

本书内容新颖、全面，讲解了从iOS开始具有或发展起来的新技术。这些新技术是苹果公司所力推的。例如HealthKit、watchOS 4、分屏处理、tvOS和Touch ID，这些内容是市面中同类书籍所没有涉及的。

（6）结构合理，易学易用。

从读者的实际需要出发，科学安排知识结构，内容由浅入深，叙述清楚。全书详细地讲解了和iOS开发有关的知识点。读者可以按照本书编排的章节顺序进行学习，也可以根据自己的需求对某一章节进行有针对性学习。书中提供的丰富实例可以帮助读者学以致用。

（7）实例典型，实用性强。

本书彻底摒弃枯燥的理论和简单的操作，注重实用性和可操作性。本书正文一共介绍了230多个典型实例和两个综合性实例，并额外赠送了经典实例（赠送实例可从网站www.toppr.net下载），通过实例的实现过程，详细讲解了各个知识点的具体应用方法。

（8）内容全面。

无论是搭建开发环境，还是控件接口、网络、多媒体、程序扩展、tvOS和动画，以及游戏应用开发，在本书中都能找到解决问题的方法。

（9）配套资源丰富，形式多样。视频讲解（共计9小时的视频），以及Objective-C和Swift电子书+PPT教学资源（电子书和PPT通过网站www.toppr.net下载）。

为了帮助初学者更加高效地看懂并掌握本书内容，本书提供了内容全面的配套视频。视频不但讲解了本书中的重要知识点，而且详细讲解并演示了书中的每一个实例。另外，为了方便广大教师的教学工作，特意提供了对应的PPT教学资料。读者可以登录本书售后网站www.toppr.net下载。

本书的内容安排

必备技术部分：主要讲解了iOS开发入门、Xcode开发环境详解、Objective-C语言基础、Swift语言基础、Cocoa Touch框架、Xcode Interface Builder界面开发、使用Xcode编写MVC程序。

控件实战部分：讲解了文本框和文本视图，按钮和标签，滑块、步进和图像，开关控件和分段控件，Web视图控件，可滚动视图控件和翻页控件，提醒和操作表，工具栏，日期选择器，表视图（UITable），活动指示器，进度条和检索条。

核心技术部分：讲解了视图控制器，实现多场景和弹出框，UICollectionView和UIVisualEffectView控件，iPad弹出框和分割视图控制器，界面旋转、大小和全屏处理，图形、图像、图层和动画，多媒体开发，分屏多任务，定位处理。

典型应用部分：讲解了读写应用程序数据、触摸、手势识别和Force Touch、和硬件之间的操作、地址簿、邮件、Twitter 和短消息、开发通用的项目程序、推服务和多线程、Touch ID详解。

技术提高部分：讲解了使用CocoaPods依赖管理、使用扩展（Extension）、游戏开发、watchOS智能手表开发、HealthKit健康应用开发、在程序中加入Siri功能、开发tvOS程序、Apple Pay和ARKit。

综合实战部分：讲解了两个综合案例，把所学的知识应用起来，如分屏多视图播放器和tvOS电影库系统。

读者对象

初学iOS编程的自学者；
从事iOS开发的程序员；
iOS编程爱好者；
大中专院校的老师和学生；
毕业设计的学生；
相关培训机构的老师和学员。

售后服务

为了更好地为读者服务，为大家提供一个完善的学习和交流平台，本书提供了读者交流QQ群，群号28316661，大家可以在里面学习交流。另外，还提供了问题答疑和本书源程序的下载地址：toppr网站。

本书在编写过程中，得到了人民邮电出版社工作人员的大力支持，正是基于各位编辑的求实、耐心和效率，才使得本书在这么短的时间内出版。另外，也十分感谢我的家人，在我写作的时候给予的大力支持。由于作者水平有限，书中纰漏和不尽如人意之处在所难免，诚请读者提出意见或建议，以便修订并使之更臻完善。编辑联系和投稿邮箱为zhangtao@ptpress.com.cn。

编者

目 录

第1章 iOS 开发入门 ... 1
1.1 iOS 系统介绍 ... 1
1.1.1 iOS 发展史 ... 1
1.1.2 全新的版本——iOS 11 ... 1
1.2 开始 iOS 11 开发之旅 ... 2
1.3 工欲善其事，必先利其器——搭建开发环境 ... 3
1.3.1 Xcode 介绍 ... 4
1.3.2 下载并安装 Xcode 9 ... 4
1.3.3 创建 iOS 11 项目并启动模拟器 ... 6
1.3.4 打开一个现有的 iOS 11 项目 ... 8
1.4 iOS 11 中的常用开发框架 ... 8
1.4.1 Foundation 框架简介 ... 8
1.4.2 Cocoa 框架简介 ... 10
1.4.3 iOS 程序框架 ... 10

第2章 使用 Xcode 开发环境详解 ... 12
2.1 基本面板介绍 ... 12
2.1.1 调试工具栏 ... 12
2.1.2 导航面板介绍 ... 13
2.1.3 检查器面板 ... 15
2.2 Xcode 9 的基本操作 ... 16
2.2.1 改变公司名称 ... 16
2.2.2 通过搜索框缩小文件范围 ... 16
2.2.3 格式化代码 ... 17
2.2.4 代码缩进和自动完成 ... 17
2.2.5 文件内查找和替代 ... 18
2.2.6 快速定位到代码行 ... 19
2.2.7 快速打开文件 ... 19
2.2.8 自定义导航条 ... 20
2.2.9 使用 Xcode 帮助 ... 21
2.2.10 调试代码 ... 21
2.3 使用 Xcode 9 帮助系统 ... 22

第3章 Objective-C 语言基础 ... 24
3.1 最耀眼的新星 ... 24
3.1.1 究竟何为 Objective-C ... 24
3.1.2 为什么选择 Objective-C ... 24
3.2 Objective-C 的优点及缺点 ... 25
3.3 一个简单的例子 ... 26
3.3.1 使用 Xcode 编辑代码 ... 26
3.3.2 基本元素介绍 ... 27
3.4 数据类型和常量 ... 31
3.4.1 int 类型 ... 32
3.4.2 float 类型 ... 33
3.4.3 double 类型 ... 33
3.4.4 char 类型 ... 34
3.4.5 字符常量 ... 35
3.4.6 id 类型 ... 36
3.4.7 限定词 ... 37
3.4.8 总结基本数据类型 ... 39
3.5 字符串 ... 39
3.6 算术表达式 ... 40
3.6.1 运算符的优先级 ... 40
3.6.2 整数运算和一元负号运算符 ... 41
3.6.3 模运算符 ... 42
3.6.4 整型值和浮点值的相互转换 ... 43
3.6.5 类型转换运算符 ... 44
3.7 表达式 ... 44
3.7.1 常量表达式 ... 44
3.7.2 条件运算符 ... 45
3.7.3 sizeof 运算符 ... 45
3.7.4 关系运算符 ... 46
3.7.5 强制类型转换运算符 ... 46
3.8 位运算符 ... 47
3.8.1 按位与运算符 ... 47
3.8.2 按位或运算符 ... 48
3.8.3 按位异或运算符 ... 48
3.8.4 一次求反运算符 ... 49
3.8.5 向左移位运算符 ... 50
3.8.6 向右移位运算符 ... 50
3.8.7 总结 Objective-C 的运算符 ... 51

第4章 Swift 语言基础 ... 52
4.1 Swift 概述 ... 52
4.1.1 Swift 的创造者 ... 52
4.1.2 Swift 的优势 ... 52
4.1.3 最新的 Swift 4.0 ... 53
4.2 数据类型和常量 ... 54
4.2.1 int 类型 ... 54
4.2.2 float 类型 ... 55
4.2.3 double 类型 ... 55
4.2.4 char 类型 ... 55
4.2.5 字符常量 ... 55

4.3 变量和常量 ································ 56
　4.3.1 常量详解 ····························· 56
　4.3.2 变量详解 ····························· 56
4.4 字符串和字符 ······························ 57
　4.4.1 字符串字面量 ······················· 57
　4.4.2 初始化空字符串 ···················· 58
　4.4.3 字符串可变性 ······················· 58
　4.4.4 值类型字符串 ······················· 58
　4.4.5 计算字符数量 ······················· 59
　4.4.6 连接字符串和字符 ················· 59
　4.4.7 字符串插值 ·························· 60
　4.4.8 比较字符串 ·························· 60
　4.4.9 Unicode ································ 61
4.5 流程控制 ···································· 63
　4.5.1 for 循环（1） ························ 63
　4.5.2 for 循环（2） ························ 64
　4.5.3 while 循环 ···························· 65
4.6 条件语句 ···································· 66
　4.6.1 if 语句 ································· 66
　4.6.2 switch 语句 ··························· 67
4.7 函数 ·· 68
　4.7.1 函数的声明与调用 ················· 68
　4.7.2 函数的参数和返回值 ·············· 69
4.8 实战演练——使用 Xcode 创建 Swift 程序 ··· 70

第 5 章 Cocoa Touch 框架 ················ 72
5.1 Cocoa Touch 基础 ·························· 72
　5.1.1 Cocoa Touch 概述 ··················· 72
　5.1.2 Cocoa Touch 中的框架 ············· 73
　5.1.3 Cocoa Touch 的优势 ················ 73
5.2 iPhone 的技术层 ···························· 73
　5.2.1 Cocoa Touch 层 ······················ 73
　5.2.2 多媒体层 ······························ 76
　5.2.3 核心服务层 ··························· 77
　5.2.4 核心 OS 层 ··························· 78
5.3 Cocoa Touch 中的框架 ···················· 78
　5.3.1 Core Animation（图形处理）框架 ··· 78
　5.3.2 Core Audio（音频处理）框架 ··· 79
　5.3.3 Core Data（数据处理）框架 ····· 79
5.4 Cocoa 中的类 ································ 80
　5.4.1 核心类 ································· 81
　5.4.2 数据类型类 ··························· 82
　5.4.3 UI 界面类 ····························· 83
5.5 国际化 ·· 85

第 6 章 Xcode Interface Builder 界面开发 ··· 86
6.1 Interface Builder 基础 ······················ 86
6.2 和 Interface Builder 密切相关的库面板 ··· 88
6.3 Interface Builder 采用的方法 ·············· 88
6.4 Interface Builder 中的故事板——Storyboarding ··························· 89
　6.4.1 推出的背景 ··························· 89
　6.4.2 故事板的文档大纲 ·················· 90
　6.4.3 文档大纲的区域对象 ··············· 91
6.5 创建一个界面 ································ 91
　6.5.1 对象库 ································· 91
　6.5.2 将对象加入到视图中 ··············· 92
　6.5.3 使用 IB 布局工具 ···················· 93
6.6 定制界面外观 ································ 95
　6.6.1 使用属性检查器 ····················· 95
　6.6.2 设置辅助功能属性 ·················· 95
　6.6.3 测试界面 ······························ 96
6.7 iOS 11 控件的属性 ·························· 96
6.8 实战演练——将设计界面连接到代码（双语实现：Objective-C 版） ············· 97
　6.8.1 打开项目 ······························ 97
　6.8.2 输出口和操作 ························ 98
　6.8.3 创建到输出口的连接 ··············· 98
　6.8.4 创建到操作的连接 ················ 100
6.9 实战演练——将设计界面连接到代码（双语实现：Swift 版） ····················· 101
6.10 实战演练——纯代码实现 UI 设计 ····· 102

第 7 章 使用 Xcode 编写 MVC 程序 ··· 104
7.1 MVC 模式基础 ····························· 104
7.2 Xcode 中的 MVC ·························· 105
　7.2.1 原理 ·································· 105
　7.2.2 模板就是给予 MVC 的 ··········· 105
7.3 在 Xcode 中实现 MVC ··················· 106
　7.3.1 视图 ·································· 106
　7.3.2 视图控制器 ························· 106
7.4 数据模型 ···································· 108
7.5 实战演练——使用模板 Single View Application 创建 MVC 程序（双语实现：Objective-C 版） ······················· 109
　7.5.1 创建项目 ···························· 109
　7.5.2 规划变量和连接 ··················· 110
　7.5.3 设计界面 ···························· 112
　7.5.4 创建并连接输出口和操作 ······· 113
　7.5.5 实现应用程序逻辑 ················ 114
　7.5.6 生成应用程序 ······················ 115
7.6 实战演练——使用模板 Single View Application 创建 MVC 程序（双语实现：Swift 版） ··· 115

第 8 章 文本框和文本视图 ··············· 116
8.1 文本框（UITextField） ·················· 116
　8.1.1 文本框基础 ························· 116
　8.1.2 实战演练——控制是否显示 TextField 中信息 ····························· 116
　8.1.3 实战演练——实现用户登录框界面 ··· 118
　8.1.4 实战演练——限制输入文本的长度 ······································ 119

8.1.5 实战演练——实现一个 UITextField
控件（Swift 版）……………………… 120
8.2 文本视图（UITextView）……………… 121
 8.2.1 文本视图基础 ……………………… 121
 8.2.2 实战演练——拖动输入的文本 …… 122
 8.2.3 实战演练——自定义设置文字的行
间距 ……………………………………… 122
 8.2.4 实战演练——自定义 UITextView
控件的样式 ……………………………… 123
 8.2.5 实战演练——在指定的区域中输入
文本（Swift 版）……………………… 125
 8.2.6 实战演练——通过文本提示被单击的
按钮（双语实现：Objective-C 版）… 126
 8.2.7 实战演练——在屏幕中显示被单击
的按钮（双语实现：Swift 版）……… 126

第 9 章 按钮和标签 …………………… 127
9.1 标签（UILabel）……………………… 127
 9.1.1 标签（UILabel）的属性 …………… 127
 9.1.2 实战演练——使用 UILabel 显示一
段文本 …………………………………… 127
 9.1.3 实战演练——为文字分别添加上划
线、下划线和中划线 ………………… 129
 9.1.4 实战演练——显示被触摸单词的
字母 ……………………………………… 130
 9.1.5 实战演练——显示一个指定样式的
文本（Swift 版）……………………… 130
9.2 按钮（UIButton）……………………… 131
 9.2.1 按钮基础 ……………………………… 132
 9.2.2 实战演练——自定义设置按钮的
图案 ……………………………………… 132
 9.2.3 实战演练——实现了一个变换形状
动画按钮 ………………………………… 134
9.3 实战演练——联合使用文本框、文本视图
和按钮（双语实现：Objective-C 版）…… 135
 9.3.1 创建项目 ……………………………… 135
 9.3.2 设计界面 ……………………………… 136
 9.3.3 创建并连接输出口和操作 ………… 140
 9.3.4 实现按钮模板 ………………………… 141
 9.3.5 隐藏键盘 ……………………………… 142
 9.3.6 实现应用程序逻辑 …………………… 144
 9.3.7 总结执行 ……………………………… 145
9.4 实战演练——联合使用文本框、文本视图和
按钮（双语实现：Swift 版）…………… 145
9.5 实战演练——自定义一个按钮
（Swift 版）……………………………… 145

第 10 章 滑块、步进和图像 …………… 147
10.1 滑块控件（UISlider）………………… 147
 10.1.1 Slider 控件的基本属性 …………… 147
 10.1.2 实战演练——使用素材图片实现
滑动条特效 …………………………… 148
 10.1.3 实战演练——实现自动显示刻度
的滑动条 ……………………………… 149
 10.1.4 实战演练——实现各种各样的
滑块 …………………………………… 150
 10.1.5 实战演练——自定义实现 UISlider
控件功能（Swift 版）……………… 152
10.2 步进控件（UIStepper）……………… 153
 10.2.1 步进控件介绍 ……………………… 153
 10.2.2 实战演练——自定义步进控件的
样式 …………………………………… 154
 10.2.3 实战演练——设置指定样式的步
进控件 ………………………………… 155
 10.2.4 实战演练——使用步进控件自动
增减数字（Swift 版）……………… 156
10.3 图像视图控件（UIImageView）……… 157
 10.3.1 UIImageView 的常用操作 ………… 157
 10.3.2 实战演练——实现图像的模糊
效果 …………………………………… 157
 10.3.3 实战演练——滚动浏览图片 …… 159
 10.3.4 实战演练——实现一个图片浏
览器 …………………………………… 160
 10.3.5 实战演练——使用 UIImageView
控件（Swift 版）…………………… 162

第 11 章 开关控件和分段控件 ………… 163
11.1 开关控件（UISwitch）……………… 163
 11.1.1 开关控件基础 ……………………… 163
 11.1.2 实战演练——改变 UISwitch 的文
本和颜色 ……………………………… 163
 11.1.3 实战演练——显示具有开关状态
的开关 ………………………………… 164
 11.1.4 实战演练——显示一个默认打开
的 UISwitch 控件 …………………… 165
 11.1.5 实战演练——控制是否显示密码
明文（Swift 版）…………………… 165
11.2 分段控件（UISegmentedControl）…… 166
 11.2.1 分段控件的属性和方法 …………… 167
 11.2.2 实战演练——使用
UISegmentedControl 控件 ………… 168
 11.2.3 实战演练——添加图标和文本 …… 170
 11.2.4 实战演练——使用分段控件控制
背景颜色 ……………………………… 171
 11.2.5 实战演练——使用 UISegmented
Control 控件（Swift 版）…………… 172
11.3 实战演练——联合使用开关控件和分段控
件（双版实现：Objective-C 版）……… 173
11.4 实战演练——联合使用开关控件和分段控件
（双版实现：Swift 版）……………… 175

第12章 Web 视图控件、可滚动视图控件和翻页控件……176

- 12.1 Web 视图（UIWebView）……176
  - 12.1.1 Web 视图基础……176
  - 12.1.2 实战演练——在 UIWebView 控件中调用 JavaScript 脚本……177
  - 12.1.3 实战演练——使用滑动条动态改变字体的大小……178
  - 12.1.4 实战演练——实现一个迷你浏览器工具……179
  - 12.1.5 实战演练——使用 UIWebView 控件加载网页（Swift 版）……181
- 12.2 可滚动的视图（UIScrollView）……182
  - 12.2.1 UIScrollView 的基本用法……182
  - 12.2.2 实战演练——使用可滚动视图控件……183
  - 12.2.3 实战演练——滑动隐藏状态栏……186
  - 12.2.4 实战演练——使用 UIScrollView 控件（Swift 版）……186
- 12.3 翻页控件（UIPageControl）……187
  - 12.3.1 PageControll 控件基础……187
  - 12.3.2 实战演练——自定义 UIPageControl 控件的外观样式……188
  - 12.3.3 实战演练——实现一个图片播放器……189
  - 12.3.4 实战演练——实现一个图片浏览程序……191
  - 12.3.5 实战演练——使用 UIPageControl 控件设置 4 个界面（Swift 版）……191
- 12.4 实战演练——联合使用开关、分段控件和 Web 视图控件（双语实现：Objective-C 版）……193
  - 12.4.1 创建项目……194
  - 12.4.2 设计界面……194
  - 12.4.3 创建并连接输出口和操作……196
  - 12.4.4 实现应用程序逻辑……197
  - 12.4.5 调试运行……200
- 12.5 实战演练——联合使用开关、分段控件和 Web 视图控件（双语实现：Swift 版）……200

第13章 提醒和操作表……201

- 13.1 UIAlertController 基础……201
  - 13.1.1 提醒视图……201
  - 13.1.2 操作表基础……201
- 13.2 使用 UIAlertController……201
  - 13.2.1 一个简单的对话框例子……202
  - 13.2.2 "警告"样式……203
  - 13.2.3 文本对话框……203
  - 13.2.4 上拉菜单……205
  - 13.2.5 释放对话框控制器……207
- 13.3 实战演练……207
  - 13.3.1 实战演练——实现一个自定义操作表视图……207
  - 13.3.2 实战演练——分别自定义实现提醒表视图和操作表视图……208
  - 13.3.3 实战演练——自定义 UIAlertController 控件的外观……209
  - 13.3.4 实战演练——实现一个提醒框效果（Swift 版）……211

第14章 工具栏、日期选择器……212

- 14.1 工具栏（UIToolbar）……212
  - 14.1.1 工具栏基础……212
  - 14.1.2 实战演练——联合使用 UIToolBar 和 UIView……213
  - 14.1.3 实战演练——自定义 UIToolBar 控件的颜色和样式……214
  - 14.1.4 实战演练——创建一个带有图标按钮的工具栏……215
  - 14.1.5 实战演练——使用 UIToolbar 制作一个网页浏览器（Swift 版）……216
- 14.2 选择器视图（UIPickerView）……218
  - 14.2.1 选择器视图基础……218
  - 14.2.2 实战演练——实现两个 UIPickerView 控件间的数据依赖……219
  - 14.2.3 实战演练——自定义一个选择器（双语实现：Objective-C 实现）……222
  - 14.2.4 实战演练——自定义一个选择器（双语实现：Swift 版）……229
  - 14.2.5 实战演练——实现一个单列选择器……229
  - 14.2.6 实战演练——实现一个"星期"选择框……230
- 14.3 日期选择控件（UIDatePicker）……231
  - 14.3.1 UIDatePicker 基础……231
  - 14.3.2 实战演练——使用 UIDatePicker 控件（Swift 版）……233
  - 14.3.3 实战演练——实现一个日期选择器……234
  - 14.3.4 实战演练——使用日期选择器自动选择一个时间……240

第15章 表视图（UITable）……242

- 15.1 表视图基础……242
  - 15.1.1 表视图的外观……242
  - 15.1.2 表单元格……242
  - 15.1.3 添加表视图……242
  - 15.1.4 UITableView 详解……244
- 15.2 实战演练……246
  - 15.2.1 实战演练——自定义 UITableViewCell……246

15.2.2 实战演练——在表视图中动态操作单元格（Swift版）……249
15.2.3 实战演练——拆分表视图（双语实现：Objctive-C版）……251
15.2.4 实战演练——拆分表视图（双语实现：Swift版）……252

第16章 活动指示器、进度条和检索条……253

16.1 活动指示器（UIActivityIndicatorView）……253
16.1.1 活动指示器基础……253
16.1.2 实战演练——自定义UIActivityIndicatorView控件的样式……253
16.1.3 实战演练——自定义活动指示器的显示样式……255
16.1.4 实战演练——实现不同外观的活动指示器效果……258
16.1.5 实战演练——使用UIActivityIndicatorView控件（Swift版）……259

16.2 进度条（UIProgressView）……260
16.2.1 进度条基础……261
16.2.2 实战演练——自定义进度条的外观样式……261
16.2.3 实战演练——实现多个具有动态条纹背景的进度条……261
16.2.4 实战演练——自定义一个指定外观样式的进度条……264
16.2.5 实战演练——实现自定义进度条效果（Swift版）……268

16.3 检索条（UISearchBar）……269
16.3.1 检索条基础……269
16.3.2 实战演练——在查找信息输入关键字时实现自动提示功能……270
16.3.3 实战演练——实现文字输入的自动填充和自动提示功能……273
16.3.4 实战演练——使用检索控件快速搜索信息……274
16.3.5 实战演练——使用UISearchBar控件（Swift版）……277
16.3.6 实战演练——在表视图中实现信息检索（双语实现：Objective-C版）……278
16.3.7 实战演练——在表视图中实现信息检索（双语实现：Swift版）……281

第17章 UIView详解……282

17.1 UIView基础……282
17.1.1 UIView的结构……282
17.1.2 视图架构……284
17.1.3 视图层次和子视图管理……284
17.1.4 视图绘制周期……285
17.1.5 UIView的常见应用……285

17.2 实战演练……286

17.2.1 实战演练——给任意UIView视图四条边框加上阴影……286
17.2.2 实战演练——给UIView加上各种圆角、边框效果……287
17.2.3 实战演练——使用UIView控件实现弹出式动画表单效果……288
17.2.4 实战演练——创建一个滚动图片浏览器（Swift版）……289
17.2.5 实战演练——创建一个产品展示列表（双语实现:Objctive-C版）……290
17.2.6 实战演练——创建一个产品展示列表（双语实现：Swift版）……291

第18章 视图控制器……292

18.1 导航控制器（UIViewController）基础……292
18.1.1 UIViewController的常用属性和方法……292
18.1.2 实战演练——实现可以移动切换的视图效果……293
18.1.3 实战演练——实现手动旋转屏幕的效果……293

18.2 使用UINavigationController……294
18.2.1 UINavigationController详解……295
18.2.2 实战演练——实现一个界面导航条功能……296
18.2.3 实战演练——创建主从关系的"主-子"视图（Swift版）……299
18.2.4 实战演练——使用导航控制器展现3个场景（双语实现：Objective-C版）……300
18.2.5 实战演练——使用导航控制器展现3个场景（双语实现：Swift版）……303

18.3 选项卡栏控制器……304
18.3.1 选项卡栏和选项卡栏项……304
18.3.2 实战演练——使用选项卡栏控制器构建3个场景……306
18.3.3 实战演练——使用动态单元格定制表格行……310
18.3.4 实战演练——开发一个界面选择控制器（Swift版）……311

第19章 实现多场景和弹出框……313

19.1 多场景故事板……313
19.1.1 多场景故事板基础……313
19.1.2 创建多场景项目……314
19.1.3 实战演练——实现多个视图之间的切换……317
19.1.4 实战演练——使用第二个视图来编辑第一个视图中的信息（双语实现：Objective-C版）……320

19.1.5 实战演练——使用第二个视图来编辑第一个视图中的信息（双语实现：Swift 版） ……… 323

第 20 章 UICollectionView 和 UIVisualEffectView 控件 ……… 324
20.1 UICollectionView 控件详解 ……… 324
20.1.1 UICollectionView 的构成 ……… 324
20.1.2 实现一个简单的 UICollectionView … 325
20.1.3 自定义的 UICollectionViewLayout … 327
20.1.4 实战演练——使用 UICollectionView 控件实现网格效果 ……… 328
20.1.5 实战演练——实现大小不相同的网格效果 ……… 331
20.1.6 实战演练——实现不同颜色方块的布局效果（Swift 版） ……… 333
20.2 UIVisualEffectView 控件详解 ……… 333
20.2.1 UIVisualEffectView 基础 ……… 334
20.2.2 使用 Visual Effect View 控件实现模糊特效 ……… 335
20.2.3 使用 Visual Effect View 实现 Vibrancy 效果 ……… 336
20.2.4 实战演练——在屏幕中实现模糊效果 ……… 337
20.2.5 实战演练——在屏幕中实现遮罩效果 ……… 338
20.2.6 实战演练——编码实现指定图像的模糊效果（Swift 版） ……… 339

第 21 章 iPad 弹出框和分割视图控制器 ……… 341
21.1 iPad 弹出框控制器（UIPopoverPresentationController） ……… 341
21.1.1 创建弹出框 ……… 341
21.1.2 创建弹出切换 ……… 341
21.1.3 实战演练——弹出模态视图 ……… 342
21.2 探索分割视图控制器 ……… 343
21.2.1 分割视图控制器基础 ……… 343
21.2.2 实战演练——使用表视图（双语实现：Objective-C 版） ……… 345
21.2.3 实战演练——使用表视图（双语实现：Swift 版） ……… 349
21.2.4 实战演练——创建基于主从关系的分割视图（Swift 版本） ……… 350

第 22 章 界面旋转、大小和全屏处理 ……… 352
22.1 启用界面旋转 ……… 352
22.1.1 界面旋转基础 ……… 352
22.1.2 实战演练——实现界面自适应（Swift 版） ……… 353
22.1.3 实战演练——设置界面实现自适应（双语实现：Objective-C 版）… 354
22.1.4 实战演练——设置界面实现自适应（双语实现：Swift 版） ……… 354
22.2 设计可旋转和可调整大小的界面 ……… 355
22.2.1 自动旋转和自动调整大小 ……… 355
22.2.2 调整框架 ……… 355
22.2.3 切换视图 ……… 355
22.2.4 实战演练——使用 Interface Builder 创建可旋转和调整大小的界面 ……… 355
22.2.5 实战演练——在旋转时调整控件 ……… 357
22.2.6 实战演练——旋转时切换视图 ……… 360
22.2.7 实战演练——实现屏幕视图的自动切换（Swift 版） ……… 363

第 23 章 图形、图像、图层和动画 ……… 364
23.1 图形处理 ……… 364
23.1.1 iOS 的绘图机制 ……… 364
23.1.2 实战演练——在屏幕中绘制一个三角形 ……… 365
23.1.3 实战演练——使用 CoreGraphic 实现绘图操作 ……… 366
23.2 图像处理 ……… 368
23.2.1 实战演练——实现颜色选择器/调色板功能 ……… 368
23.2.2 实战演练——在屏幕中绘制一个图像 ……… 369
23.3 图层 ……… 369
23.3.1 视图和图层 ……… 369
23.3.2 实战演练——实现图片、文字以及翻转效果 ……… 370
23.3.3 实战演练——滑动展示不同的图片 ……… 371
23.3.4 实战演练——演示 CALayers 图层的用法（Swift 版） ……… 371
23.4 实现动画 ……… 372
23.4.1 UIImageView 动画 ……… 372
23.4.2 视图动画 UIView ……… 372
23.4.3 Core Animation 详解 ……… 376
23.4.4 实战演练——实现 UIView 分类动画效果 ……… 376
23.4.5 实战演练——动画样式显示电量使用情况 ……… 378
23.4.6 实战演练——图形图像的人脸检测处理（Swift 版） ……… 381
23.4.7 实战演练——联合使用图像动画、滑块和步进控件（双语实现：Objective-C 版） ……… 382
23.4.8 实战演练——联合使用图像动画、滑块和步进控件（双语实现：Swift 版） ……… 390

第24章 多媒体开发 391
24.1 使用 AudioToolbox 框架 391
24.1.1 声音服务基础 391
24.1.2 实战演练——播放指定的声音文件 392
24.1.3 实战演练——播放任意位置的音频 393
24.2 提醒和振动 393
24.2.1 播放提醒音 394
24.2.2 实战演练——实现两种类型的振动效果（Swift 版） 394
24.2.3 实战演练——实用 iOS 的提醒功能 395
24.3 AV Foundation 框架 401
24.3.1 准备工作 402
24.3.2 使用 AV 音频播放器 402
24.3.3 实战演练——使用 AV Foundation 框架播放视频 402
24.3.4 实战演练——使用 AVAudioPlayer 播放和暂停指定的 MP3 播放（Swift 版） 403
24.3.5 实战演练——使用 AVKit 框架播放列表中的视频 404
24.3.6 实战演练——使用 AVKit 框架播放本地视频 405
24.3.7 实战演练——使用 AVKit 框架播放网络视频 406
24.4 图像选择器（UIImagePickerController） 407
24.4.1 使用图像选择器 407
24.4.2 实战演练——获取照片库的图片 407

第25章 分屏多任务 410
25.1 分屏多任务基础 410
25.1.1 分屏多任务的开发环境 410
25.1.2 Slide Over 和 Split View 基础 411
25.1.3 画中画 412
25.2 实战演练 413
25.2.1 实战演练——使用 SlideOver 多任务（Swift 版） 413
25.2.2 实战演练——使用 SplitView 多任务（Swift 版） 415
25.2.3 实战演练——开发一个分割多视图浏览器（Swift 版） 419

第26章 定位处理 422
26.1 iOS 模拟器调试定位程序的方法 422
26.2 Core Location 框架 423
26.2.1 Core Location 基础 423
26.2.2 使用流程 423
26.2.3 实战演练——定位显示当前的位置信息（Swift 版） 425

26.3 获取位置 428
26.3.1 位置管理器委托 429
26.3.2 获取航向 430
26.3.3 实战演练——定位当前的位置信息 431
26.4 加入地图功能 432
26.4.1 Map Kit 基础 432
26.4.2 为地图添加标注 433
26.4.3 实战演练——在地图中定位当前的位置信息（Swift 版） 434
26.4.4 实战演练——在地图中绘制导航线路 435
26.5 实战演练——创建一个支持定位的应用程序（双语实现：Objective-C 版） 436
26.5.1 创建项目 437
26.5.2 设计视图 438
26.5.3 创建并连接输出口 438
26.5.4 实现应用程序逻辑 438
26.5.5 生成应用程序 440
26.6 实战演练——创建一个支持定位的应用程序（双语实现：Swift 版） 440
26.7 实战演练——实现地图定位（双语实现：Objective-C 版） 441
26.8 实战演练——实现地图定位（双语实现：Swift 版） 442

第27章 读写应用程序数据 443
27.1 iOS 应用程序和数据存储 443
27.2 用户默认设置 444
27.3 设置束 444
27.3.1 设置束基础 444
27.3.2 实战演练——通过隐式首选项实现一个手电筒程序（双语实现：Objective-C 版） 445
27.3.3 实战演练——通过隐式首选项实现一个手电筒程序（双语实现：Swift 版） 448
27.4 直接访问文件系统 448
27.4.1 应用程序数据的存储位置 449
27.4.2 获取文件路径 449
27.4.3 读写数据 450
27.4.4 读取和写入文件 450
27.4.5 通过 plist 文件存取文件 452
27.4.6 保存和读取文件 453
27.4.7 文件共享和文件类型 453
27.4.8 实战演练——实现一个用户信息收集器（双语实现：Objective-C 版） 454
27.4.9 实战演练——实现一个用户信息收集器（双语实现：Swift 版） 457

27.5 核心数据（Core Data）……458
   27.5.1 Core Data 基础……458
   27.5.2 实战演练——使用 CoreData 动态添加、删除数据……459
27.6 互联网数据……460
   27.6.1 XML 和 JSON……460
   27.6.2 实战演练——使用 JSON 获取网站中的照片信息……463

第28章 触摸、手势识别和 Force Touch……466
28.1 多点触摸和手势识别基础……466
28.2 触摸处理……466
   28.2.1 触摸事件和视图……467
   28.2.2 iOS 中的手势操作……469
   28.2.3 实战演练——触摸的方式移动视图……470
   28.2.4 实战演练——触摸挪动彩色方块（Swift 版）……470
28.3 手势处理……474
   28.3.1 手势处理基础……474
   28.3.2 实战演练——识别手势并移动屏幕中的方块（Swift 版）……477
   28.3.3 实战演练——实现一个手势识别器（双语实现：Objective-C 版）……480
   28.3.4 实战演练——实现一个手势识别器（双语实现：Swift 版）……485
28.4 全新感应功能——Force Touch（3D Touch）技术……485
   28.4.1 Force Touch 介绍……486
   28.4.2 Force Touch APIs 介绍……486
   28.4.3 实战演练——使用 Force Touch……487
   28.4.4 实战演练——启动 Force Touch 触控面板……489
   28.4.5 实战演练——为应用程序添加 3D Touch 手势（Swift 版）……489

第29章 和硬件之间的操作……491
29.1 加速计和陀螺仪……491
   29.1.1 加速计基础……491
   29.1.2 陀螺仪……493
   29.1.3 实战演练——使用 Motion 传感器（Swift 版）……494
   29.1.4 实战演练——检测倾斜和旋转（双语实现：Objective-C 版）……495
   29.1.5 实战演练——检测倾斜和旋转（双语实现：Swift 版）……499
29.2 访问朝向和运动数据……500
   29.2.1 两种方法……500
   29.2.2 实战演练——检测当前设备的朝向（双语实现：Objective-C 版）……502
   29.2.3 实战演练——检测当前设备的朝向（双语实现：Swift 版）……503

第30章 地址簿、邮件、Twitter 和短消息……504
30.1 Contacts Framework 框架……504
   30.1.1 Contacts 框架的主要构成类……504
   30.1.2 使用 Contact 框架……505
   30.1.3 实战演练——使用 Contacts 框架获取通信录信息……505
30.2 Message UI 电子邮件……507
   30.2.1 Message UI 基础……507
   30.2.2 实战演练——使用 Message UI 发送邮件（Swift 版）……508
30.3 使用 Twitter 发送推特信息……509
   30.3.1 Twitter 基础……509
   30.3.2 实战演练——开发一个 Twitter 客户端（Swift 版）……509
30.4 实战演练——联合使用地址簿、电子邮件、Twitter 和地图（双语实现：Objective-C 版）……511
   30.4.1 创建项目……511
   30.4.2 设计界面……512
   30.4.3 创建并连接输出口和操作……512
   30.4.4 实现通信录逻辑……513
   30.4.5 实现地图逻辑……513
   30.4.6 实现电子邮件逻辑……514
   30.4.7 实现 Twitter 逻辑……514
   30.4.8 调试运行……514
30.5 实战演练——联合使用地址簿、电子邮件、Twitter 和地图（双语实现：Swift 版）……515
30.6 使用 Messages.framework 框架……515
   30.6.1 Messages.framework 框架介绍……515
   30.6.2 实战演练——调用并使用 Messages.framework 框架（Swift 版）……515

第31章 开发通用的项目程序……517
31.1 开发通用应用程序……517
   31.1.1 在 iOS 6 中开发通用应用程序……517
   31.1.2 在 iOS 6+ 中开发通用应用程序……518
   31.1.3 图标文件……524
   31.1.4 启动图像……524
31.2 实战演练——使用通用程序模板创建通用应用程序（双语实现：Objective-C 版）……524
   31.2.1 创建项目……525
   31.2.2 设计界面……525
   31.2.3 创建并连接输出口……526
   31.2.4 实现应用程序逻辑……526
31.3 实战演练——使用通用程序模板创建通用应用程序（双语实现：Swift 版）……527
31.4 实战演练——使用视图控制器……527
   31.4.1 创建项目……527

31.4.2 设计界面 528
31.4.3 创建并连接输出口 528
31.4.4 实现应用程序逻辑 528
31.4.5 生成应用程序 529
31.5 实战演练——使用多个目标 529
31.5.1 将 iPhone 目标转换为 iPad 目标 529
31.5.2 将 iPad 目标转换为 iPhone 目标 530
31.6 实战演练——创建基于"主—从"视图的应用程序 530
31.6.1 创建项目 530
31.6.2 调整 iPad 界面 531
31.6.3 调整 iPhone 界面 532
31.6.4 实现应用程序数据源 533
31.6.5 实现主视图控制器 535
31.6.6 实现细节视图控制器 536
31.6.7 调试运行 537

第 32 章 推服务和多线程 538

32.1 推服务 538
32.1.1 推服务介绍 538
32.1.2 推服务的机制 539
32.1.3 iOS 中 PushNotificationIOS 远程推送的主要方法 539
32.1.4 在 iOS 中实现远程推送通知的步骤 540
32.1.5 实战演练——在 iOS 系统中发送 3 种形式的通知 543
32.2 多线程 545
32.2.1 多线程基础 545
32.2.2 iOS 中的多线程 547
32.2.3 线程的同步与锁 551
32.2.4 线程的交互 552
32.3 ARC 机制 553
32.3.1 ARC 概述 553
32.3.2 ARC 中的新规则 554
32.4 实战演练——实现后台多线程处理（双语实现：Objective-C 版） 554
32.5 实战演练——实现后台多线程处理（双语实现：Swift 版） 556

第 33 章 Touch ID 详解 557

33.1 开发 Touch ID 应用程序 557
33.1.1 Touch ID 的官方资料 557
33.1.2 开发 Touch ID 应用程序的步骤 558
33.2 实战演练——使用 Touch ID 认证 559
33.3 实战演练——使用 Touch ID 密码和指纹认证 560
33.4 实战演练——Touch ID 认证的综合演练 564

第 34 章 使用 CocoaPods 依赖管理 567

34.1 使用 CocoaPods 基础 567
34.2 安装 CocoaPods 567
34.2.1 基本安装 567
34.2.2 快速安装 568
34.3 使用 CocoaPods 568
34.3.1 在自己的项目中使用 CocoaPods 568
34.3.2 为自己的项目创建 podspec 文件 570
34.3.3 生成第三方库的帮助文档 571
34.4 实战演练——打开一个用 CocoaPods 管理的开源项目 571

第 35 章 使用扩展（Extension） 574

35.1 扩展（Extension）基础 574
35.1.1 扩展的生命周期 574
35.1.2 扩展和容器应用的交互 575
35.2 实战演练——使用 Photo Editing Extension（照片扩展） 575
35.3 实战演练——使用 TodayExtension（今日提醒扩展） 581
35.4 实战演练——使用 Action Extension 翻译英文 583
35.5 实战演练——使用 Share Extension 扩展实现分享功能 586

第 36 章 游戏开发 592

36.1 Sprite Kit 框架基础 592
36.1.1 Sprite Kit 的优点和缺点 592
36.1.2 Sprite Kit、Cocos2D、Cocos2D-X 和 Unity 的选择 592
36.2 实战演练——开发一个 Sprite Kit 游戏程序 593
36.3 实战演练——开发一个射击游戏 601

第 37 章 watchOS 4 智能手表开发 607

37.1 Apple Watch 介绍 607
37.2 WatchKit 开发详解 608
37.2.1 搭建 WatchKit 开发环境 608
37.2.2 WatchKit 架构 609
37.2.3 WatchKit 布局 610
37.2.4 Glances 和 Notifications（快速预览信息） 610
37.2.5 Watch App 的生命周期 611
37.3 开发 Apple Watch 应用程序 612
37.3.1 创建 Watch 应用 612
37.3.2 创建 Glance 界面 612
37.3.3 自定义通知界面 612
37.3.4 配置 Xcode 项目 613
37.4 实战演练——实现 AppleWatch 垂直列表界面布局 615
37.5 实战演练——演示 AppleWatch 的日历事件 616

37.6 实战演练——在手表中控制小球的
　　　移动 ·································· 620
37.7 实战演练——实现一个倒计时器 ········ 621

第38章 HealthKit 健康应用开发 ········ 623
38.1 HealthKit 基础 ························ 623
　38.1.1 HealthKit 介绍 ················· 623
　38.1.2 市面中的 HealthKit 应用现状 ··· 623
　38.1.3 接入 HealthKit 的好处 ········· 624
38.2 HealthKit 开发基础 ··················· 624
　38.2.1 HealthKit 开发要求 ············ 624
　38.2.2 HealthKit 开发思路 ············ 625
38.3 实战演练——读写 HealthKit 数据
　　　信息 ·································· 626
38.4 实战演练——心率检测（Swift 版）··· 626
38.5 实战演练——获取行走的步数 ········ 629
38.6 实战演练——获取步数、跑步距离、体重和
　　　身高（Swift 版）····················· 630

第39章 在程序中加入 Siri 功能 ········ 632
39.1 Siri 基础 ······························ 632
　39.1.1 iOS 中的 Siri ·················· 632
　39.1.2 HomeKit 中的 Siri 指令 ········ 632
39.2 在 iOS 应用程序中使用 Siri ·········· 633
　39.2.1 iOS 对生态整合与 Extension 开发
　　　　的努力 ·························· 633
　39.2.2 Siri 功能将以 Extension 扩展的形式
　　　　存在 ···························· 633
　39.2.3 创建 Intents Extension ········ 634
39.3 实战演练——在 iOS 程序中使用 Siri ··· 638
39.4 实战演练——在支付程序中使用 Siri
　　　（Swift 版）·························· 641

第40章 开发 tvOS 程序 ················ 645
40.1 tvOS 开发基础 ························ 645
　40.1.1 tvOS 系统介绍 ················· 645
　40.1.2 tvOS 开发方式介绍 ············ 645
　40.1.3 打开遥控器的模拟器 ·········· 646
40.2 使用 Custom App 方式 ··············· 646
　40.2.1 Custom App 方式介绍 ········· 646
　40.2.2 实战演练——开发一个简单的按
　　　　钮响应程序（Swift 版）········ 646
　40.2.3 实战演练——开发一个猜谜游戏
　　　　（Swift 版）···················· 647
　40.2.4 实战演练——在 tvOS 中使用表视
　　　　图（Swift 版）················· 649
40.3 使用 TVML Apps 方式 ··············· 650
　40.3.1 使用 TVML Apps 方式开发 ···· 651
　40.3.2 实战演练——开发一个可响应的
　　　　tvOS 程序（Swift 版）·········· 659

40.3.3 实战演练——电影播放列表
　　　（Swift 版）···················· 663

第41章 使用 Apple Pay ················ 665
41.1 Apple Pay 介绍 ······················· 665
41.2 Apple Pay 开发基础 ·················· 665
　41.2.1 Apple Pay 支付流程 ············ 665
　41.2.2 配置开发环境 ·················· 666
　41.2.3 创建支付请求 ·················· 667
　41.2.4 授权支付 ······················· 669
　41.2.5 处理支付 ······················· 671
41.3 实战演练——Apple Pay 接入应用程序 ··· 671
　41.3.1 准备工作 ······················· 671
　41.3.2 具体实现 ······················· 672
41.4 实战演练——使用图标接入 Apple Pay ··· 676
41.5 实战演练——使用图标接入 Apple Pay
　　　（Swift 版）·························· 678

第42章 开发 AR 虚拟现实程序 ········ 681
42.1 虚拟现实和增强现实 ·················· 681
42.2 使用 ARKit ··························· 681
　42.2.1 ARKit 框架基础 ················ 681
　42.2.2 ARKit 与 SceneKit 的关系 ····· 682
　42.2.3 ARKit 的工作原理 ············· 682
42.3 实战演练——自定义实现飞机飞行场景的
　　　AR 效果 ······························ 683
　42.3.1 准备工作 ······················· 683
　42.3.2 具体实现 ······················· 684
42.4 实战演练——实现 3 种 AR 特效捕捉
　　　功能 ·································· 686
　42.4.1 实现水平捕捉功能 ············· 686
　42.4.2 实现飞机随镜头飞行效果 ····· 688
　42.4.3 实现环绕飞行效果 ············· 688
42.5 实战演练——实现 5 种 AR 特效
　　　（Swift 版）·························· 689

第43章 tvOS 电影库系统 ·············· 695
43.1 tvOS 电影库系统介绍 ················· 695
43.2 系统介绍 ······························ 695
43.3 使用 Objective-C 实现 ················ 697
43.4 使用 Swift 实现 ······················· 703
43.5 系统扩展——优酷和土豆视频 ········ 703

第44章 分屏多视图播放器 ············ 704
44.1 分屏多视图系统介绍 ·················· 704
44.2 创建工程 ······························ 704
44.3 分屏具体实现 ························· 705
　44.3.1 实现主视图界面 ··············· 705
　44.3.2 显示某个视频的基本信息 ····· 708
　44.3.3 播放视频 ······················· 709
　44.3.4 播放网页嵌入式视频 ·········· 711

第 1 章 iOS开发入门

iOS是一个强大的系统，被广泛地应用于苹果公司的系列产品iPhone、iPad和iTouch设备中。iOS通过这些移动设备展示了多点触摸、在线视频以及众多内置传感器的界面。本章将带领大家认识iOS这款系统，为读者步入本书后面知识的学习打下基础。

1.1 iOS 系统介绍

> 知识点讲解光盘:视频\知识点\第1章\ iOS系统介绍.mp4

iOS是由苹果公司开发的手持设备操作系统。苹果公司最早于2007年1月9日的Mac World大会上公布这个系统，最初是设计给iPhone使用的，后来陆续用到iPod touch、iPad以及Apple TV等苹果产品上。iOS与苹果的Mac OS X操作系统一样，本来这个系统名为iPhone OS，直到2010年6月7日WWDC大会上才宣布改名为iOS。

1.1.1 iOS 发展史

iOS最早于2007年1月9日的苹果Mac World大会上公布，随后于同年的6月发布第一版iOS操作系统，当初的名称为"iPhone运行OS X"。

2007年10月17日，苹果公司发布了第一个本地化iPhone应用程序开发包（SDK）。

2008年3月6日，苹果发布了第一个测试版开发包，并且将"iPhone runs OS X"改名为"iPhone OS"。

2008年9月，苹果公司将iPod touch的系统也换成了"iPhone OS"。

2010年2月27日，苹果公司发布iPad，iPad同样搭载了"iPhone OS"。

2010年6月，苹果公司将"iPhone OS"改名为"iOS"，同时还获得了思科iOS的名称授权。

2010年第四季度，苹果公司的iOS占据了全球智能手机操作系统26%的市场份额。

2011年10月4日，苹果公司宣布iOS平台的应用程序已经突破50万个。

2012年6月，苹果公司在WWDC 2012上推出了全新的iOS 6，提供了超过200 项新功能。

2013年6月10日，苹果公司在WWDC 2013上发布了iOS 7，去掉了所有的仿实物化，整体设计风格转为扁平化设计。

2014年6月3日，苹果公司在WWDC 2014开发者大会上正式发布了全新的iOS 8操作系统。

2015年6月9日，苹果公司在WWDC 2015开发者大会上发布了全新的iOS 9操作系统。

2016年6月13日，苹果开发者大会WWDC在旧金山召开，会议宣布iOS 10的测试版将在2016年夏天推出，正式版将在秋季发布。

2017年6月6日，苹果公司在圣何塞McEnery会议中心召开了WWDC2017全球开发者大会，会上发布了iOS 11系统的测试版本，正式版于2017年秋季发布。

1.1.2 全新的版本——iOS 11

2017年6月6日，苹果公司在圣何塞McEnery会议中心召开了WWDC2017全球开发者大会，5000名开发者来到了发布会现场。本次发布会全程秉承"只发产品不废话"的原则，节奏极快。本次大会上苹果公司正式公布了最新版iOS系统版本iOS 11，并在随后开放了iOS 11 beta1开发者预览版下载。iOS 11系统最突出的新特性如下。

（1）黑暗模式（Dark Mode）

如果仅仅是"夜间模式"的功能，相信大家应该都在第三方的阅读APP上用过。开启此功能之后，系统的主色调变黑，文章反白，不仅能缓解阅读疲劳，同时还能够提供不错的护眼效果。

（2）更强大的Siri

无论是目前最火的人工智能，还是与苹果其他设备的整合功能，苹果都让Siri变得更加强大和智能。比如给出餐厅建议并发送导航或推送用户感兴趣的内容、创建对话，而且还将有望引入人声验证功能、Siri数据同步到iCloud，从而与Google Assistant和亚马逊Alexa抗衡。

（3）P2P支付（类似微信红包）

也许是来自微信的灵感，苹果iOS 11中正在测试P2P支付业务，将其整合到iOS 11上，并重新设计钱包（Wallet）应用，使得用户可通过Apple Pay或iMessage应用等转账给其他人，像发红包一样给好友转账。

（4）FaceTime多人聊天

FaceTime将新增群组通话功能，支持最多5人视频通话，向Skype、Facebook Messenger和Google Hangouts靠齐。FaceTime Audio也将成为默认预设的拨号或呼叫方式，就像优先发送iMessage一样，优先使用FaceTime Audio通话，从而获得高品质、高速网络的通话体验。

（5）ARKit

iOS SDK 11中Apple给开发者，特别是AR相关的开发者带来了一个很棒的礼物，那就是ARKit。ARKit利用单镜头和陀螺仪，在对平面的识别和虚拟物体的稳定上做得相当出色。ARKit极大降低了普通开发者玩AR的门槛，也是Apple现阶段用来抗衡VR的选项。

1.2 开始iOS 11开发之旅

知识点讲解光盘:视频\知识点\第1章\开始iOS 11开发之旅.mp4

要想成为一名iOS开发人员，首先需要拥有一台计算机，并运行苹果的操作系统。对于iOS 11开发人员来说，需要安装最新的MacOS 10.13系统。硬盘至少有6GB的可用空间，开发系统的屏幕越大，就越容易营造高效的工作空间。对于广大读者来说，还是建议购买一台Mac机器，因为这样的开发效率更高，也避免一些因为不兼容所带来的调试错误。除此之外，还需要加入Apple开发人员计划（Developer Program），拥有一个Apple账号。

其实无须任何花费即可加入到Apple开发人员计划，然后下载iOS SDK（软件开发包）、编写iOS应用程序，并且在Apple iOS模拟器中运行它们。但是毕竟收费与免费之间还是存在一定的区别：免费会受到较多的限制。例如将编写的应用程序加载到iPhone中或通过App Store发布它们，需支付会员费。本书的大多数应用程序都可在免费工具提供的模拟器中正常运行，因此，接下来如何做由你决定。

注意：如果不确定成为付费成员是否合适，建议读者先不要急于成为付费会员，而是先成为免费成员，在编写一些示例应用程序并在模拟器中运行它们后再升级为付费会员。但是，模拟器不能精确地模拟移动传感器输入和GPS数据等。

如果读者准备选择付费模式，付费的开发人员计划提供了两种等级：标准计划（99美元）和企业计划（299美元），前者适用于要通过App Store发布其应用程序的开发人员，而后者适用于开发的应用程序要在内部（而不是通过App Store）发布的大型公司（雇员超过500）。

注意：无论是公司用户还是个人用户，都可选择标准计划（99美元）。在将应用程序发布到App Store时，如果需要指出公司名，则在注册期间会给出标准的"个人"或"公司"计划选项。

无论是大型企业还是小型公司，无论是要成为免费成员还是付费成员，我们的iOS 11开发之旅都将从Apple网站开始。首先，访问Apple iOS开发中心，如图1-1所示。

如果通过使用iTunes、iCloud或其他Apple服务获得了Apple ID，可将该ID用作开发账户。如果目前还没有Apple ID，需要新注册一个专门用于开发的新ID，可通过注册的方法创建一个新Apple ID，注册界面如图1-2所示。注册成功后输入账号信息登录，登录成功后的界面如图1-3所示。

图1-1 Apple iOS的开发中心页面

图1-2 注册Apple ID的界面

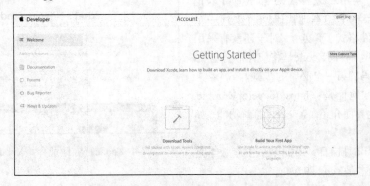
图1-3 使用Apple ID账号登录后的界面

在成功登录Apple ID后，可以决定是加入付费的开发人员计划还是继续使用免费资源。要加入付费的开发人员计划，请再次将浏览器指向iOS开发计划网页，并单击"Enron New"链接加入。阅读说明性文字后，单击"Continue"按钮开始进入加入流程。

在系统提示时选择"I'm Registered as a Developer with Apple and Would Like to Enroll in a Paid Apple Developer Program"，再单击"Continue"按钮。注册工具会引导我们申请加入付费的开发人员计划，包括在个人和公司选项之间做出选择。

1.3 工欲善其事，必先利其器——搭建开发环境

知识点讲解光盘:视频\知识点\第1章\搭建开发环境.mp4

学习iOS 11开发也离不开好的开发工具的帮助，如果使用的是MacOS 10.13系统，下载iOS 11开发工具将很容易，只需通过简单地单击操作即可。为此，在Dock中打开Apple Store，搜索Xcode 9并免费下载它，坐下来等待Mac下载完大型安装程序（约5GB）。如果你使用的不是MacOS 10.13系统，可以从iOS开发中心下载。

注意：如果是免费成员，登录iOS开发中心后，很可能只能看到一个安装程序，它可安装Xcode和iOS SDK（最新版本的开发工具）；如果你是付费成员，可看到指向其他SDK版本（5.1、6.0、7.0、8.0等）的链接。

1.3.1 Xcode 介绍

要开发iOS的应用程序，需要一台安装有Xcode工具的苹果计算机。Xcode是苹果提供的开发工具集，提供了项目管理、代码编辑、创建执行程序、代码调试、代码库管理和性能调节等功能。这个工具集的核心就是Xcode程序，提供了基本的源代码开发环境。

Xcode是一款强大的专业开发工具，可以简单快速，并以我们熟悉的方式执行绝大多数常见的软件开发任务。相对于创建单一类型的应用程序所需要的能力而言，Xcode要强大得多，设计它的目的是使我们可以创建任何想得到的软件产品类型，从Cocoa及Carbon应用程序，到内核扩展及Spotlight导入器等各种开发任务，Xcode都能完成。Xcode独具特色的用户界面可以帮助我们以各种不同的方式来漫游工具中的代码，并且可以访问工具箱下面的大量功能，包括GCC、javac、jikes和GDB，这些功能都是制作软件产品需要的。它是一个由专业人员设计、又由专业人员使用的工具。

由于能力出众，Xcode已经被Mac开发者社区广为采纳。而且随着苹果计算机向基于Intel的Macintosh迁移，转向Xcode变得比以往任何时候都更加重要。这是因为使用Xcode可以创建通用的二进制代码，这里所说的通用二进制代码是一种可以把PowerPC和Intel架构下的本地代码同时放到一个程序包执行的文件格式。事实上，对于还没有采用Xcode的开发人员，转向Xcode是将应用程序连编为通用二进制代码的第一个必要的步骤。

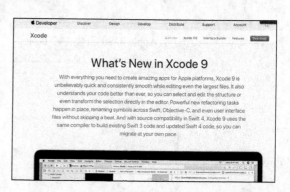

Xcode的官方地址是：https://developer.apple.com/xcode/，在此界面介绍了Xcode 9的新功能，如图1-4所示。

截止到2017年6月14日，市面中最主流版本是Xcode 8，最新版本是Xcode 9 beta。

图1-4 Xcode官方地址介绍Xcode 9的新功能

1.3.2 下载并安装 Xcode 9

其实对于初学者来说，我们只需安装Xcode即可。通过使用Xcode，既能开发iPhone程序，也能够开发iPad程序。并且Xcode还是完全免费的，通过它提供的模拟器就可以在计算机上测试iOS程序。如果要发布iOS程序或在真实机器上测试iOS程序，就需要花99美元了。

1. 下载Xcode 9

（1）下载的前提是先注册成为一名开发人员，打开苹果公司开发主页面https://developer.apple.com/。

（2）登录到Xcode的下载页面（见Apple网站），找到"Xcode 9"选项，如图1-5所示。

（3）如果是付费账户，可以直接在苹果官方公司网站中下载获得Xcode 9。如果不是付费会员用户，可以从网络中搜索热心网友们的共享信息，以此达到下载Xcode 9的目的。单击"Download Xcode 9 beta 2"链接后开始下载。

2. 安装Xcode

（1）下载完成后单击打开下载的".dmg"格式文件，双击这个下载文件后首先进行签名验证和解压缩操作，如图1-6所示。

（2）解压缩成功后会在本地硬盘中生成一个解压后的Xcode安装文件，如图1-7所示。

（3）双击解压后的Xcode文件开始安装，在弹出的欢迎界面中单击"Agree"按钮，如图1-8所示。

（4）在弹出的对话框中输入用户名和密码，然后单击"好"按钮，如图1-9所示。

图1-5 单击"Xcode 9"下载链接

图1-6 解压缩操作

图1-7 解压后的Xcode安装文件

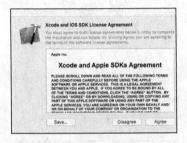
图1-8 单击"Continue"按钮

图1-9 单击"好"按钮

（5）在弹出的新对话框中显示安装进度，如图1-10所示。
（6）Xcode 9的默认启动界面如图1-11所示。

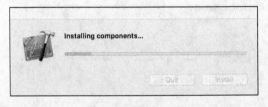
图1-10 安装进度

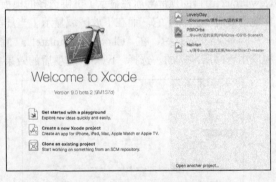
图1-11 启动Xcode 9后的初始界面

注意：
（1）考虑到许多初学者没有购买苹果机的预算，可以在Windows系统上采用虚拟机的方式安装OS X系统。
（2）无论读者是已经有一定Xcode经验的开发者，还是刚开始迁移的新用户，都需要对Xcode的用户界面及如何用Xcode组织软件工具有一些理解，这样才能真正高效地使用这个工具。这种理解可以加深读者对隐藏在Xcode背后的开发思想的认识，并帮助读者更好地使用Xcode。
（3）建议读者将Xcode安装在OS X的Mac机器上，也就是装有苹果系统的苹果机上。通常来说，在苹果机器的OS X系统中已经内置了Xcode，默认目录是"/Developer/Applications"。

（4）本书使用的Xcode 9 beat（测试）版本，苹果公司会为开发者陆续推出后续新版本。读者可以用新版本调试本书的程序，完全不妨碍读者对本书的学习。

（5）我们可以使用苹果系统中自带App Store来获取Xcode 9，这种方式的优点是完全自动化实现，操作方便，无需经过本书上面介绍的步骤。

1.3.3 创建 iOS 11 项目并启动模拟器

（1）Xcode位于"Developer"文件夹内中的"Applications"子文件夹中，快捷图标如图1-12所示。

（2）启动Xcode 9后的初始界面如图1-13所示，在此可以设置创建新工程还是打开一个已存在的工程。

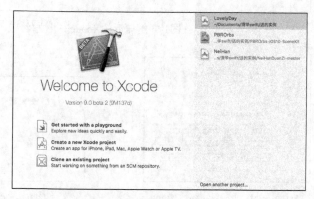

图1-12　Xcode图标　　　　　　　图1-13　启动一个新项目

（3）单击"Create a new Xcode project"后会出现"Choose a template…"窗口，如图1-14所示。在New Project窗口的顶部导航栏显示了可供选择的模板类别，因为我们的重点是类别iOS Application，所以，在此需要确保选择了它。而在下放区域显示了当前类别中的模板以及当前选定模板的描述。

（4）从iOS 9开始，在"Choose a template…"窗口的左侧新增了"tvOS"选项，这是为开发苹果电视应用程序所准备的。选择"tvOS"选项后的效果如图1-15所示。

图1-14　"Choose a template…"窗口　　　　图1-15　选择"tvOS"选项后的效果

（5）对于大多数iOS 11应用程序来说，只需选择"iOS"下的"Single View Application（单视图应用程序）"模板，然后单击"Next（下一步）"按钮即可，如图1-16所示。

（6）选择模板并单击"Next"按钮后，在新界面中Xcode将要求用户指定产品名称和公司标识符。产品名称就是应用程序的名称，而公司标识符创建应用程序的组织或个人的域名，但按相反的顺序排列。这两者组成了束标识符，它将用户的应用程序与其他iOS应用程序区分开来，如图1-17所示。

图1-16 单击模板"Single View Application
（单视图应用程序）"

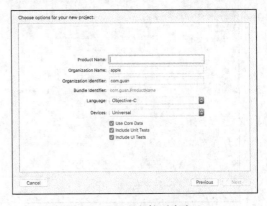
图1-17 Xcode文件列表窗口

例如，我们将创建一个名为"exSwift"的应用程序，设置域名是"apple"。如果没有域名，在开发时可以使用默认的标识符。

（7）单击"Next"按钮，Xcode将要求我们指定项目的存储位置。切换到硬盘中合适的文件夹，确保没有选择复选框Source Control，再单击"Create（创建）"按钮。Xcode将创建一个名称与项目名相同的文件夹，并将所有相关联的模板文件都放到该文件夹中，如图1-18所示。

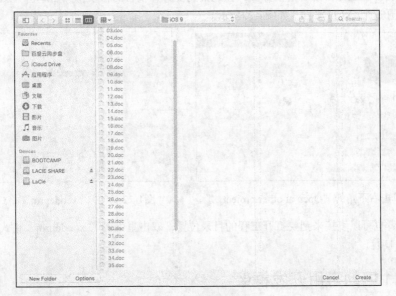
图1-18 选择保存位置

（8）在Xcode中创建或打开项目后，将出现一个类似于iTunes的窗口，用户将使用它来完成所有的工作，从编写代码到设计应用程序界面。如果这是读者第一次接触Xcode，令人眼花缭乱的按钮、下拉列表和图标将让读者感到不适。为了让读者对这些东西有大致认识，下面首先介绍该界面的主要功能区域，如图1-19所示。

（9）运行iOS模拟器的方法十分简单，只需单击左上角的 按钮即可。例如选中"iPhone 7 Plus"选项，模拟器的运行效果如图1-20所示。

图1-19 Xcode 9界面   图1-20 "iPhone 7 Plus"
                                   模拟器的运行效果

1.3.4 打开一个现有的 iOS 11 项目

在开发过程中，经常需要打开一个现有的iOS 11项目，例如读者打开本书附带光盘中的源代码工程。

（1）启动Xcode 9开发工具，然后单击右下角的"Open another project…"命令，如图1-21所示。

（2）此时会弹出选择目录对话框界面，在此找到要打开项目的目录，然后单击".xcodeproj"格式的文件即可打开这个iOS 11项目，如图1-22所示。

图1-21 单击右下角的"Open another project…"   图1-22 单击".xcodeproj"格式的文件

另外，读者也可以直接来到要打开工程的目录位置，双击里面的".xcodeproj"格式的文件也可以打开这个iOS 11项目。

1.4 iOS 11 中的常用开发框架

知识点讲解光盘:视频\知识点\第1章\iOS 11中的常用开发框架.mp4

为了提高开发iOS程序的效率，除了可以使用Xcode集成开发工具之外，还可以使用第三方提供的框架，这些框架为我们提供了完整的项目解决方案，是由许多类、方法、函数、文档按照一定的逻辑组织起来的集合，以便使研发程序变得更容易。在OSX下的Mac操作系统中，大约存在80个框架，这些框架可以用来开发应用程序，处理Mac的Address Book结构、刻制CD、播放DVD、使用QuickTime播放电影和歌曲等。

在iOS的众多框架中，其中有两个最为常用的框架：Foundation框架和Cocoa框架。

1.4.1 Foundation 框架简介

在OSX下的Mac操作系统中，为所有程序开发奠定基础的框架称为Foundation框架。该框架允许使用一些基本对象,例如数字和字符串,以及一些对象集合,如数组、字典和集合。其他功能包括处理日期和时间、自动化的内存管理、处理基础文件系统、存储(或归档)对象、处理几何数据结构(如点和长方形)。

Foundation头文件的存储目录是:

/System/Library/Frameworks/Foundation.framework/Headers

上述头文件实际上与其存储位置的其他目录相链接。请读者查看这个目录中存储在系统上的Foundation框架文档,熟悉它的内容和用法简介。Foundation框架文档存储在我们计算机系统中(位于/Develop/Documentation目录中),另外,Apple网站上也提供了此说明文档。大多数文档为HTML格式的文件,可以通过浏览器查看。同时也提供了Acrobat pdf文件。这个文档中包含Foundation的所有类及其实现的所有方法和函数的描述。

如果正在使用Xcode开发程序,可以通过Xcode的Help菜单中的Documentation窗口轻松访问文档。通过这个窗口,可以轻松搜索和访问存储在计算机中或者在线的文档。如果正在Xcode中编辑文件并且想要快速访问某个特定头文件、方法或类的文档,可以通过高亮显示编辑器窗口中的文本并右键单击的方法来实现。在出现的菜单中,可以适当选择Find Selected Text in Documentation或者Find Selected Text in API Reference。Xcode将搜索文档库,并显示与查询相匹配的结果。

看一看它是如何工作的。类NSString是一个Foundation类,可以使用它来处理字符串。假设正在编辑某个使用该类的程序,并且想要获得更多关于这个类及其方法的信息,无论何时,当单词NSString出现在编辑窗口时,都可以将其高亮显示并右键单击。如果从出现的菜单中选择Find Selected Text in API Reference,会得到一个外观与图1-23类似的文档窗口。

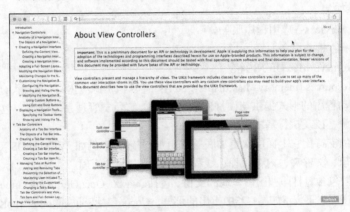

图1-23 NSString类的文档

如果向下滚动标有NSString Class Reference的面板,将发现(在其他内容中间)一个该类所支持的所有方法的列表。这是一个能够获得有关实现哪些方法等信息的便捷途径,包括它们如何工作以及它们的预期参数。

读者可以在线访问developer.apple.com/referencelibrary,打开Foundation参考文档(通过Cocoa、Frameworks、Foundation Framework Reference链接),在这个站点中还能够发现一些介绍某些特定编程问题的文档,例如内存管理、字符串和文件管理。除非订阅的是某个特定文档集,否则在线文档要比存储在计算机硬盘中的文档从时间上讲更新一些,如图1-23所示。

在Foundation框架中包括了大量可供使用的类、方法和函数。在Mac OS X上,大约有125个可用的头文件。作为一种简便的形式,我们可以使用如下代码头文件。

    #import <Foundation/Foundation.h>

因为Foundation.h文件实际上导入了其他所有Foundation头文件,所以不必担心是否导入了正确的头文件，Xcode会自动将这个头文件插入到程序中。虽然使用上述代码会显著地增加程序的编译时间，但是，通过使用预编译的头文件，可以避免这些额外的时间开销。预编译的头文件是经过编译器预先处理过的文件。在默认情况下，所有Xcode项目都会受益于预编译的头文件。在本章使用每个对象时都会用到这些特定的头文件，这会有助于我们熟悉每个头文件所包含的内容。

1.4.2 Cocoa 框架简介

Application Kit框架包含广泛的类和方法，它们能够开发交互式图形应用程序，使得开发文本、菜单、工具栏、表、文档、剪贴板和窗口等应用变得十分简便。在Mac OS X操作系统中，术语Cocoa是指Foundation框架和Application kit框架。术语Cocoa Touch是指Foundation框架和UIKit框架。由此可见，Cocoa是一种支持应用程序提供丰富用户体验的框架，它实际上由如下两个框架组成：

- Foundation框架；
- Application Kit（或AppKit）框架。

其中后者用于提供与窗口、按钮、列表等相关的类。在编程语言中，通常使用示意图来说明框架最顶层应用程序与底层硬件之间的层次，图1-24所示就是一个这样的图。

图1-24中各个层次的具体说明如下所示。

- User：用户。
- Application：应用程序。
- Cocoa（Foundation and AppKit Frameworks）：Cocoa（Foundation和AppKit框架）。
- Application Services：应用程序服务。
- Core Services：核心服务。
- Mac OS X kernel：Mac OS X内核。
- Computer Resources (memory, disk, display, etc.)：计算机资源（内存、磁盘、显示器等）。

图1-24 应用程序层次结构

内核以设备驱动程序的形式提供与硬件的底层通信，它负责管理系统资源，包括调度要执行的程序、管理内存和电源，以及执行基本的I/O操作。

核心服务提供的支持比它上面层次更加底层或更加"核心"。例如，在Mac OS X中主要对集合、网络、调试、文件管理、文件夹、内存管理、线程、时间和电源的管理。

应用程序服务层包含对打印和图形呈现的支持，包括Quartz、OpenGL和Quicktime。由此可见，Cocoa层直接位于应用程序层之下。正如图1-23中指出的那样，Cocoa包括Foundation和AppKit框架。Foundation框架提供的类用于处理集合、字符串、内存管理、文件系统、存档等。通过AppKit框架中提供的类，可以管理视图、窗口、文档等用户界面。在很多情况下，Foundation框架为底层核心服务层（主要用过程化的C语言编写）中定义的数据结构定义了一种面向对象的映射。

Cocoa框架用于Mac OS X桌面与笔记本电脑的应用程序开发，而Cocoa Touch框架用于iPhone与iTouch的应用程序开发。Cocoa和Cocoa Touch都有Foundation框架。然而在Cocoa Touch下，UIKit代替了AppKit框架，以便为很多相同类型的对象提供支持，如窗口、视图、按钮、文本域等。另外，Cocoa Touch还提供使用加速器（它与GPS和Wi-Fi信号一样都能跟踪位置）的类和触摸式界面，并且去掉了不需要的类，如支持打印的类。

1.4.3 iOS 程序框架

总地来说iOS程序有两类框架，一类是游戏框架，另一类是非游戏框架，接下来将要介绍的是非游戏框架，即基于iPhone用户界面标准控件的程序框架。

典型的iOS程序包含一个Window（窗口）和几个UIViewController（视图控制器），每个UIViewController

可以管理多个UIView（在iPhone里你看到的、感觉到的都是UIView，也可能是UITableView、UIWebView、UIImageView等）。这些UIView之间进行层次迭放、显示、隐藏、旋转、移动等都由UIViewController进行管理，而UIViewController之间的切换，通常情况是通过UINavigationController、UITabBarController或UISplitViewController进行切换。

（1）UINavigationController

是用于构建分层应用程序的主要工具，它维护了一个视图控制器栈，任何类型的视图控制器都可以放入。它在管理以及换入和换出多个内容视图方面，与UITabBarController（标签控制器）类似。两者间的主要不同在于UINavigationController是作为栈来实现，它更适合用于处理分层数据。另外，UINavigationController还有一个作用是用作顶部菜单。

当你的程序具有层次化的工作流时，就比较适合使用UINavigationController来管理UIViewController，即用户可以从上一层界面进入下一层界面，在下一层界面处理完以后又可以简单地返回到上一层界面，UINavigationController使用堆栈的方式来管理UIViewController。

（2）UITabBarController

当我们的应用程序需要分为几个相对比较独立的部分时，就比较适合使用UITabBarController来组织用户界面。如图1-25所示，屏幕下面被划分成了两个部分。

（3）UISplitViewController

UISplitViewController属于iPad特有的界面控件，适合用于主从界面的情况（Master view→Detail view），Detail view跟随Master view进行更新。如图1-26所示，屏幕左边（Master View）是主菜单，单击每个菜单则屏幕右边（Detail View）就进行刷新，屏幕右边的界面内容又可以通过UINavigationController进行组织，以便用户进入Detail View进行更多操作，用户界面以这样的方式进行组织，使得程序内容清晰，非常有条理，是组织用户界面导航很好的方式。

图1-25 UITabBarController的作用

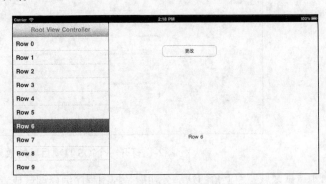
图1-26 UISplitViewController的作用

第 2 章 使用Xcode开发环境详解

Xcode是一款功能全面的应用程序,通过此工具可以轻松输入、编译、调试并执行Objective-C程序。如果想在Mac上快速开发iOS应用程序,则必须学会使用这个强大的工具的方法。在本章的内容中,将详细讲解Xcode 9开发工具的基本知识,为读者步入本书后面知识的学习打下基础。

2.1 基本面板介绍

使用Xcode 9打开一个iOS 11项目后的效果如图2-1所示。

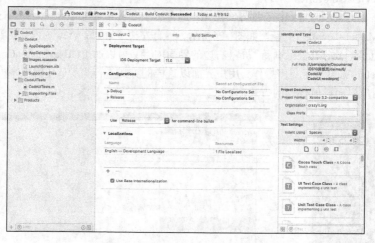

图2-1 打开一个iOS 11项目后的效果

(1)调试区域:左上角的这部分功能是控制程序编译调试或者终止调试,还有选择Scheme目标的地方。单击三角形图标会启动模拟器运行这个iOS程序,单击正方形图标会停止运行。

(2)资源管理器:左边这一部分是资源管理器,上方可以设置选择显示的视图,有Class视图、搜索视图、错误视图等。

(3)工程面板:这部分是最重要的,也是整个窗口中占用面积最大的区域。通常显示当前工程的总体信息,例如编译信息、版本信息和团队信息等。当在"资源管理器"中用鼠标选择一个源代码文件时,此时这个区域将变为"编码面板",在面板中将显示这个文件的具体源代码。

(4)属性面板:在进行Storyboard或者xib设计时十分有用,可以设置每个控件的属性。和Visual C++、Vsiual Studio.NET中的属性面板类似。

2.1.1 调试工具栏

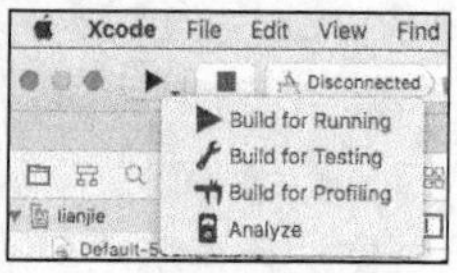

调试工具栏界面效果如图2-2所示。从左面开始我们来看看常用的工具栏项目,首先是run运行按钮 ▶,单击它可以打开模拟器来运行我们的项目。停

图2-2 调试工具栏界面

止运行按钮是 ■。另外，当单击并按住片刻后可以看到下面的弹出菜单，为我们提供了更多的运行选项。

在停止运行按钮 ■ 的旁边，可以看到图2-3所示这样的一个下拉列表，这里让我们可以选择虚拟器的属性，是iPad还是iPhone。iOS Device是指真机测试，如图2-3所示。

工具栏最右侧有3个关闭视图控制器工具，可以让我们关闭一些不需要的视图，如图2-4所示。

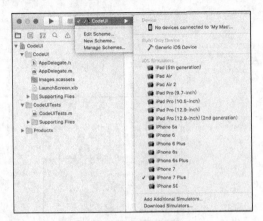

图2-3 选择虚拟器的属性　　　　　　图2-4 关闭视图控制器工具

2.1.2 导航面板介绍

在导航区域包含了多个导航类型，例如选中第一个图标 ▯ 后会显示项目导航面板，即显示当前项目的构成文件，如图2-5所示。

单击第2个图标 ▯ 后会来到符号导航面板界面，将显示当前项目中包含的类、方法和属性，如图2-6所示。

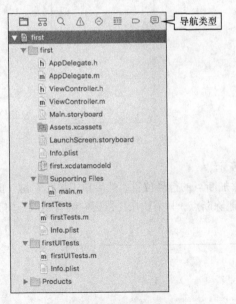

图2-5 项目导航面板界面　　　　　　图2-6 符号导航面板界面

单击第3个图标 🔍 后会来到搜索导航面板界面，在此可以输入将要搜索的关键字，按下回车键后将会显示搜索结果。例如输入关键字"first"后的效果如图2-7所示。

单击第4个图标 ⚠ 后会来到问题导航面板界面，如果当前项目存在错误或警告，则会在此面板中显示出来，如图2-8所示。

图2-7 搜索导航面板界面

图2-8 显示错误信息

单击第5个图标后会来到测试导航面板界面，将会显示当前项目包含的测试用例和测试方法等，如图2-9所示。

单击第6个图标后会来到调试导航面板界面，在默认情况下将会显示一片空白，如图2-10所示。只有进行项目调试时，才会在这个面板中显示内容。

图2-9 测试导航面板界面

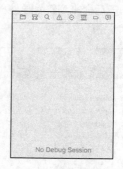

图2-10 调试导航面板界面

在Xcode 9中使用断点调试的基本流程如下所示。

打开某一个文件，在编码窗口中找到想要添加断点的行号位置，然后单击鼠标左键，此时这行代码前面将会出现图标，如图2-11所示。如果想删除断点，只需用按住鼠标左键将断点拖向旁边，此时断点会消失。

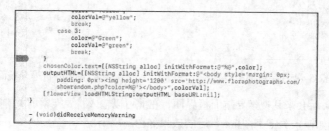

图2-11 设置的断点

图2-12 变量检查值

在添加断点并运行项目后,程序会进入调试状态,并且会执行到断点处停下来,此面板中将会显示执行这个断点时的所有变量以及变量的值,如图2-12所示。此时的测试导航界面如图2-13所示。

断点测试导航界面的功能非常强大,甚至可以查看程序对CPU的使用情况,如图2-14所示。

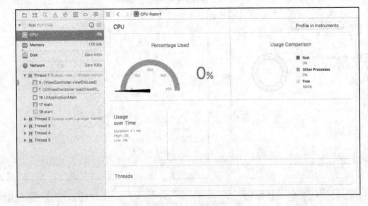

图2-13 断点测试导航界面　　　　　图2-14 CPU的使用情况

单击第7个图标 后会来到断点导航面板界面,在此界面中将会显示当前项目中的所有断点。右键单击断点后,可以在弹出的命令中设置禁用断点或删除断点,如图2-15所示。

单击第8个图标 后会来到日志导航面板界面,在此界面中将会显示在开发整个项目的过程中所发生过的所有信息,如图2-16所示。

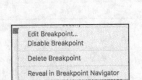

图2-15 禁用断点或删除断点　　　　　图2-16 日志导航面板

2.1.3 检查器面板

单击属性窗口中的 图标后会来到文件检查器面板界面,此面板用于显示该文件存储的相关信息,例如文件名、文件类型、文件存储路径和文件编码等信息，如图2-17所示。

单击属性窗口中的 ⓘ 图标后会来到快速帮助面板界面，当将鼠标停留在某个源码文件中的声明代码片段部分时，会在快速帮助面板界面中显示帮助信息。图2-18的右上方显示了鼠标所在位置的帮助信息。

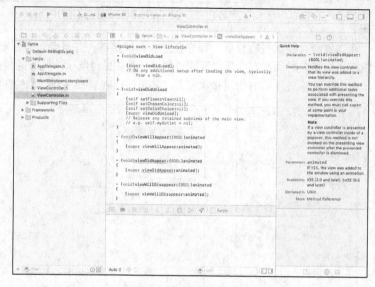

图2-17 文件检查器面板　　　　　　　　　图2-18 快速帮助信息

2.2 Xcode 9 的基本操作

经过本章前面内容的介绍，已经了解了Xcode 9中面板的基本知识。在本节的内容中，将详细讲解在Xcode 9中进行基本操作的知识。

2.2.1 改变公司名称

通过xcode编写代码，代码的头部会有类似于图2-19所示的内容。

在此可以将这部分内容改为公司的名称或者项目的名称。

图2-19 头部内容

2.2.2 通过搜索框缩小文件范围

当项目开发到一段时间后，源代码文件会越来越多。再从Groups & Files的界面去点选，效率比较差。可以借助Xcode的浏览器窗口，如图2-20所示。

图2-20 Xcode的浏览器窗口

在图2-20的搜索框中可以输入关键字，这样浏览器窗口里只显示带关键字的文件了，比如只想看Book相关的类，如图2-21所示。

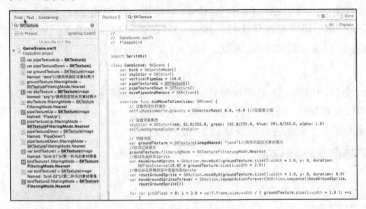

图2-21 输入关键字

2.2.3 格式化代码

例如在图2-22所示的界面中，有很多行都顶格了，此时需要进行格式化处理。

选中需要格式化的代码，然后在上下文菜单中进行查找，这是比较规矩的办法，如图2-23所示。

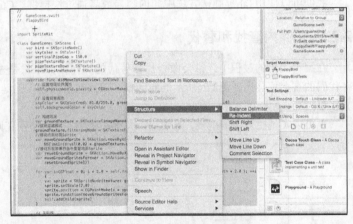

图2-22 多行都顶格　　　　　　　　图2-23 在上下文菜单中进行查找

Xcode没有提供快捷键，当然自己可以设置，此时可以用快捷键实现，例如Ctrl+A（全选文字）、Ctrl+X（剪切文字）、Ctrl+V（粘贴文字）。Xcode会对粘贴的文字格式化。

2.2.4 代码缩进和自动完成

有的时候代码需要缩进，有的时候又要做相反的操作。单行缩进和其他编辑器类似，只需使用Tab键即可。如果选中多行则需要使用快捷键，其中Command+]表示缩进，Command+[表示反向缩进。

使用IDE工具的一大好处是，工具能够帮助我们自动完成冗长的类型名称。Xcode提供了这方面的功能。比如下面的输出日志。

```
NSLog(@"book author: %@",book.author);
```

如果都自己输入会很麻烦的，可以先输入ns，然后使用快捷键"Ctrl+."，会自动出现如下代码。

```
NSLog(NSString * format)
```

然后填写参数即可。快捷键"Ctrl+."的功能是自动给出第一个匹配ns关键字的函数或类型，而NSLog是第一个。如果继续使用"Ctrl+."，则会出现比如NSString的形式。以此类推，会显示所有ns开头的类型或函数，并循环往复。或者，也可以用"Ctrl+,"快捷键，比如还是ns，那么会显示全部ns开头的类型、函数、常量等的列表。可以在这里选择。其实，Xcode也可以在你输入代码的过程中自动给出建议。比如要输入NSString。当输入到NSStr的时候。

```
NSString
```

此时后面的ing会自动出现，如果和我预想的一样，只需直接按Tab键确认即可。也许你想输入的是NSStream，那么可以继续输入。另外也可按Esc键，这时就会出现结果列表供选择了，如图2-24所示。如果是正在输入方法，那么会自动完成图2-25所示的样子。

图2-24 出现结果列表　　　　　　　　图2-25 自动完成的结果

我们可以使用Tab键确认方法中的内容，或者通过快捷键"Ctrl+/"在方法中的参数来回切换。

2.2.5 文件内查找和替代

在编辑代码的过程中经常会做查找和替代的操作，如果只是查找则直接按"Command+F"即可，在代码的右上角会出现图2-26所示的对话框。只需在里面输入关键字，不论大小写，代码中所有命中的文字都高亮显示。

也可以实现更复杂的查找，比如是否大小写敏感，是否使用正则表达式等。设置界面如图2-27所示。

图2-26 查找界面　　　　　　　　图2-27 复杂查找设置

通过图2-28中的"Find & Replace"可以切换到替代界面。

如图2-29所示的界面将查找设置为大小写敏感，然后替代为myBook。

另外，也可以单击按钮是否全部替代，还是查找一个替代一个等。如果需要在整个项目内查找和替代，则依次单击"Find" -> "Find in Project..."命令，如图2-30所示。

还是以找关键字book为例，则实现界面如图2-31所示。

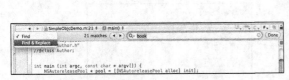

图2-28 "Find & Replace"替换　　　　　图2-29 替代为myBook

图2-30 "Find in Project…"命令　　　图2-31 在整个项目内查找"book"关键字

替代操作的过程也与之类似，在此不再进行详细讲解。

2.2.6 快速定位到代码行

如果想定位光标到选中文件的行上，可以使用快捷键"Command+L"来实现，也可以依次单击"Navigate" –> "Jump to Line…"命令实现，如图2-32所示。

在使用菜单或者快捷键时都会出现下面的对话框，输入行号和回车后就会来到该文件的指定行，如图2-33所示。

图2-32 "Jump to Line"命令　　　　　图2-33 输入行号

2.2.7 快速打开文件

有时候需要快速打开头文件，如图2-34所示的界面。要想知道这里的文件ViewController.h到底是什么内容，可以鼠标选中文件ViewController.h来实现。

依次单击"File" –> "Open Quickly…"命令，如图2-35所示。

图2-34 一个头文件

此时会弹出图2-36所示的对话框。

图2-35 "Open Quickly…"命令

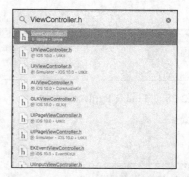

图2-36 "Open Quickly…"对话框

此时双击文件ViewController.h的条目就可以看到图2-37所示的界面。

图2-37 文件ViewController.h的内容

2.2.8 自定义导航条

在代码窗口上边有一个工具条，此工具条提供了很多方便的导航功能，如图2-38所示的功能。

也可以用来实现上面TODO的需求。这里有两种自定义导航条的写法，其中下面是标准写法。

```
#pragma mark
```

而下面是Xcode兼容的格式。

```
// TODO: xxx
// FIXME: xxx
```

图2-38 一个导航条

完整的代码如图2-39所示。

此时会产生如图2-40所示的导航条效果。

图2-39 完整的代码

图2-40 产生的导航条效果

2.2.9 使用 Xcode 帮助

如果想快速地查看官方API文档，可以在源代码中按下"Option"键并鼠标双击该类型（函数、变量等），如图2-41所示的是"didReceiveMemoryWarning"的API文档对话框。

如果单击图2-41中标识的按钮，会弹出完整文档的窗口，如图2-42所示。

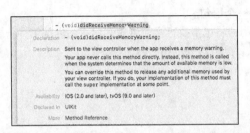

图2-41 didReceiveMemoryWarning的API文档对话框

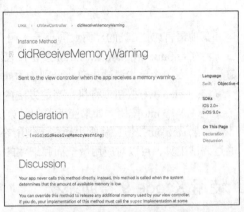

图2-42 完整文档的窗口

2.2.10 调试代码

最简单的调试方法是通过NSLog打印出程序运行中的结果，然后根据这些结果判断程序运行的流程和结果值是否符合预期。对于简单的项目，通常使用这种方式就足够了。但是，如果开发的是商业项目，需要借助Xcode提供的专门调试工具。所有的编程工具的调试思路都是一样的。首先要在代码中设置断点，此时可以想象一下，程序的执行是顺序的，可能怀疑某个地方的代码出了问题（引发bug），那么就在这段代码开始的地方，比如这个方法的第一行，或者循环的开始部分，设置一个断点。那么程序在调试时会在运行到断点时终止，接下来可以一行一行地执行代码，判断执行顺序是否是自己预期的，或者变量的值是否和自己想的一样。

设置断点的方法非常简单，比如想对框中（运行到）表示的行设置断点，就单击该行左侧圈的位置，如图2-43所示。

图2-43 单击该行左侧圈的位置

单击后会出现断点标志，如图2-44所示。

然后运行代码，比如使用"Command+Enter"命令，这时将运行代码，并且停止在断点处，如图2-45所示。

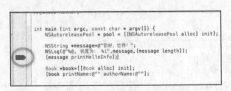

图2-44 出现断点标志

图2-45 停止在断点处

可以通过"Shift+Command+Y"命令调出调试对话框，如图2-46所示。

图2-46 调试对话框

这和其他语言IDE工具的界面大同小异，因为都具有类似的功能。下面是主要命令的具体说明。
- ▷：Continue program execution按钮，表示继续执行程序。
- ⌒ ↓ ⌒：3个单步调试按钮，分别表示如下3点说明。
  - ⌒：step over按钮，将执行当前方法内的下一个语句。
  - ↓：step into按钮，如果当前语句是方法调用，将单步执行当前语句调用方法内部第一行。
  - ⌒：step out按钮，将跳出当前语句所在方法，到方法外的第一行。

通过调试工具，可以对应用做全面和细致的调试。

2.3 使用 Xcode 9 帮助系统

在Mac中使用Xcode 9进行iOS开发时，难免会遇到很多API、类和函数等资料的查询操作，此时可以利用Xcode自带的帮助文档系统进行学习并解决我们的问题。使用Xcode 9帮助系统的方式有如下3种。

（1）使用"快速帮助面板"

在本章前面的2.2节中已经介绍了使用"快速帮助面板"的方法，只需将鼠标放在源代码中的某个类或函数上，即可在"快速帮助面板"中弹出帮助信息，如图2-47所示。

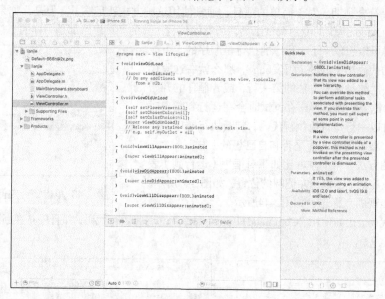

图2-47 "快速帮助面板"界面

此时单击右下角中的"View Controller Catalog for iOSView Controller"后会在新界面中显示详细信息，如图2-48所示。

（2）使用搜索功能

在图2-48中的帮助系统中，我们可以在顶部文本框中输入一个关键字，即可在下方展示对应的知识点信息。例如输入关键字"NSString"后的效果如图2-49所示。

2.3 使用 Xcode 9 帮助系统

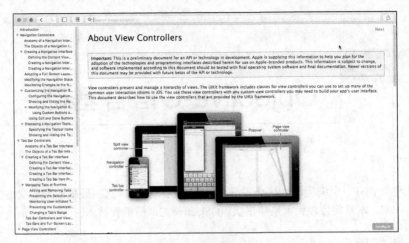

图2-48 详细帮助信息

图2-49 输入关键字"NSString"后的效果

（3）使用编辑区的快速帮助

在某个程序文件的代码编辑界面，按下Option键后，当将鼠标光标移动到某个类上时，光标会变为问号，此时单击鼠标左键就会弹出悬浮样式的快速帮助信息，显示对应的接口文件和参考文档。

当单击打开文档名时，会弹出帮助界面显示相关的帮助信息。

第3章 Objective-C语言基础

在最近几年来,有一个编程语言从众多编程语言中脱颖而出,这颗耀眼的新星就是我们本章的主角——Objective-C。本章将带领大家来初步认识Objective-C这门编程技术。

3.1 耀眼的新星

知识点讲解光盘:视频\知识点\第3章\最耀眼的新星.mp4

在过去的几年中,Objective-C的占有率连续攀升,在2012年1月,成为了仅次于Java、C、C#和C++之后的一门编程语言。

3.1.1 究竟何为 Objective-C

Objective-C是苹果Mac OS X系统上开发的首选语言。Mac OS X技术来源自NextStep的OpenStep操作系统,而OPENSTEP的软件架构都是用Objetive-C语言编写的。这样,Objective-C就理所当然地成为了Mac OS X上的最佳语言。

Objective-C诞生于1986年,Brad Cox在第一个纯面向对象语言Smalltalk的基础上写成了Objective-C语言。后来Brad Cox创立了StepStone公司,专门负责Objective-C语言的推广。

1988年,Steve Jobs的NextStep采用Objective-C作为开发语言。

1992年,在GNU GCC编译器中包含了对Objective-C的支持。在这以后相当长的时间内,Objective-C语言得到了很多程序员的认可,并且很多是编程界的高人,例如Richard Stallman、Dennis Glating等人。

Objective-C通常被写为ObjC、Objective C或Obj-C,是一门扩充了C语言的面向对象编程语言。Objective-C语言推出后,主要被用在如下两个使用OpenStep标准的平台上。

- Mac OS X。
- GNUstep。

除此之外,在NeXTSTEP和OpenStep中,Objective-C语言也被作为基本语言来使用。在gcc运作的系统中,可以实现Objective-C的编写和编译,因为gcc包含Objective-C的编译器。

3.1.2 为什么选择 Objective-C

iOS选择Objective-C作为开发语言,有许多方面的原因,具体来说有如下4点。

(1)面向对象

Objective-C语言是一门面向对象的语言,功能十分强大。在Cocoa框架中的很多功能,只能通过面向对象的技术来呈现,所以Objective-C一开始就是为了满足面向对象而设计的。

(2)融合性好

从严格意义上讲,Objective-C语言是标准C语言的一个超集。当前使用的C程序无需重新开发就可以使用Cocoa软件框架,并且开发者可以在Objective-C中使用C的所有特性。

（3）简单易用

一方面，Objective-C是一种简洁的语言，它的语法简单，易于学习。但是另一方面，因为易于混淆的术语以及抽象设计的重要性，对于初学者来说可能学习面向对象编程的过程比较漫长。要想学好Objective-C这种结构良好的语言，需要付出很多汗水和精力。

（4）动态机制支持

Objective-C和其他的基于标准C语言的面向对象语言相比，对动态的机制支持更为彻底。专业的编译器为运行环境保留了很多对象本身的数据信息，所以在编译某些程序时可以将选择推迟到运行时来决定。正是基于此特性，使得基于Objective-C的程序非常灵活和强大。例如，与普通面向对象语言相比Objective-C的动态机制有如下两个优点。

- Objective-C语言支持开放式的动态绑定，这有助于交互式用户接口架构的简单化。例如在Objective-C程序中发送消息时，不但无需考虑消息接收者的类，而且也无需考虑方法的名字。这样可以允许用户在运行时再做出决定，也给开发人员带来了极大的设计自由。
- Objective-C语言的动态机制成就了各种复杂的开发工具。运行环境提供了访问运行中程序数据的接口，所以使得开发工具监控Objective-C程序成为可能。

3.2 Objective-C 的优点及缺点

知识点讲解光盘:视频\知识点\第3章\Objective-C的优点及缺点.mp4

Objective-C是一门非常"实际"的编程语言，它使用一个用C写成的很小的运行库，只会令应用程序的大小增加很小，这和大部分面向对象（OO）系统那样使用极大的虚拟机（VM）执行时间来取代整个系统的运作相反。Objective-C写成的程序通常不会比其原始代码大很多。

Objective-C的最初版本并不支持垃圾回收。这是当时人们争论的焦点之一，很多人考虑到Smalltalk回收会产生漫长的"死亡时间"，从而令整个系统失去功能。Objective-C为避免这个问题，所以不再拥有这个功能。虽然在某些第三方版本已加入这个功能（尤是GNUstep），但是Apple在其Mac OS X中仍未引入这个功能。不过令人欣慰的是，在Apple发布的xCode 4中开始支持自动释放，虽然不敢冒昧地说那是垃圾回收，因为毕竟两者机制不同。在xCode 4中的自动释放，也就是ARC（Automatic Reference Counting）机制，是不需要用户手动去释放（Release）一个对象，而是在编译期间，编译器会自动帮我们添加那些以前经常写的[NSObject release]。

还有另外一个问题，Objective-C不包括命名空间机制，取而代之的是程序设计师必须在其类别名称上加上前缀，这样会经常导致冲突。2004年，在Cocoa编程环境中，所有Mac OS X类别和函式均有"NS"作为前缀，例如NSObject或NSButton来清楚分别它们属于Mac OS X核心。使用"NS"是由于这些类别的名称是在NeXTSTEP开发时定下的。

虽然Objective-C是C语言的母集，但它也不视C语言的基本型别为第一级的对象。和C++不同，Objective-C不支持运算子多载（它不支持ad-hoc多型）。虽然与C++不同，但是和Java相同，Objective-C只容许对象继承一个类别（不设多重继承）。Categories和protocols不但可以提供很多多重继承的好处，而且没有太多缺点，例如额外执行时间过长和二进制不兼容。

由于Objective-C使用动态运行时类型，而且所有的方法都是函数调用，有时甚至连系统调用"syscalls"也是如此，所以很多常见的编译时性能优化方法都不能应用于Objective-C，例如内联函数、常数传播、交互式优化、纯量取代与聚集等。这使得Objective-C性能劣于类似的对象抽象语言，例如C++。不过Objective-C拥护者认为，既然Objective-C运行时消耗较大，Objective-C本来就不应该应用于C++或Java常见的底层抽象。

3.3 一个简单的例子

知识点讲解光盘:视频\知识点\第3章\一个简单的例子.mp4

在本节的内容中,将首先举一个十分简单的例子,编写一段Objective-C程序,这段简单程序能够在屏幕上显示短语"first Programming!"。整个代码十分简单,下面是完成这个任务的Objective-C程序:

```objc
//显示短语
#import <Foundation/Foundation.h>
// 定义main方法,作为程序入口
int main(int argc, char *argv[])
{
    @autoreleasepool
    {
        NSLog(@"Hello Objective-C");   // 执行输出
    }
    return 0;   // 返回结果
}
```

对于上述程序,我们可以使用Xcode编译并运行程序,或者使用GNU Objective-C编译器在Terminal窗口中编译并运行程序。Objective-C程序最常用的扩展名是".m",我们将上述程序保存为"prog1.m",然后可以使用Xcode打开。

注意:在Objective-C中,小写字母和大写字母是有区别的。Objective-C并不关心程序行从何处开始输入,程序行的任何位置都能输入语句。基于此,我们可以开发容易阅读的程序。

3.3.1 使用 Xcode 编辑代码

Xcode是一款功能全面的应用程序,通过此工具可以输入、编译、调试并执行Objective-C程序。如果想在Mac上快速开发Objective-C应用程序,则必须学会使用这个强大的工具的方法。在本章前面的章节中,已经介绍了安装并搭建Xcode工具的流程,接下来将简单介绍使用Xcode编辑Objective-C代码的基本方法。

(1)启动Xcode,启动后的界面如图3-1所示。

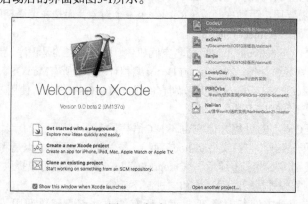

图3-1 启动Xcode

(2)单击Create a new Xcode Project后会出现如图3-2所示的窗口。

(3)在New Project窗口的顶部,显示了可供选择的模板类别。因为是在计算机中调试,所以选择左侧"macOS"下的Application选项,然后在右侧单击Command Line Tool模板,再单击Next(下一步)按钮。窗口界面效果如图3-3所示。

(4)单击Next按钮打开一个新窗口,如图3-4所示。在此需要设置工程的名字,并选择开发语言类型为Objective-C。

图3-2 启动一个新项目：选择应用程序类型

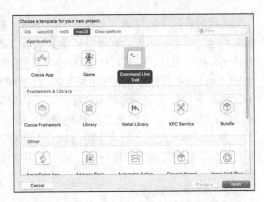

图3-3 单击Command Line Tool模板

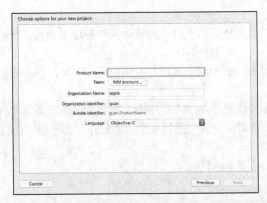

图3-4 设置工程名并选择开发语言类型

（5）单击Next按钮打开一个新窗口，如图3-5所示，在此界面设置当前工程的保存路径。

（6）单击Create按钮后可以创建一个基于Objective-C语言的iOS工程（见图3-6），在程序文件中可以编写Objective-C代码。

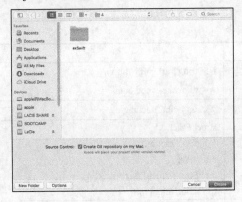

图3-5 Xcode文件列表窗口

图3-6 Xcode prog1项目窗口

3.3.2 基本元素介绍

1．注释

接下来开始分析文件first.m，程序的第一行。

```
//显示短语
```

上述代码表示一段注释，在程序中使用的注释语句用于说明程序并增强程序的可读性。注释负责告诉该程序的读者，不管是程序员还是其他负责维护该程序的人，这只是程序员在编写特定程序和特定语句序列时的想法。一般首行注释用来描述整个程序的功能。

在Objective-C程序中，有如下两种插入注释的方式。

❑ 第一种：使用两个连续的斜杠"//"，在双斜杠后直到这行结尾的任何字符都将被编译器忽略。

❑ 第二种：使用"/*...*/"注释的形式，在中间不能插入任何空格。"/*"表示开始，"*/"表示结束，在两者之间的所有字符都被看作注释语句的一部分，从而被Objective-C编译器忽略。

当注释需要跨越很多程序行时，通常使用这种注释格式，例如下面的代码：

```
/*
这是注释，因为语句很长，
所以得换行，
功能是显示一行文本。
*/
```

在编写程序或者将其键入到计算机上时，应该养成在程序中插入注释的习惯。使用注释有如下两个好处。

（1）当特殊的程序逻辑在您的大脑中出现时就明白程序，要比程序完成后再回来重新思考这个逻辑简单得多。

（2）通过在工作的早期阶段把注释插入程序中，可在调试阶段隔离和调试程序逻辑错误时受益匪浅。注释不仅可以帮助您（或者其他人）通读程序，而且还有助于指出逻辑错误的根源。

2．#import指令

我们继续分析程序，看接下来的代码：

```
#import <Foundation/Foundation.h>
```

#import指令的功能是，告诉编译器找到并处理名为Foundation.h的文件，这是一个系统文件，表示这个文件不是我们创建的。#import表示将该文件的信息导入或包含到程序中，这个功能像把此文件的内容键入到程序中。例如上述代码可以导入文件Foundation.h。

在Objective-C语言中，编译器指令以@符号开始，这个符号经常用在使用类和对象的情况。在下面的表3-1中，对Objective-C语言中的指令进行了总结。

表3-1　　　　　　　　　　　　　　编译器指令

指　令	含　义	例　子
@" chars"	实现常量NSSTRING字符串对象（相邻的字符串已连接）	NSString *url = @" http://www.kochan-wood.com";
@class c1, c2,...	将c1、c2……声明为类	@class Point, Rectangle;
@defs (class)	为class返回一个结构变量的列表	struct Fract { @defs(Fraction); } *fractPtr; fractPtr = (struct Fract *) [[Fraction alloc] init];
@dynamic names	用于names的存取器方法，可动态提供	@dynamic drawRect;
@encode (type)	将字符串编码为type类型	@encode (int *)
@end	结束接口部分、实现部分或协议部分	@end
@implementation	开始一个实现部分	@implementation Fraction;
@interface	开始一个接口部分	@interface Fraction: Object <Copying>

续表

指　令	含　义	例　子
@private	定义一个或多个实例变量的作用域	例如定义实例变量
@protected	定义一个或多个实例变量的作用域	
@public	定义一个或多个实例变量的作用域	
@property (*list*) names	为names声明list中的属性	property (retain, nonatomic) NSSTRING *name;
@protocol (*protocol*)	为指定protocol创建一个Protocol对象	@protocol (Copying)]){...} if ([myObj conformsTo: (protocol))
@protocol name	开始name的协议定义	@protocol Copying
@selector (*method*)	指定method的SEL（选择）对象	if ([myObj respondsTo: @selector (allocF)]) {...}
@synchronized (*object*)	通过单线程开始一个块的执行。Object已知是一个互斥（mutex）的旗语	
@synthesize names	为names生成存取器方法，如果未提供的话	@synthesize name, email;参见"实例变量"
@try	开始执行一个块，以捕捉异常	例如"异常处理"应用
@catch (*exception*)	开始执行一个块，以处理exception	
@finally	开始执行一个块，不管上面的@try块是否抛出异常都会执行	
@throw	抛出一个异常	

3．主函数

接下来看如下剩余的代码：

```
int main (int argc, const char * argv[1)
{
    NSAutoreleasePool ' pool = [ [NSAutoreleasePool alloc] init] ;
        NSLog ( @ "first Programming!" ) ;
       [pool drain] ;
    return 0;
        }
```

上述代码都被包含在函数main()中，此函数和C语言中的同名函数类似，是整个程序的入口函数。上述代码功能是指定程序的名称为main，这是一个特殊的名称，功能是准确地表示程序将要在何处开始执行。在main前面的保留关键字int用于指定main返回值的类型，此处用int表示该值为整型（在本书后面的章节中将更加详细地讨论类型问题）。

在上述main代码块中包含了多条语句。我们可以把程序的所有语句放入到一对花括号中，最简单的情形是：一条语句是一个以分号结束的表达式。系统将把位于花括号中间的所有程序语句看作main例程的组成部分。首先看如下第一条语句：

```
NSAutoreleasePool ' pool = [ [NSAutoreleasePool alloc] init] ;
```

上述语句为自动释放池在内存中保留了空间（会在本书后面的"内存管理"章节讨论这方面的内容）。作为模板的一部分，Xcode会将这行内容自动放入程序中。

接下来的一条语句用于指定要调用名为NSLog的例程，传递或传送给NSLog例程的参数或实参是如下字符串：

```
@ "first Programming!"
```

此处的符号@位于一对双引号的字符串前面，这被称为常量NSString对象。NSString例程是Objective-C库中的一个函数，它只能显示或记录其参数。但是之前它会显示该例程的执行日期和时间、程序名以及其他在此不会介绍的数值。在本书的后面的内容中，不会列出NSLog在输出前面插入的这些文本。

在Objective-C中，所有的程序语句必须使用分号";"结束，这也是为什么分号在NSLog调用的结束圆括号之后立即出现的原因。在退出Objective-C程序之前，应该立即释放已分配的内存池和与程序相关联的对象，例如使用类似于下面的语句可以实现：

```
[pool drain];
```

注意：Xcode会在程序中自动插入此行内容。

在函数main中的最后一条语句如下：

```
return 0;
```

上述语句的功能是终止main的运行，并且返回状态值0。在Objective-C程序中规定，0表示程序正常结束。任何非零值通常表示程序出现了一些问题，例如无法找到程序所需要的文件。

如果使用Xcode进行调试，会在Debug Console窗口中发现在NSLog输出的行后显示下面的提示：

```
The Debugger has exited with status 0.
```

假如修改上面的程序，修改后能够同时显示文本"Objective-C OK"。要想实现这个功能，可以通过简单添加另一个对NSLog例程的调用的方法来实现，例如使用下面的代码实现：

```
#import <Foundation/Foundation.h>
    int main (int argc, const char * argv[l)
    {
    .       NSAutoreleasePool ' pool =  [ [NSAutoreleasePool alloc] init] ;
            NSLog  ( @ "first Programming!" ) ;
            NSLog (@" Objective-C OK!");
         [pool drain] ;
    return 0;
         }
```

在编写上述代码时，必须使用分号结束每个Objective-C程序语句。执行后会输出：

```
first Programming!
Objective-C OK!
```

而在下面的代码中可以看到，无需为每行输出单独调用NSLog例程：

```
#import <Foundation/Foundation.h>
int main (int argc, const char *argv[])
{
   NSAutoreleasePool * pool = [[NSAutoreleasePool alloc] init];

   NSLog (@"look...\n..1\n...2\n....3");
   [pool drain];
   return 0;
}
```

在上述代码中，首先看看特殊的两字符序列。"\n"中的反斜杠和字母是一个整体，合起来表示换行符。换行符的功能是通知系统要准确完成其名称所暗示的转到一个新行的工作。任何要在换行符之后输出的字符随后将出现在显示器的下一行。其实换行符非常类于HTML标记中的换行标记
。执行上述代码后会输出：

```
look...
..1
...2
....3
```

4. 显示变量的值

在Objective-C程序中，通过NSLog不仅可以显示简单的短语，而且还能显示定义的变量值并计算结果。例如在下面的代码中，使用NSLog显示了数字"10+20"的结果：

```
#import <Foundation/Foundation.h>
int main (int argc, const char *argv[])
```

```
{
    NSAutoreleasePool * pool = [[NSAutoreleasePool alloc] init];
    int sum;

    sum = 10 + 20;

    NSLog (@"The sum of 10 and 20 is %i", sum);
    [pool drain];
    return 0;
}
```

对于上述代码的具体说明如下所示。

（1）函数main会自动释放池后面的第一条程序语句，将变量sum定义为整型。Objective-C程序中，在使用所有程序变量前必须先定义它们。定义变量的目的是告诉Objective-C编译器程序将如何使用这些变量。编译器需要确保这些信息生成正确的指令，便于将值存储到变量中或者从变量中检索值。被定义成int类型的变量只能够存储整型值，例如3、4、-10和0都是整型值，也就是说没有小数位的值是整型值。而带有小数位的数字，例如2.34、2.456和27.0等被称为浮点数，它们都是实数。

（2）整型变量sum的功能是存储整数10和20的和。在编写上述代码时，故意在定义这个变量的下方预留了一个空行，这样做的目的是在视觉上区分例程的变量定义和程序语句（注意：这种做法是一个良好的风格，在很多时候，在程序中添加单个空白行可使程序的可读性更强）。

（3）代码"sum = 10 + 20;"表示数字10和数字20相加，并把结果存储（如赋值运算符，或者等号所示）到变量sum中。

（4）NSLog语句也调用了圆括号中的两个参数，这些参数用逗号隔开。NSLog语句的第一个参数总是要显示的字符串。然而在显示字符串的同时，通常还希望要显示某些程序变量的值。在上述代码中，希望在显示字符之后还要显示变量sum的值：

```
The sum of 50 and 25 is
```

第一个参数中的百分号是一个特殊字符，它可以被函数NSLog识别。紧跟在百分号后的字符指定在这种情况下将要显示的值类型。在前一个程序中，字母i被NSLog例程识别，它表示将要显示的是一个整数。只要NSLog例程在字符串中发现字符"%i"，它都将自动显示例程第二个参数的值。因为sum是NSLog的下一个参数，所以它的值将在显示字符The sum of 10 and 20 is之后自动显示。

上述代码执行后会输出：

```
The sum of 10 and 20 is 30
```

3.4 数据类型和常量

知识点讲解光盘：视频\知识点\第3章\数据类型和常量.mp4

其实在本章前面的第一段代码中已经接触过Objective-C的基本数据类型int，例如声明为int类型的变量只能用于保存整型值，也就是说没有小数位的值。其实除了int类型之外，在Objective-C还有另外3种基本数据类型，分别是float、double和char，具体说明如下所示。

❑ float：用于存储浮点数（即包含小数位的值）。
❑ double：和float类型一样，但是前者的精度约是后者精度的两倍。
❑ char：可以存储单个字符，例如字母a、数字字符100，或者一个分号";"。

在Objective-C程序中，任何数字、单个字符或者字符串通常被称为常量。例如，数字88表示一个常量整数值。字符串@"Programming in Objective-C"表示一个常量字符串对象。在Objective-C程序中，完全由常量值组成的表达式被称为常量表达式。例如下面的表达式就是一个常量表达式，因为此表达式的每一项都是常量值。

```
128 + 1 - 2
```

如果将i声明为整型变量，那么下面的表达式就不是一个常量表达式。

```
128 + 1 - i
```

在Objective-C中定义了多个简单（或基本）的数据类型，例如int表示整数类型，这就是一种简单的数据类型，而不是复杂的对象。

> 注意：虽然Objective-C是一门面向对象的语言，但是简单数据类型并不是面向对象的。它们类似于其他大多数非面向对象语言（比如C语言）的简单数据类型。在Objective-C中提供简单数据类型的原因是出于效率方面的考虑，另外，与Java语言不同，Objective-C的整数大小根据执行环境的规定而变化。

3.4.1 int 类型

在Objective-C程序中，整数常量由一个或多个数字的序列组成。序列前的负号表示该值是一个负数，例如值88、-10和100都是合法的整数常量。Objective-C规定，在数字中间不能插入空格，并且不能用逗号来表示大于999的值。所以数值"1,200"就是一个非法的整数常量，如果写成"1200"就是正确的。

在Objective-C中有两种特殊的格式，它们用一种非十进数（基数10）的基数来表示整数常量。如果整型值的第一位是0，那么这个整数将用八进制计数法来表示，就是说用基数8来表示。在这种情况下，该值的其余位必须是合法的八进制数字，因此必须是0到7之间的数字。因此，在Objective-C中以8进制表示的值50（等价于10进制的值40），表示方式为050。与此类似，八进制的常量0177表示十进制的值127（1×64+7×8+7）。通过在NSLog调用的格式字符串中使用格式符号%o，可以在终端上用八进制显示整型值。在这种情况下，使用八进制显示的值不带有前导0。而格式符号%#o将在八进制值的前面显示前导0。

如果整型常量以0和字母x（无论是小写字母还是大写字母）开头，那么这个值都将用十六进制（以16为基数）计数法来表示。紧跟在字母x后的是十六进制值的数字，它可以由0到9之间的数字和a到f（或A到F）之间的字母组成。字母表示的数字分别为10到15。假如要给名为RGBColor的整型常量指派十六进制的值FFEF0D，则可以使用如下代码实现：

```
RGBColor = 0xFFEF0D;
```

在上述代码中，符号"%x"用十六进制格式显示一个值，该值不带前导的0x，并用a到f之间的小写字符表示十六进制数字。要使用前导0x显示这个值，需要使用格式字符%#x的帮助，例如下面的代码：

```
NSlog("Color is %#x\n",RGBColor);
```

在上述代码中，通过"%X"或"%#X"中的大写字母X可以显示前导的x，然后用大写字母表示十六进制数字。无论是字符、整数还是浮点数字，每个值都有与其对应的值域。此值域与存储特定类型的值而分配的内存量有关。在大多数情况下，在Objective-C中没有规定这个量，因为它通常依赖于所运行的计算机，所以叫做设备或机器相关量。例如，一个整数不但可以在计算机中占用32位空间，而且也可以使用64位空间来存储。

另外，在任何编程语言中，都预留了一定数量的标识符，这些标识符是不能被定义变量和常量的。下面的表3-2中列出了Objective-C程序中具有特殊含义的标识符。

表3-2　　　　　　　　　　　　　　特殊的预定义标识符

标识符	含　义
_cmd	在方法内自动定义的本地变量，它包含该方法的选择程序
func	在函数内或包含函数名或方法名的方法内自动定义的本地字符串变量
BOOL	Boolean值，通常以YES和NO的方式使用
Class	类对象类型

续表

标识符	含 义
id	通用对象类型
IMP	指向返回id类型值的方法的指针
nil	空对象
Nil	空类对象
NO	定义为（BOOL）0
NSObject	定义在<Foundation/NSObject.h>中的根Foundation对象
Protocol	存储协议相关信息的类的名称
SEL	已编译的选择程序
self	在用于访问消息接收者的方法内自动定义的本地变量
super	消息接收者的父类
YES	定义为（BOOL）1

3.4.2 float 类型

在Objective-C程序中，float类型变量可以存储小数位的值。由此可见，通过查看是否包含小数点的方法可以区分出是否是一个浮点常量。在Objective-C程序中，不但可以省略小数点之前的数字，而且也可以省略之后的数字，但是不能将它们全部省略。例如3.、125.8及-.0001等都是合法的浮点常量。要想显示浮点值，可用NSLog转换字符——%f。

另外，在Objective-C程序中也能使用科学计数法来表示浮点常量。例如"1.5e4"就是使用这种计数法来表示的浮点值，它表示值1.5×10^4。位于字母e前的值称为尾数，而之后的值称为指数。指数前面可以放置正号或负号，指数表示将与尾数相乘的10的幂。因此，在常量2.85e-3中，2.85是尾数值，而-3是指数值。该常量表示值2.85×10^{-3}，或0.00285。另外，在Objective-C程序中，不但可用大写字母书写用于分隔尾数和指数的字母e，而且也可以用小写字母来书写。

在Objective-C程序中，建议在NSLog格式字符串中指定格式字符%e。使用NSLog格式字符串%g时，允许NSLog确定使用常用的浮点计数法还是使用科学计数法来显示浮点值。当该值小于-4或大于5时，采用%e（科学计数法）表示，否则采用%f（浮点计数法）。

十六进制的浮点常量包含前导的0x或0X，在后面紧跟一个或多个十进制或十六进制数字，然后紧接着是p或P，最后是可以带符号的二进制指数。例如，0x0.3p10表示的值为$3/16 \times 2^{10}$=192。

3.4.3 double 类型

在Objective-C程序中，类型double与类型float类似。Objective-C规定，当在float变量中所提供的值域不能满足要求时，需要使用double变量来实现需求。声明为double类型的变量可以存储的位数，大概是float变量所存储的两倍多。在现实应用中，大多数计算机使用64位来表示double值。除非另有特殊说明，否则Objective-C编译器将全部浮点常量当作double值来对待。要想清楚地表示float常量，需要在数字的尾部添加字符f或F，例如：

```
12.4f
```

要想显示double的值，可以使用格式符号%f、%e或%g来辅助实现，它们与显示float值所用的格式符号是相同的。其实double类型和float类型可以被称为实型。在Objective-C语言中，实型数据分为实型常量和实型变量。

1. 实型常量

实型常量也称为实数或者浮点数。在Objective-C语言中，它有两种形式：小数形式和指数形式。

- 小数形式：由数字0~9和小数点组成。例如：0.0、25.0、5.789、0.13、5.0、300.和-267.8230等均为合法的实数。注意，必须有小数点。在NSLog上，使用%f格式来输出小数形式的实数。
- 指数形式：由十进制数，加阶码标志"e"或"E"以及阶码（只能为整数，可以带符号）组成。其一般形式为：$a\,E\,n$（a为十进制数，n为十进制整数）。其值为$a*10^n$。在NSLog上，使用%e格式来输出指数形式的实数。例如下面是一些合法的实数：

```
2.1E5（等于2.1*105）
3.7E-2（等于3.7*10-2）
```

而下面是不合法的实数：

```
345（无小数点）
E7（阶码标志E 之前无数字）
-5（无阶码标志）
53.-E3（负号位置不对）
2.7E（无阶码）
```

Objective-C允许浮点数使用后缀，后缀为"f"或"F"即表示该数为浮点数。如356f和356F是等价的。

2. 实型变量

（1）实型数据在内存中的存放形式

实型数据一般占4个字节（32位）内存空间，按指数形式存储。小数部分占的位（bit）数越多，数的有效数字越多，精度越高。指数部分占的位数越多，则能表示的数值范围越大。

（2）实型变量的分类

实型变量分为：单精度（float型）、双精度（double型）和长双精度（long double型）3类。在大多数机器上，单精度型占4个字节（32位）内存空间，其数值范围为3.4E-38~3.4E+38，只能提供7位有效数字。双精度型占8个字节（64位）内存空间，其数值范围为1.7E-308~1.7E+308，可提供16位有效数字。

3.4.4　char 类型

在Objective-C程序中，char类型变量的功能是存储单个字符，只要将字符放到一对单引号中就能得到字符常量。例如'a'、';'和'0'都是合法的字符常量。其中'a'表示字母a，';'表示分号，'0'表示字符0（并不等同于数字0）。

在Objective-C程序中，不能把字符常量和C风格的字符串混为一谈，字符常量是放在单引号中的单个字符，而字符串则是放在双引号中任意个数的字符。不但要求在前面有@字符，而且要求放在双引号中的字符串才是NSString字符串对象。

另外，字符常量'\n'（即换行符）是一个合法的字符常量，虽然这看似与前面提到的规则相矛盾。出现这种情况的原因是，反斜杠符号是Objective-C中的一个特殊符号，而其实并不把它看成一个字符。也就是说，Objective-C编译器仅仅将'\n'看作是单个字符，尽管它实际上由两个字符组成，而其他的特殊字符由反斜杠字符开头。

在NSLog调用中，可以使用格式字符%c来显示char变量的值。例如在下面程序代码中，使用了基本的Objective-C数据类型：

```objc
#import <Foundation/Foundation.h>
int main (int argc, char *argv[])
{
    NSAutoreleasePool * pool = [[NSAutoreleasePool alloc] init];
    int    integerVar = 50;
    float  floatingVar = 331.79;
    double doubleVar = 8.44e+11;
    char   charVar = 'W';
    NSLog (@"integerVar = %i", integerVar);
    NSLog (@"floatingVar = %f", floatingVar);
    NSLog (@"doubleVar = %e", doubleVar);
    NSLog (@"doubleVar = %g", doubleVar);
    NSLog (@"charVar = %c", charVar);
```

```
    [pool drain];
    return 0;
}
```

在上述代码中，第六行floatingVar的值是331.79，但是，实际显示为331.790009。这是因为，实际显示的值是由使用的特定计算机系统决定的。出现这种不准确值的原因是计算机内部使用特殊的方式表示数字。当使用计算器处理数字时，很可能遇到相同的不准确性。如果用计算器计算1除以3，将得到结果.33333333，很可能结尾带有一些附加的3。这串3是计算器计算1/3的近似值。理论上，应该存在无限个3。然而该计算器只能保存这些位的数字，这就是计算机的不确定性。此处应用了相同类型的不确定性：在计算机内存中不能精确地表示一些浮点值。

执行上述代码后会输出：

```
integerVar = 50
floatingVar = 331.790009
doubleVar = 8.440000e+11
doubleVar = 8.44e+11
charVar = 'W'
```

另外，使用char也可以表示字符变量。字符变量类型定义的格式和书写规则都与整型变量相同，例如下面的代码。

```
char a,b;
```

每个字符变量被分配一个字节的内存空间，因此只能存放一个字符。字符值是以ASCII码的形式存放在变量的内存单元之中的。如x的十进制ASCII码是120，y的十进制ASCII码是121。下面的例子是把字符变量a、b分别赋予'x'和'y'。

```
a='x';
b='y';
```

实际上是在a、b两个内存单元内存放120和121的二进制代码。我们可以把字符值看成是整型值。Objective-C语言允许对整型变量赋以字符值，也允许对字符变量赋以整型值。在输出时，允许把字符变量按整型量输出，也允许把整型量按字符量输出。整型量为多字节量，字符量为单字节量，当整型量按字符型量处理时，只有低8位字节参与处理。

3.4.5 字符常量

在Objective-C程序中，字符常量是用单引号括起来的一个字符，例如下面列出的都是合法字符常量：
'a'、'b'、'='、'+'、'?'

Objective-C中的字符常量有如下4个特点。
（1）字符常量只能用单引号括起来，不能用双引号或其他括号。
（2）字符常量只能是单个字符，不能是字符串，转义字符除外。
（3）字符可以是字符集中任意字符。但数字被定义为字符型之后就不能参与数值运算。如'5'和5是不同的。'5'是字符常量，不能参与运算。
（4）Objective-C中的字符串不是"abc"，而是@"abc"。

转义字符是一种特殊的字符常量。转义字符以反斜线"\"开头，后面紧跟一个或几个字符。转义字符具有特定的含义，不同于字符原有的意义，故称"转义"字符。例如，"\n"就是一个转义字符，表示"换行"。转义字符主要用来表示那些用一般字符不便于表示的控制代码。常用的转义字符及其含义如表3-3所示。

表3-3　　　　　　　　　　常用的转义字符及其含义

转义字符	转义字符的意义	ASCII代码
\n	回车换行	10
\t	横向跳到下一制表位置	9

续表

转义字符	转义字符的意义	ASCII代码
\b	退格	8
\r	回车	13
\f	走纸换页	12
\\	反斜线符"\"	92
\'	单引号符	39
\"	双引号符	34
\a	鸣铃	7
\ddd	1~3位八进制数所代表的字符	
\xhh	1~2位十六进制数所代表的字符	

在大多数情况下，Objective-C字符集中的任何一个字符都可以使用转义字符来表示。ddd和hh分别为八进制和十六进制的ASCII代码，表中的\ddd和\xhh正是为此而提出的。例如\101表示字母A，\102表示字母B，\134表示反斜线，\XOA表示换行等：

```
#import <Foundation/Foundation.h>
int main(int argc, const char * argv[])
{
NSAutoreleasePool * pool = [[NSAutoreleasePool alloc] init];
char a=120;
char b=121;
NSLog(@"%c,%c",a,b);
NSLog(@"%i,%i",a,b);
[pool drain];
return 0;
}
```

在上述代码中，定义a、b为字符型，但在赋值语句中赋以整型值。从结果看，输出a和b值的形式取决于NSLog函数格式串中的格式符。当格式符为"%c"时，对应输出的变量值为字符，当格式符为"%i"时，对应输出的变量值为整数。执行上述代码后输出。

```
x,y
120,121
```

3.4.6 id 类型

在Objective-C程序中，id是一般对象类型，id数据类型可以存储任何类型的对象。例如在下面的代码中，将number声明为id类型的变量：

```
id number;
```

我们可以声明一个方法，使其具有id类型的返回值。例如在下面的代码中，声明了一个名为newOb的实例方法，它不但具有名为type的单个整型参数，而且还具有id类型的返回值。在此需要注意，对返回值和参数类型声明来说，id是默认的类型：

```
-(id) newOb: (int) type;
```

再例如在下面的代码中，声明了一个返回id类型值的类方法：

```
+allocInit;
```

id数据类型是本书经常使用的一种重要数据类型，是Objective-C中的一个十分重要的特性。表3-4列出了基本数据类型和限定词。

3.4 数据类型和常量

表3-4　　　　　　　　　　Objective-C的基本数据类型

类　型	常量实例	NSlog字符
char	'a'、'\n'	%c
short int	—	%hi、%hx、%ho
unsigned short int	—	%hu、%hx、%ho
int	12、−97、0xFFE0、0177	%i、%x、%o
unsigned int	12u、100u、0XFFu	%u、%x、%o
long int	12L、−2001、0xffffL	%li、%lx、%lo
unsigned long int	12UL、100ul、0xffeeUL	%lu、%lx、%lo
long long int	0xe5e5e5e5LL、500ll	%lli、%llx、%llo
unsigned long long int	12ull、0xffeeULL	%llu、%llx、%llo
float	12.34f、3.1e−5f、 0x1.5p10、0x1p-1	%f、%e、%g、%a
double	12.34、3.1e−5、0x.1p3	%f、%e、%g、%a
long double	12.431、3.1e−51	%Lf、%Le、%Lg
id	nil	%p

在Objective-C程序中，id 类型是一个独特的数据类型。在概念上和Java语言中的类Object相似，可以被转换为任何数据类型。也就是说，在id类型变量中可以存放任何数据类型的对象。在内部处理上，这种类型被定义为指向对象的指针，实际上是一个指向这种对象的实例变量的指针。例如下面定义了一个id类型的变量和返回一个id类型的方法：

```
id anObject;
- (id) new: (int) type;
```

id 和void *并非完全一样，下面是id在objc.h中的定义：

```
typedef struct objc_object {
class isa;
} *id;
```

由此可以看出，id是指向struct objc_object 的一个指针。也就是说，id 是一个指向任何一个继承了Object或NSObject类的对象。因为id 是一个指针，所以在使用id的时候不需要加星号，例如下面的代码：

```
id foo=renhe;
```

上述代码定义了一个renhe指针，这个指针指向NSObject 的任意一个子类。而 "id*foo= renhe;" 则定义了一个指针，这个指针指向另一个指针，被指向的这个指针指向NSObject的一个子类。

3.4.7　限定词

在Objective-C程序中的限定词有：long、long long、short、unsigned及signed。

1. long

如果直接把限定词long放在声明int之前，那么所声明的整型变量在某些计算机上具有扩展的值域。例如下面是一个上述情况的例子：

```
long int factorial;
```

通过上述代码，将变量fractorial声明为long的整型变量。这就像float和double变量一样，long变量的具体精度也是由具体的计算机系统决定。在许多系统上，int与long int具有相同的值域，而且任何一个都能存储32位宽（$2^{31}-1$或2 147 483 647）的整型值。

在Objective-C程序中，long int类型的常量值可以通过在整型常量末尾添加字母L（大小写均可）来形成，此时在数字和L之间不允许有空格出现。根据此要求，我们可以声明为如下格式：

```
long int numberOfPoints = 138881100L;
```

通过上述代码，将变量numberOfPoints声明为long int类型，而且初值为138 881 100。

要想使用NSLog显示long int的值，需要使用字母l作为修饰符，并且将其放在整型格式符号i、o和x之前。这意味着格式符号%li用十进制格式显示long int的值，符号%lo用八进制格式显示值，而符号%lx则用十六进制格式显示值。

2. long long

例如在下面的代码中，使用了long long的整型数据类型：

```
long long int maxnum;
```

通过上述代码，将指定的变量声明为具有特定扩展精度的变量，通过扩展精度，保证了变量至少具有64位的宽度。NSLog字符串不使用单个字母l，而使用两个l来显示long long的整数，例如"%lli"的形式。我们同样可以将long标识符放在double声明之前，例如下面的代码：

```
long double CN_NB_2012;
```

可以long double常量写成其尾部带有字母l或L的浮点常量的形式，例如：

```
1.234e+5L
```

要想显示long double的值，需要使用修饰符L来帮助实现。例如通过%Lf用浮点计数法显示long double的值，通过%Le用科学计数法显示同样的值，使用%Lg告诉NSLog在%Lf和%Le之间任选一个使用。

3. short

如果把限定词short放在int声明之前，意思是告诉Objective-C编译器要声明的特定变量用来存储相当小的整数。使用short变量的主要好处是节约内存空间，当程序员需要大量内存，而可用的内存又十分有限时，可以使用short变量来解决内存不足的问题。

在很多计算机设备上，short int所占用的内存空间是常规int变量的一半。在任何情况下，需要确保分配给short int的空间数量不少于16位。

在Objective-C程序中，没有其他方法可显示编写short int型常量。要想显示short int变量，可以将字母h放在任何普通的整型转换符号之前，例如%hi、%ho或%hx。也就是说，可以用任何整型转换符号来显示short int，原因是当它作为参数传递给NSLog例程时，可以转换成整数。

4. unsigned

在Objective-C程序中，unsigned是一种最终限定符，当整数变量只用来存储正数时可以使用最终限定符。例如通过下面的代码向编译器声明，变量counter只用于保存正值。使用限制符的整型变量可以专门存储正整数，也可以扩展整型变量的精度：

```
unsigned int counter;
```

将字母u（或U）放在常量之后，可以产生unsigned int常量，例如下面的代码。

```
0x00ffU
```

在编写整型常量时，可以组合使用字母u（或U）和l（或L），例如下面的代码可以告诉编译器将常量10000看作unsigned long：

```
10000UL
```

如果整型常量之后不带有字母u、U、l或L中的任何一个，而且因为太大不适合用普通大小的int表示，那么编译器将把它看作是unsigned int值。如果太小则不适合用unsigned int来表示，那么此时编译器将把它看作long int。如果仍然不适合用long int表示，编译器会把它作为unsigned long int来处理。

在Objective-C程序中，当将变量声明为long int、short int或unsigned int类型时，可以省略关键字int，为此，变量unsigned counter和如下声明格式等价：

```
unsigned counter;
```
同样也可以将变量char声明为unsigned。

5. signed

在Objective-C程序中,限定词signed能够明确地告诉编译器特定变量是有符号的。signed主要用在char声明之前。

3.4.8 总结基本数据类型

在Objective-C程序中,可以使用以下格式将变量声明为特定的数据类型:

```
type name = initial_value;
```

在表3-5中,总结了Objective-C中的基本数据类型。

表3-5　　　　　　　　　　　Objective-C中的基本数据类型

类型	含义
int	整数值,也就是不包含小数点的值,保证包含至少32位的精度
short int	精度减少的整数值,占用的内存是int的一半,保证至少包含16位的精度
long int	精度扩展的整数值,保证包含至少32位的精度
long long int	精度扩展的整数值,保证包含至少64位的精度
unsigned int	正整数值,能存储的最大整数值是int两倍,保证包含至少32位的精度
float	浮点值,就是可以包含小数位的值,保证包含至少6位数字的精度
double	精度扩展的浮点值,保证包含至少10位数字的精度
Long double	具有附加扩展精度的浮点值,保证包含至少10位数字的精度
char	单个字符值,在某些系统上,在表达式中使用它时可以发生符号扩展
unsigned char	除了它能确保作为整型提升的结果不会发生符号扩展之外,与char相同
signed char	除了它能确保作为整型提升的结果会发生符号扩展之外,与char相同
_Bool	Boolean类型,存储值0和1
float _Complex	复数
double _Complex	具有扩展精度的复数
long double _Complex	具有附加扩展精度的复数
void	无类型,用于确保在需要返回值时不使用那些不返回值的函数或方法,或者显式地抛弃表达式的结果,还可用于一般指针类型(void *)

3.5 字符串

知识点讲解光盘:视频\知识点\第3章\字符串.mp4

在Objective-C程序中,字符串常量是由@和一对双引号括起的字符序列。比如,@"CHINA"、@"program"、@"$12.5"等都是合法的字符串常量。它与C语言的区别是有无"@"。

字符串常量和字符常量是不同的量,主要有如下两点区别。

(1)字符常量由单引号括起来,字符串常量由双引号括起来。

(2)字符常量只能是单个字符,字符串常量则可以含一个或多个字符。

在Objective-C 语言中,字符串不是作为字符的数组被实现。在Objective-C 中的字符串类型是NSString,它不是一个简单数据类型,而是一个对象类型,这是与C++语言不同的。我们会在后面的章节中详细介绍NSString,例如下面是一个简单的NSString例子:

```
#import <Foundation/Foundation.h>
int main (int argc, const char * argv[]) {
```

```
NSAutoreleasePool * pool = [[NSAutoreleasePool alloc] init];
NSLog (@"Programming is fun!") ;
[pool drain];
return 0;
}
```

上述代码和本书的第一段Objective-C程序类似，运行后会输出：

```
Programming is fun!
```

3.6 算术表达式

知识点讲解光盘:视频\知识点\第3章\算术表达式.mp4

在Objective-C语言中，在两个数相加时使用加号（+），在两个数相减时使用减号（-），在两个数相乘时使用乘号（*），在两个数相除时使用除号（/）。因为它们运算两个值或项，所以这些运算符称为二元算术运算符。

3.6.1 运算符的优先级

运算符的优先级是指运算符的运算顺序，例如数学中的先乘除后加减就是一种运算顺序。算数优先级用于确定拥有多个运算符的表达式如何求值。在Objective-C中规定，优先级较高的运算符首先求值。如果表达式包含优先级相同的运算符，可以按照从左到右或从右到左的方向来求值，运算符决定了具体按哪个方向求值。上述描述就是通常所说的运算符结合性。

例如下面的代码演示了减法、乘法和除法的运算优先级。在程序中执行的最后两个运算引入了一个运算符比另一个运算符有更高优先级，或优先级的概念。事实上，Objective-C中的每一个运算符都有与之相关的优先级：

```
#import <Foundation/Foundation.h>
int main (int argc, char *argv[])
{
    NSAutoreleasePool * pool = [[NSAutoreleasePool alloc] init];

    int    a = 100;
    int    b = 2;
    int    c = 20;
    int    d = 4;
    int    result;

    result = a - b;      //subtraction
    NSLog (@"a - b = %i", result);

    result = b * c;      //multiplication
    NSLog (@"b * c = %i", result);

    result = a / c;      //division
    NSLog (@"a / c = %i", result);

    result = a + b * c;  //precedence
    NSLog (@"a + b * c = %i", result);

    NSLog (@"a * b + c * d = %i", a * b + c * d);

    [pool drain];
    return 0;
}
```

对于上述代码的具体说明如下所示。

（1）在声明整型变量a、b、c、d及result之后，程序将"a-b"的结果赋值给result，然后用恰当的NSLog调用来显示它的值。

（2）语句"result = b*c;"的功能是将b的值和c的值相乘并将其结果存储到result中。然后用NSLog调用来显示这个乘法的结果。

（3）开始除法运算。Objective-C中的除法运算符是"/"。执行100除以25得到结果4，可以用NSLog语句在a除以c之后立即显示。在某些计算机系统上，如果将一个数除以0将导致程序异常终止或出现异常，即使程序没有异常终止，执行这样的除法所得的结果也毫无意义。其实可以在执行除法运算之前检验除数是否为0。如果除数为0，可采用适当的操作来避免除法运算。

（4）表达式"a+b*c"不会产生结果2040（102×20）；相反，相应的NSLog语句显示的结果为140。这是因为Objective-C与其他大多数程序设计语言一样，对于表达式中多重运算或项的顺序有自己规则。通常情况下，表达式的计算按从左到右的顺序执行。然而，为乘法和除法运算指定的优先级比加法和减法的优先级要高。因此，Objective-C将表达式"a+b*c"等价于"a+(b*c)"。如果采用基本的代数规则，那么该表达式的计算方式是相同的。如果要改变表达式中项的计算顺序，可使用圆括号。事实上，前面列出的表达式是合法的Objective-C表达式。这样，使用表达式"result = a + (b * c);"来替换上述代码中的表达式，也可以获得同样的结果。然而，如果用表达式"result = (a + b) * c;"来替换，则指派给result的值将是2040，因为要首先将a的值（100）和b的值（2）相加，然后再将结果与c的值（20）相乘。圆括号也可以嵌套，在这种情况下，表达式的计算要从最里面的一对圆括号依次向外进行。只要确保结束圆括号和开始圆括号数目相等即可。

（5）开始研究最后一条代码语句，当将NSLog指定的表达式作为参数时，无需将该表达式的结果先指派给一个变量，这种做法是完全合法的。表达式"a*b+c*d"可以根据上述规则使用"(a*b)+(c*d)"的格式，也就是使用"(100 * 2) + (20 * 4)"格式来计算，得出的结果280将传递给NSLog例程。

运行上述代码后会输出：

```
a - b = 98
b * c = 40
a / c = 5
a + b * c = 140
a * b + c * d = 280
```

3.6.2 整数运算和一元负号运算符

例如下面的代码演示了运算符的优先级，并且引入了整数运算的概念：

```
#import <Foundation/Foundation.h>
int main (int argc, char *argv[])
{
    NSAutoreleasePool * pool = [[NSAutoreleasePool alloc] init];
    int     a = 25;
    int     b = 2;
    int     result;
    float c = 25.0;
    float d = 2.0;

    NSLog (@"6 + a / 5 * b = %i", 6 + a / 5 * b);
    NSLog (@"a / b * b = %i", a / b * b);
    NSLog (@"c / d * d = %f", c / d * d);
    NSLog (@"-a = %i", -a);

    [pool drain];
    return 0;
}
```

对于上述代码的具体说明如下所示。

（1）第一个NSLog调用中的表达式巩固了运算符优先级的概念。该表达式的计算按以下顺序执行。

❑ 因为除法的优先级比加法高，所以先将a的值（25）除以5。该运算将给出中间结果4。

- 因为乘法的优先级也大于加法，所以随后中间结果（5）将乘以2（即b的值），并获得新的中间结果（10）。
- 最后计算6加10，并得出最终结果（16）。

（2）第二条NSLog语句会产生一个新误区，我们希望a除以b再乘以b的操作返回a（已经设置为25）。但是，此操作并不会产生这一结果，在显示器上输出显示的是24。其实该问题的实际情况是：这个表达式是采用整数运算来求值的。再看变量a和b的声明，它们都是用int类型声明的。当包含两个整数的表达式求值时，Objective-C系统都将使用整数运算来执行这个操作。在这种情况下，数字的所有小数部分将丢失。因此，计算a除以b，即25除以2时，得到的中间结果是12，而不是期望的12.5。这个中间结果乘以2就得到最终结果24，这样，就解释了出现"丢失"数字的情况。

（3）在倒数第2个NSLog语句中，如果用浮点值代替整数来执行同样的运算，就会获得期望的结果。决定到底使用float变量还是int变量的是基于变量的使用目的。如果无需使用任何小数位，可使用整型变量。这将使程序更加高效，也就是说，它可以在大多数计算机上更加快速地执行。另一方面，如果需要精确到小数位，很清楚应该选择什么。此时，唯一必须回答的问题是使用float还是double。对此问题的回答取决于使用数据所需的精度以及它们的量级。

（4）在最后一条NSLog语句中，使用一元负号运算符对变量a的值进行求反处理。这个一元运算符是用于单个值的运算符，而二元运算符作用于两个值。负号实际上扮演了一个双重角色：作为二元运算符，它执行两个数相减的操作；作为一元运算符，它对一个值求反。

经过以上分析，最终运行上述代码后会输出。

```
6 + a / 5 * b = 16
a / b * b = 24
c / d * d = 25.000000
-a = -25
```

由此可见，与其他算术运算符相比，一元负号运算符具有更高的优先级，但一元正号运算符（+）除外，它和算术运算符的优先级相同。所以表达式"c = -a * b;"将执行-a乘以b。

在上述代码的前3条语句中，在int和a、b及result的声明中插入了额外的空格，这样做的目的是对齐每个变量的声明，这种书写语句的方法使程序更加容易阅读。另外，我们还需要养成这样一个习惯——每个运算符前后都有空格，这种做法不是必需的，仅仅是出于美观上的考虑。一般来说，在允许单个空格的任何位置都可以插入额外的空格。

3.6.3 模运算符

在Objective-C程序中，使用百分号（%）表示模运算符。为了了解模运算符的工作方式，请读者看下面代码：

```
#import <Foundation/Foundation.h>

int main (int argc, char *argv[])
{
    NSAutoreleasePool * pool = [[NSAutoreleasePool alloc] init];
    int a = 25, b = 5, c = 10, d = 7;

    NSLog (@"a %% b = %i", a % b);
    NSLog (@"a %% c = %i", a % c);
    NSLog (@"a %% d = %i", a % d);
    NSLog (@"a / d * d + a %% d = %i", a / d * d + a % d);
    [pool drain];
    return 0;
}
```

对于上述代码的具体说明如下所示。

（1）在main语句中定义并初始化了4个变量：a、b、c和d，这些工作都是在一条语句内完成的。NSLog使用百分号之后的字符来确定如何输出下一个参数。如果它后面紧跟另一个百分号，那么NSLog例程认为您其实想显示百分号,并在程序输出的适当位置插入一个百分号。

(2)模运算符%的功能是计算第一个值除以第二个值所得的余数,在上述第一个例子中,25除以5所得的余数,显示为0。如果用25除以10,会得到余数5,输出中的第二行可以证实。执行25除以7将得到余数4,它显示在输出的第三行。

(3)最后一条求值表达式语句。Objective-C使用整数运算来执行两个整数间的任何运算,所以,两个整数相除所产生的任何余数将被完全丢弃。如果使用表达式a / b表示25除以7,将会得到中间结果3。如果将这个结果乘以d的值(即7),将会产生中间结果21。最后,加上a除以b的余数,该余数由表达式a % d来表示,会产生最终结果25。这个值与变量a的值相同并非巧合。一般来说,表达式"a / b * b + a % b"的值将始终与a的值相等,当然,这是在假定a和b都是整型值的条件下做出的。事实上,定义的模运算符%只用于处理整数。

在Objective-C程序中,模运算符的优先级与乘法和除法的优先级相同。由此而可以得出,表达式"table + value % TABLE_SIZE"等价于表达式"table + (value % TABLE_SIZE)"。

经过上述分析,运行上述代码后会输出:

```
a % b = 0
a % c = 5
a % d = 4
a / d * d + a % d = 25
```

3.6.4 整型值和浮点值的相互转换

要想使用Objective-C程序实现更复杂的功能,必须掌握浮点值和整型值之间进行隐式转换规则。例如下面的代码演示了数值数据类型间的一些简单转换:

```
#import <Foundation/Foundation.h>
int main (int argc, char *argv[])
{
    NSAutoreleasePool * pool = [[NSAutoreleasePool alloc] init];
    float   f1 = 123.125, f2;
    int     i1, i2 = -150;
    i1 = f1;         // floating 转换integer
    NSLog (@"%f assigned to an int produces %i", f1, i1);
    f1 = i2;         // integer 转换floating
    NSLog (@"%i assigned to a float produces %f", i2, f1);
    f1 = i2 / 100;   // 整除integer类型
    NSLog (@"%i divided by 100 produces %f", i2, f1);
    f2 = i2 / 100.0; //整除float类型
    NSLog (@"%i divided by 100.0 produces %f", i2, f2);
    f2 = (float) i2 / 100;    //类型转换操作符
    NSLog (@"(float) %i divided by 100 produces %f", i2, f2);
    [pool drain];
    return 0;
}
```

对于上述代码的具体说明如下所示。

(1)因为在Objective-C中,只要将浮点值赋值给整型变量,数字的小数部分都会被删除。所以在第一个程序中,当把f1的值赋予i1时会删除数字123.125,这意味着只有整数部分(即123)存储到了i1中。

(2)当产生把整型变量指派给浮点变量的操作时,不会引起数字值的任何改变,该值仅由系统转换并存储到浮点变量中。例如上述代码的第二行验证了这一情况——i2的值(-150)进行了正确转换并储到float变量f1中。

执行上述代码后输出:

```
123.125000 assigned to an int produces 123
-150 assigned to a float produces -150.000000
-150 divided by 100 produces -1.000000
-150 divided by 100.0 produces -1.500000
(float) -150 divided by 100 produces -1.500000
```

3.6.5 类型转换运算符

在声明和定义方法时，将类型放入圆括号中可以声明返回值和参数的类型。在表达式中使用类型时，括号表示一个特殊的用途。例如在前面程序中的最后一个除法运算：

```
f2 = (float) i2 / 100;
```

在上述代码中引入了类型转换运算符。为了求表达式值，类型转换运算符将变量i2的值转换成float类型。该运算符永远不会影响变量i2的值；它是一元运算符，行为和其他一元运算符一样。因为表达式-a永远不会影响a的值，因此，表达式（float）a也不会影响a的值。

类型转换运算符的优先级要高于所有的算术运算符，但是一元减号和一元加号运算符除外。如果需要可以经常使用圆括号进行限制，以任何想要的顺序来执行一些项。例如下面的代码是使用类型转换运算符的另一个例子，表达式"(int) 29.55 + (int) 21.99"在Objective-C中等价于"29 + 21"。因为将浮点值转换成整数的后果就是舍弃其中的浮点值。表达式"(float) 6 / (float) 4"得到的结果为1.5，与表达式"(float) 6 / 4"的执行效果相同。

类型转换运算符通常用于将一般id类型的对象转换成特定类的对象，例如在下面的代码中，将id变量myNumber的值转换成一个Fraction对象。转换结果将指派给Fraction变量myFraction：

```
id      myNumber;
Fraction *myFraction;
 …
myFraction = (Fraction *) myNumber;
```

3.7 表达式

知识点讲解光盘：视频\知识点\第3章\表达式.mp4

在Objective-C程序中，联合使用表达式和运算符可以构成功能强大的程序语句。在本节将详细讲解表达式的基本知识，为读者步入本书后面知识的学习打下坚实的基础。

3.7.1 常量表达式

在Objective-C程序中，常量表达式是指每一项都是常量值的表达式。其中在下列情况中必须使用常量表达式。

- ❏ 作为switch语句中case之后的值。
- ❏ 指定数组的大小。
- ❏ 为枚举标识符指派值。
- ❏ 在结构定义中，指定位域的大小。
- ❏ 为外部或静态变量指派初始值。
- ❏ 为全局变量指派初始值。
- ❏ 在#if预处理程序语句中，作为#if之后的表达式。

其中在上述前4种情况中，常量表达式必须由整数常量、字符常量、枚举常量和sizeof表达式组成。在此只能使用以下运算符：算术运算符、按位运算符、关系运算符、条件表达式运算符和类型强制转换运算符。

在上述第5和第6种情况中，除了上面提到的规则之外，还可以显式地或隐式地使用取地址运算符。然而，它只能应用于外部或静态变量或函数。因此，假设x是一个外部或静态变量，表达式"&x + 10"将是合法的常量表达式。此外，表达式"&a[10] – 5"在a是外部或静态数组时将是合法的常量表达式。最后，因为&a[0]等价于表达式a，所以"a + sizeof(char) * 100"也是一个合法的常量表达式。

在上述最后一种需要常量表达式（在#if之后）情况下，除了不能使用sizeof运算符、枚举常量和类型强制转换运算符以外，其余规则与前4种情况的规则相同。然而，它允许使用特殊的defined运算符。

3.7.2 条件运算符

Objective-C中的条件运算符也被称为条件表达式，其条件表达式由3个子表达式组成，其语法格式如下所示：

```
expression1 ? expression2 : expression3
```

对于上述格式有如下两点说明。

（1）当计算条件表达式时，先计算expression1的值，如果值为真则执行expression2，并且整个表达式的值就是expression2的值。不会执行expression3。

（2）如果expression1为假，则执行expression3，并且条件表达式的值是expression3的值。不会执行expression2。

在Objective-C程序中，条件表达式通常用作一条简单的if语句的一种缩写形式。例如下面的代码：

```
a = ( b > 0 ) ? c : d;
```

等价于下面的代码：

```
if ( b > 0 )
  a = c;
else
  a = d;
```

假设a、b、c为表达式，则表达式"a ? b : c"在a为非0时，值为b；否则为c。只有表达式b或c其中之一被求值。

表达式b和c必须具有相同的数据类型。如果它们的类型不同，但都是算术数据类型，就要对其执行常见的算术转换以使其类型相同。如果一个是指针，另一个为0，则后者将被看作是与前者具有相同类型的空指针。如果一个是指向void的指针，另一个是指向其他类型的指针，则后者将被转换成指向void的指针并作为结果类型。

3.7.3 sizeof 运算符

在Objective-C程序中，sizeof运算符能够获取某种类型变量的数据长度，例如，下面列出了sizeof运算符在表达式中的作用：

```
sizeof(type)        //包含特定类型值所需的字节数
sizeof a            //保存a的求值结果所必需的字节数
```

在上述表达式中，如果type为char，则结果将被定义为1。如果a是（显式的或者通过初始化隐式的）维数确定的数组名称，而不是形参或未确定维数的数组名称，那么sizeof a会给出将元素存储到a中必需的位数。如果a是一个类名，则sizeof (a)会给出保存a的实例所必需的数据结构大小。通过sizeof运算符产生的整数类型是size_t，它在标准头文件<stddef.h>中定义。

如果a是长度可变的数组，那么在运行时对表达式求值；否则在编译时求值，因此它可以用在常量表达式中。

虽然不应该假设程序中数据类型的大小，但是有时候需要知道这些信息。在Objective-C程序中，可以使用库例程（如malloc）实现动态内存分配功能，或者对文件读出或写入数据时，可能需要这些信息。

在Objective-C语言中，提供了sizeof运算符来确定数据类型或对象的大小。sizeof运算符返回的是指定项的字节大小，sizeof运算符的参数可以是变量、数组名称、基本数据类型名称、对象、派生数据类型名称或表达式。例如下面的代码给出了存储整型数据所需的字节数，在笔者机器上运行后的结果是4（或32位）：

```
sizeof (int)
```

假如将x声明为包含100个int数据的数组，则下面的表达式将给出存储x中的100个整数所需要的存储空间：

```
sizeof (x)
```

假设myFract是一个Fraction对象,它包含两个int实例变量(分子和分母),那么下面的表达式在任何使用4字节表示指针的系统中都会产生值4:

```
sizeof (myFract)
```

其实这是sizeof对任何对象产生的值,因为这里询问的是指向对象数据的指针大小。要获得实际存储Fraction对象实例的数据结构大小,可以编写下面的代码语句实现:

```
sizeof (*myFract)
```

上述表达式在笔者机器上输出的结果为12,即分子和分母分别用4个字节,加上另外的4个字节存储继承来的MyFract成员。

而下面的表达式值将能够提供存储结构data_entry所需的空间总数:

```
sizeof (struct data_entry)
```

如果将data定义为包含struct data_entry元素的数组,则下面的表达式将给出包含在data(data必须是前面定义的,并且不是形参也不是外部引用的数组)中的元素个数:

```
sizeof (data) / sizeof (struct data_entry)
```

下面的表达式也会产生同样的结果:

```
sizeof (data) / sizeof (data[0])
```

在Objective-C程序中,建议读者尽可能地使用sizeof运算符,这样避免必须在程序中计算和硬编码数据大小。

3.7.4 关系运算符

关系运算符用于比较运算,包括大于(>)、小于(<)、等于(==)、大于等于(>=)、小于等于(<=)和不等于(!=)6种,而关系运算符的结果是BOOL类型的数值。当运算符成立时,结果为YES(1),当不成立时,结果为NO(0)。例如下面的代码演示了关系运算符的用法:

```
#import <Foundation/Foundation.h>
int main (int argc, const char * argv[]) {
NSAutoreleasePool * pool = [[NSAutoreleasePool alloc] init];
NSLog (@"%i",3>5) ;
NSLog (@"%i",3<5) ;
NSLog (@"%i",3!=5) ;
[pool drain];
return 0;
}
```

在上述代码中,根据程序中的判断我们得知,3>5 是不成立的,所以结果是0;3<5 是成立的,所以结果是1;3!=5的结果也同样成立,所以结果为1。运行上述代码后会输出:

```
0
1
1
```

3.7.5 强制类型转换运算符

使用强制类型转换的语法格式如下所示。

(类型说明符)(表达式)

功能是把表达式的运算结果强制转换成类型说明符所表示的类型:
例如:

```
(float)//a 把a 转换为实型
(int)(x+y)//把x+y 的结果转换为整型
```

例如下面的代码演示强制类型转换运算符的基本用法:

```
#import <Foundation/Foundation.h>
int main (int argc, const char * argv[])
{
NSAutoreleasePool * pool = [[NSAutoreleasePool alloc] init];
float f1=123.125,f2;
int i1,i2=-150;
i1=f1;
NSLog (@"%f 转换为整型为%i",f1,i1) ;
f1=i2;
NSLog (@"%i 转换为浮点型为%f",i2,f1) ;
f1=i2/100;
NSLog (@"%i 除以100 为 %f",i2,f1) ;
f2=i2/100.0;
NSLog (@"%i 除以100.0 为 %f",i2,f2) ;
f2= (float) i2/100;
NSLog (@"%i 除以100 转换为浮点型为%f",i2,f2) ;
[pool drain];
return 0;
}
```

执行上述代码后将输出:

```
123.125000 转换为整型为123
-150 转换为浮点形为-150.000000
-150 除以100 为 -1.000000
-150 除以100.0 为 -1.500000
-150 除以100 转换为浮点型为-1.500000
```

3.8 位运算符

 知识点讲解光盘:视频\知识点\第3章\位运算符.mp4

在Objective-C语言中,通过位运算符可处理数字中的位处理。常用的位运算符如下所示。
- &: 按位与。
- |: 按位或。
- ^: 按位异或。
- ~: 一次求反。
- <<: 向左移位。
- >>: 向右移位。

在上述列出的所有运算符中,除了一次求反运算符(~)外都是二元运算符,因此需要两个运算数。位运算符可处理任何类型的整型值,但不能处理浮点值。在本节将详细讲解Objective-C中位运算符的基本知识,为读者步入本书后面知识的学习打好基础。

3.8.1 按位与运算符

当对两个值执行与运算时,会逐位比较两个值的二进制表示。当第一个值与第二个值的对应位都是1时,在结果的对应位上就会得到1,其他的组合在结果中都得到0。假如m1和m2表示两个运算数的对应位,那么下面就显示了在b1和b2所有可能值下对m1和m2执行与操作的结果。

m1	m2	m1 & m2
0	0	0
0	1	0
1	0	0
1	1	1

假如n1和n2都定义为short int，n1等于十六进制的15，n2等于十六进制的0c，那么下面的语句能够将值0x04指派给n3：

```
n3 = n1 & n2;
```

在将n1、n2和n3都表示为二进制后，可以更加清楚地看到此过程。假设所处理的short int大小为16位。

```
n1  0000 0000 0001 0101    0x15
n2  0000 0000 0000 1100  & 0x0c
    ─────────────────────────────
n3  0000 0000 0000 0100    0x04
```

在Objective-C程序中，按位与运算的最常用功能是实现屏蔽运算。也就是说，此运算符可以将数据项的特定位设置为0。例如通过下面的代码，可以将n1与常量3按位与所得的值指派给n3。它的作用是将n3中的全部位（而非最右边的两位）设置为0，并保留n1中最左边的两位：

```
n3 = n1 & 3;
```

与Objective-C中使用的所有二元运算符相同，通过添加等号，二元位运算符可同样用作赋值运算符。所以语句"mm &= 15;"与语句"mm = mm & 15;"执行相同的功能，并且它还能将mm的全部位设置为0，最右边的4位除外。

3.8.2 按位或运算符

在Objective-C程序中，当对两个值执行按位或运算时，会逐位比较两个值的二进制表示。这时只要第一个值或者第二个值的相应位是1，那么结果的对应位就是1。按位或进行运算操作的过程如下所示。

m1	m2	m1 | m2
0	0	0
0	1	1
1	0	1
1	1	1

此时假如n1是short int，等于十六进制的19，n2也是short int，等于十六进制的6a，那么对n1和n2执行按位或会得到十六进制的7b，具体运算过程如下所示。

```
n1  0000 0000 0001 1001    0x19
n2  0000 0000 0110 1010  | 0x6a
    ─────────────────────────────
    0000 0000 0111 1011    0x7b
```

按位或操作通常就称为按位OR，用于将某个词的特定位设为1。例如下面的代码将n1最右边的3位设为1，而无论这些位操作前的状态是什么都是如此：

```
n1 = n1 | 07;
```

另外，也可以在语句中使用特殊的赋值运算符，例如下面的代码：

```
n1 |= 07;
```

3.8.3 按位异或运算符

在Objective-C程序中，按位异或运算符也被称为XOR运算符。使用此种运算时需要遵守以下两个规则。

（1）对于两个运算数的相应位，如果任何一个位是1，但不是两者全为1，那么结果的对应位将是1；否则是0。

例如下面演示了按位异或运算的过程。

b1 b2 b1 ^ b2
─────────────
0   0   0
0   1   1
1   0   1
1   1   0

（2）如果n1和n2分别等于十六进制的5e和d6，那么n1与n2执行异或运算后的结果是十六进制值e8，例如下面的运算过程。

n1 0000 0000 0101 1110   0x5e
n2 0000 0000 1011 0110 ^ 0xd6
─────────────────────────────
    0000 0000 1110 1000   0xe8

3.8.4 一次求反运算符

在Objective-C程序中，一次求反运算符是一种一元运算符，功能是对运算数的位进行"翻转"处理。将运算数的每个是1的位翻转为0，而将每个是0的位翻转为1。此处提供真值表只是为了保持内容的完整性。例如下面演示了一次求反运算符的运算过程。

b1 ~b1
───────
0   1
1   0

在此假设n1是short int，16位长，等于十六进制值a52f，那么对该值执行一次求反运算会得到十六进制值5ab0：

n1   1010 0101 0010 1111   0xa52f
~n1 0101 1010 1101 0000   0x5ab0

如果不知道运算中数值的准确位大小，那么一次求反运算符非常有用，使用它可让程序不会依赖于整数数据类型的特定大小。例如，要将类型为int的n1的最低位设为0，可将一个所有位都是1，但最右边的位是0的int值与n1进行与运算。所以，像下面的语句在用32位表示整数的机器上可正常工作：

    n1 &= 0xFFFFFFFE;

如果用"n1 &= ~1;"替换上面的代码，那么在任何机器上n1都会同正确的值进行与运算。这是因为这条语句会对1求反，然后在左侧会加入足够的1，以满足int的大小要求（在32位机器上，会在左侧的31个位上加入1）。

请读者看下面的代码，演示了各种位运算符的具体作用：

```
#import <Foundation/Foundation.h>
int main (int argc, char *argv[])
{
    NSAutoreleasePool * pool = [[NSAutoreleasePool alloc] init];
    unsigned int w1 = 0xA0A0A0A0, w2 = 0xFFFF0000,
                 w3 = 0x00007777;
    NSLog (@"%x %x %x", w1 & w2, w1 | w2, w1 ^ w2);
    NSLog (@"%x %x %x", ~w1, ~w2, ~w3);
    NSLog (@"%x %x %x", w1 ^ w1, w1 & ~w2, w1 | w2 | w3);
    NSLog (@"%x %x", w1 | w2 & w3, w1 | w2 & ~w3);
    NSLog (@"%x %x", ~(~w1 & ~w2), ~(~w1 | ~w2));
    [pool drain];
    return 0;
}
```

在上述代码的第四个NSLog调用中，需要注意"按位与运算符的优先级要高于按位或运算符"这一结论，因为这会实际影响表达式的最终结果值。而第五个NSLog调用展示了DeMorgan的规则：~(~a & ~b)等于a | b，~(~a | ~b)等于a & b。

运行上述代码后会输出：

```
a0a00000 ffffa0a0 5f5fa0a0
5f5f5f5f ffff ffff8888
0 a0a0 fffff7f7
a0a0a0a0 ffffa0a0
ffffa0a0 a0a00000
```

3.8.5 向左移位运算符

在Objective-C语言中，当对值执行向左移位运算时，会将值中包含的位向左移动。与该操作关联的是该值要移动的位置（或位）数目。超出数据项的高位的位将丢失，而从低位移入的值总为0。所以，如果n1等于3，那么表达式"n1 = n1 << 1;"可以表示成"n1 <<= 1;"，运算此表达式的结果就是3向左移一位，这样产生的6将赋值给n1。具体运算过程如下所示：

```
n1          ... 0000 0011    0x03
n1 << 1     ... 0000 0110    0x06
```

运算符<<左侧的运算数表示将要移动的值，而右侧的运算数表示该值所需移动的位数。如果将n1再向左移动一次，那么会得到十六进制值0c：

```
n1          ... 0000 0110    0x06
n1 << 1     ... 0000 1100    0x0c
```

3.8.6 向右移位运算符

同样的道理，向右移位运算符（>>）的功能是把值的位向右移动。从值的低位移出的位将丢失。把无符号的值向右移位总是左侧（就是高位）移入0。对于有符号值而言，左侧移入1还是0依赖于被移动数字的符号，还取决于该操作在计算机上的实现方式。如果符号位是0（表示该值是正的），不管哪种机器都将移入0。然而，如果符号位是1，那么在一些计算机上将移入1，而其他计算机上则移入0。前一类型的运算符通常称为算术右移，而后者通常称为逻辑右移。

在Objective-C语言中，当选择使用算术右移还是逻辑右移时，千万不要进行猜测。如果进行此类的假设，那么在一个系统上可正确进行有符号右移运算的程序，有可能在其他系统上运行失败。

如果n1是unsigned int，用32位表示它并且它等于十六进制的F777EE22，那么使用语句"n1 >>= 1;"将n1右移一位后，n1等于十六进制的7BBBF711，具体过程如下所示：

```
n1       1111 0111 0111 0111 1110 1110 0010 0010    0xF777EE22
n1 >>    1 0111 1011 1011 1011 1111 0111 0001 0001  0x7BBBF711
```

如果将n1声明为（有符号）的short int，在某些计算机上会得到相同的结果；而在其他计算机上，如果将该运算作为算术右移来执行，结果将会是FBBBF711。

如果试图用大于或等于该数据项的位数将值向左或向右移位，那么该Objective-C语言并不会产生规定的结果。因此，例如计算机用32位表示整数，那么把一个整数向左或向右移动32位或更多位时，并不会在计算机上产生规定的结果。还注意到，如果使用负数对值移位时，结果将同样是未定义的。

注意：在Objective-C语言中还有其他3种类型，分别是用于处理Boolean（即，0或1）值的_Bool；以及分别用于处理复数和抽象数字的_Complex和_Imaginary。

Objective-C程序员倾向于在程序中使用BOOL数据类型替代_Bool来处理Boolean值。这种"数据类型"本身实际上并不是真正的数据类型，它事实上只是char数据类型的别名。这是通过使用该语言的特殊关键字typedef实现的。

3.8.7 总结 Objective-C 的运算符

在表3-6中，总结了Objective-C语言中的各种运算符。这些运算符按其优先级降序列出，组合在一起的运算符具有相同的优先级。

表3-6　　　　　　　　　　　　　　Objective-C 的运算符

运 算 符	描　　述	结 合 性
() [] -> .	函数调用 数组元素引用或者消息表达式 指向结构成员引用的指针 结构成员引用或方法调用	从左到右
－ + ++ －－ ! ~ * & sizeof (type)	一元负号 一元正号 加1 减1 逻辑非 求反 指针引用（间接） 取地址 对象的大小 类型强制转换（转换）	从右到左
* / %	乘 除 取模	从左到右
+ －	加 减	从左到右
<< >> <	左移 右移 小于	从左到右
<= > >=	小于等于 大于 大于等于	从左到右
== !=	相等性 不等性	从左到右
&	按位AND	从左到右
^	按位XOR	从左到右
|	按位OR	从左到右
&&	逻辑 AND	从左到右
||	逻辑OR	从左到右
?:	条件	从左到右
= *= /= %= += -= &= ^= |= <<= >>=	赋值运算符	从右到左
,	逗号运算符	从右到左

第4章 Swift语言基础

Swift是Apple公司在WWDC2014发布的一门编程语言，用来编写OS X和iOS应用程序。苹果公司在设计Swift语言时，就有意令其和Objective-C共存，Objective-C是Apple操作系统在导入Swift前使用的编程语言。本章将带领大家初步认识Swift这门开发语言，为读者学习本书后面的知识打下基础。

4.1 Swift 概述

> 知识点讲解光盘:视频\知识点\第4章\Swift概述.mp4

Swift是一种为开发iOS和OS X应用程序而推出的全新编程语言，是建立在C语言和Objective-C语言基础之上的，并且没有C语言的兼容性限制。Swift采用安全模型的编程架构模式，并且使整个编程过程变得更容易、更灵活、更有趣。另外，Swift完全支持市面中的主流框架：Cocoa和Cocoa Touch框架，这为开发人员重新构建软件和提高开发效率带来了巨大的帮助。在本节中，我们将带领大家一起探寻Swift的诞生历程。

4.1.1 Swift 的创造者

苹果Swift语言的创造者是苹果开发者工具部门总监Chris Lattner。Chris Lattner是 LLVM 项目的主要发起人与作者之一、Clang 编译器的作者。Chris Lattner开发了LLVM，一种用于优化编译器的基础框架，能将高级语言转换为机器语言。LLVM极大地提高了高级语言的效率，Chris Lattner也因此获得了首届SIGPLAN奖。

2005年，Chris加入LLVM开发团队，正式成为苹果公司的一名员工。在苹果公司的 9 年间，他由一名架构师一路升职为苹果公司开发者工具部门总监。目前，Chris Lattner主要负责 Xcode项目，这也为Swift的开发提供了灵感。

Chris Lattner从2010年7月开始开发Swift语言，当时它在苹果公司内部属于机密项目，只有很少人知道这一语言的存在。Chris Lattner个人博客上称，Swift 的底层架构大多是他自己开发完成的。2011年，其他工程师开始参与项目开发，Swift 也逐渐获得苹果公司内部的重视，直到2013年成为苹果公司主推的开发工具。

4.1.2 Swift 的优势

在WWDC14大会中，苹果公司推出的一款全新的开发语言Swift。在演示过程中，苹果公司展示了如何能让开发人员更快地进行代码编写及显示结果的"Swift Playground"（见图4-1），在左侧输入代码的同时，可以在右侧实时显示结果。苹果公司表示Swift是基于Cocoa和Cocoa Touch专门设计的。Swift不仅可以用于基本的应用程序编写，比如各种社交网络App，同时还可以使用更先进的"Metal" 3D游戏图形优化工作。由于Swift可以与Objective-C兼容使用，开发人员可以在开发过程中进行无缝切换。

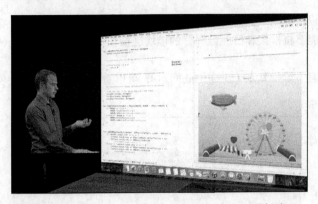

图4-1 Chris Lattner在WWDC14大会上对Swift进行演示

Swift的特点表现为以下几个方面。

（1）易学

作为一项苹果公司独立发布的支持型开发语言，Swift语言的语法内容混合了Objective-C、JS和Python，其语法简单、使用方便、易学，大大降低了开发者入门的门槛。同时Swift语言可以与Objective-C混合使用，对于用惯了高难度Objective-C语言的开发者来说，Swift语言更加易学。

（2）功能强大

Swift允许开发者通过更简洁的代码来实现更多的内容。在WWDC2014发布会上，苹果演示了如何只通过一行简单的代码，完成一个完整图片列表的加载过程。另外，Swift还可以让开发人员一边编写程序，一边预览自己的应用程序，从而快速测试应用在某些特殊情况下的反应。

（3）提升性能

对开发者来说，Swift语言可以提升性能，同时降低开发难度，没有开发者不喜欢这样的编程语言。

（4）简洁、精良、高效

Swift是一种非常简洁的语言。与Python类似，不必编写大量代码即可实现强大的功能，并且也有利于提高应用开发速度。Swift可以更快捷有效地编译出高质量的应用程序。

（5）执行速度快

Swift的执行速度比Objective-C更快，这样，人们会在游戏中看见更引人入胜的画面（需要苹果新的Metal界面的帮助），而其他应用也会有更好的响应性。与此同时，消费者不用购买新手机即可体验到这些效果。

（6）全面融合

苹果对全新的Swift语言的代码进行了大量简化，在更快、更安全、更好的交互、更现代的同时，开发者可以在同一款软件中同时用Objective-C、Swift、C 3种语言，这样便实现了3类开发人员的完美结合。

（7）测试工作更加便捷

方便快捷地测试所编写应用将帮助开发者更快地开发出复杂应用。以往，对规模较大的应用来说，编译和测试过程极为冗繁。如果Swift能在这一方面带来较大的改进，那么应用开发者将可以更快地发布经过更彻底测试的应用。

当然，Swift还有一些不足之处。其中最大的问题在于，要求使用者学习一门全新的语言。

4.1.3 最新的 Swift 4.0

Swift 4.0对核心语言和标准库进行了重大改进，同时也实现了对之前源代码的兼容性。和以前的版本相比，Swift 4做了许多重大改变，因此Swift 4与Swift 3并没有十分良好的代码兼容性。然而，Swift语言一经推出，它的编译器就支持兼容性模式，使用-swift-version-3编译选项就能编译大多数Swift 3的源码，在Swift 4中还修复了错误代码也能在旧编译器中编译通过这一漏洞。-swift-version-4编译选项将会支持所有在Swift 4设计准则中提到的新特性。重要的是，Swift的编译器将会在刚刚提到的编译选项中支持以下特性，它能够将框架和已经编译好的模块链接在一起，只要它们是使用同样的编译器选项编译出来的。

登录Swift语言的官方维护站点（见GitHub网站），可以看到Swift 4.0的主要特点和巨大变化，如图4-2所示。

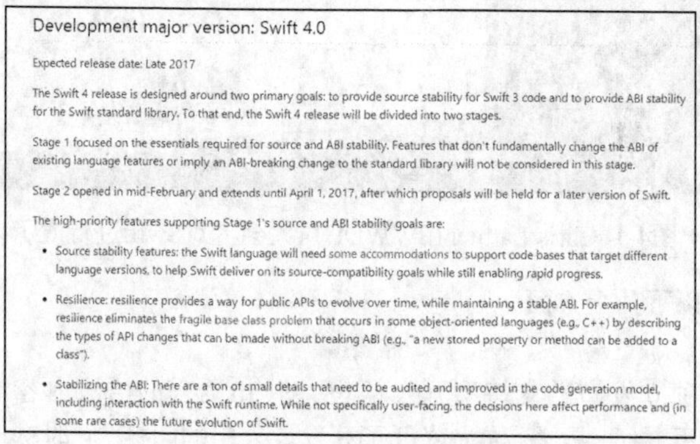

```
Development major version: Swift 4.0

Expected release date: Late 2017

The Swift 4 release is designed around two primary goals: to provide source stability for Swift 3 code and to provide ABI stability for the Swift standard library. To that end, the Swift 4 release will be divided into two stages.

Stage 1 focused on the essentials required for source and ABI stability. Features that don't fundamentally change the ABI of existing language features or imply an ABI-breaking change to the standard library will not be considered in this stage.

Stage 2 opened in mid-February and extends until April 1, 2017, after which proposals will be held for a later version of Swift.

The high-priority features supporting Stage 1's source and ABI stability goals are:

• Source stability features: the Swift language will need some accommodations to support code bases that target different language versions, to help Swift deliver on its source-compatibility goals while still enabling rapid progress.

• Resilience: resilience provides a way for public APIs to evolve over time, while maintaining a stable ABI. For example, resilience eliminates the fragile base class problem that occurs in some object-oriented languages (e.g., C++) by describing the types of API changes that can be made without breaking ABI (e.g., "a new stored property or method can be added to a class").

• Stabilizing the ABI: There are a ton of small details that need to be audited and improved in the code generation model, including interaction with the Swift runtime. While not specifically user-facing, the decisions here affect performance and (in some rare cases) the future evolution of Swift.
```

图4-2 Swift 4.0的主要特点和变化

4.2 数据类型和常量

知识点讲解光盘:视频\知识点\第4章\数据类型和常量.mp4

Swift语言的基本数据类型是int，例如，声明为int类型的变量只能用于保存整型值，也就是说没有小数位的值。其实除了int类型之外，在Swift中还有另外3种基本数据类型，分别是float、double和char，具体说明如下。

- float：用于存储浮点数（即包含小数位的值）。
- double：和float类型一样，但是前者的精度约是后者精度的两倍。
- char：可以存储单个字符，例如字母a、数字字符100，或者一个分号";"。

在Swift程序中，任何数字、单个字符或者字符串通常被称为常量。例如，数字88表示一个常量整数值。字符串@"Programming in Swift"表示一个常量字符串对象。在Swift程序中，完全由常量值组成的表达式被称为常量表达式。例如下面的表达式就是一个常量表达式，因为，此表达式的每一项都是常量值：

```
128 + 1 - 2
```

如果将i声明为整型变量，那么下面的表达式就不是一个常量表达式：

```
128 + 1 - i
```

在Swift中定义了多个简单（或基本）的数据类型，例如int表示整数类型，这就是一种简单的数据类型，而不是复杂的对象。

4.2.1 int 类型

在Swift程序中，整数常量由一个或多个数字的序列组成。序列前的负号表示该值是一个负数，例如值88、−10和100都是合法的整数常量。Swift规定，在数字中间不能插入空格，并且不能用逗号来表示大于999的值。所以数值"1,200"就是一个非法的整数常量，如果写成"1200"就是正确的。

如果整型常量以0和字母x（无论是小写字母还是大写字母）开头，那么这个值都将用十六进制（以16为基数）计数法来表示。紧跟在字母x后的是十六进制值的数字，它可以由0到9之间的数字和a到f（或

A到F）之间的字母组成。字母表示的数字分别为10到15。假如要给名为RGBColor的整型常量指派十六进制的值FFEF0D，则可以使用如下代码实现：

```
RGBColor = 0xFFEF0D;
```

在上述代码中，符号"%x"用十六进制格式显示一个值，该值不带前导的0x，并用a到f之间的小写字符表示十六进制数字。要使用前导0x显示这个值，需要使用格式字符%#x的帮助。

4.2.2 float 类型

在Swift程序中，float类型变量可以存储小数位的值。由此可见，通过查看是否包含小数点的方法可以区分出一个浮点常量。在Swift程序中，不但可以省略小数点之前的数字，而且也可以省略之后的数字，但是不能将它们全部省略。

另外，在Swift程序中也能使用科学计数法来表示浮点常量。例如"1.5e4"就是使用这种计数法来表示的浮点值，它表示值1.5×10^4。位于字母e前的值称为尾数，而之后的值称为指数。指数前面可以放置正号或负号，指数表示将与尾数相乘的10的幂。因此，在常量2.85e-3中，2.85是尾数值，而-3是指数值。该常量表示值2.85×10^{-3}，或0.00285。另外，在Swift程序中，不但可用大写字母书写用于分隔尾数和指数的字母e，而且也可以用小写字母来书写。

4.2.3 double 类型

在Swift程序中，类型double与类型float类似。Swift规定，当在float变量中所提供的值域不能满足要求时，需要使用double变量来实现需求。声明为double类型的变量可以存储的位数，大概是float变量所存储的两倍多。在现实应用中，大多数计算机使用64位来表示double值。除非另有特殊说明，否则Swift编译器将全部浮点常量当作double值来对待。要想清楚地表示float常量，需要在数字的尾部添加字符f或F，例如：

```
12.4f
```

要想显示double的值，可以使用格式符号%f、%e或%g来辅助实现，它们与显示float值所用的格式符号是相同的。

4.2.4 char 类型

在Swift程序中，char类型变量的功能是存储单个字符，只要将字符放到一对单引号中就能得到字符常量。例如'a'、';'和'0'都是合法的字符常量。其中'a'表示字母a，';'表示分号，'0'表示字符0（并不等同于数字0）。

4.2.5 字符常量

在Swift程序中，字符常量是用单引号括起来的一个字符，例如下面列出的都是合法字符常量：

```
'a'
'b'
'='
'+'
'?'
```

Swift的字符常量具有以下3个特点。

（1）字符常量只能用单引号括起来，不能用双引号或其他括号。

（2）字符常量只能是单个字符，不能是字符串，转义字符除外。

（3）字符可以是字符集中任意字符。但数字被定义为字符型之后就不能参与数值运算。如'5'和

5是不同的。"5"是字符常量，不能参与运算。

4.3 变量和常量

> 知识点讲解光盘:视频\知识点\第4章\变量和常量.mp4

Swift语言中的基本数据类型，按其取值可以分为常量和变量两种。在程序执行过程中，其值不发生改变的量称为常量，其值可变的量称为变量。两者可以和数据类型结合起来进行分类，例如可以分为整型常量、整型变量、浮点常量、浮点变量、字符常量、字符变量、枚举常量和枚举变量。

4.3.1 常量详解

在执行程序的过程中，其值不发生改变的量称为常量。在Swift语言中，使用关键字"let"来定义常量，示例代码如下：

```
let mm = 70
let name = guanxijing
let height = 170.0
```

在上述代码中定义了3个常量，常量名分别是"mm""name"和"height"。

在Swift程序中，常量的值无需在编译时指定，但是至少要赋值一次。这表示可以使用常量来命名一个值，只需进行一次确定工作，就可以将这个常量用在多个地方。

如果初始化值没有提供足够的信息（或没有初始化值），可以在变量名后写类型，并且以冒号分隔。演示代码如下：

```
let imlicitInteger = 50
let imlicitDouble = 50.0
let explicitDouble: Double = 50
```

在Swift程序中，常量值永远不会隐含转换到其他类型。如果需要转换一个值到另外不同的类型，需要事先明确构造一个所需类型的实例，演示代码如下：

```
let label = "The width is "
let width = 94
let widthLabel = label + String(width)
```

在Swift程序中，可以使用简单的方法在字符串中以小括号来写一个值，或者用反斜线"\"放在小括号之前，演示代码如下：

```
let apples = 3
let oranges = 5  //by gashero
let appleSummary = "I have \(apples) apples."
let fruitSummary = "I have \(apples + oranges) pieces of fruit."
```

4.3.2 变量详解

在Swift程序中，使用关键字"var"来定义变量，演示代码如下：

```
var myVariable = 42
var name = "guan"
```

因为Swift程序中的变量和常量必须与赋值时拥有相同的类型，所以无需严格定义变量的类型，只需提供一个值就可以创建常量或变量，并让编译器推断其类型。也就是说，Swift支持类型推导（Type Inference）功能，所以上面的代码不需指定类型。在上面例子中，编译器会推断myVariable是一个整数类型，因为其初始化值就是个整数。如果要为上述变量指定一个类型，则可以通过如下代码实现：

```
var myVariable : Double= 42
```

在Swift程序中，使用如下所示的形式进行字符串格式化：

```
\(item)
```

演示代码如下：

```
let apples = 3
let oranges = 5
let appleSummary = "I have \(apples) apples."
let fruitSummary = "I have \(apples + oranges) pieces of fruit."
```

另外，在Swift程序中使用方括号"[]"创建一个数组和字典，接下来就可以通过方括号中的索引或键值来访问数组和字典中的元素，演示代码如下：

```
var shoppingList = ["catfish", "water", "tulips", "blue paint"]
shoppingList[1] = "bottle of water"
var occupations = [ "Malcolm": "Captain", "Kaylee": "Mechanic", ]
occupations["Jayne"] = "Public Relations"
```

在Swift程序中，创建一个空的数组或字典的初始化格式如下所示。

```
let emptyArray = String[]()
let emptyDictionary = Dictionary<String, Float>()
```

如果无法推断数组或字典的类型信息，可以写为空的数组格式"[]"或空的字典格式"[:]"。

另外，为了简化代码的编写工作量，可以在同一行语句中声明多个常量或变量，在变量之间以逗号进行分隔，演示代码如下：

```
var x = 0.0, y = 0.0, z = 0.0
```

4.4 字符串和字符

知识点讲解光盘:视频\知识点\第4章\字符串和字符.mp4

在Swift程序中，String是一个有序的字符集合，例如"hello、world""albatross"。Swift字符串通过String类型来表示，也可以表示为Character类型值的集合。在Swift程序中，通过String和Character 类型提供了一个快速的、兼容Unicode的方式来处理代码中的文本信息。

在Swift程序中，创建和操作字符串的方法与在C中的操作方式相似，轻量并且易读。字符串连接操作只需要简单地通过"+"号将两个字符串相连即可。与Swift中其他值一样，能否更改字符串的值，取决于其被定义为常量还是变量。

尽管Swift的语法简易，但是，String类型是一种快速、现代化的字符串实现。每一个字符串都是由独立编码的 Unicode 字符组成，并提供了用于访问这些字符在不同的Unicode表示的支持。在Swift程序中，String 也可以用于在常量、变量、字面量和表达式中进行字符串插值，这将更加方便地实现展示、存储和打印的字符串工作。

在Swift应用程序中，String 类型与 Foundation NSString 类进行了无缝桥接。如果开发者想利用 Cocoa 或 Cocoa Touch 中的 Foundation 框架实现功能，整个 NSString API 都可以调用创建的任意 String 类型的值，并且额外还可以在任意 API 中使用本节介绍的String 特性。另外，也可以在任意要求传入NSString 实例作为参数的API中使用String类型的值进行替换。

4.4.1 字符串字面量

在Swift应用程序中，可以在编写的代码中包含一段预定义的字符串值作为字符串字面量。字符串字面量是由双引号包裹着的具有固定顺序的文本字符集。Swift中的字符串字面量可以用于为常量和变量提供初始值，演示代码如下：

```
let someString = "Some string literal value"
```

在上述代码中,变量someString通过字符串字面量进行初始化,所以Swift可以推断出变量someString的类型为String。

在Swift应用程序中,字符串字面量可以包含以下特殊字符。

- 转义特殊字符 \0(空字符)、\\(反斜线)、\t(水平制表符)、\n(换行符)、\r(回车符)、\"(双引号)、\'(单引号)。
- 单字节Unicode标量,写成\xnn,其中nn为两位十六进制数。
- 双字节Unicode标量,写成\unnnn,其中nnnn为4位十六进制数。
- 四字节Unicode标量,写成\Unnnnnnnn,其中nnnnnnnn为8位十六进制数。

例如在下面的代码中,演示了各种特殊字符的使用:

```
let wiseWords = "\"Imagination is more important than knowledge\" - Einstein"
// "Imagination is more important than knowledge" - Einstein
let dollarSign = "\x24"             // $,  Unicode scalar U+0024
let blackHeart = "\u2665"           // ♥,  Unicode scalar U+2665
let sparklingHeart = "\U0001F496"   // 💖, Unicode scalar U+1F496
```

在上述代码中,常量wiseWords包含了两个转移特殊字符(双括号),常量dollarSign、blackHeart和sparklingHeart演示了3种不同格式的Unicode标量。

4.4.2 初始化空字符串

为了在Swift应用程序中构造一个很长的字符串,可以创建一个空字符串作为初始值,也可以将空的字符串字面量赋值给变量,也可以初始化一个新的 String 实例,演示代码如下:

```
var emptyString = ""                    // empty string literal
var anotherEmptyString = String()       // initializer syntax
```

在上述代码中,因为这两个字符串都为空,所以两者等价。通过如下的演示代码,可以通过检查其 Boolean 类型的 isEmpty 属性来判断该字符串是否为空:

```
if emptyString.isEmpty {
   print("Nothing to see here")
}
// 打印输出 "Nothing to see here"
```

4.4.3 字符串可变性

在Swift应用程序中,可以通过将一个特定字符串分配给一个变量的方式来对其进行修改,或者分配给一个常量来保证其不会被修改,演示代码如下:

```
var variableString = "Horse"
variableString += " and carriage"
// variableString 现在为 "Horse and carriage"
let constantString = "Highlander"
constantString += " and another Highlander"
```

上述代码会输出一个编译错误(compile-time error),提示我们常量不可以被修改。

其实在Objective-C和Cocoa中,可以通过选择两个不同的类(NSString和NSMutableString)来指定该字符串是否可以被修改。验证Swift程序中的字符串是否可以修改,是通过定义的是变量还是常量来决定的,这样实现了多种类型可变性操作的统一。

4.4.4 值类型字符串

在Swift应用程序中,String类型是一个值类型。如果创建了一个新的字符串,那么当其进行常量、变量赋值操作或在函数/方法中传递时,会进行值复制。在任何情况下,都会对已有字符串值创建新副本,并对该新副本进行传递或赋值。值类型在 Structures and Enumerations Are Value Types 中进行了说明。

其Cocoa中的NSString不同，当在Cocoa中创建了一个NSString实例，并将其传递给一个函数/方法，或者赋值给一个变量，您永远都是传递或赋值同一个NSString实例的一个引用。除非特别要求其进行值复制，否则字符串不会进行赋值新副本操作。

Swift默认的字符串复制方式保证了在函数/方法中传递的是字符串的值，其明确指出无论该值来自何处，都是它独自拥有的，可以放心传递。字符串本身的值而不会被更改。

在实际编译时，Swift编译器会优化字符串的使用，使实际的复制只发生在绝对必要的情况下，这意味着您始终可以将字符串作为值类型并同时获得极高的性能。

Swift程序的String类型表示特定序列的字符值的集合，每一个字符值代表一个Unicode字符，可以利用"for-in"循环来遍历字符串中的每一个字符，演示代码如下：

```
for character in "Dog! " {
    print(character)
}
```

执行上述代码后会输出：

```
D
o
g
!
```

另外，通过标明一个Character类型注解并通过字符字面量进行赋值，可以建立一个独立的字符常量或变量，例如下面的演示代码：

```
let yenSign: Character = "¥"
```

4.4.5 计算字符数量

在Swift应用程序中，通过调用全局函数countElements，并将字符串作为参数进行传递的方式可以获取该字符串的字符数量，演示代码如下：

```
let unusualMenagerie = "Koala , Snail , Penguin , Dromedary "
print("unusualMenagerie has \(countElements(unusualMenagerie)) characters")
// prints "unusualMenagerie has 40 characters"
```

不同的Unicode字符以及相同Unicode字符的不同表示方式，因为可能需要不同数量的内存空间来存储，所以，Swift中的字符在一个字符串中并不一定占用相同的内存空间。由此可见，字符串的长度不得不通过迭代字符串中每一个字符的长度来进行计算。如果正在处理一个长字符串，则需要注意函数countElements必须遍历字符串中的字符以精准计算字符串的长度。

另外需要注意的是，通过countElements返回的字符数量并不总是与包含相同字符的NSString的length属性相同。NSString的属性length是基于UTF-16表示的十六位代码单元数字，而不是基于Unicode字符。为了解决这个问题，NSString的属性length在被Swift的String访问时会成为utf16count。

4.4.6 连接字符串和字符

在Swift应用程序中，字符串和字符的值可以通过加法运算符"+"相加在一起，并创建一个新的字符串值，演示代码如下：

```
let string1 = "hello"
let string2 = " there"
let character1: Character = "!"
let character2: Character = "?"
let stringPlusCharacter = string1 + character1        // 等于 "hello!"
let stringPlusString = string1 + string2              // 等于 "hello there"
let characterPlusString = character1 + string1        // 等于 "!hello"
let characterPlusCharacter = character1 + character2  // 等于 "!?"
```

另外，也可以通过加法赋值运算符"+="将一个字符串或者字符添加到一个已经存在字符串变量上，演示代码如下：

```
var instruction = "look over"
instruction += string2
// instruction 现在等于 "look over there"

var welcome = "good morning"
welcome += character1
// welcome 现在等于 "good morning!"
```

注意：不能将一个字符串或者字符添加到一个已经存在的字符变量上，因为字符变量只能包含一个字符。

4.4.7 字符串插值

在Swift应用程序中，字符串插值是构建字符串的一种全新的方式，可以在其中包含常量、变量、字面量和表达式。其中插入的字符串字面量中的每一项，都会被包裹在以反斜线为前缀的圆括号中，演示代码如下：

```
let multiplier = 3
let message = "\(multiplier) times 2.5 is \(Double(multiplier) * 2.5)"
// message is "3 times 2.5 is 7.5"
```

在上面的演示代码中，multiplier作为 \(multiplier) 被插入到一个字符串字面量中。当创建字符串执行插值计算时此占位符会被替换为multiplier实际的值。multiplier 的值也作为字符串中后面表达式的一部分。该表达式计算 Double(multiplier) * 2.5 的值并将结果（7.5）插入到字符串中。在这个例子中，表达式写为 \(Double(multiplier) * 2.5) 并包含在字符串字面量中。

注意：插值字符串中写在括号中的表达式不能包含非转义双引号""""和反斜杠"\"，并且不能包含回车或换行符。

4.4.8 比较字符串

Swift提供了3种方式来比较字符串的值，分别是字符串相等、前缀相等和后缀相等、≠和小写字符串。

（1）字符串相等

如果两个字符串以同一顺序包含完全相同的字符，则认为两字符串相等，演示代码如下：

```
let quotation = "We're a lot alike, you and I."
let sameQuotation = "We're a lot alike, you and I."
if quotation == sameQuotation {
   print("These two strings are considered equal")
}
```

执行上述代码后会输出：

```
"These two strings are considered equal"
```

（2）前缀/后缀相等

通过调用字符串的hasPrefix/hasSuffix方法来检查字符串是否拥有特定前缀/后缀。两个方法均需要以字符串作为参数传入并传出Boolean值。两个方法均执行基本字符串和前缀/后缀字符串之间逐个字符的比较操作。例如，在下面的演示代码中，以一个字符串数组表示莎士比亚话剧罗密欧与朱丽叶中前两场的场景位置：

```
let romeoAndJuliet = [
   "Act 1 Scene 1: Verona, A public place",
```

```
    "Act 1 Scene 2: Capulet's mansion",
    "Act 1 Scene 3: A room in Capulet's mansion",
    "Act 1 Scene 4: A street outside Capulet's mansion",
    "Act 1 Scene 5: The Great Hall in Capulet's mansion",
    "Act 2 Scene 1: Outside Capulet's mansion",
    "Act 2 Scene 2: Capulet's orchard",
    "Act 2 Scene 3: Outside Friar Lawrence's cell",
    "Act 2 Scene 4: A street in Verona",
    "Act 2 Scene 5: Capulet's mansion",
    "Act 2 Scene 6: Friar Lawrence's cell"
]
```

此时可以利用 hasPrefix 方法来计算话剧中第一幕的场景数，演示代码如下：

```
var act1SceneCount = 0
for scene in romeoAndJuliet {
    if scene.hasPrefix("Act 1 ") {
        ++act1SceneCount
    }
}
print("There are \(act1SceneCount) scenes in Act 1")
```

执行上述代码后会输出：

```
"There are 5 scenes in Act 1"
```

（3）大写和小写字符串

可以通过字符串的uppercaseString和lowercaseString属性来访问一个字符串的大写/小写版本，演示代码如下：

```
let normal = "Could you help me, please?"
let shouty = normal.uppercaseString
// shouty 值为 "COULD YOU HELP ME, PLEASE?"
let whispered = normal.lowercaseString
// whispered 值为 "could you help me, please?"
```

4.4.9 Unicode

Unicode 是文本编码和表示的国际标准，通过Unicode可以用标准格式表示来自任意语言的所有字符，并能够对文本文件或网页这样的外部资源中的字符进行读写操作。

Swift语言中的字符串和字符类型是完全兼容 Unicode 的，它支持如下所述的一系列不同的 Unicode 编码。

（1）Unicode的术语

Unicode 中每一个字符都可以解释为一个或多个unicode标量。字符的unicode标量是一个唯一的21位数字（和名称），例如U+0061表示小写的拉丁字母A("a")。

当Unicode字符串被写进文本文件或其他存储结构当中，这些unicode 标量将会按照Unicode定义的几中格式之一进行编码。其包括UTF-8（以8位代码单元进行编码）和UTF-16（以16位代码单元进行编码）。

（2）Unicode 表示字符串

Swift提供了几种不同的方式来访问字符串的Unicode表示。例如可以利用for-in来对字符串进行遍历，从而以Unicode字符的方式访问每一个字符值。该过程在Working with Characters中进行了描述。

另外，能够以如下3种Unicode兼容的方式访问字符串的值。

❑ UTF-8代码单元集合（利用字符串的utf8属性进行访问）。

❑ UTF-16代码单元集合（利用字符串的utf16属性进行访问）。

❑ 21位的Unicode标量值集合（利用字符串的unicodeScalars属性进行访问）。

例如在下面的演示代码中，由D o g！和""（Unicode 标量为U+1F436）组成的字符串中的每一个字符代表着一种不同的表示：

```
let dogString = "Dog!"
```

（3）UTF-8

可以通过遍历字符串的utf8属性来访问它的UTF-8表示，其为UTF8View类型的属性，UTF8View是无符号8位（UInt8）值的集合，每一个UIn8都是一个字符的UTF-8表示，演示代码如下：

```
for codeUnit in dogString.utf8 {
    print("\(codeUnit) ")
}
print("\n")
```

执行上述代码后会输出：

`68 111 103 33 240 159 144 182`

在上述演示代码中，前4个10进制代码单元值（68, 111, 103, 33）代表了字符D o g和!，它们的UTF-8表示与ASCII表示相同。后4个代码单元值（240, 159, 144, 182）是狗脸表情的4位UTF-8表示。

（4）UTF-16

可以通过遍历字符串的UTF16属性来访问它的UTF-16表示。其为UTF16View类型的属性，UTF16View是无符号16位（UInt16）值的集合，每一个UInt16都是一个字符的UTF-16表示，演示代码如下：

```
for codeUnit in dogString.utf16 {
    print("\(codeUnit) ")
}
print("\n")
```

执行上述代码后会输出：

`68 111 103 33 55357 56374`

同样，前4个代码单元值（68, 111, 103, 33）代表了字符D o g和!，它们的UTF-16代码单元和UTF-8完全相同。第5和第6个代码单元值（55357 and 56374）是狗脸表情字符的UTF-16表示。第一个值为U+D83D（十进制值为55357），第二个值为U+DC36（十进制值为56374）。

（5）Unicode标量（Scalars）

可以通过遍历字符串的unicodeScalars属性来访问它的Unicode标量表示。其为UnicodeScalarView类型的属性，UnicodeScalarView是UnicodeScalar的集合。UnicodeScalar是21位的Unicode代码点。每一个UnicodeScalar拥有一个值属性，可以返回对应的21位数值，用UInt32来表示，演示代码如下：

```
for scalar in dogString.unicodeScalars {
    print("\(scalar.value) ")
}
print("\n")
```

执行上述代码后会输出：

`68 111 103 33 128054`

同样，前4个代码单元值（68, 111, 103, 33）代表了字符D、o、g和!。第5位数值128054，是一个十六进制1F436的十进制表示。其等同于狗脸表情的Unicode标量U+1F436。

作为查询字符值属性的一种替代方法，每个UnicodeScalar值也可以用来构建一个新的字符串值，比如在字符串插值中使用下面的代码：

```
for scalar in dogString.unicodeScalars {
    print("\(scalar) ")
}
```

执行上述代码后会输出：

```
// D
// o
// g
// !
//
```

4.5 流程控制

知识点讲解光盘:视频\知识点\第4章\流程控制.mp4

Swift程序中的语句是顺序执行的,除非由一个for、while、do-while、if、switch语句或者是一个函数调用将流程导向到其他地方去做其他的事情。在Swift程序中,主要包含如下所示的流程控制语句的类型。

- 一条if语句能够根据一个表达式的真值来有条件地执行代码。
- for、while和do-while语句用于构建循环。在循环中,重复地执行相同的语句或一组语句,直到满足一个条件为止。
- switch语句根据一个整数表达式的算术值,来选择一组语句执行。
- 函数调用跳入到函数体中的代码。当该函数返回时,程序从函数调用之后的位置开始执行。

上面列出的控制语句将在本书后面的内容中进行详细介绍,本章将首先讲解循环语句的基本知识。循环语句是指可以重复执行的一系列代码,Swift程序中的循环语句主要由以下3种语句组成。

- for语句。
- while语句。
- do语句。

Swift的条件语句包含if和switch,循环语句包含for-in、for、while和do-while,循环/判断条件不需要括号,但循环/判断体(body)必须使用括号,演示代码如下:

```
let individualScores = [75, 43, 103, 87, 12]
var teamScore = 0
for score in individualScores {
    if score > 50 {
        teamScore += 3
    } else {
        teamScore += 1
    }
}
```

在Swift程序中,结合if和let,可以方便地处理可空变量(nullable variable)。对于空值,需要在类型声明后添加"?",这样以显式标明该类型可以为空,演示代码如下:

```
var optionalString: String? = "Hello"
optionalString == nil

var optionalName: String? = "John Appleseed"
var gretting = "Hello!"
if let name = optionalName {
    gretting = "Hello, \(name)"
}
```

4.5.1 for 循环(1)

for循环可以根据设置,重复执行一个代码块多次。Swift提供了两种for循环方式。

- for-in循环:对于数据范围、序列、集合等中的每一个元素,都执行一次。
- for-condition-increment:一直执行,直到一个特定的条件满足,每一次循环执行,都会增加一次计数。

例如下面的演示代码能够打印5的倍数序列的前5项:

```
for index in 1...5 {
print("\(index) times 5 is \(index * 5)")
}
//下面是输出的执行效果
// 1 times 5 is 5
```

```
// 2 times 5 is 10
// 3 times 5 is 15
// 4 times 5 is 20
// 5 times 5 is 25
```

在上述代码中，迭代的项目是一个数字序列，从1到5的闭区间，通过使用（…）来表示序列。index被赋值为1，然后执行循环体中的代码。在这种情况下，循环只有一条语句，也就是打印5的index倍数。在这条语句执行完毕后，index的值被更新为序列中的下一个数值2，print函数再次被调用，一直循环直到这个序列的结尾。

如果不需要序列中的每一个值，可以使用"_"来忽略它，这样仅仅只是使用循环体本身，演示代码如下：

```
let base = 3
let power = 10
var answer = 1
for _ in 1...power {
answer *= base
}
print("\(base) to the power of \(power) is \(answer)")
```

执行后输出：

```
"3 to the power of 10 is 59049"
```

通过上述代码计算了一个数的特定次方（在这个例子中是3的10次方）。连续的乘法从1（实际上是3的0次方）开始，依次累乘以3，由于使用的是半闭区间，从0开始到9的左闭右开区间，所以是执行10次。在循环的时候不需要知道实际执行到第几次了，而是要保证执行了正确的次数，因此，这里不需要index的值。

在上面的例子中，index在每一次循环开始前都已经被赋值，因此不需要在每次使用前对它进行定义。每次它都隐式地被定义，就像是使用了let关键词一样。注意index是一个常量。

在Swift程序中，for-in除了遍历数组也可以用来遍历字典：

```
let interestingNumbers = [
    "Prime": [2, 3, 5, 7, 11, 13],
    "Fibonacci": [1, 1, 2, 3, 5, 8],
    "Square": [1, 4, 9, 16, 25],
]
var largest = 0
for (kind, numbers) in interestingNumbers {
    for number in numbers {
        if number > largest {
            largest = number
        }
    }
}
largest
```

4.5.2 for 循环（2）

Swift同样支持C语言样式的for循环，它也包括了一个条件语句和一个增量语句，具体格式如下所示：

```
for initialization; condition; increment {
statements
}
```

分号在这里用来分隔for循环的3个结构，和C语言一样，但是不需要用括号来包裹它们。上述for循环的执行过程如下。

（1）当进入循环的时候，初始化语句首先被执行，设定好循环需要的变量或常量。

（2）测试条件语句，看是否满足继续循环的条件，只有在条件语句是true的时候才会继续执行，如果是false则会停止循环。

（3）在所有的循环体语句执行完毕后，增量语句执行，可能是对计数器的增加或者是减少，或者是其他的一些语句。然后返回步骤（2）继续执行。

演示代码如下：

```
for var index = 0; index < 3; ++index {
print("index is \(index)")
}
//执行后输出下面的结果
// index is 0
// index is 1
// index is 2
```

for循环方式还可以被描述为如下所示的形式：

```
initialization
while condition {
statements
increment
}
```

在初始化语句中被定义的常量和变量（比如var index = 0），只在for循环语句范围内有效。如果想要在循环执行之后继续使用，需要在循环开始之前就定义好，演示代码如下：

```
var index: Int
for index = 0; index < 3; ++index {
print("index is \(index)")
}
//执行后输出下面的结果
// index is 0
// index is 1
// index is 2
print("The loop statements were executed \(index) times")
//执行后输出下面的结果
// prints "The loop statements were executed 3 times"
```

在此需要注意的是，在循环执行完毕之后index的值是3，而不是2。因为是在index增1之后，条件语句index < 3返回false，循环才终止，而这时，index已经为3了。

4.5.3 while 循环

while循环执行一系列代码块，直到某个条件为false为止。这种循环最常用于循环的次数不确定的情况。Swift提供了两种while循环方式。

- while循环：在每次循环开始前测试循环条件是否成立。
- do-while循环：在每次循环之后测试循环条件是否成立。

（1）while循环

while循环由一个条件语句开始，如果条件语句为true，一直执行，直到条件语句变为false，下面是一个while循环的一般形式：

```
while condition {
statements
}
```

（2）do-while循环

在do-while循环中，循环体中的语句会先被执行一次，然后才开始检测循环条件是否满足，下面是do-while循环的一般形式：

```
do {
statements
} while condition
```

例如下面的代码演示了while循环和do-while循环的用法：

```
var n = 2
while n < 100 {
    n = n * 2
}
n

var m = 2
do {
    m = m * 2
} while m < 100
m
```

4.6 条件语句

知识点讲解光盘:视频\知识点\第4章\条件语句.mp4

通常情况下,我们都需要根据不同条件来执行不同语句。比如当错误发生的时候,执行一些错误信息的语句,告诉编程人员这个值是太大了还是太小了等。这里就需要用到条件语句。Swift语言提供了两种条件分支语句,分别是if语句和switch语句。一般if语句比较常用,但是它只能检测少量的条件情况。switch语句用于大量的条件可能发生时的条件语句。

4.6.1 if 语句

在最基本的if语句中,条件语句只有一个,如果条件为true时,执行if语句块中的语句:

```
var temperatureInFahrenheit = 30
if temperatureInFahrenheit <= 32 {
print("It's very cold. Consider wearing a scarf.")
}
```

执行上述代码后输出:

```
It's very cold. Consider wearing a scarf.
```

上面这个例子检测温度是不是比32华氏度(32华氏度是水的冰点,和摄氏度不一样)低,如果低的话就会输出一行语句;如果不低,则不会输出。if语句块是用大括号包含的部分。

当条件语句有多种可能时,就会用到else语句,当if为false时,else语句开始执行:

```
temperatureInFahrenheit = 40
if temperatureInFahrenheit <= 32 {
print("It's very cold. Consider wearing a scarf.")
} else {
print("It's not that cold. Wear a t-shirt.")
}
```

执行上述代码后输出:

```
It's not that cold. Wear a t-shirt.
```

在这种情况下,两个分支的其中一个一定会被执行。同样也可以有多个分支,多次使用if和else,演示代码如下:

```
temperatureInFahrenheit = 90
if temperatureInFahrenheit <= 32 {
print("It's very cold. Consider wearing a scarf.")
} else if temperatureInFahrenheit >= 86 {
print("It's really warm. Don't forget to wear sunscreen.")
} else {
print("It's not that cold. Wear a t-shirt.")
}
```

执行上述代码后会输出:

```
It's really warm. Don't forget to wear sunscreen.
```

在上述代码中出现了多个if出现,用来判断温度是太低还是太高,最后一个else表示的是温度不高不低的时候。

在Swift程序中可以省略掉else,演示代码如下:

```
temperatureInFahrenheit = 72
if temperatureInFahrenheit <= 32 {
print("It's very cold. Consider wearing a scarf.")
} else if temperatureInFahrenheit >= 86 {
print("It's really warm. Don't forget to wear sunscreen.")
}
```

在上述代码中,温度不高不低(在32度到86度之间)的时候不会输出任何信息。

4.6.2 switch 语句

在Swift程序中,switch语句考察一个值的多种可能性,将它与多个case相比较,从而决定执行哪一个分支的代码。switch语句和if语句不同的是,它还可以提供多种情况同时匹配时,执行多个语句块。

switch语句的一般结构如下:

```
switch some value to consider {
 case value 1:
   respond to value 1
 case value 2,
value 3:
 respond to value 2 or 3
default:
otherwise, do something else
}
```

每个switch语句包含有多个case语句块,除了直接比较值以外,Swift还提供了多种更加复杂的匹配方式来选择语句执行的分支。在switch语句中,每一个case分支都会被匹配和检测到,如果需要有一种情况包括所有case没有提到的条件,那么可以使用default关键词。注意,default关键词必须在所有case的最后。

例如在下面的演示代码中,使用switch语句来判断一个字符的类型:

```
let someCharacter: Character = "e"
switch someCharacter {
case "a", "e", "i", "o", "u":
print("\(someCharacter) is a vowel")
case "b", "c", "d", "f", "g", "h", "j", "k", "l", "m",
"n", "p", "q", "r", "s", "t", "v", "w", "x", "y", "z":
print("\(someCharacter) is a consonant")
default:
print("\(someCharacter) is not a vowel or a consonant")
}
```

执行上述代码后会输出:

```
e is a vowel
```

在上述代码中,首先看这个字符是不是元音字母,再检测是不是辅音字母。其他的情况都用default来匹配即可。

与C和Objective-C不同,Swift中的switch语句不会因为在case语句的结尾没有break就跳转到下一个case语句执行。switch语句只会执行匹配上的case里的语句,然后就直接停止。这样可以让switch语句更加安全,因为很多时候编程人员都会忘记写break。

每一个case中都需要有可以执行的语句,如下的演示代码就是不正确的:

```
let anotherCharacter: Character = "a"
switch anotherCharacter {
 case "a":
 case "A":
  print("The letter A")
```

```
default:
    print("Not the letter A")
}
```

与C语言不同，switch语句不会同时匹配a和A，它会直接报错。一个case中可以有多个条件，用逗号","分隔即可：

```
switch some value to consider {
case value 1,
    value 2:
    statements
}
```

switch语句的case中可以匹配一个数值范围。

4.7 函数

> 知识点讲解光盘:视频\知识点\第4章\函数.mp4

函数是执行特定任务的代码自包含块。给定一个函数名称标识，当执行其任务时就可以用这个标识来进行"调用"。Swift的统一的功能语法足够灵活来表达任何东西，无论是没有参数名称的简单的C风格的函数表达式，还是需要为每个本地参数和外部参数设置复杂名称的Objective-C语言风格的函数。参数提供默认值，以简化函数调用，并通过设置输入输出参数，在函数执行完成时修改传递的变量。Swift中的每个函数都有一个类型，包括函数的参数类型和返回类型。您可以像任何其他类型一样方便地使用此类型，这使得它很容易地将函数作为参数传递给其他函数，甚至从函数中返回函数类型。函数也可以写在其他函数中，用来封装一个嵌套函数用于范围内有用的功能。

4.7.1 函数的声明与调用

当定义一个函数时，可以为其定义一个或多个命名，定义类型值作为函数的输入（称为参数），当该函数完成时将传回输出定义的类型（称为它的返回类型）。

每一个函数都有一个函数名，用来描述了函数执行的任务。要使用一个函数的功能时，你通过使用它的名称进行"调用"，并通过它的输入值（称为参数）来匹配函数的参数类型。一个函数提供的参数必须始终以相同的顺序来作为函数参数列表。

在下面的演示代码中，被调用的函数greetingForPerson需要一个人的名字作为输入并返回一句问候给那个人：

```
func sayHello(personName: String) -> String {
    let greeting = "Hello, " + personName + "!"
    return greeting
}
```

所有这些信息都汇总到函数的定义中，并以func关键字为前缀。我们是以箭头→（一个连字符后跟一个右尖括号）以及随后类型的名称来指定返回类型的。该定义描述了函数的作用是什么，它期望接收什么，以及当它完成后返回的结果是什么。该定义很容易地让该函数在代码的其他地方以清晰、明确的方式被调用，例如下面的演示代码：

```
print(sayHello("Anna"))
// prints "Hello, Anna!"
print(sayHello("Brian"))
// prints "Hello, Brian!"
```

在上述代码中，通过括号内String类型参数值调用sayHello的函数，如sayHello（"Anna"）。由于该函数返回一个字符串值，sayHello的可以被包裹在一个print函数调用中来打印字符串，看看它的返回值。

在sayHello的函数体开始，定义了一个新的名为greeting的String常量，并将其设置加上personName个人姓名组成一句简单的问候消息。然后这个问候函数以关键字return来返回。只要问候函数被调用时，函数执行完毕时就会返回问候语的当前值。可以通过不同的输入值多次调用sayHello的函数。上面的演示代码显示了如果它以"Anna"为输入值和以"Brian"为输入值会发生什么。函数的返回在每种情况下都是量身定制的问候。

为了简化这个函数的主体，结合消息创建和return语句用一行来表示，演示代码如下：

```
func sayHello(personName: String) -> String {
return "Hello again, " + personName + "!"
}
print(sayHello("Anna"))
```

执行上述代码后会输出：

```
Hello again, Anna!
```

4.7.2 函数的参数和返回值

在Swift程序中，函数的参数和返回值是非常具有灵活性的。你可以定义任何东西，无论是一个简单的仅有一个未命名的参数的函数，还是那种具有多个的参数名称和不同的参数选项的复杂函数。

（1）多输入参数

函数可以有多个输入参数，把它们写到函数的括号内，并用逗号加以分隔。例如下面的函数设置了一个开始和结束索引的一个半开区间，用来计算在范围内包含多少元素：

```
func halfOpenRangeLength(start: Int, end: Int) -> Int {
return end - start
}
print(halfOpenRangeLength(1, 10))
```

执行上述代码后会输出：

```
9
```

（2）无参函数

函数并没有要求一定要定义输入的参数。例如下面就是一个没有输入参数的函数，任何时候调用时它，总是返回相同的字符串消息：

```
func sayHelloWorld() -> String {
return "hello, world"
}
print(sayHelloWorld())
```

执行上述代码后会输出：

```
hello, world
```

上述函数的定义在函数的名称后还需要括号，即使它不带任何参数，当函数被调用时函数名称也要跟着一对空括号。

（3）没有返回值的函数

函数也不需要定义一个返回类型，例如下面是sayHello函数的一个版本，称为waveGoodbye，它会输出自己的字符串值而不是函数返回值：

```
func sayGoodbye(personName: String) {
print("Goodbye, \(personName)!")
}
sayGoodbye("Dave")
```

执行上述代码后会输出：

```
Goodbye, Dave!
```

因为它并不需要返回一个值，该函数的定义不包括返回箭头和返回类型。

其实sayGoodbye功能实际上有一个返回值，即使没有返回值定义。函数没有定义返回类型但返了一个void类型的特殊值。它是空的元组,实际上有零个元素的元组,可以写为( )。当一个函数调用时它的返回值可以忽略不计:

```
func printAndCount(stringToPrint: String) -> Int {
print(stringToPrint)
return countElements(stringToPrint)
}
func printWithoutCounting(stringToPrint: String) {
printAndCount(stringToPrint)
}
printAndCount("hello, world")
// 打印输出"hello, world" and returns a value of 12
printWithoutCounting("hello, world")
// 打印输出 "hello, world" but does not return a value
```

在上述演示代码中,第一个函数printAndCount打印了一个字符串,然后并以Int类型返回它的字符数。第二个函数printWithoutCounting调用的第一个函数,忽略它的返回值。当第二个函数被调用时,字符串消息由第一个函数打印了回来,却没有使用其返回值。

注意:返回值可以忽略不计,但对一个函数来说,它的返回值即便不使用还是一定会返回的。当函数体底部返回与函数定义的返回类型不相容时,将会导致一个编译时错误。

(4)多返回值函数

可以使用一个元组类型作为函数的返回类型返回一个由多个值组成的复合返回值。下面的演示代码定义了一个名为count函数,用它计算字符串中基于标准的美式英语中设定使用的元音、辅音以及字符的数量:

```
func count(string: String) -> (vowels: Int, consonants: Int, others: Int) {
var vowels = 0, consonants = 0, others = 0
for character in string {
switch String(character).lowercaseString {
case "a", "e", "i", "o", "u":
++vowels
case "b", "c", "d", "f", "g", "h", "j", "k", "l", "m",
"n", "p", "q", "r", "s", "t", "v", "w", "x", "y", "z":
++consonants
default:
++others
}
}
return (vowels, consonants, others)
}
```

可以使用此计数函数来对任意字符串进行字符计数,并检索统计总数的元组3个指定int值:

```
let total = count("some arbitrary string!")
print("\(total.vowels) vowels and \(total.consonants) consonants")
// prints "6 vowels and 13 consonants"
```

在此需要注意的是,在这一点上元组的成员不需要被命名在该函数返回的元组中,因为它们的名字已经被指定为函数返回类型的一部分。

4.8 实战演练——使用 Xcode 创建 Swift 程序

知识点讲解光盘:视频\知识点\第4章\使用Xcode创建Swift程序.mp4

当苹果公司推出Swift编程语言时,建议使用Xcode 9来开发Swift程序。本节的内容将详细讲解使用Xcode 9创建Swift程序的方法。

实例4-1	使用Xcode 9创建Swift程序
源码路径	光盘:\daima\3\exSwift

(1)打开Xcode 9,单击Create a new Xcode Project创建一个工程文件,如图4-3所示。
(2)在弹出的界面中,在顶部栏目中选择Application,在右侧选择Command Line Tool,然后单击Next按钮,如图4-4所示。

图4-3 创建一个工程文件

图4-4 创建一个"Command Line Tool"工程

(3)在弹出的界面中设置各个选项值,在Language选项中设置编程语言为Swift,然后单击Next按钮,如图4-5所示。
(4)在弹出的界面中设置当前工程的保存路径,如图4-6所示。

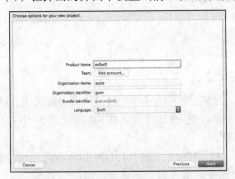

图4-5 设置编程语言为"Swift"

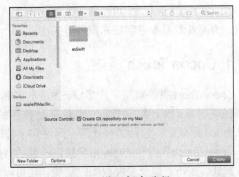

图4-6 设置保存路径

(5)单击Create按钮,将自动生成一个用Swift语言编写的iOS工程。在工程文件main.swift中会自动生成一个"Hello, World!"语句,如图4-7所示。

文件main.swift的代码是自动生成的,具体代码如下所示:

```
//
//  main.swift
//  exSwift
//
//  Created by admin on 15-7-7.
//  Copyright © 2014年 apple. All rights reserved.
//

import Foundation
print("Hello, World!")
```

单击左上角的 ▶ 按钮运行工程,会在Xcode 9下方的控制台中输出运行结果,如图4-8所示。

图4-7 自动生成的Swift代码

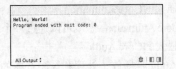

图4-8 输出执行结果

由此可见,通过使用Xcode 9可以节约编写Swift代码的工作量,提高了开发效率。

第 5 章 Cocoa Touch框架

Cocoa Touch是由苹果公司提供的专门用于程序开发的API，可开发iPhone、iPod和iPad上的软件。Cocoa Touch也是苹果公司针对iPhone应用程序快速开发提供的一个类库，这个库以一系列框架库的形式存在，支持开发人员使用用户界面元素构建图像化的、事件驱动的应用程序。

5.1 Cocoa Touch 基础

知识点讲解光盘：视频\知识点\第5章\Cocoa Touch基础.mp4

Cocoa Touch是开发iOS程序的重要框架之一，在本节中，我们将简要介绍Cocoa Touch框架的基本知识，为读者学习本书后面知识打下基础。

5.1.1 Cocoa Touch 概述

Cocoa Touch框架重用了许多Mac系统的成熟模式，但是它更多地专注于触摸的接口和优化。UIKit为您提供了在iOS上实现图形、事件驱动程序的基本工具，这些工具建立在和Mac OS X 中一样的Foundation 框架上，包括文件处理、网络和字符串操作等。

Cocoa Touch具有和iPhone用户接口一致的特殊设计。有了UIKit，我们可以使用iOS上的独特的图形接口控件、按钮，以及全屏视图的功能，还可以使用加速仪和多点触摸手势来控制应用。

Cocoa Touch框架的主要特点如下所示。

（1）基于Objective-C语言实现

大部分Cocoa Touch的功能是用Objective-C实现的。Objective-C是一种面向对象的语言，它编译运行的速度令人难以置信。更值得一提的是，Objective-C采用了真正的动态运行时系统，从而增添了难能可贵的灵活性。由于Objective-C是C的超集，因而可以很容易地将C甚至C++代码添加到Cocoa Touch程序里。

当应用程序运行时，Objective-C运行时系统按照执行逻辑对对象进行实例化，而且不仅仅是按照编译时的定义。例如，一个运行中的Objective-C应用程序能够加载一个界面（一个由Interface Builder 创建的nib文件），将界面中的Cocoa对象连接至您的程序代码，然后，一旦UI中的某个按钮被按下，程序便能够执行对应的方法。上述过程无需重新编译。

其实除了UIKit外，Cocoa Touch包含了创建世界一流iOS应用程序需要的所有框架，从三维图形到专业音效，甚至提供设备访问API以控制摄像头，或通过GPS获知当前位置。Cocoa Touch既包含只需要几行代码就可以完成全部任务的强大的Objective-C框架，也在需要时提供基础的C语言API来直接访问系统。

（2）强大的Core Animation

通过Core Animation，您就可以通过一个基于组合独立图层的简单的编程模型来创建丰富的用户体验。

（3）强大的Core Audio

Core Audio是播放、处理和录制音频的专业技术，能够轻松为您的应用程序添加强大的音频功能。

（4）强大的Core Data

提供了一个面向对象的数据管理解决方案，它易于使用和理解，甚至可处理任何应用或大或小的数据模型。

5.1.2 Cocoa Touch 中的框架

Cocoa Touch提供了如下几类十分常用的框架。

1. 音频和视频

包括Core Audio、OpenAL、Media Library和AV Foundation。

2. 数据管理

包括Core Data和SQLite。

3. 图形和动画

包括Core Animation、OpenGL ES和Quartz 2D。

4. 网络

包括Bonjour、WebKit和BSD Sockets。

5. 用户应用

包括Address Book、Core Location、Map Kit和Store Kit。

5.1.3 Cocoa Touch 的优势

与Andriod和HP WebOS等开发平台相比，Cocoa Touch的最大优点是更加成熟。尽管iOS还是一种相对年轻的Apple平台，但是其Cocoa框架已经十分成熟了。Cocoa脱胎于在20世纪80年代中期使用的平台：NeXT Computer（一种NeXTSTEP）。在20世纪90年代初，NeXTSTEP发展成了跨平台的OpenStep。Apple于1996年收购了NeXT Computer，在随后的10年中，NeXTSTEP/OpenStep框架成为Macintosh开发的事实标准，并更名为Cocoa。其实我们在开发过程中会发现Cocoa仍然保留了其前身的痕迹：类名以NS开头。

注意：Cocoa和Cocoa Touch的区别。
　　　Cocoa是用于开发Mac OS X应用程序的框架。iOS虽然以Mac OS X的众多基本技术为基础，但并不完全相同。Cocoa Touch针对触摸界面进行了大量的定制，并受手持系统的约束。传统上需要占据大量屏幕空间的桌面应用程序组件被更简单的多视图组件取代，而鼠标单击事件则被"轻按"和"松开"事件取代。令开发者高兴的是：如果决定从iOS开发转向Mac开发，由于这两种平台上遵循很多相同的开发模式，所以不用从头开始学习。

5.2 iPhone 的技术层

知识点讲解光盘：视频\知识点\第5章\iPhone的技术层.mp4

Cocoa Touch层由多个框架组成，它们为应用程序提供了核心功能。Apple以一系列层的方式来描述iOS实现的技术，其中每层都可以由不同的技术框架组成。在iPhone的技术层中，Cocoa Touch层位于最上面。iPhone的技术层结构如图5-1所示。

5.2.1 Cocoa Touch 层

Cocoa Touch层是由多个框架组成的，它们为应用程序提供核心功能（包括iOS 5.x中的多任务和广告功能）。在这些框架中，UIKit是最常用的UI框架，能够实现各种绚丽的界面效果功能。Cocoa Touch层包含了构建iOS程序的关键框架。此层定义了程序的基本

图5-1 iPhone的技术层结构

结构,支持如多任务、基于触摸的输入、推通知等关键技术,以及很多上层系统服务。

1. Cocoa Touch 层的关键技术

(1) 多任务

iOS SDK 5.0以及以后的SDK构建的程序中(且运行在iOS 5.0和以后版本的设备上),用户按下Home按钮的时候程序不会结束,它们会挪到后台运行。UIKit帮助实现的多任务支持让程序可以平滑切换到后台,或者切换回来。为了节省电力,大多数程序进入后台后立即会被系统暂停。暂停的程序还在内存里,但是不执行任何代码。这样,程序需要重新激活的时候可以快速恢复,同时不浪费任何电力。

(2) 打印

从iOS 5.2开始,UIKit开始引入了打印功能,允许程序把内容通过无线网络发送给附近的打印机。关于打印,大部分重体力劳动由UIKit承担。它管理打印接口,和你的程序协作渲染打印的内容,管理打印机里打印作业的计划和执行。

程序提交的打印作业会被传递给打印系统,它管理真正的打印流程。设备上所有程序的打印作业会被排成队列,先入先出地打印。用户可以从打印中心程序看到打印作业的状态。所有这些打印细节都由系统自动处理。

> **注意**:仅有支持多任务的设备才支持无线打印。你的程序可使用UIPrintInteractionController对象来检测设备是否支持无线打印。

(3) 数据保护

iOS 5.0引入了数据保护功能,需要处理敏感用户数据的应用程序可以使用某些设备内建的加密功能(某些设备不支持)。当程序指定某文件受保护的时候,系统就会把这个文件用加密的格式保存起来。设备锁定的时候,你的程序和潜在入侵者都无法访问这些数据。然而,当设备由用户解锁后,会生成一个密钥让你的程序访问文件。

要想实现良好的数据保护,需要仔细考虑如何创建和管理你需要保护的数据。应用程序必须在数据创建时确保数据安全,并适应设备上锁与否带来的文件可访问性的变化。

(4) 苹果推通知服务

从iOS 3.0开始,苹果发布了苹果推通知服务,这一服务提供了一种机制,即使你的程序已经退出,仍旧可以发送一些新信息给用户。使用这种服务,你可以在任何时候,推送文本通知给用户的设备,可以包含程序图标作为标识,发出提示声音。这些消息提示用户应该打开你的程序接收查看相关的信息。

从设计的角度看,要让iOS程序可以发送推通知,需要两部分的工作。首先,程序必须请求通知的发送,且在送达的时候能够处理通知数据。然后,你需要提供一个服务端流程去生成这些通知。这一流程发生在你自己的服务器上,和苹果的推通知服务一起触发通知。

(5) 本地通知

从iOS 5.0开始,苹果推出了本地通知功能作为推通知机制的补充,应用程序使用这一方法可以在本地创建通知信息,而不用依赖一个外部的服务器。运行在后台的程序,可以在重要时刻利用本地通知提醒用户注意。例如,一个运行在后台的导航程序可以利用本地通知,提示用户该转弯了。程序还可以预定在未来的某个时刻发送本地通知,即使程序已经被终止,这种通知也是可以被发送的。

本地通知的优势在于它独立于你的程序。一旦通知被预定,系统就会来管理它的发送。在消息发送的时候,甚至不要求应用程序还在运行。

(6) 手势识别器

从iOS 3.2开始引入了手势识别器功能,你可以把它附加到view上,然后用它们检测通用的手势,如划过或者捏合。附加手势识别器到view后,设置手势发生时执行什么操作。手势识别器会跟踪原始的触摸事件,使用系统预置的算法判断目前的手势。没有手势识别器,你就必须自己做这些计算,很多工作都相当复杂。

UIKit包含了UIGestureRecognizer类，定义了所有手势识别器的标准行为。你可以定义自己的定制手势识别器子类，或者是使用UIKit提供的手势识别器子类来处理标准手势：单击（任何次数）、捏合缩放、平移或者拖动、划过（任何方向）、旋转（手指分别向相反方向）、长按。

（7）文件共享。

文件共享功能是从iOS 3.2才开始引入的，利用它程序可以把用户的数据文件开发给iTunes 9.1以及以后版本。程序一旦声明支持文件共享，那么它的"/Documents@"目录下的文件就会开放给用户。用户可以使用iTunes将文件放进去或者取出来。这一特性并不允许你的程序和同一设备里面的其他程序共享文件，那种行为需要用剪贴板或者文本交互控制对象（UIDocumentInteractionController）来实现。

（8）点对点对战服务

从iOS 3.0起引入的Game Kit框架提供了基于蓝牙的点对点对战功能。你可以使用点对点连接和附近的设备建立通信，是实现很多多人游戏中需要的特性。虽然这主要是用于游戏的，但是也可以用于其他类型的程序中。

（9）标准系统View Controller

Cocoa Touch层的很多框架提供了用来展现标准系统接口的View Controller。你应该尽量使用这些View Controller，以保持用户体验的一致性。任何时候你需要做如下操作时，你都应该用对应框架提供的View Controller，具体说明如下所示。

- 显示和编辑联系人信息：使用Address Book UI框架提供的View Controller。
- 创建和编辑日历事件：使用Event Kit UI框架提供的View Controller。
- 编写E-mail或者短消息：使用Message UI框架提供的View Controller。
- 打开或者预览文件的内容：使用UIKit框架里的UIDocumentInteractionController类。
- 拍摄一张照片，或者从用户的照片库里面选择一张照片：使用UIKit框架内的UIImagePickerController类。
- 拍摄一段视频：使用UIKit框架内的UIImagePickerController类。

（10）外部显示支持

iOS 3.2开始，引入了外部显示支持，允许一些iOS设备通过支持的缆线连接到外部的显示器上。连接时，程序可以用对应的屏幕来显示内容。屏幕的信息，包括它支持的分辨率，都可以用UIKit框架提供的接口访问。你也可以用这个框架来把程序的窗口连接到一个屏幕或另外一个屏幕。

2. Cocoa Touch层包含的框架

在Cocoa Touch层中，主要包含如下所示的框架。

（1）UIKit

UIKit负责启动和结束应用程序、控制界面和多点触摸事件，并让我们能够访问常见的数据视图（如网页以及Word和Excel文档等）。另外，UIKit还负责iOS内部的众多集成功能。访问多媒体库、照片库和加速计也是使用UIKit中的类和方法来实现的。

对于UIKitk框架来说，其强大的功能是通过自身的一系列的Class（类）来实现的，通过这些类实现建立和管理iPhone OS应用程序的用户界面接口、应用程序对象、事件控制、绘图模型、窗口、视图和用于控制触摸屏等接口功能。

iOS中的每个程序都在使用UIKit框架来实现如下所示的核心功能：应用程序管理、用户界面管理、图形和窗口支持、多任务支持、支持对触摸的处理以及基于动作的事件、展现标准系统View和控件的对象、对文本和Web内容的支持、剪切复制和粘贴的支持、用户界面动画支持、通过URL模式和系统内其他程序交互、支持苹果推通知、对残障人士的易用性支持、本地通知的预定和发送、创建PDF、支持使用行为类似系统键盘的定制输入View、支持创建和系统键盘交互定制的Text view。

除了提供程序的基础代码支持，UIKit还包括了如下所示的设备支持特性：加速度传感器数据、内建的摄像头（如果有的话）、用户的照片库、设备名和型号信息、电池状态信息、接近传感器信息、耳机线控信息。

（2）MapKit

MapKit框架让开发人员在任何应用程序中添加Google地图视图，这包括标注、定位和事件处理功能。在iOS设备中使用MapKit框架的效果如图5-2所示。

iOS 3.0正式引入了MapKit框架（MapKit.framework），提供了一个可以嵌入到程序里的地图接口。基于该接口的行为，它提供了可缩放的地图view，可标记定制的信息。你可以把它嵌入在程序的view里面，编程设置地图的属性，保存当前显示的地图区域和用户的位置。你还可以定义定制标记，或者使用标准标记（大头针标记），突出地图上的区域，显示额外的信息。

从iOS 5.0开始，这个框架加入可拖动标记和定制覆盖对象的功能。可拖动标记使开发者可以移动一个已经被放置到地图上的标记。覆盖对象提供了创建比标记点更复杂的地图标记的能力。你可以使用覆盖对象在地图上放置信息，例如公交路线、停车区域、天气信息（如雷达数据）。

图5-2 使用MapKit框架的效果

（3）Message UI/Address Book UI/Event Kit UI

这些框架可以实现iOS应用程序之间的集成功能。框架Message UI、Address Book UI和Event Kit UI让我们可以在任何应用程序中访问电子邮件、联系人和日历事件。

（4）iAd

iAd框架是一个广告框架，通过此框架可以在应用程序中加入广告。iAd框架是一个交互式的广告组件，通过简单的拖放操作就可以将其加入到我们开发的软件产品中。在应用程序中，你无需管理iAd交互，这些工作由Apple自动完成。

iOS 5.0正式引入了iAd框架（iAd.framework）支持程序中显示banner广告。广告由标准的View构成，你可以把它们插入到你的用户界面中，在适当的时候显示。View本身和苹果的广告服务通信，处理一切载入和展现广告内容以及响应单击等工作。

（5）Event Kit UI框架

iOS 5.0正式引入了Event Kit UI框架（EventKitUI.framework），提供了用来显示和编辑事件的view controller。

5.2.2 多媒体层

当Apple设计计算设备时，已经考虑到了多媒体功能。iOS设备可创建复杂的图形、播放音频和视频，甚至可生成实时的三维图形。这些功能都是由多媒体层中的框架处理的。

（1）AV Foundation：AV Foundation框架可用于播放和编辑复杂的音频和视频。该框架应用于实现高级功能，如电影录制、音轨管理和音频平移。

（2）CoreAudio：Core Audio框架提供了在iPhone中播放和录制音频的方法。它还包含了Toolbox框架和AudioUnit框架，其中前者可用于播放警报声或导致短暂振动，而后者可用于处理声音。

（3）CoreImage：使用Core Image框架，开发人员可在应用程序中添加高级图像和视频处理功能，而无需它们后面再进行复杂的计算。例如，Core Image提供了人脸识别和图像过滤功能，可轻松地将这些功能加入到任何应用程序中。

（4）CoreGraphics：通过使用Core Graphics框架，可在应用程序中添加2D绘画和合成功能。在本书的内容中，大部分情况下都将在应用程序中使用现有的界面类和图像，但可使用Core Graphics以编程方式操纵iPhone的视图。

（5）CoreText：对iPhone屏幕上显示的文本进行精确地定位和控制。应将Core Text用于移动文本处理应用程序和软件中，它们需要快速显示和操作显示高品质的样式化文本。

（6）Image I/O：用于导入和导出图像数据和图像元数据，这些数据可以iOS支持的任何文件格式存储。

（7）Media Player：让开发人员能够使用典型的屏幕控件轻松地播放电影，您可在应用程序中直接调用播放器。

（8）OpenGLES：是深受欢迎的OpenGL框架的子集，适用于嵌入式系统（ES）。OpenGL ES可用于在应用程序中创建2D和3D动画。要使用OpenGL，除Objective-C知识外还需其他开发经验，但可为手持设备生成神奇的场景——类似于流行的游戏控制台。

（9）QuartzCore：用于创建这样的动画，即它们将利用设备的硬件功能。这包括被称为Core Animation的功能集。

5.2.3 核心服务层

核心服务层用于访问较低级的操作系统服务，如文件存取、联网和众多常见的数据对象类型。您将通过Foundation框架经常使用核心服务。

1. Accounts

鉴于其始终在线的特点，iOS设备经常用于存储众多不同服务的账户信息。Accounts框架简化了存储账户信息以及对用户进行身份验证的过程。

2. Address Book

Address Book框架用于直接访问和操作地址簿。该框架用于在应用程序中更新和显示通讯录。

3. CFNetwork

CFNetwork让您能够访问BSD套接字、HTTP和FTP协议请求以及Bonjour发现。

4. Core Data

Core Data框架可用于创建iOS应用程序的数据模型，它提供了一个基于SQLite的关系数据库模型，可用于将数据绑定到界面对象，从而避免使用代码进行复杂的数据操纵。

5. Core Foundation

Core Foundation提供的大部分功能与Foundation框架相同，但它是一个过程型C语言框架，因此，需要采用不同的开发方法，这些方法的效率比Objective-C面向对象模型低。除非绝对必要，否则应避免使用Core Foundation。

6. Foundation

Foundation框架提供了一个Objective-C封装器（wrapper），其中封装了Core Foundation的功能。操纵字符串、数组和字典等都是通过Foundation框架进行的，还有其他必需的应用程序功能也如此，如管理应用程序首选项、线程和本地化。

7. EventKit

EventKit框架用于访问存储在iOS设备中的日历信息，还让开发人员能够新建事件，包括闹钟。

8. CoreLocation

Core Location框架可用于从iPhone和iPad 3G的GPS（非3G设备支持基于Wi-Fi的定位服务，但精度要低得多）获取经度和维度信息以及测量精度。

9. CoreMotion

CoreMotion框架管理iOS平台中大部分与运动相关的事件，如使用加速计和陀螺仪。

10. Quick Look

Quick Look框架在应用程序中实现文件浏览功能，即使应用程序不知道如何打开特定的文件类型。

11. StoreKit

StoreKit框架让开发人员能够在应用程序中创建购买事务，而无需退出程序。所有交互都是通过App Store进行的，因此，无需通过StoreKit方法请求或传输金融数据。

12. SystemConfiguration

SystemConfiguration框架用于确定设备网络配置的当前状态：连接的是哪个网络、哪些设备可达。

5.2.4 核心 OS 层

核心OS层由最低级的iOS服务组成。这些功能包括线程、复杂的数学运算、硬件配件和加密。需要访问这些框架的情况很少。

1. Accelerate

Accelerate框架简化了计算和大数操作任务，包括数字信号处理功能。

2. External Accessory

External Accessory框架用于开发到配件的接口，这些配件是基座接口或蓝牙连接的。

3. Security

Security框架提供了执行加密（加密/解密数据）的函数，包括与iOS密钥链交互以添加、删除和修改密钥项。

4. System

System框架让开发人员能够不受限制地访问UNIX开发环境中的一些典型工具。

5.3 Cocoa Touch 中的框架

知识点讲解光盘:视频\知识点\第5章\Cocoa Touch中的框架.mp4

iOS 应用程序的基础Cocoa Touch框架重用了许多Mac系统的成熟模式，但是它更多地专注于触摸的接口和优化。UIKit为您提供了在iOS上实现图形、事件驱动程序的基本工具，其建立在和Mac OS X中一样的 Foundation框架上，包括文件处理、网络和字符串操作等。

Cocoa Touch具有和iPhone用户接口一致的特殊设计，同时也拥有各色俱全的框架。除了UIKit外，Cocoa Touch包含了创建世界一流iOS应用程序需要的所有框架，从三维图形到专业音效，甚至提供设备访问API以控制摄像头，或通过GPS获知当前位置。Cocoa Touch既包含只需要几行代码就可以完成全部任务的强大的Objective-C框架，也在需要时提供基础的C语言API来直接访问系统。

在本节的内容中，将简单讲解Cocoa Touch中的主要框架。

5.3.1 Core Animation（图形处理）框架

通过Core Animation，您就可以通过一个基于组合独立图层的简单的编程模型来创建丰富的用户体验。iOS提供了一系列的图形图像技术，这是建立动人的视觉体验的基础。对于一些简单的应用，可以使用Core Animation来建立具有动画效果的用户体验。动画是按定义好的关键步骤创建的，步骤描述了文字层、图像层和OpenGL ES图形是如何交互的。Core Animation在运行时按照预定义的步骤处理，平稳地将视觉元素从一步移至下一步，并自动填充动画中的过渡帧。

和iOS 中的许多场景切换功能一样，我们也可以使用Core Animation 来创建引人瞩目的效果，例如在屏幕上平滑地移动用户接口元素，并加入渐入渐出的效果，所有这些功能仅需几行Core Animation代码即可完成。

通过使用带有硬件加速的OpenGL ES API技术，可利用iPhone和iPod Touch的强大的图形处理能力。OpenGL ES具有比其桌面版本更加简单的APL，但使用了相同的核心理念，包括可编程着色器和其他能够使您的3D程序或游戏方便扩展。

1. Quartz 2D

Quartz 2D是iOS下强大的2D图形API。它提供了专业的2D图形功能，如贝赛尔曲线、变换和渐变等。使用Quartz 2D来定制接口元素可以为您的程序带来个性化外观。由于Quartz 2D是基于可移植文档格式（PDF）的图像模型，因此显示PDF文件也是小菜一碟。

2．独立的分辨率

iPhone 4 高像素密度 Retina 屏可让任意尺寸的文本和图像都显得平滑流畅。如果需要支持早期的 iPhone，则可以使用 iOS SDK 中的独立分辨率，它可让应用程序运行于不同屏幕分辨率环境。您只需要对应用程序的图标、图形及代码稍作修改，便可确保它在各种 iOS 设备中都具极好的视觉效果，并在 iPhone 4 设备上达到最佳。

3．照片库

应用程序可以通过 UIKit 访问用户的照片库。例如，可以通过照片选取器界面浏览用户照片库，选取某张图片，然后再返回应用程序。能够控制是否允许用户对返回的图片进行拖动或编辑。另外，UIKit 还提供相机接口。通过该接口，应用程序可直接加载相机拍摄的照片。

5.3.2 Core Audio（音频处理）框架

Core Audio 是一种集播放、处理和录制音频于一体的专业技术，能够轻松为应用程序添加强大的音频功能。在 iOS 中提供了丰富的音频和视频功能，我们可以轻松地在您的程序中使用媒体播放框架来传输和播放全屏视频。Core Audio 能够完全控制 iPod touch 和 iPhone 的音频处理功能。对于非常复杂的效果，OpenAL 能够让您建立 3D 音频模型，如图 5-3 所示。

通过使用媒体播放框架，可以让程序轻松地全屏播放视频。视频源可以是程序包中或者远程加载的一个文件。在影片播放完毕时会有一个简单的回调机制通知您的程序，从而可以进行相应的操作。

1．HTTP 在线播放

HTTP 在线播放的内置支持使得程序能够轻松在 iPhone 和

图 5-3 Core Audio 的应用

iPod touch 中播放标准 Web 服务器所提供的高质量的音频流和视频流。在设计 HTTP 在线播放时就考虑了移动性的支持，它可以动态地调整播放质量来适应 Wi-Fi 或蜂窝网络的速度。

2．AV Foundation

在 iOS 系统中，所有音频和视频播放及录制技术都源自 AV Foundation。通常情况下，应用程序可以使用媒体播放器框架（Media Player framework）实现音乐和电影播放功能。如果所需实现的功能不止于此，而媒体播放器框架又没有相应支持，则可考虑使用 AV Foundation。AV Foundation 对媒体项的处理和管理提供高级支持，诸如媒体资产管理、媒体编辑、电影捕捉及播放、曲目管理及立体声音像等都在支持之列。

我们的程序可以访问 iPod touch 或 iPhone 中的音乐库，从而利用用户自己的音乐定制自己的用户体验。再例如赛车游戏可以在赛车加速时将玩家最喜爱的播放列表变成虚拟广播电台，甚至可以让玩家直接在您的程序中选择定制的播放列表，无需退出程序即可直接播放。

通过 Core Audio，您的程序可以同时播放一个或多个音频流，甚至录制音频。Core Audio 能够透明管理音频环境，并自动适应耳机、蓝牙耳机或底座配件，同时它也可触发振动。至于高级特效，和 OpenGL 对图形的操作类似，OpenAL API 也能播放 3D 效果的音频。

5.3.3 Core Data（数据处理）框架

Core Data 框架提供了一个面向对象的数据管理解决方案，它易于使用和理解，甚至可处理任何应用或大或小的数据模型。iOS 操作系统提供一系列用于存储、访问和共享数据的完整工具和框架。

Core Data 是一个针对 Cocoa Touch 程序的全功能的数据模型框架，而 SQLite 非常适合用于关系数据库操作。应用程序可以通过 URL 来在整个 iOS 范围内共享数据。Web 应用程序可以利用 HTML5 数据存储 API 在客户端缓冲保存数据。iOS 程序甚至可访问设备的全局数据，如地址簿里的联系人和照片库里照片。

1. Core Data

Core Data为创建基于模型—视图—控制器（MVC）模式的良好架构的Cocoa程序提供了一个灵活和强大的数据模型框架。Core Data 提供了一个通用的数据管理解决方案，用于处理所有应用程序的数据模型需求，不论程序的规模大小。您可以在此基础上构建任何应用程序。

Core Data让您能够以图形化的方式快速定义程序的数据模型，并方便地在您的代码中访问该数据模型。它提供了一套基础框架不仅可以处理常见的功能，如保存、恢复、撤销和重做等，还可以让您在应用程序中方便地添加新的功能。由于Core Data使用内置的SQLite数据库，因此不需要单独安装数据库系统。

Interface Builder 是苹果的图形用户界面编辑器，提供了预定义的Core Data控制器对象，用于消除应用程序的用户界面和数据模型之间的大量粘合代码。您不必担心SQL语法，不必维护逻辑树来跟踪用户行为，也不必创建一个新的持久化机制。这一切都已经在您将应用程序的用户界面连接到Core Data模型时自动完成了。

2. SQLite

iOS包含时下流行的SQLite库，它是一个轻量级但功能强大的关系数据库引擎，能够很容易地嵌入到应用程序中。SQLite被多种平台上的无数应用程序所使用，事实上它已经被认为是轻量级嵌入式SQL数据库编程的工业标准。与面向对象的Core Data框架不同，SQLite使用过程化的、针对SQL的API直接操作数据表。

iOS为设备上安装的应用程序之间的信息共享提供了强大的支持。基于URL语法，您可以像访问Web数据一样将信息传递给其他应用程序，如邮件、iTunes和YouTube。您也可以为自己的程序声明一个唯一的URL，允许其他应用程序与您的应用程序进行协作和共享数据。

您的应用程序可通过安全易用的API访问iPhone的数据和媒体。您的应用程序可以添加新的地址簿联系人，也可获得现有的联系信息。同样，您的应用程序可以加载、显示和编辑图片库的照片，也可使用内置的摄像头拍摄新照片。

iOS应用程序可通过Event Kit框架访问用户日历数据库的事件信息。例如，可以根据日期范围或唯一标识符获取事件信息；可在事件记录发生改变的时候获得通知；可允许用户创建或编辑日历事件。通过Event Kit对日历数据库执行的改动会自动同步到恰当的日历，就连CalDAV和交换服务器中的日历也会自动同步。

XML文件提供了一个让应用程序可以轻松地读写的轻量级的结构化格式。同时XML文件很适合iOS的文件系统。您可以将程序设置和用户偏好设置存储到内置的数据库中。这种基于XML的数据存储提供了一个具有强大功能的简易API，并具有根据要求序列化和恢复复杂的对象的能力。

iOS中先进的Safari浏览器支持最新的HTML5离线数据存储功能。脱机存储意味着通过使用一个简单的键/值数据API或更先进的 SQL 接口，网络应用可以将会话数据存储于本地 iPhone 或 iPod touch 设备的高速缓存中。这些数据在 Safari 启动过程中是不变的，这意味着应用程序具有更快的启动速度、更少地依赖于网络，并且有比以往更出色的表现。

5.4 Cocoa 中的类

> 知识点讲解光盘：视频\知识点\第5章\Cocoa中的类.mp4

在iOS SDK中有数千个类，但是编写的大部分应用程序都可以使用很少的类实现90%的功能。为了让读者熟悉这些类及其用途，下面介绍您将在本书后面几章中经常遇到的类。但在此之前需要注意如下4点。

- Xcode为您创建了应用程序的大部分结构，这意味着即使需要某些类，使用它们也只是举手之劳。您只需新建一个Xcode项目，这些类将自动添加到项目中。
- 只需拖曳Xcode Interface Builder中的图标，就可将众多类的实例加入到项目中。同样，您无需编写任何代码。
- 使用类时，我们将指出为何需要它、它有何功能以及如何在项目中使用它。我们不希望您在书中翻来翻去，因此重点介绍概念，而不要求您记忆。
- 在本章后面的内容中，我们将介绍Apple文档工具。这些实用程序很有用，让您能够找到希望获得的所有类、属性和方法信息。

5.4.1 核心类

在新建一个iOS应用程序时，即使它只支持最基本的用户交互，也将使用一系列常见的核心类。在这些类中，虽然有很多在日常编码过程中并不会用到，但是它们仍扮演了重要的角色。在Cocoa中，常用的核心类如下所示。

1. 根类（NSObject）

根类是所有类的子类。面向对象编程的最大好处是当我们创建子类时，它可以继承父类的功能。NSObject是Cocoa的根类，几乎所有Objective-C类都是从它派生而来的。这个类定义了所有类都有的方法，如alloc和init。在开发中我们无需手工创建NSObject实例，但是我们可以使用从这个类继承的方法来创建和管理对象。

2. 应用程序类（UIApplication）

UIApplication的作用是提供了iOS程序运行期间的控制和协作工作。每一个程序在运行期必须有且仅有一个UIApplication（或其子类）的一个实例。在程序开始运行的时候，UIApplicationMain函数是程序进入点，这个函数做了很多工作，其中一个重要的工作就是创建一个UIApplication的单例实例。在你的代码中，可以通过调用[UIApplication sharedApplication]来得到这个单例实例的指针。

UIApplication的主要工作是处理用户事件，它会开启一个队列，把所有用户事件都放入队列，逐个处理，在处理的时候，它会发送当前事件到一个合适的处理事件的目标控件。此外，UIApplication实例还维护一个在本应用中打开的Window列表（UIWindow实例），这样它就可以接触应用中的任何一个UIView对象。UIApplication实例会被赋予一个代理对象，以处理应用程序的生命周期事件（比如程序启动和关闭）、系统事件（比如来电、记事项警告）等。

3. 窗口类（UIWindow）

UIWindow提供了一个用于管理和显示视图的容器。在iOS中，视图更像是典型桌面应用程序的窗口，而UIWindow的实例不过是用于放置视图的容器。在本书中，您将只使用一个UIWindow实例，它将在Xcode提供的项目模板中自动创建。

窗口是视图的一个子类，主要有如下两个功能。
- 提供一个区域来显示视图。
- 将事件（event）分发给视图。

一个iOS应用通常只有一个窗口，但也有例外，比如在一个iPhone应用中加载一个电影播放器，这个应用本身有一个窗口，而电影播放器还有另一个窗口。

iOS设备上有很多硬件能够因用户的行为而产生数据，包括触摸屏、加速度传感器和陀螺仪。当原始数据产生后，系统的一些框架会对这些原始数据进行封装，并作为事件传递给正在运行的应用来进行处理。当应用接收到一个事件后，会先将其放在事件队列（event queue）当中。应用的singleton从事件队列中取出一个事件并分发给关键窗口（key window）来处理。

如果这个事件是一个触摸事件，那么窗口会将事件按照视图层次传递到最上层（用户可见）的视图对象，这个传递顺序叫作响应链（responder chain）向下顺序。响应链最下层（也是视图最上层）的视图对象如果不能处理这个事件，那么响应链的上一级的视图将得到这个事件并尝试处理这个事件，如果不能处理的话就继续向上传递，直到找到能处理该事件的对象为止。

4. 视图（UIView）

UIView类定义了一个矩形区域，并管理该区域内的所有屏幕显示，我们将其称为视图。在现实中编写的大多数应用程序，都是首先将一个视图加入到一个UIWindow实例中。视图可以使用嵌套形成层次结构，例如顶级视图可能包含按钮和文本框，这些控件被称为子视图，而包含它们的视图称为父视图。几乎所有视图都可以在Interface Builder中以可视化的方式创建。

5. 响应者（UIResponder）

在iOS应用程序中，一个UIResponder类表示一个可以接收触摸屏上的触摸事件的对象，通俗地说，就是表示一个可以接收事件的对象。在iOS中，所有显示在界面上的对象都是从UIResponder直接或间接继承的。UIResponder类让继承它的类能够响应iOS生成的触摸事件。UIControl是几乎所有屏幕控件的父类，它是从UIView派生而来的，而后者又是从UIResponder派生而来的。UIResponder的实例被称为响应者。

由于可能有多个对象响应同一个事件，iOS将事件沿响应链向上传递，能够处理该事件的响应者被赋予第一响应者的称号。例如当编辑文本框时，该文本框处于第一响应者状态，这是因为它处理用户输入，当我们离开该文本框后便退出第一响应者状态。在大多数iOS编程工作中，不会在代码中直接管理响应者。

6. 屏幕控件（UIControl）

UIControl类是从UIView派生而来的，且是几乎所有屏幕控件（如按钮、文本框和滑块）的父类。这个类负责根据触摸事件（如按下按钮）触发操作。例如可以为按钮定义几个事件，并且可以对这些事件作出响应。通过使用Interface Builder，可以将这些事件同编写的操作关联起来。UIControl负责在幕后实现这种行为。

UIControl类是UIView的子类，当然也是UIResponder的子类。UIControl是诸如UIButton、UISwitch和UITextField等控件的父类，它本身也包含了一些属性和方法，但是不能直接使用UIControl类，它只是定义了子类都需要使用的方法。

7. 视图控制器（UIViewController）

几乎在本书的所有应用程序项目中，都将使用UIViewController类来管理视图的内容。此类提供了一个用于显示的View界面，同时包含View加载、卸载事件的重定义功能。在此需要注意的是，在自定义其子类实现时，必须在Interface Builder中手动关联View属性。

5.4.2 数据类型类

在Cocoa中，常用的数据类型类如下所示。

1. 字符串（NSString/NSMutableString）

字符串是一系列字符——数字、字母和符号，本书将经常使用字符串来收集用户输入以及创建和格式化输出。与我们平常使用的众多数据类型对象一样，也是有两个字符串类：NSString和NSMutableString。两者的差别如下所示。

- NSMutableString可用于创建可被修改的字符串，NSMutableString实例是可修改的（加长、缩短和替换等）。
- NSString实例在初始化后就保持不变。

在Cocoa Touch应用程序中，使用字符串的频率非常频繁，这导致Apple允许您使用语法@"<my string value>"来创建并初始化NSString实例。例如，如果要将对象myLabel的text属性设置为字符串Hello World!，可使用如下代码实现：

```
myLabel.text=@"Hello World!";
```

另外还可使用其他变量的值（如整数、浮点数等）来初始化字符串。

2. 数组（NSArray/NSMutableArray）

集合让应用程序能够在单个对象中存储多项信息。NSArray就是一种集合数据类型，可以存储多个对象，这些对象可通过数字索引来访问。例如我们可能创建一个数组，它包含您想在应用程序中显示所有用户反馈字符串：

```
myMessages=[[NSArray alloc] initWithObjects:@"Good boy!",@"Bad boy!",nil];
```

在初始化数组时，总是使用nil来结束对象列表。要访问字符串，可使用索引。索引是表示位置的数字，从0开始。要返回Bad boy!，可使用方法objectAtIndex实现：

```
[myMessages objectAtIndex:1];
```

与字符串一样，也有一个NSMutableArray类，它用于创建初始化后可被修改的数组。

通常在创建的时候就包含了所有对象，我们不能增加或删除其中任何一个对象，这种特性称为immutable。

3．字典（NSDictionary/NSMutableDictionary）

字典也是一种集合数据类型，但是和数组有所区别。数组中的对象可以通过数字索引进行访问，而字典以"对象.键对"的方式存储信息。键可以是任何字符串，而对象可以是任何类型，例如可以是字符串。如果使用前述数组的内容来创建一个NSDictionary对象，则可以用下面的代码实现：

```
myMessages=[[NSDictionary alloc] initwithObjectsAndKeys: @"Good boy!",
@"positive",@"Bad boy! ",@"negative",nil];
```

现在要想访问字符串，不能使用数字索引，而需使用方法objectForKey、positive或negative，例如下面的代码：

```
[myMessages objectForKey:@"negative"]
```

字典能够以随机的方式（而不是严格的数字顺序）存储和访问数据。通常，也可以使用字典的修改形式：NSMutableDictionary，这种用法可在初始化后进行修改。

4．数字（NSNumber/NSDecimalNumber）

如果需要使用整数，可使用C语言数据类型int来存储。如果需要使用浮点数，可以使用数据类型float来存储。NSNumber类用于将C语言中的数字数据类型存储为NSNumber对象，例如通过下面的代码可以创建一个值为100的NSNumber对象：

```
myNumberObject=[[NSNumber alloc]numberWithInt:100];
```

这样，我们便可以将数字作为对象：将其加入到数组、字典等中。NSDecimalNumber是NSNumber的一个子类，可用于对非常大的数字执行算术运算，但只在特殊情况下才需要它。

5．日期（NSDate）

通过使用NSDate后，可以用当前日期创建一个NSDate对象（date方法可自动完成这项任务），例如：

```
myDate=[NSDate date];
```

然后使用方法earlierDate可以找出这两个日期中哪个更早：

```
[myDate earlierDate: userDate]
```

由此可见，通过使用NSDate对象可以避免进行令人讨厌的日期和时间操作。

注意：如果您以前使用过C或类似于C的语言，可能发现这些数据类型对象与Apple框架外定义的数据类型类似。通过使用框架Foundation，可使用大量超出了C/C++数据类型的方法和功能。另外，您还通过Objective-C使用这些对象，就像使用其他对象一样。

5.4.3 UI界面类

iPhone和iPad等iOS设备之所以具有这么好的用户体验，其中有相当部分原因是可以在屏幕上创建触摸界面。接下来将要讲解的UI界面类是用来实现界面效果的，Cocoa框架中常用的UI界面类如下所示。

1．标签（UILabel）

在应用程序中添加UILabel标签可以实现如下两个目的。

（1）在屏幕上显示静态文本（这是标签的典型用途）。

（2）将其作为可控制的文本块，必要时程序可以对其进行修改。

2．按钮（UIButton）

按钮是iOS开发中使用的最简单的用户输入方法之一。按钮可响应众多触摸事件，还让用户能够轻松地做出选择。

3．开关（UISwitch）

开关对象可用于从用户那里收集"开"和"关"响应。它显示为一个简单的开关，常用于启用或禁用应用程序功能。

4．分段控件（UISegmentedControl）

分段控件用于创建一个可触摸的长条，其中包含多个命名的选项：类别1、类别2等。触摸选项可激活它，还可能导致应用程序执行操作，如更新屏幕以隐藏或显示。

5．滑块（UISlider）

滑块向用户提供了一个可拖曳的小球，以便从特定范围内选择一个值。例如滑块可用于控制音量、屏幕亮度以及其他以模拟方式表示的输入。

6．步进控件（UIStepper）

步进控件（UIStepper）类似于滑块。与滑块类似，步进控件也提供了一种以可视化方式输入指定范围内值的方式。按这个控件的一边将给一个内部属性加1或减1。

7．文本框（UITextField/UITextView）

文本框用于收集用户通过屏幕（或蓝牙）键盘输入的内容。其中UITextField是单行文本框，类似于网页订单，其包含如下所示的常用方法。

❑ @property(nonatomic, copy) NSString *text：输入框中的文本字符串。

❑ @property(nonatomic, copy) NSString *placeholder：当输入框中无输入文字时显示灰色提示信息。

而UITextView类能够创建一个较大的多行文本输入区域，让用户可以输入较多的文本。此组件与UILabel的主要区别是：UITextView支持编辑模式，而且UITextView继承自UIScrollView，所以当内容超出显示区域范围时，不会被自动截断或修改字体大小，而是会自动添加滑动条。与UITextField不同的是，UITextView中的文本可以包含换行符，所以，如果要关闭其输入键盘，应有专门的事件处理。UITextView类包含如下所示的常用方法。

❑ @property(nonatomic, copy) NSString *text：文本域中的文本内容。

❑ @property(nonatomic, getter=isEditable) BOOL editable：文本域中的内容是否可以编辑。

8．选择器（UIDatePicker/UIPicker）

选择器（picker）是一种有趣的界面元素，类似于自动贩卖机。通过让用户修改转盘的每个部分，选择器可用于输入多个值的组合。Apple为您实现了一个完整的选择器：UIDatePicker类。通过这种对象，用户可快速输入日期和时间。通过继承UIPicker类，还可以创建自己的选择器。

9．弹出框（UIPopoverController）

弹出框（popover）是iPad特有的，它既是一个UI元素，又是一种显示其他UI元素的手段。它让您能够在其他视图上面显示一个视图，以便用户选择其中的一个选项。例如，iPad的Safari浏览器使用弹出框显示一个书签列表，供用户从中选择。

当我们创建使用整个iPad屏幕的应用程序时，弹出框将非常方便。这里介绍的只是您可在应用程序中使用的部分类，在接下来的几章中，将探索这些类以及其他类。

10．UIColor类

本类用于指定cocoa组件的颜色，常用方法如下所示。

❑ +(UIColor *)colorWithRed:(CGFloat)red green:(CGFloat)green blue:(CGFloat)blue alpha:(CGFloat)alpha：这是UIColor类的初始化方法，red、green、blue和alpha的取值都是0.0到1.0，其中alpha代表颜色

的透明度，0.0为完全透明。
- + (UIColor *)colorWithCGColor:(CGColorRef)cgColor：通过某个CGColor实例获得UIColor实例。
- @property(nonatomic,readonly) CGColorRef CGColor：通过某个UIColor实例获得CGColor的实例。CGColor常用于使用Quartz绘图中。

11．UITableView类

用于显示列表条目。需要注意的是，iPhone中没有二维表的概念，每行都只有一个单元格。如果一定要实现二维表的显示，则需要重定义每行的单元格，或者并列使用多个TableView。一个TableView至少有一个section，每个section中可以有0行、1行或者多行cell。

5.5 国际化

知识点讲解光盘:视频\知识点\第5章\国际化.mp4

在开发项目时，我们无需关注显示语言的问题，若在代码中任何地方要显示文字都这样调用下面格式的代码：

```
NSLocalizedString(@"AAA", @"bbb");
```

这里的AAA相当于关键字，它用于以后从文件中取出相应语言对应的文字。bbb相当于注释，翻译人员可以根据bbb的内容来翻译AAA，这里的AAA与显示的内容可以一点关系也没有，只要程序员自己能看懂就行。比如，一个页面用于显示联系人列表，这里调用可以用如下所示的写法：

```
NSLocalizedString(@"shit_or_anything_you_want", @"联系人列表标题");
```

写好项目后，取出全部的文字内容送去翻译。这里取出所有的文字列表很简单。使用Mac的genstrings命令。具体方法如下所示。

（1）打开控制台，切换到项目所在目录。
（2）输入命令：genstrings ./Classes/*.m。
（3）这时在项目目录中会有一个Localizable.strings文件，其中内容如下：

```
/* 联系人列表标题 */
"shit_or_anything_you_want" = "shit_or_anything_you_want"
```

（4）翻译只需将等号右边改好就行了。这里如果是英文，修改后的代码如下：

```
/* 联系人列表标题 */
"shit_or_anything_you_want" = "Buddies";
```

如果是法文，翻译后如下：

```
/* 联系人列表标题 */
"shit_or_anything_you_want" = "Copains";
```

翻译好语言文件以后，将英语文件拖入项目中，然后右键单击，选择Get Info，选择Make Localization。此时XCode会自动复制文件到English.lproj目录下，再添加其他语言。

在编译程序后，在iPhone上运行，程序会根据当前系统设置的语言来自动选择相应的语言包。

> **注意**：genstrings产生的文件拖入XCode中可能是乱码，这时只要在XCode中右击文件，在Get Info→General→File Encoding下选择"UTF-16"即可解决。

第6章 Xcode Interface Builder界面开发

Interface Builder（通常缩写为IB）是Mac OS X平台下用于设计和测试用户界面（GUI）的应用程序。为了生成GUI，IB并不是必需的，实际上Mac OS X下所有的用户界面元素都可以使用代码直接生成。但是IB能够使开发者简单快捷地开发出符合Mac OS X human-interface guidelines的GUI。通常你只需要通过简单地拖曳（drag-n-drop）操作来构建GUI就可以了。本章将详细讲解Interface Builder的基本知识，为读者步入本书后面知识的学习打下基础。

6.1 Interface Builder 基础

> 知识点讲解光盘：视频\知识点\第6章\Interface Builder基础.mp4

通过使用Interface Builder（缩写为IB），可以快速地创建一个应用程序界面。这不仅是一个GUI绘画工具，而且还可以在不编写任何代码的情况下添加应用程序。这样不但可以减少bug，而且可以缩短开发周期，并且让整个项目更容易维护。

IB向Objective-C和Swift开发者提供了包含一系列用户界面对象的工具箱，这些对象包括文本框、数据表格、滚动条和弹出式菜单等控件。IB的工具箱是可扩展的，也就是说，所有开发者都可以开发新的对象，并将其加入IB的工具箱中。

开发者只需要从工具箱中简单地向窗口或菜单中拖曳控件即可完成界面的设计。然后，用连线将控件可以提供的"动作"（Action）、控件对象分别和应用程序代码中对象"方法"（Method）、对象"接口"（Outlet）连接起来，就完成了整个创建工作。与其他图形用户界面设计器，如Microsoft Visual Studio相比，这样的过程减小了MVC模式中控制器和视图两层的耦合，提高了代码质量。

在代码中，使用IBAction标记可以接受动作的方法，使用IBOutlet标记可以接受对象接口。IB将应用程序界面保存为捆绑状态，其中包含了界面对象及其与应用程序的关系。这些对象被序列化为XML文件，扩展名为.nib。在运行应用程序时，对应的NIB对象调入内存，与其应用程序的二进制代码联系起来。与绝大多数其余GUI设计系统不同，IB不是生成代码以在运行时产生界面（如Glade，Codegear的C++ Builder所做的），而是采用与代码无关的机制，通常称为freeze dried。从IB 3.0开始，加入了一种新的文件格式，其扩展名为.xib。这种格式与原有的格式功能相同，但是为单独文件而非捆绑，以便于版本控制系统的运作，以及类似diff的工具的处理。

当把Interface Builder集成到Xcode中后，和原来的版本相比主要有如下4点不同。

（1）在导航区选择故事板文件后，会在编辑区显示故事板文件的详细信息。由此可见，Interface Builder和Xcode整合在一起了，如图6-1所示。

（2）在工具栏选择View控制按钮，单击图6-2中最右边的按钮可以调出工具区，如图6-3所示。

在工具区中的最上面有几个很重要的按钮，如图6-4所示。

在图6-4中，有如下4个比较常用的按钮。

- ❏ Identity：身份检查器，用于管理界面组件的实现类、恢复ID等标识属性。
- ❏ Attributes：属性检查器，用于管理界面组件的拉伸方式、背景颜色等外观属性。

- ▫ Size：大小检查器，用于管理界面组件的高、宽、x轴坐标、y轴坐标等和位置相关的属性。
- ▫ Connections：连接检查器，用于管理界面组件与程序代码之间的关联性。

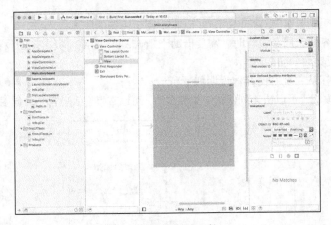

图6-1 显示故事板文件

图6-2 View控制按钮

图6-3 工具区

图6-4 工具区中的按钮

工具区下面是可以往View中拖的控件。

（3）隐藏导航区。为了专心设计UI，可以"View控制按钮"中单击第一个，这样可以隐藏导航区，如图6-5所示。

（4）关联方法和变量。这是一个所见即所得功能，涉及了View:Assistant View，是编辑区的一部分，如图6-6所示。此时只需将按钮（或者其他控件）拖到代码指定地方即可。在"拖"时需要按住"Ctrl"键。怎么让Assistant View显示我要对应的.h文件？使用这个View上面的选择栏进行选择。

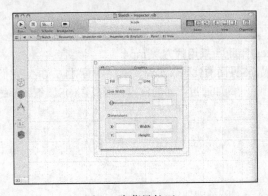

图6-5 隐藏导航区

图6-6 关联方法和变量

6.2 和Interface Builder密切相关的库面板

知识点讲解光盘:视频\知识点\第6章\和Interface Builder密切相关的库面板.mp4

当使用Interface Builder进行界面布局和设计时，需要借助于Xcode 9中的库面板实现UI设计和代码的关联操作。Xcode 9中的库面板界面如图6-7所示。

在库面板界面上方，各个按钮从左至右的具体说明如下所示。

- 文件库模板：管理文件模板，可以快速创建指定类型文件，可以直接拖入项目中，如图6-8所示。

图6-7 Xcode 9中的库面板界面　　　　　图6-8 文件库模板

- {}代码片段库：管理各种代码片段，可以直接拖入源代码中，如图6-9所示。
- ⊙对象库：界面组件，可以直接拖入故事板中，如图6-10所示。

图6-9 代码片段库　　　　　　　　　图6-10 对象库

- 媒体库：管理各种图片、音频和视频等多媒体资源。在默认情况下，在媒体库中不会显示任何东西，只有在项目中添加了图片、音频和视频等多媒体资源后才会看到显示列表。

6.3 Interface Builder采用的方法

知识点讲解光盘:视频\知识点\第6章\Interface Builder采用的方法.mp4

通过使用Xcode和Cocoa工具集，可手工编写生成iOS界面的代码，实现实例化界面对象、指定它们出现在屏幕的什么位置、设置对象的属性以及使其可见。例如通过下面的代码，可以在iOS设备屏幕的一角中显示文本"Hello Xcode"：

```
- (BOOL)application:(UIApplication *)application
didFinishLaunchingWithOptions:(NSDictionary *)launchOptions
{
self.window = [[UIWindowalloc]
initWithFrame:[[UIScreenmainScreen] bounds]];
    // Override point for customization after application launch.
UILabel *myMessage;
```

```
UILabel *myUnusedMessage;
myMessage=[[UILabelalloc]
initWithFrame:CGRectMake(30.0,50.0,300.0,50.0)];
myMessage.font=[UIFont systemFontOfSize:48];
myMessage.text=@"Hello Xcode";
myMessage.textColor = [UIColorcolorWithPatternImage:
                      [UIImageimageNamed:@"Background.png"]];
    [self.windowaddSubview:myMessage];
self.window.backgroundColor = [UIColorwhiteColor];
    [self.windowmakeKeyAndVisible];
return YES;
}
```

如果要创建一个包含文本、按钮、图像以及数十个其他控件的界面，需要编写很多事件。而Interface Builder不是自动生成界面代码，也不是将源代码直接关联到界面元素，而是生成实时的对象，并通过称为连接（connection）的简单关联将其连接到应用程序代码。需要修改应用程序功能的触发方式时，只需修改连接即可。要改变应用程序使用我们创建对象的方式，只需连接或重新连接即可。

6.4 Interface Builder 中的故事板——Storyboarding

知识点讲解光盘:视频\知识点\第6章\Interface Builder中的故事板——Storyboarding.mp4

Storyboarding（故事板）是从iOS 5开始新加入的Interface Builder（IB）的功能。其主要功能是在一个窗口中显示整个App（应用程序）用到的所有或者部分的页面，并且可以定义各页面之间的跳转关系，大大增加了IB便利性。

6.4.1 推出的背景

Interface Builder是Xcode开发环境自带的用户图形界面设计工具，通过它可以随心所欲地将控件或对象（Object）拖曳到视图中。这些控件被存储在一个XIB（发音为zib）或NIB文件中。其实XIB文件是一个XML格式的文件，可以通过编辑工具打开并改写这个XIB文件。当编译程序时，这些视图控件被编译成一个NIB文件。

通常，NIB是与ViewController相关联的，很多ViewController都有对应的NIB文件。NIB文件的作用是描述用户界面、初始化界面元素对象。其实，开发者在NIB中所描述的界面和初始化的对象都能够在代码中实现。之所以用Interface Builder来绘制页面，是为了减少那些设置界面属性的重复而枯燥的代码，让开发者能够集中精力在功能的实现上。

在Xcode 4.2之前，每创建一个视图会生成一个相应的XIB文件。当一个应用有多个视图时，视图之间的跳转管理将变得十分复杂。为了解决这个问题，Storyboard便被推出。

NIB文件无法描述从一个ViewController到另一个ViewController的跳转，这种跳转功能只能靠手写代码的形式来实现。相信很多人都会经常用到如下两个方法。

❑ -presentModalViewController:animated。

❑ -pushViewController:animated。

随着Storyboarding 的出现，使得这种方式成为历史，取而代之的是 Segue [Segwei]。Segue 定义了从一个ViewController到另一个ViewController的跳转。我们在IB中，已经熟悉如何连接界面元素对象和方法（Action Method）。在Stroyboard中，完全可以通过Segue将ViewController连接起来，而不再需要手写代码。如果想自定义Segue，也只需写 Segue的实现即可，而无需编写调用的代码，Storyboard会自动调用。在使用Storyboard机制时，必须严格遵守MVC原则。View与Controller需完全解耦，并且不同的Controller之间也要充分解耦。

在开发iOS应用程序时，有如下两种创建一个视图（View）的方法。

❑ 在Interface Builder中拖曳一个UIView控件：这种方式看似简单，但是会在View之间跳转，所以不便操控。

❏ 通过原生代码方式：需要编写的代码工作量巨大，哪怕仅仅创建几个Label，就得手写上百行代码，每个Label都得设置坐标。为解决以上问题，从iOS 5开始新增了Storyboard功能。

Storyboard是从Xcode 4.2开始自带的工具，主要用于iOS 5以后的版本。早期的InterfaceBuilder所创建的View中，各个View之间是互相独立的，没有相互关联，当一个应用程序有多个View时，View之间的跳转很复杂。为此Apple为开发者带来了Storyboard，尤其是导航栏和标签栏的应用。Storyboard简化了各个视图之间的切换，并由此简化了管理视图控制器的开发过程，完全可以指定视图的切换顺序，而不用手工编写代码。

Storyboard能够包含一个程序的所有的ViewController以及它们之间的连接。在开发应用程序时，可以将UI Flow作为Storyboard的输入，一个看似完整的UI在Storyboard中唾手可得。故事板可以根据需要包含任意数量的场景，并通过切换（segue）将场景关联起来。然而故事板不仅可以创建视觉效果，还让我们能够创建对象，而无需手工分配或初始化它们。当应用程序在加载故事板文件中的场景时，其描述的对象将被实例化，可以通过代码访问它们。

6.4.2 故事板的文档大纲

为了更加说明问题，我们打开一个演示工程来观察故事板文件的真实面目。双击光盘中本章工程中的文件Empty.storyboard，此时将打开Interface Builder，并在其中显示该故事板文件的骨架。该文件的内容将以可视化方式显示在IB编辑器区域，而在编辑器区域左边的文档大纲（Document Outline）区域，将以层次方式显示其中的场景，如图6-11所示。

本章演示工程文件只包含了一个场景：View Controller Scene。本书中讲解的创建界面演示工程在大多数情况下都是从单场景故事板开始的，因为它们提供了丰富的空间，让您能够收集用户输入和显示输出。我们将探索多场景故事板。

在View Controller Scene中有如下3个图标。
❏ First Responder（第一响应者）。
❏ View Controller（视图控制器）。
❏ View（视图）。

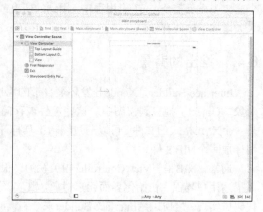

图6-11 故事板场景对象

其中前两个特殊图标用于表示应用程序中的非界面对象，在我们使用的所有故事板场景中都包含它们。

❏ First Responder：该图标表示用户当前正在与之交互的对象。当用户使用iOS应用程序时，可能有多个对象响应用户的手势或键击。第一响应者是当前与用户交互的对象。例如，当用户在文本框中输入时，该文本框将是第一响应者，直到用户移到其他文本框或控件。

❏ View Controller：该图标表示加载应用程序中的故事板场景并与之交互的对象。场景描述的其他所有对象几乎都是由它实例化的。

❏ View：该图标是一个UIView实例，表示将被视图控制器加载并显示在iOS设备屏幕中的布局。从本质上说，视图是一种层次结构，这意味着当您在界面中添加控件时，它们将包含在视图中。您甚至可在视图中添加其他视图，以便将控件编组或创建可作为一个整体进行显示或隐藏的界面元素。

通过使用独特的视图控制器名称/标签，还有利于场景命名。InterfaceBuilder自动将场景名设置为视图控制器的名称或标签（如果设置了标签），并加上后缀。例如给视图控制器设置了标签Recipe Listing，场景名将变成Recipe Listing Scene。在本项目中包含一个名为View Controller的通用类，此类负责与场景交互。

在最简单的情况下，视图（UIView）是一个矩形区域，可以包含内容以及响应用户事件（触摸等）。事实上，加入到视图中的所有控件（按钮、文本框等）都是UIView的子类。对于这一点您不用担心，只是您在文档中可能遇到这样的情况，即将按钮和其他界面元素称为子视图，而将包含它们的视图称为父视图。

需要牢记的是，在屏幕上看到的任何东西几乎都可视为"视图"。当创建用户界面时，场景包含的对象将增加。有些用户界面由数十个不同的对象组成，这会导致场景拥挤而变得复杂。如果项目程序非常复杂，为了方便管理这些复杂的信息，可以采用折叠或展开文档大纲区域的视图层次结构的方式来解决。

6.4.3 文档大纲的区域对象

在故事板中，文档大纲区域显示了表示应用程序中对象的图标，这样可以展现给用户一个漂亮的列表，并且通过这些图标能够以可视化方式引用它们代表的对象。开发人员可以从这些图标拖曳到其他位置或从其他地方拖曳到这些图标，从而创建让应用程序能够工作的连接。假如我们希望一个屏幕控件（如按钮）能够触发代码中的操作。通过从该按钮拖曳到ViewController图标，可将该GUI元素连接到希望它激活的方法，甚至可以将有些对象直接拖放到代码中，这样可以快速地创建一个与该对象交互的变量或方法。

当在Interface Builder中使用对象时，Xcode为我们开发人员提供了很大的灵活性。例如可以在IB编辑器中直接与UI元素交互，也可以与文档大纲区域中表示这些UI元素的图标交互。另外，在编辑器中的视图下方有一个图标栏，所有在用户界面中不可见的对象（如第一响应者和视图控制器）都可在这里找到，如图6-12所示。

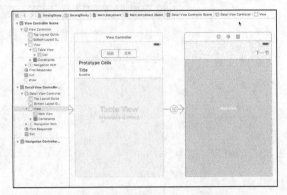

图6-12 在编辑器和文档大纲中和对象交互

6.5 创建一个界面

知识点讲解光盘:视频\知识点\第6章\创建一个界面.mp4

在本节的内容中，将详细讲解如何使用Interface Builder创建界面的方法。在开始之前，需要先创建一个Empty.storyboard文件。

6.5.1 对象库

添加到视图中的任何控件都来自对象库（Object Library），从按钮到图像再到Web内容。可以依次选择Xcode菜单View→Utilities→Show Object Library（Control+Option+Command+3）来打开对象库。如果对象库以前不可见，此时将打开Xcode的Utility区域，并在右下角显示对象库。确保从对象库顶部的下拉列表中选择了Objects，这样将列出所有的选项。

其实在Xcode中有多个库，对象库包含将添加到用户界面中的UI元素，但还有文件模板（File Template）、代码片段（Code Snippet）和多媒体（Media）库。通过单击Library区域上方的图标的操作来显示这些库。如果发现在当前的库中没有显示期望的内容，可单击库上方的立方体图标或再次选择菜单View→Utilities→Show Object Library，如图6-13所示，这样可以确保处于对象库中。

在单击对象库中的元素并将鼠标指向它时会出现一个弹出框，在其中包含了如何在界面中使用该对象的描述，如图6-14所示。这样我们无需打开Xcode文档，就可以得知UI元素的真实功能。

另外，通过使用对象库顶部的视图按钮，可以在列表视图和图标视图之间进行切换。如果只想显示特定的UI元素，可以使用对象列表上方的下拉列表。如果知道对象的名称，但是在列表中找不到它，可以使用对象库底部的过滤文本框快速找到。

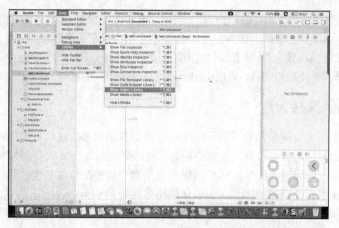

图6-13 打开对象库命令

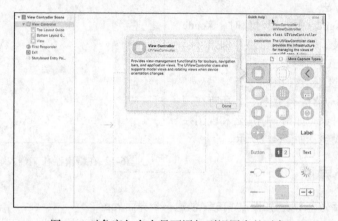

图6-14 对象库包含大量可添加到视图中的对象

6.5.2 将对象加入到视图中

在添加对象时,只需在对象库中单击某一个对象,并将其拖放到视图中就可以将这个对象加入到视图中。例如在对象库中找到标签对象(Label),并将其拖放到编辑器中的视图中央。此时标签将出现在视图中,并显示Label信息。假如双击Label并输入文本"how are you",这样显示的文本将更新,如图6-15所示。

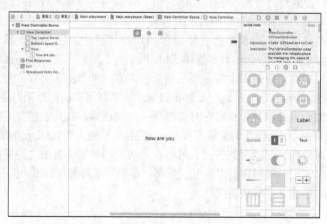

图6-15 插入了一个Label对象

6.5 创建一个界面

其实我们可以继续尝试将其他对象（按钮、文本框等）从对象库中拖放到视图，原理和实现方法都是一样。在大多数情况下，对象的外观和行为都符合您的预期。要将对象从视图中删除，可以单击选择它，再按Delete键。另外还可以使用Edit菜单中的选项，在视图间复制并粘贴对象以及在视图内复制对象多次。

6.5.3 使用 IB 布局工具

通过使用Apple为我们提供的调整布局的工具，我们无需依赖敏锐的视觉来指定对象在视图中的位置。其中常用的工具如下所示。

1. 参考线

当我们在视图中拖曳对象时，将会自动出现蓝色的参考线帮助我们布局。通过这些蓝色的虚线能够将对象与视图边缘、视图中其他对象的中心，以及标签和对象名中使用的字体的基线对齐。并且当间距接近Apple界面指南要求的值时，参考线将自动出现以指出这一点。也可以手工添加参考线，方法是依次选择菜单Editor→Add Horizontal Guide或Editor→Add Vertical Guide实现。

2. 选取手柄

除了可以使用布局参考线外，大多数对象都有选取手柄，可以使用它们沿水平、垂直或这两个方向缩放对象。当对象被选定后在其周围会出现小框，单击并拖曳它们可调整对象的大小，如图6-16所示通过一个按钮演示了这一点。

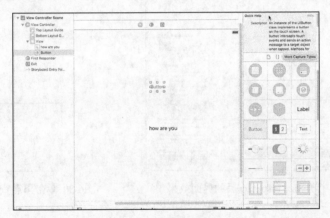

图6-16 大小调整手柄

读者需要注意，在iOS中有一些对象会限制我们如何调整其大小，因为这样可以确保iOS应用程序界面的一致性。

3. 对齐

要快速对齐视图中的多个对象，可单击并拖曳出一个覆盖它们的选框，或按住Shift键并单击以选择它们，然后从菜单Editor→Align中选择合适的对齐方式。例如我们将多个按钮拖放到视图中，并将它们放在不同的位置，我们的目标是让它们垂直居中，此时我们可以选择这些按钮，再依次选择菜单Editor→Align→Align Horizontal Centers，如图6-17所示。图6-18显示了对齐后的效果。

另外，我们也可以微调对象在视图中的位置，方法是先选择一个对象，然后再使用箭头键以每次一个像素的方式向上、下、左或右调整其位置。

4. 大小检查器

为了控制界面布局，有时需要使用Size Inspector（大小检查器）工具。Size Inspector为我们提供了和大小有关的信息，以及有关位置和对齐方式的信息。要想打开Size Inspector，需要先选择要调整的一个或多个对象，再单击Utility区域顶部的标尺图标，也可以依次选择菜单View→Utilities→Show Size Inspector或按"Option+ Command+5"快捷键组合，打开后的界面效果如图6-19所示。

另外，使用该检查器顶部的文本框可以查看对象的大小和位置，还可以通过修改文本框Height/Width和X/Y中的坐标调整大小和位置。另外，通过单击网格中的黑点（它们用于指定读数对应的部分）可以查看对象特定部分的坐标，如图6-20所示。

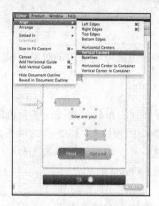

图6-17 垂直居中

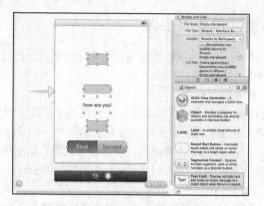

图6-18 垂直居中后的效果

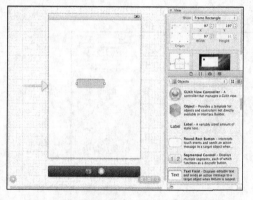

图6-19 打开Size Inspector后的界面效果

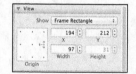

图6-20 单击黑点查看特定部分的坐标

注意：在Size&Position部分，有一个下拉列表，可通过它选择Frame Rectangle或Layout Rectangle。这两个设置的方法通常十分相似，但也有细微的差别。具体说明如下所示。
- 当选择Frame Rectangle时，将准确指出对象在屏幕上占据的区域。
- 当选择Layout Rectangle时，将考虑对象周围的间距。

使用Size Inspector中的Autosizing可以设置当设备朝向发生变化时，控件如何调整其大小和位置。并且该检查器底部有一个下拉列表，此列表包含了与菜单Editor→Align中的菜单项对应的选项。当选择多个对象后，可以使用该下拉列表指定对齐方式，如图6-21所示。

当在Interface Builder中选择一个对象后，如果按住Option键并移动鼠标，会显示选定对象与当前鼠标指向的对象之间的距离。

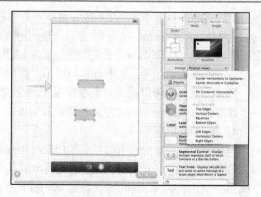

图6-21 另外一种对齐方式

6.6 定制界面外观

知识点讲解光盘:视频\知识点\第6章\定制界面外观.mp4

在iOS应用中,其实最终用户看到的界面不仅仅取决于控件的大小和位置。对于很多对象来说,有数十个不同的属性可供我们进行调整,在调整时可以使用Interface Builder中的工具来达到事半功倍的效果。

6.6.1 使用属性检查器

为了调整界面对象的外观,最常用的方式是通过Attributes Inspector(属性检查器)。要想打开该检查器,可以通过单击Utility区域顶部的滑块图标的方式实现。如果当前Utility区域不可见,可以依次选择菜单View→Utility→Show Attributes Inspector(或"Option+ Command+4"快捷键实现)。

接下来我们通过一个简单演示来说明如何使用它,假设存在一个空工程文件Empty.storyboard,并在该视图中添加了一个文本标签。选择该标签,再打开Attributes Inspector,如图6-22所示。

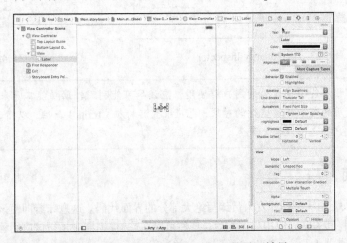

图6-22 打开Attributes Inspector后的界面效果

在"Attributes Inspector"面板的顶部包含了当前选定对象的属性。例如,标签对象Label包括的属性有字体、字号、颜色和对齐方式等。在"Attributes Inspector"面板的底部是继承而来的其他属性,在很多情况下,我们不会修改这些属性,但背景和透明度属性很有用。

6.6.2 设置辅助功能属性

在iOS应用中可以使用专业屏幕阅读器技术Voiceover,此技术集成了语音合成功能,可以帮助开发人员实现导航应用程序。在使用Voiceover后,当触摸界面元素时会看到有关其用途和用法的简短描述。虽然我们可以免费获得这种功能,但是,通过在Interface Builder中配置辅助功能(accessibility)属性,可以提供其他协助。要想访问辅助功能设置,需要打开Identity Inspector(身份检查器),为此可单击Utility区域顶部的窗口图标,也可以依次选择菜单View→Utility→Show Identity Inspector或按下"Option+Command+3"快捷键,如图6-23所示。

在Identity Inspector中,辅助功能选项位于一个独立的部分。在该区域,可以配置如下所示的4组属性。
- ❏ Accessibility(辅助功能):如果选中它,对象将具有辅助功能。如果创建了只有看到才能使用的自定义控件,则应该禁用这个设置。
- ❏ Label(标签):一两个简单的单词,用作对象的标签。例如,对于收集用户姓名的文本框,可使用your name。

- Hint（提示）：有关控件用法的简短描述。仅当标签本身没有提供足够的信息时才需要设置该属性。
- Traits（特征）：这组复选框用于描述对象的特征——其用途以及当前的状态。

具体界面如图6-24所示。

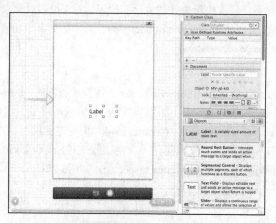

图6-23 打开Identity Inspector

图6-24 4组属性

注意：为了让应用程序能够供最大的用户群使用，应该尽可能利用辅助功能工具来开发项目。即使在本章前面使用的文本标签这样的对象，也应配置其特征（traits）属性，以指出它们是静态文本，这可以让用户知道不能与之交互。

6.6.3 测试界面

通过使用Xcode，能够帮助开发人员编写绝大部分的界面代码。这意味着即使该应用程序还未编写好，在创建界面并将其关联到应用程序类后，依然可以在iOS模拟器中运行该应用程序。接下来开始介绍启用辅助功能检查器（Accessibility Inspector）的过程。

如果我们创建了一个支持辅助功能的界面，可能想在iOS模拟器中启用Accessibility Inspector（辅助功能检查器）。此时可启动模拟器，再单击主屏幕（Home）按钮返回主屏幕。单击Setting（设置），并选择General→Accessibility（"通用"→"辅助功能"），然后使用开关启用Accessibility Inspector，如图6-25所示。

通过使用Accessibility Inspector，能够在模拟器工作空间中添加一个覆盖层，功能是显示我们为界面元素配置的标签、提示和特征。使用该检查器左上角的"×"按钮，可以在关闭和开启模式之间切换。当处于关闭状态时，该检查器折叠成一个小条，而iOS模拟器的行为将恢复正常。在此单击×按钮可重新开启。要禁用Accessibility Inspector，只需再次单击Setting并选择General→Accessibility即可。

图6-25 启用Accessibility Inspector功能

6.7 iOS 11 控件的属性

知识点讲解光盘：视频\知识点\第6章\iOS 11控件的属性.mp4

Xcode中Interface Builder 工具是一个功能强大的"所见即所得"开发工具。在Interface Builder主界面中提供了一个设计区域,该区域中放入我们设计的所有组件,一般要先放入一个容器组件,如UIView视图,然后在视图中放入其他组件。例如在故事板中拖入一个后,鼠标选中Label标签,然后同时按"Option+Command+4"快捷键打开属性检查器面板。如图6-26展示了Button控件在Xcode中的属性面板界面。

有关iOS 11中各个控件属性的具体知识,将在本书后面的控件知识中进行详细介绍。

6.8 实战演练——将设计界面连接到代码（双语实现：Objective-C版）

图6-26 Xcode中的属性面板界面

知识点讲解光盘:视频\知识点\第6章\实战演练——将设计界面连接到代码（双语实现：Objective-C版）.mp4

经过本章前面内容的学习,已经掌握了创建界面的基本知识。但是如何才能使设计的界面起作用呢？在本节的内容中,将详细讲解将界面连接到代码并让应用程序运行的方法。

实例6-1	将设计界面连接到代码
源码路径	光盘:\daima\6\lianjie

6.8.1 打开项目

首先,我们将使用本章Projects文件夹中的项目"lianjie"。打开该文件夹,并双击文件"lianjie.xcworkspace",这将在Xcode中打开该项目,如图6-27所示。

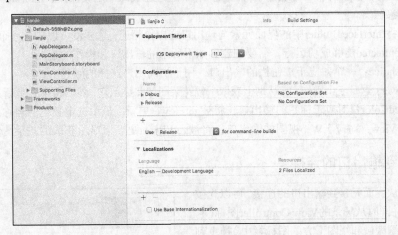

图6-27 在Xcode中打开项目

加载该项目后,展开项目代码编组（Disconnected）,并单击文件MainStoryboard.storyboard,此故事板文件包含该应用程序将把它显示为界面的场景和视图,并且会在Interface Builder编辑器中显示场景,如图6-28所示。

由图6-28所示的效果可知,该界面包含了4个交互式元素：一个按钮栏（分段控件）、一个按钮、一个输出标签、一个Web视图（一个集成的Web浏览器组件）。

这些控件将与应用程序代码交互,让用户选择花朵颜色并单击"获取花朵"按钮时,文本标签将显示选择的颜色,并随机取回一朵这种颜色的花朵。假设我们期望的执行结果如图6-29所示。

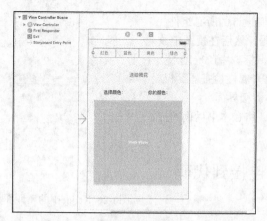
图6-28 显示应用程序的场景和相应的视图

图6-29 执行效果

但是到目前为止，还没有将界面连接到应用程序代码，因此执行后只是显示一张漂亮的图片。为了让应用程序能够正常运行，需要将创建到应用程序代码中定义的输出口和操作连接。

6.8.2 输出口和操作

输出口（outlet）是一个通过它可引用对象的变量，假如Interface Builder中创建了一个用于收集用户姓名的文本框，可能想在代码中为它创建一个名为userName的输出口。这样便可以使用该输出口和相应的属性获取或修改该文本框的内容。

操作（action）是代码中的一个方法，在相应的事件发生时调用它。有些对象（如按钮和开关）可在用户与之交互（如触摸屏幕）时通过事件触发操作。通过在代码中定义操作，Interface Builder可使其能够被屏幕对象触发。

我们可以将Interface Builder中的界面元素与输出口或操作相连，这样就可以创建一个连接。为了让应用程序Disconnected能够成功运行，需要创建到如下所示的输出口和操作的连接。

- ColorChoice：一个对应于按钮栏的输出口，用于访问用户选择的颜色。
- GetFlower：这是一个操作，它从网上获取一幅花朵图像并显示它，然后将标签更新为选择的颜色。
- ChoosedColor：对应于标签的输出口，将被getFlower更新以显示选定颜色的名称。
- FlowerView：对应于Web视图的输出口，将被getFlower更新以显示获取的花朵图像。

6.8.3 创建到输出口的连接

要想建立从界面元素到输出口的连接，可以先按住Control键，并同时从场景的View Controller图标（它出现在文档大纲区域和视图下方的图标栏中）拖曳到视图中对象的可视化表示或文档大纲区域中的相应图标。读者可以尝试对按钮栏（分段控件）进行这样的操作。在按住Control键的同时，再单击文档大纲区域中的View Controller图标，并将其拖曳到屏幕上的按钮栏。拖曳时将出现一条线，这样让我们能够轻松地指向要连接的对象。

当松开鼠标时会出现一个下拉列表，在其中列出了可供选择的输出口，如图6-30所示。再次选择"选择颜色"。

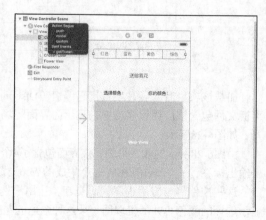
图6-30 出现一个下拉列表

因为Interface Builder知道什么类型的对象可以连接到给定的输出口，所以只显示当前要创建的连接的输出口。对文本"你的颜色"的标签和Web视图重复上述过程，将它们分别连接到输出口chosenColor和flowerView。

在我们这个演示工程中，其核心功能是通过文件ViewController.m实现的，其主要代码如下所示：

```objc
#import "ViewController.h"

@implementation ViewController

@synthesize colorChoice;
@synthesize chosenColor;
@synthesize flowerView;

-(IBAction)getFlower:(id)sender {
NSString *outputHTML;
NSString *color;
NSString *colorVal;
intcolorNum;
colorNum=colorChoice.selectedSegmentIndex;
switch (colorNum) {
case 0:
color=@"Red";
colorVal=@"red";
break;
case 1:
color=@"Blue";
colorVal=@"blue";
break;
case 2:
color=@"Yellow";
colorVal=@"yellow";
break;
case 3:
color=@"Green";
colorVal=@"green";
break;
 }
chosenColor.text=[[NSStringalloc] initWithFormat:@"%@",color];
outputHTML=[[NSStringalloc] initWithFormat:@"<body style='margin: 0px; padding: 0px'><img height='1200' src='https://teachyourselfios.info/?hour=5&color=%@'></body>",colorVal];
[flowerViewloadHTMLString:outputHTMLbaseURL:nil];
}

- (void)didReceiveMemoryWarning
{
    [superdidReceiveMemoryWarning];
}

#pragma mark - View lifecycle

- (void)viewDidLoad
{
    [superviewDidLoad];
}

- (void)viewDidUnload
{
    [selfsetFlowerView:nil];
    [selfsetChosenColor:nil];
    [selfsetColorChoice:nil];
    [superviewDidUnload];
}

- (void)viewWillAppear:(BOOL)animated
{
```

```
    [superviewWillAppear:animated];
}

- (void)viewDidAppear:(BOOL)animated
{
    [superviewDidAppear:animated];
}

- (void)viewWillDisappear:(BOOL)animated
{
[superviewWillDisappear:animated];
}

- (void)viewDidDisappear:(BOOL)animated
{
    [superviewDidDisappear:animated];
}

- (BOOL)shouldAutorotateToInterfaceOrientation:(UIInterfaceOrientation)interfaceOrien-tation
{
return (interfaceOrientation != UIInterfaceOrientationPortraitUpsideDown);
}

@end
```

6.8.4 创建到操作的连接

选择将调用操作的对象，并单击Utility区域顶部的箭头图标以打开Connections Inspector（连接检查器）。另外，也可以选择菜单View→Utilities→Show Connections Inspector（Option+ Command+6）。

Connections Inspector显示了当前对象（这里是按钮）支持的事件列表，如图6-31所示。每个事件旁边都有一个空心圆圈，要将事件连接到代码中的操作，可单击相应的圆圈并将其拖曳到文档大纲区域中的View Controller图标。

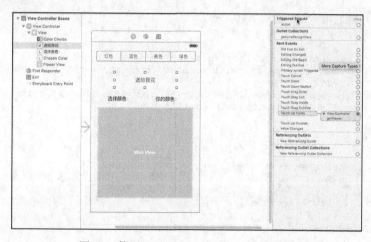

图6-31 使用Connections Inspector操作连接

假如要将按钮"送给我花"连接到方法getFlower，可选择该按钮并打开Connections Inspector（Option+Command+6）。然后将Touch Up Inside事件旁边的圆圈拖曳到场景的View Controller图标，再松开鼠标。当系统询问时选择操作getFlower，如图6-32所示。

在建立连接后检查器会自动更新，以显示事件及其调用的操作。如果单击了其他对象，Connections Inspector将显示该对象到输出口和操作的连接。到此为止，已经将界面连接到了支持它的代码。单击Xcode工具栏中的Run按钮，在iOS模拟器或iOS设备中便可以生成并运行该应用程序，执行效果如图6-33所示。

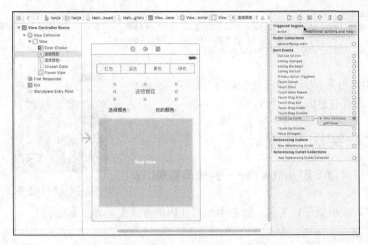 

图6-32 选择希望界面元素触发的操作　　　　　　　图6-33 效果图

6.9 实战演练——将设计界面连接到代码（双语实现：Swift版）

知识点讲解光盘：视频\知识点\第6章\实战演练——将设计界面连接到代码（双语实现：Swift版）.mp4

本实例和前面的实例6-1的功能完全相同，只是用Swift语言实现而已。

实例6-2	将设计界面连接到代码
源码路径	光盘:\daima\6\Disconnected

实例文件ViewController.swift的主要实现代码如下所示：

```swift
class ViewController: UIViewController {

    @IBOutlet weak var colorChoice: UISegmentedControl!
    @IBOutlet weak var chosenColor: UILabel!
    @IBOutlet weak var flowerView: UIWebView!

    @IBAction func getFlower(_ sender: AnyObject) {
        var outputHTML: String
        var color: String
        var colorVal: String
        let colorNum=colorChoice.selectedSegmentIndex
        switch (colorNum) {
        case 0:
            color="Red"
            colorVal="red"
            break
        case 1:
            color="Blue"
            colorVal="blue"
            break
        case 2:
            color="Yellow"
            colorVal="yellow"
            break
        case 3:
            color="Green"
            colorVal="green"
            break
        default:
            color="Red"
            colorVal="red"
        }
```

```
           chosenColor.text=color
           outputHTML="<body style='margin: 0px; padding: 0px'><img height='2000' src=
       'https://teachyourselfios.info/?hour=5&color=\(colorVal)'></body>"
           flowerView.loadHTMLString(outputHTML,baseURL: nil)
       }
```

执行后的效果如图6-34所示。由此可见，Swift语言的代码量要比Objective-C少很多，这也是苹果公司主推Swift语言的原因。

6.10 实战演练——纯代码实现 UI 设计

知识点讲解光盘:视频\知识点\第6章\实战演练——纯代码实现UI设计.mp4

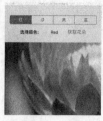

图6-34 执行效果

在本实例中，将不使用Xcode 9的故事板设计工具，而是用编写代码的方式实现界面布局。

实例6-3	纯代码实现UI设计
源码路径	光盘:\daima\6\CodeUI

（1）使用Xcode 9创建一个iOS 11程序，在自动生成的工程文件中删除故事板文件，如图6-35所示。

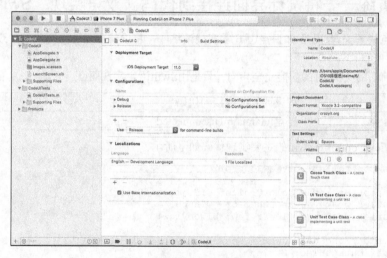

图6-35 删除故事板后的工程

（2）开始编写代码，文件AppDelegate.h的具体实现代码如下所示：

```
#import <UIKit/UIKit.h>
@interface AppDelegate :UIResponder<UIApplicationDelegate>
@property (strong, nonatomic) UIWindow *window;
@end
```

（3）文件AppDelegate.m的具体实现代码如下所示：

```
#import "AppDelegate.h"

@interface AppDelegate ()
@property (nonatomic , strong) UILabel* show;
@end
@implementation AppDelegate

- (BOOL)application:(UIApplication *)application didFinishLaunchingWithOptions:(NSDictionary *)launchOptions {
    // 创建UIWindow对象，并将该UIWindow初始化为与屏幕相同大小
    self.window = [[UIWindowalloc] initWithFrame:
            [UIScreenmainScreen].bounds];
    // 设置UIWindow的背景色
```

```
    self.window.backgroundColor = [UIColorwhiteColor];
    // 创建一个UIViewController对象
    UIViewController* controller = [[UIViewControlleralloc] init];
    // 让该程序的窗口加载并显示viewController视图控制器关联的用户界面
    self.window.rootViewController = controller;
    // 创建一个UIView对象
    UIView* rootView = [[UIViewalloc] initWithFrame:
        [UIScreenmainScreen].bounds];
    // 设置controller显示rootView控件
    controller.view = rootView;
    // 创建一个系统风格的按钮
    UIButton* button = [UIButtonbuttonWithType:UIButtonTypeSystem];
    // 设置按钮的大小
    button.frame = CGRectMake(120, 100, 80, 40);
    // 为按钮设置文本
    [button setTitle:@"确定" forState:UIControlStateNormal];
    // 将按钮添加到rootView控件中
    [rootViewaddSubview: button];
    // 创建一个UILabel对象
    self.show = [[UILabelalloc] initWithFrame:
        CGRectMake(60 , 40 , 180 , 30)];
    // 将UILabel添加到rootView控件中
    [rootViewaddSubview: self.show];
    // 设置UILabel默认显示的文本
    self.show.text = @"初始文本";
    self.show.backgroundColor = [UIColorgrayColor];
    // 为按钮的触碰事件绑定事件处理方法
    [button addTarget:self action:@selector(tappedHandler:)
        forControlEvents:UIControlEventTouchUpInside];
    // 将该UIWindow对象设为主窗口并显示出来
    [self.windowmakeKeyAndVisible];
    return YES;
}


- (void) tappedHandler: (UIButton*) sender
{
    self.show.text = @"开始学习iOS吧!";
}
@end
```

这样就用纯代码的方式实现了一个简单的iOS 11界面程序。执行后的效果如图6-36所示。

图6-36 执行效果

第 7 章 使用Xcode编写MVC程序

在本书前面的内容中，已经学习了Cocoa Touch、Xcode和Interface Builder编辑器的基本用法。虽然我们已经使用了多个创建好的项目，但是还没有从头开始创建一个项目。本章将向读者详细讲解"模型—视图—控制器"应用程序的设计模式，并从头到尾创建一个iOS应用程序的过程，为读者步入本书后面知识的学习打下基础。

7.1 MVC 模式基础

知识点讲解光盘:视频\知识点\第7章\MVC模式基础.mp4

当我们开始编程时，会发现每一个功能都可以用多种编码方式来实现。但是究竟哪一种方式才是最佳选择呢？在开发iOS应用程序的过程中，通常使用的设计方法被称为"模型—视图—控制器"模式，这种模式被简称为MVC，通过这种模式可以帮助我们创建出简洁、高效的应用程序。

MVC是一个设计模式，它能够强制性地使应用程序的输入、处理和输出分开。使用MVC的应用程序被分成3个核心部件，分别是模型、视图和控制器。具体说明如下所示。

1. 视图

视图是用户看到并与之交互的界面。对于老式的Web应用程序来说，视图就是由HTML元素组成的界面。在新式的Web应用程序中，HTML依旧在视图中扮演着重要的角色，但一些新的技术已层出不穷，它们包括Adobe Flash和像XHTML、XML/XSL、WML等一些标识语言和Web Services。如何处理应用程序的界面变得越来越有挑战性。MVC一个大的好处是它能为你的应用程序处理很多不同的视图。在视图中其实没有真正的处理发生，不管这些数据是联机存储的还是一个雇员列表，作为视图来讲，它只是一种输出数据并允许用户操纵的方式。

2. 模型

模型表示企业数据和业务规则。在MVC的3个部件中，模型拥有最多的处理任务。例如它可能用像EJBs和ColdFusion Components这样的构件对象来处理数据库。被模型返回的数据是中立的，就是说模型与数据格式无关，这样一个模型能为多个视图提供数据。由于应用于模型的代码只需写一次就可以被多个视图重用，所以减少了代码的重复性。

3. 控制器

控制器用于接受用户的输入并调用模型和视图去完成用户的需求。所以当单击Web页面中的超链接和发送HTML表单时，控制器本身不输出任何东西和作任何处理。它只是接收请求并决定调用哪个模型构件去处理请求，然后确定用哪个视图来显示模型处理返回的数据。

现在我们总结MVC的处理过程，首先控制器接收用户的请求，并决定应该调用哪个模型来进行处理，然后模型用业务逻辑来处理用户的请求并返回数据，最后控制器用相应的视图格式化模型返回的数据，并通过表示层呈现给用户。

7.2 Xcode 中的 MVC

知识点讲解光盘:视频\知识点\第7章\Xcode中的MVC.mp4

在用Xcode编程并在Interface Builder中安排用户界面（UI）元素后，Cocoa Touch的结构旨在利用MVC（Model-View-Controller，模型—视图—控制器）设计模式。在本节的内容中，将讲解Xcode中MVC模式的基本知识。

7.2.1 原理

MVC模式会将Xcode项目分为如下3个不同的模块。

1. 模型

模型是应用程序的数据，比如项目中的数据模型对象类。模型还包括采用的数据库架构，比如Core Data或者直接使用SQLite文件。

2. 视图

顾名思义，视图是用户看到的应用程序的可视界面。它包含在Interface Builder中构建的各种UI组件。

3. 控制器

控制器是将模型和视图元素连接在一起的逻辑单元，处理用户输入和UI交互。UIKit组件的子类，比如UINavigationController和UITabBarController是最先会被想到的，但是这一概念还扩展到了应用程序委托和NSObject的自定义子类。

虽然在Xcode项目中，上述3个MVC元素之间会有大量交互，但是创建的代码和对象应该简单地定义为仅属于三者之一。当然，完全在代码内生成UI或者将所有数据模型方法存储在控制器类中非常简单，但是如果你的源代码没有良好的结构，会使模型、视图和控制器之间的分界线变得非常模糊。

另外，这些模式的分离还有一个很大的好处是可重用性。在iPad出现之前，应用程序的结构可能不是很重要，特别是不打算在其他项目中重用任何代码的时候。过去我们只为一个规格的设备（iPhone 320×480的小屏幕）开发应用程序。但是现在需要将应用程序移植到iPad上，利用平板电脑的新特性和更大的屏幕尺寸。如果iPhone应用程序不遵循MVC设计模式，那么将Xcode项目移植到iPad上会立刻成为一项艰巨的任务，需要重新编写很多代码才能生成一个iPad增强版。

例如，假设根视图控制器类包含所有代码，这些代码不仅用于通过Core Data获取数据库记录，还会动态生成UINavigationController以及一个嵌套的UITableView用于显示这些记录。这些代码在iPhone上可能会良好运行，但是迁移到iPad上后可能得需用UISplitViewController来显示这些数据库记录。此时需要先手动去除所有UINavigationController代码，这样才能添加新的UISplitViewController功能。但是如果将数据类（模型）与界面元素（视图）和控制器对象（控制器）分开，那么将项目移植到iPad的过程会非常轻松。

7.2.2 模板就是给予 MVC 的

Xcode提供了若干模板，这样可以在应用程序中实现MVC架构。

1. View-Based Application（基于视图的应用程序）

如果应用程序仅使用一个视图，建议使用这个模板。一个简单的视图控制器会管理应用程序的主视图，而界面设置则使用一个Interface Builder模板来定义。特别是那些未使用任何导航功能的简单应用程序应该使用这个模板。如果应用程序需要在多个视图之间切换，建议考虑使用基于导航的模板。

2. Navigation-Based Application（基于导航的应用程序）

基于导航的模板用在需要多个视图之间进行切换的应用程序。如果可以预见在应用程序中，会有某些画面上带有一个"回退"按钮，此时就应该使用这个模板。导航控制器会完成所有关于建立导航按钮以及在视图"栈"之间切换的内部工作。这个模板提供了一个基本的导航控制器以及一个用来显

3. Utility Application（工具应用程序）

它适合于微件（Widget）类型的应用程序，这种应用程序有一个主视图，并且可以将其"翻"过来，例如iPhone中的天气预报和股票程序等就是这类程序。这个模板还包括一个信息按钮，可以将视图翻转过来显示应用程序的反面，这部分常用来对设置或者显示的信息进行修改。

4. OpenGL ES application（OpenGL ES应用程序）

在创建3D游戏或者图形时可以使用这个模板，它会创建一个配置好的视图，专门用来显示GL场景，并提供了一个例子计时器可以令其演示动画。

5. Tab Bar Application（标签栏应用程序）

Tab Bar Application提供了一种特殊的控制器，会沿着屏幕底部显示一个按钮栏。这个模板适用于像iPod或者电话这样的应用程序，它们都会在底部显示一行标签，提供一系列的快捷方式，来使用应用程序的核心功能。

6. Window-based Application（基于窗口的应用程序）

它提供了一个简单的、带有一个窗口的应用程序。这是一个应用程序所需的最小框架，可以用它作为开始来编写自己的程序。

7.3 在 Xcode 中实现 MVC

知识点讲解光盘:视频\知识点\第7章\在Xcode中实现MVC.mp4

在本书前面的内容中，已经讲解了Xcode及其集成的Interface Builder编辑器的知识。并且在本书上一章的内容中，曾经将故事板场景中的对象连接到了应用程序中的代码。在本节的内容中，将详细讲解将视图绑定到控制器的知识。

7.3.1 视图

在Xcode中，虽然可以使用编程的方式创建视图，但是在大多数情况下是使用Interface Builder以可视化的方式设计它们。在视图中可以包含众多界面元素，在加载运行阶段程序时，视图可以创建基本的交互对象，例如，当轻按文本框时会打开键盘。要想让视图中的对象能够与应用程序实现逻辑交互，必须定义相应的连接。连接的东西有两种：输出口和操作。输出口定义了代码和视图之间的一条路径，可以用于读写特定类型的信息，例如对应于开关的输出口让我们能够访问描述开关是开还是关的信息；而操作定义了应用程序中的一个方法，可以通过视图中的事件触发，例如轻按按钮或在屏幕上轻扫。

如果将输出口和操作连接到代码呢？必须在实现视图逻辑的代码（即控制器）中定义输出口和操作。

7.3.2 视图控制器

控制器在Xcode中被称为视图控制器，功能是负责处理与视图的交互工作，并为输出口和操作之间建立一个人为连接。为此需要在项目代码中使用两个特殊的编译指令：IBAction和IBOutlet。IBAction和IBOutlet是Interface Builder能够识别的标记，它们在Objective-C中没有其他用途。我们在视图控制器的接口文件中添加这些编译指令。我们不但可以手工添加，而且也可以用Interface Builder的一项特殊功能自动生成它们。

> 注意：视图控制器可包含应用程序逻辑，但这并不意味着所有代码都应包含在视图控制器中。虽然在本书中，大部分代码都放在视图控制器中，但当您创建应用程序时，可在合适的时候定义额外的类，以抽象应用程序逻辑。

1. 使用IBOutlet

IBOutlet对于编译器来说是一个标记，编译器会忽略这个关键字。Interface Builder则会根据IBOutlet来寻找可以在Builder里操作的成员变量。在此需要注意的是，任何一个被声明为IBOutlet并且在Interface Builder里被连接到一个UI组件的成员变量，会被额外记忆一次，例如：

```
IBOutlet UILabel *label;
```

这个label在Interface Builder里被连接到一个UILabel。此时，这个label的retainCount为2。所以，只要使用了IBOutlet变量，一定需要在dealloc或者viewDidUnload中释放这个变量。

IBOutlet的功能是让代码能够与视图中的对象交互。假设在视图中添加了一个文本标签（UILabel），而我们想在视图控制器中创建一个实例"变量/属性"myLabel。此时可以显式地声明它们，也可使用编译指令@property隐式地声明实例变量，并添加相应的属性：

```
@property (strong, nonatomic) UILabel *myLabel;
```

这个应用程序提供了一个存储文本标签引用的地方，还提供了一个用于访问它的属性，但还需将其与界面中的标签关联起来。为此，可在属性声明中包含关键字IBOutlet：

```
@property (strong, nonatomic) IBOutlet UILabel *myLabel;
```

添加该关键字后，就可以在Interface Builder中以可视化方式将视图中的标签对象连接到变量/属性MyLabel，然后可以在代码中使用该属性与该标签对象交互：修改其文本、调用其方法等。这样，这行代码便声明了实例变量、属性和输出口。

2. 使用编译指令property和synthesize简化访问

@property和@synthesize是Objective-C语言中的两个编译指令。实例变量存储的值或对象引用可在类的任何地方使用。如果需要创建并修改一个在所有类方法之间共享的字符串，就应声明一个实例变量来存储它。良好的编程习惯是，不直接操作实例变量。所以要使用实例变量，需要有相应的属性。

编译指令@property定义了一个与实例变量对应的属性，该属性通常与实例变量同名。虽然可以先声明一个实例变量，再定义对应的属性，但是也可以使用@property隐式地声明一个与属性对应的实例变量。例如要声明一个名为myString的实例变量（类型为NSString）和相应的属性，可以编写如下所示的代码实现：

```
@property (strong, nonatomic) NSString *myString;
```

这与下面两行代码等效：

```
NSString *myString;
@property (strong, nonatomic) NSString *myString;
```

注意：Apple Xcode工具通常建议隐式地声明实例变量，所以建议大家也这样做。

这同时创建了实例变量和属性，但是要想使用这个属性则必须先合成它。编译指令@synthesize创建获取函数和设置函数，让我们很容易地访问和设置底层实例变量的值。对于接口文件(.h)中的每个编译指令@property，实现文件(.m)中都必须有对应的编译指令@synthesize：

```
@synthesize myString;
```

3. 使用IBAction

IBAction用于指出在特定的事件发生时应调用代码中相应的方法。假如按下了按钮或更新了文本框，则可能想应用程序采取措施并做出合适的反应。编写实现事件驱动逻辑的方法时，可在头文件中使用IBAction声明它，这将向Interface Builder编辑器暴露该方法。在接口文件中声明方法（实际实现前）被称为创建方法的原型。

例如，方法doCalculation的原型可能类似于下面的情形：

```
-(IBAction)doCalculation: (id) sender;
```

注意到该原型包含一个sender参数，其类型为id。这是一种通用类型，当不知道（或不需要知道要使用的对象的类型时可以使用它。通过使用类型id，可以编写不与特定类相关联的代码，使其适用于不同的情形。创建将用作操作的方法（如doCalculation）时，可以通过参数sender确定调用了操作的对象并与之交互。如果要设计一个处理多种事件（如多个按钮中的任何一个按钮被按下）的方法，这将很方便。

7.4 数据模型

知识点讲解光盘:视频\知识点\第7章\数据模型.mp4

Core Data抽象了应用程序和底层数据存储之间的交互。它还包含一个Xcode建模工具，该工具像Interface Builder那样可帮助我们设计应用程序，但不是让我们能够以可视化的方式创建界面，而是让我们以可视化方式建立数据结构。Core Data是Cocoa中处理数据、绑定数据的关键特性，其重要性不言而喻，但也比较复杂。

下面先给出一张如图7-1所示的类关系图。在图7-1中，我们可以看到有如下5个相关的模块。

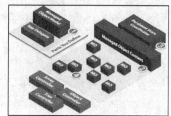

图7-1 类关系图

（1）Managed Object Model

Managed Object Model是描述应用程序的数据模型，这个模型包含实体（Entity）、特性（Property）、读取请求（Fetch Request）等。

（2）Managed Object Context

Managed Object Context参与对数据对象进行各种操作的全过程，并监测数据对象的变化，以提供对 undo/redo 的支持及更新绑定到数据的UI。

（3）Persistent Store Coordinator

Persistent Store Coordinator 相当于数据文件管理器，处理底层的对数据文件的读取与写入，一般我们无需与它打交道。

（4）Managed Object Managed Object数据对象

它与 Managed Object Context相关联。

（5）Controller图中绿色的Array Controller、Object Controller和Tree Controller

这些控制器一般都是通过"control+drag"将Managed Object Context绑定到它们，这样就可以在nib中以可视化的方式操作数据。

上述模块的运作流程如下所示。

（1）应用程序先创建或读取模型文件（后缀为xcdatamodeld）生成 NSManagedObjectModel 对象。Document应用程序一般是通过 NSDocument 或其子类（NSPersistentDocument）从模型文件（后缀为xcdatamodeld）读取。

（2）然后生成NSManagedObjectContext 和 NSPersistentStoreCoordinator 对象，前者对用户透明地调用后者对数据文件进行读写。

（3）NSPersistentStoreCoordinator从数据文件（XML、SQLite、二进制文件等）中读取数据生成Managed Object，或保存Managed Object写入数据文件。

（4）NSManagedObjectContext对数据进行各种操作的整个过程，它持有 Managed Object。我们通过它来监测 Managed Object。监测数据对象有两个作用：支持 undo/redo 以及数据绑定。这个类是最常被用到的。

（5）Array Controller、Object Controller和Tree Controller等控制器一般与 NSManagedObjectContext 关联，因此，可以通过它们在nib 中可视化地操作数据对象。

7.5 实战演练——使用模板 Single View Application 创建 MVC 程序（双语实现：Objective-C 版）

> 知识点讲解光盘：视频\知识点\第7章\实战演练——使用模板Single View Application创建MVC程序（双语实现：Objective-C版）.mp4

Apple在Xcode中提供了一种很有用的应用程序模板，可以快速地创建一个这样的项目，即包含一个故事板、一个空视图和相关联的视图控制器。模板Single View Application（单视图应用程序）是最简单的模板，在本节的内容中将创建一个应用程序，本程序包含了一个视图和一个视图控制器。本节的实例非常简单，先创建了一个用于获取用户输入的文本框（UITextField）和一个按钮，当用户在文本框中输入内容并按下按钮时，将更新屏幕标签（UILabel）以显示Hello和用户输入。虽然本实例程序比较简单，但是几乎包含了本章讨论的所有元素：视图、视图控制器、输出口和操作。

实例7-1	使用模板Single View Application创建MVC程序
源码路径	光盘:\daima\7\hello

7.5.1 创建项目

（1）启动Xcode 9创建一个iOS 11项目，然后在左侧导航选择第一项"Create a new Xcode project"。

（2）在弹出的新界面中选择项目类型和模板。在New Project窗口的左侧，确保选择了项目类型iOS中的Application，在右边的列表中选择Single View Application，再单击"Next"按钮。

1. 类文件

将项目命名为"hello"，展开项目代码编组（名为HelloNoun），并查看其内容。会看到如下5个文件：AppDelegate.h、AppDelegate.m、ViewController.h、ViewController.m、MainStoryboard.storyboard。

其中文件AppDelegate.h和AppDelegate.m组成了该项目将创建的UIApplication实例的委托，也就是说我们可以对这些文件进行编辑，以添加控制应用程序运行时如何工作的方法。我们可以修改委托，在启动时执行应用程序级设置，告诉应用程序进入后台时如何做，以及应用程序被迫退出时该如何处理。就本章这个演示项目来说，我们不需要在应用程序委托中编写任何代码，但是需要记住它在整个应用程序生命周期中扮演的角色。

其中文件AppDelegate.h和文件AppDelegate.m的代码都是自动生成的（程序内容见光盘）。

文件ViewController.h和ViewController.m实现了一个视图控制器（UIViewController），这个类包含控制视图的逻辑。一开始这些文件几乎是空的，只有一个基本结构，此时如果单击Xcode窗口顶部的Run按钮，应用程序将编译并运行，运行后一片空白，如图7-2所示。

> 注意：如果在Xcode中新建项目时指定了类前缀，所有类文件名都将以指定的内容打头。在以前的Xcode版本中，Apple将应用程序名作为类的前缀。要让应用程序有一定的功能，需要处理前面讨论过的两个地方：视图和视图控制器。

2. 故事板文件

除了类文件之外，该项目还包含了一个故事板文件，它用于存储界面设计。单击故事板文件MainStoryboardstoryboard，在Interface Builder编辑器中打开它，如图7-3所示。

在MainStoryboard.storyboard界面中包括了如下3个图标。

- ❏ First Responder（一个UIResponder实例）。
- ❏ View Controller（我们的ViewController类）。
- ❏ 应用程序视图（一个UIView实例）。

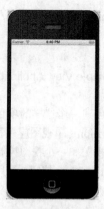

图7-2 执行后为空

图7-3 MainStoryboardstoryboard界面

视图控制器和第一响应者还出现在图标栏中，该图标栏位于编辑器中视图的下方。如果在该图标栏中没有看到图标，只需单击图标栏，它们就会显示出来。

当应用程序加载故事板文件时，其中的对象将被实例化，成为应用程序的一部分。就本项目"hello"来说，当它启动时会创建一个窗口并加载MainStoryboard.storyboard，实例化ViewController类及其视图，并将其加入到窗口中。

在文件HelloNoun-Info.plist中，通过属性Main storyboard file base name（主故事板文件名）指定了加载的文件是MainStoryboard.storyboard。要想核实这一点，读者可展开文件夹Supporting Files，再单击plist文件显示其内容。另外，也可以单击项目的顶级图标，确保选择了目标"hello"，再查看选项卡Summary中的文本框Main Storyboard，如图7-4所示。

如果有多个场景，在Interface Builder编辑器中会使用很不明显的方式指定了初始场景。在前面的图7-4中，会发现编辑器中有一个灰色箭头，它指向视图的左边缘。这个箭头是可以拖动的，当有多个场景时可以拖动它，使其指向任何场景对应的视图。这就自动配置了项目，使其在应用程序启动时启动该场景的视图控制器和视图。

图7-4 指定应用程序启动时将加载的故事板

总之，对应用程序进行了配置，使其加载MainStoryboard.storyboard，而MainStoryboard.storyboard查找初始场景，并创建该场景的视图控制器类（文件ViewController.h和ViewController.m定义的ViewController）的实例。视图控制器加载其视图，而视图被自动添加到主窗口中。

7.5.2 规划变量和连接

要创建该应用程序，第一步是确定视图控制器需要的东西。为引用要使用的对象，必须与如下3个对象进行交互。

一个文本框（UITextField）、一个标签（UILabel）、一个按钮（UIButton）。

其中前两个对象分别是用户输入区域（文本框）和输出（标签），而第3个对象（按钮）触发代码中的操作，以便将标签的内容设置为文本框的内容。

1. 修改视图控制器接口文件

基于上述信息，便可以编辑视图控制器类的接口文件（ViewController.h），在其中定义需要用来引用界面元素的实例变量以及用来操作它们的属性（和输出口）。我们将把用于收集用户输入的文本框

（UITextField）命名为user@property，将提供输出的标签（URLabel）命名为userOutput。前面说过，通过使用编译指令@property可同时创建实例变量和属性，而通过添加关键字IBoutlet可以创建输出口，以便在界面和代码之间建立连接。

综上所述，可以添加如下两行代码：

```
@property (strong, nonatomic) IBOutlet UILabel *userOutput;
@property (strong, nonatomic) IBOutlet UITextField *userInput;
```

为了完成接口文件的编写工作，还需添加一个在按钮被按下时执行的操作。我们将该操作命名为setOutput：

```
- (IBAction)setOutput: (id)sender;
```

添加这些代码后，文件ViewController.h的代码如下所示。其中以粗体显示的代码行是新增的：

```
#import <UIKit/UIKit.h>

@interface ViewController : UIViewController

@property (strong, nonatomic) IBOutlet UILabel *userOutput;
@property (strong, nonatomic) IBOutlet UITextField *userInput;

- (IBAction)setOutput:(id)sender;

@end
```

但是这并非我们需要完成的全部工作。为了支持我们在接口文件中所做的工作，还需对实现文件（ViewController.m）做一些修改。

2．修改视图控制器实现文件

对于接口文件中的每个编译指令@property来说，在实现文件中都必须有如下对应的编译指令@synthesize：

```
@synthesize userInput;
@synthesize userOutput;
```

将这些代码行加入到实现文件开头，并位于编译指令@implementation后面，文件ViewController.m中对应的实现代码如下所示：

```
#import "ViewController.h"
@implementation ViewController
@synthesize userOutput;
@synthesize userInput;
```

在确保使用完视图后，应该使代码中定义的实例变量（即userInput和userOutput）不再指向对象，这样做的好处是这些文本框和标签占用的内存可以被重复重用。实现这种方式的方法非常简单，只需将这些实例变量对应的属性设置为nil即可：

```
[self setUserInput:nil];
[self setUserOutput:nil];
```

上述清理工作是在视图控制器的一个特殊方法中进行的，这个方法名为viewDidUnload，在视图成功从屏幕上删除时被调用。为添加上述代码，需要在实现文件ViewController.h中找到这个方法，并添加代码行。同样，这里演示的是如果要手工准备输出口、操作、实例变量和属性时需要完成的设置工作。

文件ViewController.m中对应清理工作的实现代码如下所示：

```
- (void)viewDidUnload
{
    self.userInput = nil;
    self.userOutput = nil;
    [self setUserOutput:nil];
    [self setUserInput:nil];
    [super viewDidUnload];
```

```
// Release any retained subviews of the main view.
// e.g. self.myOutlet = nil;
}
```

> **注意**：如果浏览HelloNoun的代码文件，可能发现其中包含绿色的注释（以字符"//"开头的代码行）。为节省篇幅，通常在本书的程序清单中删除了这些注释。

3. 一种简化的方法

虽然还没有输入任何代码，但还是希望能够掌握规划和设置Xcode项目的方法。所以还需要做如下所示的工作。

- 确定所需的实例变量：哪些值和对象需要在类（通常是视图控制器）的整个生命周期内都存在。
- 确定所需的输出口和操作：哪些实例变量需要连接到界面中定义的对象？界面将触发哪些方法？
- 创建相应的属性：对于您打算操作的每个实例变量，都应使用@property来定义实例变量和属性，并为该属性合成设置函数和获取函数。如果属性表示的是一个界面对象，还应在声明它时包含关键字IBOutlet。
- 清理：对于在类的生命周期内不再需要的实例变量，使用其对应的属性将其值设置为nil。对于视图控制器中，通常是在视图被卸载时（即方法viewDidUnload中）这样做。

当然我们可以手工完成这些工作，但是在Xcode中使用Interface Builder编辑能够在建立连接时添加编译指令@property和@synthesize、创建输出口和操作、插入清理代码。

将视图与视图控制器关联起来的是前面介绍的代码，但可在创建界面的同时让Xcode自动为我们编写这些代码。创建界面前，仍然需要确定要创建的实例变量/属性、输出口和操作，而有时候还需添加一些额外的代码，但让Xcode自动生成代码可极大地加快初始开发阶段的进度。

7.5.3 设计界面

本节的演示程序"hello"的界面很简单，只需提供一个输出区域、一个用于输入的文本框，以及一个将输出设置成与输入相同的按钮。可按如下步骤创建该UI。

（1）在Xcode项目导航器中选择MainStoryboard.storyboard，并打开它。

（2）打开它的是Interface Builder编辑器。其中文档大纲区域显示了场景中的对象，而编辑器中显示了视图的可视化表示。

（3）选择菜单View→Utilities→Show Object Library（Control+Option+Command+3），在右边显示对象库。在对象库中确保从下拉列表中选择了Objects，这样将显示可拖放到视图中的所有控件，此时的工作区如图7-5所示。

（4）通过在对象库中单击标签（UILabel）对象并将其拖曳到视图中，在视图中添加两个标签。

（5）第一个标签应包含静态文本Hello，为此双击该标签将默认文本Label改为"你好"。选择第二个标签，它将用作输出区域。这里将该标签的文本改为"请输入信息"。将此作为默认值，直到用户提供新字符串为止。我们可能需要增大该文本标签以便显示这些内容，为此可单击并拖曳其手柄。

我们还要将这些标签居中对齐，此时可以通过单击选择视图中的标签，再按下"Option+Command+4"或单击Utility区域顶部的滑块图标，这将打开标签的Attributes Inspector。

使用Alignment选项调整标签文本的对齐方式。另外，

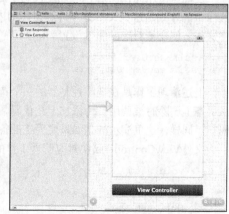

图7-5 初始界面

还可能会使用其他属性来设置文本的显示样式，例如字号、阴影和颜色等。现在整个视图应该包含两个标签。

（6）如果对结果满意，便可以添加用户将与之交互的元素文本框和按钮。为了添加文本框，在对象库中找到文本框对象（UITextField），单击并将其拖曳到两个标签下方。使用手柄将其增大到与输出标签等宽。

（7）再次按Option+Command+4打开Attributes Inspector，并将字号设置成与标签的字号相同。注意到文本框并没有增大，这是因为默认iPhone文本框的高度是固定的。要修改文本框的高度，在Attributes Inspector中单击包含方形边框的按钮Border Style，然后便可随意调整文本框的大小。

（8）在对象库单击圆角矩形按钮（UIButton）并将其拖曳到视图中，将其放在文本框下方。双击该按钮给它添加一个标题，如Set Label。再调整按钮的大小，使其能够容纳该标题。也可能想使用Attributes Inspector增大文本的字号。

最终UI界面效果如图7-6所示，其中包括了4个对象，分别是2个标签、1个文本框和1个按钮。

图7-6 最终的UI界面

7.5.4 创建并连接输出口和操作

现在，在Interface Builder编辑器中需要做的工作就要完成了，最后一步工作是将视图连接到视图控制器。如果按前面介绍的方式手工定义了输出口和操作，则只需在对象图标之间拖曳即可。但即使就地创建输出口和操作，也只需执行拖放操作。

为此，需要从Interface Builder编辑器拖放到代码中，这需要添加输出口或操作的地方，即需要能够同时看到接口文件VeiwController.h和视图。在Interface Builder编辑器中还显示了刚设计的界面的情况下，单击工具栏的Edit部分的Assistant Editor按钮，这将在界面右边自动打开文件ViewController.h，因为Xcode知道我们在视图中必须编辑该文件。

另外，如果我们使用的开发计算机是MacBook，或编辑的是iPad项目，屏幕空间将不够用。为了节省屏幕空间，单击工具栏中View部分最左边和最右边的按钮，以隐藏Xcode窗口的导航区域和Utility区域。您也可以单击Interface Builder编辑器左下角的展开箭头将文档大纲区域隐藏起来。这样屏幕将类似于如图7-7所示。

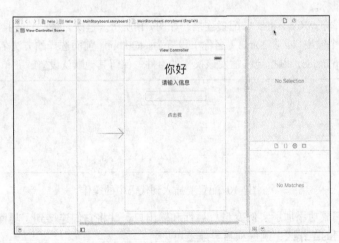

图7-7 切换工作空间

1. 添加输出口

下面首先连接用于显示输出的标签。前面说过，我们想用一个名为userOutput的实例变量/属性表示它。

（1）按住Control键，并拖曳用于输出的标签（在这里，其标题为<请输入信息>）或文档大纲中表示它的图标。将其拖曳到包含文件ViewController.h的代码编辑器中，当光标位于@interface行下方时松开。拖曳时，Xcode将指出如果此时松开鼠标将插入什么，如图7-8所示。

（2）当松开鼠标时会要求我们定义输出口。接下来首先确保从下拉列表Connection中选择了Outlet，从Storage下拉列表中选择了Strong，并从Type下拉列表中选择了UILabel。最后指定我们要使用的实例"变量/属性"名（userOutput），最后再单击Connect按钮，如图7-9所示。

图7-8 生成代码

图7-9 配置创建的输出口

（3）当单击Connect按钮时，Xcode将自动插入合适的编译指令@property和关键字IBOut:put（隐式地声明实例变量）、编译指令@synthesize（插入到文件ViewController.m中）以及清理代码（也是文件ViewController.m中）。更重要的是，还在刚创建的输出口和界面对象之间建立连接。

（4）对文本框重复上述操作过程。将其拖曳至刚插入的@property代码行下方，将Type设置为UITextField，并将输出口命名为userInput。

2．添加操作

添加操作，在按钮和操作之间建立连接的方式与添加输出口相同。唯一的差别是在接口文件中，操作通常是在属性后面定义的，因此您需要拖放到稍微不同的位置。

（1）按住Control键，并将视图中的按钮拖曳到接口文件（ViewController.h）中刚添加的两个@property编译指令下方。同样，当拖曳时，Xcode将提供反馈，指出它将在哪里插入代码。拖曳到要插入操作代码的地方后，松开鼠标。

（2）与输出口一样，Xcode将要求配置连接，如图7-10所示。这次，务必将连接类型设置为Action，否则Xcode将插入一个输出口。将Name（名称）设置为setOutput（前面选择的方法名）。务必从下拉列表Event中选择Touch Up Inside，以指定将触发该操作的事件。保留其他默认设置，并单击Connect按钮。

图7-10 配置要插入到代码中的操作

到此为止，我们成功添加了实例变量、属性和输出口，并将它们连接到了界面元素。在最后我们还需要重新配置我们的工作区，确保项目导航器可见。

7.5.5 实现应用程序逻辑

创建好视图并建立到视图控制器的连接后，接下来的唯一任务便是实现逻辑。现在将注意力转向文件ViewController.m以及setOutput的实现上。setOutput方法将输出标签的内容设置为用户在文本框中输入的内容。我们如何获取并设置这些值呢？UILabel和UITextField都有包含其内容的text属性，通过读写该属性，只需一个简单的步骤便可将userOutput的内容设置为userInput的内容。

打开文件ViewController.m并滚动到末尾，会发现Xcode在创建操作连接代码时自动编写了空的方法定义（这里是setOutput），我们只需填充内容即可。找到方法setOutput，其实现代码如下所示：

```
- (IBAction)setOutput:(id)sender {
//     [[self userOutput]setText:[[self userInput] text]];
    self.userOutput.text=self.userInput.text;
}
```

通过这条赋值语句便完成了所有的工作。

7.5.6 生成应用程序

现在可以生成并测试我们的演示程序了，执行后的效果如图7-11所示。在文本框中输入信息并单击"点击我"按钮后，会在上方显示我们输入的文本，如图7-12所示。

图7-11 执行效果

图7-12 显示输入的信息

7.6 实战演练——使用模板 Single View Application 创建 MVC 程序（双语实现：Swift 版）

知识点讲解光盘:视频\知识点\第7章\实战演练——使用模板Single View Application创建MVC程序（双语实现：Objective-C版）.mp4

本实例是前面实例7-1的Swift版本，两个实例的功能完全相同，只是本实例是用Swift语言实现的。

实例7-2	使用模板Single View Application创建MVC程序
源码路径	光盘:\daima\7\Hello--Swift

实例文件ViewController.swift的主要实现代码如下所示：

```
class ViewController: UIViewController {
    @IBOutlet weak var userOutput: UILabel!
    @IBOutlet weak var userInput: UITextField!
    @IBAction func setOutput(_ sender: AnyObject) {
        userOutput.text=userInput.text
    }
}
```

执行后的效果如图7-13所示。

图7-13 执行效果

第 8 章 文本框和文本视图

在本章前面的内容中,已经创建了一个简单的应用程序,并学会了应用程序基础框架和图形界面基础框架。本章将详细介绍iOS应用中的基本构件,向读者讲解使用可编辑的文本框和文本视图的基本知识。

8.1 文本框(UITextField)

知识点讲解光盘:视频\知识点\第8章\文本框(UITextField).mp4

在iOS应用中,文本框和文本视图都是用于实现文本输入的,在本节的内容中,将首先详细讲解文本框的基本知识。

8.1.1 文本框基础

在iOS应用中,文本框(UITextField)是一种常见的信息输入机制,类似于Web表单中的表单字段。当在文本框中输入数据时,可以使用各种iOS键盘将其输入限制为数字或文本。和按钮一样,文本框也能响应事件,但是通常将其实现为被动(passive)界面元素,这意味着视图控制器可随时通过text属性读取其内容。

控件UITextField的常用属性如下所示。

(1)Text:设置显示的初始文本,可以指定文本为纯字符串或属性字符串。如果指定了一个属性字符串,则可以设置字符串的字体、颜色和格式。

(2)textColor:设置文本的颜色。

(3)font:设置文本的字体。

(4)textAlignment:设置文本的对齐方式。

① borderStyle属性:设置输入框的边框线样式。

② backgroundColor属性:设置输入框的背景颜色,使用其font属性设置字体。

③ clearButtonMode属性:设置一个清空按钮,通过设置clearButtonMode可以指定是否以及何时显示清除按钮。此属性主要有如下几种类型。

- UITextFieldViewModeAlways:不为空,获得焦点与没有获得焦点都显示清空按钮。
- UITextFieldViewModeNever:不显示清空按钮。
- UITextFieldViewModeWhileEditing:不为空,且在编辑状态时(及获得焦点)显示清空按钮。
- UITextFieldViewModeUnlessEditing:不为空,且不在编译状态时(焦点不在输入框上)显示清空按钮。

④ background属性:设置一个背景图片。

8.1.2 实战演练——控制是否显示 TextField 中的密码明文信息

实例8-1	控制是否显示TextField中的密码明文信息
源码路径	光盘:\daima\8\DKTextField

8.1 文本框（UITextField）

本实例的功能是，控制是否显示TextField中的密码明文信息。本实例实现了一个支持明暗码切换的TextField控件功能，因为iOS 11系统自带的UITextField在切换到暗码时会清除之前的输入文本，所以就可以实现本实例的DKTextField功能。在本实例中，DKTextField功能继承于UITextField实现，并且不影响UITextField的Delegate。

（1）启动Xcode 9，默认启动界面如图8-1所示。
（2）然后单击Create a new Xcode project创建一个iOS工程，在对话框顶部选项中选择iOS下的Application，在右侧选择Single View Application，如图8-2所示。

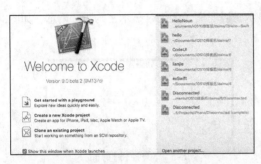
图8-1 启动Xcode 9后的初始界面

图8-2 创建一个Single View Application工程

（3）在故事板中插入一个开关控件来控制是否显示密码明文，在上方的文本框控件中可以输入密码文本，如图8-3所示。

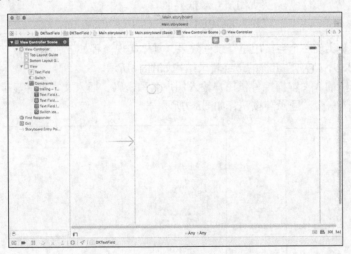
图8-3 故事板界面

在文件ViewController.h中定义需要的接口和功能函数，具体实现代码如下所示：

```
#import <UIKit/UIKit.h>
@interface ViewController : UIViewController
- (IBAction)switchChanged:(UISwitch *)sender;
@end
```

文件ViewController.m是文件ViewController.h的具体实现，用函数switchChanged来控制是否显示密码明文，具体实现代码如下所示：

```
#import "ViewController.h"
#import "DKTextField.h"
```

```
@interface ViewController ()
@property (nonatomic, weak) IBOutlet DKTextField *textField;
@end
@implementation ViewController
- (void)viewDidLoad {
    [super viewDidLoad];
}
- (void)didReceiveMemoryWarning {
    [super didReceiveMemoryWarning];
}
- (IBAction)switchChanged:(UISwitch *)sender {
    self.textField.secureTextEntry = sender.on;
}
@end
```

执行后可以通过UISwitch开关控件来控制是否显示密码明文，关闭时显示密码明文信息，如图8-4所示，打开时不显示密码明文信息，如图8-5所示。

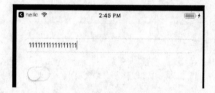
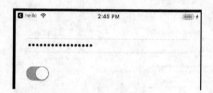

图8-4 开关控件关闭时　　　　　　　　　　图8-5 开关控件打开时

8.1.3 实战演练——实现用户登录框界面

实例8-2	实现用户登录框界面
源码路径	光盘:\daima\8\UITextFieldTest

本实例的功能是实现一个会员用户登录框效果，具体实现流程如下所示。

（1）启动Xcode 9，本项目工程的最终目录结构如图8-6所示。

（2）在故事板中插入文本框控件供用户输入用户名和密码，插入文本控件显示文本"用户名"和"密码"，在下方插入一个"登录"按钮，如图8-7所示。

图8-6 本项目工程的最终目录结构　　　　　图8-7 故事板界面

文件ViewController.h定义本项目的接口，文件ViewController.m的主要实现代码如下所示：

```
- (void)didReceiveMemoryWarning {
    [super didReceiveMemoryWarning];
}
- (IBAction)finishEdit:(id)sender {
```

```
    // sender放弃作为第一响应者
    [sender resignFirstResponder];
}
- (IBAction)backTap:(id)sender {
    //让passField控件放弃作为第一响应者
    [self.passField resignFirstResponder];
    //让nameField控件放弃作为第一响应者
    [self.nameField resignFirstResponder];
}
@end
```

执行后的效果如图8-8所示。

图8-8 执行效果

8.1.4 实战演练——限制输入文本的长度

实例8-3	限制输入文本的长度
源码路径	光盘:\daima\8\textInputLimit

本实例的功能是，实现iOS 11内置控件UITextField和UITextView的输入长度限制功能，可以在其他程序中直接使用。具体实现流程如下所示。

（1）启动Xcode 9，然后单击"Creat a new Xcode project"创建一个iOS工程，在左侧选择"iOS"下的"Application"，在右侧选择"Single View Application"。本项目工程的最终目录结构如图8-9所示，在故事板中插入了两个文本框控件供用户输入文本。

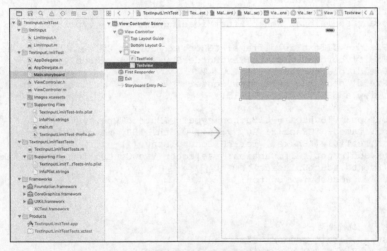

图8-9 本项目工程的最终目录结构

（2）文件ViewController.m是本项目中的测试文件，功能是调用文件LimitInput.m中的输入文本限制功能，限制故事板中两个textfield文本框的输入文本长度。在本例中，第一个文本框限制输入4个字符，第二个文本框限制输入6个字符。文件ViewController.m的具体实现代码如下所示：

```
#import "ViewController.h"
@interface ViewController ()
@end
@implementation ViewController
- (void)viewDidLoad
{
    [super viewDidLoad];
    // 调用限制功能，第一个限制输入4个字符，第二个限制输入6个字符
    [self.textfield setValue:@4 forKey:@"limit"];
    [self.textview setValue:@6 forKey:@"limit"];
}
- (void)didReceiveMemoryWarning
```

```
{
    [super didReceiveMemoryWarning];
}
@end
```

当需要使用本项目的输入长度限制功能时，需要将"textInputLimit"目录下的的".h"文件和".m"文件直接复制到测试工程中，然后通过如下代码调用需要做输入长度限制的textField或textView对象方法即可：

```
[textObj setValue:@4 forKey:@"limit"];
```

在上述整个使用过程中，无需对UITextField和UITextView、Xib或故事板文件做任何修改，也不需要引用头文件。

本实例执行后的效果如图8-10所示。

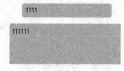

图8-10 执行效果

8.1.5 实战演练——实现一个 UITextField 控件（Swift 版）

实例8-4	基于Swift语言实现一个UITextField控件
源码路径	光盘:\daima\8\TextFieldShake

（1）打开Xcode 9，然后创建一个名为"UITextFieldShake"的工程，工程的最终目录结构如图8-11所示。
（2）文件ViewController.swift的主要实现代码如下所示：

```
override func viewDidLoad() {
    super.viewDidLoad()
    // Do any additional setup after loading the view, typically from a nib.
    
    textField = UITextField(frame: CGRect(x: 10, y: 20, width: 200, height: 30))
    textField!.borderStyle = UITextBorderStyle.roundedRect
    textField!.placeholder = "我是文本框"
    textField!.center = self.view.center
    self.view.addSubview(textField!)
    
    let button: UIButton = UIButton(type: UIButtonType.system)
    button.frame = CGRect(x: 20, y: 64, width: 100, height: 44)
    button.setTitle("Shake", for: UIControlState())
    button.addTarget(self, action: #selector(ViewController._startShake(_:)), for:
UIControlEvents.touchUpInside)
    self.view.addSubview(button)
    
}

// MARK: - 执行振动
func _startShake(_ sender: UIButton) {
    self.textField?.wy_shakeWith(completionHandle: {() -> () in
        print("我是回调啊")
    })
}
```

执行后的效果如图8-12所示，单击Shake会振动下方的文本框。振动时会在Xcode 9控制台输出在"_startShake"中设置的传递信息"我是回调啊"，如图8-13所示。

图8-11 工程的目录结构　　图8-12 执行效果　　图8-13 控制台显示的信息

8.2 文本视图（UITextView）

知识点讲解光盘：视频\知识点\第8章\文本视图（UITextView）.mp4

文本视图（UITextView）与文本框类似，差别在于文本视图可显示一个可滚动和编辑的文本块，供用户阅读或修改。仅当需要的输入很多时，才应使用文本视图。

8.2.1 文本视图基础

在iOS应用中，UITextView是一个类。在Xcode中当使用IB给视图拖上去一个文本框后，选中文本框后可以在Attribute Inspector中设置其各种属性。Attribute Inspector分为3部分，分别是Text Field、Control和View部分。我们重点看看Text Field部分，Text Field部分有以下选项。

（1）Text：设置文本框的默认文本。

（2）Placeholder：可以在文本框中显示灰色的字，用于提示用户应该在这个文本框输入什么内容。当这个文本框中输入了数据时，用于提示灰色的字将会自动消失。

（3）Background：设置背景。

（4）Disabled：若选中此项，用户将不能更改文本框内容。

（5）Border Style：选择边界风格。

（6）Clear Button：这是一个下拉菜单，你可以选择清除按钮什么时候出现，所谓清除按钮就是一个出现在文本框右边的小"×"，可以有以下选择。

- Never appears：从不出现。
- Appears while editing：编辑时出现。
- Appears unless editing：编辑时不出现。
- Is always visible：总是可见。

（7）Clear when editing begins：若选中此项，则当开始编辑这个文本框时，文本框中之前的内容会被清除掉。比如，先在这个文本框A中输入了"What"，之后去编辑文本框B，若再回来编辑文本框 A，则其中的"What"会被立即清除。

（8）Text Color：设置文本框中文本的颜色。

（9）Font：设置文本的字体与字号。

（10）Min Font Size：设置文本框可以显示的最小字体。

（11）Adjust To Fit：指定当文本框尺寸减小时文本框中的文本是否也要缩小。选择它，可以使得全部文本都可见，即使文本很长。但是这个选项要跟Min Font Size配合使用，文本再缩小，也不会小于设定的Min Font Size。

（12）Captitalization：设置大写。下拉菜单中有4个选项。

- None：不设置大写。
- Words：每个单词首字母大写，这里的单词指的是以空格分开的字符串。
- Sentances：每个句子的第一个字母大写，这里的句子是以句号加空格分开的字符串。
- All Characters：所有字母大写。

（13）Correction：检查拼写，默认是YES。

（14）Keyboard：选择键盘类型，比如全数字、字母和数字等。

（15）Return Key：选择返回键，可以选择Search、Return、Done等。

（16）Auto-enable Return Key：如选择此项，则只有至少在文本框输入一个字符后键盘的返回键才有效。

（17）Secure：当你的文本框用作密码输入框时，可以选择这个选项，此时，字符显示为星号。

在iOS应用程序中，可以使用UITextView在屏幕中显示文本，并且能够同时显示多行文本。

UITextView的常用属性如下所示。
(1) textColor属性：设置文本的的颜色。
(2) font属性：设置文本的字体和大小。
(3) editable属性：如果设置为YES，可以将这段文本设置为可编辑的。
(4) textAlignment属性：设置文本的对齐方式，此属性有如下3个值。
- UITextAlignmentRight：右对齐。
- UITextAlignmentCenter：居中对齐。
- UITextAlignmentLeft：左对齐。

8.2.2 实战演练——拖动输入的文本

实例8-5	拖动输入的文本
源码路径	光盘:\daima\8\UITextViewTest

在实例文件ViewController.m中创建导航项，并设置导航项的标题，主要实现代码如下所示：

```
- (void)viewDidLoad
{
    [super viewDidLoad];
    // 将该控制器本身设置为textView控件的委托对象
    self.textView.delegate = self;
    // 创建并添加导航条
    UINavigationBar* navBar = [[UINavigationBar alloc]
     initWithFrame:CGRectMake(0, 20
    , [UIScreen mainScreen].bounds.size.width, 44)];
    [self.view addSubview:navBar];
    // 创建导航项，并设置导航项的标题
    _navItem = [[UINavigationItem alloc]
     initWithTitle:@"导航条"];
    // 将导航项添加到导航条中
    navBar.items = @[_navItem];
    // 创建一个UIBarButtonItem对象，并赋给_done成员变量
    _done = [[UIBarButtonItem alloc] initWithBarButtonSystemItem:
    UIBarButtonSystemItemDone
    target:self action:@selector(finishEdit)];
}
- (void)textViewDidBeginEditing:(UITextView *)textView {
    // 为导航条设置右边的按钮
    _navItem.rightBarButtonItem = _done;
}
- (void)textViewDidEndEditing:(UITextView *)textView {
    // 取消导航条设置右边的按钮
    _navItem.rightBarButtonItem = nil;
}
- (void) finishEdit {
    // 让textView控件放弃作为第一响应者
    [self.textView resignFirstResponder];
}
@end
```

执行后的效果如图8-14所示。

图8-14 执行效果

8.2.3 实战演练——自定义设置文字的行间距

实例8-6	自定义UITextView控件中的文字的行间距
源码路径	光盘:\daima\8\UITextViewLineSpace

本实例的功能是自定义UITextView控件中的文字的行间距，具体实现流程如下所示。

（1）启动Xcode 9，本项目工程的最终目录结构如图8-15所示。

（2）在故事板中上方插入文本控件显示了一段默认的英文，在下方插入了一个分段控件，分段的数字表示行间距的大小，如图8-16所示。

图8-15 本项目工程的最终目录结构

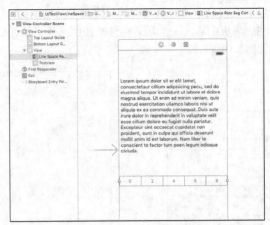

图8-16 故事板界面

（3）在文件ViewController.h中定义了项目的接口和功能函数，然后在文件ViewController.m中通过函数changeLineSpace改变文本行间距，在if语句中通过"paragraphStyle.lineSpacing"设置行间距的大小。文件ViewController.m的主要实现代码如下所示：

```
-(IBAction)changeLineSpace:(id)sender{
    NSMutableParagraphStyle *paragraphStyle = [[[NSMutableParagraphStyle alloc]init
] autorelease];
    if (_lineSpaceRateSegCon.selectedSegmentIndex == 0) {
        paragraphStyle.lineSpacing = 0;
    }else if (_lineSpaceRateSegCon.selectedSegmentIndex == 1) {
        paragraphStyle.lineSpacing = 2;
    }else if (_lineSpaceRateSegCon.selectedSegmentIndex == 2) {
        paragraphStyle.lineSpacing = 4;
    }else if (_lineSpaceRateSegCon.selectedSegmentIndex == 3) {
        paragraphStyle.lineSpacing = 6;
    }else if (_lineSpaceRateSegCon.selectedSegmentIndex == 4) {
        paragraphStyle.lineSpacing = 8;
    }
    NSDictionary *attributes = @{ NSFontAttributeName:[UIFont systemFontOfSize:14],
NSParagraphStyleAttributeName:paragraphStyle};
    _textview.attributedText = [[NSAttributedString alloc]initWithString:_textview.
text attributes:attributes];
}
-(void)dealloc{
    [_textview release];
    [_lineSpaceRateSegCon release];
    [super dealloc];
}
@end
```

程序执行后，可以通过选择下方带有数字的分割条来控制文本的行间距。执行效果如图8-17所示。

图8-17 执行效果

8.2.4 实战演练——自定义 UITextView 控件的样式

实例8-7	自定义 UITextView 控件的样式
源码路径	光盘:\daima\8\KGNotePad

本实例的功能是自定义 UITextView 控件的样式效果，设置给文字视图每行下面加上横线，用于分隔每行文字。另外还可以动态调整文字大小，在调整文字大小时，每行横线的宽度也随之调整。并且

还能动态改变屏幕中文字的字体。读者可以以本实例为基础进行改编，也可以将无需改变的本项目源码嵌入到自己的记事本App项目中。

（1）启动Xcode 9，本项目工程的最终目录结构如图8-18所示。

（2）在故事板中插入一个开关控件来控制是否显示密码明文，在上方的文本框控件中可以输入密码文本，如图8-19所示。

图8-18 本项目工程的最终目录结构

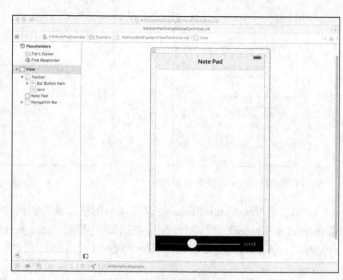

图8-19 故事板界面

（3）文件KGNotePad.m的功能是自定义UITextView控件的样式，设置，给文字视图每行下面加上横线。首先调用QuartzCore对UIView屏幕对象里面的层进行管理，然后通过CGRect在视图中绘制帧对象，通过函数updateLines来更新线条的显示。文件KGNotePad.m的主要实现代码如下所示：

```
- (void)setup{
    self.lineOffset = 8;
    KGNotePadTextView *textView = [[KGNotePadTextView alloc] initWithFrame:self.bounds];
    textView.autoresizingMask = UIViewAutoresizingFlexibleWidth|UIViewAutoresizingFlexibleHeight;
    textView.parentView = self;
    [self addSubview:textView];
    self.textView = textView;
    self.backgroundColor = [UIColor clearColor];
    [self.layer addSublayer:[self tornPaperLayerWithHeight:12]];
    [self.layer addSublayer:[self tornPaperLayerWithHeight:9]];
}
//设置垂直线的颜色样式
- (void)setVerticalLineColor:(UIColor *)verticalLineColor{
    if(_verticalLineColor != verticalLineColor){
        _verticalLineColor = verticalLineColor;
        [self updateLines];
    }
}

- (UIColor *)verticalLineColor{
    if(_verticalLineColor == nil){
        self.verticalLineColor = [UIColor colorWithRed:0.8 green:0.863 blue:1 alpha:1];
    }
    return _verticalLineColor;
}
//设置水平线的颜色样式
- (void)setHorizontalLineColor:(UIColor *)horizontalLineColor{
    if(_horizontalLineColor != horizontalLineColor){
        _horizontalLineColor = horizontalLineColor;
```

```
        [self updateLines];
    }
}

- (UIColor *)horizontalLineColor{
    if(_horizontalLineColor == nil){
        self.horizontalLineColor = [UIColor colorWithRed:1 green:0.718 blue:0.718 alpha:1];
    }
    return _horizontalLineColor;
}
//设置背景颜色
- (void)setPaperBackgroundColor:(UIColor *)paperBackgroundColor{
    if(_paperBackgroundColor != paperBackgroundColor){
        _paperBackgroundColor = paperBackgroundColor;
        [self updateLines];
    }
}
```

（4）文件KGNotePadExampleViewController.m是测试文件，功能是调用上面的分隔行样式来分割显示屏幕中的文字，通过函数fontSliderAction监听滑动条的值来设置屏幕中文字的大小。执行后会在屏幕中每行文字视图下面加上横线，如图8-20所示。

图8-20 执行效果

8.2.5 实战演练——在指定的区域中输入文本（Swift版）

实例8-8	在指定的屏幕区域中输入文本
源码路径	光盘:\daima\8\Swift-UITextView-Placeholder

（1）使用Xcode 9创建一个名为"Placeholder Test"的工程，工程的最终目录结构如图8-21所示。
（2）打开Main.storyboard，在故事板中设置能够输入文本的区域，如图8-22所示。

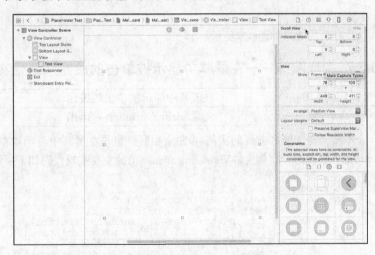

图8-21 工程的目录结构　　　　　　图8-22 Main.storyboard记事板

（3）文件ViewController.swift的主要实现代码如下所示：

```swift
func textViewDidEndEditing(_ textView: UITextView) {
    if (textView.text == "") {
        textView.text = "Placeholder"
        textView.textColor = UIColor.darkGray
    }
    textView.resignFirstResponder()
```

```
    }
    func textViewDidBeginEditing(_ textView: UITextView){
        if (textView.text == "Placeholder"){
            textView.text = ""
            textView.textColor = UIColor.black
        }
        textView.becomeFirstResponder()
    }
}
```

执行后可以在指定的屏幕区域输入文本,如图8-23所示。

图8-23 执行效果

8.2.6 实战演练——通过文本提示被单击的按钮(双语实现:Objective-C 版)

实例8-9	通过文本提示被单击的按钮
源码路径	光盘:\daima\8\Button-obj-c

本实例的功能是,在屏幕中通过文本提示被单击的按钮,实例文件ViewController.m的主要实现代码如下所示:

```
@implementation ViewController
- (IBAction)buttonPressed:(UIButton *)sender {
    NSString *title = [sender titleForState:UIControlStateNormal];
    NSString *plainText = [NSString stringWithFormat:@"%@ 边的按钮被按下.", title];
    NSMutableAttributedString *styledText = [[NSMutableAttributedString alloc]
                                              initWithString:plainText];
    NSDictionary *attributes =
    @{
        NSFontAttributeName : [UIFont boldSystemFontOfSize:_statusLabel.font.pointSize]
    };
    NSRange nameRange = [plainText rangeOfString:title];
    [styledText setAttributes:attributes range:nameRange];
    _statusLabel.attributedText = styledText;
}
@end
```

执行后的效果如图8-24所示。

图8-24 执行效果

8.2.7 实战演练——在屏幕中显示被单击的按钮(双语实现:Swift 版)

实例8-10	在屏幕中显示被单击的按钮
源码路径	光盘:\daima\8\Button---Swift

本实例的功能和前面的实例8-9完全相同,也是在屏幕中显示被单击的按钮,但是本实例是通过Swift语言实现的。实例文件ViewController.swift的主要实现代码如下所示:

```
import UIKit
@objcMembers
class ViewController: UIViewController {
    @IBOutlet weak var statusLabel: UILabel!
    @IBAction func buttonPressed(_ sender: UIButton) {
        let title = sender.title(for: UIControlState())!
        let plainText = "\(title) 边的按钮被按下了"
        let styledText = NSMutableAttributedString(string: plainText)
        let attributes = [
            NSAttributedStringKey.font:
                UIFont.boldSystemFont(ofSize: statusLabel.font.pointSize)
        ]
        let nameRange = (plainText as NSString).range(of: title)
        styledText.setAttributes(attributes, range: nameRange)
        statusLabel.attributedText = styledText
    }
}
```

执行效果如图8-25所示。

图8-25 执行效果

第 9 章 按钮和标签

在本章前面的内容中，已经讲解了文本控件和文本视图控件的基本知识，本章将进一步讲解iOS的基本控件。本章将详细介绍iOS应用中的按钮控件和标签控件的基本知识。

9.1 标签（UILabel）

知识点讲解光盘:视频\知识点\第9章\标签（UILabel）.mp4

在iOS应用中，使用标签（UILabel）可以在视图中显示字符串，这一功能是通过设置其text属性实现的。标签中可以控制文本的属性有很多，例如字体、字号、对齐方式以及颜色。通过标签可以在视图中显示静态文本，也可显示我们在代码中生成的动态输出。在本节的内容中，将详细讲解标签控件的基本用法。

9.1.1 标签（UILabel）的属性

标签（UILabel）有如下5个常用的属性。
（1）font属性：设置显示文本的字体。
（2）size属性：设置文本的大小。
（3）backgroundColor属性：设置背景颜色，并分别使用如下3个对齐属性设置了文本的对齐方式。
- UITextAlignmentLeft：左对齐。
- UITextAlignmentCenter：居中对齐。
- UITextAlignmentRight：右对齐。

（4）textColor属性：设置文本的颜色。
（5）adjustsFontSizeToFitWidth属性：如将adjustsFontSizeToFitWidth的值设置为YES，表示文本文字自适应大小。

9.1.2 实战演练——使用 UILabel 显示一段文本

实例9-1	在屏幕中用标签（UILabel）显示一段文本
源码路径	光盘:\daima\9\UILabelDemo

（1）打开Xcode 9，创建一个名为"UILabelDemo"的"Single View Applicatiom"项目，如图9-1所示。
（2）设置创建项目的工程名，然后设置设备为"iPhone"，如图9-2所示。
（3）编写文件ViewController.m，在此创建了一个UILabel对象，并分别设置了显示文本的字体、颜色、背景颜色和水平位置等。并且在此文件中使用了自定义控件UILabelEx，此控件可以设置文本的垂直方向位置。文件 ViewController.m的主要实现代码如下所示：

图9-1 创建Xcode项目 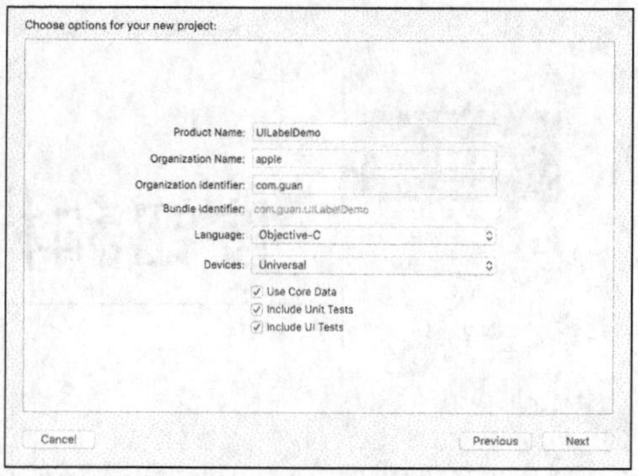　　　　　　　　　图9-2 设置设备

```
#if 0
//创建UIlabel对象
UILabel* label = [[UILabel alloc] initWithFrame:self.view.bounds];
    //设置显示文本
    label.text = @"This is a UILabel Demo,";
  //设置文本字体
    label.font = [UIFont fontWithName:@"Arial" size:35];
  //设置文本颜色
    label.textColor = [UIColor yellowColor];
  //设置文本水平显示位置
    label.textAlignment = UITextAlignmentCenter;
  //设置背景颜色
    label.backgroundColor = [UIColor blueColor];
  //设置单词折行方式
    label.lineBreakMode = UILineBreakModeWordWrap;
  //设置label是否可以显示多行,0则显示多行
    label.numberOfLines = 0;
  //根据内容大小,动态设置UILabel的高度
    CGSize size = [label.text sizeWithFont:label.font constrainedToSize:self.view.
    bounds.size lineBreakMode:label.lineBreakMode];
    CGRect rect = label.frame;
    rect.size.height = size.height;
    label.frame = rect;
#endif
#if 1
//使用自定义控件UILabelEx,此控件可以设置文本的垂直方向位置
#if 1
    UILabelEx* label = [[UILabelEx alloc] initWithFrame:self.view.bounds];

    label.text = @"This is a UILabel Demo,";
    label.font = [UIFont fontWithName:@"Arial" size:35];
    label.textColor = [UIColor yellowColor];
    label.textAlignment = NSTextAlignmentCenter;
    label.backgroundColor = [UIColor blueColor];
    label.lineBreakMode = NSLineBreakByWordWrapping;
    label.numberOfLines = 0;
    label.verticalAlignment = VerticalAlignmentTop;

#endif
    //将label对象添加到view中,这样才可以显示
    [self.view addSubview:label];
    [label release];
}
```

（4）接下来开始看自定义控件UILabelEx的实现过程。首先在文件UILabelEx.h中定义一个枚举类型，在里面分别设置了顶部、居中和底部对齐3种类型。然后看文件UILabelEx.m，在此设置了文本显示类型，并重写了两个父类。

这样整个实例讲解完毕，执行后的效果如图9-3所示。

图9-3 执行效果

9.1.3 实战演练——为文字分别添加上划线、下划线和中划线

实例9-2	为文字分别添加上划线、下划线和中划线
源码路径	光盘:\daima\9\UILineLableDemo

本实例的功能是为UILabel控件中的文字分别添加上划线、下划线和中划线,并且可以设置线条的类型和颜色。

(1) 启动Xcode 9, 在故事板中插入9个UILabel控件来显示9行文本, 如图9-4所示。

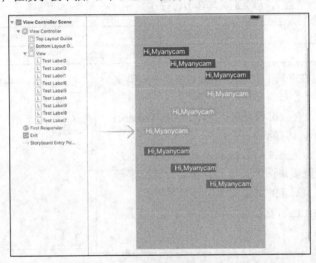

图9-4 故事板界面

(2) 在文件UICustomLineLabel.h中定义接口、数组和功能函数, 具体实现代码如下所示:

```
#import <UIKit/UIKit.h>
typedef enum{
    LineTypeNone,//没有画线
    LineTypeUp ,// 上边画线
    LineTypeMiddle,//中间画线
    LineTypeDown,//下边画线
} LineType ;

@interface UICustomLineLabel : UILabel

@property (assign, nonatomic) LineType lineType;
@property (assign, nonatomic) UIColor * lineColor;
@end
```

(3) 在文件ViewController.m中调用UICustomLineLabel.m中定义的绘制函数, 在屏幕中设置9个UILabel的文本颜色和线条样式, 主要实现代码如下所示:

```
- (void)viewDidLoad
{
    [super viewDidLoad];
    self.testLabel1.lineType = self.testLabel4.lineType = self.testLabel7.lineType
= LineTypeUp;
    self.testLabel2.lineType = self.testLabel5.lineType = self.testLabel8.lineType
= LineTypeMiddle;
    self.testLabel3.lineType = self.testLabel6.lineType = self.testLabel9.lineType
= LineTypeDown;
    self.testLabel1.lineColor = self.testLabel2.lineColor = self.testLabel3.lineColor
= [UIColor blueColor];
    self.testLabel4.lineColor = self.testLabel5.lineColor = self.testLabel6.lineColor
= [UIColor redColor];
```

```
    self.testLabel7.lineColor = self.testLabel8.lineColor = self.testLabel9.lineColor
 = [UIColor grayColor];
}
- (void)didReceiveMemoryWarning
{
    [super didReceiveMemoryWarning];
}
@end
```

执行效果如图9-5所示。

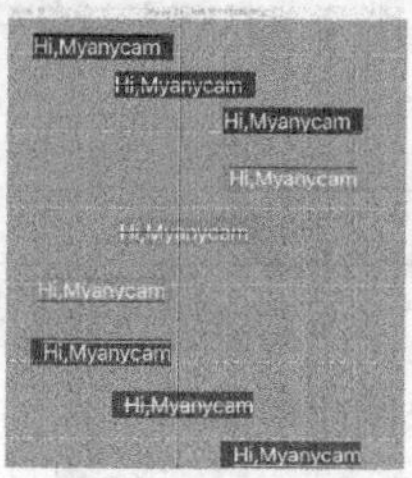

图9-5 执行效果

9.1.4 实战演练——显示被触摸单词的字母

实例9-3	显示被触摸单词的字母
源码路径	光盘:\daima\9\UILabel-letter-touch

本实例的功能是，在屏幕下方通过UILabel显示一个英文单词，触摸单词中的某个字母时会在屏幕上方显示这个字母。

（1）启动Xcode 9，在故事板屏幕下方插入一个UILabel控件来显示一个英文单词，如图9-6所示。

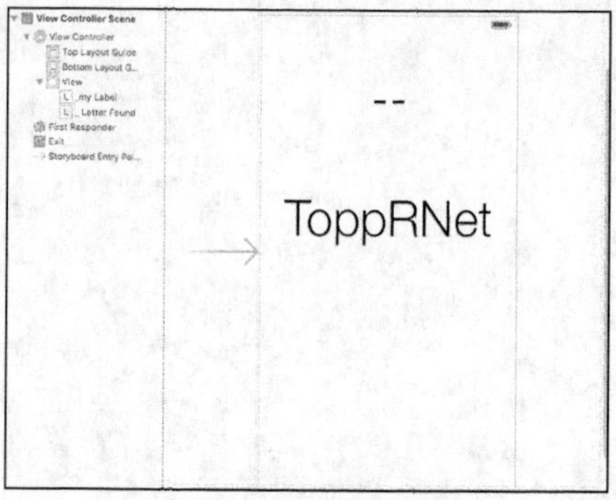

（2）文件APLabel.m是文件APLabel.h的具体实现，通过函数touchesEnded获取触摸单词的长度，并获取被触摸字母的索引序号。文件APLabel.m的主要实现代码如下所示：

```
- (void)touchesEnded:(NSSet *)touches withEvent:(UIEvent *)event
{
  UITouch *touch = [[touches allObjects] objectAtIndex:0];
  CGPoint pos    = [touch locationInView:self];
  //定义单词长度
  int sizes[self.text.length];
  for ( int i=0; i<self .text.length; i++ )
  {
    char letter          = [self.text characterAtIndex:i];
    NSString *letterStr = [NSString stringWithFormat:@"%c", letter];
    CGSize letterSize   = [letterStr sizeWithFont:self.font];
    sizes[i]             = letterSize.width;
  }
//计算单词的长度
  int sum = 0;
  for ( int i=0; i<self.text.length; i++)
  {
    sum += sizes[i];
    if ( sum >= pos.x )
    {
      [ _delegate didLetterFound:[ self.text characterAtIndex:i] ];//被触摸字母的索引号
      return;
    }
  }
}
@end
```

图9-6 故事板界面

（3）文件APViewController.m是一个测试文件，功能是调用文件APLabel.m来获取被触摸单词的字母。

9.1.5 实战演练——显示一个指定样式的文本（Swift版）

实例9-4	使用UILabel控件输出一个指定样式的文本
源码路径	光盘:\daima\9\UILabel-Example

（1）打开Xcode 9，创建一个名为Swift-UILabel-Example的工程，工程的最终目录结构如图9-7所示。
（2）在LaunchScreen.xib面板中设置初始界面的显示内容是一段文本：Swift-UILabel-Example，如图9-8所示。

图9-7 工程目录结构　　　　　　　　图9-8 LaunchScreen.xib面板

（3）文件ViewController.swift的功能是定义UILabel变量，并设置在屏幕绘制文字的颜色和字体等样式。文件ViewController.swift的主要实现代码如下所示：

```swift
import UIKit
class ViewController: UIViewController {
    override func viewDidLoad() {
        super.viewDidLoad()
        // 定义UILabel变量
        let myLabel: UILabel = UILabel()
        // 绘制文本
        myLabel.frame = CGRectMake(0,0,300,100)
        // 位置
        myLabel.layer.position = CGPoint(x: self.view.bounds.width/2,y: 200)
        // 背景色
        myLabel.backgroundColor = UIColor.red
        // 文字
        myLabel.text = "Hello!!"
        // 设置文本颜色
        myLabel.font = UIFont.systemFontOfSize(40)
        // 文字色
        myLabel.textColor = UIColor.white
        // 文字阴影色
        myLabel.shadowColor = UIColor.blue
        // 文字居中对齐
        myLabel.textAlignment = NSTextAlignment.Center
        // 初始值
        myLabel.layer.masksToBounds = true
        // 设置半径
        myLabel.layer.cornerRadius = 20.0
        // View追加显示
        self.view.addSubview(myLabel)
    }
    override func didReceiveMemoryWarning() {
        super.didReceiveMemoryWarning()
        // Dispose of any resources that can be recreated.
    }
}
```

到此为止，整个实例介绍完毕。执行后将在屏幕中显示指定样式的字体和背景颜色，如图9-9所示。

图9-9 执行效果

9.2 按钮（UIButton）

知识点讲解光盘:视频\知识点\第9章\按钮（UIButton）.mp4

在iOS应用中，最常见的与用户交互的方式是检测用户轻按按钮（UIButton）并对此作出反应。按钮在iOS中是一个视图元素，用于响应用户在界面中触发的事件。按钮通常用Touch Up Inside事件来体现,能够抓取用户用手指按下按钮并在该按钮上松开发生的事件。当检测到事件后,便可能触发相应视图控件中的操作(IBAction)。在本节的内容中,将详细讲解按钮控件的基本知识。

9.2.1 按钮基础

按钮有很多用途,例如在游戏中触发动画特效,在表单中触发获取信息。虽然到目前为止我们只使用了一个圆角矩形按钮,但通过使用图像可赋予它们众多不同的形式。在iOS应用程序中,使用UIButton控件可以实现不同样式的按钮效果。通过使用方法 ButtonWithType可以指定几种不同的UIButtonType的类型常量,用不同的常量可以显示不同外观样式的按钮。UIButtonType属性指定了一个按钮的风格,其中有如下几种常用的外观风格。

- UIButtonTypeCustom:无按钮的样式。
- UIButtonTypeRoundedRect:一个圆角矩形样式的按钮。
- UIButtonTypeDetailDisclosure:一个详细披露按钮。
- UIButtonTypeInfoLight:一个信息按钮,有一个浅色背景。
- UIButtonTypeInfoDark:一个信息按钮,有一个黑暗背景。
- UIButtonTypeContactAdd:一个联系人添加按钮。

另外,通过设置Button控件的setTitle:forState方法,可以设置按钮的状态变化时标题字符串的变化形式。例如setTitleColor:forState方法可以设置标题颜色的变化形式,setTitleShadowColor:forState方法可以设置标题阴影的变化形式。

9.2.2 实战演练——自定义设置按钮的图案

实例9-5	自定义设置按钮的显示图案
源码路径	光盘:\daima\9\IconButton

本实例的功能是在屏幕中设置4个控制按钮和1个展示按钮,单击这4个控制按钮后,会分别在展示按钮的上、下、左、右4个位置显示图案。

(1)启动Xcode 9,在故事板上方插入一个展示按钮控件来展示效果,在下方插入4个按钮控件来控制展示按钮的样式,如图9-10所示。

(2)在文件UIButton+TQEasyIcon.m中分别实现屏幕下方4个操作按钮的单击事件功能,单击"set icon in left"按钮后调用函数setIconInLeftWithSpacing将图标放在展示按钮的左侧,单击set icon in top按钮后调用函数setIconInTopWithSpacing将图标放在展示按钮的顶部,单击set icon in right按钮后调用函数setIconInRightWithSpacing将图标放在展示按钮的右

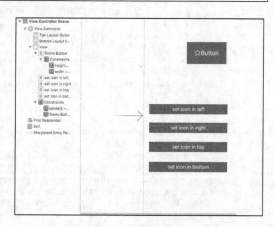

图9-10 故事板界面

侧,单击set icon in bottom按钮后调用函数setIconInBottomWithSpacing将图标放在展示按钮的底部。文件UIButton+TQEasyIcon.m的主要实现代码如下所示:

```
- (void)setIconInLeftWithSpacing:(CGFloat)Spacing
{
    self.titleEdgeInsets = (UIEdgeInsets){
        .top    = 0,
        .left   = 0,
        .bottom = 0,
        .right  = 0,
    };
```

```objc
    self.imageEdgeInsets = (UIEdgeInsets){
        .top    = 0,
        .left   = 0,
        .bottom = 0,
        .right  = 0,
    };
}

- (void)setIconInRightWithSpacing:(CGFloat)Spacing
{
    CGFloat img_W = self.imageView.frame.size.width;
    CGFloat tit_W = self.titleLabel.frame.size.width;
    
    self.titleEdgeInsets = (UIEdgeInsets){
        .top    = 0,
        .left   = - (img_W + Spacing / 2),
        .bottom = 0,
        .right  =   (img_W + Spacing / 2),
    };
    
    self.imageEdgeInsets = (UIEdgeInsets){
        .top    = 0,
        .left   =   (tit_W + Spacing / 2),
        .bottom = 0,
        .right  = - (tit_W + Spacing / 2),
    };
}

- (void)setIconInTopWithSpacing:(CGFloat)Spacing
{
    CGFloat img_W = self.imageView.frame.size.width;
    CGFloat img_H = self.imageView.frame.size.height;
    CGFloat tit_W = self.titleLabel.frame.size.width;
    CGFloat tit_H = self.titleLabel.frame.size.height;
    
    self.titleEdgeInsets = (UIEdgeInsets){
        .top    =   (tit_H / 2 + Spacing / 2),
        .left   = - (img_W / 2),
        .bottom = - (tit_H / 2 + Spacing / 2),
        .right  =   (img_W / 2),
    };
    
    self.imageEdgeInsets = (UIEdgeInsets){
        .top    = - (img_H / 2 + Spacing / 2),
        .left   =   (tit_W / 2),
        .bottom =   (img_H / 2 + Spacing / 2),
        .right  = - (tit_W / 2),
    };
}

- (void)setIconInBottomWithSpacing:(CGFloat)Spacing
{
    CGFloat img_W = self.imageView.frame.size.width;
    CGFloat img_H = self.imageView.frame.size.height;
    CGFloat tit_W = self.titleLabel.frame.size.width;
    CGFloat tit_H = self.titleLabel.frame.size.height;
    
    self.titleEdgeInsets = (UIEdgeInsets){
        .top    = - (tit_H / 2 + Spacing / 2),
        .left   = - (img_W / 2),
        .bottom =   (tit_H / 2 + Spacing / 2),
        .right  =   (img_W / 2),
    };
    
    self.imageEdgeInsets = (UIEdgeInsets){
        .top    =   (img_H / 2 + Spacing / 2),
        .left   =   (tit_W / 2),
```

```
            .bottom = - (img_H / 2 + Spacing / 2),
            .right  = - (tit_W / 2),
    };
}
@end
```

执行后单击set Icon In Left按钮后的效果如图9-11所示。单击set Icon In Buttom按钮后的效果如图9-12所示。

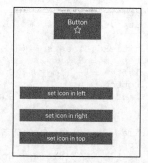

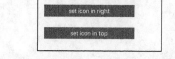

图9-11 单击set Icon In Left按钮后的效果　　图9-12 单击set Icon In Buttom按钮后的效果

9.2.3 实战演练——实现了一个变换形状动画按钮

实例9-6	实现了一个简单的变换形状动画按钮
源码路径	光盘:\daima\9\DeformationButton

本实例实现了一个简单的变换形状动画按钮效果，执行后会显示一个带图标的"微信注册"按钮，单击此按钮后会变为一个带动画效果的圆形按钮。在实例文件ViewController.m中通过forDisplayButton展示按钮中的文本和图标，主要实现代码如下所示：

```
@implementation ViewController
- (UIColor *)getColor:(NSString *)hexColor
{
    unsigned int red,green,blue;
    NSRange range;
    range.length = 2;
    range.location = 0;
    [[NSScanner scannerWithString:[hexColor substringWithRange:range]] scanHexInt:&red];
    range.location = 2;
    [[NSScanner scannerWithString:[hexColor substringWithRange:range]] scanHexInt:&green];

    range.location = 4;
    [[NSScanner scannerWithString:[hexColor substringWithRange:range]] scanHexInt:&blue];
    return [UIColor colorWithRed:(float)(red/255.0f) green:(float)(green / 255.0f)
blue:(float)(blue / 255.0f) alpha:1.0f];
}
- (void)viewDidLoad {
    [super viewDidLoad];
deformationBtn = [[DeformationButton alloc]initWithFrame:CGRectMake(100, 100, 140,
36)];
//设置颜色
    deformationBtn.contentColor = [self getColor:@"52c332"];
    deformationBtn.progressColor = [UIColor whiteColor];
    [self.view addSubview:deformationBtn];
    //按钮初始效果
    [deformationBtn.forDisplayButton setTitle:@"微信注册" forState:UIControlStateNormal];
[deformationBtn.forDisplayButton.titleLabel setFont:[UIFont systemFontOfSize:15]];
//设置文字颜色
```

```
    [deformationBtn.forDisplayButton setTitleColor:[UIColor whiteColor] forState
:UIControlStateNormal];
    [deformationBtn.forDisplayButton setTitleEdgeInsets:UIEdgeInsetsMake(0, 6, 0, 0)];
    [deformationBtn.forDisplayButton setImage:[UIImage imageNamed:@"logo_.png"] forState
:UIControlStateNormal];
    UIImage *bgImage = [UIImage imageNamed:@"button_bg.png"];
    [deformationBtn.forDisplayButton setBackgroundImage:[bgImage resizableImageWith
CapInsets:UIEdgeInsetsMake(10, 10, 10, 10)] forState:UIControlStateNormal];
    [deformationBtn addTarget:self action:@selector(btnEvent) forControlEvents
:UIControlEventTouchUpInside];
}
```

执行后的初始效果如图9-13所示。单击"微信注册"按钮后的效果如图9-14所示。

图9-13 初始执行效果

图9-14 单击"微信注册"按钮后的效果

9.3 实战演练——联合使用文本框、文本视图和按钮（双语实现：Objective-C 版）

知识点讲解光盘:视频\知识点\第9章\实战演练——联合使用文本框、文本视图和按钮.mp4

在本节将通过一个具体实例的实现过程，来说明联合使用文本框、文本视图和按钮的流程。在这个实例中将创建一个故事生成器，可以让用户通过3个文本框（UITextField）输入一个名词（地点）、一个动词和一个数字。用户还可输入或修改一个模板，该模板包含将生成的故事概要。由于模板可能有多行，因此将使用一个文本视图（UITextView）来显示这些信息。当用户按下按钮（UIButton）时将触发一个操作，该操作生成故事并将其输出到另一个文本视图中。

实例9-7	在屏幕中显示不同样式的按钮
源码路径	光盘:\daima\9\lianhe-Obj

9.3.1 创建项目

启动Xcode 9，创建一个简单的应用程序结构，它包含一个应用程序委托、一个窗口、一个视图（在故事板场景中定义的）和一个视图控制器。打开项目窗口后将显示视图（已包含在MainStoryboard.storyboard中）和视图控制器类ViewController界面，如图9-15所示。

图9-15 新创建的工程

本实例一共包含了6个输入区域，必须通过输出口将它们连接到代码。这里将使用3个文本框分别收集地点、动词和数字，它们分别对应于实例"变量/属性"thePlace、theVerb和theNumber。本实例还需要如下两个文本视图。

❑ 一个用于显示可编辑的故事模板：theTemplate。
❑ 另一个用于显示输出：theStory。

9.3.2 设计界面

启动Interface Builder后，确保文档大纲区域可见（选择菜单Editor→Show Document Outline）。如果觉得屏幕空间不够，可以隐藏导航区域，再打开对象库（选择菜单View→Utilityes→Show Object Library）。打开后的界面效果如图9-16所示。

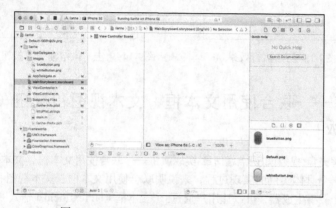

图9-16 MainStoryboard.storyboard初始界面

1. 添加文本框

在本项目中，首先在视图顶部添加3个文本框。要添加文本框，需要在对象库中找到文本框对象（UITextField）并将其拖放到视图中。重复操作两次该过程，再添加两个文本框；然后将这些文本框在顶端依次排列，并在它们之间留下足够的空间，让用户能够轻松地轻按任何文本框而不会碰到其他文本框。

为了帮助用户区分这3个文本框，还需在视图中添加标签，这需要单击对象库中的标签对象（UILabel）并将其拖放到视图中。在视图中，双击标签以设置其文本。按从上到下的顺序将标签的文本依次设置为"位置""数字"和"动作"，如图9-17所示。

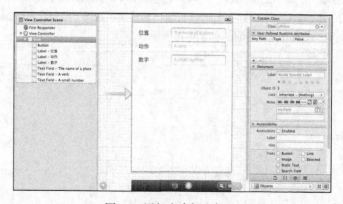

图9-17 添加文本框和标签

（1）编辑文本框的属性

接下来需要调整它们的外观和行为以提供更好的用户体验。要查看文本框的属性，需要先单击一个文本框，然后按Option+Command+4（或选择菜单View→Utilities→Show Attributes Inspector）打开Attributes Inspector，如图9-18所示。

这个时候，可以使用属性Placeholder（占位符）指定在用户编辑前出现在文本框背景中的文本，这一功能可用作提示或进一步阐述用户应输入的信息。另外，还有可能需要激活清除按钮（Clear Button），清除按钮是一个加入到文本框中的"X"图标，用户可通过轻按它快速清除文本框的内容。要想在项目中添加清除按钮，需要从Clear Button下拉列表中选择一个可视选项，Xcode会自动把这种功能添加到应用程序中。另外，当用户轻按文本框以便进行编辑时会自动清除里面的内容，这一功能只需选中复选框Clear When Editing Begins。

为本实例中视图中的3个文本框添加上述功能后，此时执行后的效果如图9-19所示。

图9-18 编辑文本框的属性　　　　　　　　　　图9-19 执行效果

（2）定制键盘显示方式

对于输入文本框来说，可以设置的最重要的属性可能是文本输入特征（text input traits），即设置键盘将在屏幕上如何显示。对于文本框，Attributes Inspector底部有如下7个特征。

- Capitalize（首字母大写）：指定iOS自动将单词的第一个字母大写、句子的第一个字母大写还是将输入到文本框中的所有字符都大写。
- Correction（修正）：如果将其设置为on或off，输入文本框将更正或忽略常见的拼写错误。如果保留为默认设置，文本框将继承iOS设置的行为。
- Keyboard（键盘）：设置一个预定义键盘来提供输入。默认情况下，输入键盘让用户能够输入字母、数字和符号。如果将其设置为Number Pad（数字键盘），将只能输入数字；同样，如果将其设置为Email Address，将只能输入类似于电子邮件地址的字符串。总共有7种不同的键盘。
- Appearance（外观）：修改键盘外观使其更像警告视图。
- Return Key（回车键）：如果键盘有回车键，其名称为Return Key的设置，可用的选项包括Done、Search、Next、Go等。
- Auto-Enable Return Key（自动启用回车键）：除非用户在文本框中至少输入了一个字符，否则禁用回车键。
- Secure（安全）：将文本框内容视为密码，并隐藏每个字符。

在我们添加到视图中的3个文本框中，文本框"数字"将受益于一种输入特征设置。在已经打开Attributes Inspector的情况下，选择视图中的"数字"文本框，再从下拉列表Keyboard中选择Number Pad，如图9-20所示。

同理，也可以修改其他两个文本框的Capitalize和Correction设置，并将Return Key设置为Done。在此先将这些文本框的Return Key都设置为Done，并开始添加文本视图。另外，文本输入区域自动支持复制和粘贴功能，而无需开发人员对代码做任何修改。对于高级应用程序，可以覆盖UIResponderStandardEditActions定义的协议方法以实现复制、粘贴和选取功能。

2．添加文本视图

接下来添加本实例中的两个文本视图（UITextView）。其实文本视图的用法与文本框类似，我们可以用完全相同的方式来访问它们的内容，它们还支持很多与文本框一样的属性，其中包含文本输入特征。

要添加文本视图，需要先找到文本视图对象（UITextView），并将其拖曳到视图中。这样会在视图中添加一个矩形，其中包含表示输入区域的希腊语文本（Lorem ipsum...）。使用矩形上的手柄增大或缩小输入区域，使其适合视图。由于这个项目需要两个文本视图，因此在视图中添加两个文本视图，并调整其大小使其适合现有3个文本框下面的区域。

与文本框一样，文本视图本身同样不能向用户传递太多有关其用途的信息。为了指出它们的用途，需要在每个文本视图上方都添加一个标签，并将这两个标签的文本分别设置为Template和Story，此时视图效果如图9-21所示。

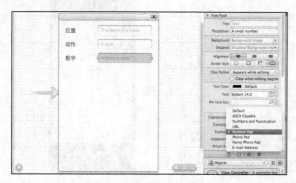

图9-20 选择键盘类型

图9-21 在视图中添加两个文本视图和相应的标签

（1）编辑文本视图的属性

通过文本视图中的属性，可以实现和文本框相同的外观控制。在此选择一个文本视图，再打开Attributes Inspector（快捷键是"Option+ Command+ 4"）以查看可用的属性，如图9-22所示。

在此需要修改Text属性，目的是删除默认的希腊语文本并提供我们自己的内容。对于上面那个用作模板的文本视图，在Attributes Inspector中选择属性Text的内容并将其清除，然后再输入下面的文本，它将在应用程序中用作默认模板：

大海 <place>小海 <verb> 海里<number> 太平洋 <place> 大西洋

当我们实现该界面后面的逻辑时，将把占位符（<place>、<verb>和<number>）替换为用户的输入，如图9-23所示。

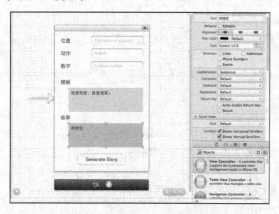

图9-22 编辑每个文本视图的属性

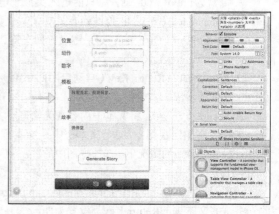

图9-23 设置文本

然后选择文本视图Story，并再次使用Attributes Inspector以清除其所有内容。因为此文本视图会自动生成内容，所以可以将Text属性设置为空。这个文本视图也是只读的，因此取消选中复选框Editable。

在本实例中，为了让这两个文本视图看起来不同，特意将Template文本视图的背景色设置成淡红色，并将Story文本视图的背景色设置成淡绿色。要在这个项目中完成这项任务，只需选择要设置其背景色的文本视图，然后在Attributes Inspector的View部分单击属性Background，这样可以打开拾色器。

要对文本视图启用数据检测器，可以选择它并返回到Attributes Inspector（Command+1）。在Text View部分，选中复选框Detection（检测）下方的如下复选框。

- ❑ 复选框Phone Numbers（电话号码）：可以识别表示电话号码的一系列数字。
- ❑ 复选框Address（地址）：可以识别邮寄地址。
- ❑ 复选框Events（事件）：可以识别包含日期和时间的文本。
- ❑ 复选框Links（链接）：将网址或电子邮件地址转换为可单击的链接。

另外，数据检测器对用户来说非常方便，但是也可能被滥用。如果在项目中启用了数据检测器，请务必确保其有意义。例如对数字进行计算并将结果显示给用户，这很可能不希望这些数字被视为电话号码来使用并被处理。

（2）设置滚动选项

在编辑文本视图的属性时，会看到一系列与其滚动特征相关的选项，如图9-24所示。使用这些属性可设置滚动指示器的颜色（黑色或白色）、指定是否启用垂直和水平滚动以及到达可滚动内容末尾时滚动区域是否有橡皮条"反弹"效果。

3. 添加风格独特的按钮

在本项目中只需要一个按钮，因此从对象库中将一个圆角矩形按钮（UIButton）实例拖放到视图底部，并将其标题设置为Generate Story，图9-25显示了包含默认按钮的最终视图和文档大纲。

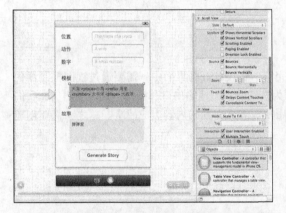

图9-24 Scroll View面板可以调整滚动行为的属性　　图9-25 默认的按钮样式

在iOS项目中，虽然可以使用标准的按钮样式，但是为了进一步探索在Interface Builder中可以执行哪一些修改外观方面的操作，并最终通过代码进行修改。

（1）编辑按钮的属性

要调整按钮的外观，同样可以使用Attributes Inspector (Option+Command+4)实现。通过使用Attributes Inspector可以对按钮的外观做重大修改，通过图9-26所示的下拉列表Type（类型）来选择常见的按钮类型。

常见的按钮类型如下所示。

- ❑ Rounded Rect（圆角矩形）：默认的iOS按钮样式。
- ❑ Detail Disclosure（显示细节）：使用按钮箭头表示可显示其他信息。
- ❑ Info Light（亮信息按钮）：通常使用i图标显示有关应用程序或元素的额外信息。"亮"版本用于背景较暗的情形。

❏ Infor Dark（暗信息按钮）：暗版本的信息按钮，用于背景较亮的情形。
❏ Add Contact（添加联系人）：一个+按钮，常用于将联系人加入通讯录。
❏ Custom（自定义）：没有默认外观的按钮，通常与按钮图像结合使用。

除了选择按钮类型外，还可以让按钮响应用户的触摸操作，这通常被称为改变状态。例如在默认情况下，按钮在视图中不呈高亮显示，当用户触摸时将呈高亮显示，指出它被用户触摸。

在Attributes Inspector中，可以使用下拉列表State Config来修改按钮的标签、背景色甚至添加图像。

（2）设置自定义按钮图像

要创建自定义iOS按钮，需要制作自定义图像，这包括呈高亮显示的版本以及默认不呈高亮显示的版本。这些图像的形状和大小无关紧要，但鉴于PNG格式的压缩和透明度特征，建议使用这种格式。

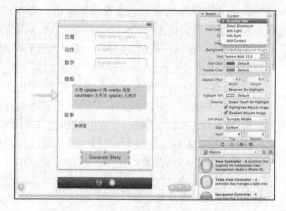

图9-26 Attributes Inspector中的按钮类型

通过Xcode将这些图像加入项目后，便可以在Interface Builder中打开按钮的Attributes Inspector，并通过下拉列表Image或Background选择图像。使用下拉列表Image设置的图像将与按钮标题一起出现在按钮内，这让您能够使用图标美化按钮。

使用下拉列表Background设置的图像将拉伸以填满按钮的整个背景，这样可以使用自定义图像覆盖整个按钮，但是需要调整按钮的大小使其与图像匹配，否则图像将因拉伸而失真。另一种使用大小合适的自定义按钮图像的方法是通过代码。

9.3.3 创建并连接输出口和操作

到目前为止，整个项目的UI界面设计工作基本完毕。在设计好的界面中，需要通过视图控制器代码访问其中的6个"输入/输出"区域。另外，还需要为按钮分别创建输出口和操作，其中输出口让我们能够在代码中访问按钮并设置其样式，而操作将使用模板和文本框的内容生成故事。总之，需要创建并连接如下7个输出口和一个操作。

❏ 地点文本框（UITextField）：thePlace。
❏ 动词文本框（UITextField）：theVerb。
❏ 数字文本框（UITextField）：theNumber。
❏ 模板文本视图（UITextView）：theTemplate。
❏ 故事文本视图（UITextView）：theStory。
❏ 故事生成按钮（UIButton）：theButton。
❏ 故事生成按钮触发的操作：createStory。

在此需要确保在Interface Builder编辑器中打开了文件MainStoryboard.storyboard，并使用工具栏按钮切换到助手模式。此时会看到UI设计和ViewController.h并排地显示，让您能够在它们之间建立连接。

1. 添加输出口

首先按住Control键，并从文本框"位置"拖曳到文件ViewController.h中编译指令@interface下方。在Xcode询问时将连接设置为Outlet，名称设置为thePlace，并保留其他设置为默认值，默认值的类型为UITextField，Storage为Strong，如图9-27所示。

然后对文本框Verb和Number重复进行上述操作，将它们分别连接到输出口theVerb和theNumber。这次拖曳到前一次生成的编译指令@property下方。以同样的方式将两个文本视图分别连接到输出口theStory和theTemplate，但将Type设置为UITextView。最后，对Generate Story按钮做同样的处理，并将连接类型设置为Outlet，名称设置为theButton。

至此为止，便创建并连接好了输出口。

2．添加操作

在这个项目中创建了一个名为createStory的操作方法，该操作在用户单击Generate Story按钮时被触发。要创建该操作并生成一个方法以便后面可以实现它，按住Control键，并从按钮Generate Story拖放到文件ViewController.h中最后一个编译指令@property下方。在Xcode提示时，将该操作命名为createStory，如图9-28所示。

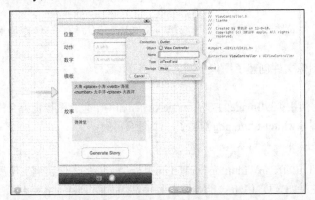 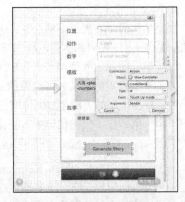

图9-27 为每个"输入/输出"界面元素创建并连接输出口　　图9-28 创建用于生成故事的操作

至此，基本的接口文件就完成了。但是到目前为止，按钮的样式仍是平淡的。我们的第一个编码任务是，编写必要的代码，以实现样式独特的按钮。切换到Xcode标准编辑器，并确保能够看到项目导航器（Command+1）。

9.3.4 实现按钮模板

Xcode Interface Builder编辑器适合需要完成很多任务的场景，但是不包括创建样式独特的按钮。要想在不为每个按钮提供一幅图像的情况下创建一个吸引人的按钮，可以使用按钮模板来实现，但是这必须通过代码来实现。在本章的Projects文件夹中，有一个Images文件夹，其中包含两个Apple创建的按钮模板：whiteButton.png和blueButton.png，如图9-29所示。

将文件夹Images拖放到该项目的项目代码编组中，在必要时选择复制资源并创建编组，如图9-30所示。

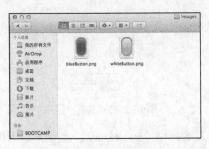 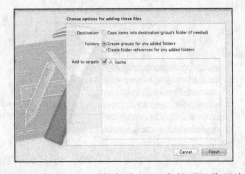

图9-29 按钮素材　　图9-30 将文件夹Images拖放到Xcode中的项目代码编组中

然后打开文件ViewController.m，找到方法ViewDidLoad，编写如下所示的对应代码：

```
- (void)viewDidLoad
{
```

```
        UIImage *normalImage = [[UIImage imageNamed:@"whiteButton.png"]
                                stretchableImageWithLeftCapWidth:12.0
                                topCapHeight:0.0];
        UIImage *pressedImage = [[UIImage imageNamed:@"blueButton.png"]
                                stretchableImageWithLeftCapWidth:12.0
                                topCapHeight:0.0];
        [self.theButton setBackgroundImage:normalImage
                                forState:UIControlStateNormal];
        [self.theButton setBackgroundImage:pressedImage
                                forState:UIControlStateHighlighted];
        [super viewDidLoad];
}
```

在上述代码中实现了多项任务，这旨在向按钮（theButton）提供一个知道如何拉伸自己的图像对象（UIImage）。上述代码的实现流程如下所示。

（1）根据前面加入到项目资源中的图像文件创建了图像实例。

（2）将图像实例定义为可拉伸的。

为了根据指定的资源创建图像实例，使用类UIImage的方法imageNamed和一个包含图像资源文件名的字符串。例如在下面的代码中，根据图像whiteButton.png创建了一个图像实例：

```
[UIImage imageNamed:@"whiteButton.png"]
```

（3）使用实例方法stretchableImageWithLeftCapWidth:topCapHeight返回一个新的图像实例，使用属性定义了可以如何拉伸它。这些属性是左端帽宽度（left cap width）和上端帽宽度（top cap width），它们指定了拉伸时应忽略图像左端或上端多宽的区域，然后到达可拉伸的1像素宽条带。在本实例中，使用stretchableImageWithLefiCapWidth:12.0 topCapHeight:0.0设置水平拉伸第13列像素，并且禁止垂直拉伸。然后将返回的UIImage实例赋值给变量normalImage和pressedImage，它们分别对应于默认按钮状态和呈高亮显示的按钮状态。

（4）UIButton对象（theButton）的实例方法setBackgroundImage:forState能够将可拉伸图像normalImage和pressedImage分别指定为预定义按钮状态UIControlState Normal（默认状态）和UIControlStateHighlighted（呈高亮显示状态）的背景。

最后为了使整个实例的风格统一，将按钮的文本改为中文"构造"，然后在Xcode工具栏中，单击按钮Run编译并运行该应用程序，如图9-31所示，此时底部按钮的外观将显得十分整齐。

在iOS模拟器中的效果如图9-32所示。

图9-31 按钮的最终效果　　　　图9-32 在iOS模拟器中的效果

虽然我们创建了一个高亮的按钮，但还没有编写它触发的操作（createStory）。但编写该操作前，还需完成一项与界面相关的工作：确保键盘按预期的那样消失。

9.3.5 隐藏键盘

当iOS应用程序启动并运行后，如果在一个文本框中单击会显示键盘。再单击另一个文本框，键盘

9.3 实战演练——联合使用文本框、文本视图和按钮（双语实现：Objective-C 版）

将变成与该文本框的文本输入特征匹配，但仍显示在屏幕上。按Done键，什么也没有发生。但即使键盘消失了，应该如何处理没有Done键的数字键盘呢？假如正在尝试使用这个应用程序，就会发现键盘不会消失，并且还盖住了Generate Story按钮，这导致我们无法充分利用用户界面。这是怎么回事呢？因为响应者是处理输入的对象，而第一响应者是当前处理用户输入的对象。

对于文本框和文本视图来说，当它们成为第一响应者时，键盘将出现并一直显示在屏幕上，直到文本框或文本视图退出第一响应者状态。对于文本框thePlace来说，可以使用如下代码行退出第一响应者状态，这样可以让键盘消失：

```
[self.thePlace resignFirstResponder];
```

调用resignFirstResponder让输入对象放弃其获取输入的权利，因此键盘将消失。

1. 使用Done键隐藏键盘

在iOS应用程序中，触发键盘隐藏的最常用事件是文本框的Did End on Exit，它在用户按键盘中的Done键时发生。找到文件MainStory.storyboard并打开助手编辑器，按住Control键，并从文本框"位置"拖曳到文件ViewController.h中的操作createStory下方。在Xcode提示时，为事件Did End on Exit配置一个新操作（hideKeyboard），保留其他设置为默认值，如图9-33所示。

接下来，必须将文本框"动作"连接到新定义的操作hideKeyboard。连接到已有操作的方式有很多，但只有几个可以让我们能够指定事件，此处将使用Connections Inspector方式。首先切换到标准编辑器，并确保能够看到文档大纲区域（选择菜单Editor>Show Document Outline）。选择文本框"动作"，再按Option+Command+6组合键（或选择菜单View>Utilities>Connections Inspector）打开Connections Inspector。从事件Did End on Exit旁边的圆圈拖曳到文档大纲区域中的View Controller图标，并在提示时选择操作hideKeyboard，如图9-34所示。

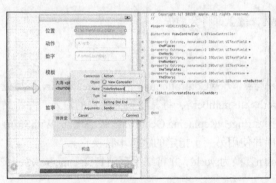

图9-33 添加一个隐藏键盘的新操作方法

图9-34 将文本框Verb连接到操作hideKeyboard

但是，用于输入数字的文本框打开的键盘并没有Done键，并且文本视图不支持Did End on Exit事件，那么此时我们如何为这些控件隐藏键盘呢？

2. 通过触摸背景来隐藏键盘

有一种流行的iOS界面约定：在打开了键盘的情况下，如果用户触摸背景（任何控件外面）则键盘将自动消失。对于用于输入数字的文本框以及文本视图，也可以采用这种方法。为了确保一致性，需要给其他所有文本框添加这种功能。要想检测控件外面的事件，只需创建一个大型的不可见按钮并将其放在所有控件后面，再将其连接到前面编写的hideKeyboard方法。

在Interface Builder编辑器中，依次选择菜单View→Utilities→Object Library打开对象库，并拖曳一个新按钮（UIButton）到视图中。由于需要该按钮不可见，因此需要确保选择了它，然后再打开Attributes Inspector（Option+Command+4）并将Type（类型）设置为Custom，这将让按钮变成透明的。使用手柄调整按钮的大小使其填满整个视图。在选择了按钮的情况下，选择菜单Editor→Arrange→Send to Back，将按钮放在其他所有控件的后面。

要将对象放在最后面,也可以在文档大纲区域将其拖放到视图层次结构的最顶端。对象按从上(后)到下(前)的顺序堆叠。为了将按钮连接到hideKeyboard方法,最简单的方式是使用Interface Builder文档大纲。选择刚创建的自定义按钮(它应位于视图层次结构的最顶端),再按住Control键并从该按钮拖曳到View Controller图标。提示时选择方法hideKeyboard。很好。现在可以实现hideKeyboard,以便位于文本框Place和Verb中时,用户可通过触摸Done按钮来隐藏键盘,还可在任何情况下通过触摸背景来隐藏键盘。

3. 添加隐藏键盘的代码

要隐藏键盘,只需让显示键盘的对象放弃第一响应者状态。当用户在文本框"位置"(可通过属性thePlace访问它)中输入文本时,可使用下面的代码行来隐藏键盘:

```
[self.thePlace resignFirstResponder];
```

由于用户可能在如下4个地方进行修改。

thePlace、theVerb、theNumber、theTemplate。

因此,必须确定当前用户修改的对象或让所有这些对象都放弃第一响应者状态。实践表明,如果让不是第一响应者的对象放弃第一响应者状态不会有任何影响,这使得hideKeyboard实现起来很简单,只需将每个可编辑的UI元素对应的属性发送消息resignFirstResponder即可。

滚动到文件ViewController.m末尾,并找到我们创建操作时Xcode插入的方法hideKeyboard的存根。按照如下代码编辑该方法:

```
- (IBAction)hideKeyboard:(id)sender {
    [self.thePlace resignFirstResponder];
    [self.theVerb resignFirstResponder];
    [self.theNumber resignFirstResponder];
    [self.theTemplate resignFirstResponder];
}
```

如果此时单击文本框和文本视图外面或按Done键,键盘都将会消失。

9.3.6 实现应用程序逻辑

为了完成本章的演示项目lianhe,还需给视图控制器(ViewController.m)的方法createStory添加处理代码。这个方法在模板中搜索占位符<place>、<verb>和<number>,将其替换为用户的输入,并将结果存储到文本视图中。我们将使用NSString的实例变量stringByReplacing OccurrencesOfString: WithString来完成这项繁重的工作,这个方法搜索指定的字符串并使用另一个指定的字符串替换它。

例如,如果变量myString包含Hello town,想将town替换为world,并将结果存储到变量myNewString中,则可使用如下代码:

```
myNewString=fmyString stringByReplacingOccurrencesOfString:@ "Hello town"
withString:@ "world"];
```

在这个应用程序中,我们的字符串是文本框和文本视图的text属性(self.thePlace.text、self theVerb.text、self theNumber.text、self theTemplate.text和selftheStory.text)。

在ViewController.m中,用Xcode生成的createStory方法的代码如下所示:

```
- (IBAction)createStory:(id)sender {
    self.theStory.text=[self.theTemplate.text
                stringByReplacingOccurrencesOfString:@"<place>"
                withString:self.thePlace.text];
    self.theStory.text=[self.theStory.text
                stringByReplacingOccurrencesOfString:@"<verb>"
                withString:self.theVerb.text];
    self.theStory.text=[self.theStory.text
                stringByReplacingOccurrencesOfString:@"<number>"
withString:self.theNumber.text];
}
```

上述代码的具体实现流程如下所示。
（1）使用文本库thePlace的内容替换模板中的占位符<place>，并将结果存储到文本视图Story中。
（2）使用合适的用户输入替换占位符<verb>以更新文本视图Story。
（3）使用合适的用户输入替换<number>重复该操作。最终的结果是在文本视图theStory中输出完成后的故事。

9.3.7 总结执行

到此为止，这个演示项目全部完成。单击Xcode工具栏中的Run按钮。最终的执行效果如图9-35所示。在文本框中输入信息，单击"构造"按钮后的效果如图9-36所示。

图9-35 初始执行效果

图9-36 单击按钮后的效果

9.4 实战演练——联合使用文本框、文本视图和按钮（双语实现：Swift版）

知识点讲解光盘：视频\知识点\第9章\实战演练——联合使用文本框、文本视图和按钮(双语实现：Swift版).mp4

实例9-8	在屏幕中显示不同样式的按钮
源码路径	光盘:\daima\9\lianhe-Swift

本实例是本章上一个实例9-7的Swift版本实现，执行效果如图9-37所示。

图9-37 执行效果

9.5 实战演练——自定义一个按钮（Swift版）

知识点讲解光盘：视频\知识点\第9章\实战演练——自定义一个按钮（Swift版）.mp4

实例9-9	自定义一个按钮
源码路径	光盘:\daima\9\Swift-UIButton

（1）打开Xcode 9，然后新创建一个名为"UIButton-Sample"的工程。
（2）编写文件ViewController.swift，定义继承于类UIViewController的类ViewController，在界面中自定义设计4个按钮，具体实现代码如下所示：

```swift
import UIKit
@objcMembers
class ViewController: UIViewController {
    override func viewDidLoad() {
        super.viewDidLoad()
```

```swift
//无样式Button
let button = UIButton()
button.setTitle("Tap Me!", for: UIControlState())
button.setTitleColor(UIColor.blue, for: UIControlState())
button.setTitle("Tapped!", for: .highlighted)
button.setTitleColor(UIColor.red, for: .highlighted)
button.frame = CGRect(x: 0, y: 0, width: 300, height: 50)
button.tag = 1
button.layer.position = CGPoint(x: self.view.frame.width/2, y:100)
button.backgroundColor = UIColor(red: 0.7, green: 0.2, blue: 0.2, alpha: 0.2)
button.layer.cornerRadius = 10
button.layer.borderWidth = 1
button.addTarget(self, action: #selector(ViewController.tapped(_:)), for: .touchUpInside)
self.view.addSubview(button)
// ***按钮样式 ***
let addButton: UIButton = UIButton(type: .contactAdd) as UIButton
addButton.layer.position = CGPoint(x: self.view.frame.width/2, y:200)
addButton.tag = 2
addButton.addTarget(self, action: #selector(ViewController.tapped(_:)), for: .touchUpInside)
self.view.addSubview(addButton)

let detailButton: UIButton = UIButton(type: .detailDisclosure) as UIButton
detailButton.layer.position = CGPoint(x: self.view.frame.width/2, y:300)
detailButton.tag = 3
detailButton.addTarget(self, action: #selector(ViewController.tapped(_:)), for: .touchUpInside)
self.view.addSubview(detailButton)
// *** 图片按钮UIButton ***
let image = UIImage(named: "stop.png") as UIImage?
let imageButton   = UIButton()
imageButton.tag = 4
imageButton.frame = CGRect(x: 0, y: 0, width: 128, height: 128)
imageButton.layer.position = CGPoint(x: self.view.frame.width/2, y:450)
imageButton.setImage(image, for: UIControlState())
imageButton.addTarget(self, action: #selector(ViewController.tapped(_:)), for: .touchUpInside)

self.view.addSubview(imageButton)

    }
}
```

执行后的效果如图9-38所示,单击某个按钮后,会在Xcode控制台中显示其操作,如图9-39所示。

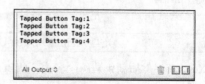

图9-38 执行效果　　　　　　　　图9-39 在控制台中显示的操作信息

第 10 章 滑块、步进和图像

控件是对数据和方法的封装。控件可以有自己的属性和方法。属性是控件数据的简单访问者。方法则是控件的一些简单而可见的功能。在iOS应用中，为了方便我们开发应用程序，提供了很多功能强大的控件。本书前面已经介绍过了与文本输入和输出相关的控件，本章将详细讲解图像、动画和可触摸的滑块和步进控件的基本知识。

10.1 滑块控件（UISlider）

知识点讲解光盘:视频\知识点\第10章\滑块控件（UISlider）.mp4

滑块（UISlider）是常用的界面组件，能够让用户用可视化方式设置指定范围内的值。假设我们想让用户提高或降低速度，采取让用户输入值的方式并不合理，可以提供一个如图10-1所示的滑块，让用户能够轻按并来回拖曳滑块设置。在幕后将设置一个value属性，应用程序可使用它来设置速度。这不要求用户理解幕后的细节，也不需要用户执行除使用手指拖曳之外的其他操作。

图10-1 使用滑块收集特定范围内的值

10.1.1 Slider 控件的基本属性

在iOS程序中，和按钮一样，滑块也能响应事件，还可像文本框一样被读取。如果希望用户对滑块的调整立刻影响应用程序，则需要让它触发操作。

滑块为用户提供了一种可见范围的调整方法，可以通过拖动一个滑动条改变它的值，并且可以对其配置以适合不同值域。你可以设置滑块值的范围，也可以在两端加上图片，以及进行各种调整让它更美观。滑块非常适合用于表示在很大范围（但不精确）的数值中进行选择，比如音量设置、灵敏度控制等此类的用途。

UISlider控件的常用属性如下所示。

- minimumValue属性：设置滑块的最小值。
- maximumValue属性：设置滑块的最大值。
- UIImage属性：为滑块设置表示放大和缩小的图像素材。
- @property(nonatomic) float value：设置滑块位置，这个值是介于滑块的最大值和最小值之间，如果没有设置边界值，默认为0~1。
- @property(nonatomic) float minimumValue：设置滑块最小边界值（默认为0）。
- @property(nonatomic) float maximumValue：设置滑块最大边界值（默认为1）。
- @property(nonatomic,getter=isContinuous) BOOL continuous：设置滑块值是否连续变化(默认为YES)，当这个属性设置为YES，则在滑动时，其value就会随时变化；设置为NO，则当滑动结束时，value才会改变。
- @property(nonatomic,retain) UIColor *minimumTrackTintColor：设置滑块左边线条的颜色。

- @property(nonatomic,retain) UIColor *maximumTrackTintColor：设置滑块右边线条的颜色。
- @property(nonatomic,retain) UIColor *thumbTintColor：设置滑块颜色（影响已划过一端的颜色）。
如果没有设置滑块的图片，这个属性将只会改变已划过一段线条的颜色，不会改变滑块的颜色，如果你设置了滑块的图片，又设置了这个属性，那么滑块的图片将不显示，滑块的颜色会改变。

10.1.2 实战演练——使用素材图片实现滑动条特效

实例10-1	使用素材图片实现滑动条特效
源码路径	光盘:\daima\10\CustomizeUISlider

（1）启动Xcode 9建立本项目工程，在故事板上方插入一个滑动条控件，在下方插入一个表示进度的文本控件，如图10-2所示。

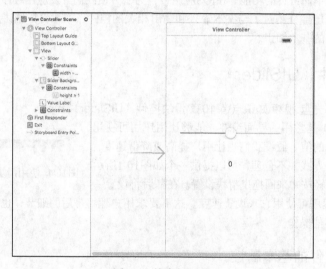

图10-2 故事板界面

（2）在文件ViewController.m中定义了数组numbers，通过此数组设置了滑动条的刻度值以5为单位，并设置每个单位节点用".png"图片进行标记。文件ViewController.m的主要实现代码如下所示：

```
//值改变时增加0.5
- (void)valueChanged:(UISlider *)sender {
    NSUInteger index = (NSUInteger)(slider.value + 0.5);
    [slider setValue:index animated:NO];
    valueLabel.text = [NSString stringWithFormat:@"%ld", index];
}
//绘制滑动条
-(void)drawSliders {
    CGFloat sliderWidth = slider.frame.size.width - slider.currentThumbImage.size.width;
    CGFloat sliderOriginX = slider.frame.origin.x + slider.currentThumbImage.size.width / 2.0;

    UIImage *sliderMarkImage = [UIImage imageNamed:@"slider-mark.png"];
    CGFloat sliderMarkWidth  = sliderMarkImage.size.width;
    CGFloat sliderMarkHeight = sliderMarkImage.size.height;
    CGFloat sliderMarkOriginY = slider.frame.origin.y + slider.frame.size.height / 2.0;

    for (NSUInteger index = 0; index < [numbers count]; ++index) {
        CGFloat value = (CGFloat) index;
        CGFloat sliderMarkOriginX = ((value - slider.minimumValue) / (slider.maximumValue - slider.minimumValue)) * sliderWidth + sliderOriginX;
        UIImageView *markImageView = [[UIImageView alloc] initWithFrame:CGRectMake(sliderMarkOriginX - sliderMarkWidth / 2, sliderMarkOriginY - sliderMarkHeight / 2, sliderMarkWidth, sliderMarkHeight)];
        markImageView.image = sliderMarkImage;
```

```
            markImageView.layer.zPosition = 1;
            [self.view addSubview:markImageView];
    }
}
@end
```

执行后的效果如图10-3所示。

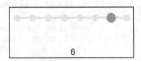

图10-3 执行效果

10.1.3 实战演练——实现自动显示刻度的滑动条

实例10-2	实现了一个自动显示刻度记号的滑动条
源码路径	光盘:\daima\10\HUMSlider

本实例实现了一个自动显示刻度记号的滑动条,当滑动到某处时,该处的刻度会自动上升,并且在滑动条两边还配置了动态刻度图像。

(1)启动Xcode 9,在故事板中插入3个滑动条控件,如图10-4所示。

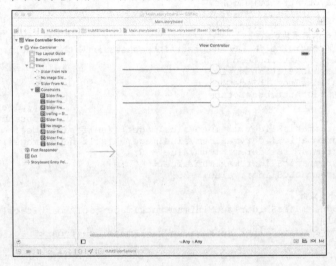

图10-4 故事板界面

(2)在文件ViewController.m中,调用"Library"目录中的样式文件HUMSlider.h/m到项目中即可使用。文件ViewController.m的主要实现代码如下所示:

```
@implementation ViewController
- (void)viewDidLoad
{
    [super viewDidLoad];
    // 设置滑动条的最大值和最小值
    self.sliderFromNib.minimumValueImage = [self sadImage];
    self.sliderFromNib.maximumValueImage = [self happyImage];
    //设置每个滑动条的颜色
    self.sliderFromNibSideColors.minimumValueImage = [self sadImage];
    self.sliderFromNibSideColors.maximumValueImage = [self happyImage];
    [self.sliderFromNibSideColors setSaturatedColor:[UIColor redColor]
                                            forSide:HUMSliderSideLeft];
    [self.sliderFromNibSideColors setSaturatedColor:[UIColor greenColor]
                                            forSide:HUMSliderSideRight];
    [self.sliderFromNibSideColors setDesaturatedColor:[UIColor lightGrayColor]
                                              forSide:HUMSliderSideLeft];
    [self.sliderFromNibSideColors setDesaturatedColor:[UIColor darkGrayColor]
                                              forSide:HUMSliderSideRight];

    //设置默认刻度值以外的颜色
    self.noImageSliderFromNib.tintColor = [UIColor redColor];
    [self setupSliderProgrammatically];
```

```objc
}
//实现滑块
- (void)setupSliderProgrammatically
{
    self.programmaticSlider = [[HUMSlider alloc] init];
    self.programmaticSlider.translatesAutoresizingMaskIntoConstraints = NO;
    [self.view addSubview:self.programmaticSlider];
    // 自动布局
    // 左右滑块尖
    [self.view addConstraint:[NSLayoutConstraint constraintWithItem:self.programmaticSlider
                                                          attribute:NSLayoutAttributeLeft
                                                          relatedBy:NSLayoutRelationEqual
                                                             toItem:self.sliderFromNib
                                                          attribute:NSLayoutAttributeLeft
                                                         multiplier:1
                                                           constant:0]];
    [self.view addConstraint:[NSLayoutConstraint constraintWithItem:self.programmaticSlider
                                                          attribute:NSLayoutAttributeRight
                                                          relatedBy:NSLayoutRelationEqual
                                                             toItem:self.sliderFromNib
                                                          attribute:NSLayoutAttributeRight
                                                         multiplier:1
                                                           constant:0]];
    // 设置底部和顶部不同滑块的颜色
    [self.view addConstraint:[NSLayoutConstraint constraintWithItem:self.programmaticSlider
                                                          attribute:NSLayoutAttributeTop
                                                          relatedBy:NSLayoutRelationEqual
                                                             toItem:self.sliderFromNibSideColors
                                                          attribute:NSLayoutAttributeBottom
                                                         multiplier:1
                                                           constant:0]];
    self.programmaticSlider.minimumValueImage = [self sadImage];
    self.programmaticSlider.maximumValueImage = [self happyImage];
    self.programmaticSlider.minimumValue = 0;
    self.programmaticSlider.maximumValue = 100;
    self.programmaticSlider.value = 25;

    // 自定义滑块跟踪
    [self.programmaticSlider setMinimumTrackImage:[self darkTrack] forState:UIControlStateNormal];
    [self.programmaticSlider setMaximumTrackImage:[self darkTrack] forState:UIControlStateNormal];
    [self.programmaticSlider setThumbImage:[self darkThumb] forState:UIControlStateNormal];

    // 构建刻度影子
    self.programmaticSlider.pointAdjustmentForCustomThumb = 8;

    // 使用crazypants颜色
    self.programmaticSlider.saturatedColor = [UIColor blueColor];
    self.programmaticSlider.desaturatedColor = [[UIColor brownColor] colorWithAlphaComponent:0.2f];
    self.programmaticSlider.tickColor = [UIColor orangeColor];

    // 设置动画持续时间
    self.programmaticSlider.tickAlphaAnimationDuration = 0.7;
    self.programmaticSlider.tickMovementAnimationDuration = 1.0;
    self.programmaticSlider.secondTickMovementAndimationDuration = 0.8;
    self.programmaticSlider.nextTickAnimationDelay = 0.1;
}
```

执行后的效果如图10-5所示，滑动3个滑动条时都会自动弹出刻度。

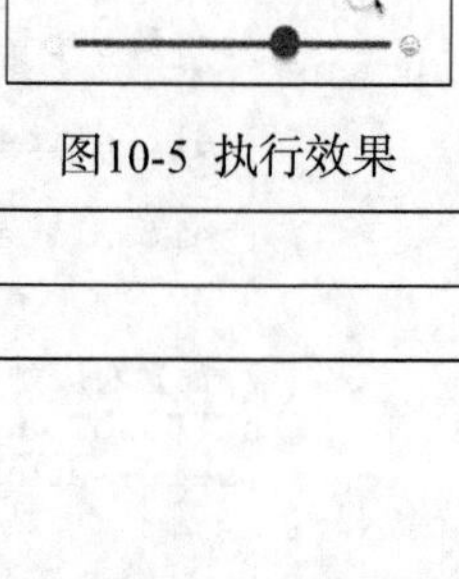

10.1.4 实战演练——实现各种各样的滑块

图10-5 执行效果

实例10-3	在屏幕中实现各种各样的滑块
源码路径	光盘:\daima\10\test_project

（1）打开Xcode 9，创建一个名为"test_project"的工程。

(2)准备一幅名为"circularSliderThumbImage.png"的图片作为素材。
(3)设计UI界面,在界面中设置了如下3个控件。
❑ UISlider:放在界面的顶部,用于实现滑块功能。
❑ UIProgressView:这是一个进度条控件,放在界面中间,能够实现进度条效果。
❑ UICircularSlider:这是一个自定义滑块控件,放在界面底部,能够实现圆环状的滑块效果。
最终的UI界面效果如图10-6所示。

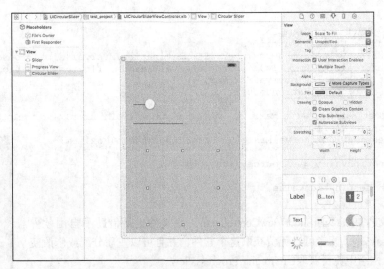

图10-6 UI界面

(4)看文件UICircularSlider.m的源代码,此文件是UICircularSlider Library的一部分,这里的UICircularProgressView是一款自由软件,读者可以免费获取这个软件,并且可以重新分修改使用,读者可以从网络中免费获取UICircularProgressView。此文件的主要实现代码如下所示:

```
/** @name UIGestureRecognizer控件方法*/
#pragma mark - UIGestureRecognizer management methods
- (void)panGestureHappened:(UIPanGestureRecognizer *)panGestureRecognizer {
    CGPoint tapLocation = [panGestureRecognizer locationInView:self];
    switch (panGestureRecognizer.state) {
        case UIGestureRecognizerStateChanged: {
            CGFloat radius = [self sliderRadius];
            CGPoint sliderCenter = CGPointMake(self.bounds.size.width/2, self.bounds.size.height/2);
            CGPoint sliderStartPoint = CGPointMake(sliderCenter.x, sliderCenter.y - radius);
            CGFloat angle = angleBetweenThreePoints(sliderCenter, sliderStartPoint, tapLocation);
            
            if (angle < 0) {
                angle = -angle;
            }
            else {
                angle = 2*M_PI - angle;
            }
            
            self.value = translateValueFromSourceIntervalToDestinationInterval(angle, 0, 2*M_PI, self.minimumValue, self.maximumValue);
            break;
        }
        default:
            break;
    }
}
```

```
- (void)tapGestureHappened:(UITapGestureRecognizer *)tapGestureRecognizer {
    if (tapGestureRecognizer.state == UIGestureRecognizerStateEnded) {
        CGPoint tapLocation = [tapGestureRecognizer locationInView:self];
        if ([self isPointInThumb:tapLocation]) {
        }
        else {
        }
    }
}

@end

/** @name 实现Utility部分的定义 */
#pragma mark - Utility Functions
float translateValueFromSourceIntervalToDestinationInterval(float sourceValue, float sourceIntervalMinimum, float sourceIntervalMaximum, float destinationIntervalMinimum, float destinationIntervalMaximum) {
    float a, b, destinationValue;
    
    a = (destinationIntervalMaximum - destinationIntervalMinimum)/(sourceIntervalMaximum - sourceIntervalMinimum);
    b = destinationIntervalMaximum - a*sourceIntervalMaximum;
    
    destinationValue = a*sourceValue + b;
    
    return destinationValue;
}
```

（5）再看文件UICircularSliderViewController.m，此文件也是借助了自由软件UICircularProgressView，读者可以免费获取这个软件，并且可以重新分配或修改使用，读者可以从网络中免费获取UICircular ProgressView。

这样整个实例就介绍完毕了，执行后的效果如图10-7所示。

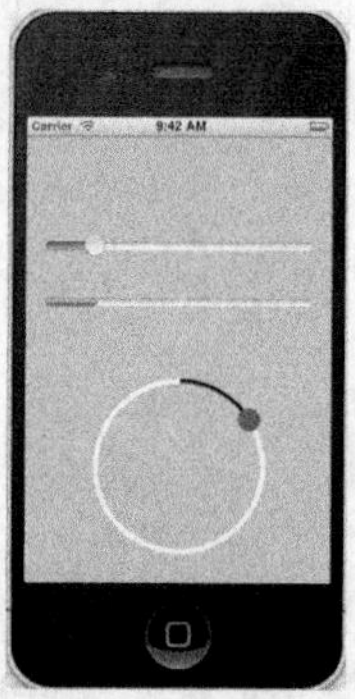

10.1.5 实战演练——自定义实现 UISlider 控件功能（Swift 版）

实例10-4	使用UISlider控件
源码路径	光盘:\daima\10\fibo_swift_ui

图10-7 执行效果

（1）打开Xcode 9，在Main.storyboard中分别插入Horizontal Slider控件、Label控件和Text控件。

（2）首先编写类文件FibonacciModel.swift，通过calculateFibonacciNumbers计算斐波那契数值。然后编写文件ViewController.swift，监听滑动条数值的变动，并及时显示滑块中的更新值。文件ViewController.swift的主要实现代码如下所示：

```
import UIKit
class ViewController: UIViewController {
    @IBOutlet weak var theSlider: UISlider!
    
    @IBOutlet weak var outputTextView: UITextView!
    @IBOutlet weak var selectedValueLabel: UILabel!
    var fibo: FibonacciModel = FibonacciModel()
    
    override func viewDidLoad() {
        super.viewDidLoad()
    }
    
    override func didReceiveMemoryWarning() {
        super.didReceiveMemoryWarning()
        // Dispose of any resources that can be recreated.
    }
    
    
    func addASlider() {
    }
```

```
@IBAction func sliderValueDidChange(sender: UISlider) {

func sliderValueDidChange () {

    var returnedArray: [Int] = []
    var formattedOutput:String = ""

    //显示更新的滑块值
    self.selectedValueLabel!.text = String(Int(theSlider!.value))
    returnedArray = self.fibo.calculateFibonacciNumbers(minimum2: Int(theSlider!
    .value))
    for number in returnedArray {

        formattedOutput = formattedOutput + String(number) + ", "
    }
    self.outputTextView!.text = formattedOutput
  }
}
```

图10-8 执行效果

本实例执行后将在屏幕中实现一个滑动条效果，如图10-8所示。

10.2 步进控件（UIStepper）

知识点讲解光盘:视频\知识点\第10章\步进控件（UIStepper）.mp4

步进控件是从iOS 5开始新增的一个控件，可用于替换传统的用于输入值的文本框，如设置定时器或控制屏幕对象的速度。由于步进控件没有显示当前的值，必须在用户单击步进控件时，在界面的某个地方指出相应的值发生了变化。步进控件支持的事件与滑块相同，这使得开发者可轻松地对变化做出反应或随时读取内部属性value。在本节的内容中，将详细讲解iOS 10步进控件的基本知识和具体用法。

10.2.1 步进控件介绍

图10-9 步进控件的作用类似于滑块

在iOS应用中，步进控件（UIStepper）类似于滑块。像滑块控件一样，步进控件也提供了以可视化方式输入指定范围值的数字，但它实现这一点的方式稍有不同。如图10-9所示，步进控件同时提供了“+”和“-”按钮，按其中一个按钮可让内部属性value递增或递减。

IStepper继承自UIControl，它主要的事件是UIControlEventValueChanged，每当它的值改变了就会触发这个事件。IStepper主要有下面几个属性。

- value 当前所表示的值，默认0.0。
- minimumValue 最小可以表示的值，默认0.0。
- maximumValue 最大可以表示的值，默认100.0。
- stepValue 每次递增或递减的值，默认1.0。

在设置以上几个值后，就可以很方便地使用了，演示代码如下：

```
UIStepper *stepper = [[UIStepper alloc] init];
stepper.minimumValue = 2;
stepper.maximumValue = 5;
stepper.stepValue = 2;
stepper.value = 3;
stepper.center = CGPointMake(160, 240);
[stepper addTarget:self action:@selector(valueChanged:) forControlEvents:UIControl
EventValueChanged];
```

在上述演示代码中，设置stepValue的值是2，当前value是3，最小值是2。但如果我们单击“-”，这时value会变成2，而不是1。即每次改变都是value±stepValue，然后将最终的值限制在[minimumValue, maximumValue]区间内。

除此之外，UIStepper还有如下3个控制属性。
- continuous 控制是否持续触发UIControlEventValueChanged事件。默认值是YES，即当按住时每次值改变都触发一次UIControlEventValueChanged事件，否则只有在释放按钮时触发UIControlEventValueChanged事件。
- autorepeat 控制是否在按住时自动持续递增或递减，默认YES。
- wraps 控制值是否在[minimumValue,maximumValue]区间内循环，默认NO。

这几个控制属性只有在特殊情况下使用，一般使用默认值即可。

10.2.2 实战演练——自定义步进控件的样式

实例10-5	自定义步进控件的样式
源码路径	光盘:\daima\10\RPVerticalStepper

（1）在Main.storyboard的上方和下方各添加一个图文样式的步进效果，如图10-10所示。

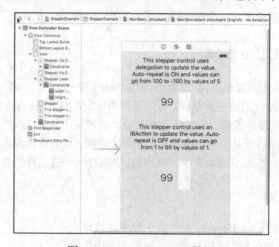

图10-10 Main.storyboard界面

（2）文件RPVerticalStepper.h用于定义样式，分别设置步进条的最大值、最小值和stepValue值。

（3）文件RPVerticalStepper.h用于在屏幕中定义一个宽为35、高为63的区域，然后在里面设置两个高分别为31和32的两个步进区域。设置第一个步进条的范围是−100到+100，每次递增或递减5；设置第二个步进条的范围是+1到+100，每次递增或递减1。

（4）视图控制器文件ViewController.m的功能是，调用前面的样式在屏幕中显示两个步进条，主要实现代码如下所示：

```
#import "ViewController.h"
@implementation ViewController
- (void)viewDidLoad
{
    [super viewDidLoad];
    self.stepperViaDelegate.delegate = self;
    self.stepperViaDelegate.value = 5.0f;
    self.stepperViaDelegate.minimumValue = -100.0f;
    self.stepperViaDelegate.maximumValue = 100.0f;
    self.stepperViaDelegate.stepValue = 5.0f;
    self.stepperViaDelegate.autoRepeatInterval = 0.1f;
    self.stepper.value = 1.0f;
    self.stepper.autoRepeat = NO;
}
```

执行后将在屏幕中显示自定义的步进控件，如图10-11所示。

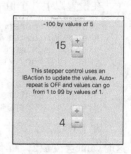

图10-11 执行效果

10.2.3 实战演练——设置指定样式的步进控件

实例10-6	设置指定样式的步进控件
源码路径	光盘:\daima\10\FMStepper

（1）实例文件FMStepper.h的功能是设置样式对象接口，分别设置步进控件的颜色、最大/小值、当前值、按钮样式和文本字体。文件FMStepper.h的主要实现代码如下所示：

```
#import <UIKit/UIKit.h>
@interface FMStepper : UIControl
/**
 设置步进控件的颜色
 */
@property (strong, nonatomic) UIColor *tintColor;
/**
设置最小值
 */
@property (assign, nonatomic) double minimumValue;
/**
设置最大值
 */
@property (assign, nonatomic) double maximumValue;
/**
设置步进值，即每次按下时的变化值
 */
@property (assign, nonatomic) double stepValue;
/**
设置是否是连续步进，如果是，在用户交互的值发生改变时，立即发送值变化事件。
如果为否，用户交互结束时发送值变化事件。此属性的默认值是"是"。
 */
@property (assign, nonatomic, getter=isContinuous) BOOL continuous;
/**
设置是否超过允许的最大值和最小值
 */
@property (assign, nonatomic) BOOL wraps;
/**
设置自动与非自动重复步进状态，如果是，用户按下时则步进反复地改变值。此属性的默认值是"是"。
 */
@property (assign, nonatomic) BOOL autorepeat;
/**
对于自动重复的时间间隔，默认为0.35s
 */
@property (assign, nonatomic) double autorepeatInterval;


/**
辅助功能描述的标签（提示、值） */
@property (copy, nonatomic) NSString *accessibilityTag;
/**
 设置步进条的当前值
 */
- (void)setValue:(double)value;
/**
获取当前值
 */
- (double)value;
/**
获取当前值
 */
- (NSNumber *)valueObject;
+ (FMStepper *)stepperWithFrame:(CGRect)frame min:(CGFloat)min max:(CGFloat)max step:(CGFloat)step value:(CGFloat)value;
/**
设置显示文字的字体
 */
```

```
- (void)setFont:(NSString *)fontName size:(CGFloat)size;
/**
 设置步进按钮两个角的半径
 */
- (void)setCornerRadius:(CGFloat)cornerRadius;
@end
```

而文件FMStepper.m是实现在文件FMStepper.m中定义的功能接口函数。

（2）文件FMStepperButton.h的功能是设置步进条中的按钮样式，具体实现代码如下所示：

```
#import <UIKit/UIKit.h>

/**
 一种用于步进按钮的各种样式的枚举
 */
typedef NS_ENUM(NSInteger, FMStepperButtonStyle) {
    FMStepperButtonStyleLeftMinus,
    FMStepperButtonStyleRightPlus,
    FMStepperButtonStyleCount
};
@interface FMStepperButton : UIButton
/**
 设置颜色
 */
@property (strong, nonatomic) UIColor *color;
/**
 设置按钮双角的半径，默认值是控制的高度的20%
 */
@property (nonatomic) CGFloat cornerRadius;
/**
 初始化并返回一个新分配的步进与指定的帧矩形 */
- (id)initWithFrame:(CGRect)frame style:(FMStepperButtonStyle)style;
/**
 设置标签名称时要使用的变量
 */
- (void)configureAccessibilityWithTag:(NSString *)tag;
@end
```

执行后将在屏幕中显示3种指定样式的步控件，如图10-12所示。

图10-12 执行效果

10.2.4 实战演练——使用步进控件自动增减数字（Swift 版）

实例10-7	使用步进控件自动增减数字
源码路径	光盘:\daima\10\SwiftUIStepper

（1）打开Xcode 9，在Main.storyboard里面添加一个步进控件，如图10-13所示。

（2）编写文件ViewController.swift定义界面视图，设置步进控件的wraps、autorepeat和maximumValue属性。

执行后将显示步进控件的基本功能，如图10-14所示。

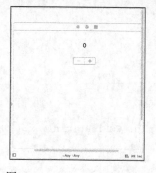

图10-13 Main.storyboard界面

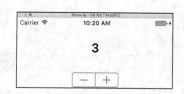

图10-14 执行效果

10.3 图像视图控件（UIImageView）

知识点讲解光盘：视频\知识点\第10章\图像视图控件（UIImageView）.mp4

在iOS应用中，图像视图（UIImageView）用于显示图像。可以将图像视图加入到应用程序中，并用于向用户呈现信息。UIImageView实例还可以创建简单的基于帧的动画，其中包括开始、停止和设置动画播放速度的控件。在使用Retina屏幕的设备中，图像视图可利用其高分辨率屏幕。令我们开发人员兴奋的是，我们无需编写任何特殊代码，无需检查设备类型，只需将多幅图像加入到项目中，图像视图将在正确的时间加载正确的图像。

10.3.1 UIImageView 的常用操作

UIImageView是用来放置图片的，当使用Interface Builder设计界面时，可以直接将控件拖进去并设置相关属性。

1．常用属性

- image：图片属性
- highlightedImage：高亮状态图片属性。
- userInteractionEnabled：用户是否可以交互属性。
- highlighted：判断图片是否是高亮状态。
- animationImages：该数组当中必须包含多张图片，设置单张图片将被隐藏，默认 nil。
- highlightedAnimationImages：高亮状态的组动画。
- animationDuration：动画播放时间，对于一个周期的图像，默认的是图像是一秒30帧。
- animationRepeatCount：动画循环次数。0意味着无限（默认0）。
- tintColor：给控件内子视图设置颜色。
- focusedFrameGuid：如果设置了adjustsImageWhenAncestorFocused，图像视图可以在一个更大的 frame 中显示其图片的焦点。这个布局指南，可用于将其他元素与图像视图的聚焦帧对齐。

2．常用方法

- initWithImage：构造方法，在初始化对象时直接进行默认图片进行赋值。
- initWithImage:highlightedImage：构造方法，在初始化对象时直接给默认和高亮图片进行赋值。
- startAnimating：开始动画。
- stopAnimating：结束动画。
- isAnimating：在动画运行中。

10.3.2 实战演练——实现图像的模糊效果

实例10-8	展示了图像的正常模糊、超级模糊和不模糊着色3种效果
源码路径	光盘:\daima\10\ANBlurredImageView

在本实例中展示了图像的正常模糊、超级模糊和不模糊着色3种效果。当在切换正常模糊和色彩模糊时，重新基于图像的大小和帧计数计算框架的过程。

（1）启动Xcode 9建立本项目工程，在故事板上方插入一个图片控件作为被操作的图像，在下方插入3个文本控件分别表示3种特效：正常模糊、超级模糊和不模糊着色。

（2）文件ANBlurredImageView.m定义了正常模糊、超级模糊和不模糊着色这3种特效的具体实现过程，分别设置了模糊效果的持续时间和动画效果的图像持续样式。

（3）文件ANViewController.h和ANViewController.m是测试文件，调用了目录Classes中的样式来处

理屏幕中的图像。其中文件ANViewController.h是接口文件,在文件ANViewController.m中监听用户触摸屏幕下方的3个文本,执行对应的3种模糊特效。文件ANViewController.m的主要实现代码如下所示:

```objc
- (void)didReceiveMemoryWarning
{
    [super didReceiveMemoryWarning];
    // 处理可以重现的任何资源
}

-(IBAction)blur:(id)sender{
    if (_tinted)
    {
        // 重新计算框架
        [NSThread detachNewThreadSelector:@selector(threadStartAnimating:) toTarget:self
        withObject:nil];

        // 如果不设置默认的模糊颜色, 则在调用 blurWithTint is 时需要充值
        [_imageView setBlurTintColor:[UIColor clearColor]];

        // 重新计算没有色彩的正常模糊
        [_imageView generateBlurFramesWithCompletion:^{
            dispatch_async(dispatch_get_main_queue(), ^{
                [_spinner stopAnimating];
            });
            // 模糊的持续时间
            [_imageView blurInAnimationWithDuration:0.25f];
        }];
    }
    else{
        [_imageView blurInAnimationWithDuration:0.25f];
    }
    _tinted = NO;

}
//开始动画
- (void) threadStartAnimating:(id)data {
    [_spinner startAnimating];
}
-(IBAction)blurWithTint:(id)sender{

    if (!_tinted){
        [NSThread detachNewThreadSelector:@selector(threadStartAnimating:) toTarget:
        self withObject:nil];
        [_imageView setBlurTintColor:[UIColor colorWithWhite:0.11f alpha:0.5]];
        [_imageView generateBlurFramesWithCompletion:^{

            dispatch_async(dispatch_get_main_queue(), ^{
                [_spinner stopAnimating];
            });
            [_imageView blurInAnimationWithDuration:0.25f];

        }];
    }
    else{
        [_imageView blurInAnimationWithDuration:0.25f];
    }
    _tinted = YES;
}
-(IBAction)unBlur:(id)sender{
    [_imageView blurOutAnimationWithDuration:0.5f];
}
@end
```

执行效果如图10-15所示。

初始效果　　　　　　　　模糊效果

图10-15 执行效果

10.3.3 实战演练——滚动浏览图片

实例10-9	滚动浏览图片
源码路径	光盘:\daima\10\R0PageView

本实例的功能是滚动浏览图片，使用3个UIImageView控件实现无限循环的图片轮播效果。

（1）实例文件R0PageView.h是一个接口文件，定义了功能函数和属性对象，具体实现代码如下所示：

```
#import <UIKit/UIKit.h>
@class R0PageView;
@protocol R0PageViewDelegate <NSObject>
@optional
/**
 * 当被单击时调用,并且可以得到单击页码的下标
 */
- (void)pageViewDidClick:(R0PageView *)pageView atCurrentPage:(NSInteger)currentPage;
@end
@interface R0PageView : UIView
/**
 * 代理属性
 */
@property (weak, nonatomic) id<R0PageViewDelegate> delegate;
/**
 * 图片名称数组,传入之后会自动加载图片
 */
@property (strong, nonatomic) NSArray *imagesName;
/**
 * 当前页小圆点颜色,默认是白色
 */
@property (strong, nonatomic) UIColor *currentIndicatorColor;

/**
 * 其他页小圆点颜色,默认是亮灰色
 */
@property (strong, nonatomic) UIColor *pageIndicatorColor;
/**
 * 定时器执行时间间隔,默认是两秒。如果设置为0,则不自动滚动
 */
@property (assign, nonatomic) NSTimeInterval timerInterval;

/**
 * 返回R0PageView的对象
 */
+ (instancetype)pageView;
@end
```

（2）视图界面文件ViewController.h和ViewController.m是测试文件，其中在文件ViewController.m中

载入了预置的4幅图片素材，调用前面定义的滚动功能，实现对这4幅图片的滚动特效。文件ViewController.m的主要实现代码如下所示。

```
#import "ViewController.h"
#import "R0PageView.h"
@interface ViewController ()
@end
@implementation ViewController
- (void)viewDidLoad {
    [super viewDidLoad];
    R0PageView *pageView = [R0PageView pageView];
    NSArray *imagesName = @[@"img_00", @"img_01", @"img_02", @"img_03", @"img_04"];
    pageView.imagesName = imagesName;
    pageView.frame = CGRectMake(35, 30, 300, 130);
    [self.view addSubview:pageView];
}
@end
```

执行效果如图10-16所示。

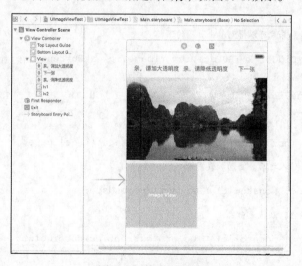

图10-16 执行效果

10.3.4 实战演练——实现一个图片浏览器

实例10-10	实现一个图片浏览器
源码路径	光盘:\daima\10\UIImageViewTest1

（1）启动Xcode 9建立本项目工程，在故事板上方插入了文本控件显示提示信息，并提供了"下一张"链接，在下方插入了图片控件来轮流显示指定的图像，如图10-17所示。

图10-17 故事板界面

（2）在文件ViewController.h中定义了接口和功能函数，具体实现代码如下所示：

```
#import <UIKit/UIKit.h>
@interface ViewController : UIViewController
@property (strong, nonatomic) IBOutlet UIImageView *iv1;
@property (strong, nonatomic) IBOutlet UIImageView *iv2;
- (IBAction)plus:(id)sender;
- (IBAction)minus:(id)sender;
- (IBAction)next:(id)sender;
@end
```

（3）在文件ViewController.m中定义了5幅素材图片，通过"userInteractionEnabled = YES"设置允许启动用户手势功能。然后通过_alpha调整图像的透明度，并调用函数next显示下一幅图像。文件

ViewController.m的主要实现代码如下所示：

```objc
- (void)viewDidLoad
{
    [super viewDidLoad];
    _curImage = 0;
    _alpha = 1.0;
    _images = @[@"lijiang.jpg", @"qiao.jpg", @"xiangbi.jpg"
        , @"shui.jpg", @"shuangta.jpg" ];
    // 启用iv1控件的用户交互，从而允许该控件能响应用户手势
    self.iv1.userInteractionEnabled = YES;
    // 创建一个轻击的手势检测器
    UITapGestureRecognizer *singleTap = [[UITapGestureRecognizer alloc]
        initWithTarget:self action:@selector(tapped:)];
    [self.iv1 addGestureRecognizer:singleTap]; // 为UIImageView添加手势检测器
}
- (IBAction)plus:(id)sender {
    _alpha += 0.02;
    // 如果透明度已经大于或等于1.0，将透明度设置为1.0
    if(_alpha >= 1.0)
    {
        _alpha = 1.0;
    }
    self.iv1.alpha = _alpha;  // 设置iv1控件的透明度
}
- (IBAction)minus:(id)sender {
    _alpha -= 0.02;
    // 如果透明度已经小于或等于0.0，将透明度设置为0.0
    if(_alpha <= 0.0)
    {
        _alpha = 0.0;
    }
    self.iv1.alpha = _alpha;  // 设置iv1控件的透明度
}
- (IBAction)next:(id)sender {
    // 控制iv1的image显示_images数组中的下一张图片
    self.iv1.image = [UIImage imageNamed:
        _images[++_curImage % _images.count]];
}
- (void) tapped:(UIGestureRecognizer *)gestureRecognizer
{
    UIImage* srcImage = self.iv1.image;  // 获取正在显示的原始位图
    // 获取用户手指在iv1控件上的触碰点
    CGPoint pt = [gestureRecognizer locationInView: self.iv1];
    // 获取正在显示的原图对应的CGImageRef
    CGImageRef sourceImageRef = [srcImage CGImage];
    // 获取图片实际大小与第一个UIImageView的缩放比例
    CGFloat scale = srcImage.size.width / 320;
    // 将iv1控件上触碰点的左边换算成原始图片上的位置
    CGFloat x = pt.x * scale;
    CGFloat y = pt.y * scale;
    if(x + 120  > srcImage.size.width)
    {
     x = srcImage.size.width - 140;
    }
    if(y + 120  > srcImage.size.height)
    {
     y = srcImage.size.height - 140;
    }
    // 调用CGImageCreateWithImageInRect函数获取sourceImageRef中指定区域的图片
    CGImageRef newImageRef = CGImageCreateWithImageInRect(sourceImageRef
        , CGRectMake(x,  y, 140, 140));
    // 让iv2控件显示newImageRef对应的图片
    self.iv2.image = [UIImage imageWithCGImage:newImageRef];
}
@end
```

执行效果如图10-18所示。

图10-18 执行效果

10.3.5 实战演练——使用 UIImageView 控件（Swift 版）

实例10-11	使用UIImageView控件
源码路径	光盘:\daima\10\UIImageView-Swift

编写实例文件 ViewController.swift，使用 UIImageView 组件设置加载显示的图片，并通过 runAnimation() 实现动画效果。文件 ViewController.swift 的主要实现代码如下所示：

```swift
class ViewController: UIViewController {

    @IBOutlet weak var myImageView:UIImageView!

    override func viewDidLoad() {
        super.viewDidLoad()
        // 加载视图后再做任何额外设置
        let images: [UIImage] = []
        myImageView.animationImages = images
        myImageView.animationDuration = 1.0
        myImageView.startAnimating()
        // 需要显示的图像
        myImageView.layer.borderWidth = 1
        myImageView.layer.masksToBounds = false
        myImageView.layer.borderColor = UIColor.black.cgColor
        myImageView.layer.cornerRadius = myImageView.frame.height/2
        myImageView.clipsToBounds = true
    }

    override func didReceiveMemoryWarning() {
        super.didReceiveMemoryWarning()
        // 处理任何可以重新创建的资源
    }

    func runAnimation (imgView: UIImageView, arrayPos: Int) {
        let timingArray = [7.0,10.0]  //持续时间
        let frameArray = [43,45]  //帧数
        var imgArray: Array<UIImage> = []  //设置空数组
        for i in 1 ... frameArray[arrayPos] {
            //用图像填充空数组
            let imageToAdd = UIImage(named: "c\(i)")
            imgArray.append(imageToAdd!)
        }
        imgView.animationImages = imgArray
        imgView.animationDuration = timingArray[arrayPos]
        imgView.animationRepeatCount = 2
        imgView.startAnimating()
    }
}
```

本实例执行后的效果如图10-19所示。

图10-19 执行效果

第 11 章 开关控件和分段控件

在本章前面的内容中,已经讲解了iOS应用中基本控件的用法。其实在iOS中还有很多其他控件,例如开关控件和分段控件,在本章将介绍这两种控件的基本用法。

11.1 开关控件(UISwitch)

知识点讲解光盘:视频\知识点\第11章\开关控件(UISwitch).mp4

在大多数传统桌面应用程序中,通过复选框和单选按钮来实现开关功能。在iOS中,Apple放弃了这些界面元素,取而代之的是开关和分段控件。在iOS应用中,使用开关控件(UISwitch)来实现"开/关"UI元素,它类似于传统的物理开关,如图11-1所示。开关的可配置选项很少,应将其用于处理布尔值。

图11-1 开关控件向用户提供了开和关两个选项

> 注意:复选框和单选按钮虽然不包含在iOS UI库中,但通过UIButton类并使用按钮状态和自定义按钮图像来创建它们。Apple让您能够随心所欲地进行定制,但建议您不要在设备屏幕上显示出乎用户意料的控件。

11.1.1 开关控件基础

为了利用开关,我们将使用其Value Changed事件来检测开关切换,并通过属性on或实例方法isOn来获取当前值。检查开关时将返回一个布尔值,这意味着可将其与TRUE或FALSE (YES/NO)进行比较以确定其状态,还可直接在条件语句中判断结果。例如,要检查开关mySwitch是否是开的,可使用下面的代码:

```
if([mySwitch isOn]){
<switch is on>
}
else{
<switch is off>
}
```

控件UISwitch的常用属性如下所示。
- onTintColor:设置开启颜色。
- onImage:设置开启图片。
- tintColor:设置正常关闭颜色。
- offImage:设置关闭图片。
- thumbTintColor:设置圆形按钮颜色。

11.1.2 实战演练——改变 UISwitch 的文本和颜色

我们知道,iOS中的Switch控件默认的文本为ON和OFF两种,不同的语言显示不同,颜色均为蓝色和亮灰色。如果想改变上面的ON和OFF文本，我们必须从UISwitch继承一个新类，然后在新的Switch类中修改替换原有的Views。在本实例中，我们根据上述原理改变了UISwitch的文本和颜色。

实例11-1	在屏幕中改变UISWitch的文本和颜色
源码路径	光盘:\daima\11\kaiguan1

本实例的具体实现代码如下所示：

```
#import <UIKit/UIKit.h>
//该方法是SDK文档中没有的，添加一个category
@interface UISwitch (extended)
- (void) setAlternateColors:(BOOL) boolean;
@end
//自定义Slider 类
@interface _UISwitchSlider : UIView
@end
 @interface UICustomSwitch : UISwitch {
}
- (void) setLeftLabelText:(NSString *)labelText
                    font:(UIFont*)labelFont
                    color: (UIColor *)labelColor;
- (void) setRightLabelText:(NSString *)labelText
                     font:(UIFont*)labelFont
                    color:(UIColor *)labelColor;
- (UILabel*) createLabelWithText:(NSString*)labelText
                         font:(UIFont*)labelFont
                       color:(UIColor*)labelColor;
@end
```

这样在上述代码中添加了一个名为extended的category，主要作用是声明一下UISwitch的 setAlternateColors消息，否则在使用时会出现找不到该消息的警告。其实setAlternateColors已经在UISwitch中实现，只是没有在头文件中公开而已，所以，在此只是做一个声明。当调用setAlternateColors:YES时，UISwitch的状态为"on"时会显示为橙色，否则为亮蓝色。具体的实现过程就是替换原有的标签view以及slider。使用方法非常简单，只需设置一下左右文本以及颜色即可，比如下面的代码：

```
switchCtl = [[UICustomSwitch alloc] initWithFrame:frame];
//[switchCtl setAlternateColors:YES];
  [switchCtl setLeftLabelText:@"Yes"
                        font:[UIFont boldSystemFontOfSize: 17.0f]
                       color:[UIColor whiteColor]];
  [switchCtl setRightLabelText:@"No"
                         font:[UIFont boldSystemFontOfSize: 17.0f]
                        color:[UIColor grayColor]];
```

这样上面的代码将显示Yes、No两个选项，如图11-2所示。

图11-2 显示效果

11.1.3 实战演练——显示具有开关状态的开关

本实例简单地演示了UISwitch控件的基本用法。首先通过方法- (IBAction)switchChanged:(id)sender获取了开关的状态，然后通过setOn:setting设置了开关的显示状态。

实例11-2	在屏幕中显示具有开关状态的开关
源码路径	光盘:\daima\11\UISwitch

实例文件UIswitchViewController.m的主要实现代码如下所示：

```
- (void)viewDidLoad
{
    [super viewDidLoad];
    leftSwitch=[[UISwitch alloc]initWithFrame:CGRectMake(0, 0, 40, 20)];
    rightSwitch=[[UISwitch alloc] initWithFrame:CGRectMake(0,240, 40, 20)];
    [leftSwitch addTarget:self action:@selector(switchChanged:) forControlEvents:UIControlEventValueChanged];
```

```
    [self.view addSubview:leftSwitch];
    [rightSwitch addTarget:self action:@selector(switchChanged:) forControlEvents:
UIControlEventValueChanged];
    [self.view addSubview:rightSwitch];
    // Do any additional setup after loading the view.
}
- (IBAction)switchChanged:(id)sender {
    UISwitch *mySwitch = (UISwitch *)sender;
    BOOL setting = mySwitch.isOn;     //获得开关状态
    if(setting)
    {
        NSLog(@"YES");
    }else {
        NSLog(@"NO");
    }
    [leftSwitch setOn:setting animated:YES];//设置开关状态
    [rightSwitch setOn:setting animated:YES];
}
- (void)viewDidUnload
{
    [super viewDidUnload];
    // Release any retained subviews of the main view.
}
- (BOOL)shouldAutorotateToInterfaceOrientation:(UIInterfaceOr-ientation)inte
rfaceOrientation
{
    return (interfaceOrientation == UIInterfaceOrientationPortrait);
}
@end
```

图11-3 执行效果

执行后的效果如图11-3所示。

11.1.4 实战演练——显示一个默认打开的 UISwitch 控件

实例11-3	在屏幕中显示一个默认打开的开关控件
源码路径	光盘:\daima\11\OS-UISwitch

接下来通过简单的小例子,来说明在屏幕中实现一个默认打开的UISwitch控件的方法。实例文件ViewController.m的代码非常简单,通过如下代码即可在屏幕中显示一个默认打开的开关控件:

```
- (IBAction)switchChanged:(UISwitch *)sender{
    self.textField.secureTextEntry=sender.on;
}
```

执行后的效果如图11-4所示。

图11-4 执行效果

11.1.5 实战演练——控制是否显示密码明文(Swift版)

实例11-4	使用UISwitch控件控制是否显示密码明文
源码路径	光盘:\daima\11\DKTextField

(1)创建一个名为"DKTextField.Swift"的工程,工程的最终目录结构如图11-5所示。

(2)打开Main.storyboard,为本工程设计一个视图界面,在里面添加一个Switch控件,此控件作为控制是否显示密码明文的开关,如图11-6所示。

(3)由于系统的UITextField控件在切换到密码状态时会清除之前的输入文本,于是特意编写类文件DKTextField.swift,DKTextField继承于UITextField,并且不影响UITextFiel的Delegate。

图11-5 工程的目录结构

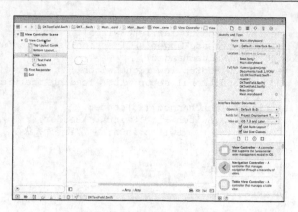
图11-6 Main.storyboard界面

（4）编写文件ViewController.swift，功能是通过switchChanged监听UISwitch控件的开关状态，并根据监听到的状态设置密码的显示样式。文件ViewController.swift的具体实现代码如下所示：

```
import UIKit

class ViewController: UIViewController {

    @IBOutlet weak var textField: DKTextField!

    override func viewDidLoad() {
        super.viewDidLoad()
        // Do any additional setup after loading the view, typically from a nib.
    }

    override func didReceiveMemoryWarning() {
        super.didReceiveMemoryWarning()
        // Dispose of any resources that can be recreated.
    }

    @IBAction func switchChanged(sender: AnyObject) {
        self.textField.secureTextEntry = (sender as UISwitch).on
    }
}
```

下面看执行后的效果，如果打开UISwitch控件则显示密码，如图11-7所示。如果关闭UISwitch，则显示密码明文，如图11-8所示。

图11-7 显示密码

图11-8 显示明文

11.2 分段控件（UISegmentedControl）

知识点讲解光盘:视频\知识点\第11章\分段控件（UISegmentedControl）.mp4

在iOS应用中，当用户输入的不仅仅是布尔值时，可使用分段控件UISegmentedControl实现我们需要的功能。分段控件提供一栏按钮（有时称为按钮栏），但只能激活其中一个按钮，如图11-9所示。

如果我们按Apple指南使用UISegmentedControl，分段控件会导致用户在屏幕　　图11-9 分段控件上看到的内容发生变化。它们常用于在不同类别的信息之间选择，或在不同的应用程序屏幕——如配置屏幕和结果屏幕之间切换。如果在一系列值中选择时不会立刻发生视觉方面的变化，应使用选择器（Picker）对象。处理用户与分段控件交互的方法与处理开关极其相似，也是通过监视Value Changed事件，并通过selectedSegmentlndex判断当前选择的按钮，它返回当前选定按钮的编号（从0开始按，按从左到右的顺序对按钮编号）。

我们可以结合使用索引和实例方法titleForSegmentAtIndex来获得每个分段的标题。要获取分段控件mySegment中当前选定按钮的标题，可使用如下代码段：

```
[mySegment titleForSegmentAtIndex: mySegment.selectedSegmentIndex]
```

11.2.1 分段控件的属性和方法

为了说明 UISegmentedControl控件的各种属性与方法的使用，请看下面的一段代码，在里面几乎包括了UISegmentedControl控件的所有属性和方法：

```
#import "SegmentedControlTestViewController.h"
@implementation SegmentedControlTestViewController
@synthesize segmentedControl;

// Implement viewDidLoad to do additional setup after loading the view, typically from a nib.
- (void)viewDidLoad {
    NSArray *segmentedArray = [[NSArray alloc]initWithObjects:@"1",@"2",@"3",@"4", nil];
    //初始化UISegmentedControl
    UISegmentedControl *segmentedTemp = [[UISegmentedControl alloc]initWithItems:segmentedArray];
    segmentedControl = segmentedTemp;
    segmentedControl.frame = CGRectMake(60.0, 9.0, 200.0, 50.0);

    [segmentedControl setTitle:@"two" forSegmentAtIndex:1];    //设置指定索引的题目
    [segmentedControl setImage:[UIImage imageNamed:@"lan.png"] forSegmentAtIndex:3];
    //设置指定索引的图片
    [segmentedControl insertSegmentWithImage:[UIImage imageNamed:@"mei.png"]
     atIndex:2 animated:NO];  //在指定索引插入一个选项并设置图片
    [segmentedControl insertSegmentWithTitle:@"insert" atIndex:3 animated:NO];
    //在指定索引插入一个选项并设置题目
    [segmentedControl removeSegmentAtIndex:0 animated:NO];     //移除指定索引的选项
    [segmentedControl setWidth:70.0 forSegmentAtIndex:2];      //设置指定索引选项的宽度
    [segmentedControl setContentOffset:CGSizeMake(9.0,9.0) forSegmentAtIndex:1];
    //设置选项中图片等的左上角的位置

    //获取指定索引选项的图片imageForSegmentAtIndex:
    UIImageView *imageForSegmentAtIndex = [[UIImageView alloc]initWithImage:[segmentedControl imageForSegmentAtIndex:1]];
    imageForSegmentAtIndex.frame = CGRectMake(60.0, 100.0, 30.0, 30.0);

    //获取指定索引选项的标题titleForSegmentAtIndex
    UILabel *titleForSegmentAtIndex = [[UILabel alloc]initWithFrame:CGRectMake(100.0, 100.0, 30.0, 30.0)];
    titleForSegmentAtIndex.text = [segmentedControl titleForSegmentAtIndex:0];

    //获取总选项数segmentedControl.numberOfSegments
    UILabel *numberOfSegments = [[UILabel alloc]initWithFrame:CGRectMake(140.0, 100.0, 30.0, 30.0)];
    numberOfSegments.text = [NSString stringWithFormat:@"%d",segmentedControl.numberOfSegments];

    //获取指定索引选项的宽度widthForSegmentAtIndex:
    UILabel *widthForSegmentAtIndex = [[UILabel alloc]initWithFrame:CGRectMake(180.0, 100.0, 70.0, 30.0)];
    widthForSegmentAtIndex.text = [NSString stringWithFormat:@"%f",[segmentedControl widthForSegmentAtIndex:2]];
```

```
    segmentedControl.selectedSegmentIndex = 2; //设置默认选择项索引
    segmentedControl.tintColor = [UIColor redColor];
    segmentedControl.segmentedControlStyle = UISegmentedControlStylePlain;//设置样式
    segmentedControl.momentary = YES; //设置在单击后是否恢复原样

    [segmentedControl setEnabled:NO forSegmentAtIndex:4];       //设置指定索引选项不可选
    BOOL enableFlag = [segmentedControl isEnabledForSegmentAtIndex:4];
    //判断指定索引选项是否可选
    NSLog(@"%d",enableFlag);

    [self.view addSubview:widthForSegmentAtIndex];
    [self.view addSubview:numberOfSegments];
    [self.view addSubview:titleForSegmentAtIndex];
    [self.view addSubview:imageForSegmentAtIndex];
    [self.view addSubview:segmentedControl];

    [widthForSegmentAtIndex release];
    [numberOfSegments release];
    [titleForSegmentAtIndex release];
    [segmentedTemp release];
    [imageForSegmentAtIndex release];

    //移除所有选项
    //[segmentedControl removeAllSegments];
    [super viewDidLoad];
}
```

11.2.2 实战演练——使用 UISegmentedControl 控件

实例11-5	在屏幕中使用UISegmentedControl控件
源码路径	光盘:\daima\11\UISegmentedControlDemo

（1）实例文件 ViewController.h的实现代码如下所示：

```
#import <UIKit/UIKit.h>

@interface ViewController : UIViewController{

}
@end
```

（2）实例文件 ViewController.m的实现代码如下所示：

```
#import "ViewController.h"
@implementation ViewController

- (void)didReceiveMemoryWarning
{
    [super didReceiveMemoryWarning];
    // Release any cached data, images, etc that aren't in use.
}

#pragma mark - View lifecycle
-(void)selected:(id)sender{
    UISegmentedControl* control = (UISegmentedControl*)sender;
    switch (control.selectedSegmentIndex) {
        case 0:
            //
            break;
        case 1:
            //
            break;
        case 2:
            //
            break;
```

```objc
            default:
                break;
        }
}
- (void)viewDidLoad
{
    [super viewDidLoad];
    UISegmentedControl* mySegmentedControl = [[UISegmentedControl alloc]initWithItems: nil];
    mySegmentedControl.segmentedControlStyle = UISegmentedControlStyleBezeled;
    UIColor *myTint = [[ UIColor alloc]initWithRed:0.66 green:1.0 blue:0.77 alpha:1.0];
    mySegmentedControl.tintColor = myTint;
    mySegmentedControl.momentary = YES;

    [mySegmentedControl insertSegmentWithTitle:@"First" atIndex:0 animated:YES];
    [mySegmentedControl insertSegmentWithTitle:@"Second" atIndex:2 animated:YES];
    [mySegmentedControl insertSegmentWithImage:[UIImage imageNamed:@"pic"] atIndex:3 animated:YES];

    //[mySegmentedControl removeSegmentAtIndex:0 animated:YES];          //删除一个片段
    //[mySegmentedControl removeAllSegments];                             //删除所有片段

    [mySegmentedControl setTitle:@"ZERO" forSegmentAtIndex:0];           //设置标题
    NSString* myTitle = [mySegmentedControl titleForSegmentAtIndex:1];//读取标题
    NSLog(@"myTitle:%@",myTitle);

    //[mySegmentedControl setImage:[UIImage imageNamed:@"pic"] forSegmentAtIndex:1];
    //设置
    UIImage* myImage = [mySegmentedControl imageForSegmentAtIndex:2];  //读取

    [mySegmentedControl setWidth:100 forSegmentAtIndex:0];               //设置Item的宽度

    [mySegmentedControl addTarget:self action:@selector(selected:) forControlEvents:
    UIControlEventValueChanged];

    //[self.view addSubview:mySegmentedControl];                         //添加到父视图

    self.navigationItem.titleView = mySegmentedControl;                  //添加到导航栏
}

- (void)viewDidUnload
{
    [super viewDidUnload];
    // Release any retained subviews of the main view.
    // e.g. self.myOutlet = nil;
}

- (void)viewWillAppear:(BOOL)animated
{
    [super viewWillAppear:animated];
}

- (void)viewDidAppear:(BOOL)animated
{
    [super viewDidAppear:animated];
}

- (void)viewWillDisappear:(BOOL)animated
{
    [super viewWillDisappear:animated];
}

- (void)viewDidDisappear:(BOOL)animated
{
    [super viewDidDisappear:animated];
}

- (BOOL)shouldAutorotateToInterfaceOrientation: (UIInterfaceOrientation)interfaceOrientation
```

```
{
    // Return YES for supported orientations
    return (interfaceOrientation != UIInterfaceOrientationPortraitUpsideDown);
}

@end
```

11.2.3 实战演练——添加图标和文本

实例11-6	将指定的图标和文本添加到默认的UISegmentedControl控件中
源码路径	光盘:\daima\11\UISegmentedControl_IconAndText

（1）启动Xcode 9，本项目工程的最终目录结构如图11-10所示。
（2）在故事板中插入一个UISegmentedControl控件，如图11-11所示。

图11-10 本项目工程的最终目录结构

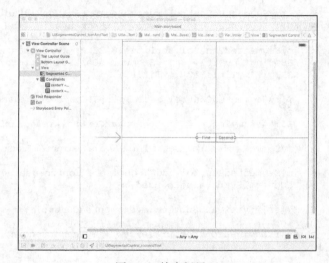

图11-11 故事板界面

（3）在文件UIImage+UISegmentedControlIconAndText.h中定义样式接口和功能函数，具体实现代码如下所示：

```
#import <UIKit/UIKit.h>
@interface UIImage (UISegmentedControlIconAndText)
+ (id)imageFromImage:(UIImage *)image string:(NSString *)string font:(UIFont *)font
 color:(UIColor *)color;
@end
```

文件UIImage+UISegmentedControlIconAndText.m的功能是定义指定的样式，将图标和文本添加到UISegmentedControl控件中。具体实现代码如下所示：

```
#import "UIImage+UISegmentedControlIconAndText.h"
@implementation UIImage (UISegmentedControlIconAndText)
+ (id)imageFromImage:(UIImage *)image string:(NSString *)string font:(UIFont *)font
 color:(UIColor *)color
{
    CGSize expectedTextSize = [string sizeWithAttributes:@{NSFontAttributeName: font}];
    CGFloat width = expectedTextSize.width + image.size.width;
    CGFloat height = MAX(expectedTextSize.height, image.size.width);
    CGSize size = CGSizeMake(width, height);

    UIGraphicsBeginImageContextWithOptions(size, NO, 0);
    CGContextRef context = UIGraphicsGetCurrentContext();
    CGContextSetFillColorWithColor(context, color.CGColor);
```

```
            CGFloat fontTopPosition = (height - expectedTextSize.height) * 0.5;
            CGPoint textPoint = CGPointMake(0, fontTopPosition);
            [string drawAtPoint:textPoint withAttributes:@{NSFontAttributeName: font}];

            CGAffineTransform flipVertical = CGAffineTransformMake(1, 0, 0, -1, 0, size.height);
            CGContextConcatCTM(context, flipVertical);
            CGContextDrawImage(context, (CGRect){ {expectedTextSize.width, (height - image.
    size.height) * 0.5}, {image.size.width, image.size.height} }, [image CGImage]);
            UIImage *newImage = UIGraphicsGetImageFromCurrentImageContext();
            UIGraphicsEndImageContext();

            return newImage;
        }
        @end
```

（4）文件ViewController.m的功能是调用上面的样式设置UISegmentedControl控件的外观效果，具体实现代码如下所示：

```
#import "ViewController.h"
#import "UIImage+UISegmentedControlIconAndText.h"
@interface ViewController ()
@property (weak, nonatomic) IBOutlet UISegmentedControl *segmentedControl;
@end
@implementation ViewController
- (void)viewDidLoad {
    [super viewDidLoad];

    [self.segmentedControl setImage:[UIImage imageFromImage:[UIImage imageNamed:
@"star"]
                          string:@"First"
                            font:[UIFont systemFontOfSize:15]
                           color:[UIColor clearColor]] forSegmentAtIndex:0];
}
@end
```

执行后的效果如图11-12所示。

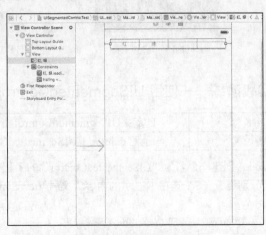

图11-12 执行效果

11.2.4 实战演练——使用分段控件控制背景颜色

实例11-7	使用分段控件控制背景颜色
源码路径	光盘:\daima\11\UISegmentedControlTest1

（1）启动Xcode 9，本项目工程的最终目录结构如图11-13所示。
（2）在故事板中插入一个分段控件，设置前两个选项的值分别为"红"和"绿"，如图11-14所示。

图11-13 本项目工程的最终目录结构　　　　图11-14 故事板界面

（3）在文件ViewController.m中通过switch语句来判断用户选择的选项值，根据所选的值设置不同的背景颜色，各个值对应的颜色如下所示。

- 0：将应用背景设为红色。
- 1：将应用背景设为绿色。
- 2：将应用背景设为蓝色。
- 3：将应用背景设为紫色。

文件ViewController.m的具体实现代码如下所示：

```objectivec
#import "ViewController.h"
@implementation ViewController
- (void)viewDidLoad
{
    [super viewDidLoad];
}
- (IBAction)segmentChanged:(id)sender {
    // 根据UISegmentedControl被选中的索引
    switch ([sender selectedSegmentIndex]) {
        case 0:   // 将应用背景设为红色
            self.view.backgroundColor = [UIColor redColor];
            break;
        case 1:   // 将应用背景设为绿色
            self.view.backgroundColor = [UIColor greenColor];
            break;
        case 2:   // 将应用背景设为蓝色
            self.view.backgroundColor = [UIColor blueColor];
            break;
        case 3:   // 将应用背景设为紫色
            self.view.backgroundColor = [UIColor purpleColor];
            break;
    }
}
@end
```

执行后的效果如图11-15所示，选择"绿"选项卡后的效果如图11-16所示。

图11-15 执行效果　　　　图11-16 选择"绿"选项卡后的效果

11.2.5 实战演练——使用 UISegmentedControl 控件（Swift 版）

实例11-8	自定义UISegmentedControl控件的样式
源码路径	光盘:\daima\11\UISegmentedControl

打开Xcode 9创建一个名为"UISegmentedControl"的工程，然后编写文件ViewController.swift实现主视图功能，分别设置了3个选项卡显示的内容。文件ViewController.swift的具体实现代码如下所示：

```swift
import UIKit
class ViewController: UIViewController {
    override func viewDidLoad() {
        super.viewDidLoad()
```

```
        var items=["选项1","选项2"] as [AnyObject]
        items.append(UIImage(named: "item03")!)
        let segmented=UISegmentedControl(items:items)
        segmented.center=self.view.center
        segmented.selectedSegmentIndex=1
        segmented.tintColor=UIColor.redColor()
        self.view.addSubview(segmented)
    }
    override func didReceiveMemoryWarning() {
        super.didReceiveMemoryWarning()
        // Dispose of any resources that can be recreated.
    }
}
```

到此为止,整个实例介绍完毕。执行效果如图11-17所示。

图11-17 执行效果

11.3 实战演练——联合使用开关控件和分段控件(双版实现：Objective-C 版)

知识点讲解光盘:视频\知识点\第11章\联合使用开关控件和分段控件（双版实现：Objective-C 版）.mp4

实例11-9	联合使用开关控件和分段控件
源码路径	光盘:\daima\11\Control-Obj

在本实例中联合使用了文本框控件、分段控件、开关控件和图像控件。实例文件ViewController.m 的主要实现代码如下所示:

```
#import "ViewController.h"
@implementation ViewController
- (void)viewDidLoad {
    [super viewDidLoad];
    //滑动条显示数字50
    self.sliderLabel.text = @"50";
}
- (void)didReceiveMemoryWarning {
    [super didReceiveMemoryWarning];
    // Dispose of any resources that can be recreated.
}

- (IBAction)textFieldDoneEditing:(id)sender {
    [sender resignFirstResponder];
}

- (IBAction)backgroundTap:(id)sender {
    [self.nameField resignFirstResponder];
    [self.numberField resignFirstResponder];
}

- (IBAction)sliderChanged:(UISlider *)sender {
    int progress = (int)lroundf(sender.value);
    self.sliderLabel.text = [NSString stringWithFormat:@"%d", progress];
}

- (IBAction)switchChanged:(UISwitch *)sender {
    BOOL setting = sender.isOn;
    [self.leftSwitch setOn:setting animated:YES];
    [self.rightSwitch setOn:setting animated:YES];
}

- (IBAction)toggleControls:(UISegmentedControl *)sender {
    // 0 == switches index
```

```
    if (sender.selectedSegmentIndex == 0) {
        self.leftSwitch.hidden = NO;
        self.rightSwitch.hidden = NO;
        self.doSomethingButton.hidden = YES;
    }
    else {
        self.leftSwitch.hidden = YES;
        self.rightSwitch.hidden = YES;
        self.doSomethingButton.hidden = NO;
    }
}
//按下按钮后的事件处理程序
- (IBAction)buttonPressed:(UIButton *)sender {
    UIAlertController *controller =
        [UIAlertController alertControllerWithTitle:@"Are You Sure?"
            message:nil preferredStyle:UIAlertControllerStyleActionSheet];
    UIAlertAction *yesAction = [UIAlertAction actionWithTitle:@"Yes, I'm sure!"
            style:UIAlertActionStyleDestructive
            handler:^(UIAlertAction *action) {
        NSString *msg;
        if ([self.nameField.text length] > 0) {
            msg = [NSString stringWithFormat:
                @"You can breathe easy, %@, everything went OK.",
                self.nameField.text];
        } else {
            msg = @"You can breathe easy, everything went OK.";
        }
        UIAlertController *controller2 =
                [UIAlertController alertControllerWithTitle:@"Something Was Done"
                    message:msg preferredStyle:UIAlertControllerStyle Alert];
        UIAlertAction *cancelAction = [UIAlertAction actionWithTitle:@"Phew!"
                style: UIAlertActionStyleCancel handler:nil];
        [controller2 addAction:cancelAction];
        [self presentViewController:controller2 animated:YES completion:nil];
    }];
    UIAlertAction *noAction = [UIAlertAction actionWithTitle:@"No way!"
                style:UIAlertActionStyleCancel handler:nil];
    [controller addAction:yesAction];
    [controller addAction:noAction];

    UIPopoverPresentationController *ppc = controller.popoverPresentationController;
    if (ppc != nil) {
        ppc.sourceView = sender;
        ppc.sourceRect = sender.bounds;
    }
    [self presentViewController:controller animated:YES completion:nil];
}
```

执行后的效果如图11-18所示。

图11-18 执行效果

11.4 实战演练——联合使用开关控件和分段控件（双版实现：Swift版）

知识点讲解光盘:视频\知识点\第11章\联合使用开关控件和分段控件（双版实现：Swift版）.mp4

实例11-10	联合使用开关控件和分段控件
源码路径	光盘:\daima\11\Control-Swift

本实例和本章上一个实例11-8的功能完全相同，只是用Swift语言实现而已（程序见光盘）。执行效果如图11-19所示。

图11-19 执行效果

第 12 章 Web视图控件、可滚动视图控件和翻页控件

在本章前面的内容中,已经讲解了iOS应用中基本控件的用法。其实在iOS中还有很多其他控件,例如开关控件、分段控件、Web视图控件和可滚动视图控件等。在本章内容中,将详细讲解Web视图控件、可滚动视图控件和翻页控件的基本用法。

12.1 Web视图(UIWebView)

知识点讲解光盘:视频\知识点\第12章\Web视图(UIWebView).mp4

在iOS应用中,Web视图(UIWebView)为我们提供了更加高级的功能,通过这些高级功能打开了在应用程序中通往一系列全新可能性的大门。在本节的内容中,将详细讲解Web视图控件的基本知识。

12.1.1 Web视图基础

在iOS应用中,我们可以将Web视图视为没有边框的Safari窗口,可以将其加入应用程序中,并以编程方式进行控制。通过使用这个类,可以用免费方式显示HTML、加载网页以及支持两个手指张合与缩放手势。

Web视图还可以用于实现如下类型的文件:
- HTML、图像和CSS;
- Word文档(.doc/.docx);
- Excel电子表格(.xls/.xlsx);
- Keynote演示文稿(.key.zip);
- Numbers电子表格(.numbers.zip);
- Pages文档(.pages.zip);
- PDF文件(.pdf);
- PowerPoint演示文稿(.ppt/.pptx)。

我们可以将上述文件作为资源加入到项目中,并在Web视图中显示它们,也可以访问远程服务器中的这些文件或读取iOS设备存储空间中的这些文件。

在Web视图中,通过一个名为requestWithURL的方法来加载任何URL指定的内容,但是不能通过传递一个字符串来调用它。要想将内容加载到Web视图中,通常使用NSURL和NSURLRequest。这两个类能够操作URL,并将其转换为远程资源请求。为此首先需要创建一个NSURL实例,这通常是根据字符串创建的。例如,要创建一个存储Apple网站地址的NSURL,可以使用如下所示的代码实现:

```
NSURL *appleURL;
appleURL=[NSURL alloc] initWithString:@http://www.apple.com/];
```

创建NSURL对象后,需要创建一个可将其传递给Web视图进行加载的NSURLRequest对象。要根据

NSURL创建一个NSURLRequest对象,可以使用NSURLRequest类的方法requestWithURL,它根据给定的NSURL创建相应的请求对象:

```
[NSURLRequest requestWithURL: appleURL]
```

最后,将该请求传递给Web视图的loadRequest方法,该方法将接管工作并处理加载过程。将这些功能合并起来后,将Apple网站加载到Web视图appleView中的代码类似于下面这样:

```
NSURL *appleURL;
appleURL=[[NSURL alloc] initWithString:@"http://www.apple.com/"];
    [appleView loadRequest:[NSURLRequest requestWithURL: appleURL]];
```

在应用程序中显示内容的另一种方式是,将HTML直接加载到Web视图中。例如将HTML代码存储在一个名为myHTML的字符串中,则可以用Web视图的方法loadHTMLString:baseURL加载并显示HTML内容。假设Web视图名为htmlView,则可编写类似于下面的代码:

```
[htmlView loadHTMLString:myHTML baseURL:nil]
```

1. 控制屏幕中的网页

在iOS应用中,当使用UIWebView控件在屏幕中显示指定的网页后,我们可以设置一些链接来控制访问页,例如"返回上一页""进入下一页"等。此类功能是通过如下方法实现的。

- reload:重新读入页面。
- stopLoading:读入停止。
- goBack:返回前一画面。
- goForward:进入下一画面。

2. 在网页中实现触摸处理

在iOS应用中,当使用UIWebView控件在屏幕中显示指定的网页后,我们可以通过触摸的方式浏览指定的网页。在具体实现时,是通过 webView:shouldStartLoadWithRequest:navigationType方法实现的。NavigationType包括如下所示的可选参数值。

- UIWebViewNavigationTypeLinkClicked:链接被触摸时请求这个链接。
- UIWebViewNavigationTypeFormSubmitted:form被提交时请求这个form中的内容。
- UIWebViewNavigationTypeBackForward:当通过goBack或goForward进行页面转移时移动目标URL。
- UIWebViewNavigationTypeReload:当页面重新导入时导入这个URL。
- UIWebViewNavigationTypeOther:使用loadRequest方法读取内容。

12.1.2 实战演练——在 UIWebView 控件中调用 JavaScript 脚本

实例12-1	在UIWebView控件中调用JavaScript 脚本
源码路径	光盘:\daima\12\OCJavaScript

实例文件ZViewController.m的功能是设置手机端的搜索网址为 m.baidu.com,然后调用JavaScript搜索关键字为"toppr.net"的信息。文件ZViewController.m的具体实现代码如下所示:

```
- (void)viewDidLoad
{
    [super viewDidLoad];
     // Do any additional setup after loading the view, typically from a nib.
    [super viewDidLoad];
    _webview = [[UIWebView alloc] initWithFrame:CGRectMake(0, 0, 320, 460)];
    _webview.backgroundColor = [UIColor clearColor];
    _webview.scalesPageToFit =YES;
    _webview.delegate =self;
    [self.view addSubview:_webview];

    //注意,这里的url为手机端的网址 m.baidu.com, 不要写成 www.baidu.com。
    NSURL *url =[[NSURL alloc] initWithString:@"https://m.baidu.com/"];
```

```
    NSURLRequest *request = [[NSURLRequest alloc] initWithURL:url];
    [_webview loadRequest:request];
    [url release];
    [request release];
}

-(void)webViewDidFinishLoad:(UIWebView *)webView
{
    //程序会一直调用该方法,所以,判断若是第一次加载,就使用自己定义的JavaScript,此后不再调用
//JavaScript,否则会出现网页抖动现象
    if (!isFirstLoadWeb) {
        isFirstLoadWeb = YES;
    }else
        return;
    //给webview添加一段自定义的JavaScript

    [webView stringByEvaluatingJavaScriptFromString:@"var script = document.createElement('script');"
     "script.type = 'text/javascript';"
     "script.text = \"function myFunction() { "

    //注意,这里的Name为搜索引擎的Name,不同的搜索引擎使用不同的Name
    //<input type=\"text\" name=\"word\" maxlength=\"64\" size=\"20\" id=\"word\"/> 百度手机端代码
     "var field = document.getElementsByName('word')[0];"

    //给变量取值,就是我们通常输入的搜索内容,这里为toppr.net
     "field.value='toppr.net';"

     "document.forms[0].submit();"
     "}\";"
     "document.getElementsByTagName('head')[0].appendChild(script);"];
    //开始调用自定义的JavaScript
    [webView stringByEvaluatingJavaScriptFromString:@"myFunction();"];
    //以上内容均参考自互联网
}
```

执行后的效果如图12-1所示。

12.1.3 实战演练——使用滑动条动态改变字体的大小

图12-1 执行效果

实例12-2	使用滑动条动态改变WebView加载网页中的字体的大小
源码路径	光盘:\daima\12\UIWebViewDemo

实例文件ViewController.m 的功能是设置默认显示的网页为http://m.baidu.com,然后定义函数SlideChange,根据滑动滑动条UISlider的值改编网页中的字体大小。文件ViewController.m的具体实现代码如下所示:

```
- (void)viewDidLoad
{
    [super viewDidLoad];
    Slide = [[UISlider alloc] initWithFrame:CGRectMake(50, 10, 1000, 20)];
    [Slide addTarget:self action:@selector(SlideChange) forControlEvents:UIControlEventValueChanged];
    Slide.maximumValue = 1000.0f;
    Slide.minimumValue =10.0f;
    Slide.value = 10.0f;
    [self.view addSubview:Slide];
    _webView = [[UIWebView alloc] initWithFrame:CGRectMake(0,40,1024, 728)];
    _webView.delegate = self;
    [self.view addSubview:_webView];
    NSURL* url = [NSURL URLWithString:@"https://m.baidu.com"];
    NSURLRequest* request = [[NSURLRequest alloc] initWithURL:url];
    [_webView loadRequest:request];
        activityIndicator = [[UIActivityIndicatorView alloc]
initWithFrame:CGRectMake(0.0f,
    0.0f, 40, 50)];
```

```
    activityIndicator.center = self.view.center;
    activityIndicator.backgroundColor = [UIColor grayColor];
    [activityIndicator setActivityIndicatorViewStyle:UIActivityIndicatorViewStyleWhite];
    [activityIndicator startAnimating];
    [self.view addSubview:activityIndicator];
}
-(void)SlideChange//检测滑动条的变化,实现页面放大和缩小
{
    NSString* str1 =[NSString stringWithFormat:@"document.getElementsByTagName('body')[0].style.webkitTextSizeAdjust= '%f%%'",Slide.value];
    [_webView stringByEvaluatingJavaScriptFromString:str1];
}
@end
```

执行后的效果如图12-2所示。滑动滑动条会改编网页中字体的大小,如图12-3所示。

图12-2 执行效果

图12-3 滑动放大后的效果

12.1.4 实战演练——实现一个迷你浏览器工具

实例12-3	实现一个迷你浏览器工具
源码路径	光盘:\daima\12\MyBrowser

本实例的功能是实现一个迷你浏览器工具,可以加载显示指定URL地址的网页信息。

(1)打开Xcode 9,在故事板上方插入一个文本框控件供用户输入URL网址,在下方插入一个WebView控件来显示网页信息,如图12-4所示。

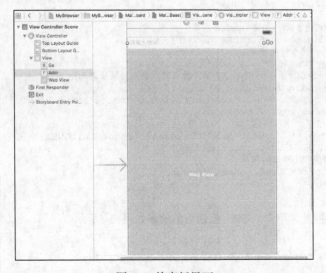

图12-4 故事板界面

(2)实例文件ViewController.m的具体实现代码如下所示:

```objc
- (void)viewDidLoad
{
    [super viewDidLoad];
    // 设置自动缩放网页以适应该控件
    self.webView.scalesPageToFit = YES;
    // 为UIWebView控件设置委托
    self.webView.delegate = self;
    // 创建一个UIActivityIndicatorView控件
    _activityIndicator = [[UIActivityIndicatorView alloc]
        initWithFrame : CGRectMake(0.0f, 0.0f, 32.0f, 32.0f)];
    // 控制UIActivityIndicatorView显示在当前View的中央
    [_activityIndicator setCenter: self.view.center];
    _activityIndicator.activityIndicatorViewStyle
        = UIActivityIndicatorViewStyleWhiteLarge;
    [self.view addSubview : _activityIndicator];
    // 隐藏_activityIndicator控件
    _activityIndicator.hidden = YES;
}
// 当UIWebView开始加载时激发该方法
- (void)webViewDidStartLoad:(UIWebView *)webView
{
    // 显示_activityIndicator控件
    _activityIndicator.hidden = NO;
    // 启动_activityIndicator控件的转动
    [_activityIndicator startAnimating] ;
}
// 当UIWebView加载完成时激发该方法
- (void)webViewDidFinishLoad:(UIWebView *)webView
{
    // 停止_activityIndicator控件的转动
    [_activityIndicator stopAnimating];
    // 隐藏_activityIndicator控件
    _activityIndicator.hidden = YES;
}
// 当UIWebView加载失败时激发该方法
- (void)webView:(UIWebView *)webView didFailLoadWithError:(NSError *)error
{
    // 使用UIAlertView显示错误信息
    UIAlertView *alert = [[UIAlertView alloc] initWithTitle:@""
        message:[error localizedDescription]
        delegate:nil cancelButtonTitle:nil
        otherButtonTitles:@"确定", nil];
    [alert show];
}
- (IBAction)goTapped:(id)sender {
    [self.addr resignFirstResponder];
    // 获取用户输入的字符串
    NSString* reqAddr = self.addr.text;
    // 如果reqAddr不以http://开头,为该用户输入的网址添加http://前缀
    if (![reqAddr hasPrefix:@"https://"]) {
        reqAddr = [NSString stringWithFormat:@"https://%@" , reqAddr];
        self.addr.text = reqAddr;
    }
    NSURLRequest* request = [NSURLRequest requestWithURL:
        [NSURL URLWithString:reqAddr]];
    // 加载指定URL对应的网址
    [self.webView loadRequest:request];
}
@end
```

执行后输入URL网址,单击"GO"按钮后的效果如图12-5所示。

图12-5 执行效果

12.1.5 实战演练——使用 UIWebView 控件加载网页（Swift 版）

实例12-4	加载指定的HTML网页并自动播放网页音乐
源码路径	光盘:\daima\12\AutoPlayInWebView

（1）Xcode 9，在故事板文件Main.storyboard中插入一个Web View控件来加载网页视图，如图12-6所示。

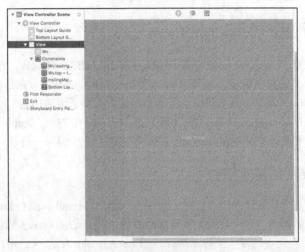

图12-6 故事板界面

（2）网页文件index.html的功能是在线播放MP3文件。

（3）编写文件ViewController.swift，功能是使用UIWebView控件加载指定的HTML网页，实现自动播放网页音乐的功能。具体实现代码如下所示：

```swift
import UIKit

class ViewController: UIViewController, UIWebViewDelegate {

    var _prefix:String = "autoplaytest://"

    @IBOutlet weak var wv: UIWebView!
    override func viewDidLoad() {
        super.viewDidLoad()
        // Do any additional setup after loading the view, typically from a nib.

        let _path:String = Bundle.main.path(forResource:"index", ofType: "html", inDirectory:"sound")!
        wv.loadRequest(NSURLRequest(URL: NSURL(string: _path)!))

        wv.delegate = self
    }

    override func didReceiveMemoryWarning() {
        super.didReceiveMemoryWarning()
        // Dispose of any resources that can be recreated.
    }

    func webView(webView: UIWebView, shouldStartLoadWithRequest request: NSURLRequest,
    navigationType: UIWebViewNavigationType) -> Bool {
        if let _urlstr:String = request.URL?.absoluteString{
            if(_urlstr.hasPrefix(_prefix)){
                let _param = _urlstr.stringByReplacingOccurrencesOfString(_prefix,
                withString: "")
```

```
            wv.stringByEvaluatingJavaScriptFromString("playAudioFn('" + _param + "')")
            return Bool(false)
        }
    }
    return Bool(true)
}
```

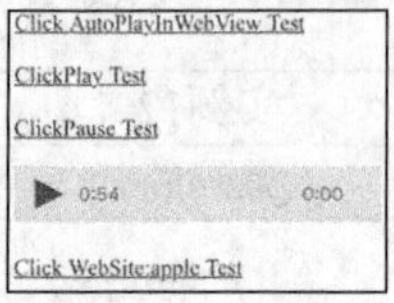

执行后的效果如图12-7所示,单击链接后会播放音乐。

图12-7 执行效果

12.2 可滚动的视图(UIScrollView)

知识点讲解光盘:视频\知识点\第12章\可滚动的视图(UIScrollView).mp4

大家肯定使用过这样的应用程序,它显示的信息在一屏中容纳不下。在这种情况下,使用可滚动视图控件(UIScrollView)来解决。顾名思义,可滚动的视图提供了滚动功能,可显示超过一屏的信息。但是,在让我们能够通过Interface Builder将可滚动视图加入项目中方面,Apple做得并不完美。我们可以添加可滚动视图,但要想让它实现滚动效果,必须在应用程序中编写一行代码。

12.2.1 UIScrollView 的基本用法

在滚动过程当中,其实是在修改原点坐标。当手指触摸后,scroll view会暂时拦截触摸事件,使用一个计时器。假如在计时器到点后没有发生手指移动事件,那么scroll view发送tracking events到被单击的subview。假如在计时器到点前发生了移动事件,那么scroll view取消tracking自己发生滚动。

1. 初始化

一般的组件初始化都可以alloc和init来初始化,这是一段代码初始化:

```
UIScrollView *sv  =[[UIScrollView alloc]
initWithFrame:CGRectMake(0.0, 0.0,self.view.frame.size.width, 400)];
```

一般的初始化也都有很多方法,都可以确定组件的Frame,或者一些属性,比如UIButton的初始化可以确定Button的类型。当然,我比较提倡大家用代码来写,这样比较了解整个代码执行的流程,而不是利用IB来弄布局,确实很多人都用IB来布局会省很多时间,但这个因人而异,我比较提倡纯代码写。

2. 滚动属性

UIScrollView的最大属性就是可以滚动,那种效果很好看,其实滚动的效果主要的原理是修改它的坐标,准确地讲是修改原点坐标,而UIScrollView跟其他组件的都一样,有自己的delegate,在.h文件中要继承UIScrollView的delegate,然后在.m文件的viewDidLoad中设置delegate为self。具体代码如下所示:

```
sv.pagingEnabled = YES;
sv.backgroundColor = [UIColor blueColor];
sv.showsVerticalScrollIndicator = NO;
sv.showsHorizontalScrollIndicator = NO;
sv.delegate = self;
CGSize newSize = CGSizeMake(self.view.frame.size.width * 2, self.view.frame.size.height);
[sv setContentSize:newSize];
[self.view addSubview: sv];
```

在上面的代码中,一定要设置UIScrollView的pagingEnable为YES。不然你就是设置好了其他属性,它还是无法拖动,接下去的分别是设置背景颜色和是否显示水平和竖直拖动条,最后,最重要的是设置其ContentSize, ContentSize的意思就是它所有内容的大小,这个和它的Frame是不一样的,只有ContentSize的大小大于Frame才可以支持拖动。

3. 结合UIPageControl做新闻翻页效果

初始化UIPageControl的方法都很简单,就是上面讲的alloc和init,不过大家要记住的一点就是,如果你定义了全局变量一定要在delloc那里释放掉。

UIPageControl有一个userInteractionEnabled你可以设置它为NO。就是单击的时候它不调用任何方法。然后设置它的currentPage 为0，并把它加到View上去。

接下来是UIScrollView的delegate方法：

- (void)scrollViewDidScroll:(UIScrollView *)scrollView;

在这里可以写上关于UIPageControl的页面设置的算法，具体代码如下：

```
int index = fabs(scrollView.contentOffset.x) /scrollView.frame.size.width;
pageControl.currentPage = index;
```

UIScrollView是iOS中的一个重要的视图，它提供了一个方法，让我们在一个界面中看到所有的内容，从而不必担心因为屏幕的大小有限，必须翻到下一页进行阅览。确实对于用户来说是一个很好的体验。但是，又是如何把所有的内容都加入到scrollView？是简单的addsubView。假如是这样，岂不是scrollView界面上要放置很多的图形、图片？移动设备的显示设备肯定不如PC，怎么可能放得下如此多的视图？所以，在使用scrollView中一定要考虑这个问题，当某些视图滚动出可见范围的时候，应该怎么处理？苹果公司的UITableView就很好地展示了在UIScrollView中如何重用可视的空间，减少内存的开销。

UIScrollView类支持显示比屏幕更大的应用窗口的内容。它通过挥动手势，能够使用户滚动内容，并且通过捏合手势缩放部分内容。UIScrollView是UITableView和UITextView的超类。

UIScrollView的核心理念是，它是一个可以在内容视图之上调整自己原点位置的视图。它根据自身框架的大小，剪切视图中的内容，通常框架是和应用程序窗口一样大。一个滚动的视图可以根据手指的移动，调整原点的位置，展示内容的视图；根据滚动视图的原点位置，开始绘制视图的内容。这个原点位置就是滚动视图的偏移量。ScrollView本身不能绘制，除非显示水平和竖直的指示器。滚动视图必须知道内容视图的大小，以便于知道什么时候停止。一般而言，当滚动出内容的边界时，它就返回了。

12.2.2 实战演练——使用可滚动视图控件

我们知道，iPhone设备的界面空间有限，所以，经常会出现不能完全显示信息的情形。在这个时候，滚动控件UIScrollView就可以发挥它的作用，使用后可在添加控件和界面元素时不受设备屏幕边界的限制。在本节将通过一个演示实例的实现过程来讲解使用UIScrollView控件的方法。

实例12-5	使用可滚动视图控件
源码路径	光盘:\daima\12\gun

1．创建项目

本实例包含了一个可滚动视图（UIScrollView），并在Interface Builder编辑器中添加了超越屏幕限制的内容。首先使用模板Single View Application创建一个项目，并将其命名为"gun"。在这个项目中，将可滚动视图（UIScrollView）作为子视图加入到MainStoryboard.storyboard中现有的视图（UIView）中，如图12-8所示。

在这个项目中，只需设置可滚动视图对象的一个属性即可。为了访问该对象，需要创建一个与之关联的输出口，我们将把这个输出口命名为theScroller。

2．设计界面

首先打开该项目的文件MainStoryboard.storyboard，并确保文档大纲区域可见，方法是，依次选择菜单Editor>Show Document Outline命令。接下来开始讲解添加可滚动视图的方法。依次选择菜单View>Utilities>Show Object Library打开对象库，将一个可滚动视图（UIScrollView）实例拖曳到视图中。将其放在喜欢的位置，并在上方添加一个标题为Scrolling View的标签，这样可以避免忘记创建的是什么。

将可滚动视图加入到视图后，需要使用一些东西填充它。通常，编写计算对象位置的代码来将其加入到可滚动视图中。首先，将添加的每个控件拖曳到可滚动视图对象中，在本实例中添加了6个标签。

我们可以继续使用按钮、图像或通常将加入到视图中的其他任何对象。

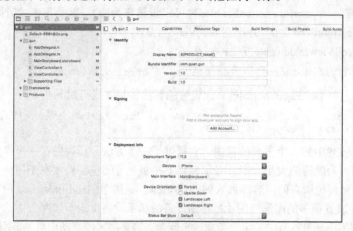

图12-8 创建的工程

将对象加入可滚动视图中后还有如下两种方案可供选择。
- 可以选择对象，然后使用箭头键将对象移到视图可视区域外面的大致位置。
- 可以依次选择每个对象，并使用Size Inspector（Option+Command+5）手工设置其x和y坐标，如图12-9所示。

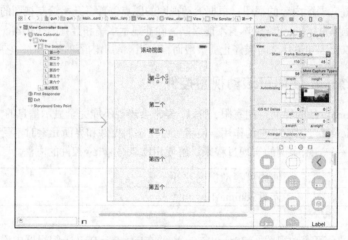

图12-9 设置每个对象的x和y坐标

提示：对象的坐标是相对于其所属视图的。在这个示例中，可滚动视图的左上角的坐标为(0,0)，即原点。

为了帮助我们放置对象，下面是6个标签的左边缘中点的x和y坐标。如果应用程序将在iPhone上运行，可以使用如下数字进行设置。
- Label 1：110, 45。
- Label 2：110, 125。
- Label 3：110, 205。
- Labe14：110, 290。
- Label 5：110, 375。
- Label 6：110, 460。

如果应用程序将在iPad上运行，可以使用如下数字进行设置。

❑ Label 1：360, 130。
❑ Label 2：360, 330。
❑ Label 3：360, 530。
❑ Labe14：360, 730。
❑ Label 5：360, 930。
❑ Label 6：360, 1130。

从图12-10所示的最终视图可知，第6个标签不可见，要看到它，需要进行一定的滚动。

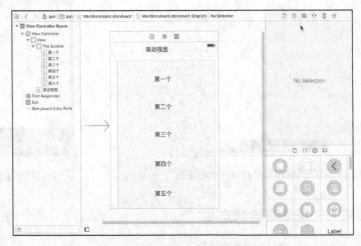

图12-10 最终的界面效果

3．创建并连接输出口和操作

本实例只需要一个输出口，并且不需要任何操作。为了创建这个输出口，需要先切换到助手编辑器界面。如果需要腾出更多的控件，需要隐藏项目导航器。按住Control键，从可滚动视图拖曳到文件ViewController.h中编译指令@interface下方。

在Xcode提示时，创建一个名为theScroller的输出口，如图12-11所示。

到此为止，需要在Interface Builder编辑器中完成的工作全部完成，接下来需要切换到标准编辑器，显示项目导航器，再对文件ViewController.m进行具体编码。

4．实现应用程序逻辑

如果此时编译并运行程序，不具备滚动功能，这是因为还需指出其滚动区域的水平尺寸和垂直尺寸，除非可滚动视图知道自己能够滚动。为了给可滚动视图添加滚动功能，需要将属性contentSize设置为一个CGSize值。CGSize是一个简单的C语言数据结构，它包含高度和宽度，可使用函数CGSize(<width>，<height>)轻松地创建一个这样的对象。例如，要告诉该可滚动视图（theScroller）可水平和垂直分别滚动到280点和600点，可编写如下代码：

```
self.theScroller.contentSize=CGSizeMake (280.0,600.0);
```

我们并非只能这样做，但我们愿意这样做。如果进行的是iPhone开发，需要实现文件ViewController.m中的方法viewDidLoad，其实现代码如下所示：

```
- (void)viewDidLoad
{
    self.theScroller.contentSize=CGSizeMake(280.0,600.0);
    [super viewDidLoad];
       // Do any additional setup after loading the view, typically from a nib.
}
```

如果正在开发的是一个iPad项目，则需要增大contentSize的设置，因为iPad屏幕更大。所以，要在调用函数CGSizeMake时传递参数900.0和1500.0，而不是280.0和600.0。

在这个示例中，我们使用的宽度正是可滚动视图本身的宽度。为什么这样做呢？因为，我们没有理由进行水平滚动。选择的高度旨在演示视图能够滚动。换句话说，这些值可随意选择，您根据应用程序包含的内容选择最佳的值即可。

到此为止，整个实例介绍完毕。单击Xcode工具栏中的按钮Run，执行后的效果如图12-12所示。

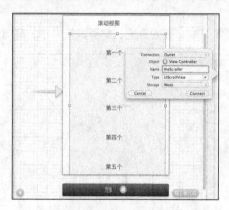
图12-11 创建到输出口theScroller的连接

图12-12 执行效果

12.2.3 实战演练——滑动隐藏状态栏

实例12-6	滑动隐藏状态栏
源码路径	光盘:\daima\12\APExtendedScrollView

本实例的功能是当滑动 UIScrollView 时，UIPageControl 出现在状态栏（UIStatusBar）上，并且遮挡住状态栏。当UIScrollView 滚动结束时，UIPageControl 消失，状态栏重新出现。

（1）实例文件APScrollView.m用于实现滚动特效功能。

（2）文件APDemoViewController.m功能是调用上面的特效功能，通过函数viewDidLoad加载显示滚动信息（源程序见光盘）。

12.2.4 实战演练——使用 UIScrollView 控件（Swift 版）

实例12-7	使用UIScrollView控件
源码路径	光盘:\daima\12\UIScrollView

实例文件ViewController.swift的功能是在视图中追加显示指定位置的3幅图像，使用UIScrollView控件来滚动显示展示的图片。文件ViewController.swift的主要实现代码如下所示：

```
import UIKit

class ViewController: UIViewController {
    
    override func viewDidLoad() {
        super.viewDidLoad()
        
        //设置UIImage的素材位置
        let img1 = UIImage(named:"img1.jpg");
        let img2 = UIImage(named:"img2.jpg");
        let img3 = UIImage(named:"img3.jpg");
        
        //UIImageView中添加图像
        let imageView1 = UIImageView(image:img1)
        let imageView2 = UIImageView(image:img2)
```

```
        let imageView3 = UIImageView(image:img3)
        
        //UIScrollView滚动
        let scrView = UIScrollView()
        
        //表示位置
        scrView.frame = CGRectMake(50, 50, 240, 240)
        
        //所有视图大小
        scrView.contentSize = CGSizeMake(240*3, 240)
        
        //UIImageView坐标位置
        imageView1.frame = CGRectMake(0, 0, 240, 240)
        imageView2.frame = CGRectMake(240, 0, 240, 240)
        imageView3.frame = CGRectMake(480, 0, 240, 240)
        
        //在view中追加图像
        self.view.addSubview(scrView)
        scrView.addSubview(imageView1)
        scrView.addSubview(imageView2)
        scrView.addSubview(imageView3)
        
        // 设置图像边界
        scrView.pagingEnabled = true
        
        //设置scroll画面的初期位置
        scrView.contentOffset = CGPointMake(0, 0);
    }
    override func didReceiveMemoryWarning() {
        super.didReceiveMemoryWarning()
    }
}
```

执行后将在屏幕中显示指定位置的图像，效果如图12-13所示。左右触摸屏幕中的图像时，会展示另外的素材图片，如图12-14所示。

图12-13 执行效果

图12-14 显示另外的图片

12.3 翻页控件（UIPageControl）

知识点讲解光盘:视频\知识点\第12章\翻页控件（UIPageControl）.mp4

在开发iOS应用程序的过程中，经常需要翻页功能来显示内容过多的界面，其目的和滚动控件类似。iOS应用程序中的翻页控件是PageControll，在本节的内容中，将详细讲解PageControll控件的基本知识。

12.3.1 PageControll 控件基础

UIPageControl控件在iOS应用程序中出现得比较频繁，尤其在和UIScrollView配合来显示大量数据时，会使用它来控制UIScrollView的翻页。在滚动ScrollView时可通过PageControl中的小白点来观察当前页面的位置，也可通过单击PageContrll中的小白点来滚动到指定的页面，例如图12-15中的小白点。

如图12-15所示的曲线图和表格便是由ScrollView加载两个控件（UIWebView 和 UITableView）使用其翻页属性实现的页面滚动。而PageControll当配合角色，页面滚动小白点会跟着变化位置，而单击小白点，ScrollView会滚动到指定的页面。

其实分页控件是一种用来取代导航栏的可见指示器，方便手势直接翻页，最典型的应用便是iPhone的主屏幕，当图标过多会自动增加页面，在屏幕底部你会看到原点，用来指示当前页面，并且会随着翻页自动更新。

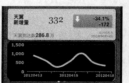 

图12-15 小白点

12.3.2 实战演练——自定义 UIPageControl 控件的外观样式

实例12-8	自定义 UIPageControl 控件的外观样式
源码路径	光盘:\daima\12\MCPagerView

本实例的功能是自定义UIPageControl 控件的外观样式，使用自定义的图片代替 UIPageControl 中的小点。

（1）启动Xcode 9创建一个iOS工程，在"Assets"目录中保存本项目需要的素材图片，在文件MCPagerView.h中定义了自定义样式的接口和功能函数。

（2）文件MCPagerView.m是文件的MCPagerView.h具体实现，设置使用自定义的图片来代替UIPageControl 中的小点（程序见光盘）。

（3）文件ViewController.m功能是调用上面的样式文件，在界面中显示自定义的分页，具体实现代码如下所示：

```
- (void)viewDidLoad
{
    [super viewDidLoad];

    // 滚动视图
    for (int i=0; i<6; i++) {
        CGRect frame = CGRectMake(scrollView.frame.size.width * i,
                                  0,
                                  scrollView.frame.size.width,
                                  scrollView.frame.size.height);
        UILabel *label = [[UILabel alloc] initWithFrame:frame];
        label.textAlignment = UITextAlignmentCenter;
        label.font = [UIFont systemFontOfSize:144.0];
        label.text = [NSString stringWithFormat:@"%d", i];

        [scrollView addSubview:label];
    }

    scrollView.contentSize = CGSizeMake(scrollView.frame.size.width * 6, scrollView.frame.size.height);
    scrollView.delegate = self;
    // 分页
    [pagerView setImage:[UIImage imageNamed:@"a"]
        highlightedImage:[UIImage imageNamed:@"a-h"]
                  forKey:@"a"];
    [pagerView setImage:[UIImage imageNamed:@"b"]
        highlightedImage:[UIImage imageNamed:@"b-h"]
                  forKey:@"b"];
    [pagerView setImage:[UIImage imageNamed:@"c"]
        highlightedImage:[UIImage imageNamed:@"c-h"]
                  forKey:@"c"];
    [pagerView setPattern:@"abcabc"];
    pagerView.delegate = self;
}
```

```objc
//更新页
- (void)updatePager
{
    pagerView.page = floorf(scrollView.contentOffset.x / scrollView.frame.size.widt
h);
}
- (void)scrollViewDidEndDecelerating:(UIScrollView *)scrollView
{
    [self updatePager];
}
- (void)scrollViewDidEndDragging:(UIScrollView *)scrollView willDecelerate:(BOOL)decelerate
{
    if (!decelerate) {
        [self updatePager];
    }
}
//页码视图
- (void)pageView:(MCPagerView *)pageView didUpdateToPage:(NSInteger)newPage
{
    CGPoint offset = CGPointMake(scrollView.frame.size.width * pagerView.page, 0);
    [scrollView setContentOffset:offset animated:YES];
}
- (void)viewDidUnload
{
    pagerView = nil;
    scrollView = nil;
    [super viewDidUnload];
}
- (BOOL)shouldAutorotateToInterfaceOrientation:(UIInterfaceOrientation)interfaceOrientat
ion
{
    return (interfaceOrientation == UIInterfaceOrientationPortrait);
}
@end
```

运行程序后可以通过滑动屏幕的方式进行翻页，执行效果如图12-16所示。

12.3.3 实战演练——实现一个图片播放器

图12-16 执行效果

实例12-9	实现一个图片播放器
源码路径	光盘:\daima\12\UIScrollView-UIPageControl

本实例的功能是使用UIScrollView和UIPageControl实现一个图片播放器，具有定时滚动功能。实例文件ViewController.m的具体实现代码如下所示：

```objc
@implementation ViewController
- (void)viewDidLoad {
    [super viewDidLoad];
    UIScrollView *scrollView = [[UIScrollView alloc]init];
    CGFloat scrollViewW = screenW-10;
    scrollView.frame = CGRectMake(5, 5, scrollViewW,180);
    [self.view addSubview:scrollView];
    scrollView.contentSize = CGSizeMake(scrollViewW*numImageCount, 0);
    scrollView.contentInset = UIEdgeInsetsMake(0, 20, 0, 20);
    scrollView.showsHorizontalScrollIndicator = NO;
    scrollView.delegate = self;
    scrollView.pagingEnabled = YES;
    self.scrollView = scrollView;
    for (int i = 0; i < numImageCount; i++) {
        UIImageView *imageView = [[UIImageView alloc]init];
        CGFloat imageViewY = 0;
        CGFloat imageViewW = scrollViewW;
        CGFloat imageViewH = 200;
        CGFloat imageViewX = i * imageViewW;
        imageView.frame = CGRectMake(imageViewX, imageViewY, imageViewW, imageViewH);
```

第12章 Web视图控件、可滚动视图控件和翻页控件

```objc
        [self.scrollView addSubview:imageView];
        NSString *name = [NSString stringWithFormat:@"function_guide_%d",i+1];
        imageView.image = [UIImage imageNamed:name];
    }
    UIPageControl *pageControl = [[UIPageControl alloc]init];
    CGFloat pageW = 60;
    CGFloat pageH = 30;
    CGFloat pageX = screenW /2- pageW/2;
    CGFloat pageY = 160;
    pageControl.frame = CGRectMake(pageX, pageY, pageW, pageH);
    //设置pagecontrol的总页数
    pageControl.numberOfPages = 5;
    pageControl.currentPageIndicatorTintColor = [UIColor redColor];
    pageControl.pageIndicatorTintColor = [UIColor whiteColor];
    [self.view addSubview:pageControl];
    self.pageControl = pageControl;
    [self addTimer];
}
-(void)playImage
{
    //增加pageControl的页码
    long page = 0;
    if (self.pageControl.currentPage == numImageCount-1) {
        page = 0;
    }else{
        page = self.pageControl.currentPage+1;
    }
    //计算scrollView的滚动位置
    CGFloat offsetX = page * self.scrollView.frame.size.width;
    CGPoint offset = CGPointMake(offsetX, 0);
    [self.scrollView setContentOffset:offset animated:YES];
}
-(void)scrollViewDidScroll:(UIScrollView *)scrollView
{
    CGFloat scrollW = scrollView.frame.size.width;
    CGFloat width = scrollView.contentOffset.x;
    int page = (width  + scrollW * 0.5) / scrollW;
    self.pageControl.currentPage = page;
}
-(void)scrollViewWillBeginDecelerating:(UIScrollView *)scrollView
{
    //停止定时器,定时器停止了就不能使用了
    [self.timer invalidate];
    self.timer = nil;
}
- (void)scrollViewDidEndDragging:(UIScrollView *)scrollView willDecelerate:(BOOL)decelerate
{
    //开启定时器
    [self addTimer];
}
-(void)addTimer
{
    //添加定时器
    self.timer = [NSTimer scheduledTimerWithTimeInterval:1.0 target:self selector:@selector(playImage) userInfo:nil repeats:YES];
    //消息循环,添加到主线程
    //默认没有优先级
    //extern NSString* const NSDefaultRunLoopMode;
    //提高优先级
    //extern NSString* const NSRunLoopCommonModes;
    [[NSRunLoop currentRunLoop] addTimer:self.timer forMode:NSRunLoopCommonModes];
}
@end
```

执行后的效果如图12-17所示。

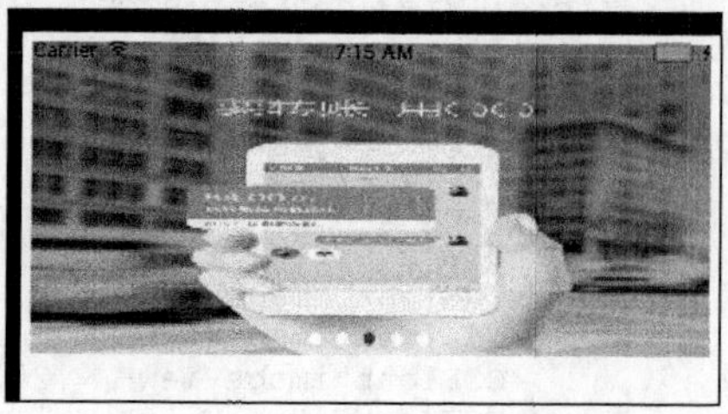

图12-17 执行效果

12.3.4 实战演练——实现一个图片浏览程序

实例12-10	实现一个图片浏览程序
源码路径	光盘:\daima\12\UIPageControlTest

实例文件PageViewController.m的功能是设置分页的数目,具体实现代码如下所示:

```
#import "PageViewController.h"
@implementation PageController
- (id)initWithPageNumber:(NSInteger)pageNumber
{
    self = [super initWithNibName:nil bundle:nil];
    if (self)
    {
      self.label = [[UILabel alloc] initWithFrame:
        CGRectMake(260 , 10 , 60 , 30)];
      self.label.backgroundColor = [UIColor clearColor];
      self.label.textColor = [UIColor redColor];
      self.label.text = [NSString stringWithFormat:@"第[%ld]页"
        , pageNumber + 1];
      [self.view addSubview:self.label];
      self.bookLabel = [[UILabel alloc] initWithFrame:
        CGRectMake(0, 30, CGRectGetWidth(self.view.frame), 60)];
      self.bookLabel.textAlignment = NSTextAlignmentCenter;
      self.bookLabel.numberOfLines = 2;
      self.bookLabel.font = [UIFont systemFontOfSize:24];
      self.bookLabel.backgroundColor = [UIColor clearColor];
      self.bookLabel.textColor = [UIColor blueColor];
      [self.view addSubview:self.bookLabel];
      self.bookImage = [[UIImageView alloc] initWithFrame:
        CGRectMake(0, 90, CGRectGetWidth(self.view.frame), 320)];
      self.bookImage.contentMode = UIViewContentModeScaleAspectFit;
      [self.view addSubview:self.bookImage];
    }
    return self;
}
@end
```

12.3.5 实战演练——使用 UIPageControl 控件设置 4 个界面(Swift 版)

实例12-11	使用UIPageControl控件设置4个界面
源码路径	光盘:\daima\12\UIPageControl

(1)使用Xcode 9创建一个名为"MyFirstSwiftTest"的工程,在故事板文件Main.storyboard中插入UIPageControl控件来控制3个视图控制器,如图12-18所示。

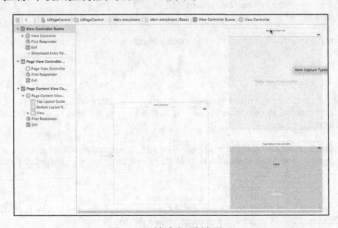

图12-18 故事板设计界面

（2）编写实例文件ViewController.swift，使用UIPageControl控件设置在4个界面之间进行切换。具体实现代码如下所示：

```swift
import UIKit
class ViewController: UIViewController, UIPageViewControllerDataSource, UIPageViewControllerDelegate {
    
    let pageTitles = ["Title 1", "Title 2", "Title 3", "Title 4"]
    var images = ["long3.png","long4.png","long1.png","long2.png"]
    var count = 0
    var pageViewController : UIPageViewController!
    func reset() {
        pageViewController = self.storyboard?.instantiateViewControllerWithIdentifier("PageViewController") as! UIPageViewController
        self.pageViewController.dataSource = self
        let pageContentViewController = self.viewControllerAtIndex(0)
        self.pageViewController.setViewControllers([pageContentViewController!], direction: UIPageViewControllerNavigationDirection.Forward, animated: true, completion: nil)
        self.pageViewController.view.frame = CGRectMake(0, 0, self.view.frame.width, self.view.frame.height - 30)
        self.addChildViewController(pageViewController)
        self.view.addSubview(pageViewController.view)
        self.pageViewController.didMoveToParentViewController(self)
    }
    override func viewDidLoad() {
        super.viewDidLoad()
        reset()
        setupPageControl()
    }
    override func didReceiveMemoryWarning() {
        super.didReceiveMemoryWarning()
        // Dispose of any resources that can be recreated.
    }
    func pageViewController(pageViewController: UIPageViewController, viewControllerBeforeViewController viewController: UIViewController) -> UIViewController? {
        var index = (viewController as! PageContentViewController).pageIndex!
        if (index <= 0) {
            return nil
        }
        index--
        return self.viewControllerAtIndex(index)
        
    }
    func pageViewController(pageViewController: UIPageViewController, viewControllerAfterViewController viewController: UIViewController) -> UIViewController? {
        
        var index = (viewController as! PageContentViewController).pageIndex!
        index++
        if(index >= self.images.count){
            return nil
        }
        return self.viewControllerAtIndex(index)
        
    }
    
    func viewControllerAtIndex(index : Int) -> UIViewController? {
        if((self.pageTitles.count == 0) || (index >= self.pageTitles.count)) {
            return nil
        }
        let pageContentViewController = self.storyboard?.instantiateViewControllerWithIdentifier("PageContentViewController") as! PageContentViewController
        
        pageContentViewController.imageName = self.images[index]
        pageContentViewController.titleText = self.pageTitles[index]
        pageContentViewController.pageIndex = index
        return pageContentViewController
```

```
    }
    // page indicator
    private func setupPageControl() {
        let appearance = UIPageControl.appearance()
        appearance.pageIndicatorTintColor = UIColor.grayColor
        appearance.currentPageIndicatorTintColor = UIColor.whiteColor
        appearance.backgroundColor = UIColor.darkGrayColor
    }

    func presentationCountForPageViewController(pageViewController:
UIPageViewController)
    -> Int {
        return images.count
    }

    func presentationIndexForPageViewController(pageViewController:
UIPageViewController)
    -> Int {
        return 0
    }
}
```

执行效果如图12-19所示。

第一个界面

切换到第三个界面

图12-19 执行效果

12.4 实战演练——联合使用开关、分段控件和 Web 视图控件（双语实现：Objective-C 版）

知识点讲解光盘:视频\知识点\第12章\联合使用开关、分段控件和Web视图控件(双语实现：Objective-C版).mp4

在本节将通过一个演示实例的实现过程，来讲解联合使用Web视图、分段和开关控件的方法。本演示项目的功能是获取FloraPhotogra*.com的花朵照片和花朵信息。该应用程序让用户轻按分段控件（ljLSegmentedControll）中的一种花朵颜色，然后从网站FloraPhotogra*.com取回一朵这样颜色的花朵，并在Web视图中显示它，随后用户可以使用开关UISwitch来显示和隐藏另一个视图，该视图包含有关该花朵的详细信息。最后，一个标准按钮（UIButton）让用户能够从网站取回另一张当前选定颜色的花朵照片。

实例12-12	使用可滚动视图控件
源码路径	光盘:\daima\12\lianhe-Obj

12.4.1 创建项目

启动Xcode 9创建一个简单的应用程序结构,它包含一个应用程序委托、一个窗口、一个视图(在故事板场景中定义的)和一个视图控制器。几秒钟后,项目窗口将打开。同以前一样,这里的重点也是视图(已包含在MainStoryboard.storyboard中)和视图控制器类ViewController,如图12-20所示。

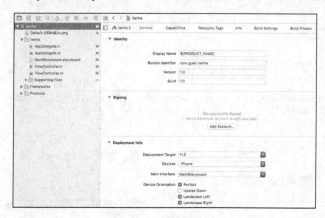

图12-20 创建的工程

要创建这个基于Web的图像查看器,需要3个输出口和两个操作。分段控件将被连接到一个名为colorChoice的输出口,因为我们将使用它来确定用户选择的颜色。包含花朵图像的Web视图将连接到输出口flowerView,而包含详细信息的Web视图将连接到输出口 flowerDetailView。

应用程序必须使用操作来完成两项工作:获取并显示一幅花朵图像以及"显示/隐藏"有关花朵的详细信息,其中前者将通过操作getFlower来完成,而后者将使用操作toggleFlowerDetail来处理。

12.4.2 设计界面

首先需要为设计UI配置好Xcode工作区:选择MainStoryboard.storyboard,在Interface Builder编辑器中打开它。

1. 添加分段控件

要在用户界面中添加分段控件,需要依次选择菜单View>Utilities>Object Library打开对象库,找到分段控件对象(UISegmentedControl),并将其拖曳到视图中。将它放在视图顶部附近并居中。由于该控件最终将用于选择颜色,单击并拖曳一个标签(UILabel)到视图中,将其放在分段控件的上方,并将其文本改为"选择一种颜色"。

在默认情况下,分段控件有两段,其标题分别为First和Second。可双击这些标题并在视图中直接编辑它们,但这不太能够满足我们的要求。在这个项目中,我们需要一个有4段的分段控件,每段的文本分别为红、绿、黄和蓝,这些是用户通过请求网站FloraPhotographs获取的花朵颜色。显然,要提供所有这些选项,还需添加几段。

(1)添加并配置分段

分段控件包含的分段数可在Attributes Inspector中配置。为此,选择您添加到视图中的分段控件,并按Option+ Command+4打开Attributes Inspector。然后在文本框Segments中,将数字从2增加到4,您将立刻能够看到新增的段。在该检查器中,文本框Segments下方有一个下拉列表,从中可选择每个段。您可通过该下拉列表选择一段,再在Title文本框中指定其标题。我们还可以添加图像资源,并指定每段显示的图像。

(2)指定分段控件的外观

在Attributes Inspector中,除颜色和其他属性外,还有4个指定分段控件样式的选项,在属性下拉列

12.4 实战演练——联合使用开关、分段控件和Web视图控件（双语实现：Objective-C版）

表Style中选择Plain、Bordered、Bar或Bezeled。

就这个项目而言，您可根据自己的喜好选择任何一种样式，但我选择的是Plain。现在，分段控件包含表示所有颜色的标题，还有一个配套标签帮助用户了解其用途。

（3）调整分段控件的大小

分段控件的外观在视图中很可能不合适。为使其大小更合适，可使用控件周围的手柄放大或缩小它。另外，还可使用Size Inspector（Option+Command+5）中的Width选项调整每段的宽度，如图12-21所示。

2．添加开关

接下来要添加的UI元素是开关（UISwitch）。本实例中的开关的功能是，显示和隐藏包含花朵详细信息的Web视图（flowerDetailView）。为了添加这个开关，需要从Library将开关（UISwitch）拖放到视图中，并将它放在屏幕的右边缘，并位于分段控件下方。

图12-21 使用Size Inspector调整每个分段的宽度

与分段控件一样，通过一个屏幕标签提供基本的使用指南很有帮助。为此，将一个标签（UILabel）拖曳到视图中，并将其放在开关左边，再将其文本改为"Show Photo Details"。此时的开关只有两个选项：默认状态是开还是关。通常我们加入到视图中的开关的默认状态为ON，但是，如果想将其默认状态设置为OFF。需要修改这个默认状态，选择开关并按Option+Command+4打开Attributes Inspector，再使用下拉列表State将默认状态改为OFF。到此为止，就完成了开关的设置工作。

3．添加Web视图

本实例依赖于如下两个Web视图。

- 一个显示花朵图像。
- 另一个显示有关花朵的详细信息（可显示/隐藏它）。包含详细信息的Web视图将显示在图像上面，因此，首先添加主Web视图flowerView。

要在本实例中添加Web视图（UIWebView），在对象库中找到它并拖曳到视图中。Web视图将显示一个可调整大小的矩形，我们可以通过拖曳的方式将其放到任何地方。由于这是将在其中显示花朵图像的Web视图，因此将其上边缘放在屏幕中央附近，再调整大小，使其宽度与设备屏幕相同，且完全覆盖视图的下半部分。

重复上述操作，添加另一个用于显示花朵详细信息的Web视图（flowerDetailView），但将其高度调整为大约0.5英寸，将其放在屏幕底部并位于flowerView的上面，如图12-22所示。

此时可以在文档大纲区域拖曳对象，以调整堆叠顺序。元素离层次结构顶部越近，就越排在后面。

此时只可以配置很少的Web视图属性，要想访问Web视图的属性，需要先选择添加的Web视图之一，再按Option+Command+4打开Attributes Inspector，如图12-23所示。

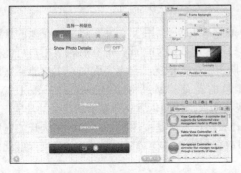

图12-22 在视图中添加两个Web视图（UIWebView）

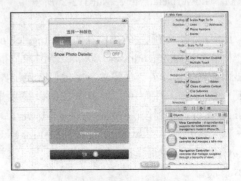

图12-23 配置Web视图的行为

在此有两类复选框可供选择：Scaling（缩放）和Detection（检测），其中检测类复选框包括Phone Number（电话号码）、Address（地址）、Events（事件）和Link（链接）。如果选中了复选框Scales Page to Fit，大网页将缩小到与您定义的区域匹配；如果选中了检测类复选框，iOS数据检测器将发挥作用，给它认为是电话号码、地址、日期或Web链接的内容添加下划线。

对于Web视图flowerView，我们肯定希望图像缩放到适合它。因此，选择该Web视图，并在Attributes Inspector中选中复选框Scales Page to Fit。

对于第二个Web视图，我们不希望使用这种设置，因此选择应用程序中显示花朵详细信息的Web视图，并使用Attributes Inspector确保不会进行缩放。另外，您可能还想修改该Web视图的属性，使其Alpha值大约为0.65。这样，在照片上面显示详细信息时，将生成漂亮的透明效果。

4. 完成界面设计

现在，该界面只缺少一个按钮（UIButton），它让用户能够随时手工触发getFlower方法。如果没有该按钮，则在需要看到新花朵图像时，用户必须使用分段控件切换颜色。该按钮只是触发一个操作（getFlower），只需拖放一个按钮到视图中，并将它放在屏幕中央（Web视图上方），将该按钮的标题改为"获取图片"。

12.4.3 创建并连接输出口和操作

在这个项目中，需要连接的界面元素有分段控件、开关、按钮和Web视图。需要的输出口包括如下3项。

- 用于指定颜色的分段控件（UISegmentedControl）：colorChoice。
- 显示花朵本身的Web视图（UIWebView）：flowerView。
- 显示花朵详细信息的Web视图（UIWebView）：flowerDetailView。

需要的操作包括如下两项。

- 在用户单击Get New Flower按钮时获取新花朵：getFlower。
- 根据开关的设置显示/隐藏花朵详细信息：toggleFlowerDetail。

接下来开始准备好工作区，要确保选择了MainStoryboard.storyboard后再打开助手编辑器。如果空间不够，隐藏项目导航器和文档大纲区域。这里假定您熟悉该流程，因此从现在开始，将快速介绍连接的创建。毕竟这不过是单击、拖曳并连接而已。

1. 添加输出口

首先按住Control键，并从用于选择颜色的分段控件拖曳到文件ViewController.h中编译指令@interface的下方。在Xcode提示时，将连接类型设置为输出口，将名称设置为colorChoice，保留其他设置为默认值。这让我们能够在代码中轻松地获悉当前选择的颜色。

继续生成其他的输出口。将主（较大的）Web视图连接到输出口flowerView，方法是按住Control键，并将它拖曳到ViewController.h中编译指令@property下方。最后，以同样的方式将第二个Web视图连接到输出口flowerDetailView，如图12-24所示。

2. 添加操作

此应用程序UI触发的操作有两个：toggleFlowerDetailgetFlower，用于"隐藏/显示"花朵的详细信息；标准按钮触发getFlower，以加载新图像。很简单，不是吗？确实如此，但有时除了用户可能执行的显而易见的操作外，还需要考虑他们在使用界面时期望发生的情况。在本实例中，用户能够立即意识到他们可选一种颜色，再单击按钮以显示这种颜色的花朵。通过将UISegmentedControl的Value Changed事件连接到按钮触发的方法getFlower，可实现在用户选择颜色后立即显示新花朵的功能。

首先将开关（UISwitch）连接到操作toggleFlowerDetail，方法是按住Control键，并从开关拖曳到ViewController.h中编译指令@property下方。这样可以确保操作由事件Value Changed触发，如图12-25所示。

12.4 实战演练——联合使用开关、分段控件和Web视图控件（双语实现：Objective-C版）

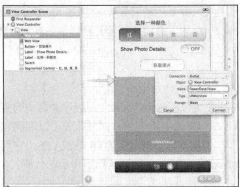

图12-24 将Web视图连接到合适的输出口　　　　图12-25 并将事件指定为ValueChanged

接下来按住Control键，从按钮拖曳到刚创建的IBAction代码行下方。在Xcode提示时配置一个新的操作getFlower，并将触发事件指定为Touch Up Inside。最后还需要将分段控件（UISegjnentedControl）连接到新添加的操作getFlower，并将触发事件指定为Value Changed，这样用户只需选择颜色就将加载新的花朵图像。

为此，切换到标准编辑器，并确保文档大纲区域可见（选择菜单Editor>Show Document Outline）。选择分段控件，并按Option+Command+6组合键（或选择菜单View>Utilities>Connections Inspector）打开Connections Inspector。再从Value Changed旁边的圆圈拖曳到文档大纲区域中的View Control图标，如图12-26所示。然后松开鼠标，并在Xcode提示时选择getFlower。这样将分段控件的Value Changed事件连接到了方法getFlower。

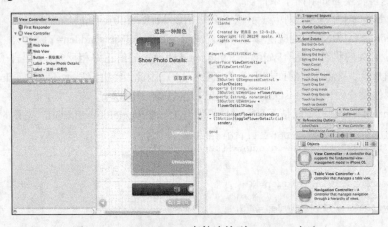

图12-26 Value Changed事件连接到getFlower方法

设计好界面并建立连接后，接口文件ViewController.h的代码如下所示：

```
#import <UIKit/UIKit.h>
@interface ViewController : UIViewController
@property (strong, nonatomic) IBOutlet UISegmentedControl *colorChoice;
@property (strong, nonatomic) IBOutlet UIWebView *flowerView;
@property (strong, nonatomic) IBOutlet UIWebView *flowerDetailView;
- (IBAction)getFlower:(id)sender;
- (IBAction)toggleFlowerDetail:(id)sender;
@end
```

12.4.4 实现应用程序逻辑

视图控制器需要通过两个操作方法实现如下两个功能。

（1）toggleflowerDetailView：判断开关的状态是开还是关，并显示或隐藏Web视图flowerDetailView。

（2）getFlower：将一副花朵图像加载到Web视图flowerView中，并将这个照片的详细信息加载到Web视图flowerDetailView中。

下面首先编写方法toggleFlowerDetail。

1. 隐藏和显示详细信息Web视图

对从UIView派生而来的对象来说，一个很有用的特征是可以轻松地在iOS应用程序界面中隐藏或显示它。由于用户在屏幕上看到的几乎任何东西都是从UIView类派生而来的，这意味着可以隐藏和显示标签、按钮、文本框、图像以及其他视图。只需将其布尔值属性hidden设置为TRUE或YES（它们的含义相同），即可设置是否隐藏对象。此处为了要隐藏flowerDetailView，编写了如下所示的代码：

```
self.flowerDetailView.hidden=YES;
```

要想重新显示它，只需执行相反的操作，即将hidden属性设置为FALSE或NO：

```
self.flowerDetailView.hidden=NO;
```

要实现方法toggleFlowerDetail，需要确定开关的当前状态。可以通过方法isOn来检查开关的状态，如果开关的状态为开，则该方法将返回TRUE/YES，否则将返回FALSE/NO。由于没有创建与开关对应的输出口，因此将在方法中使用变量sender来访问它。当操作方法toggleFlowerDetail被调用时，该变量被设置为一个这样的引用，即指向触发操作的对象，也就是开关。要检查开关的状态是否为开，可编写如下代码：

```
if([sender isOn]){<switch is on>}else{<switch is off>}
```

接下来，需要根据一个布尔值决定隐藏还是显示flowerDetailView，而这个布尔值是从开关的isOn方法返回的。这可转换为如下两个条件。

- 如果[sedn isOn]为YES，则应显示该Web视图(flowerDetailView.hidden=NO)。
- 如果[sedn isOn]为NO，则应隐藏该Web视图(flowerDetailView.hidden=YES)。

换句话说，开关的状态与要给Web视图的hidden属性设置的值正好相反。在C语言（和Objective-C）中，要对布尔值取反，只需在它前面加上一个惊叹号（!）。因此，要决定显示还是隐藏flowerDetailView，只需将hidden属性设置为！[send isOn]。仅此而已，这只需一行代码！

在ViewController.m中，实现是否显示详情界面开关方法toggleFlowerDetail。完整的代码如下所示：

```
- (IBAction)toggleFlowerDetail:(id)sender {
    self.flowerDetailView.hidden=![sender isOn];
/*
    if ([sender isOn]) {
    flowerDetailView.hidden=NO;
    } else {
    flowerDetailView.hidden=YES;
    }
    */
}
```

2. 加载并显示花朵图像和详细信息

为取回花朵图像，需要利用FloraPhotographs专门提供的一项功能。为与该网站交互，需要采取如下4个步骤来完成。

（1）从分段控件获取选定的颜色。

（2）生成一个被称为会话ID的随机数，让FloraPhotographs.com能够跟踪我们的请求。

（3）请求URL http://www.floraphotogra*.com/showrandomios.php?color<color>&session=<session ID>，其中<color>和<session ID>分别是选定颜色和生成的随机数，这个URL将返回一张花朵照片。

（4）请求URL http: //www.floraphotogra*.com/detailios.php?session=<session ID>，其中<session ID>是第3步使用的随机数。该URL将返回前一步请求的花朵照片的详细信息。

下面来看看实现这些功能的代码,具体代码如下所示:

```objectivec
- (IBAction)getFlower:(id)sender {
  NSURL *imageURL;
  NSURL *detailURL;
  NSString *imageURLString;
  NSString *detailURLString;
  NSString *color;
  int sessionID;

  color=[self.colorChoice titleForSegmentAtIndex:
        self.colorChoice.selectedSegmentIndex];
  sessionID=random()%50000;

  imageURLString=[[NSString alloc] initWithFormat:
  @"http://flo***.com/showrandomios.php?color= %@&session=%d"
                ,color,sessionID];
  detailURLString=[[NSString alloc] initWithFormat:
                  @"http://flo***.com/detailios.php?session=%d"
                  ,sessionID];

  imageURL=[[NSURL alloc] initWithString:imageURLString];
  detailURL=[[NSURL alloc] initWithString:detailURLString];

  [self.flowerView loadRequest:[NSURLRequest requestWithURL:imageURL]];
  [self.flowerDetailView loadRequest:[NSURLRequest requestWithURL:detailURL]];

  self.flowerDetailView.backgroundColor=[UIColor clearColor];
}
```

上述代码的具体实现流程如下所示。

(1)首先声明了为了向网站发出请求所需要的变量,前两个变量imageURL 和detailURL是NSURL实例,包含将被加载到Web视图nowerView nowerDetailView中的UI。为了创建这些NSURL对象,需要两个字符串:-imageURLString和detailURLString,我们将使用前面介绍的URL(其中包括color和sessionID的值)设置这两个字符串的格式。

(2)然后获取分段控件实例colorChoice中选定分段的标题。使用了此对象的实例方法tiffleForSegmentAtIndex和属性selectedSegmentIndex。将[colorChoice titleFor SegmentAtIndex:colorChoice.selectedSegmentIndex]的结果存储在字符串color中,以便在Web请求中使用。

(3)然后生成一个0~49999的随机数,并将其存储在整型变量sessionID中。

(4)然后让imageURLString和detailURLString包含我们将请求的URL。首先给这些字符串对象分配内存,然后使用initWithFormat方法来合并网站地址以及颜色和会话ID。为了使用颜色和会话ID替换字符串中相应的内容,使用了分别用于字符串和整数的格式化占位符%@和%d。

(5)给NSURL对象imageURL和detailURL分配内存,并使用类方法initWithString和两个字符串(imageURLString和detailURLString)初始化它们。

(6)使用Web视图flowerView和flowerDetailView的方法loadRequest加载NSURL imageURL和detailURL。这些代码行执行时,将更新两个Web视图的内容。

(7)最后进一步优化了该应用程序。这行代码将Web视图flowerDetailView的背景设置为一种名为clearColor的特殊颜色,这与前面设置的Alpha通道值一起赋予图像上面的详细信息以漂亮的透明外观。要了解有何不同,可将这行代码注释掉或删除。

3. 修复应用程序加载时的界面问题

实现方法getFlower后,便可运行应用程序,且应用程序的一切都将正常工作,只是应用程序启动时,两个Web视图是空的,且显示了详细信息视图,虽然开关被设置为OFF。

为修复这种问题,可在应用程序启动后立刻加载一幅图像,并将flowerDetailView.hidden设置为YES。所以将视图控制器的viewDidLoad改为如下所示的代码:

```
- (void)viewDidLoad
{
    self.flowerDetailView.hidden=YES;
    [self getFlower:nil];
     [super viewDidLoad];
}
```

正如我们预期的，self.flowerDetailView.hidden=YES将隐藏详细信息视图。通过使用[self getFlower: nil]，可在视图控制器（被称为self）中调用getFlower，并将一幅花朵图像加载到Web视图中。方法getFlower接受一个参数，因此向它传递nil，就像前一章所做的那样（在方法getFlower中没有使用这个值，因此提供参数nil不会导致任何问题）。

12.4.5 调试运行

在Xcode中单击按钮"Run"，运行后会发现可以缩放Web视图并使用手指进行滚动。

12.5 实战演练——联合使用开关、分段控件和 Web 视图控件（双语实现：Swift 版）

知识点讲解光盘：视频\知识点\第12章\联合使用开关、分段控件和Web视图控件（双语实现：Swift版）.mp4

实例12-13	联合使用开关、分段控件和Web视图控件
源码路径	光盘:\daima\12\lianhe-Swift

本实例和本章前面实例12-10的功能完全相同，只是用Swift语言实现而已。执行效果和上一个实例完全相同，如图12-27所示。

图12-27 执行效果

第 13 章 提醒和操作表

提醒处理在PC设备和移动收集设备中比较常见,通常是以对话框的形式出现的。通过提醒处理功能,可以实现各种类型的用户通知效果。在本章将介绍提醒和操作表两种提醒模式。

13.1 UIAlertController 基础

📀 知识点讲解光盘:视频\知识点\第13章\UIAlertController基础.mp4

iOS应用程序是以用户为中心的,这意味着它们通常不在后台执行功能或在没有界面的情况下运行。它们让用户能够处理数据、玩游戏、通信或执行众多其他的操作。当应用程序需要发出提醒、提供反馈或让用户做出决策时,它总是以相同的方式进行。Cocoa Touch通过各种对象和方法来引起用户注意,这包括提醒视图和操作表视图。在iOS 11系统中,提醒视图和操作表视图功能都是通过UIAlertController控件实现的。

13.1.1 提醒视图

有时候,当应用程序运行时需要将发生的变化告知用户。例如,发生内部错误事件(如可用内存太少或网络连接断开)或长时间运行的操作结束时,仅调整当前视图是不够的。为此,可使用UIAlertController类。

类UIAlertController可以创建一个简单的模态提醒窗口,其中包含一条消息和几个按钮,还可能有普通文本框和密码文本框,如图13-1所示。

图13-1 典型的提醒

13.1.2 操作表基础

提醒视图可以显示提醒消息,这样可以告知用户应用程序的状态或条件发生了变化。然而,有时候需要让用户根据操作结果做出决策。例如,如果应用程序提供了让用户能够与朋友共享信息的选项,可能需要让用户指定共享方法(如发送电子邮件、上传文件等),如图13-2所示。

图13-2 可以让用户在多个选项之间做出选择的操作表

这种界面元素被称为操作表,在iOS应用中,是通过UIAlertController类的实例实现的。操作表还可用于对可能破坏数据的操作进行确认。事实上,它们提供了一种亮红色按钮样式,让用户注意可能删除数据的操作。

13.2 使用UIAlertController

UIAlertController是从iOS 8系统开始新推出的控件,用于代替原有的UIAlertView以及UIActionSheet,UIAlertController以一种模块化替换的方式来代替这两个功能和作用。是使用对话框(alert)还是使用上拉菜单(action sheet),就取决于在创建控制器时,您是如何设置首选样式的。

13.2.1 一个简单的对话框例子

我们可以比较一下两种不同的创建对话框的代码，创建基础UIAlertController的代码和创建UIAlertView的代码非常相似。

Objective-C版本：

```
UIAlertController *alertController = [UIAlertController alertControllerWithTitle:@"标题
" message:@"这个是UIAlertController的默认样式
" preferredStyle:UIAlertControllerStyleAlert];
```

Swift版本：

```
var alertController = UIAlertController(title: "标题", message: "这个是
UIAlertController的默认样式", preferredStyle: UIAlertControllerStyle.Alert)
```

同创建UIAlertView相比，我们无需指定代理，也无需在初始化过程中指定按钮。不过要特别注意第三个参数，要确定您选择的是对话框样式还是上拉菜单样式。

通过创建UIAlertAction的实例，可以将动作按钮添加到控制器上。UIAlertAction由标题字符串、样式以及当用户选中该动作时运行的代码块组成。通过UIAlertActionStyle可以选择如下3种动作样式。

常规（default）、取消（cancel）、警示（destruective）。

为了实现原来在创建UIAlertView时创建的按钮效果，只需创建这两个动作按钮并将它们添加到控制器上即可。

Objective-C版本：

```
UIAlertAction *cancelAction = [UIAlertAction actionWithTitle:@"取消
" style:UIAlertActionStyleCancel handler:nil];
UIAlertAction *okAction = [UIAlertAction actionWithTitle:@"好的
" style:UIAlertActionStyleDefault handler:nil];

[alertController addAction:cancelAction];
[alertController addAction:okAction];
```

Swift版本：

```
var cancelAction = UIAlertAction(title: "取消
", style: UIAlertActionStyle.Cancel, handler: nil)
var okAction = UIAlertAction(title: "好的
", style: UIAlertActionStyle.Default, handler: nil)

alertController.addAction(cancelAction)
alertController.addAction(okAction)
```

最后，我们只需显示这个对话框视图控制器即可。

Objective-C版本：

```
[self presentViewController:alertController animated:YES completion:nil];
```

Swift版本：

```
self.presentViewController(alertController, animated: true, completion: nil)
```

此时执行后会显示UIAlertController的默认样式，如图13-3所示。

在UIAlertController中，按钮显示的次序取决于它们添加到对话框控制器上的次序。一般来说，在拥有两个按钮的对话框中，应当将取消按钮放在左边。读者需要注意，取消按钮是唯一的，如果您添加了第二个取消按钮，那么您就会得到如下的一个运行时异常：

图13-3 UIAlertController的默认样式

```
* Terminating app due to uncaught exception 'NSInternalInconsistencyException', reason:
  'UIAlertController can only have one action with a style of UIAlertActionStyleCancel'
```

13.2.2 "警告"样式

什么是"警告"样式呢?我们先不着急回答这个问题,先来看下面关于"警告"样式的简单示例。在下面的代码中,我们将前面代码中的"好的"按钮替换为了"重置"按钮。

Objective-C版本:

```
UIAlertAction *resetAction = [UIAlertAction actionWithTitle:@"重置
" style:UIAlertActionStyle Destructive handler:nil];

[alertController addAction:resetAction];
```

Swift版本:

```
var resetAction = UIAlertAction(title: "重置
", style: UIAlertActionStyle.Destructive, handler: nil)

alertController.addAction(resetAction)
```

图13-4 "警告"样式

此时的执行效果如图13-4所示。

由此可以看出,我们新增的那个"重置"按钮变成了红色(运行后可看到)。根据苹果官方的定义,"警告"样式的按钮是用在可能会改变或删除数据的操作上。因此,用了红色的醒目标识来警示用户。

13.2.3 文本对话框

UIAlertController极大的灵活性意味着开发者不必拘泥于内置样式。以前我们只能在默认视图、文本框视图、密码框视图、登录和密码输入框视图中选择,现在我们可以向对话框中添加任意数目的UITextField对象,并且可以使用所有的UITextField特性。当您向对话框控制器中添加文本框时,您需要指定一个用来配置文本框的代码块。

举一个例子,要想重新建立原来的登录和密码样式对话框,可以向其中添加两个文本框,然后用合适的占位符来配置它们,最后将密码输入框设置使用安全文本输入。

Objective-C版本:

```
UIAlertController *alertController = [UIAlertController alertControllerWithTitle:@"
文本对话框" message:@"登录和密码对话框示例" preferredStyle:UIAlertControllerStyleAlert];

[alertController addTextFieldWithConfigurationHandler:^(UITextField *textField){
    textField.placeholder = @"登录";
}];

[alertController addTextFieldWithConfigurationHandler:^(UITextField *textField) {
    textField.placeholder = @"密码";
    textField.secureTextEntry = YES;
}];
```

Swift版本:

```
alertController.addTextFieldWithConfigurationHandler {
(textField: UITextField!) -> Void in
    textField.placeholder = "登录"
}

alertController.addTextFieldWithConfigurationHandler {
(textField: UITextField!) -> Void in
    textField.placeholder = "密码"
    textField.secureTextEntry = true
}
```

在"好的"按钮被按下时,我们让程序读取文本框中的值。

Objective-C版本：

```
UIAlertAction *okAction = [UIAlertAction actionWithTitle:@"好的
" style:UIAlertActionStyleDefault handler:^(UIAlertAction *action) {
    UITextField *login = alertController.textFields.firstObject;
    UITextField *password = alertController.textFields.lastObject;
    ...
}];
```

Swift版本：

```
var okAction = UIAlertAction(title: "好的", style: UIAlertActionStyle.Default) {
(action: UIAlertAction!) -> Void in
    var login = alertController.textFields?.first as UITextField
    var password = alertController.textFields?.last as UITextField
}
```

如果想要实现UIAlertView中的委托方法alertViewShouldEnableOtherButton，可能会有一些复杂。假定我们要让"登录"文本框中至少有3个字符才能激活"好的"按钮。但是，在UIAlertController中并没有相应的委托方法，开发者需要向"登录"文本框中添加一个Observer。Observer模式定义对象间的一对多的依赖关系，当一个对象的状态发生改变时，所有依赖于它的对象都得到通知并被自动更新。我们可以在构造代码块中添加如下代码片段来实现。

Objective-C版本：

```
[alertController addTextFieldWithConfigurationHandler:^(UITextField *textField){
    ...
    [[NSNotificationCenter defaultCenter] addObserver:self selector:@selector(a
lertTextFieldDidChange:) name:UITextFieldTextDidChangeNotification object:textField];
}];
```

Swift版本：

```
alertController.addTextFieldWithConfigurationHandler {
(textField: UITextField!) -> Void in
    ...
    NSNotificationCenter.defaultCenter().addObserver(self, selector: Selector ("
alertTextFieldDidChange:"), name: UITextFieldTextDidChangeNotification, object: textField)
}
```

当视图控制器释放的时候我们需要移除这个Observer，我们通过在每个按钮动作的handler代码块（还有其他任何可能释放视图控制器的地方）中添加合适的代码来实现它。比如说在okAction这个按钮动作中。

Objective-C版本：

```
UIAlertAction *okAction = [UIAlertAction actionWithTitle:@"好的
" style:UIAlertActionStyleDefault handler:^(UIAlertAction *action) {
    ...
    [[NSNotificationCenter defaultCenter] removeObserver:self name:UITextFieldTextDi
dChangeNotification object:nil];
}];
```

Swift版本：

```
var okAction = UIAlertAction(title: "好的", style: UIAlertActionStyle.Default) {
(action: UIAlertAction!) -> Void in
    ...
    NSNotificationCenter.defaultCenter().removeObserver(self, name: UITextFieldText
DidChangeNotification, object: nil)
}
```

在显示对话框之前需要冻结"好的"按钮。

Objective-C版本：

```
okAction.enabled = NO;
```

swift版本：

```
okAction.enabled = false
```

接下来，在通知观察者（notification observer）中，我们需要在激活按钮状态前检查"登录"文本框的内容。

Objective-C版本：

```objectivec
- (void)alertTextFieldDidChange:(NSNotification *)notification{
    UIAlertController *alertController = (UIAlertController *)self.presentedViewController;
    if (alertController) {
        UITextField *login = alertController.textFields.firstObject;
        UIAlertAction *okAction = alertController.actions.lastObject;
        okAction.enabled = login.text.length > 2;
    }
}
```

Swift版本：

```swift
func alertTextFieldDidChange(notification: NSNotification){
    var alertController = self.presentedViewController as UIAlertController?
    if (alertController != nil) {
        var login = alertController!.textFields?.first as UITextField
        var okAction = alertController!.actions.last as UIAlertAction
        okAction.enabled = countElements(login.text) > 2
    }
}
```

UIAlertController的登录和密码对话框示例的执行效果如图13-5所示。此时对话框的"好的"按钮被冻结了，除非在"登录"文本框中输入3个以上的字符。

图13-5 执行效果

13.2.4 上拉菜单

当需要给用户展示一系列选择项的时候，上拉菜单就能够派上大用场了。和对话框不同，上拉菜单的展示形式和设备大小有关。在iPhone上（紧缩宽度），上拉菜单从屏幕底部升起。在iPad上（常规宽度），上拉菜单以弹出框的形式展现。

创建上拉菜单的方式和创建对话框的方式非常类似，唯一的区别是它们的形式。

Objective-C版本：

```objectivec
UIAlertController *alertController = [UIAlertController alertControllerWithTitle:@"保存或删除数据" message:@"删除数据将不可恢复" preferredStyle:UIAlertControllerStyleActionSheet];
```

Swift版本：

```swift
var alertController = UIAlertController(title: "保存或删除数据", message: "删除数据将不可恢复", preferredStyle: UIAlertControllerStyle.ActionSheet)
```

添加按钮动作的方式和对话框相同。

Objective-C版本：

```objectivec
UIAlertAction *cancelAction = [UIAlertAction actionWithTitle:@"取消" style: UIAlertActionStyleCancel handler:nil];
UIAlertAction *deleteAction = [UIAlertAction actionWithTitle:@"删除" style: UIAlertActionStyleDestructive handler:nil];
UIAlertAction *archiveAction = [UIAlertAction actionWithTitle:@"保存" style: UIAlertActionStyleDefault handler:nil];

[alertController addAction:cancelAction];
[alertController addAction:deleteAction];
[alertController addAction:archiveAction];
```

Swift版本：

```swift
var cancelAction = UIAlertAction(title: "取消", style: UIAlertActionStyle.Cancel, handler: nil)
```

```
var deleteAction = UIAlertAction(title: "删除
", style: UIAlertActionStyle.Destructive, handler: nil)
var archiveAction = UIAlertAction(title: "保存
", style: UIAlertActionStyle.Default, handler: nil)

alertController.addAction(cancelAction)
alertController.addAction(deleteAction)
alertController.addAction(archiveAction)
```

开发者不能在上拉菜单中添加文本框,如果强行添加了文本框,那么就会得到如下所示的运行时异常:

```
* Terminating app due to uncaught exception 'NSInternalInconsistencyException', rea
son: 'Text fields can only be added to an alert controller of style UIAlertControllerS
tyleAlert'
```

接下来,我们就可以在iPhone或者其他紧缩宽度的设备上展示了,此时会运行得很成功。

Objective-C版本:

```
[self presentViewController:alertController animated:YES completion:nil];
```

Swift版本:

```
self.presentViewController(alertController, animated: true, completion: nil)
```

上拉菜单效果如图13-6所示。

如果上拉菜单中有"取消"按钮的话,那么它永远都会出现在菜单的底部,不管添加的次序是如何(就是这么任性)。其他的按钮将会按照添加的次序从上往下依次显示。我们现在还有一个很严重的问题,这个问题隐藏得比较深。当我们使用iPad或其他常规宽度的设备时,就会得到一个运行时异常:

```
Terminating app due to uncaught exception 'NSGenericException', reason: 'UIPopo
verPresentationController (<_UIAlertControllerActionSheetRegularPrese ntationContr
oller: 0x7fc619588110>) should have a non-nil sourceView or barButtonItem set
before the presentation occurs. '
```

就如我们之前所说,在常规宽度的设备上,上拉菜单是以弹出框的形式展现。弹出框必须要有一个能够作为源视图或者栏按钮项目的描点(anchor point)。由于在本例中我们是使用了常规的UIButton来触发上拉菜单的,因此,我们就将其作为描点。

在iOS 10中我们不再需要小心翼翼地计算出弹出框的大小,UIAlertController将会根据设备大小自适应弹出框的大小。并且在iPhone或者紧缩宽度的设备中它将会返回nil值。配置该弹出框的代码如下。

Objective-C版本:

```
UIPopoverPresentationController *popover = alertController.popoverPresentationController;
if (popover){
    popover.sourceView = sender;
    popover.sourceRect = sender.bounds;
    popover.permittedArrowDirections = UIPopoverArrowDirectionAny;
}
```

Swift版本:

```
var popover = alertController.popoverPresentationController
if (popover != nil){
    popover?.sourceView = sender
    popover?.sourceRect = sender.bounds
    popover?.permittedArrowDirections = UIPopoverArrowDirection.Any
}
```

iPad上的上拉菜单效果如图13-7所示。

图13-6 上拉菜单效果

图13-7 iPad上的上拉菜单效果

类UIPopoverPresentationController同样也是在iOS 8中新出现的，用来替换UIPopoverController。这个时候上拉菜单是以一个固定在源按钮上的弹出框的形式显示的。

UIAlertController在使用弹出框的时候，自动移除了取消按钮。用户通过单击弹出框的外围部分来实现取消操作。

13.2.5 释放对话框控制器

在通常情况下，当用户选中一个动作后对话框控制器将会自行释放。不过仍然可以在需要的时候以编程方式释放它，就像释放其他视图控制器一样。应当在应用程序转至后台运行时移除对话框或者上拉菜单。假定正在监听UIApplicationDidEnterBackgroundNotification通知消息，那么可以在Observer中释放任何显示出来的视图控制器。

Objective-C版本：

```
- (void)didEnterBackground:(NSNotification *)notification
{
 [[NSNotificationCenter defaultCenter] removeObserver:self name:UITextFieldTextDidChangeNotification object:nil];
 [self.presentedViewController dismissViewControllerAnimated:NO completion:nil];
}
```

Swift版本：

```
func didEnterackground(notification: NSNotification){
  NSNotificationCenter.defaultCenter().removeObserver(self, name: UITextFieldTextDid ChangeNotification, object: nil)
  self.presentedViewController?.dismissViewControllerAnimated(false, completion: nil)
}
```

注意：要保证运行安全我们同样要确保移除所有的文本框Observer。

13.3 实战演练

知识点讲解光盘：视频\知识点\第13章\实战演练.mp4

13.3.1 实战演练——实现一个自定义操作表视图

实例13-1	实现一个自定义操作表视图
源码路径	光盘:\daima\13\AlertControllerSheet

（1）使用Xcode 9创建一个名为"AlertControllerSheet"的"Single View Applicatiom"项目，在故事板Main.storyboard中设置一个Button按钮，单击后弹出我们自定义的提醒视图，如图13-8所示。

（2）编写文件ViewController.m，监听用户单击屏幕中的Button按钮，并设置提醒视图的显示样式，具体实现代码如下所示：

```
- (IBAction)pressButton:(id)sender {

    UIAlertController *alertController;
    UIAlertAction *destroyAction;
    UIAlertAction *otherAction;

    alertController = [UIAlertController
                          alertControllerWithTitle:@"Reason"
                          message:@"Select the following"
                          preferredStyle:UIAlertControllerStyleActionSheet];

    destroyAction = [UIAlertAction actionWithTitle:@"Remove All Data"
```

```
                               style:UIAlertActionStyleDefault
                             handler:^(UIAlertAction *action) {
                                 }];
    otherAction = [UIAlertAction actionWithTitle:@"Blah"
                               style:UIAlertActionStyleDefault
                             handler:^(UIAlertAction *action) {
                                 }];
    [alertController addAction:destroyAction];
    [alertController addAction:otherAction];

    [alertController setModalPresentationStyle:UIModalPresentationPopover];

    UIPopoverPresentationController *popPresenter = [alertController
                             popoverPresentationController];
    popPresenter.sourceView = self.button;
    popPresenter.sourceRect = self.button.bounds;

    [self presentViewController:alertController animated:YES completion:nil];

}
```

执行后的效果如图13-9所示。

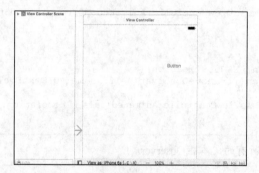

图13-8 故事板Main.storyboard

图13-9 执行效果

13.3.2 实战演练——分别自定义实现提醒表视图和操作表视图

实例13-2	分别自定义实现提醒表视图和操作表视图
源码路径	光盘:\daima\13\UIAlertController-Blocks

（1）在Xcode 9故事板Main.storyboard中分别插入两个文本控件，单击后分别弹出我们自定义的提醒表视图和操作表视图，如图13-10所示。

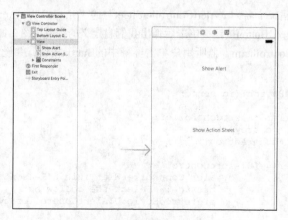

图13-10 故事板Main.storyboard

（2）编写文件ViewController.m，分别设置提醒表视图和操作表视图的显示样式，然后监听用户单击屏幕中的动作，根据用户单击的屏幕区域弹出对应的视图界面。具体实现代码如下所示：

```objc
- (instancetype)initWithCoder:(NSCoder *)aDecoder
{
    self = [super initWithCoder:aDecoder];
    if (self) {
        self.tapBlock = ^(UIAlertController *controller, UIAlertAction *action, NSInteger buttonIndex){
            if (buttonIndex == controller.destructiveButtonIndex) {
                NSLog(@"Delete");
            } else if (buttonIndex == controller.cancelButtonIndex) {
                NSLog(@"Cancel");
            } else if (buttonIndex >= controller.firstOtherButtonIndex) {
                NSLog(@"Other %ld", (long)buttonIndex - controller.firstOtherButtonIndex + 1);
            }
        };
    }
    return self;
}

- (IBAction)showAlert:(id)sender
{
    [UIAlertController showAlertInViewController:self
                    withTitle:@"Test Alert"
                      message:@"Test Message"
            cancelButtonTitle:@"Cancel"
       destructiveButtonTitle:@"Delete"
            otherButtonTitles:@[@"First Other", @"Second Other"]
                     tapBlock:self.tapBlock];
}

- (IBAction)showActionSheet:(UIButton *)sender
{
    [UIAlertController showActionSheetInViewController:self
                    withTitle:@"Test Action Sheet"
                      message:@"Test Message"
            cancelButtonTitle:@"Cancel"
       destructiveButtonTitle:@"Delete"
            otherButtonTitles:@[@"First Other", @"Second Other"]
    popoverPresentationControllerBlock:^(UIPopoverPresentationController *popover){
                popover.sourceView = self.view;
                popover.sourceRect = sender.frame;
            }
                     tapBlock:self.tapBlock];
}
```

单击"Show Action Sheet"后的执行后效果如图13-11所示。单击"Show Alert"后的执行后效果如图13-12所示。

图13-11 单击"Show Action Sheet"后

图13-12 单击"Show Alert"后

13.3.3 实战演练——自定义 UIAlertController 控件的外观

实例13-3	自定义UIAlertView控件的外观
源码路径	光盘:\daima\13\UIAlertController

本实例的功能是自定义UIAlertController控件的外观，包括背景颜色和文本等。

（1）启动Xcode 9，然后单击"Creat a new Xcode project"创建一个iPad工程，在左侧选择"iOS"

下的"Application",在右侧选择"Single View Application"。

(2)文件AlertVC.m用于自定义实现提醒表视图的样式,主要实现代码如下所示:

```objc
- (UIAlertController *)alertController
{
    if (!_alertController)
    {
        _alertController = [UIAlertController alertControllerWithTitle:@"title" message:@"message" preferredStyle:UIAlertControllerStyleAlert];
        
        /* 给 UIAlertController 添加动作按钮 */
        
        //取消按钮
        UIAlertAction *cancelAction = [UIAlertAction actionWithTitle:@"cancel" style:UIAlertActionStyleCancel handler:^(UIAlertAction * _Nonnull action) {
            
            NSLog(@"cancel");
            //从广播中心移除该条通知
            [[NSNotificationCenter defaultCenter] removeObserver:self name:UITextFieldTextDidChangeNotification object:nil];
        }];
        
        //默认按钮
        UIAlertAction *defaultAction = [UIAlertAction actionWithTitle:@"default" style: UIAlertActionStyleDefault handler:^(UIAlertAction * _Nonnull action) {
            
            NSLog(@"default");
            //从广播中心移除该条通知
            [[NSNotificationCenter defaultCenter] removeObserver:self name:UITextFieldTextDidChangeNotification object:nil];
            
        }];
        
        //警告按钮
        UIAlertAction *destructiveAction = [UIAlertAction actionWithTitle:@"destructive" style:UIAlertActionStyleDestructive handler:^(UIAlertAction * _Nonnull action) {
            
            NSLog(@"destructive");
        }];
        cancelAction.enabled = YES;
        defaultAction.enabled = NO;
        
        //添加,只添加取消和默认两个按钮,效果和3个全部添加不同
        [_alertController addAction:cancelAction];
        [_alertController addAction:defaultAction];
      //[_alertController addAction:destructiveAction];
        
        
        /* 给UIAlertController 添加输入框 */
        __weak typeof(self) weakSelf = self;
        //添加账号输入框
        [_alertController addTextFieldWithConfigurationHandler:^(UITextField * _Nonnull textField) {
            
            textField.placeholder = @"请输入账号";
            //增加一条广播
            [[NSNotificationCenter defaultCenter] addObserver:weakSelf selector:@selector(accountTextFieldDidChange:) name:UITextFieldTextDidChangeNotification object:textField];
        }];
        
        //添加密码输入框
        [_alertController addTextFieldWithConfigurationHandler:^(UITextField * _Nonnull textField) {
            
            textField.placeholder = @"请输入密码";
            textField.secureTextEntry = YES;
        }];
    }
    return _alertController;
}

/**
```

```
 *   监听账号输入框
 */
- (void)accountTextFieldDidChange:(NSNotification *)notification
{
    if (_alertController)
    {
        //textFields 和 actions 是数组
        UITextField *accountTextField = _alertController.textFields[0];
        UIAlertAction *cancelAction = _alertController.actions[0];
        UIAlertAction *defaultAction = _alertController.actions[1];
        
        defaultAction.enabled = accountTextField.text.length > 2;
    }
}
```

执行效果如图13-13所示。

（3）文件ViewController.m中定义了一个单元表格，监听用户对屏幕的单击操作，根据监听结果来到对应的视图界面。此文件（程序见光盘）的执行效果如图13-14所示。

图13-13 执行效果

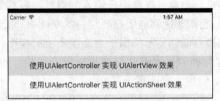
图13-14 执行效果

13.3.4 实战演练——实现一个提醒框效果（Swift版）

实例13-4	实现一个提醒框效果
源码路径	光盘:\daima\13\UIAlertController-Swift

（1）实例文件ViewController.swift的功能是实现第一个视图界面，单击提醒视图中的"Go"按钮后会来到第二个视图界面。具体实现代码如下所示：

```
@IBAction func goToSecond(){
    let alertController: UIAlertController = UIAlertController(title: "Next View",
        message: "Do you want to go to the next view?", preferredStyle: .alert)
    let cancelAction = UIAlertAction(title: "No, cancel", style: .cancel){ action -> Void in
        //dont have to do anything
    }
    
    let nextAction = UIAlertAction(title: "Go", style: .default) { action -> Void in
        self.performSegue(withIdentifier: "toSecond", sender: self)
    }
    
    alertController.addAction(cancelAction)
    alertController.addAction(nextAction)
    
    self.present(alertController, animated: true, completion: nil);
}
```

执行效果如图13-15所示。

（2）实例文件SecondViewController.swift的功能是实现第二个视图界面，单击提醒视图中的"Go"按钮后会来到第一个视图界面（程序见光盘）。执行效果如图13-16所示。

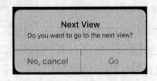
图13-15 执行效果

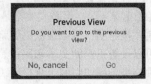
图13-16 执行效果

第 14 章　工具栏、日期选择器

在本章的内容中,将重点介绍两个新的用户界面元素:工具栏和选择器。在iOS应用中,工具栏显示在屏幕顶部或底部,其中包含一组执行常见功能的按钮。而选择器是一种独特的UI元素,不但可以向用户显示信息,而且也收集用户输入的信息。在本章将讲解3种UI元素:UIToolbar、UIDatePicker和UIPickerView,它们都能够向用户展示一系列选项。工具栏可以在屏幕顶部或底部显示一系列静态按钮或图标。而选择器能够显示类似于自动贩卖机的视图,用户可以通过旋转其中的组件来创建自定义的选项组合,这两种UI元素经常与弹出框结合使用。本章讲解的选择器是事件选择器 UIDatePicker和UIPickerView。希望大家认真学习。

14.1 工具栏（UIToolbar）

▣ 知识点讲解光盘：视频\知识点\第14章\工具栏（UIToolbar）.mp4

在iOS应用中,工具栏（UIToolbar）是一个比较简单的UI元素之一。工具栏是一个实心条,通常位于屏幕顶部或底部,如图14-1所示。

工具栏包含的按钮（UIBarButtonItem）对应于用户可在当前视图中执行的操作。这些按钮提供了一个选择器（selector）操作,其工作原理几乎与Touch Up Inside事件相同。

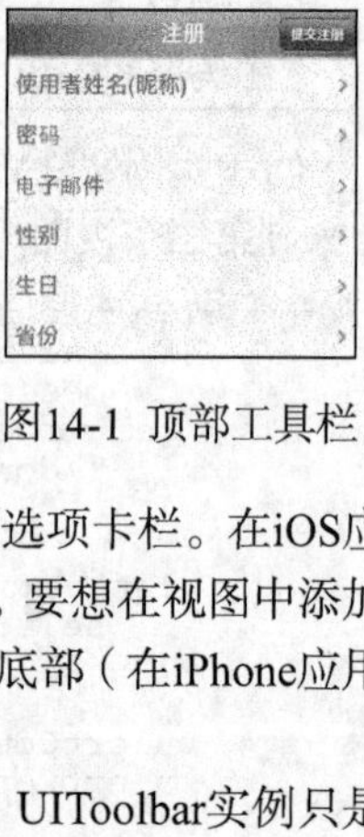

14.1.1 工具栏基础

工具栏用于提供一组选项,让用户执行某个功能,而并非用于在完全不同的应用程序界面之间切换。要想在不同的应用程序界面实现切换功能,则需要使用选项卡栏。在iOS应用中,几乎可以用可视化的方式实现工具栏,它是在iPad中显示弹出框的标准途径。要想在视图中添加iPhone,可打开对象库并使用ToolBar进行搜索,再将工具栏对象拖曳到视图顶部或底部（在iPhone应用程序中,工具栏通常位于底部）。

虽然工具栏的实现与分段控件类似,但是工具栏中的控件是完全独立的对象。UIToolbar实例只是一个横跨屏幕的灰色条而已,要想让工具栏具备一定的功能,还需要在其中添加按钮。

1. 栏按钮项

Apple将工具栏中的按钮称为栏按钮项（bar button item, UIBarButtonItem）。栏按钮项是一种交互式元素,可以让工具栏除了看起来像iOS设备屏幕上的一个条带外,还能有点作用。在iOS对象库中提供了3种栏按钮对象,如图14-2所示。

虽然这些对象看起来不同,但是其实都是一个栏按钮项实例。在iOS开发过程中,可以定制栏按钮项,可以根据需要将其设置为十多种常见的系统按钮类型,并且还可以设置里面的文本和图像。要在工具栏中添加栏按钮,可以将一个栏按钮项拖曳到视图中的工具栏中。在文档大纲区域,栏按钮项将显示为工具栏的子对象。双击按钮上的文本,可对其进行编辑,这像标准

图14-1　顶部工具栏

图14-2　3种按钮对象

UIButton控件一样。另外，还可以使用栏按钮项的手柄调整其大小，但是不能通过拖曳在工具栏中移动按钮。

要想调整工具栏按钮的位置，需要在工具栏中插入特殊的栏按钮项：灵活间距栏按钮项和固定间距栏按钮项。灵活间距（flexible space）栏按钮项自动增大，以填满它两边的按钮之间的空间（或工具栏两端的空间）。例如，要将一个按钮放在工具栏中央，可在它两边添加灵活间距栏按钮项。要将两个按钮分放在工具栏两端，只需在它们之间添加一个灵活间距栏按钮项即可。固定间距栏按钮项的宽度是固定不变的，可以插入到现有按钮的前面或后面。

2. 栏按钮的属性

要想配置栏按钮项的外观，可以选择它并打开Attributes Inspector（Option+ Command +4），如图14-3所示。

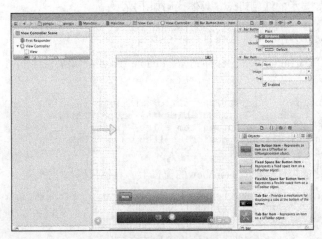

图14-3 右上角的配置栏按钮项

由此可见，一共有如下3种样式可供我们选择。
- Border：简单按钮。
- Plain：只包含文本。
- Done：呈蓝色。

另外，还可以设置多个"标识符"，它们是常见的按钮图标/标签，让我们的工具栏按钮符合iOS应用程序标准。并且通过使用灵活间距标识符和固定间距标识符，可以让栏按钮项的行为像这两种特殊的按钮类型一样。如果这些标准按钮样式都不合适，可以设置按钮显示一幅图像，这种图像的尺寸必须是20×20点，其透明部分将变成白色，而纯色将被忽略。

14.1.2 实战演练——联合使用 UIToolBar 和 UIView

实例14-1	联合使用UIToolBar控件和UIView控件
源码路径	光盘:\daima\14\CodeSwitchView

（1）创建一个Empty Applcition的项目后创建了3个类，分别为MainViewController、RedViewController、BuleViewController，如图14-4所示。

（2）打开AppDelegate.h，添加如下所示的代码：

`@property (strong, nonatomic) MainViewController *mainView;`

（3）打开AppDelegate.m，添加如下所示的代码：

图14-4 实例文件

```
- (BOOL)application:(UIApplication *)application didFinishLaunchingWithOptions:(NSDictionary *)launchOptions
```

```
{
    self.window = [[[UIWindow alloc] initWithFrame:[[UIScreen mainScreen] bounds]] autoreleas
e];
    self.mainView = [[MainViewController alloc] init];
    self.window.rootViewController = self.mainView;
    [self.window makeKeyAndVisible];
    return YES;
}
```

（4）在MainViewController的loadView方法中添加初始化父View的代码，具体代码如下所示：

```
mainView = [[[UIView alloc] initWithFrame:[[UIScreen mainScreen] applicationFrame]]
 autorelease];
// View的背景设置为白色
mainView.backgroundColor = [UIColor whiteColor];
```

（5）初始化最开始显示的红色View，具体代码如下所示：

```
RedViewController *redView = [[RedViewController alloc] init];
self.redViewController = redView;
```

（6）初始化一个UIBarButtonItem并保存到NSMutableArray中，最后Set到myToolbar中。具体代码如下所示：

```
UIToolbar *myToolbar = [[UIToolbar alloc] initWithFrame:CGRectMake(0, 0, 320, 44)];
NSMutableArray *btnArray = [[NSMutableArray alloc] init];
[btnArray addObject:[[UIBarButtonItem alloc] initWithTitle:@"Switch" style:UIBarBut
tonItemStyleDone target:self action:@selector(onClickSwitch:)]];
[myToolbar setItems:btnArray];
```

（7）将刚刚初始化的控件添加到mainView的窗口上，具体代码如下所示：

```
[mainView insertSubview:self.redViewController.view atIndex:0];
[mainView addSubview:myToolbar];
self.view = mainView;
```

（8）实现onClickSwitch的单击事件，具体代码如下所示：

```
if (self.blueViewController.view.superview == nil)
{
<span style="white-space:pre"></span>if (self.blueViewController == nil)
    {
        self.blueViewController = [[[BlueViewController alloc] init] autorelease];
    }
    [self.redViewController.view removeFromSuperview];
    [mainView insertSubview:self.blueViewController.view atIndex:0];
}
else
{
    if (self.redViewController == nil)
    {
        self.redViewController = [[[RedViewController alloc] init] autorelease];
    }
    [self.blueViewController.view removeFromSuperview];
    [mainView insertSubview:self.redViewController.view
atIndex:0];
}
```

执行后便实现了两个视图之间的切换，执行效果如图14-5所示。

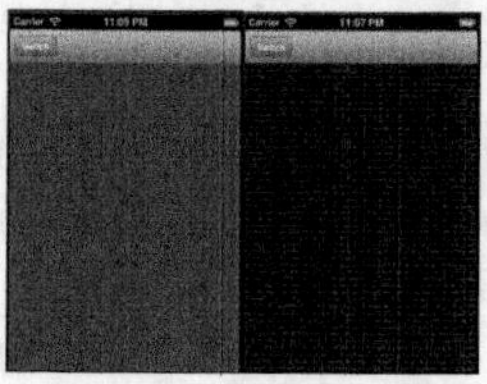

14.1.3 实战演练——自定义 UIToolBar 控件的颜色和样式

图14-5 执行效果

实例14-2	自定义UIToolBar控件的颜色和样式
源码路径	光盘:\daima\14\ToolDrawer

本实例的功能是自定义UIToolBar控件的颜色和样式，在屏幕4个角加上工具栏。当用户单击三角按钮时，工具栏便会收起或者打开。

（1）在文件ToolDrawerView.h中定义了接口和功能函数（程序见光盘）。

（2）在文件ToolDrawerView.m中定义工具栏的外观样式，在屏幕中绘制多种效果：工具栏角的圆弧、弹出工具栏的白边样式、标签按钮、Cheveron样式的图形按钮、翻转按钮图像、重置按钮标签、闪烁按钮标签、工具栏消失动画特效、附加Item条目、图像和按钮选项。

（3）文件ToolDrawerViewController.m的功能是调用上面定义的样式，在屏幕中生成指定的工具栏特效。执行效果如图14-6所示。

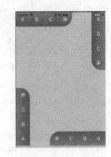

图14-6 执行效果

14.1.4 实战演练——创建一个带有图标按钮的工具栏

实例14-3	创建一个带有图标按钮的工具栏
源码路径	光盘:\daima\14\UIToolBarEX

本实例的功能是使用UIToolBar控件创建一个带有图标按钮的工具栏，实例文件ViewController.m的具体实现代码如下所示：

```objc
#import "ViewController.h"
@interface ViewController ()
@end
@implementation ViewController
- (void)viewDidLoad {
    [super viewDidLoad];
    self.navigationController.navigationBar.barTintColor = [UIColor orangeColor];
    self.navigationItem.title = @"UIToolBar的使用";
    self.view.backgroundColor = [UIColor grayColor];
    //设置UINavigationController的toolbarHidden属性可显示UIToolBar
    [self.navigationController setToolbarHidden:NO animated:YES];
    //设置痕迹颜色
    [self.navigationController.toolbar setBarTintColor:[UIColor orangeColor]];
    //设置背景图片
    [self.navigationController.toolbar setBackgroundImage:[UIImage imageNamed:@""]
        forToolbarPosition:UIBarPositionBottom barMetrics:UIBarMetricsDefault];
    //设置toolbar包含的视图/控制器
    UIBarButtonItem *item0 = [[UIBarButtonItem alloc]
        initWithBarButtonSystemItem:UIBarButtonSystemItemDone target:self
        action:@selector(toolbarAction:)];
    item0.tag = 0;
    UIView *customView = [[UIView alloc]initWithFrame:CGRectMake(0, 5, 50, 20)];
    customView.backgroundColor = [UIColor purpleColor];
    UIBarButtonItem *item1 = [[UIBarButtonItem alloc] initWithCustomView:customView];
    item1.tag = 1;
    //iOS7以后使用,不然不显示这类图片,有透明效果的可以直接添加
    UIImage *item2Image = [[UIImage imageNamed:@"car.png"] imageWithRenderingMode:
UIImageRenderingModeAlwaysOriginal];
    //直接添加[UIImage imageNamed:@"close.png"],不透明的则重画tincolor为默认蓝色
    UIBarButtonItem *item2 = [[UIBarButtonItem alloc] initWithImage:item2Image style:
 UIBarButtonItemStyleDone target:self action:@selector(toolbarAction:)];
    item2.tag = 2;

    UIBarButtonItem *item3 = [[UIBarButtonItem alloc] initWithTitle:@"item3" style:
UIBarButtonItemStyleDone target:self action:@selector(toolbarAction:)];
    item3.tag = 3;
    //间隔符
    UIBarButtonItem *spaceItem = [[UIBarButtonItem alloc] initWithBarButtonSystemItem:
UIBarButtonSystemItemFlexibleSpace target:self action:nil];
    //每个Item之间、前后都添加一个代表空格的spaceItem
    NSArray *itemsArray = [NSArray arrayWithObjects:spaceItem,item0,spaceItem,item1
, spaceItem,item2,spaceItem,item3,spaceItem, nil];
    self.toolbarItems = itemsArray;
}
-(void)toolbarAction:(UIBarButtonItem*)sender{
    NSLog(@"toolbarItems : %ld ",sender.tag);
```

```
    switch (sender.tag) {
        case 0:{ } break;
        case 1:{ } break;
        case 2:{ } break;
        case 3:{ } break;

        default:
            break;
    }
}
- (void)didReceiveMemoryWarning {
    [super didReceiveMemoryWarning];
}
@end
```

执行后的效果如图14-7所示。

图14-7 执行效果

14.1.5 实战演练——使用 UIToolbar 制作一个网页浏览器（Swift 版）

实例14-4	使用UIToolbar制作一个网页浏览器
源码路径	光盘:\daima\14\SMDatePicker

实例ViewController.swift的功能是构建界面视图，分别构建3个按钮选项对应的界面视图，具体实现代码如下所示：

```
private var pickerToolbar: SMDatePicker = SMDatePicker()
private var buttonToolbar: UIButton = ViewController.cusomButton("Toolbar customization")
//载入视图界面
override func viewDidLoad() {
    super.viewDidLoad()
    view.backgroundColor = UIColor.purpleColor().colorWithAlphaComponent(0.8)
    //下面是3个按钮
    button.addTarget(self, action: Selector("button:"), forControlEvents:
UIControlEvents.TouchUpInside) addButton(button)

    buttonColor.addTarget(self, action: Selector("buttonColor:"), forControlEvents:
UIControlEvents.TouchUpInside)
    addButton(buttonColor)

    buttonToolbar.addTarget(self, action: Selector("buttonToolbar:"), forControlEvents:
UIControlEvents.TouchUpInside)
    addButton(buttonToolbar)
}

private func addButton(button: UIButton) {
    button.sizeToFit()
    button.frame.size = CGSizeMake(self.view.frame.size.width * 0.8, button.frame.
height)

    let xPosition = (view.frame.size.width - button.frame.width) / 2
    button.frame.origin = CGPointMake(xPosition, yPosition)

    view.addSubview(button)

    yPosition += button.frame.height * 1.3
}

class func cusomButton(title: String) -> UIButton {
    let button = UIButton(type: UIButtonType.Custom) as UIButton
    button.setTitle(title, forState: UIControlState.Normal)
    button.backgroundColor = UIColor.blackColor().colorWithAlphaComponent(0.4)
    button.layer.cornerRadius = 10

    return button
```

```swift
    }

    func button(sender: UIButton) {
        activePicker?.hidePicker(true)
        picker.showPickerInView(view, animated: true)
        picker.delegate = self

        activePicker = picker
    }

    func buttonColor(sender: UIButton) {
        activePicker?.hidePicker(true)

        pickerColor.toolbarBackgroundColor = UIColor.grayColor()
        pickerColor.pickerBackgroundColor = UIColor.lightGrayColor()
        pickerColor.showPickerInView(view, animated: true)
        pickerColor.delegate = self

        activePicker = pickerColor
    }

    func buttonToolbar(sender: UIButton) {
        activePicker?.hidePicker(true)

        pickerToolbar.toolbarBackgroundColor = UIColor.grayColor()
        pickerToolbar.title = "Customized"
        pickerToolbar.titleFont = UIFont.systemFontOfSize(16)
        pickerToolbar.titleColor = UIColor.whiteColor()
        pickerToolbar.delegate = self

        let buttonOne = toolbarButton("One")
        let buttonTwo = toolbarButton("Two")
        let buttonThree = toolbarButton("Three")

        pickerToolbar.leftButtons = [ UIBarButtonItem(customView: buttonOne) ]
        pickerToolbar.rightButtons = [ UIBarButtonItem(customView: buttonTwo) ,
        UIBarButtonItem(customView: buttonThree) ]

        pickerToolbar.showPickerInView(view, animated: true)

        activePicker = pickerToolbar
    }

    private func toolbarButton(title: String) -> UIButton {
        let button = UIButton(type: UIButtonType.Custom) as UIButton
        button.setTitle(title, forState: UIControlState.Normal)
        button.frame = CGRectMake(0, 0, 70, 32)
        button.backgroundColor = UIColor.redColor().colorWithAlphaComponent(0.4)
        button.layer.cornerRadius = 5.0

        return button
    }

    // MARK: SMDatePickerDelegate

    func datePicker(picker: SMDatePicker, didPickDate date: NSDate) {
        if picker == self.picker {
            button.setTitle(date.description, forState: UIControlState.Normal)
        } else if picker == self.pickerColor {
            buttonColor.setTitle(date.description, forState: UIControlState.Normal)
        } else if picker == self.pickerToolbar {
            buttonToolbar.setTitle(date.description, forState: UIControlState.Normal)
        }
    }

    func datePickerDidCancel(picker: SMDatePicker) {
        if picker == self.picker {
            button.setTitle("Default picker", forState: UIControlState.Normal)
```

```
            } else if picker == self.pickerColor {
                buttonColor.setTitle("Custom colors", forState: UIControlState.Normal)
            } else if picker == self.pickerToolbar {
                buttonToolbar.setTitle("Toolbar customization", forState: UIControlState.Normal
)
        }
    }
}
```

执行后会显示3种样式的日期数据，效果如图14-8所示。

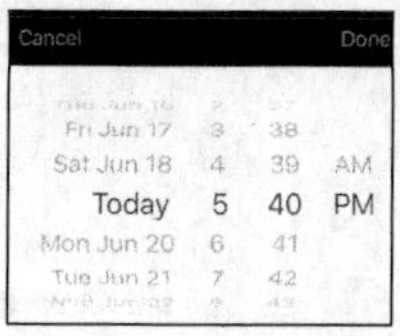

14.2 选择器视图（UIPickerView）

图14-8 3种样式的执行效果

知识点讲解光盘：视频\知识点\第14章\选择器视图（UIPickerView）.mp4

在选择器视图中只定义了整体行为和外观，选择器视图包含的组件数以及每个组件的内容都将由我们自己进行定义。图14-9所示的选择器视图包含两个组件，它们分别显示文本和图像。在本节的内容中，将详细讲解选择器视图（UIPickerView）的基本知识。

14.2.1 选择器视图基础

要想在应用程序中添加选择器视图，可以使用Interface Builder编辑器从对象库拖拽选择器视图到我们的视图中。但是不能在Connections Inspector中配置选择器视图的外观，而需要编写遵守两个协议的代码，其中一个协议提供选择器的布局（数据源协议），另一个提供选择器将包含的信息（委托）。可以使用Connections Inspector将委托和数据源输出口连接到一个类，也可以使用代码设置这些属性。

图14-9 可以配置选择器视图

1．选择器视图数据源协议

选择器视图数据源协议（UIPickerViewDataSource）包含如下描述选择器将显示多少信息的方法。

❑ numberOfComponentInPickerView：返回选择器需要的组件数。
❑ pickerView:numberOfIRowsInComponent：返回指定组件包含多少行（不同的输入值）。

2．选择器视图委托协议

委托协议（UIPickerViewDelegate）负责创建和使用选择器的工作。它负责将合适的数据传递给选择器进行显示，并确定用户是否做出了选择。为让委托按我们希望的方式工作，将使用多个协议方法，但只有两个是必不可少的。

❑ pickerView:titleForRow:forComponent：根据指定的组件和行号返回该行的标题，即应向用户显示的字符串。
❑ pickerView:didSelectRow:inComponent:当用户在选择器视图中做出选择时，将调用该委托方法，并向它传递用户选择的行号以及用户最后触摸的组件。

3．高级选择器委托方法

在选择器视图的委托协议实现中，还可包含其他几个方法，进一步定制选择器的外观。其中有如下3个最为常用的方法。

❑ pickerView:rowHeightForComponent：给指定组件返回其行高，单位为点。
❑ pickerView:widthForComponent：给指定组件返回宽度，单位为点。
❑ pickerView:viewForRow:viewForComponent:ReusingView：给指定组件和行号返回相应位置应显示的自定义视图。

在上述方法中，前两个方法的含义不言而喻。如果要修改组件的宽度或行高，可以实现这两个方法，并让其返回合适的值（单位为点）。而第三个方法更复杂，它让开发人员能够完全修改选择器显示的内容的外观。

方法pickerView:viewForRow:viewForComponent:ReusingView接受行号和组件作为参数，并返回包含自定义内容的视图，例如图像。这个方法优先于方法pickerView:titleForRow:for:Component。也就是说，如果使用pickerView:viewF orRow:viewF orComponent:ReusingView指定了自定义选择器显示的任何一个选项，就必须使用它指定全部选项。

4．UIPickerView中的实例方法

（1）- (NSInteger) numberOfRowsInComponent:(NSInteger)component

参数为component的序号（从左到右，以0起始），返回指定的component中row的个数。

（2）-(void) reloadAllComponents

调用此方法使得PickerView向delegate查询所有组件的新数据。

（3）-(void) reloadComponent: (NSInteger) component

参数为需更新的component的序号，调用此方法使得PickerView向delegate查询新数据。

（4）-(CGSize) rowSizeForComponent: (NSInteger) component

参数同上，通过调用委托方法中的pickerView:widthForComponent和pickerView: rowHeightFor Component获得返回值。

（5）-(NSInteger) selectedRowInComponent: (NSInteger) component

参数同上，返回被选中row的序号，若无row被选中，则返回-1。

（6）-(void) selectRow: (NSInteger)row inComponent: (NSInteger)component animated: (BOOL)animated

在代码指定要选择的某component的某行。

参数row表示序号，参数component表示序号，如果BOOL值为YES，则转动spin到我们选择的新值，若为NO，则直接显示我们选择的值。

（7）-(UIView *) viewForRow: (NSInteger)row forComponent: (NSInteger)component

参数 row 表示序号，参数 component 表示序号，返回由委托方法 pickerView:viewForRow: forComponentreusingView指定的view。如果委托对象并没有实现这个方法，或此view不可见时则返回nil。

14.2.2 实战演练——实现两个 UIPickerView 控件间的数据依赖

实例14-5	实现两个UIPickerView控件间的数据依赖
源码路径	光盘:\daima\14\pickerViewDemo

本实例的功能是实现两个选择器的关联操作，滚动第一个滚轮时第二个滚轮内容随着第一个的变化而变化，然后单击按钮触发一个动作。

（1）首先在工程中创建一个songInfo.plist文件，储存数据，添加的内容如图14-10所示。

（2）在ViewController中设置一个选取器pickerView对象，两个数组存放选取器数据和一个字典，读取plist文件。具体代码如下所示：

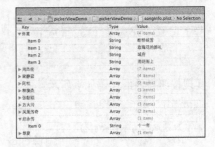

图14-10 添加的数据

```
#import <UIKit/UIKit.h>
@interface ViewController : UIViewController<UIPickerViewDelegate,UIPickerViewDataSource>
{
//定义滑轮组件
    UIPickerView *pickerView;
//储存第一个选取器的数据
    NSArray *singerData;
//储存第二个选取器的数据
    NSArray *singData;
```

```
//读取plist文件数据
    NSDictionary *pickerDictionary;
}
-(void) buttonPressed:(id)sender;
@end
```

（3）在ViewController.m文件的ViewDidLoad中完成初始化。首先定义如下两个宏定义：

```
#define singerPickerView 0
#define singPickerView 1
```

上述代码分别表示两个选取器的索引序号值，并放在#import "ViewController.h" 后面：

```
- (void)viewDidLoad
{
    [super viewDidLoad];
    // Do any additional setup after loading the view, typically from a nib.
    
    pickerView = [[UIPickerView alloc] initWithFrame:CGRectMake(0, 0, 320, 216)];
//指定Delegate
    pickerView.delegate=self;
    pickerView.dataSource=self;
//显示选中框
    pickerView.showsSelectionIndicator=YES;
    [self.view addSubview:pickerView];
//获取mainBundle
    NSBundle *bundle = [NSBundle mainBundle];
//获取songInfo.plist文件路径
    NSURL *songInfo = [bundle URLForResource:@"songInfo" withExtension:@"plist"];
//把plist文件里内容存入数组
    NSDictionary *dic = [NSDictionary dictionaryWithContentsOfURL:songInfo];
    pickerDictionary=dic;
//将字典里面的内容取出放到数组中
    NSArray *components = [pickerDictionary allKeys];
//选取出第一个滚轮中的值
    NSArray *sorted = [components sortedArrayUsingSelector:@selector(compare:)];
    singerData = sorted;
//根据第一个滚轮中的值，选取第二个滚轮中的值
    NSString *selectedState = [singerData objectAtIndex:0];
    NSArray *array = [pickerDictionary objectForKey:selectedState];
    singData=array;
//添加按钮
    CGRect frame = CGRectMake(120, 250, 80, 40);
    UIButton *selectButton = [UIButton buttonWithType:UIButtonTypeRoundedRect];
    selectButton.frame=frame;
    [selectButton setTitle:@"SELECT" forState:UIControlStateNormal];
    
    [selectButton addTarget:self action:@selector(buttonPressed:) forControlEvents:
UIControlEventTouchUpInside];
    [self.view addSubview:selectButton];
}
```

实现按钮事件的代码如下所示：

```
-(void) buttonPressed:(id)sender
{
//获取选取器某一行索引值
    NSInteger singerrow =[pickerView selectedRowInComponent:singerPickerView];
    NSInteger singrow = [pickerView selectedRowInComponent:singPickerView];
//将singerData数组中值取出
    NSString *selectedsinger = [singerData objectAtIndex:singerrow];
    NSString *selectedsing = [singData objectAtIndex:singrow];
    NSString *message = [[NSString alloc] initWithFormat:@"你选择了%@的%@",selectedsinger,
selectedsing];
    
    UIAlertView *alert = [[UIAlertView alloc] initWithTitle:@"提示"
                                                    message:message
                                                    delegate:self
                                            cancelButtonTitle:@"OK"
```

```
                                             otherButtonTitles: nil];
                                             [alert show];
}
```

（4）关于两个协议的代理方法的实现代码如下所示：

```
#pragma mark -
#pragma mark Picker Date Source Methods

//返回显示的列数
-(NSInteger)numberOfComponentsInPickerView:(UIPickerView *)pickerView
{
//返回几就有几个选取器
    return 2;
}
//返回当前列显示的行数
-(NSInteger)pickerView:(UIPickerView *)pickerView numberOfRowsInComponent:(NSInteger)component
{
    if (component==singerPickerView) {
        return [singerData count];
    }
        return [singData count];
}
#pragma mark Picker Delegate Methods

//返回当前行的内容,此处是将数组中数值添加到滚动的那个显示栏上
-(NSString*)pickerView:(UIPickerView *)pickerView titleForRow:(NSInteger)row forComponent:(NSInteger)component
{
    if (component==singerPickerView) {
        return [singerData objectAtIndex:row];
    }
        return [singData objectAtIndex:row];
}
-(void)pickerView:(UIPickerView *)pickerViewt didSelectRow:(NSInteger)row inComponent:(NSInteger)component
{
//如果选取的是第一个选取器
    if (component == singerPickerView) {
//得到第一个选取器的当前行
        NSString *selectedState =[singerData objectAtIndex:row];
//根据从pickerDictionary字典中取出的值,选择对应第二个
        NSArray *array = [pickerDictionary objectForKey:selectedState];
        singData=array;
        [pickerView selectRow:0 inComponent:singPickerView animated:YES];
//重新装载第二个滚轮中的值
        [pickerView reloadComponent:singPickerView];
    }
}
//设置滚轮的宽度
-(CGFloat)pickerView:(UIPickerView *)pickerView widthForComponent:(NSInteger)component
{
    if (component == singerPickerView) {
        return 120;
    }
    return 200;
}
```

在这个方法中，-(void)pickerView:(UIPickerView *) pickerViewt didSelectRow:(NSInteger)row inComponent: (NSInteger) component 把 (UIPickerView *) pickerView 参数改成了 (UIPickerView *)pickerViewt，因为定义的pickerView对象和参数发生冲突，所以把参数进行了修改。

这样整个实例接收完毕，执行后的效果如图14-11所示。

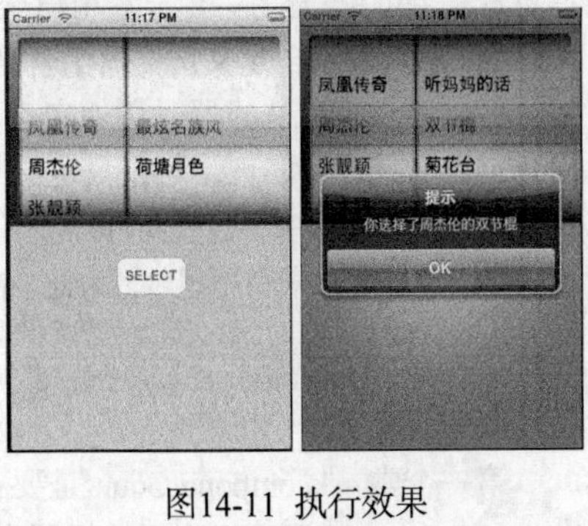

图14-11 执行效果

14.2.3 实战演练——自定义一个选择器（双语实现：Objective-C 实现）

实例14-6	自定义一个选择器
源码路径	光盘:\daima\14\CustomPicker-Obj

在本实例中将创建一个自定义选择器，它包含两个组件，一个显示动物图像，另一个显示动物声音。当用户在自定义选择器视图中选择动物图像或声音时，在输出标签中将显示出用户所做的选择。

1. 创建项目并添加图片资源

打开Xcode 9，使用模板Single View Application创建一个项目，并将其命名为"CustomPicker"，设置设备为"iPad"，如图14-12所示。

在图14-12中，建议选择设备是"iPad"。为了让自定义选择器显示动物照片，需要在项目中添加一些图像。为此，将文件夹Images拖曳到码编组中，在Xcode询问时选择复制文件并创建编组。然后打开项目中的Images编组，核实其中有7幅图像：bear.png、cat.png、dog.png、goose.png、mouse.pmg、pig.png和snake.png。

图14-12 创建Xcode项目

2. 添加AnimalChooserViewController类

类AnimalChooserViewController的功能是处理包含日期选择器场景，其中有一个包含动物和声音的自定义选择器。单击项目导航器左下角的"+"按钮，新建一个UIViewController子类，并将其命名为AnimalChooserViewController，将这个新类放到项目代码编组中。

3. 添加动物选择场景并关联视图控制器

打开文件MainStoryboard.storyboard和对象库（快捷键是Control+Option+Command+3），将一个视图控制器拖曳到Interface Builder编辑器的空白区域（或文档大纲区域）。选择新场景的视图控制器图标，按"Option+Command+3"打开Identity Inspector，并从Class下拉列表中选择AnimalChooserViewController。使用Identity Inspector将第一个场景的视图控制器标签设置为Initial，将第二个场景的视图控制器标签设置为Animal Chooser。这些修改将立即在文档大纲中反映出来。

4. 规划变量和连接

本项目需要的输出口和操作与前一个项目相同，但有一个例外。在前一个项目中，当日期选择器的值发生变化时，需要执行一个方法，但在这个项目中，我们将实现选择器协议，其中包含的一个方法将在用户使用选择器时自动被调用。

在初始场景中，将包含一个输出标签（outputLabel），还有一个用于显示动物选择场景的操作（showAnimalChooser）。该场景的视图控制器类ViewController将通过属性animalChooserVisible跟踪动物选择场景是否可见，还有一个显示用户选择的动物和声音的方法：displayAnimal:WithSound: FromComponent。

5. 添加表示自定义选择器组件的常量

在创建自定义选择器时必须实现各种协议方法，而在这些方法中需要使用数字来引用组件。为了简化自定义选择器实现，可以只定义一些常量，这样就可使用符号来引用组件了。

在本实例项目中，设置组件0表示动物组件，设置组件1为声音组件。通过在实现文件开头定义几个常量，可以通过名称来引用组件。为此，在文件AnimalChooserView.m中，在#import代码后面添加下面的代码：

```
#define kComponentCount 2
#define kAnimalComponent 0
#define kSoundComponent 1
```

第一个常量kcomponetCount是要在选择器中显示的组件数，而其他两个常量kanimalComponent和ksoundComponent可用于引用选择器中不同的组件，而无需借助于它们的实际编号。

6. 设计界面

打开文件MainStoryboard.storyboard，滚动到在编辑器中能够看到初始场景。打开对象库（Control+Option+Command+3），并拖曳一个工具栏到该视图底部。修改默认栏按钮项的文本，将其改为"选择图片和文字"。使用两个灵活间距栏按钮项（Flexible Space Bar Button Item）让该按钮位于工具栏中央。然后在视图中央添加一个标签，将其文本改为Nothing Selected。使用Attributes Inspector，让文本居中、增大标签的字体并将标签扩大到至少能够容纳5行文本，图14-13显示了初始视图的布局。

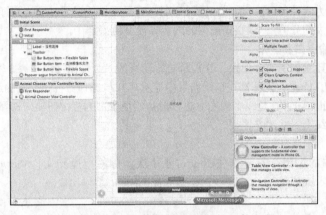

图14-13 初始场景

像前面配置日期选择场景一样配置动物选择场景：设置背景色，添加一个文本为"请选择图像和文字"的标签，拖曳一个选择器视图对象到场景顶部。因为我们创建的是iPad版，所以，该视图最终将显示为弹出框，因此只有左上角部分可见，图14-14是设计的图像选择界面。

接下来开始设置选择器视图的数据源和委托。在这个项目中，设置类AnimalChooserViewController同时充当选择器视图的数据源和委托。也就是说，类AnimalChooserViewController负责实现让自定义选择器能够正常运行所需的所有方法。要为选择器视图设置数据源和委托，可以在动物选择场景或文档大纲区域选择它，再打开Connections Inspector（Option+ Command+6）。从输出口dataSource拖曳到文档大纲中的视图控制器图标Animal Chooser上。对输出口delegate做相同的处理。完成这些处理后，Connection Inspector界面如图14-15所示，这样将选择器视图的输出口dataSource和delegate连接到视图控制器对象Animal Chooser。

图14-14 图像选择场景

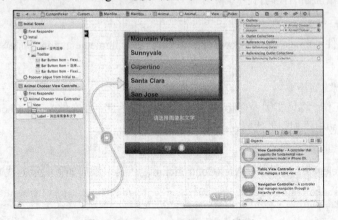

图14-15 Connection Inspector界面

7. 创建切换

按住Control键，从初始场景的视图控制器拖曳到图像选择场景的视图控制器，创建一个模态切换（iPhone）或弹出切换（iPad）。创建切换后，打开Attributes Inspector（Option+Command+4）以配置该切换。给切换指定标识符toAnimalChooser，在实现代码中我们将使用这个ID来触发切换。在该应用程序的iPad版中，需要设置弹出框的锚。所以需要打开Attributes Inspector，并从文本框Anchor拖曳到初始场景中工具栏上的"选择图像和文字"按钮中。然后选择图像选择场景的视图对象，并打开Size Inspector。将宽度和高度都设置为大约320点。最后，选择日期，选择场景的视图对象，并打开Size Inspector。将宽度和高度都设置为大约320点，调整该视图的内容，使其刚好居中。

8. 创建并连接输出口和操作

本项目一共需要建立如下两个连接，分别是初始场景的一个操作接口和一个输出口。

❑ outputLabel(UILabel)：该标签在初始场景中显示用户与选择器视图交互的结果。

❑ showAnimalChooser：这是一个操作方法，由初始场景中的栏按钮项"选择图像和文字"触发。然后切换到助手编辑器并建立连接。

（1）添加输出口

选择初始场景中的输出标签，按住Control键并从该标签拖曳到文件ViewController.h编译指令@interface下方。在Xcode提示时，创建一个名为outputLabel的新输出口。

（2）添加操作

在初始场景中按住Control键，并从按钮"选择图像和文字"拖曳到文件ViewController.h中属性定义的下方。在Xcode提示时，添加一个名为showAnimalChooser的新操作。

9. 实现场景切换逻辑

在自定义选择器视图的实现时，需要确保iPad版本不会显示多个相互堆叠的动物选择场景，所以将采取DateCalc的方式。

（1）导入接口文件

修改两个视图控制器类的接口文件，让它们彼此导入对方的接口文件。为此在文件ViewController.h中，在#import语句下方添加如下代码行：

```
#import "AnimalChooserViewController.h"
```

在文件AnimalChooserViewController.h中，添加导入ViewController.h的代码：

```
#import"ViewController.h"
```

（2）创建并设置属性delegate

使用属性delegate来访问初始场景的视图控制器，在文件AnimalChooserViewController.h中，在编译指令@interface后面添加如下代码行：

```
@property (strong, nonatomic) id delegate;
```

接下来修改文件AnimalChooserViewController.m，在@implementation后面添加配套的编译指令@synthesize：

```
@synthesize delegate;
```

开始执行清理工作，将该实例"变量/属性"设置为nil。为此，在文件AnimalChooserViewController.m的方法viewDidUnload中添加如下代码：

```
[self setDelegate:nil];
```

为了设置属性delegate，修改文件ViewController.m，在其中添加如下所示的代码：

```
- (void)prepareForSegue:(UIStoryboardSegue *)segue sender:(id)sender {
    ((AnimalChooserViewController *)segue.destinationViewController).delegate=self;
}
```

(3) 处理初始场景和日期选择场景之间的切换。

在本项目中,我们使用一个属性(animalChooserVisible)来存储动物选择场景的当前可见性。修改文件ViewController.h,在其中包含该属性的定义:

```
@property (nonatomic) Boolean animalChooserVisible;
```

在文件ViewController.m中添加配套的编译指令@synthesize:

```
@synthesize animalChooserVisible;
```

实现方法showAnimalChooser,使其在标记animalChooserVisible为NO时调用performSegueWithIdentifier:sender。下面显示了在文件ViewController.m中实现的方法showAnimalChooser:

```
- (IBAction)showAnimalChooser:(id)sender {
    if (self.animalChooserVisible!=YES) {
        [self performSegueWithIdentifier:@"toAnimalChooser" sender:sender];
        self.animalChooserVisible=YES;
    }
}
```

为了在图像选择场景关闭时将标记animalChooserrsible设置为NO,可在文件AnimalChooserViewController.m的方法viewWillDisappear中使用如下所示的代码:

```
- (void)viewWillDisappear:(BOOL)animated
{
    [super viewWillDisappear:animated];
}
```

10. 实现自定义选择器视图

在这个示例项目中,将创建一个自定义选择器视图并选择它,它在两个组件中分别显示图像和文本。

(1) 加载选择器视图所需的数据

要显示选择器,需要给它提供数据。我们已经将图像资源加入到项目中,但要将这些图像提供给选择器,需要通过名称引用它们。另外,还需要在动物图像和动物名之间进行转换,即如果用户选择了小猪图像,我们希望应用程序显示Pig,而不是pig.png。为此,我们将创建一个动物图像数组(animalImages)和一个动物名数组(animalName)。在这两个数组中,同一种动物的图像和名称的索引相同。例如,如果用户选择的动物图像对应于数组animal Images的第三个元素,则可从数组animalNames的第三个元素获取动物名。我们还需要表示动物声音的数据,它们显示在选择器视图的第二个组件中。因此还需创建第三个数组:animalSounds。

在文件AnimalChooserViewController.h中,通过如下代码将这3个数组声明为属性:

```
@property (strong, nonatomic) NSArray *animalNames;
@property (strong, nonatomic) NSArray *animalSounds;
@property (strong, nonatomic) NSArray *animalImages;
```

然后,在文件AnimalChooserViewController.m中,添加配套的编译指令@synthesize:

```
@synthesize animalNames;
@synthesize animalSounds;
@synthesize animalImages;
```

再在方法viewDidUnload中清理这些属性:

```
[self setAnimalNames:nill];
[self setAnimalImages:nil];
[self setAnimalSounds:nil];
```

现在需要分配并初始化每个数组。对于名称和声音数组,只需在其中存储字符串即可。
然而对于图像数组来说,需要在其中存储UIImageView。在文件AnimalChooserViewController.m中方法viewDidLoad的实现代码如下所示:

```
- (void)viewDidLoad
{
    self.animalNames=[[NSArray alloc]initWithObjects:
         @"Mouse",@"Goose",@"Cat",@"Dog",@"Snake",@"Bear",@"Pig",nil];
    self.animalSounds=[[NSArray alloc]initWithObjects:
@"Oink",@"Rawr",@"Ssss",@"Roof",@"Meow",@"Honk",@"Squeak",nil];
    self.animalImages=[[NSArray alloc]initWithObjects:
          [[UIImageView alloc] initWithImage:[UIImage imageNamed: @"mouse.png"]],
          [[UIImageView alloc] initWithImage:[UIImage imageNamed: @"goose.png"]],
          [[UIImageView alloc] initWithImage:[UIImage imageNamed: @"cat.png"]],
          [[UIImageView alloc] initWithImage:[UIImage imageNamed: @"dog.png"]],
          [[UIImageView alloc] initWithImage:[UIImage imageNamed: @"snake.png"]],
          [[UIImageView alloc] initWithImage:[UIImage imageNamed: @"bear.png"]],
          [[UIImageView alloc] initWithImage:[UIImage imageNamed: @"pig.png"]],
                          nil
                          ];
    [super viewDidLoad];
}
```

对于上述代码的具体说明如下所示。

- 创建数组animalNames，其中包含7个动物名。别忘了，数组以nil结尾，因此需要将第8个元素指定为nil。
- 初始化数组animalSounds，使其包含7种动物声音。
- 创建数组animalImages，它包含7个UIImageView实例，这些实例是使用本节开头导入的图像创建的。

（2）实现选择器视图数据源协议

数据源协议提供如下两种信息：

- 将显示多少个组件；
- 每个组件包含多少个元素。

在文件AnimalChooserViewController.h中，将@interface行设置为如下格式：

```
@interface AnimalChooserViewController  :
UIViewController <UIPickerViewDataSource>
```

这样将这个类声明为遵守协议UIPickerViewDataSource。

接下来，编写方法numberOfComponentsInPickerView返回选择器将显示多少个组件。因为已经为此定义了一个常量（kComponentCount），所以只需返回该常量即可，具体代码如下所示：

```
- (NSInteger)numberOfComponentsInPickerView:(UIPickerView *)pickerView {
    return kComponentCount;
}
```

必须实现的另一个数据源方法是pickerView:numberOfRowsInComponent，功能是根据编号返回相应组件将显示的元素数。为了简化确定组件的方式，可以使用常量kAnimalComponent和kSoundComponent，并使用类NArray的方法count来获取数组包含的元素数。pickerView:numberOfRowsInComponent的实现代码如下所示：

```
- (NSInteger)pickerView:(UIPickerView *)pickerView
numberOfRowsInComponent:(NSInteger)component {
    if (component==kAnimalComponent) {  //检查查询的组件是否为动物组件
        // 如果是，返回数组animalNames 包含的元素数（也可以返回图像数组包含的元素数）
    return [self.animalNames count];         // 如果查询的不是动物组件，便可认为查询的是声音组件
    } else {
        return [self.animalSounds count];    // 返回数组Sounds包含的元素数
    }
}
```

这就是实现数据源协议需要做的全部工作，其他与选择器视图相关的工作由选择器视图委托协议（UIPickerViewDelegate）处理。

（3）实现选择器视图委托协议

选择器视图委托协议负责定制选择器的显示方式，以及用户在选择器中选择时做出反应。在文件AnimalChooserViewController.h中，指出我们要遵守委托协议：

```
@interface AnimalChooserViewController:UIViewController
<UIPickerViewDataSource, UIPickerViewDelegate>
```

要生成我们所需的选择器，需要实现多个委托方法，但其中最重要的是pickerView:viewForRow:forComponent:reusingView。这个方法接受组件和行号作为参数，并返回要在选择器相应位置显示的自定义视图。

在此需要给第一个组件返回动物图像，并给第二个组件返回标签，其中包含对动物声音的描述。在本实例中，通过如下代码实现这个方法：

```
- (UIView *)pickerView:(UIPickerView *)pickerView viewForRow:(NSInteger)row
        forComponent:(NSInteger)component reusingView:(UIView *)view {
    if (component==kAnimalComponent) {
   //检查component是否为动物组件，如果是则根据参数row返回数组animal Images中相应的UIImageView
        return [self.animalImages objectAtIndex:row];
    }
   //如果component参数引用的不是动物组件，则需要根据row使用animalSounds数组中相应的元素创建一个
   //UILabel，并返回它
    else {
        UILabel *soundLabel;
        soundLabel=[[UILabel alloc] initWithFrame:CGRectMake(0,0,100,32)];
        soundLabel.backgroundColor=[UIColor clearColor];// 将标签的背景色设置为透明的
        soundLabel.text=[self.animalSounds objectAtIndex:row];
        return soundLabel;// 返回可显示的UILabel
    }
}
```

（4）修改组件的宽度和行高

为了调整选择器视图的组件大小，可以实现另外两个委托方法：pickerView: rowHeightForComponent和pickerView:widthForComponent。在此设置动物组件的宽度应为75点，设置声音组件宽度大约为150点，设置这两个组件都使用固定的行高-55点。上述功能是在文件AnimalChooserViewController.m中实现的，具体代码如下所示：

```
- (CGFloat)pickerView:(UIPickerView *)pickerView
rowHeightForComponent:(NSInteger)component {
    return 55.0;
}

- (CGFloat)pickerView:(UIPickerView *)pickerView widthForComponent:(NSInteger)component {
    if (component==kAnimalComponent) {
        return 75.0;
    } else {
        return 150.0;
    }
}
```

（5）在用户做出选择时进行响应

当用户做出选择时会调用方法displayAnimal:withSound:fromComponent，将选择情况显示在初始场景的输出标签中。在文件ViewController.h中，添加这个方法的原型：

```
- (void)displayAnimal:(NSString*)chosenAnimal
withSound: (NSString*)chosenSound
fromComponent: (NSString *)chosenComponent;
```

在文件ViewControler.m中实现这个方法。它应将传入的字符串参数显示在输出标签中，具体代码如下所示：

```
- (void)displayAnimal:(NSString *)chosenAnimal withSound:(NSString *)chosenSound fr
omComponent:(NSString *)chosenComponent {
    NSString *animalSoundString;
    animalSoundString=[[NSString alloc]
                   initWithFormat:@"你改变 %@ (%@ 和声音文
字 %@)", chosenComponent, chosenAnimal,chosenSound];
    self.outputLabel.text=animalSoundString;
}
```

这样根据字符串参数chosenComponent、chosenAnimal和chosenSound的内容,创建了一个animalSoundString字符串,然后设置输出标签的内容,以显示这个字符串。

有了用于显示用户选择情况的机制后,需要在用户选择时做出响应了。在文件AnimalChooserViewController.m中,实现方法pickerView:didSelectRow:inComponent,具体代码如下所示:

```
- (void)pickerView:(UIPickerView *)pickerView didSelectRow:(NSInteger)row
       inComponent:(NSInteger)component {
    
    ViewController *initialView;
    initialView=(ViewController *)self.delegate;
    
    if (component==kAnimalComponent) {
      int chosenSound=[pickerView selectedRowInComponent:kSoundComponent];
      [initialView displayAnimal:[self.animalNames objectAtIndex:row]
                   withSound:[self.animalSounds objectAtIndex:chosenSound]
                   fromComponent:@"动物图像"];
    } else {
      int chosenAnimal=[pickerView selectedRowInComponent:kAnimalComponent];
      [initialView displayAnimal:[self.animalNames objectAtIndex:chosenAnimal]
                   withSound:[self.animalSounds objectAtIndex:row]
                   fromComponent:@"声音"];
    }
}
```

对上述代码的具体说明如下所示。
❑ 首先获取指向初始场景的视图控制器的引用,我们需要它来在初始场景中指出用户做出的选择。
❑ 检查当前选择的组件是否是动物组件,如果是则需要获取当前选择的声音(第7行)。
❑ 调用前面编写的方法displayAnimal:withSound:fromComponent,将动物名、当前选择的声音以及一个字符串传递给它,其中动物名是根据参数row从相应的数组中获取的。

(6)处理隐式选择

在动物选择场景显示后,立即更新初始场景中的输出标签,让其显示默认的动物名和声音以及一条消息,让消息指出用户没有做任何选择(nothing yet...)。与日期选择器一样,可以在文件AnimalChooserViewController.m的方法viewDidAppear中处理隐式选择,具体代码如下所示:

```
-(void)viewDidAppear:(BOOL)animated {
    ViewController *initialView;
    initialView=(ViewController *)self.delegate;
    [initialView displayAnimal:[self.animalNames objectAtIndex:0]
                   withSound:[self.animalSounds objectAtIndex:0]
                   fromComponent:@"还没有..."];
}
```

通过调用方法displayAnimal:withSound:fromComponent,并将动物名数组和声音数组的第一个元素传递给它,因为它们是选择器默认显示的元素。对于参数fromComponent,则将其设置为一个字符串,指出用户还未做出选择。

到此为止,整个实例介绍完毕。运行后当用户在选择器视图(显示在一个弹出框中)做出选择后,输出标签将立即更新,执行效果如图14-16所示。

图14-16 执行效果

14.2.4 实战演练——自定义一个选择器（双语实现：Swift版）

实例14-7	自定义一个选择器
源码路径	光盘:\daima\14\CustomPicker-Swift

本实例的功能和上一个实例14-6完全相同，并且执行效果也相同，只是用Swift语言实现而已，执行效果如图14-17所示。

14.2.5 实战演练——实现一个单列选择器

实例14-8	实现一个单列选择器
源码路径	光盘:\daima\14\UIPickerViewTestEX4

（1）启动Xcode 9，本项目工程的最终目录结构和故事板界面如图14-18所示。

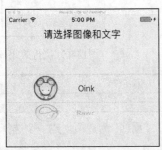

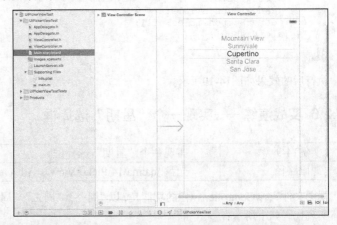

图14-17 执行效果　　　　图14-18 本项目工程的最终目录结构和故事板界面

（2）文件ViewController.m的具体实现代码如下所示：

```
#import "ViewController.h"
@implementation ViewController{
    NSArray* _books;
}
- (void)viewDidLoad
{
    [super viewDidLoad];
    // 创建并初始化NSArray对象
    _books = @[@"AAAAA", @"BBBBB",
      @"CCCCC" , @"DDDDD"];
    // 为UIPickerView控件设置dataSource和delegate
    self.picker.dataSource = self;
    self.picker.delegate = self;
}
// UIPickerViewDataSource中定义的方法，该方法的返回值决定该控件包含多少列
- (NSInteger)numberOfComponentsInPickerView:(UIPickerView*)pickerView
{
    return 1;   // 返回1表明该控件只包含1列
}
// UIPickerViewDataSource中定义的方法，该方法的返回值决定该控件指定列包含多少个列表项
- (NSInteger)pickerView:(UIPickerView *)pickerView
    numberOfRowsInComponent:(NSInteger)component
{
    // 由于该控件只包含一列，因此无须理会列序号参数component
    // 该方法返回_books.count，表明_books包含多少个元素，该控件就包含多少列表项
```

```
            return _books.count;
}
// UIPickerViewDelegate中定义的方法，该方法返回的NSString将作为UIPickerView
// 中指定列和列表项的标题文本
- (NSString *)pickerView:(UIPickerView *)pickerView
    titleForRow:(NSInteger)row forComponent:(NSInteger)component
{
    // 由于该控件只包含一列，因此无须理会列序号参数component
    // 该方法根据row参数返回_books中的元素，row参数代表列表项的编号，
    // 因此该方法表示第几个列表项，就使用_books中的第几个元素
    return _books [row];
}
// 当用户选中UIPickerViewDataSource中指定列和列表项时激发该方法
- (void)pickerView:(UIPickerView *)pickerView didSelectRow:
(NSInteger)row inComponent:(NSInteger)component
{
    // 使用一个UIAlertView来显示用户选中的列表项
    UIAlertView* alert = [[UIAlertView alloc]
        initWithTitle:@"提示"
        message:[NSString stringWithFormat:@"你选中的图书是：%@",_books[row]]
        delegate:nil
        cancelButtonTitle:@"确定"
        otherButtonTitles:nil];
    [alert show];
}
@end
```

执行后的效果如图14-19所示。

14.2.6 实战演练——实现一个"星期"选择框

图14-19 执行效果

实例14-9	实现一个"星期"选择框
源码路径	光盘:\daima\14\PickerView-swift

视图文件ViewController.swift的功能是，以"周一""周二""周三""周四"为选项创建一个选择框，具体实现代码如下所示：

```
import UIKit

class ViewController: UIViewController, UIPickerViewDelegate, UIPickerViewDataSource {
    var myUIPicker: UIPickerView = UIPickerView()

    //显示排列的值
    var myValues: NSArray = ["周一","周二","周三","周四"]

    override func viewDidLoad() {
        super.viewDidLoad()
        //指定大小
        myUIPicker.frame = CGRectMake(0,0,self.view.bounds.width, 180.0)

        // Delegate设定
        myUIPicker.delegate = self

        // DataSource设定
        myUIPicker.dataSource = self

        // View追加
        self.view.addSubview(myUIPicker)
    }
    func numberOfComponentsInPickerView(pickerView: UIPickerView) -> Int {
        return 1
    }

    /*
    返回数据
    */
```

```
func pickerView(pickerView: UIPickerView, numberOfRowsInComponent component: Int)
    -> Int {
    return myValues.count
}

/*
传入值
*/
func pickerView(pickerView: UIPickerView, titleForRow row: Int, forComponent
component: Int) -> String? {
    return myValues[row] as? String
}

/*
Picker项被选择时
*/
func pickerView(pickerView: UIPickerView, didSelectRow row: Int, inComponent
component: Int) {
    print("row: \(row)")
    print("value: \(myValues[row])")
}

override func didReceiveMemoryWarning() {
    super.didReceiveMemoryWarning()
}

}
```

执行后的效果如图14-20所示。

图14-20 执行效果

14.3 日期选择控件（UIDatePicker）

知识点讲解光盘：视频\知识点\第14章\日期选择控件（UIDatePicker）.mp4

选择器是iOS的一种独特功能，它们通过转轮界面提供一系列多值选项，这类似于自动贩卖机。选择器的每个组件显示数行可供用户选择的值，而不是水果或数字。在桌面应用程序中，与选择器最接近的组件是下拉列表，图14-21显示了标准的日期选择器（UIDatePicker）。

当用户需要选择多个（通常相关）的值时应使用选择器。它们通常用于设置日期和事件，但是可以对其进行定制以处理您能想到的任何选择方式。在选择日期和时间方面，选择器是一种不错的界面元素，所以Apple特意提供了如下两种形式的选择器。

❑ 日期选择器：这种方式易于实现，且专门用于处理日期和时间。
❑ 自定义选择器视图：可以根据需要配置成显示任意数量的组件。

图14-21 选择器提供了一系列值供我们选择

14.3.1 UIDatePicker 基础

日期选择器（UIDatePicker）与前几章介绍过的其他对象极其相似，在使用前需要将其加入到视图，将其Value Changed事件连接到一个操作，然后再读取返回的值。日期选择器会返回一个NSDate对象，而不是字符串或整数。要想访问UIDatePicker提供的NSDate，可以使用其date属性实现。

1. 日期选择器的属性

与众多其他的GUI对象一样，也可以使用Attributes Inspector对日期选择器进行定制，如图14-22所示。我们可以对日期选择器进行配置，使其以4种模式显示。

❑ Date&Time（日期和时间）：显示用于选择日期和时间的选项。
❑ Time（时间）：只显示时间。
❑ Date（日期）：只显示日期。

❑ Timer（计时器）：显示类似于时钟的界面，用于选择持续时间。

另外还可以设置Locale（区域，这决定了各个组成部分的排列顺序）、设置默认显示的日期/时间以及设置日期/时间约束（这决定了用户可选择的范围）。属性Date（日期）被自动设置为您在视图中加入该控件的日期和时间。

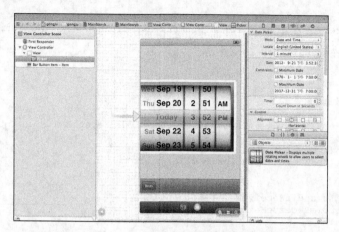

图14-22 在AttributesInspector中配置日期选择器的外观

2．UIDatePicker的基本操作

UIDatePicker是一个控制器类，封装了UIPickerView，但是它是UIControl的子类，专门用于接受日期、时间和持续时长的输入。日期选取器的各列会按照指定的风格进行自动配置，这样就让开发者不必关心如何配置表盘这样的底层操作。我们也可以对其进行定制，令其使用任何范围的日期：

```
NSDate* _date = [ [ NSDate alloc] initWithString:@"2014-03-07 00:35:00 -0500"];
```

（1）创建日期/时间选取器

UIDatePicker使用起来比标准UIPickerView更简单。它会根据你指定的日期范围创建自己的数据源。使用它只需要创建一个对象：

```
UIDatePicker *datePicker = 
[[ UIDatePicker alloc] initWithFrame:CGRectMake(0.0,0.0,0.0,0.0)];
```

在默认情况下选取会显示目前的日期和时间，并提供几个表盘，分别显示可以选择的月份和日期、小时、分钟，以及上午、下午。因此，用户默认可以选择任何日期和时间的组合。

（2）日期选取器模式

日期/时间选取器支持4种不同模式的选择方式。通过设置 datePickerMode 属性，可以定义选择模式：

```
datePicker.datePickerMode = UIDatePickerModeTime;
```

支持的模式有如下4种：

```
typedef enum {
    UIDatePickerModeTime,
    UIDatePickerModeDate,
    UIDatePickerModeDateAndTime,
    UIDatePickerModeCountDownTimer
} UIDatePickerMode;
```

（3）时间间隔

我们可以将分钟表盘设置为以不同的时间间隔来显示分钟，前提是该间隔要能够让60整除。默认间隔是一分钟。如果要使用不同的间隔，需要改变 minuteInterval 属性：

```
datePicker.minuteInterval = 5;
```

（4）日期范围

我们可以通过设置mininumDate和maxinumDate属性，来指定使用的日期范围。如果用户试图滚动到超出这一范围的日期，表盘会回滚到最近的有效日期。两个方法都需要NSDate对象作参数：

```
NSDate* minDate = [[NSDate alloc]initWithString:@"1900-01-01 00:00:00 -0500"];
NSDate* maxDate = [[NSDate alloc]initWithString:@"2099-01-01 00:00:00 -0500"];
datePicker.minimumDate = minDate;
datePicker.maximumDate = maxDate;
```

如果两个日期范围属性中任何一个未被设置，则默认行为将会允许用户选择过去或未来的任意日期。这在某些情况下很有用处，比如，当选择生日时，可以是过去的任意日期，但终止于当前日期。也可以使用date属性设置默认显示的日期，例如：

```
datePicker.date = minDate;
```

此外，如果选择了使用动画，则可以用setDate方法设置表盘会滚动到我们指定的日期，例如：

```
[datePicker setDate:maxDate animated:YES];
```

（5）显示日期选择器

```
[self.view addSubview:datePicker];
```

需要注意的是，选择器的高度始终是216像素，要确定分配了足够的空间来容纳。

（6）读取日期

```
NSDate* _date = datePicker.date;
```

由于日期选择器是UIControl的子类（与UIPickerView不同），你还可以在UIControl类的通知结构中挂接一个委托：

```
[datePicker addTarget:self action:@selector(dateChanged:) forControlEvents: UI
ControlEventValueChanged ];
```

只要用户选择了一个新日期，我们的动作类就会被调用：

```
-(void)dateChanged:(id)sender{
        UIDatepicker* control = (UIDatePicker*)sender;
NSDate* _date = control.date;
/*添加你自己的响应代码*/
}
```

14.3.2 实战演练——使用 UIDatePicker 控件（Swift 版）

实例14-10	使用UIDatePicker控件
源码路径	光盘:\daima\14\JY-UIDatePicker

编写类文件ViewController.swift，功能是使用UIDatePicker控件实现一个特定样式的日期选择框，主要实现代码如下所示：

```
class ViewController: UIViewController {
    let fullScreenSize = UIScreen.main.bounds.size
    override func viewDidLoad() {
        super.viewDidLoad()
        self.view.addSubview(myLabel)
        
        self.view.addSubview(myDatePicker)
    }
    private lazy var myDatePicker: UIDatePicker = { [unowned self] in
        let myDatePicker = UIDatePicker(frame: CGRect(x: 0, y: 0, width: self.fullS
creenSize.width, height: 300))
        //设置picker格式
        myDatePicker.datePickerMode = .dateAndTime
        //选取时间间隔 以15分钟为一个时间间隔
```

```
        myDatePicker.minuteInterval = 15
        //设置预设时间为现在时间
        myDatePicker.date = Date()
        //设置date的格式
        let formatter = DateFormatter()
        //设置展示的时间格式
        formatter.dateFormat = "yyyy-MM-dd HH:mm"
        let fromDateTime = formatter.date(from: "2017-01-18 18:08")
        let endDateTime = formatter.date(from: "2018-12-25 18:08")
        //可以选择的最早日期时间
        //myDatePicker.miniumDate = fromDateTime
        myDatePicker.minimumDate = fromDateTime
        //可以选择的最晚时间日期
        myDatePicker.maximumDate = endDateTime
        //设置语言
        myDatePicker.locale = Locale(identifier: "zh_CN")
        //选择时间执行的动作
        myDatePicker.addTarget(self, action: #selector(datePickerChanged(datePicker
        :)), for: .valueChanged)
        //设置中心点
        myDatePicker.center = CGPoint(x: self.fullScreenSize.width * 0.5, y: self.
        fullScreenSize.height * 0.5)
        return myDatePicker
    }()
    private lazy var myLabel: UILabel = {
        let label = UILabel(frame: CGRect(x: 0, y: 0, width: self.fullScreenSize.width,
        height: 50))
        label.backgroundColor = UIColor.lightGray
        label.textAlignment = .center
        label.textColor = UIColor.black
        label.center = CGPoint(x: self.fullScreenSize.width * 0.5, y: self.fullScreenSize
        .height * 0.15)
        return label
    }()

    @objc private func datePickerChanged(datePicker: UIDatePicker) {
        let formatter = DateFormatter()
        formatter.dateFormat = "yyyy-MM-dd HH:mm"
        myLabel.text = formatter.string(from: datePicker.date)
    }

    override func didReceiveMemoryWarning() {
        super.didReceiveMemoryWarning()
    }
```

执行后的效果如图14-23所示。

14.3.3 实战演练——实现一个日期选择器

在本实例中,使用UIDatePicker实现了一个日期选择器,该选择器通过模态切换方式显示。本实例的初始场景包含一个输出标签以及一个工具栏,其中输出标签用于显示日期计算的结果,而工具栏包含一个按钮,用户触摸它将触发到第二个场景的手动切换。

图14-23 执行效果

实例14-11	实现一个日期选择器
源码路径	光盘:\daima\14\DateCalc

1. 创建项目

使用模板Single View Application创建一个项目,并将其命名为"DateCalc"。模板创建的初始场景/视图控制器将包含日期计算逻辑,但我们还需添加一个场景和视图控制器,它们将用于显示日期选择器界面。

(1)添加DateChooserViewController类

为了使用日期选择器显示日期并在用户选择日期时做出响应,需要在项目中添加一个

DateChooserViewController类。为此单击项目导航器左下角的"+"按钮,在弹出的对话框中选择iOS Cocoa Touch和图标UIViewController subclass,再单击Next按钮。在下一个屏幕中输入名称DateChooserViewController。在最后一个设置屏幕中,从Group下拉列表中选择项目代码编组,然后再单击"Create"按钮。

(2)添加Date Chooser场景并关联视图控制器

在Interface Builder编辑器中打开文件MainStoryboard.storyboard,使用快捷键"Control+Option+Command+3"打开对象库,并将一个视图控制器拖曳到Interface Builder编辑器的空白区域(或文档大纲区域)。此时项目将包含两个场景,为了将新增的视图控制器关联到DateChooserViewController类,在文档大纲区域中选择第二个场景的View Controller图标,按下快捷键"Option+Command+3"打开Identity Inspector,并从Class下拉列表中选择DateChooserViewController。

选择第一个场景的View Controller图标,并确保仍显示了Identity Inspector。在Identity部分,将视图控制器标签设置为Initial。对第二个场景重复上述操作,将其视图控制器标签设置为Date Chooser。此时的文档大纲区域将显示Initial Scene和Date Chooser Scene。

2. 设计界面

打开文件MainStoryboard.storyboard,打开对象库(Control+ Option+ Command+3),并拖曳一个工具栏到该视图底部。在默认情况下,工具栏只包含一个名为item的按钮。双击item,并将其改为"选择日期"。然后从对象库拖曳两个灵活间距栏按钮项(Flexible Space Bar Button Item)到工具栏中,并将它们分别放在按钮"选择日期"两边。这将让按钮"Data Chooser View Controller"位于工具栏中央。

在视图中央添加一个标签,使用Attributes Inspector(Option+Command+4)增大标签的字体,并且让文本居中显示,并将标签扩大到至少能够容纳5行文本。将文本改为"没有选择",最终的视图如图14-24所示。

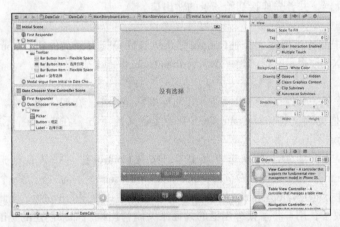

图14-24 设计的UI图

然后选择该场景的视图,并将其背景色设置为Scroll View Texted Background Color。拖曳一个日选择器到视图顶部。如果创建的是该应用程序的iPad版,该视图最终将显示为弹出框,因此只有左上角部分可见。然后在日期选择器下方,放置一个标签,并将其文本改为"选择日期"。最后,如果创建的是该应用程序的iPhone版,拖曳一个按钮到视图底部,它将用于关闭日期选择场景。将该按钮的标签设置为"确定",图14-25显示了设计的日期选择界面。

3. 创建切换

按住Control键,从初始场景的视图控制器拖曳到日期选择场景的视图控制器。在Xcode中选择Modal(iPhone)或Popover(iPad),这样在文档大纲区域的初始场景中会新增一行,其内容为Segue from UIViewController to DateChooseViewController。选择这行并打开Attributes Inspector(Option+ Command+4),以配置该切换。然后给切换指定标识符toDateChooser。

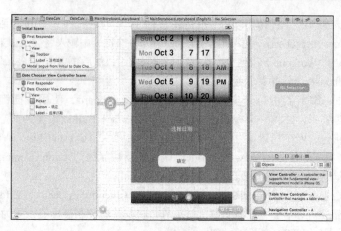

图14-25 日期选择场景

4. 创建并连接输出口和操作

本实例的每个场景都需要建立两个连接：初始场景是一个操作和一个输出口，而日期选择场景是两个操作。这些输出口和操作如下所述。

- outputLabel (UILabel)：该标签在初始场景中显示日期计算的结果。
- showDateChooser：这是一个操作方法，由初始场景中的栏按钮项触发。
- dismissDateChooser：这是一个操作方法，由日期选择场景中的Done按钮触发。
- setDateTime：这是一个操作方法，在日期选择器的值发生变化时触发。

切换到助手编辑器，并首先连接初始场景的输出口。

（1）添加输出口

选择初始场景中的输出标签，按住Control键并从该标签拖曳到文件ViewController.h中编译指令@interface下方。在Xcode提示时，创建一个名为outputLabel的新输出口。

（2）添加操作

在本实例中，除了一个连接是输出口外，其他连接都是操作。在初始场景中，按住Control键并从按钮"选择日期"拖曳到文件ViewController.h中属性定义的下方。在Xcode提示时，添加一个名为showDateChooser的新操作。

然后切换到第二个场景（日期选择场景），按住Control键，并从日期选择器拖曳到文件DateChooserViewController.h中编译指令@interface下方。在Xcode提示时，新建一个名为setDateTime的操作，并将触发事件指定为Value Changed。如果开发的是该应用程序的iPad版，至此创建并连接操作和输出口的工作就完成了，用户将触摸弹出框的外面来关闭弹出框。如果创建的是iPhone版，还需按住Control键，并从按钮Done拖曳到文件DateChooserView Controller.h，以创建由该按钮触发的操作dismissDateChooser。

5. 实现场景切换逻辑

在应用程序逻辑中，需要处理两项主要任务。首先，需要处理初始场景的视图控制器和日期选择场景的视图控制器之间的交互；其次，需要计算并显示两个日期相差多少天。首先来处理视图控制器之间的通信。

（1）导入接口文件

在这个示例项目中，类ViewController和类DateChooserViewController需要彼此访问对方的属性。

在文件ViewController.h中，在#import语句下方添加如下代码行：

```
#import "DateChooserViewController.h"
```

同样在文件DateChooserViewController.h中，添加导入ViewController.h的代码：

```
#import "ViewController.h"
```

添加这些代码行后，这两个类便可彼此访问对方的接口（.h）文件中定义的方法和属性了。

（2）创建并设置属性delegate

除了让这两个类彼此知道对方提供的方法和属性外，我们还需提供一个属性，让日期选择视图控制器能够访问初始场景的视图控制器，它将通过该属性调用初始场景的iPad控制器中的日期计算方法，并在自己关闭时指出这一点。

如果该项目只使用模态切换，则可使用DateChooserViewController的属性presentingView。Controller来获取初始场景的视图控制器，但该属性不适用于弹出框。为了保持模态实现和弹出框的实现一致，将给类DateChooserViewController添加一个delegate属性：

```
@property (strong, nonatomic) id delegate;
```

上述代码定义了一个类型为id的属性，这意味着它可以指向任何对象，就像Apple类内置的delegate属性一样。

接下来，修改文件DateChooserViewController.m，在@implementation后面添加配套的变异指令@synthesize：

```
@synthesize delegate;
```

最后执行清理工作，将该实例变量/属性设置为nil。需要在文件DateChooserViewController.m的方法viewDidUnload中添加如下代码行：

```
[self setDelegate:nil];
```

要想设置属性delegate，可以在ViewController.m的方法prepareForSegue:sender中实现。当初始场景和日期选择场景之间的切换被触发时会调用这个方法。修改文件ViewController.h，在其中添加该方法，具体代码如下所示：

```
- (void)prepareForSegue:(UIStoryboardSegue *)segue sender:(id)sender {
    ((DateChooserViewController *)segue.destinationViewController).delegate=self;
}
```

通过上述代码，将参数segue的属性destinationViewController强制转换为一个DateChooserViewController，并将其delegate属性设置为self，即初始场景的VewController类的当前实例。

（3）处理初始场景和日期选择场景之间的切换

在这个应用程序中，切换是在视图控制器之间，而不是对象和视图控制器之间创建的。通常将这种切换称为"手工"切换，因为需要在方法showDateChooser中使用代码来触发它。在触发场景时，首先需要检查当前是否显示了日期选择器，这是通过一个布尔属性（dateChooserVisible）进行判断。因此，需要在ViewController类中添加该属性。为此，修改文件ViewController.h，在其中包含该属性的定义：

```
@property (nonatomic) Boolean dateChooserVisible;
```

布尔值不是对象，因此，声明这种类型的属性/变量时，不需要使用关键字strong，也无需在使用完后将其设置为nil。然而确实需要在文件ViewController.m中添加配套的编译指令@synthesize：

```
@synthesize dateChooserVisible;
```

接下来实现方法showDateChooser，使其首先核实属性dateChooserVisible不为YES，再调用performSegueWithIdentifier:sender启动到日期选择场景的切换，然后将属性dateChooserVisible设置为YES，以便我们知道当前显示了日期选择场景。这个功能是通过文件ViewController.m中的方法showDateChooser实现的，具体代码如下所示：

```
- (IBAction)showDateChooser:(id)sender {
    if (self.dateChooserVisible!=YES) {
        [self performSegueWithIdentifier:@"toDateChooser" sender:sender];
```

```
            self.dateChooserVisible=YES;
    }
}
```

此时可以运行该应用程序,并触摸"选择日期"按钮显示日期选择场景。但是用户将无法关闭模态的日期选择场景,因为还没有给"确定"按钮触发的操作编写代码。下面开始实现当用户单击日期选择场景中的Done时关闭该场景。前面已经建立了到操作dismissDateChooser的连接,因此只需在该方法中调用dismissViewControllerAnimated:completion即可。这一功能是通过文件DateChooserViewController.m中的方法dismissDateChooser实现的,其实现代码如下所示:

```
- (IBAction)dismissDateChooser:(id)sender {
    [self dismissViewControllerAnimated:YES completion:nil];
}
```

6. 实现日期计算逻辑

为了实现日期选择器,最核心的工作是编写calculateDateDifference的代码。为了实现我们制定的目标(显示当前日期与选择器中的日期相差多少天),需要完成如下3个工作。

获取当前的日期、显示日期和时间、计算这两个日期之间相差多少天。

在具体编写代码之前,先来看看完成这些任务所需的方法和数据类型。

(1)获取日期

为了获取当前的日期并将其存储在一个NSDate对象中,只需使用date方法初始化一个NSDate。在初始化这种对象时,它默认存储当前日期。这意味着完成第一项任务只需一行代码即可实现:

```
todaysDate=[NSDate date];
```

(2)显示日期和时间

显示日期和时间比获取当前日期要复杂。由于将在标签(UILabel)中显示输出,并且知道它将如何显示在屏幕上,因此真正的问题是,如何根据NSDate对象获得一个字符串并设置其格式?

有趣的是,有一个为我们处理这项工作的类!我们将创建并初始化一个NSDateFormatter对象;然后使用该对象的setDateFormat和一个模式字符串创建一种自定义格式;最后调用NSDateFormatter的另一个方法stringFromDate将这种格式应用于日期,这个方法接受一个NSDate作为参数,并以指定格式返回一个字符串。

假如已经将一个NDDate存储在变量todaysDate中,并要以"月份,日,年 小时:分:秒(AM或PM)"的格式输出,则可使用如下代码:

```
dateFormat= [[NSDateFormatter alloc] init];
[dateFormat setDateFormat:@ "MMMM d,yyyy hh:mm:ssa"];
todaysDateString=[dateFormat stringFromDate:todaysDate];
```

首先,分配并初始化一个NSDateFormatter对象,再将其存储到dateFormat中;然后将字符串@"MMMMd, yyyy hh:mm:ssa"用作格式化字符串以设置格式;最后使用dateFormat对象的实例方法stringFromDate生成一个新的字符串,并将其存储在todaysDateString中。

注意:可用于定义日期格式的字符串是在一项Unicode标准中定义的。

对这个示例中使用的模式解释如下。
- MMMM:完整的月份名。
- d:没有前导零的日期。
- YYYY:4位的年份。
- hh:两位的小时(必要时加上前导零)。

- mm：两位的分钟。
- ss：两位的秒。
- a：AM或PM。

（3）计算两个日期相差多少天

要想计算两个日期相差多少天，可以使用NSDate对象的实例方法timeIntervalSinceDate实现，而无需进行复杂的计算。这个方法返回两个日期相差多少秒，假如有两个NSDate对象：todaysDate和futureDate，可以使用如下代码计算它们之间相差多少秒：

```
NSTimeInterval difference;
    difference=[todaysDate timeIntervalSinceDate:futureDate];
```

（4）实现日期计算和显示

为了计算两个日期相差多少天并显示结果，我们在ViewController.m中实现方法calculateDateDifference，它接受一个参数（chosenDate）。编写该方法后，我们在日期选择视图控制器中编写调用该方法的代码，而这些代码将在用户使用日期选择器时被执行。

首先，在文件ViewController.h中，添加日期计算方法的原型：

```
- (void) calculateDateDifference: (NSDate *)chosenDate;
```

接下来在文件ViewController.m中添加方法calculateDateDifference，其实现代码如下所示：

```
- (void)calculateDateDifference:(NSDate *)chosenDate {
    NSDate *todaysDate;
  NSString *differenceOutput;
  NSString *todaysDateString;
    NSString *chosenDateString;
  NSDateFormatter *dateFormat;
  NSTimeInterval difference;

  todaysDate=[NSDate date];
  difference = [todaysDate timeIntervalSinceDate:chosenDate] / 86400;

  dateFormat = [[NSDateFormatter alloc] init];
  [dateFormat setDateFormat:@"MMMM d, yyyy hh:mm:ssa"];
  todaysDateString = [dateFormat stringFromDate:todaysDate];
    chosenDateString = [dateFormat stringFromDate:chosenDate];

  differenceOutput=[[NSString alloc] initWithFormat:
                   @"选择的日期 (%@) 和今天 (%@) 相差：%1.2f天",
                   chosenDateString,todaysDateString,fabs(difference)];
  self.outputLabel.text=differenceOutput;
}
```

上述代码的具体实现流程如下所示。

- 声明将要使用的todaysDateString存储当前日期，differenceOutput是最终要显示给用户的经过格式化的字符串；todaysDateString包含当前日期的格式化版本；chosenDateString将存储传递给这个方法的日期的格式化版本；dateFormat是日期格式化对象，而difference是一个双精度浮点数变量，用于存储两个日期相差的秒数。
- 给todaysDate分配内存，并将其初始化为一个新的NSDate对象。这将自动把当前日期和时间存储到这个对象中。
- 使用timeIntervalSinceDate计算todaysDate和[sender date]之间相差多少秒。sender将是日期选择器对象，而date方法命令UIDatePicker实例以NSDate对象的方式返回其日期和时间，这给我们要实现的方法提供了所需的一切。将结果除以86400并存储到变量difference中。86400是一天的秒数，这样便能够显示两个日期相差的天数而不是秒数。

- 创建一个新的日期格式器(NSDateFormatter)对象，再使用它来格式化todaysDate和chosenDate，并将结果存储到变量todaysDateString和chosenDateString中。
- 设置最终输出字符串的格式：分配一个新的字符串变量（differenceOutput）。
- 使用initWithFormat对其进行初始化。提供的格式字符串包含要向用户显示的消息以及占位符%@和%1.2f，这分别表示字符串以及带一个前导零和两位小数的浮点数。这些占位符将替换为todayDateString、chosenDateString以及两个日期相差的天数的绝对值（fabs (difference))。
- 对我们加入到视图中的标签differenceResult进行更新，使其显示differenceOutput存储的值。

（5）输出更新

为了完成该项目，需要添加调用calculateDateDifference的代码，以便在用户选择日期时更新输出。实际上需要在两个地方调用calculateDateDifference：用户选择日期时以及显示日期选择场景时。在第二种情况下，用户还未选择日期，且日期选择器显示的是当前日期。在文件DateChooserViewController.m中，设置方法setDateTime的实现代码如下所示：

```
- (IBAction)setDateTime:(id)sender {
    [(ViewController*)delegate calculateDateDifference:((UIDatePicker*)sender).date];
}
```

这样通过属性delegate来访问ViewController.m中的方法calculateDateDifferenc，并将日期选择器的date属性传递给这个方法。不幸的是，如果用户在没有显式选择日期的情况下退出选择器，将不会进行日期计算。

此时可以假定用户选择的是当前日期，为了处理这种隐式选择，可以在文件DateChooserViewController.m中设置方法viewDidAppear，此方法的实现代码如下所示：

```
-(void)viewDidAppear:(BOOL)animated {
    [(ViewController *)self.delegate calculateDateDifference:[NSDate date]];
}
```

上述的代码与方法setDateTime相同，但是传递的是包含当前日期的NSDate对象，而不是日期选择器返回的日期。这确保即使用户马上关闭模态场景或弹出框，也将显示计算得到的结果。

到此为止，本日期选择器实例全部介绍完毕，执行后的效果如图14-26所示。

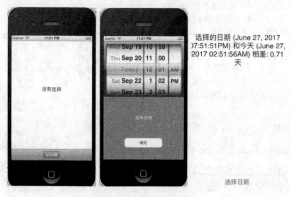

图14-26 执行效果

14.3.4 实战演练——使用日期选择器自动选择一个时间

实例14-12	使用日期选择器自动选择一个时间
源码路径	光盘:\daima\14\UIDatePickerEX

本实例的功能是在屏幕中显示一个日期选择器，选择日期后会弹出一个提醒框显示当前选择的时间。

14.3 日期选择控件（UIDatePicker）

（1）启动Xcode 9，本项目工程的最终目录结构和故事板界面如图14-27所示。

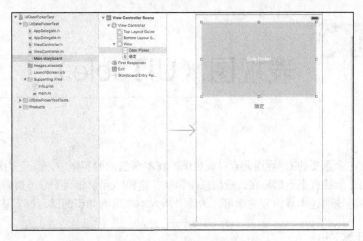

图14-27 本项目工程的最终目录结构和故事板界面

（2）文件ViewController.m的具体实现代码如下所示：

```
#import "ViewController.h"
@implementation ViewController
- (void)viewDidLoad
{
    [super viewDidLoad];
}
- (IBAction)tapped:(id)sender {
    // 获取用户通过UIDatePicker设置的日期和时间
    NSDate *selected = [self.datePicker date];
    // 创建一个日期格式器
    NSDateFormatter *dateFormatter = [[NSDateFormatter alloc] init];
    // 为日期格式器设置格式字符串
    [dateFormatter setDateFormat:@"yyyy年MM月dd日 HH:mm +0800"];
    // 使用日期格式器格式化日期、时间
    NSString *destDateString = [dateFormatter stringFromDate:selected];
    NSString *message =  [NSString stringWithFormat:
        @"您选择的日期和时间是: %@", destDateString];
    // 创建一个UIAlertView对象（警告框），并通过该警告框显示用户选择的日期、时间
    UIAlertView *alert = [[UIAlertView alloc]
        initWithTitle:@"日期和时间"
        message:message
        delegate:nil
        cancelButtonTitle:@"确定"
        otherButtonTitles:nil];
    // 显示UIAlertView
    [alert show];
}
@end
```

执行后的效果如图14-28所示，单击"确定"按钮后的效果如图14-29所示。

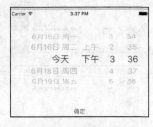

图14-28 执行效果

图14-29 显示当前选择的时间

第 15 章 表视图（UITable）

在本章将介绍一个重要的iOS界面元素：表视图。在本章前面的实例中，已经多次用到了表视图的功能。表视图让用户能够有条不紊地在大量信息中导航，这种UI元素相当于分类列表，类似于浏览iOS通信录时的情形。希望通过本章内容的学习，为读者步入本书后面知识的学习打下基础。

15.1 表视图基础

知识点讲解光盘：视频\知识点\第15章\表视图基础.mp4

与本书前面介绍的其他视图一样，表视图UITable也用于放置信息。使用表视图可以在屏幕上显示一个单元格列表，每个单元格都可以包含多项信息，但仍然是一个整体。并且可以将表视图划分成多个区（section），以便从视觉上将信息分组。表视图控制器是一种只能显示表视图的标准视图控制器，可以在表视图占据整个视图时使用这种控制器。通过使用标准视图控制器可以根据需要在视图中创建任意尺寸的表，我们只需将表的委托和数据源输出口连接到视图控制器类即可。在本节的内容中，将首先讲解表视图的基本知识。

15.1.1 表视图的外观

在iOS中有两种基本的表视图样式：无格式（plain）和分组，如图15-1所示。

无格式表不像分组表那样在视觉上将各个区分开，但通常带可触摸的索引（类似于通信录）。因此，它们有时称为索引表。我们将使用Xcode指定的名称（无格式/分组）来表示它们。

分组表　　无格式表
图15-1　两种格式

15.1.2 表单元格

表只是一个容器，要在表中显示内容，您必须给表提供信息，这是通过配置表视图（UITableViewCell）实现的。在默认情况下，单元格可显示标题、详细信息标签（detail label）、图像和附属视图（accessory），其中附属视图通常是一个展开箭头，告诉用户可通过压入切换和导航控制器挖掘更详细的信息，图15-2显示了一种单元格布局，其中包含前面说的所有元素。

其实除了视觉方面的设计外，每个单元格都有独特的标识符。这种标识符被称为重用标识符，（reuse identifier）用于在编码时引用单元格；配置表视图时，必须设置这些标识符。

图15-2　表由单元格组成

15.1.3 添加表视图

要在视图中添加表格，可以从对象库拖曳UITableView到视图中。添加表格后，可以调整大小，使其赋给整个视图或只占据视图的一部分。如果拖曳一个UITableViewController到编辑器中，将在故事板中新增一个场景，其中包含一个填满整个视图的表格。

1．设置表视图的属性

添加表视图后，就可以设置其样式了。为此，可以在Interface Builder编辑器中选择表视图，再打开Attributes Inspector（Option+Command+4），如图15-3所示。

第一个属性是Content，它默认被设置为Dynamic Prototypes（动态原型），这表示可在Interface Builder中以可视化方式设计表格和单元格布局。使用下拉列表Style选择表格样式Plain或Grouped，下拉列表Separator用于指定分区之间的分隔线的外观，而下拉列表Color用于设置单元格分隔线的颜色。设置Selection和Editing用于设置表格被用户触摸时的行为。

2．设置原型单元格的属性

设置好表格后需要设计单元格原型。要控制表格中的单元格，必须配置要在应用程序中使用的原型单元格。在添加表视图时，默认只有一个原型单元格。要编辑原型，首先在文档大纲中展开表视图，再选择其中的单元格（也可在编辑器中直接单击单元格）。单元格呈高亮显示后，使用选取手柄增大单元格的高度。其他设置都需要在Attributes Inspector中进行，如图15-4所示。

图15-3 设置表视图的属性

图15-4 配置原型单元格

在Attributes Inspector中，第一个属性用于设置单元格样式。要使用自定义样式，必须建一个UITableViewCell子类，大多数表格都使用如下所示的标准样式之一。

- Basic：只显示标题。
- Right Detail：显示标题和详细信息标签，详细信息标签在右边。
- Left Detail：显示标题和详细信息标签，详细信息标签在左边。
- Subtitle：详细信息标签在标题下方。

设置单元格样式后，可以选择标题和详细信息标签。为此，可以在原型单元格中单击它们，也可以在文档大纲的单元格视图层次结构中单击它们。选择标题或详细信息标签后，就可以使用Attributes Inspector定制它们的外观。

使用下拉列表Image在单元格中添加图像，当然，项目中必须有需要显示的图像资源，在原型单元格中设置的图像以及标题/详细信息标签不过是占位符，将替换为在代码中指定的实际数据。下拉列表Selection和Accessory分别用于配置选定单元格的颜色以及添加到单元格右边的附属图形（通常是展开箭头）。除Identifier外，其他属性都用于配置可编辑的单元格。

如果不设置Identifier属性，就无法在代码中引用原型单元格并显示内容。可以将标识符设置为任何字符串，例如，Apple在其大部分示例代码中都使用Cell。如果添加了多个设计不同的原型单元格，则必须给每个原型单元格指定不同的标识符。这就是表格的外观设计。

3．表视图数据源协议

表视图数据源协议（UITableViewDataSource）包含了描述表视图将显示多少信息的方法，并将

UITableViewCell对象提供给应用程序进行显示。这与选择器视图不太一样，选择器视图的数据源协议方法只提供要显示的信息量。如下4个是最有用的数据源协议方法。

- numberofSectionsInTableView：返回表视图将划分成多少个分区。
- tableView:numberOfRowsInSection：返回给定分区包含多少行。分区编号从0开始。
- tableView:titleForHeaderInSection：返回一个字符串，用作给定分区的标题。
- tableView:cellForRowAtIndexPath：返回一个经过正确配置的单元格对象，用于显示在表视图指定的位置。

4．表视图委托协议

表视图委托协议包含多个对用户在表视图中执行的操作进行响应的方法，从选择单元格到触摸展开箭头，再到编辑单元格。此处若只关心用户触摸并对选择单元格感兴趣，将使用方法tableView:didSelectRowAtIndexPath。通过向方法tableView:didSelectRowAtIndexPath传递一个NSIndexPath对象，指出了触摸的位置。这表示需要根据触摸位置所属的分区和行做出响应。

15.1.4 UITableView 详解

UITableView主要用于显示数据列表，数据列表中的每项都由行表示，其主要作用如下所示。

- 为了让用户能通过分层的数据进行导航。
- 为了把项以索引列表的形式展示。
- 用于分类不同的项并展示其详细信息。
- 为了展示选项的可选列表。

UITableView表中的每一行都由一个UITableViewCell表示，可以使用一个图像、一些文本、一个可选的辅助图标来配置每个UITableViewCell对象，其模型如图15-5所示。

类UITableViewCell为每个Cell定义了如下所示的属性。

- textLabel：Cell的主文本标签（一个UILabel对象）。
- detailTextLabel：Cell的二级文本标签，当需要添加额外细节时（一个UILabel对象）。
- imageView：一个用来装载图片的图片视图（一个UIImageView对象）。

1．UITableView的数据源

（1）UITableView是依赖外部资源为新表格单元填上内容的对象，我们称为数据源，这个数据源可以根据索引路径提供表格单元格，在UITableView中，索引路径是NSIndexPath的对象，可以选择分段或者分行，即是我们编码中的section和row。

（2）UITableView有3个必须实现的核心方法，具体如下所示：

```
-(NSInteger)numberOfSectionsInTableView:(UITableView*)tableView;
```

这个方法可以分段显示或者单个列表显示我们的数据，如图15-6所示。其中左图表示分段显示，右图表示单个列表显示。

```
-(NSInteger)tableView:(UITableView*)tableViewnumberOfRowsInSection:(NSInteger)section;
```

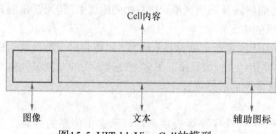

图15-5 UITableViewCell的模型

图15-6 显示的数据

这个方法返回每个分段的行数，不同分段返回不同的行数，这是用switch实现的，如果是单个列表就直接返回单个用户想要的函数即可。

```
-(UITableViewCell*)tableView:(UITableView*)tableViewcellForRowAtIndexPath:(NSIndexPath *)indexPath;
```

这个方法是返回我们调用的每一个单元格。通过我们索引的路径的section和row来确定。

2. UITableView的委托方法

使用委托是为了响应用户的交互动作，比如下拉更新数据和选择某一行单元格，在UITableView中有很多这种方法供开发人员选择。请看下面的代码：

```
//设置Section的数量
- (NSArray *)sectionIndexTitlesForTableView:(UITableView *)tableView{
 return TitleData;
}
//设置每一个section显示的Title
- (NSString *)tableView:(UITableView *)tableViewtitleForHeaderInSection:(NSInteger) section{
 return @"Andy-11";
}
//指定有多少个分区(Section)，默认为1
- (NSInteger)numberOfSectionsInTableView:(UITableView *)tableView { return 2;
}
//指定每个分区中有多少行，默认为1
- (NSInteger)tableView:(UITableView *)tableViewnumberOfRowsInSection:(NSInteger) section{
}
//设置每行调用的cell
-(UITableViewCell *)tableView:(UITableView *)tableViewcellForRowAtIndexPath: (NSIndexPath *)indexPath {
static NSString *SimpleTableIdentifier = @"SimpleTableIdentifier";

    UITableViewCell *cell = [tableViewdequeueReusableCellWithIdentifier:
                    SimpleTableIdentifier];
    if (cell == nil) {
        cell = [[[UITableViewCellalloc] initWithStyle:UITableViewCellStyleDefault
                    reuseIdentifier:SimpleTableIdentifier] autorelease];
}
 cell.imageView.image=image;//未选cell时的图片
 cell.imageView.highlightedImage=highlightImage;//选中cell后的图片
 cell.text=@"Andy-清风";
 return cell;
}
//设置让UITableView行缩进
-(NSInteger)tableView:(UITableView *)tableViewindentationLevelForRowAtIndexPath:(NSIndexPath *)indexPath{
 NSUInteger row = [indexPath row];
 return row;
}
//设置cell每行间隔的高度
- (CGFloat)tableView:(UITableView *)tableViewheightForRowAtIndexPath:(NSIndexPath *)indexPath{
    return 40;
}
//返回当前所选cell
NSIndexPath *ip = [NSIndexPath indexPathForRow:row inSection:section];
[TopicsTable selectRowAtIndexPath:ip animated:YESscrollPosition:UITableViewScrollPositionNone];

//设置UITableView的style
[tableView setSeparatorStylc:UITableViewCellSelectionStyleNone];
//设置选中cell的响应事件
- (void)tableView:(UITableView *)tableView didSelectRowAtIndexPath:(NSIndexPath*) indexPath{
 [tableView deselectRowAtIndexPath:indexPath animated:YES];//选中后的反显颜色即刻消失
}
```

```
//设置选中的行所执行的动作
-(NSIndexPath *)tableView:(UITableView *)tableViewwillSelectRowAtIndexPath: (NSInde
xPath *)indexPath
{
    NSUInteger row = [indexPath row];
    return indexPath;
}
//设置滑动cell是否出现del按钮,供删除数据时处理
- (BOOL)tableView:(UITableView *)tableView canEditRowAtIndexPath:(NSIndexPath*)inde
xPath {
}
//设置删除时编辑状态
- (void)tableView:(UITableView *)tableView commitEditingStyle:(UITableViewCellEditi
ngStyle)editingStyle
forRowAtIndexPath:(NSIndexPath *)indexPath
{
}
        //右侧添加一个索引表
- (NSArray *)sectionIndexTitlesForTableView:(UITableView *)tableView{
}
```

15.2 实战演练

知识点讲解光盘:视频\知识点\第15章\实战演练.mp4

经过本章前面内容的学习,我们已经了解了iOS中表格视图的基本知识。在本节的内容中,将通过几个具体实例的实现过程,详细讲解在iOS中使用表格视图的技巧。

15.2.1 实战演练——自定义 UITableViewCell

在iOS应用中,我们可以自己定义UITableViewCell的风格,其原理就是向行中添加子视图。添加子视图的方法主要有两种:使用代码以及从.xib文件加载。当然后一种方法比较直观。在本实例中会自定义一个Cell:左边显示一张图片,在图片的右边显示3行标签。

实例15-1	自定义一个UITableViewCell
源码路径	光盘:\daima\15\Custom Cell

(1)运行Xcode 9,新创建一个Single View Application,名称为Custom Cell。

(2)将图片资源导入到工程。本实例使用了14张50×50的.png图片,名称依次是1、2、…、14,放在一个名为Images的文件夹中。将此文件夹拖到工程中,在弹出的窗口中选中Copy items into…,添加完成后的工程目录如图15-7所示。

(3)创建一个UITableViewCell的子类:选中Custom Cell目录,依次选择File→New→New File,在弹出的窗口中,左边选择Cocoa Touch,右边选择Objective-C File,如图15-8所示。

图15-7 工程目录

图15-8 创建一个UITableViewCell的子类

然后单击Next按钮，输入类名CustomCell，把Subclass of选择UITableViewCell。
然后分别单击Next和Create按钮，这样就建立了两个文件：CustomCell.h和CustomCell.m。

（4）创建CustomCell.xib：依次选择File→New→New File，在弹出窗口的左边选择User Interface，在右边选择Empty。单击Next按钮，选择iPhone，再单击Next按钮，输入名称为CustomCell，并选择保存位置，如图15-9所示。单击Create按钮，这样就创建了CustomCell.xib。

（5）打开CustomCell.xib，拖一个Table View Cell控件到面板上，如图15-10所示。

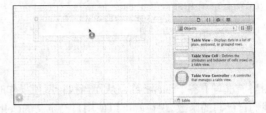

图15-9 设置保存路径　　　　　　图15-10 加入一个Table View Cell控件

选中新加的控件，打开Identity Inspector，选择Class为CustomCell；然后打开Size Inspector，调整高度为60。

（6）向新加的Table View Cell添加控件，拖放一个ImageView控件到左边，并设置大小为50×50。然后在ImageView右边添加3个Label，设置标签字号，最上边的是14，其余两个是12，如图15-11所示。接下来向文件CustomCell.h中添加Outlet映射，将ImageView与3个Label建立映射，名称分别为imageView、nameLabel、decLabel以及locLabel，分别表示头像、昵称、个性签名、地点。然后选中Table View Cell，打开Attribute Inspector，将Identifier设置为CustomCellIdentifier，如图15-12所示。

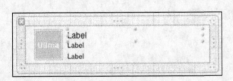

图15-11 添加控件　　　　　　　　　　　图15-12 建立映射

为了充分使用这些标签，还要自己创建一些数据，存在plist文件中，后边会实现。

（7）打开文件CustomCell.h添加如下3个属性：

```
@property (copy, nonatomic) UIImage *image;
@property (copy, nonatomic) NSString *name;
@property (copy, nonatomic) NSString *dec;
@property (copy, nonatomic) NSString *loc;
```

（8）打开文件CustomCell.m，其中在@implementation下面添加如下所示的代码：

```
@synthesize image;
@synthesize name;
@synthesize dec;
@synthesize loc;
```

然后 在@end之前添加如下所示的代码：

```
- (void)setImage:(UIImage *)img {
    if (![img isEqual:image]) {
        image = [img copy];
        self.imageView.image = image;
    }
}
-(void)setName:(NSString *)n {
    if (![n isEqualToString:name]) {
```

```
            name = [n copy];
            self.nameLabel.text = name;
        }
    }
    -(void)setDec:(NSString *)d {
        if (![d isEqualToString:dec]) {
            dec = [d copy];
            self.decLabel.text = dec;
        }
    }
    -(void)setLoc:(NSString *)l {
        if (![l isEqualToString:loc]) {
            loc = [l copy];
            self.locLabel.text = loc;
        }
    }
```

图15-13 添加数据

这相当于重写了各个set()函数,从而当执行赋值操作时,会执行我们自己写的函数。现在就可以使用自己定义的Cell了,但是,在此之前们先创建一个plist,用于存储想要显示的数据。在建好的friendsInfo.plist中添加如图15-13所示的数据。

在此需要注意每个节点类型的选择。

(9)打开ViewController.xib,拖曳一个Table View到视图上,并将Delegate和DataSource都指向File' Owner。

(10)打开文件ViewController.h,向其中添加如下所示的代码:

```
#import <UIKit/UIKit.h>
@interface ViewController : UIViewController<UITableViewDelegate, UITableViewDataSource>
@property (strong, nonatomic) NSArray *dataList;
@property (strong, nonatomic) NSArray *imageList;
@end
```

(11)打开文件ViewController.m,在首部添加如下代码:

```
#import "CustomCell.h"
```

然后在@implementation后面添加如下代码:

```
@synthesize dataList;
@synthesize imageList;
```

在方法viewDidLoad中添加如下所示的代码:

```
- (void)viewDidLoad
{
    [super viewDidLoad];
    // Do any additional setup after loading the view, typically from a nib.
    //加载plist文件的数据和图片
    NSBundle *bundle = [NSBundle mainBundle];
    NSURL *plistURL = [bundle URLForResource:@"friendsInfo" withExtension:@"plist"];
    NSDictionary *dictionary = [NSDictionary dictionaryWithContentsOfURL:plistURL];
    NSMutableArray *tmpDataArray = [[NSMutableArray alloc] init];
    NSMutableArray *tmpImageArray = [[NSMutableArray alloc] init];
    for (int i=0; i<[dictionary count]; i++) {
        NSString *key = [[NSString alloc] initWithFormat:@"%i", i+1];
        NSDictionary *tmpDic = [dictionary objectForKey:key];
        [tmpDataArray addObject:tmpDic];
        NSString *imageUrl = [[NSString alloc] initWithFormat:@"%i.png", i+1];
        UIImage *image = [UIImage imageNamed:imageUrl];
        [tmpImageArray addObject:image];
    }
    self.dataList = [tmpDataArray copy];
    self.imageList = [tmpImageArray copy];
}
```

在方法ViewDidUnload中添加如下所示的代码:

```
self.dataList = nil;
self.imageList = nil;
```

在@end之前添加如下所示的代码:

```
#pragma mark -
#pragma mark Table Data Source Methods
- (NSInteger)tableView:(UITableView *)tableView numberOfRowsInSection:(NSInteger) section
{
    return [self.dataList count];
}
- (UITableViewCell *)tableView:(UITableView *)tableView cellForRowAtIndexPath:(NSIndexPath *)indexPath {
    static NSString *CustomCellIdentifier = @"CustomCellIdentifier";
    static BOOL nibsRegistered = NO;
    if (!nibsRegistered) {
        UINib *nib = [UINib nibWithNibName:@"CustomCell" bundle:nil];
        [tableView registerNib:nib forCellReuseIdentifier:CustomCellIdentifier];
        nibsRegistered = YES;
    }
CustomCell *cell = [tableView dequeueReusableCellWithIdentifier:CustomCellIdentifier];
NSUInteger row = [indexPath row];
NSDictionary *rowData = [self.dataList objectAtIndex:row];
cell.name = [rowData objectForKey:@"name"];
    cell.dec = [rowData objectForKey:@"dec"];
    cell.loc = [rowData objectForKey:@"loc"];
    cell.image = [imageList objectAtIndex:row];
    return cell;
}
#pragma mark Table Delegate Methods
- (CGFloat)tableView:(UITableView *)tableView
heightForRowAtIndexPath:(NSIndexPath *)indexPath {
    return 60.0;
}
- (NSIndexPath *)tableView:(UITableView *)tableView
  willSelectRowAtIndexPath:(NSIndexPath *)indexPath {
    return nil;
}
```

执行效果如图15-14所示。

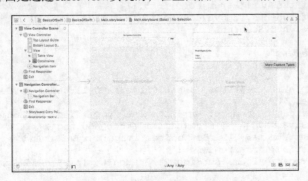

图15-14 执行效果

15.2.2 实战演练——在表视图中动态操作单元格（Swift 版）

实例15-2	在表视图中动态操作单元格
源码路径	光盘:\daima\15\Swift_Editable_UITableView

（1）使用Xcode 9创建一个名为"BasicsOfSwift"的工程，在故事板Main.storyboard面板中设置UI界面，其中一个视图界面是通过Table View实现的，在里面插入了单元格，如图15-15所示。

图15-15 Main.storyboard面板

（2）文件ViewController.swift的功能是构建界面视图，具体实现代码如下所示：

```swift
import UIKit

class ViewController: UIViewController, UITableViewDelegate, UITableViewDataSource
{
    @IBOutlet var tableView: UITableView!
    var items :[String:NSInteger] = ["Cold Drinks":4, "Water bottles":2, "Burgers":4,
    "Ice Cream":8]

    var arrPlayerNumber = [1,2,3,4,5,6,7,8,9,10,11,12,13,14,15]
    override func viewDidLoad() {
        super.viewDidLoad()
        self.title = "Editing TableView"
        //类型转换后的数据定义
        let label = "The width is "
        let width = 60
        let widthLabel = label + String(width)
        print(widthLabel)

        //在字符串中添加值\()
        let apples = 3
        let oranges = 5
        _ = "I have \(apples) apples"
        let fruitSummary = "I have \(oranges + apples) fruits"
        print(fruitSummary)
        //        数组
        _ = [String]()  //用字符串数据类型初始化空数组
                _ = []  //没有任何数据类型的空数组初始化

        var shoppingListArray = ["Catfish", "Water", "Tulips", "Blue Paint"]
        // Set data to array
        shoppingListArray[1] = "Water Bottle"       //改变索引Index 1位置对象的数据
        shoppingListArray.append("Toilet Soap")    //动态添加对象数组
        shoppingListArray.removeAtIndex(2)          //动态删除数组中的对象
        print(shoppingListArray)

        //词典
        _ = [String: Float]()  //用字符串键和浮点值数据类型初始化空字典

        _ = [:]  // "初始化没有任何数据类型" key/ value的空字典

        var heightOfStudents = [
            "Abhi": 5.8,
            "Ashok": 5.5,
            "Bhanu": 6.1,
            "Himmat": 5.10,
            "Kamaal": 5.6
        ]

        heightOfStudents["Ashok"] = 5.4                         //改变key的值
        heightOfStudents["Paramjeet"] = 5.11                    //动态添加关键值
        heightOfStudents.removeValueForKey("Himmat")            //从字典中动态删除键的值
        print(heightOfStudents)

        // 调用函数
        self.forEachLoopInSwift()

        self.tableView.registerClass(UITableViewCell.self, forCellReuseIdentifier:
        "TableCell")
        self.navigationItem.leftBarButtonItem = self.editButtonItem()
        let imgBarBtnAdd = UIImage(named: "icon_add.png")
        let barBtnAddRow = UIBarButtonItem(image: imgBarBtnAdd, style: .Plain, target:
        self, action: "insertNewRow:")
        self.navigationItem .setRightBarButtonItem(barBtnAddRow, animated: true)
    }
    override func didReceiveMemoryWarning() {
```

```
        super.didReceiveMemoryWarning()
    }
    func forEachLoopInSwift() {
        for player in self.arrPlayerNumber {
            if player < 12 {
                print("Player number \(player) is on field")
            } else {
                print("Player number \(player) is extra player")
            }
        }
    }
    func tableView(tableView: UITableView, numberOfRowsInSection section: Int) -> Int {
        // 返回单元格数目
        return self.arrPlayerNumber.count
    }
```

执行后的初始界面效果如图15-16所示。单击"+"可以新增单元格，单击"Edit"后的效果如图15-17所示。

单击某个单元格前面的 ⊖ 后的效果如图15-18所示。单击"Delete"键后会删除这行单元格。

图15-16 执行效果　　　图15-17 单击"Edit"后的效果　　　图15-18 单击某个单元格前面的 ⊖ 后的效果

15.2.3 实战演练——拆分表视图（双语实现：Objctive-C 版）

在本实例中创建了一个表视图，它包含两个分区，这两个分区的标题分别为Red和Blue，且分别包含常见的红色和绿色花朵的名称。除标题外，每个单元格还包含一幅花朵图像和一个展开箭头。用户触摸单元格时，将出现一个提醒视图，指出选定花朵的名称和颜色。

实例15-3	拆分表视图
源码路径	光盘:\daima\15\biaoge-Obj

实例文件ViewController.m的具体实现代码如下所示：

```
- (NSString *)tableView:(UITableView *)tableView
titleForHeaderInSection:(NSInteger)section {
    switch (section) {
        case kRedSection:
            return @"红";
        case kBlueSection:
            return @"蓝";
        default:
            return @"Unknown";
    }
}
- (UITableViewCell *)tableView:(UITableView *)tableView
        cellForRowAtIndexPath:(NSIndexPath *)indexPath
{
    UITableViewCell *cell = [tableView
```

```objc
                        dequeueReusableCellWithIdentifier:@"flowerCell"];

    switch (indexPath.section) {
        case kRedSection:
            cell.textLabel.text=[self.redFlowers
                            objectAtIndex:indexPath.row];
            break;
        case kBlueSection:
            cell.textLabel.text=[self.blueFlowers
                            objectAtIndex:indexPath.row];
            break;
        default:
            cell.textLabel.text=@"Unknown";
    }

    UIImage *flowerImage;
    flowerImage=[UIImage imageNamed:
                [NSString stringWithFormat:@"%@%@",
                 cell.textLabel.text,@".png"]];
    cell.imageView.image=flowerImage;

    return cell;
}
#pragma mark - Table view delegate
- (void)tableView:(UITableView *)tableView
        didSelectRowAtIndexPath:(NSIndexPath *)indexPath {
    UIAlertView *showSelection;
    NSString*flowerMessage;

    switch (indexPath.section) {
        case kRedSection:
            flowerMessage=[[NSString alloc]
                        initWithFormat:
                        @"你选择了红色 - %@",
                        [self.redFlowers objectAtIndex: indexPath.row]];
            break;
        case kBlueSection:
            flowerMessage=[[NSString alloc]
                        initWithFormat:
                        @"你选择了蓝色 - %@",
                        [self.blueFlowers objectAtIndex: indexPath.row]];
            break;
        default:
            flowerMessage=[[NSString alloc]
                        initWithFormat:
                        @"我不知道选什么!?"];
            break;
    }

    showSelection = [[UIAlertView alloc]
                    initWithTitle: @"已经选择了"
                    message:flowerMessage
                    delegate: nil
                    cancelButtonTitle: @"Ok"
                    otherButtonTitles: nil];
    [showSelection show];
}
@end
```

执行后的效果如图15-19所示。

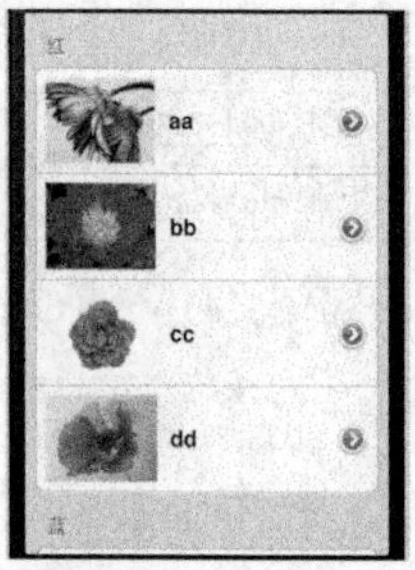

图15-19 执行效果

15.2.4 实战演练——拆分表视图（双语实现：Swift 版）

实例15-4	拆分表视图
源码路径	光盘:\daima\15\biaoge-Swift

本实例的功能和上一个实例15-3完全相同，执行效果也相同，只是用Swift语言实现而已。

第 16 章 活动指示器、进度条和检索条

在本章将介绍3个新的控件：活动指示器、进度条和检索条。在开发iOS应用程序的过程中，可以使用活动指示器实现一个轻型视图效果。通过使用进度条能够以动画的方式显示某个动作的进度，例如播放进度和下载进度。而检索条可以实现一个搜索表单效果。在本章将详细讲解这3个控件的基本知识，为读者步入本书后面知识的学习打下基础。

16.1 活动指示器（UIActivityIndicatorView）

知识点讲解光盘：视频\知识点\第16章\活动指示器（UIActivityIndicatorView）.mp4

在iOS应用中，可以使用控件UIActivityIndicatorView实现一个活动指示器效果。在本节的内容中，将详细讲解UIActivityIndicatorView的基本知识和具体用法。

16.1.1 活动指示器基础

在开发过程中，可以使用UIActivityIndicatorView实例提供轻型视图，这些视图显示一个标准的旋转进度轮。当使用这些视图时，20像素×20像素是大多数指示器样式获得最清楚显示效果的最佳大小。只要稍大一点，指示器都会变得模糊。

在iOS中提供了几种不同样式的UIActivityIndicatorView类。UIActivityIndicator-ViewStyleWhite和UIActivityIndicatorViewStyleGray是最简洁的。黑色背景下最适合白色版本的外观，白色背景最适合灰色外观，它非常小，而且采用夏普风格。在选择白色还是灰色时要格外注意。全白显示在白色背景下将不能显示任何内容。而UIActivityIndicatorViewStyleWhiteLarge只能用于深色背景。它提供最大、最清晰的指示器。

16.1.2 实战演练——自定义 UIActivityIndicatorView 控件的样式

实例16-1	自定义UIActivityIndicatorView控件的样式
源码路径	光盘:\daima\16\HZActivityIndicatorView

本实例的功能是自定义UIActivityIndicatorView控件的样式，包括颜色、图案和转动速度等。实例文件HZActivityIndicatorView.m的功能是定义样式，设置活动指示器中的颜色、旋转翅片大小、旋转速度和翅片图案等外观。文件HZActivityIndicatorView.m的主要实现代码如下所示：

```
//在使用IB的时候调用此方法
- (void)awakeFromNib
{
    [self _setPropertiesForStyle:UIActivityIndicatorViewStyleWhite];
}
- (id)initWithFrame:(CGRect)frame
{
    self = [super initWithFrame:frame];
    if (self)
```

```objc
        {
            [self _setPropertiesForStyle:UIActivityIndicatorViewStyleWhite];
        }
        return self;
    }
    //初始化活动指示器的样式
    - (id)initWithActivityIndicatorStyle:(UIActivityIndicatorViewStyle)style;
    {
        self = [self initWithFrame:CGRectZero];
        if (self)
        {
            [self _setPropertiesForStyle:style];
        }
        return self;
    }
    //设置活动指示器视图样式
    -
    (void)setActivityIndicatorViewStyle:(UIActivityIndicatorViewStyle)activityIndicatorViewStyle
    {
        [self _setPropertiesForStyle:activityIndicatorViewStyle];
    }
    //设置样式属性
    - (void)_setPropertiesForStyle:(UIActivityIndicatorViewStyle)style
    {
        self.backgroundColor = [UIColor clearColor];
        self.direction = HZActivityIndicatorDirectionClockwise;
        self.roundedCoreners = UIRectCornerAllCorners;
        self.cornerRadii = CGSizeMake(1, 1);
        self.stepDuration = 0.1;
        self.steps = 12;
        switch (style) {
            case UIActivityIndicatorViewStyleGray://灰色视图样式
            {
                self.color = [UIColor darkGrayColor];
                self.finSize = CGSizeMake(2, 5);
                self.indicatorRadius = 5;
                break;
            }
            case UIActivityIndicatorViewStyleWhite://白色视图样式
            {
                self.color = [UIColor whiteColor];
                self.finSize = CGSizeMake(2, 5);
                self.indicatorRadius = 5;
                break;
            }
            case UIActivityIndicatorViewStyleWhiteLarge://大白样式
            {
                self.color = [UIColor whiteColor];
                self.cornerRadii = CGSizeMake(2, 2);
                self.finSize = CGSizeMake(3, 9);
                self.indicatorRadius = 8.5;

                break;
            }
            default:
                [NSException raise:NSInvalidArgumentException format:@"style invalid"];
                break;
        }
        _isAnimating = NO;
        if (_hidesWhenStopped)
            self.hidden = YES;
    }
    #pragma mark - UIActivityIndicator
    //开始动画特效
    - (void)startAnimating
    {
        _currStep = 0;
        _timer = [NSTimer scheduledTimerWithTimeInterval:_stepDuration target:self
```

```
                      selector:@selector(_repeatAnimation:) userInfo:nil repeats:YES];
    _isAnimating = YES;
    if (_hidesWhenStopped)
        self.hidden = NO;
}
//停止动画
- (void)stopAnimating
{
    if (_timer)
    {
        [_timer invalidate];
        _timer = nil;
    }
    _isAnimating = NO;
    if (_hidesWhenStopped)
        self.hidden = YES;
}
- (BOOL)isAnimating
{
    return _isAnimating;
}
#pragma mark - HZActivityIndicator Drawing.
//设置指示器的旋转半径
- (void)setIndicatorRadius:(NSUInteger)indicatorRadius
{
    _indicatorRadius = indicatorRadius;
    self.frame = CGRectMake(self.frame.origin.x, self.frame.origin.y,
    _indicatorRadius*2 + _finSize.height*2,
    _indicatorRadius*2 + _finSize.height*2);
    [self setNeedsDisplay];
}
//设置旋转步进
- (void)setSteps:(NSUInteger)steps
{
    _anglePerStep = (360/steps) * M_PI / 180;
    _steps = steps;
    [self setNeedsDisplay];
}
//设置翅片的尺寸
- (void)setFinSize:(CGSize)finSize
{
    _finSize = finSize;
    [self setNeedsDisplay];
}
//步进颜色
- (UIColor*)_colorForStep:(NSUInteger)stepIndex
{
    CGFloat alpha = 1.0 - (stepIndex % _steps) * (1.0 / _steps);
    return [UIColor colorWithCGColor:CGColorCreateCopyWithAlpha(_color.CGColor, alpha)];
}
//重复动画
- (void)_repeatAnimation:(NSTimer*)timer
{
    _currStep++;
    [self setNeedsDisplay];
}
```

执行后的效果如图16-1所示。

16.1.3 实战演练——自定义活动指示器的显示样式

图16-1 执行效果

实例16-2	自定义活动指示器的显示样式
源码路径	光盘:\daima\16\HNButton

（1）启动Xcode 9，本项目工程的最终目录结构和故事板界面如图16-2所示。

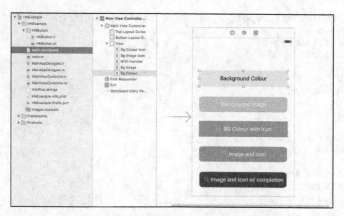

图16-2 本项目工程的最终目录结构和故事板界面

（2）文件HNButton.m的功能是定义指示器的样式，设置指示器的加载状态，创建了闪烁样式的旋转条。文件HNButton.m的主要实现代码如下所示：

```
/**
 *  自定义变换状态
 **/
@property (assign, nonatomic)   NSString * successText;
@property (assign, nonatomic)   NSString * failureText;
@property (assign, nonatomic)   NSTimeInterval hnTransitionTimeInterval;
#pragma mark - Required : End State
// 需要完成加载过程
/**
 *  恢复到原始状态按钮
 **/
- (void)finishLoading;
/**
 *  恢复到原始过渡状态的按钮
 **/
- (void)finishLoading:(BOOL)loadingStatus;
- (void)finishLoading:(BOOL)loadingStatus withCompletionHandler:(void (^)(BOOL done)) completion;
/**
 *  控制选项
 **/
/**
 *  移动到选定状态
 */
- (void)setSelectedOnCompletion;
/**
 *  禁用指示按钮
 */
-(void)disableButtonIndicator;
/**
 *  指示按钮可用
 */
-(void)enableButtonIndicator;
#pragma mark - Optional : Customize Indicator View
/**
 *  设置颜色
 **/
- (void)setIndicatorColor:(UIColor*)indicatorViewColor;
/**
 *  设置颜色和样式
 **/
- (void)setIndicatorStyle:(UIActivityIndicatorViewStyle)activityIndicatorViewStyle withColor:(UIColor*)indicatorViewColor;
#pragma mark - Optional : Customize Transition State
/**
 *  创建一个闪烁的成功图像
```

```objc
**/
- (void)setSuccessImage:(UIImage*)successImage showingText:(BOOL)textVisibilityStatus;
/**
 *   创建一个闪烁的失败图像
 **/
- (void)setFailureImage:(UIImage*)failureImage showingText:(BOOL)textVisibilityStatus;
/**
 *   设置成功闪烁图像
 **/
- (void)setSuccessImage:(UIImage*)successImage showingText:(BOOL)textVisibilityStatus andShowingIcon:(BOOL)iconVisibilityStatus;
/**
 *   设置失败图像
 **/
- (void)setFailureImage:(UIImage*)failureImage showingText:(BOOL)textVisibilityStatus andShowingIcon:(BOOL)iconVisibilityStatus;
@end
HNButton.m
typedef NS_ENUM (NSUInteger, HNButtonDesignState){
    HNButton_OnlyTextWithColor,      //Icon图片
    HNButton_TextColourImage,        //Icon图片
    HNButton_TextandImage,           //Icon图片
    HNButton_OnlyText,
    HNButton_OnlyImage,
    HNButton_OnlyBgImage,
    HNButton_TextandBgImage,
    HNButton_TheWholeEnchilada,
};
typedef void (^HNCompletionHandler)(BOOL success);
#import "HNButton.h"
#define hRevertTime 2
#define hNilBackground       [UIColor clearColor]
#define hDisabledBackground [UIColor grayColor]
@interface HNButton()
{
    BOOL backGroundImage;
    
    NSString * buttonText;
    UIColor  * buttonColor;
    UIImage  * buttonImage;
    UIImage  * buttonBgImage;
    HNCompletionHandler _completionHandler;
}
//设置指示器的颜色
- (void)setIndicatorColor:(UIColor*)indicatorViewColor
{
    _hnIndyColor = indicatorViewColor;
    [_hnIndyView setColor:_hnIndyColor];
}
//设置指示器的样式
- (void)setIndicatorStyle:(UIActivityIndicatorViewStyle)activityIndicatorViewStyle withColor:(UIColor*)indicatorViewColor
{
    [self setIndicatorColor:indicatorViewColor];
    [self setIndicatorStyle:activityIndicatorViewStyle];
    [_hnIndyView setActivityIndicatorViewStyle:activityIndicatorViewStyle];
}
#pragma mark - Required : End State
//完成加载
-(void)finishLoading
{
    if(![self.hnIndyView isAnimating]) return;
    [self.hnIndyView stopAnimating];
    self.enabled = YES;
    [self revertToOriginalState];
}
//加载完成后保存当前界面
-(void)finishLoading:(BOOL)loadingStatus
```

```objc
{
    if(![self.hnIndyView isAnimating]) return;
    [self.hnIndyView stopAnimating];
    [NSTimer scheduledTimerWithTimeInterval: self.hnTransitionTimeInterval
                                    target: self
                                  selector: @selector(revertToOriginalState)
                                  userInfo: nil
                                   repeats: NO];
    self.enabled = YES;
    [self setUserInteractionEnabled:NO];
    [self setFinishedState:loadingStatus];
}
-(void)finishLoading:(BOOL)loadingStatus withCompletionHandler:(void (^)(BOOL))completion
{
    if(![self.hnIndyView isAnimating]) return;
    [self.hnIndyView stopAnimating];
    [NSTimer scheduledTimerWithTimeInterval: self.hnTransitionTimeInterval
                                    target: self
                                  selector: @selector(revertToOriginalState)
                                  userInfo: nil
                                   repeats: NO];
    self.enabled = YES;
    [self setFinishedState:loadingStatus];
    _completionHandler = [completion copy];
}
- (void)setSelectedOnCompletion
{
    _endStateSelected = YES;
}
//设置按钮可用
-(void)enableButtonIndicator
{
    [self setButtonIndicator:YES];
}
//设置按钮不可用
-(void)disableButtonIndicator
{
    [self setButtonIndicator:NO];
}
//单击按钮后的处理程序
-(IBAction)buttonWasClicked:(id)sender
{
    if(!_initialSaved) {[self saveCurrent]; [self addIndicator];}
    if(!_indicatorSet) return;
    [self.hnIndyView startAnimating];
    self.enabled = NO;//直到按钮禁用为止
    if(([self designQuery]|HNButton_TextColourImage)==1)
    {
        const double* rgbOfColor = CGColorGetComponents(buttonColor.CGColor);
        [self setBackgroundColor:[UIColor colorWithRed:rgbOfColor[0] green:rgbOfColor[1] blue:rgbOfColor[2] alpha:0.5]];
    }
    else if([self designQuery] > HNButton_OnlyText){
    }
    [self setNeedsDisplay];
}
```

16.1.4 实战演练——实现不同外观的活动指示器效果

实例16-3	实现不同外观的活动指示器效果
源码路径	光盘:\daima\16\UIActivityIndicatorViewTest

（1）本项目工程的最终目录结构和故事板界面如图16-3所示。

16.1 活动指示器（UIActivityIndicatorView） 259

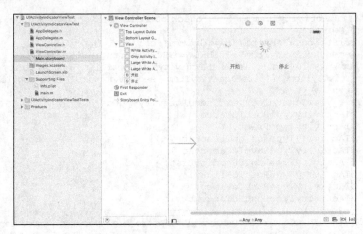

图16-3 本项目工程的最终目录结构和故事板界面

（2）文件ViewController.m的具体实现代码如下所示：

```
#import "ViewController.h"
@implementation ViewController
- (void)viewDidLoad
{
    [super viewDidLoad];
}
- (IBAction)start:(id)sender {
    // 控制4个进度环开始转动
    for(int i = 0 ; i < self.indicators.count ; i++)
    {
        [self.indicators[i] startAnimating];
    }
}
- (IBAction)stop:(id)sender {
    // 停止4个进度环的转动
    for(int i = 0 ; i < self.indicators.count ; i++)
    {
        [self.indicators[i] stopAnimating];
    }
}
@end
```

图16-4 执行效果

执行后的效果如图16-4所示，单击"停止"按钮后会停止转动。

16.1.5 实战演练——使用 UIActivityIndicatorView 控件（Swift 版）

实例16-4	使用UIActivityIndicatorView控件
源码路径	光盘:\daima\16\ UIActivityViewController

（1）打开Main.storyboard设计面板，在里面插入一个"Share"文本框，如图16-5所示。
（2）编写文件ViewController.swift，功能是当用户单击屏幕中的"Share"文本后会弹出一个新界面，在新界面中显示Mail和Copy两个选项。文件ViewController.swift的具体实现代码如下所示：

```
import UIKit
class ViewController: UIViewController {
    override func viewDidLoad() {
        super.viewDidLoad()
    }
    override func didReceiveMemoryWarning() {
        super.didReceiveMemoryWarning()
    }
    //MARK: UIActivityViewController Setup
    @IBAction func shareSheet(sender: AnyObject){
```

```
            let firstActivityItem = "Hey, check out this mediocre site that sometimes posts
                about Swift!"
            let urlString = "http://www.dvdown*.com/"
            let secondActivityItem : NSURL = NSURL(string:urlString)!
            let activityViewController : UIActivityViewController = UIActivityViewController(
                activityItems: [firstActivityItem, secondActivityItem], applicationActivities:
                nil)
            activityViewController.excludedActivityTypes = [
                UIActivityTypePostToWeibo,
                UIActivityTypePrint,
                UIActivityTypeAssignToContact,
                UIActivityTypeSaveToCameraRoll,
                UIActivityTypeAddToReadingList,
                UIActivityTypePostToFlickr,
                UIActivityTypePostToVimeo,
                UIActivityTypePostToTencentWeibo
            ]
            self.presentViewController(activityViewController, animated: true, completion: nil)
        }
    }
```

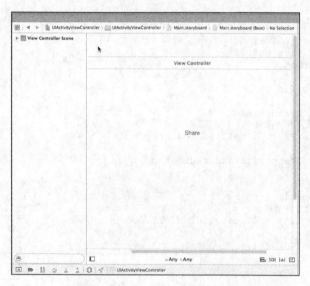

图16-5 Main.storyboard设计面板

到此为止，整个实例介绍完毕。执行后的初始效果，如图16-6所示。
单击屏幕中的"Share"文本后会弹出一个新界面，如图16-7所示。

图16-6 执行后的初始效果　　　　图16-7 弹出一个新界面

16.2 进度条（UIProgressView）

　　　知识点讲解光盘：视频\知识点\第16章\进度条（UIProgressView）.mp4
在iOS应用中，通过UIProgressView来显示进度效果，如音乐、视频的播放进度和文件的上传下载进度等。在本节的内容中，将详细讲解UIProgressView的基本知识和具体用法。

16.2.1 进度条基础

在iOS应用中，UIProgressView与UIActivityIndicatorView相似，只不过它提供了一个接口让我们可以显示一个进度条，这样就能让用户知道当前操作完成了多少。在开发过程中，可以使用控件UIProgressView实现一个进度条效果。包括如下2个属性。

（1）center属性和frame属性：设置进度条的显示位置，并添加到显示画面中。
（2）UIProgressViewStyle属性：设置进度条的样式，可以设置如下两种样式。
- UIProgressViewStyleDefault：标准进度条。
- UIProgressViewStyleDefault：深灰色进度条，用于工具栏中。

16.2.2 实战演练——自定义进度条的外观样式

实例16-5	自定义进度条的外观样式
源码路径	光盘:\daima\16\MCProgressView

实例文件MCProgressBarView.m的功能是定义一个金属质感样式的进度条效果，主要实现代码如下所示：

```
- (id)initWithFrame:(CGRect)frame backgroundImage:(UIImage *)backgroundImage foregroundImage: (UIImage *)foregroundImage
{
    self = [super initWithFrame:frame];
    if (self) {
        _backgroundImageView = [[UIImageView alloc] initWithFrame:self.bounds];
        _backgroundImageView.image = backgroundImage;
        [self addSubview:_backgroundImageView];

        _foregroundImageView = [[UIImageView alloc] initWithFrame:self.bounds];
        _foregroundImageView.image = foregroundImage;
        [self addSubview:_foregroundImageView];
        UIEdgeInsets insets = foregroundImage.capInsets;
        minimumForegroundWidth = insets.left + insets.right;
        availableWidth = self.bounds.size.width - minimumForegroundWidth;

        self.progress = 0.5;
    }
    return self;
}
- (void)setProgress:(double)progress
{
    _progress = progress;
    CGRect frame = _foregroundImageView.frame;
    frame.size.width = roundf(minimumForegroundWidth + availableWidth * progress);
    _foregroundImageView.frame = frame;
}
@end
```

执行后的效果如图16-8所示。

16.2.3 实战演练——实现多个具有动态条纹背景的进度条

图16-8 执行效果

实例16-6	实现多个具有动态条纹背景的进度条
源码路径	光盘:\daima\16\JGProgressView

本实例的功能是实现多个具有动态条纹背景的进度条（UIProgressView），我们可以自定义进度条

的条纹颜色和条纹移动速度。实例文件JGProgressView.m的功能是设置进度条的图像样式、动画样式和进度速率,具体实现代码如下所示:

```objc
#import "JGProgressView.h"
#import <QuartzCore/QuartzCore.h>
//共享对象
static NSMutableArray *_animationImages;
static UIImage *_masterImage;
static UIProgressViewStyle _currentStyle;
static BOOL _right;
#define kSignleElementWidth 28.0f
@interface UIImage (JGAddons)
- (UIImage *)attachImage:(UIImage *)image;
- (UIImage *)cropByX:(CGFloat)x;
@end
@implementation UIImage (JGAddons)
- (UIImage *)cropByX:(CGFloat)x {
    UIGraphicsBeginImageContextWithOptions(CGSizeMake(self.size.width-x, self.size.height), NO, 0.0);
    CGContextRef context = UIGraphicsGetCurrentContext();
    CGContextTranslateCTM(context, 0, self.size.height);
    CGContextScaleCTM(context, 1.0, -1.0);
    CGContextDrawImage(context, CGRectMake(0, 0, self.size.width, self.size.height), self.CGImage);
    CGImageRef image = CGBitmapContextCreateImage(context);
    UIImage *result = [UIImage imageWithCGImage:image scale:self.scale orientation:UIImageOrientationUp];
    CGImageRelease(image);
    UIGraphicsEndImageContext();
    return result;
}
//附加图片
- (UIImage *)attachImage:(UIImage *)image {
UIGraphicsBeginImageContextWithOptions(CGSizeMake(self.size.width+image.size.width, self.size.height), NO, 0.0);
    CGContextRef context = UIGraphicsGetCurrentContext();
    CGContextTranslateCTM(context, 0, self.size.height);
    CGContextScaleCTM(context, 1.0, -1.0);
    CGContextDrawImage(context, CGRectMake(0, 0, self.size.width, self.size.height), self.CGImage);
    CGContextDrawImage(context, CGRectMake(self.size.width, 0, image.size.width, self.size.height), image.CGImage);
    UIImage *result = UIGraphicsGetImageFromCurrentImageContext();
    UIGraphicsEndImageContext();
    return result;
}
@end
//设置进度条动画向右
- (void)setAnimateToRight:(BOOL)_animateToRight {
    animateToRight = _animateToRight;
    [self reloopForInterfaceChange];
}

//动画图像
- (NSMutableArray *)animationImages {
    return (self.useSharedImages ? _animationImages : images);
}
//设置动画图像
- (void)setAnimationImages:(NSMutableArray *)imgs {
    if (self.useSharedImages) {
        _animationImages = imgs;
    }
    else {
        images = imgs;
    }
}
//主图像
- (UIImage *)masterImage {
```

```objc
    return (self.useSharedImages ? _masterImage : master);
}
//设置主图像
- (void)setMasterImage:(UIImage *)img {
    if (self.useSharedImages) {
        _masterImage = img;
    }
    else {
        master = img;
    }
}
//当前样式
- (UIProgressViewStyle)currentStyle {
    return (self.useSharedImages ? _currentStyle : currentStyle);
}
//设置当前样式
- (void)setCurrentStyle:(UIProgressViewStyle)_style {
    if (self.useSharedImages) {
        _currentStyle = _style;
    }
    else {
        currentStyle = _style;
    }
}
//当前动画向右
- (BOOL)currentAnimateToRight {
    return (self.useSharedImages ? _right : absoluteAnimateRight);
}
//设置当前动画向右
- (void)setCurrentAnimateToRight:(BOOL)right {
    if (self.useSharedImages) {
        _right = right;
    }
    else {
        absoluteAnimateRight = right;
    }
}

- (id)initWithFrame:(CGRect)frame
{
    self = [super initWithFrame:frame];
    if (self) {
        [self setClipsToBounds:YES];
        self.animationSpeed = 0.5f;
    }
    return self;
}
//图像的当前样式
- (UIImage *)imageForCurrentStyle {
    if (self.progressViewStyle == UIProgressViewStyleDefault) {
        return [UIImage imageNamed:@"Indeterminate.png"];
    }
    else {
        return [UIImage imageNamed:@"IndeterminateBar.png"];
    }
}
//设置动画速度
- (void)setAnimationSpeed:(NSTimeInterval)_animationSpeed {
    if ([[UIScreen mainScreen] respondsToSelector:@selector(scale)]) {
        animationSpeed = _animationSpeed*[[UIScreen mainScreen] scale];
    }
    else {
        animationSpeed = _animationSpeed;
    }
    if (_animationSpeed >= 0.0f) {
        animationSpeed = _animationSpeed;
    }
    if (self.isIndeterminate) {
```

```objc
        [theImageView setAnimationDuration:self.animationSpeed];
    }
}
//设置进度条的样式
- (void)setProgressViewStyle:(UIProgressViewStyle)progressViewStyle {
    if (progressViewStyle == self.progressViewStyle) {
        return;
    }
    
    [super setProgressViewStyle:progressViewStyle];
    
    if (self.isIndeterminate) {
        [self reloopForInterfaceChange];
    }
}
```

16.2.4 实战演练——自定义一个指定外观样式的进度条

实例16-7	自定义一个指定外观样式的进度条
源码路径	光盘:\daima\16\KOAProgressBar

实例文件KOAProgressBar.m的功能是定义进度条的外观样式，在屏幕中绘制指定颜色、阴影、背景和轨道样式的进度条，主要实现代码如下所示：

```objc
//初始化进度条
- (void)initializeProgressBar {
    _animator = nil;
    self.progressOffset = 0.0;
    self.stripeWidth = 10.0;
    self.inset = 2.0;
    self.radius = 10.0;
    self.minValue = 0.0;
    self.maxValue = 1.0;
    self.shadowColor = [UIColor colorWithRed:223.0/255.0 green:238.0/255.0 blue:181.0/255.0 alpha:1.0];
    self.progressBarColorBackground = [UIColor colorWithRed:25.0/255.0 green:29.0/255 blue:33.0/255.0 alpha:1.0];
    self.progressBarColorBackgroundGlow = [UIColor colorWithRed:17.0/255.0 green:20.0/255.0 blue:23.0/255.0 alpha:1.0];
    self.stripeColor = [UIColor colorWithRed:101.0/255.0 green:151.0/255.0 blue:120.0/255.0 alpha:0.9];
    self.lighterProgressColor = [UIColor colorWithRed:223.0/255.0 green:237.0/255.0 blue:180.0/255.0 alpha:1.0];
    self.darkerProgressColor = [UIColor colorWithRed:156.0/255.0 green:200.0/255.0 blue:84.0/255.0 alpha:1.0];
    self.lighterStripeColor = [UIColor colorWithRed:182.0/255.0 green:216.0/255.0 blue:86.0/255.0 alpha:1.0];
    self.darkerStripeColor = [UIColor colorWithRed:126.0/255.0 green:187.0/255.0 blue:55.0/255.0 alpha:1.0];
    self.displayedWhenStopped = YES;
    self.timerInterval = 0.1;
    self.progressValue = 0.01;
    initialized = YES;
}
- (void)awakeFromNib
{
    [super awakeFromNib];
    
    [self initializeProgressBar];
}

// 重写drawRect，实现自定义绘制功能
- (void)drawRect:(CGRect)rect
{
    // 绘制坐标
```

```objc
        self.progressOffset = (self.progressOffset > (2*self.stripeWidth)-1) ? 0 :
    ++self.progressOffset;
      [self drawBackgroundWithRect:rect];
    if (self.progress) {
        CGRect bounds = CGRectMake(self.inset, self.inset, self.frame.size.width*self.
        progress-2*self.inset, (self.frame.size.height-2*self.inset)-1);
        [self drawProgressWithBounds:bounds];
        [self drawStripesInBounds:bounds];
        [self drawGlossWithRect:bounds];
    }
}
#pragma mark -
#pragma mark Drawing
//绘制背景
- (void)drawBackgroundWithRect:(CGRect)rect
{
    CGContextRef ctx = UIGraphicsGetCurrentContext();
    CGContextSaveGState(ctx);
    {
        // 绘制白色阴影
        [[UIColor colorWithRed:1.0f green:1.0f blue:1.0f alpha:0.2] set];
        UIBezierPath* shadow = [UIBezierPath bezierPathWithRoundedRect:CGRectMake(0.5,
        0, rect.size.width - 1, rect.size.height - 1) cornerRadius:self.radius];
        [shadow stroke];
        // 绘制轨道
        [self.progressBarColorBackground set];
        UIBezierPath* roundedRect = [UIBezierPath bezierPathWithRoundedRect:CGRectMake(0,
        0, rect.size.width, rect.size.height-1) cornerRadius:self.radius];
        [roundedRect fill];
        CGMutablePathRef glow = CGPathCreateMutable();
        CGPathMoveToPoint(glow, NULL, self.radius, 0);
        CGPathAddLineToPoint(glow, NULL, rect.size.width - self.radius, 0);
        CGContextAddPath(ctx, glow);
        CGContextDrawPath(ctx, kCGPathStroke);
        CGPathRelease(glow);
    }
    CGContextRestoreGState(ctx);
}
//绘制边界阴影
-(void)drawShadowInBounds:(CGRect)bounds {
    [self.shadowColor set];
      UIBezierPath *shadow = [UIBezierPath bezierPath];
      [shadow moveToPoint:CGPointMake(5.0, 2.0)];
      [shadow addLineToPoint:CGPointMake(bounds.size.width - 10.0, 3.0)];
    [shadow stroke];
}
//绘制条纹
-(UIBezierPath*)stripeWithOrigin:(CGPoint)origin bounds:(CGRect)frame {
    float height = frame.size.height;

    UIBezierPath *rect = [UIBezierPath bezierPath];

    [rect moveToPoint:origin];
      [rect addLineToPoint:CGPointMake(origin.x + self.stripeWidth, origin.y)];
      [rect addLineToPoint:CGPointMake(origin.x + self.stripeWidth - 8.0, origin.y + height)];
      [rect addLineToPoint:CGPointMake(origin.x - 8.0, origin.y + height)];
      [rect addLineToPoint:origin];

    return rect;
}
//绘制边界条纹
-(void)drawStripesInBounds:(CGRect)frame {
      koaGradient *gradient = [[koaGradient alloc] initWithStartingColor:self.
lighterStripeColor endingColor:self.darkerStripeColor];
    UIBezierPath* allStripes = [[UIBezierPath alloc] init];
      for (int i = 0; i <= frame.size.width/(2*self.stripeWidth)+(2*self.stripeWidth); i++)
    {
```

```objc
        UIBezierPath *stripe = [self stripeWithOrigin:CGPointMake(i*2*self.
            stripeWidth+self.progressOffset, self.inset) bounds:frame];
        [allStripes appendPath:stripe];
    }
    UIBezierPath *clipPath = [UIBezierPath bezierPathWithRoundedRect:frame cornerRadius:
        self.radius];
    [clipPath addClip];
    [gradient drawInBezierPath:allStripes angle:90];
}
//绘制进度条边界
-(void)drawProgressWithBounds:(CGRect)frame {
    UIBezierPath *bounds = [UIBezierPath bezierPathWithRoundedRect:frame cornerRadius:
        self.radius];
    koaGradient *gradient = [[koaGradient alloc] initWithStartingColor:self. li
ghterProgressColor endingColor:self.darkerProgressColor];
    [gradient drawInBezierPath:bounds angle:90];
}
// 绘制光泽
- (void)drawGlossWithRect:(CGRect)rect
{
    CGContextRef ctx = UIGraphicsGetCurrentContext();
    CGColorSpaceRef colorSpace = CGColorSpaceCreateDeviceRGB();
    CGContextSaveGState(ctx);
    {
        CGContextSetBlendMode(ctx, kCGBlendModeOverlay);
        CGContextBeginTransparencyLayerWithRect(ctx, CGRectMake(rect.origin.x, rect.
            origin.y + floorf(rect.size.height) / 2, rect.size.width, floorf(rect.size.
            height) / 2), NULL);
        {
            const CGFloat glossGradientComponents[] = {1.0f, 1.0f, 1.0f, 0.50f, 0.0f,
                0.0f, 0.0f, 0.0f};
            const CGFloat glossGradientLocations[] = {1.0, 0.0};
            CGGradientRef glossGradient = CGGradientCreateWithColorComponents
                (colorSpace, glossGradientComponents, glossGradientLocations,
                (kCGGradientDrawsBeforeStartLocation | kCGGradientDrawsAfterEndLocation));
            CGContextDrawLinearGradient(ctx, glossGradient, CGPointMake(0, 0),
                CGPointMake(0, rect.size.width), 0);
            CGGradientRelease(glossGradient);
        }
        CGContextEndTransparencyLayer(ctx);

        // 绘制光泽阴影
        CGContextSetBlendMode(ctx, kCGBlendModeSoftLight);
        CGContextBeginTransparencyLayer(ctx, NULL);
        {
            CGRect fillRect = CGRectMake(rect.origin.x, rect.origin.y + floorf(rect.
                size.height / 2), rect.size.width, floorf(rect.size.height / 2)); const
                CGFloat glossDropShadowComponents[] = {0.0f, 0.0f, 0.0f, 0.56f, 0.0f, 0.0f,
                0.0f, 0.0f};
            CGColorRef glossDropShadowColor = CGColorCreate(colorSpace,
                glossDropShadowComponents);
            CGContextSaveGState(ctx);
            {
                CGContextSetShadowWithColor(ctx, CGSizeMake(0, -1), 4, glossDropShadowColor);
                CGContextFillRect(ctx, fillRect);
                CGColorRelease(glossDropShadowColor);
            }
            CGContextRestoreGState(ctx);
            CGContextSetBlendMode(ctx, kCGBlendModeClear);
            CGContextFillRect(ctx, fillRect);
        }
        CGContextEndTransparencyLayer(ctx);
    }
    CGContextRestoreGState(ctx);
    UIBezierPath *progressBounds = [UIBezierPath bezierPathWithRoundedRect:rect
        cornerRadius:self.radius];
    // 绘制进度条的光泽
    CGContextSaveGState(ctx);
```

16.2 进度条（UIProgressView）

```objc
        {
            CGContextAddPath(ctx, [progressBounds CGPath]);
            const CGFloat progressBarGlowComponents[] = {1.0f, 1.0f, 1.0f, 0.12f};
            CGColorRef progressBarGlowColor = CGColorCreate(colorSpace,
            progressBarGlowComponents);

            CGContextSetBlendMode(ctx, kCGBlendModeOverlay);
            CGContextSetStrokeColorWithColor(ctx, progressBarGlowColor);
            CGContextSetLineWidth(ctx, 2.0f);
            CGContextStrokePath(ctx);
            CGColorRelease(progressBarGlowColor);
        }
        CGContextRestoreGState(ctx);

        CGColorSpaceRelease(colorSpace);
}

#pragma mark -
//设置最大值
- (void)setMaxValue:(float)mValue {
    if (mValue < _minValue) {
        _maxValue = _minValue + 1.0;
    } else {
        _maxValue = mValue;
    }
}
//设置最小值
- (void)setMinValue:(float)mValue {
    if (mValue > _maxValue) {
        _minValue = _maxValue - 1.0;
    } else {
        _minValue = mValue;
    }
}
- (void)setProgress:(float)progress {
    [super setProgress:progress];

    if (self.realProgress >= self.maxValue) {
       [self stopAnimation:self];
       if (!self.isDisplayedWhenStopped && initialized) {
          self.hidden = YES;
       }
    }
}
- (void)setRealProgress:(float)realProgress {
    _realProgress = realProgress;
    if (self.realProgress < self.minValue) {
      _realProgress = self.minValue;
    }
    if (self.realProgress > self.maxValue) {
      _realProgress = self.maxValue;
    }
    float distance = self.maxValue - self.minValue;
    float value = (self.realProgress) ? (self.realProgress - self.minValue)/distance : 0;
    [self setProgress:value];
}

#pragma mark Animation
//开始动画
-(void)startAnimation:(id)sender {
    self.hidden = NO;
    if (!self.animator) {
        self.animator = [NSTimer scheduledTimerWithTimeInterval:self.timerInterval
        target:self selector:@selector(activateAnimation:)userInfo:nil repeats:YES];
    }
}
//停止动画
```

```
-(void)stopAnimation:(id)sender {
    self.animator = nil;
}
//活动的动画
-(void)activateAnimation:(NSTimer*)timer {
    float progressValue = self.realProgress;
    progressValue += self.progressValue;
    [self setRealProgress:progressValue];

    [self setNeedsDisplay];
}
-(void)setAnimator:(NSTimer *)value {
    if (_animator != value) {
        [_animator invalidate];
        _animator = value;
    }
}

- (void)dealloc {
    [_animator invalidate];
}
//设置动画的持续时间
- (void)setAnimationDuration:(float)duration {
    float distance = self.maxValue - self.minValue;
    float steps = distance / self.progressValue;
    self.timerInterval = duration / steps;
}
@end
```

执行后的效果如图16-9所示。

图16-9 执行效果

16.2.5 实战演练——实现自定义进度条效果（Swift版）

实例16-8	实现自定义进度条效果
源码路径	光盘:\daima\16\KYCircularProgress

（1）使用Xcode 9创建一个名为"KYCircularProgress"的工程，在故事板中插入一个进度条控件，如图16-10所示。

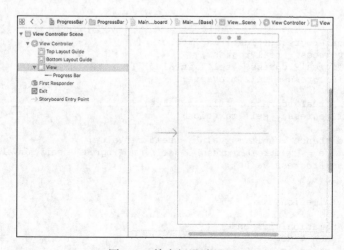

图16-10 故事板设计界面

（2）编写文件ViewController.swift，功能是在视图界面中设置进度条的颜色和完成时间，主要实现代码如下所示：

```
class ViewController: UIViewController {

    @IBOutlet var progressBar:UIProgressView!

    var progressTimer:Timer!

    override func viewDidLoad() {
        super.viewDidLoad()
        // Do any additional setup after loading the view, typically from a nib.

        //-- Few Configurable properties of progress bar
        progressBar.progressTintColor = .green
        progressBar.trackTintColor = .blue
        self.progressTimer = Timer.scheduledTimer(timeInterval: 1.0, target: self, selector: #selector(ViewController.updateProgressBar), userInfo: nil, repeats: true)
    }

    override func didReceiveMemoryWarning() {
        super.didReceiveMemoryWarning()
        // Dispose of any resources that can be recreated.
    }

    func updateProgressBar(){
        self.progressBar.progress += 0.1
        if(self.progressBar.progress == 1.0)
        {
            self.progressBar.removeFromSuperview()
        }
    }
}
```

执行后将在屏幕中显示设置样式的进度条效果,如图16-11所示。

图16-11 执行效果

16.3 检索条（UISearchBar）

知识点讲解光盘：视频\知识点\第16章\检索条（UISearchBar）.mp4

在iOS应用中,可以使用UISearchBar控件实现一个检索框效果。在本节的内容中,将详细讲解使用UISearchBar控件的基本知识和具体用法。

16.3.1 检索条基础

UISearchBar控件各个属性的具体说明如表16-1所示。

表16-1　　　　　　　　　　　　　　UISearchBar控件的属性

属　性	作　用
UIBarStyle barStyle	控件的样式
id<UISearchBarDelegate> delegate	设置控件的委托
NSString *text	控件上面显示的文字
NSString *prompt	显示在顶部的单行文字,通常作为一个提示行
NSString *placeholder	半透明的提示文字,输入搜索内容消失
BOOL showsBookmarkButton	是否在控件的右端显示一个书标志的按钮
BOOL showsCancelButton	是否显示Cancel按钮
BOOL showsSearchResultsButton	是否在控件的右端显示搜索结果按钮
BOOL searchResultsButtonSelected	搜索结果按钮是否被选中
UIColor *tintColor	bar的颜色（具有渐变效果）
BOOL translucent	指定控件是否会有透视效果
UITextAutocapitalizationTypeautocapitalizationType	设置在什么的情况下自动大写

续表

属性	作用
UITextAutocorrectionTypeautocorrectionType	对于文本对象自动校正风格
UIKeyboardTypekeyboardType	键盘的样式
NSArray *scopeButtonTitles	搜索栏下部的选择栏，数组里面的内容是按钮的标题
NSInteger selectedScopeButtonIndex	搜索栏下部的选择栏按钮的个数
BOOL showsScopeBar	控制搜索栏下部的选择栏是否显示出来

16.3.2 实战演练——在查找信息输入关键字时实现自动提示功能

实例16-9	在查找信息输入关键字时实现自动提示功能
源码路径	光盘:\daima\16\AutocompletingSearch

本实例的功能是在查找信息输入关键字时实现自动提示功能。用户在搜索框（UISearchBar）中输入英文，根据输入的字母出现文字提示，即类似电话本的首字母索引功能。

（1）启动Xcode 9，本项目工程的最终目录结构和故事板界面如图16-12所示。

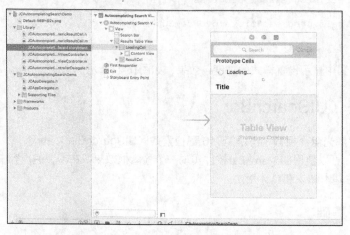

图16-12 本项目工程的最终目录结构和故事板界面

（2）文件JCAutocompletingSearchViewController.m的功能是获取用户在文本框中输入的关键字，检索在UITableView中是否有对应的信息匹配。文件JCAutocompletingSearchViewController.m的具体实现代码如下所示：

```
+ (JCAutocompletingSearchViewController*) autocompletingSearchViewController {
  UIStoryboard* storyboard = [UIStoryboard storyboardWithName:@"JCAutocompletingSea
rchStoryboard" bundle:nil];
  return (JCAutocompletingSearchViewController*)[storyboard instantiateViewControll
erWithIdentifier:@"SearchViewController"];
}

- (id) initWithCoder:(NSCoder *)aDecoder {
  self = [super initWithCoder:aDecoder];
  if (self) {
    self.results = @[];
    self.loading = NO;
    loadingMutex = [NSObject new];
  }
  return self;
}
```

```objc
- (void) viewDidLoad {
  [super viewDidLoad];
  if ( self.delegate
      && [self.delegate respondsToSelector:@selector(searchControllerShouldPerform
BlankSearchOnLoad:)]
      && [self.delegate searchControllerShouldPerformBlankSearchOnLoad:self]) {
    [self searchBar:self.searchBar textDidChange:@""];
  }
}

- (void) viewDidUnload {
  [self setResultsTableView:nil];
  [self setSearchBar:nil];
  [super viewDidUnload];
}
//实现界面的自适应
- (BOOL) shouldAutorotateToInterfaceOrientation:(UIInterfaceOrientation)interfaceOrie
ntation {
  if (self.delegate && [self.delegate respondsToSelector:@selector(searchController:
    shouldAutorotateToInterfaceOrientation:)]) {
    return [self.delegate searchController:self shouldAutorotateToInterfaceOrientation:
      interfaceOrientation];
  }
  return YES;
}

- (void) setDelegate:(NSObject<JCAutocompletingSearchViewControllerDelegate>*)deleg
ate {
  _delegate = delegate;
  if (delegate && [delegate respondsToSelector:@selector(searchControllerUsesCustom
ResultTableViewCells:)]) {
    delegateManagesTableViewCells = [delegate searchControllerUsesCustomResultTable
      ViewCells:self];
  } else {
    delegateManagesTableViewCells = NO;
  }

  if (delegate && [delegate respondsToSelector:@selector(searchControllerSearchesPerformed
Synchronously:)]) {
    searchesPerformedSynchronously = [delegate searchControllerSearchesPerformed
      Synchronously:self];
  } else {
    searchesPerformedSynchronously = NO;
  }
}


// -------------------------------------------------
- (void) viewWillAppear:(BOOL)animated {
  [super viewWillAppear:animated];
  //在搜索栏的取消按钮
  for (id subview in [self.searchBar subviews]) {
    if ([subview isKindOfClass:[UIButton class]]) {
      [subview setEnabled:YES];
      [subview addObserver:self forKeyPath:@"enabled" options:NSKeyValueObservingOptionN
ew context:nil];
    }
  }
}
- (void) viewWillDisappear:(BOOL)animated {
  [super viewWillDisappear:animated];
  //删除取消按钮
  for (id subview in [self.searchBar subviews]) {
    if ([subview isKindOfClass:[UIButton class]]) {
      [subview removeObserver:self forKeyPath:@"enabled"];
    }
  }
}
```

```objc
//观察关键字路径
- (void) observeValueForKeyPath:(NSString*)keyPath ofObject:(id)object change:(NSDictionary*) change context:(void*)context {
  // Re-enable the Cancel button in searchBar.
  if ([object isKindOfClass:[UIButton class]] && [keyPath isEqualToString:@"enabled"]) {
    UIButton *button = object;
    if (!button.enabled)
      button.enabled = YES;
  }
}
- (void) setLoading:(BOOL)loading {
  @synchronized(loadingMutex) {
    if (!searchesPerformedSynchronously) {
      NSArray* changedIndexPaths = @[[NSIndexPath indexPathForRow:0 inSection:0]];
      BOOL wasPreviouslyLoading = _loading;
      _loading = loading;
      if (wasPreviouslyLoading && !loading) {
        // 删除加载信息
        [self.resultsTableView beginUpdates];
        [self.resultsTableView deleteRowsAtIndexPaths:changedIndexPaths withRowAnimation:
         UITableViewRowAnimationAutomatic];
        [self.resultsTableView endUpdates];
      } else if (!wasPreviouslyLoading && loading) {
        // 添加加载信息
        [self.resultsTableView beginUpdates];
        [self.resultsTableView insertRowsAtIndexPaths:changedIndexPaths withRowAnimation:
         UITableViewRowAnimationAutomatic];
        [self.resultsTableView endUpdates];
      }
    } else {
      _loading = NO;
    }
  }
}
//重置选择
- (void) resetSelection {
  NSIndexPath* selectedRow = [self.resultsTableView indexPathForSelectedRow];
  if (selectedRow) {
    [self.resultsTableView deselectRowAtIndexPath:selectedRow animated:NO];
  }
}
//设置搜索栏文本并搜索
- (void) setSearchBarTextAndPerformSearch:(NSString*)query {
  self.searchBar.text = query;
  [self searchBar:self.searchBar textDidChange:query];
}
//单击搜索栏中的"Cancel"按钮处理
- (void) searchBarCancelButtonClicked:(UISearchBar*)searchBar {
  [self.delegate searchControllerCanceled:self];
}
#pragma mark - UITableViewDelegate Implementation
//在UITableView中显示搜索信息
- (CGFloat) tableView:(UITableView*)tableView heightForRowAtIndexPath:(NSIndexPath*
)indexPath {
  if (delegateManagesTableViewCells) {
    return [self.delegate searchController:self tableView:self.resultsTableView
     heightForRowAtIndexPath:indexPath];
  } else {
    return self.resultsTableView.rowHeight;
  }
}
//在UITableView表视图中选择索引行
- (void) tableView:(UITableView*)tableView didSelectRowAtIndexPath:(NSIndexPath*)indexPath {
  NSUInteger row = indexPath.row;
  if (self.loading) {
    if (row == 0) {
      [tableView deselectRowAtIndexPath:indexPath animated:NO];
      return;
```

```
    } else {
      --row;
    }
  }
[self.delegate searchController:self
  tableView:self.resultsTableView
  selectedResult:[self.results objectAtIndex:row]];
}
#pragma mark - UITableViewDataSource Implementation
//在UITableView中显示系统中的数据信息
- (NSInteger) tableView:(UITableView*)tableView numberOfRowsInSection:(NSInteger)se
ction {
  if (section == 0) {
    return self.results.count + (self.loading ? 1 : 0);
  } else {
    return 0;
  }
}
```

执行后的效果如图16-13所示。输入关键字"A"时会在下方自动显示提示信息，如图16-14所示。选中单元格中的第一项时会弹出一个提醒框，如图16-15所示。

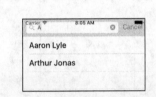

图16-13 执行效果　　　　图16-14 在下方自动显示提示信息　　　　图16-15 弹出提醒框

16.3.3 实战演练——实现文字输入的自动填充和自动提示功能

实例16-10	实现文字输入的自动填充和自动提示功能
源码路径	光盘:\daima\16\AutocompletionTableView

本实例的功能是实现文字输入的自动填充/自动提示功能。当用户在UITextField中输入英文后，会根据输入的字母出现文字提示，实现类似电话本的首字母索引功能。

（1）启动Xcode 9，本项目工程的最终目录结构和故事板界面如图16-16所示。

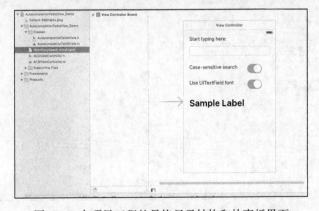

图16-16 本项目工程的最终目录结构和故事板界面

（2）在文件AutocompletionTableView.h中定义接口和属性对象，具体实现代码如下所示：

```
#import <UIKit/UIKit.h>
//设置是否区分大小写，YES是区分
#define ACOCaseSensitive @"ACOCaseSensitive"
// UITextField中的字体
#define ACOUseSourceFont @"ACOUseSourceFont"
#define ACOHighlightSubstrWithBold @"ACOHighlightSubstrWithBold"

//设置UITextField视图在顶部显示
#define ACOShowSuggestionsOnTop @"ACOShowSuggestionsOnTop"
@interface AutocompletionTableView : UITableView <UITableViewDataSource, UITableViewDelegate>
// 文本字典
@property (nonatomic, strong) NSArray *suggestionsDictionary;
// 字典完成选项
@property (nonatomic, strong) NSDictionary *options;
// 初始化调用
- (UITableView *)initWithTextField:(UITextField *)textField inViewController:(UIViewController *) parentViewController withOptions:(NSDictionary *)options;
@end
```

（3）文件AutocompletionTableView.m的功能是获取在文本框中输入的关键字，然后从字典中检索出对应的字符串，并在下方的单元格中显示出提示结果（程序见光盘）。

执行后的效果如图16-17所示。输入关键字"h"后的效果如图16-18所示。

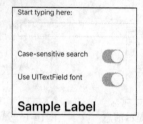
图16-17 执行效果

图16-18 输入关键字"h"后的效果

16.3.4 实战演练——使用检索控件快速搜索信息

实例16-11	使用检索控件快速搜索信息
源码路径	光盘:\daima\16\UISearchBarTest

（1）启动Xcode 9，本项目工程的最终目录结构和故事板界面如图16-19所示。

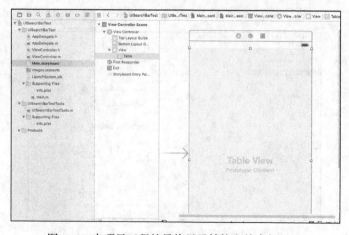

图16-19 本项目工程的最终目录结构和故事板界面

(2)文件ViewController.m的具体实现代码如下所示:

```objc
#import "ViewController.h"
@implementation ViewController{
    UISearchBar * _searchBar;
    // 保存原始表格数据的NSArray对象
    NSArray * _tableData;
    // 保存搜索结果数据的NSArray对象
    NSArray* _searchData;
    BOOL _isSearch;
}
- (void)viewDidLoad
{
    [super viewDidLoad];
    _isSearch = NO;
    // 初始化原始表格数据
    _tableData = @[@"Java教程",
        @"Java EE教程",
        @"Android教程",
        @"Ajax教程",
        @"HTML5/CSS3/JavaScript教程",
        @"iOS讲义",
        @"Swift教程",
        @"Java EE应用实战",
        @"Java教程",
        @"Java基础教程",
        @"学习Java",
        @"Objective-C教程" ,
        @"Ruby教程",
        @"iOS开发教程"];
    // 设置UITableView控件的delegate、dataSource都是该控制器本身
    self.table.delegate = self;
    self.table.dataSource = self;
    // 创建UISearchBar控件
    _searchBar = [[UISearchBar alloc] initWithFrame:
      CGRectMake(0, 0 , self.table.bounds.size.width, 44)];
    _searchBar.placeholder = @"输入字符";
    _searchBar.showsCancelButton = YES;
    self.table.tableHeaderView = _searchBar;
    // 设置搜索条的delegate是该控制器本身
    _searchBar.delegate = self;
}
- (NSInteger)tableView:(UITableView *)tableView
 numberOfRowsInSection:(NSInteger)section
{
    // 如果处于搜索状态
    if(_isSearch)
    {
        // 使用_searchData作为表格显示的数据
        return _searchData.count;
    }
    else
    {
        // 否则使用原始的_tableData作为表格显示的数据
        return _tableData.count;
    }
}

- (UITableViewCell*) tableView:(UITableView *)tableView
    cellForRowAtIndexPath: (NSIndexPath *)indexPath
{
    static NSString* cellId = @"cellId";
    // 从可重用的表格行队列中获取表格行
    UITableViewCell* cell = [tableView
      dequeueReusableCellWithIdentifier:cellId];
    // 如果表格行为nil
    if(!cell)
    {
      // 创建表格行
      cell = [[UITableViewCell alloc] initWithStyle:
```

```objc
        UITableViewCellStyleDefault reuseIdentifier:cellId];
    }
    // 获取当前正在处理的表格行的行号
    NSInteger rowNo = indexPath.row;
    // 如果处于搜索状态
    if(_isSearch) {
        // 使用_searchData作为表格显示的数据
        cell.textLabel.text = _searchData[rowNo];
    }
    else {
        // 否则使用原始的_tableData作为表格显示的数据
        cell.textLabel.text = _tableData[rowNo];
    }
    return cell;
}
// UISearchBarDelegate定义的方法，用户单击取消按钮时激发该方法
- (void)searchBarCancelButtonClicked:(UISearchBar *)searchBar
{
    // 取消搜索状态
    _isSearch = NO;
    [self.table reloadData];
}
// UISearchBarDelegate定义的方法，当搜索文本框内的文本改变时激发该方法
- (void)searchBar:(UISearchBar *)searchBar
    textDidChange:(NSString *)searchText
{
    // 调用filterBySubstring方法执行搜索
    [self filterBySubstring:searchText];
}
// UISearchBarDelegate定义的方法，用户单击虚拟键盘上的Search按键时激发该方法
- (void)searchBarSearchButtonClicked:(UISearchBar *)searchBar
{
    // 调用filterBySubstring方法执行搜索
    [self filterBySubstring:searchBar.text];
    // 放弃作为第一个响应者，关闭键盘
    [searchBar resignFirstResponder];
}
- (void) filterBySubstring:(NSString*) subStr
{
    // 设置为搜索状态
    _isSearch = YES;
    // 定义搜索谓词
    NSPredicate* pred = [NSPredicate predicateWithFormat:
        @"SELF CONTAINS[c] %@" , subStr];
    // 使用谓词过滤NSArray
    _searchData = [_tableData filteredArrayUsingPredicate:pred];
    // 让表格控件重新加载数据
    [self.table reloadData];
}
@end
```

执行后的效果如图16-20所示，输入关键字"Java"后的效果如图16-21所示。

图16-20 执行效果

图16-21 输入关键字"Java"后的效果

16.3.5 实战演练——使用 UISearchBar 控件（Swift 版）

实例16-12	使用UISearchBar控件
源码路径	光盘:\daima\16\UISearchBar-and-TableViewController

（1）打开Main.storyboard设计面板，在里面设置NavagationController和TableView控件，如图16-22所示。

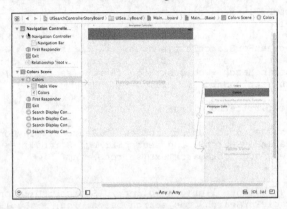

图16-22 Main.storyboard设计面板

（2）编写文件SearchTableViewController.swift，功能是在界面顶部通过UISearchBar控件显示一个搜索表单，在下方通过TableView控件显示信息列表和搜索结果。文件SearchTableViewController.swift的具体实现代码如下所示：

```swift
import UIKit
class SearchTableViewController: UITableViewController, UISearchBarDelegate{
    var colors : [String] = []
    var filteredColors = [String]()
    @IBOutlet weak var searchBar: UISearchBar!
    override func viewDidLoad() {
        super.viewDidLoad()
        colors = ["Red","White","Blue","Yellow","Green","Black","Purple","Getting
        Tired","Have I mentioned that I like Objective C"]
        //searchbar
        searchBar.delegate = self
        searchBar.showsScopeBar = true
    }
    override func didReceiveMemoryWarning() {
        super.didReceiveMemoryWarning()
        // Dispose of any resources that can be recreated.
    }
    // MARK: - Table view data source
    override func numberOfSectionsInTableView(tableView: UITableView) -> Int {

        return 1
    }

    override func tableView(tableView: UITableView, numberOfRowsInSection section:
Int) -> Int {
        if tableView == self.searchDisplayController!.searchResultsTableView{
            return self.filteredColors.count
        }else{
            return colors.count
        }


    }
    override func tableView(tableView: UITableView, cellForRowAtIndexPath indexPath:
NSIndexPath) -> UITableViewCell {
```

```
            let cell = self.tableView.dequeueReusableCellWithIdentifier("Cell", forIndexPath:
            indexPath) as UITableViewCell
            var color : String
            if tableView == self.searchDisplayController!.searchResultsTableView{
                color = self.filteredColors[indexPath.row]as (String)
            }
            else
            {
                color = self.colors[indexPath.row]as (String)
            }
            cell.textLabel.text = color
            return cell
    }
    func filterContentForSearchText(searchText: String) {
        self.filteredColors = self.colors.filter({( colors: String) -> Bool in
            let stringMatch = colors.rangeOfString(searchText)
            return (stringMatch != nil)
        })
        println(self.filteredColors)
    }
    func searchDisplayController(controller: UISearchDisplayController!,
    shouldReloadTableForSearchString searchString: String!) -> Bool {
        self.filterContentForSearchText(searchString)
        return true
    }
    func searchDisplayController(controller: UISearchDisplayController!,
    shouldReloadTableForSearchScope searchOption: Int) -> Bool {
        self.filterContentForSearchText(self.searchDisplayController!.searchBar.text)
        return true
    }
}
```

到此为止，整个实例介绍完毕。此时执行后效果如图16-23所示。

在顶部搜索表单输入关键字后，在下方列表中可以显示检索结果。例如输入关键字"B"后的执行效果如图16-24所示。

图16-23 工程UI主界面的执行效果

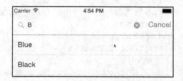

图16-24 显示检索结果

16.3.6 实战演练——在表视图中实现信息检索（双语实现：Objective-C 版）

实例16-13	在表视图中实现信息检索
源码路径	光盘:\daima\16\Sections-Obj

本实例的功能是创建一个ViewController视图，在试图中以列表的样式显示文件sortednames.plist中的数据，在视图顶部通过搜索表单实现信息检索功能。实例文件ViewController.m的主要实现代码如下所示：

```
- (void)viewDidLoad {
    [super viewDidLoad];
    // Do any additional setup after loading the view, typically from a nib.
    
    [self.tableView registerClass:[UITableViewCell class]
            forCellReuseIdentifier:SectionsTableIdentifier];
```

```objc
    NSString *path = [[NSBundle mainBundle] pathForResource:@"sortednames"
                                                     ofType:@"plist"];
    self.names = [NSDictionary dictionaryWithContentsOfFile:path];
    self.keys = [[self.names allKeys] sortedArrayUsingSelector:
                 @selector(compare:)];

    SearchResultsController *resultsController = [[SearchResultsController alloc]
    initWithNames:self.names keys:self.keys];
    self.searchController = [[UISearchController alloc] initWithSearchResultsController:
    resultsController];

    UISearchBar *searchBar = self.searchController.searchBar;
    searchBar.scopeButtonTitles = @[@"All", @"Short", @"Long"];
    searchBar.placeholder = @"Enter a search term";
    [searchBar sizeToFit];
    self.tableView.tableHeaderView = searchBar;
    self.searchController.searchResultsUpdater = resultsController;


    self.tableView.sectionIndexBackgroundColor = [UIColor blackColor];
    self.tableView.sectionIndexTrackingBackgroundColor = [UIColor darkGrayColor];
    self.tableView.sectionIndexColor = [UIColor whiteColor];
}

- (void)didReceiveMemoryWarning {
    [super didReceiveMemoryWarning];
    // Dispose of any resources that can be recreated.
}

#pragma mark -
#pragma mark Table View Data Source Methods
- (NSInteger)numberOfSectionsInTableView:(UITableView *)tableView {
    return [self.keys count];
}

- (NSInteger)tableView:(UITableView *)tableView
        numberOfRowsInSection:(NSInteger)section {
    NSString *key = self.keys[section];
    NSArray *nameSection = self.names[key];
    return [nameSection count];
}

- (NSString *)tableView:(UITableView *)tableView
        titleForHeaderInSection:(NSInteger)section {
    return self.keys[section];
}

- (UITableViewCell *)tableView:(UITableView *)tableView
        cellForRowAtIndexPath:(NSIndexPath *)indexPath {
    UITableViewCell *cell =
    [tableView dequeueReusableCellWithIdentifier:SectionsTableIdentifier
                                    forIndexPath:indexPath];

    NSString *key = self.keys[indexPath.section];
    NSArray *nameSection = self.names[key];

    cell.textLabel.text = nameSection[indexPath.row];
    return cell;
}
```

实例文件SearchResultsController.m的功能是根据用户输入的关键字检索结果，并将结果显示在屏幕中。主要实现代码如下所示：

```objc
static NSString *SectionsTableIdentifier = @"SectionsTableIdentifier";

@interface SearchResultsController ()
```

```objc
@property (strong, nonatomic) NSDictionary *names;
@property (strong, nonatomic) NSArray *keys;
@property (strong, nonatomic) NSMutableArray *filteredNames;

@end

@implementation SearchResultsController

- (instancetype)initWithNames:(NSDictionary *)names keys:(NSArray *)keys {
    if (self = [super initWithStyle:UITableViewStylePlain]) {
        self.names = names;
        self.keys = keys;
        self.filteredNames = [[NSMutableArray alloc] init];
    }
    return self;
}

- (void)viewDidLoad {
    [super viewDidLoad];

    [self.tableView registerClass:[UITableViewCell class]
           forCellReuseIdentifier:SectionsTableIdentifier];
}

- (void)didReceiveMemoryWarning {
    [super didReceiveMemoryWarning];
    // Dispose of any resources that can be recreated.
}

#pragma mark - UISearchResultsUpdating Conformance

static const NSUInteger longNameSize = 6;
static const NSInteger shortNamesButtonIndex = 1;
static const NSInteger longNamesButtonIndex = 2;

- (void)updateSearchResultsForSearchController:(UISearchController *)controller {
    NSString *searchString = controller.searchBar.text;
    NSInteger buttonIndex = controller.searchBar.selectedScopeButtonIndex;
    [self.filteredNames removeAllObjects];
    if (searchString.length > 0) {
        NSPredicate *predicate =
        [NSPredicate
          predicateWithBlock:^BOOL(NSString *name, NSDictionary *b) {
            // Filter out long or short names depending on which
            // scope button is selected.
            NSUInteger nameLength = name.length;
            if ((buttonIndex == shortNamesButtonIndex && nameLength >= longNameSize)
                || (buttonIndex == longNamesButtonIndex && nameLength < longNameSize)) {
                return NO;
            }
            NSRange range = [name rangeOfString:searchString
                                        options:NSCaseInsensitiveSearch];
            return range.location != NSNotFound;
        }];
        for (NSString *key in self.keys) {
            NSArray *matches = [self.names[key]
                                filteredArrayUsingPredicate: predicate];
            [self.filteredNames addObjectsFromArray:matches];
        }
    }
    [self.tableView reloadData];
}
#pragma mark - Table view data source

- (NSInteger)tableView:(UITableView *)tableView
 numberOfRowsInSection:(NSInteger)section {
    return [self.filteredNames count];
}
```

```
- (UITableViewCell *)tableView:(UITableView *)tableView
        cellForRowAtIndexPath:(NSIndexPath *)indexPath {
    UITableViewCell *cell =
    [tableView dequeueReusableCellWithIdentifier:SectionsTableIdentifier
                                    forIndexPath:indexPath];
    cell.textLabel.text = self.filteredNames[indexPath.row];
    return cell;
}
```

执行效果如图16-25所示。

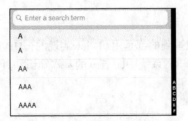

图16-25 执行效果

16.3.7 实战演练——在表视图中实现信息检索（双语实现：Swift版）

实例16-14	在表视图中实现信息检索
源码路径	光盘:\daima\16\Sections-Swift

本实例的功能和本章前面的实例16-13完全相同，只是基于Swift语言实现而已。

第 17 章
UIView详解

其实在iOS系统里看到的和触摸到的都是用UIView实现的，UIView在iOS开发里具有非常重要的作用。在本章的内容中，将详细讲解iOS系统中UIView的基本知识和具体用法，为读者步入本书后面知识的学习打下基础。

17.1 UIView 基础

知识点讲解光盘：视频\知识点\第17章\UIView基础.mp4

UIView也是在MVC中非常重要的一层，是iOS系统下所有界面的基础。UIView在屏幕上定义了一个矩形区域和管理区域内容的接口。在运行时，一个视图对象控制该区域的渲染，同时也控制内容的交互）。所以说，UIView具有3个基本的功能：画图和动画、管理内容的布局、控制事件。正是因为UIView具有这些功能，它才能担当起MVC中视图层的作用。视图和窗口展示了应用的用户界面，同时负责界面的交互。UIKit和其他系统框架提供了很多视图，你可以就地使用而几乎不需要修改。当你需要展示的内容与标准视图允许的有很大的差别时，你也可以定义自己的视图。无论是使用系统的视图还是创建自己的视图，均需要理解类UIView和类UIWindow所提供的基本结构。这些类提供了复杂的方法来管理视图的布局和展示。理解这些方法的工作非常重要，使我们在应用发生改变时可以确认视图有合适的行为。

在iOS应用中，绝大部分可视化操作都是由视图对象（即UIView类的实例）进行的。一个视图对象定义了一个屏幕上的一个矩形区域，同时处理该区域的绘制和触屏事件。一个视图也可以作为其他视图的父视图，同时决定着这些子视图的位置和大小。UIView类做了大量的工作去管理这些内部视图的关系，但是需要的时候也可以定制默认的行为。

17.1.1 UIView 的结构

在官方API中为UIView定义了各种函数接口，首先看视图最基本的功能显示和动画，其实UIView的所有的绘图和动画的接口都是可以用CALayer和CAAnimation实现的，也就是说苹果公司是不是把CoreAnimation的功能封装到了UIView中呢？但是每一个UIView都会包含一个CALayer，并且CALayer里面可以加入各种动画。再次，我们来看UIView管理布局的思想其实和CALayer也是非常接近的。最后控制事件的功能，是因为UIView继承了UIResponder。经过上面的分析很容易就可以分解出UIView的本质。UIView就相当于一块白墙，这块白墙只是负责把加入到里面的东西显示出来而已。

1. UIView中的CALayer

UIView的一些几何特性frame、bounds、center都可以在CALayer中找到替代的属性，所以如果明白了CALayer的特点，自然UIView的图层中如何显示的都会一目了然。

CALayer就是图层，图层的功能是渲染图片和播放动画等。每当创建一个UIView的时候，系统会自动创建一个CALayer，但是这个CALayer对象你不能改变，只能修改某些属性。所以通过修改CALayer，不仅可以修饰UIView的外观，还可以给UIView添加各种动画。CALayer属于CoreAnimation框架中的类，通过Core Animation Programming Guide就可以了解很多CALayer中的特点，假如掌握了这些特点，自然也就理解了UIView是如何显示和渲染的。

UIView和NSView明显是MVC中的视图模型，Animation Layer更像是模型对象。它们封装了几何、时间和一些可视的属性，并且提供了可以显示的内容，但是实际的显示并不是Layer的职责。每一个层树的后台都有两个响应树：一个曾现树和一个渲染树。所以很显然Layer封装了模型数据，每当更改Layer中的某些模型数据中数据的属性时，曾现树都会做一个动画代替，之后由渲染树负责渲染图片。

既然Animation Layer封装了对象模型中的几何性质，那么如何取得这些几何特性？一个方式是根据Layer中定义的属性获取，比如bounds、authorPoint、frame等属性；其次，Core Animation扩展了键值对协议，这样就允许开发者通过get和set方法，方便地得到Layer中的各种几何属性。

虽然CALayer跟UIView十分相似，也可以通过分析CALayer的特点理解UIView的特性，但是毕竟苹果公司不是用CALayer来代替UIView的，否则苹果公司也不会设计一个UIView类了。就像官方文档解释的一样，CALayer层树是Cocoa视图继承树的同等物，它具备UIView的很多共同点，但是Core Animation没有提供一个方法展示在窗口。它们必须宿主到UIView中，并且UIView给它们提供响应的方法。所以UIReponder就是UIView的又一个大的特性。

2. UIView继承的UIResponder

UIResponder是所有事件响应的基石，事件（UIEvent）是发给应用程序并告知用户的行动。在iOS中的事件有3种，分别是多点触摸事件、行动事件和远程控制事件。定义这3种事件的格式如下所示：

```
typedef enum {
    UIEventTypeTouches,
    UIEventTypeMotion,
    UIEventTypeRemoteControl,
} UIEventType;
```

UIReponder中的事件传递过程如图17-1所示。

首先是被单击的该视图响应时间处理函数，如果没有响应函数会逐级向上面传递，直到有响应处理函数，或者该消息被抛弃为止。关于UIView的触摸响应事件，这里有一个常常容易迷惑的方法是hitTest:WithEvent。通过发送PointInside:withEvent:消息给每一个子视图，这个方法能够遍历视图层树，这样可以决定哪个视图应该响应此事件。如果PointInside:withEvent:返回YES，然后子视图的继承树就会被遍历，否则视图的继承树就会被忽略。在hitTest方法中，要先调用PointInside:withEvent:，看是否要遍历子视图。如果我们不想让某个视图响应事件，只需要重载PointInside:withEvent:方法，让此方法返回NO即可。其实hitTest的主要用途是寻找哪个视图被触摸了，例如下面的代码建立了一个MyView，在里面重载了hitTest方法和pointInside方法：

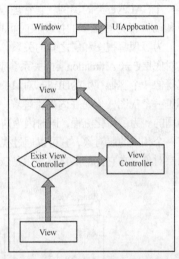

图17-1 UIReponder中的事件传递过程

```
- (UIView*)hitTest:(CGPoint)point withEvent:(UIEvent *)event{
[super hitTest:point withEvent:event];
return self;
}
- (BOOL)pointInside:(CGPoint)point withEvent:(UIEvent *)event{
NSLog(@"view pointInside");
return YES;
}
```

然后在MyView中增加一个子视图MySecondView，通过此视图也重载了这两个方法：

```
- (UIView*)hitTest:(CGPoint)point withEvent:(UIEvent *)event{
[super hitTest:point withEvent:event];
return self;
}
- (BOOL)pointInside:(CGPoint)point withEvent:(UIEvent *)event{
NSLog(@"second view pointInside");
return YES;
}
```

在上述代码中，必须包括"[super hitTest:point withEvent:event];"，否则hitTest无法调用父类的方法，这样就没法使用PointInside:withEvent:进行判断，就没法进行子视图的遍历。当去掉这个语句时，触摸事件就不可能进到子视图中了，除非在方法中直接返回子视图的对象。这样在调试的过程中就会发现，每单击一个view都会先进入到这个view的父视图中的hitTest方法，然后调用super的hitTest方法之后就会查找pointInside是否返回YES。如果是，则就把消息传递给子视图处理，子视图用同样的方法递归查找自己的子视图。所以从这里调试分析看，hitTest方法这种递归调用的方式就一目了然了。

17.1.2 视图架构

在iOS中，一个视图对象定义了一个屏幕上的一个矩形区域，同时处理该区域的绘制和触屏事件。一个视图也可以作为其他视图的父视图，同时决定着这些子视图的位置和大小。UIView类做了大量的工作去管理这些内部视图的关系，但是需要的时候也可以定制默认的行为。视图view与Core Animation层联合起来处理着视图内容的解释和动画过渡。每个UIKit框架里的视图都被一个层对象支持，这通常是一个CALayer类的实例，它管理着后台的视图存储和处理视图相关的动画。然而，当需要对视图的解释和动画行为有更多的控制权时可以使用层。

为了理解视图和层之间的关系，可以借助于一些例子。图17-2显示了ViewTransitions例程的视图层次及其对底层Core Animation层的关系。应用中的视图包括了一个Window（同时也是一个视图），一个通用的表现得像一个容器视图的UIView对象、一个图像视图、一个控制显示用的工具条和一个工具条按钮（它本身不是一个视图，但是在内部管理着一个视图）。注意这个应用包含了一个额外的图像视图，它是用来实现动画的。为了简化流程，同时因为这个视图通常是被隐藏的，所以没把它包含在下面的图中。每个视图都有一个相应的层对象，它可以通过视图属性被访问。因为工具条按钮不是一个视图，所以不能直接访问它的层对象。在它们的层对象之后是Core Animation的解释对象，最后是用来管理屏幕上的位的硬件缓存。

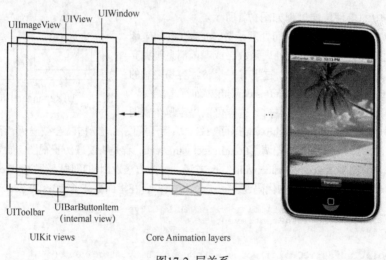

图17-2 层关系

一个视图对象的绘制代码需要尽量地少被调用，当它被调用时，其绘制结果会被Core Animation缓存起来并在往后可以被尽可能重用。重用已经解释过的内容消除了通常需要更新视图的开销昂贵的绘制周期。

17.1.3 视图层次和子视图管理

除了提供自己的内容之外，一个视图也可以表现得像一个容器一样。当一个视图包含其他视图时，就在两个视图之间创建了一个父子关系。在这个关系中孩子视图被当作子视图，父视图被当作超视图。创建这样一个关系对应用的可视化和行为都有重要的意义。在视觉上，子视图隐藏了父视图的内容。

如果子视图是完全不透明的，那么子视图所占据的区域就完全隐藏了父视图的相应区域。如果子视图是部分透明的，那么两个视图在显示在屏幕上之前就混合在一起了。每个父视图都用一个有序的数组存储着它的子视图，存储的顺序会影响到每个子视图的显示效果。如果两个兄弟子视图重叠在一起，后来被加入的那个（或者说是排在子视图数组后面的那个）出现在另一个上面。父子视图关系也影响着一些视图行为。改变父视图的尺寸会连带着改变子视图的尺寸和位置。在这种情况下，可以通过合适的配置视图来重定义子视图的尺寸。其他会影响到子视图的改变包括隐藏父视图，改变父视图的alpha值，或者转换父视图。视图层次的安排也会决定着应用如何去响应事件。在一个具体的视图内部发生的触摸事件通常会被直接发送到该视图去处理。然而，如果该视图没有处理，它会将该事件传递给它的父视图，在响应者链中依此类推。具体视图可能也会传递事件给一个干预响应者对象，例如视图控制器。如果没有对象处理这个事件，它最终会到达应用对象，此时通常就被丢弃了。

17.1.4 视图绘制周期

UIView类使用一个点播绘制模型来展示内容。当一个视图第一次出现在屏幕前，系统会要求它绘制自己的内容。在该流程中，系统会创建一个快照，这个快照是出现在屏幕中的视图内容的可见部分。如果你从来没有改变视图的内容，这个视图的绘制代码可能永远不会再被调用。这个快照图像在大部分涉及视图的操作中被重用。如果你确实改变了视图内容，也不会直接的重新绘制视图内容。相反，使用setNeedsDisplay或者setNeedsDisplayInRect:方法废止该视图，同时让系统在稍候重画内容。系统等待当前运行循环结束，然后开始绘制操作。这个延迟给了你一个机会来废止多个视图，从你的层次中增加或者删除视图，隐藏、重设大小和重定位视图。所有你做的改变会稍候在同一时间反应。

改变一个视图的几何结构不会自动引起系统重画内容。视图的contentMode属性决定了改变几何结构应该如果解释。大部分内容模式在视图的边界内拉伸或者重定位了已有快照，它不会重新创建一个新的快照。要获取更多关于内容模式如何影响视图的绘制周期，可查看content modes，当绘制视图内容的时候到了时，真正的绘制流程会根据视图及其配置改变。系统视图通常会实现私有的绘制方法来解释它们的视图（那些相同的系统视图经常开发接口，好让你可以用来配置视图的真正表现）。对于定制的UIView子类，你通常可以覆盖drawRect:方法并使用该方法来绘制你的视图内容。也有其他方法来提供视图内容，像直接在底部的层设置内容，但是覆盖drawRect:是最通用的技术。

17.1.5 UIView 的常见应用

（1）隐藏指定的UIView区域

使用UIView的属性hidden可以隐藏指定的区域。当属性hidden的值为YES时隐藏UIView，当属性hidden的值为NO时显示UIView。

（2）改变背景颜色

使用UIView的属性backgroundColor可以改变背景颜色。

（3）实现背景透明

使用UIView的属性alpha可以改变指定视图的透明度。

（4）定位屏幕中的图片

在iOS应用中，UIView类使用一个点播绘制模型来展示内容。当一个视图第一次出现在屏幕前，系统会要求它绘制自己的内容。在该流程中，系统会创建一个快照，这个快照是出现在屏幕中的视图内容的可见部分。如果你从来没有改变视图的内容，这个视图的绘制代码可能永远不会再被调用。这个快照图像在大部分涉及到视图的操作中被重用。如果你确实改变了视图内容，也不会直接的重新绘制视图内容。相反，使用setNeedsDisplay或者setNeedsDisplayInRect:方法废止该视图，同时让系统在稍候重画内容。系统等待当前运行循环结束，然后开始绘制操作。这个延迟给了你一个机会来废止多个视图，从你的层次中增加或者删除视图，隐藏、重设大小和重定位视图。所有你做的改变会稍后在同一时间反应出来。

UIView类的contentMode属性决定了改变几何结构应该如何解释。大部分内容模式在视图的边界内拉伸或者重定位了已有快照，它不会重新创建一个新的快照。获取更多关于内容模式如果影响视图的绘制周期，查看content modes当绘制视图内容的时候到了时，真正的绘制流程会根据视图及其配置改变。系统视图通常会实现私有的绘制方法来解释它们的视图（那些相同的系统视图经常开发接口，好让你可以用来配置视图的真正表现）。对于定制的UIView子类，你通常可以覆盖drawRect:方法并使用该方法来绘制你的视图内容。也有其他方法来提供视图内容，像直接在底部的层设置内容，但是覆盖drawRect:是最通用的技术。

17.2 实战演练

知识点讲解光盘：视频\知识点\第17章\实战演练.mp4

17.2.1 实战演练——给任意 UIView 视图四条边框加上阴影

实例17-1	给任意UIView视图四条边框加上阴影
源码路径	光盘:\daima\17\UIView-Shadow

本实例的功能是给任意UIView视图四条边框加上阴影，自定义阴影的颜色、粗细程度、透明程度以及位置（上下左右边框）。

（1）在实例文件UIView+Shadow.h中定义接口和功能函数，具体实现代码如下所示，

```
#import <UIKit/UIKit.h>
#import <QuartzCore/QuartzCore.h>
@interface UIView (Shadow)
- (void) makeInsetShadow;
- (void) makeInsetShadowWithRadius:(float)radius Alpha:(float)alpha;
- (void) makeInsetShadowWithRadius:(float)radius Color:(UIColor *)color Directions:
(NSArray *)directions;
@end
```

（2）实例文件UIView+Shadow.m的功能是定义上、下、左、右4个方向的阴影样式，在左边UIView的四周加上黑色半透明阴影，在右边UIView的上下边框各加上绿色不透明阴影（程序见光盘）。

（3）实例文件PYViewController.m的功能是调用上面的样式显示阴影效果，具体实现代码如下所示：

```
#import "PYViewController.h"
#import "UIView+Shadow.h"
@interface PYViewController ()
@end
@implementation PYViewController
- (void)viewDidLoad
{
    [super viewDidLoad];

    UIView *sampleView1 = [[UIView alloc] initWithFrame:CGRectMake(10, 10, 100, 100
)];
    [sampleView1 makeInsetShadowWithRadius:5.0 Alpha:0.8];
    [self.view addSubview:sampleView1];
    UIView *sampleView2 = [[UIView alloc] initWithFrame:CGRectMake(150, 100, 100, 200)];
    [sampleView2 makeInsetShadowWithRadius:8.0 Color:[UIColor colorWithRed:0.0 green:
1.0 blue:0.0 alpha:1] Directions:[NSArray arrayWithObjects:@"top", @"bottom", nil]];
    [self.view addSubview:sampleView2];
}
@end
```

执行后在左边UIView的四周加上了黑色半透明阴影，在右边UIView的上下边框各加上了绿色不透明阴影，如图17-3所示。

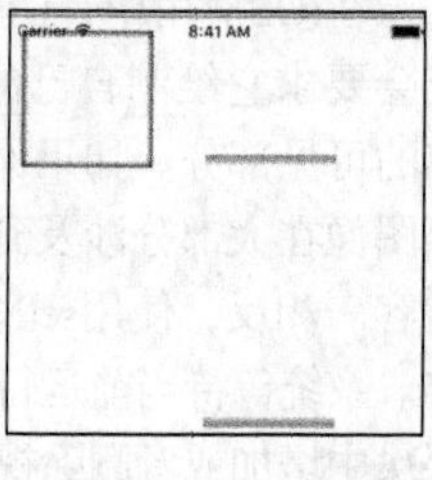

图17-3 执行效果

17.2.2 实战演练——给 UIView 加上各种圆角、边框效果

实例17-2	给UIView加上各种圆角、边框效果
源码路径	光盘:\daima\17\TKRoundedView

本实例的功能是不通过载图片的方式给UIView加上各种圆角、边框效果。给UIView的一个角或者两个角加上圆角效果，并且可以自定义圆角的直径以及边框的宽度和颜色。

（1）在实例文件TKRoundedView.h中定义样式接口和属性对象，具体实现代码如下所示。

```
typedef NS_OPTIONS(NSUInteger, TKRoundedCorner) {
    TKRoundedCornerNone         = 0,
    TKRoundedCornerTopRight     = 1 << 0,
TKRoundedCornerBottomRight  = 1 << 1,
    TKRoundedCornerBottomLeft   = 1 << 2,
    TKRoundedCornerTopLeft      = 1 << 3,
};

typedef NS_OPTIONS(NSUInteger, TKDrawnBorderSides) {
    TKDrawnBorderSidesNone      = 0,
    TKDrawnBorderSidesRight     = 1 << 0,
    TKDrawnBorderSidesLeft      = 1 << 1,
    TKDrawnBorderSidesTop       = 1 << 2,
    TKDrawnBorderSidesBottom    = 1 << 3,
};
extern const TKRoundedCorner TKRoundedCornerAll;
extern const TKDrawnBorderSides TKDrawnBorderSidesAll;
@interface TKRoundedView : UIView
/* 绘制边界线，但是不绘制不圆的边界 */
@property (nonatomic, assign) TKDrawnBorderSides drawnBordersSides;
/* 绘制圆形区域 */
@property (nonatomic, assign) TKRoundedCorner roundedCorners;
/* 填充颜色，默认白色 */
@property (nonatomic, strong) UIColor *fillColor;
/* 画笔颜色，默认淡灰色*/
@property (nonatomic, strong) UIColor *borderColor;
/* 边线宽度，默认为1.0f */
@property (nonatomic, assign) CGFloat borderWidth;
/* 圆角半径，默认为15.0f */
@property (nonatomic, assign) CGFloat cornerRadius;
@end
```

（2）实例文件TKRoundedView.m的功能是绘制指定样式的圆角和边界线，并用指定的颜色填充图形（程序见光盘）。文件TKViewController.m的功能是调用上面的样式，在屏幕中绘制不同的圆角图形。开关on时的效果如图17-4所示，开关off时的效果如图17-5所示。

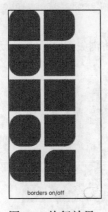
图17-4 执行效果

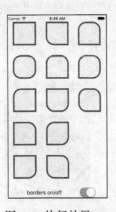
图17-5 执行效果

17.2.3 实战演练——使用 UIView 控件实现弹出式动画表单效果

实例17-3	使用UIView控件实现弹出式动画表单效果
源码路径	光盘:\daima\17\UIView-animations

(1) 使用Xcode 9打开本项目工程，最终目录结构和故事板界面如图17-6所示。

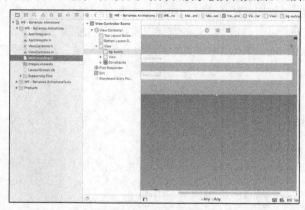

图17-6 本项目工程的最终目录结构和故事板界面

(2) 实例文件ViewController.m的具体实现代码如下所示。

```
#import "ViewController.h"
@interface ViewController ()
@property (weak, nonatomic) IBOutlet UIButton *plusButton;
@property (weak, nonatomic) IBOutlet NSLayoutConstraint *loginViewHeightConstraint;
@property (nonatomic) BOOL logInIsOpen;
@end
@implementation ViewController
- (void)viewDidLoad {
    [super viewDidLoad];
    self.logInIsOpen = YES;
    self.plusButton.transform = CGAffineTransformMakeRotation(M_PI_4);
}
- (void)didReceiveMemoryWarning {
    [super didReceiveMemoryWarning];
}
- (IBAction)plusButtonPressed:(UIButton *)sender {
    self.logInIsOpen = !self.logInIsOpen;
    self.loginViewHeightConstraint.constant = self.logInIsOpen ?200 : 50;
    [UIView animateWithDuration:2.0 delay:0.0 usingSpringWithDamping:0.8 initialSpringVelocity:0.5 options:UIViewAnimationOptionCurveLinear animations:^{
            [self.view layoutIfNeeded];
        } completion:nil];
    CGFloat angle = self.logInIsOpen ? M_PI_4 : 0;
    self.plusButton.transform = CGAffineTransformMakeRotation(angle);
}
@end
```

执行后的效果如图17-7所示。单击右上角的"X"后表单将消失，如图17-8所示。单击+号后将再次显示。

图17-7 执行效果

图17-8 表单消失

17.2.4 实战演练——创建一个滚动图片浏览器（Swift 版）

实例17-4	创建一个滚动图片浏览器
源码路径	光盘:\daima\17\ZSocialPullView

（1）使用Xcode 9新建一个名为"ZSocialPullView"的工程，工程的最终目录结构如图17-9所示。

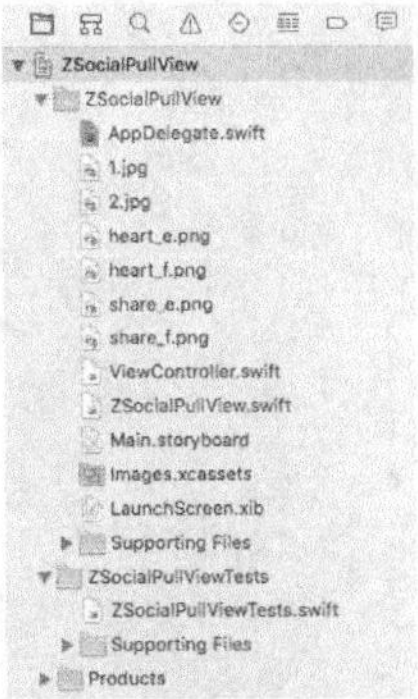

（2）编写文件ViewController.swift加载视图中的图片控件，通过CGRect绘制不同的图片层次，在视图中可以随意添加需要的图片素材，并需要将backgroundcolororiginal属性的zsocialpullview作为父视图相同的颜色。文件ViewController.swift的具体实现代码如下所示。

图17-9 工程的目录结构

```
import UIKit

class ViewController: UIViewController, ZSocialPullDelegate
  {
override func viewDidLoad() {
super.viewDidLoad()
        // 加载视图中的图片控件
var he = UIImage(named: "heart_e.png")
var hf = UIImage(named: "heart_f.png")
var se = UIImage(named: "share_e.png")
var sf = UIImage(named: "share_f.png")
        self.view.backgroundColor = UIColor.blackColor

var v = UIView(frame: CGRect(x: 0, y: 0, width: 250, height: 375))
var img1 = UIImageView(frame: CGRect(x: 0, y: 0, width: 250, height: 375))
        img1.image = UIImage(named: "1.jpg")
v.addSubview(img1)

var socialPullPortrait = ZSocialPullView(frame: CGRect(x: 0, y: 22, width: self.view.frame.width, height: 400))
socialPullPortrait.setLikeImages(he!, filledImage: hf!)
socialPullPortrait.setShareImages(se!, filledImage: sf!)
        socialPullPortrait.backgroundColorOriginal = UIColor.blackColor
        socialPullPortrait.Zdelegate = self
socialPullPortrait.setUIView(v)
self.view.addSubview(socialPullPortrait)

        //////////////////////////////////////////////////////////////////////

var v2 = UIView(frame: CGRect(x: 0, y: 0, width: self.view.frame.width, height: 200))
var img2 = UIImageView(frame: CGRect(x: 0, y: 0, width: v2.frame.width, height: 200))
        img2.image = UIImage(named: "2.jpg")
v2.addSubview(img2)

var socialPullLandscape = ZSocialPullView(frame: CGRect(x: 0, y: 450, width: self.view.frame.width, height: 200))
socialPullLandscape.setLikeImages(he!, filledImage: hf!)
socialPullLandscape.setShareImages(se!, filledImage: sf!)
        socialPullLandscape.backgroundColorOriginal = UIColor.blackColor
        socialPullLandscape.Zdelegate = self
socialPullLandscape.setUIView(v2)
self.view.addSubview(socialPullLandscape)

    }

func ZSocialPullAction(view: ZSocialPullView, action: String) {
println(action)
    }
override func didReceiveMemoryWarning() {
super.didReceiveMemoryWarning()
```

```
        // Dispose of any resources that can be recreated.
    }
}
```

执行后将构造一个滚动图片浏览器界面效果,如图17-10所示。

图17-10 执行效果

17.2.5 实战演练——创建一个产品展示列表(双语实现:Objctive-C 版)

实例17-5	创建一个产品展示列表
源码路径	光盘:\daima\17\TableCells-Obj

本实例的功能是在屏幕中创建一个IT产品展示列表,实例文件ViewController.m的主要实现代码如下所示:

```
#import "ViewController.h"
#import "NameAndColorCell.h"

static NSString *CellTableIdentifier = @"CellTableIdentifier";

@interface ViewController ()

@property (copy, nonatomic) NSArray *computers;
@property (weak, nonatomic) IBOutlet UITableView *tableView;

@end

@implementation ViewController

- (void)viewDidLoad {
    [super viewDidLoad];
    // Do any additional setup after loading the view, typically from a nib.
    
    self.computers = @[@{@"Name" : @"AA", @"Color" : @"红色"},
                       @{@"Name" : @"BB", @"Color" : @"红色"},
                       @{@"Name" : @"CC", @"Color" : @"红色"},
                       @{@"Name" : @"DD", @"Color" : @"红色"},
                       @{@"Name" : @"EE", @"Color" : @"红色"}];
    
    [self.tableView registerClass:[NameAndColorCell class]
forCellReuseIdentifier:CellTableIdentifier];
}

- (void)didReceiveMemoryWarning {
    [super didReceiveMemoryWarning];
```

```
        // Dispose of any resources that can be recreated.
}

- (NSInteger)tableView:(UITableView *)tableView
numberOfRowsInSection:(NSInteger)section {
return [self.computers count];
}

- (UITableViewCell *)tableView:(UITableView *)tableView
cellForRowAtIndexPath:(NSIndexPath *)indexPath {
    NameAndColorCell *cell =
        [tableView dequeueReusableCellWithIdentifier:CellTableIdentifier
forIndexPath:indexPath];

    NSDictionary *rowData = self.computers[indexPath.row];
    cell.name = rowData[@"Name"];
    cell.color = rowData[@"Color"];

    return cell;
}

@end
```

执行效果如图17-11所示。

图17-11 执行效果

17.2.6 实战演练——创建一个产品展示列表（双语实现：Swift 版）

实例17-6	创建一个产品展示列表
源码路径	光盘:\daima\17\TableCells-Swift

本实例的功能和本章上一个实例17-5完全相同，只是基于Swift语言实现而已，具体代码请参考本书附带光盘。

第 18 章 视图控制器

在iOS应用程序中,可以采用结构化程度更高的场景进行布局,其中有两种最流行的应用程序布局方式,分别是使用导航控制器和选项卡栏控制器。导航控制器让用户能够从一个屏幕切换到另一个屏幕,这样可以显示更多细节,例如Safari书签。第二种方法是实现选项卡栏控制器,常用于开发包含多个功能屏幕的应用程序,其中每个选项卡都显示一个不同的场景,让用户能够与一组控件交互。在本章将详细介绍这两种控制器的基本知识。

18.1 导航控制器(UIViewController)基础

知识点讲解光盘:视频\知识点\第18章\导航控制器(UIViewController)基础.mp4

在本书前面的内容中,其实已经多次用到了UIViewController。UIViewController的主要功能是控制画面的切换,其中的view属性(UIView类型)管理整个画面的外观。在开发iOS应用程序时,其实不使用UIViewController也能编写出iOS应用程序,但是这样整个代码看起来将非常凌乱。如果可以将不同外观的画面进行整体的切换显然更合理,UIViewController正是用于实现这种画面切换方式的。在本节的内容中,将详细讲解UIViewController的基本知识。

18.1.1 UIViewController 的常用属性和方法

类UIViewController提供了一个显示用的View界面,同时包含View加载、卸载事件的重定义功能。需要注意的是在自定义其子类实现时,必须在Interface Builder中手动关联view属性。类UIViewController中的常用属性和方法如下所示。

- ❑ @property(nonatomic, retain) UIView *view:此属性为ViewController类的默认显示界面,可以使用自定义实现的View类替换。
- ❑ - (id)initWithNibName:(NSString *)nibName bundle:(NSBundle *)nibBundle:最常用的初始化方法,其中nibName名称必须与要调用的Interface Builder文件名一致,但不包括文件扩展名,比如要使用"aa.xib",则应写为[[UIViewController alloc] initWithNibName:@"aa" bundle:nil]。nibBundle为指定在哪个文件束中搜索指定的nib文件,如在项目主目录下,则可直接使用nil。
- ❑ - (void)viewDidLoad:此方法在ViewController实例中的View被加载完毕后调用,如需要重定义某些要在View加载后立刻执行的动作或者界面修改,则应把代码写在此函数中。
- ❑ - (void)viewDidUnload:此方法在ViewController实例中的View被卸载完毕后调用,如需要重定义某些要在View卸载后立刻执行的动作或者释放的内存等动作,则应把代码写在此函数中。
- ❑ - (BOOL)shouldAutorotateToInterfaceOrientation:(UIInterfaceOrientation)interfaceOrientation:iPhone的重力感应装置感应到屏幕由横向变为纵向或者由纵向变为横向时调用此方法。如返回结果为NO,则不自动调整显示方式;如返回结果为YES,则自动调整显示方式。
- ❑ @property(nonatomic, copy) NSString *title:如View中包含NavBar时,其中当前NavItem显示标题。当NavBar前进或后退时,此title则变为后退或前进的尖头按钮中的文字。

18.1.2 实战演练——实现可以移动切换的视图效果

实例18-1	实现可以移动切换的视图效果
源码路径	光盘:\daima\18\ iOSCourse_UIViewController

本实例的功能是实现可以移动切换的视图效果。当手指往上或往下划动当前视图时，实现在两个试图界面之间的切换显示。

（1）实例文件AppDelegate.m的功能是创建一个根视图控制器，绘制一个指定颜色的矩形区域，主要实现代码如下所示：

```
- (BOOL)application:(UIApplication *)application didFinishLaunchingWithOptions:(NSD
ictionary *)launchOptions {
    //创建一个window对象
    self.window = [[UIWindow alloc] initWithFrame:[UIScreen mainScreen].bounds];
    //创建视图控制器
    ViewController* vcRoot = [[ViewController alloc] init];
    //对窗口根视图控制器进行赋值操作
    self.window.rootViewController = vcRoot;
    //添加背景颜色
    self.window.backgroundColor = [UIColor orangeColor];
    //显示window
    [self.window makeKeyAndVisible];
    UIView* view = [[UIView alloc] init];
    view.frame = CGRectMake(140, 100, 100, 100);
    view.backgroundColor = [UIColor redColor];
    [self.window addSubview:view];
    return YES;
}
```

（2）编写程序文件ViewController.m创建第一个视图控制器界面，绘制指定大小的矩形区域，主要实现代码如下所示：

```
- (BOOL)application:(UIApplication *)application didFinishLaunchingWithOptions:(NSD
ictionary *)launchOptions {

    //创建一个window对象
    self.window = [[UIWindow alloc] initWithFrame:[UIScreen mainScreen].bounds];
    //创建视图控制器
    ViewController* vcRoot = [[ViewController alloc] init];
    //对窗口根视图控制器进行赋值操作
    self.window.rootViewController = vcRoot;
    //添加背景颜色
    self.window.backgroundColor = [UIColor orangeColor];
    //显示window
    [self.window makeKeyAndVisible];
    UIView* view = [[UIView alloc] init];
    view.frame = CGRectMake(140, 100, 100, 100);
    view.backgroundColor = [UIColor redColor];
    [self.window addSubview:view];
    return YES;
}
```

图18-1 执行效果

（3）编写文件ViewController02.m实现第二个视图控制器界面，设置背景颜色为红色。

执行后的效果如图18-1所示。

18.1.3 实战演练——实现手动旋转屏幕的效果

实例18-2	实现手动旋转屏幕的效果
源码路径	光盘:\daima\18\TestLandscape

本实例的功能是实现在竖屏的NavigationController中Push（推送）一个横屏的UIViewController，实现手动旋转屏幕的效果。

（1）启动Xcode 9，本项目工程的最终目录结构和故事板界面如图18-2所示。

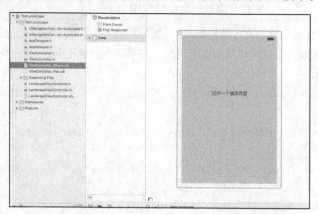

图18-2 本项目工程的最终目录结构和故事板界面

（2）文件UINavigationController+Autorotate.m的功能是实现屏幕旋转功能，具体实现代码如下所示：

```
#import "UINavigationController+Autorotate.h"
@implementation UINavigationController (Autorotate)
//返回最上层的子Controller的shouldAutorotate
//子类要实现屏幕旋转需重写该方法
- (BOOL)shouldAutorotate{
    return self.topViewController.shouldAutorotate;
}
//返回最上层的子Controller的supportedInterfaceOrientations
- (NSUInteger)supportedInterfaceOrientations{
    return self.topViewController.supportedInterfaceOrientations;
}
@end
```

（3）文件AppDelegate.m的功能是使程序兼容iPhone和iPad设备。

执行后的效果如图18-3所示，旋转至横屏界面后的效果如图18-4所示。

图18-3 执行效果

图18-4 横屏界面效果

18.2 使用 UINavigationController

知识点讲解光盘：视频\知识点\第18章\使用UINavigationController.mp4

在iOS应用中，导航控制器（UINavigationController）可以管理一系列显示层次型信息的场景。也就是说，第一个场景显示有关特定主题的高级视图，第二个场景用于进一步描述，第三个场景再进一步描述，以此类推。例如，iPhone应用程序"通信录"显示一个联系人编组列表。触摸编组将打开其中的联系人列表，而触摸联系人将显示其详细信息。另外，用户可以随时返回到上一级，甚至直接回到起点（根）。通过导航控制器可以管理这种场景间的过渡，它会创建一个视图控制器"栈"，栈底是根视图控制器。当用户在场景之间进行切换时，依次将视图控制器压入栈中，并且当前场景的视图控制器位于栈顶。要返回到上一级，导航控制器将弹出栈顶的控制器，从而回到它下面的控制器。

在iOS文档中，都使用压入（push）和弹出（pop）来描述导航控制器；对于导航控制器下面的场景，也使用压入（push）切换进行显示。UINavigationController由Navigation bar、Navigation View、Navigation toobar等组成，如图18-5所示。

当程序中有多个View需要在其间切换的时候，可以使用UINavigationController，或者是ModalViewController。UINaVigationController是通过向导条来切换多个View。而如果View的数量比较少，并且显示领域为全屏的时候，用ModalViewController就比较合适（比如需要用户输入信息的View，结束后自动回复到之前的View）。ModalViewController并不像UINavigationController是一个专门的类，使用UIViewController的presentModalViewController方法指定之后就是ModalViewController了。

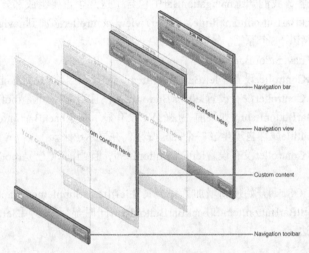

图18-5 导航控制器的组成

18.2.1 UINavigationController 详解

UINavigationController是iOS编程中比较常用的一种容器View Controller，很多系统的控件（如UIImagePickerViewController）以及很多有名的APP中（如QQ、系统相册等）都用到它。

1．navigationItem

navigationItem是UIViewController的一个属性，此属性是为UINavigationController服务的。navigationItem在navigation Bar中代表一个viewController，就是每一个加到navigationController的viewController都会有一个对应的navigationItem，该对象由viewController以懒加载的方式创建，在后面就可以在对象中对navigationItem进行配置。可以设置leftBarButtonItem、rightBarButtonItem、backBarButtonItem、title以及prompt等属性。其中前3个都是一个UIBarButtonItem对象，最后两个属性是一个NSString类型描述，注意添加该描述以后NaviigationBar的高度会增加30，总的高度会变成74（不管当前方向是Portrait还是Landscape，此模式下navgationbar都使用高度44加上prompt30的方式进行显示）。当然如果觉得只是设置文字的title不够好，你还可以通过titleview属性指定一个定制的titleview，这样你就可以随心所欲了，注意指定的titleview的frame大小，不要显示出界。

2．titleTextAttributes

属性titleTextAttributes的功能是设置title部分的字体，此属性定义如下所示：

```
@property(nonatomic,copy) NSDictionary *titleTextAttributes __OSX_AVAILABLE_STARTIN
G (__MAC_NA,__IPHONE_5_0) UI_APPEARANCE_SELECTOR;
```

3. wantsFullScreenLayout

属性wantsFullScreenLayout的默认值是NO，若设置为YES，如果statusbar、navigationbar、toolbar是半透明的话，viewController的View就会缩放延伸到它们下面，但注意一点，tabBar不在范围内，即无论该属性是否为YES，View都不会覆盖到tabBar的下方。

4. navigationBar中的stack

属性stack是UINavigationController的灵魂之一，它维护了一个和UINavigationController中viewControllers对应的navigationItem的stack，该stack用于负责navigationbar的刷新。注意：如果navigationbar中navigationItem的stack和对应的NavigationController中viewController的stack是一一对应的关系，若两个stack不同步就会抛出异常。

5. navigationBar的刷新

通过前面介绍的内容，我们知道navigationBar中包含了这几个重要组成部分：leftBarButtonItem、rightBarButtonItem、backBarButtonItem和title。当一个view controller添加到navigationController以后，navigationBar的显示遵循以下3个原则。

（1）Left side of the navigationBar

- 如果当前的viewController设置了leftBarButtonItem，则显示当前VC所自带的leftBarButtonItem。
- 如果当前的viewController没有设置leftBarButtonItem，且当前VC不是rootVC的时候，则显示前一层VC的backBarButtonItem。如果前一层的VC没有显示指定backBarButtonItem的话，系统将会根据前一层VC的title属性自动生成一个back按钮，并显示出来。
- 如果当前的viewController没有设置leftBarButtonItem，且当前VC已是rootVC时，左边将不显示任何东西。

在此需要注意，从iOS 5.0开始便新增加了一个属性leftItemsSupplementBackButton，通过指定该属性为YES，可以让leftBarButtonItem和backBarButtonItem同时显示，其中leftBarButtonItem显示在backBarButtonItem的右边。

（2）title部分

- 如果当前应用通过.navigationItem.titleView指定了自定义的titleView，系统将会显示指定的titleView，此处要注意自定义titleView的高度不要超过navigationBar的高度，否则会显示出界。
- 如果当前VC没有指定titleView，系统则会根据当前VC的title或者当前VC的navigationItem.title的内容创建一个UILabel并显示，其中如果指定了navigationItem.title的话，则优先显示navigationItem.title的内容。

（3）Right side of the navigationBar

- 如果指定了rightBarButtonItem的话，则显示指定的内容。
- 如果没有指定rightBarButtonItem的话，则不显示任何东西。

6. Toolbar

navigationController自带了一个工具栏，通过设置"self.navigationController.toolbarHidden = NO"来显示工具栏，工具栏中的内容可以通过viewController的toolbarItems来设置，显示的顺序和设置的NSArray中存放的顺序一致，其中每一个数据都一个UIBarButtonItem对象，可以使用系统提供的很多常用风格的对象，也可以根据需求进行自定义。

18.2.2 实战演练——实现一个界面导航条功能

实例18-3	实现一个界面导航条功能
源码路径	光盘:\daima\18\UINavigationBarTest

（1）启动Xcode 9，本项目工程的最终目录结构和故事板界面如图18-6所示。

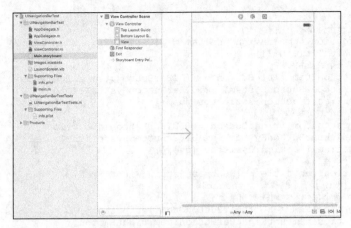

图18-6 本项目工程的最终目录结构和故事板界面

（2）文件ViewController.m的具体实现代码如下所示：

```
#import "ViewController.h"
@implementation ViewController{
    // 记录当前是添加第几个UINavigationItem的计数器
    NSInteger _count;
    UINavigationBar * _navigationBar;
}
- (void)viewDidLoad
{
    [super viewDidLoad];
    _count = 1;
    // 创建一个导航栏
    _navigationBar = [[UINavigationBar alloc]
        initWithFrame:CGRectMake(0, 20, self.view.bounds.size.width, 44)];
    // 把导航栏添加到视图中
    [self.view addSubview:_navigationBar];
    // 调用push方法添加一个UINavigationItem
    [self push];
}
-(void)push
{
    // 把导航项集合添加到导航栏中，设置动画打开
    [_navigationBar pushNavigationItem:
      [self makeNavItem] animated:YES];
    _count++;
}
-(void)pop
{
    // 如果还有超过两个的UINavigationItem
    if(_count > 2)
    {
      _count--;
      // 弹出最顶层的UINavigationItem
      [_navigationBar popNavigationItemAnimated:YES];
    }
    else
    {
      // 使用UIAlertView提示用户
      UIAlertView* alert = [[UIAlertView alloc]
        initWithTitle:@"提示"
        message:@"只剩下最后一个导航项，再出栈就没有了"
        delegate:nil cancelButtonTitle:@"OK"
        otherButtonTitles: nil];
      [alert show];
    }
}
- (UINavigationItem*) makeNavItem
```

```
{
    // 创建一个导航项
    UINavigationItem *navigationItem = [[UINavigationItem alloc]
        initWithTitle:nil];
    // 创建一个左边按钮
    UIBarButtonItem *leftButton = [[UIBarButtonItem alloc]
        initWithBarButtonSystemItem:UIBarButtonSystemItemAdd
        target:self action:@selector(push)];
    // 创建一个右边按钮
    UIBarButtonItem *rightButton = [[UIBarButtonItem alloc]
        initWithBarButtonSystemItem:UIBarButtonSystemItemCancel
        target:self action:@selector(pop)];
    //设置导航栏内容
    navigationItem.title = [NSString stringWithFormat:
        @"第【%ld】个导航项" , _count];
    //把左右两个按钮添加到导航项集合中
    [navigationItem setLeftBarButtonItem:leftButton];
    [navigationItem setRightBarButtonItem:rightButton];
    return navigationItem;
}
@end
```

执行后的效果如图18-7所示。

（3）编辑视图页面EditViewController.m的具体实现代码如下所示：

图18-7 执行效果

```
#import "EditViewController.h"
#import "AppDelegate.h"
@implementation EditViewController
- (void)viewWillAppear:(BOOL)animated
{
    self.navigationItem.title = @"编辑图书";
    self.nameField.text = self.name;
    self.detailField.text = self.detail;
    // 设置默认不允许编辑
    self.nameField.enabled = NO;
    self.detailField.editable = NO;
    // 设置边框
    self.detailField.layer.borderWidth = 1.5;
    self.detailField.layer.borderColor = [[UIColor grayColor] CGColor];
    // 设置圆角
    self.detailField.layer.cornerRadius = 4.0f;
    self.detailField.layer.masksToBounds = YES;
    // 创建一个UIBarButtonItem对象，作为界面的导航项右边的按钮
    UIBarButtonItem* rightBn = [[UIBarButtonItem alloc]
        initWithTitle:@"编辑" style:UIBarButtonItemStylePlain
        target:self action:@selector(beginEdit:)];
    self.navigationItem.rightBarButtonItem = rightBn;
}

- (void) beginEdit:(id)    sender
{
    // 如果该按钮的文本为"编辑"
    if([[sender title] isEqualToString:@"编辑"])
    {
        // 设置nameField、detailField允许编辑
        self.nameField.enabled = YES;
        self.detailField.editable = YES;
        // 设置按钮文本为"完成"
        self.navigationItem.rightBarButtonItem.title = @"完成";
    }
    else
    {
        // 放弃作为第一响应者
        [self.nameField resignFirstResponder];
        [self.detailField resignFirstResponder];
        // 获取应用程序委托对象
        AppDelegate* appDelegate = [UIApplication
```

18.2 使用UINavigationController

```
        sharedApplication].delegate;
    // 使用用户在第一个文本框中输入的内容替换viewController
    // 的books集合中指定位置的元素
    [appDelegate.viewController.books replaceObjectAtIndex:
      self.rowNo withObject:self.nameField.text];
    // 使用用户在第一个文本框中输入的内容替换viewController
    // 的details集合中指定位置的元素
    [appDelegate.viewController.details replaceObjectAtIndex:
      self.rowNo withObject:self.detailField.text];
    // 设置nameField、detailField不允许编辑
    self.nameField.enabled = NO;
    self.detailField.editable = NO;
    // 设置按钮文本为"编辑"
    self.navigationItem.rightBarButtonItem.title = @"编辑";
    }
}
- (IBAction)finish:(id)sender {
    [sender resignFirstResponder];    // 放弃作为第一响应者
}
@end
```

编辑视图的执行效果如图18-8所示。   图18-8 编辑视图界面的执行效果

18.2.3 实战演练——创建主从关系的"主-子"视图（Swift版）

实例18-4	创建主从关系的"主-子"视图
源码路径	光盘:\daima\18\Swift_UINavigationController

（1）编写实例文件ViewController.swift创建一个ViewController视图，具体实现代码如下所示：

```swift
import UIKit

class ViewController: UIViewController {
    var navController: UINavigationController?
    let rootViewController = RootViewController()
    
    override func viewDidLoad() {
        super.viewDidLoad()
        
        navController = UINavigationController(rootViewController: rootViewController)
        self.view.addSubview(navController!.view)
    }
    override func viewDidAppear(animated: Bool) {
    }
    override func didReceiveMemoryWarning() {
        super.didReceiveMemoryWarning()
        // Dispose of any resources that can be recreated.
    }
}
```

（2）编写文件RootViewController.swift，定义一个继承于类UIViewController的主视图类RootViewController，在里面添加了文本"I am 老管"和标题"无敌的"，并设置单击"按下我"后会来到子视图界面（程序见光盘）。

（3）编写文件SubViewController.swift实现子视图界面，在里面添加了文本"I am 老管"和标题"无敌的"（程序见光盘）。

执行后的主视图效果如图18-9所示，按"按下我"按钮后返回到子视图界面，如图18-10所示。

图18-9 主视图界面   图18-10 子视图界面

18.2.4 实战演练——使用导航控制器展现 3 个场景（双语实现：Objective-C 版）

在本项目实例中，将通过导航控制器显示3个场景。每个场景都有一个"前进"按钮，它将计数器加1，再切换到下一个场景。该计数器存储在一个自定义的导航控制器子类中。在具体实现时，首先使用模板Single View Application创建一个项目，然后删除初始场景和视图控制器，再添加一个导航控制器和两个自定义类。导航控制器子类的功能是让应用程序场景能够共享信息；而视图控制器子类负责处理场景中的用户交互。除了随导航控制器添加的默认根场景外，还需要添加另外两个场景。每个场景的视图包含一个"前进"按钮，该按钮连接到一个将计数器加1的操作方法，它还触发到下一个场景的切换。

实例18-5	使用导航控制器展现3个场景
源码路径	光盘:\daima\18\daohang-Obj

1. 创建项目

使用模板Single View Application创建一个项目，并将其命名为"daohang"。然后清理该项目，使其只包含我们需要的东西。在此将ViewController类的文件（ViewController.h和ViewController.m）按Delete键删除。

然后单击文件MainStoryboard.storyboard，再选择文档大纲（Editor>Show Document Outline)中的View Controller，并按Delete键删除该场景。

（1）添加导航控制器类和通用的视图控制器类

在此需要在项目中添加如下所示的两个类。

- UINavigationController子类：此类用于管理计数器的属性，并命名为GenericAfiewController NavigatorController。
- UIViewController子类：被命名为GenericViewController，负责将计数器加1以及在每个场景中显示计数器。

单击项目导航器左下角的"+"按钮会添加一个新类，将新类命名为CountingNavigationController，将子类设置为UINavigationController Controller，再单击Next按钮。将最后一个设置在屏幕中，从Group下拉列表中选择项目代码编组，再单击Create按钮。

重复上述过程创建一个名为GenericViewController的UIViewController子类。在此必须为每个新类选择合适的子类，否则会影响后面的编程工作。

（2）添加导航控制器

在Interface Builder编辑器中打开文件MainStoryboard.storyboard。打开对象库（Control+Option+Command+3），将一个导航控制器拖曳到Interface Builder编辑器的空白区域（或文档大纲）中。项目中将出现一个导航控制器场景和一个根视图控制器场景，现在暂时将重点放在导航控制器场景上。

因为需要将这个控制器关联到CountingNavigationController类，所以选择文档大纲中的Navigation Controller，再打开Identity Inspctor(Option+Command+3)，并从下拉列表Class中选择CountingNavigationController。

（3）添加场景并关联视图控制器

在打开了故事板的情况下，从对象库拖曳两个视图控制器实例到编辑器或文档大纲中。然后将把这些场景与根视图控制器场景连接起来，形成一个由导航控制器管理的场景系列。在添加额外的场景后，需要对每个场景（包括根视图控制器场景）做如下两件事情。

- 设置每个场景的视图控制器的身份。在此将使用一个视图控制器类来处理这3个场景，因此它们的身份都将设置为GenericViewController。
- 给每个视图控制器设置标签，让场景的名称更友好。

首先，选择根视图控制器场景的视图控制器对象，并打开Identity Inspector (Option+Command+3)，再从下拉列表Class中选择GenericViewController。在Identity Inspector中，将文本框Label的内容设置为First。然后切换到我们添加的场景之一，并选择其视图控制器，将类设置为GenericViewController，并将标签设置为Second。对最后一个场景重复上述操作，将类设置为GenericViewController，并将标签设置为Third。完成这些设置后，文档大纲类如图18-11所示。

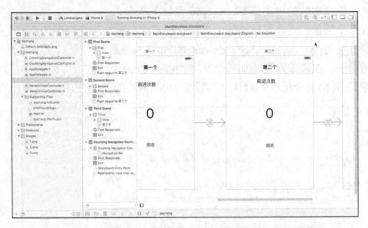

图18-11 最终的文档大纲包含1个导航控制器和3个场景

（4）规划变量和连接

类CountingNavigationController只有一个属性（pushCount），它指出用户使用导航控制器在场景之间切换了多少次。类GenericViewController只有一个名为countLabel的属性，它指向UI中的一个标签，该标签显示计数器的当前值。这个类还有一个名为incrementCount的操作方法，这个方法将CountingNavigationController的属性pushCount加1。

在类GenericViewController中，只需定义输出口和操作一次，但要在每个场景中使用它们，必须将它们连接到每个场景的标签和按钮中。

2．创建压入切换

要为导航控制器创建切换，需要有触发切换的对象。在故事板编辑器中，在第一个和第二个场景中分别添加一个按钮，并将其标签设置为Push。但不要在第三个场景中添加这种按钮，这是因为它是最后一个场景，后面没有需要切换到的场景。然后按住Control键，并将第一个场景的按钮拖曳到右侧文档大纲中第二个场景的视图控制器（或编辑器中的第二个场景）中。在Xcode要求指定切换类型时选择"前进"按钮，如图18-12所示。

在文档大纲中，第一个场景将新增一个切换，而第二个场景将继承导航控制器的导航栏，且其视图中将包含一个导航项。重复上述操作，创建一个从第二个场景中的按钮到第三个场景的压入切换。现在Interface Builder编辑器将包含一个完整的导航控制器序列。单击并拖曳每个场景，以合理的方式排列它们，图18-13显示了最终的排列。

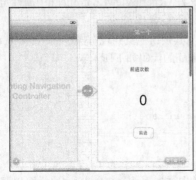

图18-12 创建压入切换

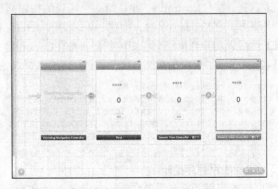

图18-13 通过切换将所有视图连接起来

3. 设计界面

通过添加场景和按钮，实际上完成了大部分界面设计工作。接下来，需要定制每个场景的导航项的标题以及添加显示切换次数的输出标签，具体流程如下所示。

（1）依次查看每个场景，检查导航栏的中央（它现在应出现在每个视图的顶部）。将这些视图的导航栏项的标题分别设置为First Scene、Second Scene和Third Scene。

（2）在每个场景中，在顶部附近添加一个文本为Push Count的标签（UILabel），并在中央再添加一个标签（输出标签）。将第二个标签的默认文本设置为0，最终的界面设计如图18-14所示。

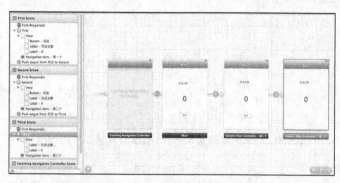

图18-14 导航应用程序的最终布局

4. 创建并连接输出口和操作

在本实例中只需定义一个输出口和一个操作，但是需要连接它们多次。输出口（到显示切换次数的标签的连接，countLabel）将连接到全部3个场景，而操作（incrementCount）只需连接到第一个场景和第二个场景中的按钮。

在Interface Builder编辑器中滚动，以便能够看到第一个场景（也可使用文档大纲来达到这个目的），单击其输出标签，再切换到助手编辑器模式。

（1）添加输出口

按住Control键，从第一个场景中央的标签拖曳到文件GenericViewController.h中编译指令@interface下方。在Xcode提示时，创建一个名为countLabel的输出口。这就创建了输出口并连接到第一个场景了。然后需要将该输出口连接到其他两个场景，先按住Control键，并从第二个场景的输出标签拖曳到刚创建的countLabel属性。此时定义该属性的整行代码都将呈高亮显示，这表明将建立一条到现有输出口的连接。对第三个场景重复上述操作，将其输出标签连接到属性countLabel。

（2）添加操作

添加并连接的方式类似，具体流程如下所示。

- 首先，按住Control键，并从第一个场景的按钮拖曳到文件GenericViewController.h中属性定义的下方。在Xcode提示时，创建一个名为"incrementCount"的操作。
- 然后，切换到第二个视图控制器，按住Control键，并从其按钮拖曳到现有操作incrementCount。这样就建立了所需的全部连接，文件GenericViewController.h的代码如下所示：

```
#import <UIKit/UIKit.h>
#import "CountingNavigationController.h"
@interface GenericViewController : UIViewController
@property (strong, nonatomic) IBOutlet UILabel *countLabel;
- (IBAction)incrementCount:(id)sender;
@end
```

5. 实现应用程序逻辑

为完成本实例，首先需要在CountmgNavigatorController类中添加属性pushCount，这样可以跟踪用户在场景之间切换了多少次。

18.2 使用UINavigationController

（1）添加属性pushCount

打开接口文件CountingNavigatorController.h，在编译指令@interface下方定义一个名为pushCount的int属性：

```
@property (nonatomic) int pushCount;
```

然后打开文件CountingNavigatorController.m，并在@implementation代码行下方添加配套的@synthesize编译指令：

```
@synthesize pushCount;
```

这就是实现CountingNavigatorController需要做的全部工作。由于它是一个UINavigation Controller子类，它原本就能执行所有的导航控制器任务，而现在还包含属性pushCount。

要在处理应用程序中所有场景的GenericViewController类中访问这个属性，需要在GenericViewController.h中导入自定义导航控制器的接口文件。所以需要在现有#import语句下方添加如下代码行：

```
#import "CountingNavigationController.h"
```

（2）将计数器加1并显示结果

为了在GenericViewController.m中将计数器加1，通过属性parentViewController来访问pushCount。在导航控制器管理的所有场景中，parentViewController会自动被设置为导航控制器对象。然后将parentViewController强制转换为自定义类CountingNavigatorController的对象，但整个实现只需要一行代码。方法incrementCount的如下代码实现了上述功能：

```
- (IBAction)incrementCount:(id)sender {
    ((CountingNavigationController *)self.parentViewController).pushCount++;
}
```

最后一步是显示计数器的当前值。由于单击Push按钮将导致计数器增加1，并切换到新场景，因此在操作incrementCount中显示计数器的值并不一定是最佳的选择。在此需要将显示计数器的代码放在方法viewWillAppear:animated中。这个方法在视图显示前被调用（而不管显示是因切换还是用户触摸后退按钮导致的），因此这里更新输出标签的绝佳位置。在文件GenericViewController.m中，添加如下所示的代码：

```
-(void)viewWillAppear:(BOOL)animated {
    NSString *pushText;
    pushText=[[NSString alloc] initWithFormat:@"%d",((CountingNavigationController *)self. parentViewController).pushCount];
    self.countLabel.text=pushText;
}
```

图18-15 执行效果

在上述代码中，首先声明了一个字符串变量（pushText），用于存储计数器的字符串表示。然后给这个字符串变量分配空间，并使用NSString的方法initWithFormat初始化它。格式字符串%d将被替换为pushCount的内容，而访问该属性的方式与方法incrementCount中相同。最后使用字符串变量pushText更新countLabel。

到此为止，整个实例介绍完毕，执行后可以实现3个界面的转换，如图18-15所示。

18.2.5 实战演练——使用导航控制器展现3个场景（双语实现：Swift版）

实例18-6	使用导航控制器展现3个场景
源码路径	光盘:\daima\18\daohang-Swift

本实例的功能和本章前面的实例18-3完全相同，只是基于Swift语言实现而已。

18.3 选项卡栏控制器

> 知识点讲解光盘：视频\知识点\第18章\选项卡栏控制器.mp4

选项卡栏控制器（UITabBarController）与导航控制器一样，也被广泛用于各种iOS应用程序。顾名思义，选项卡栏控制器在屏幕底部显示一系列"选项卡"，这些选项卡表示为图标和文本，用户触摸它们将在场景间切换。和UINavigationController类似，UITabBarController也可以用来控制多个页面导航，用户可以在多个视图控制器之间移动，并可以定制屏幕底部的选项卡栏。

借助屏幕底部的选项卡栏，UITabBarController不必像UINavigationController那样以栈的方式推入和推出视图，而是组建一系列的控制器（它们各自可以是UIViewController、UINavigationController、UITableViewController或任何其他种类的视图控制器），并将它们添加到选项卡栏，使每个选项卡对应一个视图控制器。每个场景都呈现了应用程序的一项功能，或提供了一种查看应用程序信息的独特方式。UITabBarController是iOS中很常用的一个viewController，例如系统的闹钟程序、iPod程序等。UITabBarController通常作为整个程序的rootViewController，而且不能添加到别的container viewController中。图18-16演示了它的View层级图。

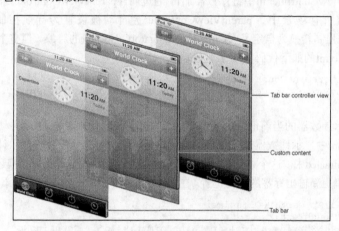

图18-16 用于在不同场景间切换的选项卡栏控制器

与导航控制器一样，选项卡栏控制器会为我们处理一切。当用户触摸按钮时会在场景间进行切换，我们无须以编程方式处理选项卡栏事件，也无须手工在视图控制器之间切换。

18.3.1 选项卡栏和选项卡栏项

在故事板中，选项卡栏的实现与导航控制器也很像，它包含一个UITabBar，类似于工具栏。选项卡栏控制器管理的每个场景都将继承这个导航栏。选项卡栏控制器管理的场景必须包含一个选项卡栏项（UITabBarItem），它包含标题、图像和徽章。

在故事板中添加选项卡栏控制器与添加导航控制器一样容易。下面介绍如何在故事板中添加选项卡栏控制器、配置选项卡栏按钮以及添加选项卡栏控制器管理的场景。如果要在应用程序中使用选项卡栏控制器，推荐使用模板Single View Application创建项目。如果不想从默认创建的场景切换到选项卡栏控制器，可以将其删除。为此可以删除其视图控制器，再删除相应的文件ViewController.h和ViewController.m。故事板处于我们想要的状态后，从对象库拖曳一个选项卡栏控制器实例到文档大纲或编辑器中，这样会添加一个选项卡栏控制器和两个相关联的场景，如图18-17所示。

选项卡栏控制器场景表示UITabBarController对象，该对象负责协调所有场景过渡。它包含一个选项卡栏对象，可以使用Interface Builder对其进行定制，例如修改为喜欢的颜色。

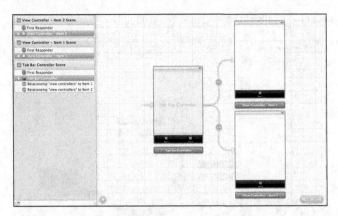

图18-17 在应用程序中添加选项卡栏控制器时添加两个场景

有两条从选项卡栏控制器出发的"关系"连接，它们连接到将通过选项卡栏显示的两个场景。这些场景可通过选项卡栏按钮的名称（默认为Item1和Item2）进行区分。虽然所有的选项卡栏按钮都显示在选项卡栏控制器场景中，但它们实际上属于各个场景。要修改选项卡栏按钮，必须在相应的场景中进行，而不能在选项卡栏控制场景中进行修改。

1．设置选项卡栏项的属性

要编辑场景对应的选项卡栏项（UITabBarItem），在文档大纲中展开场景的视图控制器，选择其中的选项卡栏项，再打开Attributes Inspector(Option+ Command+4)，如图18-18所示。

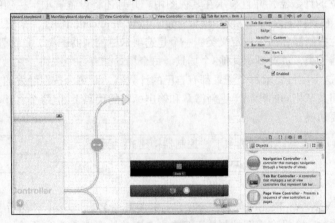

图18-18 定制每个场景的选项卡栏项

在Tab Bar Item部分，可以指定要在选项卡栏项的徽章中显示的值，但是通常应在代码中通过选项卡栏项的属性badgeValue（其类型为NSString）进行设置。我们还可以通过下拉列表Identifier从10多种预定义的图标/标签中进行选择；如果选择使用预定义的图标/标签，就不能进一步定制了，因为Apple希望这些图标/标签在整个iOS中保持不变。

可使用Bar Item部分设置自定义图像和标题，其中文本框Title用于设置选项卡栏项的标签，而下拉列表Image让您能够将项目中的图像资源关联到选项卡栏项。

2．添加额外的场景

选项卡栏明确指定了用于切换到其他场景的对象——选项卡栏项。其中的场景过渡甚至都不叫切换，而是选项卡栏控制器和场景之间的关系。要想添加场景、选项卡栏项以及控制器和场景之间的关系，首先在故事板中添加一个视图控制器，拖曳一个视图控制器实例到文档大纲或编辑器中。然后按住Control键，并在文档大纲中从选项卡栏控制器拖曳到新场景的视图控制器上。在Xcode提示时，选择

Relationship -viewControllers,如图18-19所示。

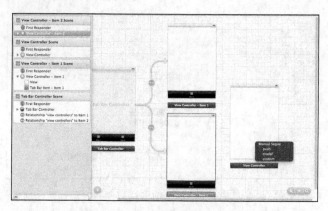

图18-19 在控制器之间建立关系

这样只需要创建关系就行了,这将自动在新场景中添加一个选项卡栏项,我们可以对其进行配置。可以重复上述操作,根据需要创建任意数量的场景,并在选项卡栏中添加选项卡。

18.3.2 实战演练——使用选项卡栏控制器构建3个场景

在本演示实例中,使用选项卡栏控制器来管理3个场景,每个场景都包含一个将计数器加1的按钮,但每个场景都有独立的计数器,并且显示在其视图中。并且还将设置选项卡栏项的徽章,使其包含相应场景的计数器值。在具体实现时,先使用模板Single View Application创建一个项目,并对其进行清理,再添加一个选项卡栏控制器和两个自定义类:一个是选项卡栏控制器子类,负责管理应用程序的属性;另一个是视图控制器子类,负责显示其他3个场景。每个场景都有一个按钮,它触发将当前场景的计数器加1的方法。由于这个项目要求每个场景都有自己的计数器,而每个按钮触发的方法差别不大,这让我们能够在视图之间共享相同的代码(更新徽章和输出标签的代码),但每个将计数器递增的方法又稍有不同,并且不需要切换。

实例18-7	使用选项卡栏控制器构建3个场景
源码路径	光盘:\daima\18\xuan

1. 创建项目

使用模板Single View Application创建一个项目,并将其命名为"xuan",然后删除ViewController类文件和初始视图,构建一个没有视图控制器而只有一个空的故事板的文件。

(1)添加选项卡栏项视图

选项卡栏控制器管理的每个场景都需要一个图标,用于在选项卡栏中表示该场景。在本项目的文件夹中,包含一个hmges文件夹,其中有3幅png格式的素材图片1.png、2.png和3.png,将该素材图片文件夹拖放到项目代码编组中,并在Xcode询问时选择创建新编组并复制图像资源。

(2)添加选项卡栏控制器类和通用的视图控制器类

本项目需要两个类,第一个是UITabBarController子类,它将存储3个属性,它们分别是这个项目的场景的计数器。这将被命名为CountingTabBarController。第二个是UIViewController子类,将被命名为GenericViewController,它包含一个操作,该操作在用户单击按钮时将相应场景的计数器加1。

单击项目导航栏左下角的+按钮,分别选择类别iOS Cocoa Touch和UIViewController subClass的子类,再单击Next按钮。将新类命名为CountingTabBarController,将其设置为UITabBar Controller的子类,再单击Next按钮。务必在项目代码编组中创建这个类,也可在创建后将其拖曳到这个地方。

重复上述过程,便创建一个名为GenericViewController的UIViewController子类。

（3）添加选项卡栏控制器

打开故事板文件，将一个选项卡栏控制器拖曳到Interface Builder编辑器的空白区域（或文档大纲）中。项目中将出现一个选项卡栏控制器场景和另外两个场景。

将选项卡栏控制器关联到CountingTabBarController类，方法是选择文档大纲中的Tab BarConrroller，再打开Identity Inspctor（Option+ Command+3），并从下拉列表Class中选择CountingTabBarController。

（4）添加场景并关联视图控制器

选项卡栏控制器会默认在项目中添加两个场景。添加额外的场景后，使用Identity Inspector将每个场景的视图控制器都设置为GenencViewController，并指定标签以方便区分。

选择对应于选项卡栏中第一个选项卡的场景Item 1，在Identity Inspector (Option+Command+3)中从下拉列表Class中选择GenericViewController，再将文本框Label的内容设置为"第一个"。切换第二个场景，并重复上述操作，但将标签设置为"第二个"。最后，选择您创建的场景的视图控制器，将类设置为GenericViewController，并将标签设置为"第三个"。

（5）规划变量和连接

在本实例中需要跟踪3个不同的计数器，CountingTabBarController将包含3个属性，它们分别是每个场景的计数器：firstCount、secondCount和thirdCount。

类GenericViewConrroller将包含如下两个属性。

❏ outputLabel：指向一个标签（UILabel），其中显示了全部3个场景的计数器的当前值。

❏ barItem：连接到每个场景的选项卡栏项，让我们能够更新选项卡栏项的徽章值。

由于有3个不同的计数器，类GenericViewController需要如下3个操作方法：

incrementCountFirst、incrementCountSecond、incrementCountThird。

每个场景中的按钮都触发针对该场景的方法，还需添加另外两个方法（updateCounts和updateBadge），这样就可以轻松地更新当前计数器和徽章值，而不用在每个increment方法中重写同样的代码。

2．创建选项卡栏关系

按住Control键，从文档大纲中的Counting Tab Bar Controller拖曳添加到场景（Third）中，在Xcode要求指定切换类型时，选择Relationship-viewControllers。此时，在Counting Tab Bar Controller场景中将新增一个切换，其名称为Relationship from UITabBarController to Third。另外，将在场景Third中看到选项卡栏，其中包含一个选项卡栏项，如图18-20所示。

3．设计界面

首先在第一个场景的顶部附近添加一个标签，然后在视图中央添加一个输出标签。该输出标签将包含多行内容,因此使用Attributes Inspector(Option+Command+4)将该标签的行数设置为5。您还可让文本居中，并调整字号。接下来，在视图底部添加一个标签为Count的按钮，它将该场景的计数器加1。

现在单击视图底部的选项卡栏项,打开Attributes Inspector，将标题设置为"场景1"，并将图像设置为l.png。对其他两个场景重复上述操作。第二个场景的标题应为"场景2"，并使用图像文件2.png，而第三个场景的标题应为"场景3"，并使用图像文件3.png。图18-21显示了该应用程序的最终界面设计。

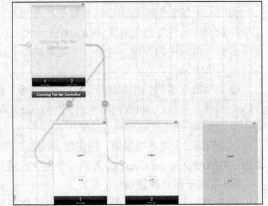

图18-20 创建到场景Third的关系

4．创建并连接输出口和操作

在本项目中需要定义2个输出口和3个操作，每个输出口都将连接到所有场景，但是每个操作只连接到对应的场景。

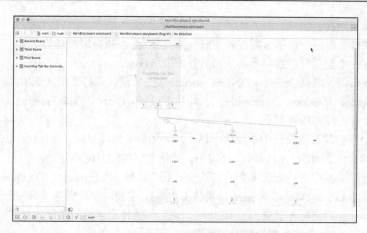

图18-21 选项卡栏应用程序的最终布局

需要的输出口如下所述。
- outputLabel (UILabel)：用于显示所有场景的计数器，必须连接到每个场景。
- barItem (UITabBarItem)：指向选项卡栏控制器自动给每个场景添加的选项卡栏项，必须连接到每个场景。

需要的操作如下所述。
- incrementCountFirst：连接到第一个场景的Count按钮，更新第一个场景的计数器。
- incrementCountSecond：连接到第二个场景的Count按钮，更新第二个场景的计数器。
- incrementCountThird：连接到第三个场景的Count按钮，更新第三个场景的计数器。

在Interface Builder中滚动，以便能够看到第一个场景（也可使用文档大纲来达到这个目的），再切换到助手编辑器模式。

（1）添加输出口

按住Control键，从第一个场景中央的标签拖曳到文件GenericViewController.h中编译指令@interface下方。在Xcode提示时，创建一个名为countLabel的输出口。接下来，按住Control键，并从第一个场景的选项卡栏项拖曳到属性outputLabel下方，并添加一个名为barItem的输出口。

为第一个场景创建输出口后，将这些输出口连接到其他两个场景。为此，按住Control键，并从第二个场景的输出标签拖曳到文件GenericViewController.h中的属性outputLabel中。同理，对第二个场景的选项卡栏项做同样的处理。对第三个场景重复上述操作，将其标签和选项卡栏项连接到现有的输出口。

（2）添加操作

每个场景连接的操作都独立，因为每个场景都有独立的计数器需要更新。从第一个场景开始。按住Control键，并从Count按钮拖曳到文件GenericViewController.h属性定义的下方，在Xcode提示时，创建一个名为incrementCountFirst的操作。

切换到第二个视图控制器，按住Control键，并从其按钮拖曳到操作incrementCountFirst下方，并将新操作命名为incrementCountSecond，对第三个场景重复上述操作，连接到一个名为incrementCounthird的新操作。

5. 实现应用程序逻辑

首先添加3个属性，用于跟踪每个场景中的Count按钮被单击了多少次。这些属性将加入到CountingTabBarController类中，它们分别名为firstCount、secondCount和thirdCount。

（1）添加记录按钮被单击多少次的属性

打开接口文件CountingTabBarController.h，在编译指令@interface下方定义如下3个int属性：

```
@property (nonatomic) int firstCount;
@property (nonatomic) int secondCount;
@property (nonatomic) int thirdCount;
```

然后打开文件CountingTabBarController.m，并在@implementation代码行下方添加配套的@synthesize编译指令：

```
@synthesize firstCount;
@synthesize secondCount;
@synthesize thirdCount;
```

要在类GenericViewController中访问这个属性，需要在文件GenericViewController.h中导入自定义选项卡栏控制器的接口文件。为此，在现有#import语句下方添加如下代码行：

```
#import "CountingTabBarController.h"
```

另外，还需要创建两个对场景显示的内容进行更新的方法，再在操作方法中将计数器加1，并调用这些更新方法。

（2）显示计数器

虽然每个场景的计数器不同，但是显示这些计数器的逻辑是相同的，它是前一个示例项目使用的代码的扩展版。我们将在一个名为updateCounts的方法中实现这种逻辑。

在文件GenericViewController.h中，声明方法updateCounts的原型。如果将这个方法放在实现文件的开头，就无须声明该原型，但声明它是一种好习惯，还可以避免Xcode发出警告。

在文件GenericViewController.h中，在现有操作定义下方添加如下代码行：

```
- (void) updateCounts;
```

接下来在文件GenericViewController.m中实现方法updateCounts，具体代码如下所示：

```
-(void)updateCounts {
    NSString *countString;
    countString=[[NSString alloc] initWithFormat:
                @"第一个: %d\n第二个: %d\n第三个: %d",
                ((CountingTabBarController *)self.parentViewController).firstCount,
                ((CountingTabBarController *)self.parentViewController).secondCount,
                ((CountingTabBarController *)self.parentViewController).thirdCount];
    self.outputLabel.text=countString;
}
```

在上述代码中，先声明了一个countString变量，用于存储格式化后的输出字符串。然后使用存储在CountingTabBarController实例中的属性创建该字符串。最后在标签outputLabel中输出格式化后的字符串。

（3）让选项卡栏项的徽章值递增

为了将选项卡栏项的徽章值递增，需要从徽章中读取当前值（badgeValue），并将其转换为整数再加1，然后将结果转换为字符串，并将badgeValue设置为该字符串。因为已经添加了一个适用于所有场景的barItem属性，所以只需在类GenericViewController中使用一个方法将徽章值递增。此处将这个方法命名为updateBadge。

首先，在文件GenericViewController.h中声明该方法的原型：

```
- (void) updateBadge;
```

然后在文件GenericViewController.m中添加如下所示的代码：

```
-(void)updateBadge {
    NSString *badgeCount;
    int currentBadge;
    currentBadge=[self.barItem.badgeValue intValue];
    currentBadge++;
    badgeCount=[[NSString alloc] initWithFormat:@"%d",currentBadge];
    self.barItem.badgeValue=badgeCount;
}
```

对上述代码的具体说明如下所示。

第2行：声明了字符串变量badgeCount，它将存储一个经过格式化的字符串，以便赋给属性badgeValue。

第3行：声明了整型变量currentBadge，它将存储当前徽章值的整数表示。

第4行：调用NSString的实例方法intValue，将选项卡栏项的badgeValue属性的整数表示存储到currentBadge中。

第5行将当前徽章值加1。

第6行：分配字符串变量badgeCount，并使用currentBadge的值初始化它。

第8行：将选项卡栏项的badgeValue属性设置为新的字符串。

（4）更新触发计数器

本实例的最后一步是实现方法incrementCountFirst、incrementCountSecond和increment CountThird。由于更新标签和徽章的代码包含在独立的方法中，所以这3个方法都只有3行代码，且除设置的属性不同外，其他的都相同。这些方法必须更新CountingTabBarController类中相应的计数器，然后调用方法updateCounts和updateBadge用以更新界面。下面的代码演示了这3个方法的具体实现：

```
- (IBAction)incrementCountFirst:(id)sender {
    ((CountingTabBarController *)self.parentViewController).firstCount++;
    [self updateBadge];
    [self updateCounts];
}
- (IBAction)incrementCountSecond:(id)sender {
    ((CountingTabBarController *)self.parentViewController).secondCount++;
    [self updateBadge];
    [self updateCounts];
}
- (IBAction)incrementCountThird:(id)sender {
    ((CountingTabBarController *)self.parentViewController).thirdCount++;
    [self updateBadge];
    [self updateCounts];
}
```

到此为止，整个实例介绍完毕。运行后可以在不同场景之间切换，执行效果如图18-22所示。

图18-22 执行效果

18.3.3 实战演练——使用动态单元格定制表格行

实例18-8	使用动态单元格定制表格行
源码路径	光盘:\daima\18\DynaCell

实例文件ViewController.m的具体实现代码如下所示：

```
#import "ViewController.h"
@implementation ViewController{
NSArray* _books;
```

```objc
}
- (void)viewDidLoad
{
[super viewDidLoad];
self.tableView.dataSource = self;
_books = @[@"Android", @"iOS", @"Ajax",
@"Swift"];
}
- (NSInteger)tableView:(UITableView *)tableView
numberOfRowsInSection:(NSInteger)section
{
return _books.count;
}
- (UITableViewCell *)tableView:(UITableView *)tableView
cellForRowAtIndexPath:(NSIndexPath *)indexPath
{
NSInteger rowNo = indexPath.row;    // 获取行号
// 根据行号的奇偶性使用不同的标识符
NSString* identifier = rowNo % 2 == 0 ? @"cell1" : @"cell2";
// 根据identifier获取表格行（identifier要么是cell1, 要么是cell2）
UITableViewCell *cell = [tableView dequeueReusableCellWithIdentifier:
identifier forIndexPath:indexPath];
// 获取cell内包含的Tag为1的UILabel
UILabel* label = (UILabel*)[cell viewWithTag:1];
label.text = _books[rowNo];
return cell;
}
@end
```

执行后的效果如图18-23所示。

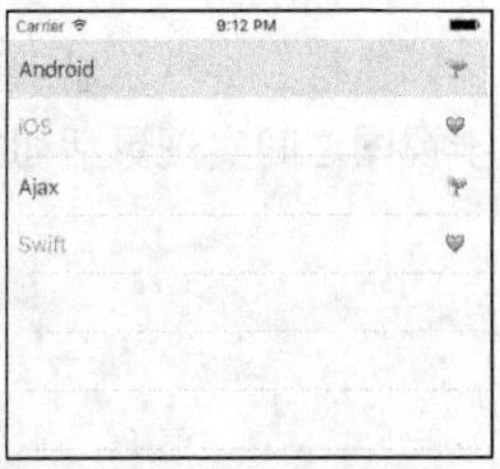

18.3.4 实战演练——开发一个界面选择控制器（Swift 版）

图18-23 执行效果

实例18-9	开发一个界面选择控制器
源码路径	光盘:\daima\18\UITabBarTransition

（1）使用Xcode 9创建一个名为"UITabBarTransition"的工程，打开Main.storyboard，为本工程设计一个主视图界面和两个子视图界面，在主视图界面中添加了UITabBarController控件，如图18-24所示。

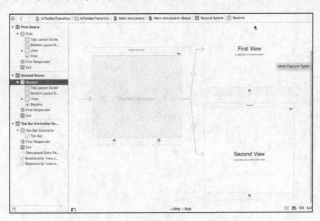

图18-24 Main.storyboard界面

（2）第一个子视图文件FirstViewController.swift的具体实现代码如下所示：

```swift
import UIKit

class FirstViewController: UIViewController {

    override func viewDidLoad() {
```

```
        super.viewDidLoad()
        // Do any additional setup after loading the view, typically from a nib.
    }
    override func didReceiveMemoryWarning() {
        super.didReceiveMemoryWarning()
        // Dispose of any resources that can be recreated.
    }
}
```

(3)第二个子视图文件SecondViewController.swift的具体实现代码如下所示:

```
import UIKit
class SecondViewController: UIViewController {
    override func viewDidLoad() {
        super.viewDidLoad()
        // Do any additional setup after loading the view, typically from a nib.
    }
    override func didReceiveMemoryWarning() {
        super.didReceiveMemoryWarning()
        // Dispose of any resources that can be recreated.
    }
}
```

执行后将默认显示第一个子视图,如图18-25所示。通过底部的UITabBarController控件可以在两个子视图之间实现灵活切换。第二个子视图界面效果如图18-26所示。

图18-25 第一个子视图

图18-26 第二个子视图

第 19 章 实现多场景和弹出框

通过本书前面章节内容的学习，已经了解了提醒视图和操作表等UI元素，它们可充当独立视图，用户可以和这些程序实现交互。但是所有这些都是在一个场景中发生的，这意味着不管屏幕上包含多少内容，都将使用一个视图控制器和一个初始视图来处理它们。在本章将详细讲解iOS中的多场景和切换等知识，让开发的应用程序从单视图工具型程序变成功能齐备的软件。通过本章内容的学习，读者可以掌握以可视化和编程方式创建模态切换和处理场景之间的交互，了解iPad特有的UI元素——弹出框的知识，为读者步入本书后面知识的学习打下基础。

19.1 多场景故事板

知识点讲解光盘：视频\知识点\第19章\多场景故事板.mp4

在iOS应用中，使用单个视图也可以创建功能众多的应用程序，但很多应用程序不适合使用单视图。在我们下载的应用程序中，几乎都有配置屏幕、帮助屏幕或在启动时加载的初始视图之外显示信息的例子。

19.1.1 多场景故事板基础

要在iOS应用程序中实现多场景的功能，需要在故事板文件中创建多个场景。通常简单的项目只有一个视图控制器和一个视图，如果能够不受限制地添加场景（视图和视图控制器）就会增加很多功能，这些功能可以通过故事板实现。并且还可以在场景之间建立连接，图19-1显示了一个包含切换的多场景应用程序的设计。

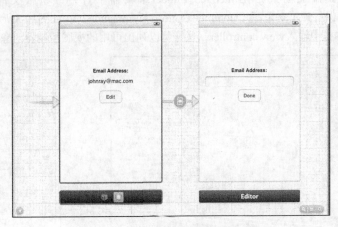

图19-1 一个多场景应用程序的设计

在讲解多场景开发的知识之前，需要先介绍一些术语，帮助读者学习本书后面的知识。

- 视图控制器（view controller）：负责管理用户与其iOS设备交互的类。在本书的很多示例中，都使用单视图控制器来处理大部分应用程序逻辑，但存在其他类型的控制器，接下来的几章将使用它们。

- 视图（view）：用户在屏幕上看到的布局，本书前面一直在视图控制器中创建视图。
- 场景（scene）：视图控制器和视图的独特组合。假设用户要开发一个图像编辑程序，我们可能创建用于选择文件的场景、实现编辑器的场景、应用滤镜的场景等。
- 切换（segue）：切换是场景间的过渡，常使用视觉过渡效果。有多种切换类型，具体使用哪些类型取决于使用的视图控制器类型。
- 模态视图（modal view）：在需要进行用户交互时，通过模态视图显示在另一个视图上。
- 关系（relationship）：类似于切换，用于某些类型的视图控制器，如选项卡栏控制器。关系是在主选项卡栏的按钮之间创建的，当用户触摸这些按钮时会显示独立的场景。
- 故事板（storyboard）：包含项目中场景、切换和关系定义的文件。

要在应用程序中包含多个视图控制器，必须创建相应的类文件，并且需要掌握在Xcode中添加新文件的方法。除此之外，还需要知道如何按住Control键进行拖曳操作。

19.1.2 创建多场景项目

要想创建包含多个场景和切换的iOS应用程序，需要知道如何在项目中添加新视图控制器和视图。对于每对视图控制器和视图来说，还需要提供支持的类文件，然后可以在其中使用编写的代码实现场景的逻辑。

为了让大家对这一点有更深入的认识，接下来将以模板Single View Application为例进行讲解，假设创建了一个名为"duo"的工程，如图19-2所示。

众所周知，模板Single View Application只包含一个视图控制器和一个视图，也就是说只包含一个场景。但是这并不表示必须使用这种配置，我们可以对其进行扩展，以支持任意数量的场景。由此可见，这个模板只是给我们提供了一个起点而已。

图19-2 创建工程项目

1．在故事板中添加场景

为了在故事板中添加场景，在Interface Builder编辑器中打开故事板文件（MainStoryboard.storyboard）。然后确保打开了对象库（Control+ Option+ Command+3），如图19-3所示。

然后在搜索文本框中输入view controller，这样可以列出可用的视图控制器对象，如图19-4所示。

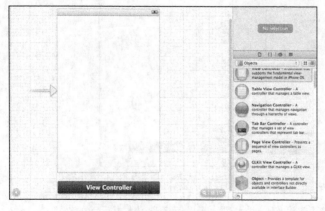

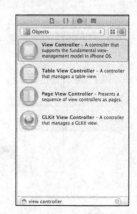

图19-3 打开对象库　　　　　　　　　　图19-4 在对象库中查找视图控制器对象

接下来，将View Controller拖曳到Interface Builder编辑器的空白区域，这样就在故事板中成功添加了一个视图控制器和相应的视图,从而新增加了一个场景,如图19-5所示。可以在故事板编辑器中拖曳新增的视图,并将其放到方便的地方。

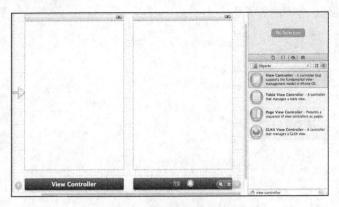

图19-5 添加新视图控制器/视图

如果发现在编辑器中拖曳视图比较困难,可使用它下方的对象栏,这样可以方便地移动对象。

2. 给场景命名

当新增加一个场景后,会发现在默认情况下,每个场景都会根据其视图控制器类来命名。现在已经存在一个名为ViewController的类了,所以在文档大纲中,默认场景名为View Controller Scene。而现在新增场景还没有为其指定视图控制器类,所以该场景名为View Controller Scene。如果继续添加更多的场景,这些场景也会被命名为View Controller Scene。

为了避免这种同名的问题,可以用以下两种办法解决。

(1)可以添加视图控制器类,并将其指定给新场景。

(2)但是有时应该根据自己的喜好给场景指定名称,例如对视图控制器类来说,名称GUAN Image Editor Scene是一个糟糕的名字。要想根据自己的喜好给场景命名,可以在文档大纲中选择其视图控制器,再打开Identity Inspector并展开Identity部分,然后在文本框Label中输入场景名。Xcode将自动在指定的名称后面添加Scene,并不需要我们手工输入它,如图19-6所示。

3. 添加提供支持的视图控制器子类

在故事板中添加新场景后,需要将其与代码关联起来。在模板Single View Application中,已经将初始视图的视图控制器配置成了类ViewController的一个实例,可以通过编辑文件ViewController.h和ViewController.m来实现这个类。为了支持新增的场景,还需要创建类似的文件。所以要在项目中添加UIViewController的子类,方法是确保项目导航器可见(Command+1),然后再单击其左下角的"+"按钮,然后选择New File...选项,如图19-7所示。

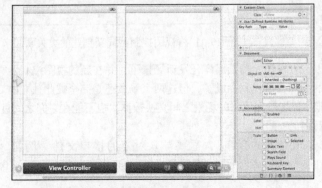

图19-6 设置视图控制器的Label属性

图19-7 选择New File...选项

在打开的对话框中，选择模板类别iOS Source，再选择图标Cocoa Touch Class，如图19-8所示。

此时弹出一个新界面，在"subclass of"处填写UIViewController，UIViewController subclass如图19-9所示，这样可以方便地区分不同的场景。

图19-8 设置视图控制器的Label属性

图19-9 命名

如果添加的场景将显示静态内容（如Help或About页面），则无需添加自定义子类，可使用给场景指定的默认类UIViewController，如果这样，我们就不能在场景中添加互动性。

在图19-9中，Xcode会提示我们给类命名，在命名时需要遵循将这个类与项目中的其他视图控制器区分开来的原则。例如，图19-9中的EditorViewController就比ViewControllerTwo要好。然后单击Next按钮，Xcode会提示我们指定新类的存储位置，如图19-10所示。

在对话框底部，从下拉列表Group中选择项目代码编组，再单击Create按钮，这个新类加入到项目中后就可以编写代码了。要想将场景的视图控制器关联到UIViewController子类，需要在文档大纲中选择新场景的View Controller，再打开Identity Inspector (Option+Command+3)。在Custom Class部分，从下拉列表中选择刚创建的类（如EditorViewController），如图19-11所示。

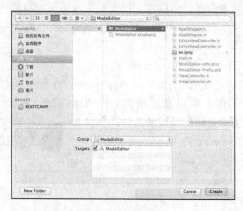
图19-10 选择位置

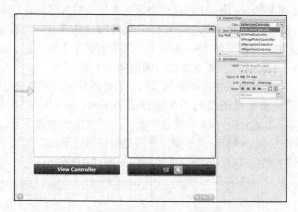
图19-11 将视图控制器同新创建的类关联起来

给视图控制器指定类以后，便可以像开发初始场景那样开发新场景了，并在新的视图控制器类中编写代码。至此，创建多场景应用程序的大部分流程就完成了，但这两个场景还是完全彼此独立的。此时的新场景就像是一个新应用程序，不能在该场景和原来的场景之间交换数据，也不能在它们之间过渡。

4. 使用#import和@class共享属性和方法

要想以编程的方式让这些类"知道对方的存在"，需要导入对方的接口文件。例如，如果MyEditorClass需要访问MyGraphicsClass的属性和方法，则需要在MyEditorClass.h的开头包含语句#import "MyGraphicsClass"。

如果两个类需要彼此访问，而我们在这两个类中都导入对方的接口文件，则此时很可能会出现编译错误,因为这些import语句将导致循环引用,即一个类引用另一个类,而后者又引用前者。为了解决这个问题,需要添加编译指令@class,编译指令@class可以避免接口文件引用其他类时导致循环引用。即需要将MyGraphicsClass和MyEditorClass彼此导入对方,可以按照如下过程添加引用。

(1)在文件MyEditorClass.h中,添加#import MyGraphicsClass.h。在其中一个类中,只需使用#import来引用另一个类,而无需做任何特殊处理。

(2)在文件MyGraphicsClsss.h中,在现有#import代码行后面添加@class MyEditorClass。

(3)在文件MyGraphicsClsss.m中,在现有#import代码行后面添加#import"MyEditorClass.h"。

在第一个类中,像通常那样添加#import,但为避免循环引用;在第二个类的实现文件中添加#import,并在其接口文件中添加编译指令@class。

19.1.3 实战演练——实现多个视图之间的切换

实例19-1	实现多个视图之间的切换
源码路径	光盘:\daima\19\Storyboard Test

在本实例的编辑区域中设计了多个视图,并通过可视化的方法进行各个视图之间的切换。具体实现流程如下所示。

(1)使用Xcode 9创建一个Empty Application,命名为"Storyboard Test"。

(2)打开AppDelegate.m,找到didFinishLaunchingWithOptions方法,删除其中代码,使得只有"return YES"语句。

(3)创建一个Storyboard,在菜单栏依次选择File-New-New File命令,在弹出的窗口的左边选择iOS组中的User Interface,在右边选择Storyboard,如图19-12所示。

然后单击Next按钮,选择Device Family为iPhone,单击Next按钮,输入名称MainStoryboard,并设好Group。单击Create按钮后便创建了一个Storyboard。

(4)配置程序,使得从MainStoryboard启动,先单击左边带蓝色图标的Storyboard Test,然后选择"General",接下来在Main Interface中选择MainStoryboard,如图19-13所示。

图19-12 选择Storyboard

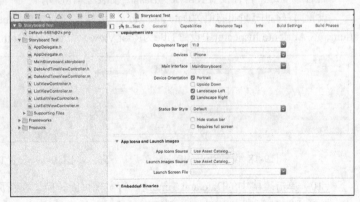

图19-13 设置启动时的场景

当此时运行程序时,就从MainStoryboard加载内容了。

(5)单击MainStoryboard.storyboard,会发现编辑区域是空的。拖曳一个Navigation Controller到编辑区域,如图19-14所示。

(6)选中右边的View Controller,然后按Delete键删除它。之后拖曳一个Table View Controller到编辑区域,如图19-15所示。

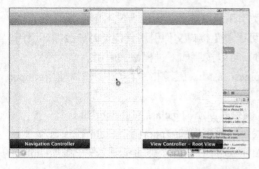
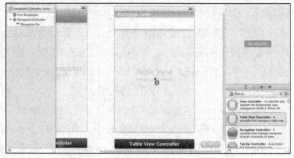

图19-14 拖曳一个Navigation Controller到编辑区域　　图19-15 拖曳一个Table View Controller到编辑区域

（7）将在这个Table View Controller中创建静态表格，在此之前需要先将其设置为左边Navigation Controller的Root Controller，方法是选中Navigation Controller，按住Control键，向Table View Controller拉线。当松开鼠标键后，在弹出菜单中选择Relationship- rootViewController。这样在两个框之间会出现一个连接线，这个就可以称为Segue。

（8）选中Table View Controller中的Table View，然后打开Attribute Inspector，设置其Content属性为Static Cells，如图19-16所示。此时，会发现Table View中出现了3行Cell。在图19-16中可以设置很多属性，如Style、Section数量等。

（9）设置行数。选中Table View Section，在Attribute Inspector中设置其行数为2，如图19-17所示。

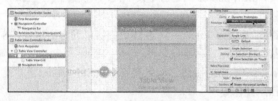

图19-16 设置Content属性为Static Cells　　　　　　图19-17 设置行数为2

然后选中每一行，设置其Style为Basic，如图19-18所示。

设置第一行中Label的值为Date and Time，设置第二行中的Label为List。然后选中下方的Navigation Item，在Attribute Inspector中设置Title为Root View，设置Back Button为Root，如图19-19所示。

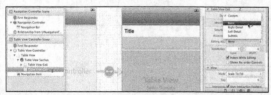

图19-18 设置Style为Basic　　　　　　图19-19 设置Title为Root View，Back Button为Root

（10）单击表格中的Date and Time这一行实现页面转换，在新页面显示切换时的时间。在菜单栏依次选择File-New-New File，创建一个新的UIViewController subclass，设置名称为：ateAndTimeViewController。

（11）再次打开MainStoryboard.storyboard，拖曳一个View Controller到编辑区域，然后选中这个View Controller，打开Identity Inspector，设置Class属性为DateAndTimeViewController，如图19-20所示。这样就可以向DateAndTimeViewController创建映射了。

（12）向新拖入的View Controller添加控件，如图19-21所示。

然后将显示为Label的两个标签向DateAndTimeViewController.h中创建映射，名称分别是dateLabel、timeLabel，如图19-22所示。

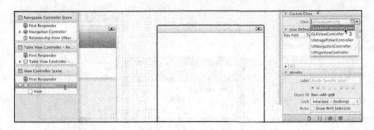
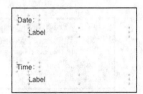

图19-20 设置Class属性为DateAndTimeViewController　　　　图19-21 添加控件

图19-22 创建映射

（13）打开DateAndTimeViewController.m，在ViewDidUnload方法之后添加如下代码：

```
//每次切换到这个试图，显示切换时的日期和时间
- (void)viewWillAppear:(BOOL)animated {
    NSDate *now = [NSDate date];
    dateLabel.text = [NSDateFormatter
                      localizedStringFromDate:now
                      dateStyle:NSDateFormatterLongStyle
                      timeStyle:NSDateFormatterNoStyle];
    timeLabel.text = [NSDateFormatter
                      localizedStringFromDate:now
                      dateStyle:NSDateFormatterNoStyle
                      timeStyle:NSDateFormatterLongStyle];
}
```

（14）打开MainStoryboard.storyboard，选中表格的行Date and Time，按住Control键并向View Controller拉线，如图19-23所示。

在弹出的菜单中选择Push，如图19-24所示。

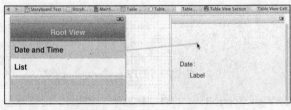

图19-23 向View Controller拉线　　　　图19-24 选择Push

这样，Root View Controller与DateAndTimeViewController之间就出现了箭头，运行时当单击表格中的那一行，视图就会切换到DateAndTimeViewController。

（15）选中DateAndTimeViewController中的Navigation Item，在Attribute Inspector中设置其Title为Date and Time，如图19-25所示。

到此为止，整个实例全部完成。运行后程序首先将加载静态表格，在表格中显示两行：Date and Time和List。如果单击Date and Time，视图切换到相应视图。如果单击左上角的Root按钮，视图会回到Root View。每当进入Date and Time视图时会显示不同的时间，如图19-26所示。

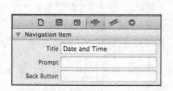
图19-25 设置Title为Date and Time

图19-26 执行效果

19.1.4 实战演练——使用第二个视图来编辑第一个视图中的信息（双语实现：Objective-C 版）

本实例将演示如何使用第二个视图来编辑第一个视图中的信息的方法。这个项目显示一个屏幕，其中包含电子邮件地址和Edit按钮。当用户单击Edit按钮时会出现一个新场景，让用户能修改电子邮件地址。关闭编辑器视图后，原始场景中的电子邮件地址将相应地更新。

实例19-2	使用第二个视图来编辑第一个视图中的信息
源码路径	光盘:\daima\19\ModalEditor-Obj

（1）使用模板Single View Application创建一个项目，并将其命名为ModalEditor，如图19-27所示。

（2）添加一个名为EditorViewController的类，此类用于编辑电子邮件地址的视图。在创建项目后，单击项目导航器左下角的+@按钮。在出现的对话框中选择类别iOS Cocoa Touch，再选择图标UIViewController subclass，然后单击Next按钮，如图19-28所示。

图19-27 创建项目

图19-28 创建一个UIViewController子类

（3）在新出现的对话框中，将名称设置为EditorView Controller。如果创建的是iPad项目，则需要选中复选框Targeted for iPad，再单击Next按钮。在最后一个对话框中，必须从下拉列表Group中选择项目代码编组，再单击Create按钮。这样，此新类便被加入到了项目中。

（4）开始添加新场景并将其关联到EditorViewController。在Interface Builder编辑器中打开文件MaimStoryboard.storyboard，按下"Control+Option+ Command+3"快捷键打开对象库，并拖曳View Controller到Interface Builder编辑器的空白区域，此时的屏幕如图19-29所示。

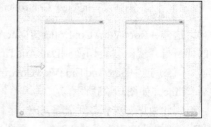
图19-29 在项目中新增一个视图控制器

为了将新的视图控制器关联到添加到项目中的EditorViewController，在文档大纲中选择第二个场景中的View Controller图标，再打开Identity Inspector (option+command+3)，从下拉列表Class中选择

EditorViewController,如图19-30所示。

建立上述关联后,在更新后的文档大纲中会显示一个名为View Controller Scene的场景和一个名为Editor View Controller Scene的场景。

(5)重新设置视图控制器标签。首先选择第一个场景中的视图控制器图标,确保打开了Identity Inspector。然后在该检查器的Identity部分将第一个视图的标签设置为Initial,对第二个场景也重复进行上述操作,将其视图控制器标签设置为Editor。在文档大纲中,场景将显示为Initial Scene和Editor Scene,如图19-31所示。

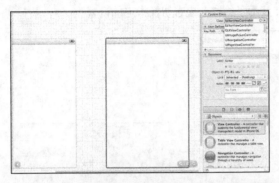
图19-30 将视图控制器关联到EditorViewController

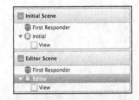
图19-31 设置视图控制器标签

(6)开始规划变量和连接。在初始场景中有一个标签,它包含了当前的电子邮件地址。我们需要创建一个实例变量来指向该标签,并将其命名为emailLabel。该场景还包含一个触发模态切换的按钮,但是无需为此定义任何输出口和操作。

在编辑器场景中包含了一个文本框,将通过一个名为emailField的属性来引用它,它还包含了一个按钮,通过调用操作dismissEditor来关闭该模态视图。就本实例而言,一个文本框和一个按钮就是这个项目中需要连接到代码的全部对象。

(7)为了给初始场景和编辑器场景创建界面,打开文件MainStoryboard.storyboard,在编辑器中滚动,以便能够将注意力放在创建初始场景上。使用对象库将两个标签和一个按钮拖放到视图中。将其中一个标签的文本设置为"邮箱地址",并将其放在屏幕顶部中央。在下方放置第二个标签,并将其文本设置为您的电子邮件地址。增大第二个标签,使其边缘和视图的边缘参考下对齐,这样做的目的是防止遇到非常长的电子邮件地址。

(8)将按钮放在两个标签下方,并根据自己的喜好在Attributes Inspector (Option+Command+4)中设置其文本样式,本实例的初始场景如图19-32所示。

(9)然后来到编辑器场景,该场景与第一个场景很像,但将显示电子邮件地址的标签替换为空文本框(UITextField)。本场景也包含一个按钮,但是其标签不是"修改",而是"好",图19-33显示了设计的编辑器场景效果。

图19-32 创建初始场景

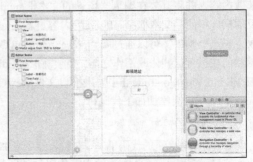
图19-33 创建编辑器场景

（10）开始创建模态切换。为了创建从初始场景到编辑器场景的切换，按住Control键并从Interface Builder编辑器中的"Edit"按钮拖曳到文档大纲中编辑器场景的视图控制器图标（现在名为Editor）上，如图19-34所示。

（11）当Xcode要求指定故事板切换类型时选择Modal，这样在文档大纲中的初始场景中将新增一行，其内容为Segue from UIButton to Editor。选择这行并打开Attributes Inspector(Option+Command+4)，以配置该切换。

（12）给切换设置一个标识符，如toEditor。接下来，选择过渡样式，例如Partial Curl。如果这是一个iPad项目，还可以设置显示样式，图19-35显示了给这个模态切换指定的设置。

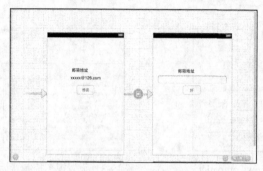

图19-34 创建模态切换

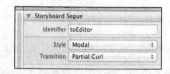

图19-35 配置模态切换

（13）开始创建并连接输出口和操作。现在我们需要处理的是两个视图控制器，初始场景中的UI对象需要连接到文件ViewController.h中的输出口，而编辑器场景中的UI对象需要连接到文件EditorViewController.h。有时Xcode在助手编辑器模式下会有点混乱，如果没有看到认为应该看到的东西，请单击另一个文件，再单击原来的文件。

（14）添加输出口。先选择初始场景中包含电子邮件地址的标签，并切换到助手编辑器。按住Control键，并从该标签拖曳到文件ViewController.h中编译指令@interface下方。在Xcode提示时，创建一个名为emailLabel的输出口。

（15）移到编辑器场景，并选择其中的文本框（UITextField）。助手编辑器应更新，在右边显示文件EditorViewController.h。按住Control键，并从该文本框拖曳到文件EditorViewController.h中编译指令@interface下方，并将该输出口命名为emailField。

（16）开始添加操作。这个项目只需要dismissEditor这一个操作，它由编辑器场景中的Done按钮触发。为创建该操作，按住Control键，并从Done按钮拖曳到文件EditorViewController.h中属性定义的下方。在Xcode提示时，新增一个名为dismissEditor的操作。

至此为止，整个界面就设计好了。

（17）开始实现应用程序逻辑。当显示编辑器场景时，应用程序应从源视图控制器的属性emailLabel中获取内容，并将其放在编辑器场景的文本框emailField中。用户单击"好"按钮时，应用程序应采取相反的措施：使用文本框emailField的内容更新emailLabel。我们在EditorViewController类中进行这样的修改，在这个类中，可以通过属性presentingViewController访问初始场景的视图控制器。

然而在执行这些修改工作之前，必须确保类EditorViewController知道类ViewController的属性。所以应该在EditorViewController.h中导入接口文件ViewController.h。在文件EditorViewController.h中，在现有的#import语句后面添加如下代码行：

```
#import"ViewController.h"
```

现在可以编写余下的代码了。要在编辑器场景加载时设置emailField的值，可以实现EditorViewController类的方法viewDidLoad，此方法的实现代码如下所示：

```
- (void)viewDidLoad
{
    self.emailField.text=((ViewController
    *)self.presentingViewController).emailLabel.text;
    [super viewDidLoad];
}
```

在默认情况下此方法会被注释掉，因此，请务必删除它周围的"/*"和"*/"。通过上述代码，会将编辑器场景中文本框emailField的text属性设置为初始视图控制器的emailLabel的text属性。要想访问初始场景的视图控制器，可以使用当前视图的属性presentingViewController，但是必须将其强制转换为ViewController对象，否则它将不知道ViewController类暴露的属性emailLabel。接下来需要实现方法dismissEditor，使其执行相反的操作并关闭模态视图。所以，将方法dismissEditor的代码修改为如下所示的格式：

```
- (IBAction)dismissEditor:(id)sender {
    ((ViewController *)self.presentingViewController).emailLabel.text=self.emailField.text;
    [self dismissViewControllerAnimated:YES completion:nil];
}
```

在上述代码中，第一行代码的作用与上一段代码中设置文本框内容的代码相反。而第二行调用了方法dismissViewControllerAnimated:completion关闭模态视图，并返回到初始场景。

（18）开始生成应用程序。在本测试实例中，包含了两个按钮和一个文本框，执行后可以在场景间切换并在场景间交换数据，初始执行效果如图19-36所示。单击修改按钮后来到第二个场景，在此可以输入新的邮箱，如图19-37所示。

图19-36 初始效果

图19-37 来到第二个场景

19.1.5 实战演练——使用第二个视图来编辑第一个视图中的信息（双语实现：Swift版）

实例19-3	使用第二个视图来编辑第一个视图中的信息
源码路径	光盘:\daima\19\ModalEditor-Swift

本实例的功能是和本章前面的实例19-1的完全相同，只是基于Swift语言实现而已，具体代码请查看本书光盘中的源码。

第 20 章 UICollectionView和 UIVisualEffectView控件

UICollectionView是从iOS 6开始出现的控件，是一种新的数据展示方式，可以把它理解成多列的UITableView，当然这只是UICollectionView的最简单的形式。UIVisualEffectView是从iOS 8开始出现的控件，功能是创建毛玻璃（Blur）效果，也就是实现模糊效果。在本章的内容中，将详细讲解在iOS系统中使用UICollectionView和UIVisualEffectView控件的基本知识，为读者步入本书后面知识的学习打下基础。

20.1 UICollectionView 控件详解

▶ 知识点讲解光盘：视频\知识点\第20章\UICollectionView控件详解.mp4

如果读者用过iBooks的话，应该会对书架布局有一定的印象，一个虚拟书架上放着下载的和购买的各类图书，整齐排列，效果如图20-1所示。

其实书架布局样式就是一个UICollectionView的表现形式，或者iPad的iOS 6系统中内置的原生时钟应用中的各个时钟，也是UICollectionView的最简单的一个布局表现，如图20-2所示。

图20-1 书架布局

图20-2 iOS 6内置的时钟应用

20.1.1 UICollectionView 的构成

在iOS应用中，最简单的UICollectionView就是一个GridView，可以以多列的方式将数据进行展示。标准的UICollectionView包含如下3个部分，它们都是UIView的子类。

- ❑ Cells：用于展示内容的主体，对于不同的Cell可以指定不同尺寸和不同的内容，这个稍后再说。
- ❑ Supplementary Views：用于追加视图，如果读者对UITableView比较熟悉的话，可以理解为每个Section的Header或者Footer，用来标记每个Section的View。
- ❑ Decoration Views：用于装饰视图，这部分是每个Section的背景，比如iBooks中的书架就是这部分实现的。

不管一个UICollectionView的布局如何变化，上述3个部件都是存在的，和iBooks书架效果图的对应关系如图20-3所示。

20.1.2 实现一个简单的 UICollectionView

UITableView是iOS开发中的非常重要的一个类，实现一个UICollectionView和实现一个UITableView基本没有什么大区别，它们都同样是DataSource和Delegate设计模式的。其中DataSource用于为View提供数据源，告诉View要显示些什么东西以及如何显示它们。Delegate用于提供一些样式的小细节以及用户交互的响应。因此在本节下面的内容中，会通过对比Collection View和Table View的方式进行说明。

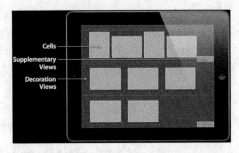

图20-3 3个部分和iBooks书架的对应关系图

1．UICollectionViewDataSource

UICollectionViewDataSource是一个代理，主要用于向Collection View提供数据。UICollectionViewDataSource的主要功能如下所示。

- 设置Section数目。
- 设置Section里面有多少item。
- 提供Cell和Supplementary View设置。

UICollectionViewDataSource通过以下3个方法实现上述功能。

- numberOfSectionsInCollection：section的数量。
- collectionView:numberOfItemsInSection：某个section里有多少个item。
- collectionView:cellForItemAtIndexPath：对于某个位置应该显示什么样的Cell。

实现以上3个委托方法，基本上就可以保证Collection View工作正常了。当然还提供了Supplementary View的如下方法。

- collectionView:viewForSupplementaryElementOfKind:atIndexPath。

对于Decoration Views来说，提供的方法并不在UICollectionViewDataSource中，而是直接在类UICollectionViewLayout中，这是因为它仅仅是与视图相关的，而与数据无关。

2．重用

为了得到高效的View，则必须对Cell进行重用，这样避免了不断生成和销毁对象的操作，这与在UITableView中的情况是一致的。但是需要注意的时，在UICollectionView中不仅可以重用Cell，而且Supplementary View和Decoration View也是可以被重用的。在iOS中，Apple对UITableView的重用做了简化，具体代码如下：

```
UITableViewCell *cell = [tableView dequeueReusableCellWithIdentifier:@"MY_CELL_ID"];
if (!cell) //如果没有可重用的Cell，那么生成一个
{
    cell = [[UITableViewCell alloc] init];
}
//配置Cell, blablabla
return cell;
```

如果在TableView向数据源请求数据之前，使用-registerNib:forCellReuseIdentifier方法为@"MY_CELL_ID"注册过nib的话，就可以省下每次判断并初始化Cell的代码，要是在重用队列里没有可用的Cell的话，runtime将自动帮我们生成并初始化一个可用的Cell。

这个特性很受欢迎，因此在UICollectionView中Apple继承使用了这个特性，并且把其进行了一些扩展。使用如下所示的方法进行注册。

- -registerClass:forCellWithReuseIdentifier。
- -registerClass:forSupplementaryViewOfKind:withReuseIdentifier。

- -registerNib:forCellWithReuseIdentifier。
- -registerNib:forSupplementaryViewOfKind:withReuseIdentifier。

UICollectionView和 UITableView相比主要有以下两个变化。

- 一是加入了对某个Class的注册，这样即使不用提供nib而是用代码生成的View也可以被接受为Cell了。
- 二是不仅只是cell，Supplementary View也可以用注册的方法绑定初始化了。

在对collection view的重用ID注册后，就可以像UITableView那样简单地写Cell配置了，例如：

```
-(UICollectionView*)collectionView:(UICollectionView*)cv
cellForItemAtIndexPath:(NSIndexPath*)indexPath{
    MyCell*cell=[cvdequeueReusableCellWithReuseIdentifier:@"MY_CELL_ID"];
    //Configure the cell's content
    cell.imageView.image=...
    returncell;
}
```

3. UICollectionViewDelegate

UICollectionViewDelegate用于处理和数据无关的View的外形和用户交互等操作，具体来说主要负责3个工作：Cell高亮效果显示、Cell的选中状态和支持长按后的菜单。

在UICollectionView用户交互中，每个Cell现在有独立的高亮事件和选中事件的delegate，用户单击Cell的时候，现在会按照以下流程向delegate进行询问。

（1）collectionView:shouldHighlightItemAtIndexPath：是否应该高亮。

（2）collectionView:didHighlightItemAtIndexPath：如果是1回答为是，要么高亮。

（3）collectionView:shouldSelectItemAtIndexPath：无论结果如何，都询问是否可以被选中。

（4）-collectionView:didUnhighlightItemAtIndexPath：如果是1回答为是，要么现在取消高亮显示效果。

（5）-collectionView:didSelectItemAtIndexPath：如果是3回答为是，要么选中Cell。

4. Cell

相对于UITableViewCell来说，UICollectionViewCell比较简单。首先UICollectionViewCell不存在各式各样的默认的style，这主要是由于展示对象的性质决定的，因为UICollectionView所用来展示的对象相比UITableView来说要灵活，大部分情况下更偏向于图像而非文字，因此需求将会千奇百怪。因此SDK提供给我们的默认的UICollectionViewCell结构相对比较简单，由下至上的具体说明如下所示。

- 首先是Cell本身作为容器View。
- 然后是一个大小自动适应整个Cell的backgroundView，用作Cell平时的背景。
- 再之是selectedBackgroundView，是Cell被选中时的背景。
- 最后是一个contentView，自定义内容应被加在这个View上。

在UICollectionView控件中，被选中的Cell是自动变化的，所有的Cell中的子View，也包括contentView中的子View，当Cell被选中时，会自动去查找View是否有被选中状态下的改变。比如在contentView里加了一个normal和selected，分别指定了不同图片的imageView，那么选中这个Cell的同时这张图片也会从normal变成selected，而不需要额外的任何代码。

5. UICollectionViewLayout

UICollectionViewLayout是整个UICollectionView控件的精髓，这也是UICollectionView和UITableView最大的不同。UICollectionViewLayout可以说是UICollectionView的大脑和中枢，它负责了将各个Cell、Supplementary View和Decoration Views进行组织，为它们设定各自的属性，包括但不限于：位置、尺寸、透明度、层级关系和形状等。

Layout决定了UICollectionView是如何显示在界面上的。在展示之前，一般需要生成合适的UICollectionViewLayout子类对象，并将其赋予CollectionView的collectionViewLayout属性。

Apple为开发者提供了一个最简单可能也是最常用的默认layout对象：UICollectionViewFlowLayout。

Flow Layout简单说是一个直线对齐的layout，最常见的Grid View形式即为一种Flow Layout配置。UICollectionViewLayout布局的具体思路如下所示：

（1）首先设置一个重要的属性itemSize，它定义了每一个item的大小。通过设定itemSize可以全局地改变所有Cell的尺寸，如果想要对某个Cell制定尺寸，可以使用-collectionView:layout:sizeForItemAtIndexPath:方法。

（2）设置间隔。间隔可以指定item之间的间隔和每一行之间的间隔，和size类似，既有全局属性，也可以对每一个item和每一个section做出设定：

- @property (CGSize) minimumInteritemSpacing；
- @property (CGSize) minimumLineSpacing；
- -collectionView:layout:minimumInteritemSpacingForSectionAtIndex；
- -collectionView:layout:minimumLineSpacingForSectionAtIndex。

（3）设置滚动方向。由属性scrollDirection确定scroll view的方向，将影响Flow Layout的基本方向和由header及footer确定的section之间的宽度：

- UICollectionViewScrollDirectionVertical；
- UICollectionViewScrollDirectionHorizontal。

（4）设置Header和Footer尺寸。在设置Header和Footer的尺寸时分为全局和部分。此时需要注意根据滚动方向不同，Header和Footer的高和宽中只有一个会起作用。垂直滚动时section间宽度为该尺寸的高，而水平滚动时为宽度起作用，相关的属性如下所示：

- @property (CGSize) headerReferenceSize
- @property (CGSize) footerReferenceSize
- -collectionView:layout:referenceSizeForHeaderInSection:
- -collectionView:layout:referenceSizeForFooterInSection:

（5）相关的属性如下所示：

- @property UIEdgeInsets sectionInset；
- -collectionView:layout:insetForSectionAtIndex:

综上所述，一个UICollectionView的实现包括两个必要部分：UICollectionViewDataSource和UICollectionViewLayout，另外还有一个交互部分：UICollectionViewDelegate。而Apple给出的UICollectionViewFlowLayout已经是一个很强的layout方案。

20.1.3 自定义的 UICollectionViewLayout

在UICollectionView控件中，UICollectionViewLayout的功能是为UICollectionView提供布局信息，不仅包括Cell的布局信息，也包括追加视图和装饰视图的布局信息。实现一个自定义layout的常规做法是继承UICollectionViewLayout类，然后重载如下方法。

（1）-(CGSize)collectionViewContentSize：返回collectionView的内容的尺寸。

（2）-(NSArray *)layoutAttributesForElementsInRect:(CGRect)rect：返回rect中的所有的元素的布局属性，返回的是包含UICollectionViewLayoutAttributes的NSArray。

UICollectionViewLayoutAttributes可以是Cell，追加视图或装饰视图的信息，通过不同的UICollectionViewLayoutAttributes初始化方法可以得到如下不同类型的UICollectionViewLayoutAttributes：

- layoutAttributesForCellWithIndexPath；
- layoutAttributesForSupplementaryViewOfKind:withIndexPath；
- layoutAttributesForDecorationViewOfKind:withIndexPath。

（3）-(UICollectionViewLayoutAttributes)layoutAttributesForItemAtIndexPath:(NSIndexPath)indexPath：返回对应于indexPath的位置的Cell的布局属性。

（4）-(UICollectionViewLayoutAttributes)layoutAttributesForSupplementaryViewOfKind:(NSString)kind atIndexPath: (NSIndexPath *)indexPath：返回对应于indexPath的位置的追加视图的布局属性，如果没有追加视图可不重载。

（5）-(UICollectionViewLayoutAttributes *)layoutAttributesForDecorationViewOfKind:(NSString) decorationViewKind atIndexPath:(NSIndexPath)indexPath：返回对应于indexPath的位置的装饰视图的布局属性，如果没有装饰视图可不重载。

（6）-(BOOL)shouldInvalidateLayoutForBoundsChange:(CGRect)newBounds：当边界发生改变时，是否应该刷新布局。如果YES，则在边界变化（一般是scroll到其他地方）时，将重新计算需要的布局信息。

另外读者需要了解的是，在初始化一个UICollectionViewLayout实例后，会有一系列准备方法被自动调用，以保证layout实例的正确。

首先，-(void)prepareLayout将被调用，默认下该方法什么没做，但是在自己的子类实现中，一般在该方法中设定一些必要的layout的结构和初始需要的参数等。

然后，-(CGSize) collectionViewContentSize将被调用，以确定collection应该占据的尺寸。注意这里的尺寸不是指可视部分的尺寸，而应该是所有内容所占的尺寸。collectionView的本质是一个scrollView，因此需要这个尺寸来配置滚动行为。

接下来-(NSArray *)layoutAttributesForElementsInRect:(CGRect)rect被调用。初始的layout的外观由该方法返回的UICollectionViewLayoutAttributes来决定。

另外，在需要更新layout时，需要给当前layout发送 -invalidateLayout，该消息会立即返回，并且预约在下一个loop的时候刷新当前layout，这一点和UIView的setNeedsLayout方法十分类似。在-invalidateLayout后的下一个collectionView的刷新loop中，又会从prepareLayout开始，依次再调用-collectionViewContentSize和-layoutAttributesForElementsInRect来生成更新后的布局。

20.1.4 实战演练——使用 UICollectionView 控件实现网格效果

实例20-1	使用UICollectionView控件实现网格效果
源码路径	光盘:\daima\20\UICollectionViewTest

（1）启动Xcode 9，单击"Creat a new Xcode project"创建一个iOS工程。本项目工程的最终目录结构和故事板界面如图20-4所示。

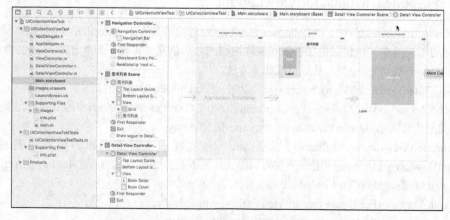

图20-4 本项目工程的最终目录结构和故事板界面

（2）主视图文件ViewController.m的具体实现代码如下所示：

```objc
#import "ViewController.h"
#import "DetailViewController.h"
@implementation ViewController{
    NSArray* _books;
    NSArray* _covers;
}
- (void)viewDidLoad
{
    [super viewDidLoad];
    // 创建并初始化NSArray对象
    _books = @[@"Ajax",
               @"Android",
               @"HTML5/CSS3/JavaScript" ,
               @"Java",
               @"Java程序员",
               @"Java EE",
               @"Java EE",
               @"Swift"];
    // 创建并初始化NSArray对象
    _covers = [NSArray arrayWithObjects:@"ajax.png",
        @"android.png",
        @"html.png" ,
        @"java.png",
        @"java2.png",
        @"javaee.png",
        @"javaee2.png",
        @"swift.png", nil];
    // 为当前导航项设置标题
    self.navigationItem.title = @"图书列表";
    // 为UICollectionView设置dataSource和delegate
    self.grid.dataSource = self;
    self.grid.delegate = self;
    // 创建UICollectionViewFlowLayout布局对象
    UICollectionViewFlowLayout *flowLayout =
        [[UICollectionViewFlowLayout alloc] init];
    // 设置UICollectionView中各单元格的大小
    flowLayout.itemSize = CGSizeMake(120, 160);
    // 设置该UICollectionView只支持水平滚动
    flowLayout.scrollDirection = UICollectionViewScrollDirectionVertical;
    // 设置各分区上、下、左、右空白的大小
    flowLayout.sectionInset = UIEdgeInsetsMake(0, 0, 0, 0);
    // 设置两行单元格之间的行距
    flowLayout.minimumLineSpacing = 5;
    // 设置两个单元格之间的间距
    flowLayout.minimumInteritemSpacing = 0;
    // 为UICollectionView设置布局对象
    self.grid.collectionViewLayout = flowLayout;
}
// 该方法的返回值决定各单元格的控件
- (UICollectionViewCell *)collectionView:(UICollectionView *)
    collectionView cellForItemAtIndexPath:(NSIndexPath *)indexPath
{
    // 为单元格定义一个静态字符串作为标识符
    static NSString* cellId = @"bookCell";
    // 从可重用单元格的队列中取出一个单元格
    UICollectionViewCell* cell = [collectionView
        dequeueReusableCellWithReuseIdentifier:cellId
        forIndexPath:indexPath];
    // 设置圆角
    cell.layer.cornerRadius = 8;
    cell.layer.masksToBounds = YES;
    NSInteger rowNo = indexPath.row;
    // 通过tag属性获取单元格内的UIImageView控件
    UIImageView* iv = (UIImageView*)[cell viewWithTag:1];
    // 为单元格内的图片控件设置图片
    iv.image = [UIImage imageNamed:_covers[rowNo]];
    // 通过tag属性获取单元格内的UILabel控件
    UILabel* label = (UILabel*)[cell viewWithTag:2];
    // 为单元格内的UILabel控件设置文本
```

```
        label.text = _books[rowNo];
        return cell;
}
// 该方法的返回值决定UICollectionView包含多少个单元格
- (NSInteger)collectionView:(UICollectionView *)collectionView
        numberOfItemsInSection:(NSInteger)section
{
        return _books.count;
}
// 当用户单击单元格跳转到下一个视图控制器时激发该方法
- (void)prepareForSegue:(UIStoryboardSegue *)segue sender:(id)sender
{
        // 获取激发该跳转的单元格
        UICollectionViewCell* cell = (UICollectionViewCell*)sender;
        // 获取该单元格所在的NSIndexPath
        NSIndexPath* indexPath = [self.grid indexPathForCell:cell];
        NSInteger rowNo = indexPath.row;
        // 获取跳转的目标视图控制器: DetailViewController控制器
        DetailViewController *detailController = segue.destinationViewController;
        // 将选中单元格内的数据传给DetailViewController控制器对象
        detailController.imageName = _covers[rowNo];
        detailController.bookNo = rowNo;
}
@end
```

（3）详情界面视图接口文件DetailViewController.m的具体实现代码如下所示：

```
#import "DetailViewController.h"
@implementation DetailViewController{
    NSArray* _bookDetails;
}
- (void)viewDidLoad
{
        [super viewDidLoad];
        _bookDetails = @[
            @"前端开发知识",
            @"Andrioid销量排行榜榜首。",
            @"介绍HTML 5、CSS3、JavaScript知识" ,
            @"Java图书，值得仔细阅读的图书",
            @"重点图书",
            @"Java3大框架整合开发",
            @"EJB 3",
            @"图书"];
}
- (void)viewWillAppear:(BOOL)animated
{
        // 设置bookCover控件显示的图片
        self.bookCover.image = [UIImage imageNamed:self.imageName];
        // 设置bookDetail显示的内容
        self.bookDetail.text = _bookDetails[self.bookNo];
}
@end
```

主视图界面的执行效果如图20-5所示，详情视图界面的执行效果如图20-6所示。

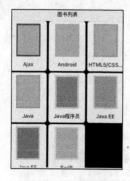

图20-5 执行效果

图20-6 详情视图界面的执行效果

20.1.5 实战演练——实现大小不相同的网格效果

实例20-2	使用UICollectionView控件实现大小不相同的网格效果
源码路径	光盘:\daima\20\DelegateFlowLayoutTest

(1) 本项目工程的最终目录结构和故事板界面如图20-7所示。

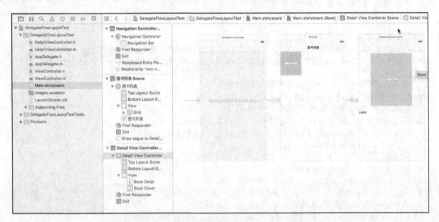

图20-7 本项目工程的最终目录结构和故事板界面

(2) 主界面视图文件ViewController.m的具体实现代码如下所示:

```
#import "ViewController.h"
#import "DetailViewController.h"
@implementation ViewController{
    NSArray* _books;
    NSArray* _covers;
}
- (void)viewDidLoad
{
    [super viewDidLoad];
    // 创建并初始化NSArray对象
    _books = @[@"Ajax",
               @"Android",
               @"HTML5/CSS3/JavaScript",
               @"Java讲义",
               @"Java",
               @"Java EE",
               @"Java EE",
               @"Swift"];
    // 创建并初始化NSArray对象
    _covers = [NSArray arrayWithObjects:@"ajax.png",
               @"android.png",
               @"html.png",
               @"java.png",
               @"java2.png",
               @"javaee.png",
               @"javaee2.png",
               @"swift.png", nil];
    // 为当前导航项设置标题
    self.navigationItem.title = @"图书列表";
    // 为UICollectionView设置dataSource和delegate
    self.grid.dataSource = self;
    self.grid.delegate = self;
    // 创建UICollectionViewFlowLayout布局对象
    UICollectionViewFlowLayout *flowLayout =
    [[UICollectionViewFlowLayout alloc] init];
    // 设置UICollectionView中各单元格的大小
```

```objc
        flowLayout.itemSize = CGSizeMake(120, 160);
        // 设置该UICollectionView只支持水平滚动
        flowLayout.scrollDirection = UICollectionViewScrollDirectionVertical;
        // 设置各分区上、下、左、右空白的大小
        flowLayout.sectionInset = UIEdgeInsetsMake(0, 0, 0, 0);
        // 设置两行单元格之间的行距
        flowLayout.minimumLineSpacing = 5;
        // 设置两个单元格之间的间距
        flowLayout.minimumInteritemSpacing = 0;
        // 为UICollectionView设置布局对象
        self.grid.collectionViewLayout = flowLayout;
}
// 该方法的返回值决定各单元格的控件
- (UICollectionViewCell *)collectionView:(UICollectionView *)
        collectionView cellForItemAtIndexPath:(NSIndexPath *)indexPath
{
        // 为单元格定义一个静态字符串作为标识符
        static NSString* cellId = @"bookCell";
        // 从可重用单元格的队列中取出一个单元格
        UICollectionViewCell* cell = [collectionView
            dequeueReusableCellWithReuseIdentifier:cellId
            forIndexPath:indexPath];
        // 设置圆角
        cell.layer.cornerRadius = 8;
        cell.layer.masksToBounds = YES;
        NSInteger rowNo = indexPath.row;
        // 通过tag属性获取单元格内的UIImageView控件
        UIImageView* iv = (UIImageView*)[cell viewWithTag:1];
        // 为单元格内的图片控件设置图片
        iv.image = [UIImage imageNamed:_covers[rowNo]];
        // 通过tag属性获取单元格内的UILabel控件
        UILabel* label = (UILabel*)[cell viewWithTag:2];
        // 为单元格内的UILabel控件设置文本
        label.text = _books[rowNo];
        return cell;
}
// 该方法的返回值决定UICollectionView包含多少个单元格
- (NSInteger)collectionView:(UICollectionView *)collectionView
        numberOfItemsInSection:(NSInteger)section
{
        return _books.count;
}
// 当用户单击单元格跳转到下一个视图控制器时激发该方法
- (void)prepareForSegue:(UIStoryboardSegue *)segue sender:(id)sender
{
        // 获取激发该跳转的单元格
        UICollectionViewCell* cell = (UICollectionViewCell*)sender;
        // 获取该单元格所在的NSIndexPath
        NSIndexPath* indexPath = [self.grid indexPathForCell:cell];
        NSInteger rowNo = indexPath.row;
        // 获取跳转的目标视图控制器：DetailViewController控制器
        DetailViewController *detailController = segue.destinationViewController;
        // 将选中单元格内的数据传给DetailViewController控制器对象
        detailController.imageName = _covers[rowNo];
        detailController.bookNo = rowNo;
}
- (CGSize)collectionView:(UICollectionView *)collectionView layout:
        (UICollectionViewLayout*)collectionViewLayout
        sizeForItemAtIndexPath:(NSIndexPath *)indexPath
{
        // 获取indexPath对应的单元格将要显示的图片
        UIImage* image = [UIImage imageNamed:
            _covers[indexPath.row]];
        // 控制该单元格的大小为它显示的图片大小的一半
        return CGSizeMake(image.size.width / 2
            , image.size.height / 2);
}
@end
```

主视图界面的程序执行后效果如图20-8所示，详情界面的程序执行效果如图20-9所示。

图20-8 执行效果

图20-9 详情界面的效果

20.1.6 实战演练——实现不同颜色方块的布局效果（Swift 版）

实例20-3	实现Pinterest样式的布局效果
源码路径	光盘:\daima\20\UICollectionViewController

本实例的功能是使用UICollectionView控件实现不同颜色方块的布局效果，在程序文件MyViewController.swift中通过数组colorsArray设置了不同方块的颜色，然后通过方法ollectionView来加载实现不同颜色的方块。文件MyViewController.swift的主要实现代码如下所示：

```
class MyViewController: UICollectionViewController {
    let colorsArray : [UIColor] = [.blue, .red, .green, .cyan, .brown, .yellow, .gray, .orange, .purple]
    override func viewDidLoad() {
        super.viewDidLoad()
        collectionView?.delegate = self
        collectionView?.dataSource = self
        collectionView?.register(UICollectionViewCell.self, forCellWithReuseIdentifier: "cell")
    }
    override func collectionView(_ collectionView: UICollectionView, numberOfItemsInSection section: Int) -> Int {
        return colorsArray.count
    }
    override func collectionView(_ collectionView: UICollectionView, cellForItemAt indexPath: IndexPath) -> UICollectionViewCell {
        let cell = collectionView.dequeueReusableCell(withReuseIdentifier: "cell", for: indexPath)
        cell.backgroundColor = colorsArray[indexPath.item]
        return cell
    }
}
```

执行后的效果如图20-10所示。

20.2 UIVisualEffectView 控件详解

知识点讲解光盘：视频\知识点\第20章\UIVisualEffectView控件详解.mp4

从iOS 7系统开始，苹果改变了App的UI风格和动画效果，例如当导航栏出现在屏幕上的效果。尤其是苹果在iOS 7中，使用了全新的雾玻璃效果（模糊特效）。不仅仅是导航栏，通知中心和控制中心也采用了这个特殊的视觉效果。但是苹果并没有在SDK中放入这个特效，程序员不得不使用自己的方法模拟这个效果，一直到iOS 8的出现。

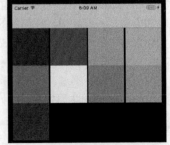
图20-10 执行效果

在iOS 8中，SDK中终于正式加入了这个特性，不但让程序员易于上手，而且性能表现也很优秀，苹果将之称为VisualEffects。在iOS系统中，通过控件UIVisualEffectView可以创建毛玻璃（Blur）效果，也就是实现模糊效果。

20.2.1 UIVisualEffectView 基础

Visual Effects是一整套的视觉特效，包括了UIBlurEffect和UIVibrancyEffect。这两者都是UIVisualEffect的子类，前者允许在应用程序中动态地创建实时的雾玻璃效果，而后者则允许在雾玻璃上"写字"。

要想创建一个特殊效果（如Blur效果），可以创建一个UIVisualEffectView视图对象，这个对象提供了一种简单的方式来实现复杂的视觉效果。这个可以把这个对象看作是效果的一个容器，实际的效果会影响到该视图对象底下的内容，或者是添加到该视图对象的contentView中的内容。

下面举个例子来看看如果使用UIVisualEffectView：

```
let bgView: UIImageView = UIImageView(image: UIImage(named: "visual"))
bgView.frame = self.view.bounds
self.view.addSubview(bgView)
let blurEffect: UIBlurEffect = UIBlurEffect(style: .Light)
let blurView: UIVisualEffectView = UIVisualEffectView(effect: blurEffect)
blurView.frame = CGRectMake(50.0, 50.0, self.view.frame.width - 100.0, 200.0)
self.view.addSubview(blurView)
```

上述代码的功能是在当前视图控制器上添加了一个UIImageView作为背景图。然后在视图的一小部分中使用了blur效果。由此可见，UIVisualEffectView是非常简单的。需要注意是的，不应该直接添加子视图到UIVisualEffectView视图中，而是应该添加到UIVisualEffectView对象的contentView中。

另外，尽量避免将UIVisualEffectView对象的alpha值设置为小于1.0的值，因为创建半透明的视图会导致系统在离屏渲染时去对UIVisualEffectView对象及所有的相关的子视图做混合操作。这不但消耗CPU/GPU，也可能会导致许多效果显示不正确或者根本不显示。

初始化一个UIVisualEffectView对象的方法是UIVisualEffectView(effect: blurEffect)，其定义如下：

```
init(effect effect: UIVisualEffect)
```

这个方法的参数是一个UIVisualEffect对象。我们查看官方文档，可以看到在UIKit中，定义了几个专门用来创建视觉特效的，它们分别是UIVisualEffect、UIBlurEffect和UIVibrancyEffect。它们的继承层次如下所示：

```
NSObject
| -- UIVisualEffect
    | -- UIBlurEffect
    | -- UIVibrancyEffect
```

UIVisualEffect是一个继承自NSObject的创建视觉效果的基类，然而这个类除了继承自NSObject的属性和方法外，没有提供任何新的属性和方法。其主要目的是用于初始化UIVisualEffectView，在这个初始化方法中可以传入UIBlurEffect或者UIVibrancyEffect对象。

一个UIBlurEffect对象用于将blur（毛玻璃）效果应用于UIVisualEffectView视图下面的内容。如上面的示例所示。不过，这个对象的效果并不影响UIVisualEffectView对象的contentView中的内容。

UIBlurEffect主要定义了3种效果，这些效果由枚举UIBlurEffectStyle来确定，该枚举的定义如下：

```
enum UIBlurEffectStyle : Int {
    case ExtraLight
    case Light
    case Dark
}
```

其主要是根据色调（hue）来确定特效视图与底部视图的混合。

与UIBlurEffect不同的是，UIVibrancyEffect主要用于放大和调整UIVisualEffectView视图下面的内容的颜色，同时让UIVisualEffectView的contentView中的内容看起来更加生动。通常UIVibrancyEffect对象是与UIBlurEffect一起使用，主要用于处理在UIBlurEffect特效上的一些显示效果。接上面的代码，看看在blur的视图上添加一些新特效的方法，代码如下所示：

```
let vibrancyView: UIVisualEffectView = UIVisualEffectView(effect: UIVibrancyEffect
(forBlurEffect: blurEffect))
vibrancyView.setTranslatesAutoresizingMaskIntoConstraints(false)
blurView.contentView.addSubview(vibrancyView)
var label: UILabel = UILabel()
label.setTranslatesAutoresizingMaskIntoConstraints(false)
label.text = "Vibrancy Effect"
label.font = UIFont(name: "HelveticaNeue-Bold", size: 30)
label.textAlignment = .Center
label.textColor = UIColor.whiteColor()
vibrancyView.contentView.addSubview(label)
```

特效vibrancy是取决于颜色值的，所有添加到contentView的子视图都必须实现tintColorDidChange方法并更新自己。需要注意的是，我们使用UIVibrancyEffect(forBlurEffect:)方法创建UIVibrancyEffect时，参数blurEffect必须是我们想要的效果的那个blurEffect，否则可能不是我们想要的效果。

另外，UIVibrancyEffect还提供了一个类方法notificationCenterVibrancyEffect，其声明如下：

```
class func notificationCenterVibrancyEffect() -> UIVibrancyEffect!
```

这个方法创建一个用于通知中心的Today扩展的vibrancy特效。

20.2.2 使用 Visual Effect View 控件实现模糊特效

在Xcode 9中，使用Visual Effect View控件实现模糊特效的流程如下所示。

（1）打开Main.storyboard，来到右边的Object Library面板，在搜索栏中输入"visual"，这将迅速定位到两个Visual Effect View控件，如图20-11所示。

（2）拖拽一个Visual Effect View with Blur到View上。在Document Outline窗口中，调整Visual Effect View with Blur的位置，使它位于2个按钮之下，如图20-12所示。

（3）调整Visual Effect View的自动布局，使它占据整个View大小，如图20-13所示。

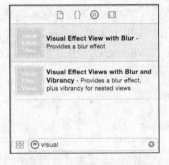

图20-11 Object Library中的Visual EffectView

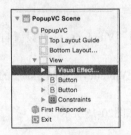

图20-12 将Visual Effect View插入到最底层

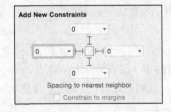

图20-13 设置Visual Effect View的约束

（4）在属性面板中，设置Visual Effect View的Blur Style属性为Light。Blur Style可以有3个值：Extra Light、Light、Dark，分别有3种不同的模糊效果：很亮、亮、暗色。如果看不到丝毫模糊效果（添不添加Visual Effect View都一样），则你可能要将View设置为背景透明。

20.2.3 使用 Visual Effect View 实现 Vibrancy 效果

Vibrancy效果是一种专门应用在模糊效果上的特殊效果。它会在模糊效果的基础上留下一些特殊的空洞，使得这些地方上的内容看起来更加生动。你可以想像一下雾玻璃效果是什么。它就好像是冬天的时候，你在玻璃上哈气。原本透明的玻璃哈上气后，会结上一层水汽，看起来就像是"雾玻璃"一样。如果你伸手在这层水汽上写字，则会在雾气上留下明显的字迹，这就是Vibrancy效果。

在iOS应用中，可以使用Visual Effect View来实现Vibrancy效果。Vibrancy效果使用Object Library中的"Visual Effect Views with Blur and Vibrancy"来实现。从名称上看，"Visual Effect Views with Blur and Vibrancy"包括了两个Visual Effect View：一个Blur Visual Effect View和一个Vibrancy Visual Effect View。事实上也是这样的，Vibrancy效果并不能单独应用，它必需应用到Blur效果之上。我们可以这样理解：Vibrancy效果是一种"雾玻璃写字"的效果，则我们只能在先有了"雾玻璃"的情况下才能写字。

打开Main.storyboard，先删除里面的Visual Effect View。然后从Object Library中拖一个"Visual Effect Views with Blur and Vibrancy"到PopupVC中，同样需要在Document Outline窗口中将它调整至View中的最下面一层，如图20-14所示。

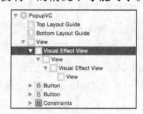

此时Visual Effect Views with Blur and Vibrancy包含了两个Visual Effect View。第二层Visual Effect View位于第一层Visual Effect View的View中。为了方便起见，我们不妨把第一层Visual Effect View称为Blur层，把第二层Visual Effect View称为Vibrancy层。

图20-14 插入Visual Effect Views with Blur and Vibrancy

将Blur层作为"雾玻璃"使用，将它的自动布局设置为占据整个View，同时把Blur Style设置为Light，如图20-15所示。

同时，将Blur层下面的View的背景设置为透明。

第二层用于实现Vibrancy。同样，将它的自动布局设置为占据整个View，同时设置它的Blur Style为Light、Vibrancy为启用，如图20-16所示。

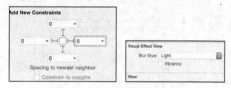

图20-15 设置雾玻璃效果

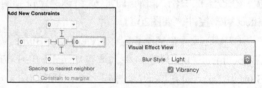

图20-16 设置Vibrancy效果

同时，设置Vibrancy层的View的背景为透明。

接下来我们要在Vibrancy层的View上写字。

拖一个UILabel到Vibrancy层的View上，设置Label的Text为"Vibrancy"，并设置自动布局约束如图20-17所示。

注意，Label必须位于Vibrancy层的View之中。也就是说，把Vibrancy层放到Blur层的View中，再把UILabel（要写的字）放到Vibrancy层的View中。

运行程序，我们可以在UILabel上看出Vibrancy最终的效果如图20-18所示。

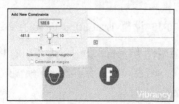

图20-17 设置Label位于视图右下角

图20-18 Vibrancy效果

看到Vibrancy效果了吗？现在，透过单词"Vibrancy"，隐隐约约看到了背景图片的内容（运行后可看到效果）。这就是"雾玻璃写字"的效果。实际上，不仅仅能在文字上显示Vibrancy效果。图片也可以应用Vibrancy效果，当然它必须是透明图片。

20.2.4 实战演练——在屏幕中实现模糊效果

实例20-4	使用UIVisualEffectView控件在屏幕中实现模糊效果
源码路径	光盘:\daima\20\BlurTest

（1）本项目工程的最终目录结构和故事板界面如图20-19所示。

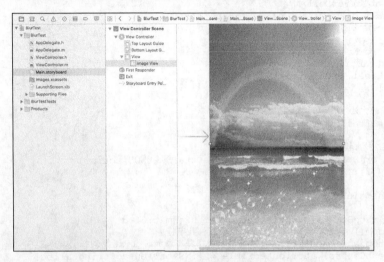

图20-19 本项目工程的最终目录结构和故事板界面

（2）视图界面控制器文件ViewController.m的具体实现代码如下所示：

```
#import "ViewController.h"
@implementation ViewController{
NSMutableArray* _list;
}
- (void)viewDidLoad
{
[super viewDidLoad];
// 初始化NSMutableArray集合
_list = [[NSMutableArray alloc] initWithObjects:@"AA",
@"BB",
@"CC",
@"DD",
@"EE",
@"FF" , nil];
// 设置refreshControl属性，该属性值应该是UIRefreshControl控件
self.refreshControl = [[UIRefreshControl alloc] init];
// 设置UIRefreshControl控件的颜色
self.refreshControl.tintColor = [UIColor grayColor];
// 设置该控件的提示标题
self.refreshControl.attributedTitle = [[NSAttributedString alloc]
initWithString:@"下拉刷新"];
// 为UIRefreshControl控件的刷新事件设置事件处理方法
[self.refreshControl addTarget:self action:@selector(refreshData)
forControlEvents:UIControlEventValueChanged];
}
// 该方法返回该表格的各部分包含多少行
- (NSInteger) tableView:(UITableView *)tableView numberOfRowsInSection:
(NSInteger)section
```

```
{
    return [_list count];
}
// 该方法的返回值将作为指定表格行的UI控件
- (UITableViewCell*) tableView:(UITableView *)tableView
cellForRowAtIndexPath:(NSIndexPath *)indexPath
{
    static NSString *myId = @"moveCell";
    // 获取可重用的单元格
    UITableViewCell *cell = [tableView
dequeueReusableCellWithIdentifier:myId];
    // 如果单元格为nil
    if(cell == nil)
    {
        // 创建UITableViewCell对象
        cell = [[UITableViewCell alloc] initWithStyle:
UITableViewCellStyleDefault reuseIdentifier:myId];
    }
    NSInteger rowNo = [indexPath row];
    // 设置textLabel显示的文本
    cell.textLabel.text = _list [rowNo];
    return cell;
}
// 刷新数据的方法
- (void) refreshData
{
    // 使用延迟2秒来模拟远程获取数据
    [self performSelector:@selector(handleData) withObject:nil
afterDelay:2];
}
- (void) handleData
{
    NSString* randStr = [NSString stringWithFormat:@"%d"
, arc4random() % 10000];    // 获取一个随机数字符串
    [_list addObject:randStr];    // 将随机数字符串添加到_list集合中
    self.refreshControl.attributedTitle = [[NSAttributedString alloc]
initWithString:@"正在刷新..."];
    [self.refreshControl endRefreshing];    // 停止刷新
    [self.tableView reloadData];    // 控制表格重新加载数据
}
@end
```

20.2.5 实战演练——在屏幕中实现遮罩效果

实例20-5	使用UIVisualEffectView控件在屏幕中实现遮罩效果
源码路径	光盘:\daima\20\VisualEffectViewDemo

（1）在故事板中插入创建一个UIVisualEffectView，选择适合的虚拟效果，并且设置它的Position和Size属性。在"contentView"属性上添加想要显示在VisualEffectView上的子视图，例如按钮和图片。并给选择合适的父视图：addSubview:VisualEffectView，如图20-20所示。

由上述故事板界面可以看出"UIVisualEffectView"有如下3个子视图。

❑ UIVisualEffectBackdropView：背景。
❑ UIVisualEffectFilterView：模糊作用的地方。
❑ UIVisualEffectContentView：子视图添加到的地方。

（2）编写文件ViewController.m，将任何子视图添加到UIVisualEffectView的contentView属性上，而不是直接UIVisualEffectView addSubViews。在使用UIVisualEffectView时避免设置透明度少于1.0，否则会使自己和父视图"显示不正常甚至不显示"。可通过遮罩（Masks）为视图内容contentView实现模糊特效，但给其效果视图的父视图添加遮罩会使效果失去作用，并且"Crash"。在使用VisualEffectView的快照功能时，必须捕捉整个屏幕或者窗口使得Effect可见。

执行后的效果如图20-21所示。

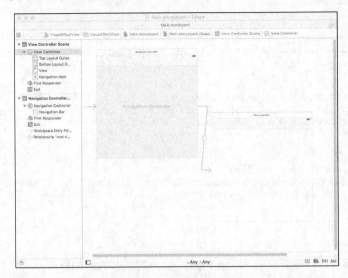

图20-20 故事板界面

图20-21 执行效果

20.2.6 实战演练——编码实现指定图像的模糊效果（Swift 版）

实例20-6	编码实现指定图像的模糊效果
源码路径	光盘:\daima\20\VisualEffectsmaster

（1）本项目工程的最终目录结构和故事板界面如图20-22所示。

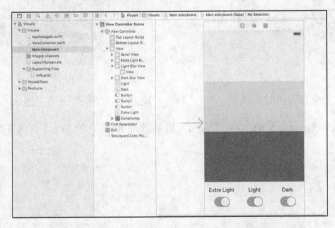

图20-22 本项目工程的最终目录结构和故事板界面

（2）视图界面控制器文件ViewController.swift的具体实现代码如下所示：

```
import UIKit
class ViewController: UIViewController {
    let animationDuration = 0.5
    @IBOutlet var imageView: UIImageView!
    @IBOutlet var extraLightBlurView: UIVisualEffectView!
    @IBOutlet var lightBlurView: UIVisualEffectView!
    @IBOutlet var darkBlurView: UIVisualEffectView!
    override func viewDidLoad() {
        super.viewDidLoad()
    }
```

```
override func didReceiveMemoryWarning() {
    super.didReceiveMemoryWarning()
}
@IBAction func extraLightSwitchChanged(sender: UISwitch) {
    UIView .animateWithDuration(self.animationDuration, animations: { () -> Void in
        self.extraLightBlurView.alpha = sender.on ? 1.0:0.0
    })
}

@IBAction func lightSwitchChanged(sender: UISwitch) {
    UIView .animateWithDuration(self.animationDuration, animations: { () -> Void in
        self.lightBlurView.alpha = sender.on ? 1.0:0.0
    })
}

@IBAction func darkSwitchChanged(sender: UISwitch) {
    UIView .animateWithDuration(self.animationDuration, animations: { () -> Void in
        self.darkBlurView.alpha = sender.on ? 1.0:0.0
    })
}
```

全都关闭时的效果如图20-23所示，打开第一项"Extra Light"后的效果如图20-24所示。

图20-23 全都关闭时的效果　　　　图20-24 打开第一项"Extra Light"后的效果

打开第一项"Extra Light"和第二项"Light"后的效果如图20-25所示，3项开关按钮全都打开后的效果如图20-26所示。

图20-25 打开第一项和第二项后的效果　　　　图20-26 3项开关按钮全都打开后的效果

第 21 章　iPad弹出框和分割视图控制器

本章将详细讲解表视图和分割视图控制器的基本知识，这是两个重要的iOS界面元素。表视图让用户能够有条不紊地在大量信息中导航，这种UI元素相当于分类列表。而iPad提供了SplitViewController，能够将表、弹出框和详细视图融为一体，让用户获得类似于使用iPad应用程序Mail（电子邮件）的体验。希望通过本章内容的学习，能够为读者步入本书后面知识的学习打下基础。

21.1　iPad 弹出框控制器（UIPopoverPresentationController）

> 知识点讲解光盘：视频\知识点\第21章\iPad弹出框控制器.mp4

弹出框是iPad中的一个独有的UI元素。能够在现有视图上显示内容，并通过一个小箭头指向一个屏幕对象（如按钮）以提供上下文。弹出框在iPad应用程序中无处不在，例如，在Mail和Safari中都用到过。通过使用弹出框，可在不离开当前屏幕的情况下向用户显示新信息，还可在用户使用完毕后隐藏这些信息。几乎没有与弹出框对应的桌面元素，但弹出框大致类似于工具面板、检查器面板和配置对话框。也就是说，它们在iPad屏幕上提供了与内容交互的用户界面，但不永久性占据空间。与前面介绍的模态场景一样，弹出框的内容也由一个视图和一个视图控制器决定，不同之处在于，弹出框还需要另一个控制器对象——弹出框控制器（UIPopoverPresentationController），这是从iOS 8才开始提供的，能够指定弹出框的大小及箭头指向。用户使用完弹出框后，只要触摸弹出框外面就可自动关闭它。然而，与模态场景一样，也可以在Interface Builder编辑器中直接配置弹出框，而无需编写一行代码。

21.1.1　创建弹出框

弹出框的创建步骤与创建模态场景的方法完全相同。除了显示方式外，弹出框与其他视图完全相同。首先在项目的故事板中新增一个场景，再创建并指定提供支持的视图控制器类。这个类将为弹出框提供内容，因此被称为弹出框的"内容视图控制器"。在初始故事板场景中，创建一个用于触发弹出框的UI元素。而不同点在于，不是在该UI元素和您要在弹出框中显示的场景之间添加模态切换，而是创建弹出切换。

在iOS 11程序中，UIPopoverPresentationController的常用属性如下所示。

❑ sourceRect：指定箭头所指区域的矩形框范围，以sourceview的左上角为坐标原点。

❑ permittedArrowDirections：箭头方向。

　sourceView：sourceRect以这个View的左上角为原点。

❑ barButtonItem：如果有navigationController，并且从right/leftBarButtonItem单击后出现popover，则可以把right/leftBarButtonItem看作是sourceView。默认箭头指向up。因为up是最合适的方向，所以在这种情况下可以不设置箭头方向。

21.1.2　创建弹出切换

要想创建弹出切换，需要先按住Control键，并从用于显示弹出框的UI元素拖曳到为弹出框提供内容的视图控制器中。在Xcode中指定故事板切换的类型时选择Popover，如图21-1所示。此时将发现要在弹出框中显示的场景发生了细微的变化：Interface Builder编辑器将该场景顶部的状态栏删除了，视图显示为一个平淡的矩形。这是因为弹出框显示在另一个视图上面，所以状态栏没有意义。

1. 设置弹出框大小

另一个不那么明显的变化是可调整视图的大小。通常与视图控制器相关联的视图的大小被锁定，与iOS设备（这里是iPad）屏幕相同。然而当显示弹出框时，其场景必须更小些。

对于弹出框来说，Apple允许的最大宽度为600点，而允许的最大高度与iPad屏幕相同，但是笔者建议宽度不超过320点。要设置弹出框的大小，需要选择给弹出框提供内容的场景中的视图，再打开Size Inspector(Option+ Command+5)。然后，在文本框Width和Height中输入弹出框的大小，如图21-2所示。

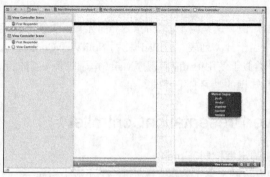

图21-1 将切换类型设置为Popover

图21-2 通过配置内容视图设置弹出框的大小

当设置视图的大小后，Interface Builder编辑器中场景的可视化界面会显示相应的变化，这使得创建内容视图容易得多。

2. 配置箭头方向以及要忽略的对象

设置弹出框的大小后，你可能想配置切换的几个属性。选择启动场景中的弹出切换，再打开Attributes Inspector（Option+ Command+4），如图21-3所示。

在Storyboard Segue部分，首先为该弹出切换指定标识符。通过指定标识符能够以编程方式启动该弹出切换。然后指定弹出框箭头可指向的方向，这个方向决定了iOS将把弹出框显示在屏幕的什么地方。显示弹出框后，用户通过触摸弹出框外面的方式可以让它消失。如果想要在用户触摸某些UI元素时弹出框不消失，只需从文本框Passthrough中拖曳到这些对象即可。

图21-3 通过编辑切换的属性配置弹出框的行为

> 注意：在默认情况下，弹出框的"锚"在按住Control键并从UI元素拖曳到视图控制器时被设置。锚为弹出框的箭头将指向的对象。与前面介绍的模态切换一样，可创建不锚定的通用弹出切换。为此，可按住Control键，从始发视图控制器拖曳到弹出框内容视图控制器，并在提示时选择弹出切换。稍后将介绍如何从任何按钮打开这种通用的弹出框。

21.1.3 实战演练——弹出模态视图

本实例实现了iPad中模态视图的效果，如果在视图ControllerA中单击某个按钮，会弹出一个模态视图显示视图ControllerB的内容，这里的主动弹出视图ControllerA的功能就是通过UIPopoverPresentationController控件实现的。

实例21-1	弹出模态视图
源码路径	光盘:\daima\21\UIPopoverPresentationController

（1）创建一个单视图iOS项目，工程的最终目录结构如图21-4所示。
（2）在故事板Main.storyboard中只设计一个视图界面，如图21-5所示。

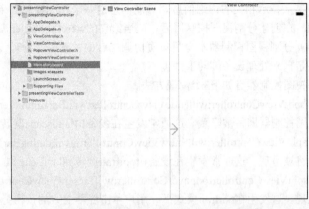

图21-4 工程的目录结构　　　　图21-5 故事板Main.storyboard设计界面

（3）文件ViewController.m实现主视图界面功能，设置在屏幕中只显示一个"button"按钮，单击按钮后将弹出一个主动视图界面（程序见光盘）。

（4）文件PopoverViewController.m实现弹出主动视图界面的功能，可以选择5种背景颜色，主要实现代码如下所示：

```
- (void)viewDidLoad {
    [super viewDidLoad];
    self.tableView = [[UITableView alloc] initWithFrame:self.view.frame];
    [self.view addSubview:self.tableView];
    self.tableView.dataSource = self;
    self.tableView.delegate = self;
    self.tableView.scrollEnabled = NO;
    
    self.colorArray = [[NSMutableArray alloc] initWithObjects:@"green",@"gray",@"blue",
    @"purple", @"yellow", nil];
}
```

执行后的效果如图21-6所示。

21.2 探索分割视图控制器

知识点讲解光盘：视频\知识点\第21章\探索分割视图控制器.mp4

图21-6 执行效果

本节将要讲解的分割视图控制器只能用于iPad，它不但是一种可以在应用程序中添加的功能，还是一种可用来创建完整应用程序的结构。分割视图控制器让我们能够在一个iPad屏幕中显示两个不同的场景。在横向模式下，屏幕左边的三分之一为主视图控制器的场景，而右边包含详细视图控制器场景。在纵向模式下，详细视图控制器管理的场景将占据整个屏幕。在这两个区域可以根据需要使用任何类型的视图和控件，例如选项卡栏控制器和导航控制器等。

21.2.1 分割视图控制器基础

在大多数使用分割视图控制器的应用程序中，它都将表、弹出框和视图组合在一起，其工作方式如下所示。

在横向模式下，左边显示一个表，让用户能够做出选择；用户选择表中的元素后，详细视图将显示该元素的详细信息。如果iPad被旋转到纵向模式，表将消失，而详细视图将填满整个屏幕；要进行导航，用户可触摸一个工具栏按钮，这将显示一个包含表的弹出框。这可以让用户轻松地在大量信息中导航，并在需要时将重点放在特定元素上。

分割视图控制器是iPad专用的全屏控制器，它使用一小部分屏幕来显示导航信息，然后使用剩下的大部分屏幕来显示相关的详细信息。导航信息由一个视图控制器来管理，详细信息由另一个视图控制器来管理。在创建分割视图控制器后，应当给它的viewControllers属性添加两个（不能多也不能少）视图控制器。分割视图控制器本身只负责协调二者的关系以及处理设备旋转事件（如弹出控制器一样，最好不要亲自来处理设备旋转事件）。

分割视图控制器有如下3个代理方法。

（1）splitViewController:willHideViewController:withBarButtonItem:forPopoverController：用于通知代理一个视图控制器即将被隐藏。这通常发生在设备由landscape旋转到portrait方向时。

（2）splitViewController:willShowViewController:invalidatingBarButtonItem：用于通知代理一个视图控制器即将被呈现。这通常发生在设备由portrait旋转到landscape方向时。

（3）splitViewController:popoverController:willPresentViewController：用于通知代理一个弹出控制器即将被呈现。这发生在portrait模式下，用户单击屏幕上方的按钮弹出导航信息时。

无论是Apple提供的iPad应用程序还是第三方开发的iPad应用程序，都广泛地使用了这种应用程序结构。例如，应用程序Mail（电子邮件）使用分割视图显示邮件列表和选定邮件的内容。在诸如Dropbox等流行的文件管理应用程序中，也在左边显示文件列表，并在详细视图中显示选定文件的内容，如图21-7所示。

1．实现分割视图控制器

要在项目中添加分割视图控制器，可以将其从对象库拖曳到故事板中。在故事板中，它必须是初始视图，我们不能从其他任何视图切换到它。添加后会包含多个与主视图控制器和详细视图控制器相关联的默认视图，如图21-8所示。

图21-7 左边是一个表，右边是详细信息

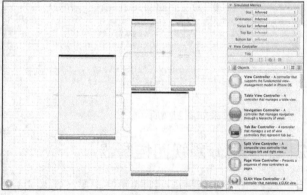
图21-8 添加分割视图控制器

可以将这些默认视图删除，添加新场景，再在分割视图控制器和"主/详细"场景之间重新建立关系。因此，按住Control键，从分割视图控制器对象拖曳到主场景或详细场景，再在Xcode提示时选择Relationship - masterViewController或Relationship - detailViewController。

在Interface Builder编辑器中，分割视图控制器默认以纵向模式显示。这让它看起来好像只包含一个场景（详细信息场景）。要切换到横向模式，以便同时看到主视图和详细信息视图，首先选择分割视图控制器对象，再打开Attributes Inspector(Option+Command+4)，并从下拉列表Orientation中选择Landscape。这将改变分割视图控制器在编辑器中的显示方式，且不会对应用程序的功能有任何影响。

在设置好分割视图控制器后，就可以像通常那样创建应用程序了，但是会有如下两个彼此独立的部分：

❑ 主场景；
❑ 详细场景。

为了在它们之间实现信息共享，每部分的视图控制器都可以通过管理它的分割视图控制器来访问另一部分。例如主视图控制器可以通过如下代码获取详细视图控制器：

```
[self.splitViewController.viewControllers lastObject]
```

而详细视图控制器可使用如下代码获取主视图控制器：

```
[self.splitViewController.viewControllers objectAtIndex:0]
```

属性splitViewController包含了一个名为viewControllers的数组。通过使用NSArray的方法lastObject，可以获取该数组的最后一个元素（详细信息视图）。通过调用方法objectAtIndex，并将索引传递给它，可以获取该数组的第一个元素（主视图）。这样两个视图控制器就可以交换信息了。

2. 模板Master-Detail Application

开发人员可以根据自己的喜好使用分割视图控制器，并且Apple为开发人员提供了模板Master-Detail Application，这样可以很容易地完成这种工作。其实，Apple在有关分割视图控制器的文档中也推荐您使用该模板，而不是从空白开始。该模板自动提供了所有功能，并且无需处理弹出框，无需设置视图控制器，也无需在用户旋转iPad后重新排列视图。我们只需给表和详细视图提供内容即可，这些分别是在模板的MasterViewController类（表视图控制器）和DetailViewController类中实现的。更重要的是，使用模板Master-Detail Application可轻松地创建通用应用程序，在iPhone和iPad上都能运行。在iPhone上，这种应用程序将MasterViewController管理的场景显示为一个可滚动的表，并在用户触摸单元格时使用导航控制器显示DetailViewController管理的场景。同一个应用程序可在iPhone和iPad上运行，因此在本章中大家将首次涉足通用应用程序开发，但在此之前先创建一个表视图应用程序。

模板Master-Detail Application提供了一个主应用程序的起点。它提供了一个配置有导航控制器的用户界面，显示项目清单和一个能在iPad上拆分的视图。

21.2.2 实战演练——使用表视图（双语实现：Objective-C版）

在本节的演示实例中将创建一个表视图，它包含两个分区，这两个分区的标题分别为Red和Blue，且分别包含常见的红色和绿色花朵的名称。除标题外，每个单元格还包含一幅花朵图像和一个展开箭头。用户触摸单元格时，将出现一个提醒视图，指出选定花朵的名称和颜色。

实例21-2	使用表视图
源码路径	光盘:\daima\21\Table-Obj

1. 创建项目

（1）打开Xcode，使用iOS模板SingleView Application创建一个项目，并将其命名为Table。把标准ViewController类用作表视图控制器，因为它在实现方面提供了极大的灵活性。

（2）添加图像资源。在创建的表视图中将显示每种花朵的图像。为了添加花朵图像，将本实例用到的素材图片保存在文件夹"Images"中，如图21-9所示。

将文件夹"Images"拖曳到项目代码编组中，并在Xcode提示时选择复制文件并创建编组。

图21-9 素材图片

（3）规划变量和连接。在这个项目中需要两个数组（redFlowers和blueFlowers）。顾名思义，它们分别包含一系列要在表视图中显示的红色花朵和蓝色花朵。每种花朵的图像文件名与花朵名相同，只需在这些数组中的花朵名后面加上".png"后缀就可以访问相应的花朵图像。在此只需要建立两个连接，即将UITableView的输出口delegate和dataSource连接到ViewController。

（4）添加表示分区的常量。为了以更抽象的方式来引用分区，特意在文件ViewController.m中添加了几个常量。在文件ViewController.m中，在#import代码行下方添加如下代码行：

```
#define kSectionCount 2
#define kRedSection 0
#define kBlueSection 1
```

其中第一个常量kSectionCount指的是表视图将包含多少个分区，而其他两个常量（kRedSection和kBlueSection）将用于引用表视图中的分区。

2．设计界面

打开文件MainStoryboard.storyboard，并拖曳一个表视图（UITableView）实例到场景中。调整表视图的大小，使其覆盖整个场景。然后选择表视图并打开Attributes Inspector (Option+ Command+4)，将表视图样式设置为Grouped，如图21-10所示。

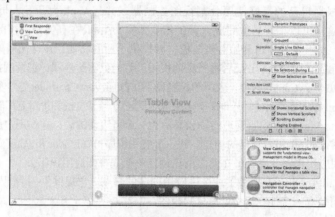

图21-10　设置表视图的属性

接下来在编辑器中单击单元格以选择它，也可在文档大纲中展开表视图对象，再选择单元格对象。然后在Attributes Inspector中先将单元格标识符设置为flowerCell，如果不这样做，应用程序就无法正常运行。

接下来将样式设置为Basic，并使用下拉列表Image选择前面添加的图像资源之一。使用下拉列表Accessory在单元格中添加Detail Disclosure（详细信息展开箭头）。这样单元格已准备就绪，笔者完成后的UI界面效果如图21-11所示。

3．连接输出口delegate和dataSource

要让表视图显示信息并在用户触摸时做出反应，它必须知道在哪里能够找到委托和数据源协议的方法，这些工作将在类ViewController中实现。首先选择场景中的表视图对象，再打开Connections Inspector（Option+Command+6）。在Connections Inspector中，从输出口delegate拖曳文档大纲中的ViewController对象，对输出口dataSource执行同样的操作。现在的Connections Inspector如图21-12所示。

图21-11　设计好的原型单元格

图21-12　将输出口delegate和dataSource
连接到视图控制器

4．实现应用程序逻辑

本实例需要实现两个协议，以便填充表视图（UITableViewDataSource）以及在用户选择单元格时做出响应（UITableViewDelegate）。

（1）填充花朵数组

在此需要2个数组来填充表视图：一个包含红色花朵，另一个包含蓝色花朵。因为在整个类中都将访问这些数组，因此必须将它们声明为实例变量/属性。所以打开文件ViewController.h，在@interface代码行下方声明属性redFlowers和blueFlowers：

```
@property (nonatomic, strong) NSArray *redFlowers;
@property (nonatomic, strong) NSArray *blueFlowers;
```

然后打开文件ViewController.m，在@implementation代码行下方添加配套的编译指令：

```
@synthesize:
@synthesize redFlowers;
@synthesize blueFlowers;
```

在文件ViewController.m的方法viewDidUnload中，执行清理工作，将这两个属性设置为nil：

```
[self setRedFlowers:nil];
[self setBlueFlowers:nil];
```

为了使用花朵名填充这些数组，在文件ViewController.m的方法viewDidLoad中，分配并初始化它们，具体代码如下所示：

```
- (void)viewDidLoad
{
    self.redFlowers = [[NSArray alloc]
                        initWithObjects:@"aa",@"bb",@"cc",
                        @"dd",nil];
    self.blueFlowers = [[NSArray alloc]
                         initWithObjects:@"ee",@"ff",
                         @"gg",@"hh",@"ii",nil];

    [super viewDidLoad];
    // Do any additional setup after loading the view, typically from a nib.
}
```

这样，为实现表视图数据源协议所需的数据都准备就绪了：指定表视图布局的常量以及提供信息的花朵数组。

（2）实现表视图数据源协议

为了给表视图提供信息，总共需要实现如下4个数据源协议方法。

❑ numberOfSectionsInTableView。
❑ tableView:numberOfRowsInSection。
❑ tableView:titleForHeaderInSection。
❑ tableView:cellForRowAtIndexPath。

下面依次实现这些方法，但首先需要将类ViewController声明为遵守协议UITableViewDataSource。因此，打开文件ViewController.h，将@interface代码行修改为下面的代码：

```
@interface ViewController  :UIViewController <UITableViewDataSource>
```

接下来分别实现上述方法。其中numberOfSectionsInTableView方法用于返回表视图将包含的分区数，因为已经将其存储在kSectionCount中，所以只需返回该常量就大功告成了。此方法的具体代码如下所示：

```
- (NSInteger)numberOfSectionsInTableView:(UITableView *)tableView
{
    return kSectionCount;
}
```

方法tableView:numberOfRowsInSection用于返回分区包含的行数，即红色分区的红色花朵数和蓝色分区的蓝色花朵数。可以将参数section与表示红色分区和蓝色分区的常量进行比较，并使用NSString的方法count返回相应数组包含的元素数。此方法的具体代码如下所示：

```objc
- (NSInteger)tableView:(UITableView *)tableView
    numberOfRowsInSection:(NSInteger)section
{
    switch (section) {
        case kRedSection:
            return [self.redFlowers count];
        case kBlueSection:
            return [self.blueFlowers count];
        default:
            return 0;
    }
}
```

在上述代码中，switch语句用于检查传入的参数section，如果此参数与常量kRedSection匹配，则返回数组redFlowers包含的元素数；如果与常量kBlueSection匹配，则返回数组BlueFlowers包含的元素数。其中的default分支应该不会执行，因此返回0，表示不会有任何问题。

而tableView:titleForHeaderInSection更简单，它必须将传入参数section与表示红色分区和蓝色分区的常量进行比较，但只需返回表示分区标题的字符串（红或蓝）。在项目中添加如下所示的代码：

```objc
- (NSString *)tableView:(UITableView *)tableView
titleForHeaderInSection:(NSInteger)section {
    switch (section) {
        case kRedSection:
            return @"红";
        case kBlueSection:
            return @"蓝";
        default:
            return @"Unknown";
    }
}
```

再看最后一个数据源协议方法，此方法提供了单元格对象表示视图显示。在这个方法中，必须根据前面在Interface Builder中配置的标识符flowerCell创建一个新的单元格，再根据传入的参数indexPath，使用相应的数据填充该单元格的属性imageView和textLable。在文件ViewController.m中通过如下代码创建这个方法：

```objc
- (UITableViewCell *)tableView:(UITableView *)tableView
        cellForRowAtIndexPath:(NSIndexPath *)indexPath
{
    UITableViewCell *cell = [tableView
                    dequeueReusableCellWithIdentifier:@"flowerCell"];
    switch (indexPath.section) {
        case kRedSection:
            cell.textLabel.text=[self.redFlowers
                            objectAtIndex:indexPath.row];
            break;
        case kBlueSection:
            cell.textLabel.text=[self.blueFlowers
                            objectAtIndex:indexPath.row];
            break;
        default:
            cell.textLabel.text=@"Unknown";
    }
    UIImage *flowerImage;
    flowerImage=[UIImage imageNamed:
                [NSString stringWithFormat:@"%@%@",
                 cell.textLabel.text,@".png"]];
    cell.imageView.image=flowerImage;
    return cell;
}
```

（3）实现表视图委托协议

表视图委托协议处理用户与表视图的交互。要在用户选择了单元格时检测到这一点，必须实现委托协议方法tableView:didSelectRowAtIndexPath。这个方法在用户选择单元格时自动被调用，且传递给它的参数IndexPath包含属性section和row，这些属性指出了用户触摸的是哪个单元格。

在编写这个方法前，需要再次修改文件ViewController.h中的代码行@interface，指出这个类要遵守协议UITableViewDelegate：

```
@interface ViewController   :UIViewController
<UITableViewDataSource, UITableViewDelegate>
```

本实例将使用UIAlertView显示一条消息，将这个委托协议方法加入到文件ViewController.m中，具体代码如下所示：

```
- (void)tableView:(UITableView *)tableView
         didSelectRowAtIndexPath:(NSIndexPath *)indexPath {

    UIAlertView *showSelection;
    NSString    *flowerMessage;

    switch (indexPath.section) {
        case kRedSection:
            flowerMessage=[[NSString alloc]
                           initWithFormat:
                           @"你选择了红色 - %@",
                           [self.redFlowers objectAtIndex: indexPath.row]];
            break;
        case kBlueSection:
            flowerMessage=[[NSString alloc]
                           initWithFormat:
                           @"你选择了蓝色 - %@",
                           [self.blueFlowers objectAtIndex: indexPath.row]];
            break;
        default:
            flowerMessage=[[NSString alloc]
                           initWithFormat:
                           @"我不知道选什么!?"];
            break;
    }

    showSelection = [[UIAlertView alloc]
                     initWithTitle: @"已经选择了"
                     message:flowerMessage
                     delegate: nil
                     cancelButtonTitle: @"Ok"
                     otherButtonTitles: nil];
    [showSelection show];
}
```

在上述代码中，第4行和第5行声明了变量flowerMessage和showSelection，它们分别是要向用户显示的消息字符串以及显示消息的UIAlertView实例。第7～25行使用switch语句和indexPath.section判断选择的单元格属于哪个花朵数组，并使用indexPath.row确定是数组中的哪个元素。然后分配并初始化一个字符串flowerMessage，其中包含选定花朵的信息。第27～33行创建并显示一个提醒视图（showSelection），其中包含消息字符串（flowerMessage）。

到此为止，整个实例介绍完毕。执行后能够在划分成分区的花朵列表中上下滚动。表中的每个单元格都显示一幅图像、一个标题和一个展开箭头（它表示触摸它将发生某种事情）。选择一个单元格将显示一个提醒视图，指出触摸的是哪个分区以及选择的是哪一项，如图21-13所示。

图21-13 执行效果

21.2.3 实战演练——使用表视图（双语实现：Swift 版）

实例21-3	使用表视图
源码路径	光盘:\daima\21\Table-Swift

本实例是上一个实例的Swift版本，具体功能和执行效果完全相同，具体实现代码请参阅本书附带光盘中的源码。

21.2.4 实战演练——创建基于主从关系的分割视图（Swift 版本）

实例21-4	创建基于主从关系的分割视图
源码路径	光盘:\daima\21\SplitViewController-master-2

本实例执行后首先显示主界面视图，在主界面中单击"push me"后会来到子界面，在子界面会分割显示不同的内容。具体实现流程如下所示。

（1）实例文件SplitViewController.swift功能是创建分割视图界面，设置分割显示的子内容元素，主要实现代码如下所示：

```swift
public override func viewDidLoad() {
    super.viewDidLoad()
    
    addChildViewController(upperVC)
    addChildViewController(lowerVC)
    
    upperVC.willMove(toParentViewController: self)
    lowerVC.willMove(toParentViewController: self)
    
    upperContainer.addSubview(upperVC.view)
    lowerContainer.addSubview(lowerVC.view)
    
    upperVC.didMove(toParentViewController: self)
    lowerVC.didMove(toParentViewController: self)
    
    upperVC.view.translatesAutoresizingMaskIntoConstraints = false
    lowerVC.view.translatesAutoresizingMaskIntoConstraints = false
}

public override func updateViewConstraints() {
    super.updateViewConstraints()
    
    let upperTop = NSLayoutConstraint.init(item: upperVC.view, attribute: .top, relatedBy: .equal, toItem: upperContainer, attribute: .top, multiplier: 1, constant: 0)
    let upperBottom = NSLayoutConstraint.init(item: upperVC.view, attribute: .bottom, relatedBy: .equal, toItem: upperContainer, attribute: .bottom, multiplier: 1, constant: 0)
    let upperLeading = NSLayoutConstraint.init(item: upperVC.view, attribute: .leading, relatedBy: .equal, toItem: upperContainer, attribute: .leading, multiplier: 1, constant: 0)
    let upperTrailing = NSLayoutConstraint.init(item: upperVC.view, attribute: .trailing, relatedBy: .equal, toItem: upperContainer, attribute: .trailing, multiplier: 1, constant: 0)
    upperContainer.addConstraints([upperTop, upperBottom, upperLeading, upperTrailing])
    
    let lowerTop = NSLayoutConstraint.init(item: lowerVC.view, attribute: .top, relatedBy: .equal, toItem: lowerContainer, attribute: .top, multiplier: 1, constant: 0)
    let lowerBottom = NSLayoutConstraint.init(item: lowerVC.view, attribute: .bottom, relatedBy: .equal, toItem: lowerContainer, attribute: .bottom, multiplier: 1, constant: 0)
    let lowerLeading = NSLayoutConstraint.init(item: lowerVC.view, attribute: .leading, relatedBy: .equal, toItem: lowerContainer, attribute: .leading, multiplier: 1, constant: 0)
    let lowerTrailing = NSLayoutConstraint.init(item: lowerVC.view, attribute: .trailing, relatedBy: .equal, toItem: lowerContainer, attribute: .trailing, multiplier: 1, constant: 0)
    lowerContainer.addConstraints([lowerTop, lowerBottom, lowerLeading, lowerTrailing])
}
```

（2）实例文件ViewController.swift的功能是监听用户单击屏幕，单击后在顶部分割视图显示指定的网页，主要实现代码如下所示：

```
class ViewController: UIViewController {

    @IBAction func buttonDidTap(_ sender: Any) {
        let upperVC = SFSafariViewController.init(url: URL.init(string: "https://twitter.com/hiragram")!)
        let lowerVC = UIStoryboard.init(name: "TableViewController", bundle: nil).instantiateInitialViewController()!
        let splitVC = SplitViewController.init(upperViewController: upperVC, lowerViewController: lowerVC)
        self.present(splitVC, animated: true, completion: nil)
    }
}
```

执行效果如图21-14所示。

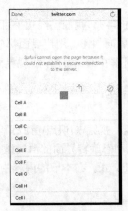

主界面效果　　　　　　　　子界面效果

图21-14 执行效果

第22章 界面旋转、大小和全屏处理

通过本书前面内容的学习,我们已经几乎可以使用任何iOS界面元素,但是还不能实现可旋转界面的效果。无论iOS设备的朝向如何,用户界面都应看起来是正确的,这是用户期望应用程序具备的一个重要特征。本章将详细讲解在iOS程序中实现界面旋转和大小调整的方法。

22.1 启用界面旋转

> 知识点讲解光盘:视频\知识点\第22章\启用界面旋转.mp4

iPhone是第一款可以动态旋转界面的消费型手机,使用起来既自然又方便。在创建iOS应用程序时,务必考虑用户将如何与其交互。在本节的内容中,将详细讲解启用界面旋转的基本知识。

22.1.1 界面旋转基础

本书前面创建的项目仅仅支持有限的界面旋转功能,此功能是由视图控制器的一个方法中的一行代码实现的。当我们使用iOS模板创建项目时,默认将添加这行代码。当iOS设备要确定是否应旋转界面时,它向视图控制器发送消息shouldAutorotateToInterfaceOrientation,并提供一个参数来指出它要检查哪个朝向。

在iOS程序中,shouldAutorotateToInterfaceOrientation会对传入的参数与iOS定义的各种朝向常量进行比较,并对要支持的朝向返回TRUE(或YES)。在iOS应用中,会用到如下4个基本的屏幕朝向常量。

(1)UIInterfaceOrientationPortrait:纵向。
(2)UiInterfaceOrientationPortraitUpsideDown:纵向倒转。
(3)UIInterfaceOrientationLandscapeLeft:主屏幕按钮在左边的横向。
(4)UIInterfaceOrientationLandscapeRight:主屏幕按钮在右边的横向。

例如,要让界面在纵向模式或主屏幕按钮位于左边的横向模式下都旋转,可以在视图控制器中通过如下代码实现,用方法shouldAutorotateToInterfaceOrientation启用界面旋转:

```
- ( BOOL) shouldAutorotateToInterfaceOrientation:
  (UIInterfaceOrientation)interfaceOrientation
  {
   return (interfaceOrientation==UlInterfaceOrientationPortrait ||
interfaceOrientation==UlInterfaceOrientationLandscapeLeft);
  }
```

这样只需一条return语句就可以了,会返回一个表达式的结果,该表达式将传入的朝向参数interfaceOrientation与UIInterfaceOrientationPortrait和UIInterfaceOrientationLandscapeLeft进行比较。只要任何一项比较为真,便会返回TRUE。如果检查的是其他朝向,该表达式的结果为FALSE。只需在视图控制器中添加这个简单的方法,应用程序便能够在纵向和主屏幕按钮位于左边的横向模式下自动旋转界面。

如果使用Apple iOS模板指定创建iOS应用程序,方法shouldAutorotateToInterfaceOrientation将默认支持除纵向倒转外的其他所有朝向。iPad模板支持所有朝向。要想在所有可能的朝向下都旋转界面,可以将方法shouldAutorotateToInterfaceOrentation实现为返回"YES",这也是iPad模板的默认实现方式。

通过Xcode可以很方便地设置项目的界面旋转属性,方法是在项目面板的"Device Orientaion"选项中实现，如图22-1所示。

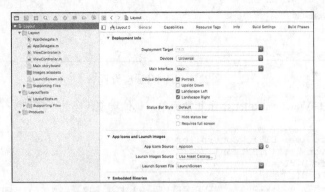

图22-1 Xcode 9的"Device Orientaion"选项

22.1.2 实战演练——实现界面自适应（Swift版）

实例22-1	实现界面自适应
源码路径	光盘:\daima\22\test

（1）打开Xcode 9，在Main.storyboard中为本工程设计一个视图界面，如图22-2所示。

图22-2 Main.storyboard界面

（2）在Media.xcassets中实现界面自适应，实现不同版本iPhone、iPad和cloud的自适应处理，分别如图22-3和图22-4所示。

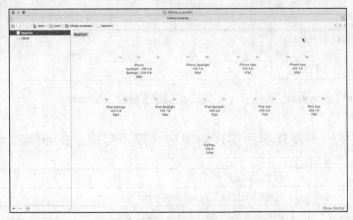

图22-3 Appicon自适应设置

图22-4 cloud自适应设置

（3）视图界面文件ViewController.swift非常简单，具体实现代码如下所示：

```
importUIKit
classViewController: UIViewController {
    @IBOutletvar b1: [UIButton]!
overridefuncviewDidLoad() {
super.viewDidLoad()
        // Do any additional setup after loading the view, typically from a nib.
    }
overridefuncdidReceiveMemoryWarning() {
super.didReceiveMemoryWarning()
        // Dispose of any resources that can be recreated.
    }
}
```

22.1.3 实战演练——设置界面实现自适应（双语实现：Objective-C 版）

实例22-2	设置界面实现自适应
源码路径	光盘:\daima\22\Layout-Obj

（1）创建一个Xcode 9工程，勾选"Device Orientation"选项中的第1、3、4个复选框选项，如图22-5所示。

（2）设计故事板Main.stryboard界面元素，如图22-6所示。

（3）执行效果如图22-7所示。

图22-5 勾选"Device Orientation"选项　　图22-6 故事板Main.stryboard　　图22-7 执行效果

22.1.4 实战演练——设置界面实现自适应（双语实现：Swift 版）

实例22-3	设置界面实现自适应
源码路径	光盘:\daima\22\Layout-Swift

本实例的功能和上一个实例完全一样，并且实现过程完全一致，只是用Swift语言实现而已。为节

省本书篇幅,具体实现步骤将不再列出。

22.2 设计可旋转和可调整大小的界面

知识点讲解光盘: 视频\知识点\第22章\设计可旋转和调整大小的界面.mp4

在本章接下来的内容中,将详细讲解3种创建可旋转和调整大小的界面的方法。

22.2.1 自动旋转和自动调整大小

Xcode Interface Builder编辑器提供了描述界面在设备旋转时如何反应的工具,无需编写任何代码就可以在Interface Builder中定义一个这样的视图,即在设备旋转时相应地调整其位置和大小。在设计任何界面时都应首先考虑这种方法,如果在IntInterface Builder编辑器中能够成功地在单个视图中定义纵向和横向模式,便大功告成了。但是在有众多排列不规则的界面元素时,自动旋转/自动调整大小的效果不佳。如果只有一行按钮当然是没问题的,但如果是大量文本框、开关和图像混合在一起时,可能根本就不管用。

22.2.2 调整框架

每个UI元素都由屏幕上的一个矩形区域定义,这个矩形区域就是UI元素的frame属性。要调整视图中UI元素的大小或位置,可以使用Core Graphics中的C语言函数CGRectMake(x,y,width,height)来重新定义frame属性。该函数接受x和y坐标以及宽度和高度(单位都是点)作为参数,并返回一个框架对象。

通过重新定义视图中每个UI元素的框架,便可以全面控制它们的位置和大小。但是我们需要跟踪每个对象的坐标位置,这本身并不难,但当需要将一个对象向上或向下移动几个点时,可能发现需要调整它上方或下方所有对象的坐标,这就会比较复杂。

22.2.3 切换视图

为了让视图适合不同的朝向,一种更激动人心的方法是给横向和纵向模式提供不同的视图。当用户旋转手机时,当前视图将替换为另一个布局适合该朝向的视图。这意味着可以在单个场景中定义两个布局符合需求的视图,但这也意味着需要为每个视图设置独立的输出口。虽然不同视图中的元素可调用相同的操作,但它们不能共享输出口,因此在视图控制器中需要跟踪的UI元素数量可能翻倍。为了获悉何时需要修改框架或切换视图,可在视图控制器中实现方法villRotateToInterfaceOrientation:toInterfaceOrientation:duration,这个方法要在改变朝向前被调用。

22.2.4 实战演练——使用 Interface Builder 创建可旋转和调整大小的界面

在本节的内容中,将使用Interface Builder内置的工具来指定视图如何适应旋转。因为本实例完全依赖于Interface Builder工具来支持界面旋转和大小调整,所以几乎所有的功能都是在Size Inspector中使用自动调整大小和锚定工具完成的。在本实例将使用一个标签(UILabel)和几个按钮(UIButton),可以将它们换成其他界面元素,你将发现旋转和调整大小处理适用于整个iOS对象库。

实例22-4	使用Interface Builder创建可旋转和调整大小的界面
源码路径	光盘:\daima\22\xuanzhuan

1. 创建项目

首先启动Xcode,并使用Apple模板Single View Application创建一个名为xuanzhuan的项目,如图22-8所示。

打开视图控制器的实现文件ViewController.m,并找到方法shouldAutorotateToInterfaceIOrientation。在该方法中返回YES,以支持所有的iOS屏幕朝向,具体代码如下所示:

```
-(BOOL)
shouldAutorotateToInterfaceOrientation:
    (UlInterfaceOrientation)
interfaceOrientation
{
    return YES;
}
```

2．设计灵活的界面

在创建可旋转和调整大小的界面时，开头与创建其他iOS界面一样，只需拖放即可实现。然后依次选择菜单View>Utilities>Show Object Library打开对象库，拖曳一个标签（UILabel）和4个按钮（UIButton）到视图SimpleSpin中。将标签放在视图顶端居中，并将其标题改为"我不怕旋转"。按如下方式给按钮命名以便能够区分它们："点我1"、"点我2"、"点我3"和"点我4"，并将它们放在标签下方，如图22-9所示。创建可旋转的应用程序界面与创建其他应用程序界面的方法相同。

图22-8 创建工程

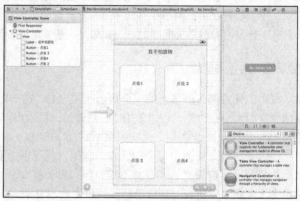
图22-9 创建可旋转的应用程序界面

（1）测试旋转

为了查看旋转后该界面是什么样的，可以模拟横向效果。为此在文档大纲中选择视图控制器，再打开Attributes Inspector(Option+ Command+ 4)，在Simulated Metrics部分，将Orientation的设置改为Landscape，Interface Builder编辑器将相应地调整，如图22-10所示。查看完毕后，务必将朝向改回到Portrait或Inferred。

此时旋转后的视图不太正确，原因是加入到视图中的对象默认锚定其左上角。这说明无论屏幕的朝向如何，对象左上角相对于视图左上角的距离都保持不变。另外在默认情况下，对象不能在视图中调整大小。因此，无论是在纵向还是横向模式下，所有元素的大小都保持不变，哪怕它们不适合视图。为了修复这种问题并创建出与iOS设备相称的界面，需要使用Size Inspector（大小检查器）。

（2）Size Inspector中的Autosizing

自动旋转和自动调整大小功能是通过Size Inspector中的Autosizing设置实现的，如图22-11所示。

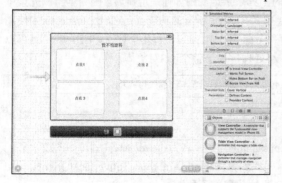
图22-10 修改模拟的朝向以测试界面旋转

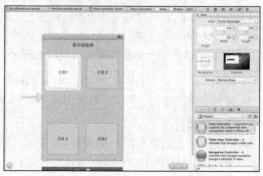
图22-11 Autosizing控制屏幕对象的属性anchor和size

(3）指定界面的Autosizing设置

为了使用合适的Autosizmg属性来修改simplespin界面，需要选择每个界面元素，按快捷键"Option+command+5"打开size Inspector，再按下面的描述配置其锚定和调整大小属性。

- ❏ 我不怕旋转：这个标签应显示在视图顶端并居中，因此其上边缘与视图上边缘的距离应保持不变，大小也应保持不变（Anchor设置为Top，Resizing设置为None）。
- ❏ 点我1：该按钮的左边缘与视图左边缘的距离应保持不变，但应让它在需要时上下浮动。它应能够水平调整大小以填满更大的水平空间（Anchor设置为Left，Resizing设置为Horizontal）。
- ❏ 点我2：该按钮右边缘与视图右边缘之间的距离应保持不变，但应允许它在需要时上下浮动。它应能够水平调整大小以填满更大的水平空间（Anchor设置为Right，Resizing设置为Horizontal）。
- ❏ 点我3：该按钮左边缘与视图左边缘之间的距离应保持不变，其下边缘与视图下边缘之间的距离也应如此。它应能够水平调整大小以填满更大的水平空间，Anchor设置为Left和Bottom，Resizing设置为Horizontal。
- ❏ 点我4：该按钮右边缘与视图右边缘之间的距离应保持不变，其下边缘与视图下边缘之间的距离也应如此。它应能够水平调整大小以填满更大的水平空间（Anchor设置为Right和Bottom，Resizing设置为Horizontal）。

当处理一两个UI对象后，会意识到描述需要的设置所需的时间比实际进行设置要长。指定锚定和调整大小设置后就可以旋转视图了。

此时运行该应用程序（或模拟横向模式）并预览结果，随着设备的移动，界面元素将自动调整大小，如图22-12所示。

22.2.5 实战演练——在旋转时调整控件

图22-12 执行效果

在本章上一个实例中，已经演示了使用Interface Builder编辑器快速创建在横向和纵向模式下都能正确显示的界面。但是在很多情况下，使用Interface Builder都难以满足现实项目的需求，如果界面包含间距不规则的控件且布局紧密，将难以按预期的方式显示。另外，我们还可能想在不同朝向下调整界面，使其看起来截然不同，例如将原本位于视图顶端的对象放到视图底部。在这两种情况下，我们可能想调整控件的框架以适合旋转后的iOS设备屏幕。本节的实例演示了旋转时调整控件的框架的方法，整个实现逻辑很简单：当设备旋转时，判断它将旋转到哪个朝向，然后设置每个要调整其位置或大小的UI元素的frame属性。下面就介绍如何完成这种工作。

本实例将创建两次界面，在Interface Builder编辑器中创建该界面的第一个版本后，将使用Size Inspector获取其中每个元素的位置和大小，然后旋转该界面，并调整所有控件的大小和位置，使其适合新朝向，并再次收集所有的框架值。最后通过一个方法实现设置在设备朝向发生变化时自动设置每个控件的框架值。

实例22-5	在旋转时调整控件
源码路径	光盘:\daima\22\kuang

1．创建项目

本实例不能依赖于单击来完成所有工作，因此需要编写一些代码。首先也是需要使用模板Single View Application创建一个项目，并将其命名为kuang。

（1）规划变量和连接

在本实例中将手工调整3个UI元素的大小和位置：2个按钮（UIButton）和1个标签（UILabel）。首先需要编辑头文件和实现文件，在其中包含对应于每个UI元素的输出口：buttonOne、buttonTwo和viewLabel。我们需要实现一个方法，但它不是由UI触发的操作。我们将编写willRotateToInterfaceOrientation:toInterfaceOrientation:duration的实现，每当界面需要旋转时都将自动调用它。

（2）启用旋转

因为必须在方法shouldAutorotateToInterfaceOrientation中启用旋转，所以需要修改文件ViewController.m，使其包含在本章上一个实例中添加的实现，具体代码如下所示：

```
- (BOOL)shouldAutorotateToInterfaceOrientation:(UIInterfaceOrientation) interfaceOrientation
{
    // Return YES for supported orientations
    return YES;
}
```

2．设计界面

单击文件MainStoryboard.storyboard开始设计视图，具体流程如下所示。

（1）禁用自动调整大小

首先单击视图以选择它，并按Option+ Command+4快捷键打开Attributes Inspector。在View部分取消选中复选框AutoresizeSubviews，如图22-13所示。

如果没有禁用视图的自动调整大小功能，则应用程序代码调整UI元素的大小和位置的同时，iOS也将尝试这样做，但是结果可能极其混乱。

（2）第一次设计视图

接下来需要像创建其他应用程序一样设计视图，在对象库中单击并拖曳这些元素到视图中。将标签的文本设置为"改变框架"，并将其放在视图顶端；将按钮的标题分别设置为"点我1"和"点我2"，并将它们放在标签下方，最终的布局如图22-14所示。

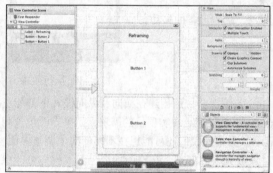

图22-13 禁用自动调整大小　　　　　　　　图22-14 设计视图

在获得所需的布局后，通过Size Inspector获取每个UI元素的frame属性值。首先选择标签，并按"Option+ Command+5"快捷键打开Size Inspector。单击Origin方块左上角，将其设置为度量坐标的原点。然后确保在下拉列表Show中选择了Frame Rectangle，如图22-15所示。

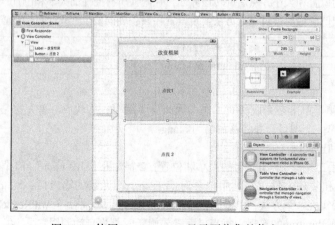

图22-15 使用Size Inspector显示要收集的信息

然后将该标签的X、Y、W（宽度）和H（高度）属性值记录下来，它们表示视图中对象的frame属性。对两个按钮重复上述过程。对于每个UI元素都将获得4个值，其中iPhone项目中的框架值如下所示。

- 标签：X为95.0、Y为22.0、W为130.0、H为22.0。
- 点我1：X为22.0、Y为50.0、W为280.0、H为190.0。
- 点我2：X为22.0、Y为250.0、W为280.0、H为190.0。

iPad项目中的框架值如下所示。

- 标签：X为275.0、Y为22.0、W为225.0、H为60.0。
- 点我1：X为22.0、Y为168.0、W为728.0、H为400.0。
- 点我2：X为22.0、Y为584.0、W为728.0、H为400.0。

（3）重新排列视图

接下来重新排列视图，这是因为收集了配置纵向视图所需要的所有frame属性值，但是还没有定义标签和按钮在横向视图中的大小和位置。为了获取这些信息，需要以横向模式重新排列视图，收集所有的位置和大小信息，然后撤销所做的修改。此过程与前面做的类似，但是必须将设计视图切换横向模式。所以在文档大纲中选择视图控制器，再在Attributes Inspector(Option+Command+4)中将Orientation的设置改为Landscape。当切换到横向模式后，调整所有元素的大小和位置，使其与我们希望它们在设备处于横向模式时的大小和位置相同。由于将以编程方式来设置位置和大小，因此对如何排列它们没有任何限制。在此将"点我1"放在顶端，并使其宽度比视图稍小；将"点我2"放在底部，并使其宽度比视图稍小；将标签"改变框架"放在视图中央，如图22-16所示。

与前面一样，获得所需的视图布局后，使用Size Inspector（Option+Command+5组合键）收集每个UI元素的x和y坐标以及宽度和高度。这里列出我在横向模式下使用的框架值供大家参考。

图22-16 排列视图

对于iPhone项目。

- 标签：X为175.0、Y为140.0、W为130.0、H为22.0。
- 点我1：X为22.0、Y为22.0、W为440.0、H为100.0。
- 点我2：X为22.0、Y为180.0、W为440.0、H为100.0。

对于iPad项目。

- 标签：X为400.0、Y为340.0、W为225.0、H为60.0。
- 点我1：X为22.0、Y为22.0、W为983.0、H为185.0。
- 点我2：X为22.0、Y为543.0、W为983.0、H为185.0。

收集横向模式下的frame属性值后，撤销对视图所做的修改。为此，可不断选择菜单Edit>Undo(Command+Z)，一直到恢复到为纵向模式设计的界面。保存文件MainStoryboard.storyboard。

3．创建并连接输出口

在编写调整框架的代码前，还需将标签和按钮连接到我们在这个项目开头规划的输出口。所以需要切换到助手编辑器模式，然后按住Control键，从每个UI元素拖曳到接口文件ViewController.h，并正确地命名输出口（viewLabel、buttonOne和buttonTwo）。图22-17显示了从"改变框架"标签到输出口viewLabel的连接。

4．实现应用程序逻辑

调整界面元素的框架

每当需要旋转iOS界面时，都会自动调用方法willRotatcToInterfaceOrientation:toInterfaceOrientation: duration，这样把参数toInterfaceOrientation同各种iOS朝向常量进行比较，以确定应使用横向还是纵向视图的框架值。

在Xcode中打开文件ViewController.m，并添加如下所示的代码：

```
-(void)willRotateToInterfaceOrientation:
        (UIInterfaceOrientation)toInterfaceOrientation
        duration:(NSTimeInterval)duration {

    [super willRotateToInterfaceOrientation:toInterfaceOrientation
duration:duration];

    if (toInterfaceOrientation == UIInterfaceOrientationLandscapeRight ||
toInterfaceOrientation == UIInterfaceOrientationLandscapeLeft) {
    self.viewLabel.frame=CGRectMake(175.0,140.0,130.0,22.0);
    self.buttonOne.frame=CGRectMake(22.0,22.0,440.0,100.0);
    self.buttonTwo.frame=CGRectMake(22.0,180.0,440.0,100.0);
    } else {
    self.viewLabel.frame=CGRectMake(95.0,22.0,130.0,22.0);
    self.buttonOne.frame=CGRectMake(22.0,50.0,280.0,190.0);
    self.buttonTwo.frame=CGRectMake(22.0,250.0,280.0,190.0);
    }
}
```

到此为止,整个实例介绍完毕,运行后并旋转iOS模拟器,这样在用户旋转设备时会自动重新排列界面了,执行效果如图22-18所示。

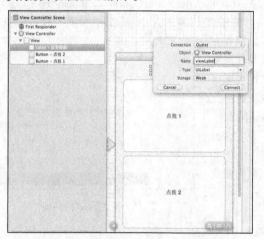
图22-17 创建与标签和按钮相关联的输出口

图22-18 执行效果

22.2.6 实战演练——旋转时切换视图

在iOS项目应用中,有一些应用程序可以根据设备的朝向显示完全不同的用户界面。例如,iPhone应用程序Music在纵向模式下显示一个可滚动的歌曲列表,而在横向模式下显示一个可快速滑动的CoverFlow式专辑视图。通过在手机旋转时切换视图,可以创建外观剧烈变化的应用程序。

本实例演示了在Interface Builder编辑器中管理横向和纵向视图的知识。本章前面的示例都使用一个视图,并重新排列该视图以适应不同的朝向。但是如果图太复杂或在不同朝向下差别太大,导致这种方式不可行,可使用两个不同的视图和单个视图控制器。这个示例将这样做。我们首先在传统的单视图应用程序中再添加一个视图,然后对两个视图进行设计,并确保能够在代码中通过属性轻松地访问它们。完成这些工作后还需要编写必要的代码,在设备旋转时在这两个视图之间进行切换。

实例22-6	旋转时切换视图
源码路径	光盘:\daima\22\xuanqie

1. 创建项目

使用模板Single View Application创建一个名为xuanqie的项目。虽然该项目已包含一个视图(将把它用作默认的纵向视图),但还需提供一个横向视图。

（1）规划变量和连接

虽然本实例不会提供任何真正的用户界面元素，但是需要以编程方式访问两个UIView实例，其中一个视图用于纵向模式（portraitView），另一个用于横向模式（landscapeView）。与上一个实例一样，也是实现一个方法，但它不是由任何界面元素触发的。

（2）添加一个常量用于表示度到弧度的转换系数

我们需要调用一个特殊的Core Graphics方法来指定如何旋转视图，在调用这个方法时，需要传入一个以弧度而不是度为单位的参数。也就是说，不需要将视图旋转90°，而必须告诉它要旋转1.57弧度。为了实现这种转换，需要定义一个表示转换系数的常量，将度数与该常量相乘将得到弧度数。为了定义该常量，在文件ViewController.m中将下面的代码行添加到#import代码行的后面：

```
#define kDeg2Rad (3.1415926/180.0)
```

（3）启用旋转

在此需要确保视图控制器的shouldAutorotateToInterface Orientation的行为与期望的一致。本实例将只允许在两个横向模式和非倒转纵向模式之间旋转。修改文件ViewController.m，在其中包含如下所示的代码：

```
- (BOOL)shouldAutorotateToInterfaceOrientation:(UIInterfaceOrientation)
interfaceOrientation
{
    return (interfaceOrientation != UIInterfaceOrientationPortraitUpsideDown);
}
```

其实可以将参数interfaceOrientation同UIInterfaceOrientationPortrait、UIInterfaceOrientationLandscapeRight和UIInterfaceOrientationLandscapeLeft进行比较。

2．设计界面

采用切换视图的方式时，对视图的设计没有任何限制，可像在其他应用程序中一样创建视图。唯一的不同是，如果有多个由同一个视图控制器处理的视图，将需要定义针对所有界面元素的输出口。首先打开文件MainStoryboard.storyboard，从对象库中拖曳一个UIView实例到文档大纲中，并将它放在与视图控制器同一级的地方，而不要将其放在现有视图中，如图22-19所示。

然后打开默认视图并在其中添加一个标签，然后设置背景色，以方便区分视图。这就完成了一个视图的设计，但是还需要设计另一个视图。但是在Interface Builder中，只能编辑被分配给视图控制器的视图。

在文档大纲中，将刚创建的视图拖出视图控制器的层次结构，将其放到与视图控制器同一级的地方。在文档大纲中，将第二个视图拖曳到视图控制器上。这样就可编辑该视图了，并且指定了独特的背景色，并添加了一个标签（如Landscape View）。

在设计好第二个视图后，重新调整视图层次结构，将纵向视图嵌套在视图控制器中，并将横向视图放在与视图控制器同一级的地方。如果想让这个应用程序更加有趣，也可以添加其他控件并根据需要设计视图，图22-20显示了最终的横向视图和纵向视图。

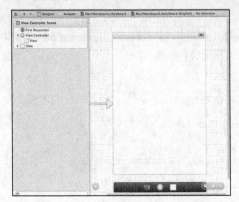

图22-19 在场景中再添加一个视图

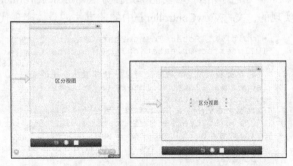

图22-20 对两个视图进行编辑

3. 创建并连接输出口

为完成界面方面的工作，需要将两个视图连接到两个输出口。嵌套在视图控制器中的默认视图将连接到portraitView，而第二个视图将连接到landscpaeView。切换到助手编辑器模式，并确保文档大纲。因为要连接的是视图而不是界面元素，所以建立这些连接的最简单方式是按住Control键，并从文档大纲中的视图拖曳到文件ViewController.h中。

按住"Control"键，并从默认（嵌套）视图拖曳到ViewController.h中代码行@interface下方。为该视图创建一个名为portraitView的输出口，对第二个视图重复上述操作，并将输出口命名为"landscapeView"。

4. 实现应用程序逻辑

（1）视图旋转逻辑

要想成功地显示横向视图，必须对其进行旋转并指定其大小，这是因为视图没有内置的逻辑指出它是横向视图，它只知道自己将在纵向模式下显示，但包含的UI元素超出了屏幕边缘。这样当每次改变朝向时，都需要执行如下3个步骤：

- 切换视图；
- 通过属性transform将视图旋转到合适的朝向；
- 通过属性bounds设置视图的原点和大小。

例如，假设要旋转到主屏幕按钮位于右边的横向模式，首先需要切换视图。为此可以将表示视图控制器的当前视图的属性self.view设置为实例变量landscapeView。如果仅这样做，视图将正确切换，但不会旋转到横向模式。以纵向方式显示横向视图很不美观，例如：

```
self.view=self.landscapeView;
```

然后，为了处理旋转，需要设置视图的transform属性。该属性设置了在显示视图前应该如何变换它。为了满足这里的需求，必须将视图旋转90°（对于主屏幕按钮在右边的横向模式）、旋转–90°（对于主屏幕按钮位于左边的横向模式）和0°（对于纵向模式）。所幸的是为了处理旋转，Core Graphics的C语言函数CGAffineTransformMakeRotation()接受一个以弧度为单位的角度，并向transform属性提供一个合适的结构，例如：

```
self.view.transform=CGAffineTransformMakeRotation (deg2rad *(90));
```

最后，设置视图的属性bounds。bounds指定了视图变换后的原点和大小。iPhone纵向视图的原点坐标为（0，0），而宽度和高度分别是322.0和460.0（iPad为768.0和1004.0）。横向视图的原点坐标也是（0，0），但是宽度和高度分别为480.0和300.0（iPad为1024和748.0）。与属性frame一样，也使用CGRectMake()的结果来设置bounds属性，例如：

```
self.view.bounds=CGRectMake (0.0,0.0,480.0,322.0);
```

了解所需的步骤后，接下来开始看具体的实现。

（2）编写视图旋转逻辑

本实例的所有核心功能都是在方法willRotateToInterfaceOrientation: toInterfaceOrientation:duration中实现的，文件ViewController.m中的此方法的具体实现代码如下所示：

```
-(void)willRotateToInterfaceOrientation:
(UIInterfaceOrientation)toInterfaceOrientation
                            duration:(NSTimeInterfval)duration {
//将界面旋转消息发送给父对象，让其做出合适的反应
[super willRotateToInterfaceOrientation:toInterfaceOrientation
duration:duration];
//处理向右旋转（主屏幕按钮位于右边的横向模式）
    if (toInterfaceOrientation == UIInterfaceOrientationLandscapeRight) {
self.view=self.landscapeView;
self.view.transform=CGAffineTransformMakeRotation
(kDeg2Rad*(90));
self.view.bounds=CGRectMake(0.0,0.0,480.0,300.0);
    }
```

```
//处理向左旋转(主屏幕按钮位于左边的横向模式)
else if (toInterfaceOrientation == UIInterfaceOrientationLandscapeLeft) {
    self.view=self.landscapeView;
    self.view.transform=CGAffineTransformMakeRotation (kDeg2Rad*(-90));
    self.view.bounds=CGRectMake(0.0,0.0,480.0,300.0);
}
//将视图配置为默认朝向:纵向
else {
    self.view=self.portraitView;
    self.view.transform=CGAffineTransformMakeRotation(0);
    self.view.bounds=CGRectMake(0.0,0.0,322.0,460.0);
}
}
```

到此为止,整个实例介绍完毕,执行后的效果如图22-21所示。

22.2.7 实战演练——实现屏幕视图的自动切换(Swift版)

图22-21 执行效果

实例22-7	实现屏幕视图的自动切换
源码路径	光盘:\daima\22\SwiftFormatTest

(1)使用Xcode 9创建一个名为"SwiftTest01"的工程,打开Main.storyboard,为本工程设计一个视图界面,在里面添加文本、选项卡等控件,如图22-22所示。

图22-22 Main.storyboard界面

(2)通过Images.xcassets设置实现不同设备的界面切换自适应功能,如图22-23所示。

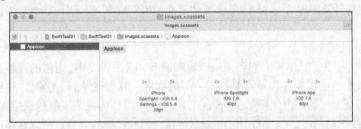

图22-23 Images.xcassets设计界面

(3)视图文件ViewController.swift的具体实现代码如下所示:

```
importUIKit
classViewController: UIViewController {

    overridefuncviewDidLoad() {
        super.viewDidLoad()
    }
    overridefuncdidReceiveMemoryWarning() {
        super.didReceiveMemoryWarning()
    }
}
```

执行后将在不同的设备中顺利运行,如图22-24所示。

图22-24 执行效果

第 23 章 图形、图像、图层和动画

经过本书前面内容的学习,已经向大家详细讲解了iOS中的常用控件。本章将带领大家更上一层楼,开始详细讲解iOS中的典型应用。本章将首先详细讲解iOS应用中的图形、图像、图层和动画的基本知识,为读者步入本书后面知识的学习打下基础。

23.1 图形处理

知识点讲解光盘:视频\知识点\第23章\图形处理.mp4

在本节的内容中,将首先讲解在iOS中处理图形的基本知识。其中讲解了iOS的绘图机制,然后通过具体实例讲解绘图机制的使用方法。

23.1.1 iOS 的绘图机制

iOS的视图可以通过drawRect实现绘图,每个View的Layer(CALayer)就像一个视图的投影,其实我们也可以来操作它定制一个视图,例如半透明圆角背景的视图。在iOS中绘图可以有如下2种方式。

1. 采用iOS的核心图形库

iOS的核心图形库是Core Graphics,缩写为CG。主要是通过核心图形库和UIKit进行封装,其更加贴近我们经常操作的视图(UIView)或者窗体(UIWindow)。例如我们前面提到的 drawRect,我们只负责在drawRect里进行绘图即可,没有必要去关注界面的刷新频率,至于什么时候调用drawRect都由iOS的视图绘制来管理。

2. 采用OpenGL ES

OpenGL ES经常用在游戏等需要对界面进行高频刷新和自由控制中,通俗的理解就是直接对屏幕的操控。在很多游戏编程中可能我们不需要一层一层的框框,直接在界面上绘制,并且通过多个的内存缓存绘制来让画面更加流畅。由此可见,OpenGL ES完全可以作为视图机制的底层图形引擎。

在iOS的众多绘图功能中,OpenGL和Direct X等是我们到处能看到的。所以在本书中不再赘述了,今天我们的主题主要侧重前者,并且侧重如何通过绘图机制来定制视图。先来看看我们最熟悉的Windows自带绘图器(我觉得它就是对原始画图工具的最直接体现),如图23-1所示。

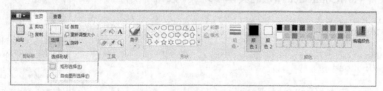

图23-1 Windows自带的绘图器

绘图器用来绘制线条、形状、文字、选择颜色,并且可以填充颜色,那么iOS中的绘图机制也可以做到这些功能,只是用程序绘制的时候需要牢牢记住这个画图板。如果要绘图,最起码得有一个面板。在iOS绘图中,面板是一个画图板(Graphics Contexts)。所有画图板需要先规定一下,否则计算机的画

图都是需要我们用数字告诉计算机的，那坐标体系就先要明确一下了。

在 iOS的2D绘图中采用的就是我们熟知的直角坐标系，即原点在左下方，右上为正轴，这里要注意的是和我们在视图（UIView）中布局的坐标系是不一样的，它的圆点在左上，右下为正轴。当我们在视图的drawRect中工作时用到的画板已经是左上坐标的了，那这时候要把一个有自己坐标体系的内容直接绘制，就会出现坐标不一致问题，例如直接绘制图片就会倒立。

Windows画图板里面至少能看到一个画图板，在iOS绘图中其实也有一个"虚拟"的画图板（Graphics Contexts），所有的绘图操作都在这个画图板里面操作。在视图（UIView)的drawRect中操作时，其实视图引擎已经帮我们准备好了画板，甚至当前线条的粗细和当前绘制的颜色等都给传递过来了。我们只需要"接"到这个画板，然后拿起各种绘图工具绘就可以了。

Core Graphics中常用的绘图方法如下所示。
- drawAsPatternInRect：在矩形中绘制图像，不缩放，但是在必要时平铺。
- drawAtPoint：利用CGPoint作为左上角，绘制完整的不缩放的图像。
- drawAtPoint:blendMode:alpha：drawAtPoint的一种更复杂的形式。
- drawInRect：在CGRect中绘制完整的图像，适当地缩放。
- drawInRect:blendMode:alpha：drawInRect的一种更复杂的形式。

23.1.2 实战演练——在屏幕中绘制一个三角形

在本实例的功能是，在屏幕中绘制一个三角形。当触摸屏幕中的3点后，会在这3点绘制一个三角形。在具体实现时，定义三角形的3个CGPoint点对象：firstPoint、secondPoint和thirdPoint，然后使用drawRect方法将这3个点连接起来。

实例23-1	在屏幕中绘制一个三角形
源码路径	光盘:\daima\23\ThreePointTest

（1）编写文件ViewController.h，此文件的功能是布局视图界面中的元素，本实例比较简单，只用到了UIViewController（程序见光盘）。

（2）编写头文件 TestView.h，此文件定义了三角形的3个CGPoint点对象：firstPoint、secondPoint和thirdPoint。文件TestView.m是文件TestView.h的实现，主要实现代码如下所示：

```
- (id)initWithFrame:(CGRect)frame
{
    self = [super initWithFrame:frame];
    if (self) {
        // 初始化代码
        self.backgroundColor = [UIColor whiteColor];
        pointArray = [[NSMutableArray alloc]initWithCapacity:3];
        UILabel *label = [[UILabel alloc]initWithFrame:CGRectMake(0, 0, 320, 40)];
        label.text = @"任意单击屏幕内的3点以确定一个三角形";
        [self addSubview:label];
        [label release];
    }
    return self;
}
// 如果执行了自定义绘制，则只覆盖drawrect:
// 一个空的实现产生不利的影响会表现在动画上
- (void)drawRect:(CGRect)rect
{
    // 绘制代码
    CGContextRef context = UIGraphicsGetCurrentContext();
    CGContextSetRGBStrokeColor(context, 0.5, 0.5, 0.5, 1.0);
    // 绘制更加明显的线条
    CGContextSetLineWidth(context, 2.0);
    // 画一条连接起来的线条
    CGPoint addLines[] =
```

```
        {
            firstPoint,secondPoint,thirdPoint,firstPoint,
        };
        CGContextAddLines(context, addLines, sizeof(addLines)/
sizeof(addLines[0]));
        CGContextStrokePath(context);
}
```

执行效果如图23-2所示。

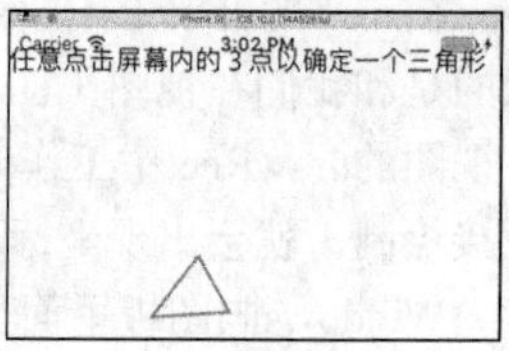

23.1.3 实战演练——使用 CoreGraphic 实现绘图操作

图23-2 执行效果

实例23-2	使用CoreGraphic实现绘图操作
源码路径	光盘:\daima\23\CGContextObject

编写文件KView.m，在里面定义绘制各种常见形状的功能函数，例如矩形、文字、图片、直线和椭圆等。主要实现代码如下所示：

```
- (void)type_One {
    CGFloat height = self.frame.size.height;
    // 获取操作句柄
    _contextObject = [[CGContextObject alloc]
initWithCGContext:UIGraphicsGetCurrentContext()];
    // 开始绘图
    for (int count = 0; count < 6; count++) {
        // 获取随机高度
        CGFloat lineHeight = arc4random() % (int)(height - 20);
        // 绘制矩形
        [_contextObject drawFillBlock:^(CGContextObject *contextObject) {
            _contextObject.fillColor = [RGBColor randomColorWithAlpha:1];
            [contextObject addRect:CGRectMake(count * 30, height - lineHeight, 15, lineHeight)];
        }];
        // 绘制文字
        [_contextObject drawString:[NSString stringWithFormat:@"%.f", lineHeight]
                    atPoint:CGPointMake(2 + count * 30, height - lineHeight - 12)
                    withAttributes:@{NSFontAttributeName : [UIFont fontWithName:
@"AppleSDGothicNeo-UltraLight" size:10.f], NSForegroundColor
AttributeName : [UIColor grayColor]}];
        // 绘制图片
        [_contextObject drawImage:[UIImage imageNamed:@"source"] inRect:CGRectMake
(count * 30, height - lineHeight, 15, 15)];
    }
}
- (void)type_two {
    CGFloat height = self.frame.size.height;
     _contextObject = [[CGContextObject alloc]
initWithCGContext:UIGraphicsGetCurrentContext()];
    // 绘制直线(Stroke)
    [_contextObject drawStrokeBlock:^(CGContextObject *contextObject) {
        _contextObject.strokeColor = [RGBColor randomColorWithAlpha:1];
        _contextObject.lineWidth   = 2;
        [_contextObject moveToStartPoint:CGPointMake(10, 10)];
        [_contextObject addLineToPoint:CGPointMake(height, height)];
    }];
    // 绘制矩形(Stroke)
    [_contextObject drawStrokeBlock:^(CGContextObject *contextObject) {
        _contextObject.strokeColor = [RGBColor randomColorWithAlpha:1];
        _contextObject.lineWidth   = 1.f;
        [_contextObject addRect:CGRectMake(0, 0, 100, 100)];
    }];
    // 绘制椭圆(Stroke)
    [_contextObject drawStrokeBlock:^(CGContextObject *contextObject) {
        _contextObject.strokeColor = [RGBColor randomColorWithAlpha:1];
        _contextObject.lineWidth   = 1.f;
```

```
        _contextObject.fillColor       = [RGBColor randomColorWithAlpha:1];
        [_contextObject addEllipseInRect:CGRectMake(0, 0, 100, 100)];
    }];
    // 绘制椭圆(Fill)
    [_contextObject drawFillBlock:^(CGContextObject *contextObject) {

        _contextObject.fillColor = [RGBColor randomColorWithAlpha:1];
        [_contextObject addEllipseInRect:CGRectMake(10, 10, 30, 30)];
    }];
    // 绘制椭圆(Stroke + Fill)
    [_contextObject drawStrokeAndFillBlock:^(CGContextObject *contextObject) {
        _contextObject.fillColor     = [RGBColor randomColorWithAlpha:1];
        _contextObject.strokeColor   = [RGBColor randomColorWithAlpha:1];
        _contextObject.lineWidth     = 4.f;
        [_contextObject addEllipseInRect:CGRectMake(70, 70, 100, 100)];
    }];
    // 绘制文本
    [_contextObject drawString:@"YouXianMing" atPoint:CGPointZero withAttributes:nil];
}
- (void)type_Three {
    // 获取操作句柄
    _contextObject = [[CGContextObject alloc]
initWithCGContext:UIGraphicsGetCurrentContext()];
    // 绘制二次贝塞尔曲线
    [_contextObject drawStrokeBlock:^(CGContextObject *contextObject) {
        _contextObject.strokeColor = [RGBColor randomColorWithAlpha:1];
        _contextObject.lineWidth   = 2;
        [_contextObject moveToStartPoint:CGPointMake(0, 100)];
        [_contextObject addCurveToPoint:CGPointMake(200, 100)
            controlPointOne:CGPointMake(50, 0) controlPointTwo:CGPointMake(150, 200)];
    } closePath:NO];
    // 绘制一次贝塞尔曲线
    [_contextObject drawStrokeBlock:^(CGContextObject *contextObject) {
        _contextObject.strokeColor = [RGBColor randomColorWithAlpha:1];
        _contextObject.lineWidth   = 1;

        [_contextObject moveToStartPoint:CGPointMake(100, 0)];
        [_contextObject addQuadCurveToPoint:CGPointMake(100, 200)
            controlPoint:CGPointMake(0, arc4random() % 200)];
    } closePath:NO];
    // 绘制图片
    [_contextObject drawImage:[UIImage imageNamed:@"source"] atPoint:CGPointZero];
}
- (void)type_Four {
    // 获取操作句柄
    _contextObject = [[CGContextObject alloc]
initWithCGContext:UIGraphicsGetCurrentContext()];
    // 绘制彩色矩形1
    GradientColor *color1 = [GradientColor createColorWithStartPoint:CGPointMake(100,
    100) endPoint:CGPointMake(200, 200)];
    [_contextObject drawLinearGradientAtClipToRect:CGRectMake(100, 100, 100, 100)
    gradientColor:color1];
    // 绘制彩色矩形2
    GradientColor *color2 = [RedGradientColor
createColorWithStartPoint:CGPointMake(0,
    0) endPoint:CGPointMake(0, 100)];
    [_contextObject drawLinearGradientAtClipToRect:CGRectMake(0, 0, 100, 100)
    gradientColor:color2];
}
- (void)type_Five {
    CGFloat height = self.frame.size.height;
    // 获取操作句柄
    _contextObject = [[CGContextObject alloc]
initWithCGContext:UIGraphicsGetCurrentContext()];
    // 开始绘图
    for (int count = 0; count < 50; count++) {
        // 获取随机高度
        CGFloat lineHeight = arc4random() % (int)(height - 20);
```

```
            if (lineHeight > 100) {
                GradientColor *color = [RedGradientColor createColorWithStartPoint:
                CGPointMake(count * 4, height - lineHeight) endPoint:CGPointMake(count *
                4, height)];
                [_contextObject drawLinearGradientAtClipToRect:CGRectMake(count * 4,
                height - lineHeight, 2, lineHeight) gradientColor:color];
            } else {
                GradientColor *color = [GradientColor createColorWithStartPoint:CGPoint
                Make(count * 4, height - lineHeight) endPoint:CGPointMake(count * 4, height)];
                [_contextObject drawLinearGradientAtClipToRect:CGRectMake(count * 4,
                height - lineHeight, 2, lineHeight) gradientColor:color];
            }
        }
    }
@end
```

执行后的效果如图23-3所示。

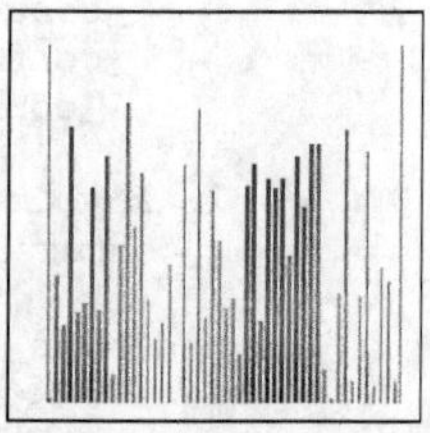

23.2 图像处理

知识点讲解光盘:视频\知识点\第23章\图像处理.mp4

图23-3 执行效果

在iOS应用中，可以使用UIImageView来处理图像，在本书前面的内容中已经讲解了使用UIImageView处理图像的基本知识。其实除了UIImageView外，还可以使用Core Graphics实现对图像的绘制处理。

23.2.1 实战演练——实现颜色选择器/调色板功能

本实例的功能是在屏幕中实现颜色选择器/调色板功能，我们可以十分简单地使用颜色选择器。在本实例中没有用到任何图片素材，在颜色选择器上面可以根据饱和度（saturation）和亮度（brightness）来选择某个色系，十分类似于PhotoShop上的颜色选择器。

实例23-3	在屏幕中实现颜色选择器/调色板功能
源码路径	光盘:\daima\23\ColorPicker

（1）编写文件 ILColorPickerDualExampleControllerr.m，此文件的功能是实现一个随机颜色效果（程序见光盘）。

（2）编写文件 UIColor+GetHSB.m，此文件通过CGColorSpaceModel设置了颜色模式值，具体代码如下所示：

```
#import "UIColor+GetHSB.h"
@implementation UIColor(GetHSB)
-(HSBType)HSB
{
    HSBType hsb;
    hsb.hue=0;
    hsb.saturation=0;
    hsb.brightness=0;
    CGColorSpaceModel model=CGColorSpaceGetModel(CGColorGetColorSpace([self CGColor]));
if ((model==kCGColorSpaceModelMonochrome) || (model==kCGColorSpaceModelRGB))
    {
        const CGFloat *c = CGColorGetComponents([self CGColor]);
        float x = fminf(c[0], c[1]);
        x = fminf(x, c[2]);
        float b = fmaxf(c[0], c[1]);
        b = fmaxf(b, c[2]);
        if (b == x)
        {
            hsb.hue=0;
            hsb.saturation=0;
```

```
                hsb.brightness=b;
            }
            else
            {
                float f = (c[0] == x) ? c[1] - c[2] : ((c[1] == x) ? c[2] - c[0] : c[0] - c[1]);
                int i = (c[0] == x) ? 3 : ((c[1] == x) ? 5 : 1);
                
                hsb.hue=((i - f /(b - x))/6);
                hsb.saturation=(b - x)/b;
                hsb.brightness=b;
            }
        }
    return hsb;
}
```

（3）执行后的效果如图23-4所示。

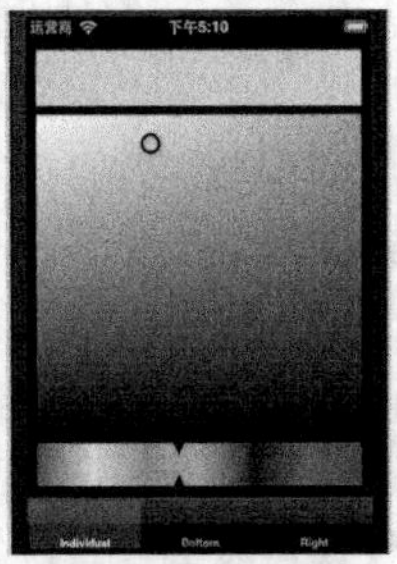

23.2.2 实战演练——在屏幕中绘制一个图像

图23-4 执行效果

实例23-4	利用CoreGraphics绘制一个小黄人图像
源码路径	光盘:\daima\23\-CoreGraphics

（1）编写视图文件ViewController.m，在加载时通过动画样式显示屏幕中的图像，主要实现代码如下所示：

```
-(void)touchesBegan:(NSSet *)touches withEvent:(UIEvent *)event
{
    /* 开始动画 */
    [UIView beginAnimations:@"clockwiseAnimation" context:NULL];
    /* Make the animation 5 seconds long */
    [UIView setAnimationDuration:3];
    [UIView setAnimationRepeatCount:100];
    [UIView setAnimationDelegate:self];
    [UIView setAnimationRepeatAutoreverses:NO];
    //停止动画时调用clockwiseRotationStopped方法
//    [UIView setAnimationDidStopSelector:@selector(clockwiseRotationStopped:finished: context:)];
    //顺时针旋转90°
    circle.transform = CGAffineTransformMakeRotation( M_PI*1.75);
    /* Commit the animation */
    [UIView commitAnimations];
    
}
```

（2）编写文件HumanView.m，功能是创建并实现小黄人对象，在屏幕中分别绘制小黄人身体的各个部分（程序见光盘）。

本实例执行后的效果如图23-5所示。

23.3 图层

图23-5 执行效果

知识点讲解光盘:视频\知识点\第23章\图层.mp4

UIView与图层（CALayer）相关，UIView实际上不是将其自身绘制到屏幕，而是将自身绘制到图层，然后图层在屏幕上显示出来。iOS系统不会频繁地重画视图，而是将绘图缓存起来，这个缓存的绘图在需要时就被使用，缓存版本的绘图实际上就是图层。

23.3.1 视图和图层

CALayer不是UIKit的一部分，它是Quanz Core框架的一部分，该框架默认情况下不会链接到工程模板。因此，如果要使用CALayer，我们应该导入<QuartzCore/QuartzCore.h>，并且必须将QuartzCore框架链接到项目中。

UIView实例有CALayer实例伴随，通过视图的图层（layer）属性即可访问。图层没有对应的视图属性，但是视图是图层的委托。在默认情况下，当UIView被实例化，它的图层是CALayer的一个实例。如果想为UIView添加子类，并且想要子类的图层是CALayer子类的实例，那么，需要实现UIView子类的layerClass类方法。

由于每个视图有一个图层，它们两者紧密联系。图层在屏幕上显示并且描绘所有界面。视图是图层的委托，并且当视图绘图时，它是通过让图层绘图实现的。视图的属性通常仅仅为了便于访问图层绘图属性。例如，当你设置视图背景色，实际上是在设置图层的背景色，并且如果你直接设置图层背景色，视图的背景色自动匹配。类似地，视图框架实际上就是图层框架。

视图在图层中绘图，并且图层缓存绘图，然后我们可以修改图层来改变视图的外观，无须视图重新绘图。这是图形系统高效的一方面。它解释了前面遇到的现象：当视图边界尺寸改变时，图形系统仅仅伸展或重定位保存的图层图像。

图层可以有子图层，并且一个图层最多只有一个超图层，形成一个图层树。这与前面提到过的视图树类似。实际上，视图和它的图层关系非常紧密，它们的层次结构几乎是一样的。对于一个视图和它的图层，图层的超图层就是超视图的图层；图层有子图层，即该视图的子视图的图层。确切地说，图层完成视图的具体绘图，也可以说视图层次结构实际上就是图层层次结构。图层层次结构可以超出视图层次结构，一个视图只有一个图层，但一个图层可以拥有不属于任何视图的子图层。

23.3.2 实战演练——实现图片、文字以及翻转效果

实例23-5	利用CALayer实现UIView图片、文字以及翻转效果
源码路径	光盘:\daima\23\CA_LayerPractise

（1）编写视图文件ViewController.m，利用函数setImage设置一幅指定的图片，并监听用户对屏幕的操作动作，监听到滑动动作时将实现翻转操作。主要实现代码如下所示：

```
- (void)setImage
{
    UIImage *image = [UIImage imageNamed:@"pushing"];
    self.view.layer.contentsScale = [[UIScreen mainScreen] scale];
    self.view.layer.contentsGravity = kCAGravityCenter;
    self.view.layer.contents = (id)[image CGImage];

    UITapGestureRecognizer *tap = [[UITapGestureRecognizer alloc] initWithTarget:self action:@selector(performFlip)];
    [self.view addGestureRecognizer:tap];
}

- (void)performFlip
{
    self.delegateView = [[DelegateView alloc] initWithFrame:self.view.frame];
    [UIView transitionFromView:self.view toView:self.delegateView duration:1 options:UIViewAnimationOptionTransitionFlipFromRight completion:nil];
    UITapGestureRecognizer *tap = [[UITapGestureRecognizer alloc] initWithTarget:self action:@selector(performFlipBack)];
    [self.delegateView addGestureRecognizer:tap];
}
```

（2）编写接口对象文件DelegateView.m，通过函数drawLayer在屏幕中绘制一幅图像（程序见光盘）。本实例执行后的效果如图23-6所示。

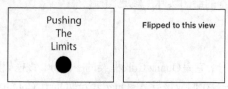

图23-6 执行效果

23.3.3 实战演练——滑动展示不同的图片

实例23-6	滑动展示不同的图片
源码路径	光盘:\daima\23\pushAnimtionWtihCAlayer

（1）首先看"controller"目录下的视图文件ViewController.m，创建一个视图控制器，在里面设置引用两个视图容器。当Alpha值为1时表明下面层的内容，当值为0时表示隐藏α值。文件ViewController.m的主要实现代码如下所示：

```
- (IBAction)didTap:(id)sender {
    if (self.navigationController.viewControllers.count>1) {
        [self.navigationController popViewControllerAnimated:YES];
        return;
    }
    ViewController * vc2 =[[ViewController alloc]initWithNibName:@"ViewController"
     bundle:[NSBundle mainBundle]];
    vc2.view.backgroundColor =[UIColor colorWithRed:1.000 green:0.000 blue:0.502
    alpha:1.000];
    vc2.imageView.image = [UIImage imageNamed:@"b.jpg"];
    [self.navigationController pushViewController:vc2 animated:YES];
}
@end
```

（2）然后看viewModel目录下的文件CircleTransitionAnimator.m，设置一个圆来激活动画视图，并自定义实现动画效果（程序见光盘）。本实例执行程序后可以通过滑动屏幕的方式浏览图片，执行效果如图23-7所示。

图23-7 执行效果

23.3.4 实战演练——演示 CALayers 图层的用法（Swift 版）

实例23-7	演示CALayers图层的用法
源码路径	光盘:\daima\23\CALayers

（1）使用Xcode 9创建一个名为CALayer的工程，在Main.storyboard中为本工程设计一个视图界面。

（2）视图文件ViewController.swift分别实现圆角、边框、阴影和动画效果，主要实现代码如下所示：

```
func setup(){
    let redLayer = CALayer()
    redLayer.frame = CGRectMake(50, 50, 300, 50)
    redLayer.backgroundColor = UIColor.redColor().CGColor

    // 圆角
    redLayer.cornerRadius = 15

    // 设置边框
    redLayer.borderColor = UIColor.blackColor().CGColor
    redLayer.borderWidth = 2.5

    // 设置阴影
    redLayer.shadowColor = UIColor.blackColor().CGColor
    redLayer.shadowOpacity = 0.8
    redLayer.shadowOffset = CGSizeMake(5, 5)
    redLayer.shadowRadius = 3

    self.view.layer.addSublayer(redLayer)

    let imageLayer = CALayer()
    let image = UIImage(named: "ButterflySmall.jpg")!
    imageLayer.contents = image.CGImage

    imageLayer.frame = CGRect(x: 50, y: 150, width: image.size.width, height:
    image.size.height)
```

```
                imageLayer.contentsGravity = kCAGravityResizeAspect
                imageLayer.contentsScale = UIScreen.mainScreen().scale

                imageLayer.shadowColor = UIColor.blackColor().CGColor
                imageLayer.shadowOpacity = 0.8
                imageLayer.shadowOffset = CGSizeMake(5, 5)
                imageLayer.shadowRadius = 3
                 self.view.layer.addSublayer(imageLayer)
                // 使用"cornerRadius"创建一个空白动画
                let animation = CABasicAnimation(keyPath: "cornerRadius")
                 //设置初始值
                animation.fromValue = redLayer.cornerRadius
                 // 完成值
                animation.toValue = 0
                // 设置动画重复值
                animation.repeatCount = 10
                // 添加动画层
                redLayer.addAnimation(animation, forKey: "cornerRadius")
            }
        }
```

执行后的效果如图23-8所示。

23.4 实现动画

图23-8 执行效果

知识点讲解光盘:视频\知识点\第23章\实现动画.mp4

动画就是随着时间的推移而改变界面上的显示。例如，视图的背景颜色从红逐步变为绿，而视图的不透明属性可以从不透明逐步变成透明。一个动画涉及很多内容，包括定时、屏幕刷新、线程化等。在iOS上，不需要自己完成一个动画，而只需描述动画的各个步骤，让系统执行这些步骤，从而获得动画的效果。

23.4.1 UIImageView 动画

可以使用UIImageView来实现动画效果。UIImageView的annimationImages属性或highlightedAnimationImages属性是一个UIImage数组，这个数组代表一帧帧的动画。当发送startAnimating消息时，图像就被轮流显示，animationDuration属性确定帧的速率（间隔时间），animationRepeatCount属性（默认为0，表示一直重复，直到收到stopAnimating消息为止）指定重复的次数。

在UIImageView中，和动画相关的方法和属性如下所示。

❑ animationDuration 属性：指定多长时间运行一次动画循环。
❑ animationImages 属性：识别图像的NSArray，以加载到UIImageView中。
❑ animationRepeatCount 属性：指定运行多少次动画循环。
❑ image 属性：识别单个图像，以加载到UIImageView中。
❑ startAnimating 方法：开启动画。
❑ stopAnimating 方法：停止动画。

23.4.2 视图动画 UIView

通过使用UIView视图的动画功能，可以使在更新或切换视图时有放缓节奏、产生流畅的动画效果，进而改善用户体验。UIView可以产生动画效果的变化包括以下几种。

❑ 位置变化：在屏幕上移动视图。
❑ 大小变化：改变视图框架（Frame）和边界。
❑ 拉伸变化：改变视图内容的延展区域。
❑ 改变透明度：改变视图的Alpha值。

- 改变状态：隐藏或显示状态。
- 改变视图层次顺序：视图哪个前哪个后。
- 旋转：即任何应用到视图上的仿射变换（Transform）。

1. UIView中的动画属性和方法

（1）areAnimationsEnabled：返回一个布尔值表示动画是否结束。

格式：+ (BOOL)areAnimationsEnabled。

返回值：如果动画结束返回"YES"，否则"NO"。

（2）beginAnimations:context：表示开始一个动画块。

格式：+ (void)beginAnimationsNSString *)animationID contextvoid *)context。

参数：
- animationID：动画块内部应用程序标识，用来传递给动画代理消息。这个选择器运用setAnimationWillStartSelector和setAnimationDidStopSelector方法来设置。
- context：附加的应用程序信息用来传递给动画代理消息，这个选择器使用setAnimationWillStartSelector和setAnimationDidStopSelector方法。

这个属性值改变是因为设置了一些需要在动画块中产生动画的属性。动画块可以被嵌套，如果没有在动画块中调用，那么setAnimation类方法将什么都不做。使用beginAnimations:context来开始一个动画块，并用类方法commitAnimations来结束一个动画块。

（3）+ (void)commitAnimations

如果当前的动画块是最外层的动画块，当应用程序返回到循环运行时开始动画块。动画在一个独立的线程中，所有应用程序不会中断。使用这个方法，多个动画可以被实现。当另外一个动画在播放的时候，可以查看setAnimationBeginsFromCurrentState来了解如何开始一个动画。

（4）layerClass：用来创建这一个本类的layer实例对象。

格式：+ (Class)layerClass。

返回值：一个用来创建视图layer的类重写子类来指定一个自定义类用来显示。当在创建视图layer时调用。默认的值是CALayer类对象。

（5）setAnimationBeginsFromCurrentState：用于设置动画从当前状态开始播放。

格式：+ (void)setAnimationBeginsFromCurrentStateBOOL)fromCurrentState。

参数：fromCurrentState，默认是YES，表示动画从它们当前状态开始播放，否则为NO。

如果设置为YES，那么当动画在运行过程中，当前视图的位置将会作为新的动画的开始状态；如果设置为NO，当前动画结束前新动画将使用视图最后状态的位置作为开始状态。这个方法将不会做任何事情，如果动画没有运行或者没有在动画块外调用。使用类方法beginAnimations:context来开始并用commitAnimations类方法来结束动画块。默认值是NO。

（6）setAnimationCurve：用于设置动画块中的动画属性变化的曲线。

格式：+ (void)setAnimationCurveUIViewAnimationCurve)curve。

动画曲线是动画运行过程中相对的速度。如果在动画块外调用这个方法将会无效。使用beginAnimations:context类方法来开始动画块并用commitAnimations来结束动画块。默认动画曲线的值是UIViewAnimationCurveEaseInOut。

（7）setAnimationDelay：用于在动画块中设置动画的延迟属性（以秒为单位）。

格式：+ (void)setAnimationDelayNSTimeInterval)delay。

这个方法在动画块外调用无效。使用beginAnimations:context类方法开始一个动画块并用commitAnimations类方法结束动画块。默认的动画延迟是0.0秒。

（8）setAnimationDelegate：用于设置动画消息的代理。

格式：+ (void)setAnimationDelegateid)delegate。

参数Delegate可以用setAnimationWillStartSelector和setAnimationDidStopSelector方法来设置接收代理消息的对象。

这个方法在动画块外没有任何效果。使用beginAnimations:context类方法开始一个动画块并用commitAnimations类方法结束一个动画块。默认值是nil。

（9）setAnimationDidStopSelector：当动画停止时用于设置消息给动画代理。

格式：+ (void)setAnimationDidStopSelectorSEL)selector。

参数Selector表示当动画结束时发送给动画代理，默认值是NULL。这个selector（选择者）必须有下面方法的签名：

```
animationFinished:(NSString *)animationID finished:(BOOL)finished context:(void *)context
```

- animationID：一个应用程序提供的标识符。和传给beginAnimations:context相同的参数，这个参数可以为空。
- finished：如果动画在停止前完成就返回YES，否则就是NO。
- context：一个可选的应用程序内容提供者。和beginAnimations:context方法相同的参数，参数可以为空。

这个方法在动画块外没有任何效果。使用beginAnimations:context类方法来开始一个动画块并用commitAnimations类方法结束。默认值是NULL。

（10）setAnimationDuration：用于设置动画块中的动画持续时间（秒）。

格式：+ (void)setAnimationDuration:(NSTimeInterval)duration。

参数Duration：一段动画持续的时间。

这个方法在动画块外没有效果。使用beginAnimations:context类方法来开始一个动画块并用commitAnimations类方法来结束一个动画块，默认值是0.2。

（11）setAnimationRepeatAutoreverses：用于设置动画块中的动画效果是否自动重复播放。

格式：+ (void)setAnimationRepeatAutoreverses:(BOOL)repeatAutoreverses。

参数RepeatAutoreverses：如果动画自动重复就是YES，否则就是NO。

自动重复是当动画向前播放结束后再从头开始播放。使用setAnimationRepeatCount类方法来指定动画自动重播的时间。如果重复数为0或者在动画块外那将没有任何效果。使用beginAnimations:context类方法来开始一个动画块并用commitAnimations方法来结束一个动画块。默认是NO。

（12）setAnimationRepeatCount：用于设置动画在动画模块中的重复次数。

格式：+ (void)setAnimationRepeatCount:(float)repeatCount。

参数RepeatCount表示动画重复的次数，这个值可以是分数。

这个属性在动画块外没有任何作用。使用beginAnimations:context类方法来开始一个动画块并用commitAnimations类方法来结束。默认动画不循环。

（13）setAnimationsEnabled：用于设置是否激活动画。

格式：+ (void)setAnimationsEnabled:(BOOL)enabled。

参数Enabled如果是YES那就激活动画，否则就是NO。

当动画参数没有被激活那么动画属性的改变将被忽略。默认动画是被激活的。

（14）setAnimationStartDate：用于设置在动画块内部动画属性改变的开始时间。

格式：+ (void)setAnimationStartDate:(NSDate *)startTime。

参数startTime表示一个开始动画的时间。

使用beginAnimations:context类方法来开始一个动画块并用commitAnimations类方法来结束动画块。默认的开始时间值由CFAbsoluteTimeGetCurrent方法来返回。

（15）setAnimationTransition:forView:cache

用于在动画块中为视图设置过渡：格式为+ (void)setAnimationTransition:(UIViewAnimationTransition)

transition forView:(UIView *)view cache:(BOOL)cache。

参数：
- transition：把一个过渡效果应用到视图中，可能的值定义在UIViewAnimationTransition中。
- view：需要过渡的视图对象。
- cache：如果是YES，那么在开始和结束图片视图渲染一次并在动画中创建帧；否则，视图将会在每一帧都渲染。例如缓存，你不需要在视图转变中不停地更新，你只需要等到转换完成再去更新视图。

（16）setAnimationWillStartSelector：功能是当动画开始时发送一条消息到动画代理

格式：+ (void)setAnimationWillStartSelector:(SEL)selector。

参数selector在动画开始前向动画代理发送消息。默认值是NULL。这个selector必须有和beginAnimations:context方法相同的参数，一个任选的程序标识和内容。这些参数都可以是nil。

2．创建UIView动画的方式

（1）使用UIView类的UIViewAnimation扩展

UIView动画是成块运行的。发出beginAnimations:context请求标志着动画块的开始；commitAnimations标志着动画块的结束。把这两个类方法发送给UIView而不是发送给单独的视图。在这两个调用之间可定义动画的展现方式并更新视图。函数说明如下所示：

```
//开始准备动画
+ (void)beginAnimations:(NSString *)animationID context:(void *)context;
//运行动画
+ (void)commitAnimations;
```

（2）Block方式：此方式使用UIView类的UIViewAnimationWithBlocks扩展实现，要用到的函数如下：

```
+ (void)animateWithDuration:(NSTimeInterval)duration delay:(NSTimeInterval)delay option
s:(UIViewAnimationOptions)options animations:(void (^)(void))animations completion:(voi
d (^)(BOOL finished))completion __OSX_AVAILABLE_STARTING(__MAC_NA, __IPHONE_4_0);
//间隔、延迟、动画参数(好像没用)、界面更改块、结束块

+ (void)animateWithDuration:(NSTimeInterval)duration animations:(void (^)(void)) an
imations completion:(void (^)(BOOL finished))completion __OSX_AVAILABLE_STARTING(_
_MAC_NA,__IPHONE_4_0);
 // delay = 0.0, options = 0

+ (void)animateWithDuration:(NSTimeInterval)duration animations:(void (^)(void)) an
imations __OSX_AVAILABLE_STARTING(__MAC_NA,__IPHONE_4_0);
// delay = 0.0, options = 0, completion = NULL
+ (void)transitionWithView:(UIView *)view duration:(NSTimeInterval)duration options: (U
IViewAnimationOptions)options animations:(void (^)(void))animations completion: (void (
^)(BOOL finished))completion __OSX_AVAILABLE_STARTING(__MAC_NA,__IPHONE_4_0);

+ (void)transitionFromView:(UIView *)fromView toView:(UIView *)toView duration: (NS
TimeInterval)duration options:(UIViewAnimationOptions)options completion:(void (^)(
BOOL finished))completion __OSX_AVAILABLE_STARTING(__MAC_NA,__IPHONE_4_0);
// toView added to fromView.superview, fromView removed from its superview界面替换,这
里的options参数有效
```

（3）Core方式

此方式使用CATransition类实现。iPhone还支持Core Animation作为其QuartzCore架构的一部分，CA API为iPhone应用程序提供了高度灵活的动画解决方案。但是须知：CATransition只针对图层，不针对视图。图层是Core Animation与每个UIView产生联系的工作层面。使用Core Animation时，应该将CATransition应用到视图的默认图层（[myView layer]）而不是视图本身。

使用CATransition类实现动画，只需要建立一个Core Animation对象，设置它的参数，然后把这个带参数的过渡添加到图层即可。在使用时要引入QuartzCore.framework：

```
#import <QuartzCore/QuartzCore.h>
```

CATransition动画使用了类型type和子类型subtype两个概念。type属性指定了过渡的种类（淡化、推挤、揭开、覆盖）。subtype设置了过渡的方向（从上、下、左、右）。另外，CATransition私有的动画类型有立方体、吸收、翻转、波纹、翻页、反翻页、镜头开、镜头关。

23.4.3 Core Animation 详解

Core Animation即核心动画，开发人员可以为应用创建动态用户界面，而无需使用低级别的图形API，例如使用OpenGL来获取高效的动画性能。Core Animation负责所有的滚动、旋转、缩小和放大以及所有的iOS动画效果。其中UIKit类通常都有animated参数部分，它可以允许是否使用动画。另外，Core Animation还与Quartz紧密结合在一起，每个UIView都关联到一个CALayer对象，CALayer是Core Animation中的图层。

Core Animation在创建动画时会修改CALayer属性，然后让这些属性流畅地变化。学习Core Animation需要具备如下相关知识点。

❏ 图层：是动画发生的地方，CALayer总是与UIView关联，通过layer属性访问。
❏ 隐式动画：这是一种最简单的动画，不用设置定时器，不用考虑线程或者重画。
❏ 显式动画：这是一种使用CABasicAnimation创建的动画，通过CABasicAnimation，可以更明确地定义属性来改变动画。
❏ 关键帧动画：是一种更复杂的显式动画类型，这里可以定义动画的起点和终点，还可以定义某些帧之间的动画。

Core Animation提供了许多或具体或抽象的动画类，如图23-9所示。Core Animation中常用动画类的具体说明如下。

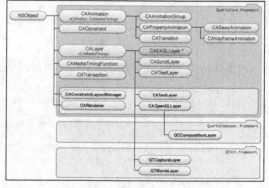

图23-9 Core Animation的类

❏ CATransition：提供了作用于整个层的转换效果。可以通过自定义的Core Image filter扩展转换效果。
❏ CAAnimationGroup：可以打包多个动画对象并让它们同时执行。
❏ CAPropertyAnimation：支持基于属性关键路径的动画。
❏ CABasicAnimation：对属性做简单的插值。
❏ CAKeyframeAnimation：对关键帧动画提供支持。指定需要动画属性的关键路径，一个表示每一个阶段对应的值的数组，还有一个关键帧时间和时间函数的数组。动画运行时，依次设置每一个值的指定插值。

23.4.4 实战演练——实现 UIView 分类动画效果

实例23-8	实现UIView的分类动画效果
源码路径	光盘:\daima\23\UIViewAnimationCategory

编写实例文件UIView+Animation.h，功能是定义各种动画效果的功能函数接口，可以为任意UI控件添加动画效果。主要实现代码如下所示：

```
/**
 *  上部弹入
 *  @param duration 用时(秒)
 */
- (void)bounceUpWithDuration:(NSTimeInterval)duration;
/**
```

```objc
 *   下部弹入
 *   @param duration 用时(秒)
 */
- (void)bounceDownWithDuration:(NSTimeInterval)duration;
/**
 *   左侧弹入
 *   @param duration 用时(秒)
 */
- (void)bounceLeftWithDuration:(NSTimeInterval)duration;

/**
 *   右侧弹入
 *   @param duration 用时(秒)
 */
- (void)bounceRightWithDuration:(NSTimeInterval)duration;
/**
 *   缓慢变化(建议使用圆形图片)
 *   @param duration 用时(秒)
 */
- (void)slowBubbleWithDuraiton:(NSTimeInterval)duration;
/**
 *   闪烁效果
 *   @param duration 用时(秒)
 */
- (void)flashWithDuration:(NSTimeInterval)duration;
/**
 *   气泡消失
 *   @param duration 用时(秒)
 */
- (void)bubbleOutWithDuration:(NSTimeInterval)duration;
/**
 *   气泡效果
 *   @param duration 用时(秒)
 */
- (void)bubbleWithDuration:(NSTimeInterval)duration;
/**
 *   左侧滑出
 *
 *   @param duration 用时(秒)
 */
- (void)fadeoutLeftWithDuration:(NSTimeInterval)duration;
/**
 *   右侧滑出
 *   @param duration 用时(秒)
 */
- (void)fadeOutRightWithDuration:(NSTimeInterval)duration;
/**
 *   熄灭效果
 *
 *   @param duration 用时(秒)
 */
- (void)fadeOutWithDuration:(NSTimeInterval)duration;
/**
 *   闪现效果
 *   @param duration 用时(秒)
 */

- (void)fadeInWithDuration:(NSTimeInterval)duration;
/**
 *   向下滑出
 *
 *   @param duration 用时(秒)
 */
- (void)sliderDownWithDuration:(NSTimeInterval)duration;

/**
 *   向上滑出
 *   @param duration 用时(秒)
```

```objc
 */
- (void)sliderUpWithDuration:(NSTimeInterval)duration;
/**
 *  淡入效果
 *  @param duration  用时(秒)
 */
- (void)zoomOutWithDuration:(NSTimeInterval)duration;
/**
 *  淡出效果
 *  @param duration  用时(秒)
 *  @param delay     延时(秒)
 */
- (void)zoomInWithDuration:(NSTimeInterval)duration;
/**
 *  抖动效果
 *  @param duration  用时(秒)
 */
- (void)shakeWithDuration:(NSTimeInterval)duration;
@end
```

23.4.5 实战演练——动画样式显示电量使用情况

实例23-9	使用动画的样式显示电量的使用情况
源码路径	光盘:\daima\23\BatteryGaugeDemo

编写视图文件ViewController.m，功能是监听用户单击屏幕事件，获取提醒框中输入的数字，在屏幕中以动画的方式绘制电量。文件ViewController.m的主要实现代码如下所示：

```objc
- (void)viewDidLoad {
    [super viewDidLoad];
    //绘制电池电量计1的接口界面
    self.view.backgroundColor = [UIColor colorWithRed:48/255.0f green:108/255.0f blue:115/255.0f alpha:1.0f];
    //绘制电池电量计2的接口界面
    CAShapeLayer *markLayer1 = [CAShapeLayer layer];
    [markLayer1 setPath:[[UIBezierPath bezierPathWithArcCenter:CGPointMake(BatteryGauge1PosX, BatteryGauge1PosY) radius:BatteryGauge1Width/2-17 startAngle:DEGREES_TO_RADIANS(180) endAngle:DEGREES_TO_RADIANS(198) clockwise:YES] CGPath]];
    [markLayer1 setStrokeColor:[[UIColor redColor] CGColor]];
    [markLayer1 setLineWidth:45];
    [markLayer1 setFillColor:[[UIColor clearColor] CGColor]];
    [[self.view layer] addSublayer:markLayer1];
    ……
    [[self.view layer] addSublayer:circleLayer2];
        //初始化电池电量值为0
    _BatteryLifeNumber = 0;
    / /绘制电池电量
    _BatteryLifeLabel = [[UILabel alloc] initWithFrame:CGRectMake(BatteryGauge1PosX-6, BatteryGauge1PosY-15, 300, 30)];
    _BatteryLifeLabel.text = [NSString stringWithFormat:@"%d", _BatteryLifeNumber];
    _BatteryLifeLabel.textColor = [UIColor whiteColor];
    _BatteryLifeLabel.font = [UIFont fontWithName:@"Helvetica" size:24.0];
    [self.view addSubview:_BatteryLifeLabel];
    //绘制第二个电量计的接口
    CAShapeLayer *battery2Layer = [CAShapeLayer layer];
    battery2Layer.frame = CGRectMake(BatteryGauge2PosX, BatteryGauge2PosY, 0, 0);
    UIBezierPath *linePath2 = [UIBezierPath bezierPath];
    [linePath2 moveToPoint: CGPointMake(0, 0)];
    [linePath2 addLineToPoint:CGPointMake(BatteryGauge2Width, 0)];
    [linePath2 addLineToPoint:CGPointMake(BatteryGauge2Width, BatteryGauge2Width/3)];
    [linePath2 addLineToPoint:CGPointMake(0, BatteryGauge2Width/3)];
    [linePath2 addLineToPoint:CGPointMake(0, 0)];
    [linePath2 moveToPoint: CGPointMake(BatteryGauge2Width, BatteryGauge2Width/8)];
    [linePath2 addLineToPoint:CGPointMake(BatteryGauge2Width+5, BatteryGauge2Width/8)];
    [linePath2 addLineToPoint:CGPointMake(BatteryGauge2Width+5, BatteryGauge2Width/5)];
    [linePath2 addLineToPoint:CGPointMake(BatteryGauge2Width, BatteryGauge2Width/5)];
```

```objc
        battery2Layer.path = linePath2.CGPath;
        battery2Layer.fillColor = nil;
        battery2Layer.lineWidth = 1;
        battery2Layer.opacity = 4;
        battery2Layer.strokeColor = [[UIColor whiteColor] CGColor];
        [[self.view layer] addSublayer:battery2Layer];
        //绘制第二个电量计的值
        _BatteryLifeMark = [[UIView alloc] initWithFrame:CGRectMake(BatteryGauge2PosX+2,
        BatteryGauge2PosY+2, 0, BatteryGauge2Width/3-4)];
        _BatteryLifeMark.backgroundColor = [UIColor greenColor];
        [self.view addSubview:_BatteryLifeMark];
}
//设置为白色状态栏
-(UIStatusBarStyle)preferredStatusBarStyle
{
        return UIStatusBarStyleLightContent;
}

//设置电池寿命按钮事件
- (IBAction)Button:(UIButton *)sender {
        //弹出一个警告窗口
        UIAlertView *alert = [[UIAlertView alloc] initWithTitle:@"Set Battery Life"
                         message:@"Please Enter a number between 0 to 100" delegate:se
lf cancelButtonTitle:@"Cancel" otherButtonTitles:@"Set", nil];
        alert.alertViewStyle = UIAlertViewStylePlainTextInput;
        [[alert textFieldAtIndex:0] setKeyboardType:UIKeyboardTypeNumberPad];
        [[alert textFieldAtIndex:0] becomeFirstResponder];
        
        [alert show];
}
//处理提示框中的数据
- (void) alertView:(UIAlertView *)alertView
clickedButtonAtIndex:(NSInteger)buttonIndex{
        
        switch (buttonIndex) {
                case 0:
                        //"cancel" button
                        break;
                case 1:
                        //"set" button
                        if([[[alertView textFieldAtIndex:0] text] isEqual:@""]){
                                break;
                        }
                        int intNumber = [[[alertView textFieldAtIndex:0] text] intValue];
                        //输入值不能大于100
                        if(intNumber>100){
                                UIAlertView * alert =[[UIAlertView alloc ] initWithTitle:@"Invalid Number"
                                                                        message:@"Battery
life value must be between 0 to 100." delegate:self
                                                                        cancelButtonTitle:@"OK"
                                                                        otherButtonTitles: nil];
                                [alert show];
                                break;
                        }
                        //if the input value between 0 to 100, pass the value to NewBatteryLifeNumber variable
                        _NewBatteryLifeNumber = intNumber;
                        break;
                        
        }
        
}

//提示框动画特效
- (void)alertView:(UIAlertView *)alertView didDismissWithButtonIndex:(NSInteger)but
tonIndex;{
        _CurrentBatteryLifeNumber = _BatteryLifeNumber;
        self.UITimer = [NSTimer scheduledTimerWithTimeInterval:0.1 target:self selector
:@selector(BatteryLifeNumberChange) userInfo:nil repeats: YES];
```

```
        [self BatteryLifeArrowChange];
        [self BatteryLifeMarkChange];
        _BatteryLifeNumber = _NewBatteryLifeNumber;
    }
- (void)BatteryLifeNumberChange{
    if(_CurrentBatteryLifeNumber<_NewBatteryLifeNumber){
        _CurrentBatteryLifeNumber++;
        _BatteryLifeLabel.text = [NSString stringWithFormat:@"%d",
        _CurrentBatteryLifeNumber];
    }
    else if(_CurrentBatteryLifeNumber>_NewBatteryLifeNumber){
        _CurrentBatteryLifeNumber--;
        _BatteryLifeLabel.text = [NSString stringWithFormat:@"%d",
        _CurrentBatteryLifeNumber];
    }
    else{
        [_UITimer invalidate];
    }
}

- (void)BatteryLifeArrowChange{
    //计算箭头变化的角度
    int angle = _NewBatteryLifeNumber*1.8;
    int angle2 = (_NewBatteryLifeNumber-_BatteryLifeNumber)*1.8;
    //计算动画的时间
    int time = fabs((_NewBatteryLifeNumber-_BatteryLifeNumber)*0.1);

    //旋转箭头
    _arrowLayer.transform = CATransform3DRotate(_arrowLayer.transform,
    DEGREES_TO_RADIANS(angle2), 0, 0, 1);
    CABasicAnimation *animation = [CABasicAnimation animation];
    animation.keyPath = @"transform.rotation";
    animation.duration = time;
    animation.fromValue = @(DEGREES_TO_RADIANS(_BatteryLifeNumber*1.8));
    animation.toValue = @(DEGREES_TO_RADIANS(angle));
    [self.arrowLayer addAnimation:animation forKey:@"rotateAnimation"];
}
//处理电量刻度变化
- (void)BatteryLifeMarkChange{
    //计算刻度变化的长度
    int length = _NewBatteryLifeNumber*(BatteryGauge2Width-4)/100;
    //计算动画的时间
    int time = fabs((_NewBatteryLifeNumber-_BatteryLifeNumber)*0.1);

    [UIView animateWithDuration:time animations:^{
        _BatteryLifeMark.frame = CGRectMake(BatteryGauge2PosX+2, BatteryGauge2PosY+2,
        length, BatteryGauge2Width/3-4);
    }completion:nil];
}
```

执行后，单击"Set Bettery Life"后会弹出提醒框，效果如图23-10所示。在提醒框中设置一个100以内的数值，按下"Set"按钮后会在屏幕中显示动画样式的电量值，如图23-11所示。

图23-10 弹出提醒框

图23-11 动画样式的电量值

23.4.6 实战演练——图形图像的人脸检测处理（Swift 版）

实例23-10	图形图像的人脸检测处理
源码路径	光盘:\daima\23\UIImageView

在本实例中用到了UIImageView控件、Label控件和Toolbar控件，具体实现流程如下所示。
（1）打开Xcode 9，然后创建一个名为bfswift的工程，工程的最终目录结构如图23-12所示。
（2）在故事板Main.storyboard面板中设计UI界面，上方插入两个UIImageView控件来展示图片，在下方插入Toolbar控件实现选择控制，如图23-13所示。

图23-12 工程的目录结构

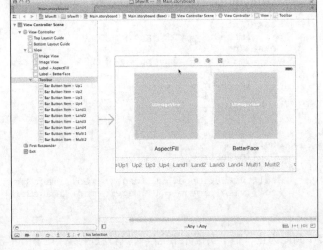
图23-13 Main.storyboard面板

（3）文件BFImageView.swift的功能是实现人脸检测和对应的标记处理，并根据用户操作实现水平移动或垂直移动操作，并设置对应的图像图层处理（程序见光盘）。
（4）文件 ViewController.swift 的功能是，根据用户的选择，在IImageView控件中加载显示不同的图片。文件 ViewController.swift 的主要实现代码如下所示：

```swift
import UIKit

class ViewController: UIViewController {
    @IBOutlet var view0 : UIImageView
    @IBOutlet var view1 : BFImageView
    
    override func viewDidLoad() {
        super.viewDidLoad()
        
        self.view0.layer.borderColor = UIColor.grayColor.CGColor
        self.view0.layer.borderWidth = 0.5
        self.view0.contentMode = UIViewContentMode.ScaleAspectFill
        self.view0.clipsToBounds = true
        
        self.view1.layer.borderColor = UIColor.grayColor.CGColor
        self.view1.layer.borderWidth = 0.5
        self.view1.contentMode = UIViewContentMode.ScaleAspectFill
        self.view1.clipsToBounds = true
        self.view1.needsBetterFace = true
        self.view1.fast = true
    }
    
    override func didReceiveMemoryWarning() {
```

```
            super.didReceiveMemoryWarning()
            // Dispose of any resources that can be recreated.
        }

        @IBAction func tabPressed(sender : AnyObject) {
            var imageStr:String = ""
            switch sender.tag {
            case Int(0):
                imageStr = "up1.jpg"
            case Int(1):
                imageStr = "up2.jpg"
            case Int(2):
                imageStr = "up3.jpg"
            case Int(3):
                imageStr = "up4.jpg"
            case Int(4):
                imageStr = "l1.jpg"
            case Int(5):
                imageStr = "l2.jpg"
            case Int(6):
                imageStr = "l3.jpg"
            case Int(7):
                imageStr = "l4.jpg"
            case Int(8):
                imageStr = "m1.jpg"
            case Int(9):
                imageStr = "m2.jpg"
            default:
                imageStr = ""
            }
            self.view0.image = UIImage(named: imageStr)
            self.view1.image = UIImage(named: imageStr)
        }
    }
```

（5）到此为止，整个实例介绍完毕，执行程序后，在下方单击不同的选项，可以在上方展示不同的对应图像。执行效果如图23-14所示。

图23-14 执行效果

23.4.7 实战演练——联合使用图像动画、滑块和步进控件（双语实现：Objective-C 版）

实例23-11	联合使用图像动画、滑块和步进控件
源码路径	光盘:\daima\23\lianhe-Obj

1．实现概述

经过本章前面内容的学习我们了解到，图像视图可以显示图像文件和简单动画，而滑块让用户能够以可视化方式从指定范围内选择一个值。我们将在一个名为lianhe的应用程序中结合使用它们。在这个项目中，我们将使用一系列图像和一个图像视图（UIImageView）实例创建一个循环动画；还将使用一个滑块（UISlider）让用户能够设置动画的播放速度。动画的内容是一个跳跃的小兔子，我们可以控制每秒跳多少次。跳跃速度通过滑块设置，并显示在一个标签（UILabel）中；步进控件提供了另一种以特定的步长调整速度的途径。用户还可使用按钮（UIButton）开始或停止播放动画。

在具体实现之前，我们需要考虑如下两个问题。

（1）动画是使用一系列图像创建的。在这个项目中提供了一个20帧的动画，当然读者也可以使用自己的图像。

（2）虽然滑块和步进控件让用户能够以可视化方式输入指定范围内的值，但对其如何设置该值您没有太大的控制权。例如最小值必须小于最大值，但是我们无法控制沿哪个方向拖曳滑块将增大或减小设置的值。这些局限性并非障碍，而只是意味着我们可能需要做一些计算（或试验）才能获得所需的行为。

2．创建项目

启动Xcode，创建一个简单的应用程序结构，它包含一个应用程序委托、一个窗口、一个视图（在故事板场景中定义的）和一个视图控制器。几秒钟后将打开项目窗口，如图23-15所示。

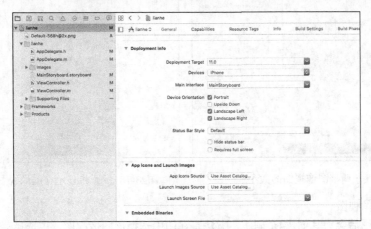

图23-15 新创建的工程

3．添加动画资源

这个项目使用了20帧存储为PNG文件的动画，这些动画帧包含在项目文件夹"lianhe"的文件夹Images中，如图23-16所示。

因为我们预先知道需要这些图像，因此可立即将其加入到项目中。为此，在Xcode的项目导航器中展开项目编组，再展开项目代码编组lianhe，然后将文件夹Images拖放到该编组中。在Xcode提示时，务必选择必要时复制资源并新建编组。

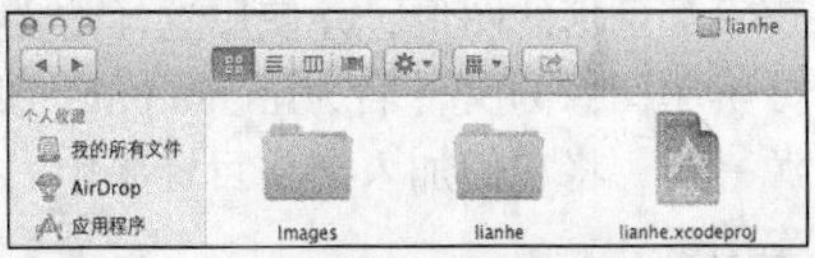

现在可以在Interface Builder编辑器中轻松地访问这些图像文件了，而无需编写代码。

图23-16 图片资源

- 划变量和连接。

在这个应用程序中，需要为多个对象提供输出口和操作。在此总共需要9个输出口，具体说明如下所示。

- 用5个图像视图（UIImageView），它们包含动画的5个副本，分别通过bunnyView1、bunnyView2、bunnyView3、bunnyView4和bunnyView5引用这些图像视图。
- 使用滑块控件（UISlider）用于设置播放速度，将连接到speedSlider，而播放速度本身将输出到一个名为hopsPerSecond的标签（UILabel）中。
- 使用步进控件（UIStepper），它提供了另一种设置动画播放速度的途径，将通过speedStepper来访问它。
- 用于开始和停止播放动画的按钮（UIButton）将连接到输出口toggleButton。

4．设计界面

在创建这个项目的视图时，将首先创建最重要的对象：图像视图（UIImageView）。打开文件MainStoryboard.storyboard，再打开对象库，并拖曳一个图像视图到应用程序的视图中。

由于还没有给该图像视图指定图像，将用一个浅灰色矩形表示它。使用该矩形的大小调整手柄调整图像视图的大小，使其位于视图上半部分的中央，如图23-17所示。

（1）设置默认图像

选择图像视图，并按"Option+ Command+4"打开Attributes Inspector，如图23-18所示。

从下拉列表Image中选择一个可用的图像资源。该图像将在播放动画前显示，因此使用第1帧（frame-l.png）。

第 23 章 图形、图像、图层和动画

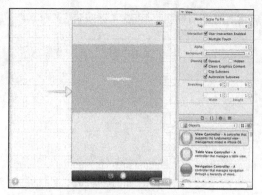
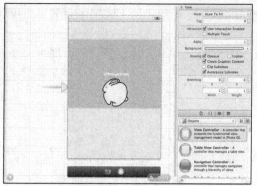

图23-17 调整图像视图的大小　　　　　图23-18 设置将显示在图像视图中的图像

（2）复制图像视图

添加图像视图后会为其创建4个副本，方法是在UI中选择该图像视图，再选择菜单Edit→Duplicate（Command+D）。调整这些副本的大小和位置，使其环绕在第一个图像视图周围。然后使用Attributes Inspector（Option+Command+4）将一些图像视图的Alpha值设置为0.75和0.50，这样可以让它们变成半透明的。

至此，便创建好了动画复制，此时的界面如图23-19所示。

要想为Retina屏幕加载高分辨率图像，要支持Retina屏幕的高缩放因子，只需创建水平和垂直分辨率都翻倍的图像，并使用这样的文件名：在低分辨率图像的文件名后面加上@2X。例如，如果低分辨率图像的文件名为Image.png，则将高分辨率图像命名为"Image@2x.png"，最后，像其他资源一样，将它们加入到项目资源中。在项目中，只需指定低分辨率图像，必要时将自动加载高分辨率图像。

接下来需要添加的界面对象是控制播放速度的滑块。首先打开对象库，将滑块（UISlider）拖放到视图中，并将其放在图像视图的下方。单击并拖曳滑块上的手柄，将滑块的宽度调整为图像视图的2/3左右，并使其与图像视图右对齐。这将在滑块左边留下足够的空间来放置标签。

由于滑块没有其用途的指示，因此，最好给滑块配一个标签，让用户知道滑块的用途。从对象库中拖曳一个标签对象（UILabel）到视图中，双击标签的文本并将其改为Speed:，再让标签与滑块垂直对齐，如图23-20所示。

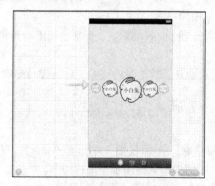
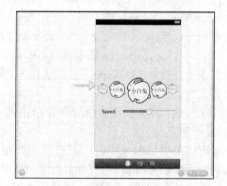

图23-19 创建动画副本　　　　　图23-20 在视图中添加滑块和配套标签

（3）设置滑块的取值范围

滑块通过value属性提供其当前值，为了修改取值范围，需要编辑滑块的属性。单击视图中的滑块，再打开Attributes Inspector (Option+Command+1)，如图23-21所示。

修改文本框Minimum、Maximum和Current的值，使其分别包含滑块的最小值、最大值和初始值。就这个项目而言，将它们分别设置为0.25、1.75和1.0。在本实例中，滑块代表动画的播放速度，动画速

度是通过图像视图的animationDuration属性设置的,该属性表示播放动画一次需要多少秒。

确保没有选中复选框Continuous。如果选中了该复选框,当用户来回拖曳滑块时,将导致滑块生成一系列事件。如果没有选中该复选框,则仅当用户松开手指时才生成事件。另外还可以给滑块的两端配置图像。如果想使用这项功能,分别在下拉列表Min Image和Max Image中选择项目中的一个图像资源(我们没有在该项目中使用这项功能)。

添加滑块后,需要添加的下一个界面元素是步进控件。将对象库中的步进控件(UIStepper)拖放到视图中,将其放在滑块的下方,并与之水平居中对齐,如图23-22所示。

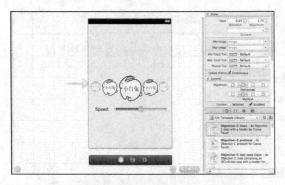
图23-21 编辑滑块的属性以控制其取值范围

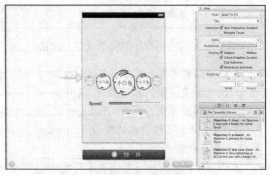
图23-22 在视图中添加步进控件

(4)设置步进控件的取值范围

要想设置步进控件的取值范围,我们可以先在视图中选择它,然后打开Attributes Inspector (Option+Command+4)。同样,将Minimum、Maximum和Current分别设置为0.25、1.75和1。将Step设置为0.25,它指的是用户单击步进控件时,当前值将增加或减少的量。

取消选中复选框Autorepeat。如果选中了该复选框,当用户按住步进控件不放时,其取值将不断地增加或减少。还应取消选中复选框Continous,这样仅当用户结束与步进控件交互时才会触发相关的事件。最后选中复选框Wrap,这样超过最大取值范围时,Value将自动设置为最小可能取值,这相当于步进控件的取值将循环变化。如果取消选中复选框Wrap,则达到最大或最小值后,步进控件的值将不再变化。

(5)添加显示速度的标签

拖曳两个标签(UILabel)到视图顶部。第一个标签的文本应设置为"每秒最大跳跃频率:",并位于视图的左上角。第二个标签用于输出实际速度值,位于视图的右上角。

将第二个标签的文本改为1.00 hps(动画的默认播放速度),使用Attributes Inspector (Option+Command+4)将其文本对齐方式设置为右对齐,这可避免用户修改速度时文本发生移动。

(6)添加Hop按钮

本实例界面的最后一部分是开始和停止动画播放的按钮(UIButton)。从对象库将一个按钮拖放到视图中,将其放在UI底部的正中央。双击该按钮以编辑其标题,并将标题设置为"跳跃!"。

(7)设置背景图像和背景色

选择文档大纲区域中的View图标,再打开"Atrributes Inspector(Option+Command+4)"。通过属性Background将应用程序的背景设置为绿色,如图23-23所示。

最后,在选择了背景图像视图的情况下,使用Attributes Inspector将Image属性设置为前面添加到项目中的文件background.jpg,最终的应用程序界面如图23-24所示。

5. 创建并连接到输出口和操作

本实例需要创建9个输出口和3个操作,其中需要创建的输出口如下所示。

- ❑ 显示兔子动画的图像视图(UIImageView): bunnyView1、bunnyView2、bunnyView3、bunnyView4和bunnyView5。

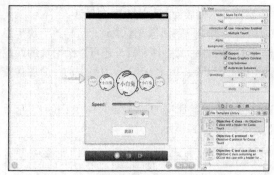 

图23-23 将应用程序的背景设置为绿色　　　图23-24 应用程序ImageHop的最终界面

- 设置播放速度的滑块（UISlider）：speedSlider。
- 设置播放速度的步进控件（UIStepper）：speedStepper。
- 显示播放速度的标签（UILabel）：hopsPerSecond。
- 开始/停止播放动画的按钮（UIButton）：toggleButton。

需要创建的操作如下。

- 用户单击Hop/Stop按钮表示开始/停止播放动画：toggleAnimation。
- 在用户移动滑块时设置播放速度：setSpeed。
- 在用户单击步进控件时设置播放速度：setIncrement。

首先调整好工作空间以便建立连接，确保在Interface Builder中打开了文件MainStroyboard.storyboard，并切换到助手编辑器模式，这将并排显示UI设计和文件ViewController.h。

（1）添加输出口

首先按住Control键，并从主图像视图拖曳到文件ViewController.h中编译指令@interface下方。在Xcode提示时必须将连接类型设置为输出口，将名称设置为bunnyView1，并保留其他设置为默认值（Type为UIImageView、Storage为Strong）。对其他图像视图重复上述操作，但拖曳到最后一个@property编译指令的下方。输出口bunnyView2、bunnyView3、bunnyView4和bunnyView5连接的是哪个图像视图无关紧要，只要将所有图像视图都连接到了输出口即可。连接图像视图后，再建立其他的连接。按住Control键，将滑块（UISlider）拖曳到最后一条编译指令@property的下方，并添加一个名为speedSlider的新输出口。对步进控件UIStepper做同样的处理，以添加一个名为speedStepper的输出口。最后，将显示播放速度的标签（它最初显示的值为1.00 hps）连接到输出口hopsPerSecond，将Hop按钮连接到输出口toggleButton。

（2）添加操作

本实例需要3个操作。第一个是toggleAnimation，它开始播放动画，在用户按Hop按钮时被触发。按住Control键，从界面中的按钮拖曳到属性声明语句的下方，为这个方法添加定义。在Xcode提示时，将连接类型设置为Action，将名称设置为toggleAnimation，保留其他设置为默认值。然后按住Control键，从滑块拖曳到刚添加的IBAction代码行下方，创建一个名为setSpeed的操作，它由该滑块的Value Changed事件触发。最后创建第3个操作，这个操作由步进控件的Value Changed事件触发，名为setIncrement。

此时文件ViewController.h的代码如下所示：

```
#import <UIKit/UIKit.h>

@interface ViewController : UIViewController
@property (strong, nonatomic) IBOutlet UIImageView *bunnyView1;
@property (strong, nonatomic) IBOutlet UIImageView *bunnyView2;
@property (strong, nonatomic) IBOutlet UIImageView *bunnyView3;
@property (strong, nonatomic) IBOutlet UIImageView *bunnyView4;
@property (strong, nonatomic) IBOutlet UIImageView *bunnyView5;
@property (strong, nonatomic) IBOutlet UISlider *speedSlider;
@property (strong, nonatomic) IBOutlet UIStepper *speedStepper;
```

```
@property (strong, nonatomic) IBOutlet UILabel *hopsPerSecond;
@property (strong, nonatomic) IBOutlet UIButton *toggleButton;

- (IBAction)toggleAnimation:(id)sender;
- (IBAction)setSpeed:(id)sender;
- (IBAction)setIncrement:(id)sender;

@end
```

6. 实现应用程序逻辑

要让这个应用程序按期望的那样运行,视图控制器需要管理如下4个方面。

- 需要为每个图像视图(bunnyView1、bunnyView2、bunnyView3、bunnyView4和bunnyView5)加载动画。
- 在Interface Builder编辑器中,需要指定要图像视图显示的静态图像,但这不足以让它显示动画。
- 必须实现toggleAnimation,让用户单击Hop按钮时能够开始和停止播放动画。
- 必须编写方法setSpeed和setIncrement,以控制动画的最大播放速度。

(1) 让图像视图显示动画

要使用图像制作动画,需要创建一个图像对象(UIImage)数组,并将它们传递给图像视图对象。使用项目导航器打开视图控制器的实现文件ViewController.m,找到ViewDidLoad方法,并在其中添加如下所示的代码:

```
- (void)viewDidLoad
{
    NSArray *hopAnimation;
    hopAnimation=[[NSArray alloc] initWithObjects:
                  [UIImage imageNamed:@"frame-1.png"],
                  [UIImage imageNamed:@"frame-2.png"],
                  [UIImage imageNamed:@"frame-3.png"],
                  [UIImage imageNamed:@"frame-4.png"],
                  [UIImage imageNamed:@"frame-5.png"],
                  [UIImage imageNamed:@"frame-6.png"],
                  [UIImage imageNamed:@"frame-7.png"],
                  [UIImage imageNamed:@"frame-8.png"],
                  [UIImage imageNamed:@"frame-7.png"],
                  [UIImage imageNamed:@"frame-10.png"],
                  [UIImage imageNamed:@"frame-11.png"],
                  [UIImage imageNamed:@"frame-12.png"],
                  [UIImage imageNamed:@"frame-13.png"],
                  [UIImage imageNamed:@"frame-14.png"],
                  [UIImage imageNamed:@"frame-15.png"],
                  [UIImage imageNamed:@"frame-16.png"],
                  [UIImage imageNamed:@"frame-17.png"],
                  [UIImage imageNamed:@"frame-18.png"],
                  [UIImage imageNamed:@"frame-17.png"],
                  [UIImage imageNamed:@"frame-23.png"],
                  nil
                  ];
    self.bunnyView1.animationImages=hopAnimation;
    self.bunnyView2.animationImages=hopAnimation;
    self.bunnyView3.animationImages=hopAnimation;
    self.bunnyView4.animationImages=hopAnimation;
    self.bunnyView5.animationImages=hopAnimation;
    self.bunnyView1.animationDuration=1;
    self.bunnyView2.animationDuration=1;
    self.bunnyView3.animationDuration=1;
    self.bunnyView4.animationDuration=1;
    self.bunnyView5.animationDuration=1;
    [super viewDidLoad];
}
```

上述代码的具体实现流程如下。

- 为了给图像视图配置动画，首先声明了一个名为hopAnimation的数组(NSArray)变量（第3行）。
- 给这个数组分配内存，并使用NSArray的实例方法initWithObject初始化。这个方法接受一个以逗号分隔并以nil结尾的对象列表作为参数，并返回一个数组。
- 初始化图像对象（UIImage）并将其加入到数组中。使用图像对象填充数组后，便可使用它来设置图像视图的动画。为此，将图像视图（imageView）的animationImages属性设置为该数组。
- 对bunnyViewl到bunnyView5进行上述属性设置处理。
- 此处我们要立即设置的图像视图的另一个属性是animationDuration，它表示动画播放一次将持续多少秒。如果不设置它，则播放速度将为30帧每秒。在默认情况下，希望在1秒钟内播放完动画中所有的帧，所以通过上述代码的末尾代码将每个图像视图的animationDuration属性都设置为1。

（2）开始和停止播放动画

属性animationDuration可以修改动画速度，但还需要如下3个"属性/方法"才能完成所需的工作。
- isAnimating：如果图像视图正在以动画方式播放其内容，该属性将返回True。
- startAnimating：开始播放动画。
- stopAnimating：如果正在播放动画，则停止播放。

当用户轻按"跳跃!"按钮时，将调用方法toggleAnimation。这个方法应使用图像视图（imageView）之一（如bunnyViewl）的isAnimating属性判断是否正在播放动画，如果没有则开始播放动画，否则应停止播放。为了确保用户界面合乎逻辑，在播放动画时的按钮（toggleButton）标题为"停下"，当没有播放动画时为"跳跃"。

在视图控制器的实现文件中，在方法toggleAnimation中添加如下所示的代码：

```
- (IBAction)toggleAnimation:(id)sender {
    if (bunnyView1.isAnimating) {
        [self.bunnyView1 stopAnimating];
        [self.bunnyView2 stopAnimating];
        [self.bunnyView3 stopAnimating];
        [self.bunnyView4 stopAnimating];
        [self.bunnyView5 stopAnimating];
        [self.toggleButton setTitle:@"跳跃!"
                        forState:UIControlStateNormal];
    } else {
        [self.bunnyView1 startAnimating];
        [self.bunnyView2 startAnimating];
        [self.bunnyView3 startAnimating];
        [self.bunnyView4 startAnimating];
        [self.bunnyView5 startAnimating];
        [self.toggleButton setTitle:@"停下!"
                        forState:UIControlStateNormal];
    }
}
```

上述代码的实现流程如下所示。
- 首先设置我们需要处理的两个条件，如果在播放动画，将执行if语句行的代码；否则将执行else语句行的代码行。在这两段代码中，对每个图像视图分别调用了方法stopAnimating和startAnimating，以停止和开始播放动画。
- 使用UIButton的实例方法setTile:forState分别将按钮的标题设置为字符串"跳跃"和"停下"。这些标题是为按钮的UIControlStateNormal状态设置的。按钮的"正常"状态为默认状态，指的是没有任何用户事件发生前的状态。

（3）设置动画播放速度

用户调整滑块控件将触发操作setSpeed，该操作必须在应用程序中进行如下修改。
- 修改动画的播放速度（animationDuration）。
- 如果当前没有播放动画，应开始播放它。

- 修改按钮（toggleButton）的标题以表明正在播放动画。
- 在标签hopsPerSecond中显示播放速度。

在视图控制器的实现文件中，在方法setSpeed的存根中添加如下所示的代码：

```
- (IBAction)setSpeed:(id)sender {
    NSString *hopRateString;

    self.bunnyView1.animationDuration=2-self.speedSlider.value;
    self.bunnyView2.animationDuration=
        self.bunnyView1.animationDuration+((float)(rand()%11+1)/10);
    self.bunnyView3.animationDuration=
        self.bunnyView1.animationDuration+((float)(rand()%11+1)/10);
    self.bunnyView4.animationDuration=
        self.bunnyView1.animationDuration+((float)(rand()%11+1)/10);
    self.bunnyView5.animationDuration=
        self.bunnyView1.animationDuration+((float)(rand()%11+1)/10);

    [self.bunnyView1 startAnimating];
    [self.bunnyView2 startAnimating];
    [self.bunnyView3 startAnimating];
    [self.bunnyView4 startAnimating];
    [self.bunnyView5 startAnimating];

    [self.toggleButton setTitle:@"Sit Still!"
                    forState:UIControlStateNormal];

    hopRateString=[[NSString alloc]
                initWithFormat:@"%1.2f hps",1/(2-self.speedSlider.value)];
    self.hopsPerSecond.text=hopRateString;
}
```

上述代码的具体实现流程如下所示。

- 为了显示速度，需要设置字符串格式，所以上述代码首先声明了一个NSString引用hopRateString。
- 将图像视图（imageView）bunnyView1的属性animationDuration设置为2与滑块值（speedSlide.value）的差，从而设置了动画的播放速度。您可能还记得，这旨在反转标尺，使得滑块位于右边时播放速度较快，而位于左边时播放速度较慢。
- 将其他图像视图的动画播放速度设置成比bunnyView1的速度慢零点几秒。其中的零点几秒是如何获得的呢？通过神奇的(float)(rand()%11+1)/10)。rand()+1返回一个1～10的随机数，将其除以10后便得到零点几秒（1/10、2/10等）。通过使用float，确保结果为浮点数，而不是整数。
- 使用方法startAnimation开始动画播放。注意，即使动画在播放，使用该方法也是安全的，因此不需要检查图像视图的状态。
- 将按钮的标题设置为字符串"停下"，以指出正在播放动画。
- 给第2行声明的hopRateString分配内存并对其进行初始化。初始化该字符串时，使用的格式为1.2f，而其内容为1/(2 - speedSlide.value)的结果。我们知道动画的速度是以秒为单位的。最快的速度为0.25秒，这意味着1秒钟播放动画4次（即4跳每秒）。为在应用程序中进行这种计算，只需将1除以用户选择的速度，即1/(2 - speedSlide.value)。由于结果不一定是整数，因此我们使用方法initWithFormat创建一个字符串，它存储了格式漂亮的结果。给initWithFormat指定的格式参数1.2f hps表示要设置格式的值是一个浮点数(f)，并在设置格式时在小数点左边和右边分别保留1位和2位(1.2)。格式参数中的hps是要在字符串末尾加上的单位"跳每秒"。例如，如果1/(2 - speedSlide.value)的结果为0.5，存储在hopRateString中的字符串将为0.50 hps。
- 将界面中输出标签（UILabel）的文本设置为hopRateString的值。

（4）调整动画速度

如果想在用户单击滑块时设置滑块的速度，可以设置步进控件的取值范围与滑块的相同，这样只需将滑块的Value属性设置成步进控件的Value属性，然后手工调用方法setSpeed即可实现。对视图控制

器视图文件中方法setIncrement的存根进行修改,具体代码如下所示:

```
- (IBAction)setIncrement:(id)sender {
    self.speedSlider.value=self.speedStepper.value;
    [self setSpeed:nil];
}
```

在上述代码中,将滑块的value属性设置为步进控件的value属性。虽然这将导致界面中的滑块相应地更新,但不会触发其Value Changed事件,进而调用方法setSpeed。因此,我们手工给self(视图控制器对象)发送setSpeed消息。

到此为止,整个实例介绍完毕。单击Xcode工具栏中的Run按钮。几秒钟后,应用程序"lianhe"将启动,初始效果如图23-25所示,跳跃后的效果如图23-26所示。

图23-25 初始效果

图23-26 跳跃后的效果

23.4.8 实战演练——联合使用图像动画、滑块和步进控件(双语实现:Swift版)

实例23-12	联合使用图像动画、滑块和步进控件
源码路径	光盘:\daima\23\lianhe-Swift

本实例的功能和本章上一个实例完全相同,只是基于Swift语言实现而已,具体实现代码请参考本书附带光盘。

第 24 章 多媒体开发

在iOS应用中,当提供反馈或获取重要输入时,通过视觉方式进行通知比较合适。但是有时为了引起用户注意,通过声音效果可以更好地完成提醒效果。作为一款智能设备的操作系统,iOS提供了功能强大的多媒体功能,例如视频播放、音频播放等。通过这些多媒体应用,吸引了广大用户的眼球。在iOS系统中,这些多媒体功能是通过专用的框架实现的,通过这些框架可以实现如下功能。

- 播放本地或远程(流式)文件中的视频。
- 在iOS设备中录制和播放视频。
- 在应用程序中访问内置的音乐库。
- 显示和访问内置照片库或相机中的图像。
- 使用Core Image过滤器轻松地操纵图像。
- 检索并显示有关当前播放的多媒体内容的信息。

24.1 使用 AudioToolbox 框架

知识点讲解光盘:视频\知识点\第24章\访问声音服务.mp4

在当前的设备中,声音几乎在每个计算机系统中都扮演了重要角色,而不管其平台和用途如何。它们告知用户发生了错误或完成了操作。声音在用户没有紧盯屏幕时仍可提供有关应用程序在做什么的反馈。而在移动设备中,振动的应用比较常见。当设备能够振动时,即使用户不能看到或听到,设备也能够与用户交流。对iPhone来说,振动意味着即使它在口袋里或附近的桌子上,应用程序也可将事件告知用户。这是不是最好的消息?可通过简单代码处理声音和振动,这让您能够在应用程序中轻松地实现它们。

24.1.1 声音服务基础

通过AudioToolbox.framework框架,可以将短声音注册到System Sound(系统声音)服务上,被注册到系统声音服务上的声音称为 System Sounds。它必须满足下面几个条件。

- 播放的时间不能超过30秒。
- 数据必须是 PCM或者IMA4流格式。
- 必须被打包成下面3个格式之一:Core Audio Format (.caf)、Waveform audio (.wav)或者 Audio Interchange File (.aiff)。
- 声音文件必须放到设备的本地文件夹下面。通过AudioServicesCreateSystemSoundID方法注册这个声音文件。

在AudioToolbox框架下,各个接口和方法的具体说明如下所示。

- AudioFileStream类:提供了一个接口,用来解析一个流音频文件。
- AudioQueue:使用一个缓冲队列来存储data,用来播放或录音。播放或录音的时候,数据以流的形式操作,可以边获取数据边播放,或者边录音,边存储。
- NSFileHandle:用来从文件、socket中读取数据

- CFReadStream：用来读取一个字节流Byte Stream，该字节流可以来自于内存、一个文件、一个socket。在读bytes之前，流stream需要被打开。
- CFWriteStream：用来写一个字节流。
- AudioQueueRef：用于定义一个不透明的数据类型，专门代表一个Audio队列。
- AudioQueueBufferRef：是AudioQueueBuffer的别名，表明该参数为一个AudioQueueBuffer对象。
- AudioFileID：定义一个不透明的数据类型，代表一个audiofile的对象。
- AudioStreamBasicDescription：音频数据流格式的描述Callback Method 回调函数，系统已经规定好了回调函数的参数和调用的地方，开发者只需要保证参数的格式正确，向函数里添加代码即可，函数的方法名称可以随便写，没有强制的规定。
- AudioFileStream_PropertyListenerProc：当在Audio Stream中找到一个Property Value（属性值）后回调该方法。
- AudioFileStream_PacketsProc：当在Stream中找到Audio Data后回调该方法。
- AudioFile类：一个C语言编程接口，使用AudioFile可以从内存或硬盘中读取或写入多种格式的音频数据。
- AudioFileStream类：提供了一个接口，用来解析流音频文件。功能：从网络中读取数据流，把数据流解析成音频文件。音频文件流是不容易获取的。当需要从Stream中读取Data时，以前的Data可能已无法使用，而新的Data还没有到达，而从网络中获取的Data可能还包含Packets数据。为了解析Audio Stream，Parser必须记着已经获取的数据，等待剩余的数据。
- AudioQueue类：一个C语言编程接口，是Core Audio的一部分。功能是录音、播放音频。当AudioQueue类播放音频时，在内存中维护着一个Buffer Queue。只要Buffer中有数据就可以播放，因此一般使用AudioQueue对象来播放音频流，这样可以"边下载边播放"。播放音频的方法有AudioQueueNewOutput，功能是创建一个播放音频队列的对象AudioQueueRef，然后就是对该audioqueue对象进行操作。或用来添加一个回调方法AudioQueueOutputCallback，调用该方法时会返回一个audioqueue的buffer，该buffer中的数据已经被使用，需要在这个方法中填充新数据。
- AudioSession类：一个C语言接口，用来管理应用中Audio的行为。
- AudioQueue：一个C语言编程接口，是Core Audio的一部分。功能是录音和播放音频。当AudioQueue类播放音频时，在内存中维护着一个Buffer Queue。只要Buffer中有数据就可以播放，因此，一般使用AudioQueue对象来播放音频流，这样可以实现"边下载边播放"功能。

24.1.2 实战演练——播放指定的声音文件

实例24-1	播放指定的声音文件
源码路径	光盘:\daima\24\AudioToolBoxDemo

（1）打开Xcode，设置创建项目的工程名为"AudioToolBoxDemo"，然后准备两个声音音效素材文件.caf，如图24-1所示。

（2）实例文件ViewController.m的主要实现代码如下所示：

```
@implementation ViewController

- (void)viewDidLoad {
    [super viewDidLoad];
    [self playShortAudio];
}

//短音频播放完成的回调方法
void callBack(SystemSoundID ID, void  * clientData){
    NSLog(@"test");
}
```

图24-1 音频素材文件

```objc
//播放短音频(<30s)
-(void)playShortAudio{
    
    //获取短音频文件路径
    NSURL *audioURL=[[NSBundle mainBundle] URLForResource:@"音效" withExtension:@"caf"];
    
    //创建ID
    SystemSoundID soundID;
    //在系统中为短音频创建一个唯一的ID
    
    AudioServicesCreateSystemSoundID((__bridge CFURLRef)(audioURL), &soundID);
    //将创建短音频添加到系统服务中,委托系统来播放短音频
    
    /**
     *  <#Description#>
     *
     *  @param soundID              ID
     *  @param NULL                 播放的线程
     *  @param inRunLoopMode#>      播放的线程
     description#>
     *  @param inCompletionRoutine#>回调
     description#>
     *  @param inClientData#>
     description#>
     *
     *  @return <#return value description#>
     */
    AudioServicesAddSystemSoundCompletion(soundID, NULL, NULL, &callBack, NULL);
    //播放短音频
    AudioServicesPlayAlertSound(soundID);
    
//      NSRunLoop  消息循环
    
}
```

24.1.3 实战演练——播放任意位置的音频

实例24-2	播放任意位置的音频
源码路径	光盘:\daima\24\AudioManger

编写文件ViewController.m,功能是播放用户指定位置的音频文件,主要实现代码如下所示:

```objc
@interface ViewController ()
@end

@implementation ViewController
- (void)viewDidLoad {
    [super viewDidLoad];
}
- (void)touchesBegan:(NSSet<UITouch *> *)touches withEvent:(UIEvent *)event
{
    [[ZGDAudioManger shareAudioManger] playAudioSystemSoundWithFile:@"此处输入你要播放的音频文件路径"];
}
@end
```

24.2 提醒和振动

知识点讲解光盘:视频\知识点\第24章\提醒和振动.mp4

在iOS 系统中,提醒和振动功能也是通过AudioToolbox.framework框架实现的。提醒音和系统声音之间的差别在于,如果手机处于静音状态,提醒音将自动触发振动。提醒音的设置和用法与系统声音

相同，如果要播放提醒音，只需使用函数AudioServicesPlayAlertSound即可实现，而不是使用AudioServicesPlaySystemSound。实现振动的方法更加容易，只要在支持振动的设备（当前为iPhone）中调用AudioServicesPlaySystemSound即可，并将常量kSystemSoundID_Vibrate传递给它，例如下面的代码：

```
AudioServicesPlaySystemSound( kSystemSoundID_Vibrate);
```

如果不支持振动的设备（如iPad2），则不会成功。这些实现振动代码将留在应用程序中，而不会有任何害处，不管目标设备是什么。

24.2.1 播放提醒音

用iOS开发多媒体播放是本文要介绍的内容，iOS SDK中提供了很多方便的方法来播放多媒体。接下来将利用这些SDK做一个实例，来讲述一下如何使用它们来播放音频文件。本实例使用了AudioToolbox framework框架，通过此框架可以将比较短的声音注册到 system sound服务上。被注册到system sound服务上的声音称为system sounds。它必须满足下面4个条件。

（1）播放的时间不能超过30秒。
（2）数据必须是 PCM或者IMA4流格式。
（3）必须被打包成下面3个格式之一：
❑ Core Audio Format (.caf)；
❑ Waveform audio (.wav)；
❑ Audio Interchange File (.aiff)。
（4）声音文件必须放到设备的本地文件夹下面。通过AudioServicesCreateSystemSoundID方法注册这个声音文件。

24.2.2 实战演练——实现两种类型的振动效果（Swift版）

实例24-3	实现两种类型的振动效果
源码路径	光盘:\daima\22\Swift-Vibrate

（1）使用Xcode 9新创建一个名为VibrateTutorial的工程，打开Main.storyboard，为本工程设计一个视图界面，在里面添加标签"1"和"2"，如图24-2所示。

（2）在视图界面文件ViewController.swift中导入AudioToolbox框架以实现真的功能，定义函数vib1和vib2分别实现两种振动效果，主要实现代码如下所示：

```
    @IBAction func vib1(sender: AnyObject) {
AudioServicesPlayAlertSound(SystemSoundID(kSystemSoundID_Vibrate)) // Plays a vibrate,
but plays a sound instead if your device does not support vibration
    }
    @IBAction func vib2(sender: AnyObject) {
AudioServicesPlaySystemSound(SystemSoundID(kSystemSoundID_Vibrate)) // Plays vibrate only
    }
```

执行后的效果如图24-3所示，按下"1"和"2"后会发出两种振动。

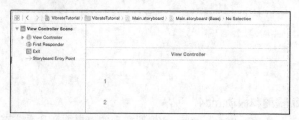

图24-2 Main.storyboard界面

图24-3 执行效果

24.2.3 实战演练——实用 iOS 的提醒功能

本节的演示实例将实现一个沙箱效果，在里面可以实现提醒视图、多个按钮的提醒视图、文本框的提醒视图、操作表、声音提示和振动提示效果。本实例只包含一些按钮和一个输出区域；其中按钮用于触发操作，以便演示各种提醒用户的方法，而输出区域用于指出用户的响应。生成提醒视图、操作表、声音和振动的工作都是通过代码完成的，因此越早完成项目框架的设置，就能越早实现逻辑。

实例24-4	实用iOS的提醒功能
源码路径	光盘:\daima\24\lianhe-Obj

1．创建项目

（1）使用Xcode创建一个名为lianhe的Single View Applicatiom项目，在Sounds中准备两个声音素材文件：Music.mp3和Sound12.aif，如图24-4所示。

（2）本实例需要多个项目默认没有的资源，其中最重要的是我们要使用系统声音服务播放的声音以及播放这些声音所需的框架。在Xcode中打开项目lianhe的情况下，切换到Finder并找到本章项目文件夹中的Sounds文件夹。将该文件夹拖放到Xcode项目文件夹，并在Xcode提示时指定复制文件并创建编组。该文件夹将出现在项目编组中，如图24-5所示。

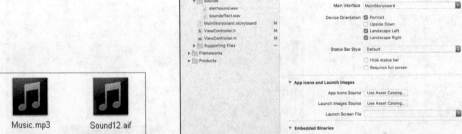

图24-4 音频素材文件　　　　　图24-5 将声音文件加入到项目中

（3）要想使用任何声音播放函数，都必须将框架AudioToolbox加入到项目中。所以选择项目GettingAttention的顶级编组，并在编辑器区域选择选项卡Summary。在选项卡Summary中向下滚动，找到Linked Frameworks and Libraries部分，如图24-6所示。

（4）再单击列表下方的"+"按钮，在出现的列表中选择AudioToolbox.framework，再单击Add按钮，如图24-7所示。

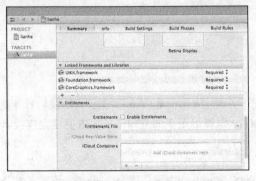 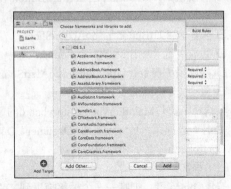

图24-6 找到Linked Frameworks and Libraries　　图24-7 将框架AudioToolbox加入到项目中

在添加该框架后,建议将其拖放到项目的Frameworks编组,因为这样可以让整个项目显得更加整洁且有序,如图24-8所示。

(5)在给应用程序GettingAttention设计界面和编写代码前,需要确定需要哪些输出口和操作,以便能够进行我们想要的各种测试。本实例只需要一个输出口,它对应于一个标签(UILabel),而该标签提供有关用户做了什么的反馈。我们将把这个输出口命名为userOutput。

除了输出口外总共还需要7个操作,它们都是由用户界面中的各个按钮触发的,这些操作分别是doAlert、doMultiButtonAlert、doAlertInput、doActionSheet、doSound、doAlertSound和doVibration。

2. 设计界面

在Interface Builder中打开文件MainStoryboard.storyboard,然后在空视图中添加7个按钮和一个文本标签。首先添加一个按钮,方法是选择菜单View→Utilitise→Show Object Library打开对象库,将1个按钮(IUButton)拖曳到视图中。再通过拖曳添加6个按钮,也可复制并粘贴第一个按钮。然后修改按钮的标题,使其对应于将使用的通知类型。具体地说,按从上到下的顺序将按钮的标题分别设置为:提醒我、有按钮的、有输入框的、操作表、播放声音、播放提醒声音、振动。

从对象库中拖曳一个标签(UILabel)到视图底部,删除其中的默认文本,并将文本设置为居中,现在界面如图24-9所示。

图24-8 重新分组　　　　图24-9 创建的UI界面

3. 创建并连接输出口和操作

设计好UI界面后,接下来需在界面对象和代码之间建立连接。我们需要建立用户输出标签(UILabel):userOutput,需要创建的操作如下。

- 提醒我(UIButton):doAlert。
- 有按钮的(UIButton):doMultiButtonAlert。
- 有输入框的(UIButton):doAlertInput。
- 操作表(UIButton):doActionSheet。
- 播放声音(UIButton):doSound。
- 播放提醒声音(UIButton):doAlertSound。
- 振动(UIButton):doVibration。

在选择了文件MainStoryboard.storyboard的情况下,单击Assistant Editor按钮,再隐藏项目导航器和文档大纲(选择菜单Editor>Hide Document Outline),以腾出更多的空间,从而方便建立连接。文件ViewController.h应显示在界面的右边。

(1)添加输出口

按住Control键,把唯一一个标签拖曳到文件ViewController.h中编译指令@interface下方。在 Xcode

提示时，选择新创建一个名为userOutput的输出口，如图24-10所示。

（2）添加操作

按住Control键，从按钮"提醒我"拖曳到文件ViewController.h中编译指令@property下方，并连接到一个名为doAlert的新操作，如图24-11所示。

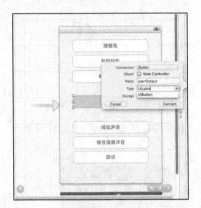
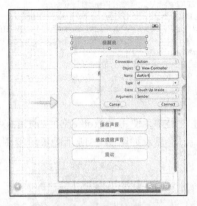

图24-10 将标签连接到输出口userOutput　　　　图24-11 将每个按钮都连接到相应的操作

对其他6个按钮重复进行上述相同的操作：将"有按钮的"连接到doMultiButtonAlert，将"有输入框的"连接到doAlertInput，将"操作表"连接到doActionSheet，将"播放声音"连接到doSound，将"播放提醒声音"连接到doAlertSound，将"振动"连接到doVibration。

4．实现提醒视图

切换到标准编辑器显示项目导航器（Command+1），再打开文件ViewController.m，首先实现一个简单的提醒视图。在文件ViewController.m中，按照如下代码实现方法doAlert：

```
- (IBAction)doAlert:(id)sender {
    UIAlertView *alertDialog;
alertDialog = [[UIAlertView alloc]
initWithTitle: @"Alert Button Selected"
            message:@"I need your attention NOW!"
delegate: nil
cancelButtonTitle: @"Ok"
otherButtonTitles: nil];
    [alertDialog show];
}
```

上述代码的具体实现流程是：首先声明并实例化了一个UIAlertView实例，再将其存储到变量alertDialog中。初始化这个提醒视图时，设置了标题（Alert Button Selected）、消息（I need your attention NOW!）和Ok按钮。在此没有添加其他按钮，没有指定委托，因此不会响应该提醒视图。在初始化alertDialog后，将它显示到屏幕上。

现在可以运行该项目并测试第一个按钮"提醒我"了，执行效果如图24-12所示。

提醒视图对象并非只能使用一次。如果要重复使用提醒，可在视图加载时创建一个提醒实例，并在需要时显示它，但别忘了在不需要时将其释放。

（1）创建包含多个按钮的提醒视图

只有一个按钮的提醒视图很容易实现，因为不需要实现额外的逻辑。用户轻按按钮后，提醒视图将关闭，程序将恢复到正常执行。然而，如果添加了额外的按钮，应用程序必须能够确定用户按下了哪个按钮，并采取相应的措施。

除了创建的只包含一个按钮的提醒视图外，还有其他两种配置，它们之间的差别在于提醒视图显示的按钮数。创建包含多个按钮提醒的方法非常简单，只需利用初始化方法的otherButtonTitles参数即可实现，不将其设置为nil，而是提供一个以nil结尾的字符串列表，这些字符串将用作新增按钮的标题。

当只有两个按钮时,取消按钮总是位于左边。当有更多按钮时,它将位于最下面。

在前面创建方法存根doMultiButtonAlert中,复制前面编写的doAlert方法,并将其修改为如下所示的代码:

```
- (IBAction)doMultiButtonAlert:(id)sender {
    UIAlertView *alertDialog;
alertDialog = [[UIAlertView alloc]
initWithTitle: @"Alert Button Selected"
           message:@"I need your attention NOW!"
    delegate: self
cancelButtonTitle: @"Ok"
otherButtonTitles: @"Maybe Later", @"Never", nil];
    [alertDialog show];
}
```

在上述代码中,使用参数otherButtonTitles在提醒视图中添加了按钮Maybe Later和Never。按下按钮"有按钮的",将显示如图24-13所示的提醒视图。

图24-12 执行效果

图24-13 包含3个按钮的提醒

(2)响应用户单击提醒视图中的按钮

要想响应提醒视图,处理响应的类必须实现AlertViewDelegate协议。在此让应用程序的视图控制类承担这种角色,但在大型项目中可能会让一个独立的类承担这种角色。具体如何选择完全取决于我们。

为了确定用户按下了多按钮提醒视图中的哪个按钮,ViewController遵守协议UIAlertView Delegate并实现方法alertView:clickedButtonAtIndex:

```
@interface ViewController  :UIViewController<UIAlertViewDelegate>
```

接下来,更新doMultiButtonAlert中初始化提醒视图的代码,将委托指定为实现了协议UIAlertViewDelegate的对象。由于它就是创建提醒视图的对象(视图控制器),因此可以使用self来指定。

```
alertDialog= [[UIAlertView alloc]
initWithTitle: @"Alert Button Selected"
    message:@"I need your attention NOW!"
    delegate: self
cancelButtonTitle: @"Ok"
    otherButtonTitles:  @"Maybe Later", @"Never", nil];
```

接下来需要编写方法alertView:clickedButtonAtIndex,它将用户按下的按钮的索引数作为参数,这让我们能够采取相应的措施。我们利用UIAlertView的实例方法buttonTitleAtIndex获取按钮的标题,而不使用数字索引值。

在文件ViewController.m中添加如下所示的代码,这样当用户按下按钮时会显示一条消息。这是一个全新的方法,在文件ViewController.m中没有包含其存根:

```
- (void)alertView:(UIAlertView *)alertView
clickedButtonAtIndex:(NSInteger)buttonIndex {
    NSString *buttonTitle=[alertView buttonTitleAtIndex:buttonIndex];
```

```
if ([buttonTitle isEqualToString:@"Maybe Later"]) {
        self.userOutput.text=@"Clicked 'Maybe Later'";
    } else if ([buttonTitle isEqualToString:@"Never"]) {
        self.userOutput.text=@"Clicked 'Never'";
    } else {
        self.userOutput.text=@"Clicked 'Ok'";
    }
}
```

在上述代码中，首先将buttonTitle设置为被按下按钮的标题。然后将buttonTitle同我们创建提醒视图时初始化的按钮的名称进行比较，如果找到匹配的名称，则相应地更新视图中的标签userOutput。

（3）在提醒对话框中添加文本框

虽然可以在提醒视图中使用按钮来获取用户输入，但是有些应用程序在提醒框中包含文本框。例如，App Store提醒您输入iTune密码，然后下载新的应用程序。要想在提醒视图中添加文本框，可以将提醒视图的属性alertViewStyle设置为UIAlertViewSecureTextInput或UIAlertViewStylePlain TextInput，这将会添加一个密码文本框或一个普通文本框。第3种选择是将该属性设置为UIAlertView StyleLoginAnd PasswordInput，这将在提醒视图中包含一个普通文本框和一个密码文本框。

下面以方法doAlert为基础来实现doAlertInput，提醒视图提示用户输入电子邮件地址，显示一个普通文本框和一个OK按钮，并将ViewControler作为委托。下面的演示代码显示了该方法的具体实现：

```
- (IBAction)doAlertInput:(id)sender {
    UIAlertView *alertDialog;
alertDialog = [[UIAlertView alloc]
initWithTitle: @"Email Address"
                message:@"Please enter your email address:"
delegate: self
cancelButtonTitle: @"OK"
otherButtonTitles: nil];
    alertDialog.alertViewStyle=UIAlertViewStylePlainTextInput;
    [alertDialog show];
}
```

图24-14 提醒视图包含一个输入框

此处只需设置属性alertViewStyle就可以在提醒视图中包含文本框。运行该应用程序，并触摸按钮"有输入框的"就会看到如图24-14所示的提醒视图。

（4）访问提醒视图的文本框

要想访问用户通过提醒视图提供的输入，可以使用方法alerView:clickedButtonAtIndex实现。前面已经在doMultiButtonAlert中使用过这个方法来处理提醒视图，此时我们应该知道调用的是哪种提醒，并做出相应的反应。鉴于在方法alertView:clickedButton AtIndex中可以访问提醒视图本身，因此可检查提醒视图的标题，如果它与包含文本框的提醒视图的标题（Email Address）相同，则将userOutput设置为用户在文本框中输入的文本。此功能很容易实现，只需传递给alertView:clickedButtonAtIndex的提醒视图对象的title属性进行简单的字符串比较即可。修改方法alertView:clickedButtonAtIndex，在最后添加如下所示的代码：

```
if ([alertView.title
        isEqualToString: @"Email Address"]) {
    self.userOutput.text=[[alertView textFieldAtIndex:0] text];
}
```

这样对传入的alertView对象的title属性与字符串EmailAddress进行比较。如果它们相同，我们就知道该方法是由包含文本框的提醒视图触发的。使用方法textFieldAtIndex获取文本框。由于只有一个文本框，因此使用了索引零。然后，向该文本框对象发送消息text，以获取用户在该文本框中输入的字符串。最后，将标签userOutput的text属性设置为该字符串。

完成上述修改后运行该应用程序。现在，用户关闭包含文本框的提醒视图时，该委托方法将被调用，从而将userOutput标签设置为用户输入的文本。

5．实现操作表

实现多种类型的提醒视图后，再实现操作表将毫无困难。实际上，在设置和处理方面，操作表比提醒视图更简单，因为操作表只做一件事情：显示一系列按钮。为了创建我们的第一个操作表，将在文件ViewController.m中创建的方法存根doActionSheet。该方法将在用户按下按钮Lights、Camera、Action Sheet时触发。它显示标题Available Actions、名为Cancel的取消按钮以及名为Destroy的破坏性按钮，还有其他两个按钮，分别名为Negotiate和Compromise，并且使用ViewController作为委托。

将下面的演示代码加入到方法doActionSheet中：

```
- (IBAction)doActionSheet:(id)sender {
    UIActionSheet *actionSheet;
actionSheet=[[UIActionSheet alloc] initWithTitle:@"Available Actions"
delegate:self
                                    cancelButtonTitle:@"Cancel"
                               destructiveButtonTitle:@"Destroy"
                                    otherButtonTitles:@"Negotiate",@"Compromise",nil];
    actionSheet.actionSheetStyle=UIActionSheetStyleBlackTranslucent;
    [actionSheet showFromRect:[(UIButton *)sender frame]
inView:self.view animated:YES];
    // [actionSheet showInView:self.view];
}
```

在上述代码中，首先声明并实例化了一个名为actionSheet的UIActionSheet实例，这与创建提醒视图类似，此初始化方法几乎完成了所有的设置工作。在此，将第8行操作表的样式设置为UIActionSheetStyleBlackTranslucent，最后在当前视图控制器的视图（selfview）中显示操作表。

为了让应用程序能够检测并响应用户单击操作表按钮，ViewController类必须遵守UIActionSheetDelegate协议，并实现方法actionSheet:clickedButtonAtIndex。

在接口文件ViewController.h中按照下面的样式修改@interface行，这样做的目的是让这个类遵守必要的协议：

```
@interface ViewController:UIViewController<UIAlertViewDelegate,
UIActionSheetDelegate>
```

此时注意到ViewController类现在遵守了两种协议：UIAlertViewDelegate和UIActionSheetDelegate。ViewController类可根据需要遵守任意数量的协议。

为了捕获单击事件，需要实现方法actionSheet:clickedButtonAtIndex，这个方法将用户单击的操作表按钮的索引作为参数。在文件ViewController.m中添加如下所示的代码：

```
- (void)actionSheet:(UIActionSheet *)actionSheet
clickedButtonAtIndex:(NSInteger)buttonIndex {
    NSString *buttonTitle=[actionSheet buttonTitleAtIndex:buttonIndex];
if ([buttonTitle isEqualToString:@"Destroy"]) {
        self.userOutput.text=@"Clicked 'Destroy'";
    } else if ([buttonTitle isEqualToString:@"Negotiate"]) {
        self.userOutput.text=@"Clicked 'Negotiate'";
    } else if ([buttonTitle isEqualToString:@"Compromise"]) {
        self.userOutput.text=@"Clicked 'Compromise'";
    } else {
        self.userOutput.text=@"Clicked 'Cancel'";
    }
}
```

在上述代码中，使用buttonTitleAtIndex根据提供的索引获取用户单击按钮的标题，其他的代码与前面处理提醒视图时使用的相同：第4~12行根据用户单击的按钮更新输出消息，以指出用户单击了哪个按钮。

6. 实现提醒音和振动

要想在项目中使用系统声音服务，需要使用框架AudioToolbox和要播放的声音素材。在前面的步骤中，已经将这些资源加入到项目中，但应用程序还不知道如何访问声音函数。为让应用程序知道该框架，需要在接口文件ViewController.h中导入该框架的接口文件。为此，在现有的编译指令#import下方添加如下代码行：

```
#import <AudioToolbox/AudioToolbox.h>
```

（1）播放系统声音

首先要实现的是用于播放系统声音的方法doSound。其中系统声音比较短，如果设备处于静音状态，它们不会导致振动。前面设置项目时添加了文件夹Sounds，其中包含文件soundeffect.wav，我们将使用它来实现系统声音播放。

在实现文件lliewController.m中，方法doSound的实现代码如下所示：

```
- (IBAction)doSound:(id)sender {
    SystemSoundID soundID;
    NSString *soundFile = [[NSBundle mainBundle]
    pathForResource:@"soundeffect" ofType:@"wav"];
    AudioServicesCreateSystemSoundID((__bridge CFURLRef)
    [NSURL fileURLWithPath:soundFile], &soundID);
    AudioServicesPlaySystemSound(soundID);
}
```

上述代码的实现流程如下所示。
- 声明变量soundID，它将指向声音文件。
- 声明字符串 soundFile，并将其设置为声音文件soundeffect.wav的路径。
- 使用函数 AudioServicesCreateSystemSouIldID 创建了一个 SystemSoundID（表示文件 soundeffect.wav），供实际播放声音的函数使用。
- 使用函数AudioServicesPlaySystemSound播放声音。

运行并测试该应用程序，如果按"播放声音"按钮将播放文件soundeffect.wav。

（2）播放提醒音并振动

提醒音和系统声音之间的差别在于，如果手机处于静音状态，提醒音将自动触发振动。提醒音的设置和用法与系统声音相同，要实现ViewController.m中的方法存根doAlert Sound，只需复制方法doSound的代码，再替换为声音文件alertsound.wav，并使用函数AudioServicesPlayAlertSound实现，而不是AudioServicesPlaySystemSound函数：

```
AudioServicesPlayAlertSound (soundID);
```

当实现这个方法后，运行并测试该应用程序。按"播放提醒声音"按钮将播放指定的声音，如果iPhone处于静音状态，则用户按下该按钮将导致手机振动。

（3）振动

我们能够以播放声音和提醒音的系统声音服务实现振动效果。这里需要使用常量kSystemSoundID_Vibrate，当在调用AudioServicesPlaySystemSound时使用这个常量来代替SystemSoundID，此时设备将会振动。实现doVibration方法的具体代码如下所示：

```
- (IBAction)doVibration:(id)sender {
AudioServicesPlaySystemSound(kSystemSoundID_Vibrate);
}
```

到此为止，已经实现7种引起用户注意的提醒方式，我们可在任何应用程序中使用这些技术，以确保用户知道发生的变化并在需要时做出响应。执行效果如图24-15所示。

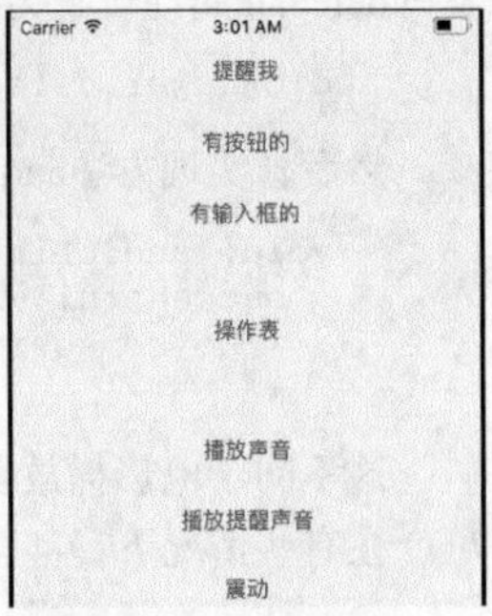

24.3 AV Foundation 框架

图24-15 执行效果

知识点讲解光盘:视频\知识点\第25章\AV Foundation框架.mp4

虽然使用Media Player框架可以满足所有普通多媒体播放需求，但是Apple推荐使用AV Foundation框架来实现大部分系统声音服务不支持的、超过30秒的音频播放功能。另外，AV Foundation框架还提供了录音功能，让您能够在应用程序中直接录制声音文件。整个编程过程非常简单，只需4条语句就可以实现录音工作。在本节的内容中，将详细讲解AV Foundation框架的基本知识。

24.3.1 准备工作

要在应用程序中添加音频播放和录音功能，需要添加如下所示的2个新类。

（1）AVAudioRecorder：以各种不同的格式将声音录制到内存或设备本地文件中。录音过程可在应用程序执行其他功能时持续进行。

（2）AVAudioPlayer：播放任意长度的音频。使用这个类可实现游戏配乐和其他复杂的音频应用程序。您可全面控制播放过程，包括同时播放多个音频。

要使用AV Foundation框架，必须将其加入到项目中，再导入如下两个（而不是一个）接口文件：

```
#import <AVFoundation/AVFoundation.h>
#import<CoreAudio/CoreAudioTypes.h>
```

在文件CoreAudioTypes.h中定义了多种音频类型，因为希望能够通过名称引用它们，所以必须先导入这个文件。

24.3.2 使用 AV 音频播放器

要使用AV音频播放器播放音频文件，需要执行的步骤与使用电影播放器相同。首先，创建一个引用本地或远程文件的NUSRL实例，然后分配播放器，并使用AVAudioPlayer的方法initWithContentsOtIJRL:error初始化它。

例如，要创建一个音频播放器，以播放存储在当前应用程序中的声音文件sound.wav，可以编写如下代码：

```
NSString *soundFile=[[NSBundle mainBundle]
pathForResource:@"mysound"ofType:@"wav"];
AVAudioPlayer  *audioPlayer=[[AVAudioPlayer alloc]
initWithContentsOfURL:[NSURL fileURLWithPath: soundFile]  :
error:nil];
```

要播放声音，可以向播放器发送play消息，例如：

```
[audioPlayer play];
```

要想暂停或禁止播放，只需发送消息pause或stop。还有其他方法，可以用于调整音频或跳转到音频文件的特定位置，这些方法可在类参考中找到。

如果要在AV音频播放器播放完声音时做出反应，可以遵守协议AVAudioPlayerDelegate，并将播放器的delegate属性设置为处理播放结束的对象，例如：

```
audioPlayer.delegate=self;
```

然后，实现方法audioPlayerDidFinishPlaying:successfully。例如下面的代码演示了这个方法的存根：

```
-(void) audioPlayerDidFinishPlaying: (AVAudioPlayer *)player
    successfully: (BOOL)flag{
    //Do something here, if needed.
    }
```

这不同于电影播放器，不需要在通知中心添加通知，而只需遵守协议、设置委托并实现该方法即可。在有些情况下，甚至都不需要这样做，而只需播放文件即可。

24.3.3 实战演练——使用 AV Foundation 框架播放视频

实例24-5	使用AV Foundation框架播放视频
源码路径	光盘:\daima\23\PBJVideoPlayer

（1）首先看"PBJVideoPlayer"目录下的文件PBJVideoPlayerController.h，为播放流媒体视频提供接

口，主要实现代码如下所示：

```
#import <UIKit/UIKit.h>
typedef NS_ENUM(NSInteger, PBJVideoPlayerPlaybackState) {
    PBJVideoPlayerPlaybackStateStopped = 0,
    PBJVideoPlayerPlaybackStatePlaying,
    PBJVideoPlayerPlaybackStatePaused,
    PBJVideoPlayerPlaybackStateFailed,
};
typedef NS_ENUM(NSInteger, PBJVideoPlayerBufferingState) {
    PBJVideoPlayerBufferingStateUnknown = 0,
    PBJVideoPlayerBufferingStateReady,
    PBJVideoPlayerBufferingStateDelayed,
};
// PBJVideoPlayerController.接口
@protocol PBJVideoPlayerControllerDelegate;
@interface PBJVideoPlayerController : UIViewController
@property (nonatomic, weak) id<PBJVideoPlayerControllerDelegate> delegate;
@property (nonatomic, copy) NSString *videoPath;
@property (nonatomic, copy, setter=setVideoFillMode:) NSString *videoFillMode; //
@property (nonatomic) BOOL playbackLoops;
@property (nonatomic) BOOL playbackFreezesAtEnd;
@property (nonatomic, readonly) PBJVideoPlayerPlaybackState playbackState;
@property (nonatomic, readonly) PBJVideoPlayerBufferingState bufferingState;
@property (nonatomic, readonly) NSTimeInterval maxDuration;
- (void)playFromBeginning;
- (void)playFromCurrentTime;
- (void)pause;
- (void)stop;
@end
@protocol PBJVideoPlayerControllerDelegate <NSObject>
@required
- (void)videoPlayerReady:(PBJVideoPlayerController *)videoPlayer;
- (void)videoPlayerPlaybackStateDidChange:(PBJVideoPlayerController *)videoPlayer;
- (void)videoPlayerPlaybackWillStartFromBeginning:(PBJVideoPlayerController *)videoPlayer;
- (void)videoPlayerPlaybackDidEnd:(PBJVideoPlayerController *)videoPlayer;
@optional
- (void)videoPlayerBufferringStateDidChange:(PBJVideoPlayerController *)videoPlayer;
@end
```

（2）文件PBJVideoPlayerController.m是接口文件PBJVideoPlayerController.h的具体实现，分别实现了自定义的用户界面和交互界面，无尺寸限制处理和设备方向变化支持。执行后的效果如图24-16所示。

图24-16 执行效果

24.3.4 实战演练——使用 AVAudioPlayer 播放和暂停指定的 MP3 播放（Swift 版）

实例24-6	使用AVAudioPlayer播放和暂停指定的MP3播放
源码路径	光盘:\daima\24\Audio

（1）打开故事板Main.storyboard，为本工程设计一个视图界面，在里面添加文本框控件和滑动条控件构建一个播放界面，如图24-17所示。

（2）实现视图界面文件ViewController.swift，用以载入播放指定的文件beethoven-2-1-1-pfaul.mp3，主要实现代码如下所示：

```
@IBAction func pause(sender: AnyObject) {
    player.pause()
}
@IBAction func sliderChanged(sender: AnyObject) {
// both player and slider defaults are between 0 and 1
    player.volume = sliderValue.value
```

```
}
@IBOutlet var sliderValue: UISlider!
override func viewDidLoad() {
    super.viewDidLoad()
    // Do any additional setup after loading the view, typically from a nib.
}
override func didReceiveMemoryWarning() {
    super.didReceiveMemoryWarning()
    // Dispose of any resources that can be recreated.
}
```

执行效果如图24-18所示。

图24-17 Main.storyboard界面

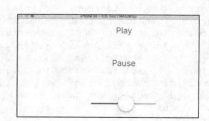

图24-18 执行效果

24.3.5 实战演练——使用 AVKit 框架播放列表中的视频

实例24-7	使用AVKit播放列表中的视频
源码路径	光盘:\daima\24\AVKitPlayer

（1）编写文件VideoTableVC.m，功能是在单元格视图中列表显示预先准备的视频文件。

（2）编写文件PlaybackVC.m，功能是监听用户的操作动作，根据用户动作来控制列表中视频的播放操作，主要实现代码如下所示：

```
- (IBAction)onSwitchButtonTapped:(UIButton *)sender { // switch videos and preserve playback time

    CMTime topVideoTime = self.topVideoPlayer.currentTime;
    CMTime bottomVideoTime = self.bottomVideoPlayer.currentTime;

    AVPlayerItem *topPlayerItem = [AVPlayerItem playerItemWithURL:self.topVideo];
    AVPlayerItem *bottomPlayerItem = [AVPlayerItem playerItemWithURL:self.bottomVideo];

    [self.bottomVideoPlayer replaceCurrentItemWithPlayerItem:topPlayerItem];
    [self.bottomVideoPlayer seekToTime:topVideoTime];
    [self.bottomVideoPlayer play];

    [self.topVideoPlayer replaceCurrentItemWithPlayerItem:bottomPlayerItem];
    [self.topVideoPlayer seekToTime:bottomVideoTime];
    [self.topVideoPlayer play];

    // replace properties for next switch
    NSURL *topVideoCopy = [self.topVideo copy];
    NSURL *bottomVideoCopy = [self.bottomVideo copy];
    self.bottomVideo = topVideoCopy;
    self.topVideo = bottomVideoCopy;
}
```

```objc
- (IBAction)onAudioButtonTapped:(UIButton *)sender { // rotate muting of either, none,
and both videos

    if ([sender.titleLabel.text isEqualToString:@"Audio  "]) {

        [self.audioButton setTitle:@"Audio  " forState:UIControlStateNormal];
        self.topVideoPlayer.muted = false;
        self.bottomVideoPlayer.muted = false;

    } else if ([sender.titleLabel.text isEqualToString:@"Audio  "]) {

        [self.audioButton setTitle:@"Audio  " forState:UIControlStateNormal];
        self.bottomVideoPlayer.muted = true;

    } else if ([sender.titleLabel.text isEqualToString:@"Audio  "]) {

        [self.audioButton setTitle:@"Audio  " forState:UIControlStateNormal];
        self.topVideoPlayer.muted = true;
        self.bottomVideoPlayer.muted = false;

    } else {

        [self.audioButton setTitle:@"Audio  " forState:UIControlStateNormal];
        self.topVideoPlayer.muted = true;
        self.bottomVideoPlayer.muted = true;
    }
}

- (IBAction)onLoopButtontapped:(UIButton *)sender {


}

#pragma mark - Navigation

- (void)prepareForSegue:(UIStoryboardSegue *)segue sender:(id)sender {

    if ([segue.identifier isEqualToString:@"playTopVideo"]) { // play topVideo

        AVPlayerViewController *topVideoVC = segue.destinationViewController;
        topVideoVC.player = [AVPlayer playerWithURL:self.topVideo];
        topVideoVC.player.muted = true;
        [topVideoVC.player play];

        self.topVideoPlayer = topVideoVC.player; // create weak reference for later
    }

    if ([segue.identifier isEqualToString:@"playBottomVideo"]) { // play bottomVideo

        AVPlayerViewController *bottomVideoVC = segue.destinationViewController;
        bottomVideoVC.player = [AVPlayer playerWithURL:self.bottomVideo];
        bottomVideoVC.player.muted = true;
        [bottomVideoVC.player play];

        self.bottomVideoPlayer = bottomVideoVC.player; // create weak reference for later
    }
}
```

执行后的效果如图24-19所示。

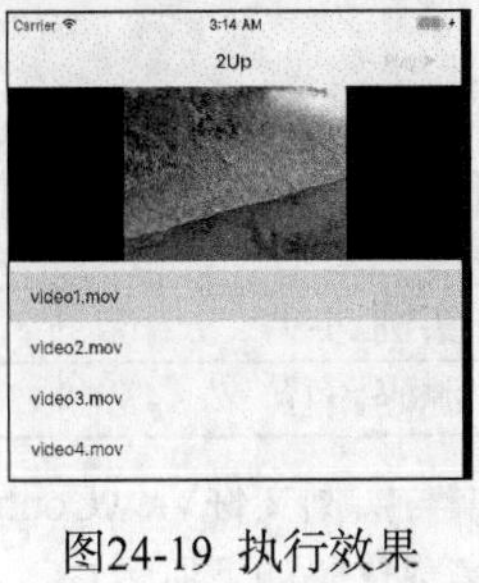

24.3.6 实战演练——使用 AVKit 框架播放本地视频

图24-19 执行效果

实例24-8	使用AVKit播放本地视频
源码路径	光盘:\daima\24\AVKitDemo

（1）编写文件KWTableViewController.m，功能是在单元格视图中显示本地视频文件（程序见光盘）。
（2）编写文件KWMediaPlayerViewController.m，功能是当用户按下屏幕列表后开始播放本地视频，主要实现代码如下所示：

```objc
-(void)viewDidDisappear:(BOOL)animated {
    [super viewDidDisappear:animated];
    
    if ([self isPlaying]) {
        // stop the video playback
        [self stopPlayback];
    }
}

-(void)stopPlayback {
    [self.player setRate:0];
    self.player = nil;
}

-(BOOL)isPlaying {
    if (self.player.currentItem && self.player.rate > 0) {
        return YES;
    }
    return NO;
}
-(void)setupVideoPlayback {
    NSURL *url = [[NSBundle mainBundle] URLForResource:self.videofile withExtension:@"mp4"];
    AVURLAsset *asset   = [AVURLAsset URLAssetWithURL:url options:nil];
    AVPlayerItem *item  = [AVPlayerItem playerItemWithAsset:asset];
    self.player = [AVPlayer playerWithPlayerItem:item];
    [self.player seekToTime:kCMTimeZero];
    [self.player play];
}
```

执行后的效果如图24-20所示。

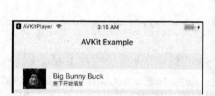

图24-20 执行效果

24.3.7 实战演练——使用 AVKit 框架播放网络视频

实例24-9	使用AVKit播放网络视频
源码路径	光盘:\daima\24\AVKitTests

编写实例文件ViewController.m，功能是当用户单击"播放视频"按钮后开始播指定URL的视频，主要实现代码如下所示：

```objc
-(void)prepareForSegue:(UIStoryboardSegue *)segue sender:(id)sender {
    AVPlayerViewController *destination = segue.destinationViewController;
```

```
    NSURL *videoURL = [NSURL URLWithString:@"http://www.
ebookfrenzy.com/ios_book/movie/movie.mov"];
    destination.player = [AVPlayer playerWithURL:videoURL];
}
```

执行效果如图24-21所示。

24.4 图像选择器（UIImagePickerController）

图24-21 执行效果

知识点讲解光盘:视频\知识点\第24章\图像选择器（UIImagePicker Controller）.mp4

图像选择器（UIImagePickerController）的工作原理与MPMediaPicker Controller类似，但不是显示一个可用于选择歌曲的视图，而显示用户的照片库。用户选择照片后，图像选择器会返回一个相应的UIImage对象。与MPMediaPickerController一样，图像选择器也以模态方式出现在应用程序中。因为这两个对象都实现了自己的视图和视图控制器，所以几乎只需调用presentModalViewController就能显示它们。在本节的内容中，将详细讲解图像选择器的基本知识。

24.4.1 使用图像选择器

要显示图像选择器，可以分配并初始化一个UIImagePickerController实例，然后再设置属性sourceType，以指定用户可从哪些地方选择图像。此属性有如下3个值。

❑ UIImagePickerControllerSourceTypeCamera：使用设备的相机拍摄一张照片。
❑ UIImagePickerControllerSourceTypePhotoLibrary：从设备的照片库中选择一张图片。
❑ UIImagePickerControllerSourceTypeSavedPhotosAlbum：从设备内置的相机中选择一张图片。

接下来应设置图像选择器的属性delegate，功能是设置为在用户选择（拍摄）照片或按Cancel按钮后做出响应的对象。最后，使用presentModalViewController:animated显示图像选择器。例如下面的演示代码配置并显示了一个将相机作为图像源的图像选择器：

```
UIImagePickerController *imagePicker;
imagePicker=[[UIImagePickerController alloc]  init];
imagePicker.sourceType=UIImagePickerControllerSourceTypeCamera;
imagePicker.delegate=self;
[[UIApplication sharedApplication]setstatusBarHidden:YES];
[self presentModalViewController:imagePicker animated:YES];
```

在上述代码中，方法setStatusBarHidden的功能是隐藏了应用程序的状态栏，因为照片库和相机界面需要以全屏模式显示。语句[UIApplication sharedApplication]获取应用程序对象，再调用其方法setStatus BarHidden以隐藏状态栏。

如果要判断设备是否装备了特定类型的相机，可以使用UIImagePickerController的方法isCamera DeviceAvailable，它返回一个布尔值：

```
[UIImagePickerController isCameraDeviceAvailable:<camera type>]
```

其中Camera Type（相机类型）为UIImagePickerControllerCamera DeviceRear或UIImagePickerController CameraDeviceFront。

24.4.2 实战演练——获取照片库的图片

实例24-10	获取照片库的图片
源码路径	光盘:\daima\24\UIImagePickerController

第24章 多媒体开发

（1）启动Xcode，在故事板中插入文本控件显示"选择图片"文本，插入一个ImageView控件显示图片。本项目工程的最终目录结构和故事板界面如图24-22所示。

（2）编写文件ViewController.m，当用户单击"照片库"后会来到照片库界面，主要实现代码如下所示：

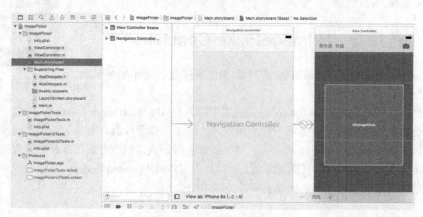

图24-22 新创建的工程

```objc
- (BOOL)photolibraryAuthorizationStatus {
    PHAuthorizationStatus authStatus = [PHPhotoLibrary authorizationStatus];
    switch (authStatus) {
        case PHAuthorizationStatusAuthorized:
            return YES;
        case PHAuthorizationStatusNotDetermined: {
            [PHPhotoLibrary requestAuthorization:^(PHAuthorizationStatus status) {
                [self photolibraryAuthorizationStatus];
            }];
        }
            return NO;
        case PHAuthorizationStatusDenied:
            // fires if the user denies system attempt to authorize photo library
            [self alertUserWithMessage:@"本系统需要从照片库获取信息."];
            return NO;
        case PHAuthorizationStatusRestricted:
            return NO;
    }
}
- (IBAction)libraryTapped:(UIBarButtonItem *)sender {
    UIImagePickerControllerSourceType photoLibSourceType =
    UIImagePickerControllerSourceTypePhotoLibrary;
    if (![UIImagePickerController isSourceTypeAvailable:photoLibSourceType]) {
        return;
    }
    if (![self photolibraryAuthorizationStatus]) {
        return;
    }
    UIImagePickerController *imagePickerController = [[UIImagePickerController alloc] init];
    imagePickerController.sourceType = photoLibSourceType;
    imagePickerController.delegate = self;
    imagePickerController.mediaTypes = [UIImagePickerController
    availableMediaTypesForSourceType: photoLibSourceType];
    [self presentViewController:imagePickerController animated:YES completion:^{
        NSLog(@"%s", __PRETTY_FUNCTION__);
    }];
}
- (void)imagePickerController:(UIImagePickerController *)picker didFinishPickingMediaWithInfo:(NSDictionary<NSString *,id> *)info {
    NSLog(@"%@", info);
    [self dismissViewControllerAnimated:YES completion:^ {
        // handle image
```

```
        if ([info[UIImagePickerControllerMediaType] isEqualToString:@"public.image"
]) {
            UIImage *image = info[UIImagePickerControllerOriginalImage];
            self.imageView.image = image;
        }
        // handle movie
        if ([info[UIImagePickerControllerMediaType] isEqualToString:@"public.movie"
]) {
            NSLog(@"is movie");
            NSURL *url = info[UIImagePickerControllerMediaURL];
            // play video
            [self playVideoAtPath:url];
            // [self saveMovieWithInfo:info];
        }
    }];
}

- (void)imagePickerControllerDidCancel:(UIImagePickerController *)picker {
    NSLog(@"Was cancelled");
    [self dismissViewControllerAnimated:YES completion:nil];
}
```

执行后的效果如图24-23所示。单击"照片库"后可以来到本地照片库系统,如图24-24所示。

图24-23 默认执行效果

图24-24 照片库系统列表

单击照片库系统列表中的某个选项可以显示这个相册的详情信息,如图24-25所示。单击相册中的某幅照片后,此照片将会在默认执行效果界面中显示,如图24-26所示。

图24-25 某相册详情

图24-26 在主界面相册照片

第 25 章 分屏多任务

分屏多任务是指在一个屏幕中可以同时执行其他操作，能够在相互不影响的前提下各自展示自己的内容。例如现实中常见的画中画就是分多任务的一种应用体现，通过画中画，可以在一个屏幕界面中同时播放多个视频。从iOS 9系统开始，苹果便推出了分屏多任务功能。在本章的内容中，将详细讲解分屏多任务的基本知识和具体用法，为读者步入本书后面知识的学习打下基础。

25.1 分屏多任务基础

知识点讲解光盘：视频\知识点\第24章\分屏多任务基础.mp4

从iOS 9 系统开始提供了多任务处理功能，为用户提供了更多的方式来畅享iPad和iOS App带来的乐趣。具体来说，iOS分屏多任务包括如下所示的3个方面。

- Slide Over：用户可通过该功能调出屏幕右侧的悬浮视图（在从右到左的语言环境下位于屏幕的左侧），从而查看次要应用程序并与其进行交互。
- Split View（分屏视图）：展示两个并行的应用，用户可以查看、调整其大小，并与其进行交互。
- 画中画（Picture in Picture）：让用户在多个应用中可以悬浮播放视频，并可移动视频窗口以及调整窗口大小。

25.1.1 分屏多任务的开发环境

对于开发者来说，大多数App应该采用Slide Over 和 Split View。从用户的角度来说，一个iOS应用不支持这两项特性是有点格格不入的。如果我们的App符合以下情况之一，那么可以不支持多任务处理功能。

- 以相机为中心的App，使用整个屏幕预览和以快速捕捉瞬间为主要功能。
- 使用全设备屏幕的App，比如游戏使用iPad的传感器作为游戏核心操控的一部分。

除此之外，苹果公司和用户们都希望你采用Slide Over 和 Split View。如果不使用Slide Over 和 Split View，需将UIRequiresFullScreen key添加到Xcode 工程的Info.plist文件中，并且设置其Boolean value为YES。

> 注意：不使用Slide Over 和 Split View，表示你的App不能出现在Slide Over 区域中，尽管你的App运行在多任务环境中。如果想在支持的硬件上测试App，以确保当其他App出现在Slide Over模式中，以及在播放来自第三个App的视频的画中画模式下，你的App都能流畅运行。

Xcode支持的在iPad上使用多任务增强功能和多任务增强相关的新功能如下所示。

- 在每个iOS App模板中预先配置支持Slide Over和Split View。例如，包括LaunchScreen.storyboard文件和预先设置的Info.plist文件。
- Interface Builder中的Storyboards可以很容易实现自动布局约束。详见 Auto Layout Guide 和 Auto Layout Help。
- 通过Interface Builder 预览助手能立即看到在Slide Over 和Split View场景中，我们的布局如何适配不同的Size Class。

- Xcode中的模拟器可让我们使用在真实设备中相同的手势调出Slide Over和Split View。可以使用模拟器测试所有Slide Over和Split View 布局表现，也可测试画中画。然而，模拟器不能模拟真实iOS设备的内存、CPU、GPU、磁盘I/O或iOS设备的其他资源特性。
- Instrument中的内存分配、Time Profiler、内存泄露分析模板（Leaks profiling templates），能让开发者监测App的行为和资源使用情况。
- Xcode 提供了可视化界面，用于全面支持资源目录（asset catalog）。为可视化使用资源目录，如图片和App图标。另外，也可以以编程的方式使用资源目录。

25.1.2 Slide Over 和 Split View 基础

当新建一个Xcode模板工程时，是默认支持Slide Over和Split View功能的。如果从旧的工程升级到iOS 11，需要通过以下的步骤设置Xcode工程配置，从而让App支持Slide Over和Split View。

（1）按照 App Distribution Guide 中 Setting the Base SDK 的描述，将 Base SDK 设置为 "Latest iOS"。提供 Launch Screen.storyboard 文件（而不是iOS 7以及更早版本中的.png图片文件）。

（2）在项目的Info.plist文件中的 "Supported interface orientations (iPad)" 数组，声明支持所有4个设备方向，如下图25-1所示。

图25-1 设置 "Supported interface orientations (iPad)" 数组

注意：如果想设置一定不支持Slide Over和Split View，需要在Xcode 项目的Info.plist文件中显式地加入UIRequiresFullScreen关键字并为其Boolean值赋上YES。开发者可以在属性列表编辑器，或在目标编辑器的General>Deployment Info区域设置。

注意：通过设置Settings > General > Multitasking，可以禁用Slide Over和Split View 功能。如果已经把一切都设置正确后，但仍无法使用这些特性，可以检查这项设置。

在 Slide Over and Split View中，主要和次要App都同时运行在前台，大多数情况下它们都是平等的。但只有主要App可以：
- 拥有自己的状态栏；
- 有资格使用第二物理屏幕工作；
- 可使用画中画自动调用；
- 可以占用横屏下的2/3屏幕面积，并且在分屏视图中，水平方向上是regular Size Class（横屏Split View中，次要应用最多占用二分之一的屏幕，并且在水平方向上是compact Size Class）。

在Split View视图中可以控制应用程序窗口的大小。用户通过旋转设备（如在iOS的早期版本），或者水平滑动分割主要应用和次级应用程序的垂直分隔线进行操作。当两种类型的变化发生时，系统以同样的方式通知用户的应用程序：窗口范围界限的改变会伴随改变根视图控制器的Size Classes。在以前，iPad的水平和垂直Size Classes总是 "regular"。随着Slide Over 和 Split View出现，这些都已经有很大的改变。图25-2显示了App会遇到用户操作iPad屏幕后不同的Size Classes。

为了使App的内容能够正确显示，开发的App必须是自适应的。这要求App中的LaunchScreen.storyboard文件必须支持Auto Layout。使用Xcode中的App模板创建的新工程会自动生成LaunchScreen.storyboard文件。

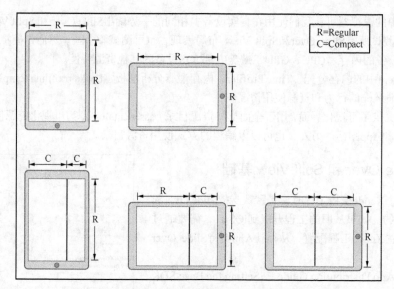

图25-2 不同屏幕的视图大小

在Split View上下文中,每当用户移动Split View分割器时,屏幕上的两个应用程序都将移动到屏幕之外。甚至是当用户改变主意并将分割器返回起点时,这种情况也会发生。当用户移动分割控件时,系统会使用ApplicationWillResignActive协议方法调用App委托对象。

系统会重新调整App(屏幕外)以捕捉到一个或多个快照,确保当用户最终释放分隔控件时能提供流畅的用户体验。这是因为在用户最终释放分隔控件时无法预测应用的窗口最终边界。更复杂的场景是设备的旋转和移动分隔器同时进行。

开发者需要保证App在大小改变、快照获取处理中不丢失数据状态或导航状态。这就是当一个用户改变App大小时,移动分隔器将其移动到初始位置最后释放这个分隔器,这一系列的情况下,用户期望App的状态、导航位置(包括视图、选择、滚动位置以及其他等)能与用户最初触摸分隔器时一样。充分使用 ApplicationWillResignActive调用保存用户的状态。如果用户移动分隔控件直到屏幕边界让App消失,那系统会调用ApplicationDidEnterBackground协议方法。

25.1.3 画中画

在iOS程序中,想要在视频播放时支持画中画模式,需要确保Xcode 7/8项目和App的配置如下所示。
- 设置Base SDK为"Latest iOS"。
- 在Capabilities中查看项目的目标,将Background Modes的Audio and AirPlay勾选上(Xcode新版本该选项被命名为Audio、AirPlay)。
- 确保应用程序的音频会话采用了适当的类别,如 AVAudioSessionCategoryPlayback。

然后为视频播放选择合适的AVKit、AV Foundation或WebKit的类服务视频播放。选择取决于应用程序的特性和你想要提供的用户体验。例如AVKit框架提供了 AVPlayerViewController 类,它会为用户自动显示画中画按钮。如果使用AVKit 支持PiP功能,但要退出特定的画中画视频,需要将播放器视图控制器的 allowsPictureInPicturePlayback 属性设置为NO。

AVKit还提供了 AVPictureInPictureController 类,可以和AV Foundation 框架的 AVPlayerLayer 类一同使用。如果想为视频播放提供自己的视图控制器和自定义用户界面,可使用这个方法。如果支持画中画这种方式,但要退出特定视频画中画功能,请不要将视频的AVPlayerLayer与AVPictureInPictureController对象关联。只要用播放层实例化一个画中画控制器,这个播放视频层就有画中画的功能,选择退出的方式不执行该实例化。

在iOS的WebKit框架中，通过类WKWebView可以支持PiP（画中画）功能。如果使用WebKit支持PiP功能，但要退出特定视频的画中画。需要设定关联Web View实例的allowsPictureInPictureMediaPlayback属性为NO。

如果有一个旧的应用程序，使用已弃用的MPMoviePlayerViewController或MPMoviePlayerController播放视频，那你必须采用高级的iOS视频播放框架来支持画中画。

> **注意**：用户可以让禁用的画中画自动唤起，通过设置 Settings > General > Multitasking > Persistent Video Overlay。如果认为一切已设置妥当，但当按下Home键时发现视频不会进入画中画，请检查此项设置。当App播放的视频转到画中画播放时，系统将管理视频内容的呈现，而App会继续在后台运行。当应用程序在后台运行时，请确保丢弃不需要的资源，如视图控制器、视图、图像和数据缓存。在这种情况下，如果期望执行适当且必须的操作，如视频合成、音频处理、下载接下来播放的内容等操作，但必须注意尽可能少地消耗资源。如果应用程序在后台消耗太多的资源，系统将终止它。

25.2 实战演练

知识点讲解光盘:视频\知识点\第25章\实战演练.mp4

25.2.1 实战演练——使用 SlideOver 多任务（Swift 版）

实例25-1	使用SlideOver多任务
源码路径	光盘:\daima\25\SlideOverMenu

（1）在故事板文件Main.storyboard中设置3种不同背景颜色的分视图界面，如图25-3所示。

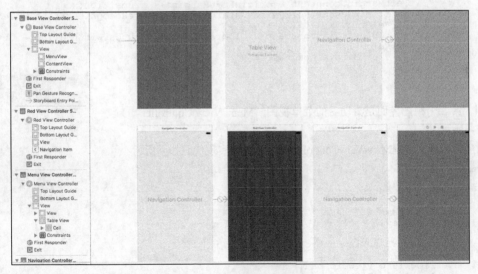

图25-3 Main.storyboard设计界面

（2）在项目的Info.plist文件中的"Supported interface orientations (iPad)"数组，声明支持4个设备方向，如图25-4所示。

（3）系统默认主视图是"Base View Controller"，对应文件BaseViewController.swift，主要实现代码如下所示：

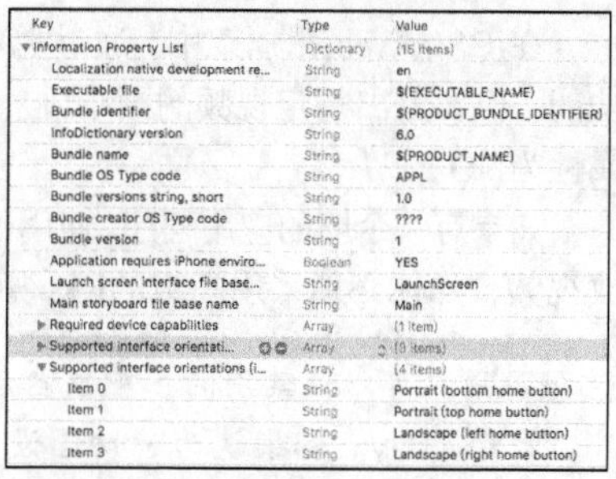

第 25 章 分屏多任务

```swift
import UIKit

class BaseViewController: UIViewController {
    
    var menuVC:UIViewController!{
        didSet{
            view.layoutIfNeeded()
            menuView.addSubview(menuVC.view)
        }
    }
    
    var contentVC:UIViewController!{
        didSet{
            contentVC!.willMove(toParentViewController: contentVC)
            view.layoutIfNeeded()
            contentView.addSubview(contentVC.view)
        }
    }
    
    var originLeftMargin:CGFloat?
    
    @IBOutlet weak var leftMargin: NSLayoutConstraint!
    
    @IBOutlet weak var menuView: UIView!
    
    @IBOutlet weak var contentView: UIView!
    
    @IBAction func onPanContentView(_ panGestureRecognizer: UIPanGestureRecognizer)
    {
        let transition = panGestureRecognizer.translation(in: self.view)
        let velocity = panGestureRecognizer.velocity(in: self.view)
        
        if panGestureRecognizer.state == UIGestureRecognizerState.began {
            originLeftMargin = leftMargin.constant
        } else if panGestureRecognizer.state == UIGestureRecognizerState.changed {
            leftMargin.constant = originLeftMargin! + transition.x
        } else if panGestureRecognizer.state == UIGestureRecognizerState.ended {
            if(velocity.x > 0){
                leftMargin.constant = UIScreen.main().bounds.width - 100
            }else{
                leftMargin.constant = 0
            }
        }
    }
}
```

图25-4 声明支持4个设备方向

（4）第二个视图界面是滑动后的菜单视图"Menu View Controller"，如图25-5所示。

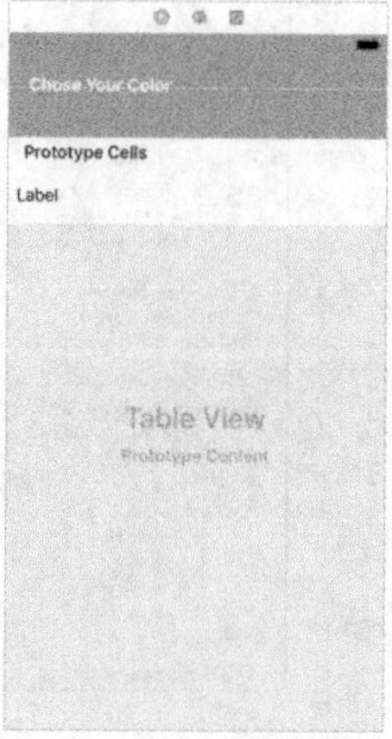

对应的实现文件是MenuViewController.swift，主要实现代码如下所示：

```swift
import UIKit

class MenuViewController: UIViewController {
    
    var listItems = ["Red","Green","Blue"]
    var listViewController:[UIViewController] = []
    
    var baseVC:BaseViewController?
    
    override func viewDidLoad() {
        super.viewDidLoad()
        
        createListViewController()
    }
    
    override func didReceiveMemoryWarning() {
        super.didReceiveMemoryWarning()
        // Dispose of any resources that can be recreated.
    }
    
    func createListViewConroller(){
```

图25-5 "Menu View Controller"

```
        let redVC = storyboard?.instantiateViewController(withIdentifier: "RedNavigation")
        let greenVC = storyboard?.instantiateViewController(withIdentifier: "GreenNavigation")
        let blueVC = storyboard?.instantiateViewController(withIdentifier: "BlueNavigation")
        listViewController.append(redVC!)
        listViewController.append(greenVC!)
        listViewController.append(blueVC!)
    }
}
extension MenuViewController:UITableViewDelegate, UITableViewDataSource{
    func numberOfSections(in tableView: UITableView) -> Int {
        return 1
    }
    func tableView(_ tableView: UITableView, numberOfRowsInSection section: Int) -> Int {
        return listItems.count
    }
    func tableView(_ tableView: UITableView, cellForRowAt indexPath: IndexPath) -> UITableViewCell {
        let cell = tableView.dequeueReusableCell(withIdentifier: "Cell", for: indexPath) as! MenuCell
        cell.lblMenu.text = listItems[(indexPath as NSIndexPath).row]
        return cell
    }
    func tableView(_ tableView: UITableView, didSelectRowAt indexPath: IndexPath) {
        baseVC!.contentVC = listViewController[(indexPath as NSIndexPath).row]
        baseVC?.leftMargin.constant = 0
    }
}
```

（5）视图Red View Controller对应的程序文件是RedViewController.swift，视图Green View Controller对应的程序文件是GreeViewController.swift，视图Blue View Controller对应的程序文件是BlueViewController.swift。上述3个文件的实现原理完全一样，为节省本书篇幅将不再一一列出。执行后将实现多屏多任务功能，如图25-6所示。

图25-6 分屏多任务

25.2.2 实战演练——使用 SplitView 多任务（Swift 版）

实例25-2	使用SplitView多任务
源码路径	光盘:\daima\25\SplitViewController

（1）启动Xcode 9，在故事板文件Main.storyboard中设置多个分视图选项界面，如图25-7所示。

（2）在项目的Info.plist文件中的"Supported interface orientations (iPad)"数组，声明支持4个设备方向，如图25-8所示。

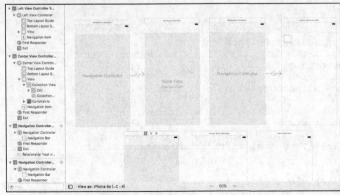

图25-7 Main.storyboard设计界面　　　　　　图25-8 声明支持4个设备方向

（3）文件AppDelegate.swift的功能设置故事板的总体界面布局，主要实现代码如下所示：

```swift
import UIKit

@UIApplicationMain
class AppDelegate: UIResponder, UIApplicationDelegate {

  var window: UIWindow?
  func application(_ application: UIApplication, didFinishLaunchingWithOptions launchOptions: [NSObject: AnyObject]?) -> Bool {
    let splitViewController = AZSplitController()

    window = UIWindow(frame: UIScreen.main().bounds)
    window?.makeKeyAndVisible()
    window?.rootViewController = splitViewController

    splitViewController.sideController = (UIStoryboard(name: "Main", bundle: nil).instantiateViewController(withIdentifier: "Left") as! UINavigationController)
    splitViewController.mainController = (UIStoryboard(name: "Main", bundle: nil).instantiateViewController(withIdentifier: "Center") as! UINavigationController)
    splitViewController.templateViewController = (UIStoryboard(name: "Main", bundle: nil).instantiateViewController(withIdentifier: "AnotherCenter") as! UINavigationController).viewControllers.first

    return true
  }
```

（4）文件AZSplitViewController.swift的功能是实现多界面布局，主要实现代码如下所示：

```swift
// MARK: - 设置

override func viewDidLoad() {
  super.viewDidLoad()
  self.view.backgroundColor = UIColor.white()
  recalculateState(view.bounds.size)
}
// MARK: -状态
var rules: AZSplitControllerStateRules = .widthBase
var animationDuration: TimeInterval = 0.2
private(set) var isSideOpen: Bool = false
private(set) var sideWidth: CGFloat = AZSideWidth
private var isControllerContainsSideMenu: Bool = false
func recalculateState(_ size: CGSize) -> Bool {
  let traitCollection = newCollection ?? self.traitCollection
  let newState = rules.stateValue(traitCollection, viewSize: size, sideWidth: sideWidth)
  if newState != isControllerContainsSideMenu {
    isControllerContainsSideMenu = newState
    return true
  }

  return false
}

// MARK: - UIContentContainer
private weak var newCollection: UITraitCollection?
override func willTransition(to newCollection: UITraitCollection, with coordinator: UIViewControllerTransitionCoordinator) {
  self.newCollection = newCollection
  super.willTransition(to: newCollection, with: coordinator)
}
override func viewWillTransition(to size: CGSize, with coordinator: UIViewControllerTransitionCoordinator) {
  if recalculateState(size) {
    changeState(size, withTransitionCoordinator: coordinator)
    return
  }
  var rect = self.mainController.view.frame
  rect.size.width = size.width - (isControllerContainsSideMenu ? sideCurrentWidth : 0)
  rect.size.height = size.height
```

```swift
    if isControllerContainsSideMenu {
      var sideRect = self.sideController.view.frame
      sideRect.size.height = size.height
      mainControllerSize = rect.size
      sideControllerSize = sideRect.size
    } else {
      rect.origin.x = 0
      sideControllerSize = rect.size
    }

    super.viewWillTransition(to: size, with: coordinator)

    animation({ () -> () in
      if self.isControllerContainsSideMenu {
        self.sideController.view.frame.size.height = size.height
        self.mainController?.view.frame
      } else {
        self.sideController.view.frame = rect
      }
    }, withTransitionCoordinator: coordinator)
  }

  override func size(forChildContentContainer container: UIContentContainer, withParentContainerSize parentSize: CGSize) -> CGSize {
    if container.isEqual(sideController) {
      return sideControllerSize
    }

    if container.isEqual(mainController) {
      return mainControllerSize
    }

    return super.size(forChildContentContainer: container, withParentContainerSize: parentSize)
  }
  // MARK: - 分割动作
  //添加分割
  private func addSeparator() {
    addSeparator(self.view.bounds.size)
  }

  private func addSeparator(_ size: CGSize) {
    removeSeparator()
    separatorView = UIView(frame: CGRect(x: sideWidth - 1, y: 0, width: 1, height: size.height))
    separatorView.autoresizingMask = .flexibleHeight
    separatorView.backgroundColor = separatorViewColor
    sideController.topViewController?.view.addSubview(separatorView)
  }
  //删除分割
  private func removeSeparator() {
    separatorView?.removeFromSuperview()
  }

  // MARK: - 改变状态

  func toggleSide() {
    isSideOpen ? closeSide() : openSide()
  }
  //打开Side
  func openSide() {
    if !isControllerContainsSideMenu {
      assertionFailure("Wrong state: you can't open side menu in not full state")
      return
    }
    //如果已经打开
    if isSideOpen {
      assertionFailure("Wrong state: side already opened")
      return
    }

    isSideOpen = true
```

```
      UIView.animate(withDuration: animationDuration, animations: {
        var sideFrame = self.sideController.view.frame
        sideFrame.origin.x = 0
        self.sideController.view.frame = sideFrame
        self.sideController.view.layoutIfNeeded()

        var mainFrame = self.mainController.view.frame
        mainFrame.origin.x = self.sideWidth
        mainFrame.size.width -= self.sideWidth
        self.mainController.view.frame = mainFrame;
        self.mainController.view.layoutIfNeeded()
      })
    }
    //关闭Side
    func closeSide() {
      if !isSideOpen {
        assertionFailure("Wrong state: side already closed")
        return
      }

      isSideOpen = false

      if !isControllerContainsSideMenu {
        sideController.pushViewController(mainController.topViewController!, animated: true)
        return;
      }

      UIView.animate(withDuration: animationDuration, animations: {
        var sideFrame = self.sideController.view.frame;
        sideFrame.origin.x = -self.sideWidth;
        self.sideController.view.frame = sideFrame;
        self.sideController.view.layoutIfNeeded()

        var mainFrame = self.mainController.view.frame;
        mainFrame.origin.x = 0
        mainFrame.size.width += self.sideWidth
        self.mainController.view.frame = mainFrame
        self.mainController.view.layoutIfNeeded()
      })
    }
    //删除菜单按钮
    func az_removeMenuButton() {
      if let topItem = viewControllers.first?.navigationItem {
        topItem.leftBarButtonItem = nil
      }
    }
  }
```

（5）文件LeftViewController.swift的功能是实现分割左侧界面视图（程序见光盘）。
（6）文件CenterViewController.swift的功能是实现分割中间界面视图（程序见光盘）。
执行后的分屏界面效果如图25-9所示，单击左侧Collection VC后的效果如图25-10所示。

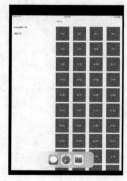
图25-9 分屏界面效果

图25-10 单击左侧Collection VC后的效果

25.2.3 实战演练——开发一个分割多视图浏览器（Swift版）

实例25-3	开发一个分割多视图浏览器
源码路径	光盘:\daima\25\Multibrowser

（1）在故事板文件Main.storyboard中设置一个具有文本框的浏览器视图界面，如图25-11所示。

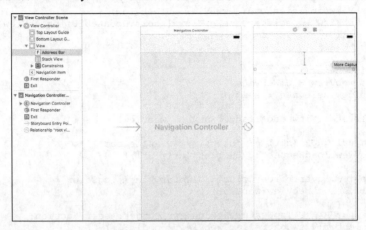

图25-11 Main.storyboard设计界面

（2）编写实例文件ViewController.swift，功能是监听用户端屏幕的按钮动作，根据监听结果增加分割视图或删除分割视图。主要实现代码如下所示：

```
import UIKit

class ViewController: UIViewController, UIWebViewDelegate, UITextFieldDelegate,
UIGestureRecognizerDelegate {
    weak var activeWebView: UIWebView?
    @IBOutlet weak var addressBar: UITextField!
    @IBOutlet weak var stackView: UIStackView!
    override func viewDidLoad() {
        super.viewDidLoad()
        self.setDefaultTitle()
        let addWebViewBarButtonItem = UIBarButtonItem(barButtonSystemItem: .add,
        target: self, action: #selector(ViewController.addWebView))
        let deleteWebViewBarButtonItem = UIBarButtonItem(barButtonSystemItem: .trash,
        target: self, action: #selector(ViewController.deleteWebView))
        self.navigationItem.rightBarButtonItems = [addWebViewBarButtonItem,
        deleteWebViewBarButtonItem]
    }
    override func didReceiveMemoryWarning() {
        super.didReceiveMemoryWarning()
    }

    override func traitCollectionDidChange(_ previousTraitCollection: UITraitCollection?)
    {
        self.stackView.axis = self.traitCollection.horizontalSizeClass ==
        UIUserInterfaceSizeClass.compact ? .vertical : .horizontal

    }

    func gestureRecognizer(_ gestureRecognizer: UIGestureRecognizer, should Recogni-
zeSimultaneouslyWith otherGestureRecognizer: UIGestureRecognizer) -> Bool {
        return true
    }

    func textFieldShouldReturn(_ textField: UITextField) -> Bool {
```

```swift
            guard let webView = self.activeWebView, address = self.addressBar.text!.hasPrefix
            ("https://") ? self.addressBar.text : "https://\(self.addressBar.text!)" else
{ return false }
            guard let url = URL(string: address) else { return false }
            webView.loadRequest(URLRequest(url: url))
            
            textField.resignFirstResponder()
            return true
        }
        
        func webViewDidFinishLoad(_ webView: UIWebView) {
            if webView == self.activeWebView { self.updateUIUsingWebView(webView) }
        }
        
        
        func addWebView() {
            let webView = UIWebView()
            webView.delegate = self
            
            self.stackView.addArrangedSubview(webView)
            
            let url = URL(string: "https://www.apple.com")!
            webView.loadRequest(URLRequest(url: url))
            
            webView.layer.borderColor = UIColor.blue().cgColor
            self.selectWebView(webView)
            
            let tapGR = UITapGestureRecognizer(target: self, action:
            #selector(ViewController.webViewTapped(_:)))
            tapGR.delegate = self
        }
        
        func deleteWebView() {
            guard let currentWebView = self.activeWebView else { return }
            guard let index = self.stackView.arrangedSubviews.index(of: currentWebView)
            else { return }
            self.stackView.removeArrangedSubview(currentWebView)
            currentWebView.removeFromSuperview()
            
            if self.stackView.arrangedSubviews.count == 0 {
                self.setDefaultTitle()
            }
            else {
                var currentIndex = Int(index)
                if currentIndex == self.stackView.arrangedSubviews.count {
                    currentIndex = self.stackView.arrangedSubviews.count - 1
                }
                if let newSelectedWebView = self.stackView.arrangedSubviews[currentIndex]
                as? UIWebView {
                    self.selectWebView(newSelectedWebView)
                }
            }
        }
        
        func updateUIUsingWebView(_ webView: UIWebView) {
            self.title = webView.stringByEvaluatingJavaScript(from: "document.title")
            self.addressBar.text = webView.request?.url?.absoluteString ?? ""
            
        }
        
        func selectWebView(_ webView: UIWebView) {
            for view in self.stackView.arrangedSubviews {
                view.layer.borderWidth = 0
            }
            
            self.activeWebView = webView
            webView.layer.borderWidth = 3
```

```
        self.updateUIUsingWebView(webView)
    }
    
    func setDefaultTitle() {
        self.title = "Multibrowser"
    }
    
    func webViewTapped(_ recognizer: UITapGestureRecognizer) {
        if let selectedWebView = recognizer.view as? UIWebView {
            self.selectWebView(selectedWebView)
        }
    }
}
```

执行后在文本框可以输入网址，默认是苹果公司主页，我们可以输入别的网址并进行浏览。单击"＋"按钮会增加分割视图，单击"🗑"按钮会减少分割视图，执行效果如图25-12所示。

图25-12　执行效果

第 26 章 定位处理

随着当代科学技术的发展，移动导航和定位处理技术已经成为了人们生活中的一部分，大大方便了人们的生活。利用iOS设备中的GPS功能，可以精确地获取位置数据和指南针信息。本章将分别讲解iOS位置检测硬件、如何读取并显示位置信息和使用指南针确定方向的知识，介绍使用Core Location和磁性指南针的基本流程。

26.1 iOS 模拟器调试定位程序的方法

知识点讲解光盘：视频\知识点\第26章\ iOS模拟器调试定位程序的方法.mp4

在真机中调试定位功能的应用程序十分简单，只需打开GPS即可。其实在iOS模拟器中也可以调试定位程序，开发者可以在应用程序运行时设置模拟的位置。方法是在Xcode中启动应用程序时，选择菜单"View>Debug Area>Activate Console"，如图26-1所示。

此时在下方出现调试面板，如图26-2所示。

图26-1 选中"Activate Console"

图26-2 调试面板

单击 ◢ 图标，在弹出界面中可以选择一个当前位置，如图26-3所示。

还有另外一种调试方法，在iOS模拟器中依次选择菜单"Debug>Simulate Location"菜单，在弹出的子菜单中可以指定经度和纬度，以便进行测试，如图26-4所示。

图26-3 选择一个当前位置

图26-4 指定经度和纬度

读者需要注意，要让应用程序使用您的当前位置，您必须设置位置；否则当您单击"OK"按钮时，它将指出无法获取位置。如果您犯了这种错，可在Xcode中停止执行应用程序，将应用程序从iOS模拟器中卸载，然后再次运行它，这样它将再次提示您输入位置信息。

26.2 Core Location 框架

📀知识点讲解光盘：视频\知识点\第26章\Core Location框架.mp4

Core Location是iOS SDK中一个提供设备位置的框架，通过这个框架可以实现定位处理。在本节的内容中，将简要介绍Core Location框架的基本知识。

26.2.1 Core Location 基础

根据设备的当前状态（在服务区、在大楼内等），可以使用如下3种技术之一。

（1）使用GPS定位系统，可以精确地定位你当前所在的地理位置，但由于GPS接收机需要对准天空才能工作，因此在室内环境基本无用。

（2）找到自己所在位置的有效方法是使用手机基站，当手机开机时会与周围的基站保持联系，如果你知道这些基站的身份，就可以使用各种数据库（包含基站的身份和它们的确切地理位置）计算出手机的物理位置。基站不需要卫星，和GPS不同，它在室内环境一样可用。但它没有GPS那样精确，它的精度取决于基站的密度，它在基站密集型区域的准确度最高。

（3）依赖Wi-Fi，当使用这种方法时，将设备连接到Wi-Fi网络，通过检查服务提供商的数据确定位置，它既不依赖卫星，也不依赖基站，因此这个方法对于可以连接到Wi-Fi网络的区域有效，但它的精确度也是这3个方法中最差的。

在这些技术中，GPS最为精准，如果有GPS硬件，Core Location将优先使用它。如果设备没有GPS硬件或使用GPS获取当前位置时失败，Core Location将退而求其次，选择使用蜂窝或Wi-Fi。

要想得到定点的信息，需要涉及如下几个类：

- CLLocationManager；
- CLLocation；
- CLLocationManagerdelegate协议；
- CLLocationCoodinate2D；
- CLLocationDegrees。

26.2.2 使用流程

（1）先实例化一个CLLocationManager，同时设置委托及精确度等。

```
CCLocationManager *manager = [[CLLocationManager alloc] init];//初始化定位器
[manager setDelegate: self];//设置代理
[manager setDesiredAccuracy: kCLLocationAccuracyBest];//设置精确度
```

其中desiredAccuracy属性表示精确度，如表26-1所示的5种选择。

表26-1　　　　　　　　　　　　　　desiredAccuracy属性

属　　性	描　　述
kCLLocationAccuracyBest	精确度最佳
kCLLocationAccuracynearestTenMeters	精确度10m以内
kCLLocationAccuracyHundredMeters	精确度100m以内
kCLLocationAccuracyKilometer	精确度1000m以内
kCLLocationAccuracyThreeKilometers	精确度3000m以内

NOTE 的精确度越高，用点越多，就要根据实际情况而定：

```
manager.distanceFilter = 250;//表示在地图上每隔250m才更新一次定位信息。
[manager startUpdateLocation];//用于启动定位器，如果不用的时候就必须调用
stopUpdateLocation //以关闭定位功能
```

（2）在CCLocation对象中包含着定点的相关信息数据。其属性主要包括coordinate、altitude、horizontalAccuracy、verticalAccuracy、timestamp等，具体说明如下所示。

- ❑ coordinate用来存储地理位置的latitude和longitude,分别表示纬度和经度，都是float类型。例如可以这样：

```
float latitude = location.coordinat.latitude;
```

- ❑ location：是CCLocation的实例。它其实是一个double类型，在core Location框架中是用来储存CLLocationCoordinate2D实例coordinate的latitude 和longitude：

```
typedef double CLLocationDegrees;
typedef struct
  {CLLocationDegrees latitude;
  CLLocationDegrees longitude}  CLLocationCoordinate2D;
```

- ❑ altitude：表示位置的海拔高度，这个值是极不准确的。
- ❑ horizontalAccuracy：表示水平准确度，是以coordinate为圆心的半径，返回的值越小，证明准确度越好，如果是负数，则表示core location定位失败。
- ❑ verticalAccuracy：表示垂直准确度，它的返回值与altitude相关，所以不准确。
- ❑ Timestamp：用于返回的是定位时的时间，是NSDate类型。

（3）CLLocationMangerDelegate协议。

我们只需实现两个方法就可以了，例如下面的代码：

```
- (void)locationManager:(CLLocationManager *)manager
didUpdateToLocation:(CLLocation *)newLocation
    fromLocation:(CLLocation *)oldLocation ;
- (void)locationManager:(CLLocationManager *)manager
    didFailWithError:(NSError *)error;
```

上面第一个是定位时调用，后者定位出错时被调。

（4）现在可以去实现定位了。假设新建一个view-based application模板的工程，假设项目名称为coreLocation。在controller的头文件和源文件中的代码如下。其中.h文件的代码如下所示：

```
#import <UIKit/UIKit.h>
#import <CoreLocation/CoreLocation.h>
@interface CoreLocationViewController : UIViewController
<CLLocationManagerDelegate>{
 CLLocationManager *locManager;
}
@property (nonatomic, retain) CLLocationManager *locManager;
@end
```

.m文件的代码如下所示：

```
#import "CoreLocationViewController.h"
@implementation CoreLocationViewController
@synthesize locManager;
// Implement viewDidLoad to do additional setup after loading the view, typically
from a nib.
- (void)viewDidLoad {
locManager = [[CLLocationManager alloc] init];
locManager.delegate = self;
locManager.desiredAccuracy = kCLLocationAccuracyBest;
[locManager startUpdatingLocation];
    [super viewDidLoad];
}
- (void)didReceiveMemoryWarning {
```

```
    // Releases the view if it doesn't have a superview.
    [super didReceiveMemoryWarning];

// Release any cached data, images, etc that aren't in use.
}
- (void)viewDidUnload {
// Release any retained subviews of the main view.
// e.g. self.myOutlet = nil;
}
- (void)dealloc {
[locManager stopUpdatingLocation];
[locManager release];
[textView release];
    [super dealloc];
}
#pragma mark -
#pragma mark CoreLocation Delegate Methods

- (void)locationManager:(CLLocationManager *)manager
didUpdateToLocation:(CLLocation *)newLocation
    fromLocation:(CLLocation *)oldLocation {
CLLocationCoordinate2D locat = [newLocation coordinate];
float lattitude = locat.latitude;
float longitude = locat.longitude;
float horizon = newLocation.horizontalAccuracy;
float vertical = newLocation.verticalAccuracy;
NSString *strShow = [[NSString alloc] initWithFormat:
@"currentpos: 经度=%f 纬度=%f 水平准确度=%f 垂直准确度=%f ",
lattitude, longitude, horizon, vertical];
UIAlertView *show = [[UIAlertView alloc] initWithTitle:@"coreLoacation"
            message:strShow delegate:nil cancelButtonTitle:@"i got it"
            otherButtonTitles:nil];
[show show];
[show release];
}
- (void)locationManager:(CLLocationManager *)manager
    didFailWithError:(NSError *)error{

NSString *errorMessage;
if ([error code] == kCLErrorDenied){
                errorMessage = @"你的访问被拒绝";}
if ([error code] == kCLErrorLocationUnknown) {
                errorMessage = @"无法定位到你的位置!";}
UIAlertView *alert = [[UIAlertView alloc]
        initWithTitle:nil  message:errorMessage
      delegate:self  cancelButtonTitle:@"确定"  otherButtonTitles:nil];
[alert show];
[alert release];
}
@end
```

通过上述流程，这样就实现了简单的定位处理。

26.2.3 实战演练——定位显示当前的位置信息（Swift 版）

实例26-1	定位显示当前的位置信息
源码路径	光盘:\daima\26\CoreLocationStarter

（1）启动Xcode 9，在故事板中设置显示两个视图界面控件，如图26-5所示。

（2）视图控制器文件LocationViewController.swift的功能是调用CLLocationManager获取当前的位置，通过函数updateUI及时更新UI视图界面，这样可以及时显示位置更新信息。文件LocationViewController.swift的主要实现代码如下所示：

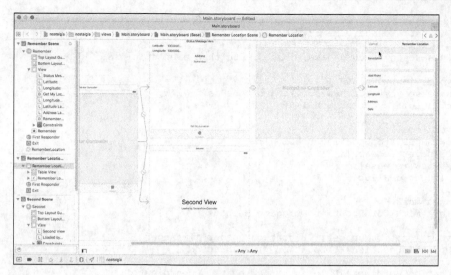

图26-5 故事板界面

```
    //位置更新
    if updatingLocation {
        stopLocationManager()
    } else {
        location = nil
        lastLocationError = nil
        placemark = nil
        lastGeocodingError = nil
        startLocationManager()
    }

    updateUI()
}
// 属性
let locationManager = CLLocationManager()
var location: CLLocation?
var updatingLocation = false
var lastLocationError: NSError?
//可以执行地理编码的对象
let geocoder = CLGeocoder()
//对象的地址以及结果
var placemark: CLPlacemark?
var performingReverseGeocoding = false
var lastGeocodingError: NSError?
// 更新UI函数,及时获取当前的地址信息
func updateUI() {
    if let location = location {
        latitudeLabel.text = String(format: "%.8f", location.coordinate.latitude)
        longitudeLabel.text = String(format: "%.8f", location.coordinate.longitude)
        if updatingLocation {
            statusMessageLabel.text = "Getting more accurate coordinates..."
            addressLabel.text = ""
        } else {
            statusMessageLabel.text = ""
        }

        if let placemark = placemark {
            addressLabel.text = stringFromPlacemark(placemark)
            rememberButton.setTitle("Remember", forState: .Normal)
            rememberButton.hidden = false
        } else if performingReverseGeocoding {
            addressLabel.text = "Searching for Address..."
        } else if lastGeocodingError != nil {
            addressLabel.text = "Error Finding Address"
```

```swift
            } else if updatingLocation {
                addressLabel.text = "Waiting for accurate GPS coordinates"
            } else {
                addressLabel.text = "No Address Found"
            }
        } else {
            latitudeLabel.text = ""
            longitudeLabel.text = ""
            addressLabel.text = ""
            rememberButton.hidden = true
            var statusMessage = ""
            if let error = lastLocationError {
                if error.domain == kCLErrorDomain && error.code == CLError.Denied.rawValue {
                    statusMessage = "Location Services Disabled"
                }
            } else if !CLLocationManager.locationServicesEnabled() {
                statusMessage = "Location Services Disabled"
            } else if updatingLocation {
                statusMessage = "Searching..."
            } else {
                statusMessage = "Tap 'Get My Location' to Start"
            }
            statusMessageLabel.text = statusMessage
        }
        configureGetButton()
    }
//开始定位处理
    func startLocationManager() {
        if CLLocationManager.locationServicesEnabled() {
            locationManager.delegate = self
            locationManager.desiredAccuracy = kCLLocationAccuracyNearestTenMeters
            locationManager.startUpdatingLocation()
            updatingLocation = true
        }
    }
//结束定位处理
func stopLocationManager() {
        if updatingLocation {
            locationManager.stopUpdatingLocation()
            locationManager.delegate = nil
            updatingLocation = false
        }
    }

    func configureGetButton() {
        if updatingLocation {
            getMyLocationButton.setTitle("Stop", forState: .Normal)
        } else {
            getMyLocationButton.setTitle("Get My Location", forState: .Normal)
        }
    }

    func stringFromPlacemark(placemark: CLPlacemark) -> String {

        return "\(placemark.subThoroughfare) \(placemark.thoroughfare)\n" + "\(placemark.locality) \(placemark.administrativeArea) " + "\(placemark.postalCode)"
    }
    override func viewDidLoad() {
        super.viewDidLoad()
        updateUI()
    }
    func locationManager(manager: CLLocationManager, didFailWithError error: NSError) {
        print("didFailWithError \(error)")

        if error.code == CLError.LocationUnknown.rawValue {
            return
        }
        lastLocationError = error
```

```
            stopLocationManager()
            updateUI()
        }
    func locationManager(manager: CLLocationManager, didUpdateLocations locations:
[AnyObject]) {
        let newLocation = locations.last as! CLLocation
        print("didUpdateLocations \(newLocation)")
        //忽略缓存的位置
        if newLocation.timestamp.timeIntervalSinceNow < -5 {
            return
        }
        // 负数无效
        if newLocation.horizontalAccuracy < 0 {
            return
        }
        if location == nil || location!.horizontalAccuracy >
newLocation.horizontalAccuracy {
            //清除以前的任何错误和更新UI
            lastLocationError = nil
            location = newLocation
            updateUI()
            //如果新的位置的精度等于或优于所需的精度，则停止定位
            if newLocation.horizontalAccuracy <= locationManager.desiredAccuracy {
                print("done")
                stopLocationManager()
                if !performingReverseGeocoding {
                    self.updateUI()
                    print("*** Going to geocode")
                    performingReverseGeocoding = true
                    geocoder.reverseGeocodeLocation(location!, completionHandler: {
                        placemarks, error in

                        print("*** Found placemarks: \(placemarks), error: \(error)")

                        self.performingReverseGeocoding = false
                        self.updateUI()
                    })
                }
                self.updateUI()
            }
        }
    }
    //位置服务权限
    func showLocationServicesDeniedAlert() {
        let alert = UIAlertController(title: "Location Services Disabled", message:
"Please enable location services for this app in Settings", preferredStyle: .Alert)
        let okAction = UIAlertAction(title: "Ok", style: .Default, handler: nil)
        alert.addAction(okAction)
        presentViewController(alert, animated: true, completion: nil)
    }
}
```

执行效果如图26-6所示。

26.3 获取位置

知识点讲解光盘:视频\知识点\第26章\获取位置.mp4

图26-6 执行效果

Core Location的大多数功能都是由位置管理器提供的，后者是CLLocationManager类的一个实例。我们使用位置管理器来指定位置更新的频率和精度以及开始和停止接收这些更新。要想使用位置管理器，必须首先将框架Core Location加入到项目中，再导入其如下接口文件：

```
#import<CoreLocation/CoreLocation.h>
```

接下来需要分配并初始化一个位置管理器实例、指定将接收位置更新的委托并启动更新，代码如

下所示:

```
CLLocationManager *locManager= [[CLLocationManager alloc] init ];
locManager.delegate=self;
[locManager startUpdatingLocation];
```

应用程序接收完更新(通常一个更新就够了)后,使用位置管理器的stopUpdatingLocation方法停止接收更新。

26.3.1 位置管理器委托

位置管理器委托协议定义了用于接收位置更新的方法。对于被指定为委托以接收位置更新的类,必须遵守协议CLLocationManagerDelegate。该委托有如下两个与位置相关的方法:

❑ locationManager:didUpdateToLocation:fromLocation;
❑ locationManager:didFailWithError。

方法locationManager:didUpdateToLocation:fromLocation的参数为位置管理器对象和两个CLLocation对象,其中一个表示新位置,另一个表示以前的位置。CLLocation实例有一个 coordinate属性,该属性是一个包含longitude和latitude的结构,而longitude和latitude的类型为CLLocationDegrees。CLLocationDegrees是类型为double的浮点数的别名。不同的地理位置定位方法的精度也不同,而同一种方法的精度随计算时可用的点数(卫星、蜂窝基站和Wi-Fi热点)而异。CLLocation通过属性horizontalAccuracy指出了测量精度。

位置精度通过一个圆表示,实际位置可能位于这个圆内的任何地方。这个圆是由属性coordmate和horizontalAccuracy表示的,其中前者表示圆心,而后者表示半径。属性horizontalAccuracy的值越大,它定义的圆就越大,因此位置精度越低。如果属性horizontalAccuracy的值为负,则表明coordinate的值无效,应忽略它。

除经度和纬度外,CLLocation还以米为单位提供了海拔高度(altitude属性)。该属性是一个CLLocationDistance实例,而CLLocationDistance也是double型浮点数的别名。正数表示在海平面之上,而负数表示在海平面之下。还有另一种精度: verticalAccuracy,它表示海拔高度的精度。verticalAccuracy为正表示海拔高度的误差为相应的米数,为负表示altitude的值无效。

例如在下面的代码中,演示了位置管理器委托方法locationManager:didUpdateToLocation: fromLocation的一种实现,它能够显示经度、纬度和海拔高度:

```
1:  - (void)locationManager:(CLLocationManager *)manager
2:  didUpdateToLocation: (CLLocation *)newLocation
3:  fromLocation: (CLLocation *)oldLocation{
4:
5:    NSString *coordinateDesc=@"Not Available";
6:    NSString taltitudeDesc=@"Not Available";
7:
8:    if (newLocation.horizontalAccuracy>=0){
9:    coordinateDesc=[NSString stringWithFormat:@"%f,%f+/,%f meters",
10:      newLocation.coordinate.latitude,
11:      newLocation.coordinate.longitude,
12:      newLocation.horizontalAccuracy];
13:    }
14:
15:    if (newLocation.verticalAccuracy>=0){
16:    altitudeDesc=[NSString stringWithFormat:@"%f+/-%f meters",
17:    newLocation.altitude, newLocation.verticalAccuracy];
18:    }
19:
20:    NSLog(@"Latitude/Longitude:%@ Altitude:%@",coordinateDesc,
21:    altitudeDesc);
22:  }
```

在上述代码中,需要注意的重要语句是对测量精度的访问(第8行和第15行),还有对经度、纬度和海拔的访问（第10行、第11行和第17行），这些都是属性。第20行的函数NSLog提供了一种输出信息（通常是调试信息）的方式，而无需设计视图。上述代码的执行结果类似于：

```
Latitude/Longitude: 35.904392, -79.055735 +1- 76.356886 meters Altitude:   -
28.000000 +1- 113.175757 meters
```

另外，CLLocation还有一个speed属性，该属性是通过比较当前位置和前一个位置，并比较它们之间的时间差异和距离计算得到的。鉴于Core Location更新的频率，speed属性的值不是非常精确，除非移动速度变化很小。

26.3.2 获取航向

通过位置管理器中的headingAvailable属性，能够指出设备是否装备了磁性指南针。如果该属性的值为YES，便可以使用Core Location来获取航向（heading）信息。接收航向更新与接收位置更新极其相似，要开始接收航向更新，可以指定位置管理器委托，设置属性headingFilter以指定要以什么样的频率（以航向变化的度数度量）接收更新，并对位置管理器调用方法startUpdatingHeading，例如下面的代码：

```
locManager.delegate=self;
locManager.headingFilter=10
  [locManager startUpdatingHeading];
```

其实并没有准确的北方，地理学意义上的北方是固定的，即北极；而磁北与北极相差数百英里且每天都在移动。磁性指南针总是指向磁北，但对于有些电子指南针（如iPhone和iPad中的指南针），可通过编程使其指向地理学意义的北方。通常，当我们同时使用地图和指南针时，地理学意义的北方更有用。请务必理解地理学意义的北方和磁北之间的差别，并知道在应用程序中使用哪个。如果您使用相对于地理学意义的北方的航向（属性trueHeading），请同时向位置管理器请求位置更新和航向更新，否则trueHeading将不正确。

位置管理器委托协议定义了用于接收航向更新的方法。该协议有如下两个与航向相关的方法。

（1）locationManager:didUpdateHeading：其参数是一个CLHeading对象。

（2）locationManager:ShouldDisplayHeadingCalibration：通过一组属性来提供航向读数（magneticHeading和trueHeading），这些值的单位为度，类型为CLLocationDirection，即双精度浮点数。具体说明如下所示。

- ❑ 如果航向为0.0，则前进方向为北。
- ❑ 如果航向为90.0，则前进方向为东。
- ❑ 如果航向为180.0，则前进方向为南。
- ❑ 如果航向为270.0，则前进方向为西。

另外，CLHeading对象还包含属性headingAccuracy(精度)、timestamp(读数的测量时间)和description(描述更新)。例如下面的代码是方法locationManager:didUpdateHeading的一个实现示例：

```
1: - (void)locationManager:(CLLocationManager *)manager
2:didUpdateHeading: (CLHeading *)newHeading{
3:
4:NSString *headingDesc=@"Not Available";
5:
6:if (newHeading.headingAccuracy>=0)   {
7:CLLocationDirection trueHeading=newHeading.trueHeading,
8:CLLocationDirection magneticHeading=newHeading.magneticHeading,
9:
10:    headingDesc=[NSString stringWithFormat:
11:    @"%f degrees (true),%f degrees (magnetic)",
12:    trueHeading,magneticHeading];
13:
14:    NSLog (headingDesc);
15:    }
16: }
```

这与处理位置更新的实现很像。第6行通过检查确保数据是有效的，然后从传入的CLHeading对象的属性trueHeading和magneticHeading获取真正的航向和磁性航向。生成的输出类似于：

180.9564392 degrees (true), 182.684822 degrees (magnetic)

另一个委托方法locationManager:ShouldDisplayHeadingCalibration只包含一行代码：返回YES或NO，以指定位置管理器是否向用户显示校准提示。该提示让用户远离任何干扰，并将设备旋转360°。指南针总是自我校准，因此这种提示仅在指南针读数剧烈波动时才有帮助。如果校准提示会令用户讨厌或分散用户的注意力（如用户正在输入数据或玩游戏时），应将该方法实现为返回NO。

注意：iOS模拟器将报告航向数据可用，并且只提供一次航向更新。

26.3.3 实战演练——定位当前的位置信息

知识点讲解光盘：视频\知识点\第26章\定位当前的位置信息.mp4

实例26-2	定位当前的位置信息
源码路径	光盘:\daima\26\MMLocationManager

（1）编写文件MMLocationManager.h定义定位接口，在文件MMLocationManager.m中使用MapView实现定位功能，获取当前位置的坐标和地址信息，可以精确获取街道信息（程序见光盘）。

（2）编写视图控制器文件TestViewController.m，在屏幕设置4个按钮分别获取当前所在的城市、坐标、地址或获取所有信息。文件TestViewController.m的主要实现代码如下所示：

```objc
#define IS_IOS7 ([[[UIDevice currentDevice] systemVersion] floatValue] >= 7)
#import "TestViewController.h"
#import "MMLocationManager.h"
@interface TestViewController ()
@property(nonatomic,strong)UILabel *textLabel;
@end
@implementation TestViewController
- (id)initWithNibName:(NSString *)nibNameOrNil bundle:(NSBundle *)nibBundleOrNil
{
    self = [super initWithNibName:nibNameOrNil bundle:nibBundleOrNil];
    if (self) {
    }
    return self;
}
- (void)viewDidLoad
{
    [super viewDidLoad];
    _textLabel = [[UILabel alloc] initWithFrame:CGRectMake(0, IS_IOS7 ? 30 : 10, 320, 60)];
    _textLabel.backgroundColor = [UIColor clearColor];
    _textLabel.font = [UIFont systemFontOfSize:15];
    _textLabel.textColor = [UIColor blackColor];
    _textLabel.textAlignment = NSTextAlignmentCenter;
    _textLabel.numberOfLines = 0;
    _textLabel.text = @"测试位置";
    [self.view addSubview:_textLabel];
    UIButton *latBtn = [UIButton buttonWithType:UIButtonTypeRoundedRect];
    latBtn.frame = CGRectMake(100,IS_IOS7 ? 100 : 80, 120, 30);
    [latBtn setTitle:@"获取坐标" forState:UIControlStateNormal];
    [latBtn setTitleColor:[UIColor blackColor] forState:UIControlStateNormal];
    [latBtn addTarget:self action:@selector(getLat) forControlEvents:UIControlEventTouchUpInside];
    [self.view addSubview:latBtn];

    UIButton *cityBtn = [UIButton buttonWithType:UIButtonTypeRoundedRect];
    cityBtn.frame = CGRectMake(100,IS_IOS7 ? 150 : 130, 120, 30);
    [cityBtn setTitle:@"获取城市" forState:UIControlStateNormal];
    [cityBtn setTitleColor:[UIColor blackColor] forState:UIControlStateNormal];
```

```
[cityBtn addTarget:self action:@selector(getCity) forControlEvents:UIControlEventTouchUpInside];
[self.view addSubview:cityBtn];

UIButton *addressBtn = [UIButton buttonWithType:UIButtonTypeRoundedRect];
addressBtn.frame = CGRectMake(100,IS_IOS7 ? 200 : 180, 120, 30);
[addressBtn setTitle:@"获取地址" forState:UIControlStateNormal];
[addressBtn setTitleColor:[UIColor blackColor] forState:UIControlStateNormal];
[addressBtn addTarget:self action:@selector(getAddress)
    forControlEvents:UIControlEventTouchUpInside];
[self.view addSubview:addressBtn];

UIButton *allBtn = [UIButton buttonWithType:UIButtonTypeRoundedRect];
allBtn.frame = CGRectMake(100,IS_IOS7 ? 250 : 230, 120, 30);
[allBtn setTitle:@"获取所有信息" forState:UIControlStateNormal];
[allBtn setTitleColor:[UIColor blackColor] forState:UIControlStateNormal];
[allBtn addTarget:self action:@selector(getAllInfo)
    forControlEvents:UIControlEventTouchUpInside];
[self.view addSubview:allBtn];
}
```

执行效果如图26-7所示。

26.4 加入地图功能

知识点讲解光盘：视频\知识点\第26章\地图功能.mp4

iOS的Google Maps可实现向用户提供一个地图应用程序，它响应速度快，使用起来很有趣。通过使用Map Kit，您的应用程序也能提供这样的用户体验。在本节的内容中，将简要介绍在iOS中使用地图的基本知识。

图26-7 执行效果

26.4.1 Map Kit 基础

通过使用Map Kit，可以将地图嵌入到视图中，并提供显示该地图所需的所有图块（图像）。它在需要时处理滚动、缩放和图块加载。Map Kit还能执行反向地理编码（reverse geocoding），即根据坐标获取位置信息（国家、州、城市、地址）。

注意：Map Kit图块（map tile）来自Google Maps/Google Earth API，虽然我们不能直接调用该API，但Map Kit代表您进行这些调用，因此使用Map Kit的地图数据时，我们和我们的应用程序必须遵守Google Maps/Google Earth API服务条款。

开发人员无需编写任何代码就可使用Map Kit，只需将Map Kit框架加入到项目中，并使用Interface Builder将一个MKMapView实例加入到视图中。添加地图视图后，便可以在Attributes Inspector中设置多个属性，这样可以进一步定制它。

可以在地图、卫星和混合模式之间选择，可以指定让用户的当前位置在地图上居中，还可以控制用户是否可与地图交互，例如通过轻扫和张合来滚动和缩放地图。如果想要以编程方式控制地图对象（MKMapView），可以使用各种方法，例如，移动地图和调整其大小。然而必须先导入框架Map Kit的接口文件：

```
#import <MapKit/MapKit-h>
```

当需要操纵地图时，在大多数情况下都需要添加框架Core Location并导入其接口文件：

```
#import<CoreLocation/CoreLocation.h>
```

为了管理地图的视图，需要定义一个地图区域，再调用方法setRegion:animated。区域（region）是一个MKCoordinateRegion结构（而不是对象），它包含成员center和span。其中center是一个CLLocationCoordinate2D结构，这种结构来自框架Core Location，包含成员latitude和longitude；而span指定从中心出发向东西南北延伸多少度。一个纬度相当于69英里；在赤道上，一个经度也相当于69英里。通过将区域的跨度（span）设置为较小的值，如0.2，可将地图的覆盖范围缩小到绕中点几英里。例如，如果要定义一个区域，其中心的经度和纬度都为60.0，并且每个方向的跨越范围为0.2°，可编写如下代码：

```
MKCoordinateRegion mapRegion;
mapRegion.center.latitude=60.0;
mapRegion.center.longitude=60.0;
mapRegion. span .latit udeDelta=0.2;
mapRegion.span.longitudeDelta=0.2;
```

要在名为map的地图对象中显示该区域，可以使用如下代码实现：

```
[map setRegion:mapRegion animated:YES];
```

另一种常见的地图操作是添加标注，通过标注可以让我们能够在地图上突出重要的点。

26.4.2 为地图添加标注

在应用程序中可以给地图添加标注，就像Google Maps一样。要想使用标注功能，通常需要实现一个MKAnnotationView子类，它描述了标注的外观以及应显示的信息。对于加入到地图中的每个标注，都需要一个描述其位置的地点标识对象（MKPlaceMark）。为了理解如何使用这些对象，接下来看一个简单的示例，我们的目的是在地图视图map中添加标注，必须分配并初始化一个MKPlacemark对象。为初始化这种对象，需要一个地址和一个CLLocationCoordinate2D结构。该结构包含了经度和纬度，指定了要将地点标识放在什么地方。在初始化地点标识后，使用MKMapView的方法addAnnotation将其加入地图视图中，例如通过下面的代码添加了一段简单的标注：

```
1: CLLocationCoordinate2D myCoordinate;
2: myCoordinate.latitude=28.0;
3: myCoordinate.longitude=28.0;
4:
5: MKPlacemark *myMarker;
6: myMarker=  [[MKPlacemark alloc]
7:initWithCoordinate:myCoordinate
8:addressDictionary:fullAddress];
9:   [map addAnnotation:myMarker];
```

在上述代码中，第1～3行声明并初始化了一个CLLocationCoordinate2D结构（myCoordinate），它包含的经度和纬度都是28.0。第5～8行声明和分配了一个MKPlacemark (myMarker)，并使用myCoordinate和fullAddress初始化它。fullAddress要么是从地址簿条目中获取的，要么是根据ABPerson参考文档中的Address属性的定义手工创建的。这里假定从地址簿条目中获取了它。第9行将标注加入到地图中。

要想删除地图视图中的标注，只需将addAnnotation替换为removeAnnotation即可，而参数完全相同，无需修改。当我们添加标注时，iOS会自动完成其他工作。Apple提供了一个MKAnnotationView子类MKPinAnnotationView。当对地图视图对象调用addAnnotation时，iOS会自动创建一个MKPinAnnotation View实例。要想进一步定制图钉，还必须实现地图视图的委托方法mapView:viewForAnnotation。

例如在下面的代码中，方法mapView:viewForAnnotation 分配并配置了一个自定义的MKPinAnnotationView实例：

```
1: - (MKAnnotationView *)mapView: (MKMapView *)mapView
2:viewForAnnotation:(id <MKAnnotation>annotation{
3:
4:MKPinAnnotationView *pinDrop=[[MKPinAnnotationView alloc]
5:initWithAnnotation:annotation reuseIdentifier:@"myspot"];
6:pinDrop.animatesDrop=YES;
7:pinDrop.canShowCallout=YES;
8:pinDrop.pinColor=MKPinAnnotationColorPurple;
9:    return pinDrop;
10:   }
```

在上述代码中，第4行声明和分配一个MKPinAnnotationView实例，并使用iOS传递给方法mapView:viewForAnnotation的参数annotation和一个重用标识符字符串初始化它。这个重用标识符是一个独特的字符串，让您能够在其他地方重用标注视图。就这里而言，可以使用任何字符串。第6～8行通过3个属性对新的图钉标注视图pinDrop进行了配置。animatesDrop是一个布尔属性，当其值为True时，图钉将以动画方式出现在地图上；通过将属性canShowCallout设置为YES，当用户触摸图钉时将在注解中显示额外信息；最后，pinColor设置图钉图标的颜色。正确配置新的图钉标注视图后，第9行将其返回给地图视图。

如果在应用程序中使用上述方法，它将创建一个带注解的紫色图钉效果，该图钉以动画方式加入到地图中。但是可以在应用程序中创建全新的标注视图，它们不一定非得是图钉。在此使用了Apple提供的MKPinAnnotationView，并对其属性做了调整；这样显示的图钉将与根本没有实现这个方法时稍有不同。

注意：从iOS 6开始，Apple产品不再使用Google地图产品，而是使用自己的地图系统。

26.4.3 实战演练——在地图中定位当前的位置信息（Swift版）

实例26-3	在地图中定位当前的位置信息
源码路径	光盘:\daima\26\LocationDemo

（1）启动Xcode 9，在故事板中设置两个视图界面，一个显示地图定位信息，另外一个界面用文字显示当前位置的详细位置信息，如图26-8所示。

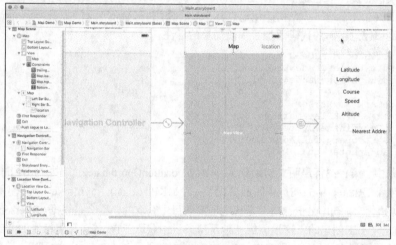

图26-8 故事板界面

（2）视图控制器文件ViewController.swift的功能是调用MapKit在地图中定位当前位置。

（3）文件LocationViewController.swift的功能是调用CoreLocation以文字显示当前的位置信息，包括纬度、经度、当然、速度、高度、最近的地址。文件LocationViewController.swift的主要实现代码如下所示：

```
func locationManager(manager: CLLocationManager, didUpdateLocations locations:
[AnyObject]) {
    print(locations)
    let userLocation:CLLocation = locations[0] as! CLLocation
    self.latitudeLabel.text = "\(userLocation.coordinate.latitude)"
    self.longitudeLabel.text = "\(userLocation.coordinate.longitude)"
    self.courseLabel.text = "\(userLocation.course)"
    self.speedLabel.text = "\(userLocation.speed)"
    self.altitudeLabel.text = "\(userLocation.altitude)"
    CLGeocoder().reverseGeocodeLocation(userLocation, completionHandler:
    { (placemarks, error) -> Void in
        if (error != nil) {
            print(error)
        }
    })
}
```

26.4.4 实战演练——在地图中绘制导航线路

实例26-4	定位当前的位置信息
源码路径	光盘:\daima\26\MapDirections

（1）启动Xcode 9，在故事板中插入文本"serch"，在下方插入MapView控件显示地图。本项目工程的最终目录结构和故事板界面，如图26-9所示。

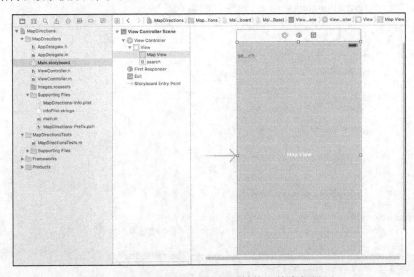

图26-9 本项目工程的最终目录结构和故事板界面

（2）编写视图控制器文件ViewController.m，使用当前位置作为出发点在地图中绘制导航路线。用户可自行修改为固定经纬度的出发点，本项目需要真机调试。文件ViewController.m的主要实现代码如下所示：

```
@implementation ViewController
- (void)viewDidLoad
{
    [super viewDidLoad];
    self.mapView.showsUserLocation = YES;
}
- (void)didReceiveMemoryWarning
{
    [super didReceiveMemoryWarning];
}
- (IBAction)goSearch {
    CLLocationCoordinate2D fromCoordinate = _coordinate;
    CLLocationCoordinate2D toCoordinate   = CLLocationCoordinate2DMake(32.010241,
                                                                       118.719635);
    
    MKPlacemark *fromPlacemark = [[MKPlacemark alloc]
    initWithCoordinate:fromCoordinate addressDictionary:nil];
    MKPlacemark *toPlacemark   = [[MKPlacemark alloc] initWithCoordinate:toCoordinate
                                                        addressDictionary:nil];
    MKMapItem *fromItem = [[MKMapItem alloc] initWithPlacemark:fromPlacemark];
    MKMapItem *toItem   = [[MKMapItem alloc] initWithPlacemark:toPlacemark];
    
    [self findDirectionsFrom:fromItem
                         to:toItem];
}

#pragma mark - Private
```

```objc
- (void)findDirectionsFrom:(MKMapItem *)source
                        to:(MKMapItem *)destination
{
    MKDirectionsRequest *request = [[MKDirectionsRequest alloc] init];
    request.source = source;
    request.destination = destination;
    request.requestsAlternateRoutes = YES;

    MKDirections *directions = [[MKDirections alloc] initWithRequest:request];

    [directions calculateDirectionsWithCompletionHandler:
     ^(MKDirectionsResponse *response, NSError *error) {

        if (error) {

            NSLog(@"error:%@", error);
        }
        else {

            MKRoute *route = response.routes[0];

            [self.mapView addOverlay:route.polyline];
        }
    }];
}

#pragma mark - MKMapViewDelegate

- (MKOverlayRenderer *)mapView:(MKMapView *)mapView
            rendererForOverlay:(id<MKOverlay>)overlay
{
    MKPolylineRenderer *renderer = [[MKPolylineRenderer alloc]
    initWithOverlay:overlay];
    renderer.lineWidth = 5.0;
    renderer.strokeColor = [UIColor purpleColor];
    return renderer;
}

- (void)mapView:(MKMapView *)mapView didUpdateUserLocation:(MKUserLocation *)userLocation
{
    _coordinate.latitude = userLocation.location.coordinate.latitude;
    _coordinate.longitude = userLocation.location.coordinate.longitude;

    [self setMapRegionWithCoordinate:_coordinate];
}

- (void)setMapRegionWithCoordinate:(CLLocationCoordinate2D)coordinate
{
    MKCoordinateRegion region;

    region = MKCoordinateRegionMake(coordinate, MKCoordinateSpanMake(.1, .1));
    MKCoordinateRegion adjustedRegion = [_mapView regionThatFits:region];
    [_mapView setRegion:adjustedRegion animated:YES];
}
@end
```

26.5 实战演练——创建一个支持定位的应用程序（双语实现：Objective-C 版）

知识点讲解光盘:视频\知识点\第26章\创建一个支持定位的应用程序.mp4

本实例的功能是，得到当前位置距离Apple总部的距离。在创建该应用程序时，将分两步进行：首先使用Core Location指出当前位置离Apple总部有多少英里；然后，使用设备指南针显示一个箭头，在用户偏离轨道时指明正确方向。在具体实现时,先创建一个位置管理器实例,并使用其方法计算当前位置离Apple总部有多远。在计算距离期间,我们将显示一条消息,让用户耐心等待。如果用户位于Apple总部,我们将表示祝贺,否则以英里为单位显示离Apple总部有多远。

实例26-5	创建一个支持定位的应用程序
源码路径	光盘:\daima\26\juli-obj

26.5.1 创建项目

在Xcode中,使用模板SingleView Application创建一个项目,并将其命名为juli,如图26-10所示。

1. 添加Core Location框架

因为在默认情况下并没有链接Core Location框架,所以需要添加它。选择项目Cupertino的顶级编组,并确保编辑器中当前显示的是Summary选项卡。接下来在该选项卡中向下滚动到Linked Libraries and Frameworks部分,单击列表下方的"+"按钮,在出现的列表中选择CoreLocation.framework,再单击Add按钮,如图26-11所示。

2. 添加背景图像资源

将素材文件夹Image(它包含apple.png)拖曳到项目导航器中的项目代码编组中,在Xcode提示时选择复制文件并创建编组,如图26-12所示。

图26-10 创建工程

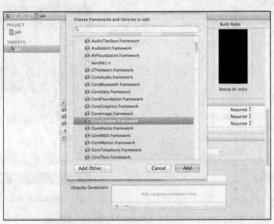

图26-11 添加CoreLocation.framework

图26-12 工程组

3. 规划变量和连接

ViewController将充当位置管理器委托,它接收位置更新,并更新用户界面以指出当前位置。在这个视图控制器中,需要一个实例变量/属性(但不需要相应的输出口),它指向位置管理器实例。我们将把这个属性命名为locMan。

在本实例的界面中,需要一个标签(distanceLabel)和两个子视图(distanceView和waitView)。其中标签将显示到Apple总部的距离;子视图包含标签distanceLabel,仅当获取了当前位置并计算出距离后才显示;而子视图waitView将在iOS设备获取航向时显示。

4. 添加表示Apple总部位置的常量

要计算到Apple总部的距离,显然需要知道Apple总部的位置,以便将其与用户的当前位置进行比较。根据http://gpsvisualizer.com/geocode提供的信息,Apple总部的纬度为37.3229978,经度为−122.0321823。

在实现文件ViewController.m中的#import代码行后面,添加两个表示这些值的常量(kCupertinoLatitude
和kCupertinoLongitude)。

```
#define kCupertinoLatitude 37.3229978
#define kCupertinoLongitude -122.0321823
```

26.5.2 设计视图

将一个图像视图(UIImageView)拖曳到视图中,使其居中并覆盖整个视图,它将用作应用程序的背景图像。在选择了该图像视图的情况下,按"Option+Command+4"打开Attributes Inspector,并从下拉列表Image中选择apple.png。然后将一个视图(UIView)拖曳到图像视图底部。这个视图将充当主要的信息显示器,因此应将其高度设置为能显示大概两行文本。将Alpha值设置为0.75,并选中复选框Hidden。然后将一个标签(UILabel)拖曳到信息视图中,调整标签使其与全部4条边缘参考线对齐,并将其文本设置为"距离有多远"。使用Attributes Inspector将文本颜色改为白色,让文本居中,并根据需要调整字号。UI视图如图26-13所示。

再添加一个半透明的视图,其属性与前一个视图相同,但不隐藏且高度大约为1英寸。拖曳这个视图,使其在背景中垂直居中,在设备定位时,这个视图将显示让用户耐心等待的消息。在这个视图中添加一个标签,将其文本设置为"检查距离"。调整该标签的大小,使其占据该视图的右边大约2/3。然后从对象库拖曳一个活动指示器(UIActivityIndicatorView)到第二个视图中,并使其与标签左边缘对齐。指示器显示一个纺锤图标,它与标签Checking the Distance同时显示。使用Attributes Inspector选中属性Animated的复选框,让纺锤旋转,最终的视图应如图26-14所示。

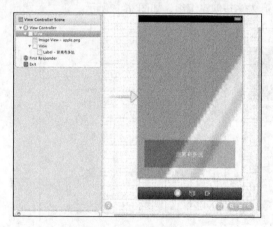
图26-13 初始UI视图

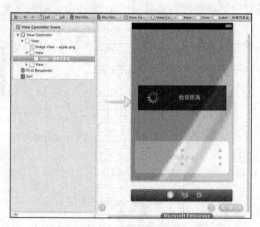
图26-14 最终UI视图

26.5.3 创建并连接输出口

在本实例中,只需根据位置管理器提供的信息更新UI。也就是说不需要连接操作。需要连接我们添加的两个视图,还需连接用于显示离Apple总部有多远的标签。切换到助手编辑器模式,按住Control键,从标签"距离有多远"拖曳到ViewController.h中代码行@interface下方。在Xcode提示时,新建一个名为distanceLabel的输出口。然后对两个视图做同样的处理,将包含活动指示器的视图连接到输出口waitView,将包含距离的视图连接到输出口distanceView。

26.5.4 实现应用程序逻辑

根据刚才设计的界面可知,应用程序将在启动时显示一条消息和转盘,让用户知道应用程序正在等待Core Location提供初始位置数据。在加载视图后将立即在视图控制器的viewDidLoad方法中请求这种数据。位置管理器委托获得数据后，将立即计算到Apple总部的距离、更新标签、隐藏活动指示器视图并显示距离视图。

1. 准备位置管理器

首先，在文件ViewController.h中导入框架Core Location的头文件，然后在代码行@interface中添加协议CLLocationManagerDelegate。这让我们能够创建位置管理器实例以及实现委托方法，但还需要一个指向位置管理器的实例变量/属性（locMan）。

完成上述修改后，文件ViewController.h的代码如下所示：

```
#import <UIKit/UIKit.h>
#import <CoreLocation/CoreLocation.h>
@interface ViewController : UIViewController <CLLocationManagerDelegate>

@property (strong, nonatomic) CLLocationManager *locMan;
@property (strong, nonatomic) IBOutlet UILabel *distanceLabel;
@property (strong, nonatomic) IBOutlet UIView *waitView;
@property (strong, nonatomic) IBOutlet UIView *distanceView;
@end
```

当声明属性locMan后，还需修改文件ViewController.h，在其中添加配套的编译指令@synthesize：

```
@synthesize locMan;
```

并在方法viewDidUnload中将该实例变量设置为nil：

```
[self setLocMan: nil];
```

现在该实现位置管理器并编写距离计算代码了。

2. 创建位置管理器实例

在文件ViewController.m的方法viewDidLoad中，实例化一个位置管理器，将视图控制器指定为委托，将属性desiredAccuracy和distanceFilter分别设置为kCLLocationAccuracyThreeKilometers和1609米（1英里）。使用方法startUpdatingLocation启动更新。主要实现代码如下所示：

```
- (void)viewDidLoad
{
    locMan = [[CLLocationManager alloc] init];
    locMan.delegate = self;
    locMan.desiredAccuracy = kCLLocationAccuracyThreeKilometers;
    locMan.distanceFilter = 1609; // a mile
    [locMan startUpdatingLocation];

    [super viewDidLoad];
    // Do any additional setup after loading the view, typically from a nib.
}
```

3. 实现位置管理器委托

在文件ViewController.m中，方法locationManager:didFailWithError的实现代码如下所示：

```
- (void)locationManager:(CLLocationManager *)manager
     didFailWithError:(NSError *)error {

    if (error.code == kCLErrorDenied) {
        // Turn off the location manager updates
        [self.locMan stopUpdatingLocation];
        [self setLocMan:nil];
    }
    self.waitView.hidden = YES;
    self.distanceView.hidden = NO;
}
```

在上述错误处理程序中，只考虑了位置管理器不能提供数据的情形。第4行检查错误编码，判断是否是用户禁止访问。如果是，则停止位置管理器（第6行）并将其设置为nil（第7行）。第9行隐藏waitView视图，而第10行显示视图distanceView（它包含默认文本距离有多远）。

方法locationManager:didUp dateToLocation:fromLocation能够计算离Apple总部有多远，这需要使用CLLocation的另一个功能。在此无需编写根据经度和纬度计算距离的代码，因为可以使用distanceFromLocation计算两个CLLocation之间的距离。在locationManager:didUpdateLocation: fromLocation的实现中，将创建一个表示Apple总部的CLLocation实例，并将其与从Core Location获得的CLLocation实例进行比较，以获得以米为单位表示的距离，然后将米转换为英里。如果距离超过3英里，则显示它，并使用NSNumberFormatter在超过1000英里的距离中添加逗号；如果小于3英里，则停止位置更新，并输出祝贺用户信息"欢迎成为我们的一员"。方法locationManager:didUpdateLocation:fromLocation的完整实现代码如下所示：

```
- (void)locationManager:(CLLocationManager *)manager
    didUpdateToLocation:(CLLocation *)newLocation
           fromLocation:(CLLocation *)oldLocation {

    if (newLocation.horizontalAccuracy >= 0) {
        CLLocation *Cupertino = [[CLLocation alloc]
                                 initWithLatitude:kCupertinoLatitude
                                 longitude:kCupertinoLongitude];
        CLLocationDistance delta = [Cupertino
                                    distanceFromLocation:newLocation];
        long miles = (delta * 0.000621371) + 0.5; // meters to rounded miles
        if (miles < 3) {
            // Stop updating the location
            [self.locMan stopUpdatingLocation];
            // Congratulate the user
            self.distanceLabel.text = @"欢迎你\n成为我们的一员！";
        } else {
            NSNumberFormatter *commaDelimited = [[NSNumberFormatter alloc]
                                                 init];
            [commaDelimited setNumberStyle:NSNumberFormatterDecimalStyle];
            self.distanceLabel.text = [NSString stringWithFormat:
                                       @"%@ 英里\n到Apple",
                                       [commaDelimited stringFromNumber:
                                        [NSNumber numberWithLong:miles]]];
        }
        self.waitView.hidden = YES;
        self.distanceView.hidden = NO;
    }
}
```

26.5.5 生成应用程序

单击Run并查看结果。确定当前位置后，应用程序将显示离Apple总部有多远。

26.6 实战演练——创建一个支持定位的应用程序（双语实现：Swift版）

知识点讲解光盘：视频\知识点\第26章\创建一个支持定位的应用程序（双语实现：Swift版）.mp4

实例26-6	创建一个支持定位的应用程序
源码路径	光盘:\daima\26\juli-swift

本实例的功能和上一个实例26-5完全相同，只是用Swift语言实现而已（程序见光盘）。

26.7 实战演练——实现地图定位（双语实现：Objective-C 版）

📀知识点讲解光盘：视频\知识点\第26章\实现地图定位（双语实现：Objective-C版）.mp4

实例26-7	实现地图定位
源码路径	光盘:\daima\26\WhereAmI-obj

本实例同时实现了当前位置的定位功能，并且在地图中显示当前所在的位置。具体实现流程如下所示。

（1）新创建一个名为"WhereAmI"的工程，在故事板Main.storyboard中插地图控件显示地图信息，插入文本控件显示当前的位置信息，如图26-15所示。

图26-15 故事板Main.storyboard

（2）实例文件ViewController.m的主要实现代码如下所示：

```objectivec
- (void)viewDidLoad {
    [super viewDidLoad];

    self.locationManager = [[CLLocationManager alloc] init];
    self.locationManager.delegate = self;
    self.locationManager.desiredAccuracy = kCLLocationAccuracyBest;
    [self.locationManager requestWhenInUseAuthorization]
;
}

- (void)didReceiveMemoryWarning {
    [super didReceiveMemoryWarning];
    // Dispose of any resources that can be recreated.
}

#pragma mark - CLLocationDelegate Methods

- (void)locationManager:(CLLocationManager *)manager
        didChangeAuthorizationStatus:(CLAuthorizationStatus)status {
    NSLog(@"Authorization status changed to %d", status);
    switch (status) {
    case kCLAuthorizationStatusAuthorizedAlways:
    case kCLAuthorizationStatusAuthorizedWhenInUse:
        [self.locationManager startUpdatingLocation];
        self.mapView.showsUserLocation = YES;
        break;

    case kCLAuthorizationStatusNotDetermined:
    case kCLAuthorizationStatusRestricted:
    case kCLAuthorizationStatusDenied:
        [self.locationManager stopUpdatingLocation];
        self.mapView.showsUserLocation = NO;
        break;
    }
}

- (void)locationManager:(CLLocationManager *)manager
          didFailWithError:(NSError *)error {
    NSString *errorType = error.code == kCLErrorDenied ? @"Access Denied"
        : [NSString stringWithFormat:@"Error %ld", (long)error.code, nil];
    UIAlertController *alertController =
            [UIAlertController alertControllerWithTitle:@"Location Manager Error"
                    message:errorType preferredStyle:UIAlertControllerStyleAlert];
    UIAlertAction *okAction = [UIAlertAction actionWithTitle:@"OK"
    style:UIAlertActionStyleCancel handler:nil];
    [alertController addAction:okAction];
    [self presentViewController:alertController animated:YES completion:nil];
}

- (void)locationManager:(CLLocationManager *)manager didUpdateLocations:(NSArray *)locations
```

```objc
{
    CLLocation *newLocation = [locations lastObject];
    NSString *latitudeString = [NSString stringWithFormat:@"%g\u00B0",
                                    newLocation.coordinate.latitude];
    self.latitudeLabel.text = latitudeString;

    NSString *longitudeString = [NSString stringWithFormat:@"%g\u00B0",
                                    newLocation.coordinate.longitude];
    self.longitudeLabel.text = longitudeString;

    NSString *horizontalAccuracyString = [NSString stringWithFormat:@"%gm",
                                    newLocation.horizontalAccuracy];
    self.horizontalAccuracyLabel.text = horizontalAccuracyString;

    NSString *altitudeString = [NSString stringWithFormat:@"%gm",
                                    newLocation.altitude];
    self.altitudeLabel.text = altitudeString;

    NSString *verticalAccuracyString = [NSString stringWithFormat:@"%gm",
                                    newLocation.verticalAccuracy];
    self.verticalAccuracyLabel.text = verticalAccuracyString;

    if (newLocation.horizontalAccuracy < 0) {
        // invalid accuracy
        return;
    }

    if (newLocation.horizontalAccuracy > 100 ||
        newLocation.verticalAccuracy > 50) {
        // accuracy radius is so large, we don't want to use it
        return;
    }

    if (self.previousPoint == nil) {
        self.totalMovementDistance = 0;

        Place *start = [[Place alloc] init];
        start.coordinate = newLocation.coordinate;
        start.title = @"Start Point";
        start.subtitle = @"This is where we started!";

        [self.mapView addAnnotation:start];
        MKCoordinateRegion region;
        region = MKCoordinateRegionMakeWithDistance(newLocation.coordinate,
                                    100, 100);
        [self.mapView setRegion:region animated:YES];
    } else {
        self.totalMovementDistance += [newLocation
                            distanceFromLocation:self.previousPoint];
    }
    self.previousPoint = newLocation;

    NSString *distanceString = [NSString stringWithFormat:@"%gm",
                                self.totalMovementDistance];
    self.distanceTraveledLabel.text = distanceString;
}
```

26.8 实战演练——实现地图定位（双语实现：Swift 版）

知识点讲解光盘:视频\知识点\第26章\实现地图定位（双语实现：Swift版）.mp4

实例26-8	实现地图定位
源码路径	光盘:\daima\26\WhereAmI--swift

本实例的功能和实例26-7完全相同，只是用Swift语言实现而已（程序见光盘）。

第 27 章 读写应用程序数据

无论是在计算机还是移动设备中，大多数重要的应用程序都允许用户根据其需求和愿望来定制操作。我们可以删除某个应用程序中的某些内容，也可以对喜欢的应用程序根据需要对其进行定制。本章将详细介绍iOS应用程序使用首选项（首选项是Apple使用的术语，和用户默认设置、用户首选项或选项是同一个意思）进行定制的方法，并介绍应用程序如何在iOS设备中存储数据的知识。

27.1 iOS 应用程序和数据存储

知识点讲解光盘：视频\知识点\第27章\iOS应用程序和数据存储.mp4

在iOS系统中对数据做持久性存储一般有5种方式，分别是文件写入、对象归档、SQLite数据库、CoreData、NSUserDefaults。

iPhone/iPad设备上包含闪存（Flash Memory），它的功能和一个硬盘功能等价。当设备断电后数据还能被保存下来。应用程序可以将文件保存到闪存上，并能从闪存中读取它们。我们的应用程序不能访问整个闪存。闪存上的一部分专门用来存储用户的应用程序，这就是用户应用程序的沙箱（sandbox）。每个应用程序只看到自己的sandbox，这就防止对其他应用程序的文件进行读取活动。你的应用程序也能看见一些系统拥有的高级别目录，但不能对它们进行写操作。

可以在sandbox中创建目录（文件夹）。此外，sandbox包含一些标准目录。例如可以访问Documents目录，可以在Documents目录下存放文件，也可以在Application Support目录下存放。在配置你的应用程序后，用户可通过iTunes看见和修改你的应用程序Documents目录。因此，我们推荐使用Application Support目录。在iOS上，每个应用程序在它自己的sandbox中有其自己私有的Application Support目录，因此，你可以安全地直接将文件放入其中。该目录也许还不存在，因此可以创建并得到它。

在那之后，如果你需要一个文件路径引用（一个NSString），只要调用suppurl path就可得到。另外，在Apple的Settings（设置）应用程序中暴露应用程序首选项，如图27-1所示。Settings应用程序是iOS内置的，让用户能够在单个地方定制设备。在Settings应用程序中可定制一切：从硬件和Apple内置应用程序到第三方应用程序。

图27-1 应用程序Settings

设置束（settings bundle）能够让我们对应用程序首选项进行声明，让Settings应用程序提供用于编辑这些首选项的用户界面。如果让Settings处理应用程序首选项，需要编写的代码将更少，但这并非总是主要的考虑因素。对于设置后就很少修改的首选项，如用于访问Web服务的用户名和密码，非常适合在Settings中配置；而对于用户每次使用应用程序时都可能修改的选项，如游戏的难易等级，则并不适合在Settings中设置。

如果用户不得不反复退出应用程序才能启动Settings以修改首选项，然后重新启动应用程序。请确定将每个首选项放在Settings中还是放在自己的应用程序中，但是将它们放在这两者中通常是不好的做法。另外，请记住Settings提供的用于编辑应用程序首选项的用户界面有限。如果首选项要求使用自定义界面组件或自定义有效验证代码，将无法在Settings中设置，而必须在应用程序中设置。

27.2 用户默认设置

知识点讲解光盘:视频\知识点\第27章\用户默认设置.mp4

Apple将整个首选项系统称为应用程序首选项，用户可通过它定制应用程序。应用程序首选项系统负责如下低级任务：将首选项持久化到设备中；将各个应用程序的首选项彼此分开；通过iTune将应用程序首选项备份到计算机，以免在需要恢复设备时用户丢失其首选项。通过易于使用的一个API与应用程序首选项交互，该API主要由单例（singleton）类NSUserDefaults组成。

类NSUserDefaults的工作原理类似于NSDirectionary，主要差别在于NSUserDefault是单例类，且在它可存储的对象类型方面受到更多的限制。应用程序的所有首选项都以"键-值"对的方式存储在NSUserDefaults单例中。

> 注意：单例是单例模式的一个实例，而模式单例是一种常见的编程方式。在iOS中，单例模式很常见，它用于确保特定类只有一个实例（对象）。单例最常用于表示硬件或操作系统向应用程序提供的服务。

要访问应用程序首选项，首先必须获取指向应用程序NSUserDefaults单例的引用：

```
NSUserDefaults *userDefaults= [NSUserDefaults standardUserDefaults];
```

然后便可以读写默认设置数据库了，方法是指定要写入的数据类型以及以后用于访问该数据的键（任意字符串）。要指定类型，必须使用6个函数之一：

setBool:forKey、setFloat:forKey、setInteger:forKey、setObject:forKey、setDouble:forKey、setURL:forKey。

具体使用哪一个函数取决于要存储的数据类型。函数setObject:forKey可以存储NSString、NSDate、NSArray以及其他常见的对象类型。例如使用键age存储一个整数，并使用键name存储一个字符串，可以使用类似于下面的代码实现：

```
[userDefaults setInteger:10 forKey:@"age"];
[userDefaults setObject:@"John"  forKey:@"name"];
```

当我们将数据写入默认设置数据库时，并不一定会立即保存这些数据。如果认为已经存储了首选项，而iOS还没有"抽出"时间完成这项工作，这将会导致问题。为了确保所有数据都写入了用户默认设置，可以使用方法synchronize实现：

```
[userDefaults synchronize];
```

要将这些值读入应用程序，可使用根据键读取并返回相应值或对象的函数，例如：

```
float myAge=[userDefaults integerForKey:@"age"];
NSString *myName=[userDefaults stringForKey:@"name"];
```

不同于set函数，要想读取值，必须使用专门用于字符串、数组等的方法，这让您能够轻松地将存储的对象赋给特定类型的变量。请根据要读取的数据类型选择arrayForKey、boolForKey、dataforKey、dictionaryForKey、floatForKey、integerForKey、objectForKey、itringArrayForKey、doubleForKey或URLForKey。

27.3 设置束

知识点讲解光盘:视频\知识点\第27章\设置束.mp4

另一种处理应用程序首选项的方法是使用设置束。从开发的角度看，设置束的优点在于，它们完全是通过Xcode plist编辑器创建的，无需设计UI或编写代码，而只需定义要存储的数据及其键即可。

27.3.1 设置束基础

在默认情况下，应用程序没有设置束。要在项目中添加它们，可选择菜单File>New File，再在iOS

Resource类别中选择Setting Bundle，如图27-2所示。

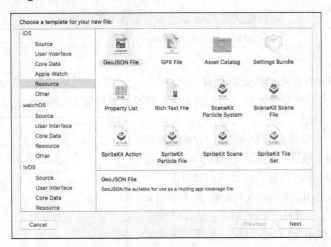

图27-2 手工方式在项目中添加设置束

设置束中的文件Root.plist决定了应用程序首选项如何出现在应用程序Settings中。有7种类型的首选项，如表27-1所示，Settings应用程序可读取并解释它们，以便向用户提供用于设置应用程序首选项的UI。

表27-1　　　　　　　　　　　　首选项类型

类　　型	键	描　　述
Text Field（文本框）	PSTextFieldSpecifier	可以编辑的文本字符串
Toggle Switch（开关）	PSToggleSwitchSpecifier	开关按钮
Slide（滑块）	PSSliderSpecifier	取值位于特定范围内的滑块
Multivalue（多值）	PSMultiValueSpecifier	下拉式列表
Title（标题）	PSTitleValueSpecifier	只读文本字符串
Group（编组）	PSGroupSpecifier	首选项逻辑编组的标题
Child Pane（子窗格）	PSChildPaneSpecifier	子首选项页

要想创建自定义设置束，只需要在文件Root.plist的Preference Items键下添加新行即可。我们只要遵循iOS Reference Library（参考库）中的Settings Application Schema Reference（应用程序"设置"架构指南）中的简单架构来设置每个首选项的必需属性和一些可选属性即可，如图27-3所示。

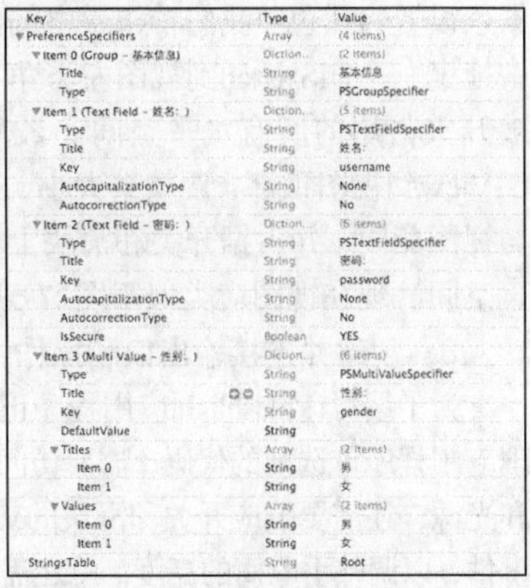

创建好设置束后，就可以通过应用程序Settings修改用户默认设置了，而开发人员可以使用27.2节中"用户默认设置"介绍的方法访问这些设置。

27.3.2 实战演练——通过隐式首选项实现一个手电筒程序（双语实现：Objective-C版）

在本节的演示项目中，将创建一个手电筒应用程序，它包含一个开关，并在这个开关开启时从屏幕上射出一束光线。将使用一个滑块来控制光线的强度。我们将使用首选项来恢复到用户保存的最后状态。本实例总共需要3个界面元素。首先是一个视图，它从黑色变成白色用以发射光线；其次是一个开关手电筒的开关；最后是一个调整亮度的滑块。它们都将连接到输出口，以便能够在代码中访问它们。开关状态和亮度发生变化时，将被存储到用户默认设置中。

图27-3 在文件Root.plist中定义UI

应用程序重新启动时会自动恢复存储的值。

实例27-1	通过隐式首选项实现一个手电筒程序
源码路径	光盘:\daima\27\shoudian-obj

1. 创建项目

在Xcode中使用iOS模板SingleView Application创建一个项目，并将其命名为shoudian，如图27-4所示。在此只需编写一个方法并修改另一个方法，因此需要做的设置工作很少。

（1）规划变量和连接

本实例总共需要3个输出口和1个操作。开关将连接到输出口toggleSwitch，视图将连接到lightSource，而滑块将连接到brightnessSlider。当滑块或开关的设置发生变化时，将触发操作方法setLightSourceAlpha。为了控制亮度，可以在黑色背景上放置一个白色视图。为了修改亮度，可以调整视图的Alpha值（透明度）。视图的透明度越低，光线越暗；透明度越高，光线越亮。

（2）添加用作键的常量

要访问用户默认首选项系统，必须给要存储的数据指定键，在存储或获取存储的数据时，都需要用到这些

图27-4 创建工程

字符串。由于将在多个地方使用它们且它们是静态值，因此很适合定义为常量。在这个项目中，我们将定义两个常量：kOnOfiToggle和kBrightnessLevel，前者是用于存储开光状态的键，而后者是用于存储手电筒亮度的键。

在文件ViewController.m中，在#import行下方添加这些常量：

```
#define kOnOffToggle@"onOff"
i#define kBrightnessLevel@"brightness"
}
```

2. 创建界面

在Interface Builder编辑器中，打开文件MainStoryboard.storyboard，并确保文档大纲和Utility区域可见。选择场景中的空视图，再打开Attributes Inspector(Option+ Command+ 4)。使用该检查器将视图的背景色设置为黑色（我们希望手电筒的背景为黑色）。然后从对象库（View>Utilities>Show Object Library）中拖曳一个UISwitch到视图左下角，将一个UISlider拖曳到视图右下角，调整滑块的大小，使其占据未被开关占用的所有水平空间。最后添加一个UIView到视图顶部，调整其大小，确保其宽度与视图相同，并占据开关和滑块上方的全部垂直空间、现在视图应类似于图27-5所示。

3. 创建并连接输出口和操作

为了编写让Flashlight应用程序正常运行并处理应用程序首选项的代码，需要访问开关、滑块和光源；还需要响应开关和滑块的Value Changed事件，以调整手电筒的亮度。总之需要创建并连接如下所示的输出口。

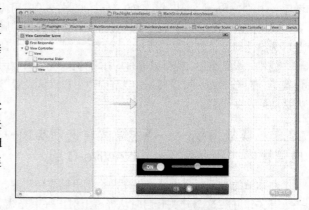

图27-5 应用程序Flashlight的UI

- 开关（UISwitch）：toggleSwitch。
- 亮度滑块（UISlider）：brightnessSlider。
- 发射光线的视图（UIView）：lightSource。

另外，还需添加一个响应开关或滑块（UISwitch UISlider）的Value Changed事件setLightSourceAlpha

Value。切换到助手编辑器模式，并在必要时隐藏项目导航器和Utility区域。

（1）添加输出口

首先按住Control键，并从添加到UI中的视图拖曳到文件ViewController.h中@interface代码行下方。在Xcode提示时，创建一个名为lightSource的输出口。对开关和滑块重复上述操作，将它们分别连接到输出口toggleSwitch和brightnessSlider。除了访问这3个控件外，还需要响应开关状态变化和滑块位置变化。

（2）添加操作

为了创建开关和滑块都将使用的操作，按住Control键，并从滑块拖曳到编译指令@property的下方。然后定义一个由事件Value Changed触发的操作setLightSourceAlphaValue，如图27-6所示。

为了将开关也连接到该操作，打开Connections Inspector(Option+ Command+5)，并从开关的Value Changed事件拖曳到新增的IBAction行，也可按住Control键，并从开关拖曳到iAction行，这将自动选择事件Value Changed。通过将开关和滑块都连接到操作setLightSourceAlphaValue，可以确保用户调整滑块或切换开关时将立刻获得反馈。

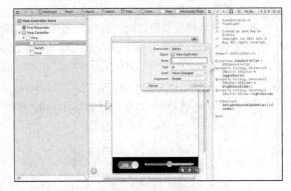

图27-6 将开关和滑块都连接到操作 setLightSourceAlphaValue

4．实现应用程序逻辑

当开关手电筒及调整亮度时，应用程序将通过调整视图lightSource的Alpha属性来做出响应。视图的Alpha属性决定了视图的透明度，其值为0.0时视图完全透明，其值为1.0时视图完全不透明。视图lightSource为白色，且位于黑色背景之上。该视图越透明，透过它显示的黑色就越多，而手电筒就越暗。如果要将手电筒关掉，只需将Alpha属性设置为0.0，这样将不会显示视图lightSource的白色背景。

在文件ViewController.m中，修改方法setLightSourceAlphaValue后的代码如下所示：

```
-(IBAction) setLightSourceAlphaValue{
    if (self.toggleSwitch.on){
    self.lightSource.alpha=self.brightnessSlider.value;
    } else{
    self.lightSource.alpha=0.0;
    }
}
```

上述方法能够检查对象toggleSwitch的on属性，如果为on，则将视图lightSource的Alpha属性设置为滑块的value属性的值。滑块的value属性返回一个0～100的浮点数，因此这些代码足以让手电筒正常工作。我们可以运行该应用程序，并查看结果。

（1）存储Flashlight首选项

在此把开关状态和亮度存储为隐式首选项，修改方法setLightSourceAlphaValue，在其中添加如下所示的代码：

```
- (IBAction)setLightSourceAlphaValue:(id)sender {
    NSUserDefaults *userDefaults = [NSUserDefaults standardUserDefaults];
    [userDefaults setBool:self.toggleSwitch.on forKey:kOnOffToggle];
    [userDefaults setFloat:self.brightnessSlider.value
                 forKey:kBrightnessLevel];
    [userDefaults synchronize];

    if (self.toggleSwitch.on) {
        self.lightSource.alpha = self.brightnessSlider.value;
    } else {
        self.lightSource.alpha = 0.0;
    }
}
```

在上述代码的第2行，使用方法standardUserDefaults获取NSUserDefaults单例，第3行以及第4~5行分别使用方法setBool和setFloat存储首选项。第6行调用NSUserDefaults的方法synchronize，这样可以确保立即存储设置。

（2）读取Flashlight首选项

此时每当用户修改设置时，该应用程序都将保存两个控件的状态。为了获得所需的行为，还需做相反的操作，即每当应用程序启动时，都读取首选项并使用它们来设置两个控件的状态。为此将使用方法viewDidLoad以及NSUserDefaults的方法floatForkey 和boolForKey。编辑viewDidLoad，并使用前面的方式获取NSUserDefaults单例，但这次将使用首选项来设置控件的值，而不是相反。

在文件ViewController.m中，方法viewDidLoad的实现代码如下所示：

```
- (void)viewDidLoad
{
    NSUserDefaults *userDefaults = [NSUserDefaults standardUserDefaults];
    self.brightnessSlider.value = [userDefaults
    floatForKey:kBrightnessLevel];
    self.toggleSwitch.on = [userDefaults
    boolForKey:kOnOffToggle];
    if ([userDefaults boolForKey: kOnOffToggle]) {
        self.lightSource.alpha = [userDefaults
        floatForKey:kBrightnessLevel];
    } else {
        self.lightSource.alpha = 0.0;
    }
    [super viewDidLoad];
    // Do any additional setup after loading the view, typically from a nib.
}
```

在上述代码中，第3~4行用于获取NSUserDefault单例，并使用它来获取首选项，再设置滑块（第5~6行）和开关（第7~8行）。第9~14行检查开关的状态，如果它是开的，则将视图的Alpha属性设置为存储的滑块值；否则将Alpha属性设置为0（完全透明的），这导致视图看起来完全是黑的。

5. 生成应用程序

此时运行该应用程序，执行效果如图27-7所示。

图27-7 执行效果

注意：如果您运行该应用程序，并按主屏幕（Home）按钮，应用程序并不会退出，而在后台挂起。要全面测试应用程序Flashlight，务必使用Xcode中的Stop按钮停止该应用程序，再使用iOS任务管理器（Task Manager）关闭该应用程序，然后重新启动并检查设置是否恢复了。

27.3.3 实战演练——通过隐式首选项实现一个手电筒程序（双语实现：Swift版）

实例27-2	通过隐式首选项实现一个手电筒程序
源码路径	光盘:\daima\27\shoudian-swift

本实例的功能和上一个实例27-1完全相同，只是用Swift语言实现而已（程序见光盘）。

27.4 直接访问文件系统

知识点讲解光盘:视频\知识点\第27章\直接访问文件系统.mp4

直接访问文件系统是指打开文件并读写其内容。这种方法可用于存储任何数据，例如从Internet下载的文件、应用程序创建的文件等，但并非能存储到任何地方。在开发iOS SDK时，Apple增加了各种限制，旨在保护用户设备免受恶意应用程序的伤害。这些限制被统称为应用程序沙箱（sandbox）。您使用iOS SDK创建的任何应用程序都被限制在沙箱内——无法离开沙箱，也无法消除沙箱的限制。其中一些限制指定了应用程序数据将如何存储以及应用程序能够访问哪些数据。给每个应用程序都指定了一个位于设备文件系统中的目录，应用程序只能读写该目录中的文件。这意味着一些应用程序最多只能删除自己的数据，而不能删除其他应用程序的数据。

另外，这些限制也不是非常严格：在很大程度上，通过iOS SDK中的API暴露了Apple应用程序（如通信录、日历、照片库和音乐库）的信息。

在每个iOS SDK版本中，Apple都在不断降低应用程序沙箱的限制，但是有些沙箱限制是通过策略而不是技术实现的。即使在文件系统中找到了位于应用程序沙箱外且可读写其中文件的地方，也并不意味着您应该这样做。如果您的应用程序违反了应用程序沙箱限制，肯定无法进入iTune Store。

27.4.1 应用程序数据的存储位置

在应用程序的目录中，有4个位置是专门为存储应用程序数据提供的：目录Library/Preferences、Library/Caches、Documents和tmp。

在iPhone模拟器中运行应用程序时，该应用程序的目录位于Mac目录/Users/<your user>/Library/Applications Support/iPhone Simulator/<Device OS Version>/Applications中。该目录可包含任意数量的应用程序的目录，其中每个目录都根据Xcode的唯一应用程序ID命名（一系列字符和短画线）。要找到您当前在iOS模拟器中运行的应用程序的目录，最简单的方法是查找最近修改的应用程序目录。现在请花几分钟查找本章前面创建的两个应用程序的目录。如果您使用的是Lion，目录Library默认被隐藏。要访问它，可按住Option键，并单击Finder的Go菜单。

通常不直接读写Library/Preferences目录，而是使用NUSuperDefault API。然而，通常直接操纵Library/Caches、Documents和tmp目录中的文件，它们之间的差别在于其中存储的文件的寿命。

Documents目录是应用程序数据的主要存储位置，设备与iTunes同步时，该目录将备份到计算机中，因此将这样的数据存储到该目录很重要：它们丢失时用户将很沮丧。

Library/Caches用户缓存从网络获取的数据或通过大量计算得到的数据。该目录中的数据将在应用程序关闭时得以保留，将数据缓存到该目录是一种改善应用程序性能的重要方法。如果不想存储在设备有限的易失性内存中，但是不需要在应用程序关闭后得以保留的数据，可以将其存储到tmp目录中。tmp目录是Library/Caches的临时版本，可将其视为应用程序的便笺本。

27.4.2 获取文件路径

iOS设备中的每个文件都有路径，这指的是文件在文件系统中的准确位置。要让应用程序能够读写其沙箱中的文件，需要指定该文件的完整路径。Core Foundation提供了一个名为NSS earchPathForDirectoriesInDomains的C语言函数，它返回指向应用程序的目录Documents或Library/Caches的路径。该函数可返回多个目录，因此该函数调用的结果为一个NSArray对象。使用该函数来获取指向目录Documents或Library/Caches的路径时，它返回的数组将只包含一个NSString；要从数组中提取该NSString，可以使用NSArray的objectAtIndex方法，并将索引指定为0。

NSString提供了一个名为stringByAppendingPathComponent的方法，可用于将两个路径段合并起来。通过调用NSS earchPathForDirectoriesInDomains的结果与特定文件名合并起来，获取一条完整的路径，它指向应用程序的Documents或Library/Caches目录中相应的文件。

例如开发一个计算圆周率的前100000位的iOS应用程序，而我们希望应用程序将结果写入到一个缓存文件中以免重新计算。为了获取指向该文件的完整路径，首先需要获取指向目录Library/Caches的路径，再在它后面加上文件名：

```
NSString *cacheDir=
[NSSearchPathForDirectoriesInDomains (NSCachesDirectory,
```

```
NSUserDomainMask, YES) objectAtIndex:0];
NSString *piFile=[cacheDir stringByAppendingPathComponent:@"American.pi"];
```

要获取指向目录Documents中特定文件的路径，可以使用相同的方法，但是需要将传递给[SSearchPathForDirectoriesInDomains的第一个参数设置为NSDocumentDirectory：

```
NSString *docDir=
[NSSearchPathForDirectoriesInDomains (NSDocumentDirectory,
NSUserDomainMask, YES) objectAtIndex:0];
NSString *scoreFile=[docDir stringByAppendingPathComponent:@"HighScores.txt"];
```

Core Foundation还提供了另一个名为NSTemporaryDirectory的C语言函数，它返回应用程序的tmp目录的路径。与前面一样，也可使用该函数来获取指向特定文件的路径：

```
NSString *scratchFile=
 [NSTemporaryDirectory()stringByAppendingPathComponent:@"Scratch.data"];
```

27.4.3 读写数据

首先检查指定的文件是否存在，如果不存在则需要创建它，否则应显示错误消息。要检查字符串变量myPath表示的文件是否存在，需要使用NSFileManager的方法fileExistsAtPath实现，例如：

```
fileExistsAtPath:
if([[NSFileManager defaultManager]fileExistsAtPath:myPath]){
//file exists
}
```

然后使用类NSFileHandle的方法fileHandleForWritingAtPath、fileHandleForReadingAtPath或fileHandleForUpdatingAtPath获取指向该文件的引用，以便读取、写入或更新。例如要创建一个用于写入的文件句柄，可以用下面的代码实现：

```
NSFileHandle *fileHandle=
 [NSFileHandle fileHandleForWritingAtPath:myPath];
```

要将数据写入fileHandle指向的文件，可使用NSFileHandle的方法writeData。要将字符串变量stringData的内容写入文件，可使用如下代码：

```
[fileHandle writeData:[stringData dataUsingEncoding:NSUTF8StringEncoding]];
```

通过在写入文件前调用NSString的方法dataUsingEncoding，可确保数据为标准Unicode格式。写入完毕后，必须关闭文件手柄：

```
[fileHandle closeFile];
```

要将文件的内容读取到字符串变量中，必须执行类似的操作，但使用read方法，而不是write方法。首先，获取要读取的文件的句柄，再使用NSFileHandle的实例方法availableData将全部内容读入到一个字符串变量，然后关闭文件句柄：

```
NSFileHandle *fileHandle=
NSString *surveyResults=NSString allocdingAtPath_myPath];
NSString *surVeyResults=[[NSString alloc]
initWithData:[fileHandle availableData]
encoding:NSUTF8StringEncoding];
 [fileHandle closeFile];
```

当需要更新文件内容时，可以使用NSFileHandle的其他方法（如seekToFileOffset或seekToEndOfFile）移到文件的特定位置。

27.4.4 读取和写入文件

例如新建一个Empty Application应用程序，添加HomeViewController文件。其中文件HomeViewController.h的实现代码如下所示：

27.4 直接访问文件系统

```objc
#import <UIKit/UIKit.h>
@interface HomeViewController : UIViewController
{

}
- (NSString *) documentsPath;//负责获取Documents文件夹的位置
- (NSString *) readFromFile:(NSString *)filepath; //读取文件内容
- (void) writeToFile:(NSString *)text withFileName:(NSString *)filePath;//将内容写到指定的文件
@end
```

文件HomeViewController.m的实现代码如下所示:

```objc
#import "HomeViewController.h"
@interface HomeViewController ()
@end
@implementation HomeViewController
//负责获取Documents文件夹的位置
- (NSString *) documentsPath{
    NSArray *paths = NSSearchPathForDirectoriesInDomains(NSDocumentDirectory,
    NSUserDomainMask, YES);
    NSString *documentsdir = [paths objectAtIndex:0];
    return documentsdir;
}
//读取文件内容
- (NSString *) readFromFile:(NSString *)filepath{
    if ([[NSFileManager defaultManager] fileExistsAtPath:filepath]){
        NSArray *content = [[NSArray alloc] initWithContentsOfFile:filepath];
        NSString *data = [[NSString alloc] initWithFormat:@"%@", [content objectAtIndex:0]
];
        [content release];
        return data;
    } else {
        return nil;
    }
}
//将内容写到指定的文件
- (void) writeToFile:(NSString *)text withFileName:(NSString *)filePath{
    NSMutableArray *array = [[NSMutableArray alloc] init];
    [array addObject:text];
    [array writeToFile:filePath atomically:YES];
    [array release];
}
-(NSString *)tempPath{
    return NSTemporaryDirectory();
}
- (void)viewDidLoad
{
    NSString *fileName = [[self documentsPath] stringByAppendingPathComponent:@"content.txt"
];
    //NSString *fileName = [[self tempPath] stringByAppendingPathComponent:@"content.txt"
];
    [self writeToFile:@"苹果的魅力!" withFileName:fileName];
    NSString *fileContent = [self readFromFile:fileName];
    NSLog(fileContent);
    [super viewDidLoad];
}
@end
```

此时的效果如图27-8所示。

图27-8 效果图

27.4.5 通过 plist 文件存取文件

在前面的代码中，修改HomeViewController.m的viewDidLoad方法：

```
- (void)viewDidLoad
{/*
    NSString *fileName = [[self documentsPath] stringByAppendingPathComponent:@"content.txt"];
    //NSString *fileName = [[self tempPath] stringByAppendingPathComponent:@"content.txt"];
    [self writeToFile:@"苹果的魅力！" withFileName:fileName];
    NSString *fileContent = [self readFromFile:fileName];
    NSLog(fileContent);*/
    NSString *fileName = [[self tempPath]
                          stringByAppendingPathComponent:@"content.txt"];
    [self writeToFile:@"我爱苹果！" withFileName:fileName];
    NSString *fileContent = [self readFromFile:fileName];
    //操作plist文件，首先获取在Documents中的contacts.plist文件全路径，并且把它赋值给plistFileName变量
    NSString *plistFileName = [[self documentsPath]
                               stringByAppendingPathComponent:@"contacts.plist"];
    if ([[NSFileManager defaultManager] fileExistsAtPath:plistFileName]) {
        //载入字典中
        NSDictionary *dict = [[NSDictionary alloc]
                              initWithContentsOfFile:plistFileName];
        //按照类别显示在调试控制台中
        for (NSString *category in dict) {
            NSLog(category);
            NSLog(@"********************");
            NSArray *contacts = [dict valueForKey:category];
            for (NSString *contact in contacts) {
                NSLog(contact);
            }
        }
        [dict release];
    } else {//如果Documents文件夹中没有contacts.plist文件的话，则从项目文件中载入
        //contacts.plist文件
        NSString *plistPath = [[NSBundle mainBundle]
                               pathForResource:@"contacts" ofType:@"plist"];
        NSDictionary *dict = [[NSDictionary alloc]
                              initWithContentsOfFile:plistPath];
        //写入Documents文件夹中
        fileName = [[self documentsPath]
        stringByAppendingPathComponent:@"contacts.plist"];
        [dict writeToFile:fileName atomically:YES];
        [dict release];
    }
    [super viewDidLoad];
}
```

此时的效果如图27-9所示。

图27-9 效果图

我们有时会用到绑定资源（通常将项目中的资源叫绑定资源，它们都是只读的。如果我们想在应

用程序运行的时候对这些资源进行读写操作，就需要将它们复制到应用程序文件夹中，如Documents和tmp文件夹）。只需在AppDelegate.m中添加一个方法即可：

```
//复制绑定资源
- (void) copyBundleFileToDocumentsFolder:(NSString *)fileName
withExtension:(NSString *)ext{
    NSArray *paths = NSSearchPathForDirectoriesInDomains(NSDocumentDirectory,
    NSUserDomainMask, YES);
    NSString *documentsDirectory = [paths objectAtIndex:0];
    NSString *filePath = [documentsDirectory
            stringByAppendingPathComponent:[NSString stringWithString: fileName]];
    filePath = [filePath stringByAppendingString:@"."];
    filePath = [filePath stringByAppendingString:ext];
    [filePath retain];
    NSFileManager *fileManager = [NSFileManager defaultManager];
    if (![fileManager fileExistsAtPath:filePath]) {
        NSString *pathToFileInBundle = [[NSBundle mainBundle]
        pathForResource:fileName ofType:ext]; NSError *error = nil;
        bool success = [fileManager copyItemAtPath:pathToFileInBundle
                                            toPath:filePath
                                             error:&error];
        if (success) {
           NSLog(@"文件已复制");
        } else {
           NSLog([error localizedDescription]);
        }
    }
}
```

上述代码的原理是：我们首先获取应用程序的Documents文件夹的位置，然后在Documents中搜索通过该方法参数传递进来的文件名，其中包括文件名和扩展名。如果该文件不存在，则通过NSBundle类直接获取该绑定资源并将其复制到Documents文件夹中。

27.4.6 保存和读取文件

NSString、NSData、NSArray及NSDictionary都提供了writeToFile...和initWithContentsOfFile方法来写和读文件内容，除此之外还有writeToURL和initWithContentsOfURL...方法。NSArray和NSDictionary实际上是属性列表，并且只有当数组或字典的所有内容是属性列表类型（NSString、NSData、NSDate、NSNumber、NSArray和NSDictionary）时才能写和读文件。

如果一个对象的类采用NSCoding协议，那么可以使用NSKeyedArchiver和NSKeyedUnarchiver方法将它转变为一个NSData或转换回去。一个NSData可以保存为一个文件（或保存到一个属性列表中）。因此，NSCoding协议提供了一种用来保存一个对象到磁盘的方法。

可以让自己的类采用NSCoding协议。例如有一个拥有一个firstName属性和一个lastName属性的Person类，我们将声明它采用NSCoding协议。为了让该类实际符合NSCoding，必须实现encodeWithCoder（归档该对象）和initWithCoder（反归档对象）方法。在encodeWithCoder方法中，如果超类采用NSCoding协议，必须首先调用super，然后为每个要保存的实变量调用适当的encode方法。在initWithCoder中，当超类采用NSCoding协议时，就必须调用super（使用initWithCoder方法），然后为每个之前保存的实例变量调用合适的decode...方法，最后返回self。

如果NSData对象本身是文件的全部内容（如上例），那么不需要使用archivedData WithObject和unarchiveObject WithData方法，可以完全跳过中间的NSData对象，直接使用archiveRootObject:toFile和unarchiveObject WithFile方法。

27.4.7 文件共享和文件类型

如果应用程序支持文件共享，那么Documents目录通过iTunes可以被用户使用。用户可以添加文件到你的应用程序Documents目录中,并且可以将文件和文件夹从我们应用程序Documents目录保存到计算机,也可以重命名和删除其中的文件和文件夹。例如,你的应用程序的目的是显示公共文件(PDFs或JPEGs),iTunes的文件共享界面如图27-10所示。

图27-10 iTunes的文件共享界面

为了支持文件共享,设置Info.plist的key为Application supports iTunes file sharing的属性为YES。一旦Documents目录通过这种方式完全暴露给用户,很可能使用Documents目录来保存私密文件。我们可以使用Application Support目录。

我们的应用程序可以声明它自己能够打开某一类型的文档。当另一个应用程序得到一个这种类型的文档,它可以将该文档传递给你的应用程序。例如,用户也许在Mail应用程序的一个邮件消息中接收该文档,那么需要一个从Mail到你的应用程序的一种方式。为了让系统知道你的应用程序能打开某一种类型的文档,需要在Info.plist中配置CFBundleDocumentTypes。这是一个数组,其中每个元素将是一个字典,该字典使用诸如LSItemContentTypes、CFBundleTypeName、CFBundleTypeIconFiles和LSHandlerRank等key来指明一个文档类型,例如,假设声明我的应用程序能够打开PDF文档。

27.4.8 实战演练——实现一个用户信息收集器(双语实现:Objective-C 版)

在本节的演示实例中,将创建一个调查应用程序。该应用程序收集用户的姓、名和电子邮件地址,然后将其存储到iOS设备文件系统的一个CSV文件中。通过触摸另一个按钮后可以检索并显示该文件的内容。本实例的界面非常简单,它包含3个收集数据的文本框和一个存储数据的按钮,还有一个按钮用于读取累积的调查结果,并将其显示在一个可滚动的文本视图中。为了存储信息,首先生成一条路径,它指向当前应用程序的Documents目录中的一个新文件,然后创建一个指向该路径的文件句柄,并以格式化字符串的方式输出调查结果。从文件读取数据的过程与此相似,获取文件句柄,将文件的全部内容读取到一个字符串中,并在只读的文本视图中显示该字符串。

实例27-3	实现一个收集用户信息的程序
源码路径	光盘:\daima\27\shouji-obj

1. 创建项目

打开Xcode,使用iOS的Single-View Application模板新建一个项目,命名为shouji,如图27-11所示。

因为本项目需要通过代码与多个UI元素交互,所以需要确定是哪些UI元素以及如何给它们命名,规划变量和连接。另外,因为本项目是一个调查应用程序,用于收集信息,显然需要数据输入区域。这些数据输入区域是文本框,用于收集姓、名和电子邮件地址。我们将把它们分别命名为firstName、lastName和E-mail。为了验证将数据正确地存储到了一个CSV文件中,将读取该文件并将其输出到一个文本视图中,而我们将把这个文本视图命名为resultView。

本演示项目总共需要3个操作，首先需要存储数据，因此添加一个按钮，它触发操作storeResults。其次，需要读取并显示结果，因此还需要一个按钮，它触发操作showResults。另外，还需要第3个操作hideKeyboard，这样用户触摸视图的背景或微型键盘上的"好"按钮时，将隐藏屏幕键盘。

2．设计界面

单击文件MainStoryboard.storyboard切换到设计模式，再打开对象库（View>Utilities Show Object Library）。拖曳3个文本框（UITextField）到视图中，并将它们放在视图顶部附近。在这些文本框旁边添加3个标签，并将其文本分别设置为"姓""名""邮箱"。

依次选择每个文本框，再使用Attributes Inspector（Option+Command+4）设置合适的Keyboard属性（例如，对于电子邮件文本框，将该属性设置为E-mail）、Return Key属性（例如"好"）和Capitalization属性，并根据喜好设置其他功能。这样数据输入表单就完成了。然后拖曳一个文本视图（UITextView）到视图中，将它放在输入文本框下方——用于显示调查结果文件的内容。使用Attributes Inspector将文本视图设置成只读，因为不能让用户使用它来编辑显示的调查结果。此时在文本视图下方添加两个按钮（UIButton），并将它们的标题分别设置为Store Results和Show Results。这些按钮将触发两个与文件交互的操作。最后，为了在用户轻按背景时隐藏键盘，添加一个覆盖整个视图的按钮（UIButton）。使用Attributes Inspector将按钮类型设置为Custom，这样它将不可见。最后，使用菜单Editor>Arrange将这个按钮放到其他UI部分的后面，您可以在文档大纲中将自定义按钮拖曳到对象列表顶部。

最终的应用程序UI界面如图27-12所示。

图27-11 新建的工程

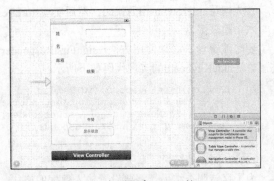

图27-12 应用程序Survey的UI

3．创建并连接输出口和操作

在本实例中需要建立多个连接，以便与用户界面交互。其中输出口如下所示。

❑ 收集名字的文本框（UITextField）：lastName。
❑ 收集姓的文本框（UITextField）：firstName。
❑ 收集电子邮件地址的文本框（UITextField）：email。
❑ 显示调查结果的文本视图（UITextView）：resultsView。

需要的操作如下所示。

❑ 触摸按钮（UIButton）存储：storeResults。
❑ 触摸按钮（UIButton）显示信息：showResults。
❑ 触摸背景按钮或从任何文本框那里接收到事件Did End On Exit:hideKeyboard。

切换到助手编辑器模式，以便添加输出口和操作。确保文档大纲可见（Editor>Show Document Outline），以便能够轻松地处理不可见的自定义按钮。

（1）添加输出口

按住Control键，从视图中的UI元素拖曳到文件ViewController.h中代码行@interface下方，以添加必要的输出口。将标签First Name旁边的文本框连接到输出口firstName，如图27-13所示。对其他文本框和文本视图重复上述操作，并按前面指定的方式给输出口命名。其他对象不需要输出口。

（2）添加操作

输出口准备就绪后，就可开始添加到操作的连接了。按住Control键，从按钮"存储"拖曳到接口文件ViewController.h中属性定义的下方，并创建一个名为storeResults的操作，如图27-14所示。对按钮"显示信息"做同样的处理，新建一个名为showResults的操作。

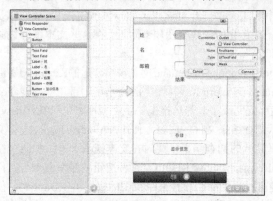 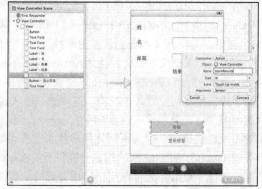

图27-13 将文本框和文本视图连接到相应的输出口　　图27-14 将按钮连接到相应的操作

4．实现应用程序逻辑

首先编写hideKeyboard的代码，然后实现storeResults和showResults。

（1）隐藏键盘

要隐藏键盘，必须使用方法resignFirstResponder让当前对键盘有控制权的对象放弃第一响应者状态。方法hideKeyboard的实现代码如下所示：

```
- (IBAction)hideKeyboard:(id)sender {
    [self.lastName resignFirstResponder];
    [self.firstName resignFirstResponder];
    [self.email resignFirstResponder];
}
```

（2）存储调查结果

为了存储调查结果，需要设置输入数据的格式，建立一条路径（它指向用于存储结果的文件）并在必要时新建一个文件，然后将调查结果存储到该文件末尾，再关闭该文件并清空调查表单。方法storeResults的实现代码如下所示：

```
- (IBAction)storeResults:(id)sender {

    NSString *csvLine=[NSString stringWithFormat:@"%@,%@,%@\n",
                    self.firstName.text,
                    self.lastName.text,
                    self.email.text];

    NSString *docDir = [NSSearchPathForDirectoriesInDomains(
NSDocumentDirectory, NSUserDomainMask, YES) objectAtIndex: 0];
    NSString *surveyFile = [docDir
                    stringByAppendingPathComponent:
                    @"surveyresults.csv"];

    if (![[NSFileManager defaultManager] fileExistsAtPath:surveyFile]) {
        [[NSFileManager defaultManager]
         createFileAtPath:surveyFile contents:nil attributes:nil];
    }

    NSFileHandle *fileHandle = [NSFileHandle
                            fileHandleForUpdatingAtPath:surveyFile];
    [fileHandle seekToEndOfFile];
    [fileHandle writeData:[csvLine
```

```
                            dataUsingEncoding:NSUTF8StringEncoding]];
    [fileHandle closeFile];

    self.firstName.text=@"";
    self.lastName.text=@"";
    self.email.text=@"";
}
```

（3）显示调查结果

首先需要确保与存储调查结果时完全相同，建立一条指向文件的路径。然后检查指定的文件是否存在，如果存在便可以读取并显示结果了。如果不存在则什么都不用做，如果文件存在，则使用类NSFileHandle的方法fileHandleForReadingAtPath创建一个文件句柄，再使用方法availableData读取文件的内容。最后一步是将文本视图的内容设置为读取的数据。方法showResults的实现代码如下所示：

```
- (IBAction)showResults:(id)sender {
    NSString *docDir = [NSSearchPathForDirectoriesInDomains(
       NSDocumentDirectory, NSUserDomainMask, YES) objectAtIndex: 0];
    NSString *surveyFile = [docDir
                     stringByAppendingPathComponent:
                     @"surveyresults.csv"];

    if ([[NSFileManager defaultManager] fileExistsAtPath:surveyFile]) {
        NSFileHandle *fileHandle = [NSFileHandle
                     fileHandleForReadingAtPath:surveyFile];
        NSString *surveyResults=[[NSString alloc]
                     initWithData:[fileHandle availableData]
                     encoding:NSUTF8StringEncoding];
        [fileHandle closeFile];
        self.resultsView.text=surveyResults;
    }
}
```

在上述代码中，先创建字符串变量surveyPath，然后使用该变量来检查指定的文件是否存在。如果存在，则打开以便读取它，然后使用方法availableData获取该文件的全部内容，并将其存储到字符串变量surveyResults中。最后，关闭文件并使用字符串变量surveyResults的内容更新用户界面中显示结果的文本视图。

到此为止，这个应用程序就创建好了。执行后的初始效果如图27-15所示，输入信息并存储后可以显示收集的信息，如图27-16所示。

图27-15 初始效果

图27-16 显示存储收集的信息

27.4.9 实战演练——实现一个用户信息收集器（双语实现：Swift版）

实例27-4	实现一个收集用户信息的程序
源码路径	光盘:\daima\27\shouji-swift

本实例的功能和上一个实例27-3完全相同，只是用Swift语言实现而已（程序见光盘）。

27.5 核心数据（Core Data）

> 知识点讲解光盘:视频\知识点\第27章\核心数据（Core Data）.mp4

核心数据（Core Data）框架也使用SQLite作为一种存储格式。你可以把应用程序数据放在手机的核心数据库上。然后，你可以使用NSFetchedResultsController来访问核心数据库，并在表视图上显示。下面是它的常用方法。

- [fetchedResultsController objectAtIndexPathl：返回指定位置的数据。
- [fetchedResultsController sections]：获取section数据，返回的是NSFetchedResultsSectionInfo数据。
- NSFetchedResultsSectionInfo：是一个协议，定义了下述方法。
  - numberOfSectionsInTableView：返回表视图上的section数目。
  - tableView:numbero fRowslnSection：返回一个section的行数目。
  - tableView:cellForRowAtlndexPath：返回cell信息。
- NSEntityDescription类：用于往核心数据库上存放数据。

27.5.1 Core Data 基础

Core Data是一个Cocoa框架，用于为管理对象图提供基础实现，以及为多种文件格式的持久化提供支持。管理对象图包含的工作如撤销（undo）和重做（redo），有效性检查以及保证对象关系的完整性等。对象的持久化意味着Core Data可以将模型对象保存到持久化存储中，并在需要的时候将它们取出。Core Data应用程序的持久化存储（也就是对象数据的最终归档形式）的范围可以从XML文件到SQL数据库。Core Data用在关系数据库的前端应用程序是很理想的，但是所有的Cocoa应用程序都可以利用它的能力。

Core Data的核心概念是托管对象。托管对象是由Core Data管理的简单模型对象，但必须是NSManagedObject类或其子类的实例。可以用一个称为托管对象模型的结构（schema）来描述Core Data应用程序的托管对象（Xcode中包含一个数据建模工具，可以帮助您创建这些结构）。托管对象模型包含一些应用程序托管对象（也称为实体）的描述。每个描述负责指定一个实体的属性，这与其他实体的关系以及像实体名称和实体表示类这样的元数据类似。

在一个运行着的Core Data程序中，有一个称为托管对象上下文的对象负责管理托管对象图。图中所有的托管对象都需要通过托管对象上下文来注册。该上下文对象允许在图中加入或删除对象，以及跟踪图中对象的变化，并因此可以提供撤销（undo）和重做（redo）的支持。当准备好保存对托管对象所做的修改时，托管对象上下文负责确保那些对象处于正确的状态。当Core Data应用程序希望从外部的数据存储中取出数据时，就向托管对象上下文发出一个取出请求，也就是一个指定一组条件的对象。在自动注册之后，上下文对象会从存储中返回与请求相匹配的对象。

托管对象上下文还作为访问潜在Core Data对象集合的网关，这个集合称为持久化堆栈。持久化堆栈处于应用程序对象和外部数据存储之间，由两种不同类型的对象组成，即持久化存储和持久化存储协调器对象。持久化存储位于栈的底部，负责外部存储（如XML文件）的数据和托管对象上下文的相应对象之间的映射，但是它们不直接和托管对象上下文进行交互。在栈的持久化存储上面是持久化存储协调器，这种对象为一或多个托管对象上下文提供一个访问接口，使其下层的多个持久化存储可以表现为单一一个聚合存储，图27-17显示了Core Data架构中各种对象之间的关系。

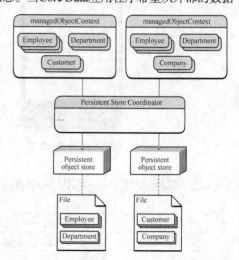

图27-17 Core Data架构中各种对象之间的关系

Core Data中包含一个NSPersistentDocument类，它是NSDocument的子类，用于协助Core Data和文档架构之间的集成。持久化文档对象创建自己的持久化堆栈和托管对象上下文，将文档映射到一个外部的数据存储；NSPersistentDocument对象则为NSDocument中读写文档数据的方法提供缺省的实现。

通过Core Data管理应用程序的数据模型，可以极大程度上减少编写的代码数量。Core Data还具有下述特征。

- 将对象数据存储在SQLite数据库中以获得性能优化。
- 提供NSFetchedResultsController类用于管理表视图的数据。即将Core Data的持久化存储显示在表视图中，并对这些数据进行管理：增、删、改。
- 管理undo/redo操作。
- 检查托管对象的属性值是否正确。

27.5.2 实战演练——使用 CoreData 动态添加、删除数据

实例27-5	使用CoreData 动态添加、删除数据
源码路径	光盘:\daima\27\CoreDataDemo

（1）编写视图控制器文件ViewController.m，功能是获取CoreData中存储的数据信息，并将这些信息显示在单元格控件中（程序见光盘）。

（2）编写文件AddPersonController.m，功能是构建添加数据控制器界面，在添加界面中设置3个文本框控件供用户分别输入"姓""名"和"年龄"，并将文本框中的合法数据添加到库中（程序见光盘）。

（3）编写文件Person.m，此文件是数据对象文件，设置了3个对象age、firstName和lastName，分别和数据库中的数据相对应（程序见光盘）。

（4）编写实例文件Manager.m，功能是管理数据库中的数据，主要实现代码如下所示：

```
#import "Manager.h"
#import "Employee.h"
@implementation Manager
@dynamic firstName;
@dynamic lastName;
@dynamic age;
@dynamic fkManagerToEmployees;
@end
```

（5）数据库文件是CoreDataDemo.xcdatamodeld，如图27-18所示。

图27-18 数据库文件CoreDataDemo.xcdatamodeld

执行后会列表显示系统中存在的数据，效果如图27-19所示。单击"＋"后会弹出添加数据文本框界面，如图27-20所示。

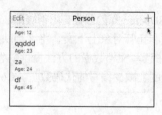
图27-19 执行效果
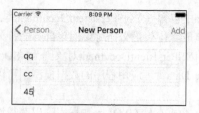
图27-20 弹出添加数据文本框界面

在文本框中输入合法数据并单击Add后会将新数据添加到系统库中，如图27-21所示。单击Edit后的效果如图27-22所示。

单击某条数据前面的"⊖"后会在后面显示Delete按钮，如图27-23所示。按下Delete按钮后会删除这条数据。

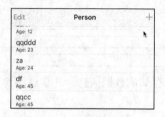
图27-21 添加的新数据
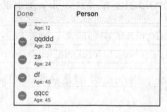
图27-22 单击Edit后的效果
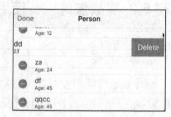
图27-23 显示Delete按钮

27.6 互联网数据

知识点讲解光盘：视频\知识点\第27章\互联网数据.mp4

"手机加云计算"是未来软件的大方向。手机作为数据的输入终端和显示终端，而云计算作为数据存储和处理的后台。云计算平台提供了众多的Web服务，这些Web服务首先为手机应用提供了很多远程数据，其次手机应用也往往调用Web服务来保存数据。云计算平台可以是谷歌所提供的地图服务，也可以是其他公司所提供的云文件服务。另外需要注意的是，通过使用Mashup，手机应用程序可以综合多个云计算平台所提供的数据，从而为用户提供一个全新的视角。

27.6.1 XML 和 JSON

在手机和云计算平台之间传递的数据格式主要分为两种：XML和JSON。在程序中发送和接收信息时，你可以选择以纯文本或XML作为交换数据的格式。其实XML格式与HTML格式的纯文本数据相同，只是采用XML格式而已。有两种方法来操作XML数据，一种是使用libxm12，另一种是使用NSXMLParser。XML格式采用名称/值的格式。同XML类似，JSON（JavaScript Object Notation的缩写）也是使用名称/值的格式。JSON数据像字典数据。例如：{ "name"："liudehua" }。前一个是名称（键），后一个是值。等效的纯文本名称/值对为name=liudehua。

当把多对名称/值组合在一起时，JSON就创建了包含多对名称/值的记录。当需要表示一组值时，JSON不但能够提高可读性，而且可以减少复杂性。例如，假设你想表示一个人名列表。在XML中，需要许多开始标记和结束标记。如果使用JSON，则只需将多个带花括号的记录组合在一起。

简单地说，JSON可以将一组数据转换为字符串，然后就可以在函数之间轻松地传递这个字符串，或者在异步应用程序中将字符串从Web服务器传递给客户端程序。JSON可以表示比名称/值对更复杂的结构。例如，可以表示数组和复杂的对象，而不仅仅是键和值的简单列表。下面总结JSON的语法格式。

- 对象：{属性：值，属性：值，属性：值}。
- 数组是有顺序的值的集合：一个数组开始于"["，结束于"]"，值之间用"，"分隔。

❑ 可以是字符串、数字、true、false、null，也可以是对象或数组。这些结构都能嵌套。

在iPhone/iPad应用程序中可以直接读取JSON数据，并放入NSDictionary或NSArray中。你也可以将NSDictionary转化为JSON数据，并上载到云计算平台。json-framework提供了相关的类和方法来完成JSON数据的解析。

作为一种轻量级的数据交换格式，JSON正在逐步取代XML，成为网络数据的通用格式。从iOS 5开始，Apple提供了对JSON的原生支持，但是为了兼容以前的iOS版本，我们仍然需要使用第三方库来解析。常用的iOS JSON库有json-framework、JSONKit、TouchJSON等，这里说的是JSONKit。

JSONKit的使用相当简单，可以从github.com下载下来，添加到我们自己的iOS项目中，使用JSON的地方语法为"#import"JSONKit.h"，这样JSON相关的方法就会自动添加到NSString、NSData下，常用的方法有下面几个：

❑ - (id)objectFromJSONString;
❑ - (id)objectFromJSONStringWithParseOptions:(JKParseOptionFlags)parseOptionFlags;
❑ - (id)objectFromJSONData;
❑ - (id)objectFromJSONDataWithParseOptions:(JKParseOptionFlags)parseOptionFlags;

如果JSON是"单层"的，即value都是字符串、数字，可以使用objectFromJSONString：

```
NSString *json = @"{\"a\":123, \"b\":\"abc\"}";
NSDictionary *data = [json objectFromJSONString];
NSLog(@"json.a:%@", [data objectForKey:@"a"]);
NSLog(@"json.b:%@", [data objectForKey:@"b"]);
 [json release];
```

如果JSON有嵌套，即value里有array、object，如果再使用objectFromJSONString，程序可能会报错（我的测试结果：使用由网络得到的php/json_encode生成的JSON时报错，但使用NSString定义的JSON字符串时，解析成功），最好使用objectFromJSONStringWithParseOptions：

```
NSString *json = @"{\"a\":123, \"b\":\"abc\", \"c\":[134, \"hello\"],
     \"d\":{\"name\":\"张三\",\"age\":23}}";
NSLog(@"json:%@", json);
NSDictionary *data = [json objectFromJSONStringWithParseOptions:JKParseOptionLooseU
nicode];
NSLog(@"json.c:%@", [data objectForKey:@"c"]);
NSLog(@"json.d:%@", [[data objectForKey:@"d"]objectForKey:@"name"]);
 [json release];
```

运行后会输出如下结果：

```
2012-09-09 18:48:07.255 Ate-Goods[17113:207] json.c:(134,Hello)
2012-09-09 18:48:07.256 Ate-Goods[17113:207] json.d:张三
```

从上面的写法可以看出，JSON与Objective-C的数据对应关系如下：

Number -> NSNumber String -> NSString Array -> NSArray Object -> NSDictionary。另外：null -> NNSNull true and false -> NNSNumber。

假如存在如下所示的JSON数据：

```
{
    "result": [
        {
        "meeting": {
        "addr": "203",
        "creator": "张一",
        "member": [
            {
            "name": "张二",
            "age": "20"
            },
            {
            "name": "张三",
```

```
                    "age": "21"
                },
                {
                    "name": "张四",
                    "age": "22"
                }
            ]
        }
    },
    {
        "meeting": {
            "addr": "204",
            "creator": "张二",
            "member": [
                {
                    "name": "张二",
                    "age": "20"
                },
                {
                    "name": "张三",
                    "age": "21"
                },
                {
                    "name": "张四",
                    "age": "22"
                }
            ]
        }
    }
]
```

则JSON的解析过程如下所示。

（1）获取JSON文件路径，根据路径来获取里面的数据：

```
NSString *path=[[NSBundle mainBundle] pathForResource:@"test" ofType:@"json"];
    NSString *_jsonContent=[[NSString alloc] initWithContentsOfFile:path encoding:
NSUTF8StringEncoding error:nil];
```

（2）然后根据得到的_jsonContent字符串对象来获取里面的键值对：

```
//不需要去定义获取的方法，只需使用系统定义好的JSONValue即可
NSMutableDictionary dict=[_jsonContent JSONValue];
```

（3）然后根据得到的键值对来进行JSON解析。根据上面JSON数据之间的逻辑关系，可以获知我们解析的顺序。

- 根据得到的字符串获取里面的键值对。
- 根据得到的键值对通过key来得到对应的值，也就是值里面的数组。
- 然后获取数组中的键值对。
- 然后根据得到的键值对通过key获取里面的键值对中的值。

```
    */
//JSON解析
//2.
NSArray *result=[_dict objectForKey:@"result"];
//3.
NSDictionary *dic=[result objectAtIndex:0];
//4.
NSDictionary *meeting=[dic
                       objectForKey:@"meeting"];

//得到 addr 值
NSString *address = [meeting objectForKey:@"addr"];
//得到 creator 值
NSString *creator = [meeting objectForKey:@"creator"];
//得到 member 里面的数据，因为这个键值中有数组，所以要重复上面的2、3、4的动作
NSArray *members=[meeting objectForKey:@"member"];
```

```
//这里用了for循环语句
for (NSDictionary * member in members) {
    NSString *name = [member objectForKey:@"name"];
    NSString *age = [member objectForKey:@"age"];
}
```

这样就可以实现解析JSON数据了。

27.6.2 实战演练——使用 JSON 获取网站中的照片信息

实例27-6	使用JSON获取网站中的照片信息
源码路径	光盘:\daima\27\WebPhotoes

本实例的功能是，使用JSON获取网站中图片的信息。实例文件PhotoTable ViewController.m的主要实现代码如下所示:

```
-(void) loadPhotos
{
    NSString *urlString = [NSString stringWithFormat:@"http://api.image.baidu.com/services/rest/?method=flickr.photos.search&api_key=%@&tags=%@&per_page=10&format=json&nojsoncallback=1", FlickrAPIKey, @"jinan"];
    NSURL *url = [NSURL URLWithString:urlString];

    // 得到的内容作为一个字符串的网址,并解析为基础的对象
    NSString *jsonString = [NSString stringWithContentsOfURL:url encoding:NSUTF8StringEncoding error:nil];
    NSDictionary *results = [jsonString JSONValue];

    NSLog(@"%@",[results description]);

    // 需要通过挖掘得到的对象
    NSArray *photos = [[results objectForKey:@"photos"] objectForKey:@"photo"];
    for (NSDictionary *photo in photos) {
        // 得到标题的每一张照片
        NSString *title = [photo objectForKey:@"title"];
        [photoNames addObject:(title.length > 0 ? title : @"Untitled")];

        // 为每个照片构建的网址
        NSString *photoURLString = [NSString stringWithFormat:@"http: //farm%@.static.image.baidu.com/%@/%@_%@_s.jpg", [photo objectForKey:@"farm"], [photo objectForKey:@"server"], [photo objectForKey:@"id"], [photo objectForKey:@"secret"]];
        [photoURLs addObject:[NSURL URLWithString:photoURLString]];
    }
}

//初始化属性
-(id) initWithStyle:(UITableViewStyle)style
{
    self = [super initWithStyle:style];
    if (self)
    {
        photoURLs = [[NSMutableArray alloc] init];
        photoNames = [[NSMutableArray alloc] init];
        [self loadPhotos];
    }
    return self;
}
#pragma mark -
#pragma mark Table view data source
//返回行数
- (NSInteger)numberOfSectionsInTableView:(UITableView *)tableView {
    return 1;
}
- (NSInteger)tableView:(UITableView *)tableView numberOfRowsInSection:(NSInteger)section
{
    return [photoNames count];
}
```

```objc
//  生成显示图片的单元格
- (UITableViewCell *)tableView:(UITableView *)tableView cellForRowAtIndexPath:(NSIndexPath *)indexPath {

    static NSString *CellIdentifier = @"Cell";

    UITableViewCell *cell = [tableView dequeueReusableCellWithIdentifier:CellIdentifier];
    if (cell == nil) {//不存在的话
        //创建一个单元格单元
        cell = [[UITableViewCell alloc] initWithStyle:UITableViewCellStyleDefault reuseIdentifier:CellIdentifier];
    }

    // 配置单元格，表单元的文本信息就是照片名字
    cell.textLabel.text = [photoNames objectAtIndex:indexPath.row];
    NSData *imageData = [NSData dataWithContentsOfURL:[photoURLs objectAtIndex:indexPath.row]];
    cell.imageView.image = [UIImage imageWithData:imageData];
    return cell;
}
```

运行后会返回Flickr数据，具体如下所示：

```
2017-6-24 18:47:11.596 WebPhotoes[4774:c07] {
    photos =     {
        page = 1;
        pages = 1182;
        perpage = 10;
        photo =         (
                        {
                farm = 9;
                id = 8208104583;
                isfamily = 0;
                isfriend = 0;
                ispublic = 1;
                owner = "10782329@N03";
                secret = 88c0b691eb;
                server = 8346;
                title = "Baotu Spring Garden 02";
            },
                        {
                farm = 9;
                id = 8203273905;
                isfamily = 0;
                isfriend = 0;
                ispublic = 1;
                owner = "27823382@N03";
                secret = db7840cd14;
                server = 8197;
                title = "Jinan rush hour";
            },
                        {
                farm = 9;
                id = 8199135645;
                isfamily = 0;
                isfriend = 0;
                ispublic = 1;
                owner = "43372673@N08";
                secret = f04ae46da7;
                server = 8487;
                title = P1020672;
            },
                        {
                farm = 9;
                id = 8199141545;
                isfamily = 0;
                isfriend = 0;
                ispublic = 1;
                owner = "43372673@N08";
                secret = 048b1327d5;
                server = 8490;
                title = P1020670;
            },
```

```
                {
                    farm = 9;
                    id = 8200219032;
                    isfamily = 0;
                    isfriend = 0;
                    ispublic = 1;
                    owner = "43372673@N08";
                    secret = 6c17d0778e;
                    server = 8477;
                    title = P1020675;
                },
                {
                    farm = 9;
                    id = 8200224534;
                    isfamily = 0;
                    isfriend = 0;
                    ispublic = 1;
                    owner = "43372673@N08";
                    secret = 7e277b5e40;
                    server = 8346;
                    title = P1020673;
                },
                {
                    farm = 9;
                    id = 8200254180;
                    isfamily = 0;
                    isfriend = 0;
                    ispublic = 1;
                    owner = "43372673@N08";
                    secret = 0f9c1de768;
                    server = 8346;
                    title = P1020676;
                },
                {
                    farm = 9;
                    id = 8200230700;
                    isfamily = 0;
                    isfriend = 0;
                    ispublic = 1;
                    owner = "43372673@N08";
                    secret = 54ac24f7ab;
                    server = 8483;
                    title = P1020671;
                },
                {
                    farm = 9;
                    id = 8200236282;
                    isfamily = 0;
                    isfriend = 0;
                    ispublic = 1;
                    owner = "43372673@N08";
                    secret = 1df4ed20fc;
                    server = 8065;
                    title = P1020669;
                },
                {
                    farm = 9;
                    id = 8199130717;
                    isfamily = 0;
                    isfriend = 0;
                    ispublic = 1;
                    owner = "43372673@N08";
                    secret = c85fc492af;
                    server = 8478;
                    title = P1020674;
                }
            );
            total = 11814;
        };
    stat = ok;
}
2017-6-24 18:47:11.721 WebPhotoes[4774:c07] Application windows are expected to have a root view controller at the end of application launch
```

第28章 触摸、手势识别和Force Touch

iOS系统在推出之时,最大吸引用户的便是多点触摸功能,通过对屏幕的触摸实现了良好的用户体验。通过使用多点触摸屏技术,让用户能够使用大量的自然手势来完成原本只能通过菜单、按钮和文本来完成的操作。另外,iOS系统还提供了高级手势识别功能,我们可以在应用程序中轻松实现它们。本章将详细讲解iOS多点触摸和手势识别的基本知识。

28.1 多点触摸和手势识别基础

> 知识点讲解光盘:视频\知识点\第28章\多点触摸和手势识别基础.mp4

iPad和iPhone无键盘的设计为屏幕争取到更多的显示空间。用户不再是隔着键盘发出指令。触摸屏的典型操作有:轻按(tap)某个图标来启动一个应用程序,向上或向下(也可以左右)拖移来滚动屏幕,将手指合拢或张开(pinch)来进行放大和缩小等。在邮件应用中,如果你决定删除收件箱中的某个邮件,只需轻扫(swipe)要删除的邮件的标题,邮件应用程序会弹出一个删除按钮,然后轻击这个删除按钮,这样就删除了邮件。UIView能够响应多种触摸操作。例如,UIScrollView就能响应手指合拢或张开来进行放大和缩小。在程序代码上,我们可以监听某一个具体的触摸操作,并作出响应。

为了简化编程工作,我们在应用程序可能要实现所有常见手势,简单来说,我们需要创建一个UIGestureRecognizer类的对象,或者是它的子类的对象来实现。Apple创建了如下所示的"手势识别器"类。

- 轻按(UITapGestureRecognizer):用一个或多个手指在屏幕上轻按。
- 按住(UILongPressGestureRecognizer):用一个或多个手指在屏幕上按住。
- 长时间按住(UILongPressGestureRecogrlizer):用一个或多个手指在屏幕上按住到指定时间。
- 张合(UIPinchGestureRecognizer):张合手指以缩放对象。
- 旋转(UIRotationGestureRecognizer):沿圆形滑动两个手指。
- 轻扫(UISwipeGestureRecognizer):用一个或多个手指沿特定方向轻扫。
- 平移(UIPanGestureRecognizer):触摸并拖曳。
- 摇动:摇动iOS设备。

在以前的iOS版本中,开发人员必须读取并识别低级触摸事件,以判断是否发生了张合:屏幕上是否有两个触摸点?它们是否相互接近?在iOS 4或更晚的版本中,可指定要使用的识别器类型,并将其加入到视图(UIView)中,然后就能自动收到触发的多点触摸事件。甚至可获悉手势的值,如张合手势的速度和缩放比例(scale)。

上述的每个类都能准确地检测到某一个动作。在创建了上述的对象之后,可以使用 addGestureRecognizer方法把它传递给视图。当用户在这个视图上进行相应操作时,上述对象中的某一个方法就被调用。本章将阐述如何编写代码来响应上述触摸操作。

28.2 触摸处理

> 知识点讲解光盘:视频\知识点\第28章\触摸处理.mp4

触摸就是用户把手指放到屏幕上。系统和硬件一起工作,知道手指什么时候触碰屏幕以及在屏幕中的触碰位置。UIView是UIResponder的子类,触摸发生在UIView上。用户看到的和触摸到的是视图(用户也许能看到图层,但图层不是一个UIResponder,它不参与触摸)。触摸是一个UITouch对象,该对象被放在一个UIEvent中,然后系统将UIEvent发送到应用程序上。最后,应用程序将UIEvent传递给一个适当的UIView。一般不需要关心UIEvent和UITouch。大多数系统视图会处理这些低级别的触摸,并且通知高级别的代码。例如,当UIButton发送一个动作消息报告一个Touch Up Inside事件,它已经汇总了一系列复杂的触摸动作。用户将手指放到按钮上,也许还移来移去,最后手指抬起来了,UITableView报告用户选择了一个表单元,当滚动UIScrollView时,它报告滚动事件。还有,有些界面视图只是自己响应触摸动作,而不通知代码。例如,当拖动UIWebView时,它仅滚动而已。

然而,知道怎样直接响应触摸是有用的,这样可以实现自己的可触摸视图,并且充分理解Cocoa的视图在做些什么。

28.2.1 触摸事件和视图

假设在一个屏幕上用户没有触摸。现在,用户用一个或更多手指接触屏幕。从这一刻开始到屏幕上没有手指触摸为止,所有触摸以及手指移动一起组成Apple所谓的多点触控序列。在一个多点触控序列期间,系统向你的应用程序报告每个手指的改变,从而你的应用程序知道用户在做什么。每个报告是一个UIEvent。事实上,在一个多点触控序列上的报告是相同的UIEvent实例。每一次手指发生改变时,系统就发布这个报告。每一个UIEvent包含一个或更多个的UITouch对象。每个UITouch对象对应一个手指。一旦某个UITouch实例表示一个触摸屏幕的手指,那么,在一个多点触控序列上,这个UITouch实例就被一直用来表示该手指(直到该手指离开屏幕)。

在一个多点触控序列期间,系统只有在手指触摸形态改变时才需要报告。对于一个给定的UITouch对象(即一个具体的手指),只有4件事情会发生。它们被称为触摸阶段,它们通过一个UITouch实例的phase(阶段)属性来描述。

- UITouchPhaseBegan:手指首次触摸屏幕,该UITouch实例刚刚被构造。这通常是第一阶段,并且只有一次。
- UITouchPhaseMoved:手指在屏幕上移动。
- UITouchPhaseStationary:手指停留在屏幕上不动。为什么要报告这个? 一旦一个UITouch实例被创建,它必须在每一次UIEvent中出现。因此,如果由于其他某事发生(例如,另一个手指触摸屏幕)而发出UIEvent,必须报告该手指在干什么,即使它没有做任何事情。
- UITouchPhaseEnded:手指离开屏幕。和UITouchPhaseBegan一样,该阶段只有一次。该UITouch实例将被销毁,并且不再出现在多点触控序列的UIEvents中。
- UITouchPhaseCancelled:系统已经摒弃了该多点触控序列,可能是由于某事打断了它。那么,什么事情可能打断一个多点触控序列? 这有很多可能性。也许用户在当中单击了Home按钮或者屏幕锁按钮。在iPhone上,一个电话进来了。所以,如果你自己正在处理触摸操作,那么就不能忽略这个取消动作;当触摸序列被打断时,你可能需要完成一些操作。

当UITouch首次出现时(UITouchPhaseBegan),应用程序定位与此相关的UIView。该视图被设置为触摸的View(视图)属性值。从那一刻起,该UITouch一直与该视图关联。一个UIEvent就被分发到UITouch的所有视图上。

1. 接收触摸

作为一个UIResponder的UIView,它继承与4个UITouch阶段对应的4种方法(各个阶段需要UIEvent)。通过调用这4种方法中的一个或多个方法,一个UIEvent被发送给一个视图。

touchesBegan:withEvent:一个手指触摸屏幕,创建一个UITouch。

- touchesMoved:withEvent:手指移动了。
- touchesEnded:withEvent:手指已经离开了屏幕。

❏ touchesCancelled:withEvent：取消一个触摸操作。
上述方法包括如下所示的参数。
❏ 相关的触摸。
这些是事件的触摸，它们存放在一个NSSet中。如果知道这个集合中只有一个触摸，或者在集合中的任何一个触摸都可以，那么，可以用anyObject来获得这个触摸。
❏ 事件。
这是一个UIEvent实例，它把所有触摸放在一个NSSet中，开发者可以通过allTouches消息来获得它们。这意味着所有的事件的触摸，包括但并不局限于在第一个参数中的那些触摸。它们可能是在不同阶段的触摸，或者用于其他视图的触摸。开发者可以调用touchesForView或touchesForWindow来获得一个指定视图或窗口所对应的触摸的集合。

UITouch中还有如下所示的有用的方法和属性。

❏ locationInView和previousLocationInView：在一个给定视图的坐标系上，该触摸的当前或之前的位置。开发者感兴趣的视图通常是self或者self.superview，如果是nil，则得到相对于窗口的位置。仅当是UITouchPhaseMoved阶段时，才会感兴趣之前的位置。
❏ timestamp：最近触摸的时间。当被创建（UITouchPhaseBegan）时，它有一个创建时间戳，每次移动（UITouchPhaseMoved）时，也有一个时间戳。
❏ tapCount：连续多个轻击的次数。如果在相同位置上连续两次轻击，那么，第二个被描述为第一个的重复，它们是不同的触摸对象，但第二个将被分配一个tapCount，比前一个大1。默认值为1。因此，如果一个触摸的tapCount是3，表示这是在相同位置上的第三次轻击（连续轻击3次）。
❏ View：与该触摸相关联的视图，共有一些UIEvent属性。
❏ Type：主要是UIEventTypeTouches。
❏ Timestamp：事件发生的时间。

2．多点触摸

iOS多点触摸的实现代码如下：

```
-(void)touchesBegan:(NSSet *)touches withEvent:(UIEvent *)event{
    NSUInteger numTouches = [touches count];
}
```

上述方法传递一个NSSet实例与一个UIEvent实例，可以通过获取touches参数中的对象来确定当前有多少根手指触摸，touches中的每个对象都是一个UITouch事件，表示一个手指正在触摸屏幕。倘若该触摸是一系列轻击的一部分，则还可以通过询问任何UITouch对象来查询相关的属性。

同鼠标操作一样，iOS也可以有单击、双击甚至更多类似的操作，有了这些，在这个有限大小的屏幕上，可以完成更多的功能。正如上文所述，通过访问它的touches属性来查询：

```
-(void)touchesBegan:(NSSet *)touches withEvent:(UIEvent *)event{
    NSUInteger numTaps = [[touches anyObject] tapCount];
}
```

3．iOS的触摸事件处理

iPhone/iPad无键盘的设计为屏幕争取了更多的显示空间，大屏幕在观看图片、文字和视频等方面为用户带来了更好的用户体验。而触摸屏幕是iOS设备接受用户输入的主要方式，包括单击、双击、拨动以及多点触摸等，这些操作都会产生触摸事件。

在Cocoa中，代表触摸对象的类是UITouch。当用户触摸屏幕后，就会产生相应的事件，所有相关的UITouch对象都被包装在事件中，被程序交由特定的对象来处理。UITouch对象直接包括触摸的详细信息。

在UITouch类中包含如下5个属性。

（1）window：触摸产生时所处的窗口。由于窗口可能发生变化，当前所在的窗口不一定是最开始的窗口。

（2）view：触摸产生时所处的视图。由于视图可能发生变化，当前视图也不一定是最初的视图。

（3）tapCount：轻击（Tap）操作和鼠标的单击操作类似，tapCount表示短时间内轻击屏幕的次数。因此可以根据tapCount判断单击、双击或更多的轻击。

（4）timestamp：时间戳记录了触摸事件产生或变化时的时间，单位是秒。

（5）phase：触摸事件在屏幕上有一个周期，即触摸开始、触摸点移动和触摸结束，还有中途取消。而通过phase可以查看当前触摸事件在一个周期中所处的状态。phase是UITouchPhase类型，这是一个枚举配型，包含如下5种。

- UITouchPhaseBegan：触摸开始。
- UITouchPhaseMoved：接触点移动。
- UITouchPhaseStationary：接触点无移动。
- UITouchPhaseEnded：触摸结束。
- UITouchPhaseCancelled：触摸取消。

在UITouch类中包含如下所示的成员函数。

（1）- (CGPoint)locationInView:(UIView *)view：函数返回一个CGPoint类型的值，表示触摸在view这个视图上的位置，这里返回的位置是针对view的坐标系的。如果调用时传入的view参数为空，返回的是触摸点在整个窗口的位置。

（2）- (CGPoint)previousLocationInView:(UIView *)view：该方法记录了前一个坐标值，函数返回也是一个CGPoint类型的值，表示触摸在view这个视图上的位置，这里返回的位置是针对view的坐标系的。调用时传入的view参数为空的话，返回的是触摸点在整个窗口的位置。

当手指接触到屏幕，不管是单点触摸还是多点触摸，事件都会开始，直到用户所有的手指都离开屏幕。期间所有的UITouch对象都被包含在UIEvent事件对象中，由程序分发给处理者。事件记录了这个周期中所有触摸对象状态的变化。

只要屏幕被触摸，系统就会报若干个触摸的信息封装到UIEvent对象中发送给程序，由管理程序UIApplication对象将事件分发。一般来说，事件将被发给主窗口，然后传给第一响应者对象（FirstResponder）处理。

28.2.2 iOS中的手势操作

在iOS应用中，最常见的触摸操作是通过UIButton按钮实现的，这也是最简单的一种方式。iOS中包含如下所示的操作手势。

- 单击（Tap）：单击作为最常用手势，用于按下或选择一个控件或条目（类似于普通的鼠标单击）。
- 拖动（Drag）：拖动用于实现一些页面的滚动，以及对控件的移动功能。
- 滑动（Flick）：滑动用于实现页面的快速滚动和翻页的功能。
- 横扫（Swipe）：横扫手势用于激活列表项的快捷操作菜单。
- 双击（Double Tap）：双击放大并居中显示图片，或恢复原大小（如果当前已经放大）。同时，双击能够激活针对文字编辑菜单。
- 放大（Pinch open）：放大手势可以实现以下功能：打开订阅源，打开文章。在照片查看的时候，放大手势也可实现放大图片的功能。
- 缩小（Pinch close）：缩小手势，可以实现与放大手势相反且的功能：关闭订阅源退出到首页，关闭文章退出至索引页。在照片查看的时候，缩小手势也可实现缩小图片的功能。
- 长按（Touch &Hold）：如果针对文字长按，将出现放大镜辅助功能。松开后，则出现编辑菜单。针对图片长按，将出现编辑菜单。
- 摇晃（Shake）：摇晃手势，将出现撤销与重做菜单，主要针对用户文本输入。

28.2.3 实战演练——触摸的方式移动视图

实例28-1	使用触摸的方式移动当前视图
源码路径	光盘:\daima\28\UITouch

视图控制器文件ViewController.m的功能是，通过函数touchesMoved监听用户触摸屏幕的手势，根据触摸的位置移动当前视图到指定的位置。文件ViewController.m的主要实现代码如下所示：

```
- (void)touchesMoved:(NSSet *)touches withEvent:(UIEvent *)event{
    // 获取到触摸的手指
    UITouch *touch = [touches anyObject]; // 获取集合中对象
    // 获取开始时的触摸点
    CGPoint previousPoint = [touch previousLocationInView:self.view];
    // 获取当前的触摸点
    CGPoint latePoint = [touch locationInView:self.view];
    // 获取当前点的位移量
    CGFloat dx = latePoint.x - previousPoint.x;
    CGFloat dy = latePoint.y - previousPoint.y;
    // 获取当前视图的center
    CGPoint center = self.view.center;
    // 根据位移量修改center的值
    center.x += dx;
    center.y += dy;
    // 把新的center赋给当前视图
    self.view.center = center;
}
@end
```

执行后可以用触摸的方式移动当前的白色视图。

28.2.4 实战演练——触摸挪动彩色方块（Swift 版）

实例28-2	触摸挪动彩色方块
源码路径	光盘:\daima\28\Touches_Responder

（1）打开Main.storyboard，为本工程设计一个视图界面，在里面添加Lable文本控件，然后绘制了3个方块图片，如图28-1所示。然后在工程中导入如图28-2所示的框架。

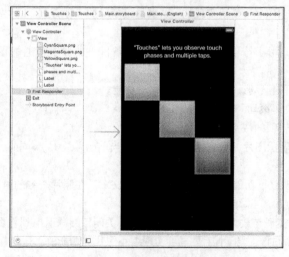

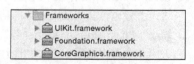

图28-1 Main.storyboard界面　　　　　　　　　图28-2 导入框架

（2）实现视图界面文件APLViewController.swift，构建一个用户可以移动的视图界面，实现触摸移

动事件处理,主要实现代码如下所示:

```swift
class APLViewController: UIViewController {
    private var piecesOnTop: Bool = false   // Keeps track of whether two or more pieces
                                            // are on top of each other.
    private var startTouchPosition: CGPoint = CGPoint()

    //用户可以移动视图
    @IBOutlet private var firstPieceView: UIImageView!
    @IBOutlet private var secondPieceView: UIImageView!
    @IBOutlet private var thirdPieceView: UIImageView!

    @IBOutlet private var touchPhaseText: UILabel! // Displays the touch phase.
    @IBOutlet private var touchInfoText: UILabel! // Displays touch information for  multiple taps.
    @IBOutlet private var touchTrackingText: UILabel! // Displays touch tracking information
    @IBOutlet private var touchInstructionsText: UILabel! // Displays instructions for
    how to split apart pieces that are on top of each other.

    private final let GROW_ANIMATION_DURATION_SECONDS = 0.15    // Determines how fast
    a piece size grows when it is moved.
    private final let SHRINK_ANIMATION_DURATION_SECONDS = 0.15 // Determines how fast
    a piece size shrinks when a piece stops moving.

    //MARK: -触摸处理

    /**
     开始处理触摸
    */
    override func touchesBegan(touches: Set<NSObject>, withEvent event: UIEvent) {
        let numTaps = (touches.first! as! UITouch).tapCount
        self.touchPhaseText.text = NSLocalizedString("Phase: Touches began", comment:
        "Phase label text for touches began")
        self.touchInfoText.text = ""
        if numTaps >= 2 {
            let infoFormatString = NSLocalizedString("%d taps", comment: "Format string
            for info text for number of taps")
            self.touchInfoText.text = String(format: infoFormatString, numTaps)
            if numTaps == 2 && piecesOnTop {
                //要想当两块或更多,在彼此顶部双击
                if self.firstPieceView.center.x == self.secondPieceView.center.x {
                    self.secondPieceView.center = CGPointMake(self.firstPieceView.
                    center.x - 50, self.firstPieceView.center.y - 50)
                }
                if self.firstPieceView.center.x == self.thirdPieceView.center.x {
                    self.thirdPieceView.center  = CGPointMake(self.firstPieceView.
                    center.x + 50, self.firstPieceView.center.y + 50)
                }
                if self.secondPieceView.center.x == self.thirdPieceView.center.x {
                    self.thirdPieceView.center  = CGPointMake(self.secondPieceView.
                    center.x + 50, self.secondPieceView.center.y + 50)
                }
                self.touchInstructionsText.text = ""
            }
        } else {
            self.touchTrackingText.text = ""
        }
        //枚举所有的触摸对象.
        var touchCount = 0
        for touch in touches as! Set<UITouch> {
            //发送的调度方法,在触摸后这将确保提供适当的子视图
            self.dispatchFirstTouchAtPoint(touch.locationInView(self.view), forEvent: nil)
            touchCount++
        }
    }

    /**检查视图界面,调用一个方法来执行开场动画*/
    private func dispatchFirstTouchAtPoint(touchPoint: CGPoint, forEvent event: UIEvent?) {
```

```swift
        if CGRectContainsPoint(self.firstPieceView.frame, touchPoint) {
            self.animateFirstTouchAtPoint(touchPoint, forView: self.firstPieceView)
        }
        if CGRectContainsPoint(self.secondPieceView.frame, touchPoint) {
            self.animateFirstTouchAtPoint(touchPoint, forView: self.secondPieceView)
        }
        if CGRectContainsPoint(self.thirdPieceView.frame, touchPoint) {
            self.animateFirstTouchAtPoint(touchPoint, forView: self.thirdPieceView)
        }
    }

    /**
    处理一个触摸的延续
    */
    override func touchesMoved(touches: Set<NSObject>, withEvent event: UIEvent) {
        var touchCount = 0
        self.touchPhaseText.text = NSLocalizedString("Phase: Touches moved", comment:
        "Phase label text for touches moved")
        //枚举所有触摸对象
        for touch in touches as! Set<UITouch> {
            // Send to the dispatch method, which will make sure the appropriate subview
            is acted upon
            self.dispatchTouchEvent(touch.view, toPosition: touch.locationInView(self.view))
            touchCount++
        }

        //发生多个触动动作后,报告触摸次数
        if touchCount > 1 {
            let trackingFormatString = NSLocalizedString("Tracking %d touches",
            comment: "Format string for tracking text for number of touches being tracked")
            self.touchTrackingText.text = String(format: trackingFormatString,
            Int32(touchCount))
        } else {
            self.touchTrackingText.text = NSLocalizedString("Tracking 1 touch",
            comment: "String for tracking text for 1 touch being tracked")
        }
    }


    /**
    检查视图界面中的移动位置点,然后将其移动到中心点。
    */
    private func dispatchTouchEvent(theView: UIView, toPosition position: CGPoint) {
        //移动到一个位置上
        if CGRectContainsPoint(self.firstPieceView.frame, position) {
            self.firstPieceView.center = position
        }
        if CGRectContainsPoint(self.secondPieceView.frame, position) {
            self.secondPieceView.center = position
        }
        if CGRectContainsPoint(self.thirdPieceView.frame, position) {
            self.thirdPieceView.center = position
        }
    }

    /**
    处理触摸事件结束
    */
    override func touchesEnded(touches: Set<NSObject>, withEvent event: UIEvent) {
        self.touchPhaseText.text = NSLocalizedString("Phase: Touches ended", comment:
        "Phase label text for touches ended")
        //枚举所有触摸对象
        for touch in touches as! Set<UITouch> {
            // Sends to the dispatch method, which will make sure the appropriate subview
            is acted upon
            self.dispatchTouchEndEvent(touch.view, toPosition: touch.locationInView(self.view))
```

```swift
        }
    }

    /**
    调用一个方法来执行关闭动画，返回到其原始位置
    */
    private func dispatchTouchEndEvent(theView: UIView, toPosition position: CGPoint) {
        // Check to see which view, or views, the point is in and then animate to that position.
        if CGRectContainsPoint(self.firstPieceView.frame, position) {
            self.animateView(self.firstPieceView, toPosition: position)
        }
        if CGRectContainsPoint(self.secondPieceView.frame, position) {
            self.animateView(self.secondPieceView, toPosition: position)
        }
        if CGRectContainsPoint(self.thirdPieceView.frame, position) {
            self.animateView(self.thirdPieceView, toPosition: position)
        }

        //如果一个掩盖了另一个，则显示一个消息，用户可以移动将两者分开
        if CGPointEqualToPoint(self.firstPieceView.center, self.secondPieceView.center) ||
            CGPointEqualToPoint(self.firstPieceView.center, self.thirdPieceView.center) ||
            CGPointEqualToPoint(self.secondPieceView.center, self.thirdPieceView.center)
        {

            self.touchInstructionsText.text = NSLocalizedString("Double tap the
            background to move the pieces apart.", comment: "Instructions text string.")
            piecesOnTop = true
        } else {
            piecesOnTop = false
        }
    }
    override func touchesCancelled(touches: Set<NSObject>, withEvent event: UIEvent) {
        self.touchPhaseText.text = NSLocalizedString("Phase: Touches cancelled",
        comment: "Phase label text for touches cancelled")
        //枚举所有触摸对象
        for touch in touches as! Set<UITouch> {
            // 确保提供合适的子视图
            self.dispatchTouchEndEvent(touch.view, toPosition: touch.locationInView(self.view))
        }
    }

    //MARK: - 动画视图
    private func animateFirstTouchAtPoint(touchPoint: CGPoint, forView theView: UIImageView) {
        UIView.beginAnimations(nil, context: nil)
        UIView.setAnimationDuration(GROW_ANIMATION_DURATION_SECONDS)
        theView.transform = CGAffineTransformMakeScale(1.2, 1.2)
        UIView.commitAnimations()
    }

    /**
    缩小视图并将其移动到新的位置
    */
    private func animateView(theView: UIView, toPosition thePosition: CGPoint) {
        UIView.beginAnimations(nil, context: nil)
        UIView.setAnimationDuration(SHRINK_ANIMATION_DURATION_SECONDS)
        // Set the center to the final postion.
        theView.center = thePosition
        // Set the transform back to the identity, thus undoing the previous scaling effect.
        theView.transform = CGAffineTransformIdentity
        UIView.commitAnimations()
    }
}
```

执行后的效果如图28-3所示，用户可以用触摸的方式移动界面中的3个方块，如图28-4所示。

图28-3 执行效果

图28-4 移动方块

28.3 手势处理

知识点讲解光盘:视频\知识点\第28章\手势处理.mp4

不管是单击、双击、轻扫或者使用更复杂的操作，都在操作触摸屏。iPad/iPhone屏幕还可以同时检测出多个触摸，并跟踪这些触摸。例如，通过两个手指的捏合控制图片的放大和缩小。所有这些功能都拉近了用户与界面的距离，这也使我们之前的习惯随之改变。

28.3.1 手势处理基础

手势（gesture）是指从你用一个或多个手指开始触摸屏幕，直到你的手指离开屏幕为止所发生的全部事件。无论你触摸多长时间，只要仍在屏幕上，你仍然处于某个手势中。触摸（touch）是指手指放到屏幕上。手势中的触摸数量等于同时位于屏幕上的手指数量（一般情况下，两三个手指就够用）。轻击是指用一个手指触摸屏幕，然后立即离开屏幕（不是来回移动）。系统跟踪轻击的数量，从而获得用户轻击的次数。在调整图片大小时，可以进行放大或缩小（将手指合拢或张开来进行放大和缩小）。

在Cocoa中，代表触摸对象的类是UITouch。当用户触摸屏幕，产生相应的事件。在处理触摸事件时，还需要关注触摸产生时所在的窗口和视图。UITouch类中包含有LocationInView、previousLocationInView等方法。

- LocationInView：返回一个CGPoint类型的值，表示触摸（手指）在视图上的位置。
- previousLocationInView：和上面方法一样，但除了当前坐标，还能记录前一个坐标值。
- CGRect：一个结构，它包含了一个矩形的位置（CGPoint）和尺寸（CGSize）。
- CGPoint：一个结构，它包含了一个点的二维坐标（CGFloatX，CGFloatY）。
- CGSize：包含长和宽（width、height）。
- CGFloat：所有浮点值的基本类型。

1. 手势识别器类

一个手势识别器是UIGestureRecognizer的子类。UIView针对手势识别器有addGestureRecognizer与removeGestureRecognizer方法和一个gestureRecognizers属性。

UIGestureRecognizer不是一个响应器（UIResponder），因此它不参与响应链。当一个新触摸发送给一个视图时，它同样被发送到视图的手势识别器和超视图的手势识别器，直到被传送视图层次结构中的根视图。UITouch的gestureRecognizers列出了当前负责处理该触摸的手势识别器。UIEvent的touchesForGestureRecognizer列出了当前被特定的手势识别器处理的所有触摸。当触摸事件发生了，其中一个手势识别器确认了这是它自己的手势时，会发出一条（如用户轻击视图）或多条消息（如用户拖动视图），这里的区别是：一个离散，还是连续的手势。手势识别器发送什么消息，对什么对象发送，这是通过手势识别器上的一个"目标——操作"调度表来设置的。一个手势识别器在这一点上非常类似一个UIControl（不同的是：一个控制可能报告几种不同的控制事件，然而每个手势识别器只报告一种手势类型，不同手势由不同的手势识别器报告）。

UIGestureRecognizer是一个抽象类，定义了所有手势的基本行为，它有如下6个子类处理具体的手势。

（1）UITapGestureRecognizer：任意手势指任意次数的单击。
- numberOfTapsRequired：单击次数。
- numberOfTouchesRequired：手指个数。

（2）UIPinchGestureRecognizer：两个手指捏合动作。
- scale：手指捏合，大于1表示两个手指之间的距离变大，小于1表示两个手指之间的距离变小。
- velocity：手指捏合动作时的速率（加速度）。

（3）UIPanGestureRecognizer：摇动或拖曳。
- minimumNumberOfTouches：最少手指个数。
- maximumNumberOfTouches：最多手指个数。

（4）UISwipeGestureRecognizer：手指在屏幕上滑动操作手势。
- numberOfTouchesRequired：滑动手指的个数
- direction：手指滑动的方向，取值有Up、Down、Left和Right。

（5）UIRotationGestureRecognizer：手指在屏幕上旋转操作。
- rotation：旋转方向，小于0为逆时针旋转手势，大于0为顺时针手势。
- velocity：旋转速率。

（6）UILongPressGestureRecognizer：长按手势。
- numberOfTapsRequired：需要长按时的单击次数。
- numberOfTouchesRequired：需要长按的手指的个数。
- minimumPressDuration：需要长按的时间，最小为0.5s。
- allowableMovement：手指按住允许移动的距离。

2．多手势识别器

当多手势识别器参与时，如果一个视图被触摸，那么，不仅仅是它自身的手势识别器参与进来，同时，任何在视图层次结构中，更高位置的视图的手势识别器也将参与进来。可以把一个视图想象成被一群手势识别器围绕（它自带的以及它的超视图的等）。在现实中，一个触摸的确有一群手势识别器。那就是为什么UITouch有一个gestureRecognizers属性，该属性名以复数形式表达。

一旦一个手势识别器成功识别它的手势，任何其他的关联该触摸的手势识别器被强制设置为Failed状态。识别这个手势的第一个手势识别器从那时起便拥有了手势和那些触摸，系统通过这个方式来消除冲突。如果将UITapGestureRecognizer添加给一个双击手势，这将发生什么？双击不能阻止单击发生。所以对于双击来说，单击动作和双击动作都被调用，这不是我们所希望的，我们没必要使用前面所讲的延时操作。可以构建一个手势识别器与另一个手势识别器的依赖关系，告诉第一个手势识别器暂停判断，一直到第二个已经确定这是否是它的手势。这通过向第一个手势识别器发送requireGesture RecognizerToFail消息来实现。该消息不是"强迫该识别器识别失败"，它表示"在第二个识别器失败之前你不能成功"。

3．给手势识别器添加子类

为了创建一个手势识别器的子类，需要做如下所示的两个工作。

（1）在实现文件的开始，导入UIKiU UIGestureRecognizerSubclass.h>。该文件包含一个UIGesture Recognizer的category，能够设置手势识别器的状态。这个文件还包含可能需要重载的方法的声明。

（2）重载触摸方法（就好像手势识别器是一个UIResponder）。调用super来执行父类的方法，从而手势识别器设置它的状态。

例如给UIPanGestureRecognizer创建一个子类，从而水平或垂直移动一个视图。创建两个UIPanGestureRecognizer的子类：一个只允许水平移动，并且另两个只允许垂直移动。它们是互斥的。下面只列出水平方向拖动的手势识别器的代码（垂直识别器的代码类似）。我们只维护一个实例变量，该实例变量用来记录用户的初始移动是否是水平的。我们可以重载touchesBegan:withEvent来设置实例变量为第一个触摸的位置，然后重载touchesMoved:withEvent方法。

4. 手势识别器委托

一个手势识别器可以有一个委托，该委托可以执行以下两种任务。

（1）阻止一个手势识别器的操作

在手势识别器发出Possible状态之前，gestureRecognizerShouldBegin被发送给委托，返回NO来强制手势识别器转变为Failed状态。在一个触摸被发送给手势识别器的touchesBegan方法之前，gestureRecognizer:shouldReceiveTouch被发送给委托，返回NO来阻止该触摸被发送给手势识别器。

（2）调解同时手势识别

当一个手势识别器正要宣告它识别出了它的手势时，如果宣告将强制另一个手势识别器失败，那么，系统发送gestureRecognizer:shouldRecognizeSimultaneouslyWithGestureRecognizer给手势识别器的委托，并且也发送给被强制设为失败的手势识别器的委托。返回YES就可以阻止失败，从而允许两个手势识别器同时操作。例如，一个视图能够同时响应两手指的按压以及两手指拖动，另一个是放大或者缩小，另一个是改变视图的中心（从而拖动视图）。

5. 手势识别器和视图

当一个触摸首次出现并且被发送给手势识别器，它同样被发送给它的命中测试视图，触摸方法同时被调用。如果一个视图的所有手势识别器不能识别出它们的手势，那么，视图的触摸处理就继续。然而，如果手势识别器识别出它的手势，视图就接到touchesCancelled:withEvent消息，视图也不再接收后续的触摸。如果一个手势识别器不处理一个触摸（如使用ignoreTouch:forEvent:方法），那么，当手势识别器识别出了它的手势后，touchesCancelled:withEvent也不会发送给它的视图。

在默认情况下，手势识别器推迟发送一个触摸给视图。UIGestureRecognizer的delaysTouchesEnded属性的默认值为YES，这就意味着：当一个触摸到达UITouchPhaseEnded，并且该手势识别器的touchesEnded:withEvent被调用时，如果触摸的状态还是Possible（即手势识别器允许触摸发送给视图），那么，手势识别器不立即发送触摸给视图，而是等到它识别了手势之后。如果它识别了该手势，视图就接到touchesCancelled:withEvent；如果它不能识别，则调用视图的touchesEnded:withEvent方法。举一个双击的例子。当第一个轻击结束后，手势识别器无法声明失败或成功，因此它必须推迟发送该触摸给视图（手势识别器获得更高优先权来处理触摸）。如果有第二个轻击，手势识别器应该成功识别双击手势并且发送touchesCancelled:withEvent给视图（如果视图已经被发送touchesEnded:withEvent消息，则系统就不能发送touchesCancelled:withEvent给视图）。

当触摸延迟了一会然后被交付给视图，交付的是原始事件和初始时间戳。由于延时，这个时间戳也许和现在的时间不同了。苹果建议开发者使用初始时间戳，而不是当前时钟的时间。

6. 识别

如果多个手势识别器来识别（Recognition）一个触摸，那么，谁获得这个触摸呢？这里有一个挑选的算法：一个处在视图层次结构中的偏底层的手势识别器（更靠近命中测试视图）比较高层的手势识别器先获得，并且一个新加到视图上的手势识别器比老的手势识别器更优先。

也可以修改上面的挑选算法。通过手势识别器的requireGestureRecognizerToFail方法，指定：只有当其他手势识别器失败了，该手势识别器才被允许识别触摸。另外，让gestureRecognizer ShouldBegin委托方法返回NO，从而将成功识别变为失败识别。

还有一些其他途径。例如，允许同时识别（一个手势识别器成功了，但有些手势识别器并没有被强制变为失败）。canPreventGestureRecognizer或canBePreventedByGestureRecognizer方法就可以实现类似功能。委托方法gestureRecognizer:shouldRecognizeSimultaneouslyWithGestureRecognizer返回YES来允许手势识别器在不强迫其他识别器失败的情况下还能成功。

7. 添加手势识别器

要想在视图中添加手势识别器，可以采用如下两种方式之一。

- 使用代码。
- 使用Interface Builder编辑器以可视化方式添加。

虽然使用编辑器添加手势识别器更容易，但仍需了解幕后发生的情况。例如下面的代码实现了轻按手势识别器功能：

```
UITapGestureRecognizer *tapRecognizer;
tapRecognizer=[[UITapGestureRecognizer alloc]
initWithTarget:self
action:@selector(foundTap:)];
tapRecognizer.numberOfTapsRequired=1;
tapRecognizer.numberOfTouchesRequired=1;
[self.tapView addGestureRecognizer:tapRecognizer];
```

通过上述代码实现了一个轻按手势识别器，能够监控使用一个手指在视图tapView中轻按的操作，如果检查到这样的手势，则调用方法 foundTap。

第1行声明了一个 UITapGestureRecognizer对象——tapRecognizer。在第2行给tapRecognizer分配了内存，并使用initWithTarget:action进行了初始化处理。其中参数action用于指定轻按手势发生时将调用的方法。这里使用@selector(foundTap:)告诉识别器，我们要使用方法fountTap来处理轻按手势。指定的目标（self）是foundTap所属的对象，这里是实现上述代码的对象，它可能是视图控制器。

第5～6行设置了如下两个轻按手势识别器的两个属性。
- NumberOfTapsRequired：需要轻按对象多少次才能识别出轻按手势。
- NumberOfTouchesRequired：需要有多少个手指在屏幕上才能识别出轻按手势。

最后，第7行使用UIView的方法addGestureRecognizer将tapRecognizer加入到视图tapView中。执行上述代码后，该识别器就处于活动状态，可以使用了。因此在视图控制器的方法viewDidLoad中实现该识别器是不错的选择。

响应轻按事件的方法很简单，只需实现方法foundTap即可。这个方法的存根类似于下面的代码：

```
- (void)faundTap: (UITapGestureRecognizer *)recognizer{
}
```

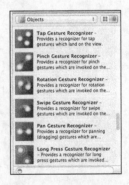

图28-5 可以使用Interface Builder添加手势识别器

我们可以设置在检测到手势后的具体动作，例如可以对手势做出简单的响应，使用提供给方法的参数获取有关手势发生位置的详细信息等。在大多数情况下，这些设置工作几乎都可以在Xcode Interface Builder中完成。从Xcode 4.2起，可以通过单击的方式来添加并配置手势识别器，图28-5中列出了和触摸有关的控件。

28.3.2 实战演练——识别手势并移动屏幕中的方块（Swift版）

实例28-3	识别手势并移动屏幕中的方块
源码路径	光盘:\daima\28\Touches_GestureRecognizers

（1）打开Main.storyboard，为本工程设计一个视图界面，在里面插入3种颜色的方块，如图28-6所示。

（2）文件APLViewController.swift的功能是实现手势识别，获取手势的触摸的位置，通过函数panPiece移动方块到指定的位置。文件APLViewController.swift的主要实现代码如下所示：

```
class APLViewController: UIViewController, UIGestureRecognizerDelegate {
    // 可以移动3个图片
    @IBOutlet private weak var firstPieceView: UIImageView!
    @IBOutlet private weak var secondPieceView: UIImageView!
    @IBOutlet private weak var thirdPieceView: UIImageView!

    private weak var pieceForReset: UIView?
```

```
//MARK: - Utility methods
/**
旋转变换层，移动一个手势识别的尺度
*/
```

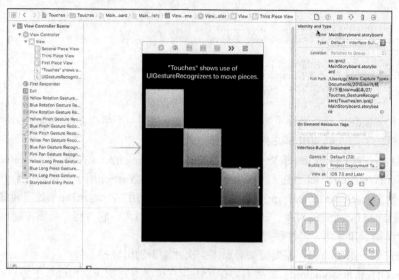

图28-6 Main.storyboard界面

```swift
private func adjustAnchorPointForGestureRecognizer(gestureRecognizer:
UIGestureRecognizer) {
    if gestureRecognizer.state == .Began {
        let piece = gestureRecognizer.view!
        let locationInView = gestureRecognizer.locationInView(piece)
        let locationInSuperview = gestureRecognizer.locationInView(piece.superview)
        piece.layer.anchorPoint = CGPointMake(locationInView.x /
        piece.bounds.size.width, locationInView.y / piece.bounds.size.height)
        piece.center = locationInSuperview
    }
}
/**
显示一个菜单，该菜单有一个项目，允许该区域转换被重置
*/
@IBAction private func showResetMenu(gestureRecognizer: UILongPressGestureRecognizer) {
    if gestureRecognizer.state == .Began {
        self.becomeFirstResponder()
        self.pieceForReset = gestureRecognizer.view
        /*
        设置重置菜单
        */
        let menuItemTitle = NSLocalizedString("Reset", comment: "Reset menu item title")
        let resetMenuItem = UIMenuItem(title: menuItemTitle, action: "resetPiece:")
        
        let menuController = UIMenuController.sharedMenuController()
        menuController.menuItems = [resetMenuItem]
        
        let location = gestureRecognizer.locationInView(gestureRecognizer.view)
        let menuLocation = CGRectMake(location.x, location.y, 0, 0)
        menuController.setTargetRect(menuLocation, inView: gestureRecognizer.view!)
        
        menuController.setMenuVisible(true, animated: true)
    }
}
/**
动画方式返回到默认的锚点
*/
func resetPiece(controller: UIMenuController) {
```

```swift
        let pieceForReset = self.pieceForReset!

        let centerPoint = CGPointMake(CGRectGetMidX(pieceForReset.bounds),
        CGRectGetMidY(pieceForReset.bounds))
        let locationInSuperview = pieceForReset.convertPoint(centerPoint, toView:
        pieceForReset.superview)
        pieceForReset.layer.anchorPoint = CGPointMake(0.5, 0.5)
        pieceForReset.center = locationInSuperview

        UIView.beginAnimations(nil, context: nil)
        pieceForReset.transform = CGAffineTransformIdentity
        UIView.commitAnimations()
    }
    // UIMenuController要求成为第一个响应者,或者不会显示
    override func canBecomeFirstResponder() -> Bool {
        return true
    }
    //MARK: - 开始触摸处理
    /**
    平移方块中心
    */
    @IBAction private func panPiece(gestureRecognizer: UIPanGestureRecognizer) {
        let piece = gestureRecognizer.view!

        self.adjustAnchorPointForGestureRecognizer(gestureRecognizer)

        if gestureRecognizer.state == .Began || gestureRecognizer.state == .Changed
{
            let translation = gestureRecognizer.translationInView(piece.superview!)

            piece.center = CGPointMake(piece.center.x + translation.x, piece.center.y +
            translation.y)
            gestureRecognizer.setTranslation(CGPointZero, inView: piece.superview)
        }
    }


    /**
    旋转方块
    */
    @IBAction private func rotatePiece(gestureRecognizer: UIRotationGestureRecognizer) {
        self.adjustAnchorPointForGestureRecognizer(gestureRecognizer)

        if gestureRecognizer.state == .Began || gestureRecognizer.state == .Changed {
            gestureRecognizer.view!.transform = CGAffineTransformRotate
            (gestureRecognizer.view!.transform, gestureRecognizer.rotation)
            gestureRecognizer.rotation = 0
        }
    }
    /**
    按比例缩放
    */
    @IBAction private func scalePiece(gestureRecognizer: UIPinchGestureRecognizer) {
        self.adjustAnchorPointForGestureRecognizer(gestureRecognizer)

        if gestureRecognizer.state == .Began || gestureRecognizer.state == .Changed {
            gestureRecognizer.view!.transform = CGAffineTransformScale (gesture
            Recognizer.view!.transform, gestureRecognizer.scale, gestureRecognizer.scale)
            gestureRecognizer.scale = 1
        }
    }

    /**
    实现手势识别
    */
    func gestureRecognizer(gestureRecognizer: UIGestureRecognizer, shouldRecognize
SimultaneouslyWithGestureRecognizer otherGestureRecognizer: UIGestureRecognizer) -> Bool {
        if gestureRecognizer.view !== self.firstPieceView && gestureRecognizer.view !==
```

```
        self.secondPieceView && gestureRecognizer.view != self.thirdPieceView {
            return false
        }
        if gestureRecognizer.view !== otherGestureRecognizer {
            return false
        }

        if gestureRecognizer is UILongPressGestureRecognizer || otherGestureRecognizer
        is UILongPressGestureRecognizer {
            return false
        }

        return true
    }
}
```

执行效果如图28-7所示，移动后的效果如图28-8所示。

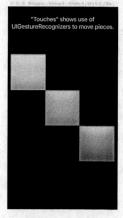
图28-7 执行效果

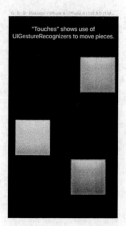
图28-8 移动后的效果

28.3.3 实战演练——实现一个手势识别器（双语实现：Objective-C版）

在本节的演示实例中，将实现5种手势识别器（轻按、轻扫、张合、旋转和摇动）以及这些手势的反馈。每种手势都会更新标签，指出有关该手势的信息。在张合、旋转和摇动的基础上更进一步。当用户执行这些手势时，将缩放、旋转或重置一个图像视图。为了给手势输入提供空间，这个应用程序显示的屏幕中包含4个嵌套的视图（UIView），在故事板场景中，直接给每个嵌套视图指定了一个手势识别器。当在视图中执行操作时，将调用视图控制器中相应的方法，在标签中显示有关手势的信息；另外，根据执行的手势，还可能更新屏幕上的一个图像视图（UIImageView）。

实例28-4	实现一个手势识别器
源码路径	光盘:\daima\28\shoushi-obj

1．创建项目

启动Xcode，使用模板Single View Application创建一个名为shoushi的应用程序。

本项目需要很多输出口和操作，并且还需要通过Interface Builder直接在对象之间建立连接。

（1）添加图像资源

这个应用程序的界面包含一幅可旋转或缩放的图像，这旨在根据用户的手势提供视觉反馈。在本章的项目文件夹中，子文件夹Images包含一幅名为flower.png的图像。将文件夹Images拖放到项目的代码编组中，必要时选择复制资源并创建编组。

（2）规划变量和连接

对于要检测的每个触摸手势，都需要提供让其能够得以发生的视图。通常，可以使用主视图，但出于演示目的，我们将在主视图中添加4个UIView，每个UIView都与一个手势识别器相关联。令人惊讶的是，这些UIView都不需要输出口，因为在Interface Builder编辑器中直接将它们连接到手势识别器。

但需要两个输出口/属性：outputLabel和imageView，它们分别连接到一个UILabel和一个UIImageView。其中标签用于向用户提供文本反馈，而图像视图在用户执行张合和旋转手势时提供视觉反馈。

在这4个视图中检测到手势时，应用程序需要调用一个操作方法，以便与标签和图像交互。我们把手势识别器UI连接到方法foundTap、foundSwipe、foundPinch和foundRotantion。

（3）添加表示默认图像大小的常量

当手势识别器对UI中的图像视图调整大小或旋转时，我们希望能够恢复到默认大小和位置。为此，需要在代码中记录默认大小和位置。可以选择将UIImageView的大小和位置存储在4个常量中，而这些常量的值是这样确定的：将图像视图放到所需的位置，然后从Interface Builder Size Inspector读取其框架值。

对于iPhone版本，可以在文件ViewController.m的代码行#import后面输入如下代码：

```
#define kOriginWidth 125.0
#define kOriginHeight 115.0
#define kOriginX 100.0
#define kOriginY 330.0
```

如果创建的是iPad应用程序，应该按照下面的代码定义这些常量：

```
#define kOriginWidth 265.0
#define kOriginHeight 250.0
#define kOriginX 250.0
#define kOriginY 750.0
```

使用这些常量可以快速记录UIImageView的位置和大小，但这并非唯一的解决方案。其可以在应用程序启动时读取并存储图像视图的frame属性，并在以后恢复它们。但是我们的目的是帮助我们理解工作原理，而不是考虑解决方案是否巧妙。

2．设计界面

打开文件MainStoryboard.storyboard，首先拖曳4个UIView实例到主视图中。将第一个视图调整为小型矩形，并位于屏幕的左上角，它将捕获轻按手势；将第二个视图放在第一个视图右边，它用于检测轻扫手势；将其他两个视图放在前两个视图下方，且与这两个视图等宽，它们分别用于检测张合手势和旋转手势。使用Attributes Inspector（Option+ Command+4）将每个视图的背景设置为不同的颜色。

然后在每个视图中添加一个标签，这些标签的文本应分别为Tap我、Swipe我、Pinch我和Rotate我。然后再拖放一个UILabel实例到主视图中，让其位于屏幕顶端并居中，使用Attributes Inspector将其设置为居中对齐。这个标签将用于向用户提供反馈，请将其默认文本设置为"动起来"。最后，在屏幕底部中央添加一个UIImageView。使用Attributes Inspector (Option+Command+4) 和 Size Inspector (Option+Command+5)将图像设置为flower.png，并按如下大小和位置设置：X为100.0、Y为330.0、W为125.0、H为115.0（对于iPhone应用程序）或X为250.0、Y为750.0、W为265.0、H为250.0（对于iPad应用程序），如图28-9所示。这些值与前面定义的常量值一致。

3．给视图添加手势识别器

（1）轻按手势识别器

首先在项目中添加一个UITapGestureRecognizer实例，在对象库中找到轻按手势识别器，将其拖放到包含标签Tap Me!的UIView实例中，如图28-10所示。无论将其放在哪里识别器将作为一个对象出现在文档大纲底部。

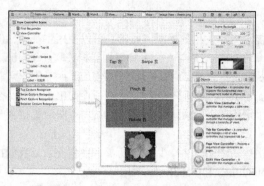
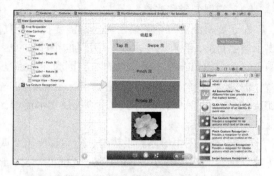

图28-9 UIImageView的大小和位置设置　　　　图28-10 将识别器拖放到将使用它的视图上

把轻按手势识别器拖放到视图中,这样就创建了一个手势识别器对象,并将其关联到了该视图。接下来需要配置该识别器,让其知道要检测哪种手势。轻按手势识别器有如下两个属性。

❑ Taps：需要轻按对象多少次才能识别出轻按手势。
❑ Touches：需要有多少个手指在屏幕上才能识别出轻按手势。

在本实例中,将轻按手势定义为用一个手指轻按屏幕一次,因此指定一次轻按和一个触点。选择轻按手势识别器,再打开Attributes Inspector(Option+ Command+4),如图28-11所示。

将文本框Taps和Touches都设置为1,这样就在项目中添加了第一个手势识别器,并对其进行了配置。

（2）轻扫手势识别器

实现轻扫手势识别器的方式几乎与轻按手势识别器完全相同。但是不是指定轻按次数,而是指定轻扫的方向（上、下、左、右）,还需指定多少个手指触摸屏幕（触点数）时才能视为轻扫手势。同样,在对象库中找到轻扫手势识别器（UISwipeGestureRecognizer）,并将其拖放到包含标签"Swipe 我"的视图上。接下来,选择该识别器,并打开Attributes Inspector以便配置它,如图28-12所示。这里对轻松手势识别器进行配置,使其监控用一个手指向右轻扫的手势。

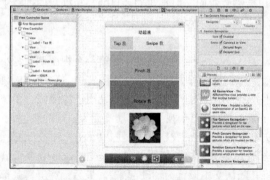
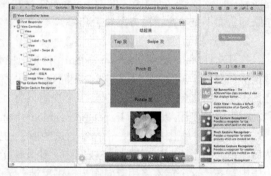

图28-11 使用Attributes Inspector配置手势识别器　　　　图28-12 配置轻扫方向和触点数

（3）张合手势识别器

在对象库中找到张合手势识别器（UIPinGestureRecognizer）,并将其拖放到包含标签"Pinch我"的视图上。

（4）旋转手势识别器

旋转手势指的是两个手指沿圆圈移动。与张合手势识别器一样,旋转手势识别器也无需做任何配置,只需诠释结果——旋转的角度（单位为弧度）和速度。在对象库中找到旋转手势识别器（UIRotation GestureRecognizer）,并将其拖放到包含标签"Rotate我"的视图上,这样就在故事板中添加了最后一个对象。

4. 创建并连接输出口和操作

为了在主视图控制器中响应手势并访问反馈对象,需要创建前面确定的输出口和操作。需要的输出口如下所示。
- 图像视图（UIImageView）：imageView。
- 提供反馈的标签（UILabel）：outputLabel。

需要的操作如下所示。
- 响应轻按手势：foundTap。
- 响应轻扫手势：foundSwipe。
- 响应张合手势：foundPinch。
- 响应旋转手势：foundRotation。

为了建立连接，准备好工作区，打开文件MainStoryboard.storyboard并切换到助手编辑器模式。由于将从场景中的手势识别器开始拖曳，请确保要么文档大纲可见（Editor>Show Document Outline），要么能够在视图下方的对象栏中区分不同的识别器。

（1）添加输出口

按住Control键，并从标签Do Something!拖曳到文件ViewController.h中代码行@interface下方。在Xcode提示时，创建一个名为outputLabel的输出口，如图28-13所示。对图像视图重复上述操作，并将输出口命名为imageView。

（2）添加操作

在此只需按住Control键，从文档大纲中的手势识别器拖曳到文件ViewController.h，并拖曳到前面定义的属性下方。在Xcode提示时，将连接类型指定为操作，并将名称指定为foundTap，如图28-14所示。

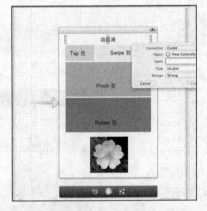
图28-13 将标签和图像视图连接到输出口

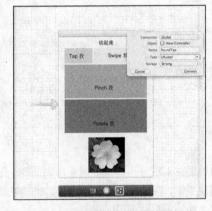
图28-14 将手势识别器连接到操作

对于其他每个手势识别器重复上述操作，将轻扫手势识别器连接到foundSwipe，将张合手势识别器连接到foundPinch，将旋转手势识别器连接到foundRotation。为了检查建立的连接，选择识别器之一（这里是轻按手势识别器），并查看Connections Inspector（Option+Command+6），将看到Sent Actions部分指定了操作，而Referencing Outlet Collection部分引用了使用识别器的视图。

5. 实现应用程序逻辑

下面实现手势识别器逻辑，首先实现轻按手势识别器。实现一个识别器后将发现其他识别器的实现方式类似，唯一不同的是摇动手势，这就是将它留在最后的原因。切换到标准编辑器模式，并打开视图控制器实现文件ViewController.m。

（1）响应轻按手势识别器

要响应轻按手势识别器，只需实现方法foundTap。修改这个方法的存根，使其实现代码如下所示：

```
- (IBAction)foundTap:(id)sender {
    self.outputLabel.text=@"Tapped";
}
```

这个方法不需要处理输入，除指出自己被执行外，其他什么也不需要做。将标签outPutLabel的属性text设置为Tapped就足够了。

（2）响应轻扫手势识别器

要想响应轻扫手势识别器，方式与响应轻按手势识别器相同：更新输出标签，指出检测到了轻扫手势。为此按如下代码实现方法foundSwipe：

```
- (IBAction)foundSwipe:(id)sender {
    self.outputLabel.text=@"Swiped";
}
```

（3）响应张合手势识别器

轻按和轻扫都是简单手势，它们只存在发不发生的问题。而张合手势和旋转手势更加复杂一些，它们返回更多的值，让您能够更好地控制用户界面。例如，张合手势包含属性velocity（张合手势发生的速度）和scale（与手指间距离变化呈正比的小数）。例如，如果手指间距离缩小了50%，则缩放比例（scale）将为0.5。如果手指间距离为原来的两倍，则缩放比例为2。

接下来使用方法foundPinch重置UIImageView的旋转角度（以免受旋转手势带来的影响），使用张合手势识别器返回的缩放比例和速度值创建一个反馈字符串，并缩放图像视图，以便立即向用户提供可视化反馈。方法foundPinch的实现代码如下所示：

```
- (IBAction)foundPinch:(id)sender {
    UIPinchGestureRecognizer *recognizer;
    NSString *feedback;
    double scale;

    recognizer=(UIPinchGestureRecognizer *)sender;
    scale=recognizer.scale;
    self.imageView.transform = CGAffineTransformMakeRotation(0.0);
    feedback=[[NSString alloc]
             initWithFormat:@"Pinched, Scale:%1.2f, Velocity:%1.2f",
             recognizer.scale,recognizer.velocity];
    self.outputLabel.text=feedback;
    self.imageView.frame=CGRectMake(kOriginX,
                                    kOriginY,
                                    kOriginWidth*scale,
                                    kOriginHeight*scale);
}
```

如果现在生成并运行该应用程序，能够在pinchView视图中使用张合手势缩放图像，甚至可以将图像放大到超越屏幕边界），如图28-15所示。

（4）响应旋转手势识别器

与张合手势一样，旋转手势也返回一些有用的信息，其中最著名的是速度和旋转角度，可以使用它们来调整屏幕对象的视觉效果。返回的旋转角度是一个弧度值，表示用户沿着顺时针或逆时针方向旋转了多少弧度。在文件ViewController.m中，foundRotation方法的实现代码如下所示：

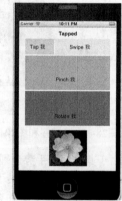

图28-15 使用张合手势缩放图像

```
- (IBAction)foundRotation:(id)sender {
    UIRotationGestureRecognizer *recognizer;
    NSString *feedback;
    double rotation;

    recognizer=(UIRotationGestureRecognizer *)sender;
    rotation=recognizer.rotation;
    feedback=[[NSString alloc]
             initWithFormat:@"Rotated, Radians:%1.2f, Velocity:%1.2f",
             recognizer.rotation,recognizer.velocity];
    self.outputLabel.text=feedback;
    self.imageView.transform = CGAffineTransformMakeRotation(rotation);
}
```

（5）实现摇动识别器

摇动的处理方式与本章介绍的其他手势稍有不同，必须拦截一个类型为UIEventTypeMotion的UIEvent。为此，视图或视图控制器必须是响应者链中的第一响应者，还必须实现方法motionEnded:withEvent。

❑ 成为第一响应者。

要让视图控制器成为第一响应者，必须通过方法canBecomeFirstResponder允许它成为第一响应者，这个方法除了返回YES外什么都不做，然后在视图控制器加载视图时要求它成为第一响应者。首先，在实现文件ViewController.m中添加方法canBecomeFirstResponder，具体代码如下所示：

```
- (BOOL)canBecomeFirstResponder{
    return YES;
}
```

通过上述代码，可以让视图控制器能够成为第一响应者。

接下来需要在视图控制器加载其视图后立即发送消息becomeFirstResponder，让视图控制器成为第一响应者。为此可以修改文件ViewController.m中的方法viewDidAppear，具体代码如下所示：

```
- (void)viewDidAppear:(BOOL)animated
{
    [self becomeFirstResponder];
    [super viewDidAppear:animated];
}
```

至此，视图控制器成为第一响应者并为接收摇动事件做好了准备，我们只需要实现motionEnded:withEvent以捕获并响应摇动手势即可。

❑ 响应摇动手势。

为了响应摇动手势，motionEnded:withEvent方法的实现代码如下所示：

```
- (void)motionEnded:(UIEventSubtype)motion withEvent:(UIEvent *)event {
    if (motion==UIEventSubtypeMotionShake) {
        self.outputLabel.text=@"Shaking things up!";
        self.imageView.transform = CGAffineTransformMake Rotation(0.0);
        self.imageView.frame=CGRectMake(kOriginX,
                                        kOriginY,
                                        kOriginWidth,
                                        kOriginHeight);
    }
}
```

此时就可以运行该应用程序并使用本章实现的所有手势了。尝试使用张合手势缩放图像，摇动设备将图像恢复到原始大小、缩放和旋转图像、轻按和轻扫——一切都按您预期的那样进行，而令人惊讶的是，需要编写的代码很少，执行后的效果如图28-16所示。

28.3.4 实战演练——实现一个手势识别器（双语实现：Swift 版）

实例28-5	实现一个手势识别器
源码路径	光盘:\daima\28\shoushi-swift

图28-16 执行效果

本实例的功能和上一个实例28-4完全相同，只是用Swift语言实现而已（程序见光盘）。

28.4 全新感应功能——Force Touch（3D Touch）技术

知识点讲解光盘:视频\知识点\第28章\Force Touch技术.mp4

Force Touch是Apple用于Apple Watch、全新MacBook及全新MacBook Pro的一项触摸传感技术。通过Force Touch，设备可以感知轻压以及重压的力度，并调出不同的对应功能。Apple公司声称，Force Touch 是研发Multi-Touch以来，最重要的全新感应功能。本节将详细讲解Force Touch技术的基本知识。

28.4.1 Force Touch 介绍

通过使用Force Touch，设备可以感知用户点击的力度，根据力度的不同调出相应的功能。这一技术的推出，让Apple Watch如此小的操作空间也能够实现更多的互动。比如说，一个轻触的作用可能和平时的简单点击一样，而当你在浏览Safari时，一个加重力度的点击可能会为你弹出一个显示Wikipedia（维基）入口的窗口。

MacBook和全新MacBook Pro通过全面改造触控板的工作方式得到了现在的Force Touch触控板，Apple抛弃了传统的"跳板（diving board）"结构设计，取而代之的则是拥有4个传感器的Force Sensors。这些Force Sensors让用户可以在Force Touch触控板的任意地方点击，且操作效果毫无差异。以往触控板的"跳板"设计，用户很难在触控板的顶部即靠近键盘的地方操作，只能转移到底部。而现在拥有全新设计的触控板，让触感更轻松便捷。

除了以上所说的Force Touch技术，还有一个亮点就是Tapic Engine。Tapic Engine可以更精细地感知用户的触摸动作，并会根据触摸的力度给出相应的振动反馈，让用户知道自己的行为是成功的。正如TechCrunch的Matthew Panzarino所说的，这种感觉就好像Force Touch触控板自己在点击，其实它本身并没有移动。而Force Sensors和Tapic Engine的绑定也算是Apple Watch中的主要新功能。

Force Touch已经应用到了全新13英寸的MacBook上，著名的拆解网站iFixit已经对新MacBook Pro进行了拆解，可以更加清晰观察Force Touch触控板是如何运作的。

进一步挖掘触摸板后，iFixit发现金属支架中似乎安装了变形测量器，这个测量器让触控板可以感觉到施加在触控板表面的力的大小。

相比上一代，新的MacBook的内部基本没什么变化，只是对逻辑板组件进行了一些小的布局调整。当iFixit观察到Force Touch触控板为与之相关的硬件提供一个感知时，软件在整个用户体验中也扮演着重要角色。全新互动方式Force Click，在不同应用中不同水平的点击可以执行不同的功能。

MacRumors论坛成员TylerWatt12指出，QuickTime用户通过逐步增加力度获得了大概10个额外的单击水平。其实这种操作还是有一点复杂的，用户很难习惯，可能需要花点时间去摸索Force Touch的敏感性，继而通过设置找到最适合自己的操作方式。另一面来看，这也是个喜闻乐见的新功能，由于Force Touch这种新输入功能，OS X会变得更智能。

虽然Force Touch目前仅限于新出的MacBook、13英寸的MacBook Pro以及Apple Watch，不过可能会被应于在下一代iPhone 6s和iPhone 6s Plus中。很显然，Force Touch将来必定会在Apple以外的设备中使用，最终成为触摸屏技术的未来。

28.4.2 Force Touch APIs 介绍

在全新的Force Touch中，提供了如下所示的API类型。

- Pressure sensitivity（压力感应）：例如通过对压力的感应，在绘图过程中使线条变粗或改变画刷的风格。
- Accelerators（加速器）：通过感应对触控板的压力敏感性为用户更多的控制。例如，可以加快随着压力的增加来快进播放多媒体。
- Drag and drop（拖曳）：可以感应用户手势的拖曳过程，根据拖曳距离执行对应的操作。
- Force click（单击力度）：应用程序可以感应对按钮、控制区域，或在屏幕上进行的点击操作，根据点击的压力力度分别提供对应的功能，这样能够提供极强的用户体验。

有关更多Force Touch APIs的基本语法，读者可以参考苹果公司的开发中心：https://developer.apple.com/osx/force-touch/，如图28-17所示。

28.4 全新感应功能——Force Touch（3D Touch）技术

图28-17 官方Force Touch

28.4.3 实战演练——使用 Force Touch

实例28-6	使用CoreMotion和Tap Gestures演示Force Touch
源码路径	光盘:\daima\28\HGForceTouchView

（1）实例文件ViewController.m的功能是，在屏幕中设置UILabel对象label，通过label文本显示对Force Touch的使用。主要实现代码如下所示：

```
#import "ViewController.h"
@interface ViewController ()
@end
@implementation ViewController
- (void)viewDidLoad {
    [super viewDidLoad];
    [self.forceTouchView setForceTouchDelegate:self];
}
- (void)viewDidForceTouched:(HGForceTouchView*)forceTouchView {
    for (UIView *views in self.forceTouchView.subviews) {
        [views removeFromSuperview];
    }
    UILabel *label = [[UILabel alloc] initWithFrame:CGRectMake(0, 0, self.view.
    frame.size.width, 44)];
    [label setText:@"FORCE TOUCHED!"];
    [label setTextAlignment:NSTextAlignmentCenter];
    [label setCenter:CGPointMake(self.view.frame.size.width/2, self.view.frame.size.height/2)];
    [self.forceTouchView addSubview:label];
    [self performSelector:@selector(removeFrom) withObject:nil afterDelay:1];
}
- (void)removeFrom {
    for (UIView *views in self.forceTouchView.subviews) {
        [views removeFromSuperview];
    }
}
- (void)didReceiveMemoryWarning {
    [super didReceiveMemoryWarning];
}
@end
```

（2）文件ForceTouchSurface.m的功能是，在函数start中通过motionManager监听对屏幕的触摸位置坐标，通过函数outputAccelertionData输出加速度的数据，通过函数touchesBegan实现触摸开始时的操作事件，通过函数touchesEnded实现触摸结束时的操作事件。主要实现代码如下所示：

```
- (void)start {
    self.motionManager = [[CMMotionManager alloc] init];
    self.motionManager.accelerometerUpdateInterval = .1;
    self.lastX = 0;
```

```objc
        self.lastY = 0;
        self.lastZ = 0;
        self.timePressing = 0;
        countPressing = FALSE;
        [self.motionManager startAccelerometerUpdatesToQueue:[NSOperationQueue currentQ-
ueue] withHandler:^(CMAccelerometerData *accelerometerData, NSError *error) { [self
outputAccelertionData:accelerometerData.acceleration];
                                                    if(error){
                                                        
                                                        NSLog(@"%@", error);
                                                    }
                                                }];
}

-(void)outputAccelertionData:(CMAcceleration)acceleration
{
    if (self.lastX == 0.00 && self.lastY == 0.00 && self.lastZ == 0.00) {
        self.lastX = acceleration.x;
        self.lastY = acceleration.y;
        self.lastZ = acceleration.z;
    }
    
    if (countPressing) {
        countPressing = FALSE;
        
        if (((-self.lastZ) + acceleration.z) >= 0.05 || ((-self.lastZ) + acceleration.z) <=
        -0.05) {
            AudioServicesPlayAlertSound(kSystemSoundID_Vibrate);
            [self.forceTouchDelegate viewDidForceTouched:self];
        }
    }
    
    self.lastX = acceleration.x;
    self.lastY = acceleration.y;
    self.lastZ = acceleration.z;
    
}

#pragma mark - HGScrollViewSlide delegate callers
- (void)countTime {
    countPressing = TRUE;
    self.timePressing += 0.01;
}

- (void)touchesBegan:(NSSet *)touches withEvent:(UIEvent *)event {
    mainTimer = [NSTimer scheduledTimerWithTimeInterval:0.01 target:self selector:@
selector(countTime) userInfo:nil repeats:TRUE];
    [mainTimer fire];
    
}

- (void)touchesEnded:(NSSet *)touches withEvent:(UIEvent *)event {
    self.timePressing = 0.00f;
    [mainTimer invalidate];
    countPressing = FALSE;
}

- (void)touchesCancelled:(NSSet *)touches withEvent:(UIEvent *)event {
    self.timePressing = 0.00f;
    [mainTimer invalidate];
    countPressing = FALSE;
}
@end
```

建议本项目在真机中测试运行结果，执行效果如图28-18所示。当在模拟器中测试本项目时，需要设置模拟器下"Touch Pressure"选项，如图28-19所示。

28.4 全新感应功能——Force Touch（3D Touch）技术

图28-18 在模拟器中的执行效果

图28-19 "Touch Pressure"选项

28.4.4 实战演练——启动 Force Touch 触控面板

实例28-7	启动Force Touch触控面板
源码路径	光盘:\daima\28\Finger-Massage

（1）打开Xcode 9，在故事板中插入一个菜单，在菜单中包含两个子菜单：About Massage和Quit Finger，并且在屏幕中间设置两个纵向滑块，如图28-20所示。

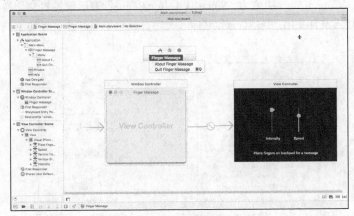
图28-20 故事板界面

（2）文件MassageWindow.m的功能是设置标题栏透明显示：

```
#import "MassageWindow.h"
@implementation MassageWindow
- (void)awakeFromNib {
    self.titlebarAppearsTransparent = YES;
    self.appearance = [NSAppearance appearanceNamed:NSAppear-
anceNameVibrantDark];
}
@end
```

（3）视图控制器文件ViewController.m的功能是启动苹果的Force Touch触控板，手指按摩的方式调用核心图形移动触控板，并通过Force Touch设置振动强度和振动速度（程序见光盘）。

执行效果如图28-21所示。

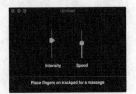
图28-21 执行效果

28.4.5 实战演练——为应用程序添加 3D Touch 手势（Swift 版）

实例28-8	为应用程序添加3D Touch手势
源码路径	光盘:\daima\28\ModalEditor

本实例的功能是为一个现有的iOS 11程序添加3D Touch手势,具体流程如下所示。

(1)使用Xcode 9打开光盘中名为"ModalEditor"的工程,目录结构和故事板界面如图28-22所示。

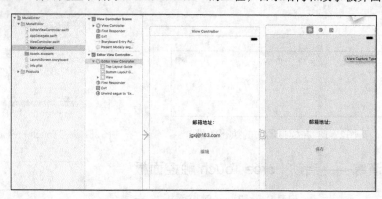

图28-22 "ModalEditor"工程

(2)在故事板界面选中主视图,然后来到对应的属性面板界面,在此勾选"Peek&Pop"选项激活3D Touch预览和打开手势功能,然后设置"Preview"选项值为"Same as Commit Segue"表示设置预览切换。设置"Commit"选项值为"Same as Action Segue"表示设置提交切换。如图28-23所示。

(3)现在虽然代码没有变化,但是程序已经支持3D Touch预览和打开手势功能。执行效果如图28-24所示。

图28-23 激活3D Touch功能

图28-24 执行效果

第 29 章 和硬件之间的操作

对于智能手机用户来说，已经习惯了通过手机摆动来控制手机游戏，手机可以根据其设备的朝向自动显示屏幕的信息，通过和硬件之间的交互来实现我们需要的功能。本章将详细讲解iOS和硬件结合的基本知识，为读者步入本书后面知识的学习打下基础。

29.1 加速计和陀螺仪

知识点讲解光盘:视频\知识点\第29章\加速计和陀螺仪.mp4

在当前应用中，Nintendo Wii将运动检测作为一种有效的输入技术引入到了主流消费电子设备中，而Apple将这种技术应用到了iPhone、iPod Touch和iPad中，并获得了巨大成功。在Apple设备中装备了加速计，可用于确定设备的朝向、移动和倾斜。通过iPhone加速计，用户只需调整设备的朝向并移动它，便可以控制应用程序。另外，在iOS设备（包括iPhone 4、iPad 2和更新的产品）中，Apple还引入了陀螺仪，这样设备能够检测到不与重力方向相反的旋转。总之，如果用户移动支持陀螺仪的设备，应用程序就能够检测到移动并做出相应的反应。

在iOS中，通过框架Core Motion将这种移动输入机制暴露给第三方应用程序。并且可以使用加速计来检测摇晃手势。本章接下来的内容将详细讲解如何直接从iOS中获取数据，以检测朝向、加速和旋转的知识。在当前所有的iOS设备中，都可以使用加速计检测到运动。新型号的iPhone和iPad新增的陀螺仪都补充了这种功能。为了更好地理解这对应用程序来说意味着什么，下面将简要地介绍一下这些硬件可以提供哪些信息。

> 注意：对本书中的大多数应用程序来说，使用iOS模拟器是完全可行的，但模拟器无法模拟加速计和陀螺仪硬件。因此在本章中，读者可能需要一台用于开发的设备。要在该设备中运行本章的应用程序。

29.1.1 加速计基础

加速计的度量单位为g（gravity）。1g是物体在地球的海平面上受到的下拉力（9.8m/s^2）。生活中人们通常不会注意到1g的重力，但当失足坠落时，1g将带来严重的伤害。如果坐过过山车，那就一定熟悉高于和低于1g的力。在过山车底部，被紧紧按在座椅上的力超过1g，而在过山车顶部，感觉要飘出座椅，这是负重力在起作用。

加速计以相对于自由落体的方式量度加速度。这意味着如果将iOS设备在能够持续自由落体的地方丢下，在下落过程中，其加速计测量到的加速度将为0g。另外，放在桌面上的设备的加速计测量出的加速度为1g，且方向朝上。假如设备静止时受到的地球引力为1g，这是加速计用于确定设备朝向的基础。加速计可以测量3个轴（x、y和z）上的值。

通过感知特定方向的惯性力总量，加速计可以测量出加速度和重力。iPhone内的加速计是一个三轴加速计，这意味着其能够检测到三维空间中的运动或重力引力。因此，加速计不但可以指示握持电话的方式（如自动旋转功能），而且如果电话放在桌子上的话，还可以指示电话的正面朝下还是朝上。加速计可以测量g引力，因此加速计返回值为1.0时，表示在特定方向上感知到1g。如果是静止握持iPhone而没有任何运动，那么地球引力对其施加的力大约为1g。如果是纵向竖直地握持iPhone，那么iPhone会检测并报告其y轴上施加的力大约为1g。如果是以一定角度握持iPhone，那么1g的力会分布到不同的轴上，这取决于握持iPhone的方式。在以45度角握持时，1g的力会均匀地分解到两个轴上。

如果检测到的加速计值远大于1g，即可以判断这是突然运动。正常使用时，加速计在任一轴上都不会检测到远大于1g的值。如果摇动、坠落或投掷iPhone，加速计便会在一个或多个轴上检测到很大的力。iPhone加速计使用的三轴结构是：iPhone长边的左右是x轴（右为正），短边的上下是y轴（上为正），垂直于iPhone的是z轴（正面为正）。需要注意的是，加速计对y坐标轴使用了更标准的惯例，即y轴伸长表示向上的力，这与Quartz 2D的坐标系相反。如果加速计使用Quartz 2D作为控制机制，那么必须要转换y坐标轴。使用OpenGL ES时则不需要转换。

根据设备的放置方式，1g的重力将以不同的方式分布到这3个轴上。如果设备垂直放置，且其一边、屏幕或背面呈水平状态，则整个1g都分布在一条轴上。如果设备倾斜，1g将分布到多条轴上。

1．UIAccelerometer类

加速计（UIAccelerometer）是一个单例模式的类，所以需要通过方法sharedAccelerometer获取其唯一的实例。加速计需要设置如下两点。

（1）设置其代理，用以执行获取加速计信息的方法。

（2）设置加速计获取信息的频率，最高支持每秒100次。

UIAccelerometer能够检测iphone手机在x、y、z轴3个轴上的加速度，要想获得此类需要调用：

```
UIAccelerometer *accelerometer = [UIAccelerometer sharedAccelerometer];
```

同时还需要设置它的delegate：

```
UIAccelerometer *accelerometer = [UIAccelerometer sharedAccelerometer];
accelerometer.delegate = self;
accelerometer.updateInterval = 1.0/60.0;
```

在如下方法中：

- (void) accelerometer:(UIAccelerometer *)accelerometer didAccelerate:(UIAcceleration *)acceleration，UIAcceleration表示加速度类，包含了来自加速计UIAccelerometer的真实数据。它有3个属性的值x、y、z。iPhone的加速计支持最高以每秒100次的频率进行轮询，此时是60次。

加速计最常见的是用作游戏控制器，在游戏中使用加速计控制对象的移动。在简单情况下，可能只需获取一个轴的值，乘上某个数（灵敏度），然后添加到所控制对象的坐标系中。在复杂的游戏中，因为所建立的物理模型更加真实，所以必须根据加速计返回的值调整所控制对象的速度。

2．使用加速计的流程

（1）在使用加速计之前必须开启重力感应计，方法为："01.self.isAccelerometerEnabled = YES; //"设置layer是否支持重力计感应，打开重力感应支持，会得到"accelerometer:didAccelerate"的回调。开启此方法以后设备才会对重力进行检测，并调用"accelerometer:didAccelerate"方法。下面例举了例子：

```
- (void)accelerometer:(UIAccelerometer *)accelerometer didAccelerate:(UIAcceleration *)
acceleration
{
CGPoint sPoint = _player.position;   //获取精灵所在位置
sPoint.x += acceleration.x*10;   //设置坐标变化速度
_player.position =sPoint;   //对精灵的位置进行更新
}
```

使用加速计在模拟器上是看不出效果的，需要使用真机测试。_player.position.x实际上调用的是位置的获取方法(getter method):[_player position]。这个方法会获取当前主角精灵的临时位置信息，上述一行代码实际上是在尝试着改变这个临时CGPoint中成员变量x的值。不过这个临时的CGPoint是要被丢弃的。在这种情况下，精灵位置的设置方法(setter method): [_player setPosition]根本不会被调用。必须直接

赋值给_player.position这个属性，这里使用的值是一个新的CGPoint。在使用Objective-C的时候，必须习惯这个规则，而唯一的办法是改变从Java、C++或C#里带来的编程习惯。上面只是一个简单的说明，下面看一下进一步的功能。

（2）首先在本类的初始化方法init里添加：

```
01.[self scheduleUpdate];   //预定信息
```

（3）然后添加如下方法：

```
- (void)accelerometer:(UIAccelerometer *)accelerometer didAccelerate:(UIAcceleration *)acceleration
{
float deceleration = 0.4f;//控制减速的速率(值越低=可以更快地改变方向)
float sensitivity = 6.0f;//加速计敏感度的值越大，主角精灵对加速计的输入就越敏感
float maxVelocity = 100; //最大速度值
// 基于当前加速计的加速度调整速度
_playerVelocity.x = _playerVelocity.x*deceleration+acceleration.x*sensitivity;
// 我们必须在两个方向上都限制主角精灵的最大速度值
if(_playerVelocity.x > maxVelocity){
_playerVelocity.x = maxVelocity;
}else if(_playerVelocity.x < -maxVelocity){
_playerVelocity.x = -maxVelocity;
}
}
- (void)update:(ccTime)delta
CGPoint pos = _player.position;
pos.x += _playerVelocity.x;
CGSize size = [[CCDirector sharedDirector] winSize];
float imageWidthHalved = [_player texture].contentSizeInPixels.width*0.5;
float leftBorderLimit = imageWidthHalved;
float rightBorderLimit = size.width - imageWidthHalved;
// 如果主角精灵移动到了屏幕以外的话,它应该被停止
if(pos.x<leftBorderLimit){
pos.x = leftBorderLimit;
_playerVelocity = CGPointZero;
}else if(pos.x>rightBorderLimit){
pos.x = rightBorderLimit;
_playerVelocity = CGPointZero;
}
_player.position = pos;    //位置更新
}
```

边界测试可以防止主角精灵离开屏幕。因为精灵的位置在精灵贴图的中央，我们需要将精灵贴图的contentSize考虑进来，但是又不想让贴图的任何一边移动到屏幕外面。所以通过计算得到了imageWidthHalved值，并用它来检查当前的精灵位置是不是落在左右边界里面。上述代码可能有些啰唆，但是这样比以前更容易理解。这就是所有与加速计处理逻辑相关的代码。

在计算imageWidthHalved时，我们将contentSize乘以0.5，而不是用它除以2。这是一个有意的选择，因为除法可以用乘法来代替以得到同样的计算结果。因为上述更新方法在每一帧都会被调用，所以所有代码必须在每一帧的时间里以最快的速度运行。因为iOS设备使用的ARM CPU不支持直接在硬件上做除法，乘法一般会快一些。虽然在我们的例子里效果并不明显，但是养成这个习惯对我们很有好处。

29.1.2 陀螺仪

很多初学者误以为：使用加速计提供的数据好像能够准确地猜测到用户在做什么，其实并非如此。加速计可以测量重力在设备上的分布情况，假设设备正面朝上放在桌子上，将可以使用加速计检测出这种情形，但如果在玩游戏时水平旋转设备，加速计测量到的值不会发生任何变化。

当设备通过一边直立着并旋转时，情况也如此。仅当设备的朝向相对于重力的方向发生变化时，加速计才能检测到；而无论设备处于什么朝向，只要它在旋转，陀螺仪就能检测到。陀螺仪是一个利用高速回转体的动量矩敏感壳体相对惯性空间、绕正交于自转轴的一个或两个轴的角运动检测装置。

另外，利用其他原理制成的角运动检测装置起同样功能的也称陀螺仪。

当我们查询设备的陀螺仪时，它将报告设备绕x、y和z轴的旋转速度，单位为弧度每秒。2弧度相当于一整圈，因此陀螺仪返回的读数2表示设备绕相应的轴每秒转一圈。

29.1.3 实战演练——使用 Motion 传感器（Swift 版）

实例29-1	使用iPhone中的Motion传感器
源码路径	光盘:\daima\29\Swift-Motion

（1）使用Xcode新创建一个名为Swift-Motion的工程，然后打开Main.storyboard，为本工程设计一个视图界面，在里面添加Label控件来展示Motion传感器的各个数值，如图29-1所示。

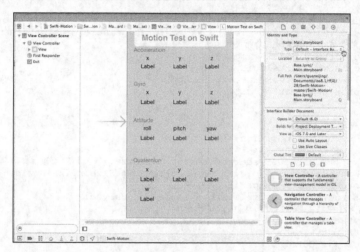

图29-1 Main.storyboard设计界面

（2）编写文件ViewController.swift，调用iOS中的Motion传感器在屏幕中分别显示如下数据。

- accel：x、y和z轴3个方向的加速值。
- gyro：x、y和z轴3个方向的陀螺值。
- attitude：姿态传感器值。
- Quaternion：旋转传感器，在Unity中由x、y、z和w 表示4个值。

文件ViewController.swift的主要实现代码如下所示：

```
override func viewDidLoad() {
    super.viewDidLoad()
    // Initialize MotionManager
    motionManager.deviceMotionUpdateInterval = 0.05 // 20Hz

    // Start motion data acquisition
    motionManager.startDeviceMotionUpdatesToQueue( NSOperationQueue.currentQueue(),
    withHandler:{
        deviceManager, error in
        var accel: CMAcceleration = deviceManager.userAcceleration
        self.acc_x.text = String(format: "%.2f", accel.x)
        self.acc_y.text = String(format: "%.2f", accel.y)
        self.acc_z.text = String(format: "%.2f", accel.z)
        var gyro: CMRotationRate = deviceManager.rotationRate
        self.gyro_x.text = String(format: "%.2f", gyro.x)
        self.gyro_y.text = String(format: "%.2f", gyro.y)
        self.gyro_z.text = String(format: "%.2f", gyro.z)
        var attitude: CMAttitude = deviceManager.attitude
        self.attitude_roll.text = String(format: "%.2f", attitude.roll)
        self.attitude_pitch.text = String(format: "%.2f", attitude.pitch)
```

```
            self.attitude_yaw.text = String(format: "%.2f", attitude.yaw)
            var quaternion: CMQuaternion = attitude.quaternion
            self.attitude_x.text = String(format: "%.2f", quaternion.x)
            self.attitude_y.text = String(format: "%.2f", quaternion.y)
            self.attitude_z.text = String(format: "%.2f", quaternion.z)
            self.attitude_w.text = String(format: "%.2f", quaternion.w)
        })
}
```

执行效果如图29-2所示。

29.1.4 实战演练——检测倾斜和旋转（双语实现：Objective-C 版）

图29-2 执行效果

假设要创建一个这样的赛车游戏，即iPhone左右倾斜表示方向盘，而前后倾斜表示油门和制动，则为了让游戏做出正确的响应，知道玩家将方向盘转了多少以及将油门制动踏板踏下了多少很有用。考虑到陀螺仪提供的测量值，应用程序现在能够知道设备是否在旋转，即使其倾斜角度没有变化。想想在玩家之间进行切换的游戏吧，玩这种游戏时，只需将iPhone或iPad放在桌面上并旋转它即可。

在本实例的应用程序中，用户在左右倾斜或加速旋转设备时，设置将纯色逐渐转换为透明色。将在视图中添加两个开关（UISwitch），用于启用/禁用加速计和陀螺仪。

实例29-2	检测倾斜和旋转
源码路径	光盘:\daima\29\xuan-obj

1．创建项目

启动Xcode，使用模板Single View Application创建一个项目，并将其命名为"xuan"。

（1）添加框架Core Motion

本项目依赖Core Motion来访问加速计和陀螺仪，因此首先必须将框架Core Motion添加到项目中。为此选择项目xuan的顶级编组，并确保编辑器区域显示的是Summary选项卡。

接下来向下滚动到Linked Frameworks and Libraries部分。单击列表下方的"+"按钮，从出现的列表中选择CoreMotion.framework，再单击Add按钮，如图29-3所示。

在将框架Core Motion加入到项目时，它可能不会位于现有项目编组中。出于整洁性考虑，将其拖曳到编组Frameworks中。并非必须这样做，但这让项目更整洁有序。

（2）规划变量和连接

接下来需要确定所需的变量和连接。具体地说，需要为一个改变颜色的UIView创建输出口（colorView），还需为两个UISwitch实例创建输出口（toggleAccelerometer和toggleGyroscope），这两个开关指出了是否要监视加速计和陀螺仪。另外，这些开关还触发操作方法controlHardware，这个方法可以开启/关闭硬件监控。

另外还需要一个指向CMMotionManager对象的实例变量/属性，我们将其命名为motionManager。本实例"变量/属性"不直接关联到故事板中的对象，而是实现逻辑的一部分，我们将在控制器逻辑实现中添加它。

2．设计界面

与本章上一个实例一样，应用程序的界面非常简单，只包含几个开关、标签和一个视图。选择文件MainStoryboard.storyboard打开界面。然后从对象库拖曳两个UISwitch实例到视图右上角，将其中一个放在另一个上方。使用Attributes Inspector（Option+ Command+4）将每个开关的默认设置都设置为Off。然后在视图中添加两个标签（UILabel），将它们分别放在开关的左边，并将其文本分别设置为Accelerometer和Gyroscope。最后拖曳一个UIView实例到视图中，并调整其大小，使其适合开关和标签下方的区域。使用Attributes Inspector将视图的背景改为绿色。最终的UI视图界面如图29-4所示。

 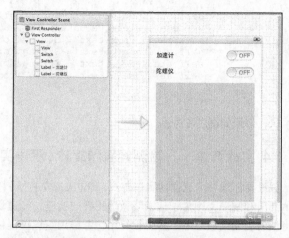

图29-3 将框架Core Motion加入到项目中　　图29-4 创建包含两个开关、两个标签和一个彩色视图的界面

3．创建并连接输出口和操作

在这个项目中，使用的输出口和操作不多，但并非所有的连接都是显而易见的。下面列出要使用的输出口和操作，其中需要的输出口如下所示。

- 将改变颜色的视图（UIView）：colorView。
- 禁用/启用加速计的开关（UISwitch）：toggleAccelerometer。
- 禁用/启用陀螺仪的开关（UISwitch）：toggleGyroscope。

在此需要根据开关的设置开始或停止监视加速计/陀螺仪，并确保选择了文件MainStoryboard.storyboard，再切换到助手编辑器模式。如果有必要，在工作区腾出一些空间。

（1）添加输出口

按Control键，从视图拖曳到文件ViewController.h中代码行@interface下方。在Xcode提示时将输出口命名为colorView，然后对两个开关重复上述过程，将标签Accelerometer旁边的开关连接到toggleAccelerometer，并将标签Gyroscope旁边的开关连接到toggleGyroscope。

（2）添加操作

为了完成连接，需要对这两个开关进行配置，使其Value Changed事件发生时调用方法controlHardware。为此，首先按住Control键，从加速计开关拖曳到文件ViewController.h中最后一个@property行下方。在Xcode提示时，新创建一个名为controlHardware的操作，并将响应的开关事件指定为value Changed。这就处理好了第一个开关，但这里要将两个开关连接到同一个操作。最准确的方式是，选择第二个开关，从Connections Inspector (Option+Command+6)中的输出口Value Changed拖曳到您刚在文件ViewController.h中创建的代码行controlHardwareIBAction。但也可按Control键，并从第二个开关拖曳到代码行controlHardware IBAction，这是因为当建立从开关出发的连接时，Interface Builder编辑器将默认使用事件ValueChanged。

4．实现应用程序逻辑

要让应用程序正常运行，需要处理如下所示的工作。

- 初始化Core Motion运动管理器(CMMotionManager)并对其进行配置。
- 管理事件以启用/禁用加速计和陀螺仪（controlHardware），并在启用这些硬件时注册一个处理程序块。
- 响应加速计/陀螺仪更新，修改背景色和透明度值。
- 放置界面旋转，旋转将干扰反馈显示。

下面来编写实现这些功能的代码。

（1）初始化Core Motion运动管理器

应用程序ColorTilt启动时,需要分配并初始化一个Core Motion运动管理器(CMMotionManager)实例。我们将框架Core Motion加入到了项目中,但代码还不知道它。需要在文件ViewController.h中导入Core Motion接口文件,因为我们将在ViewController类中调用Core Motion方法。为此,在ViewController.h中现有的#import语句下方添加如下代码行:

```
#import.<CoreMotion/CoreMotion.h>
```

接下来需要声明运动管理器。其生命周期将与视图相同,因此需要在视图控制器中将其声明为实例变量和相应的属性。我们将把它命名为colorView。为声明该实例变量/属性,在文件ViewController.h中现有属性声明的下方添加如下代码行:

```
@property (strong, nonatomic) CMMotionManager *motionManager;
```

每个属性都必须有配套的编译指令@synthesize,因此打开文件ViewController.m,并在现有的编译指令@synthesize下方添加如下代码行:

```
@synthesize motionManager;
```

处理运动管理器生命周期的最后一步是,在视图不再存在时妥善地清理它。对所有实例变量(它们通常是自动添加的)都必须进行清理,方法是在视图控制器的方法viewDidUnlooad中,在self setMotionManager:nil中dUnload里添加如下代码行:

```
[self setMOtionManager:nil];
```

接下来初始化运动管理器,并根据要以什么样的频率(单位为秒)从硬件那里获得更新来设置两个属性:accelerometerUpdateInterval和gyroUpdateInterval。我们希望每秒更新100次,即更新间隔为0.01秒。这将在方法viewDidLoad中进行,这样UI显示到屏幕上后将开始监控。

方法viewDidLoad的具体代码如下所示:

```
- (void)viewDidUnload
{
    [self setColorView:nil];
    [self setToggleAccelerometer:nil];
    [self setToggleGyroscope:nil];
    [self setMotionManager:nil];
    [super viewDidUnload];
    // Release any retained subviews of the main view.
    // e.g. self.myOutlet = nil;
}
```

(2)管理加速计和陀螺仪更新

方法controlHardware的实现比较简单,如果加速计开关是开的,则请求CMMotionManager实例motionManager开始监视加速计。每次更新都将由一个处理程序块进行处理,为了简化工作,该处理程序块调用方法doAcceleration。如果这个开关是关的,则停止监视加速计。陀螺仪的实现与此类似,但每次更新时陀螺仪处理程序块都将调用方法doGyroscope。方法controlHardware的具体代码如下所示:

```
- (IBAction)controlHardware:(id)sender {
    if ([self.toggleAccelerometer isOn]) {
        [self.motionManager
            startAccelerometerUpdatesToQueue:[NSOperationQueue currentQueue]
            withHandler:^(CMAccelerometerData *accelData, NSError *error) {
                [self doAcceleration:accelData.acceleration];
        }];
    } else {
        [self.motionManager stopAccelerometerUpdates];
    }

    if ([self.toggleGyroscope isOn] && self.motionManager.gyroAvailable) {
        [self.motionManager
            startGyroUpdatesToQueue:[NSOperationQueue currentQueue]
            withHandler:^(CMGyroData *gyroData, NSError *error) {
```

```
            [self doRotation:gyroData.rotationRate];
        }];
    } else {
        [self.toggleGyroscope setOn:NO animated:YES];
        [self.motionManager stopGyroUpdates];
    }
}
```

（3）响应加速计更新

首先要实现doAccelerometer，因为它更复杂。这个方法需要完成两项任务，首先如果用户急剧移动设备，它将修改colorView的颜色；其次，如果用户绕x轴慢慢倾斜设备，它应让当前背景色逐渐变得不透明。为了在设备倾斜时改变透明度值，这里只考虑x轴。x轴离垂直方向（读数为1.0或–1.0）越近，就将颜色设置得越不透明（alpha值越接近1.0）；x轴的读数越接近0，就将颜色设置得越透明（alpha值越接近0）。将使用C语言函数fabs()获取读数的绝对值，因为在本实例中，不关心设备向左还是向右倾斜。在实现文件ViewController.m中实现这个方法前，先在接口文件ViewController.h中声明它。为此，在操作声明下方添加如下代码行：

```
- (void)doAcceleration: (CMAcceleration) acceleration;
```

并非必须这样做，但让类中的其他方法（具体地说，是需要使用这个方法的controlHardware）知道这个方法存在。如果不这样做，必须在实现文件中确保doAccelerometer在controlHandware前面。方法doAccelerometer的实现代码如下所示：

```
- (void)doAcceleration:(CMAcceleration)acceleration {
    if (acceleration.x > 1.3) {
        self.colorView.backgroundColor = [UIColor greenColor];
    } else if (acceleration.x < -1.3) {
        self.colorView.backgroundColor = [UIColor orangeColor];
    } else if (acceleration.y > 1.3) {
        self.colorView.backgroundColor = [UIColor redColor];
    } else if (acceleration.y < -1.3) {
        self.colorView.backgroundColor = [UIColor blueColor];
    } else if (acceleration.z > 1.3) {
        self.colorView.backgroundColor = [UIColor yellowColor];
    } else if (acceleration.z < -1.3) {
        self.colorView.backgroundColor = [UIColor purpleColor];
    }

    double value = fabs(acceleration.x);
    if (value > 1.0) { value = 1.0;}
    self.colorView.alpha = value;
}
```

（4）响应陀螺仪更新

响应陀螺仪更新比响应加速计更新更容易，因为用户旋转设备时不需要修改颜色，只修改colorView的alpha属性即可。这里不是指用户沿特定方向旋转设备时修改透明度，而检测全部3个方向的综合旋转速度。这是在一个名为doRotation的新方法中实现的。

同样，实现方法doRotation前需要先在接口文件ViewController.h中声明它，否则必须在文件ViewController.m中确保这个方法在controlHardware前面。为此在文件ViewController.h中的最后一个方法声明下方添加如下代码行：

```
-(void) doRotation: (CMRotationRate) rotation;
```

方法doRotation的代码如下所示：

```
- (void)doRotation:(CMRotationRate)rotation {
    double value = (fabs(rotation.x)+fabs(rotation.y)+fabs(rotation.z))/8.0;
    if (value > 1.0) { value = 1.0;}
    self.colorView.alpha = value;
}
```

（5）禁止界面旋转

现在可以运行这个应用程序了，但是编写的方法可能不能提供很好的视觉反馈。这是因为当用户旋转设备时界面也将在必要时发生变化，由于界面旋转动画的干扰，让用户无法看到视图颜色快速改变。为了禁用界面旋转，在文件ViewController.m中找到方法shouldAutorotateToInterfaceOrientation，并将其修改成只包含下面一行代码：

```
return NO;
```

这样无论设备处于哪种朝向，界面都不会旋转，从而让界面变成静态的。到此为止，本实例就完成了。本实例需要真实的iOS设备来演示，模拟器不支持演示。在Xcode工具栏的Scheme下拉列表中选择插入的设备，再单击Run按钮。尝试倾斜和旋转，结果如图29-5所示。在此需要注意，请务必尝试同时启用加速计和陀螺仪，然后尝试每次启用其中的一个。

图29-5 执行效果

29.1.5 实战演练——检测倾斜和旋转（双语实现：Swift版）

实例29-3	检测倾斜和旋转
源码路径	光盘:\daima\29\xuan-swift

本实例的功能和上一个实例29-2的功能完全一样，这是用Swift语言实现的。实例文件ViewController.swift的主要实现代码如下所示：

```swift
class ViewController: UIViewController {

    let kRad2Deg:Double = 57.2957795

    @IBOutlet weak var toggleMotion: UISwitch!
    @IBOutlet weak var colorView: UIView!
    @IBOutlet weak var toggleAccelerometer: UISwitch!
    @IBOutlet weak var toggleGyroscope: UISwitch!
    @IBOutlet weak var rollOutput: UILabel!
    @IBOutlet weak var pitchOutput: UILabel!
    @IBOutlet weak var yawOutput: UILabel!

    var motionManager: CMMotionManager = CMMotionManager()

    @IBAction func controlHardware(_ sender: AnyObject) {
        if toggleMotion.isOn {
            motionManager.startDeviceMotionUpdates(to: OperationQueue.current()!,
            withHandler: {
                (motion: CMDeviceMotion?, error: NSError?) in
                self.doAttitude(motion!.attitude)
                if self.toggleAccelerometer.isOn {
                    self.doAcceleration(motion!.userAcceleration)
                }
                if self.toggleGyroscope.isOn {
                    self.doRotation(motion!.rotationRate)
                }
            })
        } else {
            toggleGyroscope.isOn=false
            toggleAccelerometer.isOn=false
            motionManager.stopDeviceMotionUpdates()
        }
    }

    func doAttitude(_ attitude: CMAttitude) {
        rollOutput.text=String(format:"%.0f",attitude.roll*kRad2Deg)
        pitchOutput.text=String(format:"%.0f",attitude.pitch*kRad2Deg)
        yawOutput.text=String(format:"%.0f",attitude.yaw*kRad2Deg)
        if !toggleGyroscope.isOn {
```

```
            colorView.alpha=CGFloat(fabs(attitude.pitch))
        }
    }

    func doAcceleration(_ acceleration: CMAcceleration) {
        if (acceleration.x > 1.3) {
            colorView.backgroundColor = UIColor.green
        } else if (acceleration.x < -1.3) {
            colorView.backgroundColor = UIColor.orange
        } else if (acceleration.y > 1.3) {
            colorView.backgroundColor = UIColor.red
        } else if (acceleration.y < -1.3) {
            colorView.backgroundColor = UIColor.blue
        } else if (acceleration.z > 1.3) {
            colorView.backgroundColor = UIColor.yellow
        } else if (acceleration.z < -1.3) {
            colorView.backgroundColor = UIColor.purple
        }
    }

    func doRotation(_ rotation: CMRotationRate) {
        var value: Double = fabs(rotation.x)+fabs(rotation.y)+fabs(rotation.z)/12.5;
        if (value > 1.0) { value = 1.0;}
        colorView.alpha = CGFloat(value)
    }

    override func viewDidLoad() {
        super.viewDidLoad()
        // Do any additional setup after loading the view, typically from a nib.
        motionManager.deviceMotionUpdateInterval = 0.01
    }
```

29.2 访问朝向和运动数据

知识点讲解光盘：视频\知识点\第29章\访问朝向和运动数据.mp4

要想访问朝向和运动信息，可使用两种不同的方法。首先，要检测朝向变化并做出反应，可以请求iOS设备在朝向发生变化时向编写的代码发送通知，然后将收到的消息与表示各种设备朝向的常量（包括正面朝上和正面朝下）进行比较，从而判断出用户做了什么。其次，可以利用框架Core Motion定期地直接访问加速计和陀螺仪数据。

29.2.1 两种方法

1. 通过UIDevice请求朝向通知

虽然可以直接查询加速计并使用它返回的值判断设备的朝向，但Apple为开发人员简化了这项工作。单例UIDevice表示当前设备，它包含方法beginGeneIatingDeviceOrientationNotifications，该方法命令iOS将朝向通知发送到通知中心（NSNotificationCenter）。启动通知后，就可以注册一个NSNotificationCenter实例，以便设备的朝向发生变化时自动调用指定的方法。

除了获悉发生了朝向变化事件外，还需要获悉当前朝向，为此可使用UIDevice的属性orientation。该属性的类型为UIDeviceOrientation，其可能取值为下面6个预定义值。

- ❏ UIDeviceOrientationFaceUp：设备正面朝上。
- ❏ UIDeviceOrientationFaceDown：设备正面朝下。
- ❏ UIDeviceOrientationPortrait::设备处于"正常"朝向，主屏幕按钮位于底部。
- ❏ UIDeviceOrientationPortraitUpsideDown：设备处于纵向状态，主屏幕按钮位于项部。
- ❏ UIDeviceOrientationLandscapeLeft：设备侧立着，左边朝下。
- ❏ UIDeviceOrientationLandscapeRight：设备侧立着，右边朝下。

通过将属性orientation与上述每个值进行比较，可以判断出朝向并做出相应的反应。

2. 使用Core Motion读取加速计和陀螺仪数据

直接使用加速计和陀螺仪时，方法稍有不同。首先，需要将框架Core Motion加入到项目中。在代码中需要创建Core Motion运动管理器（CMMotionManager）的实例，应该将运动管理器视为单例——由其一个实例向整个应用程序提供加速计和陀螺仪运动服务。在本书前面的内容中曾经说过，单例是在应用程序的整个生命周期内只能实例化一次的类。向应用程序提供的iOS设备硬件服务通常是以单例方式提供的。鉴于设备中只有一个加速计和一个陀螺仪，以单例方式提供它们合乎逻辑。在应用程序中包含多个CMMotionManager对象不会带来任何额外的好处，而只会让内存和生命周期的管理更复杂，而使用单例可避免这两种情况发生。

不同于朝向通知，Core Motion运动管理器能够指定从加速计和陀螺仪那里接收更新的频率（单位为秒），还能够直接指定一个处理程序块（handle block），每当更新就绪时都将执行该处理程序块。

我们需要判断以什么样的频率接收运动更新对应用程序有好处。为此，可尝试不同的更新频率，直到获得最佳的频率。如果更新频率超过了最佳频率，可能带来一些负面影响：应用程序将使用更多的系统资源，这将影响应用程序其他部分的性能，当然还有电池的寿命。由于可能需要非常频繁地接收更新以便应用程序能够平滑地响应，因此应花时间优化与CMMotionManager相关的代码。

让应用程序使用CMMotionManager很容易，这个过程包含3个步骤：分配并初始化运动管理器；设置更新频率；使用startAccelerometerUpdatesToQueue:withHandler请求开始更新并将更新发送给一个处理程序块。请看如下所示的代码：

```
motionManager=[[CMMotionManager alloc] init];
motionManager.accelerometerUpdateInterval= .01;
[motionManager
startAccelerometerUpdatesToQueue: [NSOperationQueue currentQueue]
withHandler:^(CMAccelerometerData *accelData, NSError *error){
//Do something with the acceleration data here!
}];
```

在上述代码中，第1行分配并初始化运动管理器，类似的代码您见过几十次了。第2行请求加速计每隔0.01秒发送一次更新，即每秒发送100次更新。第3～7行启动加速计更新，并指定了每次更新时都将调用的处理程序块。

上述代码看起来令人迷惑，为了更好地理解其格式，建议读者阅读CMMotionManager文档。基本上，它像是在startAccelerometerUpdatesToQueue:withHandler调用中定义的一个新方法。

给这个处理程序传递了两个参数：accelData和error，其中前者是一个CMAccelerometerData对象，而后者的类型为NSError。对象accelData包含一个acceleration属性，其类型为CMAcceleration，这是我们感兴趣的信息，包含沿x、y和z轴的加速度。要使用这些输入数据，可以在处理程序中编写相应的代码。

陀螺仪更新的工作原理几乎与此相同，但需要设置Core Motion运动管理器的gyroUpdateInterval属性，并使用startGyroUpdatesToQueue:withHandler开始接收更新。陀螺仪的处理程序接收一个类型为CMGyroData的对象gyroData。还与加速计处理程序一样，接收一个NSError对象。我们感兴趣的是gyroData的rotation属性，其类型为CMRotationRate。这个属性提供了绕x、y和z轴的旋转速度。

> 注意：只有2010年后的设备支持陀螺仪。要检查设备是否提供了这种支持，可以使用CMMotionManager的布尔属性gyroAvailable，如果其值为YES，则表明当前设备支持陀螺仪，可使用它。

处理完加速计和陀螺仪更新后，便可停止接收这些更新，为此可分别调用CMMotion Manager的方法stopAccelerometerUpdates和stopGyroUpdates。

> 注意：前面没有解释包含NSOperationQueue的代码。操作队列（operation queue）是一个需要处理的操作（如加速计和陀螺仪读数）列表。需要使用的队列已经存在，可使用代码[NSOperationQueue currentQueue]。只要这样做，就无需手工管理操作队列。

29.2.2 实战演练——检测当前设备的朝向（双语实现：Objective-C 版）

为了介绍检测移动的方法，将首先创建一个名为Orientation的应用程序。该应用程序只指出设备当前处于6种可能朝向中的哪种。本实例能够检测朝向正立、倒立、左立、右立、正面朝向和正面朝下。在实例中将设计一个只包含一个标签的界面，然后编写一个方法，每当朝向发生变化时都调用这个方法。为了让这个方法被调用，必须向NSNotificationCenter注册，以便在合适的时候收到通知。本实例需改变界面，能够处理倒立和左立朝向。

实例29-4	检测朝向
源码路径	光盘:\daima\29\chao-obj

1．创建项目

首先启动Xcode并创建一个项目，在此使用模板Single View Application，并将新项目命名为chao，如图29-6所示。

在这个项目中，主视图只包含一个标签，它可通过代码进行更新。该标签名为orientationLabel，将显示一个指出设备当前朝向的字符串。

2．设计UI

该应用程序的UI很简单（也很时髦）：一个黄色文本标签漂浮在一片灰色海洋中。为了创建界面，首先选择文件MainStoryboard.storyboard，在Interface Builder编辑器中打开它。接下来打开对象库（View>Utilities>Show Object Library），拖曳一个标签到视图中，并将其文本设置为"朝向"。

使用Attributes Inspector (Option+Command+4)设置标签的颜色、增大字号并让文本居中。在配置标签的属性后，对视图做同样的处理，将其背景色设置成与标签相称。最终的视图应类似于图29-7所示。

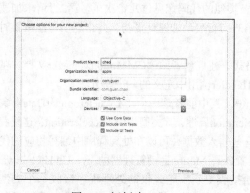

图29-6 新创建工程

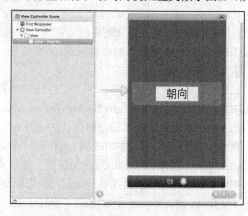

图29-7 应用程序Orientation的UI

3．创建并连接输出口

在加速器指出设备的朝向发生变化时，该应用程序需要能够修改标签的文本。为此需要为前面添加的标签创建连接。在界面可见的情况下，切换到助手编辑器模式。

按Control键，从标签拖曳到文件ViewController.h中代码行@interface下方，并在Xcode提示时将输出口命名为orientationLabel。这就是到代码的桥梁：只有一个输出口，没有操作。

4．实现应用程序逻辑

接下来需要解决如下两个问题。

- ❑ 必须告诉iOS，希望在设备朝向发生变化时得到通知。
- ❑ 必须对设备朝向发生变化做出响应。由于这是第一次接触通知中心，它可能看起来有点不同寻常，但是请将重点放在结果上。当您能够看到结果时，处理通知的代码就不难理解。

（1）注册朝向更新

当这个应用程序的视图显示时，需要指定一个方法，将接收来自iOS的UIDeviceOrientationDidChangeNitification通知。还应该告诉设备本身应该生成这些通知，以便我们做出响应。所有这些工作都可在文件ViewController.m中的方法viewDidLoad中完成。方法viewDidLoad的实现代码如下所示：

```
- (void)viewDidLoad
{
    [[UIDevice currentDevice]beginGeneratingDeviceOrientationNotifications];

    [[NSNotificationCenter defaultCenter]
     addObserver:self selector:@selector(orientationChanged:)
     name:@"UIDeviceOrientationDidChangeNotification"
     object:nil];

    [super viewDidLoad];
}
```

（2）判断朝向

为了判断设备的朝向，需要使用UIDevice的属性orientation。属性orientation的类型为UIDeviceOrientation，这是简单常量，而不是对象，这意味着可以使用一条简单的switch语句检查每种可能的朝向，并在需要时更新界面中的标签orientationLabel。方法orientationChanged的实现代码如下所示：

```
- (void)orientationChanged:(NSNotification *)notification {

    UIDeviceOrientation orientation;
    orientation = [[UIDevice currentDevice] orientation];

    switch (orientation) {
        case UIDeviceOrientationFaceUp:
            self.orientationLabel.text=@"Face Up";
            break;
        case UIDeviceOrientationFaceDown:
            self.orientationLabel.text=@"Face Down";
            break;
        case UIDeviceOrientationPortrait:
            self.orientationLabel.text=@"Standing Up";
            break;
        case UIDeviceOrientationPortraitUpsideDown:
            self.orientationLabel.text=@"Upside Down";
            break;
        case UIDeviceOrientationLandscapeLeft:
            self.orientationLabel.text=@"Left Side";
            break;
        case UIDeviceOrientationLandscapeRight:
            self.orientationLabel.text=@"Right Side";
            break;
        default:
            self.orientationLabel.text=@"Unknown";
            break;
    }
}
```

图29-8 执行效果

上述实现代码的逻辑非常简单，每当收到设备朝向更新时都会调用这个方法。将通知作为参数传递给了这个方法，但没有使用它。到此为止，整个实例介绍完毕，执行后的效果如图29-8所示。

如果在iOS模拟器中运行该应用程序，可以旋转虚拟硬件（从菜单Hardware中选择Rotate Left或Rotate Right），但无法切换到正面朝上和正面朝下这两种朝向。

29.2.3 实战演练——检测当前设备的朝向（双语实现：Swift 版）

实例29-5	检测当前设备的朝向
源码路径	光盘:\daima\29\chao-swift

本实例的功能和本章上一个实例29-4的完全相同，只是用Swift语言实现而已（程序见光盘）。

第 30 章 地址簿、邮件、Twitter和短消息

本书前面的内容详细讲解了和iOS设备的硬件和软件的各个部分进行交互的知识。例如访问音乐库和使用加速计、陀螺仪等。Apple通过iOS让开发人员能够访问这些功能。除本书前面介绍过的功能外，开发的iOS应用程序还可利用其他内置功能。本章将向大家讲解如下知识。

- 使用Twitter编写推特信息（tweet）。
- 使用Mail应用程序创建并发送电子邮件。
- 使用Contacts Framework框架。
- 使用Messages.framework框架。

30.1 Contacts Framework 框架

知识点讲解光盘：视频\知识点\第30章\Contacts Framework框架.mp4

Contacts Framework是一个全新的联系人框架，简单易用，使用它可以很容易地查找、创建和更新联系人信息，而且这个Framework对thred-safe、read-only usage方面进行了优化。iOS和OS X平台都可用，用来代替之前的AddressBook Framework。

30.1.1 Contacts 框架的主要构成类

- CNContact:表示一个联系人，包含联系人的name、image、phone numbers,不可变；
- CNMutableContact:CNContact的子类，表示具有可变属性的联系人；
- CNContactFetchRequest:用于获取联系人；
- CNContactProperty:关于联系人的property的类，含有contact、key、value、label及identifier；
- CNContactRelation:表示一个联系人与另一个关系的不可变值对象；
- CNContactStore:联系人仓库，可以获取、保存联系人，与群组、容器有关；
- CNContactVCardSerialization:提供vCard表示给定的一系列的联系人；
- CNContactsUserDefaults:联系人user defaults使用过的properties；
- CNContainer:联系人容器，不可变；
- CNGroup:联系人群组，不可变；
- CNMutableGroup:CNGroup的子类，表示可变的联系人群组；
- CNInstantMessageAddress:表示一个当前消息地址；
- CNLabeledValue:联合一个label的联系人属性值；
- CNPhoneNumber:表示一个联系人的phone number；
- CNPostalAddress:表示一个联系人的邮政地址；
- CNMutablePostalAddress:CNPostalAddress的子类，表示可变的联系人邮政地址；
- CNSaveRequest:表示一个联系人保存操作请求；
- CNSocialProfile:表示社会简况；

❏ CNContactFormatter:NSFormatter的子类，定义不同的联系人格式风格。

30.1.2 使用 Contact 框架

也许我们希望当前应用程序可以让用户自己选择联系人，并且展示详细信息给我们，但是这可能需要编写很多代码。如果这些功能已经做好了，会让开发变得更加简单。这正是 Contacts UI framework 的功能。它提供了一套 View Controllers，我们可以用在我们的应用中，展示联系人的信息。

Contacts UI框架是一组用户界面类，向用户提供了使用联系人信息的标准方式，如图30-1所示。

通过使用ContactsUI框架的界面，可以让用户在地址簿中浏览、搜索和选择联系人，显示并编辑选定联系人的信息，以及创建新的联系人。在iPhone

图30-1 访问地址簿

中，地址簿以模态视图的方式显示在现有视图上面；而在iPad中，也可以选择这样做，还可以编写代码让地址簿显示在弹出框中。

在使用框架Contacts之前，首先要在头部引入 Contacts 和 ContactsUI 框架：

```
import Contacts
import ContactsUI
```

30.1.3 实战演练——使用 Contacts 框架获取通信录信息

实例30-1	使用Contacts框架获取通信录信息
源码路径	光盘:\daima\30\ContactsUIDemo

编写实例文件ViewController.m，功能是当用户单击"从通信录取得"按钮后会来到本机的通信录联系人列表界面，点选列表中的一个联系人后会进入该联系人的详细内容页，点选详情页中的电话号码后会返回系统主页面，并显示刚才点击人的姓名、电话和照片（如果有照片的话）。文件ViewController.m的主要实现代码如下所示：

```
#import "ViewController.h"

@interface ViewController () {
    UILabel *nameLabel;
    UILabel *phoneNumberLabel;
    UIImageView *imgView;
}

-(void) openContacts:(UIButton *) sender;
@end

@implementation ViewController

- (void)viewDidLoad {
    [super viewDidLoad];

    UIButton *btn = [[UIButton alloc] initWithFrame:CGRectMake(10, 50, [UIScreen mainScreen].bounds.size.width - 20, 50)];
    [btn setImage:[UIImage imageNamed:@"contacts"] forState:UIControlStateNormal];
    btn.backgroundColor = [UIColor blueColor];
    [btn setTitle:@"从通信录获取" forState:UIControlStateNormal];
    btn.layer.cornerRadius = 5;
    btn.clipsToBounds = YES;
    [btn addTarget:self action:@selector(openContacts:)
    forControlEvents:UIControlEventTouchUpInside];
    [self.view addSubview:btn];
```

```objc
    nameLabel = [[UILabel alloc] initWithFrame:CGRectMake(10, 120, [UIScreen
mainScreen].bounds.size.width - 20, 50)];
    nameLabel.text = @"姓名";
    [self.view addSubview:nameLabel];

    phoneNumberLabel = [[UILabel alloc] initWithFrame:CGRectMake(10, 200, [UIScreen
mainScreen].bounds.size.width - 20, 50)];
    phoneNumberLabel.text = @"电话";
    [self.view addSubview:phoneNumberLabel];

    imgView = [[UIImageView alloc] initWithFrame:CGRectMake(10, 300, [UIScreen
mainScreen].bounds.size.width - 20, 200)];
    imgView.hidden = YES;
    [self.view addSubview:imgView];
}

// 通信录,点选一个联系人后会进入该联系人详细内容页
- (void)contactPicker:(CNContactPickerViewController *)picker didSelectContactProperty:(CNContactProperty *)contactProperty {
    CNPhoneNumber *thisnumber = contactProperty.value;
    CNContact *contact = contactProperty.contact;

    // 姓名
    NSString *name = [NSString stringWithFormat:@"%@ %@", contact.givenName, contact.familyName];
    nameLabel.text = [NSString stringWithFormat:@"姓名 : %@", name];

    // 电话
    phoneNumberLabel.text = [NSString stringWithFormat:@"电话 : %@", thisnumber.stringValue];

    // 照片
    if (contact.imageDataAvailable) {
        imgView.hidden = NO;
        imgView.image = [UIImage imageWithData:contact.imageData];
    } else {
        imgView.hidden = YES;
    }

}

// 按下[从通信录选取]按钮
-(void) openContacts:(UIButton *) sender {
    CNContactPickerViewController * picker = [[CNContactPickerViewController alloc]init];
    picker.delegate = self;
    picker.displayedPropertyKeys = @[CNContactPhoneNumbersKey];
    [self presentViewController:picker animated:YES completion:nil];
}
```

执行后的初始效果如图30-2所示。当用户单击"从通信录取得"按钮后,会来到本机的通信录联系人列表界面,如图30-3所示。点选列表中的一个联系人后会进入该联系人的详细内容页,如图30-4所示。点选详情页中的电话号码后会返回系统主页面,并显示刚才点选人的姓名、电话和照片(如果有照片的话),如图30-5所示。

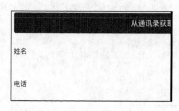

图30-2 初始执行效果

图30-3 通信录联系人列表界面

图30-4 联系人的详细内容页　　　图30-5 返回系统主页面

30.2 Message UI 电子邮件

📀 知识点讲解光盘:视频\知识点\第30章\Message UI电子邮件.mp4

在本书多媒体章节中，讲解了显示iOS提供的一个模态视图的方法，让用户能够使用在Apple的图像选择器界面中选择照片的方法。显示系统提供的模态视图控制器是iOS常用的一种方式，Message UI框架也使用这种方式来提供用于发送电子邮件的界面。

30.2.1 Message UI 基础

在使用框架Message UI之前，首先必须将其加入到项目中，并在要使用该框架的类（可能是视图控制器）中导入其接口文件：

```
#import <MessageUI/MessageUI.h>
```

要想显示邮件书写窗口，必须分配并初始化一个MFMailComposeViewController对象，它负责显示电子邮件。然后需要创建一个用作收件人的电子邮件地址数组，并使用方法setToRecipients给邮件书写视图控制器配置收件人。最后需要指定一个委托，它负责在用户发送邮件后做出响应，再使用presentModalViewController显示邮件书写视图。例如下面的代码是这些功能的一种简单实现：

```
1: MFMailComposeViewController *mailComposer;
2: NSArray *emailAddresses;
3:
4: mailComposer=[[MFMailComposeViewController alloc]init];
5: emailAddresses=[[ NSArray  alloc]initWithObj ects:@"me@myemail.com",nil];
6:
7: mailComposer.mailComposeDelegate=self;
8: [mailComposer setToRecipients:emailAddresses];
9: [self presentModalViewController:mailComposer animated:YES];
```

在上述代码中，第1行和第2行分别声明了邮件书写视图控制器和电子邮件地址数组。第4行分配并初始化邮件书写视图控制器。第5行使用一个地址 me@myemail.com 来初始化邮件地址数组。第7行设置邮件书写视图控制器的委托。委托负责执行用户发送或取消邮件后需要完成的任务。第8行给邮件书写视图控制器指定收件人，而第9行显示邮件书写窗口。

与联系人选择器一样，要使用电子邮件书写视图控制器，也必须遵守一个协议：MFMailComposeViewControllerDelegate。该协议定义了一个清理方法：mailComposeController:didFinishWithResult:error，将在用户使用完邮件书写窗口后被调用。在大多数情况下，在这个方法中都只需关闭邮件书写视图控制器的模态视图即可，例如下面的代码在用户使用完邮件书写视图控制器后做出响应：

```
- ( void) mailComposeController: (MFMailComposeViewController *) controller
didFinishWithResult: (MFMailComposeResult) result
```

```
error: (NSError*) error{
    [self dismissModalViewControllerAnimated:YES];
}
```

如果要获悉邮件书写视图关闭的原因,可以查看result(其类型为MFMailComposeResult)的值。其取值为下述常量之一:

```
MFMailComposeResultCancell
MFMailComposeResultSaved
MFMailComposeResultSent
MFMailComposeResultFailede
```

30.2.2 实战演练——使用 Message UI 发送邮件(Swift 版)

实例30-2	使用Message UI发送邮件
源码路径	光盘:\daima\30\MessageUI

(1)启动Xcode创建一个iOS工程,在故事板中插入一个文本框控件用于输入发送邮件的内容,在下方通过文本控件分别显示文本Send via Email和Send via Massage,如图30-6所示。

(2)视图控制器文件ViewController.swift的功能是,根据主题和收件人信息发送邮件,主要实现代码如下:

```
private func configureMailComposer() -> MFMailComposeViewController {
    let mailComposer = MFMailComposeViewController()
    mailComposer.mailComposeDelegate = self
    mailComposer.setToRecipients(["macbaszii@gmail.com"]) //默认收件人(可选)
    mailComposer.setSubject("http://www.macbaszii.com") // 默认主题(可选)
    mailComposer.setMessageBody(contentField.text!, isHTML: false) // 默认内容(可选)
    return mailComposer
}
private func configureMessageComposer() -> MFMessageComposeViewController {
    let messageComposer = MFMessageComposeViewController()
    messageComposer.messageComposeDelegate = self;
    messageComposer.body = contentField.text // 默认内容(可选)
    messageComposer.recipients = ["11223344"] //默认收件人(可选)
    return messageComposer
}

private func showError(title: String) {
    let alert = UIAlertController(title: title, message: nil, preferredStyle: .Alert)
    alert.addAction(UIAlertAction(title: "Try Again", style: .Default, handler: nil)
)
    
    presentViewController(alert, animated: true, completion: nil)
}

extension ViewController: MFMailComposeViewControllerDelegate {
    func mailComposeController(controller: MFMailComposeViewController,
didFinishWithResult result: MFMailComposeResult, error: NSError?) {
        dismissViewControllerAnimated(true, completion: nil)
    }
}

extension ViewController: MFMessageComposeViewControllerDelegate {
    func messageComposeViewController(controller: MFMessageComposeViewController,
didFinishWithResult result: MessageComposeResult) {
        dismissViewControllerAnimated(true, completion: nil)
    }
}
```

执行效果如图30-7所示。

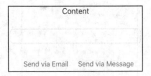

图30-6 故事板界面　　　　　　　　　　　图30-7 执行效果

30.3 使用 Twitter 发送推特信息

知识点讲解光盘:视频\知识点\第30章\使用Twitter发送推特信息.mp4

使用Twitter发送推特信息的流程与准备电子邮件的流程类似。要想使用Twitter，必须包含框架Twitter，创建一个推特信息书写视图控制器，再以模态方式显示它，图30-8显示了Twitter信息书写对话框。

30.3.1 Twitter 基础

Twitter不同于邮件书写视图，显示推特信息书写视图后，无需做任何清理工作，只需显示这个视图即可。下面来看看实现这项功能的代码。

首先，在项目中加入框架Twitter后，必须导入其接口文件：

```
#import <Twitter/Twitter.h>
```

图30-8 在iOS中使用Twitter

然后必须声明、分配并初始化一个TWTweetComposeViewController，以提供用户界面。在发送Twitter信息之前，必须使用TWTweetComposeViewController类的方法canSendTweet确保用户配置了活动的Twitter账户。然后便可以使用方法setInitialText设置推特信息的默认内容，然后再显示视图。例如下面的代码演示了准备发送推特信息的实现：

```
TWTweetComposeViewController *tweetComposer;
tweetComposer=[[TWTweetComposeViewController alloc] init];
if([TWTweetComposeViewController canSendTweet])  {
[tweetComposer setInitialText:@"Hello World."];
[self presentModalViewController:tweetComposer animated:YES];
}
```

在显示这个模态视图后就大功告成了。用户可修改Twitter信息的内容、将图像作为附件、取消或发送Twitter信息。 这只是一个简单的示例，在现实中还有很多其他方法用于与多个Twitter账户相关的功能、位置等。如果要在用户使用完推特信息书写窗口时获悉这一点，可以添加一个回调函数。如果需要实现更高级的Twitter功能，请参阅Xcode文档中的Twitter Framework Reference。

30.3.2 实战演练——开发一个 Twitter 客户端（Swift 版）

实例30-3	开发一个Twitter客户端
源码路径	光盘:\daima\30\TwitterSwift

本实例中将使用Swift语言开发一个Twitter客户端应用程序。首先在主界面中提供一个输入官方指令的文本框，验证通过后将在下方列表显示Twitter标题信息。单击某一条推特信息后，会在新界面中显

示这条Twitter的详细信息。

（1）创建一个名为TwitterSwift的工程文件，最终的目录结构如图30-9所示。

（2）在Main.storyboard面板中设计项目的UI界面，在主界面中通过TableView列表显示用户的Twitter信息，如图30-10所示。

图30-9　工程目录结构

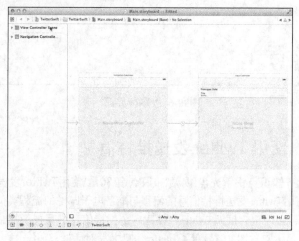

图30-10　Main.storyboard面板

（3）文件TwitterAuthenticationWebController.swift实现了Twitter认证控制器服务，定义了newPinJS和oldPinJS两个JS数据传输变量，通过用户的token指令获取远程推特信息。通过Twitter官方公布的API验证URL进行指令验证，确保只有输入的合法指令才能将本客户端项目连接到Twitter服务器，并在主界面下方列表显示当前用户的Twitter标题信息。

（4）文件Token.swift实现了指令处理功能，首先实现oauth_token认证处理，然后实现指令校验（程序见光盘）。

（5）文件ViewController.swift的功能是，当在屏幕中载入视图界面时，通过TwitterEngine获取远程Twitter信息，并将信息显示在TableView列表中。文件ViewController.swift的主要实现代码如下所示：

```swift
import UIKit
class ViewController: UITableViewController, TwitterEngineDelegate {
    lazy var theEngine = TwitterEngine.sharedEngine
     required init(coder aDecoder: NSCoder) {
        super.init(coder: aDecoder)
        theEngine.delegate = self
        theEngine.user = TwitterConsumer (key: "1ReC0vmXGc0HLyeHY7XijrT9k", secret: "iIonO9o2AZWrB6PPGdOKxhQxcrxvGCLFTykLOmBsTR2FyfFg2N")
    }
    override func viewDidLoad() {
        super.viewDidLoad()
        self.refresh()
    }
     func tweet() {
        if self.theEngine.isAuthenticated() {
        }
        else {
        }
    }
     func login() {
       self.theEngine.authenticate {
            self.refresh()
        }
    }
     func refresh() {
        var selector = self.theEngine.isAuthenticated() ? Selector("tweet") : Selector("login")
```

```
            self.navigationItem.rightBarButtonItem = UIBarButtonItem
(barButtonSystemItem:
        UIBarButtonSystemItem.Compose, target: self, action: selector)
            self.navigationItem.leftBarButtonItem = UIBarButtonItem (barButtonSystemItem:
        UIBarButtonSystemItem.Refresh, target: self, action: nil)
            self.title = self.theEngine.authenticatedUserName
            self.tableView.reloadData()
        }
        func controllerToPresentAuthenticationWebView() -> UIViewController {
            return self
        }
        override func tableView(tableView: UITableView, numberOfRowsInSection section:
        Int) -> Int {
            return 10
        }
        override func tableView(tableView: UITableView, cellForRowAtIndexPath indexPath:
        NSIndexPath) -> UITableViewCell {
            var cell : UITableViewCell = tableView.dequeueReusableCellWithIdentifier("cellID",
                forIndexPath: indexPath) as UITableViewCell
            cell.textLabel.text = "Indexpath \(indexPath.row)"
            return cell
        }
    }
```

执行效果如图30-11所示。

30.4 实战演练——联合使用地址簿、电子邮件、Twitter和地图（双语实现：Objective-C版）

知识点讲解光盘：视频\知识点\第30章\联合使用地址簿、电子邮件、Twitter和地图.mp4

在本节的演示实例中，用户将从地址簿中选择一位好友。用户选择好友后，应用程序将从地址簿中检索有关这位好友的信息，并将其显示在屏幕上，这些信息包括姓名、照片和电子邮件地址。并且用户还可以在一个交互式地图中显示朋友居住的城市以及给朋友发送电子邮件或推特信息，这些都将在一个应用程序屏幕中完成。本实例涉及的领域很多，但无需输入大量代码。首先创建界面，然后添加地址簿、地图、电子邮件和Twitter功能。实现其中每项功能时，都必须添加框架，并在视图控制器接口文件中添加相应的#import编译指令。也就是说，如果程序不能正常运行，请确保没有遗漏添加框架和导入头文件的步骤。

图30-11 执行效果

实例30-4	联合使用地址簿、电子邮件、Twitter和地图
源码路径	光盘:\daima\30\lianhe

30.4.1 创建项目

启动Xcode，使用模板Single View Application创建一个名为lianhe的项目。本实例需要添加多个框架，并且还需建立几个一开始就知道的连接。

1. 添加框架

选择项目lianhe的顶级编组，并确保选择了默认目标lianhe。单击编辑器中的标签Summary，在该选项卡中向下滚动到Linked Frameworks and Libraries部分。单击列表下方的"+"按钮，从出现的列表中选择AddressBook.framework，再单击Add按钮。重复上述操作，分别添加如下框架：

❑ ContactsUI.framework；
❑ Contacts.framework；
❑ MapKitframework；
❑ CoreLocation.fiamework；

❏ MessageUI.framework；
❏ Twitter.framework。

添加框架后，将它们拖放到编组Frameworks中，这样可以让项目显得更加整洁有序。

在本实例中，用户将从地址簿中选择一个联系人，并显示该联系人的姓名、电子邮件地址和照片。对于姓名和电子邮件地址，将通过两个名为name和email的标签（UILabel）显示；而照片将通过一个名为photo的UIImageView显示。最后，需要显示一个地图（MKMapView），我们将通过输出口map引用它；还需要一个类型为MKPlacemark的属性/实例变量（zipAnnotation），它表示地图上的一个点，将在这里显示特殊的标志。

2．实现操作

本应用程序还将实现如下所示的3个操作。

❏ newBFF：让用户能够从地址簿选择一位朋友。
❏ sendEmail：让用户能够给朋友发送电子邮件。
❏ sendTweet：让用户能够在Twitter上发布信息。

30.4.2 设计界面

打开界面文件MainStoryboard.storyboard给应用程序设计UI，最终的UI视图界面如图30-12所示。

图30-12 最终的UI视图界面

在项目中添加两个标签（UILabel），其中一个较大，用于显示朋友的姓名，另一个显示朋友的电子邮件地址。在笔者设计的UI中，清除了电子邮件地址标签的内容。接下来添加一个UIImageView，用于显示地址簿中朋友的照片，使用Attributes Inspector将缩放方式设置为Aspect Fit。将一个地图视图（MKMapView）拖放到界面中，这个地图视图将显示您所处的位置以及朋友居住的城市。最后，添加3个按钮（UIButton），一个用于选择朋友，其标题为"选择一个"。另一个用于给朋友发送电子邮件，标题为"发邮件"，最后一个使用您的Twitter账户发送推特消息，其标题为"发推特"。

添加地图视图后，选择它并打开Attributes Inspector (Option+Command+4)。使用下拉列表Type（类型）指定要显示的地图类型（卫星、混合等），再激活所有的交互选项。地图将显示用户的当前位置，并让用户能够在地图视图中平移和缩放，就像地图应用程序一样。

30.4.3 创建并连接输出口和操作

在此总共需要定义4个输出口和3个操作，其中需要定义如下所示的输出口。

❏ 包含联系人姓名的标签（UILabel）：name。
❏ 包含电子邮件地址的标签（UILabel）：email。
❏ 显示联系人姓名的图像视图（UIImageView）：photo。

❑ 地图视图（MKMapView）：map。

需要定义如下所示的3个操作。

❑ Choose a Buddy按钮（UIButton）：newBFF。
❑ Send Email按钮（UIButton）：sendEmail。
❑ Send Tweet按钮（UIButton）：sendTweet。

切换到助手编辑器模式，并打开文件MainStoryboard.storyboard，以便开始建立连接。

1．添加输出口

按Control键，将显示选定联系人姓名的标签拖曳到ViewController.h中代码行@interface下方。在Xcode提示时，将输出口命名为name。对电子邮件地址标签重复上述操作，将输出口命名为email。最后，按Control键，从地图视图拖曳到ViewController.h，并新建一个名为map的输出口。

2．添加操作

按Control键，将"选择一个"按钮拖曳到刚创建的属性下方。在Xcode提示时，新建一个名为newBFF的操作。重复上述操作，将按钮"发邮件"连接到操作sendEmail，将按钮"发推特"连接到sendTweet。在地图视图的实现中，可以包含一个委托方法（mapView:viewForAnnotation），这用于定制标注。为将地图视图的委托设置为视图控制器，可以编写代码self.map.delegate= self，也可以在Interface Builder中，将地图视图的输出口delegate连接到文档大纲中的视图控制器。

选择地图视图并打开Connections Inspector(Option+ Command+ 6)。从输出口delegate拖曳到文档大纲中的视图控制器里。

30.4.4 实现通信录逻辑

访问通信录由两部分组成：显示让用户能够选择联系人的视图（CNContactPickerViewController类的实例）以及读取选定联系人的信息。要完成这个功能，需要两个步骤和两个框架。

1．为使用框架ContactsUI做准备

要想显示地址簿UI和地址簿数据，必须导入框架Contacts和ContactsUI的头文件，并指出将实现协议CNContactPickerDelegate：

```
class ViewController: UIViewController, CNContactPickerDelegate
```

2．显示联系人选择器

当用户单击"选择一个"按钮时，应用程序需显示联系人选择器这一模态视图，它向用户提供与应用程序"通信录"类似的界面。

30.4.5 实现地图逻辑

在本章前面的内容中，已在项目中添加了两个框架：Core Loaction和Map Kit，其中前者负责定位，而后者用于显示嵌入式Google Map。要访问这些框架提供的函数，还需导入它们的接口文件。

1．为使用Map Kit和Core Location做准备

在现有编译指令#import后面添加如下代码行：

```
#import MapKit
#import CoreLocation
```

现在可以使用位置并以编程方式控制地图了，但还需做一项设置工作：在地图中添加标注。我们需要创建一个实例变量/属性，以便能够在应用程序的任何地方访问该标注。

2．控制地图的显示

通过使用MKMapView，无需编写任何代码就可显示地图和用户的当前位置，所以在本实例程序中，只需获取联系人的邮政编码，确定其对应的经度和纬度，再放大地图并以这个地方为中心。还将在这个地方添加一个图钉，这就是属性zipAnnotation的用途。但是Map Kit和Core Location都没有提

供将地址转换为坐标的功能，但Google提供了这样的服务。通过请求http://maps.google.com/maps/geo?output=csv&q=<address>，可获取一个用逗号分隔的列表，其中的第3个和第4个值分别为纬度和经度。发送给Google的地址非常灵活，可以是城市、省、邮政编码或街道；无论您提供什么样的信息，Google都将尽力将其转换为坐标。如果提供的是邮政编码，该邮政编码标识的区域将位于地图中央，这正是我们所需要的。在知道位置后，需要指定地图的中心并放大地图。为保持应用程序的整洁，将在方法centerMap:showAddress中实现这些功能。这个方法接收两个参数：字符串参数zipCode（邮政编码）和字典参数fullAddress（从地址簿返回的地址字典）。邮政编码将用于从Google获取经度和纬度，然后调整地图对象以显示该区域；而地址字典将被标注视图用于显示注解。

30.4.6 实现电子邮件逻辑

此功能需要使用Message UI框架，用户可以单击"发邮件"按钮向选择的朋友发送电子邮件。将使用在地址簿中找到的电子邮件地址填充电子邮件的To（收件人）字段，然后用户可以使用MFMailComposeViewController提供的界面编辑邮件并发送它。

1．为使用框架Message UI做准备

为了导入框架Message UI的接口文件，在文件中添加如下代码行：

`#import MessageUI`

使用Message UI的类（这里是ViewController）还必须遵守协议MFMailComposeViewControllerDelegate。该协议定义了方法mailComposeController:didFinishWithResult，将在用户发送邮件后被调用。

2．处理发送邮件后的善后工作

当编写并发送邮件后应该关闭模态化邮件编写窗口。为此，需要实现协议MFMailComposeViewControllerDelegate定义的方法mailComposeController:didFinishWithResult，只需一行代码即可关闭这个模态视图。

30.4.7 实现 Twitter 逻辑

在本实例中，当用户单击"发推特"按钮时，我们想显示推特信息编写器，其中包含默认文本"我厉害"。

1．为使用框架Twitter做准备

在本实例的开头添加了框架Twitter，此处需要导入其接口文件。在文件的#import语句列表末尾添加如下代码行，以导入这个接口文件：

`#import Twitter`

使用基本的Twitter功能时，不需要实现任何委托方法和协议，只需添加这行代码就可以开始发送推特信息。

2．显示Twitter信息编写器

要显示Twitter信息编写器，必须完成下面几项任务。首先，声明、分配并初始化一个TWTweetComposeViewController实例；然后使用TWTweetComposeViewController类的方法canSendTweet核实能否使用Twitter，调用TWTweetComposeViewController类的方法setInitialText设置推特信息的默认内容；最后使用presentModalViewController:animated显示Twitter信息编写器。

30.4.8 调试运行

单击"Run"按钮测试该应用程序，本实例项目提供了地图、电子邮件、Twitter和地址簿功能，执行效果如图30-13所示。

图30-13 执行效果

30.5 实战演练——联合使用地址簿、电子邮件、Twitter 和地图（双语实现：Swift 版）

实例30-5	联合使用通信录、电子邮件、Twitter和地图
源码路径	光盘:\daima\30\lianhe

本实例是签名实例30-4的Swift版，两个实例的功能和执行效果完全相同，在此不再进行详细讲解。

30.6 使用 Messages.framework 框架

> 知识点讲解光盘:视频\知识点\第30章\使用iOS 10全新框架——Messages.framework框架.mp4

苹果公司在WWDC 2016大会上，针对iOS 10系统提供一个全新的消息框架Messages.framework，使得开发者能够创建与Apple的"信息"应用进行交互的应用扩展。

30.6.1 Messages.framework 框架介绍

目前新增的消息API支持如下所示的两类扩展。
- 贴纸包（Sticker Pack）：提供了一系列可供用户插入到消息中发布的图片。
- iMessage应用：可用于在"信息"应用中访问外部应用。

贴纸应用无需编写任何代码，只需将图片复制到Xcode提供的一个项目模板即可创建。同时iMessage应用可以使用完整的消息框架，根据Apple公司官方文档的说明，iMessage应用可直接在消息内部实现内容共享、支付、玩游戏、协作等功能。

Messages.framework消息框架包含了一系列供开发者使用的基本类，具体说明如下所示。
- MSMessageAppViewController：此类为消息扩展提供了主视图控件，可用于呈现自定义用户界面，管理扩展状态，获取当前对话，追踪信息的发送等功能。
- MSStickerBrowserViewController、MSStickerBrowserView和MSStickerBrowserViewData Source：这3个类可用于定制和呈现自定义或动态的贴纸浏览器（Sticker browser）。如果要为贴纸浏览器提供动态内容，可以实施自定义的MSStickerBrowserViewDataSource。若要对默认贴纸浏览器的外观进行定制，可以提供自己的MSStickerBrowserView，并对浏览器尺寸、贴纸尺寸等内容进行定制。通过MSStickerView子类还可获得进一步的定制能力。
- MSConversation：此类负责呈现对话，将其插入消息的输入字段即可用于发送文字、贴纸、附件或消息对象。
- MSMessage：此类可用于创建交互式消息并可访问消息属性，例如发送人、消息所述的会话，以及消息所关联的可选URL等。
- MSSession：此类可用于对消息进行标识并进行后续更新，例如可以将这一特性用于游戏或协作应用中。

30.6.2 实战演练——调用并使用 Messages.framework 框架（Swift 版）

实例30-6	调用并使用Messages.framework框架
源码路径	光盘:\daima\30\wwdc2016_iMessageDem

（1）使用Xcode新建一个名为"NatureStickes"的iOS 11工程，目录结构如图30-14所示。

（2）编写文件MessagesViewController.swift构建一个信息交互视图界面，发布信息后设置更新背景颜色以突出对比效果（程序见光盘）。

（3）编写文件NatureStickerBrowserViewController.swift，实现具有粘贴功能的消息发布视图，主要

实现代码如下所示：

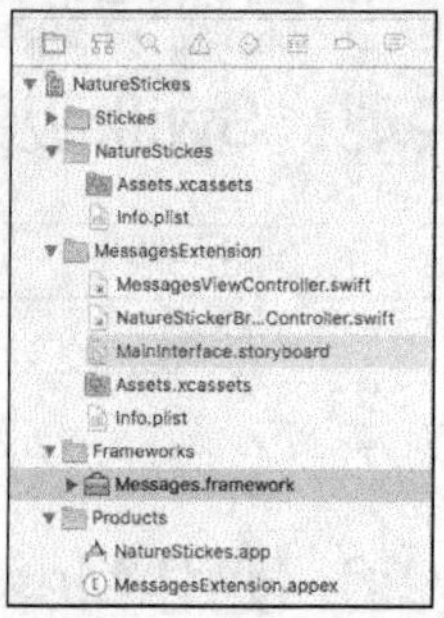

```swift
class NatureStickerBrowserViewController: MSStickerBrowserViewController {
    
    var stickers = [MSSticker]()
    
    func loadStickers() {
        for i in 1...4 {
            createSticker(asset: "stick0\(i)", localizedDescription: "stick0\(i)")
        }
    }
    
    func changeBackgroundColor(color: UIColor) {
        stickerBrowserView.backgroundColor = color
    }
    
    func createSticker(asset: String, localizedDescription: String) {
        guard let stickerPath = Bundle.main.pathForResource(asset, ofType: "jpg") else {
            print("path error", asset)
            return
        }
        let stickerURL = URL(fileURLWithPath: stickerPath)
        
        let sticker: MSSticker
        
        do {
            try sticker = MSSticker(contentsOfFileURL: stickerURL, localizedDescription: localizedDescription)
            stickers.append(sticker)
        } catch {
            print(error)
            return
        }
    }
    
    override func numberOfStickers(in stickerBrowserView: MSStickerBrowserView) -> Int {
        return stickers.count
    }
    
    override func stickerBrowserView(_ stickerBrowserView: MSStickerBrowserView, stickerAt index: Int) -> MSSticker {
        return stickers[index]
    }
}
```

图30-14 工程的目录结构

执行后选择用"Messages"程序运行，如图30-15所示。执行效果如图30-16所示。

图30-15 选择用"Messages"

图30-16 执行效果

> 注意：在iOS程序中，Messages.framework框架通常是作为扩展程序来使用的，有关扩展程序的具体知识，请读者参看本书后面的章节。

第 31 章 开发通用的项目程序

在当前的众多iOS设备中，iPhone、iPod Touch和iPad都取得了无可否认的成功，让Apple产品得到了消费者的认可。但是这些产品的屏幕大小是不一样的，这给开发人员带来了难题：开发的的程序能在不同屏幕上成功运行吗？在本书前面的内容中，开发都是针对一种平台的，其实完全可以针对两种平台。本章将介绍如何创建在iPhone和iPad上都能运行的应用程序，为读者步入本书后面知识的学习打下基础。

31.1 开发通用应用程序

知识点讲解光盘：视频\知识点\第31章\开发通用应用程序.mp4

通用应用程序包含在iPhone和iPad上运行所需的资源。虽然iPhone应用程序可以在iPad上运行，但是有时候看起来不那么美观。要让应用程序向iPad用户提供独特的体验，需要使用不同的故事板和图像，甚至完全不同的类。在编写代码时，可能需要动态地判断运行应用程序的设备类型。

31.1.1 在 iOS 6 中开发通用应用程序

在开发iOS 6以前的应用程序时，Xcode中的通用模板类似于针对特定设备的模板，在Xcode中新创建项目时，可以从下拉列表Device Family中选择Universal（通用）。Apple称其为通用（universal）应用程序，如图31-1所示。

传统程序只有一个MainStoryboard.storyboard文件，而通用程序包含了如下两个针对不同设备的故事板文件：

❑ MainStoryboard_iPhone.storyboard；
❑ MainStoryboard_iPad.storyboard。

如图31-2所示。

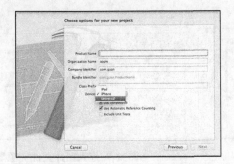

图31-1 通用（universal）应用程序

图31-2 通用程序有两个故事板

这样当在iPad上执行应用程序时，会执行MainStoryboard_iPad.storyboard故事板；当在iPhone上执行应用程序时，会执行MainStoryboard_iPhone.storyboard故事板。iPhone和iPad是不同的设备，用户要想获得不同的使用体验，即使应用程序的功能不变，在这两种设备上运行时，其外观和工作原理也可能不同。为了支持这两种设备,通用应用程序包含的类、方法和资源等可能翻倍,这取决于设计程序的具体方法。但是这样的好处也很多,应用程序既可在iPhone上运行,又可在iPad上运行,这样目标用户群就更大了。

31.1.2 在 iOS 6+中开发通用应用程序

从iOS 7开始,开发通用应用程序的方法发生了变化。

(1)使用Xcode 6创建一个应用程序,在下拉列表Device Family中选择Universal(通用),如图31-3所示。

(2)创建工程的目录结构如图31-4所示。

由此可见,在iOS 7及其以上版本中,创建的工程文件中不会包含如下所示的故事板文件:

❑ MainStoryboard_iPhone.storyboard;
❑ MainStoryboard_iPad.storyboard。

(3)向下滚动工程目录的属性窗口,可以看到比iOS 6及以前版本增加了图标和应用程序图像设置属性,如图31-5所示。

图31-3 创建Xcode工程

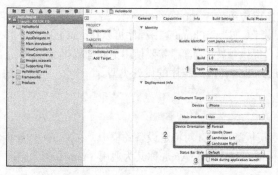

图31-4 工程的目录结构

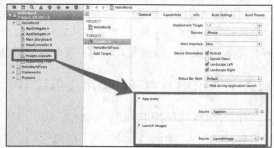

图31-5 新增了图标和应用程序图像设置属性

Images.xcassets是Xcode 5的一个新特性,其引入的一个主要原因是为了方便应用程序同时支持iOS 6和iOS 7。

(4)打开导航区域中的Images.xcassets,查看里面的具体内容,如图31-6所示。

(5)在图中可以看到中间位置有两个虚线框,可以直接拖入图片文件资源进来。在此先准备一下资源文件,如图31-7所示。

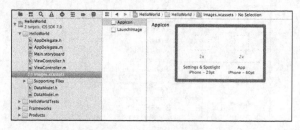

图31-6 Images.xcassets的具体内容

图31-7 拖入图片文件资源

注意:为方便编程,除Icon7.png之外,其他图标的文件名均沿袭了以往iOS图标的命名规则。

(6)将图片Icon-Small@2x.png拖曳到第一个虚线框中,将图片Icon7.png拖曳到第二个虚线框中,如图31-8所示。

图31-8 拖入图片文件到虚线框

Icon-Small@2x.png的尺寸是58像素×58像素,而Icon7.png的尺寸是120像素×120像素。另外,如果拖入的图片尺寸不正确,Xcode会提示警告信息。

(7)在图31-9所示的页面中单击实用工具区域的最右侧的"Show the Attributes inspector(显示属性检查器)"图标后能够看到图像集的属性,勾选"iOS 6.1 and Prior Sizes"看看会发生什么变化,如图31-9所示。

图31-9 勾选一下iOS 6.1 and Prior Sizes

(8)分别将Icon-Small.png、Icon.png和Icon@2x.png顺序拖曳到3个空白的虚线框中,完成之后的效果如图31-10所示。

图31-10 拖曳到3个空白的虚线框

(9)右击左侧的AppIcon按钮,在弹出的辅助菜单中选择Show in Finder选项,如图31-11所示。此时可以查看刚才拖曳都做了哪些工作,如图31-12所示。

图31-11 选择Show in Finder

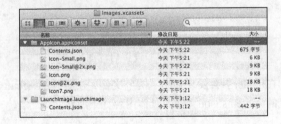

图31-12 Finder中的文件

由此可见,除了Contents.json是一个陌生文件外,其他文件都是刚拖曳进Xcode的,双击查看一下Contents.json文件内容:

```
{
  "images" : [
    {
      "size" : "29x29",
      "idiom" : "iphone",
      "filename" : "Icon-Small.png",
      "scale" : "1x"
```

```
      },
      {
        "size" : "29x29",
        "idiom" : "iphone",
        "filename" : "Icon-Small@2x.png",
        "scale" : "2x"
      },
      {
        "size" : "57x57",
        "idiom" : "iphone",
        "filename" : "Icon.png",
        "scale" : "1x"
      },
      {
        "size" : "57x57",
        "idiom" : "iphone",
        "filename" : "Icon@2x.png",
        "scale" : "2x"
      },
      {
        "size" : "60x60",
        "idiom" : "iphone",
        "filename" : "Icon7.png",
        "scale" : "2x"
      }
  ],
  "info" : {
    "version" : 1,
    "author" : "xcode"
  }
}
```

从上述代码可以看出，能够根据不同的iOS设备设置图片的显示大小。

（10）设置素材图标工作完成后，设置启动图片的工作就变得十分简单了，具体操作步骤差别不大，完成之后的界面如图31-13所示。

（11）再次在Finder中查看具体内容，如图31-14所示。

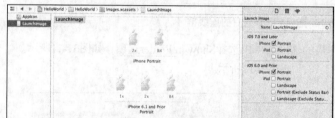

图31-13 设置启动图片

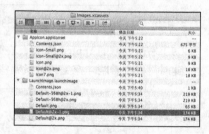

图31-14 在Finder中查看具体内容

在Finder中会发现多出了两个文件，分别是：Default@2x-1.png和Default-568h@2x-1.png，双击打开对应的Contents.json文件，具体内容如下所示：

```
{
  "images" : [
    {
      "orientation" : "portrait",
      "idiom" : "iphone",
      "extent" : "full-screen",
      "minimum-system-version" : "7.0",
      "filename" : "Default@2x.png",
      "scale" : "2x"
    },
    {
      "extent" : "full-screen",
      "idiom" : "iphone",
      "subtype" : "retina4",
```

```
      "filename" : "Default-568h@2x.png",
      "minimum-system-version" : "7.0",
      "orientation" : "portrait",
      "scale" : "2x"
    },
    {
      "orientation" : "portrait",
      "idiom" : "iphone",
      "extent" : "full-screen",
      "filename" : "Default.png",
      "scale" : "1x"
    },
    {
      "orientation" : "portrait",
      "idiom" : "iphone",
      "extent" : "full-screen",
      "filename" : "Default@2x-1.png",
      "scale" : "2x"
    },
    {
      "orientation" : "portrait",
      "idiom" : "iphone",
      "extent" : "full-screen",
      "filename" : "Default-568h@2x-1.png",
      "subtype" : "retina4",
      "scale" : "2x"
    }
  ],
  "info" : {
    "version" : 1,
    "author" : "xcode"
  }
}
```

（12）将其中的"filename": "Default@2x-1.png"和"filename" : "Default-568h@2x-1.png"分别改为"filename":"Default@2x.png"和"filename" : "Default-568h@2x.png"，保存并返回到Xcode界面后的效果如图31-15所示。

修改后的Contents.json文件的内容如下所示：

```
{
  "images" : [
    {
      "orientation" : "portrait",
      "idiom" : "iphone",
      "extent" : "full-screen",
      "minimum-system-version" : "7.0",
      "filename" : "Default@2x.png",
      "scale" : "2x"
    },
    {
      "extent" : "full-screen",
      "idiom" : "iphone",
      "subtype" : "retina4",
      "filename" : "Default-568h@2x.png",
      "minimum-system-version" : "7.0",
      "orientation" : "portrait",
      "scale" : "2x"
    },
    {
      "orientation" : "portrait",
      "idiom" : "iphone",
      "extent" : "full-screen",
      "filename" : "Default.png",
      "scale" : "1x"
    },
    {
      "orientation" : "portrait",
```

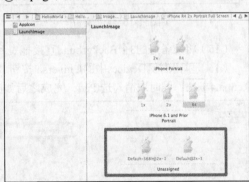

图31-15 返回到Xcode界面后的效果

```
            "idiom" : "iphone",
            "extent" : "full-screen",
            "filename" : "Default@2x.png",
             "scale" : "2x"
        },
        {
            "orientation" : "portrait",
            "idiom" : "iphone",
            "extent" : "full-screen",
            "filename" : "Default-568h@2x.png",
            "subtype" : "retina4",
            "scale" : "2x"
        }
    ],
    "info" : {
        "version" : 1,
        "author" : "xcode"
    }
}
```

（13）分别选中下方的"Default@2x-1.png"和"Default-568h@2x-1.png"，按删除键删除这两个文件，删除之后的效果如图31-16所示。

（14）创建一个图像作为素材文件，如图31-17所示。为了方便在运行时看出不同分辨率的设备使用的背景图片不同，在素材图片中增加了文字标示。

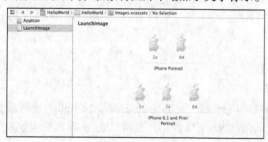
图31-16 删除文件

图31-17 素材文件

（15）将准备好的3个Background直接拖曳到Xcode中，完成之后如图31-18所示。

（16）单击右侧Devices中的Universal按钮，并选择Device Specific选项，然后在下方勾选iPhone和Retina 4-inch，同时取消勾选iPad，完成之后如图31-19所示。

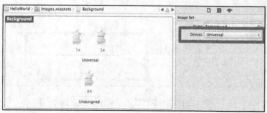
图31-18 将Background直接拖曳到Xcode中

图31-19 Devices中的Universal

（17）将下方Unassigned中的图片直接拖曳到右上角R4位置，设置视网膜屏使用的背景图片，如图31-20所示。

（18）单击并打开Main.storyboard，选中左侧的View Controller，然后在右侧File Inspector中，取消勾选Use Autolayout选项，如图31-21所示。

（19）从右侧工具栏中拖曳一个UIImageView至View Controller主视图中，处于其他控件的最底层。同时调整该UIImageView的尺寸属性，如图31-22所示。

然后设置该UIImageView使用的图像，如图31-23所示。

图31-20 设置视网膜屏使用的背景图片

图31-21 取消勾选Use Autolayout选项

图31-22 调整UIImageView的尺寸属性

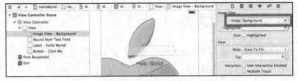
图31-23 设置该UIImageView使用的图像

此时在不同屏幕的模拟器上运行上面创建的应用程序,可以看到图31-24所示的三种效果。

第一种尺寸

第二种尺寸

第三种尺寸

图31-24 执行效果

由此可见,从iOS 7开始,开发通用程序的方法更加简洁方便。

并非所有开发人员都认为开发通用应用程序是最佳的选择。很多开发人员创建应用程序的HD或XL版本,其售价比iPhone版稍高。如果开发者的应用程序在这两种平台上差别很大,可能应采取这种方式。即便如此,也可只开发一个项目,但生成两个不同的可执行文件,这些文件称为目标文件(target)。本章后面的内容将介绍可用于完成这种任务的Xcode工具。

对于跨iPhone和iPad平台的项目,在如何处理它们的应用程序方面没有对错之分。对开发人员来说,需要根据编写的代码、营销计划和目标用户判断什么样的处理方式是合适的。

如果预先知道应用程序需要能够在任何设备上运行,开始开发时就应将Device Family设置为Universal而不是iPhone或iPad。本章将使用Single View Application模板来创建通用应用程序,但使用其他模板时,方法完全相同。

注意:怎样检测当前设备的类型
要想检测当前运行应用程序的设备,可使用UIDevice类的方法currentDevice获取指向当前设备的对象,再访问其属性model。属性model是一个描述当前设备的NSString(如iPhone、Pad Simulator等)。返回该字符串的代码如下:

[UIDevice currentDevice].model

由此可见，无需执行任何实例化和配置工作，只需检查属性model的内容即可。如果它包含iPhone，则说明当前设备为iPhone;如果是iPod，则说明当前设备为iPod Touch;如果为iPad，则说明当前设备为iPad。

通用项目的设置信息也有一些不同。如果查看通用项目的Summary选项卡，将发现其中包含iPhone和iPad部署信息，在其中每个部分都可设置相应设备的故事板文件。当启动应用程序时，将根据当前平台打开相应的故事板文件，并实例化初始场景中的每个对象。

31.1.3 图标文件

在通用项目的Summary选项卡中，可设置iPhone和iPad应用程序图标，如图31-25所示。

iPhone应用程序图标为57像素×57像素；对于使用Retina屏幕的iPhone，为114像素×114像素。然而，iPad图标为72像素×72像素。要配置应用程序图标，可将大小合适的图标拖放到相应的图像区域。对于iPhone来说，启动图像的尺寸应为320像素×480像素（iPhone 4为640像素×960像素）。如果设备只会

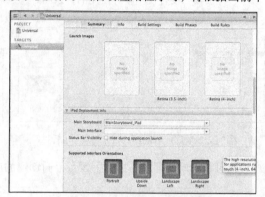

图31-25 在Summary选项卡中添加iPhone和iPad应用程序图标信息

处于横向状态，则启动图像尺寸应为480像素×320像素和960像素×640像素。如果要让状态栏可见，应将垂直尺寸减去20像素。鉴于在任何情况下都不应隐藏iPad状态栏，其启动图像的垂直尺寸应减去20像素，即768像素×1024像素（纵向）或1024像素×768像素（横向）。

> 注意：当将图像拖放到Xcode图像区域（如添加图标）时，该图像文件将被复制到项目文件夹中，并出现在项目导航器中。为保持整洁，应将其拖放到项目编组Supporting Files中。

31.1.4 启动图像

启动图像的目的是，在应用程序加载时显示图像。因为iPhone和iPad的屏幕尺寸不同，所以需要使用不同的启动图像。可以像指定图标一样，使用Summary选项卡中的图像区域设置每个平台的启动图像。

完成这些细微的修改后，通用应用程序模板就完成了。接下来需要充分发挥模板Single View Application的通用版本的作用，使用它创建一个应用程序，该应用程序在iPad和iPhone平台上显示不同的视图且只执行一行代码。

31.2 实战演练——使用通用程序模板创建通用应用程序（双语实现：Objective-C版）

> 知识点讲解光盘：视频\知识点\第31章\使用通用程序模板创建通用应用程序（双语实现：Objective-C版）.mp4

本节将通过一个具体实例来讲解使用通用程序模板创建通用应用程序的过程。本实例将实例化一个视图控制器，根据当前设备加载相应的视图，然后显示一个字符串，它指出了当前设备的类型。

本实例使用了Apple通用模板，使用单个视图控制器管理iPhone和iPad视图。这种方法比较简单，但对于iPhone和iPad界面差别很大的大型项目，可能不可行。在实例中创建了两个（除尺寸外）完全相同的视图——每种设备一个，它包含一个内容可修改的标签。这些标签将连接到同一个视图控制器。在这个视图控制器中，将判断当前设备为iPhone还是iPad，并显示相应的消息。

31.2 实战演练——使用通用程序模板创建通用应用程序（双语实现：Objective-C 版）

实例31-1	使用通用程序模板创建通用应用程序
源码路径	光盘:\daima\31\first-obj

31.2.1 创建项目

打开Xcode，使用模板Single View Application新创建一个项目，将Device Family设置为Universal，并将其命名为first。这个应用程序的骨架与您以前看到的完全相同，但给每种设备都提供了一个故事板，如图31-26所示。

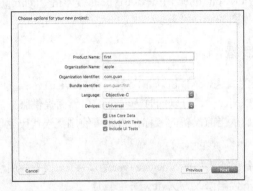

图31-26 创建工程

本实例只需要一个连接，即到标签（UILabel）的连接，把它命名为deviceType，在加载视图时将使用它动态地指出当前设备的类型。

31.2.2 设计界面

在本实例中需要处理两个故事板：MainStoryboard_iPad.storyboard和MainStoryboard_iPhone.storyboard。依次打开每个故事板文件，添加一个静态标签，它指出应用程序的类型。也就是说，在iPhone视图中，将文本设置为"这是一个iPhone程序"，在iPad视图中，将文本设置为"这是一个iPad程序"。

做好准备工作后，可以在iOS模拟器中运行该应用程序，再使用菜单Hardware>Device在iPad和iPhone实现之间切换。作为iPad应用程序运行时，将看到在iPad故事板中创建的视图；当以iPhone应用程序运行时，将看到在iPhone故事板中创建的视图。但是这里显示的是静态文本，需要让一个视图控制器能够控制这两个视图。为此修改每个视图，在显示静态文本的标签下方添加一个UILabel，并将其默认文本设置为Device，此时的UI视图界面分别如图31-27和图31-28所示。

图31-27 iPhone故事板的视图

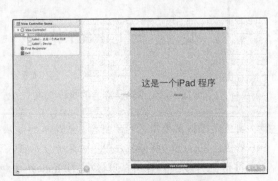

图31-28 iPhone故事板的视图

31.2.3 创建并连接输出口

创建的视图包含了一个动态元素,此时需要将其连接到输出口deviceType。两个视图连接到视图控制器中的同一个输出口,它们共享一个输出口。首先切换到助手编辑器模式,如果需要更多的空间,请隐藏导航器区域和Utilities区域。在文件ViewController.h显示在右边的情况下按Control键,并从Device标签拖曳到代码行@interface下方,在Xcode提示时将输出口命名为deviceType。然后为另一个视图创建连接,但由于输出口deviceType已创建好,因此不需要新建输出口。打开第二个故事板,按住Control键,并从Device标签拖曳到ViewController.h中deviceType的编译指令@property上。到此为止,就创建好了两个视图,它们由同一个视图控制器管理。

31.2.4 实现应用程序逻辑

在文件ViewController.m的方法viewDidLoad中设置标签deviceType,难点是如何根据当前的设备类型修改该标签。通过使用UIDevice类,可以同时为两个用户界面提供服务。

此模块的功能是获悉并显示当前设备的名称,为此可使用下述代码返回的字符串:

```
[UIDevice currentDevice].model
```

要在视图中指出当前设备,需要将标签deviceType的属性text设置为属性model的值。所以需要切换到标准编辑器模式,并按如下代码修改方法viewDidLoad:

```
- (void)viewDidUnload
{
    [self setDeviceType:nil];
    [super viewDidUnload];
    // Release any retained subviews of the main view.
    // e.g. self.myOutlet = nil;
}
```

此时每个视图都将显示UIDevice提供的属性model的值。通过使用该属性,可以根据当前设备有条件地执行代码,甚至修改应用程序的运行方式——如果在iOS模拟器上执行它。

到此为止,整个实例设计完成,此时可以在iPhone或iPad上运行该应用程序,并查看结果,执行效果分别如图31-29和图31-30所示。

图31-29 iPad设备上的执行效果

图31-30 iPhone设备上的执行效果

注意: 要使用模拟器模拟不同的平台,最简单的方法是使用Xcode工具栏右边的下拉列表Schemeo,选择iPad Simulator将模拟在iPad中运行应用程序,而选择iPhone Simulator将模拟在iPhone上运行应用程序。但是,当通用应用程序的iPhone界面和iPad界面差别很大时,这种方法就不适合使用了。在这种情况下,使用不同的视图控制器来管理每个界面可能更合适。

31.3 实战演练——使用通用程序模板创建通用应用程序（双语实现：Swift 版）

📽 知识点讲解光盘：视频\知识点\第31章\使用通用程序模板创建通用应用程序（双语实现：Swift 版）.mp4

实例31-2	使用通用程序模板创建通用应用程序
源码路径	光盘:\daima\31\first-swift

本实例的功能和本章前面的实例31-1完全一样，只是用Swift语言实现而已（程序参考光盘）。

31.4 实战演练——使用视图控制器

📽 知识点讲解光盘：视频\知识点\第31章\使用视图控制器.mp4

在本节的实例中，将创建一个和上一节实例功能一样的应用程序，但是两者有一个重要的差别：本实例不是原封不动地使用通用应用程序模板，而是添加了一个名为iPadViewController的视图控制器，它专门负责管理iPad视图，并使用默认的ViewController管理iPhone视图。这样整个项目将包含两个视图控制器，这让您能够根据需要实现类似或截然不同的实例，且无需检查当前的设备类型，因为应用程序启动时将选择故事板，从而自动实例化用于当前设备的视图控制器。

实例31-3	使用视图控制器
源码路径	光盘:\daima\31\second

31.4.1 创建项目

打开Xcode，使用模板Single Vew Application创建一个应用程序，将应用程序命名为second。接下来需要创建iPad视图控制器类，它将负责所有的iPad用户界面管理工作。

1. 添加iPad视图控制器

该应用程序已经包含了一个视图控制器子类（ViewController），还需要新建UIViewController子类，首先依次选择菜单File→New→File，然后在出现的对话框中选择类别Cocoa Touch Class，再单击"Next"按钮，如图31-31所示。

将新类命名为iPadViewController，如图31-32所示。然后单击"Next"按钮，在新界面中指定要在什么地方创建类文件。

图31-31 新建UIViewController子类

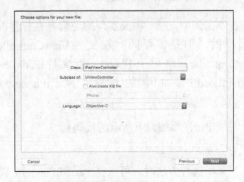

图31-32 将新类命名为iPadViewController

最后指定新视图控制器类文件的存储位置。请将其存储到文件ViewController.h和ViewController.m

所在的位置,再单击Create按钮。此时在项目导航器中会看到类iPadViewController的实现文件和接口文件。为让项目组织有序,将它们拖曳到项目的代码编组中。

2. 将iPadViewController关联到iPad视图

此时在项目中有一个用于iPad的视图控制器类,但是文件Main Storyboard_iPad.storyboard中的初始视图仍由ViewController管理。为了修复这种问题,必须设置iPad故事板中初始场景的视图控制器对象的身份。为此,单击项目导航器中的文件MainStoryboard_iPad.storyboard,选择文档大纲中的视图控制器对象,再打开Identity Inspector(Option+Command+3)。为将该视图控制器的身份设置为iPadViewController,从检查器顶部的Class下拉列表中选择iPadViewController,如图31-33所示。

在设置身份后,与通用应用程序相关的工作就完成了。接下来就可以继续开发应用程序,就像它是两个独立的应用程序一样:视图和视图控制器都是分开的。视图和视图控制器是分开的并不意味着不能共享代码。例如,可创建额外的工具类来实现应用程序逻辑和核心功能,并在iPad和iPhone之间共享它们。

31.4.2 设计界面

图31-33 设置初始视图的视图控制器类

本实例也是创建了两个视图,一个在MainStoryboard_iPhone.storyboard中,另一个在MainStoryboard_iPad.storyboard中。每个视图都包含一个指出当前应用程序类型的标签,还包含一个默认文本为Device的标签,该标签的内容将在代码中动态地设置。甚至还可以打开前一个通用应用程序示例中的故事板,将其中的UI元素复制并粘贴到这个项目中。

31.4.3 创建并连接输出口

在此需要为iPad和iPhone视图中的Device标签建立不同的连接。首先,打开MainStoryboard_iPhone.storyboard,按Control键,从Device标签拖曳到ViewController.h中代码行@interface下方,并将输出口命名为deviceType。切换到文件MainStoryboard_iPad.storyboard,核心助手编辑器加载的是文件iPadViewController.h,而不是ViewController.h。像前面那样做,将这个视图的Device标签连接到一个新的输出口,并将其命名为deviceType。

31.4.4 实现应用程序逻辑

在本实例中,唯一需要实现的逻辑是在标签deviceType中显示当前设备的名称。可以像上一节实例中那样做,但是需要同时在文件ViewController.m和PadViewController.m中都这样做。但是文件ViewController.m将用于iPhone,而文件iPadViewController.m将用于iPad,因此可在这些类的方法viewDidLoad中添加不同的代码行。对于iPhone,添加如下所示的代码行:

```
self.deviceType.text=@"iPhone";
```

对于iPad,添加如下所示的代码行:

```
self.deviceType.text=@"iPad";
```

当采用这种方法时,可以将iPad和iPhone版本作为独立的应用程序进行开发:在合适时共享代码,但将其他部分分开。在项目中添加新的UIViewController子类(iPadViewController)时,不要指望其内容与iOS模板中的视图控制器文件相同。就iPadViewController而言,可能需要取消对方法viewDidLoad

的注释,因为这个方法默认被禁用。

31.4.5 生成应用程序

到此为止,整个实例介绍完毕,如果运行应用程序"second",执行效果与上一节应用程序完全相同,分别如图31-34和图31-35所示。

图31-34 iPad设备上的执行效果

图31-35 iPhone设备上的执行效果

综上所述,在现实中有两种创建通用应用程序的方法,各自有其优点和缺点。当使用共享视图控制器方法时,编码和设置工作更少。一方面,iPad和iPhone界面类似,这使得维护工作更简单;另一方面,如果iPhone和iPad版本的UI差别很大,实现的功能也不同,也许将代码分开是更明智的选择。在现实中具体采用哪一种方法,这完全取决于开发人员自己的喜好。

31.5 实战演练——使用多个目标

> 知识点讲解光盘:视频\知识点\第31章\使用多个目标.mp4

本节将讲解第三种创建通用项目的方法。虽然其结果并非单个通用应用程序,但是可以针对iPhone或iPad平台进行编译。为此,必须在应用程序中包含多个目标(target)。目标定义了应用程序将针对哪种平台(iPhone或iPad)进行编译。在项目的Summary选项卡中,可指定应用程序启动时将加载的故事板。通过在项目中添加新目标,可以配置完全不同的设置,它指向新的故事板文件。而故事板文件可使用项目中现有的视图控制器,也可使用新的视图控制器,就像在本章的前面实例中所做的那样。

要在项目中添加目标,最简单的方法是复制现有的目标。为此在Xcode中打开项目文件,并选择项目的顶级编组。在项目导航器右边,有一个目标列表,通常其中只有一个目标:iPhone或iPad目标。右击该目标并选择Duplicate,如图31-36所示。

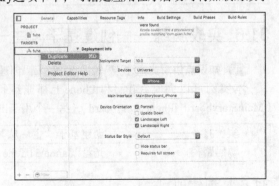
图31-36 右键单击该目标并选择Duplicate

31.5.1 将 iPhone 目标转换为 iPad 目标

如果复制的是iPhone项目中的目标,Xcode将询问是否要将其转换为iPad目标,如图31-37所示。

此时只需单击按钮Duplicate and Transition to iPad,Xcode将为应用程序创建iPad资源,这些资源是与iPhone应用程序资源分开的。项目将包含两个目标:原来的iPhone目标和新建的iPad目标。虽然可共享资源和类,但生成应用程序时需要选择目标,因此,将针对这两种平台创建不同的可执行文件。

要在运行/生成应用程序时选择目标,可单击Xcode工具栏中Scheme下拉列表的左边。这将列出所有的目标,还可通过子菜单选择在设备还是iOS模拟器中运行应用程序。另外,读者需要注意的是,当单击按钮Duplicate and Transition to iPad时,将自动给新目标命名,它包含后缀iPad,但复制注释时,将在现有目标名后面添加复制要重命名的目标,此时可单击它,就像在Finder中重命名图标那样。

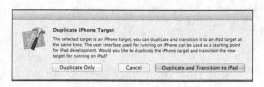

图31-37 询问是否要将其转换为iPad目标

31.5.2 将iPad目标转换为iPhone目标

如果复制iPad项目中的目标,复制命令将静悄悄地执行,创建另一个完全相同的iPad目标。要获得Duplicate and Transition to iPad带来的效果,必须有另外的操作。

首先,新创建一个用于iPhone的故事板。此时可以选择菜单File→New File,然后,再选择类别User Interface和故事板文件,单击Next按钮。在下一个对话框中,为新故事板设置Device Family(默认为iPhone),再单击Next按钮。最后,在File Creation对话框中,为新故事板指定一个有意义的名称,选择原始故事板的存储位置,再单击Create按钮。在项目导航器中,将新故事板拖曳到项目代码编组中。

现在选择项目的顶级编组,确保在编辑器中显示的是Summary选项卡。在项目导航器右边的那栏中,单击新建的目标。Summary选项卡将刷新,显示选定目标的配置。从下拉列表Devices中选择iPhone,再从下拉列表Main Storyboard中选择刚创建的iPhone故事板文件。此时就可以像开发通用应用程序那样继续开发这个项目中。在需要生成应用程序时,别忘了单击下拉列表Scheme的右边,并选择合适的目标。

注意:包含多个目标的应用程序并非通用的。目标指定了可执行文件针对的平台。如果有一个用于iPhone的目标和一个用于iPad的目标,要支持这两种平台,必须创建两组可执行文件。

要想更加深入地了解通用应用程序,最佳方式是创建它们。要了解每种设备将如何显示应用程序的界面,请参阅Apple开发文档iPad Human Interface Guidelines和iPhone Human Interface Guidelines。鉴于对于一个平台可接受的东西,另一个平台可能不接受,因此务必参阅这些文档。例如,在iPad中不能在视图中直接显示诸如UIPickerView和UIActionSheet等iPhone UI类,而需要使用弹出窗口(UIPopoverController),这样才符合Apple指导原则。事实上,这可能是这两种平台的界面开发之间最大的区别之一。将界面转换为iPad版本之前,务必阅读有关UIPopoverController的文档。

31.6 实战演练——创建基于"主—从"视图的应用程序

知识点讲解光盘:视频\知识点\第31章\创建基于"主—从"视图的应用程序.mp4

本实例可以同时在iPad和iPhone上都能运行。本项目将包含两个故事板,一个用于iPhone(MainStoryboard_iPhone.storyboard),另一个用于iPad(MainStoryboard_iPad.storyboard)。

实例31-4	创建基于"主—从"视图的应用程序
源码路径	光盘:\daima\31\fuhe

31.6.1 创建项目

启动Xcode,使用模板Master-Detail Application创建一个项目,并将其命名为fuhe,在向导中选择下拉列表中的Device,并在其中选择Universal,如图31-38所示。

模板Master-Detail Application用于实现3个工作任务:设置场景、显示表视图的视图控制器、显示详细信息的视图控制器。

1. 添加图像资源

与前一个示例项目一样，这里也想在表视图中显示花朵的图像。将素材文件夹Images拖曳到项目代码编组中，并在Xcode提示时选择复制文件并创建组。

2. 了解分割视图控制器层次结构

新创建项目后，查看文件MainStoryboard_iPad.storyboard，会看到图31-39所示的层次结构。

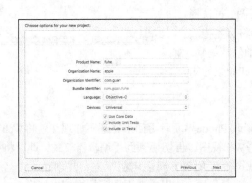

图31-38 创建工程

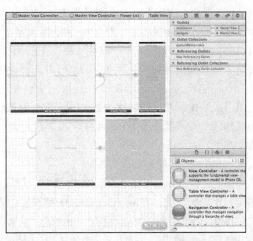

图31-39 iPad故事板包含一个分割视图控制器

分割视图控制器连接到两个导航控制器（UINaviagtionController）。主导航控制器连接到一个包含表视图（UITabView）的场景，这是主场景，由MasterViewController类处理。现在打开并查看文件MainStoryboard_iPone.storyb oard，它看起来要简单得多。其中有一个导航控制器，它连接到两个场景。第一个是主场景（MasterViewController），第二个是详细信息场景（DetailViewController）。

3. 规划变量和连接

在MasterViewController类中添加两个类型为NSArray的属性：flowerData和flowerSections。其中第一个属性存储描述每种花朵的字典对象，而第二个存储我们将在表视图中创建的分区的名称。通过使用这种结构，很容易实现表视图数据源方法和委托方法。在文件DetailViewController中添加一个输出口（detailWebView），它指向我们将加入到界面中的UIWebView。该UIWebView用于显示有关选定花朵的详细信息。这是我们需要添加的唯一一个对象。

31.6.2 调整 iPad 界面

1. 修改主场景

首先显示iPad故事板的右上角，在此将看到主场景的表视图，其导航栏中的标题为Master。双击该标题，并将其改为Flower Types。

接下来，在主场景层次结构中选择表视图（最好在文档大纲中选择），并打开Attributes Inspector（Option+ Command+4）。从Content下拉列表中选择Dynamic Protypes，也可将表样式改为Grouped。

现在将注意力转向单元格本身。将单元格标识符设置为flowerCell，将样式设置为Subtitle。这种样式包含标题和详细信息标签，且详细信息标签（子标题）显示在标题下方，将在详细信息标签中显示每种花朵的Wikipedia URL。选择添加到项目中的图像资源之一，让其显示在原型单元格预览中，也可以使用下拉列表Accessory指定一种展开箭头。在此选择不显示展开箭头，因为在模板Master-Detail Application的iPad版中，它的位置看起来不太合适。

为了完成主场景的修改，选择子标题标签，并将其字号设置为9（或更小）。再选择单元格本身，并使用手柄增大其高度，使其更有吸引力，图31-40显示了修改好的主场景。

2. 修改详细信息场景

为了修改详细信息场景，从主场景向下滚动后将看到一个很大的白色场景，其中有一个标签，标签的内容为Detail View Content Goes Here。将该标签的内容改为Choose a Flower，因为这是用户将在该应用程序的iPad版中看到的第一项内容。接下来从对象库拖曳一个Web视图（UIWebView）到场景中。调整其大小，使其覆盖整个视图。整个Web视图用于显示一个描述选定花朵的Webipedia页面。将标签"选择吧，亲"放到Web视图前面，此时可以在文档大纲中将其拖曳到Web视图上方，也可以选择Web视图，再选择菜单Editor→ArrangeSend to Back，还可在文档大纲中将标签拖放到视图层次结构顶端。最后修改导航栏标题，修改详细信息场景。双击该标题，并将其修改为Flower Detail。到此为止，iPad版的UI就准备好了。

图31-40 主场景

3. 创建并连接输出口

考虑到已经在Interface Builder编辑器中，与其在修改iPhone界面后再回来，还不如现在就将Web视图连接到代码。为此，在Interface Builder编辑器中选择Web视图，再切换到助手编辑器模式，此时将显示文件DetailViewController.h。按Control键，从Web视图拖曳到现有属性声明下方，并创建一个名为detailWebView的输出口。接下来以类似的方式修改iPhone版界面，所以需要返回到标准编辑器模式，再单击项目导航器中的文件Main Storyboard_iPhone.storyboard。

31.6.3 调整iPhone界面

1. 修改主场景

首先，执行修改iPad主场景时所执行的所有步骤：给场景指定新标题，配置表视图，将Content设置为Dynamic Prototypes，再修改原型单元格，使其使用样式Subtitle（并将子标题的字号设置为9点），显示一幅图像并使用标识符flowerCell。在我的设计中，唯一的差别是添加了展开箭头，其他方面都完全相同。

2. 修复受损的切换

修改表视图，使其使用动态原型时，会破坏应用程序。不管出于什么原因，做这样的修改都将破坏单元格到详细信息场景的切换。在进行其他修改前，先修复这种问题，方法是按Control键，并从单元格（不是表）拖曳到详细信息场景，并在Xcode提示时选择Push。这样就一切正常了。如果不修复该切换，该应用程序的iPad版本不受影响，但iPhone版将不会显示详细信息视图。

3. 修改详细信息场景

为结束对iPhone版UI的修改，在详细信息场景中添加一个Web视图，调整其大小，使其覆盖整个视图。将标签detail view content goes here放到Web视图后面。为什么放到Web视图后面呢？因为在iPhone版本中，这个标签永远都看不到，没有必要修改其内容，也无需担心其显示。在模板Master-Detail Application中，引用了该标签，不能随便将它删除，因此退而求其次，将其放到Web视图后面。最后，将详细信息场景的导航栏标题改为Flower Detail，图31-41显示了最终的iPhone界面。

4. 创建并连接输出口

与iPad版一样，需要将详细信息场景中的webDetailView连接到输出口webDetailView。当在前面为iPad界面建立连接时，已经创建了输出口webDetailView，因此只需将这个Web视图连接到该输出口即可。为此，在Interface Builder编辑器中选择该Web视图，并切换到助手编辑器模式。按Control键，并从Web视图拖曳到输出口webDetailView。当鼠标指针指向输出口时，它将高亮显示，此时松开鼠标键即可。至此，界面和连接都准备就绪了。

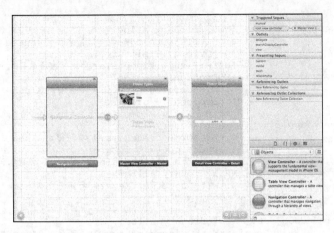

图31-41 最终的iPhone界面

31.6.4 实现应用程序数据源

在前一个表视图项目中，使用了多个数组和switch语句来区分不同的花朵分区，但是在此需要跟踪花朵分区、名称、图像资源以及将显示的细节URL。

1. 创建应用程序数据源

这个应用程序需要存储的数据较多，无法用简单数组存储。相反，这里将使用一个元素为NSDictionary的NSArray来存储每朵花的属性，并使用另一个数组来存储每个分区的名称。我们将使用当前要显示的分区/行作为索引，因此不再需要switch语句。

首先，在文件MasterViewController.h中，声明属性flowerData和flowerSections。为此在现有属性下方添加如下代码行：

```
@property (strong, nonatomic) NSArray *flowerData;
@property (strong, nonatomic) NSArray *flowerSections;
```

在文件MasterViewController.m中，在编译指令@implementation下方添加配套的编译指令@synthesize：

```
@synthesize flowerData;
@synthesize flowerSections;
```

在文件MasterViewController.m的方法viewDidUnload中，添加如下代码行以执行清理工作：

```
[self setFlowerData:nil];
[self setFlowerSections:nil];
```

添加了两个NSArray：flowerData和flowerSections，它们将分别用于存储花朵信息和分区信息。我们还需声明方法createFlowerData，它将用于将数据加入到数组中。为此，在文件MasterViewController.h中，在属性下方添加如下方法原型：

```
-(void)createFlowerData;
```

接下来开始加载数据，在文件MasterViewController.m中，实现方法createFlowerData的代码如下所示：

```
- (void)createFlowerData {

    NSMutableArray *redFlowers;
    NSMutableArray *blueFlowers;

    self.flowerSections=[[NSArray alloc] initWithObjects:
                        @"红花",@"B蓝花",nil];

    redFlowers=[[NSMutableArray alloc] init];
    blueFlowers=[[NSMutableArray alloc] init];
```

```objc
            [redFlowers addObject:[[NSDictionary alloc]
                                    initWithObjectsAndKeys:@"罂粟目",@"name",
                                    @"poppy.png",@"picture",
                                    @"http://zh.wikipedia.org/wiki/罂粟目",@"url",nil]];
            [redFlowers addObject:[[NSDictionary alloc]
                                    initWithObjectsAndKeys:@"郁金香",@"name",
                                    @"tulip.png",@"picture",
                                    @"http://zh.wikipedia.org/wiki/郁金香",@"url",nil]];
            [redFlowers addObject:[[NSDictionary alloc]
                                    initWithObjectsAndKeys:@"非洲菊",@"name",
                                    @"gerbera.png",@"picture",
                                    @"http://zh.wikipedia.org/wiki/非洲菊",@"url",nil]];
            [redFlowers addObject:[[NSDictionary alloc]
                                    initWithObjectsAndKeys:@"芍药属",@"name",
                                    @"peony.png",@"picture",
                                    @"http://zh.wikipedia.org/wiki/芍药属",@"url",nil]];
            [redFlowers addObject:[[NSDictionary alloc]
                                    initWithObjectsAndKeys:@"蔷薇属",@"name",
                                    @"rose.png",@"picture",
                                    @"http://zh.wikipedia.org/wiki/蔷薇属",@"url",nil]];
            [redFlowers addObject:[[NSDictionary alloc]
                                    initWithObjectsAndKeys:@"Hollyhock",@"name",
                                    @"hollyhock.png",@"picture",
                                    @"http://en.wikipedia.org/wiki/Hollyhock",
                                    @"url",nil]];
            [redFlowers addObject:[[NSDictionary alloc]
                                    initWithObjectsAndKeys:@"Straw Flower",@"name",
                                    @"strawflower.png",@"picture",
                                    @"http://en.wikipedia.org/wiki/Strawflower",
                                    @"url",nil]];

            [blueFlowers addObject:[[NSDictionary alloc]
                                    initWithObjectsAndKeys:@"Hyacinth",@"name",
                                    @"hyacinth.png",@"picture",
                                    @"http://en.m.wikipedia.org/wiki/Hyacinth_(flower)",
                                    @"url",nil]];
            [blueFlowers addObject:[[NSDictionary alloc]
                                    initWithObjectsAndKeys:@"Hydrangea",@"name",
                                    @"hydrangea.png",@"picture",
                                    @"http://en.m.wikipedia.org/wiki/Hydrangea",
                                    @"url",nil]];
            [blueFlowers addObject:[[NSDictionary alloc]
                                    initWithObjectsAndKeys:@"Sea Holly",@"name",
                                    @"sea holly.png",@"picture",
                                    @"http://en.wikipedia.org/wiki/Sea_holly",
                                    @"url",nil]];
            [blueFlowers addObject:[[NSDictionary alloc]
                                    initWithObjectsAndKeys:@"Grape Hyacinth",@"name",
                                    @"grapehyacinth.png",@"picture",
                                    @"http://en.wikipedia.org/wiki/Grape_hyacinth",
                                    @"url",nil]];
            [blueFlowers addObject:[[NSDictionary alloc]
                                    initWithObjectsAndKeys:@"Phlox",@"name",
                                    @"phlox.png",@"picture",
                                    @"http://en.wikipedia.org/wiki/Phlox",@"url",nil]];
            [blueFlowers addObject:[[NSDictionary alloc]
                                    initWithObjectsAndKeys:@"Pin Cushion Flower",@"name",
                                    @"pincushionflower.png",@"picture",
                                    @"http://en.wikipedia.org/wiki/Scabious",
                                    @"url",nil]];
            [blueFlowers addObject:[[NSDictionary alloc]
                                    initWithObjectsAndKeys:@"Iris",@"name",
                                    @"iris.png",@"picture",
                                    @"http://en.wikipedia.org/wiki/Iris_(plant)",
                                    @"url",nil]];

            self.flowerData=[[NSArray alloc] initWithObjects:
```

```
                    redFlowers,blueFlowers,nil];
}
```

在上述代码中，首先分配并初始化了数组flowerSections。将分区名加入到数组中，以便能够将分区号作为索引。例如首先添加的是Red Flowers，因此可以使用索引（和分区号）0来访问它，接下来添加了Blue Flower，可以通过索引1访问它。需要分区的标签时，只需使用[flowerSectionsobjectAtIndex:section]。

在上述代码中声明了两个NSMutableArrays:redFlowers和blueFlowers，它们分别用于填充每朵花的信息，并使用表示花朵名称（name）、图像文件（picture）和Wikipedia参考资料（url）的"键/值"对来初始化它，然后将它插入到两个数组之一中。在最后的代码中，使用数组redFlowers和blueFlowers创建NSArray flowerData。对我们的应用程序来说，这意味着可以使用[flowerData objectAtIndex:0]和[flowerData objectAtIndex:1]来分别引用红花数组和蓝花数组。

2．填充数据结构

准备好方法createFlowerData后，便可以在MasterViewController的viewDidLoad方法中调用它了。在文件MasterViewController.m中，在这个方法的开头添加如下代码行：

```
[self createFlowerData];
```

31.6.5 实现主视图控制器

现在可以修改MasterViewController控制的表视图了，其实现方式几乎与常规表视图控制器相同。同样，需要遵守合适的数据源和委托协议以提供访问和处理数据的接口。

1．创建表视图数据源协议方法

与前一个示例一样，首先在文件MasterViewController.m中实现3个基本的数据源方法。这些方法（numberOfSectionsInTableView、tableView:numberOfRowsInSection和tableView:titleforHeaderInSection）必须分别返回分区数、每个分区的行数以及分区标题。

要返回分区数，只需计算数组flowerSections包含的元素数：

```
return[self.flowerSections count];
```

由于数组flowerData包含两个对应于分区的数组，因此首先必须访问对应于指定分区的数组，然后返回其包含的元素数：

```
return[[self.flowerData objectAtIndex:sectionJ count];
```

最后通过方法tableView：titleforHeaderInSection给指定分区提供标题，应用程序应使用分区编号作为索引来访问数组flowerSections，并返回该索引指定位置的字符串：

```
return[self .flowerSections  obj ectAtIndex:section];
```

在文件MasterViewController.m中添加合适的方法，让它们返回这些值。正如您看到的，这些方法现在都只有一行代码，这是使用复杂的结构存储数据获得的补偿。

2．创建单元格

不同于前一个示例项目，这里需要深入挖掘数据结构以取回正确的结果。首先必须声明一个单元格对象，并使用前面给原型单元格指定的标识符flowerCell初始化：

```
UITableViewCell kcell=[tableView
dequeueReusableCellWithIdentifier:@ "flowerCell"]:
```

要设置单元格的标题、详细信息标签（子标题）和图像，需要使用类似于下面的代码：

```
Cell.textLabel.text=@"Title String";
cell.detailTextLabel.text=@"Detail String";
cell.imageView.image=[UIImage imageNamed:@"MyPicture.png"];
```

这样所有的信息都有了，只需取回即可。来快速复习一下flowerData结构的三级层次结构：

```
flowerData (NSArray)-----NSArray-----NSDictionary
```

第一级是顶层的flowerData数组，它对应于表中的分区；第二级是flowerData包含的另一个数组，它对应于分区中的行；最后，NSDictionary提供了每行的信息。

为了向下挖掘3层以获得各项数据，首先使用indexPath.section返回正确的数组，再使用indexPath.row从该数组中返回正确的字典，最后使用键从字典中返回正确的值。根据同样的逻辑，要将单元格对象的详细信息标签设置为给定分区和行中与键url对应值，可以使用如下代码实现：

```
cell.detailTextLabel.text=[[[self.flowerData  obj ectAtIndex:indexPath.section] 
objectAtIndex: indexPath.row] objectForKey:@"name"]
```

同样，可以使用如下代码返回并设置图像：

```
cell.imageView.image=[UlImage imageNamed:
[[[self .flowerData  obj ectAtIndex:indexPath.section] 
    objectAtIndex: indexPath.row] objectForKey:@ "picture"]];
```

最后一步是返回单元格。在文件MasterViewController.m中添加这些代码。现在，主视图能够显示一个表，但开发者还需要在用户选择单元格时做出响应：相应地修改详细信息视图。

3．使用委托协议处理导航事件

为了与DetailViewController通信，将使用其属性detailItem（该属性的类型为id）。因为detailItem可指向任何对象，所以将把它设置为选定花朵的NSDictionary，这让我们能够在详细视图控制器中直接访问name、url和其他键。

在文件MasterViewController.m中，实现方法tableView:didSelectRowAtIndexPath，例如下面的代码：

```
- (void)tableView:(UITableView *)aTableView didSelectRowAtIndexPath:(NSIndexPath *)
indexPath {
    self.detailViewController.detailItem=[[flowerData 
                                    objectAtIndex:indexPath.section]
                                    objectAtIndex: indexPath.row];
}
```

当用户选择花朵后，detailViewController的属性detailItem将被设置为相应的值。

31.6.6 实现细节视图控制器

当用户选择花朵后，应该让UIWebView实例（detailWebView）加载存储在属性detailItem中的Web地址。为实现这种逻辑，可以使用方法configureView实现。每当详细视图需要更新时，在本实例中都将自动调用这个方法。由于configureView和detailItem都已就绪，因此只需添加一些代码。

1．显示详细信息视图

由于detailItem存储的是对应于选定花朵的NSDictionary，因此需要使用url键来获取URL字符串，然后将其转换为NSLrRL。要完成这项任务非常简单：

```
NSURLrdetailURL;
detailURL=[[NSURL alloc] initWithString:[self.detailItem objectForKey:@ "url"]];
```

这样首先声明了一个名为detailURL的NSURL对象，然后分配它，并使用存储在字典中的URL对其进行初始化。

要在Web视图中加载网页，可以使用方法loadRequest，它将一个NSURLRequest对象作为输入参数。鉴于我们只有NSURL（detailURL），因此还需使用NSURLRequest的类方法requestWithURL返回类型合适的对象。为此，只需再添加一行代码：

```
[self.detailWebView loadRequest:[NSURLRequest requestWithURL:detailURL]];
```

前面已经将详细信息场景的导航栏标题改为了Flower Detail，接下来需要将其设置为当前显示的花朵的名称（[detailItem objectForKey:@ "name"]），此时可以通过使用navigationltem.title，可以将导航栏标题设置为任何值。可使用如下代码来设置详细视图顶部的导航栏标题：

```
self.navigationItem.title= [self.detailItem objectForKey:@ "name"];
```

最后当用户选择花朵后,应隐藏消息"选择吧,亲"。模板包含一个指向该标签的属性-detailDescriptionLabel,将其hidden属性设置为YES就可隐藏该标签:

```
self .detailDescriptionLabel.hidden=YES;
```

在一个方法中实现这些逻辑。文件DetailViewController.m中configureView方法的实现代码如下所示:

```
- (void)configureView
{
    // Update the user interface for the detail item
    if (self.detailItem) {
        NSURL *detailURL;
        detailURL=[[NSURL alloc] initWithString:[self.detailItem objectForKey:@"url"]];
        [self.detailWebView loadRequest:[NSURLRequest requestWithURL:detailURL]];
        self.navigationItem.title = [self.detailItem objectForKey:@"name"];
        self.detailDescriptionLabel.hidden=YES;
    }
}
```

2. 设置详细视图中的弹出框按钮

为让这个项目正确,还需做最后一项调整。在纵向模式下,分割视图中有一个按钮,此按钮用于显示包含详细视图的弹出框,其标题默认为Root List。开发者可以对其进行修改。

31.6.7 调试运行

开始测试应用程序,执行后的效果如图31-42所示。选择一种花后的效果如图31-43所示。

图31-42 执行效果

图31-43 选择一种花后的效果

第32章

推服务和多线程

在当前的众多iOS设备中,推服务为设备使用者提供了十分贴心的服务,通过自动提示推信息的方式为用户提高了无与伦比的用户体验。另外,iOS系统为了在特定硬件的基础上提供敏捷的反应速度,特意使用多线程技术进行了优化和推进处理。本章将详细讲解在iOS系统中实现推服务和多线程开发的基本知识。

32.1 推服务

知识点讲解光盘:视频\知识点\第32章\推服务.mp4

消息推送是许多iOS应用程序都具备的功能,能够自动为我们提供信息和服务。本节将简单介绍iOS推服务的基本知识。

32.1.1 推服务介绍

首先看一个股票应用程序。在iPhone/iPad上,在不启动股票应用程序的情况下,当股票上涨8%时,有时我们希望这些应用程序能够通知自己,这样可以决定是否卖出。实现通知的方式有多种,例如手机振动或在应用程序的图标上出现提示信息(类似iPhone/iPad的邮件应用图标的右上角的数字)。苹果推服务(Push Notification Service)就可以实现这个功能:股票应用程序所访问的股票网站推信息给股票应用程序。在具体实现上,苹果提供了中间的推服务,从而在iPhone/iPad的应用程序和股票网站(相当于应用程序的服务器)之间提供了通知的传递。如果没有这个推服务的话,那么用户必须要启动iPhone/iPad上的应用程序,经常查看自己的股票信息,这既浪费了用户的时间,又增加了网络流量。

苹果推服务传递的是JSON数据。所以,应用服务器(如股票网站)发送JSON格式的通知,最大为256字节。JSON数据就是一些"键-值"对。苹果推服务的通知可以是如下所示的载体。

❑ 一个声音或者振动。sound(声音)键所对应的值是一个字符串。这个字符串可以是一个本地声音文件的名字,如"sound":"ZhangLe.aiff"。

❑ 弹出一个提示窗口。alert(提示)键所对应的值可以是一个字符串,也可以是一个字典数据,如"alert":"股票涨了8%"。

❑ 应用图标右上角的徽章(badge)。它是一个整数,如"badge":8。

这些"键-值"对包含在aps(aps是苹果保留的关键字)下,使用苹果推服务的基本步骤如下所示。

(1) 应用服务器(如股票网站)需要从苹果获得数字证书,并把数字证书放在应用服务器上。从而应用服务器和苹果推服务平台就可以通信。

(2) 应用程序向苹果注册服务。

(3) 从iPhone操作系统获取Token,并发送给应用服务器,例如股票网站。Token就是一个标识这个特定手机的字符和数字的组合串。应用服务器使用这个Token来给这个手机发送通知。当然,应用服务器是把通知和Token发送给苹果推服务平台,然后苹果推服务到手机。

(4) 使用UIApplicationDelegate的didReceiveRemoteNotification来接收远程通知并做一些处理,接收

到的通知是JSON数据。

32.1.2 推服务的机制

苹果设备对于应用程序在后台运行有诸多限制（除非你越狱），当用户切换到其他程序或者退出程序后，原先的程序无法保持运行状态。对于那些需要保持持续连接状态的应用程序（比如社区网络应用），将不能收到实时的信息。为了解决这一限制，苹果推出了APNS（苹果推送通知服务）。APNS允许设备与苹果的推送通知服务器保持常连接状态。当你想发送一个推送通知给某个用户的iPhone上的应用程序时，你可以使用APNS发送一个推送消息给目标设备上已安装的某个应用程序。

iOS推送消息的工作机制如图32-1所示。

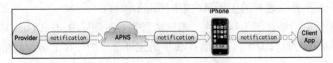

图32-1 推服务的机制

Provider是指某个iPhone软件的Push服务器，APNS是Apple Push Notification Service的缩写，是苹果的服务器。图32-1中的机制可以分为如下3个阶段。

- 第一阶段：应用程序把要发送的消息和目的iPhone的标识打包，发给APNS。
- 第二阶段：APNS在自身的已注册Push服务的iPhone列表中，查找有相应标识的iPhone，并把消息发送到iPhone。
- 第三阶段：iPhone把发来的消息传递给相应的应用程序，并且按照设定弹出Push通知。

上述阶段的具体实现过程如图32-2所示。

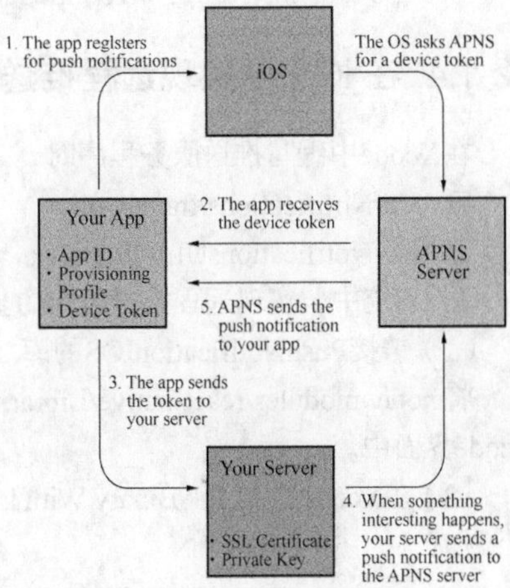

由图32-2所示的过程可以得出如下结论。

- 应用程序注册消息推送。
- iOS从APNS Server获取device token，应用程序接收device token。
- 应用程序将device token发送给PUSH服务端程序。
- 服务端程序向APNS服务发送消息。
- APNS服务将消息发送给iPhone应用程序。

图32-2 实现过程

无论是iPhone客户端和APNS，还是Provider和APNS，都需要通过证书进行连接。

32.1.3 iOS 中 PushNotificationIOS 远程推送的主要方法

要使用推送通知功能,首先在苹果后台配置推送通知服务并且准备好服务端的系统。PushNotificationIOS是React Native对苹果的API的封装，通过JS函数实现推送通知的注册、获取推送的消息、设置角标等功能。PushNotificationIOS中的主要方法如下所示。

（1）向iOS系统请求通知权限：

```
static requestPermissions(permissions?: { alert?: boolean, badge?: boolean, sound?: boolean })
```

添加一个监听器，监听远程或本地推送的通知事件: static addEventListener(type: string, handler: Function)

（2）监听注册通知：

```
PushNotificationIOS.addEventListener('register', this._registNotification.bind(this));
```

上述参数的具体说明如下：
- 第一个参数是监听时间的标识，register表示注册；
- 第二个参数是监听回调函数，当注册远程通知时会调用。

（3）监听接收推送消息：

```
PushNotificationIOS.addEventListener('notification', this._onNotification.bind(this));
```

上述参数的具体说明如下：
- 第一个参数，notification表示接收远程推送通知；
- 第二个参数，接收到通知时的回调函数。

（4）获取推送通知的主消息内容，其中getMessage()是getAlert()的别名，两者的作用一样：
- 从APS对象中获取推送通知的主消息内容时用getAlert()；
- 从APS对象中获取推送通知的角标数（未读消息数）时用getBadgeCount()。

（5）获取推送的数据对象getData()，设置要在手机主屏幕应用图标上显示的角标数（未读消息数）：

```
static setApplicationIconBadgeNumber(number: number)
```

获取目前在手机主屏幕应用图标上显示的角标数（未读消息数）：

```
static getApplicationIconBadgeNumber(callback: Function)
```

32.1.4 在 iOS 中实现远程推送通知的步骤

在Xcode中编写推送服务程序时，一定不要忘记在工程中引用如下所示的框架：
- UserNotifications.framework
- UserNotificationsUI.framework

在iOS统中，实现远程推送通知的基本步骤如下所示。

（1）链接PushNotificationIOS的库。

将node_modules/react-native/Libraries/PushNotificationIOS/RCTPushNotification.xcodeproj文件拖到Xcode界面中。

（2）在Xcode的"Link Binary With Libraries"中添加libRCTPushNotification.a，在Header Search Paths中添加：

```
(SRCROOT)/../node_modules/react-native/Libraries/PushNotificationIOS
```

将搜索选项设置为"recursive"。

（3）在AppDelegate中启用推送通知的支持以及注册相应的事件。

（4）在文件AppDelegate.m的开头导入头文件：

```
#import "RCTPushNotificationManager.h"
```

在文件AppDelegate中添加如下所示的代码：

```
// 注册消息推送
- (void)application:(UIApplication *)application
didRegisterUserNotificationSettings:(UIUserNotificationSettings *)notificationSettings {
  [RCTPushNotificationManager didRegisterUserNotificationSettings:notificationSettings];
}
// 获取tocken
- (void)application:(UIApplication *)application
didRegisterForRemoteNotificationsWithDeviceToken:(NSData *)deviceToken {
  [RCTPushNotificationManager didRegisterForRemoteNotificationsWithDeviceToken:deviceToken];
}
// 接收消息
- (void)application:(UIApplication *)application didReceiveRemoteNotification:(NSDictionary *)notification {
```

```
[RCTPushNotificationManager didReceiveRemoteNotification:notification];
}
```

(5) 在index.ios.js文件中请求推送通知权限：

```
PushNotificationIOS.requestPermissions();
```

默认开启如下3个权限。
- alert消息内容。
- badge显示在icon上的角标。
- sound声音。

(6) 注册tocken：

```
PushNotificationIOS.addEventListener('register',this._registNotification.bind(this)
);
```

参数说明如下所示。
- register：表示注册请求远程推送。
- this._registNotification.bind(this)：注册的回调函数。

(7) 定义注册的回调函数，参数deviceToken表示注册成功后，返回给客户端的设备标识。当获取deviceToken后调用_uploadDeviceTocken函数，将deviceToken发送给服务器：

```
// 注册tocken的回调函数
_registNotification(deviceToken){
  console.log('tocken', deviceToken);
  // 获取tocken成功，调用上传tocken的函数
  if(deviceToken) {
    this._uploadDeviceTocken('http://54.223.56.12/api/v0.4/users/appletoken', 'Bearer 8881bc9737a7fbe26a0d4ee5fa1e4da4b65b62c4', 'dev', deviceToken);
  }
}
```

(8) 定义上传tocken的函数：

```
// 将注册成功后请求到的tocken传到服务器
_uploadDeviceTocken(fetchUrl, authorization, mode, token) {
  // 获取时间戳
  let date = new Date();
  console.log('timestamp', date.getTime());
  // 请求接口
  fetch(fetchUrl, {
    method: 'POST',
    headers: {
      'Authorization': authorization,
      'Accept': 'application/json',
      'Content-Type': 'application/json',
    },
    body: JSON.stringify({
      'mode': mode,
      'token': token,
      'expire_time':date.getTime(),
    })
  })
  .then((response) => response.text())
  .then((responseText) => {
    console.log(responseText);
  })
  .catch((error) => {
    console.log('error',error);
  });
}
```

各个参数的具体说明如下。
- fetchUrl：请求地址。

- authorization：用户认证。
- mode：对应环境（开发环境dev/生产环境online）。
- token：设备远程推送标识。

（9）接收远程推送消息：

```
PushNotificationIOS.addEventListener('notification', this._onNotification.bind(this));
```

各个参数的具体说明如下。

- notification 表示监听远程消息推送。
- this._onNotification.bind(this) 表示接收到消息后的回调函数。

定义接收到消息后的回调函数，参数notification是一个PushNotificationIOS实例，表示当前消息的发送者。当接收到消息之后会给用户弹出一个提示框，提示用户是否查看详情：

```
// 监听收到消息的回调函数
_onNotification(notification) {
  // 获取消息对象
  const data = notification.getData();
  // 获取消息对象中的url对象，如果不存在直接返回
  if(data.url == url) {
    return;
  }
  this.state.url = data.url;

  // 获取主消息内容
  let message = notification.getMessage();
  // 设置角标
  PushNotificationIOS.setApplicationIconBadgeNumber(notification.getBadgeCount());
  // 提示框
  AlertIOS.alert(
    '',
    message,
    [{
      text: '取消',
      onPress:function(){
      // 阅读消息后角标-1
        PushNotificationIOS.setApplicationIconBadgeNumber(notification.getBadgeCount()-1);
      }
    },
    {
      text: '查看',
      onPress:this._gotoDetail.bind(this, notification),
    }]
  );
}
```

（10）定义查看详情的函数，在函数中跳转到详情页面，并将从消息中获取的url复制给详情页面，并在详情页面中打开：

```
// 跳转到详情页面
_gotoDetail(notification) {
  // 查看一条消息，角标-1
  PushNotificationIOS.setApplicationIconBadgeNumber(notification.getBadgeCount()-1);
  this.refs.nav.push({
    component: Detail,
    title: '详情',
    passProps: {
      url: this.state.url
    }
  });
}
```

（11）程序未启动时接收到消息的处理。

当程序未启动时，接收到通知后点击消息开启应用，接收消息的代理方法- (void)application:(UIApplication *) application didReceiveRemoteNotification:(NSDictionary *)notification不会被触发，但是消息内容会放到程序完成启动的代理方法：- (BOOL)application:(UIApplication *)application didFinishLaunchingWithOptions: (NSDictionary *)launchOptions的参数launchOptions中。所以，在这种情况下，在- (BOOL)application: (UIApplication *)application didFinishLaunchingWithOptions: (NSDictionary *)launchOptions方法中添加如下代码进行处理：

```
// 程序未运行时接收到通知，点消息栏启动应用会接收到消息
if (launchOptions) {
    // 获取远程推送的消息内容
    self.userInfoDic = [launchOptions
objectForKey:UIApplicationLaunchOptionsRemoteNotificationKey];
    // 延迟执行
    [self performSelector:@selector(delayMethod) withObject:nil afterDelay:1.0];
}
```

（12）定义延迟执行方法。

在方法中将获取到的消息内容发送一个推送消息管理对象，这样就可以让PushNotificationIOS监听到远程消息推送：

```
- (void)delayMethod {
    [RCTPushNotificationManager didReceiveRemoteNotification:self.userInfoDic];
}
```

32.1.5 实战演练——在 iOS 系统中发送 3 种形式的通知

实例32-1	在iOS中发送3种形式的通知
源码路径	光盘:\daima\32\UserNotificationsDemo

（1）打开Xcode，在故事板Main.storyboard中插入图像控件和文本控件，如图32-3所示。

（2）通过文件AppDelegate.m在用户通知中心注册如下3种通知类型。

- 发送简单通知：NotificationTypePlainId。
- 发送带附件本地通知：NotificationTypeServiceExtensionId。
- 发送带内容扩展通知：NotificationTypeContentExtensionId。

（3）在视图文件ViewController.m中监听用户动作，根据用户单击的文本发送对应的通知信息。主要实现代码如下所示：

图32-3 故事板Main.storyboard

```
- (IBAction)sendServiceExtensionNoti:(id)sender {
    _imgView.hidden = YES;
    
    UNUserNotificationCenter *center = [UNUserNotificationCenter currentNotificationCenter];
    
    UNMutableNotificationContent *content = [UNMutableNotificationContent new];
    content.title = [NSString localizedUserNotificationStringForKey:@"I'm Valeera!"
arguments:nil];
    content.body = [NSString localizedUserNotificationStringForKey:@"Watch your back"
arguments:nil];
    content.sound = [UNNotificationSound defaultSound];
    content.categoryIdentifier = NotificationTypeServiceExtensionId;
    
    NSURL *url = [NSURL fileURLWithPath:[[NSBundle mainBundle]
pathForResource:@"Valeera" ofType:@"gif"]];
```

```objc
    UNNotificationAttachment *attach = [UNNotificationAttachment
    attachmentWithIdentifier:@"attachId" URL:url options:nil error:nil];
    if (attach)
    {
        content.attachments = @[attach];
    }

    UNNotificationRequest *request = [UNNotificationRequest
    requestWithIdentifier:@"requestId" content:content
    trigger:[UNTimeInterval NotificationTrigger triggerWithTimeInterval:2.0 repeats:NO]];

    [center addNotificationRequest:request withCompletionHandler:^(NSError * _Nullable error) {
        NSLog(@"%@",error);
    }];
}

- (IBAction)sendContentExtensionNoti:(id)sender
{
    _imgView.hidden = YES;

    UNUserNotificationCenter *center = [UNUserNotificationCenter currentNotificationCenter];

    UNMutableNotificationContent *content = [UNMutableNotificationContent new];
    content.title = [NSString localizedUserNotificationStringForKey:@"Here is a test
    noti!" arguments:nil];
    content.body = [NSString localizedUserNotificationStringForKey:@"文章内容~文章内容~文章
    内容~文章内容~文章内容~文章内容~文章内容~文章内容~文章内容~文章内容~文章内容~文章内
    容~文章内容~文章内容~文章内容~文章内容~文章内容~文章内容~文章内容~文章内容~" arguments:nil];
    content.sound = [UNNotificationSound defaultSound];
    content.categoryIdentifier = NotificationTypeContentExtensionId;

    NSURL *url = [NSURL fileURLWithPath:[[NSBundle mainBundle]
    pathForResource:@"Valeera" ofType:@"gif"]];
    UNNotificationAttachment *attach = [UNNotificationAttachment
    attachmentWithIdentifier:@"attachId" URL:url options:nil error:nil];
    if (attach)
    {
        content.attachments = @[attach];
    }

    UNNotificationRequest *request = [UNNotificationRequest
    requestWithIdentifier:@"requestId" content:content
    trigger:[UNTimeIntervalNotificationTrigger triggerWithTimeInterval:2.0 repeats:NO]];

    [center addNotificationRequest:request withCompletionHandler:^(NSError * _Nullable error) {
        NSLog(@"%@",error);
    }];
}
@end
```

(4)通知视图控制器的故事板文件MainInterface.storyboard的设计界面如图32-4所示。

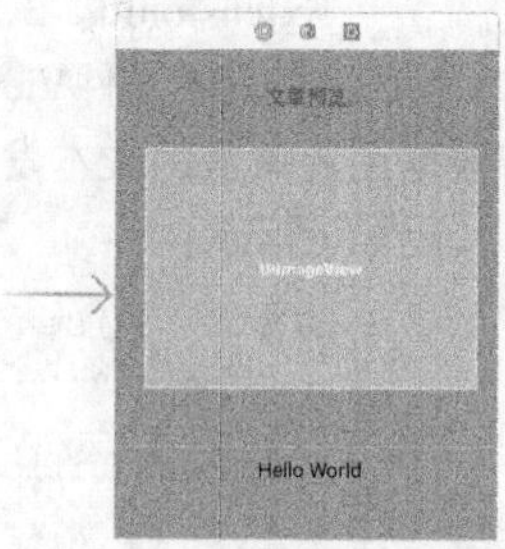

文件NotificationViewController.m的具体实现代码如下所示:

```objc
@interface NotificationViewController () <UNNotificationContentExtension>

@property IBOutlet UILabel *label;
@property (weak, nonatomic) IBOutlet UIImageView *imgView;

@end

@implementation NotificationViewController

- (void)viewDidLoad {
    [super viewDidLoad];
    // Do any required interface initialization here.
```

图32-4 故事板文件 MainInterface.storyboard

```
}
- (void)didReceiveNotification:(UNNotification *)notification {
    self.label.text = notification.request.content.body;

    NSURLRequest *req = [NSURLRequest requestWithURL:[NSURL
URLWithString:@"https://www.40407.com/uploads/allimg/140623/878963_140623095142_1.gif"]];
    NSURLSessionDataTask *task = [[NSURLSession sharedSession] dataTaskWithRequest:
req completionHandler:^(NSData * data, NSURLResponse *response, NSError *error) {
        UIImage *img = [UIImage imageWithData:data];
        if (img)
        {
            self.imgView.image = img;
        }
    }];

    [task resume];

}
@end
```

执行后的初始效果如图32-5所示。单击"发送简单通知"后的执行效果如图32-6所示。

图32-5 初始执行效果　　　　　　　　图32-6 简单通知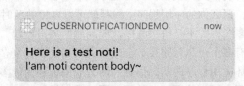

单击"发送带附件的本地通知"后的执行效果如图32-7所示。单击"发送带内容扩展的通知"后的执行效果如图32-8所示。

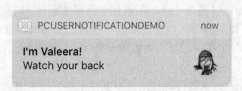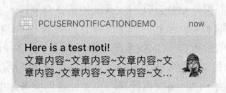

图32-7 带附件的本地通知　　　　　　图32-8 带内容扩展的通知

32.2 多线程

知识点讲解光盘:视频\知识点\第32章\多线程.mp4

最近几年，计算机的最大性能主要受限于它的中心微处理器的速度。然而由于个别处理器已经达到它的瓶颈限制，芯片制造商开始转向多核设计，让计算机具有了同时执行多个任务的能力。尽管Mac OS X利用了这些核心优势，在任何时候可以执行系统相关的任务，但自己的应用程序也可以通过多线程方法利用这些优势。

32.2.1 多线程基础

多线程是一个比较轻量级的方法来实现单个应用程序内多个代码执行路径。在系统级别内，程序并排执行，系统分配到每个程序的执行时间是由该程序的所需时间和其他程序的所需时间来决定的。然而在每个应用程序的内部，存在一个或多个执行线程，它同时或在一个几乎同时发生的方式里执行不同的任务。系统本身管理这些执行的线程，调度它们在可用的内核上运行，并在需要让其他线程执行的时候抢先打断它们。

从技术角度来看，一个线程就是一个需要管理执行代码的内核级和应用级数据结构组合。内核级结构协助调度线程事件，并抢占式调度一个线程到可用的内核之上。应用级结构包括用于存储函数调用的调用堆栈和应用程序需要管理和操作线程属性和状态的结构。

在非并发的应用程序中只有一个执行线程。该线程开始和结束于你应用程序的main循环，一个个方法和函数的分支构成了整个应用程序的所有行为。与此相反，支持并发的应用程序开始可以在需要额外的执行路径时候创建一个或多个线程。每个新的执行路径有它自己独立于应用程序main循环的定制开始循环。在应用程序中存在多个线程提供了如下两个非常重要的潜在优势。

❏ 多个线程可以提高应用程序的感知响应。
❏ 多个线程可以提高应用程序在多核系统上的实时性能。

如果应用程序只有单独的线程，那么该独立程序需要完成所有的事情。它必须对事件作出响应，更新应用程序的窗口，并执行所有实现应用程序行为需要的计算。拥有单独线程的主要问题是在同一时间里面它只能执行一个任务。那么当应用程序需要很长时间才能完成的时候会发生什么呢？当你的代码忙于计算所需要的值的时候，程序就会停止响应用户事件和更新它的窗口。如果这样的情况持续足够长的时间，用户就会误认为程序被挂起了，并试图强制退出。如果把计算任务转移到一个独立的线程里面，那么你的应用程序主线程就可以自由并及时响应用户的交互。

当然多线程并不是解决程序性能问题的灵丹妙药。多线程带来好处同时也伴随着潜在问题。应用程序内拥有多个可执行路径，会给代码增加更多的复杂性。每个线程需要和其他线程协调其行为，以防止它破坏应用程序的状态信息。因为应用程序内的多个线程共享内存空间，它们访问相同的数据结构。如果两个线程试图同时处理相同的数据结构，一个线程有可能覆盖另外线程的改动导致破坏该数据结构。即使有适当的保护，你仍然要注意由于编译器的优化导致给你代码产生很微妙的Bug。

1. 线程术语

在讨论多线程和它支持的相关技术之前，我们有必要先了解一些基本的术语。如果熟悉Carbon的多处理器服务API或者UNIX系统的话，会发现本文档里面"任务（task）"被用于不同的定义。在Mac OS的早期版本，术语"任务（task）"用来区分使用多处理器服务创建的线程和使用Carbon线程管理API创建的线程。在UNIX系统里面，术语"任务（task）"也在一段时间内被用于指代运行的进程。在实际应用中，多处理器服务任务是相当于抢占式的线程。

由于Carbon线程管理器和多处理器服务API是Mac OS X的传统技术，本文件采用下列术语。

❏ 线程：用于指代独立执行的代码段。
❏ 进程（process）：用于指代一个正在运行的可执行程序，它可以包含多个线程。
❏ 任务（task）：用于指代抽象的概念，表示需要执行工作。

2. 线程支持

如果已经有代码使用了多线程，Mac OS X和iOS提供几种技术来在应用程序里面创建多线程。此外，两个系统都提供了管理和同步需要在这些线程里面处理的工作。以下几个部分描述了一些在Mac OS X和iOS上面使用多线程的时候需要注意的关键技术。

（1）线程包

虽然多线程的底层实现机制是Mach的线程，但我们很少（即使有）使用Mach级的线程。相反，会经常使用到更多易用的POSIX的API或者它的衍生工具。Mach的实现没有提供多线程的基本特征，但是包括抢占式的执行模型和调度线程的能力，所以它们是相互独立的。

在应用层上，与其他平台一样所有线程的行为本质上是相同的。线程启动之后，线程就进入3个状态中的任何一个：运行（running）、就绪（ready）和阻塞（blocked）。如果一个线程当前没有运行，那么它不是处于阻塞，就是等待外部输入，或者已经准备就绪等待分配CPU。线程持续在这3个状态之间切换,直到它最终退出或者进入中断状态。

创建一个新的线程,必须指定该线程的入口点函数(或Cocoa线程时候为入口点方法)。该入口点函数由想要在该线程上面执行的代码组成。但函数返回的时候,或显示中断线程的时候,线程永久停止,且被系统回收。因为线程创建需要的内存和时间消耗都比较大,因此建议入口点函数做相当数量的工作,或建立一个运行循环允许进行经常性的工作。

(2) Run Loops(运行循环)

一个run loop是用来在线程上管理事件异步到达的基础设施。一个run loop为线程监测一个或多个事件源。当事件到达的时候,系统唤醒线程并调度事件到run loop,然后分配给指定程序。如果没有事件出现和准备处理,run loop把线程置于休眠状态。

创建线程的时候不需要使用一个run loop,但是如果这么做的话可以给用户带来更好的体验。Run Loops可以让你使用最小的资源来创建长时间运行线程。因为run loop在没有任何事件处理的时候会把它的线程置于休眠状态,它消除了消耗CPU周期轮询,并防止处理器本身进入休眠状态并节省电量。

为了配置run loop,所需要做的是启动线程,获取run loop的对象引用,设置事件处理程序,并告诉run loop运行。Cocoa和Carbon提供的基础设施会自动为主线程配置相应的run loop。如果打算创建长时间运行的辅助线程,则必须为线程配置相应的run loop。

(3) 同步工具

线程编程的危害之一是在多个线程之间的资源争夺。如果多个线程在同一个时间试图使用或者修改同一个资源,就会出现问题。缓解该问题的方法之一是消除共享资源,并确保每个线程都有在它操作的资源上面的独特设置。因为保持完全独立的资源是不可行的,所以可能必须使用锁、条件、原子操作和其他技术来同步资源的访问。

锁提供了一次只有一个线程可以执行代码的有效保护形式。最普遍的一种锁是互斥排他锁,也就是我们通常所说的mutex。当一个线程试图获取一个当前已经被其他线程占据的互斥锁的时候,它就会被阻塞,直到其他线程释放该互斥锁。系统的几个框架提供了对互斥锁的支持,虽然它们都是基于相同的底层技术。此外Cocoa提供了几个互斥锁的变种来支持不同的行为类型,比如递归。

除了锁,系统还提供了条件,确保应用程序任务执行适当顺序。一个条件作为一个看门人,阻塞给定的线程,直到它代表的条件变为真。当发生这种情况的时候,条件释放该线程并允许它继续执行。POSIX级别和基础框架都直接提供了条件的支持(如果你使用操作对象,你可以配置你的操作对象之间的依赖关系的顺序确定任务的执行顺序,这和条件提供的行为非常相似)。

尽管锁和条件在并发设计中使用非常普遍,原子操作也是另外一种保护和同步访问数据的方法。原子操作在以下情况的时候提供了替代锁的轻量级的方法,其中你可以执行标量数据类型的数学或逻辑运算。原子操作使用特殊的硬件设施,来保证变量的改变在其他线程可以访问之前完成。

32.2.2 iOS 中的多线程

iPhone中的线程应用并不是无节制的,官方给出的资料显示iPhone OS下的主线程的堆栈大小是1MB,第二个线程开始都是512KB。并且该值不能通过编译器开关或线程API函数来更改,只有主线程有直接修改UI的能力。

在iOS系统中,主要有3种实现多线程的方法:NSThread、NSOperation和GCD。

1. NSOperation和NSOperationQueue

使用NSOperation的最简单方法就是将其放入NSOperationQueue中。一旦一个操作被加入队列,该队列就会启动并开始处理它(即调用该操作类的main方法)。一旦该操作完成队列就会释放它:

```
self.queue = [[NSOperationQueuealloc] init];
ArticleParseOperation *parser = [[ArticleParseOperationalloc] initWithData:filePathdelegate:self];
    [queue addOperation:parser];
```

```
[parser release];
[queue release];
```

可以给操作队列设置最多同时运行的操作数：

```
[queue setMaxConcurrentOperationCount:2];
```

不管使用任何编程语言，在实现多线程时都是一件很麻烦的事情。更糟糕的是，一旦出错，这种错误通常相当糟糕。幸运的是，Apple从OS X 10.5在这方面做了很多的改进，通过引入NSThread，使得开发多线程应用程序容易多了。除此之外，还引入了两个全新的类：NSOperation和NSOperationQueue。如果读者熟悉Java或者它别的编程语言，就会发现NSOperation对象很像java.lang.Runnable接口，就像java.lang.Runnable接口那样，NSOperation类也被设计为可扩展的，而且只有一个需要重写的方法。它就是-(void)main。使用NSOperation的最简单的方式是把一个NSOperation对象加入到NSOperation Queue队列中，一旦这个对象被加入到队列，队列就开始处理这个对象，直到这个对象的所有操作完成，然后它被队列释放。

为了能让初级开发工程师也能使用多线程，同时还要简化复杂性。各种编程工具提供了各自的办法。对于iOS来说，建议在尽可能的情况下避免直接操作线程，使用像NSOperationQueue这样的机制。NSOperationQueue是iOS的SDK中提供的一个非常方便的多线程机制，用它来开发多线程非常简单。可以把NSOperationQueue看作一个线程池，可以往线程池中添加操作（NSOperation）到队列中。线程池中的线程可看作消费者，从队列中取走操作，并执行它。可以设置线程池中只有一个线程，这样，各个操作就可以认为是近似地顺序执行了。

当把NSOperationQueue视为一个线程池，还可以调用如下方法来设置它的并行程度，默认为-1，即最大并行：

```
-(void)setMaxConcurrentOperationCount:maxConcurrentNumber
```

还可以通过NSOperation的方法来指定并行的操作之间的依赖关系：

```
[theLatterTask addDependency:theBeforeTask];
```

在一个队列之中，可以加入NSOperation来指定执行的任务，其功能如下所示。
❏ 可以重载NSOperation的main方法来指定操作。
❏ 可以使用NSInvokeOperation通过指定selector和target来指定操作。
❏ 可以使用NSBlockedOperation通过Block来指定操作。

这3个方法都非常方便，例如，下面是一个简单的例子：

```
_tasksQueue=[[NSOperationQueue alloc] init];

NSBlockOperation *getImageTask = [NSBlockOperation blockOperationWithBlock:^{
    UIImage * image = nil;
    NSData *imgData = [NSURLConnection sendSynchronousRequest:[NSURLRequest requestWithURL:[NSURL URLWithString:imageUrl]] returningResponse:nil error:nil];
    if (imgData >> imgData.length > 0) {
        image = [UIImage imageWithData:imgData];
    }
}];

[_tasksQueue addOperation:getImageTask];
```

例如，下面的代码中，使用一个获取网页并对其解析的NSXMLDocument，最后，将解析得到的NSXMLDocument返回给主线程：

```
PageLoadOperation.h@interfacePageLoadOperation : NSOperation {
NSURL *targetURL;}
@property(retain) NSURL *targetURL;
- (id)initWithURL:(NSURL*)url;@end
PageLoadOperation.m
#import "PageLoadOperation.h"#import"AppDelegate.h"@implementationPageLoadOperation
@synthesizetargetURL;- (id)initWithURL:(NSURL*)url;{
```

```
    if (![super init]) return nil;
    [self setTargetURL:url];
    return self;}- (void)dealloc {
    [targetURL release], targetURL = nil;
    [super dealloc];
}
- (void)main
{
    NSString *webpageString = [[[NSStringalloc]
    initWithContentsOfURL:[self targetURL]] autorelease];
NSError *error = nil;
NSXMLDocument *document = [[NSXMLDocumentalloc]
    initWithXMLString:webpageString
    options:NSXMLDocumentTidyHTML error:&error];
    if (!document) {
        NSLog(@"%s Error loading document (%@): %@",
        _cmd, [[self targetURL] absoluteString], error);
         return;
    }
    [[AppDelegate shared]
    performSelectorOnMainThread:@selector(pageLoaded:)
         withObject:documentwaitUntilDone:YES];
    [document release];
}
@end
```

2. NSThread

相对于另外两种技术，NSThread的优点是轻量级，缺点是需要自己管理线程的生命周期和线程同步。线程同步对数据的加锁会有一定的系统开销。

NSThread创建与启动线程的主要方式有如下两种：

- (id)init;
- (id)initWithTarget:(id)target selector:(SEL)selector object:(id)argument;

对参数的具体说明如下所示。

❑ selector：线程执行的方法，这个selector只能有一个参数，而且不能有返回值。

❑ target：selector消息发送的对象。

❑ argument：传输给target的唯一参数，也可以是nil。

其中第一种方式会直接创建线程并且开始运行线程，第二种方式是先创建线程对象，然后再运行线程操作，在运行线程操作前可以设置线程的优先级等线程信息。

还有另外一种比较特殊，就是使用convenient method，这个方法可以直接生成一个线程并启动它，而且无需为线程的清理负责。这个方法的接口是：

+ (void)detachNewThreadSelector:(SEL)aSelectortoTarget:(id)aTargetwithObject:(id)anArgument

如果用的是前两种方法创建的，需要使用手机启动，启动的方法是：

- (void)start;

3. GCD

GCD（Grand Central Dispatch）是一个大的主题，可以提高代码的执行效率与多核的利用率。GCD是Grand Central Dispatch的缩写，包含了语言特性、runtime libraries，以及提供系统级和综合提高的系统增强功能。在iOS和OSX系统上，多核的硬件来支持并行执行代码。GCD会负责创建线程和调度执行你写的功能代码。系统直接提供线程管理，比应用添加线程更加高效，因此，使用GCD能够带来很多好处，例如，使用简单、而且更加高效，允许你同步或者一步执行任意的代码block。但是使用它也必须注意一些问题，由于其实现是基于C语言的API，因此，没有异常捕获和异常处理机制，所以，它不能捕获高层语言产生的异常。使用GCD时必须在将block提交到dispatch queue中之前捕获所有异常，并解决所有异常。

GCD就是系统帮用户管理线程，而不需要再编写线程代码。程序员只需要专心编写执行某项功能的代码，添加到block或方法（函数）中，然后可以有下面两种方式处理block或方法（函数）。

（1）直接将block加入到dispatch queues。

（2）将Dispatch source封装为一个特定类型的系统事件，当系统事件发生时提交一个特定的block对象或函数到dispatch queue，然后，Dispatch queue按先进先出的顺序，串行或并发地执行任务。

这里的Dispatch queue是一个基于C的执行自定义任务机制，而Dispatch source是基于C的系统事件异步处理机制，一般Dispatch source封装一个特定类型的系统事件，该事件作为某个特定的block对象或函数提交到Dispatch queue中的前提条件。Dispatch source可以监控的系统事件类型有：定时器、信号处理器、描述符相关的事件、进程相关的事件、Mach port事件、你触发的自定义事件。

而Dispatch Queues可以分为3种：串行Queue、并发队列；Main Dispatch Queue（主调度队列）。如果使用Dispatch Queue，与执行相同功能的多线程相比，最直接的优点是简单，不用编写线程创建和管理的代码，让开发者集中精力编写实际工作的代码。另外，系统管理线程更加高效，并且可以动态调控所有线程。

串行Queue也称为private dispatch queue，其每次只执行一个任务，按任务添加顺序执行。当前正在执行的任务在独立的线程中运行（注意：不同任务的线程可能不同），dispatch queue管理了这些线程。通常串行queue主要用于对特定资源的同步访问。可以创建任意数量的串行queues，虽然每个queue本身每次只能执行一个任务，但是各个queue之间是并发执行的。

并行Queue也称为global dispatch queue。它可以并发执行一个或多个任务，但是所要执行的任务仍然是以添加到queue的顺序启动。每个任务运行于独立的线程中，dispatch queue管理所有线程。同时运行的任务数量随时都会变化，而且依赖于系统条件。值得注意的是，千万不要创建并发dispatch queues，相反只能使用3个已经定义好的全局并发queues。

main Dispatch Queue其实是串行的queue，不过在应用主线程中执行任务，而且全局可用。这个queue与应用的run loop交叉执行。由于它运行在应用的主线程中，main queue通常用于应用的关键同步点。虽然不需要创建main dispatch queue，但你必须确保应用适当地回收。

从上面的3种Dispatch Queue可以看出，queue中的任务基本上都是按照添加到queue中的顺序来执行的。因此，Dispatch queue比线程具有更强的可预测性，这种可预测性能够有效地减少程序出错的可能性，而且有效地避免死锁出现。例如，两个线程访问共享资源，可能无法控制哪个线程先后访问。但是，把两个任务添加到串行queue，则可以确保两个任务对共享资源的访问顺序。同时基于queue的同步也比基于锁的线程同步机制更加高效。

使用dispatch queues还需要注意的关键问题有如下几点。

（1）Dispatch queues相对其他dispatch queues并发地执行任务，串行化任务只能在同一个dispatchqueue中实现。

（2）系统决定同时能够执行的任务数量，应用在100个不同的queues中启动100个任务，并不表示100个任务全部都在并发地执行（除非系统拥有100或更多个核）。

（3）系统在选择执行哪个任务时，会考虑queue的优先级。

（4）Queue中的任务必须在任何时候都准备好运行，注意这点和Operation对象不同。

（5）串行dispatch queue是引用计数的对象。因此，使用它需要retain这些queue，另外，dispatch source也可能添加到一个queue，从而增加retain的计数。因此，必须确保所有dispatch source都被取消，而且适当地调用release。使用GCD的基本流程如下所示。

（1）定义一个dispatch_get_global_queue：

```
//定义一个dispatch_get_global_queue的优先级，以及保留给未来使用的flag值，一般传入的是0
dispatch_queue_taQueue = dispatch_get_global_queue(DISPATCH_QUEUE_PRIORITY_DEFAULT, 0);
```

（2）定义一个block，执行真正需要实现的某项功能：

```
void (^ex)() = ^ {
NSlog(@"it's example!");
};
```

> 注意　这里的block是dispatch_block_t，dispatch_block_t的，要求是：The prototype of blocks submitted to dispatch queues和which take no arguments and have no return value，可以看到其为无行参数，也无返回类型的block。其基本形式为：
> typedef void (^dispatch_block_t)(void);

（3）将block加入到dispatch queue：

```
dispatch_async(aQueue , ex);
```

上面使用GCD dispatch queue的例子，代码实现非常简单。但是不能因为它使用简单就随意使用，是否使用GCD，主要看其Block所执行的功能。设计Block需要考虑以下问题。

- 尽管Queue执行小任务比原始线程更加高效，仍然存在创建Block和在Queue中执行的开销。如果Block做的事情太少，可能直接执行比dispatch到queue更加有效。使用性能工具来确认Block的工作是否太少（设计Block和是否使用dispatch queue主要关注的点）。
- 对于使用dispatch queue的异步Block，可以在Block中安全地捕获和使用父函数或方法中的scalar变量。但是Block不应该去捕获大型结构体或其他基于指针的变量，这些变量由Block调用上下文分配和删除。在Block被执行时，这些指针引用的内存可能已经不存在。当然可以自己显式地分配内存（或对象），然后让Block拥有这些内存的所有权是安全可行的。
- Dispatch queue对添加的Block会进行复制，在完成执行后自动释放。也就是不需要在添加Block到Queue时显式地复制。
- 绝对不要针对底层线程缓存数据，然后期望在不同Block中能够访问这些数据。如果相同queue中的任务需要共享数据，应该使用dispatch queue的context指针来存储这些数据。
- 如果Block创建了大量Objective-C对象，考虑创建自己的autoreleasepool，来处理这些对象的内存管理。虽然GCD dispatch queue也有自己的autorelease pool，但不保证在什么时候会回收这些pool。

32.2.3 线程的同步与锁

要说明线程的同步与锁，最好的例子可能是多个窗口同时售票的售票系统。我们知道，在Java中，使用synchronized来同步，而iPhone虽然没有提供类似Java下的synchronized关键字，但提供了NSCondition对象接口。查看NSCondition的接口说明可以看出，NSCondition是iPhone下的锁对象，所以，可以使用NSCondition实现iPhone中的线程安全。为了说明问题，请看一个例子。文件SellTicketsAppDelegate.h的实现代码如下所示：

```
// SellTicketsAppDelegate.h
import <UIKit/UIKit.h>

@interface SellTicketsAppDelegate : NSObject<UIApplicationDelegate> {
int tickets;
int count;
NSThread* ticketsThreadone;
NSThread* ticketsThreadtwo;
NSCondition* ticketsCondition;
UIWindow *window;
 }
@property (nonatomic, retain) IBOutletUIWindow *window;
@end
```

文件SellTicketsAppDelegate.m的实现代码如下所示：

```
import "SellTicketsAppDelegate.h"

@implementation SellTicketsAppDelegate
@synthesize window;
```

```objc
- (void)applicationDidFinishLaunching:(UIApplication *)application {
    tickets = 100;
    count = 0;
    // 锁对象
    ticketCondition = [[NSConditionalloc] init];
    ticketsThreadone = [[NSThreadalloc] initWithTarget:self selector:@selector(run) object:nil];
    [ticketsThreadonesetName:@"Thread-1"];
    [ticketsThreadone start];


    ticketsThreadtwo = [[NSThreadalloc] initWithTarget:self selector:@selector(run) object:nil];
    [ticketsThreadtwosetName:@"Thread-2"];
    [ticketsThreadtwo start];
    //[NSThreaddetachNewThreadSelector:@selector(run) toTarget:selfwithObject:nil];
     // Override point for customization after application launch
    [window makeKeyAndVisible];
}

- (void)run{
    while (TRUE) {
        // 上锁
        [ticketsCondition lock];
        if(tickets > 0){
            [NSThread sleepForTimeInterval:0.5];
            count = 100 - tickets;
            NSLog(@"当前票数是:%d,售出:%d,线程名:%@",tickets,count,[[NSThreadcurrentThread] name]);
            tickets--;
        }else{
            break;
        }
        [ticketsCondition unlock];
    }
}

- (void)dealloc {
    [ticketsThreadone release];
    [ticketsThreadtwo release];
    [ticketsCondition release];
    [window release];
    [super dealloc];
}
@end
```

32.2.4 线程的交互

线程在运行过程中，可能需要与其他线程进行通信，如在主线程中修改界面等，可以使用如下接口实现：

```
- (void)performSelectorOnMainThread:(SEL)aSelectorwithObject:(id)argwaitUntilDone:(BOOL)wait
```

由于在本过程中，可能需要释放一些资源，需要使用NSAutoreleasePool来进行管理。例如，下面的代码：

```objc
- (void)startTheBackgroundJob {
    NSAutoreleasePool *pool = [[NSAutoreleasePoolalloc] init];
    // to do something in your thread job
    ...
    [self performSelectorOnMainThread:@selector(makeMyProgressBarMoving)
        withObject:nilwaitUntilDone:NO];
    [pool release];
}
```

如果什么都不考虑，直接在线程函数内调用autorelease，则会出现下面的错误：

```
NSAutoReleaseNoPool(): Object 0x********* of class NSConreteDataautoreleased with no
pool in place ….
```

32.3 ARC 机制

知识点讲解光盘:视频\知识点\第32章\ARC机制.mp4

ARC（Automatic Reference Counting，自动内存管理技术）是一个为Objective-C提供内存自动管理的编译器技术。作为取代使用retain和release方式来管理内存的方式，ARC让我们可以在其他代码编写方面放入更多精力。简单地说，就是在代码中自动加入了retain/release，原先需要手动添加的用来处理内存管理的引用计数的代码可以自动地由编译器完成了。

32.3.1 ARC 概述

ARC在iOS 5/ Mac OS X 10.7开始导入，利用Xcode4.2可以使用该机能。简单地理解ARC，就是通过指定的语法，让编译器（LLVM 3.0）在编译代码时，自动生成实例的引用计数管理部分代码。有一点，ARC并不是GC，它只是一种代码静态分析（Static Analyzer）工具。

ARC的原理是在编译器为每一个对象加入合适的代码，以期保证这些对象有合理的生命周期。从概念上来说，ARC通过增加retain、release和autorelease等函数，使得在维护内存计数器方面（相关资料Advanced Memory Management Programming Guide）达到和手动管理内存同样的效果。

为了达到产生正确代码的目的，ARC禁止一些函数的调用和toll-free bridging（相关资料）的使用。ARC也为内存计数器和属性变量引入了新的生命周期。ARC在MAC OS X 10.6,10.7（64位应用）、iOS4和iOS5中被支持，但是在MAC OS X10.6和iOS4中不支持弱引用（Weak references）。

Xcode提供一个能够自动转换工具，可以把手动管理内存的代码来转换成ARC的方式。也可以为工程中的部分文件指定使用ARC，而另一部分指定为不使用。作为不得不记着何时调用retain、release和autorelease的替代，ARC会在编译器中为每一个对象自动评估，然后加入合适的函数调用来做内存管理，并且编译器会自动产生合适的dealloc函数。

图32-9演示了使用和不使用ARC技术的Objective-C代码的区别。

ARC使得开发者不需要再思考何时使用retain、release、autorelease这样的函数来管理内存，它提供了自动评估内存生存期的功能，并且在编译器中自动加入合适的管理内存的方法。编译器也会自动生成dealloc函数。一般情况下，通过ARC技术可以不顾传统方式的内存管理方式，但是深入了解传统的内存管理是十分有必要的。

下面是一个person类的声明和实现，它使用了ARC技术：

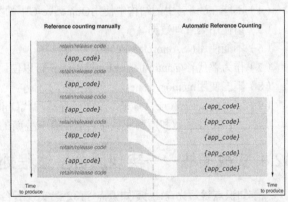

图32-9 使用和不使用ARC技术的Objective-C代码的区别

```
@interface Person : NSObject
@property (nonatomic, strong) NSString *firstName;
@property (nonatomic, strong) NSString *lastName;
@property (nonatomic, strong) NSNumber *yearOfBirth;
@property (nonatomic, strong) Person *spouse;
@end
@implementation Person
@synthesize firstName, lastName, yearOfBirth, spouse;
@end
```

使用ARC后，可以用下面的方式实现contrived函数：

```
- (void)contrived {
    Person *aPerson = [[Person alloc] init];
```

```
    [aPersonsetFirstName:@"William"];
    [aPersonsetLastName:@"Dudney"];
    [aPerson:setYearOfBirth:[[NSNumberalloc] initWithInteger:2011]];
    NSLog(@"aPerson: %@", aPerson);
}
```

因为ARC能够管理内存,所以,这里不用担心aPerson和NSNumber的临时变量会造成内存泄露。还可以象下面的方式来实现Person类中的takeLastNameFrom方法:

```
- (void)takeLastNameFrom:(Person *)person {
    NSString *oldLastname = [self lastName];
    [self setLastName:[person lastName]];
    NSLog(@"Lastname changed from %@ to %@", oldLastname, [self lastName]);
}
```

ARC可以保证在NSLog调用的时候,oldLastname还存在于内存中。

32.3.2 ARC 中的新规则

为了使ARC能顺利工作,特意增加了一些规则,这些规则可能是为了更健壮地内存管理,也有可能为了更好地使用体验,也有可能是简化代码的编写,不论如何,请不要违反下面的规则,如果违反,将会得到一个编译器错误。

(1)函数dealloc、retain、release、retainCount和autorelease禁止任何形式调用和实现(dealloc可能会被实现),包括使用@selector(retain)和@selector(release)等的隐含调用。可能会实现一个和内存管理没有关系的dealloc,例如,只是为了调用[systemClassInstancesetDelegate:nil],但是不要调用[super dealloc],因为编译器会自动处理这些事情。

(2)不可以使用NSAllocateObject或者NSDeallocateObject。

(3)当使用alloc申请一块内存后,其他的都可以交给运行器的自动管理了。

(4)不能在C语言中的结构中使用Objective-C中的类的指针。

(5)请使用类管理数据。

(6)不能使用NSAutoreleasePool。

(7)作为替代,@autoreleasepool被引入,可以使用这个效率更高的关键词。

(8)不能使用memory zones。

(9)不再需要NSZone,本来这个类已经被现代Objective-C废弃。

另外,ARC在函数和便利变量命名上也有一些新的规定,规定禁止以new开头的属性变量命名。

32.4 实战演练——实现后台多线程处理(双语实现:Objective-C 版)

📀知识点讲解光盘:视频\知识点\第32章\实现后台多线程处理(双语实现:Objective-C版).mp4

实例32-2	实现后台多线程处理
源码路径	光盘:\daima\32\multi-obj

(1)使用Xcode 9创建一个名为"SlowWorker"的工程,工程的最终目录结构如图32-10所示。

(2)在故事板Main.storyboard中插入"开始行动"文本和Spinner进度控件,如图32-11所示。

(3)编写文件ViewController.m,通过闭包和代码块实现底层序列处理,将所有的代码包装在闭包/代码块中,然后传递给GCD多线程处理函数dispatch_async。系统主线程是UIKit,设置10秒后才会启动执行任务。文件ViewController.m的主要实现代码如下所示:

32.4 实战演练——实现后台多线程处理（双语实现：Objective-C 版）

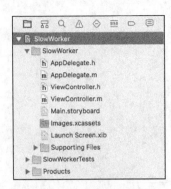

图32-10 工程目录结构

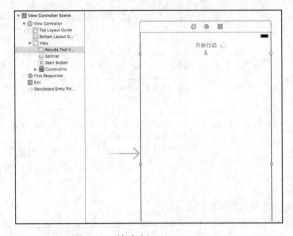

图32-11 故事板Main.storyboard

```objectivec
- (NSString *)fetchSomethingFromServer
{
    [NSThread sleepForTimeInterval:1];
    return @"你好，这里！";
}

- (NSString *)processData:(NSString *)data
{
    [NSThread sleepForTimeInterval:2];
    return [data uppercaseString];
}

- (NSString *)calculateFirstResult:(NSString *)data
{
    [NSThread sleepForTimeInterval:3];
    return [NSString stringWithFormat:@"第几个？：%lu",
            (unsigned long)[data length]];
}

- (NSString *)calculateSecondResult:(NSString *)data
{
    [NSThread sleepForTimeInterval:4];
    return [data stringByReplacingOccurrencesOfString:@"E"
                                           withString:@"e"];
}

- (IBAction)doWork:(id)sender
{
    self.resultsTextView.text = @"";
    NSDate *startTime = [NSDate date];
    self.startButton.enabled = NO;
    [self.spinner startAnimating];
    dispatch_queue_t queue =
        dispatch_get_global_queue(DISPATCH_QUEUE_PRIORITY_DEFAULT, 0);
    dispatch_async(queue, ^{
        NSString *fetchedData = [self fetchSomethingFromServer];
        NSString *processedData = [self processData:fetchedData];
        __block NSString *firstResult;
        __block NSString *secondResult;
        dispatch_group_t group = dispatch_group_create();
        dispatch_group_async(group, queue, ^{
            firstResult = [self calculateFirstResult:processedData];
        });
        dispatch_group_async(group, queue, ^{
            secondResult = [self calculateSecondResult:processedData];
        });
        dispatch_group_notify(group, queue, ^{
```

```
        NSString *resultsSummary = [NSString stringWithFormat:
                                    @"第一个: [%@]\n第二个: [%@]", firstResult,
                                    secondResult];
        dispatch_async(dispatch_get_main_queue(), ^{
            self.resultsTextView.text = resultsSummary;
            self.startButton.enabled = YES;
            [self.spinner stopAnimating];

        });
        NSDate *endTime = [NSDate date];
        NSLog(@"完成 %f 第二个",
            [endTime timeIntervalSinceDate:startTime]);
        });
    });
}
```

执行效果如图32-12所示。

图32-12 执行效果

32.5 实战演练——实现后台多线程处理（双语实现：Swift版）

知识点讲解光盘:视频\知识点\第32章\实现后台多线程处理（双语实现：Swwift版）.mp4

实例32-3	实现后台多线程处理
源码路径	光盘:\daima\32\multi-Swift

本实例功能和本章上一个实例32-2完全相同，只是用Swift语言编写而已（程序见光盘）。

第 33 章 Touch ID 详解

苹果公司在iPhone 5S手机中推出了指纹识别功能,这一功能提高了手机设备的安全性,方便了用户对设备的管理操作,增强了对个人隐私的保护。iPhone 5S的指纹识别功能是通过Touch ID实现的,从iOS 8系统开始,苹果开发一些Touch ID的API,开发人员可以在自己的应用程序中调用指纹识别功能。本章将详细讲解在iOS系统中使用Touch ID技术的基本知识。

33.1 开发 Touch ID 应用程序

知识点讲解光盘:视频\知识点\第33章\开发Touch ID应用程序.mp4

在iPhone 5S及其以后产品的手机设备中有一项Touch ID功能,也就是指纹识别密码。要使用iPhone 5S指纹识功能,首先需要开启该功能,并且录入自己的指纹信息。Touch ID设置可以在iPhone 5S激活的时候设置,也可以在后期设置。令众多开发者兴奋的是,从iOS 8系统开始开放了Touch ID的验证接口功能,在应用程序中可以判断输入的Touch ID是否设置持有者的Touch ID。虽然还是无法获取到关于Touch ID的任何信息,但是,毕竟可以在应用程序中调用Touch ID的验证功能了。本节将详细讲解开发Touch ID应用程序的基本知识。

33.1.1 Touch ID 的官方资料

通过iOS中的本地验证框架的验证接口,可以调用并使用Touch ID的认证机制。例如,可以通过如下所示的代码调用并进行Touch ID验证:

```
LAContext *myContext = [[LAContextalloc] init];
NSError *authError = nil;
NSString *myLocalizedReasonString = <#String explaining why app needs authentication#>;
    if ([myContext canEvaluatePolicy:LAPolicyDeviceOwnerAuthenticationWithBiometrics
    error:&authError]) {
    [myContextevaluatePolicy:LAPolicyDeviceOwnerAuthenticationWithBiometrics
    localizedReason:myLocalizedReasonString
    reply:^(BOOL succes, NSError *error) {
    if (success) {
    // User authenticated successfully, take appropriate action
    } else {
    // User did not authenticate successfully, look at error and take appropriate a
ction
    }
    }];
    } else {
    // Could not evaluate policy; look at authError and present an appropriate message to user
}
```

在调用Touch ID功能之前,需要先在自己的应用程序中导入SDK库:LocalAuthentication.framework,并引入关键模块:LAContext。

由此可见,苹果公司并没有对Touch ID完全开放,只是开放了如下所示的两个接口。

（1）canEvaluatePolicy:error：判断是否能够认证Touch ID。

（2）evaluatePolicy:localizedReason:reply：认证Touch ID。

33.1.2 开发 Touch ID 应用程序的步骤

（1）使用Xcode创建一个iOS工程项目，打开工程的Link Frameworks and Libraries面板，单击"+"按钮添加LocalAuthentication.framework框架，如图33-1所示。

（2）开始编写调用Touch ID的应用程序文件，在程序开始时需要导入LocalAuthentication.framework框架中的头文件：

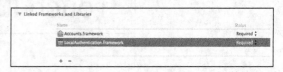

图33-1 添加LocalAuthentication.framework框架

```
#import <LocalAuthentication/LocalAuthentication.h>
```

例如，下面是一段完整演示了调用Touch ID验证的实例代码：

```
#import "ViewController.h"
#import <LocalAuthentication/LocalAuthentication.h>

@interface ViewController ()

@end

@implementation ViewController

- (void)viewDidLoad
{
    [super viewDidLoad];
}

- (IBAction)authenticationButton
{
LAContext *myContext = [[LAContextalloc] init];
NSError *authError = nil;
NSString *myLocalizedReasonString = @"请继续扫描你的指纹.";

    if ([myContext canEvaluatePolicy:LAPolicyDeviceOwnerAuthenticationWithBiometrics
    error:&authError]) {
        [myContextevaluatePolicy:LAPolicyDeviceOwnerAuthenticationWithBiometrics
        localizedReason:myLocalizedReasonString
                        reply:^(BOOL success, NSError *error) {
                            if (success) {
                        //认证成功，采取适当的行动

                                NSLog(@"authentication success");
                                if (!success) {
                                    NSLog(@"%@", error);
                                }
                            } else {
                    //认证失败，则执行错误处理操作
                                NSLog(@"authentication failed");
                                if (!success) {
                                    NSLog(@"%@", error);
                                }
                            }
                        }];
    } else {
        // 无法验证成功，可以查看错误处理提供的出错信息
        NSLog(@"发生一个错误");
        if (!success) {
            NSLog(@"%@", error);
        }
    }
}

@end
```

33.2 实战演练——使用 Touch ID 认证

知识点讲解光盘:视频\知识点\第33章\使用Touch ID认证.mp4

实例33-1	使用Touch ID认证
源码路径	光盘:\daima\33\TouchIDDemo-easy

（1）打开Xcode创建一个名为TouchIDDemo的工程，并导入LocalAuthentication.framework框架，工程的最终目录结构如图33-2所示。

（2）在Main.storyboard故事板面板中设计UI界面，本实例比较简单，只是使用了基本的View视图，如图33-3所示。

图33-2 工程的目录结构

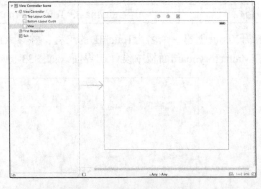

图33-3 Main.storyboard面板

（3）文件ViewController.m的功能是调用开发的Touch ID API进行验证，在窗口中显示是否验证成功的提示信息。文件ViewController.m的主要实现代码如下所示：

```
#pragma mark - event

- (void)authBtnTouch:(UIButton *)sender {
    // 初始化验证上下文
LAContext *context = [[LAContextalloc] init];

NSError *error = nil;
    // 验证的原因，应该会显示在会话窗中
NSString *reason = @"测试: 验证touchID";

    // 判断是否能够进行验证
    if ([context canEvaluatePolicy:LAPolicyDeviceOwnerAuthenticationWithBiometrics error:&error]) {
        [context evaluatePolicy:LAPolicyDeviceOwnerAuthenticationWithBiometricslocalized
        Reason:reason reply:^(BOOL succes, NSError *error)
         {
            NSString *text = nil;
            if (succes) {
                text = @"验证成功";
            } else {
                text = error.domain;
            }
UIAlertView *alert = [[UIAlertViewalloc] initWithTitle:@"提示"
 message:textdelegate:nilcancelButtonTitle:@"确定" otherButtonTitles: nil];
            [alert show];
        }];
    }
    else
```

```
        {
            UIAlertView *alert = [[UIAlertViewalloc] initWithTitle:@"提示" message:[error
        domain] delegate:nilcancelButtonTitle:@"确定" otherButtonTitles: nil];
            [alert show];
        }
}

@end
```

执行效果如图33-4所示。

33.3 实战演练——使用 Touch ID 密码和指纹认证

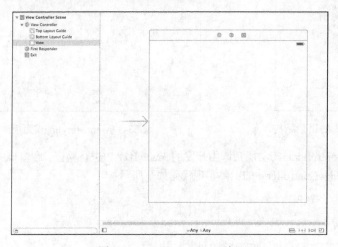

图33-4 执行效果

知识点讲解光盘:视频\知识点\第33章\使用Touch ID密码和指纹认证.mp4

实例33-2	使用Touch ID密码和指纹认证
源码路径	光盘:\daima\33\TouchID-maste

（1）打开Xcode创建一个名为TouchID的工程，并导入LocalAuthentication.framework框架。

（2）在Main.storyboard面板中设计UI界面，如图33-5所示。

图33-5 Main.storyboard面板

（3）文件ViewController.m的功能是调用开发的Touch ID API进行验证，分别实现取消验证、删除验证和添加密码功能。文件ViewController.m的主要实现代码如下所示：

```
@interface ViewController ()<NSURLSessionDelegate,UITextViewDelegate>
@property (nonatomic, retain) UIButton *dropButton;
@property (nonatomic, retain) NSURLSession *mySession;
@property (nonatomic, retain) UIButton *dropButton1;
@property (nonatomic, retain) UITextView *textView;
@property (nonatomic, retain) UIButton *dropButton2;
@property (nonatomic, retain) NSString *strBeDelete;
@end
@implementation ViewController

@synthesize dropButton = _dropButton;
@synthesize dropButton1 = _dropButton1;
@synthesize textView = _textView;
@synthesize dropButton2 = _dropButton2;
@synthesize strBeDelete = _strBeDelete;

-(void)viewDidAppear:(BOOL)animated
{
//TODO:其实只需要加载一次就可以了
```

```objc
CFErrorRef error = NULL;
SecAccessControlRefsacObject;
sacObject = SecAccessControlCreateWithFlags(kCFAllocatorDefault,
kSecAttrAccessibleWhenPasscodeSetThisDeviceOnly,
kSecAccessControlUserPresence, &error);
    if(sacObject == NULL || error != NULL)
    {
NSLog(@"can't create sacObject: %@", error);
self.textView.text = [_textView.textstringByAppendingString:[NSString stringWithFormat:
NSLocalizedString(@"SEC_ITEM_ADD_CAN_CREATE_OBJECT", nil), error]];
        return;
    }

NSDictionary *attributes = @{
    (__bridge id)kSecClass: (__bridge id)kSecClassGenericPassword,
                            (__bridge id)kSecAttrService: @"SampleService",
                            (__bridge id)kSecValueData:
[@"SECRET_PASSWORD_TEXT" dataUsingEncoding:NSUTF8StringEncoding],
                            (__bridge id)kSecUseNoAuthenticationUI: @YES,
                            (__bridge id)kSecAttrAccessControl: (__bridge id)sacObject
                            };

dispatch_async(dispatch_get_global_queue( DISPATCH_QUEUE_PRIORITY_DEFAULT, 0), ^(void){
OSStatus status =    SecItemAdd((__bridge CFDictionaryRef)attributes, nil);

NSString *msg = [NSStringstringWithFormat:NSLocalizedString (@"SEC_ITEM_ADD_STATUS"
, nil), [self keychainErrorToString:status]];
        [self printResult:self.textViewmessage:msg];
    });
}

- (void)viewDidLoad {
    [super viewDidLoad];
    // Do any additional setup after loading the view, typically from a nib.

self.dropButton = [UIButtonbuttonWithType:UIButtonTypeCustom];
self.dropButton.frame = CGRectMake(self.view.frame.size.width - 60, 100, 60, 60);
self.dropButton.backgroundColor = [UIColorpurpleColor];
    [self.dropButtonsetTitle:@"指纹" forState:UIControlStateNormal];
self.dropButton.layer.borderColor = [UIColorclearColor].CGColor;
self.dropButton.layer.borderWidth = 2.0;
self.dropButton.layer.cornerRadius = 5.0;
    [self.dropButtonsetTitleColor:[UIColorwhiteColor]
    forState:UIControlStateNormal];
    [self.dropButton.titleLabelsetFont:[UIFont systemFontOfSize:14.0]];
    [self.dropButton addTarget:self action:@selector(dropDown:)
    forControlEvents:UIControlEventTouchDown];
    [self.viewaddSubview:self.dropButton];

    self.dropButton1 = [UIButtonbuttonWithType:UIButtonTypeCustom];
    self.dropButton1.frame = CGRectMake(0, 100, 60, 60);
    self.dropButton1.backgroundColor = [UIColorpurpleColor];
    [self.dropButton1 setTitle:@"密码" forState:UIControlStateNormal];
    self.dropButton1.layer.borderColor = [UIColorclearColor].CGColor;
    self.dropButton1.layer.borderWidth = 2.0;
    self.dropButton1.layer.cornerRadius = 5.0;
    [self.dropButton1 setTitleColor:[UIColorwhiteColor]
    forState:UIControlStateNormal];
    [self.dropButton1.titleLabel setFont:[UIFont systemFontOfSize:14.0]];
    [self.dropButton1 addTarget:self action:@selector(tapkey)
    forControlEvents:UIControlEventTouchDown];
    [self.view addSubview:self.dropButton1];

    self.dropButton2 = [UIButtonbuttonWithType:UIButtonTypeCustom];
    self.dropButton2.frame=CGRectMake(self.view.frame.size.width/2 - 30, 100, 60, 60);
    self.dropButton2.backgroundColor = [UIColorpurpleColor];
```

```objc
        [self.dropButton2 setTitle:@"清除" forState:UIControlStateNormal];
        self.dropButton2.layer.borderColor = [UIColorclearColor].CGColor;
        self.dropButton2.layer.borderWidth = 2.0;
        self.dropButton2.layer.cornerRadius = 5.0;
        [self.dropButton2 setTitleColor:[UIColorwhiteColor] forState:
UIControlStateNormal];
        [self.dropButton2.titleLabel setFont:[UIFont systemFontOfSize:14.0]];
        [self.dropButton2 addTarget:self action:@selector(delete) forControlEvents:
UIControlEventTouchDown];
        [self.view addSubview:self.dropButton2];

    self.textView = [[UITextViewalloc] initWithFrame:CGRectMake(0, 200, self.view.frame
.size.width, self.view.frame.size.height - 200)];
    self.textView.backgroundColor = [UIColorredColor];
    self.textView.userInteractionEnabled = NO;
        [self.viewaddSubview:self.textView];


}

-(void)dropDown:(id)sender
{
LAContext *lol = [[LAContextalloc] init];

NSError *hi = nil;
NSString *hihihihi = @"验证××××××";
//TODO:TOUCHID是否存在
    if ([lol canEvaluatePolicy:LAPolicyDeviceOwnerAuthenticationWithBiometrics error:&hi]) {
//TODO:TOUCHID开始运作
        [lolevaluatePolicy:LAPolicyDeviceOwnerAuthenticationWithBiometricslocalizedReason:
hihihihi reply:^(BOOL succes, NSError *error)
         {
             if (succes) {
NSLog(@"yes");
             }
             else
             {
NSString *str = [NSStringstringWithFormat:@"%@",error.
localizedDescription];
                 if ([strisEqualToString:@"Tapped UserFallback button."]) {
                     if ([self.strBeDeleteisEqualToString:@"SEC_ITEM_DELETE_
STATUS"]) {
        NSLog(@"密码被清空了");
                     }
                     else
                     {
                         [self tapkey];
                     }
                 }
                 else
                 {
NSLog(@"你取消了验证");
                 }
             }
         }];

    }
    else
    {
        NSLog(@"没有开启TOUCHID设备自行解决");
    }

}

-(void)delete
{
NSDictionary *query = @{
        (__bridge id)kSecClass: (__bridge id)kSecClassGenericPassword,
```

```objc
                            (__bridge id)kSecAttrService: @"SampleService"
                            };

    dispatch_async(dispatch_get_global_queue(DISPATCH_QUEUE_PRIORITY_DEFAULT, 0), ^(void){
OSStatus status = SecItemDelete((__bridge CFDictionaryRef)(query));

NSString *msg = [NSStringstringWithFormat:NSLocalizedString(@"SEC_ ITEM_DELETE_STAT
US", nil), [self keychainErrorToString:status]];
        [self printResult:self.textViewmessage:msg];
self.strBeDelete = [NSStringstringWithFormat:@"%@",msg];
    });
}

-(void)tapkey
{
NSDictionary *query = @{
                            (__bridge id)kSecClass: (__bridge id)kSecClassGenericPassword,
                            (__bridge id)kSecAttrService: @"SampleService",
                            (__bridge id)kSecUseOperationPrompt:@"用你本机密码验证登录"
                            };

NSDictionary *changes = @{
                            (__bridge id)kSecValueData: [@"UPDATED_SECRET_PASSWOR
D_TEXT" dataUsingEncoding:NSUTF8StringEncoding]
                            };

dispatch_async(dispatch_get_global_queue( DISPATCH_QUEUE_PRIORITY_DEFAULT, 0), ^(void){
OSStatus status = SecItemUpdate((__bridge CFDictionaryRef)query, (__bridge CFDictionaryRef)
changes);
NSString *msg = [NSStringstringWithFormat:NSLocalizedString(@"SEC_ITEM_UPDATE_STATU
S", nil), [self keychainErrorToString:status]];
        [self printResult:self.textViewmessage:msg];
        if (status == -26276) {
NSLog(@"按了取消键");
        }
        else if (status == 0)
        {
NSLog(@"验证成功之后cauozuo");
        }
        else
        {
NSLog(@"其他操作");
        }
NSLog(@"------(%d)",(int)status);
    });
}

- (void)didReceiveMemoryWarning {
    [super didReceiveMemoryWarning];
    // Dispose of any resources that can be recreated.
}

- (void)printResult:(UITextView*)textView message:(NSString*)msg
{
dispatch_async(dispatch_get_main_queue(), ^{
textView.text = [textView.textstringByAppendingString:[NSStringstringWithFormat:@"%
@\n",msg]];
        [textViewscrollRangeToVisible:NSMakeRange([textView.text length], 0)];
    });
}

- (NSString *)keychainErrorToString: (NSInteger)error
{

NSString *msg = [NSStringstringWithFormat:@"%ld",(long)error];
```

```
                switch (error) {
                    case errSecSuccess:
    msg = NSLocalizedString(@"SUCCESS", nil);
                        break;
                    case errSecDuplicateItem:
    msg = NSLocalizedString(@"ERROR_ITEM_ALREADY_EXISTS", nil);
                        break;
                    case errSecItemNotFound :
    msg = NSLocalizedString(@"ERROR_ITEM_NOT_FOUND", nil);
                        break;
                    case -26276:
    msg = NSLocalizedString(@"ERROR_ITEM_AUTHENTICATION_FAILED", nil);
                        default:
                        break;
                }
                return msg;
}
@end
```

执行效果如图33-6所示。

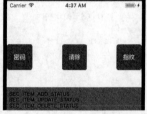

图33-6 执行效果

33.4 实战演练——Touch ID 认证的综合演练

知识点讲解光盘:视频\知识点\第33章\Touch ID认证的综合演练.mp4

实例33-3	Touch ID认证的综合演练
源码路径	光盘:\daima\33\KeychainTouch

（1）打开Xcode创建一个名为TouchIDDemo的工程，并导入LocalAuthentication.framework框架，工程的最终目录结构如图33-7所示。

（2）在Xcode的Main.storyboard面板中设计UI界面，在第一个界面列表显示系统的验证选项，在第二个界面中设置密钥，在第三个界面中设置指纹验证，如图33-8所示。

 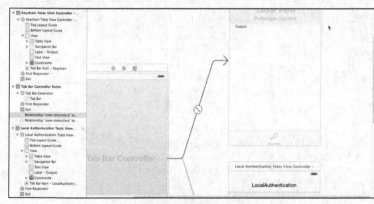

图33-7 工程的目录结构　　　　　　图33-8 Main.storyboard面板

（3）系统的公用文件是AAPLTest.h和AAPLTest.m，功能是定义如下所示的变量，主要实现代码如下所示：

```
@interface AAPLTest : NSObject
- (instancetype)initWithName:(NSString *)name details:(NSString *)details selector:(SEL)method;
@property (nonatomic) NSString *name;
@property (nonatomic) NSString *details;
@property (nonatomic) SEL method;

@end
```

（4）文件AAPLBasicTestViewController.m的功能是，通过UITableViewCell控件列表显示SELECT_TEST等和Touch ID操作相关的列表项。文件AAPLBasicTestViewController.m的主要实现代码如下所示：

```objc
#import "AAPLBasicTestViewController.h"
#import "AAPLTest.h"
@interface AAPLBasicTestViewController ()
@end
@implementation AAPLBasicTestViewController

- (instancetype)initWithNibName:(NSString *)nibNameOrNil bundle:(NSBundle *)nibBundleOrNil
{
    self = [super initWithNibName:nibNameOrNilbundle:nibBundleOrNil];
    return self;
}
- (void)viewDidLoad
{
    [super viewDidLoad];
}
#pragma mark - UITableViewDataSource

- (NSInteger)numberOfSectionsInTableView:(UITableView *)aTableView
{
    return 1;
}
- (NSInteger)tableView:(UITableView *)tableViewnumberOfRowsInSection:(NSInteger)section
{
    return [self.tests count];
}
- (NSString *)tableView:(UITableView *)aTableViewtitleForHeaderInSection:(NSInteger)section
{
    return NSLocalizedString(@"SELECT_TEST", nil);
}
- (AAPLTest*)testForIndexPath:(NSIndexPath *)indexPath
{
    if (indexPath.section> 0 || indexPath.row>= self.tests.count) {
        return nil;
    }

    return [self.testsobjectAtIndex:indexPath.row];
}
- (void)tableView:(UITableView *)tableViewdidSelectRowAtIndexPath:(NSIndexPath *)indexPath
{
AAPLTest *test = [self testForIndexPath:indexPath];

    // invoke the selector with the selected test
    [self performSelector:test.methodwithObject:nil afterDelay:0.0f];
    [tableViewdeselectRowAtIndexPath:indexPathanimated:YES ];
}
- (UITableViewCell *)tableView:(UITableView *)tableViewcellForRowAtIndexPath:(NSIndexPath *)indexPath
{
    static NSString *cellIdentifier = @"TestCell";

UITableViewCell *cell = [tableView dequeueReusableCellWithIdentifier:cellIdentifier];
    if (cell == nil) {
        cell = [[UITableViewCellalloc] initWithStyle:UITableViewCellStyleSubtitle reuseIdentifier:cellIdentifier];
    }

AAPLTest *test = [self testForIndexPath:indexPath];
cell.textLabel.text = test.name;
cell.detailTextLabel.text = test.details;
```

```
    return cell;
}

- (void)printResult:(UITextView*)textView message:(NSString*)msg
{
dispatch_async(dispatch_get_main_queue(), ^{
    //update the result in the main queue because we may be calling from asynchronous
       block
textView.text = [textView.textstringByAppendingString:[NSString
stringWithFormat:@"%@\n",msg]];
         [textViewscrollRangeToVisible:NSMakeRange([textView.text length], 0)];
    });
}
@end
```

(5)文件AAPLKeychainTestsViewController.m的功能是实现密钥验证功能,分别提供了Touch ID功能的远程服务器的密钥验证功能、SEC密钥复制匹配状态、密钥更新、SEC密钥状态更新和删除密钥。

(6)文件AAPLLocalAuthenticationTestsViewController.m的功能是,在项目中展示并调用Local Authentication指纹验证功能,显示authentication UI验证界面,成功获取指纹后,将实现指纹验证功能。

注意: 要想验证调试本章中的实例代码,必须在iPhone 5S以上真机中进行测试。

第 34 章 使用CocoaPods依赖管理

CocoaPods是一款知名的iOS程序依赖管理的工具,现在已经成为 iOS 开发事实上的依赖管理标准工具。在当今开发市面中,几乎每种开发语言都有自己的依赖管理工具,例如 Java 语言的 Maven、nodejs 的 npm。随着 iOS 开发者的增多,CocoaPods已经被绝大多数iOS开发者所接受。在本章的内容中,将详细讲解在iOS系统中使用CocoaPods的基本知识,为读者更好地理解本书后面知识打下基础。

34.1 使用 CocoaPods 基础

知识点讲解光盘:视频\知识点\第34章\使用CocoaPods基础.mp4

作为一个iOS开发者,肯定会借助第三方库来提高开发效率和功能。通常,我们直接把第三方库的源代码直接加入到我们的项目中,但是这么做有一些缺点。

- ❏ 浪费空间:源代码可能已经存在你的代码托管中。
- ❏ 很难获得某个具体版本的第三方库。
- ❏ 没有一个集中的地方可以查看哪些库现在可以使用。
- ❏ 更新版本的时候,是件困难的事情。

一个好的依赖关系管理工具可以帮助开发者解决上面提到的大部分问题,会帮助我们下载所用到的库的源代码,并创建和维护你所需要的环境。

CocoaPods项目的源码在 Github 上管理,如图34-1所示。该项目开始于 2011 年 8 月 12 日,经过多年发展,开发 iOS 项目不可避免地要使用第三方开源库,CocoaPods 的出现使得我们可以节省设置和更新第三方开源库的时间。

图34-1 Github上的 CocoaPods

34.2 安装 CocoaPods

知识点讲解光盘:视频\知识点\第34章\安装CocoaPods.mp4

安装CocoaPods的过程十分简单,在安装之前需要确保你在Xcode中安装了command line tool(命令行工具),一般来说,命令行工具默认安装的。

34.2.1 基本安装

在苹果Mac系统下安装CocoaPods的方法十分简单,在Mac 系统下都自带 Ruby,使用 Ruby 的 gem 命令即可下载并进行安装:

```
$ sudo gem install -n /usr/local/bin cocoapods
$ pod setup
```

如果本地机器的 gem 版本太旧，可能会出现一些问题，导致无法安装，此时可以尝试用如下命令来升级 gem：

```
sudo gem update --system
```

读者需要注意的是，因为Ruby 的软件源rubygems网站使用的是亚马逊的云服务，国内用户需要更新一下 Ruby 的源，使用如下代码将官方的 Ruby 源替换成国内淘宝的源：

```
gem sources --remove https://rubygems.org/
gem sources -a https://ruby.taobao.org/
gem sources -l
```

另外，在执行"pod setup"命令时会输出"Setting up CocoaPods master repo"提示，这个过程需要等待比较久的时间，此时 Cocoapods 正在将相关信息下载到 "~/.cocoapods"目录下，如果等待太久，可以试着 cd 到那个目录，用du -sh *来查看下载进度。

"pod setup"步骤完成以后，一定不要忘记更新本地gem：

```
$sudo gem update -system
```

34.2.2 快速安装

所有的项目的 Podspec 文件都托管在GitHub网站上。当第一次执行"pod setup"命令时，CocoaPods 会将这些podspec索引文件更新到本地的 "~/.cocoapods/"目录下，这个索引文件比较大，有 上百兆的大小。所以第一次更新时非常慢，如果读者实在无法忍受"pod setup"的下载速度，可以考虑使用CocoaPods的镜像索引来提高下载速度。

一个叫"akinliu"的网友分别在 gitcafe 和 oschina 上建立了 CocoaPods 索引库的镜像，因为 gitcafe 和 oschina 都是国内的服务器，所以在执行索引更新操作时会非常快。通过如下所示的操作步骤可以将 CocoaPods 设置成使用 gitcafe 镜像：

```
pod repo remove master
pod repo add master https://gitcafe.com/akuandev/Specs.git
pod repo update
```

34.3 使用 CocoaPods

知识点讲解光盘：视频\知识点\第34章\使用CocoaPods.mp4

讲解完安装CocoaPods的方法后，接下来开始讲解使用CocoaPods的流程。为了更加直观地讲解，特意使用一个iOS项目进行说明。

34.3.1 在自己的项目中使用 CocoaPods

（1）打开Xcode，在本机桌面（Desktop）新建一个名为"usepod"工程。

（2）使用CocoaPods时需要新建一个名为Podfile 的文件，在里面将依赖的库名字依次列在文件中，具体格式如下所示：

```
platform :ios
target 'MyApp' do
pod 'JSONKit', '~> 1.4'
pod 'Reachability', '~> 3.0.0'
pod 'ASIHTTPRequest'
pod 'RegexKitLite'
end
```

然后将编辑好的Podfile文件放到你的项目根目录中，执行如下命令即可安装：

```
cd "your project home"
pod install
```

下面以本实例为例，讲解为本实例添加库AFNetworking的过程。

（3）输入如下命令搜索我们需要添加第三方类库AFNetworking：

```
pod search AFNetworking
```

搜索结果如图34-2所示，这说明三方类库AFNetworking是确实存在的。

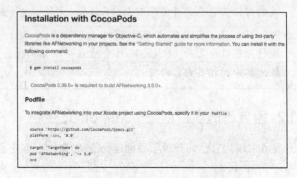

图34-2 搜索第三方类库AFNetworking

（4）通过cd命令来到我们的项目"usepod"的根目录，这个项目是在本地桌面中创建的：

```
cd /Users/guanxijingz/Desktop/usepod
```

然后执行如下命令在项目的根目录下创建一个Podfile文件：

```
touch Podfile
```

创建完成后，会在"usepod"的根目录中发现多了一个名为"Podfile"的文件，如图34-3所示。

（5）因为我们需要用到第三方类库AFNetworking，所以双击打开并辑编这个刚创建的Podfile文件。如果读者不知道如何编写Podfile文件，可以在Github中找到类库AFNetworking。下面列出了使用CocoaPods进行安装的使用说明，如图34-4所示。

图34-3 新建的Podfile　　　　图34-4 类库AFNetworking的详细使用说明

根据上述使用说明，在文件Podfile中编写如下所示的命令：

```
source 'https://github.com/CocoaPods/Specs.git'
platform :ios, '8.0'
```

```
target 'TargetName' do
pod 'AFNetworking', '~> 3.0'
end
```

如图34-5所示。

（6）执行如下所示的命令开始安装类库AFNetworking：

```
cd /Users/guanxijing/Desktop/usepod
$ pod install
```

由此可见，在安装类库AFNetworking时，需要通过cd命令先来到我们项目的根目录中。

（7）显示图34-6所示的信息表示安装成功。

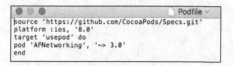

图34-5 文件Podfile中的内容

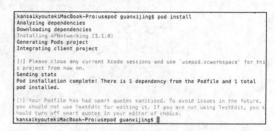

图34-6 安装成功提示信息

（8）此时来到我们项目的根目录中，会发现多了3个东西：usepod.xcworkspace、Podfile.lock文件和Pods目录。此时所有第三方库都已经下载完成并且设置好了编译参数和依赖，在此提醒读者需要特别注意如下两点。

❑ 使用CocoaPods生成的.xcworkspace文件来打开工程，而不是以前的.xcodeproj文件。
❑ 每次更改了Podfile文件，你需要重新执行一次pod update命令。

注意：

（1）关于Podfile.lock

当执行pod install之后，除了会生成Podfile文件以外，CocoaPods还会生成一个名为Podfile.lock的文件，Podfile.lock应该加入到版本控制里面，不应该把这个文件加入到.gitignore中。因为Podfile.lock会锁定当前各依赖库的版本，之后如果多次执行pod install不会更改版本，用pod update才会修改Podfile.lock。这样多人协作的时候，可以防止第三方库升级时造成大家各自的第三方库版本不一致。

（2）为自己的项目创建podspec文件

我们可以为自己的开源项目创建podspec文件，首先通过如下命令初始化一个podspec文件：

```
pod spec create your_pod_spec_name
```

执行上述命令之后，CocoaPods会生成一个名为your_pod_spec_name.podspec的文件，然后我们修改其中的相关内容即可。

34.3.2 为自己的项目创建 podspec 文件

开发者可以为自己的开源项目创建podspec文件，首先通过如下命令初始化一个podspec文件：

```
pod spec create your_pod_spec_name
```

该命令执行之后，CocoaPods会生成一个名为your_pod_spec_name.podspec的文件，然后我们修改其中的相关内容即可。

> 注意：不更新 podspec
> CocoaPods 在执行pod install和pod update时，会默认先更新一次podspec索引。使用--no-repo-update 参数可以禁止其做索引更新操作，如下所示：
> ```
> pod install --no-repo-update
> pod update --no-repo-update
> ```

34.3.3 生成第三方库的帮助文档

如果想借助 CococaPods 生成第三方库的帮助文档，并将这个文档集成到 Xcode 中，可以使用Brew 安装 Appledoc 来实现，具体命令如下所示：

```
brew install appledoc
```

Appledoc的最大优点是可以将帮助文档集成到 Xcode 中，这样你在输入代码时，按住 opt 键单击类名或方法名，就可以显示出相应的帮助文档。有关appledoc的使用方法，建议读者参考唐巧老师的技术文档：

http://blog.devtang.com/2012/02/01/use-appledoc-to-generate-xcode-doc/

34.4 实战演练——打开一个用 CocoaPods 管理的开源项目

知识点讲解光盘:视频\知识点\第34章\打开一个用CocoaPods管理的开源项目.mp4

在日常的iOS开发过程中，经常需要用到开源代码。很多开源代码是用CocoaPods进行管理的，如果读者想复制别人的项目（包括开源代码），或者是一个很久没打开过的CocoaPods项目，上述种种情况都需要我们进行特殊的操作。在接下来的内容中，将通过一个具体实例来说明打开一个用到CocoaPods的开源项目的过程。

实例34-1	打开一个用CocoaPods管理的开源项目
源码路径	光盘:\daima\34\SimpleWeather

（1）登录https://github.com/DukeHuang/SimpleWeather下载开源项目，这是一个天气预报项目程序，能够显示设备所在地的天气情况，如图34-7所示。

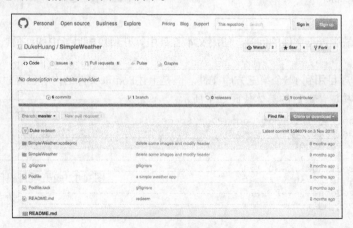

图34-7 开源项目

（2）下载并解压缩，修改文件夹名为"SimpleWeather"，然后保存到桌面中，如图34-8所示。
（3）鼠标双击打开文件夹"SimpleWeather"，工程项目的主目录信息如图34-9所示。
（4）双击"SimpleWeather.xcodeproj"，在Xcode 8中打开这个项目，会发现项目名为"SimpleWeather"，读者注意观察工程目录中"SimpleWeather"下的内容和"Pods"下的内容，如图34-10所示。

图34-8 保存为"SimpleWeather"

图34-9 工程项目的主目录

（5）如果此时单击 ▶ 按钮运行这个项目，会弹出缺少Pods文件的提示。这是因为在当前工程的"Pods"目录下并没有加载项目用到的库文件，"Pods"目录下文件Pods.debug.xcconfig和Pods.release.xcconfig处于不可用状态，如图34-11所示。

图34-10 "SimpleWeather"
工程目录

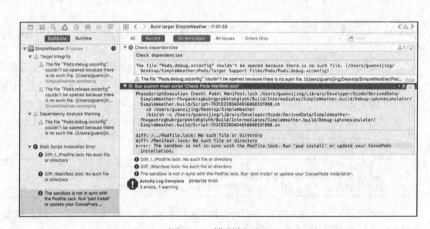

图34-11 错误提示

（6）开始解决缺少Pods文件的问题，使用文本工具中打开项目根目录中的文件Podfile，会发现内容如图34-12所示。

由此可见，本项目用到了5个第三方库文件。但是上述Podfile文件的内容已经过时了，我们需要将其改为新的语法结构，修改后的具体代码如下所示：

```
source 'https://github.com/CocoaPods/Specs.git'
platform :ios, '8.0'
target 'SimpleWeather' do
pod 'Mantle' ,'~>1.3.1'
pod 'LBBlurredImage','~>0.1.0'
pod 'TSMessages','~>0.9.4'
pod 'ReactiveCocoa','~>2.1.7'
pod 'AFNetworking', '~> 3.0'
end
```

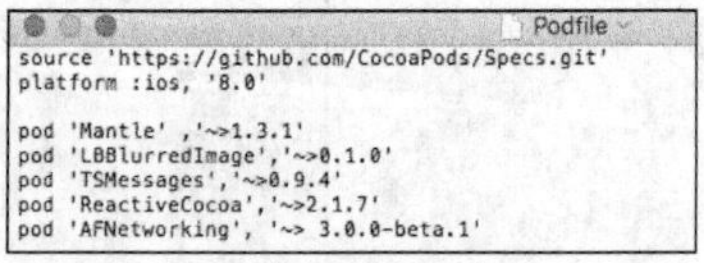

图34-12 打开项目根目录中的文件Podfile

其中的主要变化是添加如下所示的代码行，功能是明确指出库文件所服务的项目名，我们当前的项目名为"SimpleWeather"：

```
target 'SimpleWeather' do
```

（7）修改Podfile文件后，使用如下cd命令来到项目的根目录：

```
cd /Users/guanxijing/Desktop/SimpleWeather
```

（8）然后通过如下所示的命令进行更新：

```
pod update
```

（9）更新完毕后，通过如下所示的命令在本地安装上面列出5个库文件：

```
pod install
```

为了读者便于阅读和理解，下面将前面和CocoaPods操作相关的步骤命令在图34-13中列出。

（10）安装完成后会在本地根目录生成一个新文件：SimpleWeather.xcworkspace，以后调试这个项目时就不能用鼠标双击打开"SimpleWeather.xcodeproj"文件的方式实现了，而是应该用鼠标双击打开"SimpleWeather.xcworkspace"文件的方式实现，如图34-14所示。

图34-13 CocoaPods操作相关的步骤

图34-14 打开新文件SimpleWeather.xcworkspace

（11）在Xcode 8中打开本项目后会发现，"Pods"目录下多了好多个子目录，这些文件都是在前面的步骤中通过CocoaPods加载到本地项目中的，如图34-15所示。

（12）如果此时单击按钮 ▶ 就会成功运行这个项目，不会输出任何错误提示。执行效果如图34-16所示。

图34-15 升级后的工程目录

图34-16 执行效果

第 35 章 使用扩展（Extension）

扩展（Extension）是iOS 8和OSX 10.10加入的一个非常大的功能点，开发者可以通过系统提供给我们的扩展接入点（Extension point）来为系统特定的服务提供某些附加的功能。在本章的内容中，将详细讲解在iOS系统中使用扩展（Extension）的基本知识，为读者更好地理解本书后面知识打下基础。

35.1 扩展（Extension）基础

知识点讲解光盘：视频\知识点\第35章\扩展（Extension）基础.mp4

在使用Xcode 创建iOS应用程序时，在iOS模板下有一个"Application Extension"选项，在里面列出了可以创建的扩展程序类型，如图35-1所示。

在图35-1所示的扩展模板中，苹果公司为开发者提供了22个类型的iOS模板。概括来说，对于iOS应用程序来说，最为常用的扩展类型如下所示。

图35-1 "Application Extension"下的模板

- Today扩展：在下拉的通知中心的"今天"的面板中添加一个widget。
- 分享扩展：单击分享按钮后将网站或者照片通过应用分享。
- 动作扩展：单击Action按钮后通过判断上下文来将内容发送到应用。
- 照片编辑扩展：在系统的照片应用中提供照片编辑的能力。
- 文档提供扩展：提供和管理文件内容。
- 自定义键盘：提供一个可以用在所有应用的替代系统键盘的自定义键盘或输入法。
- 信息模板：可以为短信发送提供扩展。
- Siri：可以将Siri作为扩展添加到应用程序中。

到目前为止，iOS系统为开发者提供的接入点虽然还比较有限，但是通过利用这些接入点可以提供相应的功能，也可以极大地丰富系统的功能和可用性。

扩展在iOS中不能以单独的形式存在的，也就是说不能直接在App Store提供一个扩展的下载，扩展一定是随着一个应用一起打包提供的。用户在安装了带有扩展的应用后，可以在通知中心的今日界面中，或者是系统的设置中来选择开启还是关闭这个扩展。而对于开发者来说，提供扩展的方式是在App的项目中加入相应的扩展的Target。因为扩展一般来说是展现在系统级别的UI或者是其他应用中的，Apple特别指出，扩展应该保持轻巧迅速，并且专注功能单一，在不打扰或者中断用户使用当前应用的前提下完成自己的功能点。因为用户是可以自己选择禁用扩展的，所以如果你的扩展表现欠佳的话，很可能会遭到用户弃用，甚至导致将App也一并卸载。

35.1.1 扩展的生命周期

扩展的生命周期和包含该扩展的你的容器App（containerApp）本身的生命周期是独立的，它们是两个独立的进程，默认情况下两者知道对方的存在。扩展需要对宿主App（即调用该扩展的App）的请求做出响应。通过配置和一些手段，可以在扩展中访问和共享一些容器App的资源。

因为扩展其是依赖于调用其宿主App的，因此其生命周期也是由用户在宿主App中的行为所决定的。一般来说，用户在宿主App中触发了该扩展后，扩展的生命周期就开始了。比如在分享选项中选择了你的扩展，或者向通知中心中添加了你的Widget等。而所有的扩展都是由ViewController进行定义的，在用户决定使用某个扩展时，其对应的ViewController就会被加载，因此可以像在编写传统App的ViewController那样获取到诸如viewDidLoad这样的方法，并进行界面构建及做相应的逻辑。扩展应该保持功能的单一专注，并且迅速处理任务，在执行完成必要的任务，或者是在后台预约完成任务后，一般需要尽快通过回调将控制权交回给宿主App，至此生命周期结束。

Apple公司声称，扩展可以使用的内存是远远低于App可以使用的内存的。当内存吃紧的时候，系统更倾向于优先搞掉扩展，而不会是把宿主App杀死。因此在开发扩展应用程序时，一定要注意内存占用的限制。另外比如像通知中心扩展，你的扩展可能会和其他开发人员的扩展共存，这样如果扩展阻塞了主线程，就会引起整个通知中心失去响应。在这种情况下，你的扩展和应用将会受到用户的抛弃。

35.1.2 扩展和容器应用的交互

扩展和容器应用本身并不共享一个进程，但是其实扩展是主体应用功能的延伸，会避免用到应用本身的逻辑甚至界面。在这种情况下，可以使用从iOS 8新引入的自制framework的方式来组织需要重用的代码，这样在链接framework后，App和扩展就都能使用相同的代码了。

另一个常见需求就是数据共享，即扩展和应用互相希望访问对方的数据。这可以通过开启App Groups和进行相应的配置来开启在两个进程间的数据共享。这包括使用NSUserDefaults进行小数据的共享，或者使用NSFileCoordinator和NSFilePresenter，甚至是CoreData和SQLite来进行更大的文件或者是更复杂的数据交互。

35.2 实战演练——使用 Photo Editing Extension（照片扩展）

知识点讲解光盘:视频\知识点\第35章\使用Photo Editing Extension（照片扩展）.mp4

Photo Editing Extension允许用户在Photos应用程序中使用第三方应用编辑照片或视频。在此之前，用户不得不先在相机应用里拍摄照片，然后切换到照片编辑应用里编辑，或者必须从相册里导入照片。现在，这步应用间的切换可以被省略了，用户可以不从照片应用切换出去就能编辑照片了。在Photo Editing Extension中编辑完成并确认修改后，Photos应用中的图片也会获得同样的调整。照片的初始版本也保存下来，这样用户可以随时恢复在扩展应用里做出的修改。

实例35-1	使用Photo Editing Extension（照片扩展）
源码路径	光盘:\daima\35\PhotoEditingExtension

（1）在Xcode中创建一个名为"MKPhotoEditingExtension"的工程，如图35-2所示。
（2）依次单击Xcode顶部菜单的"File""New""Target"命令开始添加一个扩展，如图35-3所示。

图35-2 Xcode工程

图35-3 依次单击"File""New""Target"

（3）在弹出的“Choose a template…”对话框中选择“Photo Editing Extension”模板，如图35-4所示。

（4）添加扩展程序后系统会自动生成一些代码，我们直接运行扩展将会显示一个Hello World界面，如图35-5所示。

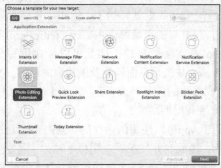

图35-4 选择“Photo Editing Extension”模板

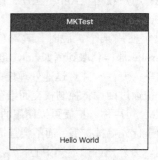

图35-5 Hello World界面

（5）设置可编辑数据类型。打开扩展下的文件Info.plist并找到NSExtension属性，按照图35-6所示来设置该属性结构。

▼NSExtension	Dictionary	(3 items)
▼NSExtensionAttributes	Dictionary	(1 item)
▼PHSupportedMediaTypes	Array	(2 items)
Item 0	String	Video
Item 1	String	Image
NSExtensionMainStoryboard	String	MainInterface
NSExtensionPointIdentifier	String	com.apple.photo-editing

图35-6 设置NSExtension属性

（6）编写文件PhotoEditingViewController.m，主要实现代码如下所示：

```
@implementation PhotoEditingViewController
{
    __weak IBOutlet UIImageView *editImageView;
    __weak IBOutlet UIScrollView *btnContentView;

    UIImage *displayImage;
    NSArray<NSString *> *filterNameArray;

    //当前编辑的滤镜名称
    NSString *currentFilterName;
}
- (void)viewDidLoad {
    [super viewDidLoad];

}

- (void)setupBasicWithOriginalImage:(UIImage *)image
{
    NSMutableArray<UIButton *> *btnArray = @[].mutableCopy;
    //滤镜名称都在这里 [CIFilter filterNamesInCategory:kCICategoryBuiltIn]
    filterNameArray = @[@"CIPhotoEffectInstant", //怀旧
                        @"CIPhotoEffectNoir", //黑白
                        @"CIPhotoEffectTransfer", //岁月
                        @"CIPhotoEffectMono", //单色
                        @"CIPhotoEffectFade", //褪色
                        @"CIPhotoEffectTonal", //色调
                        @"CIPhotoEffectProcess", //冲印
                        @"CIPhotoEffectChrome", //珞黄
                        @"CIBoxBlur", //均值模糊
                        @"CIGaussianBlur", //高斯模糊
                        @"CIDiscBlur", //环形卷积模糊
                        @"CIMedianFilter", //中值模糊
                        @"CIMotionBlur", //运动模糊
                        ];
    NSInteger count = filterNameArray.count;
    CGFloat btnWidth = 60;
    CGFloat btnHeight = btnContentView.frame.size.height-10;

    CGFloat scale = [UIScreen mainScreen].scale;
```

```objc
    CGFloat imgWidth = image.size.width;
    CGFloat imgHeight = image.size.height;

    UIImage *compressImage = [MKImageUtil compressOriginalImage:image
     toSize:CGSizeMake(btnWidth * scale,(btnWidth * imgHeight/imgWidth) * scale)]; //缩图片

    for(NSInteger i=0; i<filterNameArray.count; i++){
        UIButton *btn = [[UIButton alloc] initWithFrame:CGRectMake(i * (btnWidth+8), 5,
        btnWidth, btnHeight)];
        [btn setImage: compressImage forState:UIControlStateNormal];

        btn.imageView.contentMode = UIViewContentModeScaleAspectFit;
        btn.tag = i;
        [btn addTarget:self action:@selector(filterInputImage:) forControlEvents:
        UIControlEventTouchUpInside];
        [btnContentView addSubview:btn];
        [btnArray addObject:btn];
    }

    btnContentView.contentSize = CGSizeMake(count * (btnWidth + 8)-8, btnContentView.
    frame.size.height);

    //延时处理
    dispatch_time_t start = dispatch_time(DISPATCH_TIME_NOW, (int64_t)(1.0 * NSEC_PER_
    SEC));
    dispatch_after(start, dispatch_get_main_queue(), ^{

        [self setBtnFilterImageToArray:btnArray InIndex:0];
    });
}

- (void)setBtnFilterImageToArray:(NSArray<UIButton *> *)btnArray InIndex:(NSInteger
)index
{
    __block CIImage *filterCIImage = nil;
    UIButton *btn = btnArray[index];
    CIImage *ciImage = [[CIImage alloc] initWithImage: [btn imageForState:UIControlStateNormal]];

    //为照片加上滤镜
    filterCIImage = [MKImageUtil filterWithOriginalImage:ciImage filterName:filter
    NameArray[index]];
    [btn setImage: [MKImageUtil imageFromCIImage: filterCIImage] forState:UIControl
    StateNormal];
    if(![[btnArray lastObject] isEqual:btn]){
        [self setBtnFilterImageToArray:btnArray InIndex:index+1];
    }
}

- (void)filterInputImage:(UIButton *)btn
{
    currentFilterName = filterNameArray[btn.tag];

    CIImage *ciImage = [MKImageUtil filterWithOriginalImage:[[CIImage alloc] initWithImage:
    displayImage] filterName: currentFilterName];
    editImageView.image = [MKImageUtil imageFromCIImage: ciImage];
}

- (void)didReceiveMemoryWarning {
    [super didReceiveMemoryWarning];
}

#pragma mark - PHContentEditingController

//能否对编辑过的数据进行编辑
- (BOOL)canHandleAdjustmentData:(PHAdjustmentData *)adjustmentData {
```

```objc
        //可以根据 adjustmentData 的 formatIdentifier 和 formatVersion 属性来判断当前的数据是
        //否使用编辑器来编辑过
        BOOL result = [formatIdentifier isEqualToString: adjustmentData.formatIdentifier] &&
        [formatVersion isEqualToString: adjustmentData.formatVersion];
        if(result){
            //获取上次编辑使用的滤镜名称
            currentFilterName = [[NSString alloc] initWithData:adjustmentData.data encoding:
            NSUTF8StringEncoding];
        }
        return result;
    }

- (void)startContentEditingWithInput:(PHContentEditingInput *)contentEditingInput
placeholderImage:(UIImage *)placeholderImage {
    self.input = contentEditingInput;

    [self setupBasicWithOriginalImage: _input.displaySizeImage];
    displayImage = _input.displaySizeImage;
    editImageView.image = displayImage;
}

- (void)finishContentEditingWithCompletionHandler:(void (^)(PHContentEditingOutput
*))completionHandler {
    dispatch_async(dispatch_get_global_queue(DISPATCH_QUEUE_PRIORITY_DEFAULT, 0), ^{
        PHContentEditingOutput *output = [[PHContentEditingOutput alloc]
         initWithContent
        EditingInput:self.input];

        //1. 设置输出的adjustmentData
        PHAdjustmentData *adjustmentData = [[PHAdjustmentData alloc] initWithFormat
        Identifier:formatIdentifier

        formatVersion:formatVersion

data:[currentFilterName dataUsingEncoding:NSUTF8StringEncoding]];
        output.adjustmentData = adjustmentData;

        //2. 对原图进行相同的编辑
        CIImage *fullSizeImage = [CIImage imageWithContentsOfURL: _input.fullSizeImageURL];

        UIGraphicsBeginImageContext(fullSizeImage.extent.size);
        CIImage *filterImage = [MKImageUtil filterWithOriginalImage:fullSizeImage
        filterName:currentFilterName]; //添加滤镜
        UIImage *drawImage = [UIImage imageWithCIImage:filterImage];
        [drawImage drawInRect:fullSizeImage.extent];
        UIImage *outputImage = UIGraphicsGetImageFromCurrentImageContext();
        NSData *jpegData = UIImageJPEGRepresentation(outputImage, 1.0);
        UIGraphicsEndImageContext();

        [jpegData writeToURL:output.renderedContentURL atomically:YES];

        completionHandler(output);
    });
}

- (BOOL)shouldShowCancelConfirmation {
    return YES;
}

- (void)cancelContentEditing {
}

@end
```

在上述代码中实现了编辑照片时的事件,在开始编辑前通过方法canHandleAdjustmentData来验证能否对编辑过的数据进行编辑,当照片被编辑过时调用。方法canHandleAdjustmentData有一个参数:

PHAdjustmentData,在里面包含了上次编辑时所使用的编辑器的数据。
- formatIdentifier:编辑器的唯一ID。
- formatVersion:编辑器的版本号。
- data:编辑器保存的数据,自定义数据。

方法canHandleAdjustmentData的返回值如下所示。
- NO:扩展编辑的是被编辑过的效果图。
- YES:扩展编辑的是没有任何改动的原图。

再看开始编辑方法- (void)startContentEditingWithInput:placeholderImage,当进入到编辑界面时调用,contentEditingInput属性包含了照片的类型、地理位置、预览图和原图位置等信息。

再看完成编辑方法- (void)finishContentEditingWithCompletionHandler,此方法需要完成如下所示的两个任务。
- 设置输出的adjustmentData,即把照片编辑的信息保存起来,放到completionHandler中进行处理。
- 对原图进行相同的编辑。

再看取消方法- (BOOL)shouldShowCancelConfirmation,如果返回YES则取消编辑,并提醒用户是否取消。

(7)再看文件MKImageUtil.m,功能是在后台对预览照片实现编辑、添加滤镜、模糊、调整亮度/饱和度/对比度等操作。当处理完成编辑照片时的事件时,对源图进行同样的编辑,把修改后的源图保存到某个位置。文件MKImageUtil.m的主要实现代码如下所示:

```
+ (CIImage *)filterWithOriginalImage:(CIImage *)image
                          filterName:(NSString *)filterName
{
    CIFilter *filter = [CIFilter filterWithName:filterName];
    [filter setValue:image forKey:kCIInputImageKey];
    CIImage *result = [filter valueForKey: kCIOutputImageKey];

    return result;
}


+ (CIImage *)blurWithOriginalImage:(CIImage *)image
                          blurName:(NSString *)filterName
                            radius:(NSInteger)radius
{
    CIFilter *filter = [CIFilter filterWithName:filterName];
    [filter setValue:image forKey:kCIInputImageKey];

    //中值模糊不需要设置
    if(![@"CIMedianFilter" isEqualToString:filterName]){
        [filter setValue:@(radius) forKey:kCIInputRadiusKey];
    }

    CIImage *result = [filter valueForKey: kCIOutputImageKey];
    return result;
}


+ (CIImage *)colorControlsWithOriginalImage:(CIImage *)image
                                 saturation:(CGFloat)saturation
                                  brightess:(CGFloat)brightess
                                   contrast:(CGFloat)contrast
{
    CIFilter *filter = [CIFilter filterWithName:@"CIColorControls"];

    [filter setValue: image forKey: kCIInputImageKey];
    [filter setValue: @(saturation) forKey: kCIInputSaturationKey];
    [filter setValue: @(brightess) forKey: kCIInputBrightnessKey];
    [filter setValue: @(contrast) forKey: kCIInputContrastKey];
```

```
    CIImage *result = [filter valueForKey: kCIOutputImageKey];
    return result;
}

+ (UIImage *)imageFromCIImage:(CIImage *)ciImage
{
    CIContext *context = [CIContext contextWithOptions:nil];
    CGImageRef cgImage = [context createCGImage:ciImage
                                       fromRect:[ciImage extent]];
    UIImage *resultImage = [UIImage imageWithCGImage: cgImage];
    CGImageRelease(cgImage);
    return resultImage;
}

+ (UIImage *)compressOriginalImage:(UIImage *)image toSize:(CGSize)size
{
    UIImage *resultImage = nil;
    UIGraphicsBeginImageContext(size);
    
    [image drawInRect:(CGRect){CGPointZero, size}];
    resultImage = UIGraphicsGetImageFromCurrentImageContext();
    
    UIGraphicsEndImageContext();
    return resultImage;
}

@end
```

开始调试程序，在调试时选择运行Extenstion扩展程序，而不是主程序，在弹出界面中选择"Photos"，如图35-7所示。运行后会显示设备内的照片列表，如图35-8所示。选择列表中的一幅照片，在照片详情界面的下方将弹出扩展菜单选项，如图35-9所示。单击 后将弹出扩展中的功能选项，如图35-10所示。

图35-7 选择"Photos"

图35-8 设备内的照片列表

图35-9 照片详情界面

图35-10 扩展功能选项

单击 后可以进行滤镜操作，如图35-11所示。
例如单击"Mono"滤镜后的效果如图35-12所示。
单击"Done"按钮后保存处理效果，处理后的效果如图35-13所示。

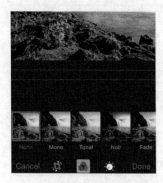  

图35-11 滤镜操作　　　　　图35-12 "Mono"滤镜效果　　　　图35-13 滤镜处理后的效果

35.3 实战演练——使用 TodayExtension（今日提醒扩展）

知识点讲解光盘:视频\知识点\第35章\使用TodayExtension（今日提醒扩展）.mp4

在iOS系统中，Today扩展又被称为Widget。对于赛事比分、股票、天气、快递这类需要实时获取的信息，可以在通知中心的Today视图中创建一个Today扩展实现。

实例35-2	使用TodayExtension（今日提醒扩展）
源码路径	光盘:\daima\35\TodyExtension

（1）使用Xcode创建一个名为"MKTodyExtension"的工程，在工程中设置一个任务列表界面，如图35-14所示。

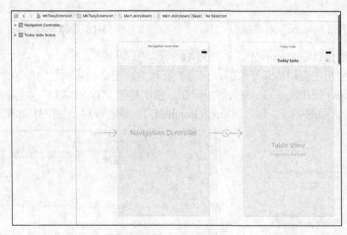

图35-14 Xcode工程

任务列表界面是用TableView控件实现的，单击右上角的"+"可以添加新元素，左滑TableViewCell可以删除一个列表元素。

（2）开始创建Today Extension扩展，依次单击Xcode菜单中的"File""New""Target"命令，在弹出的"Choose a template..."对话框中选择"Today Extension"模板，如图35-15所示。

（3）在调试实例程序时，本章上一个实例35-1采用的是单独调试扩展程序的方法，本实例将采用另外一种调试方法,将扩展包含在主应用程序中进行调试。所以依次单击Xcode中的"Product""Scheme""Edit Scheme"命令,如图35-16所示。

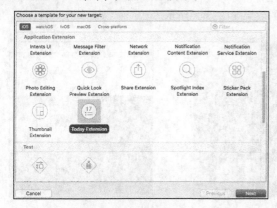

图35-15 选择"Today Extension"模板

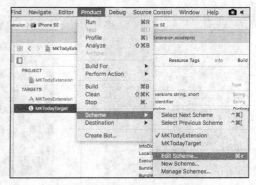

图35-16 打开"Edit Scheme"

(4)在"Edit Scheme"对话框中,设置"Executable"选项值为主应用程序的名称,勾选下面的"Debug executable"选项,如图35-17所示。

(5)修改在Tody面板显示的标题为ToDo List,如图35-18所示。

图35-17 "Edit Scheme"对话框

图35-18 修改标题为ToDo List

(6)在扩展中创建TableView视图,如图35-19所示。

(7)设置扩展使用主应用的共享数据。因为扩展和主应用是相互独立的程序,所以需要主应用共享出数据给扩展使用,使用App Group来解决问题。依次单击"TARGETS""主应用""Capabilities""App Group",单击下面的"+",输入"group.BundleID",单击开启,如图35-20所示。

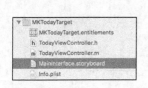

图35-19 创建TableView视图

图35-20 设置扩展使用主应用的共享数据

此时主应用程序将同步数据到group,对应代码如下所示:

```
- (void)updateTodoSnapshot { NSUserDefaults *infoDic = [[NSUserDefaults alloc]
initWithSuiteName: GROUP_ID]; [infoDic setObject:todoList forKey:TODO_LIST_ID];
[infoDic synchronize]; //更新今日面板信息,NotificationCenter framework
[[NCWidgetController widgetController] setHasContent:YES forWidgetWithBundleIdentifier
:@"com.donlinks.MKTodyExtension.MKTodayTarget"]; }
```

当group数据更新后，扩展会调用NCWidgetProviding协议，实现该协议的两个方法，对应代码如下所示：

```
- (void)widgetPerformUpdateWithCompletionHandler:(void (^)(NCUpdateResult))completionHandler {
    [self loadContents];
    completionHandler(NCUpdateResultNewData);
}

- (UIEdgeInsets)widgetMarginInsetsForProposedMarginInsets:(UIEdgeInsets)defaultMarginInsets{
    return UIEdgeInsetsMake(0, 27, 0, 0);
}
```

在上述代码中，第一个方法是系统通知扩展要更新时，扩展调用的方法；第二个方法返回一个内部大小，如果不实现，默认情况视图左侧会有一定的缩进。

（8）扩展获取同步数据，对应代码如下所示：

```
NSUserDefaults *infoDic = [[NSUserDefaults alloc] initWithSuiteName: GROUP_ID];
todoList = [infoDic objectForKey: TODO_LIST_ID];
```

开始调试，运行主应用程序后分别添加3个列表选项"aaa""bbb"和"ccc"，如图35-21所示。如果此时运行扩展，在"Today"面板中会显示主程序列表中的3个选项，如图35-22所示。

图35-21 添加3个列表选项

图35-22 运行扩展

35.4 实战演练——使用 Action Extension 翻译英文

知识点讲解光盘:视频\知识点\第35章\使用Action Extension翻译英文.mp4

在iOS系统中，Action Extension扩展可帮用户在主应用程序中查看或者转换内容。当用户使用一个文本编辑类应用程序时，Action扩展可帮用户编辑文档中的图片。另一种类型的Action扩展可以让用户以不同的方式查看选中的内容，比如以不同格式查看图片或者以不同语言阅读文本。只有当扩展声明它可以使用用户当前使用的内容类型时，系统才会为用户提供Action扩展。比如，如果Action扩展声明它仅能用于文本形式，那么当用户查看图片时则不可用的。

实例35-3	使用Action Extension翻译英文
源码路径	光盘:\daima\35\ActionExtensio

（1）使用Xcode创建一个名为"ActionExtension"的工程，如图35-23所示。

（2）依次单击Xcode中的"File""New""Target"命令开始添加一个扩展，在弹出的"Choose a template…"对话框中选择"Action Extension"模板，如图35-24所示。

（3）在"Edit Scheme"对话框中设置运行时执行主应用程序，并勾选"Debug executable"选项，如图35-25所示。

图35-23 工程的目录结构　　　图35-24 选择"Action Extension"模板　　　图35-25 "Edit Scheme"对话框

（4）在扩展文件ActionViewController.m中调用有道翻译进行翻译，主要实现代码如下所示：

```
- (void)loadInputItems
{
    //1. 从扩展上下文获取 NSExtensionItem 数组
    NSArray<NSExtensionItem *> *itemArray = self.extensionContext.inputItems;
    
    //2. 从 NSExtensionItem 获取 NSItemProvider 数组
    NSExtensionItem *item = itemArray.firstObject;
    NSArray<NSItemProvider *> *providerArray = item.attachments;
    
    //3. 加载、获取数据
    NSItemProvider *itemProvider = providerArray.firstObject;
    if([itemProvider hasItemConformingToTypeIdentifier:(NSString *)kUTTypePlainText]){
        [itemProvider loadItemForTypeIdentifier:(NSString *)kUTTypePlainText options:nil completionHandler:^(NSString *text, NSError *error) {
            if(text) {
                [[NSOperationQueue mainQueue] addOperationWithBlock:^{
                    originalTextView.text = text;
                    
                    //4. 翻译
                    [self youdaoTranslate:text complate:^(NSString *translateText) {
                        translateTextView.text = translateText;
                    }];
                }];
            }
        }];
    }
}

- (void)youdaoTranslate:(NSString *)text complate:(void (^)(NSString *))complate{
    [activityView startAnimating];
    
    NSURLSession *shareSession = [NSURLSession sharedSession];
    text = [text stringByReplacingOccurrencesOfString:@" " withString:@"%20"];
    NSString *urlStr = [NSString stringWithFormat:@"http://fanyi.youdao.com/openapi.do?keyfrom=%@&key=%@&type=data&doctype=json&version=1.1&q=%@", Keyfrom, YouDaoAPIkey, text];
    
    NSURLSessionDataTask *task = [shareSession dataTaskWithURL:[NSURL URLWithString:urlStr] completionHandler:^(NSData * _Nullable data, NSURLResponse * _Nullable response, NSError * _Nullable error) {
        NSDictionary *dic = [NSJSONSerialization JSONObjectWithData:data options:NSJSONReadingAllowFragments error:nil];
        NSArray *resultArray = dic[@"translation"];
        
        [[NSOperationQueue mainQueue] addOperationWithBlock:^{
            [activityView stopAnimating];
            complate(resultArray[0]);
```

35.4 实战演练——使用 Action Extension 翻译英文

```objc
        }];
    }];
    [task resume];
}

- (void)speakText:(NSString *)text{
    AVSpeechSynthesizer *synthesizer = [[AVSpeechSynthesizer alloc]init];
    AVSpeechUtterance *utterance = [AVSpeechUtterance speechUtteranceWithString:text];
    [utterance setRate:0.1];
    [synthesizer speakUtterance:utterance];
}
- (IBAction)goSpeak:(id)sender {
    [self speakText: originalTextView.text];
}

- (IBAction)translate:(id)sender {
    [self youdaoTranslate:originalTextView.text complate:^(NSString *translateText) {
        translateTextView.text = translateText;
    }];
}

- (IBAction)done {
    // Return any edited content to the host app.
    // This template doesn't do anything, so we just echo the passed in items.
    [self.extensionContext completeRequestReturningItems:self.extensionContext.inputItems completionHandler:nil];
}

@end
```

对上述代码的具体说明如下所示。
- NSExtensionContext：扩展上下文，可以获取进入扩展时的数据：inputItems，元素类型为 NSExtensionItem 的数组。
- NSExtensionItem：扩展数据项，包含附件数组：attachments，元素类型为 NSItemProvider 的数组。
- NSItemProvider：数据项的附件都封装在里面，要获取数据就要根据数据的 UTI 类型来加载获取附件。
- NSItemProvider 中的 - (void)loadItemForTypeIdentifier:(NSString *)typeIdentifier options:(NSDictionary *)options completionHandler:(NSItemProviderCompletionHandler)completionHandler：根据 UTI 类型来加载获取附件。

（5）在主程序文件 ViewController.m 中设置要翻译的英文，主要实现代码如下所示：

```objc
-(void)viewDidAppear:(BOOL)animated
{
    [super viewDidAppear:animated];

    UIActivityViewController *ctrl = [[UIActivityViewController alloc] initWithActivityItems:@[@"I love you!!!"] applicationActivities:nil];
    ctrl.completionWithItemsHandler = ^(NSString *activityType, BOOL completed, NSArray *returnedItems, NSError *activityError){
    };
    [self presentViewController:ctrl animated:YES completion:nil];
}
```

执行后选择扩展选项"MKAction"，单击"MKAction"后自动翻译，并且具有阅读功能，如图35-26所示。

图35-26 执行效果

35.5 实战演练——使用 Share Extension 扩展实现分享功能

知识点讲解光盘：视频\知识点\第35章\使用Share Extension扩展实现分享功能.mp4

在iOS系统中，分享扩展能够提供自定义的分享服务，比如收集一段文字，一个网页链接，几张照片或是视频上传到支持的网站等。当今主流的网站都支持分享功能，例如Twitter、Facebook和Weibo等。分享扩展的最大用处是可以自定义。分享到Twitter等主流社交网站都被系统支持了，但利用这个分享扩展可以做出更好的分享功能以及UI。可以说只要系统开放的地方，开发者都能做得更好，当然这也是第三方该做的事。

实例35-4	使用Share Extension扩展实现分享功能
源码路径	光盘:\daima\35\ShareExtension

（1）使用Xcode创建一个名为"ShareExtension"的工程，在主程序故事板Main.storyboard中添加一个文本控件，显示"点我实现分享"效果，如图35-27所示。

（2）首先看主程序下的文件ViewController.m，预先设置分享标签，如果失败则弹出提醒框。主要实现代码如下所示：

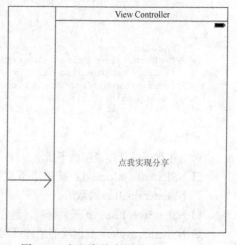

图35-27 主程序故事板Main.storyboard

```
- (IBAction)share:(id)sender {

    NSString *shareStr = @"分享toppr";
    NSString *shareStr2 = @"----------";

    NSURL *shareUrl = [NSURL URLWithString:@"http://www.toppr.net"];
    NSURL *shareUrl2 = [NSURL URLWithString:@"http://www.baidu.com"];

    UIImage *shareImg = [UIImage imageNamed:@"MKImg"];
    UIImage *shareImg2 = [UIImage imageNamed:@"btn_delete"];

    UIActivityViewController *ctrl = [[UIActivityViewController alloc]
initWithActivityItems:@[shareStr, shareStr2, shareUrl, shareUrl2, shareImg, shareImg2]
applicationActivities:nil];
    ctrl.completionWithItemsHandler = ^(NSString *activityType, BOOL completed, NSArray
*returnedItems, NSError *activityError){
        if(!completed){

            UIAlertController *ctrl = [UIAlertController alertControllerWithTitle:
@"分享失败" message:nil preferredStyle:UIAlertControllerStyleAlert];
            [ctrl addAction: [UIAlertAction actionWithTitle:@"确定"
style:UIAlertActionStyleCancel handler:nil]];
            [self presentViewController:ctrl animated:YES completion:nil];

        }
    };
    [self presentViewController:ctrl animated:YES completion:nil];
}
```

（3）依次单击Xcode菜单中的"File""New""Target"命令开始添加一个扩展，在弹出的"Choose a template…"对话框中选择"Share Extension"模板，如图35-28所示。

注意：分享扩展除了用在分享应用之外，还可以实现主应用程序复制文件到Containing App（包含应用程序）的共享文件夹里。

（4）创建完分享扩展后运行这个扩展，然后用Safari打开网址：http://www.toppr.net。单击Safari的分享按钮。发现此时扩展出现在分享选择栏里了，如图35-29所示。

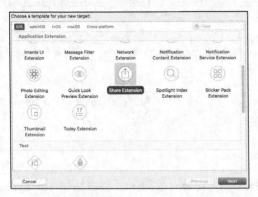

图35-28 创建“Share Extension”

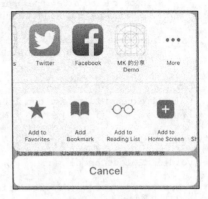

图35-29 分享扩展

（5）接下来设置分享的数据类型，在扩展的Info.plist文件中找到NSExtension属性，按照图35-30来设置该属性结构。

▼NSExtension	Dictionary	(3 items)
▼NSExtensionAttributes	Dictionary	(1 item)
▼NSExtensionActivationRule	Dictionary	(5 items)
NSExtensionActivationSuppo...	Boolean	YES
NSExtensionActivationSuppo...	Number	5
NSExtensionActivationSuppo...	Number	1
NSExtensionActivationSuppo...	Number	3
NSExtensionActivationSuppo...	Number	1
NSExtensionMainStoryboard	String	MainInterface
NSExtensionPointIdentifier	String	com.apple.share-services

图35-30 NSExtension属性设置

上述各属性的设置规则可以参考苹果的官方文档，目的是限制分享的图片、视频、网站地址的数量。

（6）再看扩展下的文件ShareViewController.m，主要实现代码如下所示：

```
@implementation ShareViewController
{
    NSMutableArray<UIImage *> *attachImageArray;
    NSMutableArray<NSString *> *attachStringArray;
    NSMutableArray<NSURL *> *attachURLArray;
}
//相当于 viewDidAppear
- (void)presentationAnimationDidFinish
{
    self.placeholder = @"输入发布内容";

    attachImageArray = @[].mutableCopy;
    attachStringArray = @[].mutableCopy;
    attachURLArray = @[].mutableCopy;

    //提取图片和分享 URL
    [self fetchItemDataAtBackground];
}

/**
 *  监测文本框的内容变化，输入文字时会调用该方法
 *
 *  @return post 按钮是否能单击
 */
- (BOOL)isContentValid {
    // Do validation of contentText and/or NSExtensionContext attachments here

    NSInteger textLength = self.contentText.length;
    self.charactersRemaining = @(maxCharactersAllowed - textLength);
    if(self.charactersRemaining.integerValue < 0){
        return NO;
    }

    return YES;
}
```

```objc
//单击 Post 后调用
- (void)didSelectPost {
    // This is called after the user selects Post. Do the upload of contentText and/or
    // NSExtensionContext attachments.
    
    // Inform the host that we're done, so it un-blocks its UI. Note: Alternatively you
    // could call super's -didSelectPost, which will similarly complete the extension context.
    
    [self uploadData];
    
    [self.extensionContext completeRequestReturningItems:@[] completionHandler:nil];
    
}

//单击 cancel 之后调用
-(void)didSelectCancel
{
    NSError *error = [NSError errorWithDomain:@"MK" code:500 userInfo:@{@"error":@"用户取消"}];
    
    //取消分享请求
    [self.extensionContext cancelRequestWithError:error];
}

- (NSArray *)configurationItems {
    // To add configuration options via table cells at the bottom of the sheet, return
    // an array of SLComposeSheetConfigurationItem here.
    
    SLComposeSheetConfigurationItem *item = [SLComposeSheetConfigurationItem new];
    item.title = @"预览";
    item.tapHandler = ^(void){
        
        UIViewController *ctrl = [UIViewController new];
        UIWebView *webView = [[UIWebView alloc] initWithFrame: ctrl.view.bounds];
        [webView loadHTMLString:[[self uploadInfo] description] baseURL:nil];
        webView.backgroundColor = [UIColor clearColor];
        webView.scalesPageToFit = YES;
        [ctrl.view addSubview:webView];
        
        [self.navigationController pushViewController:ctrl animated:YES];
        
    };
    return @[item];
}

//提取数据
- (void)fetchItemDataAtBackground
{
    //后台执行
    dispatch_async(dispatch_get_global_queue(DISPATCH_QUEUE_PRIORITY_DEFAULT, 0), ^{
        
        NSArray<NSExtensionItem *> *itemArray = self.extensionContext.inputItems;
        
        //实际上只有一个 NSExtensionItem 对象
        NSExtensionItem *item = itemArray.firstObject;
        NSArray<NSItemProvider *> *providerArray = item.attachments;
        
        //输出 userInfo 或者 attachments 就可以看到 dataType 对应的字符串是什么了
        //      NSLog(@"userInfo: %@", item.userInfo);
        
        for(NSItemProvider *provider in providerArray){
            //实际上一个NSItemProvider里也只有一种数据类型
            NSString *dataType = provider.registeredTypeIdentifiers.firstObject;
            if([dataType isEqualToString:@"public.image"]){
                
                [provider loadItemForTypeIdentifier:dataType options:nil
```

```objc
                    completionHandler:^(UIImage *image, NSError *error) {
                        [attachImageArray addObject:image];
                    }];
                    
            } else if([dataType isEqualToString:@"public.plain-text"]){
                
                [provider loadItemForTypeIdentifier:dataType options:nil
                    completionHandler:^(NSString *plainStr, NSError *error) {
                        [attachStringArray addObject: plainStr];
                    }];
                    
            } else if([dataType isEqualToString:@"public.url"]){
                
                [provider loadItemForTypeIdentifier:dataType options:nil
                    completionHandler:^(NSURL *url, NSError *error) {
                        [attachURLArray addObject: url];
                    }];
                    
            }
        }
    });
}

//上传数据
- (void)uploadData
{
    NSString *configName = @"com.donlinks.MKShareExtension.BackgroundSessionConfig";
    NSURLSessionConfiguration *sessionConfig = [NSURLSessionConfiguration
    backgroundSessionConfigurationWithIdentifier: configName];
    sessionConfig.sharedContainerIdentifier = @"group.MKShareExtension";
    
    NSURLSession *shareSession = [NSURLSession sessionWithConfiguration: sessionConfig];
    
    NSURLSessionDataTask *task = [shareSession dataTaskWithRequest: [self
    urlRequestWithShareData]];
    [task resume];
}

//组装 request 数据
- (NSURLRequest *)urlRequestWithShareData
{
    NSURL *uploadURL = [NSURL URLWithString: @"http://requestb.in/192vgnp1"];
    NSMutableURLRequest *request = [NSMutableURLRequest requestWithURL: uploadURL];
    
    //设置表单头
    [request addValue: @"application/json" forHTTPHeaderField: @"Content-Type"];
    [request addValue: @"application/json" forHTTPHeaderField: @"Accept"];
    [request setHTTPMethod: @"POST"];
    
    //设置 JSON 数据
    NSDictionary *dic = [self uploadInfo];
    
    NSError *error = nil;
    NSData *uplodData = [NSJSONSerialization dataWithJSONObject:dic
    
    options:NSJSONWritingPrettyPrinted error: &error];
    if(uplodData){
        
        request.HTTPBody = uplodData;
        
    }else{
        NSLog(@"JSONError: %@", error.localizedDescription);
    }
    
    return request;
}
```

```objc
- (NSDictionary *)uploadInfo
{
    NSMutableDictionary *dic = @{}.mutableCopy;
    NSMutableArray *imgInfoArray = @[].mutableCopy;
    for(UIImage *image in attachImageArray){
        [imgInfoArray addObject: [self imgInfo: image]];
    }
    
    NSMutableArray<NSString *> *urlArray = @[].mutableCopy;
    for(NSURL *url in attachURLArray){
        [urlArray addObject: url.relativeString];
    }
    
    [dic setObject: urlArray forKey: @"URL"];
    [dic setObject: attachStringArray forKey: @"extraString"];
    [dic setObject: imgInfoArray forKey: @"image"];
    [dic setObject: self.contentText forKey: @"contentText"];
    return dic;
}
- (NSDictionary *)imgInfo:(UIImage *)image
{
    NSMutableDictionary *dic = @{}.mutableCopy;
    
    [dic setObject: @(image.size.height).stringValue forKey: @"height"];
    [dic setObject: @(image.size.width).stringValue forKey: @"width"];
    [dic setObject: @(image.scale).stringValue forKey: @"scale"];
    [dic setObject: image.description forKey: @"description"];
    
    return dic;
}

@end
```

接下来开始分析上述代码，首先看方法- (BOOL)isContentValid，用于验证用户输入，能够默认提供标准化分享界面，提供了如下所示的属性和方法。

❑ NSString *contentText：分享文本编辑框的内容。

❑ NSNumber *charactersRemaining：设置剩下输入的内容字数。

❑ (BOOL)isContentValid：文本框内容改变时调用，返回NO则Post按钮禁用。

提交分享时会调用方法(void)didSelectPost，取消分享时会调用方法(void)didSelectCancel。在上传数据前会提取数据，提取时需要明白如下属性和方法的含义。

❑ UIViewController的extensionContext，类是NSExtensionContext。

❑ NSExtensionContext的inputItems元素类型是NSExtensionItem的数组，但实际上只有一个元素。

❑ NSExtensionItem的attachments元素类型是NSItemProvider的数组，分享的图片、视频、URL都封装在这个对象中。

❑ NSItemProvider的registeredTypeIdentifiers元素类型是NSString的数组，但实际也只有一个类型，表示封装的数据的类型，格式为Uniform Type Identifier，简称UTI，详细列表，UIT类型的常量UTType Reference。

在上传数据时，当单击"post"发布之后，扩展就被终止了，但是上传任务仍然在后台工作，包含的图片、视频等数据缓存在哪呢？这时就需要容器应用提供一个缓存容器了，这时需要用到group了。依次单击Xcode中的"TARGETS""主应用""Capabilities"和"App Group"来解决，对应的实现代码如下所示：

```objc
NSString *configName = @"com.donlinks.MKShareExtension.BackgroundSessionConfig";
NSURLSessionConfiguration *sessionConfig = [NSURLSessionConfiguration
backgroundSessionConfigurationWithIdentifier: configName]; sessionConfig.sharedCont-
ainerIdentifier = @"group.MKShareExtension";      NSURLSession *shareSession =
[NSURLSession sessionWithConfiguration: sessionConfig];
```

35.5 实战演练——使用 Share Extension 扩展实现分享功能

把数据封装成JSON并上传到 "requestb网站"。因为该网站不是https类型的，所以需要在扩展的Info.plist加上允许所有网络请求，如图35-31所示。

（7）在 "Edit Scheme" 对话框中设置在主程序包含分享扩展程序，如图35-32所示。

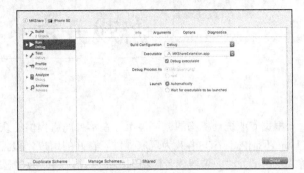

图35-31 文件Info.plist　　　　　　　　　图35-32 "Edit Scheme" 对话框

执行后会显示分享界面，并且可以查看预览效果，如图35-33所示。单击post后会将分享信息上传到requestb.in/192vgnp1页面，如图35-34所示。

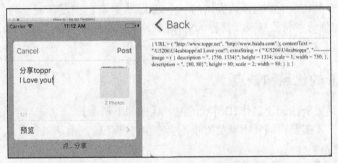

分享界面　　　　　　　　预览效果

图35-33 执行效果

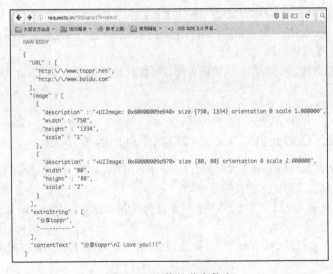

图35-34 上传的分享信息

第 36 章 游戏开发

根据专业统计机构的数据显示，在苹果商店提供的众多应用产品中，游戏数量排名第一。无论是iPhone还是iPad，iOS游戏为玩家提供了良好的用户体验。本章将详细讲解使用Sprite Kit框架开发一个游戏项目的方法。希望读者仔细理解每一段代码，为自己在以后的开发应用工作打好基础。

36.1 Sprite Kit 框架基础

知识点讲解光盘：视频\知识点\第36章\Sprite Kit框架基础.mp4

Sprite Kit是一个从iOS 7系统开始提供的一个2D游戏框架，在发布时被内置于iOS 7 SDK中。Sprite Kit中的对象被称为"材质精灵（简称为Sprite）"，支持很酷的特效，如视频、滤镜和遮罩等，并且内置了物理引擎库。本节将详细讲解Sprite Kit的基本知识。

36.1.1 Sprite Kit 的优点和缺点

在iOS平台中，通过Sprite Kit制作2D游戏的主要优点如下所示。

（1）内置于iOS，不需要再额外下载类库也不会产生外部依赖。由苹果官方编写的，可以确信它会被良好支持和持续更新。

（2）为纹理贴图集和粒子提供了内置的工具。

（3）可以做一些用其他框架很难甚至不可能做到的事情，比如把视频当作Sprites来使用或者实现很炫的图片效果和遮罩。

在iOS平台中，通过Sprite Kit制作2D游戏的主要缺点如下所示。

（1）如果使用了Sprite Kit，那么游戏就会被限制在iOS系统上。可能永远也不会知道自己的游戏是否会在Android平台上变成热门。

（2）因为Sprite Kit刚起步，所以，现阶段可能没有像其他框架那么多的实用特性，比如Cocos2D的某些细节功能。

（3）不能直接编写OpenGL代码。

36.1.2 Sprite Kit、Cocos2D、Cocos2D-X 和 Unity 的选择

在iOS平台中，主流的二维游戏开发框架有Sprite Kit、Cocos2D、Cocos2D-X和Unity。读者在开发游戏项目时，可以根据如下原则来选择游戏框架。

（1）如果是一个新手，或只专注于iOS平台，建议选择Sprite Kit。因为Sprite Kit是iOS内置框架，简单易学。

（2）如果需要编写自己的OpenGL代码，则建议使用Cocos2D或者尝试其他的引擎，因为Sprite Kit当前并不支持OpenGL。

（3）如果想要制作跨平台的游戏，请选择Cocos2D-X或者Unity。Cocos2D-X的好处是几乎面面俱到，为2D游戏而构建，几乎可以用它做任何你想做的事情。Unity的好处是可以带来更大的灵活性，例如，

可以在游戏中添加一些3D元素，尽管在用它制作2D游戏时不得不经历一些小麻烦。

36.2 实战演练——开发一个 Sprite Kit 游戏程序

知识点讲解光盘:视频\知识点\第36章\开发一个Sprite Kit游戏程序.mp4

实例36-1	开发一个Sprite Kit游戏程序
源码路径	光盘:\daima\36\SpriteKitSimpleGame

本实例用到了UIImageView控件、Label控件和Toolbar控件，具体实现流程如下所示。

（1）打开Xcode，单击Create a new Xcode Project按钮创建一个工程文件，如图36-1所示。

（2）在弹出的界面中，在左侧栏目中选择iOS下的Application选项，在右侧选择Game，然后单击Next选项，如图36-2所示。

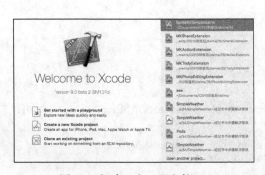
图36-1 新建一个工程文件

图36-2 创建一个Game工程

（3）在弹出的界面中设置各个选项值，在Language选项中设置编程语言为Objective-C，设置Game Technology选项为SpriteKit，然后单击Next按钮，如图36-3所示。

（4）在弹出的界面中设置当前工程的保存路径，如图36-4所示。

图36-3 设置编程语言为Objective-C

图36-4 设置保存路径

（5）单击Create按钮后将创建一个Sprite Kit工程。

就像Cocos2D一样，Sprite Kit被组织在Scene（场景）之上。Scene是一种类似于"层级"或者"屏幕"的概念。举个例子，可以同时创建两个Scene，一个位于游戏的主显示区域，第一个可以用作游戏地图展示放在其他区域，两者是并列的关系。

在自动生成的工程目录中会发现，Sprite Kit的模板已经默认创建了一个Scene——MyScene。打开文件MyScene.m后会看到它包含了一些代码，这些代码实现了如下两个功能。

- 把一个Label放到屏幕上。
- 在屏幕上随意点按时添加旋转的飞船。

（6）在项目导航栏中单击SpriteKitSimpleGame项目，选中对应的target。然后在Deployment Info区域内取消Orientation中Portrait（竖屏）的勾选，这样就只有Landscape Left和Landscape Right是被选中的，如图36-5所示。

（7）修改文件MyScene.m的内容，修改后的代码如下所示：

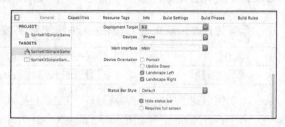

图36-5 切换成竖屏方向运行

```
#import "MyScene.h"
// 1
@interface MyScene ()
@property (nonatomic) SKSpriteNode * player;
@end
@implementation MyScene
-(id)initWithSize:(CGSize)size {
    if (self = [super initWithSize:size]) {

        // 2
        NSLog(@"Size: %@", NSStringFromCGSize(size));

        // 3
        self.backgroundColor = [SKColor colorWithRed:1.0 green:1.0 blue:1.0 alpha:1.0];

        // 4
        self.player = [SKSpriteNode spriteNodeWithImageNamed:@"player"];
        self.player.position = CGPointMake(100, 100);
        [self addChild:self.player];

    }
    return self;
}
@end
```

对上述代码的具体说明如下所示。

- 创建一个当前类的private（私有访问权限）声明，为player声明一个私有的变量（即忍者），这就是即将要添加到Scene上0的sprite对象。
- 在控制台输出当前Scene的大小，这样做的原因稍后会看到。
- 设置当前Scene的背景颜色，在Sprite Kit中只需要设置当前Scene的backgoundColor属性即可。这里设置成白色的。
- 添加一个Sprite到Scene上面也很简单，在此只需要调用方法spriteNodeWithImageNamed把对应图片素材的名字作为参数传入即可。然后设置这个Sprite的位置，调用方法addChild把它添加到当前Scene上。把Sprite的位置设置成（100,100），这一位置在屏幕左下角的右上方一点。

（8）打开文件ViewController.m，原来viewDidLoad方法的代码如下所示：

```
- (void)viewDidLoad
{
    [super viewDidLoad];
    // Configure the view.
    SKView * skView = (SKView *)self.view;
    skView.showsFPS = YES;
    skView.showsNodeCount = YES;

    // Create and configure the scene.
    SKScene * scene = [MyScene sceneWithSize:skView.bounds.size];
    scene.scaleMode = SKSceneScaleModeAspectFill;
```

```
        // Present the scene.
        [skView presentScene:scene];
    }
```

通过上述代码，从skView的bounds属性获取了Size，创建了相应大小的Scene。但是，当viewDidLoad方法被调用时，skView还没有被加到View的层级结构上，因而它不能响应方向以及布局的改变。所以，skView的bounds属性此时还不是它横屏后的正确值，而是默认竖屏所对应的值。由此可见，此时不是初始化Scene的好时机。

所以，需要后移上述初始化方法的运行时机，通过如下所示的方法来替换viewDidLoad：

```
- (void)viewWillLayoutSubviews
{
    [super viewWillLayoutSubviews];
    // Configure the view.
    SKView * skView = (SKView *)self.view;
    if (!skView.scene) {
        skView.showsFPS = YES;
        skView.showsNodeCount = YES;

        // Create and configure the scene.
        SKScene * scene = [MyScene sceneWithSize:skView.bounds.size];
        scene.scaleMode = SKSceneScaleModeAspectFill;

        // Present the scene.
        [skView presentScene:scene];
    }
}
```

此时运行后会在屏幕中显示一个忍者，如图36-6所示。

（9）接下来需要把一些怪物添加到Scene上，与现有的忍者形成战斗场景。为了使游戏更有意思，怪兽最好是移动的，否则游戏就毫无挑战性可言了。在屏幕的右侧一点创建怪物，然后为它们设置Action使它们能够向左移动。首先在文件MyScene.m中添加如下所示的方法：

图36-6 显示一个忍者

```
- (void)addMonster {
    // 创建怪物Sprite
    SKSpriteNode * monster = [SKSpriteNode spriteNodeWithImageNamed:@"monster"];

    // 决定怪物在竖直方向上的出现位置
    int minY = monster.size.height / 2;
    int maxY = self.frame.size.height - monster.size.height / 2;
    int rangeY = maxY - minY;
    int actualY = (arc4random() % rangeY) + minY;

    // Create the monster slightly off-screen along the right edge,
    // and along a random position along the Y axis as calculated above
    monster.position = CGPointMake(self.frame.size.width + monster.size.width/2, actualY);
    [self addChild:monster];

    // 设置怪物的速度
    int minDuration = 2.0;
    int maxDuration = 4.0;
    int rangeDuration = maxDuration - minDuration;
    int actualDuration = (arc4random() % rangeDuration) + minDuration;

    // Create the actions
    SKAction * actionMove = [SKAction moveTo:CGPointMake(-monster.size.width/2, actualY) duration:actualDuration];
    SKAction * actionMoveDone = [SKAction removeFromParent];
    [monster runAction:[SKAction sequence:@[actionMove, actionMoveDone]]];
}
```

在上述代码中，首先做一些简单的计算来创建怪物对象，为它们设置合适的位置，并且用和忍者Sprite（player）一样的方式把它们添加到Scene上，并在相应的位置出现。接下来添加Action和Sprite Kit提供了一些超级实用的内置Action，比如移动、旋转、淡出和动画等。这里要在怪物身上添加如下所示的3种Aciton。

- moveTo:duration：这个Action用来让怪物对象从屏幕左侧直接移动到右侧。值得注意的是可以自己定义移动持续的时间。在这里怪物的移动速度会随机分布在2~4秒。
- removeFromParent：Sprite Kit有一个方便的Action能让一个node从它的父母节点上移除。当怪物不再可见时，可以用这个Action来把它从Scene上移除。移除操作很重要，因为如果不这样做会面对无穷无尽的怪物而最终它们会耗尽iOS设备的所有资源。
- Sequence：Sequence（系列）Action允许把很多Action连到一起按顺序运行，同一时间仅会执行一个Action。用这种方法，可以先运行moveTo，这个Action让怪物先移动，当移动结束时继续运行removeFromParent，这个Action把怪物从Scene上移除。

然后调用addMonster方法来创建怪物，为了让游戏再有趣一点，设置让怪物们持续不断地涌现出来。Sprite Kit不能像Cocos2D一样设置一个每几秒运行一次的回调方法。它也不能传递一个增量时间参数给update方法。然而可以用一小段代码来模仿类似的定时刷新方法。首先把这些属性添加到MyScene.m的私有声明里：

```
@property (nonatomic) NSTimeInterval lastSpawnTimeInterval;
@property (nonatomic) NSTimeInterval lastUpdateTimeInterval;
```

使用属性lastSpawnTimeInterval来记录上一次生成怪物的时间，使用属性lastUpdateTimeInterval来记录上一次更新的时间。

（10）编写一个每帧都会调用的方法，这个方法的参数是上次更新后的时间增量。由于它不会被默认调用，所以，需要在下一步编写另一个方法来调用它：

```
- (void)updateWithTimeSinceLastUpdate:(CFTimeInterval)timeSinceLast {
    self.lastSpawnTimeInterval += timeSinceLast;
    if (self.lastSpawnTimeInterval &gt; 1) {
        self.lastSpawnTimeInterval = 0;
        [self addMonster];
    }
}
```

在这里只是简单地把上次更新后的时间增量加给lastSpawnTimeInterval，一旦它的值大于一秒，就要生成一个怪物然后重置时间。

（11）添加如下方法来调用上面的updateWithTimeSinceLastUpdate方法：

```
- (void)update:(NSTimeInterval)currentTime {
    // 获取时间增量
    // 如果我们运行的每秒帧数低于60，依然希望一切和每秒60帧移动的位移相同
    CFTimeInterval timeSinceLast = currentTime - self.lastUpdateTimeInterval;
    self.lastUpdateTimeInterval = currentTime;
    if (timeSinceLast &gt; 1) { // 如果上次更新后得到时间增量大于1秒
        timeSinceLast = 1.0 / 60.0;
        self.lastUpdateTimeInterval = currentTime;
    }
    [self updateWithTimeSinceLastUpdate:timeSinceLast];
}
```

update：Sprite Kit会在每帧自动调用这个方法。

到此为止，所有的代码实际上源自苹果的Adventure范例。系统会传入当前的时间，我们可以据此来计算出上次更新后的时间增量。此处需要注意的是，这里做了一些必要的检查，如果出现意外致使更新的时间间隔变得超过1秒，这里会把间隔重置为1/60秒来避免发生奇怪的情况。

如果此时编译运行，会看到怪物们在屏幕上移动着，如图36-7所示。

图36-7 移动的Sprite对象

（12）接下来开始为这些忍者精灵添加一些动作，例如攻击动作。攻击的实现方式有很多种，但在这个游戏里攻击会在玩家单击屏幕时触发，忍者会朝着点按的方向发射一个子弹。本项目使用moveTo:action动作来实现子弹的前期运行动画，为了实现它需要一些数学运算。这是因为moveTo需要传入子弹运行轨迹的终点，由于用户点按触发的位置仅代表了子弹射出的方向，显然不能直接将其当作运行终点。这样就算子弹超过了触摸点，也应该让子弹保持移动直到子弹超出屏幕为止。

子弹向量运算方法的标准实现代码如下所示：

```
static inline CGPoint rwAdd(CGPoint a, CGPoint b) {
    return CGPointMake(a.x + b.x, a.y + b.y);
}
static inline CGPoint rwSub(CGPoint a, CGPoint b) {
    return CGPointMake(a.x - b.x, a.y - b.y);
}
static inline CGPoint rwMult(CGPoint a, float b) {
    return CGPointMake(a.x * b, a.y * b);
}
static inline float rwLength(CGPoint a) {
    return sqrtf(a.x * a.x + a.y * a.y);
}
// 让向量的长度（模）等于1
static inline CGPoint rwNormalize(CGPoint a) {
    float length = rwLength(a);
    return CGPointMake(a.x / length, a.y / length);
}
```

（13）然后添加一个如下所示的新方法：

```
-(void)touchesEnded:(NSSet *)touches withEvent:(UIEvent *)event {

    // 1 - 选择其中的一个touch对象
    UITouch * touch = [touches anyObject];
    CGPoint location = [touch locationInNode:self];

    // 2 - 初始化子弹的位置
    SKSpriteNode * projectile = [SKSpriteNode spriteNodeWithImageNamed:@"projectile"];
    projectile.position = self.player.position;

    // 3- 计算子弹移动的偏移量
    CGPoint offset = rwSub(location, projectile.position);

    // 4 - 如果子弹是向后射，那就不做任何操作直接返回
    if (offset.x <= 0) return;

    // 5 - 把子弹添加上，已经检查了两次位置了
    [self addChild:projectile];
    // 6 - 获取子弹射出的方向
    CGPoint direction = rwNormalize(offset);

    // 7 - 让子弹射得足够远来确保它到达屏幕边缘
    CGPoint shootAmount = rwMult(direction, 1000);

    // 8 - 把子弹的位移加到它现在的位置上
    CGPoint realDest = rwAdd(shootAmount, projectile.position);

    // 9 - 创建子弹发射的动作
    float velocity = 480.0/1.0;
    float realMoveDuration = self.size.width / velocity;
    SKAction * actionMove = [SKAction moveTo:realDest duration:realMoveDuration];
    SKAction * actionMoveDone = [SKAction removeFromParent];
    [projectile runAction:[SKAction sequence:@[actionMove, actionMoveDone]]];
}
```

对上述代码的具体说明如下所示。

❑ Sprite Kit包括了UITouch类的一个category扩展，有两个方法locationInNode和previousLocationInNode，

它们可以让开发人员获取到一次触摸操作相对于某个SKNode对象的坐标体系的坐标。
- 然后创建一个子弹,并且把它放在忍者发射它的地方。此时还没有把它添加到Scene上,原因是还需要做一些合理性检查工作,本游戏项目不允许玩家向后发射子弹。
- 把触摸的坐标和子弹当前的位置做减法来获得相应的向量。
- 如果在x轴的偏移量小于零,则表示玩家在尝试向后发射子弹。这是游戏里不允许的,不做任何操作直接返回。
- 如果没有向后发射,那么就把子弹添加到Scene上。
- 调用rwNormalize方法把偏移量转换成一个单位的向量(即长度为1),这会使得在同一个方向上生成一个固定长度的向量更容易,因为1乘以它本身的长度还是等于它本身的长度。
- 把想要发射的方向上的单位向量乘以1000,然后赋值给shootAmount。
- 为了知道子弹从哪里飞出屏幕,需要把上一步计算好的shootAmount与当前的子弹位置做加法。
- 最后创建moveTo和removeFromParent这两个Action。

(14)接下来把Sprite Kit的物理引擎引入到游戏中,目的是监测怪物和子弹的碰撞。在之前需要做如下准备工作。
- 创建物理体系(physics world):一个物理体系用来进行物理计算的模拟空间,它被默认创建在Scene上,开发人员可以配置一些它的属性,如重力。
- 为每个Sprite创建物理上的外形:在Sprite Kit中,可以为每个Sprite关联一个物理形状来实现碰撞监测功能,并且可以直接设置相关的属性值。这个"形状"就叫做"物理外形"(physics body)。注意物理外形可以不必与Sprite自身的形状(即显示图像)一致。相对于Sprite自身形状来说,通常物理外形更简单,只需要差不多就可以,并不要精确到每个像素点,而这已经足够适用大多数游戏了。
- 为碰撞的两种sprite(即子弹和怪物)分别设置对应的种类(category)。这个种类是需要设置的物理外形的一个属性,它是一个"位掩码"(bitmask)用来区分不同的物理对象组。在这个游戏中,将会有两个种类:一个是子弹的,另一个是怪物的。当这两种Sprite的物理外形发生碰撞时,可以根据category很简单地区分出它们是子弹还是怪物,然后针对不同的Sprite来做不同的处理。
- 设置一个关联的代理:可以为物理体系设置一个与之相关联的代理,当两个物体发生碰撞时来接收通知。这里将要添加一些有关于对象种类判断的代码,用来判断到底是子弹还是怪物,然后会为它们增加碰撞的声音等效果。

开始碰撞监测和物理特性的实现,首先添加两个常量,将它们添加到文件MyScene.m中:

```
static const uint32_t projectileCategory = 0x1 << 0;
static const uint32_t monsterCategory = 0x1 << 1;
```

此处设置了两个种类,一个是子弹的,一个是怪物的。

然后在initWithSize方法中把忍者加到Scene的代码后面,再加入如下所示的两行代码:

```
self.physicsWorld.gravity = CGVectorMake(0,0);
self.physicsWorld.contactDelegate = self;
```

这样设置了一个没有重力的物理体系,为了收到两个物体碰撞的消息需要把当前的Scene设为它的代理。

在方法addMonster中创建完怪物后,添加如下所示的代码:

```
monster.physicsBody = [SKPhysicsBody bodyWithRectangleOfSize:monster.size]; // 1
monster.physicsBody.dynamic = YES; // 2
monster.physicsBody.categoryBitMask = monsterCategory; // 3
monster.physicsBody.contactTestBitMask = projectileCategory; // 4
monster.physicsBody.collisionBitMask = 0; // 5
```

对上述代码的具体说明如下。

- 为怪物Sprite创建物理外形。此处这个外形被定义成和怪物Sprite大小一致的矩形，与怪物自身大致相匹配。
- 将怪物物理外形的dynamic（动态）属性置为YES。这表示怪物的移动不会被物理引擎所控制。可以在这里不受影响而继续使用之前的代码（指之前怪物的移动Action）。
- 把怪物物理外形的种类掩码设为刚定义的 monsterCategory。
- 当发生碰撞时，当前怪物对象会通知它contactTestBitMask 这个属性所代表的category。这里应该把子弹的种类掩码projectileCategory赋给它。
- 属性collisionBitMask表示哪些种类的对象与当前怪物对象相碰撞时，物理引擎要让其有所反应（比如回弹效果）。

（15）添加一些如下所示的相似代码到touchesEnded:withEvent方法里，即在设置子弹位置的代码之后添加：

```
projectile.physicsBody=[SKPhysicsBody bodyWithCircleOfRadius:projectile.size.width/2];
projectile.physicsBody.dynamic = YES;
projectile.physicsBody.categoryBitMask = projectileCategory;
projectile.physicsBody.contactTestBitMask = monsterCategory;
projectile.physicsBody.collisionBitMask = 0;
projectile.physicsBody.usesPreciseCollisionDetection = YES;
```

（16）添加一个在子弹和怪物发生碰撞后会被调用的方法。这个方法不会被自动调用，将要在后面的步骤中调用它：

```
- (void)projectile:(SKSpriteNode *)projectile didCollideWithMonster:(SKSpriteNode *)
    monster {
    NSLog(@"Hit");
    [projectile removeFromParent];
    [monster removeFromParent];
}
```

上述代码是为了在子弹和怪物发生碰撞时把它们从当前的Scene上移除。

（17）开始实现接触后代理方法，将下面的代码添加到文件中：

```
- (void)didBeginContact:(SKPhysicsContact *)contact
{
    // 1
    SKPhysicsBody *firstBody, *secondBody;

    if (contact.bodyA.categoryBitMask < contact.bodyB.categoryBitMask)
    {
        firstBody = contact.bodyA;
        secondBody = contact.bodyB;
    }
    else
    {
        firstBody = contact.bodyB;
        secondBody = contact.bodyA;
    }

    // 2
    if ((firstBody.categoryBitMask & projectileCategory) != 0 &&
        (secondBody.categoryBitMask & monsterCategory) != 0)
    {
        [self projectile:(SKSpriteNode *) firstBody.node didCollideWithMonster:
        (SKSpriteNode *) secondBody.node];
    }
}
```

因为将当前的Scene设为了物理体系发生碰撞后的代理（contactDelegate），所以上述方法会在两个物理外形发生碰撞时被调用（调用的条件还包括：它们的contactTestBitMasks属性也要被正确设置）。上述方法分成如下所示的两个部分。

- 方法的前一部分传给发生碰撞的两个物理外形（子弹和怪物），但是不能保证它们会按特定的顺序传给你。所以有一部分代码是用来把它们按各自的种类掩码进行排序的。这样稍后才能针对对象种类做操作。这部分的代码来源于苹果官方Adventure例子。
- 方法的后一部分是用来检查这两个外形是否一个是子弹，另一个是怪物，如果是就调用刚刚写的方法（只把它们从Scene上移除的方法）。

（18）通过如下代码替换文件GameOverLayer.m中的原有代码：

```objc
#import "GameOverScene.h"
#import "MyScene.h"
@implementation GameOverScene
-(id)initWithSize:(CGSize)size won:(BOOL)won {
    if (self = [super initWithSize:size]) {

        // 1
        self.backgroundColor = [SKColor colorWithRed:1.0 green:1.0 blue:1.0 alpha:1.0];

        // 2
        NSString * message;
        if (won) {
            message = @"You Won!";
        } else {
            message = @"You Lose :[";
        }

        // 3
        SKLabelNode *label = [SKLabelNode labelNodeWithFontNamed:@"Chalkduster"];
        label.text = message;
        label.fontSize = 40;
        label.fontColor = [SKColor blackColor];
        label.position = CGPointMake(self.size.width/2, self.size.height/2);
        [self addChild:label];

        // 4
        [self runAction:
            [SKAction sequence:@[
                [SKAction waitForDuration:3.0],
                [SKAction runBlock:^{
                    // 5
                    SKTransition*reveal=[SKTransition flipHorizontalWithDuration:0.5];
                    SKScene * myScene = [[MyScene alloc] initWithSize:self.size];
                    [self.view presentScene:myScene transition: reveal];
                }]
            ]]
        ];

    }
    return self;
}
@end
１
```

对上述代码的具体说明如下所述。
- 将背景颜色设置为白色，与主要的Scene（MyScene）相同。
- 根据传入的输赢参数，设置弹出的消息字符串"You Won"或者"You Lose"。
- 演示在Sprite Kit下如何把文本标签显示到屏幕上，只需要选择字体然后设置一些参数即可。
- 创建并且运行一个系列类型动作，它包含两个子动作。第一个Action仅仅是等待3秒钟，然后会执行runBlock中的第二个Action来做一些马上会执行的操作。

上述代码实现了在Sprite Kit下实现转场（从现有场景转到新的场景）的方法。首先可以从多种转场特效动画中挑选一个自己喜欢的用来展示，这里选了一个0.5秒的翻转特效。然后创建即将要被显示的scene，使用self.view的presentScene:transition方法进行转场即可。

(19) 把新的Scene引入到MyScene.m文件中，具体代码如下所示：

```objc
#import "GameOverScene.h"
```

然后在addMonster方法中用下面的Action替换最后一行的Action：

```objc
SKAction * loseAction = [SKAction runBlock:^{
    SKTransition *reveal = [SKTransition flipHorizontalWithDuration:0.5];
    SKScene * gameOverScene = [[GameOverScene alloc] initWithSize:self.size won:NO];
    [self.view presentScene:gameOverScene transition: reveal];
}];
[monster runAction:[SKAction sequence:@[actionMove, loseAction, actionMoveDone]]];
```

通过上述代码创建了一个新的"失败Action"用来展示游戏结束的场景，当怪物移动到屏幕边缘时游戏就结束运行。

到此为止，整个实例介绍完毕，执行后的效果如图36-8所示。

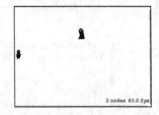

图36-8 执行效果

36.3 实战演练——开发一个射击游戏

📀 知识点讲解光盘:视频\知识点\第36章\开发一个射击游戏.mp4

实例36-2	开发一个射击游戏（双语实现：Objective-C版）
源码路径	光盘:\daima\36\Shooter-obj

（1）打开Xcode 9，单击Create a new Xcode Project，新创建一个名为"Shooter"的工程，如图36-9所示。

（2）编写文件StartScene.m实现游戏开始场景功能，主要实现代码如下所示：

```objc
@implementation StartScene
- (instancetype)initWithSize:(CGSize)size {
    if (self = [super initWithSize:size]) {
        self.backgroundColor = [SKColor greenColor];
        
        SKLabelNode *topLabel = [SKLabelNode labelNodeWithFontNamed:@"gxj"];
        topLabel.text = @"Shooter射击游戏";
        topLabel.fontColor = [SKColor blackColor];
        topLabel.fontSize = 48;
        topLabel.position = CGPointMake(self.frame.size.width * 0.5,
                                        self.frame.size.height * 0.7);
        [self addChild:topLabel];
        
        SKLabelNode *bottomLabel = [SKLabelNode labelNodeWithFontNamed:
                                        @"gxj"];
        bottomLabel.text = @"单击屏幕开始游戏！";
        bottomLabel.fontColor = [SKColor blackColor];
        bottomLabel.fontSize = 20;
        bottomLabel.position = CGPointMake(self.frame.size.width * 0.5,
                                           self.frame.size.height * 0.3);
        [self addChild:bottomLabel];
        
    }
    return self;
}

- (void)touchesBegan:(NSSet *)touches withEvent:(UIEvent *)event {
    SKTransition *transition = [SKTransition doorwayWithDuration:1.0];
    SKScene *game = [[GameScene alloc] initWithSize:self.frame.size];
    [self.view presentScene:game transition:transition];
    
    [self runAction:[SKAction playSoundFileNamed:@"gameStart.wav"
                              waitForCompletion:NO]];
}
```

图36-9 新创建一个Xcode工程

（3）编写文件GameScene.m快速创建一个关卡，并设置对应的序数。在方法init中设置了关卡场景的基本配置信息，例如场景的背景颜色用SKColor对象实现。另外还在场景中添加玩家的信息，通过触摸移动处理方法touchesBegan设置，利用屏幕底部五分之一的区域中的任意位置作为新的位置目标。文件GameScene.m的主要实现代码如下所示：

```objectivec
@interface GameScene () <SKPhysicsContactDelegate>

@property (strong, nonatomic) PlayerNode *playerNode;
@property (strong, nonatomic) SKNode *enemies;
@property (strong, nonatomic) SKNode *playerBullets;
@property (strong, nonatomic) SKNode *forceFields;
+ (instancetype)sceneWithSize:(CGSize)size levelNumber:(NSUInteger)levelNumber {
    return [[self alloc] initWithSize:size levelNumber:levelNumber];
}

- (instancetype)initWithSize:(CGSize)size {
    return [self initWithSize:size levelNumber:1];
}

- (instancetype)initWithSize:(CGSize)size levelNumber:(NSUInteger)levelNumber {
    if (self = [super initWithSize:size]) {
        _levelNumber = levelNumber;
        _playerLives = 5;
        
        self.backgroundColor = [SKColor whiteColor];
        
        SKLabelNode *lives = [SKLabelNode labelNodeWithFontNamed:@"gxj"];
        lives.fontSize = 16;
        lives.fontColor = [SKColor blackColor];
        lives.name = @"生命值";
        lives.text = [NSString stringWithFormat:@"生命: %lu",
                      (unsigned long)_playerLives];
        lives.verticalAlignmentMode = SKLabelVerticalAlignmentModeTop;
        lives.horizontalAlignmentMode = SKLabelHorizontalAlignmentModeRight;
        lives.position = CGPointMake(self.frame.size.width,
                                     self.frame.size.height);
        [self addChild:lives];
        
        SKLabelNode *level = [SKLabelNode labelNodeWithFontNamed:@"gxj"];
        level.fontSize = 16;
        level.fontColor = [SKColor blackColor];
        level.name = @"生命值";
        level.text = [NSString stringWithFormat:@"级别: %lu",
                      (unsigned long)_levelNumber];
        level.verticalAlignmentMode = SKLabelVerticalAlignmentModeTop;
        level.horizontalAlignmentMode = SKLabelHorizontalAlignmentModeLeft;
        level.position = CGPointMake(0, self.frame.size.height);
        [self addChild:level];
        
        _playerNode = [PlayerNode node];
        _playerNode.position = CGPointMake(CGRectGetMidX(self.frame),
                                           CGRectGetHeight(self.frame) * 0.1);
        
        [self addChild:_playerNode];
        _enemies = [SKNode node];
        [self addChild:_enemies];
        [self spawnEnemies];
        
        _playerBullets = [SKNode node];
        [self addChild:_playerBullets];
        
        _forceFields = [SKNode node];
        [self addChild:_forceFields];
        [self createForceFields];
        
        self.physicsWorld.gravity = CGVectorMake(0, -1);
        self.physicsWorld.contactDelegate = self;
    }
}
```

```
        return self;
    }
    -(void)touchesBegan:(NSSet *)touches withEvent:(UIEvent *)event {
        /* Called when a touch begins */

        for (UITouch *touch in touches) {
            CGPoint location = [touch locationInNode:self];
            if (location.y < CGRectGetHeight(self.frame) * 0.2 ) {
                CGPoint target = CGPointMake(location.x,
                    self.playerNode.position.y);
                [self.playerNode moveToward:target];
            } else {
                BulletNode *bullet = [BulletNode
                                     bulletFrom:self.playerNode.position
                                     toward:location];
                [self.playerBullets addChild:bullet];
            }
        }
    }
```

（4）编写文件GameViewController.m，功能是设置使用ceneWithSize:skView来创建并初始化场景。主要实现代码如下所示：

```
@implementation GameViewController

- (void)viewDidLoad
{
    [super viewDidLoad];

    // Configure the view.
    SKView * skView = (SKView *)self.view;
    skView.showsFPS = YES;
    skView.showsNodeCount = YES;
    /* Sprite Kit applies additional optimizations to improve rendering performance */
    skView.ignoresSiblingOrder = YES;

    // Create and configure the scene.
    SKScene * scene = [StartScene sceneWithSize:skView.bounds.size];

    // Present the scene.
    [skView presentScene:scene];
}
```

（5）编写文件PlayerNode.m，功能是创建一个SKNode的子类，设置标签的旋转值，能够使小写字母v以上下颠倒的形式显示出来。通过方法moveToward实现精灵的轻轻移动效果。主要实现代码如下所示：

```
- (instancetype)init {
    if (self = [super init]) {
        self.name = [NSString stringWithFormat:@"玩家 %p", self];
        [self initNodeGraph];
        [self initPhysicsBody];
    }
    return self;
}

- (void)initNodeGraph {
    SKLabelNode *label = [SKLabelNode labelNodeWithFontNamed:@"gxj"];
    label.fontColor = [SKColor darkGrayColor];
    label.fontSize = 40;
    label.text = @"v";
    label.zRotation = M_PI;
    label.name = @"label";

    [self addChild:label];

}
- (void)moveToward:(CGPoint)location {
```

```
    [self removeActionForKey:@"movement"];
    [self removeActionForKey:@"wobbling"];

    CGFloat distance = PointDistance(self.position, location);
    CGFloat screenWidth = [UIScreen mainScreen].bounds.size.width;
    CGFloat duration = 2.0 * distance / screenWidth;

    [self runAction:[SKAction moveTo:location duration:duration]
            withKey:@"movement"];

    CGFloat wobbleTime = 0.3;
    CGFloat halfWobbleTime = wobbleTime * 0.5;
    SKAction *wobbling = [SKAction
                            sequence:@[[SKAction scaleXTo:0.2
                                  duration:halfWobbleTime],
                                [SKAction scaleXTo:1.0
                                  duration:halfWobbleTime]]];
    NSUInteger wobbleCount = duration / wobbleTime;

    [self runAction:[SKAction repeatAction:wobbling count:wobbleCount]
            withKey:@"wobbling"];
}
```

（6）编写文件Geometry.h，通过点、向量和浮点值实现几何运算功能，再点击屏幕的某个位置时可以看到精灵向左或向右靠近点击的位置。主要实现代码如下所示：

```
static inline CGVector VectorMultiply(CGVector v, CGFloat m) {
    return CGVectorMake(v.dx * m, v.dy * m);
}
static inline CGVector VectorBetweenPoints(CGPoint p1, CGPoint p2) {
    return CGVectorMake(p2.x - p1.x, p2.y - p1.y);
}
static inline CGFloat VectorLength(CGVector v) {
    return sqrtf(powf(v.dx, 2) + powf(v.dy, 2));
}
static inline CGFloat PointDistance(CGPoint p1, CGPoint p2) {
    return sqrtf(powf(p2.x - p1.x, 2) + powf(p2.y - p1.y, 2));
}
```

（7）编写文件EnemyNode.m作为一个敌人类，通过方法receiveAttacker向游戏场景中添加粒子效果。主要实现代码如下所示：

```
@implementation EnemyNode

- (instancetype)init {
    if (self = [super init]) {
        self.name = [NSString stringWithFormat:@"Enemy %p", self];
        [self initNodeGraph];
        [self initPhysicsBody];
    }
    return self;
}

- (void)initNodeGraph {
    SKLabelNode *topRow = [SKLabelNode
                            labelNodeWithFontNamed:@"gxj-Bold"];
    topRow.fontColor = [SKColor brownColor];
    topRow.fontSize = 20;
    topRow.text = @"x x";
    topRow.position = CGPointMake(0, 15);
    [self addChild:topRow];

    SKLabelNode *middleRow = [SKLabelNode
                                labelNodeWithFontNamed:@"gxj-Bold"];
    middleRow.fontColor = [SKColor brownColor];
    middleRow.fontSize = 20;
    middleRow.text = @"x";
    [self addChild:middleRow];
```

```objc
    SKLabelNode *bottomRow = [SKLabelNode
                              labelNodeWithFontNamed:@"gxj-Bold"];
    bottomRow.fontColor = [SKColor brownColor];
    bottomRow.fontSize = 20;
    bottomRow.text = @"x x";
    bottomRow.position = CGPointMake(0, -15);
    [self addChild:bottomRow];
}

- (void)receiveAttacker:(SKNode *)attacker contact:(SKPhysicsContact *)contact {
    self.physicsBody.affectedByGravity = YES;
    CGVector force = VectorMultiply(attacker.physicsBody.velocity,
                                    contact.collisionImpulse);
    CGPoint myContact = [self.scene convertPoint:contact.contactPoint
                                          toNode:self];
    [self.physicsBody applyForce:force
                         atPoint:myContact];
    
    NSString *path = [[NSBundle mainBundle] pathForResource:@"MissileExplosion"
                                                     ofType:@"sks"];
    SKEmitterNode *explosion = [NSKeyedUnarchiver unarchiveObjectWithFile:path];
    explosion.numParticlesToEmit = 20;
    explosion.position = contact.contactPoint;
    [self.scene addChild:explosion];
    
    [self runAction:[SKAction playSoundFileNamed:@"enemyHit.wav"
                                waitForCompletion:NO]];
}
```

（8）编写文件PhysicsCategories.h实现物理类别，这是一种集合相关对象的方式，好处是物理引擎可以使用不同的方式来处理它们之间的碰撞。主要实现代码如下所示：

```objc
typedef NS_OPTIONS(uint32_t, PhysicsCategory) {
    PlayerCategory          = 1 << 1,
    EnemyCategory           = 1 << 2,
    PlayerMissileCategory   = 1 << 3,
    GravityFieldCategory    = 1 << 4
};
```

（9）编写文件BulletNode.m实现一个炮弹类，通过在场景中调用帧的方式来告诉炮弹的移动轨迹，通过方法bulletFrom创建一枚新的炮弹并设置一个发射向量，通过bulletFrom中的物理引擎来使炮弹向目标发射。另外，还需要通过方法init创建一个炮弹图形。主要实现代码如下所示：

```objc
+ (instancetype)bulletFrom:(CGPoint)start toward:(CGPoint)destination {
    BulletNode *bullet = [[self alloc] init];
    
    bullet.position = start;
    
    CGVector movement = VectorBetweenPoints(start, destination);
    CGFloat magnitude = VectorLength(movement);
    if (magnitude == 0.0f) return nil;
    
    CGVector scaledMovement = VectorMultiply(movement, 1 / magnitude);
    
    CGFloat thrustMagnitude = 100.0;
    bullet.thrust = VectorMultiply(scaledMovement, thrustMagnitude);
    
    [bullet runAction:[SKAction playSoundFileNamed:@"shoot.wav"
                                  waitForCompletion:NO]];
    
    return bullet;
}

- (instancetype)init {
    if (self = [super init]) {
        SKLabelNode *dot = [SKLabelNode labelNodeWithFontNamed:@"Courier"];
        dot.fontColor = [SKColor blackColor];
```

```
                dot.fontSize = 40;
                dot.text = @".";
                [self addChild:dot];

                SKPhysicsBody *body = [SKPhysicsBody bodyWithCircleOfRadius:1];
                body.dynamic = YES;
                body.categoryBitMask = PlayerMissileCategory;
                body.contactTestBitMask = EnemyCategory;
                body.collisionBitMask = EnemyCategory;
                body.fieldBitMask = GravityFieldCategory;
                body.mass = 0.01;

                self.physicsBody = body;
                self.name = [NSString stringWithFormat:@"Bullet %p", self];
        }
        return self;
}
```

（10）编写文件GameOverScene.m实现一个游戏结束场景类，主要实现代码如下所示：

```
@implementation GameOverScene

- (instancetype)initWithSize:(CGSize)size {
    if (self = [super initWithSize:size]) {
        self.backgroundColor = [SKColor purpleColor];
        SKLabelNode *text = [SKLabelNode labelNodeWithFontNamed:@"Courier"];
        text.text = @"Game Over";
        text.fontColor = [SKColor whiteColor];
        text.fontSize = 50;
        text.position = CGPointMake(self.frame.size.width * 0.5,
                                    self.frame.size.height * 0.5);
        [self addChild:text];
    }
    return self;
}

- (void)didMoveToView:(SKView *)view {
    dispatch_after(dispatch_time(DISPATCH_TIME_NOW, (int64_t)(3.0 * NSEC_PER_SEC)),
                   dispatch_get_main_queue(), ^{
        SKTransition *transition = [SKTransition flipVerticalWithDuration:1.0];
        SKScene *start = [[StartScene alloc] initWithSize:self.frame.size];
        [self.view presentScene:start transition:transition];
    });
}
```

游戏结束功能在场景文件GameScene.m中实现，TONGG FANGFA triggerGameOver实现对应的场景。主要实现代码如下所示：

```
- (void)triggerGameOver {
    self.finished = YES;

    NSString *path = [[NSBundle mainBundle] pathForResource:@"EnemyExplosion"
                                                     ofType:@"sks"];
    SKEmitterNode *explosion = [NSKeyedUnarchiver unarchiveObjectWithFile:path];
    explosion.numParticlesToEmit = 200;
    explosion.position = _playerNode.position;
    [self addChild:explosion];
    [_playerNode removeFromParent];

    SKTransition *transition = [SKTransition doorsOpenVerticalWithDuration:1.0];
    SKScene *gameOver = [[GameOverScene alloc] initWithSize:self.frame.size];
    [self.view presentScene:gameOver transition:transition];

    [self runAction:[SKAction playSoundFileNamed:@"gameOver.wav"
                                waitForCompletion:NO]];
}
```

执行后的效果如图36-10所示。

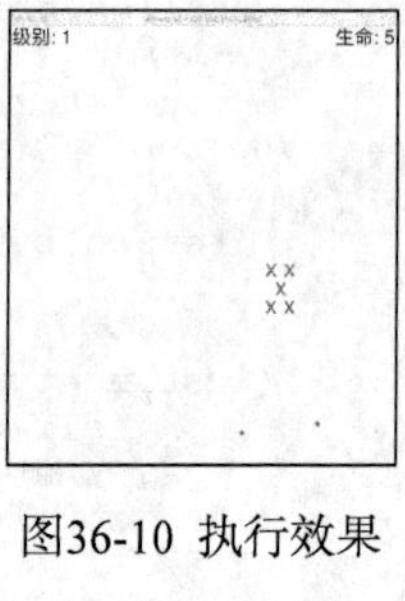

图36-10 执行效果

第 37 章 watchOS 4智能手表开发

2015年3月,苹果公司在其举行的新品发布会上发布了Apple Watch。这是苹果公司产品线中的一款全新产品。其实在Apple Watch上市之前,2014年11月,苹果公司针对开发者就推出了开发Apple Watch应用程序的平台WatchKit。2015年WWDC大会上,苹果公司发布了Apple Watch系统watchOS 2。2016年WWDC大会上,苹果公司发布了Apple Watch系统watchOS 3。2017年WWDC大会上,苹果公司发布了Apple Watch的最新系统watchOS 4。本章将详细讲解开发watchOS 4手表应用程序的基本知识。

37.1 Apple Watch 介绍

知识点讲解光盘:视频\知识点\第37章\Apple Watch介绍.mp4

Apple Watch分为运动款、普通款和定制款3种,采用蓝宝石屏幕,有银色、金色、红色、绿色和白色等多种颜色可以选择。在苹果公司官方页面中介绍了Apple Watch的主要功能特点,如图37-1所示。

Apple Watch官网,通过Timekeeping、New Ways to Connect和Health&Fitness三个独立的功能页面,分别对Apple Watch所有界面模式命名、新交互方式和健康及健身等方面的细节进行详细介绍。此外,Apple的市场营销团队还添加了新的动画,来展示Apple Watch将如何在屏幕之间自由切换,以及Apple Watch上的应用都是如何工作的。

1. Timekeeping(计时)

进入Timekeeping页面后,可以了解到Apple Watch拥有着各种风格的所有时间显示界面信息,用户可以对界面颜色、样式及其他元素进行完全自定义。另外,Apple Watch还具备了常见手表所不具备的功能,除了闹钟、计时器、日历和世界时间之外,使用者还可以获取月光照度、股票、天气、日出/日落时间和日常活动等信息。

2. New Ways to Connect(全新的交互方式)

New Ways to Connect详细地展示了Apple Watch简单有趣的"腕对腕"互动交流新方式。使用Apple Watch,并不仅仅是更简捷地收发信息、电话和邮件那么简单,用户可以用更个性化、更少文字的表达方式来与人交流,如图37-2所示。

图37-1 苹果官方对Apple Watch的介绍

图37-2 全新的交互方式

其主打的3个功能:Sketch允许用户直接在表盘上快速绘制简单的图形动画并发送,Tap(基于触觉反馈的无声交互)触碰功能能让对方感受到含蓄的心意,而Heartbeat(心率传感器)红艳艳的心跳真是让单身感受到苹果浓浓的好意了。

3. Health&Fitness(健康&健身)

健康和健身一直是Apple Watch主打的功能项,不同于普通的智能腕带,Apple Watch能够详细记录用户的所有运动量,从跑步、骑车和爬楼梯等皆涵盖在内,并以Move(消耗卡路里)、Exercise(运动)和Stand(站立)3个彩色圆环进行直观显示,如图37-3所示。

Apple Watch会针对用户的运动习惯为其制定出合理的健身目标,并用加速计来计算运动量和卡路里燃烧量,心率感应器来测量运动心率,WiFi和GPS来测量户外运动时的距离和速度。除此之外,Apple Watch内置的Workout应用能实时追踪包括时间、距离、卡路里燃烧量、速度、步行和骑行在内的运动状态,而Fitness应用则可以记录用户每天的运动量,并将所有数据共享到Health,实现将健身和健康数据相整合,帮助用户更好地进行健身锻炼。

有关watchOS 3开发的基本知识,读者可以参考官方教程:https://developer.apple.com/watchos/,如图37-4所示。

图37-3 健康&健身　　　　　　　　图37-4 watchOS 2官方教程页面

37.2 WatchKit 开发详解

知识点讲解光盘:视频\知识点\第37章\WatchKit开发详解.mp4

从苹果公司官方提供的开发文档中可以看出,Apple Watch最终通过安装在iPhone上的WatchKit扩展包,以及安装在Apple Watch上的UI界面来实现两者的互联,如图37-5所示。

除了为Apple Watch提供单独的App之外,开发者还可以借助与iPhone的互联,单独在Apple Watch上使用Glances。顾名思义,WatchKit像许多已经诞生的智能手表一样,可以让用户通过滑动屏幕浏览卡片式信息及数据;此外还可以单独在Apple Watch上实现可操作的弹出式通知,比如当用户离开家时,智能家庭组件可以弹出消息询问是否关闭室内的灯光,在手腕上即可实现关闭操作。苹果公司官方展示了WatchKit的几大核心功能,如图37-6所示。

图37-5 Apple WatchKit向开发者发布　　　　图37-6 WatchKit核心功能展示

37.2.1 搭建 WatchKit 开发环境

在苹果公司的WWDC 2017大会上,发布了苹果手表的最新系统:watchOS 4。当成功搭建Xcode 9环境后,便可以使用集成开发环境开发watchOS 3应用程序。和以往版本相比,Xcode 9直接提供了watchOS

选项，方法是选择左侧的watchOS选项，然后在右侧直接选择应用程序类型即可，如图37-7所示。

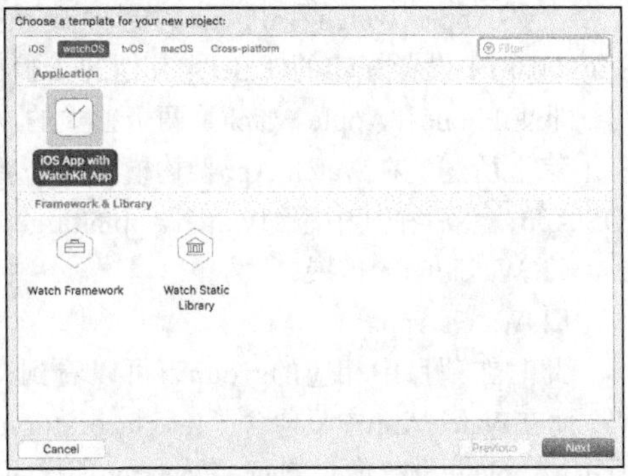

37.2.2 WatchKit架构

通过使用WatchKit，可以为Watch App创建一个全新的交互界面，而且可以通过iOS App Extension去控制它们。所以开发人员能做的并不只是一个简单的iOS Apple Watch Extension，而是有很多新的功能需要挖掘。目前提供的比如特定的UI控制方式、Glance、可自定义的Notification和Handoff的深度结合、图片缓存等。

图37-7 添加Watch应用对象

Apple Watch应用程序包含两个部分，分别是Watch应用和WatchKit应用扩展。Watch应用驻留在用户的Apple Watch中，只含有故事板和资源文件，要注意，它并不包含任何代码。而WatchKit应用扩展驻留在用户的iPhone上（在关联的iOS应用当中），含有相应的代码和管理Watch应用界面的资源文件。

当用户开始与Watch应用互动时，Apple Watch将会寻找一个合适的故事板场景来显示。它根据用户是否在查看应用的Glance界面，是否在查看通知，或者是否在浏览应用的主界面等行为来选择相应的场景。当选择完场景后，watchOS将通知配对的iPhone启动WatchKit应用扩展，并加载相应对象的运行界面，所有的消息交流工作都在后台中进行。

Watch应用和WatchKit应用扩展之间的信息交流过程如图37-8所示。

Watch应用的构建基础是界面控制器，这部分是由WKInterfaceController类的实例实现的。WatchKit中的界面控制器用来模拟iOS中的视图控制器，功能是显示和管理屏幕上的内容，并且响应用户的交互工作。

如果用户直接启动应用程序，系统将从主故事板文件中加载初始界面控制器。根据用户的交互动作，可以显示其他界面控制器以让用户得到需要的信息。究竟如何显示额外的界面控制器，这取决于应用程序所使用的界面样式。WatchKit支持基于页面的风格以及基于层次的风格。

注意：在图37-8所示的信息交流过程中，glance和通知只会显示一个界面控制器，其中包含了相关的信息。与界面控制器的互动操作会直接进入到应用程序的主界面中。

通过上面的描述可知，运行Watch App时，是由两部分相互结合进行具体工作的，如图37-9所示。Watch App运行组成部分的具体说明如下所示。

（1）Apple Watch主要包含用户界面元素文件（Storyboard文件和静态的图片文件）和处理用户的输入行为。这部分代码不会真正在Apple Watch中运行，也就是说，Apple Watch仅是一个"视图"容器。

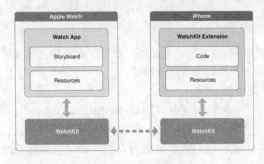

图37-8 信息交流过程

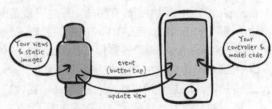

图37-9 Watch App运行组成部分

（2）在iPhone中包含的所有逻辑代码，用于响应用户在Apple Watch上产生的行为，例如应用启动、单击按钮和滑动滑杆等。也就是说，iPhone包含了控制器和模型。

上述Apple Watch和iPhone的这种交互操作是在幕后自动完成的，开发者要做的工作只是在Storyboard中设置好UI的Outlet，其他的步骤都交给WatchKit SDK在幕后通过蓝牙技术自动进行交互即可。即使iPhone和Apple Watch是两个独立的设备，也只需要关注本地的代码以及Outlet的连接情况即可。

综上所述，在Watch App架构模式中，要想针对Apple Watch进行开发，首先需要建立一个传统的iOS App，然后在其中添加Watch App的target对象。添加后会在项目中发现多出了如下两个target：

❑ WatchKit的扩展；
❑ Watch App。

此时在项目中相应的group下可以看到，WatchKit Extension中含有InterfaceController.h/m之类的代码，而在Watch App中只包含了Interface.storyboard，如图37-10所示。Apple并没有像对iPhone Extension那样明确要求针对Watch开发的App必须还是以iOS App为核心。也就是说，将iOS App空壳化而专注提供Watch的UI和体验是被允许的。

在安装应用程序时，负责逻辑部分的WatchKit Extension将随iOS App的主target被一同安装到iPhone中，而负责界面部分的WatchKit App将会在安装主程序后，由iPhone检测有没有配对的Apple Watch，并提示安装到Apple Watch中。所以在实际使用时，所有的运算、逻辑以及控制实际上都是在iPhone中完

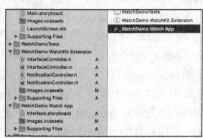

图37-10 项目工程目录

成的。当需要界面执行刷新操作时，由iPhone向Watch发送指令并在手表盘面上显示。反过来，用户触摸手表进行交互时的信息也由手表传回给iPhone并进行处理。而这个过程WatchKit会在幕后完成，并不需要开发者操心。我们需要知道的就是，原则上来说，我们应该将界面相关的内容放在Watch App的target中，而将所有代码逻辑等放到Extension里。

由此可见，在整个Watch App中，当在手表上点击App图标运行Watch App时，手表将会负责唤醒手机上的WatchKit Extension。而WatchKit Extension和iOS App之间的数据交互需求则由App Groups来完成，这和Today Widget以及其他一些Extension是一样的。

37.2.3 WatchKit 布局

Watch App的UI布局方式不是用AutoLayout实现的，取而代之的是一种新的布局方式Group。在这种方式中，需要将按钮和Label之类的界面元素添加到Group中，然后Group会自动为添加的界面元素在其内部进行布局。

在Watch App中，可以将一个Group嵌入到另一个Group中，用于实现较为复杂一点的界面布局，并且可以在Group中设置背景色、边距和圆角半径等属性。

37.2.4 Glances 和 Notifications（快速预览信息）

在Apple Watch应用中，最有用的功能之一就是能让用户很方便地（比如一抬手）看到自己感兴趣的事物的提醒通知，比如有人在Twitter中提及到了你或者比特币的当前价位等。

Glances和Notifications的具体作用是什么呢？具体说明如下所示。

❑ Glances能让用户在应用中快速预览信息，这一点有点像iOS 8中的Today Extension。
❑ Notifications能让用户在Apple Watch中接收到各类通知。Apple Watch中的通知分为两种级别。第一种是提示，只显示应用图标和简单的文本信息。当抬起手腕或者点击屏幕时就会进入到第二种级别，此时就可以看到该通知更多详细的信息，甚至有交互按钮。

在Glance和Notification这两种情形下，用户都可以点击屏幕进入到对应的Watch App中，并且使用Handoff。用户甚至可以将特定的View Controller作为Glance或Notification的内容发送给用户。

37.2.5 Watch App 的生命周期

当用户在Apple Watch上运行应用程序时,用户的iPhone会自行启动相应的WatchKit应用扩展。通过一系列的握手协议、Watch应用和Watch应用扩展,将设备互相连接,消息能够在两者之间流通,直到用户停止与应用进行交互为止。此时,iOS将暂停应用扩展的运行。

随着启动队列的运行,WatchKit将会自行为当前界面创建相应的界面控制器。如果用户正在查看Glance,则WatchKit创建出来的界面控制器会与Glance相连接。如果用户直接启动应用程序,则WatchKit将从应用程序的主故事板文件中加载初始界面控制器。无论是哪一种情况,WatchKit应用扩展都会提供一个名为WKInterfaceController的子类来管理相应的界面。

当初始化界面控制器对象后,就应该为其准备显示相应的界面。当启动应用程序时,WatchKit框架会自行创建相应的WKInterfaceController对象,并调用initWithContext方法来初始化界面控制器,然后加载所需的数据,最后设置所有界面对象的值。对主界面控制器来说,初始化方法紧接着willActivate方法运行,以让用户知道界面已显示在屏幕上。

启动Watch应用程序的过程如图37-11所示。

当用户在Apple Watch上与应用程序进行交互时,WatchKit应用扩展将保持运行。如果用户明确退出应用或者停止与Apple Watch进行交互,那么iOS将停用当前界面控制器,并暂停应用扩展的运行。因为与Apple Watch的互动操作是非常短暂的,这几个步骤都有可能在数秒之间发生。所以,界面控制器应当尽可能简单,并且不要运行长时任务。重点应当放在读取和显示用户想要的信息上来。

界面控制器的生命周期如图37-12所示。

在应用生命周期的不同阶段,iOS将会调用WKInterfaceController对象的相关方法来让您做出相应的操作。在下面的表37-1列出了大部分应当在界面控制器中声明的主要方法。

除了在表37-1中列出的方法,WatchKit同样也调用了界面控制器的自定义动作方法来响应用户操作。可以基于用户界面来定义这些动作方法,例如可能会使用动作方法来响应单击按钮、跟踪开关或滑块值的变化,或者响应表视图中单元格的选择。对于表视图来说,同样也可以用table:didSelect RowAtIndex,而不是动作方法来跟踪单元格的选择。用好这些动作方法来执行任务,并更新Watch应用的用户界面。

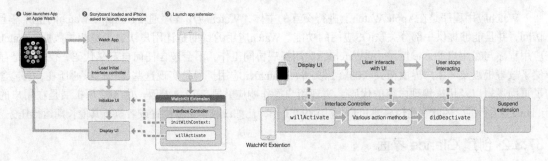

图37-11 启动Watch应用程序的过程　　图37-12 界面控制器的生命周期

表37-1　　　　　　　　　　WKInterfaceController的主要方法

方　　法	要执行的任务
initWithContext	这个方法用来准备显示界面,借助它来加载数据,以及更新标签、图像和其他在故事板场景上的界面对象
willActivate	这个方法可以让您知道该界面是否对用户可视,借助它来更新界面对象,以及完成相应的任务,完成任务只能在界面可视时使用
didDeactivate	使用didDeactivate方法来执行所有的清理任务。例如,使用此方法来废止计时器、停止动画或者停止视频流内容的传输。但是不能在这个方法中设置界面控制器对象的值,在本方法被调用之后到willActivate方法再次被调用之前,任何更改界面对象的企图都是被忽略的

> 注意：Glance不支持动作方法，单击应用glance始终会直接启动应用。

37.3 开发 Apple Watch 应用程序

> 知识点讲解光盘:视频\知识点\第37章\开发Apple Watch应用程序.mp4

Apple Watch为用户提供了一个私人的且不唐突的方式来访问信息，用户只需看一眼Apple Watch就可以获得许多重要的消息，而不用从口袋中掏出他们的iPhone。Apple Watch专用应用程序应尽可能地以最直接的方式提供最相关的信息来简化交互。Apple Watch的正常运行需要iPhone运行相关的第三方应用，在创建第三方应用需要如下两个可执行文件。

（1）在Apple Watch上运行的Watch应用。

（2）在用户iPhone上运行的WatchKit应用扩展。

Watch应用只包含与应用程序的用户界面有关的storyboards和资源文件。WatchKit应用扩展则包含了用于管理和监听应用程序的用户界面以及响应用户交互的代码。借助这两种可执行程序，可以在Apple Watch上运行如下不同类型的用户界面。

❑ Watch应用拥有iOS应用的完整用户界面。用户从主界面启动手表应用，来查看或处理数据。

❑ 使用Glance界面以便在Watch应用上显示即时和相关的信息，该界面是可选的只读界面。并不是所有的Watch应用都需要使用Glance界面，但是如果使用了它，就可以让用户方便地访问iOS应用的数据。

❑ 自定义通知界面可以让您修改默认的本地或远程通知界面，并可以添加自定义图形、内容以及设置格式。自定义通知界面是可选的。

Watch应用程序需要尽可能实现Apple Watch提供的所有交互动作。由于Watch应用目的在于扩展iOS应用的功能，因此Watch应用和WatchKit应用扩展将被捆绑在一起，并且都会被打包进iOS应用包。如果用户有与iOS设备配对的Apple Watch，那么随着iOS应用程序的安装，系统将会提示用户安装相应的Watch应用。

37.3.1 创建 Watch 应用

Watch应用程序是在Apple Watch上进行交互的主体，Watch应用程序通常从Apple Watch的主屏幕上访问，并且能够提供一部分关联iOS应用的功能。Watch应用的目的是让用户快速浏览相关数据。Watch应用程序与在用户iPhone上运行的WatchKit应用扩展协同工作，不会包含任何自定义代码，仅仅只是存储了故事板以及和用户界面相关联的资源文件。WatchKit应用扩展是实现这些操作的核心所在，它包含了页面逻辑以及用来管理内容的代码，实现用户操作响应并刷新用户界面。由于应用扩展是在用户的iPhone上运行的，因此它能轻易地和iOS应用协同工作，比如说收集坐标位置或者执行其他长期运行任务。

37.3.2 创建 Glance 界面

Glance是一个展示即时重要信息的密集界面，Glance中的内容应当简洁。Glance不支持滚动功能，因此整个Glance界面只能在单个界面上显示，开发者需要保证它拥有合适的大小。Glance只允许只读，不能包含按钮、开关或其他交互动作。单击Glance会直接启动Watch应用。

开发者需要在WatchKit应用扩展中添加管理Glance的代码，用来管理Glance界面的类与Watch应用的类相同。虽然如此Glance更容易实现，因为其无需响应用户交互动作。

37.3.3 自定义通知界面

Apple Watch能够和与之配对的iPhone协同工作，来显示本地或者远程通知。Apple Watch首先使用一个小窗口来显示进来的通知，当用户移动手腕希望看到更多的信息时，这个小窗口会显示出更详细的通知内容。应用程序可以提供详情界面的自定义版本,并且可以添加自定义图像或者改变系统默认的通知信息。

Apple Watch支持从iOS 8开始引入的交互式通知。在这种交互式通知应用中,通过在通知上添加按钮的方式来让用户立即做出回应。例如,一个日历时间通知可能会包含了接收或拒绝某个会议邀请的按钮。只要你的iOS应用支持交互式通知,那么Apple Watch便会自行向自定义或默认通知界面上添加合适的按钮。开发者所需要做的只是在WatchKit应用扩展中处理这些事件而已。

37.3.4 配置 Xcode 项目

通过使用Xcode,可以将Watch应用和WatchKit应用扩展打包,然后放进现有的iOS应用包中。Xcode提供了一个搭建Watch应用的模板,其中包含了创建应用和Glance,以及自定义通知界面所需的所有资源。该模板在现有的iOS应用中创建一个额外的Watch应用对象。

1. 向iOS应用中添加Watch应用

要向现有项目中添加Watch应用对象,需要执行如下所示的步骤。

(1)打开现有的iOS应用项目。

(2)选择File→New→Target,然后在顶部选中watchOS下的Application选项。

(3)在下面选择iOS App with WatchKit App选项,如图37-13所示。

(4)如果想要使用Glance或者自定义通知界面,请选择相应的选项。在此建议激活应用通知选项。选中之后就会创建一个新的文件来调试该通知界面。如果没有选择这个选项,那么之后只能手动创建这个文件。

(5)单击Finish按钮。完成上述操作之后,Xcode将WatchKit应用扩展所需的文件以及Watch应用添加到项目当中,并自动配置相应的对象。Xcode将基于iOS应用的bundle ID来为两个新对象设置它们的bundle ID。例如,iOS应用的bundle ID为com.example.MyApp,那么

图37-13 添加Watch应用对象

Watch应用的bundle ID将被设置为com.example.MyApp.watchapp,WatchKit应用扩展的bundle ID被设置为com.example.MyApp. watchkitextension。这几个可执行对象的基本ID(即com.example.MyApp)必须相匹配,如果更改了iOS应用的bundle ID,那么就必须相应地更改另外两个对象的bundle ID。

2. 应用对象的结构

通过Xcode中的WatchKit应用扩展模板,为iOS应用程序创建了两个新的可执行程序。Xcode同时也配置了项目的编译依赖,从而让Xcode在编译iOS应用的同时也编译这两个可执行对象。在图37-14中说明了它们的依赖关系,并解释了Xcode是如何将它们打包在一起的。WatchKit依赖于iOS应用,而其同时又被Watch应用依赖。编译iOS应用将会将这3个对象同时编译并打包。

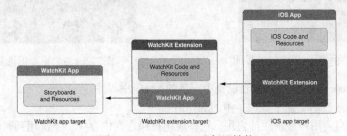

图37-14 Watch应用对象的结构

3. 编译、运行以及调试程序

当创建完Watch应用对象后,Xcode将自行配置用于运行和调试应用的编译方案。使用该配置在

iOS模拟器或真机上启动并运行应用。对于包含Glance或者自定义通知的应用来说，Xcode会分别为其配置不同的编译方案。使用Glance配置以在模拟器中调试Glance界面，使用通知配置以测试静态和动态界面。

为Glance和通知配置自定义编译方案的步骤如下所示。

（1）选择现有的Watch应用方案，然后从方案菜单中选择Edit Scheme，如图37-15所示。

（2）复制现有的Watch应用方案，然后给新方案取一个合适的名字。例如，命名为Glance - My Watch App，表示该方案是专门用来运行和调试Glance。

（3）选择方案编辑器左侧栏的Run选项，然后在信息选项卡中选择合适的可执行对象。

（4）关闭方案编辑器以保存更改。

当在iOS模拟器调试自定义通知界面的时候，可以指定一个JSON负载来模拟进来的通知。通知界面的Xcode模板包含一个RemoteNotificationPayload.json文件，可以用它来指定负载中的数据。这个文件位于WatchKit应用扩展的Supporting Files文件夹。只有当在创建Watch应用时勾选了通知场景选项，这个文件才会被创建。如果这个文件不存在，可以用一个新的空文件手动创建它。

在模拟器中运行Watch应用程序的基本步骤如下所示。

（1）和运行正常iOS应用程序一样，在iPhone模拟器中的执行效果如图37-16所示。

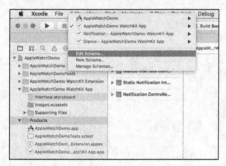
图37-15 选择Edit Scheme

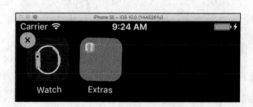
图37-16 iPhone模拟器

（2）单击模拟器中的"Watch"图标来到"My Watch"界面，在此显示当前连接手表设备的不同Activity界面，如图37-17所示。

在"My Watch"界面下方显示了3个重要选项，如图37-18所示。

图37-17 手表不同Activity界面

图37-18 3个重要的选项

- Complications：显示在当前手表设备中安装的App应用程序。
- Notifications：显示当前手表设备中的通知信息。
- Dock：显示当前用户最常用的应用，这些应用被保存在内存中，下次用到时能以最快的期待速度呈现在用户面前。

（3）在"My Watch"界面顶部显示当前iPhone设备连接的手表设备，如图37-19所示。

（4）单击列表中连接的手表设备后来到"Apple Watch"界面，效果如图37-20所示，单击下面的

"Pair a new Apple Watch"可以连接配对另外的手表设备。

图37-19 连接的手表设备

图37-20 Apple Watch模拟器和iPhone模拟器实现互联

37.4 实战演练——实现 AppleWatch 垂直列表界面布局

知识点讲解光盘:视频\知识点\第37章\实现AppleWatch界面布局.mp4

本实例实现了一个基本的WatchKit演示应用程序，实现了垂直列表界面布局，演示了WatchKit界面元素的使用和布局方法。

实例37-1	AppleWatch垂直列表界面布局
源码路径	光盘:\daima\37\WatchKitTablePagination

本实例演示了在WatchKit框架中使用UI元素的方法，讲解了如何使用并配置每个UI元素的方法和相互之间的作用。该项目还展示了如何使用wkinterfacegroup对象创建复杂界面布局的方法，如何在iPhone中加载显示图像的过程，以及如何从Glance或notification中传递数据到WatchKit的方法。本实例的具体实现流程如下所示。

（1）打开Xcode 9，新创建一个名为WatchKitTablePagination
工程，在工程中加入WatchKit扩展，工程的最终目录结构如图37-21所示。
（2）实现WatchKit Extension部分，该部分位于用户的iPhone的App上，包括需要实现的代码逻辑和其他资源文件。这两个部分之间就是通过WatchKit进行连接通信。WatchKit Extension部分的代码比较多，具体来说分为如下所示的几个部分。

❏ InterfaceController.m：界面初始化控制器，实现垂直列表布局效果，如图37-22所示。
❏ DetailViewController.m：单元格详情控制器，如图37-23所示。

图37-21 工程的最终目录结构

首先看InterfaceController部分的具体实现，其中文件Interface Controller.m用于实现界面的整体配置，设置执行后界面的初始化显示内容。文件InterfaceController.m的主要实现代码如下所示：

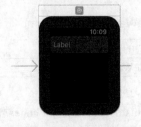

图37-22 界面初始化控制器

图37-23 单元格详情控制器

```
@implementation InterfaceController
NSMutableArray *watchData;

- (void)awakeWithContext:(id)context {
    [super awakeWithContext:context];
    
    // Configure interface objects here.
    watchData = [[NSMutableArray
alloc]initWithObjects:@"One",@"Two",@"Three",@"Four", @"Five",@"Six",@"Seven",@"Eight",
@"Nine",@"Ten", nil];
    
    [_watchTable setNumberOfRows:[watchData count] withRowType:@"rowID"];
    
    for (int i = 0; i < [watchData count]; i++) {
        
        NSString *getData = [watchData objectAtIndex:i];
        
        rowcontroller *nextVC = [_watchTable rowControllerAtIndex:i];
        
        [nextVC.detailLabel setText:getData];
        
    }
    
    
    
}

-(id)contextForSegueWithIdentifier:(NSString *)segueIdentifier inTable:(WKInterfaceTable
*) table rowIndex:(NSInteger)rowIndex{
    
    if ([segueIdentifier isEqualToString:@"boom"]) {
        
        return watchData[rowIndex];
        
    }
    
    return nil;
}
```

文件DetailViewController.m实现单元格详情控制器，主要实现代码如下所示：

```
#import "DetailViewController.h"
@interface DetailViewController ()
@end
@implementation DetailViewController
- (void)awakeWithContext:(id)context {
    [super awakeWithContext:context];
    [_dviewLabel setText:context];
}
```

执行后的效果如图37-24所示。

图37-24 执行效果

37.5 实战演练——演示 AppleWatch 的日历事件

知识点讲解光盘：视频\知识点\第37章\演示AppleWatch的日历事件.mp4

实例37-2	控制是否显示TextField中的密码明文信息
源码路径	光盘:\daima\37\iOS-AppleWatchDemo

（1）启动Xcode，本项目工程的最终目录结构如图37-25所示。

（2）打开AppleWatchDemo目录下的故事板文件Main.storyboard设计iPhone端的界面，如图37-26所示。

37.5 实战演练——演示 AppleWatch 的日历事件

图37-25 本项目工程的最终目录结构

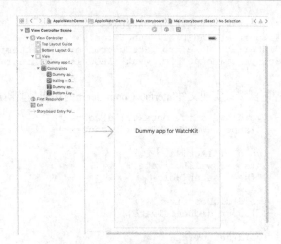

图37-26 iPhone端的UI界面

（3）打开AppleWatchDemo WatchKit App目录下的故事板文件Interface.storyboard，设计手表端的UI界面，如图37-27所示。

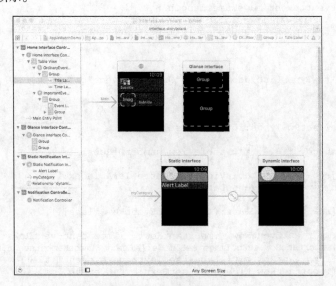

图37-27 手表端的UI界面

（4）iPhone端视图控制器文件ViewController.m的主要实现代码如下所示：

```
#import "ViewController.h"
@interface ViewController ()
@end
@implementation ViewController
- (void)viewDidLoad {
    [super viewDidLoad];
}

- (void)didReceiveMemoryWarning {
    [super didReceiveMemoryWarning];
    // Dispose of any resources that can be recreated.
}
@end
```

（5）来到手表端的程序扩展目录AppleWatchDemo WatchKit Extension，控制器接口文件InterfaceController.h的主要实现代码如下所示：

```objc
#import <WatchKit/WatchKit.h>
#import <Foundation/Foundation.h>
@interface HomeInterfaceController : WKInterfaceController
@property(nonatomic, weak) IBOutlet WKInterfaceTable *tableView;
@end
```

控制器接口实现文件InterfaceController.m的功能是监听屏幕中的操作事件,主要实现代码如下所示:

```objc
- (void)awakeWithContext:(id)context {
    [super awakeWithContext:context];
}
- (void)willActivate {
    [super willActivate];
    [self setupTable];
}
- (void)didDeactivate {
    [super didDeactivate];
}
- (void)setupTable
{
    _eventsData = [Event eventsList];
    NSMutableArray *rowTypesList = [NSMutableArray array];
    for (Event *event in _eventsData)
    {
        if (event.eventImageName.length > 0)
        {
            [rowTypesList addObject:@"ImportantEventRow"];
        }
        else
        {
            [rowTypesList addObject:@"OrdinaryEventRow"];
        }
    }

    [tableView setRowTypes:rowTypesList];

    for (NSInteger i = 0; i < tableView.numberOfRows; i++)
    {
        NSObject *row = [tableView rowControllerAtIndex:i];
        Event *event = _eventsData[i];

        if ([row isKindOfClass:[ImportantEventRow class]])
        {
            ImportantEventRow *importantRow = (ImportantEventRow *) row;
            [importantRow.eventImage setImage:[UIImage imageNamed:event.eventImageName]];
            [importantRow.titleLabel setText:event.eventTitle];
            [importantRow.timeLabel setText:event.eventTime];
        }
        else
        {
            OrdinaryEventRow *ordinaryRow = (OrdinaryEventRow *) row;
            [ordinaryRow.titleLabel setText:event.eventTitle];
            [ordinaryRow.timeLabel setText:event.eventTime];
        }
    }
}
@end
```

(6)通知控制器文件NotificationController.m的主要实现代码如下所示:

```objc
#import "NotificationController.h"
@interface NotificationController()
@end
@implementation NotificationController

- (instancetype)init {
    self = [super init];
    if (self){
    }
```

37.5 实战演练——演示 AppleWatch 的日历事件

```objc
    return self;
}
- (void)willActivate {
    [super willActivate];
}

- (void)didDeactivate {
    [super didDeactivate];
}
@end
```

（7）Glance视图文件GlanceController.h的主要实现代码如下所示：

```objc
#import <WatchKit/WatchKit.h>
#import <Foundation/Foundation.h>
@interface GlanceController : WKInterfaceController
@end
```

文件GlanceController.m的功能是拾取对应的视图信息并呈现在用户面前，主要实现代码如下所示：

```objc
#import "GlanceController.h"
@interface GlanceController()
@end
@implementation GlanceController
- (void)awakeWithContext:(id)context {
    [super awakeWithContext:context];
}
- (void)willActivate {
    [super willActivate];
}
- (void)didDeactivate {
    [super didDeactivate];
}
@end
```

（8）文件Event.m的功能是定义具体的事件，并设置不同事件的名称，主要实现代码如下所示：

```objc
#import "Event.h"
@implementation Event
@synthesize eventImageName;
@synthesize eventTime;
@synthesize eventTitle;

- (instancetype)initWithDictionary:(NSDictionary *)dictionary {
    self = [super init];
    if (self) {
        eventTitle = dictionary[@"eventTitle"];
        eventTime = dictionary[@"eventTime"];
        eventImageName = dictionary[@"eventImageName"];
    }
    return self;
}
+ (NSArray *)eventsList {
    NSMutableArray *array = [NSMutableArray array];
    NSString *dataPath = [[NSBundle mainBundle] pathForResource:@"event" ofType:@"plist"];
    NSArray *data = [NSArray arrayWithContentsOfFile:dataPath];
    
    for (NSDictionary *e in data) {
        Event *event = [[Event alloc] initWithDictionary:e];
        [array addObject:event];
    }
    return array;
}
@end
```

执行后会发现新版watchOS 3.0系统变化巨大，在iPhone端提供了更加强大的功能实现对手表设备的管理和连接，如图37-28所示。

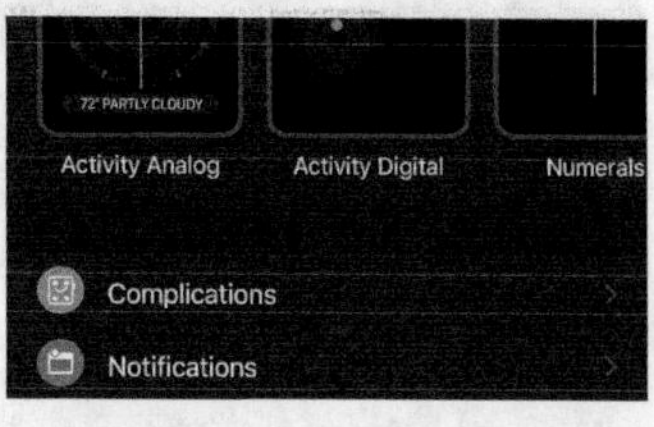

图37-28 iPhone端手表管理界面

37.6 实战演练——在手表中控制小球的移动

知识点讲解光盘:视频\知识点\第37章\在手表中控制小球的移动.mp4

实例37-3	在手表中控制小球的移动
源码路径	光盘:\daima\37\watchOS-NativeAnimations

（1）启动Xcode，打开WatchApp目录下的故事板文件Interface.storyboard设计手表端的界面，在上方设置一个红色的圆，在下方插入分别代表上下左右4个方向的按钮，如图37-29所示。

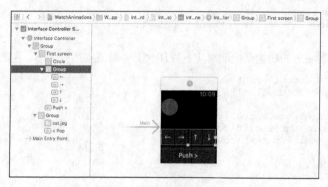

图37-29 手表端的UI界面

（2）来到WatchApp Extension目录，视图接口文件InterfaceController.m分别实现了4个方向移动按钮的操作函数和Push滑动函数，主要实现代码如下所示：

```
#import "InterfaceController.h"
@interface InterfaceController()
@property (nonatomic, weak) IBOutlet WKInterfaceGroup *circleGroup;
@property (nonatomic, weak) IBOutlet WKInterfaceGroup *firstScreenGroup;
@end
@implementation InterfaceController
//方向按钮
- (IBAction)leftButtonPressed {
    [self animateWithDuration:0.5 animations:^{
        [self.circleGroup setHorizontalAlignment:WKInterfaceObjectHorizontal
        AlignmentLeft];
    }];
}
- (IBAction)rightButtonPressed {
    [self animateWithDuration:0.5 animations:^{
        [self.circleGroup setHorizontalAlignment:WKInterfaceObjectHorizontal
        AlignmentRight];
    }];
}
- (IBAction)upButtonPressed {
    [self animateWithDuration:0.5 animations:^{
        [self.circleGroup setVerticalAlignment:WKInterfaceObjectVerticalAlignmentTop];
    }];
}
- (IBAction)downButtonPressed {
    [self animateWithDuration:0.5 animations:^{
        [self.circleGroup setVerticalAlignment:WKInterfaceObjectVerticalAlignmentBottom];
    }];
}
- (IBAction)pushButtonPressed {
    [self animateWithDuration:0.1 animations:^{
        [self.firstScreenGroup setAlpha:0];
    }];
    [self animateWithDuration:0.3 animations:^{
```

```
        [self.firstScreenGroup setWidth:0];
    }];
}
- (IBAction)popButtonPressed {
    [self animateWithDuration:0.3 animations:^{
        [self.firstScreenGroup setRelativeWidth:1 withAdjustment:0];
    }];
    dispatch_after(dispatch_time(DISPATCH_TIME_NOW, (int64_t)(0.2 * NSEC_PER_SEC)),
dispatch_get_main_queue(), ^{
        [self animateWithDuration:0.1 animations:^{
            [self.firstScreenGroup setAlpha:1];
        }];
    });
}
@end
```

执行后的效果如图37-30所示。

37.7 实战演练——实现一个倒计时器

知识点讲解光盘:视频\知识点\第37章\实现一个倒计时器.mp4

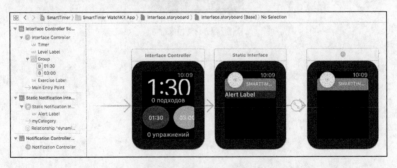

图37-30 执行效果

实例37-4	实现一个倒计时器
源码路径	光盘:\daima\37\SmartTimer

(1) 启动Xcode, 然后单击Create a new Xcode project新创建一个iOS工程, 在左侧选择iOS下的Application, 在右侧选择Single View Application。

(2) 打开WatchApp目录下的故事板文件Interface.storyboard设计手表端的界面, 在中间设置两个Group区域用于显示倒计时, 在上下两段设置两个激活文本, 如图37-31所示。

图37-31 手表端故事板Interface.storyboard

(3) 文件InterfaceController.m用于监听用户是否按下方法按钮或锻炼按钮, 根据按下的按钮执行对应的倒计时操作。主要实现代码如下所示:

```
- (void)awakeWithContext:(id)context {
    [super awakeWithContext:context];
    _level = 0;
    _exercise = 0;
}
- (IBAction)levelButtonPressed {
    _level++;
    [_levelLabel setText:[NSString stringWithFormat:@"%u 方法",_level]];
    [_systemTimer invalidate];
    [_timer setDate:[NSDate dateWithTimeIntervalSinceNow:90]];

    dispatch_async(dispatch_get_main_queue(), ^{
        _systemTimer = [NSTimer scheduledTimerWithTimeInterval:90 target:self selector:
        @selector(timerDone) userInfo:nil repeats:NO];
    });
```

```
        [_timer start];
}

- (IBAction)exerciseButtonPressed {
    _level = 0;
    _exercise++;
    [_levelLabel setText:[NSString stringWithFormat:@"%u 方法",_level]];
    [_exerciseLabel setText:[NSString stringWithFormat:@"%u 锻炼",_exercise]];
    [_systemTimer invalidate];
    [_timer setDate:[NSDate dateWithTimeIntervalSinceNow:180]];
    _systemTimer = [NSTimer scheduledTimerWithTimeInterval:180 target:self selector:
    @selector(timerDone) userInfo:nil repeats:NO];
    [_timer start];
}
//计时结束
- (void)timerDone {
    [[WKInterfaceDevice currentDevice] playHaptic:WKHapticTypeNotification];
}

@end
```

执行后的效果如图37-32所示。

图37-32 执行效果

第 38 章 HealthKit健康应用开发

苹果公司在年度开发者大会上发布了一款新的移动应用平台：HealthKit，可以收集和分析用户的健康数据，这是苹果计划为其计算和移动软件推出的一系列新功能的一部分。根据苹果公司介绍，HealthKit可以整合iPhone或iPad上其他健康应用收集的数据，如血压和体重等。本章将详细讲解在iOS系统中开发HealthKit应用的基本知识。

38.1 HealthKit 基础

知识点讲解光盘:视频\知识点\第36章\HealthKit基础.mp4

HealthKit被内置在iOS系统中，本节将详细讲解HealthKit的基本知识。

38.1.1 HealthKit 介绍

通过使用HealthKit，用户可以通过该平台汇总自己的健康数据。通过HealthKit这个平台，智能硬件厂商可以研发更多与之配套的产品供用户选择，既可以获得利润，也创建了一个全新的HealthKit生态圈。

在大多数情况下，HealthKit的功能是收集并整合用户的健康数据。但是，HealthKit并不只是为了数据而存在。众所周知，所有的健康指标都会互相影响，所以在HealthKit收集到用户数据以后，会进行一个数据整合与数据分析。例如，传统的智能手环可以记录用户的日常运动与睡眠状态，而智能水杯会通过一些简单的用户设定来提醒用户喝水，并且用户只能通过自己的App来查看各自数据，这都不能进行一个宏观的分析。而当这些产品都引入到HealthKit平台后它们就会互相影响，HealthKit得到运动手环的数据后，会根据用户的运动情况来调整用户的饮水频率与饮水量。HealthKit更像一个终端，把所有智能健康产品融合到一起，让这些产品能够真正智能化起来。

38.1.2 市面中的 HealthKit 应用现状

根据国外媒体报道，MobilHealthNews分析了苹果HealthKit的一些App，一共包含137款健康应用程序。在这137款健康应用中，有些仅仅是从HealthKit中获取数据，而有些则是为HealthKit提供数据以供其他相关应用使用。大约20%的应用可以同时做这两项工作。

当然，本次分析列举的应用并不是一份极其详尽的名单，因为不断有新的应用加入到HealthKit当中，而苹果也在逐渐地向这个平台中加入新的数据项目。

虽然HealthKit平台能共享各种各样的身体和健康数据，但是大部分HealthKit平台上的健康应用都只是使用了其中的一小部分同类数据。活动卡路里和体重数据是从HealthKit中获取和上传的最常用两项数据，心跳数据则紧随其后位于第3位。

在发布的这些应用程序中，绝大多数HealthKit的健康应用都定位于健身跟踪应用。分析发现了15款与医疗服务提供者相关的应用，以及其他3款与医疗支付方和企业雇主相关的应用。例如医生Drchrono使用HealthKit来为他的患者个人健康记录（PHR）应用提供数据，这款应用可以从HealthKit中读取体重、血压和心率等数据。此外还有个人健康记录应用Hello Doctor。

截至2014年11月，有两家保险公司的应用加入了HealthKit平台，分别是Humana公司的HumanaVitality和the Health Care Services Corporation（HCSC）的Centered，两者都是为用户设计的基础健康追踪应用。此外还有来自Virgin Pulse（以前的Virgin Healthmiles），一个用户健康信息数据的提供者。他们的应用和Max activity tracker以及HealthKit连接。

38.1.3 接入HealthKit的好处

在苹果公司发布的官方文档中，介绍了健康和健身应用接入HealthKit的好处，具体说明如下所示。
（1）分离数据收集、数据处理和社交化

在现代社会中，健康和健身体验设计许多不同的方面，例如收集和分析数据，为用户提供可操作的信息和有用的可视化信息，以及允许用户参与到社区讨论中。现在由HealthKit负责实现这些方面，而你可以专注于实现你最感兴趣的方面，把其他的任务交给更专业的应用。

另外，这些责任的分离也可以让用户受益。每个用户都可以随意选择最喜爱的体重追踪应用、计步应用和健康挑战应用。这意味着用户可以选择一套应用，每个应用都能很好地满足用户的某个需求。但是由于这些应用可以自由地交换数据，所以这一整套应用比单个应用能提供更好的体验。例如，一些朋友决定参加一个日常的计步挑战。每个人都可以使用他偏爱的硬件设备或应用来追踪计步数据。

（2）减少应用间分享的障碍

HealthKit使应用间共享数据变得更容易。对于开发者来说，不再需要下载API并编写代码来和其他应用共享。当有新的HealthKit应用程序时，通过HealthKit自动开始共享数据。

不需要手动设置应用关联或者导入导出他们的数据对用户来说很有好处。用户仍然需要设置哪些应用可以读写HealthKit中的数据，还有每个应用可以读取到哪些数据。一旦用户允许访问，应用就可以自由无阻地读取数据了。

（3）提供更丰富的数据和更有意义的内容

应用可以读取到范围更广的数据，从而可以得到一个完整的关于用户健康和健身需求。在许多情况下，应用可以基于HealthKit中的额外信息修改它的计量单位或者提示。例如，运动员训练应用不仅可以根据用户已经消耗的热量，而且还可以参考他今天已经吃的食物种类和数量，给出一个训练后吃什么的建议。

（4）让应用参与到一个更大的生态系统中

应用通过共享它使用HealthKit收集的数据来获益。成为这个大生态系统的一部分能帮助提高应用程序的曝光度和实用性。如果我们的应用程序不能和其他已经在使用的应用共享数据，用户很可能去寻找别的可共享数据的应用。

38.2 HealthKit开发基础

> 知识点讲解光盘：视频\知识点\第36章\HealthKit开发基础.mp4

HealthKit作为苹果公司在将来力推的应用框架，公布的接口功能有限。本节将详细讲解开发HealthKit应用程序的基本知识。

38.2.1 HealthKit开发要求

在苹果公司发布的官方开发文档中，对开发HealthKit应用程序提出了如下所示的要求。

（1）在使用HealthKit框架的应用程序时必须遵守其所在区域的适用法律，以及iOS Developer Program License Agreement中的3.3.28和3.39条款。

（2）将虚假或者错误的数据写入HealthKit的应用程序将会被拒绝。

（3）使用HealthKit框架iCloud中储存用户健康信息的应用程序将会被拒绝。

（4）在iOS应用程序中，不允许将通过HealthKit API收集的用户数据用作广告宣传或者基于使用的数据挖掘目的，仅用改善健康、医疗、健康管理以及医学研究目的。

（5）未经用户许可与第三方分享通过HealthKit API获得的用户数据的应用程序将会被拒绝。

（6）使用HealthKit框架的应用程序，必须在营销文本中说明集成了Health应用程序，同时必须在应用程序用户界面清楚阐释HealthKit功能。

（7）使用HealthKit框架的应用程序必须提供隐私政策，否则将会被拒绝。

（8）提供诊断、治疗建议或者控制硬件以诊断或者治疗疾病的应用，如果没有根据要求提供书面的监管审批，则将会被拒绝。

38.2.2 HealthKit 开发思路

在现实开发应用过程中，HealthKit用来在应用间以一种有意义的方式共享数据。为了实现这一点，HealthKit限制只能使用预先定义好的数据类型和单位。这些限制保证了其他应用能理解这些数据的含义和如何使用，但是开发者不能创建自定义数据类型和单位。而HealthKit会尽量提供一个应该完整的数据类型和单位。

在HealthKit框架中大量使用了子类化，在相似的类间创建层级关系，通常在这些类之间都有一些细微但是重要的差别。另外还有一些相关的类，需要正确地区别开才能一起工作。例如HKObject和HKObjectType抽象类有很多平行层级的子类，在使用Object和Object Type时必须确保使用匹配的子类。

HealthKit中所有的对象都是HKObject的子类，大部分HKObject对象子类都是不可变的。每个对象都有如下所示的属性。

（1）UUID：每个对象的唯一标示符。

（2）Source：数据的来源。来源可以是直接把数据存进HealthKit的设备，或者是应用。当一个对象保存进HealthKit中时，HealthKit会自动设置其来源。只有从HealthKit中获取的数据Source属性才可用。

（3）Metadata：一个包含关于该对象额外信息的字典。元数据包含预定义和自定义的键。预定义的键用来帮助在应用间共享数据。自定义的键用来扩展HealthKit对象类型，为对象添加针对应用的数据。

在iOS应用程序中，HealthKit对象主要分为两类：特征和样本。特征对象代表一些基本不变的数据。包括用户的生日、血型和性别。在应用中不能保存特征数据，用户必须通过健康应用来输入或者修改这些数据。

HealthKit应用中的样本对象代表某个特定时间的数据，所有的样本对象都是HKSample的子类。它们都有如下所示的属性。

（1）Type：样本类型。例如，这可能包括一个睡眠分析样本、一个身高样本或者一个计步样本。

（2）Start date：样本的开始时间。

（3）End date：样本的结束时间。如果样本代表时间中的某一刻，结束时间和开始时间相同。如果样本代表一段时间内收集的数据，结束时间应该晚于开始时间。

在HealthKit应用程序中，样本可以进一步被细分为如下4个样本类型。

（1）类别样本：这种样本代表一些可以被分为有限种类的数据。在iOS系统中，只有一种类别样本，睡眠分析。

（2）数量样本：这种样本代表一些可以存储为数值的数据。数量样本是HealthKit中最常见的数据类型。这些包括用户的身高和体重，还有一些其他数据，例如行走的步数、用户的体温和脉搏。

（3）Correlation：这种样本代表复合数据，包含一个或多个样本。在iOS系统中，HealthKit使用correlation来代表食物和血压。在创建血压数据时，应该使用correlation。

（4）Workout：Workout代表某些物理活动，像跑步和游泳，甚至游戏。Workout通常有类型、时长、距离和消耗能量这些属性。开发者还可以为一个Workout关联许多详细的样本。不像correlation，这些样本是不包含在Workout里面的。但是，它们可以通过Workout获取到。更多信息，参见HKWorkout Class Reference。

38.3 实战演练——读写 HealthKit 数据信息

知识点讲解光盘：视频\知识点\第38章\实战演练——读写HealthKit数据信息.mp4

实例38-1	读写HealthKit数据信息
源码路径	光盘:\daima\38\HealthKit ICFFever

本实例使用Objective-C语言实现了一个基本的HealthKit演示应用程序，功能是读写基本和复杂的HealthKit数据信息。具体实现流程如下所示。

（1）打开Xcode，新创建一个名为"ICFFever"工程，在工程中引入HealthKit.framework框架。

（2）在Xcode中打开HealthKit功能，具体设置如图38-1所示。

（3）首先看主视图Profile Info，对应的文件分别是profileViewController.h和profileViewController.m（程序见光盘）。

（4）第二个视图Temperature对应的实现文件是tempViewController.h和tempViewController.m。读者在测试时需要注意更改Bundle ID，并且使用真机进行调试。执行效果如图38-2所示（程序见光盘）。

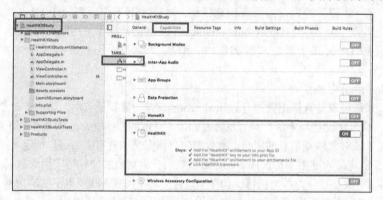

图38-1 设置HealthKit功能　　　　　　　图38-2 执行效果

38.4 实战演练——心率检测（Swift 版）

知识点讲解光盘：视频\知识点\第38章\实战演练——心率检测（Swift版）.mp4

本实例使用Swift语言实现了一个基本的HealthKit演示应用程序，本项目用到了苹果手表框架WatchKit。本项目基于当前最新的watchOS 3.0系统，实现了在苹果手表中检测心率的功能。

实例38-2	心率检测
源码路径	光盘:\daima\38\watchOS-heartrate

本实例的具体实现流程如下所示。

（1）打开Xcode，新创建一个名为VimoHeartRate工程，在工程中引入HealthKit.framework框架，然后在Xcode中设置打开HealthKit功能。

（2）首先看VimoHeartRate目录下的iPhone程序，打开Main.storyboard设计面板，设置iPhone端的UI视图界面，如图38-3所示。

（3）再看VimoHeartRate WatchKit App目录下的手表程序，在面板文件Interface.storyboard中设计手表端的视图，在里面添加Start和Stop两个按钮，如图38-4所示。

38.4 实战演练——心率检测（Swift 版）

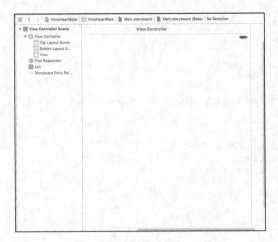

图38-3 Main.storyboard设计面板

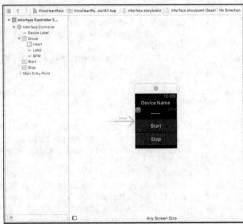

图38-4 Interface.storyboard设计面板

（4）文件InterfaceController.swift的功能是创建手表和iPhone设备传感器的连接，监听用户对心率的测试数据，并将结果显示在手表中。文件InterfaceController.swift的主要实现代码如下所示：

```
class InterfaceController: WKInterfaceController, HKWorkoutSessionDelegate {
    @IBOutlet weak var label: WKInterfaceLabel!
    @IBOutlet weak var deviceLabel : WKInterfaceLabel!
    @IBOutlet weak var heart: WKInterfaceImage!
    let healthStore = HKHealthStore()
    let heartRateType = HKQuantityType.quantityTypeForIdentifier(HKQuantityTypeIdentifier
HeartRate)!

    //定义活动类型和位置
    let workoutSession = HKWorkoutSession(activityType: HKWorkoutActivityType.
CrossTraining, locationType: HKWorkoutSessionLocationType.Indoor)
    let heartRateUnit = HKUnit(fromString: "count/min")
    // 设备位置传感器
    let deviceSensorLocation = HKHeartRateSensorLocation.Other
    //从HealthKit返回设备的传感器位置
    let location = HKHeartRateSensorLocation.Other
    var anchor = 0
    override func awakeWithContext(context: AnyObject?) {
        super.awakeWithContext(context)
        workoutSession.delegate = self
    }
    override func willActivate() {
        super.willActivate()

        if HKHealthStore.isHealthDataAvailable() != true {
            self.label.setText("not availabel")
            return
        }
        let dataTypes = NSSet(object: heartRateType) as! Set<HKObjectType>
        healthStore.requestAuthorizationToShareTypes(nil, readTypes: dataTypes)
        { (success, error) -> Void in
            if success != true {
                self.label.setText("not allowed")
            }
        }
    }
    override func didDeactivate() {
        // 使视图控制器不可见
        super.didDeactivate()
    }
    func workoutSession(workoutSession: HKWorkoutSession, didChangeToState toState:
HKWorkoutSessionState, fromState: HKWorkoutSessionState, date: NSDate){
        switch toState{
        case .Running:
```

```swift
            self.workoutDidStart(date)
        case .Ended:
            self.workoutDidEnd(date)
        default:
            print("Unexpected state \(toState)")
        }
    }
}
func workoutSession(workoutSession: HKWorkoutSession, didFailWithError error: NSError){
}

func workoutDidStart(date : NSDate){
    let query = createHeartRateStreamingQuery(date)
    self.healthStore.executeQuery(query)
}
func workoutDidEnd(date : NSDate){
    let query = createHeartRateStreamingQuery(date)
    self.healthStore.stopQuery(query)
    self.label.setText("Stop")
}

@IBAction func startBtnTapped() {
    self.healthStore.startWorkoutSession(self.workoutSession) { (success, error)
    -> Void in
    }
}
@IBAction func stopBtnTapped() {
    self.healthStore.stopWorkoutSession(self.workoutSession) { (success, error)
    -> Void in
    }
}
//创建查询心率数据流
func createHeartRateStreamingQuery(workoutStartDate: NSDate) ->HKQuery{
    var anchorValue = Int(HKAnchoredObjectQueryNoAnchor)
    if anchor != 0 {
        anchorValue = self.anchor
    }
    let sampleType = HKObjectType.quantityTypeForIdentifier(HKQuantityTypeIdentifierHeartRate)
    let heartRateQuery = HKAnchoredObjectQuery(type: sampleType!, predicate: nil,
anchor: anchorValue, limit: 0) { (query, sampleObjects, deletedObjects, newAnchor,
error) -> Void in
        self.anchor = anchorValue
        self.updateHeartRate(sampleObjects)
    }

    heartRateQuery.updateHandler = {(query, samples, deleteObjects, newAnchor, error)
    -> Void in
        self.anchor = newAnchor
        self.updateHeartRate(samples)
    }
    return heartRateQuery
}

func updateHeartRate(samples: [HKSample]?){
    guard let heartRateSamples = samples as?[HKQuantitySample] else {return}
    dispatch_async(dispatch_get_main_queue()){
        let sample = heartRateSamples.first
        let value = sample!.quantity.doubleValueForUnit(self.heartRateUnit)
        self.label.setText(String(UInt16(value)))
        //检索来源
        let name = sample!.sourceRevision.source.name
        self.updateDeviceName(name)
        self.animateHeart()
    }
}
```

执行后的效果如图38-5所示。

图38-5 执行效果

38.5 实战演练——获取行走的步数

知识点讲解光盘:视频\知识点\第38章\实战演练——获取行走的步数.mp4

实例38-3	获取并显示HealthKit中的行走步数信息
源码路径	光盘:\daima\38\ReadStepCount

本实例的具体实现流程如下所示。

（1）打开Xcode，新创建一个名为"HealthKitStudy"工程，在工程中引入HealthKit.framework框架，然后在Xcode中设置打开HealthKit功能。

（2）编写文件ViewController.m，功能是在加载方法viewDidLoad中获取HealthKit权限，通过方法readStepCount读取HealthKit中的数据信息，并将读取的步数信息显示在屏幕中。文件ViewController.m的主要实现代码如下所示：

```objc
- (void)viewDidLoad {
    [super viewDidLoad];
    
    //查看HealthKit在设备上是否可用，iPad不支持HealthKit
    if(![HKHealthStore isHealthDataAvailable])
    {
        NSLog(@"设备不支持HealthKit");
    }
    
    //创建healthStore实例对象
    self.healthStore = [[HKHealthStore alloc] init];
    
    //设置需要获取的权限，这里仅设置了步数
    HKObjectType *stepCount = [HKObjectType quantityTypeForIdentifier:HKQuantity
    TypeIdentifierStepCount];
    
    NSSet *healthSet = [NSSet setWithObjects:stepCount, nil];
    
    //从健康应用中获取权限
    [self.healthStore requestAuthorizationToShareTypes:nil readTypes:healthSet completion:
    ^(BOOL success, NSError * _Nullable error) {
        if (success)
        {
            NSLog(@"获取步数权限成功");
            
            [self readStepCount];
        }
        else
        {
            NSLog(@"获取步数权限失败");
        }
    }];
}

- (void)readStepCount
{
    //查询的基类是HKQuery，这是一个抽象类，能够实现每一种查询目标
    //查询采样信息
    HKSampleType *sampleType = [HKQuantityType quantityTypeForIdentifier:HKQuantity
    TypeIdentifierStepCount];
    
    //NSSortDescriptors用来告诉healthStore
    NSSortDescriptor *start = [NSSortDescriptor sortDescriptorWithKey:HKSampleSort
    IdentifierStartDate ascending:NO];
    NSSortDescriptor *end = [NSSortDescriptor sortDescriptorWithKey:HKSample
    SortIdentifierEndDate ascending:NO];
```

```objc
        //limit为1表示查询最近1条的数据
        HKSampleQuery *sampleQuery = [[HKSampleQuery alloc] initWithSampleType:sampleType
        predicate:nil limit:1 sortDescriptors:@[start,end] resultsHandler:^(HKSampleQuery *
        _Nonnull query, NSArray<__kindof HKSample *> * _Nullable results, NSError * _Nullable
        error) {
            //打印查询结果
            NSLog(@"resultCount = %ld result = %@",results.count,results);
            //对结果进行单位换算
            HKQuantitySample *result = results[0];
            HKQuantity *quantity = result.quantity;
            NSString *str = (NSString *)quantity;
            [[NSOperationQueue mainQueue] addOperationWithBlock:^{
                self.stepLabel.text = [NSString stringWithFormat:@"最新步数：%@",str];
                self.stepLabel.adjustsFontSizeToFitWidth = YES;
            }];
            
        }];
        //执行查询
        [self.healthStore executeQuery:sampleQuery];
}
```

38.6 实战演练——获取步数、跑步距离、体重和身高（Swift版）

知识点讲解光盘:视频\知识点\第38章\获取步数、跑步距离、体重和身高.mp4

本实例使用Swift语言实现了一个基本的HealthKit演示应用程序，功能是获取并显示HealthKit中的步数、跑步距离、体重和身高4个信息。

实例38-4	获取行步数、跑步距离、体重和身高（Swift版）
源码路径	光盘:\daima\38\HealthKitDemo

（1）打开Xcode，新创建一个名为"HealthKitDemo"工程，在工程中引入HealthKit.framework框架，然后在Xcode中设置打开HealthKit功能。

（2）编写实例文件ViewController.swift，在加载方法viewDidLoad中显示"授权"按钮，单击授权按钮后通过方法authorizeBtnClick完成授权，读取并显示本机中存储的步数、跑步距离、体重和身高信息。具体实现代码如下所示：

```swift
class ViewController: UIViewController {

    let healthStore = HKHealthStore()//实例对象
    
    override func viewDidLoad() {
        super.viewDidLoad()
        // Do any additional setup after loading the view, typically from a nib.
        
        //授权按钮
        let authorizeBtn = UIButton(type: UIButtonType.roundedRect)
        authorizeBtn.frame = CGRect(x: 0, y: 0, width: 100, height: 40)
        authorizeBtn.center = CGPoint(x: self.view.center.x, y: self.view.center.y)
        authorizeBtn.backgroundColor = UIColor.cyan
        authorizeBtn.setTitle("授权", for: UIControlState())
        authorizeBtn.addTarget(self, action: #selector(ViewController.authorizeBtnClick),
        for: UIControlEvents.touchUpInside)
        self.view.addSubview(authorizeBtn)
    }
    
    override func didReceiveMemoryWarning() {
        super.didReceiveMemoryWarning()
        // Dispose of any resources that can be recreated.
    }
    
    //MARK: 授权按钮单击事件
```

38.6 实战演练——获取步数、跑步距离、体重和身高（Swift版）

```
func authorizeBtnClick() {
    //判断当前设备是否支持HeathKit
    if HKHealthStore.isHealthDataAvailable() {
        //读取的数据
        let healthKitTypesToRead = NSSet(array:[
            HKObjectType.quantityType(forIdentifier: HKQuantityTypeIdentifier.
            stepCount)!,//步数
            HKObjectType.quantityType(forIdentifier: HKQuantityTypeIdentifier.
            distanceWalkingRunning)!,//步行+跑步距离
            HKObjectType.quantityType(forIdentifier: HKQuantityTypeIdentifier.
            bodyMass)!,//体重
            HKObjectType.quantityType(forIdentifier: HKQuantityTypeIdentifier.
            height)!,//身高
            ])

        //请求
        healthStore.requestAuthorization(toShare: nil, read: healthKitTypesToRead as?
        Set<HKObjectType>, completion: { (result, error) -> Void in
            print(result, error)
        })
    }
}
```

执行效果如图38-6所示。

图38-6 执行效果

第 39 章 在程序中加入Siri功能

Siri是苹果公司在其产品iPhone 4S、iPad 3及以上版本设备上应用的一项智能语音控制功能。Siri可以令iPhone 4S及以上手机（iPad 3以上平板电脑）变身为一台智能化机器人，利用Siri用户可以通过手机读短信、介绍餐厅、询问天气、语音设置闹钟等。Siri可以支持自然语言输入，并且可以调用系统自带的天气预报、日程安排、搜索资料等应用，还能够不断学习新的声音和语调，提供对话式的应答。本章将详细讲解在iOS 11系统中使用Siri功能的基本知识。

39.1 Siri 基础

知识点讲解光盘：视频\知识点\第39章\Siri基础.mp4

苹果在WWDC 2016上发布了新的SiriKit，把Siri的某些功能开放给开发者。因为在iOS平台中拥有丰富的第三方应用生态和众多优质开发者，所以将Siri开放给iOS生态后能够让Siri支持更丰富的功能。

39.1.1 iOS 中的 Siri

从iOS 10版本开始提供了SiriKit框架，在用户使用Siri的时候会生成INExtension对象来告知我们的应用，通过实现方法来让Siri获取应用想要展示给用户的内容。在iOS10系统之后，苹果希望Siri能够给用户带来更多的功能体验，基于这个出发点，新推出了SiriKit框架。Siri通过语言处理系统对用户发出的对话请求进行解析之后生成一个用来描述对话内容的Intents事件，然后通过SiriKit框架分发给集成框架的应用程序以此来获取应用的内容，比如完成类似通过文字匹配查找应用聊天记录、聊天对象的功能，此外它还支持为用户使用苹果地图时提供应用内置服务等功能。通过苹果官方文档我们可以看到SiriKit框架支持如下6类服务。

❏ 语音和视频通话、发送消息、收款或者付款、图片搜索、管理锻炼、行程预约。

39.1.2 HomeKit 中的 Siri 指令

随着首批HomeKit设备的即将到来，苹果也开始公布这一系列设备通过Siri指令进行远程操控的信息。苹果对其HomeKit设备的介绍页面进行了更新，并公布了用户可以使用iPhone、iPad又或者是iPod touch的Siri指令名单。如果用户在房间又或者是客厅里，可以发出如下所示的指令（部分）：

开灯、关灯、调暗灯光、调亮灯光50%、温度设为68℃、关掉咖啡机。

如果用户在一个大房子里又或者是一片区域内使用HomeKit设备，还可以发出如下所示的指令：

打开楼上的灯、关掉房间里的灯、关掉厨房里的灯、把饭厅的灯光调暗50%、把客厅的灯光调到最亮、把楼下的恒温器设置为70℃、关掉办公室里的打印机。

对于以上几类意图，苹果都会帮开发者处理好所有的语音识别和语义理解，开发者只需要申明支持某些意图，然后坐等用户唤醒就好了。

例如，"Hey Siri，用支付宝付20元给小张作为午饭钱"，支付宝就会自动被唤醒，找到用户"小张"并转账20元。

例如,"Hey Siri,用滴滴给我叫一辆车去中关村",则启动滴滴打车,并自动设定目的地为中关村。

总的来说,上述几大类Siri指令足够用户完成日常生活的操作——只要设备支持HomeKit。按照苹果的介绍,HomeKit提供了一个可以让iPhone变身家居中控的平台,用户可以以此控制各种家用电器或智能家居,比如电灯、家电、家庭安全警报系统等。

39.2 在 iOS 应用程序中使用 Siri

知识点讲解光盘:视频\知识点\第39章\在iOS应用程序中使用Siri.mp4

Siri是iPhone、iPad和Mac电脑内置的一款应用程序,当在iOS中开发苹果官方文档中SiriKit框架支持的几类服务程序时,可以通过苹果公司开放的API来调用Siri功能。也就是说,在iOS 11应用程序中,Siri将作为扩展程序来使用。

39.2.1 iOS 对生态整合与 Extension 开发的努力

对于广大开发者来说,好消息是在iOS 11中并没有加入太多内容。按照适配的需求,来年的iOS开发至少应该可以从iOS 8甚至到iOS 9开始,我们将有时间对之前的版本特性进行更好梳理、消化和实践。全新的iOS 11更加专注于对现有内容的改进,以弥补之前迅速发展所留下的一些问题,这其实正是Apple当下所亟需做的事情。

在iOS 11里Apple延续了前几年的策略,那就是进行平台整合。全世界现在没有另外一家厂商在掌握了包括桌面、移动到穿戴的一系列硬件设备的同时,还掌控了相应的从操作系统,到应用软件,再到软件商店这样一套完整的布局。近年来Apple一直强调平台整合,如果一个应用能够同时在iOS、watchOS以及MacOS上工作的话,毫无疑问将会更容易吸引用户以及Apple的喜爱。

另外,随着近年来Extension开发的兴起,Apple逐渐在从App是"用户体验的核心"这个理念中转移,变为用户应该也可以在通知中心、桌面挂件或者手表这样的地方完成必要交互。而应用之间的交互在以前可以说是iOS系统的禁区,现在Apple对于应用之间的交互有助于用户生产力的提升。

在iOS 11系统中添加了许多Extension的新模板,新加入的扩展的种类和数量都足以说明使用应用扩展以及进行扩展开发在今后iOS开发中的重要地位。在Xcode的模板中,苹果为开发者提供了完整的Extension开发工具。在"Choose a template for you new target"中选择"iOS"下面的"Application Extension"即可打开扩展面板,在里面列出了常用的扩展模板,如图39-1所示。

图39-1 "Application Extension"面板

39.2.2 Siri 功能将以 Extension 扩展的形式存在

在iOS 11应用程序中,Siri将作为扩展程序来使用。SiriKit为开发者提供了一全套从语音识别到代码处理,最后向用户展示结果的流程。Apple加入了一套全新的框架Intents.framework来表示Siri获取并解析的结果。在开发的应用程序中需要提供一些关键字表明可以接受相关输入,而Siri扩展只需要监听系统识别的用户意图(intent),作出合适的响应、修改以及实际操作,最后通过IntentsUI.framework提供反馈。整个开发过程非常清晰明了,但是这也意味着开发者所能拥有的自由度有限。

在iOS 11中,我们只能用SiriKit来做6类事情(语音和视频通话、发送消息、发送或接收付款、搜索照片、约车和管理健身),如果我们开发的应用程序恰好正在处理这些领域的问题的话,添加Intents Extension的支持是最佳选择。这样将提高用户使用应用程序的可能性,也能让用户在其他像是地图这样的系统级应用中使用我们的服务。

Siri和应用程序通过Intents extension的扩展方式进行交互，其中类型为INExtension的对象扮演着Intents extension扩展中直接协同Siri对象共同响应用户请求的关键角色。当实现了Intents extension扩展并产生了一个Siri请求事件时，一个典型的Intent事件的处理过程中总共有如下3个步骤。

- Resolve阶段：在Siri获取到用户的语音输入之后，生成一个INIntent对象，将语音中的关键信息提取出来并且填充对应的属性。这个对象在稍后会传递给我们设置好的INExtension子类对象进行处理，根据子类遵循的不同服务protocol来选择不同的解决方案。
- Confirm阶段：在上一个阶段通过handler（for intent:）返回了处理intent的对象，此阶段会依次调用confirm开头的实例方法来判断Siri填充的信息是否完成。匹配的判断结果包括Exactly one match、Two or more matches以及No match 3种情况。这个过程中可以让Siri向用户征求更具体的参数信息。
- Handle处理阶段：在Confirm方法执行完成之后，Siri进行最后的处理阶段，生成答复对象，并且向此Intent对象确认处理结果，然后执行显示结果给用户看。

上述3个阶段的具体流程如图39-2所示。

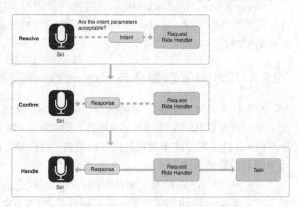

图39-2 一个典型Intent件的处理过程

39.2.3 创建 Intents Extension

在iOS 11程序中，SiriKit通过添加App Extension的方式来完成集成，这是一种独立于应用本身运行的代码结构。作为应用的扩展功能，只有在需要的时候系统会唤醒这些Extension代码来执行任务，然后在执行完毕之后将其杀死。在另一方面，这些Extension在运行过程中的可占用内存是较少的，并且由于调用时机的限制，我们也无法在运行期间进行其他操作。创建Intents Extension的过程如图39-3所示。

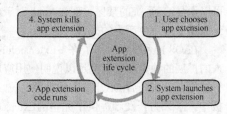

假设存在一个名为"LXDSiriExtensionDemo"的iOS 11工程，为此工程添加Siri功能的基本流程如下所示。

（1）使用Xcode打开工程，选中工程名，单击右下角的"+"按钮为当前项目新增一个扩展，如图39-4所示。

图39-3 创建Intents Extension的过程

另外，也可以通过依次单击Xcode工具栏中的"File""New""Target"选项的方式新增扩展，如图39-5所示。

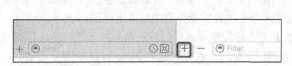

图39-4 单击"+"按钮新增一个扩展

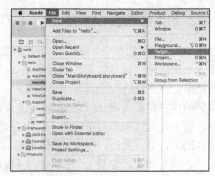

图39-5 依次单击"File""New""Target"选项

（2）在"Choose a template for you new target"面板中依次选择"iOS"下面的"Application Extension"，在右侧面板中选中"Intents Extension"模板，然后单击"Next"按钮，如图39-6所示。

（3）接下来创建一个名为"LXDSiriExtension"的扩展，在创建好一个Extension的时候Xcode会询问是否激活这个扩展，在此勾选"Activate"，如图39-7所示。

另外，Xcode还会提示你是否连同Intents UI Extension一并创建了，在此同样也勾选"Activate"，如图39-8所示。

图39-6 选中"Intents Extension"模板

此时在当前项目下面会自动创建了LXDSiriExtension和LXDSiriExtensionUI两个TARGET，如图39-9所示。

（4）LXDSiriExtension和LXDSiriExtensionUI目录下面分别生成了一个新的info.plist文件，这个文件用来设置Intent事件发生时我们设置的处理类。此info.plist文件的层次结构如图39-10所示。

图39-7 勾选"Activate"

图39-8 勾选"Activate"

图39-9 自动创建两个TARGET

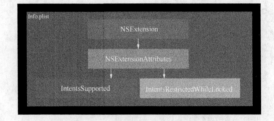

图39-10 info.plist文件的层次结构

按图39-10中的层次展开，IntentsSupported和IntentsRestrictedWhileLocked分别是两个字符串数组，每一个字符串表示的是应用扩展处理的Intent事件的类名。其中前者表示支持的事件类型，后者表示在非锁屏状态下执行的事件类型。文件默认是workout类型的事件，在这里笔者改成了发送消息INSendMessageIntent。除此之外，NSExtensionPrincipalClass对应的是INExtension子类类名，这个类用来获取处理Intent事件的类。

（5）在苹果官方文档中提到了Embedded frameworks，苹果开发人员通过一个消息聊天应用实例集成了SiriKit功能。由于应用扩展自身的运行机制和应用本身的运行机制不同，彼此之间创建的类是不能访问使用的。因此把需要的类开发成Frameworks的方式导入我们的应用程序后，就能够在两种之中都使用到这些类。接下来模拟一个类用来管理事件处理过程中的部分逻辑，这个模拟类的具体代码如下：

```
import Intents
class LXDMatch {
    var handle: String?
    var displayName: String?
    var contactIdentifier: String?
    convenience init(handle: String, _ displayName: String, _ contactIdentifier: String) {
```

```
            self.init()
            self.handle = handle
            self.displayName = displayName
            self.contactIdentifier = contactIdentifier
        }
        func inPerson() -> INPerson {
            return INPerson(handle: handle!, displayName: displayName, contactIdentifier:
            contactIdentifier)
        }
    }
    class LXDAccount {
        private static let instance = LXDAccount()
        private init() {
            print("only call share() to get an instance of LXDAccount")
        }
        class func share() -> LXDAccount {
            return LXDAccount.instance
        }
        func contact(matchingName: String) -> [LXDMatch] {
            return [LXDMatch(handle: NSStringFromClass(LXDSendMessageIntentHandler.
            classForCoder()), matchingName, matchingName)]
        }
        func send(message:String,to recipients:[INPerson]) -> INSendMessageIntentResponseCode {
            print("Send a message: \"\(message)\" to \(recipients)")
            return .success
        }
    }
```

（6）接下来对应用本身的Info.plist配置文件进行设置，新增一个关键字为"NSSiriUsageDescription"的字符串对象，对应填写的字符串将在我们征询用户Siri权限的时候显示给用户看。例如，Siri想要访问我们的应用信息之类的提示语。然后通过INPreferences类方法向用户请求Siri访问权限：

```
import Intents
INPreferences.requestSiriAuthorization {
    switch $0 {
    case .authorized:
        print("用户已授权")
        break
    case .notDetermined:
        print("未决定")
        break
    case .restricted:
        print("权限受限制")
        break
    case .denied:
        print("拒绝授权")
        break
    }
}
```

（7）开始具体编码工作。首先新建一个INExtension的子类，当然也可以在默认创建的子类中实现代码。在具体实现时，通过判断Intent的类型来创建对应的处理者实例，然后返回。假设我们对Siri说出这么一句话"Siri，在微信上告诉家人们今天我不回去吃饭了"：

```
class LXDIntentHandler: INExtension {
    override func handler(for intent: INIntent) -> AnyObject? {
        if intent is INSendMessageIntent {
            return LXDSendMessageIntentHandler()
        }
        // 这里可以判断更多类型来返回
        return nil
    }
}
```

当通过判断Intent事件是发送消息的聊天事件后，接下来创建一个用来处理事件的LXDSend Message IntentHandler类对象，并且返回。在对象创建完成之后需要分别实现Resolve、Confirm和Handle三个步骤，具体操作需要子类遵循实现INSendMessageIntentHandling协议来完成，整个过程如下所示。

❑ Resolve阶段

Resolve阶段需要我们找到消息的具体接收者。在这个过程中可能会出现3种情况，分别是Exactly one match、Two or more matches以及No matches，对于这3种情况的处理过程分别如下所示：

```
func resolveRecipients(forSendMessage intent: INSendMessageIntent, with completion:
 ([INPersonResolutionResult]) -> Void) {
        if let recipients = intent.recipients {
            var resolutionResults = [INPersonResolutionResult]()
            for  recipient in recipients {
                let matches = LXDAccount.share().contact(matchingName: recipient.
                displayName)
                switch matches.count {
                case 2...Int.max:      //两个或更多匹配结果
                    let disambiguations = matches.map { $0.inPerson() }
                    resolutionResults.append(INPersonResolutionResult.disambiguation
                    (with: disambiguations))
                    break
                case 1:    //一个匹配结果
                    let recipient = matches[0].inPerson()
                resolutionResults.append(INPersonResolutionResult.success(with:
                recipient))
                    break
                case 0:    //无匹配结果
                    resolutionResults.append(INPersonResolutionResult.unsupported
                    (with:.none))
                    break
                default:
                    break
                }
            }
            completion(resolutionResults)
        } else {
            //未从用户语音中提取到信息，需要向用户征询更多关键信息
            completion([INPersonResolutionResult.needsValue()])
        }
    }
```

上面的代码的功能是，确认出消息中的家人们指的是哪些人，其中每个联系人最终用一个名为"INPerson"的对象来表示。接下来需要匹配消息的内容：

```
    func resolveContent(forSendMessage intent: INSendMessageIntent, with completion:
(INStringResolutionResult) -> Void) {
        if let text = intent.content where !text.isEmpty {
            completion(INStringResolutionResult.success(with: text))
        } else {
            //向用户征询发送的消息内容
            completion(INStringResolutionResult.needsValue())
        }
    }
```

❑ 实现Confirm阶段

在匹配完消息接收者与消息内容之后，对于Intent事件的处理就会进入第二阶段：验证Confirm确认值是否正确。在这个阶段，Intent对象本身的信息预计是已经完成填充的，通过获取这些填充值来判断是否符合我们的要求。同时在这个阶段，Siri会尝试唤醒应用来准备完成最后的处理操作。为了保证在应用和应用拓展之间能够进行通信，最好使用Frameworks的方式来标记应用是否被启动，然后再进行相应操作：

```
    func confirm(sendMessage intent: INSendMessageIntent, completion: (INSendMessageI-
ntentResponse) -> Void) {
        /// let content = intent.content
        /// let recipients = intent.recipients
        /// do or judge in content & recipients
        completion(INSendMessageIntentResponse(code: .success, userActivity: nil))
        /// Launch your app to do something like store message record
```

```
/// Use a singleton in frameworks to remark if the app has launched
/// if not launched, use the code following
/// completion(INSendMessageIntentResponse(code: .failureRequiringAppLaunch,
userActivity: nil))
}
```

Confirm阶段是我们最后可以尝试修改Intent事件中传递的数值的时候。读者在此需要注意，完全精确的内容固然是最好的答案，但是过多地让Siri询问用户参数的详细信息也会导致用户的抵触。

❑ 实现Handle阶段

在Handle阶段不需要做太多额外的工作，只需判断消息接收者或消息内容是否存在即可。如果存在则执行类似保存/发送的工作，然后完成。否则告诉Siri本次的Intent事件处理失败，并且还可以通过配置NSUserActivity对象来告诉Siri失败的原因：

```
func handle(sendMessage intent: INSendMessageIntent, completion: (INSendMessageIn
tentResponse) -> Void) {
    if intent.recipients != nil && intent.content != nil {
        /// do some thing success send message
        let success = LXDAccount.share().send(message: intent.content!, to: intent.
        recipients!)
        completion(INSendMessageIntentResponse(code: success, userActivity: nil))
    } else {
        let userActivity = NSUserActivity(activityType: String(INSendMessageIntent))
        userActivity.userInfo = [NSString(string: "error") : String("AppDidNotLaunch")]
        completion(INSendMessageIntentResponse(code: .failure, userActivity:
        userActivity))
    }
}
```

（8）自定义UI界面。在和Siri进行交互的过程中，可以让Siri展示响应的自定义界面。在创建Intents Extension的时候，同时Xcode也会询问是否创建Intents UI Extension。在后者的文件目录下也有一个Info.plist文件有着跟前面类似的键值对，差别在于后者只有一个状态的设置。在这个文件目录下存在一个故事板MainInterface，这个故事板就是Siri和应用交互时展示给用户看的界面。通过修改这个故事板的界面元素，就可以实现我们需要的UI效果。此外，在这个界面将要展示之前，我们可以修改类文件中的代码完成界面信息填充的操作：

```
func configure(with interaction: INInteraction!, context: INUIHostedViewContext, co
mpletion: ((CGSize) -> Void)!) {
    //这里执行界面设置的代码，完成之后执行completion代码就会让界面展示出来
    if let completion = completion {
        completion(self.desiredSize)
    }
}

var desiredSize: CGSize {
    return self.extensionContext!.hostedViewMaximumAllowedSize
}
```

到此为止，在一个iOS应用程序中成功加入了Siri功能。

39.3 实战演练——在 iOS 程序中使用 Siri

知识点讲解光盘:视频\知识点\第39章\实战演练——在健身程序中使用Siri.mp4

实例39-1	在iOS程序中使用Siri
源码路径	光盘:\daima\39\SiriKitDemo

（1）打开Xcode，新创建一个名为"invoker"的工程，并分别添加扩展程序，工程最终的目录结构运行程序后可看到。

（2）登录自己的开发中心，来到"Certificates, Identifiers & Profiles"界面，在"App IDs"下修改

"Xcode: Windcard AppID"的值。

(3)在Xcode工程的"Capabilities"选项中启用Siri功能,如图39-11所示。

图39-11 启用Siri功能

(4)在文件XYViewController.m中设置用户的图标,主要实现代码如下所示:

```
- (IBAction)change:(UIButton *)sender {

    // 不支持
    if (![UIApplication sharedApplication].supportsAlternateIcons) {
        return ;
    }

    // 获取图标名称, 原始图标为 nil
    NSString *iconName = [[UIApplication sharedApplication] alternateIconName];

    if (iconName) {

        // 设置过图标了。还原,nil为原始图标
        [[UIApplication sharedApplication] setAlternateIconName:nil completionHandler:nil];

    } else {

        // 没有设置图标,设置新图标
        [[UIApplication sharedApplication] setAlternateIconName:@"newIcon" completionHandler:nil];

    }
}
```

(5)改写"SiriExtension"目录下的文件IntentHandler.m,遍历系统中内置的用户名字列表,实现Siri的模糊匹配和精确匹配。文件IntentHandler.m的主要实现代码如下所示:

```
NSMutableArray<INPersonResolutionResult *> *resolutionResults = [NSMutableArray array];

// 遍历待匹配项
for (INPerson *recipient in recipients) {
    // Implement your contact matching logic here to create an array of matching contacts
    NSMutableArray<INPerson *> *matchingContacts = [NSMutableArray array];

    // 待匹配的名称和拼音
    NSString *recipientName = recipient.displayName;
    NSString *recipientPinYin = [recipientName xy_PinYin];

    {
        // 先精确匹配
        XYUserInfo *user = [XYUserInfo userInfoNamed:recipientName];
        if (user) {
            // 创建一个匹配成功的用户
            INPersonHandle *handle = [[INPersonHandle alloc] initWithValue:user.address type:INPersonHandleTypeEmailAddress];
            INImage *icon = [INImage imageNamed:user.icon];

            INPerson *person = [[INPerson alloc] initWithPersonHandle:handle nameComponents:nil displayName:user.name image:icon contactIdentifier:nil customIdentifier:nil aliases:nil suggestionType:INPersonSuggestionTypeSocialProfile];

            // 记录匹配的用户
            [matchingContacts addObject:person];
```

```objc
            }
        }
        if (matchingContacts.count == 0) {
            // 如果精确匹配没有的话提供模糊匹配,匹配包含内容或者包含拼音
            for (XYUserInfo *user in [XYUserInfo userList]) {
                // 用户名称和拼音
                NSString *name = user.name;
                NSString *pinYin = [name xy_PinYin];
                // 包含匹配
                if ([recipientName containsString:name] || [recipientPinYin containsString:pinYin]) {
                    // 创建一个匹配成功的用户
                    INPersonHandle *handle = [[INPersonHandle alloc] initWithValue:user.address type:INPersonHandleTypeEmailAddress];
                    INImage *icon = [INImage imageWithURL:[NSURL URLWithString:user.icon]];

                    INPerson *person = [[INPerson alloc] initWithPersonHandle:handle nameComponents:nil displayName:name image:icon contactIdentifier:nil customIdentifier:nil aliases:nil suggestionType:INPersonSuggestionTypeSocialProfile];
                    // 记录匹配的用户
                    [matchingContacts addObject:person];
                }
            }
        }
        
        if (matchingContacts.count > 1) {
            // We need Siri's help to ask user to pick one from the matches.
            [resolutionResults addObject:[INPersonResolutionResult disambiguationWithPeopleToDisambiguate:matchingContacts]];
            
        } else if (matchingContacts.count == 1) {
            // We have exactly one matching contact
            [resolutionResults addObject:[INPersonResolutionResult successWithResolvedPerson:[matchingContacts firstObject]]];
        } else {
            // We have no contacts matching the description provided
            [resolutionResults addObject:[INPersonResolutionResult needsValue]];
        }
    }
    
    completion(resolutionResults);
}
```

（6）改写"SiriExtensionUI"目录下的文件IntentViewController.m,获取用户发送的信息,在UI界面中显示信息的标题、内容和头像。文件IntentViewController.m的主要实现代码如下所示:

```objc
- (void)configureWithInteraction:(INInteraction *)interaction context:(INUIHostedViewContext)context completion:(void (^)(CGSize))completion {
    // Do configuration here, including preparing views and calculating a desired size for presentation.
    
    // 获取发送消息的意图
    INSendMessageIntent *intent = (INSendMessageIntent *)(interaction.intent);
    NSString *name = [[intent.recipients lastObject] displayName];
    NSString *content = intent.content;
    NSString *icon = [XYUserInfo userInfoNamed:name].icon;
    
    NSLog(@"发送内容:%@", content);
    
    // 展示内容
```

```
            // 设置自身头像
            self.iconView.image = [UIImage imageNamed:[[XYUserInfo userList] firstObject].icon];
            self.toIconView.image = [UIImage imageNamed:icon];

            // 标题
            self.sectionTitleLabel.text = [NSString stringWithFormat:@"和\"%@\"对话", name];
            // 内容
            self.msgContentLabel.text = content;

            // 显示与隐藏
            self.sectionTitleLabel.hidden = !name.length;
            self.msgContentLabel.hidden = !content.length;
            self.msgBgView.hidden = !content.length;
            self.toIconView.hidden = !self.toIconView.image;

            // 获取错误信息
         // NSUserActivity *activity = interaction.intentResponse.userActivity;

            // 处理,并返回大小
            if (completion) {
                completion(CGSizeMake([self desiredSize].width, 150));
            }
        }
```

开始连接iPhone真机并进行调试,在"设置"中把Siri语言改成英文,然后给Intnet Extension设置相应的断点,如果不太清楚在哪里设置断点,可以在每个函数的第一行语句上设断点。执行效果如图39-12所示。

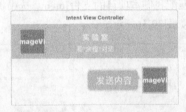

图39-12 执行效果

39.4 实战演练——在支付程序中使用 Siri（Swift 版）

知识点讲解光盘:视频\知识点\第39章\实战演练——在支付程序中使用Siri.mp4

实例39-2	在支付程序中使用Siri
源码路径	光盘:\daima\39\SiriKitDemo-Swift

（1）打开Xcode,新创建一个名为"TutsplusPayments"的工程,然后依次单击菜单中的Target > Capabilities添加使用Siri功能,工程最终的目录结构如图39-13所示。

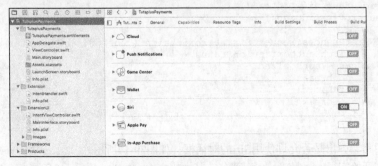

图39-13 工程的最终目录结构和添加对Siri的使用

（2）使用Source Code方式打开文件Info.plist，如图39-14所示。

在文件Info.plist中，使用Siri权限的代码如下所示：

```
<key>NSSiriUsageDescription</key>
```

（3）依次单击XcodeFile > New > Target添加扩展模板，不要忘记勾选"Include UI Extension"选项，如图39-15所示。

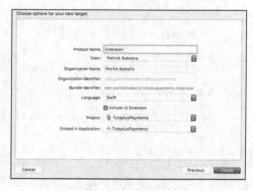

图39-14 Source Code方式打开文件Info.plist　　　　图39-15 创建扩展

（4）在扩展中匹配我们本项目的支付Intent，选中扩展文件夹下的文件Info.plist，进行Siri和支付Intent的匹配，具体效果如图39-16所示。

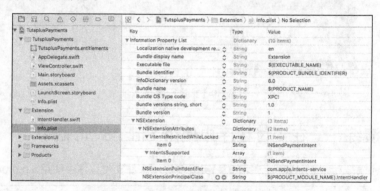

图39-16 支付匹配

（5）编写文件ViewController.swift来获取程序使用Siri功能的权限，主要实现代码如下所示：

```
class ViewController: UIViewController {

    override func viewDidLoad() {
        super.viewDidLoad()

        INPreferences.requestSiriAuthorization { authorizationStatus in
            switch authorizationStatus {
            case .authorized:
                break
            default:
                break
            }
        }
```

此时运行后将会弹出是否允许使用Siri的对话框，如图39-17所示。　　图39-17 询问是否使用Siri

（6）接下来开始实行Intents Extension部分，其中的文件intenthandler.swift负责实现Intent扩展功能，

可以用来处理任何Intent意图，通过使用handler(for:)方法可以匹配处理所有Siri支持的扩展类型。在本实例的intenthandler.swift文件中，需要检查设置payee收款人和currencyAmount付款金额这两个值。这是一个非常基本的功能，我们的这个项目需要确保交易过程有一个有效的收款人和金额值来满足交易成功的条件。文件IntentHandler.swift的主要实现代码如下所示：

```
class IntentHandler: INExtension {
    
    override func handler(for intent: INIntent) -> Any? {
        if intent is INSendPaymentIntent {
            return self
        }
        return nil
    }
}

// MARK: - INSendPaymentIntentHandling

extension IntentHandler: INSendPaymentIntentHandling {
    
    func handle(sendPayment intent: INSendPaymentIntent, completion: @escaping (INSendPaymentIntentResponse) -> Void) {
        // Check that we have valid values for payee and currencyAmount
        guard let payee = intent.payee, let amount = intent.currencyAmount else {
            return completion(INSendPaymentIntentResponse(code: .failure, userActivity: nil))
        }
        // Make your payment!
        print("Sending \(amount) payment to \(payee)!")
        completion(INSendPaymentIntentResponse(code: .success, userActivity: nil))
    }
}
```

如果此时运行扩展部分的程序，如图39-18所示。

如果使用Siri说："Send $20 to Patrick via TutsplusPayments"时，会自动弹出一个支付界面，如图39-19所示。

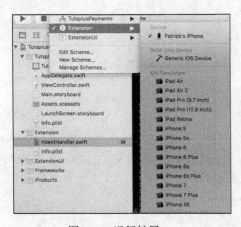

图39-18 运行扩展

图39-19 Siri弹出的支付界面

（7）下面开始实现Intents UI Extension部分，本部分将定义一个UI界面，当使用Siri说出支付金额和收款人后会弹出这个界面。在故事板中的效果如图39-20所示。

本部分的实现文件是IntentViewController.swift，首先需要确保INSendPaymentIntent的属性不为nil(空)，另外还需要确保支付金额不是0。文件IntentViewController.swift的主要实现代码如下所示：

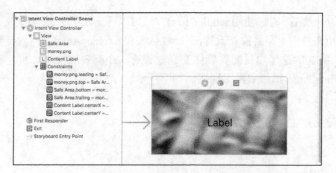

图39-20 Intents UI Extension部分的故事板界面

```
class IntentViewController: UIViewController, INUIHostedViewControlling, INUIHosted
ViewSiriProviding {

    @IBOutlet weak var contentLabel: UILabel!

    // MARK: - INUIHostedViewControlling

    func configure(with interaction: INInteraction, context: INUIHostedViewContext,
completion: @escaping ((CGSize) -> Void)) {

        if let paymentIntent = interaction.intent as? INSendPaymentIntent {
            // If any of this properties is not set, fallback to the default UI by
hiding this view controller.
            guard let amount = paymentIntent.currencyAmount?.amount, let currency =
paymentIntent.currencyAmount?.currencyCode, let name = paymentIntent.payee?.displa
yName else {
                return completion(CGSize.zero)
            }
            let paymentDescription = "\(amount)\(currency) to \(name)"
            contentLabel.text = paymentDescription
        }
        if (completion as AnyObject!) != nil {
            completion(self.desiredSize)
        }
    }

    var desiredSize: CGSize {
        return self.extensionContext!.hostedViewMaximumAllowedSize
    }

    var displaysPaymentTransaction: Bool {
        return true
    }
}
```

如果此时再运行扩展程序，如果再次使用Siri说："Send $20 to Patrick via TutsplusPayments"时，会自动弹出一个我们前面设计的UI支付界面，如图39-21所示。

图39-21 Siri弹出的支付界面

第 40 章　开发tvOS程序

tvOS是苹果公司为Apple TV打造的全新操作系统,在苹果WWDC 2016开发者大会上正式亮相。Apple TV上有超过1300视频频道。目前tvOS应用数量超过6000款。Siri已经能够搜索超过65万个电影和电视节目,现在还支持搜索YouTube。本章将详细讲解使用Xcode开发tvOS应用程序的基本知识。

40.1　tvOS 开发基础

知识点讲解光盘:视频\知识点\第40章\tvOS开发基础.mp4

在WWDC 2017大会上,苹果带来了全新的Apple TV以及专门针对该平台的操作系统tvOS。tvOS采用了类似OS X以及iOS极简风格的UI界面,用白色背景代替了之前的黑色,看起来非常清爽。

40.1.1　tvOS 系统介绍

全新tvOS系统允许用户通过Siri进行iTunes、Netflix、Hulu、HBO等应用的全局搜索,也可以进行快进和回放、随时获取比赛比分和天气之类的信息。

更为重要的是,tvOS引入了应用商店机制,这就意味着第三方应用开发商可以针对该平台开发应用。而且,Apple TV经过全新设计的遥控器支持体感遥控,用户可以通过这一设计玩游戏或者更加轻松地在用户界面中进行导航。

其实,苹果在tvOS中应用的许多技术早已秘密研发了多年。举例来说,tvOS中的Siri是苹果早在2011年就着手研究的项目、遥控器中的触控板则源自早前的Mac遥控器设计,而包括游戏中心、图形渲染技术Metal以及ReplayKit和GameplayKit这些功能在设计的时候也都考虑到了AppleTV用户的使用体验。因此,所有以上这些技术的存在都使得开发者能够非常轻松地针对tvOS平台开发应用。

40.1.2　tvOS 开发方式介绍

Apple公司宣布新的Apple TV集成了App Store,这就意味着我们可以为它开发专有的应用,并且会让我们重新认知已了解的iOS知识,以及会开启更多新的想法和创意。

Apple公司开发人员提供了两种开发tvOS应用程序的方式,具体说明如下所示。

（1）TVML Apps

这类应用是使用完整的新开发技术开发的,主要包括。

- TVML：是"TV Markup Language"（TV标记语言）的缩写,基本上是一些XML语句,用于实现基于C/S（client-server,客户端-服务端）架构的tvOS应用布局。布局界面时,我们会用到一些Apple提供的TVML模板创建我们的UI,然后用TVJS写交互脚本。
- TVJS：就是JavaScript,可能很多读者已经非常熟悉这门技术了。
- TVMLKit：是Apple设计的一个新框架,能在使用Swift或Objective-C实现应用逻辑的同时使用JavaScript和XML开发更炫酷的用户界面。

(2) Custom Apps

这类应用是使用我们已经比较熟悉的开发技术进行开发的，比如大家熟知的一些iOS框架和特性，像Storyboard、UIKit、Auto Layout等。

上述两种方式没有孰优孰劣之分，都是Apple官方推荐的方法，读者可以根据个人本身的技术情况选择采用哪种方式。以笔者的经验和总结，给读者提出如下建议。

（1）使用TVML App方式开发：如果你主要是通过tvOS应用展现一些内容，不论是音频、视频、文本、图片，并且你已经有服务器存储这些资源，那么建议使用TVML开发是不错的选择。

（2）使用Custom App方式开发：如果希望用户不只是被动地通过tvOS应用观看或收听内容，而是希望用户与应用有更多的交互，给用户高质量的用户体验。那么建议选择使用iOS的相关技术开发自定义的应用。

40.1.3 打开遥控器的模拟器

打开遥控器模拟器的方法是，在Xcode菜单栏中依次选择Hardware和Show Apple TV Remote命令，如图40-1所示。打开遥控器模拟器后的效果如图40-2所示，可以通过遥控器中的Option键选择不同的视频。

图40-1 依次选择Hardware和Show Apple TV Remote命令

图40-2 遥控器模拟器效果

40.2 使用 Custom App 方式

知识点讲解光盘:视频\知识点\第40章\使用Custom App方式.mp4

Custom App方式和开发传统应用程序的方法一样，这类应用程序会打包代码和图片等资源。这基本上与iOS或OS X应用程序一样。

40.2.1 Custom App 方式介绍

使用Custom App开发tvOS应用程程序的过程和开发普通iOS应用的过程相似，可以使用Objective-C、Swift去构建任何符合Apple要求的应用，并将其发布到App Store中。在本书前面章节中已经讲解了使用Objective-C和Swift开发应用程序的方法和知识点，使用Custom App方式开发tvOS程序的过程和普通的iOS开发没有什么太大的区别，大部分的iOS Frameworks基本上都可以在tvOS中使用，此外tvOS还增加了TVServices以增强SDK对AppleTV的支持。

40.2.2 实战演练——开发一个简单的按钮响应程序（Swift版）

实例40-1	开发一个简单的按钮响应程序（Swift版）
源码路径	光盘:\daima\40\helloworld

（1）打开Xcode，新创建一个名为"helloworld"的工程，选择语言为"swift"，工程最终的目录结构，如图40-3所示。

（2）打开故事板文件Main.storyboard，添加一个Button，将Title修改为"Click Me!"，接着在其下方添加一个标签Label，如图40-4所示。

图40-3 工程的目录结构

（3）和开发传统iOS程序一样，通过control-drag标签（Label）和按钮（Button）来创建IBOutlet以及IBAction。这里分别命名outlet为myLabel，IBAction为buttonPressed，如图40-5所示。

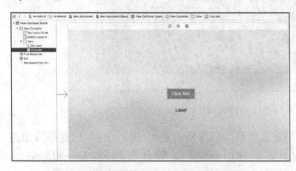

图40-4 故事板Main.storyboard设计界面

图40-5 创建IBOutlet和IBAction

（4）在buttonPressed动作中键入如下所示的代码：

```
self.myLabel.text = "Hello,World"
```

相信读者应该很熟悉这行代码了，上述代码实现了单击按钮后为标签（Label）的text字段赋值"Hello，World"字符串值的功能。

此时运行程序，执行后的效果如图40-6所示。

单击"Click Me!"后的效果如图40-7所示。

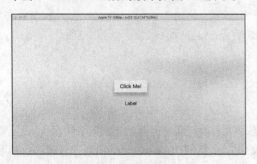

图40-6 执行效果

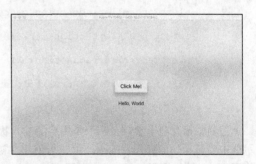

图40-7 单击"Click Me!"后的效果

40.2.3 实战演练——开发一个猜谜游戏（Swift版）

实例40-2	开发一个猜谜游戏（Swift版）
源码路径	光盘:\daima\40\quizapp

本实例是一个猜谜应用（只有一个问题），主要功能是展示按钮和遥控器之间的交互。

（1）打开Xcode，新创建一个名为"QuizApp-1"的工程，工程最终的目录结构运行程序后可看到。

（2）打开故事板文件Main.storyboard实现界面布局，插入4个UIButton，尺寸为960 X 325。插入1个UILabel，尺寸为1400 X 120。接着为4个按钮添加text并更改它们的背景颜色，也是在Storyboard中完成，如图40-8所示。

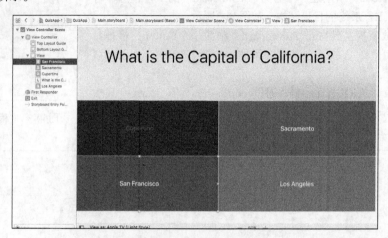

图40-8 故事板Main.storyboard

（3）开始将上述按钮绑定到代码中，为了代码简洁和易于理解将创建4个IBAction，将这些按钮逐一连接到ViewController.swift文件中（通过拖曳方式创建IBAction），暂且命名为:button0Tapped、button1Tapped、button2Tapped和button3Tapped。上面图片中显示的Label内容是询问加州的首府是哪个。给出4个选项供你选择（有关加州首府的知识），答案是Sacramento。其中button1Pressed动作响应Sacramento按钮的单击事件。根据单击的按钮向用户显示一个警告信息，告知他们选择了正确还是错误的按钮。接着创建一个名为showAlert的函数来处理这件事：

```
func showAlert(status: String, title:String) { // 1
        let alertController = UIAlertController(title: status, message: title, preferredStyle: .Alert) // 2
        let cancelAction = UIAlertAction(title: "Cancel", style: .Cancel) { (action) in //3
        }
        alertController.addAction(cancelAction)

        let ok = UIAlertAction(title: "OK", style: .Default) { (action) in
        } // 4
        alertController.addAction(ok)

        self.presentViewController(alertController, animated: true) { // 5
        }
}
```

上述函数接受两个参数，一个是用户的输入状态（表示他们回答问题的正确或者错误），以及警告提示框中要显示的信息或者标题。第二行创建并初始化一个新的UIAlertController对象。第三行和第四行代码为alert警告框添加一个Cancel取消按钮和OK确认按钮，第五行代码用于呈现这些内容。如果不确定这段代码是如何工作的，我强烈建议你先看看UIAlertController教程，这里提供了有关该类的详细信息。下面请在不同的IBActions中调用这个方法：

```
@IBAction func button0Tapped(sender: AnyObject) {
        showAlert("Wrong!", title: "Bummer, you got it wrong!")
}
// 这是唯一正确的
@IBAction func button1Tapped(sender: AnyObject) {
    showAlert("Correct!", title: "Whoo! That is the correct response")
}
@IBAction func button2Tapped(sender: AnyObject) {
    showAlert("Wrong!", title: "Bummer, you got it wrong!")
}
@IBAction func button3Tapped(sender: AnyObject) {
```

```
showAlert("Wrong!", title: "Bumme
r, you got it wrong!")
}
```

正如大家所看到的，仅在button1Tapped函数中传入"Correct"的标题，剩下都传入"Wrong"。执行效果如图40-9所示。

选中"Sacramento"才是正确选项，执行效果如图40-10所示。

选中其他选项是错误的，执行效果如图40-11所示。

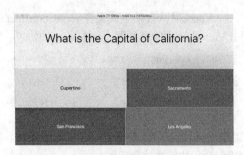

图40-9 执行效果

图40-10 选中"Sac..."后的执行效果

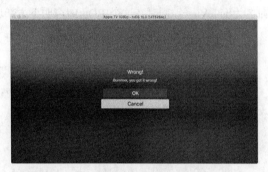

图40-11 选中其他选项后的执行效果

40.2.4 实战演练——在 tvOS 中使用表视图（Swift 版）

实例40-3	在tvOS中使用TableViews（Swift版）
源码路径	光盘:\daima\40\tableviewpractice

在iOS操作系统中，经常使用TableViews布局视图界面。随着watchOS SDK的发布，Tableview可用于Apple Watch开发。自然而然地，新的苹果电视和tvOS同样支持这个流行的API。

（1）打开Xcode，新创建一个名为TableViewPractice -1"的工程，工程最终的目录结构运行程序后可看到。

（2）打开故事板文件Main.storyboard实现界面布局，插入1个UIButton按钮，如图40-12所示。

图40-12 故事板Main.storyboard

（3）Xcode默认自动生成文件ViewController.swift，在文件的第11行代码处添加如下声明代码，目的是让ViewController遵循两个tableView的协议：

```
UITableViewDataSource, UITableViewDelegate
```

第11行的代码如下所示：

```
class ViewController: UIViewController, UITableViewDataSource, UITableViewDelegate
{
```

因为Swift是一门注重安全的语言，编译器会报告说没有遵循UITableView的Datasource和Delegate协议。我们会很快解决这个问题。

（4）在storyboard中添加一个tableView视图并拖曳到ViewController文件中生成一个IBOutlet，将其命名为tableView。同时在这个IBOutlet声明下方新增一个数组：

```
var dataArray = ["San Francisco", "San Diego", "Los Angeles", "San Jose", "Mountain View", "Sacramento"]
```

在数组中囊括了所有我们要在TableView显示的元素。

（5）在viewDidLoad方法的下方添加如下代码：

```
// section数量
func numberOfSectionsInTableView(tableView: UITableView) -> Int {
    return 1
}
// 每个section的cell数量
func tableView(tableView: UITableView, numberOfRowsInSection section: Int) -> Int {
    return self.dataArray.count
}
// 填充每个cell的内容
func tableView(tableView: UITableView, cellForRowAtIndexPath indexPath: NSIndexPath
) -> UITableViewCell {
    let cell = UITableViewCell(style: .Subtitle, reuseIdentifier: nil)
    
    cell.textLabel?.text = "\(self.dataArray[indexPath.row])"
    cell.detailTextLabel?.text = "Hello from sub title \(indexPath.row + 1)"
    
    return cell
}
```

此时会发现，tvOS中的Tableview和iOS中的TableView非常相似。通过上述代码片段告诉Tableview有多少行（rows），多少个部分（section），以及每个单元格要显示的内容。在viewDidLoad方法中，把tableview的delegate和datasource设置为自身self：

```
self.tableView.dataSource = self
self.tableView.delegate = self
```

在模拟器中运行，执行效果如图40-13所示。

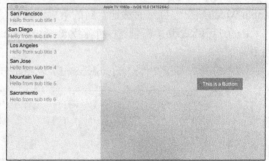

图40-13 执行效果

40.3 使用 TVML Apps 方式

知识点讲解光盘：视频\知识点\第40章\使用TVML Apps方式.mp4

对于不精通Objectve-C和Swift语言，而精通JavaScript和XML的开发者来说，使用TVML Apps方式会比较容易。TVML Apps方式也被称为"客户端－服务器"开发模式，类似于传统的Web开发模式。开发者使用的定制化的JavaScript和XMLl（Apple分别称为TVJS、TVML）来完成应用程序开发。

40.3.1 使用 TVML Apps 方式开发

使用TVML Apps方式的开发tvOS应用程序的基本流程如下所示。

（1）打开Xcode，单击"Create a new Xcode project"选项新建一个工程。

（2）在弹出的"Choose a template…"对话框中选择"Single View Application"模板。

（3）项目名称输入"RWDevCon"，语言选择"Swift"，确保下面的两个复选框为未选中状态，也就是不使用Core Data和单元测试，如图40-14所示，然后单击"Next"按钮。

（4）选择一个本地目录，然后单击"Save"按钮保存这个项目。Xcode会创建一个带有Storyboard的空工程。如果使用Custom Apps方式开发tvOS应用，那么需要使用Storyboard。但是本流程不需要使用Storybard，因为我们会使用TVML来展示应用的UI，而不是用Storybard去设计UI。所以将Main.storyboard和ViewController.swift删去，在提示框中选择"Move To Trash"彻底删除。

（5）打开Info.plist文件，删掉Main storybaord file base name属性。最后添加新的属性App Transport Security Settings（区分大小写），以及它的子属性Allow Arbitrary Loads，并将其值设为YES，如图40-15所示。

图40-14 项目设置

图40-15 设置属性Allow Arbitrary Loads

（6）开始加载TVML

因为tvOS应用的生命周期开始于AppDelegate，所以需要创建TVApplicationController以及应用上下文，并将它们传给主要的JavaScript文件。打开工程中的文件AppDelegate.swift，然后进行如下所示的操作：

- 删除所有的方法；
- 导入TVMLKit；
- 使AppDelegate遵循TVApplicationControllerDelegate协议。

当完成上述操作后，此时的AppDelegate.swift文件应该像这样：

```
import UIKit
import TVMLKit
@UIApplicationMain
class AppDelegate: UIResponder, UIApplicationDelegate, TVApplicationControllerDelegate {
  var window: UIWindow?
}
```

接着添加下面的属性：

```
var appController: TVApplicationController?
static let TVBaseURL = "http://localhost:9001/"
static let TVBootURL = "\(AppDelegate.TVBaseURL)js/application.js"
```

TVApplicationController是TVMLKit中的一个类，它负责与你的服务器的交互。TVBaseURL和TVBootURL包含了你的服务器的地址和JavaScript文件的地址，该JavaScript文件稍后会运行在服务器中。

然后在AppDelegate中添加如下所示的方法：

```
func application(application: UIApplication, didFinishLaunchingWithOptions launchOptions:
 [NSObject: AnyObject]?) -> Bool {
  window = UIWindow(frame: UIScreen.mainScreen().bounds)
  // 1
  let appControllerContext = TVApplicationControllerContext()
  // 2
  guard let javaScriptURL = NSURL(string: AppDelegate.TVBootURL) else {
    fatalError("unable to create NSURL")
  }
  appControllerContext.javaScriptApplicationURL = javaScriptURL
  appControllerContext.launchOptions["BASEURL"] = AppDelegate.TVBaseURL
  // 3
  appController = TVApplicationController(context: appControllerContext, window: wi
ndow, delegate: self)
  return true
}
```

这些代码相对还是比较容易理解的。

在上述代码中首先创建了一个应用上下文TVApplicationControllerContext的实例，用于稍后初始化你的TVApplicationController。可以理解为给一个简单的对象设置了一些属性，比如服务器的URL，然后该对象又作为属性设置给了另一个对象。然后给应用上下文这个对象实例设置了两个简单的属性：主JavaScript文件的路径和服务器的地址。通过上述刚才设置好的应用上下文初始化TVApplicationController。此时就完全由Apple代码来接管了，它会加载到你的主JavaScript文件，并开始执行其内容。

（7）接下来开始编写JavaScript代码

在"客户端-服务端"这类的tvOS应用中，JavaScript文件通常放在应用连接的服务器中，例如计算机中的本地服务器或者可用网址访问的远程服务器中。为了方便起见，我们把JavaScript文件放在桌面，在桌面文件夹中新建一个文件夹名为"client"。在client文件夹中再新建一个文件夹名为"js"，该文件夹将作为你的JavaScript文件的容器。通过使用的编辑JavaScript的IDE新建一个JavaScript文件，名为application.js，将它保存在你刚才新建的"js"文件夹中。然后在文件application.js中添加如下代码：

```
App.onLaunch = function(options) {
  // 1
  var alert = createAlert("Hello World", ""); //leaving 2nd parameter with an empty string
  navigationDocument.presentModal(alert);
}
// 2
var createAlert = function(title, description) {
  var alertString = '<?xml version="1.0" encoding="UTF-8" ?>
    <document>
      <alertTemplate>
        <title>${title}</title>
        <description>${description}</description>
      </alertTemplate>
    </document>'
  var parser = new DOMParser();
  var alertDoc = parser.parseFromString(alertString, "application/xml");
  return alertDoc
}
```

在上述代码中，App.onLaunch是处理JavaScript文件的入口方法。之前在AppDelegate.swift中已经初始化好的TVApplicationController会将TVApplicationControllerContext传到这。之后你会使用到上下文中的内容，但是现在，我们只创建一个简单的提示界面并显示在屏幕上。通过下面定义的createAlert函数，我们获得到了为我们展现界面的TVML文件。navigationDocument类似于iOS中的UINavigationController，它提供像栈一样的方式，可以推出或压进展现界面的TVML文件。createAlert是一个返回TVML文件的函数，可以将它看作类似iOS中的UIAlertController。

注意：Apple官方已经提供了18种TVML模板供开发者使用，读者可以在该Apple TV Markup Language Reference中查阅完成的模板列表，地址是Apple网站开发者中心，如图40-16所示。

40.3 使用 TVML Apps 方式   653

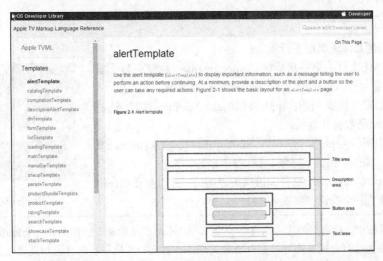

图40-16 Apple TV Markup Language Reference中提供的模板

上述代码中的alertTemplate就是这18个模板中的其中一个，它主要用于展示重要信息，比如通过一段消息提示用户在继续操作之前需要执行其他的操作等。

（8）配置本地服务器，打开Terminal输入如下命令：

```
cd ~/Desktop/client
python -m SimpleHTTPServer 9001
```

上述两行命令的作用是在先前创建的"client"目录中开启一个基于Python的Web服务器。此时编译运行Xcode项目后会看到你的第一个tvOS TVML应用，如图40-17所示。

图40-17 第一个tvOS TVML应用执行效果

注意：在继续讲解实现流程之前，先对目前已经完成的工作进行总结。

① 创建了TVApplicationController实例，用于管理JavaScript代码。

② 创建了TVApplicationControllerContext实例，并在创建TVApplicationController时将其与之关联。应用上下文有一个launchOption属性，用来构建我们的BASEURL，也就是服务器的地址。该应用上下文也用于配置tvOS应用与哪个服务器连接。

③ 控制器被传到了JavaScript代码中。App.onLaunch作为整个JavaScript文件的入口方法，定义了createAlert函数，返回TVML提示信息模板文件，并由navigationDocument管理并展现界面。最后将"Hello World"显示在屏幕上。

④ 即使现在使用的服务器是运行在本机的，但是仍然可以连接一个真实的远程的服务器，可能是一个连着数据库的服务器。感受并想象一下应用场景，应该会很酷！

（9）完善TVML模板。因为createAlert是一个返回TVML模板文件的函数，有很多属性可以在TVML文件中编辑修改，作为一个实验性质的例子，将会在当前的alertTemplate中添加一个按钮。回到JavaScript代码中，将目光聚焦在createAlert函数上，在模板中添加一个按钮：

```
var alertString = '<?xml version="1.0" encoding="UTF-8" ?>
  <document>
    <alertTemplate>
      <title>${title}</title>
      <description>${description}</description>
      <button>
        <text>OK</text>
      </button>
```

```
          </alertTemplate>
        </document>'
```

对上述代码的具体说明如下所示。

- 一个TVML文件的第一级标签是<document>，也就是整个模板内容是由<document>和</document>包起来的。
- 接着开始定义模板，使用Apple提供的alertTemplate模板，通过createAlert函数将其返回。
- 在模板中根据Apple的Apple TV Markup Language Reference文档规范，添加了按钮、标题、描述3个标签。

保存刚才编辑的JavaScript文件，再次编译运行。此时会看到在提示信息下面出现了一个按钮，如图40-18所示。

图40-18 执行效果

注意：在一个模板中，能添加的元素数量和类型基于这个的模板的类型。比如，一个loading Template就不允许有任何按钮出现。此外，可以自定义字体、颜色和其他一些属性。但是这些知识已经超越了该教程的范畴。可以查阅Apple TV Markup Language Reference文档去了解更多TVML模板的信息。

（10）丰富JavaScript客户端。接下来需要在不同的JavaScript文件中将一些逻辑抽象出来，便于能更好重用。在client/js文件夹中新建一个JavaScript文件，名为Presenter.js。在该文件中将定义Presenter类用于处理导航各个界面，或者说各个TVML模板文件，并且处理事件响应。在文件Presenter.js中添加如下所示的代码：

```
var Presenter = {
  // 1
  makeDocument: function(resource) {
    if (!Presenter.parser) {
      Presenter.parser = new DOMParser();
    }
    var doc = Presenter.parser.parseFromString(resource, "application/xml");
    return doc;
  },
  // 2
  modalDialogPresenter: function(xml) {
    navigationDocument.presentModal(xml);
  },
  // 3
  pushDocument: function(xml) {
    navigationDocument.pushDocument(xml);
  },
}
```

在上述代码中，通过函数createAlert中用过的DOMParser类，可以将TVML字符串转换为可用于展示的TVML模板对象。因为该类不需要多次创建实例，所以采用单例模式创建它。然后通过DOMParser的parseFormString()方法将TVML字符串转为模板对象。modalDialogPresenter方法通过传入的TVML模板文件，将其模态展现在屏幕上。pushDocument方法是在导航栈中推送一个TVML模板文件，相当于在iOS中push出一个界面。在之后还会用到Presenter类管理选中处理操作。现在使用Presenter类对之前的JavaScript代码进行重构，将App.onLaunch中的代码替换为如下代码：

```
App.onLaunch = function(options) {
  // 1
  var javascriptFiles = [
    '${options.BASEURL}js/Presenter.js'
  ];
  // 2
  evaluateScripts(javascriptFiles, function(success) {
    if(success) {
      var alert = createAlert("Hello World!", "");
      Presenter.modalDialogPresenter(alert);
```

```
      } else {
        // 3 Handle the error CHALLENGE!//inside else statement of evaluateScripts.
      }
    });
}
```

在上述代码中，首先创建一个新的JavaScript文件的数组。然后通过options参数获取到BASEURL属性，并组装Presenter.js的路径。这里的options就是之前在AppDelegate类中创建的TVApplicationControllerContext，BASEURL自然也是那时我们设置的。evaluateScripts将加载JavaScript文件。

（11）使用CatalogTemplate模板。CatalogTemplate模板同样也是Apple提供的18个模板中的一个，作用是以分组的形式展现内容，用它来展示最喜欢的RWDevCon视频。该模板中的banner元素在应用顶部，用于展示应用基本信息，比如名称、标题等。CatalogTemplate本身是一个复合元素，也就是说它是由多个简单元素组合而成。比如，在banner中很显然有标题，那么该标题就是一个简单的title元素，并且在title背后还有背景图片，这又是另外一个简单元素background，所以banner是由两个简单元素组合而成。

打开"client"文件夹，在js文件夹的同级目录新建两个文件夹，分别命名为images和templates。此时的"client"文件夹里内容应如图40-19所示。

图40-19 "client"文件夹

项目需要图片构建模板中的Cells，在这个场景中就是一个一个的视频，图片自然就是视频的封面了。

下面即将要做的工作是在屏幕中显示图片，新建一个JavaScript文件，命名为"RWDevConTemplate.xml.js"，将其存在"templates"文件夹中。打开RWDevConTemplate.xml.js，添加如下所示的代码：

```
var Template = function() { return '<?xml version="1.0" encoding="UTF-8" ?>
  <document>
    <catalogTemplate>
      <banner>
        <title>RWDevConHighlights</title>
      </banner>
    </catalogTemplate>
  </document>'
}
```

现在，试图通过catalogTemplate模板显示一个Banner条，但在使用只包含模板信息的JavaScript文件之前，需要通过某种方法让其他的JavaScript文件知道该文件的存在并能加载其模板信息，因为当前它没有通过任何方式向其他JavaScript文件暴露过。所以需要创建最后一个JavaScript文件：ResourceLoader.js来解决该问题。

（12）新建一个JavaScript文件，命名为"ResourceLoader.js"，保存在js文件夹中，和application.js、Presenter.js一起。打开文件ResourceLoader.js，添加如下所示的代码：

```
function ResourceLoader(baseurl) {
  this.BASEURL = baseurl;
}

ResourceLoader.prototype.loadResource = function(resource, callback) {
  var self = this;
  evaluateScripts([resource], function(success) {
    if(success) {
      var resource = Template.call(self);
      callback.call(self, resource);
    } else {
      var title = "Resource Loader Error",
          description = 'Error loading resource '${resource}'. \n\n Try again later.',
          alert = createAlert(title, description);
      navigationDocument.presentModal(alert);
    }
  });
}
```

上述代码的作用是加载其他模板文件,之前执行项目后主屏显示的是"Hello World"的提示信息模板,现在试着将它换成我们创建的RWDevConTemplate。打开application.js文件,根据如下代码修改之前的代码:

```
var resourceLoader;
App.onLaunch = function(options) {
  var javascriptFiles = [
    '${options.BASEURL}js/ResourceLoader.js',
    '${options.BASEURL}js/Presenter.js'
  ];

  evaluateScripts(javascriptFiles, function(success) {
    if(success) {
      resourceLoader = new ResourceLoader(options.BASEURL);
      resourceLoader.loadResource('${options.BASEURL}templates/RWDevConTemplate.xml.js',
      function(resource) {
        var doc = Presenter.makeDocument(resource);
        Presenter.pushDocument(doc);
      });
    } else {
      var errorDoc = createAlert("Evaluate Scripts Error", "Error attempting to evaluate
      external JavaScript files.");
      navigationDocument.presentModal(errorDoc);
    }
  });
}
// 先不管createAlert函数
```

此时已经对之前的代码进行了如下3处的修改。

❑ 声明了一个resourceLoader变量。
❑ 将ResourceLoader.js文件添加到JavaScript文件数组中。
❑ 使用resourceLoader加载TVML模板,然后使用Presenter展现在屏幕上。

此时编译运行程序,应该会看到如图40-20所示的界面效果。

由此可见,现在已经可以通过更好的方式从JavaScript文件中加载TVML模板信息了。

(13)完善catalogTemplate。打开RWDevConTemplate. xml.js文件,按照如下代码更新之前代码:

图40-20 执行效果

```
var Template = function() { return '<?xml version="1.0" encoding="UTF-8" ?>
  <document>
    <catalogTemplate>
      <banner>
        <title>RWDevConHighlights</title>
      </banner>
      //add stuff here
      //1.
      <list>
        <section>
          //2.
          <listItemLockup>
            <title>Inspiration Videos</title>
            <decorationLabel>13</decorationLabel>
          </listItemLockup>
        </section>
      </list>
    </catalogTemplate>
  </document>'
}
```

在上面的代码中新定义了一个list标签,该标签中的内容就是显示在屏幕上除了banner以外的全部内容。listItemLockup代表一个组,它以listItemLockup标签开头。在该标签中,通过title标签定义了它的名称"Inspiration Videos",然后通过decorationLabel标签定义了该组中包含内容的数量。

此时编译运行程序,在模拟器中会看到如图40-21所示的界面效果。

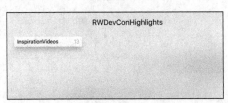

图40-21 执行效果

(14)完成catalogTemplate。最后在模板中添加cell,用于展示每一个视频。打开RWDevConTemplate.xml.js添加如下所示的代码:

```
var Template = function() { return '<?xml version="1.0" encoding="UTF-8" ?>
  <document>
    <catalogTemplate>
      <banner>
        <title>RWDevConHighlights</title>
      </banner>
      <list>
        <section>
        <listItemLockup>
          <title>Inspiration Videos</title>
          <decorationLabel>13</decorationLabel>
            //1. add from here
          <relatedContent>
            <grid>
              <section>
                //2
<lockup videoURL="http://www.rwd***.com/videos/Ray-Wenderlich-Teamwork.mp4">
  <img src="${this.BASEURL}images/ray.png" width="500" height="308" />
</lockup>
<lockup videoURL="http://www.rwd***.com/videos/Ryan-Nystrom-Contributing.mp4">
  <img src="${this.BASEURL}images/ryan.png" width="500" height="308" />
</lockup>
    <lockup videoURL="http://www.rwd***.com/videos/Matthijs-Hollemans-Math
    -Isnt-Scary.mp4">
  <img src="${this.BASEURL}images/matthijs.png" width="500" height="308" />
</lockup>
<lockup videoURL="http://www.rwd***.com/videos/Vicki-Wenderlich-Identity.mp4">
  <img src="${this.BASEURL}images/vicki.png" width="500" height="308" />
</lockup>
    <lockup videoURL="http://www.rwd***.com/videos/Alexis-Gallagher
    -Identity.mp4">
  <img src="${this.BASEURL}images/alexis.png" width="500" height="308" />
    </lockup>
<lockup videoURL="http://www.rwd***.com/videos/Marin-Todorov-RW
-Folklore.mp4">
  <img src="${this.BASEURL}images/marin.png" width="500" height="308" />
</lockup>
<lockup videoURL="http://www.rwd***.com/videos/Chris-Wagner
-Craftsmanship.mp4">
  <img src="${this.BASEURL}images/chris.png" width="500" height="308" />
    </lockup>
<lockup videoURL="http://www.rwd***.com/videos/Cesare-Rocchi-Cognition.mp4">
  <img src="${this.BASEURL}images/cesare.png" width="500" height="308" />
</lockup>
<lockup videoURL="http://www.rwd***.com/videos/Ellen-Shapiro-Starting
-Over.mp4">
  <img src="${this.BASEURL}images/ellen.png" width="500" height="308" />
</lockup>
<lockup videoURL="http://www.rwd***.com/videos/Jake-Gundersen
-Opportunity.mp4">
  <img src="${this.BASEURL}images/jake.png" width="500" height="308" />
```

```
                </lockup>
                <lockup videoURL="http://www.rwd***.com/videos/Kim-Pedersen-Finishing.mp4">
                    <img src="${this.BASEURL}images/kim.png" width="500" height="308" />
                </lockup>
                    <lockup videoURL="http://www.rwd***.com/videos/Tammy-Coron
                        -Possible.mp4">
                    <img src="${this.BASEURL}images/tammy.png" width="500" height="308" />
                </lockup>
                <lockup videoURL="http://www.rwd***.com/videos/Saul-Mora-NSBrief.mp4">
                    <img src="${this.BASEURL}images/saul.png" width="500" height="308" />
                </lockup>
            </section>
                </grid>
            </relatedContent>
        </listItemLockup>
            </section>
        </list>
    </catalogTemplate>
</document>'
}
```

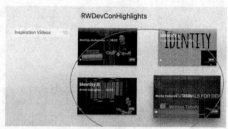

图40-22 红色圆圈区域

从上述代码中可以看到，在listItemLockup标签中添加了relatedContent，该标签的作用是显示图中红色圆圈区域（运行后看到）。如图40-22所示。每个lockup代表一个视频，每个标签中都有videoURL的属性，它的值就是RWDevCon网站上视频的地址，这对于之后播放视频至关重要。

现在已经在"Inspiration Videos"这个组里添加了若干视频。

（15）播放视频。到目前为止，已经构建好了应用程序的页面。此时可以再想想如果用iOS框架完成现在已经完成的布局应该如何做。Apple把一些UI的细节全都抽象了出来，通过一个个模板提供给我们使用，可以让开发者简单方便地通过模板创建出完美的界面。接下来让我们完成最后两个遗留的功能：选择视频和播放视频。首先看选择操作，当按下Enter键或者在Apple TV Remote选择视频时并没有什么反应，所以是时候来实现选择视频的功能了。打开Presenter，添加如下所示的代码：

```
load: function(event) {
    //1
    var self = this,
    ele = event.target,
    videoURL = ele.getAttribute("videoURL")
    if(videoURL) {
        //2
        var player = new Player();
        var playlist = new Playlist();
        var mediaItem = new MediaItem("video", videoURL);
        
        player.playlist = playlist;
        player.playlist.push(mediaItem);
        player.present();
    }
},
```

在上述代码中，load函数用来处理视频选择事件。它相当于iOS中的@IBAction，该函数的event参数相当于sender参数。每个event都有一个target，每个target关联着模板中的lockup元素。一个lockup代表应用中的一个视频，它里面有视频封面的属性，以及视频地址videoURL属性。播放视频操作非常简单，Player是TVJS框架提供的一个类，负责所有视频播放的相关功能。所要做的只是添加一个播放列表playlist，然后将要播放的项目mediaItem添加到播放列表里。最后通过player.present()方法就可以播放视频了。

现在已经实现了选择视频后的响应事件，接下来需要将选择事件与每个视频关联在一起。打开application.js文件，在App.onLaunch方法中添加如下所示的代码：

40.3 使用 TVML Apps 方式

```
App.onLaunch = function(options) {
  //...
  //在resourceLoader.loadResource中...
  var doc = Presenter.makeDocument(resource);
  doc.addEventListener("select", Presenter.load.
bind(Presenter)); //add this line
  Presenter.pushDocument(doc);
  //...
}
```

上述代码中的addEventListener方法相当于iOS中按钮的@IBAction。此时编译运行程序，选择一个视频播放后会看到一个完美的视频播放应用，如图40-23所示。

图40-23 播放视频

> 注意：上述开发流程用到了著名iOS表示Kelvin的实例源码，读者可以参考其技术文章。上面列出详细的实现流程，并提供了源码的下载链接。在本书光盘中也提供了对应的源码文件client.zip和RWDevCon.zip。

40.3.2 实战演练——开发一个可响应的 tvOS 程序（Swift 版）

实例40-4	开发一个可响应的tvOS程序（Swift版）
源码路径	光盘:\daima\40\Apple-tvOS

（1）打开Xcode，新创建一个名为"Apple tvOS Example"的工程，工程最终的目录结构运行程序后可看到。

（2）将新建的项目保存好之后，对项目做一些调整。由于这种开发模式并不需要使用Storyboard或者任何其他的ViewController，因此需要进行如下3个操作。

- 删除Main.storyboard以及默认生成的ViewController.swift文件。
- 删除Info.plist文件中Main storyboard file base name键值对。
- 在Info.plist文件中新增DictionaryApp Transport Security Settings，并在其中新增子类Allow Arbitrary Loads将其值设置为YES。

> 注意：由于从iOS9、OS X10.11之后苹果对所有非HTTPS的请求作出了限制，因此需要新增key App Transport Security Settings，否则运行App时将会出现错误。当然，这仅仅只是开发过程中暂时性的解决方法，在实际App上线之前，强烈建议大家使用HTTPS。此部分相关的详细情况，可以通过查看Apple对NSAppTransportSecurity的说明。

（3）修改文件AppDelegate.swift。

打开AppDelegate.swift文件，进行如下所示的修改调整。

- 引入TVMLKit。
- 让AppDelegate类实现TVApplicationControllerDelegate接口。
- 删除所有的方法。
- 声明一个TVApplicationController类型的对象appController。
- 声明静态常量TVBaseUrl和TVBootUrl。
- 重写didFinishLaunchingWithOptions方法。

修改后的代码如下所示：

```
import UIKit
import TVMLKit

@UIApplicationMain
```

```
class AppDelegate: UIResponder, UIApplicationDelegate, TVApplicationControllerDelegate {
var window: UIWindow?
var appController: TVApplicationController?
static let TVBaseUrl = "http://localhost:8991/"
static let TVBootUrl = "\(AppDelegate.TVBaseUrl)js/application.js"

func application(application: UIApplication, didFinishLaunchingWithOptions launchOption
s: [NSObject : AnyObject]?) -> Bool {
    self.window = UIWindow(frame: UIScreen.mainScreen().bounds)

    let appControllerContext = TVApplicationControllerContext()

    if let javaScriptURL = NSURL(string: AppDelegate.TVBootUrl) {
        appControllerContext.javaScriptApplicationURL = javaScriptURL
    }//end of if

    appControllerContext.launchOptions["BASEURL"] = AppDelegate.TVBaseUrl

    if let launchOptions = launchOptions as? [String: AnyObject] {
        for (kind, value) in launchOptions {
            appControllerContext.launchOptions[kind] = value
        }
    }//end of if

    self.appController = TVApplicationController(context: appControllerContext, window:
    self.window, delegate: self)

    return true
}//end of method
}//end of class
```

修改完上述代码之后，可以不用再写任何Swift代码。对于"Client-Server"类型的App开发而言，在Xcode中需要编写的代码全部都已经写完，接下来的工作都需要在JavaScript和XML中进行。

（4）架构项目文件目录，将用到的JavaScript文件（包括模板文件）单独放在一个文件夹中，新建一个文件夹并将其命名为client，在client中新建子目录js、template，调整项目结构为如图40-24所示。

在前面介绍的AppDelegate类中，TVBootUrl所指向的地址是tvOS应用的入口。接下来编写application.js文件，并将其放入client文件夹中的js子文件夹内。根据Apple tvOS的要求，作为入口的这个JavaScript文件需要编写App.onLaunch和App.onExit函数。显而易见，onLaunch方法将会在程序运行时被调用，onExit方法将会在程序退出时被调用。因此编写这样一个简单的逻辑功能：程序启动后会弹出一个通知界面，其中包含两个按钮以供用户选择下一步的操作，具体实现代码如下：

图40-24 JavaScript文件架构

```
App.onLaunch = function(options) {
console.log('App started');

var notify = createUpdateNotify("欢迎使用Apple tvOS Exmaple""您可以访问 http://blogxxx.cc
了解详情""确认""取消");
navigationDocument.presentModal(notify);
}

App.onExit = function() {
console.log('App finished');
}

var createUpdateNotify = function(title,description,txtConfirmButton,txtCancelText) {
var alertString = '<?xml version="1.0" encoding="UTF-8" ?>
    <document>
        <alertTemplate>
```

```
            <title>${title}</title>
            <description>${description}</description>
            <button>
                <text>${txtConfirmButton}</text>
            </button>
            <button>
                <text>${txtCancelText}</text>
            </button>
        </alertTemplate>
    </document>'

var parser = new DOMParser();
var alertDoc = parser.parseFromString(alertString, "application/xml");
return alertDoc
}
```

通过命令行访问client所在的目录，在该命令行中执行如下指令，将client目录设置为本地服务器。当然也可以上传到远程服务器，然后用网址进行访问。光盘中提供的源码是用远程服务器存储的，可以通过网址方式访问：

```
python -m SimpleHTTPServer 8991
```

返回到Xcode运行项目，执行后会弹出拥有"确认"和"取消"两个按钮的界面。在模拟器运行后，调出遥控器，按住option键滑动触摸板以选择不同的按钮。熟悉JS（JavaScript的缩写）脚本的读者肯定非常了解上述代码，在OnLaunch方法执行时，通过调用createUpdateNotify方法并传入适当的参数，得到了一个DOM对象，再通过navigationDocument的presentModal方法将DOM对象显示到屏幕中。而每一个向用户展示的界面，就是一个XML文件，Apple将其称为Template。简单说来，Apple tvOS应用编写的过程，基本上可以说成"得到适当的Template XML文档"，并将其转换成符合标准的DOM对象，并通过navigationDocument对象的适当方法将其展现给用户。因此需要了解如下两个知识点：

❑ 有哪些可以调用的JavaScript对象？请参考Apple TV JavaScript Framework Reference。
❑ 有哪些可以使用的Template结构？请参考Apple TV Markup Language Reference。

（5）实现NavigationDocument类。NavigationDocument类是tvOS SDK中非常重要的一个组件，开发者可以使用NavigationDocument类的实例对象管理TVML Template，将它们push到显示栈或者pop出来等。读者很可能已经注意到，这个类在JS文件中没有实例化，而是直接拿来使用了。因为Apple已经将这个类实例化好了，并将其对象navigationDocument放入到全局上下文当中，因此在任何需要的地方直接调用即可。

在类NavigationDocument中有如下几个比较重要的方法：

❑ pushDocument;
❑ presentModal;
❑ insertBeforeDocument;
❑ replaceDocument;
❑ popDocument;
❑ removeDocument;
❑ clear;
❑ popToDocument;
❑ popToRootDocument。

关于上述这些方法的详细信息，可以访问TVJS NavigationDocument Class Reference了解。

（6）实现文件UpdateNotifyTemplate.xml.js。本实例显示的界面是通过createUpdateNotify方法拼写出来的，在简单的example代码中这样做完全没有问题。但是当需要创建多个界面时会很复杂，或者说目前的代码不符合MVC模式，控制器和界面的耦合度太高，程序的健壮性不够好。因此需要将界面Template分离出来，单独存放管理。在client/templates文件夹中新建一个文件，并将其命名为UpdateNotifyTemplate.xml.js，在这个界面中套用一个非常简单的alertTemplate并根据需要将其个性化，主要代码如下：

```
var Template = function() { return '<?xml version="1.0" encoding="UTF-8" ?>
<document>
    <alertTemplate>
        <title>欢迎使用Apple tvOS Exmaple</title>
        <description>您可以访问 http:\/\/blog.barat.cc了解详情</description>
        <button>
            <text>确定</text>
        </button>
        <button>
            <text>取消</text>
        </button>
    </alertTemplate>
</document>'
}
```

（7）实现文件Presenter.js。为了能够更好地控制界面的显示、隐藏等操作，可以对navigationDocument对象做一定的封装，根据需要将自己想要调用的方法提前封装好。在client文件夹下面新建一个文件并将其命名为Presenter.js，主要代码如下：

```
var Presenter = {
//根据给定的资源构造DOM对象
makeDocument: function(resource) {
   if (!Presenter.parser) {
       Presenter.parser = new DOMParser(); //单例
   }
   var doc = Presenter.parser.parseFromString(resource, "application/xml");
   return doc;
},

//使用模态窗口显示template
modalDialogPresenter: function(xml) {
   navigationDocument.presentModal(xml);
},

//将需要显示的template推入显示栈中
pushDocument: function(xml) {
   navigationDocument.pushDocument(xml);
}
}
```

（8）实现文件ResourceLoader.js。编写一个封装类文件ResourceLoader.js用以加载各类template，主要实现代码如下：

```
function ResourceLoader(baseurl) {
if (!baseurl) {
    throw("ResourceLoader: baseurl is required.");
}
this.BASEURL = baseurl;
}

ResourceLoader.prototype.loadResource = function(resource, callback) {
var self = this;

evaluateScripts([resource], function(success) {
    if (success) {
        var resource = Template.call(self);
        callback.call(self, resource);
    } else {
        //error
    }
});
}
```

（9）修改文件application.js。经过上述及步骤的过程之后，已经封装了Presenter.js、ResourceLoader.js，并且需要显示的界面UpdateNotifyTemplate.xml.js也已经分离出来。接下来需要修改application.js文件，在其中调用ResourceLoader.js加载界面，并使用Presenter.js在需要的时候将其显示出来。主要实现代码如下：

```
App.onLaunch = function(options) {
console.log('App started');

var javascriptFiles = [
    '${options.BASEURL}js/ResourceLoader.js',
    '${options.BASEURL}js/Presenter.js'
];
evaluateScripts(javascriptFiles, function(success) {
    if(success) {
        resourceLoader = new ResourceLoader(options.BASEURL);
                resourceLoader.loadResource('${options.BASEURL}templates/UpdateNotifyT
emplate.xml.js', function(resource) {
            var doc = Presenter.makeDocument(resource);
            Presenter.modalDialogPresenter(doc);
        });
    } else {
        //error
    }
});
}

App.onExit = function() {
console.log('App finished');
}
```

（10）实现事件处理。前面实现的过程没有对用户的"选择"事件做出任何响应，使用JS中的如下机制来处理用户的单击或者任何其他操作进行监听处理：

`xxx.addEventListener()`

例如单击"取消"按钮后的效果如图40-25所示。

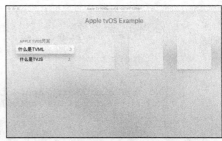

图40-25 执行效果

40.3.3 实战演练——电影播放列表（Swift版）

实例40-5	电影播放列表（Swift版）
源码路径	光盘:\daima\40\TVMLAudioVideoAudioan

（1）打开Xcode，新创建一个名为"TVMLAudioVideo"的工程，工程最终的目录结构如图40-26所示。
（2）架构JS文件目录，上传到远程服务器并确保可用URL访问。JS文件目录结构如图40-27所示。

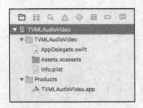

图40-26 工程的目录结构

图40-27 JS文件目录结构

（3）编写文件AppDelegate.swift，设置服务器url（也可以置JS目录为本地服务器目录），调用服务器中的JS文件实现实例功能。具体实现代码如下所示：

```
import UIKit
import TVMLKit

@UIApplicationMain
class AppDelegate: UIResponder, UIApplicationDelegate, TVApplicationControllerDelegate {
    // MARK: Properties

    var window: UIWindow?

    var appController: TVApplicationController?
```

```
static let TVBaseURL = "http://www.toppr.net/web/web/2/"

static let TVBootURL = "\(AppDelegate.TVBaseURL)js/application.js"


func application(_ application: UIApplication, didFinishLaunchingWithOptions
launchOptions: [NSObject: AnyObject]?) -> Bool {
    window = UIWindow(frame: UIScreen.main().bounds)
    let appControllerContext = TVApplicationControllerContext()
    if let javaScriptURL = URL(string: AppDelegate.TVBootURL) {
        appControllerContext.javaScriptApplicationURL = javaScriptURL
    }

    appControllerContext.launchOptions["BASEURL"] = AppDelegate.TVBaseURL

    if let launchOptions = launchOptions as? [String: AnyObject] {
        for (kind, value) in launchOptions {
            appControllerContext.launchOptions[kind] = value
        }
    }

    appController = TVApplicationController(context: appControllerContext, window:
window, delegate: self)

    return true
}

func appController(_ appController: TVApplicationController, didFinishLaunching
options: [String: AnyObject]?) {
    print("\(#function) invoked with options: \(options)")
}

func appController(_ appController: TVApplicationController, didFail error: NSError) {
    print("\(#function) invoked with error: \(error)")
}

func appController(_ appController: TVApplicationController, didStop options:
[String: AnyObject]?) {
    print("\(#function) invoked with options: \(options)")
}
}
```

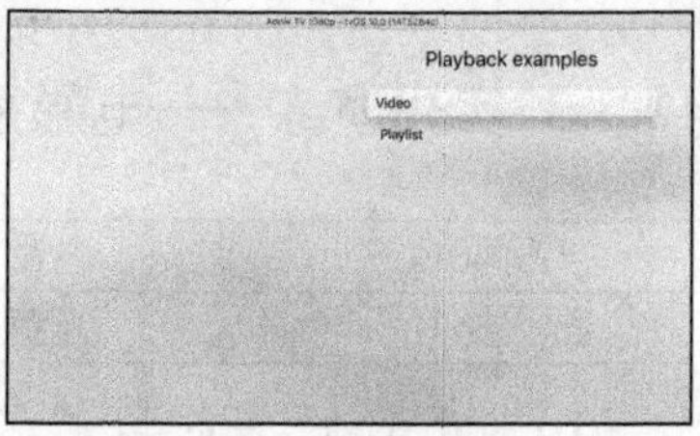

执行后的效果如图40-28所示。

单击"Video"后播放一个电影，执行效果如图40-29所示。

单击"Playlist"后播放一个电影，执行效果如图40-30所示。

图40-28 执行效果

图40-29 单击"Video"后的效果

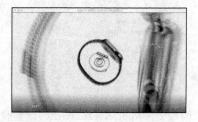

图40-30 单击"Playlist"后的效果

第 41 章

使用 Apple Pay

Apple Pay 是苹果公司推出的一项手机支付功能，最早在2014苹果秋季新品发布会上发布，2014年10月20日在美国正式上线。2016年2月18日凌晨5：00，Apple Pay业务在中国上线。在全新的iOS 11系统中，Apple Pay开始支持好友转账功能。在本章的内容中，将详细讲解在iOS 11系统中开发Apple Pay应用程序的知识。

41.1 Apple Pay 介绍

通过使用Apple Pay，用户可以在iOS应用程序中轻松安全地购买实物商品和服务。在使用Apple Pay后，用户在购物时无需输入账单、送货和联系人详细信息。而且，Apple Pay具有更高的安全性，能让客户和开发者安心使用。因为Apple公司不会存储或共享客户的实际信用卡和借记卡卡号，所以商家和App开发者无需负责管理和保护实际的信用卡和借记卡卡号工作。

苹果公司声称：由于Apple Pay的强大优点，在发布Apple Pay功能之后，开发者的结账转换率提高为原来的2倍，结账时间也大幅缩短。并且在整合了Apple Pay之后，客户的忠诚度和购买频率也都提高了。

在iOS应用程序中，用户可以使用Touch ID为付款授权，以释放安全地存储在iPhone和iPad上的令牌化信用卡和借记卡付款凭证。此外，用户还可将其账单、送货和联系人信息存储在Wallet这一App中。这样一来，当客户在App中使用Touch ID为购买项目授权时，系统就会随付款凭证一道提供这些信息。

商家使用Apple Pay可以销售实物商品，例如食品杂货、服装和电器。也可以通过Apple Pay提供各种服务，如俱乐部会员、酒店预订和活动门票。苹果公司公开了PassKit框架接口，通过PassKit可以开发Apple Pay应用程序。

41.2 Apple Pay 开发基础

Apple Pay是一项可以让用户安全便捷地为现实世界的物品或服务提供支付信息的移动支付技术。要想实现数字物品或者服务的支付功能，需要使用"App内购买项目"（具体内容请参考苹果开发者官方文档In-App Purchase Programming Guide）。

41.2.1 Apple Pay 支付流程

在iOS系统中，使用Apple Pay实现移动支付的具体流程如图41-1所示。

（1）要想使用Apple Pay，需要在Xcode中启用Apple Pay功能。需要注册一个商家ID并生成一个加密密钥，这个密钥用于加密发送至服务器的支付信息。

（2）创建一个支付请求并初始化支付环境。这个支付请求包括了所支付的商品或者服务的小计、额外的税、运费或折扣的信息。将这个请求发送给支付认证视图控制器 (Payment Authorization View Controller)。该视图控制器将该支付请求展示给用户并提示用户输入所需的必要信息，例如配送地址或者账单寄送地址等。当用户与视图控制器交互时，委托 (Delegate) 会被调用以更新该支付请求。

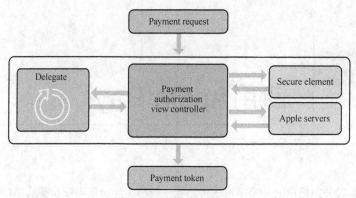

图41-1 Apple Pay支付流程

（3）当用户授权支付后，Apple Pay会加密支付信息以防止非授权第三方访问该信息。在iOS设备上，Apple Pay将支付请求会送至安全模块（Secure element）处理。安全模块是位于用户设备上的一个专用芯片，将使用你的商家信息、支付数据以及所使用的银行卡进行计算，生成一个加密支付令牌。随后，安全模块会将该令牌发送至Apple的服务器。Apple服务器会使用你的商家ID对应的证书重新加密支付令牌。最后Apple服务器将它发送至应用程序中进行处理。

> 注意：支付令牌不会被存储于 Apple 的服务器上，服务器只是简单地使用你的证书重新加密你的支付令牌。这样一个支付过程使得无需将商家ID对应的证书随着应用一起发布，同时可以保证应用程序可以安全地加密用户的支付信息。在绝大多数情况下，iOS应用程序会将加密后的支付令牌发送至第三方的支付平台以完成支付过程。然而，如果开发团队有自己的支付平台，则可以在自己的服务器上解密然后处理自己的支付业务。

41.2.2 配置开发环境

在Apple Pay系统中，商家ID用于标识你能够接受付款。与商家ID相关联的公钥与证书用于在支付过程中加密支付信息。要想使用Apple Pay，首先需要注册一个商家ID并且配置它的证书。注册商家ID的具体流程如下所示。

（1）在开发者中心依次选择证书、标识符及描述文件。
（2）在标识符下选择商家ID。
（3）单击右上角的添加按钮"+"。
（4）输入描述与和标识符，然后继续。
（5）检查设置然后单击注册。
（6）单击完成。

为商家ID配置证书的具体流程如下所示。

（1）在开发者中心依次选择证书、标识符及描述文件。
（2）在标识符下选择商家ID。
（3）从列表中选择商家ID，单击编辑。
（4）单击创建证书，根据提示生成你的证书签名请求（CSR），然后单击继续。
（5）单击选择文件，选择你的CSR，然后单击生成。
（6）单击下载证书，最后单击完成。

如果在钥匙串访问(Keychain Access) 看到如下所示的警告信息：

该证书由一个未知的机构签发或者该证书有一个无效的发行人，请将 WWDR 中间证书 - G2 以及 Apple 的根证书 - G2 安装到你的钥匙串中…

此时需要在apple.com/certificateauthority下载这两个证书。

为商家ID配置证书后，接下来需要在Xcode的"capabilities"面板中为应用程序启用Apple Pay功能。在Apple Pay这一行中单击开启，然后指定该应用使用的商家ID，如图41-2所示。

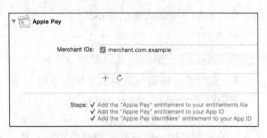

图41-2 在Xcode中启用Apple Pay功能

41.2.3 创建支付请求

支付请求是 PKPayementRequest 类的一个实列，一个完整的支付请求包含用户支付的物品概要清单、可选配送方式列表、用户需提供的配送信息、商家的信息以及支付处理机构。

1. 判断用户是否能够支付

在创建支付请求前，首先需要通过调用 PKPaymentAuthorizationViewController 类中的方法 canMakePaymentsUsingNetworks 判断用户是否能使用你支持的支付网络完成付款。方法canMakePayments 可以判断当前设备的硬件是否支持 Apple Pay 以及家长控制是否允许使用 Apple Pay。具体判断过程如下所示：

- 如果canMakePayments返回 NO，则设备不支持 Apple Pay，不显示 Apple Pay按扭，用户可以选择使用其他的支付方式。
- 如果 canMakePayments 返回 YES，但 canMakePayementsUsingNetworks返回 NO，则表示设备支持Apple Pay，但是用户并没有为任何请求的支付网络添加银行卡。此时可以选择显示一个支付设置按扭，引导用户添加银行卡。如果用户单击该按扭，则开始设置新的银行卡流程(例如，通过调用 openPaymentSetup 方法)。
- 一旦按下 Apple Pay 按扭，就开始支付授权过程。在显示支付请求之前，不要让用户进行任何其他操作。例如如果用户需要输入优惠码，应该在用户按下 Apple Pay按扭之前要求用户输入该优惠码。

2. 桥接基于Web的支付接口

如果应用程序使用的是基于Web的接口进行商品或服务的支付，那么在处理 Apple Pay事务之前你需要将Web接口的请求发送至iOS本地代码。例如下面的代码展示了处理来自Web视图的付款请求步骤：

```
// Called when the web view tries to load "myShoppingApp:buyItem"
-(void)webView:(nonnull WKWebView *)webView
decidePolicyForNavigationAction:(nonnull WKNavigationAction *)navigationAction
decisionHandler:(nonnull void (^)(WKNavigationActionPolicy))decisionHandler {
    // Get the URL for the selected link.
    NSURL *URL = navigationAction.request.URL;
    // If the scheme and resource specifier match those defined by your app,
    // handle the payment in native iOS code.
    if ([URL.scheme isEqualToString:@"myShoppingApp"] &&
        [URL.resourceSpecifier isEqualToString:@"buyItem"]) {
        // Create and present the payment request here.
        // The web view ignores the link.
        decisionHandler(WKNavigationActionPolicyCancel);
    }
    // Otherwise the web view loads the link.
    decisionHandler(WKNavigationActionPolicyAllow);
}
```

3. 包含货币以及地区信息的支付请求

在同一个支付请求中的所有汇总金额使用相同的货币，所使用的币种可以通过 PKPaymentRequest 的currencyCode 属性指定。币种由3个字符的 ISO 货币代码指定，例如USD表示美元。支付请求中的国家（地区）代码表明支付发生的国家（地区）或者支付将在哪个国家（地区）处理。由3个字符的ISO 国家（地区）代码指定该属性，例如 US。在请求中指定的商户ID必须是应用程序有授权的商户ID中的某一个。例如下面是完整的演示代码：

```
request.currencyCode = @"USD";
request.countryCode = @"US";
request.merchantIdentifier = @"merchant.com.example";
```

4．支付请求包括一系列的支付汇总项

由类PKPaymentSummaryItem表示支付请求中的不同部分。一个支付请求包括多个支付汇总项，通常会包括：小计、折扣、配送费用、税以及总计。如果没有其他任何额外的费用(例如，配送或税)，那么支付的总额直接是所有购买商品费用的总和。关于每一项商品的费用的详细信息你需要在应用程序的其他合适位置显示。

例如在下面的演示代码中，每一个汇总项都有标签和金额两个部分。其中标签是对该项的可读描述，金额对应于所需支付的金额。一个支付请求中的所有金额都使用该请求中指定的支付货币类型。对于折扣和优惠券，其金额被设置为负值：

```
// 12.75 subtotal
NSDecimalNumber *subtotalAmount = [NSDecimalNumber decimalNumberWithMantissa:1275
exponent:-2 isNegative:NO];
self.subtotal = [PKPaymentSummaryItem summaryItemWithLabel:@"Subtotal" amount:subto
talAmount];

// 2.00 discount
NSDecimalNumber *discountAmount = [NSDecimalNumber decimalNumberWithMantissa:200
exponent:-2 isNegative:YES];
self.discount = [PKPaymentSummaryItem summaryItemWithLabel:@"Discount" amount:
discountAmount];
```

在某些场景下，如果在支付授权的时候还不能获取应当支付的费用(例如，出租车收费)，则使用PKPaymentSummaryItemTypePending类型做小计项，并将其金额值设置为0.0。系统随后会设置该项的金额值。

汇总项列表中最后一项是总计项，总计项的金额是其他所有汇总项的金额的和。总计项的显示不同用于其他项，在该项中使用你的公司名称作为其标签，使用所有其他项的金额之和作为其金额值。最后，使用属性paymentSummaryItems将所有汇总项都添加到支付请求中。例如下面的演示代码：

```
// 10.75 grand total
NSDecimalNumber *totalAmount = [NSDecimalNumber zero];
totalAmount = [totalAmount decimalNumberByAdding:subtotalAmount];
totalAmount = [totalAmount decimalNumberByAdding:discountAmount];
self.total = [PKPaymentSummaryItem summaryItemWithLabel:@"My Company Name" amount:t
otalAmount];
self.summaryItems = @[self.subtotal, self.discount, self.total];
request.paymentSummaryItems = self.summaryItems;
```

5．配送方式是一个特殊的支付汇总项

为每一个可选的配送方式创建一个 PKShippingMethod实例。与其他支付汇总项一样，配送方式也有一个用户可读的标签，例如标准配送或者可隔天配送，和一个配送金额值。与其他汇总项不同的时，在配送方法中有一个detail属性值，例如，7月29日送达或者24小时之内送达等，该属性值说明了不同配送方式之间的区别。

可以使用identifier属性在委托方法中区分不同的配送方式，这个属性只被该应用所使用，对于支付框架是不可见的。同样，identifier属性也不会出现在UI中。在创建每个配送方式的时候为其分配一个唯一的标识符。为了便于调试，推荐使用简短字符串或者字符串缩写，例如 "discount""standard""next-day"等。

有些配送方式并不是在所有地区都是可以使用的，或者它们费用会根据配送地址的不同而发生变化，这需要在用户选择配送地址或方法时更新其信息。

6．指定应用程序支持的支付处理机制

属性supportedNetworks是一个字符串常量，通过设置该值可以指定应用所支持的支付网络。

merchantCapabilities 属性值说明应用程序支持的支付处理协议。3DS协议是须支持的支付处理协议，EMV是可选的支付处理协议。

7．说明所需的配送信息和账单信息

通过修改支付授权视图控制器的 requiredBillingAddressFields 属性和 requiredShippingAddressFields 属性，可以设置所需的账单信息和配送信息。当显示视图控制器时，它会提示用户输入必需的账单信息和配送信息。这个域的值是通过这些属性组合而成的，例如下面的演示代码：

```
request.requiredBillingAddressFields = PKAddressFieldEmail;
request.requiredBillingAddressFields = PKAddressFieldEmail | PKAddressFieldPostalAddress;
```

如果已有最新账单信息以及配送联系信息，可以直接为支付请求设置这些值。Apple Pay 会默认使用这些信息。但是，用户仍然可以选择在本次支付中使用其他联系信息。例如下面的演示代码：

```
PKContact *contact = [[PKContact alloc] init];
NSPersonNameComponents *name = [[NSPersonNameComponents alloc] init];
name.givenName = @"John";
name.familyName = @"Appleseed";
contact.name = name;
CNMutablePostalAddress *address = [[CNMutablePostalAddress alloc] init];
address.street = @"1234 Laurel Street";
address.city = @"Atlanta";
address.state = @"GA";
address.postalCode = @"30303";
contact.postalAddress = address;
request.shippingContact = contact;
```

8．保存其他信息

最后保存支付中其他与应用相关的信息，例如购物车标识，可以使用applicationData属性实现。属性applicationData对于系统来说是不可见的，用户授权支付后，应用数据的哈希值也会成为支付令牌的一部分。

41.2.4 授权支付

支付授权过程是由支付授权视图控制器与其委托合作完成的，支付授权视图控制实现了如下所示的两个功能。

- 让用户选择支付请求所需的账单信息与配送信息。
- 让用户授权支付操作。

用户与视图控制器交互时，委托方法会被系统调用，所以在这些方法中你的应用可以更新所要显示的信息。例如在配送地址修改后更新配送价格，在用户授权支付请求后此方法还会被调用一次。

注意：在实现这些委托方法时，应该谨记它们会被多次调用并且这些方法调用的顺序是取决与用户的操作顺序的。

所有的委托方法在授权过程中都会被调用，传入该方法的其中一个参数是一个完成块 (completion block)。支付授权视图控制器等待一个委托完成相应的方法后(通过调用完成块)，再依次调用其他的委托方法。方法paymentAuthorizationViewControllerDidFinish是唯一例外，它并不需要一个完成块作为参数，可以在任何时候被调用。

完成块会接受一个输入参数，该参数为应用程序根据信息判断得到的支付事务的当前状态。如果支付事务一切正常，则应传入值 PKPaymentAuthorizationStatusSuccess。否则，可以传入能识别出错误的值。

在创建 PKPaymentAuthorizationViewController 类的实例时，需要将已初始化后的支付请求传递给视图控制器初始化函数。然后设置视图控制器的委托，最后再显示它。例如下面的演示代码：

```objc
PKPaymentAuthorizationViewController *viewController = [[PKPaymentAuthorizationView
Controller alloc]
initWithPaymentRequest:request];
if (!viewController) { /* ... Handle error ... */ }
viewController.delegate = self;
[self presentViewController:viewController animated:YES completion:nil];
```

当用户与视图控制器交互时，视图控制器就会调用其委托方法。

1. 使用委托方法更新配送方式与配送费用

当用户输入配送信息时，授权视图控制器会调用委托的 paymentAuthorizationViewController:didSelectShippingContact:completion方法和paymentAuthorizationViewController:didSelectShippingMethod:completion 方法。可以实现这两个方法来更新我们的支付请求，例如下面的演示代码：

```objc
- (void) paymentAuthorizationViewController:(PKPaymentAuthorizationViewController *
)controller
                   didSelectShippingContact:(CNContact *)contact
                                 completion:(void (^)(PKPaymentAuthorizationStatus,
NSArray *, NSArray *))completion
{
    self.selectedContact = contact;
    [self updateShippingCost];
    NSArray *shippingMethods = [self shippingMethodsForContact:contact];
    completion(PKPaymentAuthorizationStatusSuccess, shippingMethods, self.summaryItems);
}

- (void) paymentAuthorizationViewController:(PKPaymentAuthorizationViewController *
)controller
                    didSelectShippingMethod:(PKShippingMethod *)shippingMethod
                                 completion:(void (^)(PKPaymentAuthorizationStatus,
NSArray *))completion
{
    self.selectedShippingMethod = shippingMethod;
    [self updateShippingCost];
    completion(PKPaymentAuthorizationStatusSuccess, self.summaryItems);
}
```

2. 在支付被授权时创建一个支付令牌

当用户授权一个支付请求时，支付框架的Apple服务器与安全模块会协作创建一个支付令牌。可以在委托方法paymentAuthorizationViewController:didAuthorizePayment:completion中将支付信息以及其他需要处理的信息，例如将配送地址和购物车标识符一起发送至你的服务器。这个过程如下所示。

- 支付框架将支付请求发送至安全模块，只有安全模块会访问令牌化后的设备相关的支付卡号。
- 安全模块将特定卡的支付数据和商家信息一起加密(加密后的数据只有Apple可以访问)，然后将加密后的数据发送至支付框架。支付框架再将这些数据发送至Apple服务器。
- Apple服务器使用商家标识证书将这些支付数据重新加密。这些令牌只能由你以及那些与你共享商户标识证书的人读取。随后服务器生成支付令牌再将其发送至设备。
- 支付框架调用paymentAuthorizationViewController:didAuthorizePayment:completion方法将令牌发送至你的委托，在委托方法中再将其发送至我们的服务器。

在服务器上的处理操作取决于你是自己处理支付还是使用其他支付平台。不过，在两种情况下服务器都得处理订单再将处理结果返回给设备。在iOS设备上，委托再将处理结果传入完成处理方法中。

3. 在委托方法中释放支付授权视图控制器

支付框架显示完支付事务状态后，授权视图控制器会调用委托的 aymentAuthorizationViewController DidFinish 方法。在此方法的实现过程中，应该释放授权视图控制器然后再显示与应用相关的支付信息界面。例如下面的演示代码：

```objc
- (void) paymentAuthorizationViewControllerDidFinish:(PKPaymentAuthorizationViewCon
troller *)controller
{
```

```
[controller dismissViewControllerAnimated:YES completion:nil];
}
```

41.2.5 处理支付

在iOS系统中，处理一次Apple Pay付款事务的基本步骤如下所示。
- 将付款信息与其他处理订单的必需信息一起发送至你的服务器。
- 验证付款数据的散列值与签名。
- 解密出支付数据。
- 将支付数据提交给付款处理网络。
- 将订单信息提交至你的订单跟踪系统。
- 你有两种可选的方式处理付款过程：（1）利用已有的支付平台来处理付款。（2）自己实现付款过程。一次付款的处理过程通常情况下包括上述的大部分步骤。

在上述处理过程中，访问、验证以及处理付款信息步骤需要开发者懂得一些加密领域的知识，比如 SHA-1 哈希、访问和验证 PKCS #7 签名以及如何实现椭圆曲线 Diiffie-Hellman 密钥交换等。如果开发者没有这些加密的背景知识，建议使用已有支付平台，它们会替你完成这些烦琐的操作。如图41-3所示，付款数据是嵌套结构。支付令牌是 PKPaymentToken 类的实例。其 paymentData 属性值是一个 JSON 字典。该 JSON 字典包括用于验证信息有效性头信息以及加密后的付款数据。加密后的支付数据包括付款金额、持卡人姓名以及其他特定支付处理协议的信息。

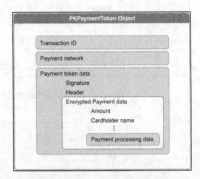

图41-3 付款数据是嵌套结构

41.3 实战演练——Apple Pay 接入应用程序

实例41-1	在iOS应用程序中接入Apple Pay
源码路径	光盘:\daima\41\ApplePayDemo-1

41.3.1 准备工作

在开发本实例之前需要明白：ApplePay和支付宝、微信支付最大的不同点是用户的资金不存放在Apple Pay中。支付宝、微信支付把用户的钱从银行卡里面拿出来放到阿里和腾讯公司，而Apple Pay则没有这样做，钱还是在银行卡里面，所以说Apple Pay相当于只是一个卡包，帮你存放实体卡而已。Apple Pay里面的Pay，其实并不属于苹果的业务，只是苹果公司和银行合作产生的一种业务，如果没有银行就没有Apple Pay，和银行是强关联的，和苹果公司是弱关联的。

在接入Apple Pay之前，首先要申请Merchant ID及对应的证书，具体流程如下所示。

（1）登录苹果开发者中心，在Identifiers下选择Merchant IDs，单击右上角添加按钮添加Merchant ID，并输入描述信息和标识符，然后单击继续按钮，如图41-4所示。

（2）成功申请Merchant ID后，接下来需要创建证书，除了单击编辑按钮进行创建证书外，还可以在Certificate 下创建一个Production-Apple Pay Certificate进行创建。如果需要在非美国使用Apple Pay，则需要打开对应的权限。在这个过程中需要用到CSR文件，可以使用刚开始创建好的CSR文件，如图41-5所示。

（3）使用Xcode创建工程后，需要确保Bundle identifier中的APP ID信息和开发者中心中的Merchant ID相同，如图41-6所示。

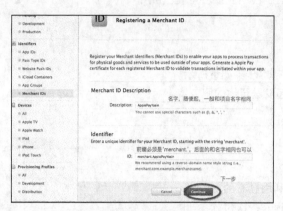

图41-4 设置Merchant ID

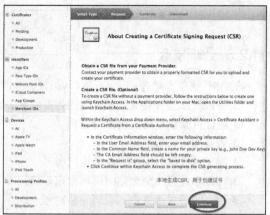

图41-5 创建的CSR文件

图41-6 设置Xcode中的APP ID信息

41.3.2 具体实现

（1）在故事板Main.storyboard中插入一个文本控件，单击后将触发Apple Pay，如图41-7所示。

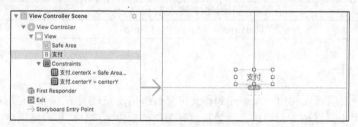

图41-7 故事板Main.storyboard

（2）开始编写程序文件，在头文件中导入需要引用的库，具体实现代码如下所示：

```
#import <PassKit/PassKit.h>                                    //用户绑定的银行卡信息
#import <PassKit/PKPaymentAuthorizationViewController.h>       //Apple pay的展示控件
#import <AddressBook/AddressBook.h>                            //用户联系信息相关
```

（3）检查当前设备是否支持Apple Pay权限，具体实现代码如下所示：

```
if (![PKPaymentAuthorizationViewController class]) {
    //PKPaymentAuthorizationViewController需iOS 8.0以上支持
    NSLog(@"操作系统不支持ApplePay,请升级至iOS 9.0以上版本,且iPhone 6以上设备才支持");
    return;
}
//检查当前设备是否可以支付
if (![PKPaymentAuthorizationViewController canMakePayments]) {
    //支付需iOS 9.0以上支持
    NSLog(@"设备不支持ApplePay,请升级至iOS 9.0以上版本,且iPhone 6以上设备才支持");
    return;
```

```
}
//检查用户是否可进行某种卡的支付,是否支持Amex、MasterCard、Visa与银联4种卡,根据自己项目的
//需要进行检测
    NSArray *supportedNetworks = @[PKPaymentNetworkAmex, PKPaymentNetworkMasterCard
,PKPaymentNetworkVisa,PKPaymentNetworkChinaUnionPay];
    if (![PKPaymentAuthorizationViewController canMakePaymentsUsingNetworks:support
edNetworks]) {
        NSLog(@"没有绑定支付卡");
        return;
    }
```

（4）创建支付请求PKPaymentRequest，具体实现流程如下所示。

❑ 初始化PKPaymentRequest，此处需要注意RMB的币种代码是CNY，具体实现代码如下所示：

```
//设置币种、国家(地区)码及merchant标识符等基本信息
    PKPaymentRequest *payRequest = [[PKPaymentRequest alloc]init];
    payRequest.countryCode = @"CN";          //国家(地区)代码
    payRequest.currencyCode = @"CNY";        //RMB的币种代码
    payRequest.merchantIdentifier = @"merchant.ApplePayDemoYasin";  //申请的merchantID
    payRequest.supportedNetworks = supportedNetworks;   //用户可进行支付的银行卡
    payRequest.merchantCapabilities = PKMerchantCapability3DS|PKMerchantCapabilityEMV;
    //设置支持的交易处理协议,3DS必须支持,EMV为可选,目前国内的话还是使用两者
```

❑ 设置发票配送信息和货物配送地址信息,用户设置后可以通过代理回调代理获取信息的更新,具体实现代码如下所示：

```
//      payRequest.requiredBillingAddressFields = PKAddressFieldEmail;
//如果需要邮寄账单可以选择进行设置,默认PKAddressFieldNone(不邮寄账单)
//账单邮寄地址可以事先让用户选择是否需要,否则会增加客户的输入麻烦度,体验不好
    payRequest.requiredShippingAddressFields =
PKAddressFieldPostalAddress|PKAddressFieldPhone|PKAddressFieldName;
    //送货地址信息,这里设置需要地址和联系方式、姓名,如果需要进行设置,默认PKAddressFieldNone(没
//有送货地址)
```

设置完成后的预期执行效果如图41-8所示。

❑ 设置货物的配送方式,具体实现代码如下所示：

```
//设置两种配送方式
    PKShippingMethod *freeShipping = [PKShippingMethod summaryItemWithLabel:@"包邮
" amount:[NSDecimalNumber zero]];
    freeShipping.identifier = @"freeshipping";
    freeShipping.detail = @"6-8 天 送达";
    
    PKShippingMethod *expressShipping = [PKShippingMethod summaryItemWithLabel:@"极速
送达" amount:[NSDecimalNumber decimalNumberWithString:@"10.00"]];
    expressShipping.identifier = @"expressshipping";
    expressShipping.detail = @"2-3 小时 送达";
    payRequest.shippingMethods = @[freeShipping, expressShipping];
```

设置完成后的预期执行效果如图41-9所示。

图41-8 预期送货信息界面

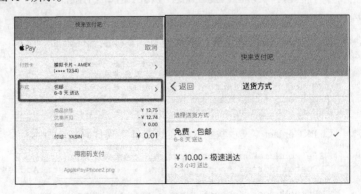

图41-9 货物的配送方式界面

（5）开始实现账单信息设置功能，具体实现流程如下所示。

每条账单的设置：账单列表使用PKPaymentSummaryItem添加描述和价格，价格使用NSDecimalNumber。PKPaymentSummaryItem初始化的实现代码如下所示。

- label为商品名字或者是描述，amount为商品价格，折扣为负数，type为该条账单为最终价格还是估算价格(比如出租车价格预估)：

```
+ (instancetype)summaryItemWithLabel:(NSString *)label amount:(NSDecimalNumber *)amount;
+ (instancetype)summaryItemWithLabel:(NSString *)label amount:(NSDecimalNumber *)amount type:(PKPaymentSummaryItemType)type NS_AVAILABLE(NA, 9_0);
```

- NSDecimalNumber初始化：NSDecimalNumber可以使用数字初始化，也可以使用字符串。

添加账单列表，具体实现代码如下所示：

```
NSDecimalNumber *subtotalAmount = [NSDecimalNumber decimalNumberWithMantissa:1275 exponent:-2 isNegative:NO];    //12.75
PKPaymentSummaryItem *subtotal = [PKPaymentSummaryItem summaryItemWithLabel:@"商品价格" amount:subtotalAmount];

NSDecimalNumber *discountAmount = [NSDecimalNumber decimalNumberWithString:@"-12.74"];     //-12.74
PKPaymentSummaryItem *discount = [PKPaymentSummaryItem summaryItemWithLabel:@"优惠折扣" amount:discountAmount];

NSDecimalNumber *methodsAmount = [NSDecimalNumber zero];
PKPaymentSummaryItem *methods = [PKPaymentSummaryItem summaryItemWithLabel:@"包邮" amount:methodsAmount];

NSDecimalNumber *totalAmount = [NSDecimalNumber zero];
totalAmount = [totalAmount decimalNumberByAdding:subtotalAmount];
totalAmount = [totalAmount decimalNumberByAdding:discountAmount];
totalAmount = [totalAmount decimalNumberByAdding:methodsAmount];
PKPaymentSummaryItem *total = [PKPaymentSummaryItem summaryItemWithLabel:@"Yasin" amount:totalAmount];
//最后这个是支付给谁

summaryItems = [NSMutableArray arrayWithArray:@[subtotal, discount, methods, total]];
//summaryItems为账单列表，类型是 NSMutableArray，这里设置成成员变量，在后续的代理回调中可以进行
//支付金额的调整
payRequest.paymentSummaryItems = summaryItems;
```

（6）显示购物信息并进行支付，具体实现代码如下所示。

```
//ApplePay控件
    PKPaymentAuthorizationViewController *view = [[PKPaymentAuthorizationViewController alloc]initWithPaymentRequest:payRequest];
    view.delegate = self;
    [self presentViewController:view animated:YES completion:nil];
```

（7）实现PKPaymentAuthorizationViewControllerDelegate代理，具体实现流程如下所示。

- PKPayment类表示支付成功信息，具体实现代码如下所示：

```
PKPaymentToken *payToken = payment.token;
//支付凭据，发给服务端进行验证支付是否真实有效
PKContact *billingContact = payment.billingContact;      //账单信息
PKContact *shippingContact = payment.shippingContact;    //送货信息
PKContact *shippingMethod = payment.shippingMethod;      //送货方式
```

- PKContact类表示联系人信息，具体实现代码如下所示：

```
NSPersonNameComponents *name = contact.name;                            //联系人姓名
CNPostalAddress *postalAddress = contact.postalAddress;                 //联系人地址
NSString *emailAddress = contact.emailAddress;                          //联系人邮箱
CNPhoneNumber *phoneNumber = contact.phoneNumber;                       //联系人手机
NSString *supplementarySubLocality = contact.supplementarySubLocality;  //补充信息,地
//址详细描述,其他备注等,iOS 9.2及以上才有
```

❏ 实现送货地址回调,具体实现代码如下所示:

```
-(void)paymentAuthorizationViewController:(PKPaymentAuthorizationViewController *)
controller
                 didSelectShippingContact:(PKContact *)contact
                               completion:(void (^)(PKPaymentAuthorizationStatus,
NSArray<PKShippingMethod *> * _Nonnull, NSArray<PKPaymentSummaryItem *> * _Nonnull))
completion{
  //contact送货地址信息,PKContact类型
  //送货信息选择回调,如果需要根据送货地址调整送货方式,比如普通地区包邮+极速配送,偏远地区只有付费
普通配送,进行支付金额重新计算,可以实现该代理,返回给系统:shippingMethods配送方式,summaryItems
账单列表,如果不支持该送货信息返回想要的PKPaymentAuthorizationStatus
  completion(PKPaymentAuthorizationStatusSuccess, shippingMethods, summaryItems);
}
```

❏ 实现送货方式回调,具体实现代码如下所示:

```
-(void)paymentAuthorizationViewController:(PKPaymentAuthorizationViewController *)
controller
                  didSelectShippingMethod:(PKShippingMethod *)shippingMethod
                               completion:(void (^)(PKPaymentAuthorizationStatus, NS
Array<PKPaymentSummaryItem *> * _Nonnull))completion{
  //配送方式回调,如果需要根据不同的送货方式进行支付金额的调整,比如包邮和付费加速配送,可以实现该代理
  PKShippingMethod *oldShippingMethod = [summaryItems objectAtIndex:2];
  PKPaymentSummaryItem *total = [summaryItems lastObject];
  total.amount = [total.amount decimalNumberBySubtracting:oldShippingMethod.amount];
  total.amount = [total.amount decimalNumberByAdding:shippingMethod.amount];

  [summaryItems replaceObjectAtIndex:2 withObject:shippingMethod];
  [summaryItems replaceObjectAtIndex:3 withObject:total];

  completion(PKPaymentAuthorizationStatusSuccess, summaryItems);
}
```

❏ 实现支付卡选择回调,具体实现代码如下所示:

```
-(void)paymentAuthorizationViewController:(PKPaymentAuthorizationViewController *)
controller didSelectPaymentMethod:(PKPaymentMethod *)paymentMethod completion:(void
 (^)(NSArray<PKPaymentSummaryItem *> * _Nonnull))completion{
  //支付银行卡回调,如果需要根据不同的银行调整付费金额,可以实现该代理
  completion(summaryItems);
}
```

❏ 实现付款成功苹果服务器返回信息回调,做服务器验证,具体实现代码如下所示:

```
-(void)paymentAuthorizationViewController:(PKPaymentAuthorizationViewController *)
controller
                       didAuthorizePayment:(PKPayment *)payment
                                completion:(void (^)(PKPaymentAuthorizationStatus sta
tus))completion {
  PKPaymentToken *payToken = payment.token;
  //支付凭据,发给服务端进行验证支付是否真实有效
  PKContact *billingContact = payment.billingContact;        //账单信息
  PKContact *shippingContact = payment.shippingContact;      //送货信息
  PKContact *shippingMethod = payment.shippingMethod;        //送货方式
  //等待服务器返回结果后再进行系统block调用
  dispatch_after(dispatch_time(DISPATCH_TIME_NOW, (int64_t)(3 * NSEC_PER_SEC)), dis
patch_get_main_queue(), ^{
      //模拟服务器通信
      completion(PKPaymentAuthorizationStatusSuccess);
  });
}
```

❏ 实现支付完成回调,具体实现代码如下所示:

```
-(void)paymentAuthorizationViewControllerDidFinish:(PKPaymentAuthorizationViewContr
oller *)controller{
  [controller dismissViewControllerAnimated:YES completion:nil];
}
```

到此为止，整个实例介绍完毕，使用Apple Pay支付成功后的界面效果如图41-10所示。

图41-10 支付成功后的界面效果

41.4 实战演练——使用图标接入 Apple Pay

实例41-2	使用图标接入Apple Pay
源码路径	光盘:\daima\41\ApplePayDemo-2

苹果公司建议使用图标按钮来接入Apple Pay功能，只要单击这个图标后即可实现Apple Pay支付功能。在本实例中将使用苹果公司官方提供的图片作为接入按钮，具体实现流程如下所示。

（1）在开发者后台选择 App IDs 标签，注册 App ID 并指定 Bundle ID，例如 com.example.appid，在 App Services中勾选 Apple Pay。

（2）注册完成再次选择App IDs 标签，单击刚才所注册的App ID，单击Edit按钮。

（3）在 Apple Pay中单击Edit，然后选择刚才生成的Merchant ID。如图41-11所示。

（4）在开发者后台选择 Provisioning Profiles 标签，根据刚才的App ID生成Profile，完成后下载文件，双击文件完成导入工作。

（5）创建 Xcode 项目，设置相应的 Bundle ID。完成后在项目的 TARGETS 项中选择 Capabilities 标签，打开 Apple Pay 选项并配置相应的 Merchant ID,。如图41-12所示。

图41-11 选择刚生成的Merchant ID

图41-12 配置相应的 Merchant ID

（6）实例文件ViewController.m的具体实现代码如下所示：

```objc
#import "ViewController.h"
#import <PassKit/PassKit.h>
@interface ViewController () <PKPaymentAuthorizationViewControllerDelegate>
@end
@implementation ViewController
- (void)viewDidLoad {
```

```objc
    [super viewDidLoad];
    // Do any additional setup after loading the view, typically from a nib.
    PKPaymentButton *payButton = [[PKPaymentButton alloc] initWithPaymentButtonType:PKPaymentButtonTypeBuy paymentButtonStyle:PKPaymentButtonStyleBlack];
    payButton.frame = CGRectMake(0, 0, 100, 44);
    payButton.center = self.view.center;
    [self.view addSubview:payButton];
    [payButton addTarget:self action:@selector(pay:) forControlEvents:UIControlEventTouchUpInside];
}
- (void)didReceiveMemoryWarning {
    [super didReceiveMemoryWarning];
    // Dispose of any resources that can be recreated.
}
- (IBAction)pay:(id)sender {
    if([PKPaymentAuthorizationViewController canMakePayments]) {
        NSLog(@"PKPayment can make payments");
    }
    PKPaymentRequest *payment = [[PKPaymentRequest alloc] init];
    PKPaymentSummaryItem *total = [PKPaymentSummaryItem summaryItemWithLabel:@"Total" amount:[NSDecimalNumber decimalNumberWithString:@"1.99"]];
    payment.paymentSummaryItems = @[total];
    // 人民币
    payment.currencyCode = @"CNY";
    // 中国
    payment.countryCode = @"CN";
    // 在 developer.apple.com member center 里设置的 merchantID
    payment.merchantIdentifier = @"merchant.com.zhimei360.applepaydemo";
    // Fixbug: 原来设置为 `PKMerchantCapabilityCredit` 在真机上无法回
    //调 `didAuthorizePayment` 方法
    payment.merchantCapabilities = PKMerchantCapability3DS | PKMerchantCapabilityEMV | PKMerchantCapabilityCredit | PKMerchantCapabilityDebit;
    // 支持哪种结算网关
    payment.supportedNetworks = @[PKPaymentNetworkChinaUnionPay];
    NSLog(@"payment: %@", payment);
    PKPaymentAuthorizationViewController *vc = [[PKPaymentAuthorizationViewController alloc] initWithPaymentRequest:payment];
    vc.delegate = self;
    [self presentViewController:vc animated:YES completion:NULL];
}
//- (void)paymentAuthorizationViewController:(PKPaymentAuthorizationViewController *)controller didSelectPaymentMethod:(PKPaymentMethod *)paymentMethod completion:(void (^)(NSArray<PKPaymentSummaryItem *> * _Nonnull))completion {
//    NSLog(@"didSelectPaymentMethod");
//    completion(@[]);
//}
-(void)paymentAuthorizationViewController:(PKPaymentAuthorizationViewController *)controller didSelectShippingContact:(PKContact *)contact completion:(void (^)(PKPaymentAuthorizationStatus, NSArray<PKShippingMethod *> * _Nonnull, NSArray<PKPaymentSummaryItem *> * _Nonnull))completion {
    NSLog(@"didSelectShippingContact");
}
- (void)paymentAuthorizationViewController:(PKPaymentAuthorizationViewController *)controller didSelectShippingMethod:(PKShippingMethod *)shippingMethod completion:(void (^)(PKPaymentAuthorizationStatus, NSArray<PKPaymentSummaryItem *> * _Nonnull))completion {
    NSLog(@"didSelectShippingMethod");
}

- (void)paymentAuthorizationViewControllerWillAuthorizePayment:(PKPaymentAuthorizationViewController *)controller {
    NSLog(@"paymentAuthorizationViewControllerWillAuthorizePayment");
}
- (void)paymentAuthorizationViewController:(PKPaymentAuthorizationViewController *)controller didAuthorizePayment:(PKPayment *)payment completion:(void (^)(PKPaymentAuthorizationStatus))completion {
    NSLog(@"did authorize payment token: %@, %@", payment.token, payment.token.transactionIdentifier);
```

```
        completion(PKPaymentAuthorizationStatusSuccess);
}
- (void)paymentAuthorizationViewControllerDidFinish:(PKPaymentAuthorizationViewCont
roller *)controller {
    NSLog(@"finish");
    [controller dismissViewControllerAnimated:controller completion:NULL];
}
@end
```

执行后的效果如图41-13所示。

图41-13 执行效果

41.5 实战演练——使用图标接入 Apple Pay（Swift 版）

实例41-3	使用图标接入Apple Pay
源码路径	光盘:\daima\41\Swift-3-ApplePay

（1）在Assets.xcassets中设置接入按钮图片，如图41-14所示。

图41-14 设置接入按钮图片

（2）在Main.storyboard故事板中插入接入图片按钮，如图41-15所示。

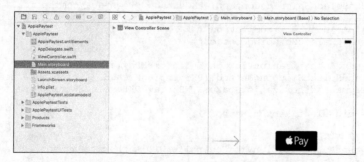

图41-15 Main.storyboard故事板

（3）实例文件ViewController.swift的具体实现代码如下所示：

```
import UIKit
import PassKit
class ViewController: UIViewController, PKPaymentAuthorizationViewControllerDelegate {
```

```swift
    @available(iOS 11.0, *)
    func paymentAuthorizationViewController(_ controller: PKPaymentAuthorizationVie
wController, didAuthorizePayment payment: PKPayment, handler completion: @escaping
 (PKPaymentAuthorizationResult) -> Void) {

    }
    private var merchantID = "merchant.com.xxxx.applepaytest"

    var paymentRequest : PKPaymentRequest!
    override func viewDidLoad() {
        super.viewDidLoad()
    }
    override func didReceiveMemoryWarning() {
        super.didReceiveMemoryWarning()
    }
    func itemToSell(shipping: Double) -> [PKPaymentSummaryItem] {
        let teeShirt = PKPaymentSummaryItem(label: "Jordan Tee-Shirt", amount: 45.00)
        let discount = PKPaymentSummaryItem(label: "Discount", amount: -20.00)
        let shipping = PKPaymentSummaryItem(label: "Shipping", amount: NSDecimalNumber
(string: "\(shipping)"))
        let totalAmount = teeShirt.amount.adding(discount.amount).adding(shipping.amount)
        let totalPrice = PKPaymentSummaryItem(label: "Pay to xxxxxx", amount: totalAmount)
        return [teeShirt, discount, shipping, totalPrice]
    }

    func paymentAuthorizationViewController(_ controller: PKPaymentAuthorizationVie
wController, didSelect shippingMethod: PKShippingMethod, completion: @escaping (PKP
aymentAuthorizationStatus, [PKPaymentSummaryItem]) -> Void) {

        completion(PKPaymentAuthorizationStatus.success, itemToSell(shipping: Double
(shippingMethod.amount)))
    }

    func paymentAuthorizationViewController(_ controller: PKPaymentAuthorizationVie
wController, didAuthorizePayment payment: PKPayment, completion: @escaping (PKPayme
ntAuthorizationStatus) -> Void) {
        completion(PKPaymentAuthorizationStatus.success)
    }

    func paymentAuthorizationViewControllerDidFinish(_ controller: PKPaymentAuthori
zationViewController) {
        controller.dismiss(animated: true, completion: nil)
    }


    @IBAction func payAction(_ sender: Any) {

        let paymentNetworks = [PKPaymentNetwork.amex, .visa, .masterCard, .discover]

        if PKPaymentAuthorizationViewController.canMakePayments(usingNetworks: paym
entNetworks) {

            paymentRequest = PKPaymentRequest()
            paymentRequest.currencyCode = "USD"
            paymentRequest.countryCode = "US"
            paymentRequest.merchantIdentifier = merchantID

            paymentRequest.supportedNetworks = paymentNetworks
            paymentRequest.merchantCapabilities = .capability3DS
            paymentRequest.requiredShippingAddressFields = [.all]
            paymentRequest.paymentSummaryItems = self.itemToSell(shipping: 4.99)

            let sameDayShyping = PKShippingMethod(label: "Same Day Delivery", amount: 12.99)
            sameDayShyping.detail = "Delivery is guaranted the same day"
            sameDayShyping.identifier = "sameDay"

            let twoDayShyping = PKShippingMethod(label: "Same Day Delivery", amount: 4.99)
```

```
        twoDayShyping.detail = "Delivered to you within next two days"
        twoDayShyping.identifier = "twoDay"

        let freeShyping = PKShippingMethod(label: "Same Day Delivery", amount: 0.00)
        freeShyping.detail = "Delivered to you within 7 days."
        freeShyping.identifier = "freeShipping"

        paymentRequest.shippingMethods = [sameDayShyping, twoDayShyping, freeShyping]

        let applePayVC = PKPaymentAuthorizationViewController(paymentRequest:
        paymentRequest)
        applePayVC?.delegate = self
        self.present(applePayVC!, animated: true, completion: nil)
    } else {
        print("Tell the user that he needs to set up appl Pay.")
    }
}
```

执行后的效果如图41-16所示。

图41-16 执行效果

第42章 开发AR虚拟现实程序

虚拟现实技术是一种可以创建和体验虚拟世界的计算机仿真系统，它利用计算机生成一种模拟环境，是一种多源信息融合的、交互式的三维动态视景和实体行为的系统仿真，可使用户沉浸到该环境中。在苹果公司的2017年开发者大会上推出了虚拟现实开发框架ARKit，开发者可以基于iOS 11系统快速开发出AR项目。在本章的内容中，将详细讲解在iOS 11系统中开发虚拟现实应用程序的知识。

42.1 虚拟现实和增强现实

虚拟现实（简称VR）技术是仿真技术的一个重要方向，是仿真技术与计算机图形学、人机接口技术、多媒体技术、传感技术、网络技术等多种技术的集合，是一门富有挑战性的交叉技术前沿学科和研究领域。虚拟现实技术(VR)主要包括模拟环境、感知、自然技能和传感设备等方面。模拟环境是由计算机生成的、实时动态的三维立体逼真图像。感知是指理想的VR应该具有一切人所具有的感知。除计算机图形技术所生成的视觉感知外，还有听觉、触觉、力觉、运动等感知，甚至还包括嗅觉和味觉等，也称为多感知。自然技能是指人的头部转动、眼睛、手势、或其他人体行为动作，由计算机来处理与参与者的动作相适应的数据，并对用户的输入作出实时响应，并分别反馈到用户的五官。

增强现实技术（Augmented Reality，AR），是一种实时地计算摄影机影像的位置及角度并加上相应图像、视频、3D模型的技术，这种技术的目标是在屏幕上把虚拟世界套在现实世界并进行互动。在现实应用中，一个最简单的AR场景实现需要如下所示的技术。

（1）多媒体捕捉现实图像，例如使用摄像头进行采集。
（2）三维建模：3D立体模型。
（3）传感器追踪：主要追踪现实世界动态物体的6轴变化，这6轴分别是x、y、z轴位移及旋转。其中位移3轴决定物体的方位和大小，旋转3轴决定物体显示的区域。
（4）坐标识别及转换：3D模型显示在现实图像中不是单纯的Frame（帧）坐标点，而是一个三维的矩阵坐标。这是学习AR的难点，而苹果ARKit的推出便解决了这个难点问题。
（5）AR还可以与虚拟物体进行交互。

42.2 使用 ARKit

在2017年6月6日的苹果开发者大会上，苹果公司发布了全新的iOS 11系统，并在系统中新增了ARKit框架，目的是帮助开发者以最简单快捷的方式实现AR功能。

42.2.1 ARKit 框架基础

在iOS系统中，ARKit框架提供了两种AR技术，一种是基于3D场景(SceneKit)实现的增强现实，一种是基于2D场景(SpriktKit)实现的增强现实。也就是说，ARKit不仅支持3D游戏引擎，而且还支持2D游戏引擎SpriktKit。

要想在iOS系统中实现AR效果，必须依赖于苹果的游戏引擎框架（3D引擎SceneKit，2D引擎SpriktKit），虽然ARKit框架中视图对象继承于UIView，但是由于目前ARKit框架本身只包含相机追踪，不能直接加载物体模型，所以只能依赖于游戏引擎加载ARKit。

> 注意：ARKit虽然是iOS 11新出的框架，但并不是所有的iOS 11系统都可以使用，而是必须要是处理器A9及以上才能够使用。苹果从iPhone 6s开始使用A9处理器，也就是iPhone 6及以前的机型无法使用ARKit。

42.2.2 ARKit 与 SceneKit 的关系

AR技术叫做虚拟增强现实，能够在相机捕捉到的现实世界的图像中显示一个虚拟的3D模型。这一过程可以分为两个步骤实现。

（1）相机捕捉现实世界图像，本步骤由ARKit实现。
（2）在图像中显示虚拟3D模型，本步骤由SceneKit实现。

在ARKit框架中，显示3D虚拟增强现实的视图ARSCNView继承于<SceneKit>框架中的SCNView,而SCNView又继承于<UIKit>框架中的UIView。其中UIView的功能是将视图显示在iOS设备的窗体中，SCNView的功能是显示一个3D场景，ARScnView的功能也是显示一个3D场景，只不过这个3D场景是由摄像头捕捉到的现实世界图像构成的。ARSCNView只是一个视图容器，其功能是管理一个ARSession（AR会话）。

在一个完整的虚拟增强现实体验中，ARKit框架只负责将真实世界画面转变为一个3D场景，这一个转变的过程主要分为如下两个环节。

❑ 由ARCamera负责捕捉摄像头画面。
❑ 由ARSession负责搭建3D场景。

在一个完整的虚拟增强现实体验中，将虚拟物体显示在3D场景中是由SceneKit框架来完成的，每一个虚拟的物体都是一个节点SCNNode，每一个节点构成了一个场景SCNScene，无数个场景构成了3D世界。

由此可见，ARKit捕捉3D现实世界使用的是自身的功能，这个功能是在iOS 11新增的。而ARKit在3D现实场景中添加虚拟物体时，是使用其父类SCNView功能实现的，这个功能早在iOS 8时就已经添加（SceneKit是iOS8新增的）。由此可以得出一个结论：ARSCNView所有跟场景和虚拟物体相关的属性及方法都是自己父类SCNView实现的。

42.2.3 ARKit 的工作原理

在iOS系统中，ARKit提供了两种虚拟增强现实视图，他们分别是3D效果的ARSCNView和2D效果的ARSKView。无论使用上述哪一种视图，都会用相机图像作为背景视图，而这个相机的图像就是由ARKit框架中的相机类ARCamera负责捕捉的。ARSCNView与ARCamera两者之间并没有直接的关系，两者之间是通过AR会话，也就是ARKit框架中非常重量级的一个类ARSession来搭建沟通桥梁的。

在iOS系统中，凡是带有session或者context后缀的类不会实现具体的操作功能，二手通常完成如下两个功能。

❑ 管理其他类，建立这些类之间的沟通桥梁。
❑ 帮助开发者管理复杂环境下的内存。

带有context后缀与带有session后缀的类有所区别，例如摄像头捕捉ARSession和网卡调用NSURLSession等硬件操作使用的是session后缀。而没有硬件参与的应用通常用带有context后缀的类，例如绘图上下文和自定义转场上下文等。

要想运行一个ARSession会话，则必须要指定一个会话追踪配置的对象：ARSessionConfiguration，对象ARSessionConfiguration的主要目的是追踪相机在3D世界中的位置以及一些特征场景的捕捉（例如平面捕捉），这个类本身比较简单却作用巨大。

ARSessionConfiguration是一个父类，为了更好地看到增强现实的效果，苹果官方建议我们使用它的子类ARWorldTrackingSessionConfiguration，该类只支持A9芯片之后的机型，也就是iPhone 6s之后的机型。

在iOS系统中，ARKit框架的工作流程如下所示。

（1）在ARSCNView中加载场景SCNScene。

（2）SCNScene启动相机ARCamera开始捕捉场景。

（3）在捕捉场景后，ARSCNView开始将场景数据交给Session。

（4）Session通过管理ARSessionConfiguration实现场景的追踪并且返回一个ARFrame。

（5）给ARSCNView中的scene添加一个子节点（3D物体模型）。

在iOS程序中，ARSessionConfiguration捕捉相机3D位置的好处是，能够在添加3D物体模型时计算出3D物体模型相对于相机的真实的矩阵位置。

42.3 实战演练——自定义实现飞机飞行场景的 AR 效果

实例42-1	自定义实现飞机飞行场景的AR效果
源码路径	光盘:\daima\42\ARKit01

42.3.1 准备工作

（1）因为ARSCNView是UIView的子类的子类，所以应用框架UIKit是可以加载AR场景的。所以可以直接使用Xcode创建一个基本的Single View App视图应用程序，如图42-1所示。

（2）在故事板Main.storyboard中插入一个激活AR功能的控件，单击后将触发AR效果，如图42-2所示。

图42-1 创建Single View App视图应用程序

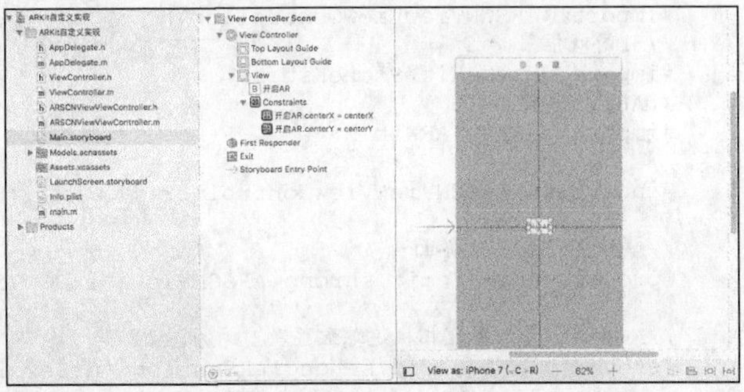

图42-2 故事板Main.storyboard

（3）在Models.scnassets中保存构建场景需要的材质文件，如图42-3所示。

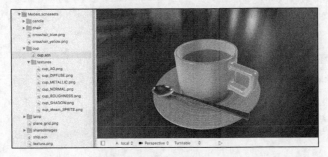

图42-3 需要用到的材质文件

42.3.2 具体实现

编写本实例的核心程序文件ViewController.m，具体实现流程如下所示。

（1）在界面视图中添加一个按钮开启AR，创建一个继承于UIViewController的ARSCNViewController视图，单击按钮后会跳转到自定义的ARSCNViewController中，如图42-4所示。

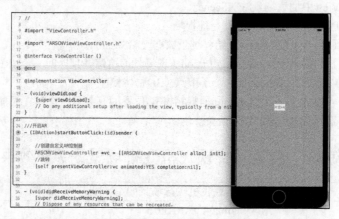

图42-4 添加视图

（2）开始搭建ARKit工作环境，需要分别创建如下3个对象。

❑ ARSCNView：一旦创建，系统会帮开发者创建一个场景Scene和相机。

❑ ARSession：开启AR和关闭AR。

❑ ARSessionConfiguration：实现会话追踪配置，如果不设置此项，AR会话将无法独立工作。

其中定义全局属性的实现代码如下所示：

```
#import "ARSCNViewViewController.h"
//3D游戏框架
#import <SceneKit/SceneKit.h>
//ARKit框架
#import <ARKit/ARKit.h>

@interface ARSCNViewViewController ()

//AR视图：展示3D界面
@property(nonatomic,strong)ARSCNView *arSCNView;

//AR会话，负责管理相机追踪配置及3D相机坐标
@property(nonatomic,strong)ARSession *arSession;

//会话追踪配置：负责追踪相机的运动
@property(nonatomic,strong)ARSessionConfiguration *arSessionConfiguration;

//飞机3D模型（本小节加载多个模型）
@property(nonatomic,strong)SCNNode *planeNode;

@end
```

实现加载ARKit环境功能，具体实现代码如下所示：

```
//懒加载会话追踪配置
- (ARSessionConfiguration *)arSessionConfiguration
{
    if (_arSessionConfiguration != nil) {
        return _arSessionConfiguration;
    }
    //1.创建世界追踪会话配置（使用ARWorldTrackingSessionConfiguration效果更加好），需要A9芯片支持
```

```objc
        ARWorldTrackingSessionConfiguration *configuration = [[ARWorldTrackingSessionCo
nfiguration alloc] init];
        //2.设置追踪方向(追踪平面,后面会用到)
        configuration.planeDetection = ARPlaneDetectionHorizontal;
        _arSessionConfiguration = configuration;
        //3.自适应灯光(相机从暗到强光快速过渡效果会平缓一些)
        _arSessionConfiguration.lightEstimationEnabled = YES;
        
        return _arSessionConfiguration;
    }

//懒加载拍摄会话
- (ARSession *)arSession
{
    if(_arSession != nil)
    {
        return _arSession;
    }
    //1.创建会话
    _arSession = [[ARSession alloc] init];
    //2返回会话
    return _arSession;
}

//创建AR视图
- (ARSCNView *)arSCNView
{
    if (_arSCNView != nil) {
        return _arSCNView;
    }
    //1.创建AR视图
    _arSCNView = [[ARSCNView alloc] initWithFrame:self.view.bounds];
    //2.设置视图会话
    _arSCNView.session = self.arSession;
    //3.自动刷新灯光(3D游戏用到,此处可忽略)
    _arSCNView.automaticallyUpdatesLighting = YES;
    
    return _arSCNView;
}
```

（3）开启AR扫描功能。

只需要将AR视图添加到当前UIView中，然后开启AR会话即可开始我们的AR之旅。在此需要特别注意的是，建议将开启ARSession的代码放入viewDidAppear中，而不是放在viewDidLoad中，原因是这样可以避免线程延迟的问题。当然，开启ARSession的代码可以被放入到viewDidLoad中，但是还是建议读者不要这样做。对应的实现代码如下所示：

```objc
@implementation ARSCNViewViewController

- (void)viewDidLoad {
    [super viewDidLoad];
    
    
    // Do any additional setup after loading the view.
}

- (void)viewDidAppear:(BOOL)animated
{
    [super viewDidAppear:animated];
    
    //1.将AR视图添加到当前视图
    [self.view addSubview:self.arSCNView];
    //2.开启AR会话(此时相机开始工作)
    [self.arSession runWithConfiguration:self.arSessionConfiguration];
    
}
```

（4）当用户单击屏幕后会添加一个3D虚拟物体，在默认情况下，节点SCNNode的x/y/z位置是(0,0,0)，也就是摄像头所在的位置。每当启动一个ARSession时，摄像头的位置就是3D世界的原点，而且这个原点不再随着摄像头的移动而改变，这是在第一次之后就永久固定的。单击屏幕添加飞机功能的实现代码如下所示：

```
-(void)touchesBegan:(NSSet<UITouch *> )touches withEvent:(UIEvent )event
{
//1.使用场景加载scn文件（scn格式文件是一个基于3D建模的文件，使用3DMax软件
//可以创建，这里系统有一个默认的3D飞机）--------
//在右侧添加了许多3D模型，只需要替换文件名即可
SCNScene scene = [SCNScene sceneNamed:@"Models.scnassets/ship.s
cn"];
//2.获取飞机节点（一个场景会有多个节点，此处我们只写，飞机节点则默认是场景子
//节点的第一个）
//所有的场景有且只有一个根节点，其他所有节点都是根节点的子节点
SCNNode shipNode = scene.rootNode.childNodes[0];

//3.将飞机节点添加到当前屏幕中
[self.arSCNView.scene.rootNode addChildNode:shipNode];
}
```

图42-5 执行效果

最终的执行效果如图42-5所示。

注意：ARKit运行黑屏或者白屏问题。

苹果公司在ARKit官方文档中指出：目前ARKit不支持A9芯片以下的设备，一般2015年秋季发布会iPhone 6s之后都是A9芯片，在这之前的设备都不支持，无论是iPhone还是iPad。在一般情况下，除了iOS设备之外，模拟器也不支持运行ARKit，如果你的设备不支持ARKit，那么Xcode就会报如下所示的错误，并且屏幕显示为黑屏：

```
Unable to run the session, configuration is not supported on this device: <ARWorldT
rackingSessionConfiguration
```

42.4 实战演练——实现3种AR特效捕捉功能

实例42-2	实现3种AR特效捕捉功能
源码路径	光盘:\daima\42\ARKit02

42.4.1 实现水平捕捉功能

（1）使用Xcode创建iOS工程后，在故事板中插入4个按钮，如图42-6所示。

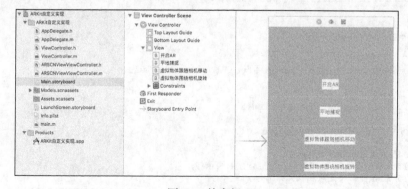

图42-6 故事板

（2）编写实例文件ARSCNViewViewController.m，具体实现流程如下所示。

- 配置ARSessionConfiguration捕捉平地事件，实现ARSCNViewDelegate监听捕捉平地回调。
- 通过ARSCNView的代理获取平地锚点ARPlaneAnchor的位置，添加一个用于展示渲染平地的3D模型（红色的平地）。
- 开启延迟线程，在平地的位置添加一个花瓶节点。花瓶节点是添加到代理捕捉到的节点中，而不是AR示图的根节点。因为捕捉到的平地锚点是一个本地坐标系，而不是世界坐标系。

实例文件ARSCNViewViewController.m的主要实现代码如下所示：

```objc
#pragma mark -搭建ARKit环境
//懒加载会话追踪配置
- (ARSessionConfiguration *)arSessionConfiguration
{
    if (_arSessionConfiguration != nil) {
        return _arSessionConfiguration;
    }
    //1.创建世界追踪会话配置（使用ARWorldTrackingSessionConfiguration效果更加好），需要A9芯片支持
    ARWorldTrackingSessionConfiguration *configuration = [[ARWorldTrackingSessionConfiguration alloc] init];
    //2.设置追踪方向（追踪平面，后面会用到）
    configuration.planeDetection = ARPlaneDetectionHorizontal;
    _arSessionConfiguration = configuration;
    //3.自适应灯光（相机从暗到强光快速过渡效果会平缓一些）
    _arSessionConfiguration.lightEstimationEnabled = YES;
    return _arSessionConfiguration;
}
#pragma mark -- ARSCNViewDelegate
//添加节点时调用（当开启平地捕捉模式之后，如果捕捉到平地，ARKit会自动添加一个平地节点）
- (void)renderer:(id <SCNSceneRenderer>)renderer didAddNode:(SCNNode *)node forAnchor:(ARAnchor *)anchor
{
    if(self.arType != ARTypePlane)
    {
        return;
    }
    if ([anchor isMemberOfClass:[ARPlaneAnchor class]]) {
        NSLog(@"捕捉到平地");
        //添加一个3D平面模型，ARKit只有捕捉能力，锚点只是一个空间位置，要想更加清楚看到这个空间，
        //我们需要给空间添加一个平地的3D模型来渲染它
        //1.获取捕捉到的平地锚点
        ARPlaneAnchor *planeAnchor = (ARPlaneAnchor *)anchor;
        //2.创建一个3D物体模型    （系统捕捉到的平地是一个不规则大小的长方形，这里笔者将其变成一
        //个长方形，并且对平地做了一个缩放效果）
        //参数分别是长宽高和圆角
        SCNBox *plane = [SCNBox boxWithWidth:planeAnchor.extent.x*0.3 height:0 length:planeAnchor.extent.x*0.3 chamferRadius:0];
        //3.使用Material渲染3D模型（默认模型是白色的，这里笔者改成红色）
        plane.firstMaterial.diffuse.contents = [UIColor redColor];

        //4.创建一个基于3D物体模型的节点
        SCNNode *planeNode = [SCNNode nodeWithGeometry:plane];
        //5.设置节点的位置为捕捉到的平地的锚点的中心位置，SceneKit框架中节点的位置position是一
        //个基于3D坐标系的矢量坐标SCNVector3Make
        planeNode.position =SCNVector3Make(planeAnchor.center.x, 0, planeAnchor.center.z);

        //self.planeNode = planeNode;
        [node addChildNode:planeNode];
        //6.当捕捉到平地时，2s之后开始在平地上添加一个3D模型
        dispatch_after(dispatch_time(DISPATCH_TIME_NOW, (int64_t)(2 * NSEC_PER_SEC)), dispatch_get_main_queue(), ^{
            //1.创建一个花瓶场景
            SCNScene *scene = [SCNScene sceneNamed:@"Models.scnassets/vase/vase.scn"];
            //2.获取花瓶节点(一个场景会有多个节点，此处我们只写花瓶节点，则默认是场景子节点的第一个)
            //所有的场景有且只有一个根节点，其他所有节点都是根节点的子节点
            SCNNode *vaseNode = scene.rootNode.childNodes[0];

            //3.设置花瓶节点的位置为捕捉到的平地的位置，如果不设置，则默认为原点位置，也就是相机位置
```

```
            vaseNode.position = SCNVector3Make(planeAnchor.center.x, 0, planeAnchor
.center.z);
            //4.将花瓶节点添加到当前屏幕中
            //此处一定要注意：花瓶节点是添加到代理捕捉到的节点中，而不是
//AR示图的根节点。因为捕捉到的平地锚点是一个本地坐标系，而不是世界坐标系
            [node addChildNode:vaseNode];
        });
    }
```

执行效果如图42-7所示。

42.4.2 实现飞机随镜头飞行效果

图42-7 执行效果

在实例文件ARSCNViewViewController.m中添加监听ARSession代理的代码，相机的移动是由AR会话来监听的。在ARSession的相机移动代理中获取相机的当前位置，修改物体的位置与相机位置一致，即可实现物体跟随相机移动而移动功能。实现飞机随镜头飞行效果的对应实现代码如下所示：

```
#pragma mark -ARSessionDelegate
//会话位置更新（监听相机的移动），此代理方法会调用非常频繁，只要相机移动就会调用，如果相机移动过快，
会有一定的误差，具体的需要强大的算法去优化
- (void)session:(ARSession *)session didUpdateFrame:(ARFrame *)frame
{
    NSLog(@"相机移动");
    if (self.arType != ARTypeMove) {
        return;
    }
    //移动飞机
    if (self.planeNode) {
        //捕捉相机的位置，让节点随着相机移动而移动
        //根据官方文档记录，相机的位置参数在4X4矩阵的第三列
        self.planeNode.position =SCNVector3Make(frame.camera.transform.columns[3].x
,frame.camera.transform.columns[3].y,frame.camera.transform.columns[3].z);
    }
}
```

执行后的效果如图42-8所示。

42.4.3 实现环绕飞行效果

实现环绕飞行的关键是在相机的位置创建一个空节点，然后将台灯添加到这个空节点，最后让这个空节点自身旋转，这样就可以实现台灯围绕相机旋转。为什么要在相机的位置创建一个空节点呢？因为我们不可能让相机也旋转。实现环绕飞行效果的对应代码如下所示：

图42-8 执行效果

```
#pragma mark- 点击屏幕添加飞机
- (void)touchesBegan:(NSSet<UITouch *> *)touches withEvent:(UIEvent *)event
{
    [self.planeNode removeFromParentNode];
    
    //1.使用场景加载scn文件（scn格式文件是一个基于3D建模的文件，使用3DMax软件可以创建，这里系统有
//一个默认的3D飞机）--------在右侧我添加了许多3D模型，只需要替换文件名即可
    SCNScene *scene = [SCNScene sceneNamed:@"Models.scnassets/lamp/lamp.scn"];
    //2.获取台灯节点（一个场景会有多个节点，此处我只写飞机节点，则默认是场景子节点的第一个）
    //所有的场景有且只有一个根节点，其他所有节点都是根节点的子节点
    
    SCNNode *shipNode = scene.rootNode.childNodes[0];
    
    self.planeNode = shipNode;
    
    //台灯比较大，适当缩放一下并且调整位置让其在屏幕中间
    shipNode.scale = SCNVector3Make(0.5, 0.5, 0.5);
```

```
    shipNode.position = SCNVector3Make(0, -15,-15);
;
    //一个台灯的3D建模不是一气呵成的,可能会有很多个子节点拼接,所以里面的子节点也要一起改,否则上
//面的修改会无效
    for (SCNNode *node in shipNode.childNodes) {
        node.scale = SCNVector3Make(0.5, 0.5, 0.5);
        node.position = SCNVector3Make(0, -15,-15);

    }

    self.planeNode.position = SCNVector3Make(0, 0, -20);

    //3.绕相机旋转
    //绕相机旋转的关键点在于:在相机的位置创建一个空节点,然后将台灯添加到这个空节点,最后让这个空节
//点自身旋转,就可以实现台灯围绕相机旋转
    //1.为什么要在相机的位置创建一个空节点呢?因为你不可能让相机也旋转
    //2.为什么不直接让台灯旋转呢? 这样的话只能实现台灯的自转,而不能实现公转
    SCNNode *node1 = [[SCNNode alloc] init];

    //空节点位置与相机节点位置一致
    node1.position = self.arSCNView.scene.rootNode.position;

    //将空节点添加到相机的根节点
    [self.arSCNView.scene.rootNode addChildNode:node1];

    //将台灯节点作为空节点的子节点,如果不这样,那么你将看到的是台灯自己在转,而不是围着你转
    [node1 addChildNode:self.planeNode];

    //旋转核心动画
    CABasicAnimation *moonRotationAnimation = [CABasicAnimation animationWithKeyPath:
@"rotation"];

    //旋转周期
    moonRotationAnimation.duration = 30;

    //围绕y轴旋转360°
    moonRotationAnimation.toValue = [NSValue valueWithSCNVector4:SCNVector4Make(0,
1, 0, M_PI * 2)];
    //无限旋转,重复次数为无穷大
    moonRotationAnimation.repeatCount = FLT_MAX;

    //开始旋转  :切记这里是让空节点旋转,而不是台灯节点。  理由同上
    [node1 addAnimation:moonRotationAnimation forKey:@"moon rotation
around earth"];
}
```

执行后的效果如图42-9所示。

42.5 实战演练——实现5种AR特效(Swift版)

图42-9 执行效果

实例42-3	实现5种AR特效功能
源码路径	光盘:\daima\42\ARKit-Examples

(1)在故事板Main.storyboard中设置两个视图界面,其中主视图是一个列表选项,单击列表中某个的选项后会在子视图界面显示对应的AR特效,如图42-10所示。

(2)主界面实现文件是MenuTableViewController.swift,功能是在列表中显示menuItems中保存的信息。主要实现代码如下所示:

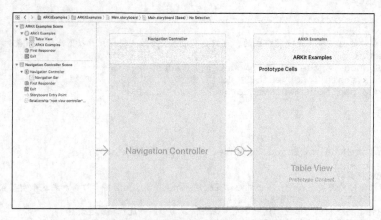

图42-10 故事板Main.storyboard界面

```
class MenuTableViewController : UITableViewController {
    let menuItems = ["Simple Box", "Simple Box with Touch", "Bar Charts", "Red Carpet Using Plane Detection",
    "Planets", "Collision Detection","Breaking Brick Walls"]
    override func viewDidLoad() {
        super.viewDidLoad()
        self.tableView.reloadData()
    }
    override func tableView(_ tableView: UITableView, didSelectRowAt indexPath: IndexPath) {
        let menuItemIndex = indexPath.row
        switch menuItemIndex {
            case 0:
                let controller = SimpleBoxViewController()
                self.navigationController?.pushViewController(controller, animated: true)
            case 1:
                let controller = SimpleBoxWithTouchViewController()
                self.navigationController?.pushViewController(controller, animated: true)

            case 2:
                let controller = GraphViewController()
                self.navigationController?.pushViewController(controller, animated: true)

            case 3:
                let controller = RedCarpetViewController()
                self.navigationController?.pushViewController(controller, animated: true)

            case 4:
                let controller = PlanetsViewController()
                self.navigationController?.pushViewController(controller, animated: true)

            case 5:
                let controller = CollisionDetectionViewController()
                self.navigationController?.pushViewController(controller, animated: true)

            case 6:
                let controller = BreakingWallsViewController()
                self.navigationController?.pushViewController(controller, animated: true)

            default:
                print("something")
        }
    }

    override func tableView(_ tableView: UITableView, numberOfRowsInSection section: Int) -> Int {
        return self.menuItems.count
    }
    override func tableView(_ tableView: UITableView, cellForRowAt indexPath: IndexPath) -> UITableViewCell {
        let cell = tableView.dequeueReusableCell(withIdentifier: "Cell", for: indexPath)
```

42.5 实战演练——实现 5 种 AR 特效（Swift 版）

```
        cell.textLabel?.text = self.menuItems[indexPath.row]
        return cell
    }
}
```

执行效果如图42-11所示。

（3）单击列表中的"Simple Box"选项后会执行文件SimpleBoxWithTouchViewController.swift，实现简单的Box特效，主要实现代码如下所示：

```swift
class SimpleBoxWithTouchViewController: UIViewController, ARSCNViewDelegate {
    var sceneView: ARSCNView!
    override func viewDidLoad() {
        super.viewDidLoad()
        self.sceneView = ARSCNView(frame: self.view.frame)
        self.view.addSubview(self.sceneView)
        // Set the view's delegate
        sceneView.delegate = self
        // Show statistics such as fps and timing information
        sceneView.showsStatistics = true
        let scene = SCNScene()
        // create a box
        let box = SCNBox(width: 0.2, height: 0.2, length: 0.2, chamferRadius: 0)
        let material = SCNMaterial()
        material.name = "Color"
        material.diffuse.contents = UIColor.red
        let node = SCNNode()
        node.geometry = box
        node.geometry?.materials = [material]
        node.position = SCNVector3(0.1, 0.1, -0.5)
        scene.rootNode.addChildNode(node)
        let tapGestureRecognizer=UITapGestureRecognizer(target: self, action: #selector(tapped))
        self.sceneView.addGestureRecognizer(tapGestureRecognizer)
        sceneView.scene = scene
    }
    @objc func tapped(recognizer :UIGestureRecognizer) {
        let sceneView = recognizer.view as! SCNView
        let touchLocation = recognizer.location(in: sceneView)
        let hitResults = sceneView.hitTest(touchLocation, options: [:])
        if !hitResults.isEmpty {
            let node = hitResults[0].node
            let material = node.geometry?.material(named: "Color")
            material?.diffuse.contents = UIColor.random()
        }
    }
    override func viewWillAppear(_ animated: Bool) {
        super.viewWillAppear(animated)
        // Create a session configuration
        let configuration = ARWorldTrackingSessionConfiguration()
        // Run the view's session
        sceneView.session.run(configuration)
    }
}
```

执行效果如图42-12所示。

图42-11 执行效果

图42-12 执行效果

(4)单击列表中的"Bar Charts"选项后会执行文件GraphViewController.swift,主要实现代码如下所示:

```swift
class GraphViewController: UIViewController, ARSCNViewDelegate {
    var sceneView: ARSCNView!
    override func viewDidLoad() {
        super.viewDidLoad()
        
        self.sceneView = ARSCNView(frame: self.view.frame)
        self.view.addSubview(self.sceneView)
        // Set the view's delegate
        sceneView.delegate = self
        // Show statistics such as fps and timing information
        sceneView.showsStatistics = true
        let scene = SCNScene()
        let barGraph = ARBarGraph(items: [ARBarGraphItem(label :"Apple", height:67), ARBarGraphItem(label: "Orange",height:45),ARBarGraphItem(label: "Red",height:100) ,ARBarGraphItem(label: "Purple",height:98)])
        barGraph.position = SCNVector3Make(0.1,0.1,-0.5)
        scene.rootNode.addChildNode(barGraph)
        sceneView.scene = scene
    }
    override func viewWillAppear(_ animated: Bool) {
        super.viewWillAppear(animated)
        // Create a session configuration
        let configuration = ARWorldTrackingSessionConfiguration()
        
        // Run the view's session
        sceneView.session.run(configuration)
    }
}
```

执行效果如图42-13所示。

(5)单击列表中的"Red Carpet Using Plane Detection"选项后会执行文件RedCarpetViewController.swift,主要实现代码如下所示:

```swift
class RedCarpetViewController: UIViewController, ARSCNViewDelegate {
    var sceneView: ARSCNView!
    var label :UILabel!
    var planes = [Plane]()
    override func viewDidLoad() {
        super.viewDidLoad()
        self.sceneView = ARSCNView(frame: self.view.frame)
        self.view.addSubview(self.sceneView)
        self.label = UILabel(frame: CGRect(x: 0, y: 0, width: self.sceneView.frame.size.width, height: 100))
        self.label.center = self.sceneView.center
        self.label.textAlignment = .center
        self.label.text = "0 planes detected"
        self.sceneView.addSubview(self.label)
        self.sceneView.debugOptions = [ARSCNDebugOptions.showFeaturePoints,ARSCNDebugOptions.showWorldOrigin]
        // Set the view's delegate
        sceneView.delegate = self
        // Show statistics such as fps and timing information
        sceneView.showsStatistics = true
        let scene = SCNScene()
        sceneView.scene = scene
    }
    func renderer(_ renderer: SCNSceneRenderer, didUpdate node: SCNNode, for anchor: ARAnchor) {
        
        let plane = self.planes.filter { plane in
            return plane.anchor.identifier == anchor.identifier
            }.first
        if plane == nil {
```

图42-13 执行效果

```swift
            return
        }
        plane?.update(anchor: anchor as! ARPlaneAnchor)
        print("DID UPDATE")
    }
    func renderer(_ renderer: SCNSceneRenderer, didAdd node: SCNNode, for anchor: ARAnchor) {
        if !(anchor is ARPlaneAnchor) {
            return
        }
        print("DID ADD ANCHOR")
        let plane = Plane(anchor: anchor as! ARPlaneAnchor)
        self.planes.append(plane)
        DispatchQueue.main.async {
            self.label.text = "\(self.planes.count) planes detected!"
        }
        node.addChildNode(plane)
    }
    override func viewWillAppear(_ animated: Bool) {
        super.viewWillAppear(animated)
        // Create a session configuration
        let configuration = ARWorldTrackingSessionConfiguration()
        configuration.planeDetection = .horizontal
        // Run the view's session
        sceneView.session.run(configuration)
    }
}
```

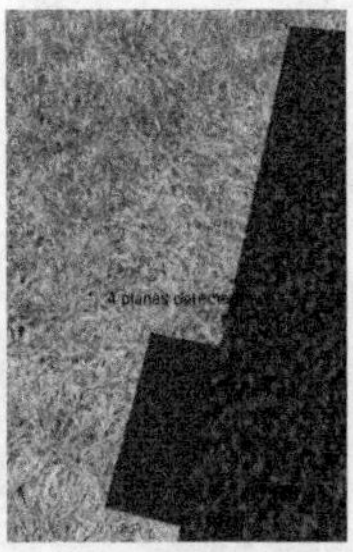

执行效果如图42-14所示。

（6）单击列表中的"Planets"选项后会执行文件PlanetsViewController.swift，主要实现代码如下所示：

图42-14 执行效果

```swift
class PlanetsViewController: UIViewController, ARSCNViewDelegate {
    let planets = ["earth_texture_map.jpg","mars.jpg", "jupiter.jpg"]
    var i = 0
    var sceneView: ARSCNView!
    var label :UILabel!
    override func viewDidLoad() {
        super.viewDidLoad()
        self.sceneView = ARSCNView(frame: self.view.frame)
        self.view.addSubview(self.sceneView)
        // Set the view's delegate
        sceneView.delegate = self
        // Show statistics such as fps and timing information
        sceneView.showsStatistics = true
        let scene = SCNScene()
        let tapGestureRecognizer=UITapGestureRecognizer(target:self,action:#selector(tapped))
        self.sceneView.addGestureRecognizer(tapGestureRecognizer)
        self.label = UILabel(frame: CGRect(x: 0, y: 0, width: self.sceneView.frame.size.width, height: 100))
        self.label.center = self.sceneView.center
        self.label.textAlignment = .center
    //    self.label.text = "Tap on the screen"
        self.sceneView.addSubview(self.label)
    }
    @objc func tapped(recognizer :UIGestureRecognizer) {
        
        guard let currentFrame = self.sceneView.session.currentFrame else {
            return
        }
        var translation = matrix_identity_float4x4
        translation.columns.3.z = -0.1
        let geometry = SCNSphere(radius: 0.2)
        let material = SCNMaterial()
        material.diffuse.contents = UIImage(named: planets[i])
        geometry.materials = [material]
        let node = SCNNode(geometry: geometry)
```

```
            node.physicsBody = SCNPhysicsBody(type: .dynamic, shape: nil)
            node.physicsBody?.mass = 5
            node.physicsBody?.isAffectedByGravity = false
            node.runAction(SCNAction.repeatForever(SCNAction.rotateBy(x: 0, y: 0, z:
CGFloat(2*Double.pi), duration: 20)))
            node.simdTransform = matrix_multiply(currentFrame.camera.transform, translation)
            let forceVector = SCNVector3(node.worldFront.x, node.worldFront.y, node.
worldFront.z)
            node.physicsBody?.applyForce(forceVector, asImpulse: true)
            
            self.sceneView.scene.rootNode.addChildNode(node)
            
            i += 1
    }
    override func viewWillAppear(_ animated: Bool) {
        super.viewWillAppear(animated)
        // Create a session configuration
        let configuration = ARWorldTrackingSessionConfiguration()
        // Run the view's session
        sceneView.session.run(configuration)
    }
}
```

执行效果如图42-15所示。

图42-15 执行效果

第 43 章 tvOS电影库系统

在本章的内容中,将通过一个tvOS电影库系统的实现过程,向读者讲解联合JSON、互联网Objectic-C和Swift开发一个综合电影资料库系统的过程。

43.1 tvOS 电影库系统介绍

知识点讲解光盘:视频\知识点\第43章\系统介绍.mp4

本项目是一个tvOS项目,能够在苹果电视中显示电影资料库信息,让观影用户及时了解某部电影的信息。为了能够及时获取最新的电影信息,本项目将以世界上著名的电影数据库分享平台TheMovieDB作为信息来源,在苹果电视中展示真实和海量的影片信息。

TheMovieDB电影数据库分享平台是一个成立2008年的历史电影资料查询网站,提供高分率的电影海报和电影艺术图片资源,除了是一个电影数据库资源网站外,也是一个电影海报资源分享网站,如图43-1所示。

图43-1 TheMovieDB主页

TheMovieDB是一个开源的平台,提供了大量的API供开发者使用,开发者通过TheMovieDB API可以直接调用里面的海量数据信息显示在自己的应用程序中。TheMovieDB API可以为多种开发语言和应用类别使用,并且为市面中的主流开发语言提供了开发实例。

43.2 系统介绍

知识点讲解光盘:视频\知识点\第43章\项目开发流程.mp4

本项目的具体开发流程如下所示。

(1)登录TheMovieDB网站注册成为一名开发者会员。

(2)在会员中心创建一个工程,然后申请一个合法的API密钥,TheMovieDB会提供对应的范例API请求,如图43-2所示。

(3)在会员中心单击"Apiary文档"链接来到页面http://docs.themoviedb.apiary.io/,在此可以了解通过API获取TheMovieDB各类信息的方法。例如依次单击左侧导航中的"Movies""/movie/popular",然后单击中间的"GET"链接,在右侧会提供一个如下所示的代码指令,如图43-3所示。

```
http://api.themoviedb.org/3/movie/popular
```

上述代码指令的功能是获取TheMovieDB信息库中最流行电影的信息,当在项目中使用上述指令时,需要在指令的后面加上"?api_key=API密钥",例如早本项目中通过如下指令获取了TheMovieDB

信息库中流行电影的信息:

http://api.themoviedb.org/3/movie/popular?api_key=11de15b832e0eba51c3619d5d805e30d

图43-2 TheMovieDB API密钥

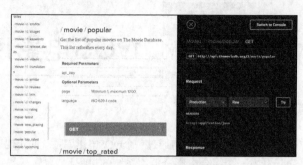

图43-3 获取的代码指令

在上述指令中,等号"="后面的字符串就是笔者申请的API密钥。如果将上述指令在浏览器中执行,会得到一个JSON数据文件,如图43-4所示。

图43-4 JSON数据文件

上述文件显得比较混乱,我们可以使用在线JSON校验工具进行处理,校验处理后会得到如下所示的文件:

```
{
    "page":1,
    "results": [
        {
            "poster_path":"/cGOPbv9wA5gEejkUN892JrveARt.jpg",
            "adult":false,
            "overview":"Fearing the actions of a god-like Super Hero left unchecked
, Gotham City's own formidable, forceful vigilante takes on Metropolis's most rever
ed, modern-day savior, while the world wrestles with what sort of hero it really ne
eds. And with Batman and Superman at war with one another, a new threat quickly ari
ses, putting mankind in greater danger than it's ever known before.",
            "release_date":"2016-03-23",
            "genre_ids": [
                28,
                12,
                14
            ],
            "id":209112,
            "original_title":"Batman v Superman: Dawn of Justice",
            "original_language":"en",
            "title":"Batman v Superman: Dawn of Justice",
```

```
            "backdrop_path":"/vsjBeMPZtyB7yNsYY56XYxifaQZ.jpg",
            "popularity":34.286549,
            "vote_count":3121,
            "video":false,
            "vote_average":5.52
        },
        {
            "poster_path":"/6FxOPJ9Ysilpq0IgkrMJ7PubFhq.jpg",
            "adult":false,
            "overview":"Tarzan, having acclimated to life in London, is called back to his
former home in the jungle to investigate the activities at a mining encampment.",
            "release_date":"2016-06-29",
            "genre_ids": [
                28,
                12
            ],
            "id":258489,
            "original_title":"The Legend of Tarzan",
            "original_language":"en",
            "title":"The Legend of Tarzan",
            "backdrop_path":"/75GFqrnHMKqkcNZ2wWefWXfqtMV.jpg",
            "popularity":31.72004,
            "vote_count":815,
            "video":false,
            "vote_average":4.74
        },
        {
            "poster_path":"/lFSSLTlFozwpaGlO31OoUeirBgQ.jpg",
            "adult":false,
            "overview":"The most dangerous former operative of the CIA is drawn out of
hiding to uncover hidden truths about his past.",
            "release_date":"2016-07-27",
            "genre_ids": [
                53,
                28
            ],
            "id":324668,
            "original_title":"Jason Bourne",
            "original_language":"en",
            "title":"Jason Bourne",
            "backdrop_path":"/AoT2YrJUJlg5vKE3iMOLvHlTd3m.jpg",
            "popularity":25.491857,
            "vote_count":266,
            "video":false,
            "vote_average":5.12
        },
//后面省略大部分上述格式的代码
```

此时整个JSON文件的结构就非常明确了,在里面显示了每部电影的图片、介绍、名字等基本信息。

(4)使用Objectve-C和Swift语言编写tvOS应用程序,目标是解析上述JSON数据文件,将最流行的电影信息显示在苹果电视屏幕中。

43.3 使用 Objective-C 实现

知识点讲解光盘:视频\知识点\第43章\使用Objective-C实现.mp4

实例43-1	tvOS电影库系统
源码路径	光盘:\daima\42\TVOS-Example

(1)使用Xcode创建一个名为"TVOSExample"的工程,最终目录结构如图43-5所示。

(2)在故事板Main.storyboard中设计了两个界面视图,其中主视图用于列表显示最流行的影片信息,如图43-6所示。

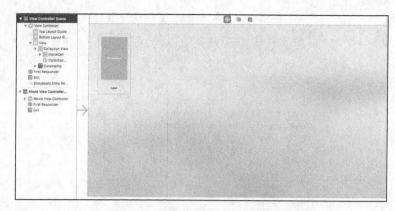

图43-5 工程目录结构　　　　　　　　　　图43-6 主视图

第二个视图用于显示某个影片的详细信息，如图43-7所示。

图43-7 第二个视图

（3）编写文件RestHandler.m，功能是解析http://api.themoviedb.org/3/movie/popular?api_key=11de15b832e0eba51c3619d5d805e30d "中的JSON数据，通过方法fetchMovies将获取的JSON数据以指定的格式进行布局显示。具体实现代码如下所示：

```objc
#import "RestHandler.h"
#import "Movie.h"

#define FEED_URL
@"http://api.themoviedb.org/3/movie/popular?api_key=11de15b832e0eba51c3619d5d805e30d"
#define IMAGE_URL @"https://image.tmdb.org/t/p/w500"

@implementation RestHandler

+ (instancetype)sharedInstance {
    static dispatch_once_t onceToken;
    static RestHandler *sharedInstance;
    dispatch_once(&onceToken, ^{
        sharedInstance = [[RestHandler alloc] init];
    });
    return sharedInstance;
}

- (void)fetchMovies:(void (^)(NSArray *movies))success failure:(void (^)(NSError *error))
 failure {

    NSURL *url = [NSURL URLWithString:FEED_URL];

    NSMutableURLRequest *urlRequest = [NSMutableURLRequest requestWithURL:url];
```

```objc
    [urlRequest setTimeoutInterval:30.0f];

    NSURLSessionDataTask *downloadTask = [[NSURLSession sharedSession] dataTaskWithURL:
    url completionHandler:^(NSData *data, NSURLResponse *response, NSError *error) {

        if ([data length] > 0 && error == nil){

            dispatch_async(dispatch_get_main_queue(), ^{

                NSError *error = nil;
                NSDictionary *dict = [NSJSONSerialization JSONObjectWithData:data
                options:kNilOptions error:&error];
                NSArray *results = [dict objectForKey:@"results"];

                if (results != nil) {

                    NSMutableArray *returnArray = [NSMutableArray new];

                    for (NSDictionary *resultDict in results) {

                        Movie *movie = [Movie new];
                        movie.title = [resultDict objectForKey:@"title"];
                        movie.score = [resultDict objectForKey:@"vote_average"];
                        movie.movieDescription = [resultDict objectForKey:@"overview"];
                        movie.imageURL = [NSURL URLWithString:[NSString stringWithFormat:
                        @"%@%@", IMAGE_URL, [resultDict objectForKey:@"poster_path"]]];

                        [returnArray addObject:movie];
                    }

                    success(returnArray);

                } else if (error != nil) {

                    NSLog(@"Error: %@", error);

                    failure(error);
                }

            });

        } else if ([data length] == 0 && error == nil){

            NSLog(@"Empty Response");

            failure(error);

        } else if (error != nil){

            NSLog(@"An error occured: %@", error);

            failure(error);

        }
    }];

    [downloadTask resume];
}

@end
```

（4）再看"Models"目录下的文件Movie.h，功能是设置分别显示电影的title、score、movieDescription和imageURL信息，具体实现代码如下所示：

```objc
#import <Foundation/Foundation.h>

@interface Movie : NSObject
```

```
@property (nonatomic, copy) NSString *title;
@property (nonatomic, copy) NSString * score;
@property (nonatomic, copy) NSString *movieDescription;
@property (nonatomic, copy) NSURL *imageURL;

@end
```

（5）再看"Views"目录下的文件MovieCollectionViewCell.h和MovieCollectionViewCell.m，其中文件MovieCollectionViewCell.h的功能是分别获取电影的海报图片、名称和索引信息，具体实现代码如下所示：

```
#import <UIKit/UIKit.h>
#import "Movie.h"

@interface MovieCollectionViewCell : UICollectionViewCell

@property (weak, nonatomic) IBOutlet UIImageView *posterImageView;
@property (weak, nonatomic) IBOutlet UILabel *titleLabel;
@property (nonatomic, assign) NSIndexPath *indexPath;

- (void)updateCellForMovie:(Movie *)movie;

@end
```

文件MovieCollectionViewCell.m通过方法updateCellForMovie及时更新电影视图信息，具体实现代码如下所示：

```
#import "MovieCollectionViewCell.h"

@implementation MovieCollectionViewCell

- (void)updateCellForMovie:(Movie *)movie {
    self.titleLabel.text = movie.title;
    
    dispatch_async(dispatch_get_global_queue(DISPATCH_QUEUE_PRIORITY_DEFAULT, 0), ^{
        NSData *data = [NSData dataWithContentsOfURL:movie.imageURL];
        
        dispatch_async(dispatch_get_main_queue(), ^{
            self.posterImageView.image = [UIImage imageWithData:data];
        });
    });
}

@end
```

（6）再看"Controllers"下实现两个视图文件，其中ViewController.m用于实现主视图界面，排列显示解析JSON数据后的影片信息。具体实现代码如下所示：

```
#define COLLECTION_VIEW_PADDING 60

@interface ViewController () <UICollectionViewDelegateFlowLayout>

@property (weak, nonatomic) IBOutlet UICollectionView *collectionView;

@property (strong, nonatomic) NSMutableArray *movies;

@end

@implementation ViewController

#pragma mark - Lifecycle
- (void)viewDidLoad {
    [super viewDidLoad];
```

```objectivec
    self.movies = [NSMutableArray new];
    
    [self fetchMovies];
}

#pragma mark - Data
- (void)fetchMovies {
    [[RestHandler sharedInstance] fetchMovies:^(NSArray *movies) {
        
        self.movies = [NSMutableArray arrayWithArray:movies];
        
        dispatch_async(dispatch_get_main_queue(), ^{
            
            [self.collectionView reloadData];
            
        });
        
    } failure:^(NSError *error) {
        
    }];
}

#pragma mark - UICollectionView
- (CGSize)collectionView:(UICollectionView *)collectionView layout:(UICollectionViewLayout *) collectionViewLayout sizeForItemAtIndexPath:(NSIndexPath *)indexPath {
    
    CGFloat height = (CGRectGetHeight(self.view.frame)-(2*COLLECTION_VIEW_PADDING))/2;
    
    return CGSizeMake(height * (9.0/16.0), height);
}

- (NSInteger)numberOfSectionsInCollectionView:(UICollectionView *)collectionView {
    return 1;
}

- (NSInteger)collectionView:(UICollectionView *)view numberOfItemsInSection:(NSInteger) section {
    return self.movies.count;
}

- (UICollectionViewCell *)collectionView:(UICollectionView *)collectionView
                  cellForItemAtIndexPath:(NSIndexPath *)indexPath {
    MovieCollectionViewCell* cell = [self.collectionView dequeueReusableCellWithReuseIdentifier:@"movieCell"
forIndexPath:indexPath];
    cell.indexPath = indexPath;
    
    Movie *movie = [self.movies objectAtIndex:indexPath.row];
    [cell updateCellForMovie:movie];
    
    if (cell.gestureRecognizers.count == 0) {
        UITapGestureRecognizer *tap = [[UITapGestureRecognizer alloc] initWithTarget:self action:@selector(tappedMovie:)];
        tap.allowedPressTypes = @[[NSNumber numberWithInteger:UIPressTypeSelect]];
        [cell addGestureRecognizer:tap];
    }
    
    return cell;
}

#pragma mark - GestureRecognizer
- (void)tappedMovie:(UITapGestureRecognizer *)gesture {
    
    if (gesture.view != nil) {
        
        MovieCollectionViewCell* cell = (MovieCollectionViewCell *)gesture.view;
        Movie *movie = [self.movies objectAtIndex:cell.indexPath.row];
```

```objc
        MovieViewController *movieVC = (id)[self.storyboard
instantiateViewControllerWithIdentifier:@"Movie"];
        movieVC.movie = movie;
        [self presentViewController:movieVC animated:YES completion: nil];
    }
}

#pragma mark - Focus
- (void)didUpdateFocusInContext:(UIFocusUpdateContext *)context
withAnimationCoordinator:(UIFocusAnimationCoordinator *)coordinator {

    if (context.previouslyFocusedView != nil) {

        MovieCollectionViewCell *cell = (MovieCollectionViewCell *)context.previously-
lyFocusedView;
        cell.titleLabel.font = [UIFont systemFontOfSize:17];
    }

    if (context.nextFocusedView != nil) {

        MovieCollectionViewCell *cell=(MovieCollectionViewCell *)context.nextFocusedView;
        cell.titleLabel.font = [UIFont boldSystemFontOfSize:17];
    }
}

@end
```

执行效果如图43-8所示。

图43-8 系统主视图执行效果

文件MovieViewController.m的功能是实现子视图界面,当用户选择主视图列表中的某部电影时,会在子视图界面中显示这部电影的详细信息。具体实现代码如下所示:

```objc
#import "MovieViewController.h"
@interface MovieViewController ()

@property (weak, nonatomic) IBOutlet UIImageView *posterImageView;
@property (weak, nonatomic) IBOutlet UILabel *titleLabel;
@property (weak, nonatomic) IBOutlet UILabel *scoreLabel;
@property (weak, nonatomic) IBOutlet UITextView *textView;

@end

@implementation MovieViewController

- (void)viewDidLoad {
    [super viewDidLoad];

    self.titleLabel.text = self.movie.title;
    self.scoreLabel.text = [NSString stringWithFormat:@"IMDB Score: %@", self.movie.score];
    self.textView.text = self.movie.movieDescription;

    self.textView.font = [UIFont systemFontOfSize:40];
```

```objc
    self.textView.textColor = [UIColor whiteColor];
    
    dispatch_async(dispatch_get_global_queue(DISPATCH_QUEUE_PRIORITY_DEFAULT, 0), ^{
    
        NSData *data = [NSData dataWithContentsOfURL:self.movie.imageURL];
        
        dispatch_async(dispatch_get_main_queue(), ^{
            self.posterImageView.image = [UIImage imageWithData:data];
        });
    });
    
    UITapGestureRecognizer *tap = [[UITapGestureRecognizer alloc] initWithTarget:self action:@selector(menuButtonTapped)];
    tap.allowedPressTypes = @[[NSNumber numberWithInteger:UIPressTypeMenu]];
    [self.view addGestureRecognizer:tap];
}

- (void)menuButtonTapped {
    [self.presentingViewController dismissViewControllerAnimated:YES completion:nil];
}

@end
```

43.4 使用 Swift 实现

知识点讲解光盘:视频\知识点\第43章\使用Swift实现.mp4

实例43-2	tvOS电影库系统
源码路径	光盘:\daima\42\Popular-Movies-tvOS

Swift的实现过程和前面介绍的Objectve-C版类似,核心功能也是实现对JSON数据的解析,具体实现过程请参考本书光盘中的源码和讲解视频,为了节省本书篇幅,在书中将不在讲解。

43.5 系统扩展——优酷和土豆视频

知识点讲解光盘:视频\知识点\第43章\系统扩展.mp4

通过本项目的实现过程,为读者提供了一种苹果电视的解决方案。读者可以以本项目为基础进行扩展,例如增加电影播放功能。但是比较遗憾的是,TheMovieDB并不提供电影播放功能。对于国内用户来说,读者可以借助优酷和土豆等视频网站的API来解决,这些主流视频网站也提供了和TheMovieDB类似的JSON开放数据,读者可以尝试将优酷或土豆视频搬到苹果电视中。

第44章 分屏多视图播放器

分屏多视图是从iOS 9开始推出的新技术,在本书前面已经讲解这项技术的基本知识。其实对于广大用户来说,分屏多视图的最大诱惑是画中画观看影片。试想一下,在iPad或苹果电视屏幕中同时观看多个体育直播节目是一件多么炫酷的事情。在本章的内容中,将通过一个分屏多视图播放器项目的实现过程,向读者讲解分屏多视图技术在多媒体领域中的重要作用。

44.1 分屏多视图系统介绍

知识点讲解光盘:视频\知识点\第44章\系统介绍.mp4

本项目展示了使用分屏多视图技术实现一个视频播放器的方法,视频播放功能和本书前面讲解的视频播放功能相同,实现方法也相同,本项目的重点是实现画中画视频播放效果。本项目包括3个界面视图选项卡,具体模块结构如图44-1所示。

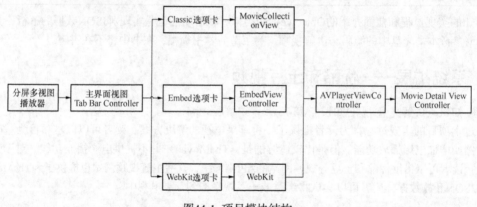

图44-1 项目模块结构

在本章后面的内容中,将详细讲解图44-1中各个模块的具体实现过程。

44.2 创建工程

知识点讲解光盘:视频\知识点\第44章\创建工程.mp4

(1)使用Xcode创建一个名为"iOS-iPad-Multitasking-PIP"的工程,规划项目中需要的文件和故事板,最终目录结构如图44-2所示。

(2)本实例遵循MVC设计模式,其中故事板Main.storyboard的设计界面如图44-3所示。

(3)在项目的Info.plist文件中的"Supported interface orientations (iPad)"数组,声明支持所有4个设备方向,如图44-4所示。

图44-2 工程目录结构

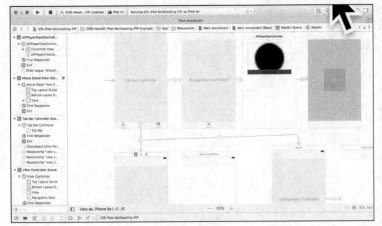

图44-3 故事板Main.storyboard

图44-4 设置"Supported interface orientations (iPad)"数组

44.3 分屏具体实现

知识点讲解光盘：视频\知识点\第44章\具体实现.mp4

在本阶段内容中，将按照前面图44-1所示的模块结构讲解各个模块文件的具体实现过程。

44.3.1 实现主视图界面

本项目的主界面视图是Tab Bar Controller，在底部栏设置了3个选项卡，如图44-5所示。从对应的关系图中可以看出3个选项卡的关系，如图44-6所示。

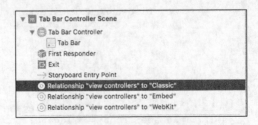

图44-5 主界面视图

图44-6 选项卡的对应关系

文件MovieCollectionViewCell.swift用于实现点集合视图单元格需要的信息，主要实现代码如下所示：

```
import UIKit

protocol MovieTextCellDataSource {
    var title: String { get }
}
```

```swift
protocol MovieTextCellDelegate {
    var titleColor: UIColor { get }
    var textColor: UIColor { get }
    var font: UIFont { get }
}

extension MovieTextCellDelegate {
    
    var titleColor: UIColor {
        return .lightGray()
    }
    
    var textColor: UIColor {
        return .black()
    }
    
    var font: UIFont {
        return .systemFont(ofSize: 16)
    }
}

class MovieCollectionViewCell: UICollectionViewCell {
    
    private var delegate: MovieTextCellDelegate?
    private var dataObject: MoviesLibrary?
    
    @IBOutlet weak var thumbnail: UIImageView!
    @IBOutlet weak var titleLabel: UILabel!
    
    override func awakeFromNib() {
        super.awakeFromNib()
        self.titleLabel?.textColor = .lightGray()
    }
    func configure(withDataSource dataObject: MoviesLibrary, delegate: MovieTextCellDelegate?) {
        self.dataObject = dataObject
        self.delegate = delegate
        
        self.titleLabel.text = dataObject.title
        var image = UIImage(named: "first")
        if let imgUrl = dataObject.thumbnailUrl as String? {
            DispatchQueue.global(attributes: DispatchQueue.GlobalAttributes.qosDefault).async(execute: { () -> Void in
                if let data = try? Data(contentsOf: URL(string: imgUrl)!) {
                    image = UIImage(data: data)
                    
                    DispatchQueue.main.async {
                        self.thumbnail.image = image
                    }
                }
                
            })
        }
        self.titleLabel.textColor = delegate?.titleColor
        self.titleLabel.font = delegate?.font
    }
    
}
```

系统主界面将默认加载显示单元格视图"Classic",如图44-7所示。

单元格视图"Classic"通过文件MoviesCollectionViewController.swift预置了几个视频的网址,加载每个视频的图片,以单元格列表的样式显示在屏幕中。主要实现代码如下所示:

图44-7 单元格视图 "Classic"

```swift
private typealias DataSetted = MoviesCollectionViewController
extension DataSetted {
    
    /// set Datas
    func setNewDatas() {
        dataArray.append(MoviesLibrary(
            title: "WWDC 2015 Session : 102",
            descriptionText: "WWDC 2015 Platforms State of the Union",
            thumbnailUrl: "http://devstreaming.apple.com/videos/wwdc/2015/1026npwuy2crj2xyuq11/102/images/102_734x413.jpg",
            movieUrl: "http://devstreaming.apple.com/videos/wwdc/2015/1026npwuy2crj2xyuq11/102/102_sd_platforms_ state_of_the_union.mp4?dl=1"))
        dataArray.append(MoviesLibrary(
            title: "WWDC 2015 Session : 105",
            descriptionText: "WatchKit for watchOS 2 introduces many new capabilities for creating responsive Watch...",
            thumbnailUrl: "http://devstreaming.apple.com/videos/wwdc/2015/105ncyldc6ofunvsgtan/105/images/105_734x413.jpg",
            movieUrl: "http://devstreaming.apple.com/videos/wwdc/2015/105ncyldc6ofunvsgtan/105/105_sd_introducing_watchkit_for_watchos_2.mp4?dl=1"))
        dataArray.append(MoviesLibrary(
            title: "WWDC 2015 Session : 106",
            descriptionText: "Swift continues its rapid advancement with version 2. New optimizations make your app run even...",
            thumbnailUrl: "http://devstreaming.apple.com/videos/wwdc/2015/106z3yjwpfymnauri96m/106/images/106_734x413.jpg",
            movieUrl: "http://devstreaming.apple.com/videos/wwdc/2015/106z3yjwpfymnauri96m/106/106_sd_whats_new_in_swift.mp4?dl=1"))
        dataArray.append(MoviesLibrary(
            title: "WWDC 2015 Session : 104",
            descriptionText: "Xcode is the development environment for creating great apps for Apple's platforms. Start the...",
            thumbnailUrl: "http://devstreaming.apple.com/videos/wwdc/2015/104usewvb5m0qbwafx8p/104/images/104_734x413.jpg",
            movieUrl: "http://devstreaming.apple.com/videos/wwdc/2015/104usewvb5m0qbwafx8p/104/104_sd_whats_new_in_xcode.mp4?dl=1"))
        dataArray.append(MoviesLibrary(
            title: "WWDC 2015 Session : 802",
            descriptionText: "Apple Watch represents a new chapter in the way people relate to technology. It's the most...",
            thumbnailUrl: "http://devstreaming.apple.com/videos/wwdc/2015/802mpzd3nzovlygpbg/802/images/802_734x413.jpg",
            movieUrl: "http://devstreaming.apple.com/videos/wwdc/2015/802mpzd3nzovlygpbg/802/802_sd_designing_for_apple_watch.mp4?dl=1"))
        dataArray.append(MoviesLibrary(
            title: "WWDC 2015 Session : 709",
            descriptionText: "Making your app more discoverable leads to more downloads and generates revenue. iOS 9 adds a...",
            thumbnailUrl: "http://devstreaming.apple.com/videos/wwdc/2015/709jcaer6su/709/images/709_734x413.jpg",
            movieUrl: "http://devstreaming.apple.com/videos/wwdc/2015/709jcaer6su/709/709_sd_introducing_search_apis.mp4?dl=1"))
        dataArray.append(MoviesLibrary(
            title: "WWDC 2015 Session : 801",
            descriptionText: "Design for tomorrow's products today. See examples of how Apple and partners designed software...",
            thumbnailUrl: "http://devstreaming.apple.com/videos/wwdc/2015/801auxyvb1pgtkufjk/801/images/801_734x413.jpg",
            movieUrl: "http://devstreaming.apple.com/videos/wwdc/2015/801auxyvb1pgtkufjk/801/801_sd_designing_ for_future_hardware.mp4?dl=1"))
        dataArray.append(MoviesLibrary(
            title: "WWDC 2015 Session : 212",
            descriptionText: "Multitasking in iOS 9 allows two side-by-side apps and the Picture-in-Picture window to...",
            thumbnailUrl: "http://devstreaming.apple.com/videos/wwdc/2015/212mm5ra3oau66/212/images/212_734x413.jpg",
            movieUrl: "http://devstreaming.apple.com/videos/wwdc/2015/212mm5ra3oau66/212/212_sd_optimizing_ your_app_for_multitasking_on_ipad_in_ios_9.mp4?dl=1"))
```

```
            dataArray.append(MoviesLibrary(
                title: "WWDC 2015 Session : 408",
                descriptionText: "At the heart of Swift's design are two incredibly pow
erful ideas: protocol-oriented programming...",
                thumbnailUrl: "http://devstreaming.apple.com/videos/wwdc/2015/408509vyu
dbqvts/408/images/408_734x413.jpg",
                movieUrl: "http://devstreaming.apple.com/videos/wwdc/2015/408509vyudbqv
ts/408/408_sd_protocoloriented_programming_in_swift.mp4?dl=1"))
    }
}
```

执行后将以单元格的样式列表显示预置的视频，执行效果如图44-8所示。

44.3.2 显示某个视频的基本信息

单击主视图单元格列表中的某个视频后，会显示视图界面"AVPlayerViewController"，功能是显示某个视频的基本信息，如图44-9所示。

AVPlayerViewController视图对应的程序文件是AVPViewController.swift，主要实现代码如下所示：

图44-8 系统主界面

```
import UIKit
import AVKit
import AVFoundation
class AVPViewController: UIViewController {
    // MARK: - Properties
    let playerVC = AVPlayerViewController()
    var pictureInPicureIsActive = false
    let urlToStream = "http://devimages.apple.com/iphone/samples/bipbop/bipbopall.m3u8"
    // MARK: - Lifecycle
    override func viewDidLoad() {
        super.viewDidLoad()
        playerVC.delegate = self
        setUIRendered()
    }
    override func didReceiveMemoryWarning() {
        super.didReceiveMemoryWarning()
    }
}

typealias UIPIPAVPInterface = AVPViewController
extension UIPIPAVPInterface {
    func setUIRendered() {
        playerVC.view.frame = CGRect(x: 0, y: 64, width: 768, height: 432)
        self.view.addSubview(playerVC.view)
        playerVC.player = AVPlayer(url: URL(string: urlToStream)!)
        playerVC.player?.play()
    }

}
private typealias PIPAVPlayerVCDelegate = AVPViewController
extension PIPAVPlayerVCDelegate : AVPlayerViewControllerDelegate {
    func playerViewControllerWillStartPicture(inPicture playerViewController: AVPla
yerViewController) {
        print("PIP will start")
        pictureInPicureIsActive = true
    }

    completionHandler(true)
    }
}
```

执行后会显示某个视频的信息，效果如图44-10所示。

图44-9 "AVPlayerViewController" 视图

图44-10 显示某个视频信息

44.3.3 播放视频

单击图44-10中的"Play"按钮后会来到视图界面"Movie Detail View Controller",如图44-11所示。

Movie Detail View Controller视图的功能是播放当前的视频,通过文件MovieDetailViewController.swift来控制视频的播放、暂停和停止等功能,并且加入了响应画中画播放操作的事件处理程序。主要实现代码如下所示:

图44-11 Movie Detail View Controller视图

```
import UIKit
import AVKit
import AVFoundation
class MovieDetailViewController: UIViewController {
    @IBOutlet weak var movieTitleLabel: UILabel!
    @IBOutlet weak var movieDescription: UILabel!
    @IBOutlet weak var movieThumbnail: UIImageView!
    @IBOutlet weak var movieButton: UIButton!
    let playerVC = AVPlayerViewController()
    var pictureInPicureIsActive = false
    var currentMovieUrl = String()
    
    dynamic var movieObject = MoviesLibrary()
    override func viewDidLoad() {
        super.viewDidLoad()
        playerVC.delegate = self
        setUIComponents()
    }
    override func didReceiveMemoryWarning() {
        super.didReceiveMemoryWarning()
    }
}


//MARK: - UIForMovieDetails -> MovieDetailViewController Extension
typealias UIForMovieDetails = MovieDetailViewController
extension UIForMovieDetails {
    func setUIComponents() {
        guard let movie : MoviesLibrary = movieObject as MoviesLibrary else { print("no
        value") }
        currentMovieUrl = movie.movieUrl
        self.movieTitleLabel.text = movie.title
        self.movieDescription.text = movie.descriptionText
        var image = UIImage()
        if let imgUrl = movie.thumbnailUrl as String? {
            DispatchQueue.global(attributes: DispatchQueue.GlobalAttributes.qosDefault).
            async(execute: { () -> Void in
                if let data = try? Data(contentsOf: URL(string: imgUrl)!) {
```

```swift
                        image = (UIImage(data: data))!
                        
                        DispatchQueue.main.async {
                            self.movieThumbnail.image = image
                        }
                    }
                })
            }
            self.movieButton.layer.cornerRadius = movieButton.frame.size.width / 2
            self.movieButton.layer.masksToBounds = true
            self.movieButton.layoutIfNeeded()
        }
    }
    typealias AVPlayerVCActions = MovieDetailViewController
    extension AVPlayerVCActions {
        @IBAction func playMovie(_ sender: AnyObject) {
            if !currentMovieUrl.isEmpty {
                playerVC.player = AVPlayer(url: URL(string: currentMovieUrl)!)
                present(playerVC, animated: true) { () -> Void in
                    self.playerVC.player?.play()
                }
            }
        }
    }
    
    private typealias PIPAVPlayerVCDelegate = MovieDetailViewController
    extension PIPAVPlayerVCDelegate : AVPlayerViewControllerDelegate {
        
        // 将要开始画中画播放
        func playerViewControllerWillStartPicture(inPicture playerViewController:
    AVPlayerViewController) {
            print("PIP will start")
            pictureInPicureIsActive = true
        }
        
        // 已经画中画播放
        func playerViewControllerDidStartPicture(inPicture playerViewController:
    AVPlayerViewController) {
            print("PIP did start")
        }
        
        //将要停止画中画播放
        func playerViewControllerWillStopPicture(inPicture playerViewController:
    AVPlayerViewController) {
            print("PIP will stop")
        }
        
        // 停止画中画播放
        func playerViewControllerDidStopPicture(inPicture playerViewController:
    AVPlayerViewController)
        {
            print("PIP did stop")
        }
        
        // 开始画中画播放
        func playerViewController(_ playerViewController: AVPlayerViewController,
    failedToStartPictureInPictureWithError error: NSError) {
            pictureInPicureIsActive = false
            print("PIP Error : \(error.localizedDescription)")
        }
        
        // 拒绝画中画模式
        func playerViewControllerShouldAutomaticallyDismissAtPicture(inPictureStart
    playerViewController: AVPlayerViewController) -> Bool {
            return false
        }
        
        // 画中画重播
```

```
    func playerViewController(_ playerViewController: AVPlayerViewController, resto
reUserInterfaceForPictureInPictureStopWithCompletionHandler completionHandler: (Boo
l) -> Void) {

        present(playerViewController, animated: true) {
            print("PIP restore process loading..")
            completionHandler(true)
        }
    }
}
```

执行后的播放界面效果如图44-12所示。

单击图44-13右角的图标后将实现画中画播放效果，画中画播放界面效果如图44-14所示。

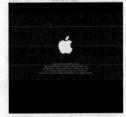

图44-12 播放效果界面

图44-13 画中画按钮

图44-14 画中画播放界面效果

44.3.4 播放网页嵌入式视频

视图设计界面"WebKit"的效果如图44-15所示。

WebKit视图对应文件是WKPlayerViewController.swift，功能是播放网页嵌入式视频，在项目中预设的网页视频网址是http://www.iqiyi.com/v_19rrlk151s.html?src=firefoxhm"。主要实现代码如下所示：

图44-15 WebKit视图界面

```
import UIKit
import WebKit
class WKPlayerViewController: UIViewController {
    @IBOutlet weak var webContainer: UIView!
    lazy var webView : WKWebView = self.setWebView()
    let urlToLoad = "http://www.iqiyi.com/v_19rrlk151s.html?src=firefoxhm"
    override func viewDidLoad() {
        super.viewDidLoad()
        setUIContainer()
    }
    override func didReceiveMemoryWarning() {
        super.didReceiveMemoryWarning()
    }
}
typealias UIByWebKit = WKPlayerViewController
extension UIByWebKit {
```

```swift
        private func setWebView() -> WKWebView {
            let v = WKWebView()
            v.navigationDelegate = self
            return v
        }
        func setUIContainer() {
            self.webContainer.addSubview(webView)
            let views = ["webView": webView]
            webView.translatesAutoresizingMaskIntoConstraints = false
            self.webContainer.addConstraints(NSLayoutConstraint.constraints(withVisualFormat: "H:|[webView]|", options: .alignAllCenterX, metrics: nil, views: views))
            self.webContainer.addConstraints(NSLayoutConstraint.constraints(withVisualFormat: "V:|[webView]|", options: .alignAllCenterY, metrics: nil, views: views))
            let htmlUrl = "<html><head><body style=\"(margin:0;padding:0;)\"><div class=\"h_iframe\"><iframe webkit-playsinline height=\"540\" width=\"950\" src=\"\(urlToLoad)?feature=player_detailpage&playsinline=1\" allowfullscreen></iframe></div></body></html>"
            webView.loadHTMLString(htmlUrl, baseURL: nil)
        }
    }


    typealias UIByWebKitNavDelegate = WKPlayerViewController
    extension UIByWebKitNavDelegate: WKNavigationDelegate {
        func webView(_ webView: WKWebView, decidePolicyFor navigationAction: WKNavigationAction, decisionHandler: (WKNavigationActionPolicy) -> Void) {
            print("Navigation Action: \(navigationAction.request.url!.absoluteString)")
            decisionHandler(.allow)
        }
        
        func webView(_ webView: WKWebView, decidePolicyFor navigationResponse: WKNavigationResponse, decisionHandler: (WKNavigationResponsePolicy) -> Void) {
            print("Navigation Response: \(navigationResponse.response.mimeType!)")
            decisionHandler(.allow)
        }
        
        func webView(_ webView: WKWebView, didFail navigation: WKNavigation!, withError error: NSError) {
            print("fail navigation: \(error.localizedDescription)")
        }
        
        func webView(_ webView: WKWebView, didFailProvisionalNavigation navigation: WKNavigation!, withError error: NSError) {
            print("fail provisional navigation: \(error.localizedDescription)")
        }
        
        func webView(_ webView: WKWebView, didCommit navigation: WKNavigation!) {
            print("did commit navigation")
        }
        
        func webView(_ webView: WKWebView, didFinish navigation: WKNavigation!) {
            print("did finish navigation")
        }
    }
```

执行后可以播放项目预设网页的视频，并且实现画中画效果。

欢迎来到异步社区！

异步社区的来历

异步社区（www.epubit.com.cn）是人民邮电出版社旗下IT专业图书旗舰社区，于2015年8月上线运营。

异步社区依托于人民邮电出版社20余年的IT专业优质出版资源和编辑策划团队，打造传统出版与电子出版和自出版结合、纸质书与电子书结合、传统印刷与POD（按需印刷）结合的出版平台，提供最新技术资讯，为作者和读者打造交流互动的平台。

社区里都有什么？

购买图书

我们出版的图书涵盖主流IT技术，在编程语言、Web技术、数据科学等领域有众多经典畅销图书。社区现已上线图书1000余种，电子书400多种，部分新书实现纸书、电子书同步出版。我们还会定期发布新书书讯。

下载资源

社区内提供随书附赠的资源，如书中的案例或程序源代码。

另外，社区还提供了大量的免费电子书，只要注册成为社区用户就可以免费下载。

与作译者互动

很多图书的作译者已经入驻社区，您可以关注他们、咨询技术问题；可以阅读不断更新的技术文章，听作译者和编辑畅聊好书背后有趣的故事；还可以参与社区的作者访谈栏目，向您关注的作者提出采访题目。

灵活优惠的购书

您可以方便地下单购买纸质图书或电子图书，纸质图书直接从人民邮电出版社书库发货，电子书提供多种阅读格式。

对于重磅新书，社区提供预售和新书首发服务，用户可以第一时间买到心仪的新书。

用户账户中的积分可以用于购书优惠。100积分=1元，购买图书时，在 里填入可使用的积分数值，即可扣减相应金额。

特别优惠

购买本书的读者专享异步社区购书优惠券。

使用方法：注册成为社区用户，在下单购书时输入 S4XC5 使用优惠码，然后点击"使用优惠码"，即可在原折扣基础上享受全单9折优惠。（订单满39元即可使用，本优惠券只可使用一次）

纸电图书组合购买

社区独家提供纸质图书和电子书组合购买方式，价格优惠，一次购买，多种阅读选择。

社区里还可以做什么？

提交勘误

您可以在图书页面下方提交勘误，每条勘误被确认后可以获得100积分。热心勘误的读者还有机会参与书稿的审校和翻译工作。

写作

社区提供基于Markdown的写作环境，喜欢写作的您可以在此一试身手，在社区里分享您的技术心得和读书体会，更可以体验自出版的乐趣，轻松实现出版的梦想。

如果成为社区认证作译者，还可以享受异步社区提供的作者专享特色服务。

会议活动早知道

您可以掌握IT圈的技术会议资讯，更有机会免费获赠大会门票。

加入异步

扫描任意二维码都能找到我们：

异步社区　　微信服务号　　微信订阅号　　官方微博　　QQ群：436746675

社区网址：www.epubit.com.cn

投稿&咨询：contact@epubit.com.cn